HANDBUCH DER PHYSIK

ZWEITE AUFLAGE

HERAUSGEGEBEN VON

H. GEIGER UND KARL SCHEEL

BAND XXIII · ERSTER TEIL

QUANTENHAFTE AUSSTRAHLUNG

BERLIN
VERLAG VON JULIUS SPRINGER
1933

QUANTENHAFTE AUSSTRAHLUNG

BEARBEITET VON

W. DE GROOT · R. LADENBURG · W. NODDACK

F. M. PENNING · P. PRINGSHEIM

REDIGIERT VON H. GEIGER

MIT 209 ABBILDUNGEN

BERLIN

VERLAG VON JULIUS SPRINGER

1933

Softcover reprint of the hardcover 2nd edition 1933

ISBN 978-3-642-98628-4 ISBN 978-3-642-99443-2 (eBook)
DOI 10.1007/978-3-642-99443-2

Inhaltsverzeichnis.

Kapitel 1.

Die Methoden zur h-Bestimmung und ihre Ergebnisse.

Von

R. Ladenburg, z. Zt. in Princeton (N. J.).

Mit 5 Abbildungen.

1. Einleitung[1]. Die Methoden zur Bestimmung von Plancks elementarem Wirkungsquantum h beruhen sämtlich, mittelbar oder unmittelbar, auf der sog. Quantenhypothese, die ursprünglich von Planck nur für die Energie eines Oszillators im Strahlungsgleichgewicht aufgestellt, von Stark, Einstein und Bohr verallgemeinert und auf die atomistischen Elementarvorgänge übertragen wurde. Danach beträgt bei den mit Emission oder Absorption von Strahlungsenergie der Schwingungszahl $\nu = c/\lambda$ verbundenen Elementarprozessen die abgegebene oder aufgenommene Energie stets ein Quantum

$$\varepsilon = h \cdot \nu,$$

wobei h eine universelle Naturkonstante von der Dimension Erg · sec ist.

Einstein[2] zeigte, daß auf Grund dieser Hypothese bei der Belichtung fester Körper (beim lichtelektrischen Effekt) Elektronen, die ein Lichtquantum $h \cdot \nu$ aufgenommen und beim Verlassen des bestrahlten Metalls eine Arbeit P überwunden haben, den Körper mit der Maximalenergie $\frac{1}{2} m v_m^2 = h \cdot \nu - P$ verlassen können; die entsprechende Spannung ist

$$V_m = \frac{1}{2} \frac{m}{e} v_m^2 = \frac{h}{e} \nu - \frac{P}{e}. \tag{1}$$

Die Austrittsarbeit P ist für jedes Metall charakteristisch, ihr Unterschied für verschiedene Metalle bedingt deren Stellung in der Voltaschen Spannungsreihe und ist gleich der sog. Kontaktdifferenz. Die experimentelle Bestimmung der Maximalenergie $\frac{1}{2} m v_m^2 = e V_m$ lichtelektrisch ausgelöster Elektronen liefert daher bei systematischer Veränderung der wirksamen Schwingungszahl ν und

[1] Ältere zusammenfassende Darstellungen der h-Bestimmung finden sich bei Raymond T. Birge, Phys. Rev. Bd. 14, S. 361. 1919; R. Ladenburg, Jahrb. d. Radioakt. Bd 17, S. 93. 1920; W. Nernst, Theoretische Chemie S. 513. 1926; R. T. Birge, Phys. Rev. Suppl.-Bd. 1, S. 1. 1929. Letzterer äußerst sorgfältiger und kritischer Bericht wird im folgenden mehrfach verwendet und als Birge [II] zitiert werden. Kurz vor Abschluß des vorliegenden Artikels erschien eine neue vorläufige Mitteilung von R. T. Birge (Phys. Rev. Bd. 39, S. 547. 1932), in der die wahrscheinlichsten Werte von e, h, e/m und der Feinstrukturkonstante α und ihrer wahrscheinlichen Fehler nach kritischer Diskussion der Fehlerberechnungen von neuem berechnet worden sind. Die ausführlichere Mitteilung, die in Phys. Rev. erscheinen wird, wurde mir vom Verf. freundlicherweise im Manuskript zugesandt; sie konnte allerdings im vorliegenden Bericht nur in ihren Endresultaten verwertet werden und wird im folgenden als Birge [III] zitiert.

[2] A. Einstein, Ann. d. Phys. Bd. 17, S. 132. 1905.

Eliminierung der Arbeit P eine unmittelbar auf die Quantenhypothese gegründete Methode zur Bestimmung von h.

Eine zweite Methode benutzt die Erzeugung von Licht durch den Stoß bewegter Elektronen auf Atome, sozusagen die Umkehrung des Vorganges beim lichtelektrischen Effekt. Hier werden Elektronen genau bekannter — relativ kleiner — Geschwindigkeit erzeugt, indem man sie eine Spannungsdifferenz von wenigen Volt frei, d. h. ohne Zusammenstöße mit Gasmolekülen, durchlaufen läßt; diese Elektronen bestimmter „Voltgeschwindigkeit"[1] läßt man in einem feldfreien Raum mit Gasmolekülen zusammenstoßen. Solange die Geschwindigkeit der Elektronen unterhalb gewisser Grenzwerte liegt, werden sie von den Gasmolekülen „elastisch", d. h. ohne Energieänderung, reflektiert. Haben die Elektronen jedoch bestimmte Mindestgeschwindigkeiten erreicht, so können sie beim Zusammenstoß mit Atomen, speziell einatomiger Gase ohne Elektronenaffinität, also der Edelgase und Metalldämpfe, ihre gesamte Energie verlieren. Diese Energieschwelle stimmt mit derjenigen überein, bei der die Gasatome infolge der Elektronenstöße Licht bestimmter Schwingungszahl in Form scharfer Spektrallinien aussenden oder selber Elektronen abgeben, d. h. ionisiert werden. Dabei besteht zwischen der hierzu erforderlichen Mindestenergie $\frac{1}{2}mv^2 = eV$ und der Schwingungszahl ν der ausgesandten Spektrallinie die Quantengleichung in der reinsten Form

$$eV = h \cdot \nu; \tag{2}$$

auch dem Ionisierungsvorgang, der vollständigen Abtrennung eines Elektrons vom Atom, ist nach der BOHRschen Atomtheorie eine bestimmte Schwingungszahl zuzuordnen, nämlich die Grenze ν_∞ der Absorptionsserie. Die Schwingungszahlen ν werden unmittelbar gemessen bzw. sind aus dem Serienschema sehr genau bekannt, so daß die Messung der „Grenzgeschwindigkeiten" (der „Anregungs- bzw. Ionisierungsenergie") eine zweite unmittelbar auf der Quantenhypothese beruhende Methode zur Bestimmung von h liefert (vgl. Kap. 2 dieses Bandes).

Die gleiche Vorstellung hat sich bei der Übertragung von den relativ langsamen Schwingungen des optischen Spektrums auf die rund 10000mal so großen Frequenzen des Röntgenspektrums bewährt[2]; hier liefert dieselbe Quantengleichung (2) eine dritte, präzisionsmäßig ausgearbeitete Methode zur Bestimmung von h: sie besteht in der Messung der scharf definierten kurzwelligen Grenze $\nu_{\max}$ des durch Kathodenstrahlen großer Geschwindigkeit erzeugten kontinuierlichen Röntgenspektrums (W. DUANE und F. L. HUNT[3]). Mit wachsenden Werten von V rückt diese kurzwellige Grenze, die dem härtesten (durchdringendsten) Teil der erzeugten Röntgenstrahlen entspricht, nach höheren Frequenzen, wobei die Gleichung

$$eV = h \cdot \nu_{\max} = h \cdot \frac{c}{\lambda_{\min}}$$

streng erfüllt ist. Im gleichen Sinne wandert die durchschnittliche Härte und die Frequenz größter Intensität mit wachsender Röhrenspannung (d. h. Elektronengeschwindigkeit); die alte Erfahrung, daß die Röntgenstrahlen mit wachsen-

[1] Auf Grund der Gleichung (s. oben) $\frac{1}{2}mv^2 = eV$ bedeutet „Geschwindigkeit von 1 Volt", daß das Elektron sich mit der Geschwindigkeit

$$v = \sqrt{2\frac{e}{m}V} = \sqrt{\frac{2 \cdot 1{,}76 \cdot 10^7 \cdot 3 \cdot 10^{10}}{300}} \cdot \sqrt{V_{\text{Volt}}} = 5{,}93 \cdot 10^7 \text{ cm/sec}$$

bewegt.

[2] W. WIEN, Göttinger Nachr. 23. Nov. 1907, S. 598; J. STARK, Phys. ZS. Bd. 8, S. 881. 1907.

[3] W. DUANE u. F. L. HUNT, Phys. Rev. Bd. 6, S. 167. 1915.

der Spannung durchdringender, härter werden, ist also ebenfalls eine Folge der Quantengleichung (vgl. ds. Handb., 2. Aufl., Bd. XXIII/2, Kap. 2).

Der lichtelektrische Effekt im Röntgengebiet, d. h. die Auslösung sekundärer Elektronen durch monochromatische Röntgenstrahlen, ist bisher noch nicht zur genauen Bestimmung von h verwertet worden. Zwar ist die beim lichtelektrischen Effekt im optischen Gebiet wesentliche „Austrittsarbeit" P von wenigen Volt gegenüber der nach vielen tausend Volt zählenden Geschwindigkeit der Elektronen, die die Röntgenstrahlen erzeugen, nur eine unbedeutende Korrektionsgröße; dafür tritt aber die Ablösearbeit der fest ans Atom gebundenen, inneren Atomelektronen in Wirksamkeit, die von ähnlicher Größe wie die Quantenenergie $h \cdot \nu$ der auslösenden Röntgenstrahlen ist. Die größte Intensität der sekundären Elektronen besitzen gerade die festgebundenen Elektronen, für deren Abtrennung die wirksame Quantenenergie eben hinreicht; zugleich treten aber auch Elektronen aus dem bestrahlten Körper aus, die aus anderen Energiestufen des Atoms stammen, und es ist bisher noch nicht gelungen, die Geschwindigkeit der entstehenden, verschieden schnellen Elektronen so genau zu messen, daß die hieraus abgeleitete h-Bestimmung an die Genauigkeit der anderen Methoden heranreichte[1].

Auch die Elektronenstoßmethode ist im Röntgengebiet prinzipiell anwendbar. Es ist nämlich, ähnlich wie im optischen Gebiet, eine durch die Quantengleichung scharf bestimmte Geschwindigkeit der Elektronen erforderlich, um die Röntgenspektrallinien zu erzeugen, allerdings entstehen alle Linien einer „Serie" (z. B. der K-Serie) auf einmal, wenn die kürzestwellige Linie dieser Serie erregt wird. Die Methode besteht also darin, die kritische, die Elektronen beschleunigende Spannung V zu messen, bei der die Linien einer bestimmten Serie auf einmal entstehen, und die zugehörige Absorptionskante genau festzulegen. Störend wirkt hierbei die Tatsache, daß die Wellenlänge einer Serienlinie als Bestandteil des kontinuierlichen Spektrums bereits erregt wird, bevor die zur Erzeugung der Grenze erforderliche Spannung erreicht ist; denn, da diese Linie größere Wellenlänge als die Grenze besitzt, ist die *ihrer* Frequenz auf Grund der Quantengleichung entsprechende Minimalspannung niedriger als *die* Minimalspannung, die zur Erzeugung derselben Wellenlänge als Bestandteil einer Linienserie gehört und der Absorptionskante entspricht. Man muß also die die Elektronen beschleunigende Spannung weiter steigern, bis die bereits bei niedrigerer Spannung erregte Intensität plötzlich stärker ansteigt. Diese Methode ist prinzipiell durchführbar, wie eine Reihe vorliegender Messungen zeigt[2]. Jedoch ist eine exakte h-Bestimmung auf diesem Wege bisher nicht durchgeführt.

Neben den genannten drei, unmittelbar auf die Quantengleichung gegründeten Methoden sind noch zwei exakte Methoden zur h-Bestimmung von Bedeutung: die eine benutzt die BOHRsche Formel der Rydbergkonstante, die andere, historisch älteste, die Gesetze der schwarzen Strahlung.

Die Formel der Rydbergkonstante ergibt sich nach BOHR[3] durch einfache korrespondenzmäßige Betrachtungen über die Bewegung des Elektrons im Wasserstoffatom unter Zugrundelegung der „Frequenzbedingung", die eine Anwendung der Quantenhypothese auf den Vorgang der Lichtemission des Atoms ist.

---

[1] Näheres über den „Photoeffekt" im Gebiet der Röntgenstrahlen vgl. ds. Handb., 2. Aufl., Bd. XXIII/2, Kap. 1.

[2] Zum Beispiel D. L. WEBSTER u. H. CLARK, Phys. Rev. Bd. 9, S. 571. 1917; B. A. WOOTEN, ebenda Bd. 13, S. 71. 1919; neuere Literatur und Ergebnisse bei M. SIEGBAHN, Spektroskopie der Röntgenstrahlen, 2. Aufl., S. 147ff. Berlin: Julius Springer 1931.

[3] N. BOHR, Vortrag vom 20. 12. 1913, abgedruckt in „Drei Aufsätze über Spektren und Atombau". Braunschweig: Vieweg 1922; s. ferner ZS. f. Phys. Bd. 2, S. 427. 1920.

Die Formel lautet:

$$R = \frac{2\pi^2 e^4 m}{c h^3} \tag{3}$$

(vgl. ds. Handb., 2. Aufl., Bd. XXIV/1).

Berücksichtigt man, daß die dem Atomgewicht proportionale Masse des Atomkernes m_A nicht unendlich groß gegenüber der Elektronenmasse m ist, so erhält man die für das Atom A charakteristische Rydbergkonstante

$$R_A = \frac{2\pi^2 e^4 m}{c h^3} \left(\frac{m_A}{m_A + m}\right). \tag{3a}$$

Was andererseits die auf die Strahlungsgesetze gegründeten Methoden zur h-Bestimmung betrifft, so ist auch ihre Grundlage, das PLANCKsche Strahlungsgesetz, aus der BOHRschen Frequenzbedingung korrespondenzmäßig ableitbar, wie EINSTEIN gezeigt hat[1]. Dies PLANCKsche Strahlungsgesetz sagt aus, daß die Dichte der schwarzen Strahlung in ihrer Abhängigkeit von Schwingungszahl ν und Temperatur T durch die Gleichung bestimmt ist:

$$\mathfrak{u}_\nu = \frac{8\pi h \nu^3}{c^3} \cdot \frac{1}{e^{\frac{h\nu}{kT}} - 1}. \tag{4}$$

Dabei bedeutet k die universelle Entropiekonstante; sie ist zugleich, wie PLANCK gezeigt hat, identisch mit der auf ein Molekül bezogenen Konstante des Gasgesetzes[2].

Bedeutet $E_\lambda d\lambda$ die Intensität einer monochromatischen, geradlinig polarisierten Strahlung der Wellenlänge λ, die von einem auf der Temperatur T befindlichen schwarzen Körper senkrecht zur Oberfläche im Winkelraum 1 pro Zeiteinheit in das Vakuum ausgesandt wird, so folgt

$$E_\lambda = \frac{c^2 \mathfrak{u}_\nu}{8\pi\lambda^2} = \frac{c^2 h}{\lambda^5} \cdot \frac{1}{e^{\frac{h\nu}{kT}} - 1}. \tag{5}$$

Die experimentellen Bestimmungen von h knüpfen an diese Gleichung an. Durch Differentiation nach λ ergibt sich die Lage $\lambda_{\max}$ des Maximums der Strahlungsintensität im Spektrum, entsprechend dem WIENschen Verschiebungsgesetz:

$$\lambda_{\max} T = \mathfrak{b} = \frac{c h}{k \cdot 4{,}9651}. \tag{6}$$

Das Verhältnis h/k und damit bei bekanntem Wert von k das Wirkungsquantum h wird entweder durch Isothermen oder exakter durch Isochromaten bestimmt: im ersten Fall mißt man die Energieverteilung im Spektrum des schwarzen Körpers bekannter Temperatur, sucht die Lage $\lambda_{\max}$ des Maximums und erhält so die Konstante $\mathfrak{b}$; im zweiten Fall mißt man die Energie einer bestimmten Wellenlänge bei verschiedenen Temperaturen und dadurch nach Gleichung (5), indem sich der Faktor $c^2 h/\lambda^5$ forthebt, die Konstante $c_2 = ch/k$. So erhält man

$$h = \frac{c_2 k}{c}. \tag{6a}$$

---

[1] A. EINSTEIN, Verh. d. D. Phys. Ges. Bd. 18, S. 318. 1916; Phys. ZS. Bd. 18, S. 121. 1917; s. ferner N. BOHR, Danske Skrifter Kopenhagen (8) Bd. 4, 1, S. 6—7; M. PLANCK, Theorie der Wärmestrahlung, 4. Aufl., § 157—159. 1921.

[2] Vgl. PLANCKS Theorie der Wärmestrahlung, § 164. 1921. k wird häufig als die „BOLTZMANNsche" Konstante bezeichnet, weil B. den Zusammenhang zwischen Entropie und Wahrscheinlichkeit entdeckt hat; doch kommt k bei BOLTZMANN (Vorlesungen über Gastheorie I, § 6) gar nicht vor, und erst PLANCK hat die Konstante k eingeführt, indem er mit wirklichen Molekülen statt mit Grammolekülen wie BOLTZMANN rechnete.

Im sog. „WIENschen Gebiet" relativ kleiner Temperatur und Wellenlänge vereinfacht sich die Rechnung, indem man statt von der PLANCKschen Spektralgleichung von der WIENschen Form

$$E_\lambda = \frac{c^2 h}{\lambda^5} \cdot \frac{1}{e^{\frac{ch}{k\lambda T}}}$$

ausgehen kann.

Eine andere Methode benutzt die Gesamtstrahlung, deren Dichte sich durch Integration der Strahlungsformel über λ zu

$$u = a \cdot T^4$$

ergibt, gemäß dem STEFAN-BOLTZMANNschen Gesetz, mit den Konstanten

$$a = \frac{48\pi k^4}{c^3 h^3} \cdot \alpha, \qquad \alpha = \frac{\pi^4}{90} = 1{,}0823 .$$

Die Messung der gesamten Energie S, die 1 cm² eines schwarzen Körpers der Temperatur T in 1 sec in den Halbraum ausstrahlt,

$$S = \sigma \cdot T^4 = \frac{a \cdot c}{4} T^4$$

liefert somit bei bekanntem k das Wirkungsquantum h auf Grund der Gleichung

$$h = \sqrt[3]{\frac{2\pi^5 k^4}{15 c^2 \sigma}} . \tag{7}$$

Die beiden ebengenannten Methoden zur Bestimmung von h setzen die Kenntnis der zweiten Strahlungskonstante k auf Grund anderweitiger Messungen voraus. Bezeichnet man die zusammengehörigen Werte von Druck, Volumen und Temperatur eines Grammoleküls eines beliebigen Gases mit P_0, V_0 und T, ferner mit R_0 die allgemeine, auf ein Grammolekül bezogene Gaskonstante, mit N_0 die Zahl der Moleküle im Grammolekül (die AVOGADROsche Zahl), mit F die elektromagnetisch gemessene Äquivalentladung eines Ions des Atomgewichts 1,000 (die Faradaykonstante) und mit e die Elektronenladung, so ist

$$R_0 = \frac{P_0 V_0}{T}, \qquad k = \frac{R_0}{N_0}, \qquad N_0 = \frac{F \cdot c}{e} .$$

Man entnimmt $R_0 = 8{,}3136 \cdot 10^7$ Erg/grad den Gasmessungen, $F = \frac{107{,}88}{0{,}01118} \cdot 0{,}99995 = 9648{,}9$ abs. em. Einheiten[1] den elektrolytischen Messungen, die die von 1 Coulomb pro sec abgeschiedene Menge Silber bestimmen, schließlich $e = 4{,}770 \cdot 10^{-10}$ CGS und dadurch $N_0 = 6{,}064 \cdot 10^{23}$ den Messungen an geladenen kleinen Öltröpfchen im Schwebekondensator[2] nach den von EHRENHAFT und MILLIKAN entwickelten Methoden (vgl. ds. Handb., 2. Aufl., Bd. XXII/1, Kap. 1).

Über die Größe von e herrschte bis vor kurzem eine gewisse Unsicherheit, da vielfache Bestimmungen der absoluten Wellenlänge der Röntgenstrahlen mit Strichgittern und deren Vergleich mit Messungen an Kristallgittern auf indirektem Wege einen um mehrere Promille größeren Wert von e als MILLIKANS direkte Messungen ergeben hatten (vgl. BIRGE (II) sowie die 2. Aufl. von SIEGBAHNS Spektroskopie der Röntgenstrahlen S. 55—62, 1931). Es ist zu hoffen, daß diese

---

[1] Der Faktor 0,99995 rührt von der Umrechnung von internationalen auf absolute Einheiten her; vgl. ds. Handb. Bd. II, S. 498ff sowie BIRGE [II], Section E.

[2] Siehe R. A. MILLIKAN, Phys. Rev. Bd. 35, S. 1231. 1930.

Diskrepanz durch neue Untersuchungen von BEARDEN[1] und von SIEGBAHN[2] ihre Aufklärung zugunsten MILLIKANS Wert finden. Obiger Wert ist wegen des neueren Wertes der Lichtgeschwindigkeit $c = 2{,}998 \cdot 10^{10}$ und wegen des Reduktionsfaktors 1,00046 von internationalen auf absolute Einheiten[3] ein wenig kleiner als MILLIKANS ursprünglicher Wert[4] und gemäß den Darlegungen in Ziff. 7 gewählt (vgl. auch BIRGE II und III). Wegen der großen Genauigkeit, mit der die Bestimmungen von h nach den verschiedenen Methoden ausgeführt sind, ist im folgenden stets zunächst der durch eine Potenz von e dividierte h-Wert angegeben, der bei der betreffenden Methode unabhängig von der Wahl von e ist. Aus diesen Ergebnissen lassen sich unabhängig die Werte von h und von e berechnen (vgl. Ziff. 7). Der auf diese Weise ganz unabhängig von direkten Messungen erhaltene Wert von e stimmt aufs beste mit MILLIKANS Wert überein, so daß dieser Wert als gesichert anzusehen ist.

Man kann auch allein aus Strahlungsmessungen am schwarzen Körper zugleich h und k bzw. h und e berechnen, indem man die beiden Gleichungen (6a) und (7) und die voneinander unabhängigen Messungen von c_2 und σ kombiniert. Man erhält so

$$h = \frac{15\sigma c_2^4}{2\pi^5 c^2}$$

und

$$k = \frac{15\sigma c_2^3}{2\pi^5 c}.$$

Hierbei ist also außer den Strahlungskonstanten σ und c_2 nur noch die Kenntnis der Lichtgeschwindigkeit c erforderlich. Dies ist der Weg, auf dem PLANCK in seiner ersten Ableitung des Strahlungsgesetzes bei Aufstellung der Quantenhypothese zum erstenmal die Konstante h berechnete. Die so gewonnenen Werte von h besitzen jedoch wegen der hohen Potenz, in der c_2 auftritt, eine relativ zu neueren, anderweitigen Bestimmungen von h geringe Genauigkeit.

Eine letzte Methode zur genauen Bestimmung von h beruht auf der Messung des Comptoneffektes, d. h. auf der Wellenlängenänderung, die Röntgenstrahlen bei der Streuung erfahren. Wird das gestreute Röntgenlicht unter dem Winkel Θ gegen das auffallende untersucht, so ist die dabei auftretende Änderung der Wellenlänge

$$\Delta\lambda = 2\,h/mc \cdot \sin^2\Theta/2 = 2\,h/e \cdot e/mc \cdot \sin^2\Theta/2.$$

Obwohl schon sehr genaue Messungen von $\Delta\lambda$ und Θ vorliegen[5], reicht die Genauigkeit der so gewonnenen Werte von h/e bzw. von h doch nicht an die der Präzisionsmethoden zur Bestimmung von h heran.

2. Die Bestimmung von h aus dem lichtelektrischen Effekt erfordert die Messung der maximalen Geschwindigkeit der durch einfarbiges Licht aus einer Metallplatte in höchstem Vakuum ausgelösten Elektronen. Man bestimmt diese Geschwindigkeit, indem man der bestrahlten Platte M_1 eine zweite Platte M_2 gegenüberstellt und deren negatives Potential so lange steigert, bis der mittels einer hochempfindlichen Elektrometeranordnung gemessene, von M_1 fortfließende Strom Null wird. Die dazu nötige Spannung V_0 ist offenbar gerade imstande, die schnellsten Elektronen zurückzuhalten; sie ist jedoch von der gesuchten, in Gleichung (1) definierten Voltgeschwindigkeit der Elektronen V_m noch um das Kontaktpotential K zwischen den beiden Metalloberflächen unterschieden, das übrigens von gleicher Größenordnung wie V_0 ist; andererseits unterscheidet

[1] J. A. BEARDEN, Phys. Rev. Bd. 38, S. 2089. 1931.
[2] M. SIEGBAHN u. M. SÖDERMAN, Nature Bd. 129, S. 21. 1932.
[3] Siehe Fußnote 1 auf S. 5.
[4] Siehe Fußnote 2 auf S. 5.
[5] Vgl. z. B. M. SHARP, Phys. Rev. Bd. 26, S. 691. 1925.

sich V_m von der den Elektronen durch das Licht im Metallinneren erteilten Geschwindigkeit um die für das Metall charakteristische Austrittsarbeit P [vgl. die EINSTEINsche Gleichung (1)]. Daher lautet die vollständige lichtelektrische Gleichung

$$V_m = \frac{1}{2}\frac{m}{e} v_m^2 = V_0 + K = \frac{h\nu}{e} - \frac{P}{e}. \tag{1a}$$

Die unmittelbar gemessenen V_0-Werte sollen also mit den zugehörigen Frequenzen ν des auffallenden Lichtes auf einer Geraden liegen, deren Neigung für verschiedene Metalle gleich sein soll und den Wert h/e gemäß der Gleichung

$$\frac{dV_0}{d\nu} = \frac{pq \cdot 10^8 \cdot dV_0'}{c^2 d\nu'} = \frac{h}{e} \tag{1b}$$

zu bestimmen erlaubt. Dabei bedeutet $\nu' = \nu/c$ die Wellenzahl in cm^{-1}, und $pq \cdot 10^8/c$ ist der Umrechnungsfaktor der beobachteten internationalen Volt V_0' in absolute elektrostatische Einheiten mit $pq = 1{,}00046$ nach BIRGE (II).

Die erste zuverlässige Messung von h nach dieser Methode gelang MILLIKAN im Jahre 1916, der die quantitative Gültigkeit der EINSTEINschen Gleichung im Wellenlängenbereich 5461 bis 2537 Å erwies und die Werte

$$h/e = 1{,}375 \cdot 10^{-17} \text{ an Na}$$

und

$$h/e = 1{,}379 \cdot 10^{-17} \text{ an Li}$$

erhielt[1].

Aus diesen Werten folgt mit $e = 4{,}774 \cdot 10^{-10}$ als Mittelwert

$$h = 6{,}568 \cdot 10^{-27} \text{ erg. sec.}$$

Die größte Schwierigkeit solcher Messungen liegt in der exakten Bestimmung des Grenzpotentials V_0, bei dem der lichtelektrische Strom eben einsetzt. Diese wurde neuerdings von LUKIVSKY und PRILEŽAEV[2] dadurch verbessert, daß sie für die Abhängigkeit des lichtelektrischen Stromes von der verzögernden Spannung V in der Nähe des Grenzpotentiales V_0 empirisch die Beziehung $i = a(V_0 - V)^2$ fanden, so daß der unvermeidliche Fehler bei der Extrapolation auf den Wert V_0, bei dem der Strom i verschwindet, auf ein Minimum herabgedrückt wurde. Dabei brachten sie das bestrahlte Metall als kleine Kugel im Mittelpunkt einer innen versilberten Hohlkugel an, die als Gegenelektrode diente, und konnten so durch Variation der Potentialdifferenz die wirkliche Verteilung der Elektronengeschwindigkeiten messen, während man bei ebenen Elektroden nur die der Normalkomponenten der Geschwindigkeiten erhält[3]. Zugleich bestimmten sie aus der Stromspannungskurve das Kontaktpotential K zwischen dem bestrahlten Metall und der Silberfläche auf einfache Weise und zeigten, daß K sich während der ganzen Meßreihe bei Benutzung der verschiedenen lichtelektrisch wirksamen Wellenlängen nicht änderte. Ihre Messungen, die als die besten zur Zeit vorliegenden anzusehen sind, liefern die in Tabelle 1 zusammengestellten Werte. Dabei werden die Wellenlängen $\lambda = 2302$, 2400, 2537, 2653, 2802, 2967, 3022 und 3130 Å des Hg-Bogens verwendet. Die an den genannten Metallen gefundenen Werte des Grenzpotentials für die verschiedenen Frequenzen liegen exakt auf

[1] R. A. MILLIKAN, Phys. Rev. (2) Bd. 7, S. 355. 1916; Phys. ZS. Bd. 17, S. 218. 1916. Einzelheiten vgl. ds. Handb. Bd. XIII, Kap. 3, S. 108ff., daselbst auch ältere Literatur sowie Diskussion von RAMSAUERS Versuchen [Ann. d. Phys. (4) Bd. 45, S. 961 u. 1121. 1914; Bd. 52, S. 843. 1917], die im Gegensatz zu MILLIKANS Messungen eine scharf definierte maximale Anfangsgeschwindigkeit der lichtelektrisch ausgelösten Elektronen überhaupt nicht erkennen lassen, sowie ihre Deutung durch KLEMPERER (ZS. f. Phys. Bd. 16, S. 280. 1923).

[2] P. LUKIVSKY u. S. PRILEŽAEV, ZS. f. Phys. Bd. 49, S. 236. 1928.

[3] Vgl. dazu O. W. RICHARDSON u. K. T. COMPTON, Phil. Mag. Bd. 24, S. 575. 1912.

geraden Linien, deren Neigungen gemäß den Angaben in Tab. 1 übereinstimmen. Der Mittelwert der verschiedenen Werte ist 6,543, dem die Verfasser eine Genauigkeit von 0,1 bis 0,2% zusprechen. In die Berechnung von h gehen [s. Gleichung (1b)] außer den gemessenen Werten die Werte der Elementarladung und der Lichtgeschwindigkeit ein. Erstere ist vermutlich zu $4{,}774 \cdot 10^{-10}$ angenommen, letztere zu $2{,}998 \cdot 10^{10}$.

Tabelle 1. h-Bestimmung aus dem lichtelektrischen Effekt.

Metall	h in erg. sec.
Aluminium	$6{,}539 \cdot 10^{-27}$
Aluminium	6,542
Zink	6,540
Zink	6,556
Zink	6,536
Nickel.	6,546

Für den Wert h/e folgt aus den Messungen, wenn wir noch wegen der Umrechnung von internationalen Volt auf absolute Einheiten den Faktor 1,00046 anbringen (s. o.), $h/e = (1{,}3716 \pm 0{,}0014) \cdot 10^{-17}$, und für h erhalten wir schließlich den (von den Verf. angegebenen) Wert

$$h = (6{,}543 \pm 0{,}010) \cdot 10^{-27} \text{ erg. sec.}$$

Neuere Messungen von OLPIN[1] an Na mit Licht zwischen 3500 und 8000 Å ergeben den Wert $h = 6{,}541$, dessen Genauigkeit allerdings wesentlich geringer als die des voranstehenden Wertes ist[2].

3. Die Bestimmung von *h* nach der Methode des Elektronenstoßes aus Anregungs- und Ionisierungsspannung beruht, wie in der Einleitung dargelegt, auf der Messung der kritischen Geschwindigkeit V, bei der die Elektronen die Atome infolge unelastischer Zusammenstöße in höhere stationäre Zustände, speziell in den ersten Anregungszustand, bringen bzw. die Atome ionisieren. Die diesen Spannungen entsprechenden, bei der Rückkehr des Atoms in den stabilen Ausgangszustand ausgesandten Spektrallinien bzw. ihre Wellenlängen λ und Schwingungszahlen ν entnimmt man dem Serienschema und kann dann nach der Quantengleichung

$$\frac{h}{e} = \frac{pq \cdot V' \cdot 10^8 \cdot \lambda}{c^2} \tag{8}$$

h/e bzw. h berechnen, wobei $pq \cdot 10^8/c$ wieder den Umrechnungsfaktor der gemessenen internationalen Volt in elektrostatische Einheiten bedeutet.

Diese Methode ist zuerst von J. FRANCK und G. HERTZ im Jahre 1914 entwickelt, später vielfach ausgebaut und verbessert worden. Die vollständige Literatur und alle Einzelheiten der Methodik und der Fehlergrenzen finden sich in Kap. 2 dieses Bandes ausführlich besprochen. Es liegen gegen 30 Einzelbestimmungen von h aus Anregungs- sowohl wie aus Ionisierungsspannungen an Edelgasen und vielen Metalldämpfen, speziell der ersten und zweiten Reihe des periodischen Systems vor, die aber zum Teil geringe und so verschieden große Genauigkeit besitzen, daß die Angabe eines Mittelwertes all dieser Messungen nicht zweckdienlich ist. Besonders störend bei der Bestimmung der kritischen Spannung sind die durch Kontaktpotentiale entstehenden Fehler. Sie werden am besten durch Differenzmessung zweier geeigneter Spannungen vermieden. FRANCK und KNIPPING[3] fanden als Differenz der kritischen Spannungen, die erforderlich sind, um dem He-Atom 1 bzw. 2 Elektronen zu entreißen, $V_2 - V_1 = 54{,}1$ Volt mit einer Genauigkeit von $^1/_2$%. Die Energie zur Abtrennung

---

[1] A. R. OLPIN, Phys. Rev. Bd. 36, S. 251. 1930, spez. S. 284.

[2] BIRGE [III] hat die ihm vom Verf. zugesandten Originalzahlen neu berechnet und findet $6{,}561 \pm 0{,}029$.

[3] J. FRANCK u. P. KNIPPING, Phys. ZS. Bd. 20, S. 481. 1919.

des zweiten Elektrons vom He-Atom ist nach der BOHRschen Theorie gleich $4 \cdot h \cdot e \cdot R_{He}$, wo R_{He}, die Rydbergkonstante des He, $= 109722$ ist (vgl. Ziff. 5). Aus diesen Werten folgt

$$h/e = 1{,}369 \cdot 10^{-17} \text{ und mit } e = 4{,}770 \cdot 10^{-10}, \quad h = 6{,}53 \pm 0{,}03 \cdot 10^{-27}.$$

Eine noch größere Genauigkeit beanspruchen neuere Messungen von LAWRENCE[1] an Hg. Durch magnetische Aussonderung erzeugte er ein Elektronenbündel, dessen Geschwindigkeit zwar nicht vollständig homogen war, aber eine scharfe obere Grenze besaß. Er bestimmte die „kritische" Geschwindigkeit dieser Elektronen als Differenz zweier verzögernder Spannungen, nämlich der kleinsten Gegenspannung, die gerade imstande ist, den Eintritt der Elektronen in die nach Art eines Faradayzylinders gebaute Ionisationskammer zu verhindern, und der größten Gegenspannung, bei der die Elektronen im Hg-Dampf positive Ionen erzeugen. Als erste Ionisationsstufe erhielt er so durch Differenzbildung $10{,}40 \pm 0{,}02$ internationale Volt, die der Seriengrenze des Hg bei 1187,9 Å ($\nu' = 1/\lambda = 84181$) entspricht. Hieraus folgt [s. Gleichung (8)]

$$h/e = (1{,}3752 \pm 0{,}0027) \cdot 10^{-17}$$

und mit

$$e = (4{,}770 \pm 0{,}005) \cdot 10^{-10},$$

$$h = (6{,}560 \pm 0{,}015) \cdot 10^{-27},$$

wobei der wahrscheinliche Fehler in V' zu 0,27 und in e zu 0,1% angenommen ist.

4. Messungen am kontinuierlichen Röntgenspektrum[2]. Erregt man eine Röntgenröhre mit bestimmter, genau definierter Spannung, am besten mittels einer Akkumulatorenbatterie, so erhält man bei spektraler Zerlegung der entstehenden Röntgenstrahlen ein kontinuierliches Spektrum, das bei einer bestimmten Wellenlänge auf der kurzwelligen Seite scharf und plötzlich einsetzt und zunächst geradlinig ansteigt; dem kontinuierlichen Teil ist das charakteristische Linienspektrum der Antikathode, soweit es durch die angewandte Spannung anregbar ist, in Gestalt einzelner Maxima überlagert (vgl. Abb. 1 nach iontometrischen Messungen von HULL und RICE[3]). Wie die Abbildung zeigt, rückt mit wachsender Spannung die Grenzwellenlänge nach kurzen Wellen, zugleich steigt die Intensität der erzeugten Röntgenstrahlen bestimmter Wellenlänge. Diese Isopotentialkurven entsprechen den Isothermen der Strahlung des schwarzen Körpers, die freilich keine kurzwellige Grenze besitzen; an die Stelle des WIENschen Verschiebungsgesetzes des Intensitätsmaximums:

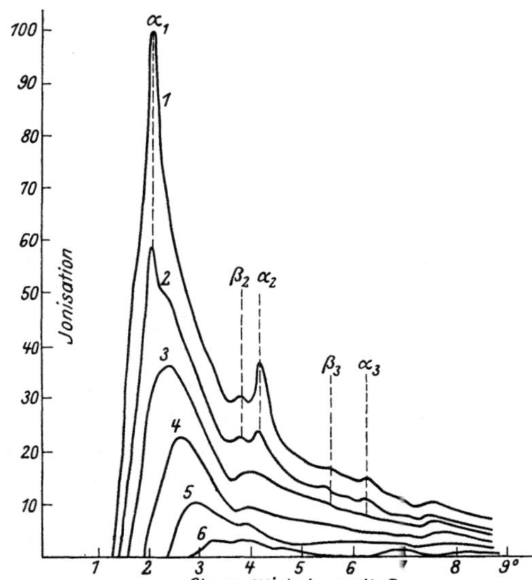

Abb. 1 Iontometrisch gemessene Röntgenintensitäten mit Wolframantikathode als Funktion der Wellenlänge. (Isopotentialkurven nach HULL u. RICE.)

$$\lambda_{max} \cdot T = \text{konst.},$$

[1] E. O. LAWRENCE, Phys. Rev. Bd. 28, S. 947. 1926.

[2] Einzelheiten vgl. ds. Handb., 2. Aufl., Bd. XXIII/2, Kap. 2.

[3] A. W. HULL u. M. RICE, Proc. Nat. Acad. Amer. Bd. 2, S. 265. 1916.

in dem T die absolute Temperatur bedeutet, tritt beim kontinuierlichen Röntgenspektrum das Gesetz

$$\lambda_{\min} \cdot V = \text{konst.} = \frac{h c}{e}$$

(vgl. Ziff. 1), das eine genaue Bestimmung von h ermöglicht. Dasselbe leistet die „Isochromatenmethode": man läßt Röntgenstrahlen einer bestimmten Wellenlänge λ bei langsam wachsenden Spannungen V in eine Ionisationskammer fallen und mißt elektrometrisch die erzeugte Ionisation. Der so erhaltene Strom setzt bei einer bestimmten, scharf definierten Spannung ein, bzw. er steigt plötzlich schroff an, und dies „Minimumpotential" $V_{\min}$ rückt mit abnehmender Wellenlänge nach höheren Spannungswerten (vgl. Abb. 2), so daß h wiederum nach der Quantengleichung nunmehr der Form

$$\lambda \cdot V_{\min} = \frac{h c}{e}$$

bestimmbar ist. Sorgfältige Untersuchungen einer großen Zahl Forscher[1] haben die wirklich universelle, strenge Gültigkeit dieses Gesetzes zwischen 4500 und 170000 Volt bewiesen, das Minimumpotential ist ausschließlich von der wirksamen Wellenlänge bzw. die kurzwellige Grenze ist allein durch die die Röntgenstrahlen erzeugende Spannung bestimmt: weitgehende Veränderung des Antikathodenmaterials (C, Cr, Ni, Cu, Mo, Rh, Pd, Ag, W, Pt), der Betriebsart und der Gasfüllung der Röntgenröhre, des Azimuts zwischen Richtung der Kathoden- und der Röntgenstrahlen haben keinen Einfluß auf die Konstante des Gesetzes. Besonders bemerkenswert ist der scharfe Knick der Stromspannungskurve, der mit viel größerer Genauigkeit als bei den lichtelektrischen Messungen bestimmbar ist (vgl. Abb. 3a und b nach E. WAGNER[2]) sowie Abb. 5 nach DUANE, PALMER und CHI-SUN YEH[3]).

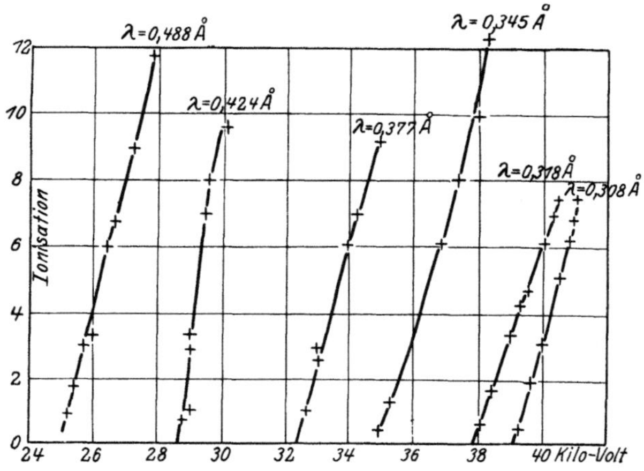

Abb. 2. Minimumpotentiale des kontinuierlichen Röntgenspektrums bei verschiedener Wellenlänge. (Isochromaten nach DUANE u. HUNT.)

Folgende Tabelle 2 gibt die Mittelwerte der von den verschiedenen Beobachtern nach dieser Methode ausgeführten Bestimmungen von h an, wobei zugleich die jeweils benutzten Spannungsbereiche, das Antikathodenmetall der Röntgenröhre und die zur Berechnung der Wellenlänge benutzte Gitterkonstante des verwendeten Kristalls angegeben sind.

Die in der Tabelle zusammengestellten Mittelwerte zeigen trotz der so weitgehend variierten Versuchsbedingungen eine bemerkenswert gute Übereinstimmung untereinander und beweisen die exakte Gültigkeit der der Methode zugrunde liegenden Quantengleichung.

---

[1] Vgl. E. WAGNER, Jahrb. d. Radioakt. Bd. 16, S. 190. 1919; Kap. 2, Bd. XXIII/2 ds. Handb., 2. Aufl., sowie die Tabelle 2 auf folgender Seite nebst zugehörigen Anmerkungen.

[2] E. WAGNER, Ann. d. Phys. (4) Bd. 57, S. 401. 1918; Phys. ZS. Bd. 21, S. 621. 1920. Die hier wiedergegebenen Kurven der endgültigen Meßreihen hat WAGNER selbst nicht veröffentlicht, sondern dem Verf. seinerzeit für den Bericht in der 1. Aufl. ds. Handb. zur Verfügung gestellt.

[3] WILLIAM DUANE, H. H. PALMER u. CHI-SUN YEH, Proc. Nat. Acad. Amer. Bd. 7, S. 237. 1921; s. auch Phys. Rev. Bd. 18, S. 98. 1921.

Tabelle 2. *h*-Bestimmung aus der Grenzfrequenz des kontinuierlichen Röntgenspektrums.

Spannung in Kilovolt	Antikathode	Kristall	Gitterkonstante d	$h \cdot 10^{27}$	Beobachter
25—39	W	Kalkspat	$3{,}04 \cdot 10^{-8}$	6,51	W. DUANE u. F. L. HUNT[1]
20—40	Rh	Kalkspat	$3{,}04 \cdot 10^{-8}$	6,53	D. L. WEBSTER[2]
40	W	Kalkspat	$3{,}029 \cdot 10^{-8}$	6,555	F. C. BLAKE u. W. DUANE[3]
14,6—28	Cu, Ag, Pt, Pb	Steinsalz	$2{,}814 \cdot 10^{-8}$	6,57	ALEX. MÜLLER[4]
4,6—10,6	Cu, Pt	Steinsalz Sylvin	$2{,}814 \cdot 10^{-8}$ $3{,}140 \cdot 10^{-8}$	6,49	E. WAGNER[5]
6,3—10,2	Cu	Kalkspat	$3{,}029 \cdot 10^{-8}$	6,53 $\pm 0{,}01$	E. WAGNER[6]
24,4	W	Kalkspat	$3{,}028 \cdot 10^{-8}$	6,561 $\pm 0{,}009$	W. DUANE, H. H. Palmer u. CHI-SUN YEH[7]
8,0—9,4	W	Steinsalz	$2{,}814 \cdot 10^{-8}$	6,543 $\pm 0{,}009$	H. FEDER[8]

Mit besonderer Genauigkeit sind die Messungen von WAGNER und seinem Schüler FEDER einerseits, von DUANE und seinen Mitarbeitern andererseits ausgeführt. Die Versuchsanordnung, die in allen drei Arbeiten sehr ähnlich ist, geht aus Abb. 4 hervor. Bei diesen Messungen wurden alle Fehlerquellen mit größter Sorgfalt berücksichtigt und etwaige Nebeneinflüsse untersucht, so daß diese Versuche als Präzisionsbestimmungen zu bezeichnen sind. FEDERS Messungen sind insofern eine Verbesserung der WAGNERschen, als sie mit viel geringerer Breite des Spektrographenspaltes ausgeführt sind (entsprechend einem Winkelbereich von 6′ statt 40′ bei WAGNER). FEDER fand, daß der engere Spalt, der durch die größere Intensität seiner Röntgenstrahlen ermöglicht wurde, die Stromspannungskurve nach der Seite größerer Spannung verschiebt, so daß der plötzliche Anstieg des Stromes erst bei höheren Spannungen einsetzt. Dies erklärt die relativ zu FEDERS und DUANES Resultaten niedrigen *h*-Werte WAGNERS.

Von besonderer Bedeutung ist bei all diesen Versuchen natürlich die Bestimmung der Spannungen. Sie wurden bei den endgültigen Versuchen in den genannten Arbeiten nach dem Vorgang von BLAKE und DUANE auf Grund des OHMschen Gesetzes gemessen, wobei geeichte Hochspannungswiderstände von mehreren Millionen Ohm verwendet und die Stromstärke mittels Normalelementen nach der Kompensationsmethode bestimmt wurde. DUANE und seine Mitarbeiter sowohl als FEDER erreichten bei der Spannungsmessung eine Genauigkeit von etwa 1 auf 10000; es handelte sich dabei für erstere um die genaue Festlegung der allein verwendeten Spannung von etwa 24400 Volt, die während der Versuche sorgfältig konstant gehalten wurde; sie arbeiteten nämlich nicht wie WAGNER und FEDER nach der Methode der Isochromaten, sondern nach der Isopotentialmethode, indem sie bei konstanter Spannung die kurzwellige Grenze des kontinuierlichen Spektrums bestimmten.

---

[1] W. DUANE u. F. L. HUNT, Phys. Rev. Bd. 6, S. 167. 1915. In dieser Arbeit sind ältere Werte der Gitterkonstante und der Elektronenladung benutzt; der hier angegebene Mittelwert ist zitiert nach neueren Berechnungen dieser Versuche durch BLAKE u. DUANE, Phys. Rev. Bd. 10, S. 624. 1917.

[2] D. L. WEBSTER, Phys. Rev. Bd. 7, S. 559. 1916.

[3] F. C. BLAKE u. W. DUANE, Phys. Rev. Bd. 9, S. 568; Bd. 10, S. 93 u. 624. 1917.

[4] ALEX. MÜLLER, Arch. sc. phys. et nat. (4) Bd. 46, S. 63. 1918; Phys. ZS. Bd. 19, S. 489. 1919.

[5] E. WAGNER, Ann. d. Phys. (4) Bd. 57, S. 401. 1918.

[6] E. WAGNER, Phys. ZS. Bd. 21, S. 621. 1920.

[7] Siehe Fußnote 3 auf S. 10.

[8] H. FEDER, Ann. d. Phys. (5) Bd. 1, S. 497; Bd. 3, S. 276. 1929.

Abb. 5 zeigt den Anstieg der Ionisationsströme an der Grenze des kontinuierlichen Spektrums auf beiden Seiten der Nullage des Kristalls gemessen; daher liefert der Abstand der scharfen Knickpunkte der Ionisationsströme den doppelten Glanzwinkel 2ϑ $(+574')$, bis auf eine kleine Korrektion von 0,8′ wegen endlicher Spaltbreite und unvollkommener Parallelität der Strahlen; diese Korrektion wurde außerdem durch die Schärfe der charakteristischen Linien der Antikathode geprüft und sehr genau bestätigt. So ergab sich das Produkt $V \sin\vartheta$ zu $2039{,}9 \pm 1$. Kontrollmessungen, bei denen der Winkel zwischen Röntgenstrahlen und erzeugenden Kathodenstrahlen 45° — statt wie in obigen Versuchen 90° — betrug, bestätigten den genannten Wert des Produktes vollkommen.

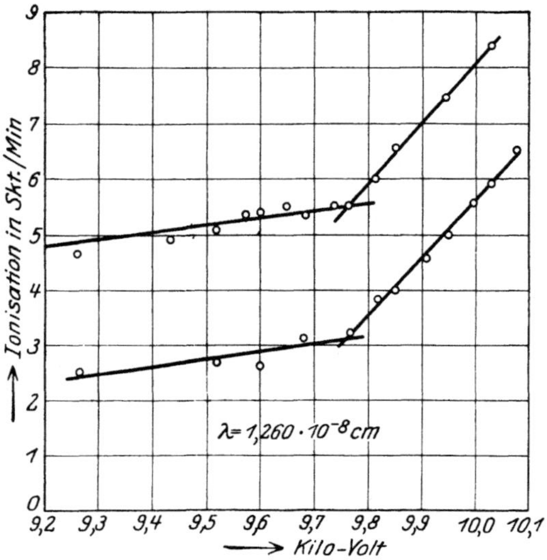

Abb. 3a.

Multiplikation dieses Produktes mit der doppelten Gitterkonstante des verwendeten Kalkspatkristalls[1] $2d = 6{,}0575 \cdot 10^{-8}$ liefert den Wert[2]

$$2d \sin\vartheta\, V = \lambda_{\min} \cdot V\,,$$

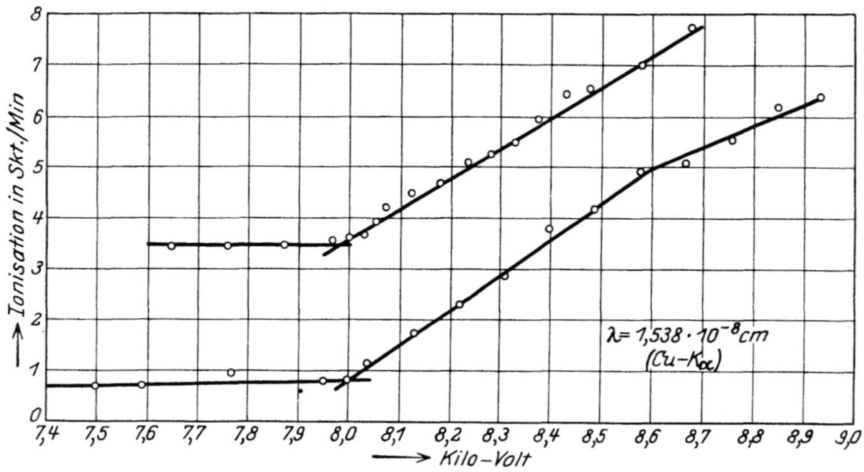

Abb. 3b.

Abb. 3a und b. Anstieg der Röntgenintensitäten bestimmter Wellenlänge des kontinuierlichen Spektrums als Funktion der Spannung. (Isochromaten nach WAGNER 1921.)

---

[1] Vgl. Fußnote 1 auf S. 13.

[2] Andererseits könnte man diese Messungen so auswerten, daß man die Bestimmungen der Röntgenwellenlängen mit geritzten Gittern verwendet (vgl. Ziff. 1, Schluß); dann würden sie unabhängig von dem in d enthaltenen Wert e, und man würde nach dieser Methode wieder einen Wert von h/e, statt von $h/e^{4/3}$ erhalten [vgl. Gl. (10) und (11)]. Aber da aus dem Vergleich der Wellenlängenmessungen mit Strichgittern und mit Kristallen ein entschieden zu hoher Wert von e resultiert, ist bei den Strichgittermessungen anscheinend noch eine Korrektion erforderlich, so daß wir sie hier nicht verwenden wollen (vgl. Ziff. 1 und die dort zitierten Arbeiten von BEARDEN sowie von SIEGBAHN und SÖDERMAN). Zu dem gleichen Schluß kommt BIRGE in seinem Artikel III. Natürlich setzt die obige Rechenmethode voraus, daß die in die Formel für die Gitterkonstante (Gl. 10) eingehende Dichte nicht durch Abweichungen der Kristalle von der angenommenen Struktur entstellt ist, wie manche Autoren annehmen.

und so ergibt sich h aus der Gleichung

$$h = \frac{2d \sin\vartheta \cdot V' \cdot e \cdot pq \cdot 10^8}{c^2} \tag{9}$$

mit $c = 2{,}998 \cdot 10^{10}$ und $e = 4{,}770 \cdot 10^{-10}$ zu $h = (6{,}561 \pm 0{,}009) \cdot 10^{-27}$.

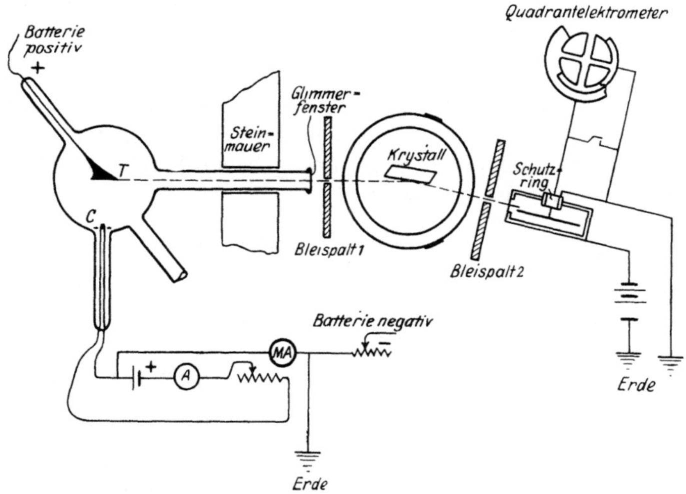

Abb. 4. Versuchsanordnung von DUANE, PALMER und CHI-SUN-YEH bei den Präzisionsmessungen am kontinuierlichen Röntgenspektrum.

Gegen die Messungen von DUANE, PALMER und CHI-SUN YEH könnte man geltend machen, daß sie nur bei der einzigen Spannung von $\sim$24400 Volt gewonnen sind. Aber die älteren Messungen von BLAKE und DUANE, die bei höheren und verschiedenen Spannungen sowie auch nach der Isochromatenmethode ausgeführt wurden, haben den sehr gut übereinstimmenden Wert 6,555 geliefert.

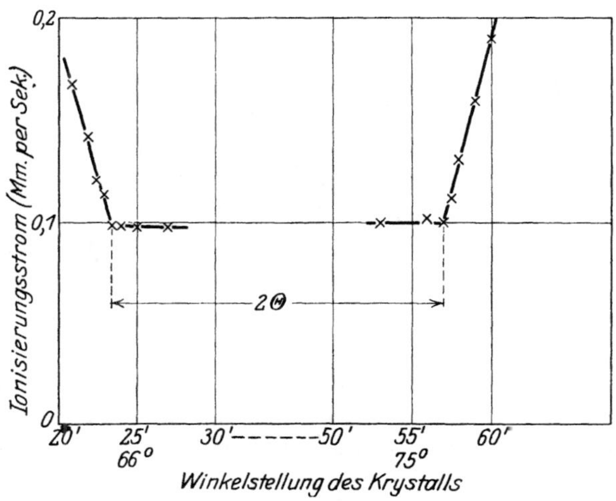

Abb. 5. Anstieg der Röntgenintensität an der Grenze des kontinuierlichen Spektrums. (Nach DUANE, PALMER u. CHI-SUN-YEH.)

Die zufälligen Fehler dieser Messungen betragen nur $^1/_2\,^0/_{00}$, so daß der angegebene Fehler ($\pm 1{,}4\,^0/_{00}$) wesentlich durch den des e-Wertes bestimmt ist. Dieser geht erstens unmittelbar in die Quantengleichung ein und zweitens mittelbar, weil die Gitterkonstante d auf Steinsalz bezogen und deren Wert nach der Formel

$$d = \sqrt[3]{\frac{M}{2} \frac{e}{\delta \cdot F \cdot c}} \tag{10}$$

berechnet wird[1]; dabei ist M das Molekulargewicht, δ die Dichte des Steinsalzes und F die Äquivalentladung eines Ions vom Atomgewicht 1,000 („Faraday-

[1] Mit $M_{\mathrm{NaCl}} = 22{,}997 + 35{,}457$, $\delta = 2{,}163_2$ bei $+20°$ (vgl. O. K. DEFOE u. A. H. COMPTON, Phys. Rev. Bd. 25, S. 618. 1925) und $F \cdot c/e = N = 6{,}064 \cdot 10^{23}$ (mit $e = 4{,}770 \cdot 10^{-10}$) folgt $d_{\mathrm{NaCl},\,20°} = 2{,}8139 \cdot 10^{-8}$ und daher nach SIEGBAHNS Präzisionsmessungen (Ann. d.

konstante“). So wird h proportional $e^{4/3}$. Unabhängig von den Fehlern in e ist daher bei diesen Messungen der Wert von

$$\frac{h}{e^{4/3}} = \frac{2\sin\vartheta \cdot V' \cdot pq \cdot 10^8 \cdot \xi}{c^2} \left(\frac{M}{2\delta \cdot F \cdot c}\right)^{1/3}_{\mathrm{NaCl}} \tag{11}$$

für den sich mit den oben angegebenen Zahlen (wegen ξ vgl. Fußnote 1, S. 13)

$$h/e^{4/3} = (1{,}7605 \pm 0{,}0009) \cdot 10^{-14}$$

ergibt.

Andererseits folgt als Mittelwert aus FEDERS Messungen, die auch nur einen zufälligen Fehler von $^1/_2$ ‰ aufweisen, neu berechnet nach Gleichung (11) mit $\xi = 1$ und mit den in Fußnote 1, S. 13, angegebenen Werten für das Molekulargewicht und die Dichte des Steinsalzes[1]

$$h/e^{4/3} = (1{,}7561 \pm 0{,}0009) \cdot 10^{-14}.$$

Der Unterschied gegen den DUANEschen Wert ist gegenüber WAGNERS Messungen wesentlich kleiner geworden, beträgt allerdings immer noch 2,5 ‰, ist also weit größer als die zufälligen Meßfehler.

Mit $e = (4{,}770 \pm 0{,}005) \cdot 10^{-10}$ ergibt sich aus dem Mittelwert beider Meßreihen

$$h = (6{,}545 \pm 0{,}009) \cdot 10^{-27}.$$

5. h-Bestimmung aus BOHRS Formel der Rydbergkonstanten. Die experimentelle Bestimmung der Rydbergkonstante beruht auf Wellenlängenmessungen, z. B. an den Wasserstofflinien nach der Balmerformel

$$\nu = \frac{c}{\lambda} = c R_{\mathrm{H}} \left(\frac{1}{n''^2} - \frac{1}{n'^2}\right)$$

oder an den Serienlinien des ionisierten Heliums (He^+) nach der Formel

$$\nu = \frac{c}{\lambda} = c R_{\mathrm{He}} \left(\frac{1}{n''^2} - \frac{1}{n'^2}\right).$$

Nach Reduktion der Wellenlängen aufs Vakuum kann man aus diesen Formeln bei Kenntnis der Zahlen n' und n'' ohne weiteres R berechnen. Die Genauigkeit der so erhaltenen Werte von R genügt vollkommen, wenn man aus ihnen nach BOHRS Formel der Rydbergkonstante h berechnen will, da h der dritten Wurzel aus $1/R$ proportional ist:

$$h = \sqrt[3]{\frac{2\pi^2 e^4 m}{c R_\infty}} = \sqrt[3]{\frac{2\pi^2 e^5}{\frac{e}{m} \cdot c \cdot R_\infty}}.$$

Es kommt bei dieser Berechnung sogar kaum auf den Unterschied zwischen R_∞ und R_{H} an, da dieser nur $^1/_2$ ‰ in R ausmacht. Jedoch braucht man, wie obige Formel für h zeigt, zur Berechnung von h außer e noch den Wert von e/m. Diesen kann man nun ebenfalls den Wellenlängenmessungen der H- und He^+-Linien

---

Phys. Bd. 59, S. 65. 1918) $d_{\mathrm{Kalkspat}} = 3{,}0289$ (vgl. hierzu auch WILLIAM DUANE, Bull. of the National Research Council Bd. 1, Teil 6, S. 383. 1920), da diese für das Verhältnis der Gitterkonstanten des Kalkspats und des Steinsalzes aus Wellenlängenmessungen den Wert $\xi = 1{,}0764$ ergeben haben.

[1] FEDER selbst gibt für $h/e^{4/3}$ auf Grund seiner Messungen den Wert 1,7545 an [siehe Ann. d. Phys. (5) Bd. 3, S. 276. 1929], der offenbar durch Division seines Wertes von h durch $e^{4/3}$ mit $e = 4{,}774 \cdot 10^{-10}$ errechnet ist. Obige Neuberechnung wurde dadurch ermöglicht, daß FEDER Spannungen und Glanzwinkel seiner endgültigen Messungen veröffentlicht hat.

entnehmen, falls sie die Differenz $R_{He} - R_H$ genügend genau liefern. Denn es ist, wenn m_H die Masse des Wasserstoff*kerns*, m_{He} die des Helium*kerns* bedeuten,

$$R_H = R_\infty \frac{m_H}{m_H + m} \quad \text{und} \quad R_{He} = R_\infty \frac{m_{He}}{m_{He} + m},$$

daher wird

$$\frac{m}{m_H} = \frac{(R_{He} - R_H) \cdot m_{He}}{R_H m_{He} - R_{He} m_H}$$

und nach einer kleinen Umrechnung (vgl. BIRGE [II], Sektion L)

$$\frac{m}{m_H} = \frac{R_{He} - R_H}{R_H} \frac{m_{He} + m}{m_{He} - m_H}.$$

Wenn man statt der Massen Atomgewichte einführt und das Atomgewicht des Wasserstoffes H, das des Heliums He und das des Elektrons E nennt, wird

$$\frac{m}{m_H} = \frac{E}{\mathrm{H} - E} = \frac{R_{He} - R_H}{R_{He}} \frac{(\mathrm{He} - E)}{(\mathrm{He} - \mathrm{H} - E)}.$$

Nun ist die Faradaykonstante

$$F = e/c \cdot N_0,$$

wenn N_0 die AVOGADROsche Zahl bedeutet, und

$$E = m \cdot N_0,$$

also die gesuchte spezifische Ladung des Elektrons:

$$\frac{e}{mc} = \frac{F}{E} = F \frac{R_{He}}{(R_{He} - R_H)} \frac{(\mathrm{He} - \mathrm{H} - E)}{(\mathrm{He} - E)(\mathrm{H} - E)}. \tag{12}$$

Das auf der rechten Seite in den Differenzen auftretende Atomgewicht des Elektrons E braucht offenbar nur angenähert bekannt zu sein. Man erhält es aus einem angenäherten Wert von

$$\frac{e}{m} \quad \text{zu} \quad E = \frac{F}{\frac{e}{mc}} = \frac{9650}{1{,}76 \cdot 10^7} = 5{,}5 \cdot 10^{-4}.$$

Die ersten derartigen Untersuchungen verdanken wir PASCHEN[1]. In seiner bekannten Arbeit über „BOHRS Heliumlinien" fand er, daß man bei Berechnung von R_H und R_{He} nach obigen Serienformeln aus verschiedenen Seriengliedern einen deutlichen Gang der Rydbergkonstanten mit der Seriennummer erhält. Diese Unstimmigkeit wird durch Berücksichtigung der Feinstruktur der H- und He^+-Linien und der Relativitätskorrektion nach SOMMERFELDS Formel behoben. Diese Formel für den Abstand zwischen den Dublettkomponenten wird auch von der Quanten- und Wellenmechanik bei Berücksichtigung des „Spins" des Elektrons bzw. von der DIRACschen Theorie bestätigt (vgl. Bd. XXIV/1 ds. Handb., 2. Aufl). Aus Präzisionsmessungen der Feinstrukturkomponenten erhielt PASCHEN die Werte

$$R_H = 109677{,}691 \pm 0{,}06$$

und

$$R_{He} = 109722{,}144 \pm 0{,}04.$$

Mit den neueren Werten des Brechungsquotienten der Luft[2], die man zur Reduktion der Wellenlängen aufs Vakuum benötigt, berechnet HERBERT BELL[3] aus PASCHENS Messungen

$$R_H = 109677{,}81 \quad \text{und} \quad R_{He} = 109722{,}31.$$

---

[1] F. PASCHEN, Ann. d. Phys. (4) Bd. 50, S. 901. 1916.

[2] Scient. Pap. Bureau of Stand. Nr. 327. 1918.

[3] H. BELL, Phil. Mag. (6) Bd. 40, S. 489. 1920.

Dadurch wird der Unterschied

$$R_{\mathrm{He}} - R_{\mathrm{H}} = 44{,}50,$$

auf den es bei der Berechnung von e/m wesentlich ankommt [vgl. Formel (12)], nur um $1\,^0/_{00}$ verändert.

So ergibt sich[1]

$$\frac{m_{\mathrm{H}}}{m} = 1843{,}6 \quad \text{und} \quad \frac{e}{mc} = 1{,}766 \cdot 10^7 \text{ CGS el. mag.}$$

Dieser Wert von e/mc war mit älteren Messungen aus Ablenkungen der β-Strahlen und aus dem Zeemaneffekt in guter Übereinstimmung. Neuere Messungen haben jedoch für diese grundlegende Konstante einen um etwa $3\,^0/_{00}$ kleineren Wert ergeben. KIRCHNER[2] findet aus Präzisionsmessungen der Kathodenstrahlgeschwindigkeit mittels ungedämpfter Schwingungen[3] (nach verbesserter WIECHERTscher Methode) und der Entladungsspannung[4] (nach der Kompensationsmethode), also ohne magnetische oder elektrische Ablenkung der Elektronen, den Wert

$$e/mc = 1{,}7598 \pm 0{,}0025,$$

den er dann auf $1{,}7590 \pm 0{,}0015$ verbessert. Sein Ergebnis wird nach der gleichen Methode von PERRY und CHAFFEE bestätigt[2], die den nur wenig größeren Wert

$$e/mc = 1{,}761 \pm 0{,}001$$

finden.

Ferner hat BABCOCK[5] schon etliche Jahre früher aus dem Mittel von Messungen des anomalen Zeemaneffektes an über 100 verschiedenen Linien (vgl. BIRGE [II], S. 45) $e/mc = (1{,}761 \pm 0{,}002)$ gefunden.

Neue, äußerst sorgfältige Messungen von CAMPBELL und HOUSTON[6] an den $^1P - {}^1D$-Linien Cd λ 6439 und Zn λ 6362 ergeben $1{,}7579 \pm 0{,}0025$, wobei die g-Faktoren wegen des Einflusses benachbarter Tripletterme ein wenig von 1,0 abweichen und entsprechend korrigiert sind.

Andererseits hat HOUSTON[7] bei einer Wiederholung von PASCHENS Messungen mit Berücksichtigung der komplexen Struktur der untersuchten Linien ebenfalls einen kleineren Wert von e/mc als PASCHEN erhalten. Die sog. Balmerdubletts bestehen nämlich nach neueren Untersuchungen aus mehreren Komponenten, was sich in einer deutlichen Unsymmetrie der kürzerwelligen Teillinie von H_α offenbart[8]. HOUSTON verwendet deshalb zur Berechnung von R_{H} nur die längerwellige Teillinie; außerdem nimmt er gemäß der neueren Theorie[9] an, daß diese aus einer starken und zwei schwachen Komponenten besteht und korrigiert deshalb die gemessene Wellenzahl der Linie um 0,0056, was die gesuchten Werte von

[1] Dabei ist für das Atomgewicht des Heliums der neuere Wert 4,00 statt 3,99, den PASCHEN benutzt, verwendet.

[2] F. KIRCHNER, Phys. ZS. Bd. 31, 1071. 1930; Ann. d. Phys. (5) Bd. 8, S. 975. 1931; Bd. 12, S. 503. 1932; vgl. auch C. T. PERRY u. E. L. CHAFFEE, Phys. Rev. Bd. 36, S. 904. 1930.

[3] Hierfür sind lediglich Längenmessungen mit einem Kathetometer und Frequenzmessungen mit einem Piezoquarz erforderlich.

[4] Die wesentliche Fehlerquelle ist hierbei die Unsicherheit des Kontaktpotentials, da KIRCHNER nur relativ niedrige Spannungen von 1600 Volt benutzen konnte.

[5] H. D. BABCOCK, Astrophys. Journ. Bd. 58, S. 149. 1923; Bd. 69, S. 43. 1929.

[6] J. S. CAMPBELL u. W. V. HOUSTON, Phys. Rev. Bd. 38, S. 581. 1931; Bd. 39, S. 601. 1932.

[7] WILLIAM V. HOUSTON, Phys. Rev. Bd. 30, S. 608. 1927.

[8] Vgl. G. HANSEN, Ann. d. Phys. (4) Bd. 78, S. 558. 1925; N. A. KENT, L. B. TAYLOR u. HAZEL PEARSON, Phys. Rev. Bd. 30, S. 266. 1927.

[9] Vgl. S. GOUDSMIT u. G. E. UHLENBECK, Physica Bd. 6, S. 273. 1926; A. SOMMERFELD u. A. UNSÖLD, ZS. f. Phys. Bd. 38, S. 237. 1926.

$R_{He} - R_H$ um $1\,^0/_{00}$ ändert. Bei der He-Linie 4686 ist keine derartige Korrektion nötig, da er die gemessenen starken Komponenten mit den theoretischen Komponenten identifizieren kann.

Das Ergebnis seiner Untersuchungen ist

$$R_H = 109677{,}759 \pm 0{,}008$$
$$R_{He} = 109722{,}403 \pm 0{,}004;$$

die Differenz $R_{He} - R_H = 44{,}644$ besitzt nach HOUSTONs Meinung eine Genauigkeit von $^1/_2\,^0/_{00}$, obwohl die absoluten Werte von R_{He} und R_H, die von dem Wert der absoluten Wellenlänge der roten Cadmiumlinie abgeleitet sind, eine größere Ungenauigkeit besitzen können. Mit Benutzung der Werte (vgl. BIRGE [II])

$$\mathrm{H} = 1{,}00777, \qquad \mathrm{He} = 4{,}0022, \qquad F = 9648{,}9 \text{ abs. em. Einh.}$$

folgt

$$e/mc = 1{,}761 \pm 0{,}001,$$

in guter Übereinstimmung mit BABCOCK und KIRCHNER. Es ist sehr erfreulich, daß die noch im Jahre 1929 notwendig scheinende Unterscheidung zwischen der spezifischen Ladung des im Atom gebundenen und des freien Elektrons (vgl. BIRGE [II]) nunmehr unnötig geworden ist.

Nimmt man das Mittel der Werte von KIRCHNER, PERRY und CHAFFEE, CAMPBELL und HOUSTON und von HOUSTON mit Berücksichtigung der „Gewichte" der Messungen, so erhält man als Endwert

$$e/mc = (1{,}760_2 \pm 0{,}0006) \cdot 10^7.$$

Mit diesem Wert von e/mc und mit[1] $R_\infty = 109737{,}42$ folgt schließlich

$$\frac{h}{e^{5/3}} = \left[\frac{2\pi^2}{109737{,}4_2 \cdot (2{,}998 \cdot 10^{10})^2 \cdot 1{,}7602 \cdot 10^7}\right]^{1/3} = (2{,}2486 \pm 0{,}0003) \cdot 10^{-11}$$

und mit

$$e = (4{,}770 \pm 0{,}005) \cdot 10^{-10},$$
$$h = (6{,}548 \pm 0{,}011) \cdot 10^{-27},$$

wobei der Fehler in h praktisch lediglich von dem in e herrührt.

6. Die *h*-Bestimmungen aus Strahlungsmessungen am schwarzen Körper.

a) *mittels Isothermen oder Isochromaten.* Die Lage λ_{max} des Maximums der Energie im Spektrum des schwarzen Körpers bei bestimmter Temperatur (vgl. Ziff. 1) ist nicht sehr genau festzulegen; die auf diese Weise nach der „Isothermenmethode" aus der Konstante des WIENschen Verschiebungsgesetzes

$$\lambda_{max} \cdot T = b = \frac{c\,h}{k \cdot 4{,}965}$$

berechneten Werte von h (wobei k aus anderweitigen Messungen zu entnehmen ist), besitzen deshalb nicht die Genauigkeit, die nach anderen Methoden erzielt werden kann. Wesentlich genauere Werte liefert die „Isochromatenmethode" (vgl. Ziff. 1): man berechnet die Strahlungskonstante

$$c_2 = \frac{c\,h}{k}$$

und damit h/e bzw. h aus dem Verhältnis der Intensitäten im Normalspektrum des schwarzen Körpers bestimmter Wellenlänge bei zwei verschiedenen Temperaturen:

$$\frac{E_2}{E_1} = \frac{e^{\frac{c_2}{\lambda T_1}} - 1}{e^{\frac{c_2}{\lambda T_2}} - 1}. \tag{5a}$$

[1] Es ist $R_\infty = R_H\left(1 + \frac{m}{m_H}\right) = R_H\left[1 + \frac{F}{e/m\,(\mathrm{H} - E)}\right]$. Mit den oben angegebenen Werten wird $\frac{m_H}{m} = 1838{,}3$.

Innerhalb der Grenzen des WIENschen Gebietes folgt dann

$$c_2 = \lambda T_1 \cdot T_2 \frac{\ln \frac{E_2}{E_1}}{T_2 - T_1}.$$

Zur Verringerung der Fehler im Endergebnis werden dabei die Temperaturen T_1 und T_2 nicht unabhängig voneinander bestimmt, sondern T_2 aus T_1 nach dem STEFAN-BOLTZMANNschen Gesetz oder nach dem WIENschen Verschiebungsgesetz abgeleitet; im letzteren Fall ist

$$T_2 = T_1 \sqrt[5]{\frac{E_{m_2}}{E_{m_1}}} = C \cdot T_1,$$

indem E_{m_2} bzw. E_{m_1} die Maximalintensitäten im Normalspektrum bei T_2 bzw. T_1 bedeuten[1]; dadurch bedingt, wie sich leicht zeigen läßt, ein Meßfehler von T_1 nur einen prozentual gleichen Fehler im Werte von c_2, während bei unabhängigen Messungen von T_1 und T_2 der Fehler sich vervielfachen würde.

Bei Messungen außerhalb des Bereiches der Gültigkeit des WIENschen Gesetzes kann man die Berechnung von c_2 nach obiger Gleichung (5a) wesentlich vereinfachen, wenn man für T_1 und T_2 nicht beliebige Werte benutzt, sondern

$$T_1 = \tfrac{1}{2} T_2$$

wählt[2]; dann wird

$$\frac{E_2}{E_1} = \frac{e^{\frac{2c_2}{\lambda T_2}} - 1}{e^{\frac{c_2}{\lambda T_2}} - 1} = e^{\frac{c_2}{\lambda T_2}} + 1,$$

also

$$c_2 = \lambda T_2 \ln\left(\frac{E_2}{E_1} - 1\right).$$

Die Messungen der Physikalisch-Technischen Reichsanstalt von WARBURG, LEITHÄUSER, HUPKA und MÜLLER[1] liefern merklich verschiedene Endwerte, je nachdem die Bestimmung der Temperatur T_2 nach dem STEFAN-BOLTZMANNschen Gesetz oder nach dem WIENschen Verschiebungsgesetz erfolgt[3], nämlich

$$c_2 = 1{,}425 \text{ bzw. } 1{,}441.$$

Dieser Unterschied von 1% bedeutet für die Berechnung von h aus diesen Strahlungsmessungen eine erhebliche Unsicherheit.

G. MICHEL gibt als Mittelwert seiner oben zitierten, zum Teil mit H. RUBENS gemeinsam ausgeführten Messungen

$$c_2 = 1{,}4295 \pm 0{,}007$$

an[4]; allerdings sind diese Messungen zur Prüfung des PLANCKschen Gesetzes,

---

[1] Vgl. E. WARBURG, G. LEITHÄUSER, E. HUPKA u. C. MÜLLER, Berl. Ber. 1913, S. 35; Ann. d. Phys. (4) Bd. 48, S. 410. 1915.

[2] Vgl. G. MICHEL, ZS. f. Phys. Bd. 9, S. 285. 1922.

[3] Die frühere Unsicherheit in der Kenntnis der Dispersion des Quarzes ist nunmehr behoben, da neuere Bestimmungen (vgl. Tätigkeitsbericht der P. T. R. ZS. f. Instrkde. Bd. 43, S. 69. 1923; Bd. 44, S. 123. 1924) die von WARBURG aus PASCHENS Messungen abgeleitete Formel bestätigen. Allerdings ist die endgültige Veröffentlichung der Ergebnisse der Dispersionsmessungen immer noch nicht erfolgt.

[4] Diese Zahl verdankt Berichterstatter einer freundlichen Mitteilung von G. MICHEL. Sie ist aus den früheren Messungen neu errechnet, indem die allgemeine Formel (5a) im Gebiet $\frac{c_2}{\lambda T} > 1{,}5 \ldots$ bei beliebigen Temperaturen T_1 und T_2 verwendet wurde; diese Rechenmethode bedingt zwar eine große Rechenarbeit, ist aber unabhängig von der Beschränkung, daß T_2 gerade gleich $2\,T_1$ sein muß. Der bei dieser Beschränkung berechnete und a. a. O. veröffentlichte Wert war $c_2 = 1{,}427 \pm 0{,}006$.

Veranlaßt durch die Kritik von NERNST und WULF[1], und nicht zum Zweck einer Präzisionsbestimmung von c_2 unternommen.

Wir benutzen zur Berechnung von h einen Mittelwert

$$c_2 = 1{,}432 \pm 0{,}003\,,$$

der innerhalb der Fehlergrenzen übereinstimmt: 1. mit dem von S. VALENTINER[2] korrigierten Wert 1,435 der von HOLBORN-VALENTINER aus Helligkeitsmessungen sach der Isochromatenmethode bestimmten Zahl; 2. mit dem von COBLENTZ[3] aus einer gewaltigen Zahl von Isothermenmessungen erschlossenen Wert

$$c_2 = 1{,}4318\,,$$

Ressen Genauigkeit jedoch von W. W. COBLENTZ überschätzt ist[4]; 3. mit dem Wert 1,430, den NERNST und WULF[4] auf Grund einer ausführlichen kritischen Diskussion der im Jahre 1919 vorliegenden Messungen innerhalb des WIENschen Gebietes als den „wahrscheinlichsten und höchstens um wenige Promille unsicheren" Wert bezeichnen.

Die von MENDENHALL[5] angegebene Zahl 1,440, die mit dem optischen Pyroneter bei $\lambda = 0{,}6501$ gewonnen wurde, weicht etwas stärker ab. Der angegebene Fehler in c_2 von $\pm 0{,}003$ bedeutet wie stets den wahrscheinlichen Fehler (vgl. BIRGE [II]). So ergibt sich

$$\frac{h}{e} = \frac{c_2 \cdot R_0}{F\,c^2} = \frac{1{,}432 \cdot 8{,}3136 \cdot 10^7}{9648{,}9 \cdot (2{,}998)^2 \cdot 10^{20}} = 1{,}3728 \pm 0{,}0030 \cdot 10^{-17}$$

und mit $e = (4{,}770 \pm 0{,}005) \cdot 10^{-10}$

$$h = (6{,}548 \pm 0{,}015) \cdot 10^{-27}\,.$$

b) *Nach dem* STEFAN-BOLTZMANN*schen Gesetz.* Wie im theoretischen Teil gezeigt, kann man h auch aus der Konstante a bzw. σ des STEFAN-BOLTZMANNichen Gesetzes bei bekanntem Werte von k berechnen. Die Gesamtstrahlung des schwarzen Körpers bestimmter Temperatur und damit die Konstante σ ist seit der ersten Messung KURLBAUMS (im Jahre 1898) von über zwanzig verschiedenen Autoren bestimmt worden. Die älteren Ergebnisse zeigen untereinander Abweichungen von einigen Prozenten, die nach neueren Untersuchungen vor allem auf mangelnder Schwärze des Empfängers und auf ungenügender oder unrichtiger Berücksichtigung der Absorption der Strahlung durch die Kohlensäure und den Wasserdampf der Luft beruhen. Diese Korrekturen bedingen bei den im übrigen sehr zuverlässigen Messungen auch heute noch eine gewisse Unsicherneit. Kritische Besprechungen finden sich bei W. GERLACH[6], bei W. W. COBLENTZ[7], bei C. MÜLLER[8] und bei BIRGE [II u. III]. Die neueren Messungen stimmen bei Berücksichtigung obengenannter Fehlerquellen recht gut miteinander überein, wie folgende Zusammenstellung zeigt:

---

[1] W. NERNST u. TH. WULF, Verh. d. D. Phys. Ges. Bd. 21, S. 294. 1919.

[2] S. VALENTINER, Ann. d. Phys. (4) Bd. 39, S. 492. 1902.

[3] W. W. COBLENTZ, Bull. Bureau of Stand. Bd. 10, S. 1. 1914; Bd. 13, S. 515. 1916; desgl. Scient. Pap. Bureau of Stand. Bd. 12, S. 503. 1916; Bd. 17, S. 7. 1921 (s. auch Phys. Ber. Bd. 3, S. 686. 1922).

[4] Vgl. W. NERNST u. TH. WULF, Verh. d. D. Phys. Ges. Bd. 21, S. 303. 1919.

[5] C. E. MENDENHALL, Phys. Rev. Bd. 10, S. 515. 1917.

[6] W. GERLACH, Jahrb. d. Radioakt. Bd. 15, S. 2. 1918; ZS. f. Phys. Bd. 2, S. 76. 1920.

[7] W. W. COBLENTZ, Scient. Pap. Bureau of Stand. Bd. 15, S. 529. 1920; Bd. 17, S. 7, Nr. 406. 1921.

[8] C. MÜLLER, ZS. f. Instrkde. 1929, S. 279; Handb. d. Experimentalphysik Bd. IX, S. 444.

Tabelle 3. Die neueren σ-Bestimmungen.

W. GERLACH[1] (1916)	$\sigma = 5{,}80 \cdot 10^{-5}$ erg/cm^{-2}sec^{-1}grad^{-5}
W. W. COBLENTZ[2] (1917) . . .	5,722
K. HOFFMANN[3] (1923)	5,76
A. KUSSMANN[4] (1924)	5,795
F. HOARE[5] (1928)	$5{,}737 \pm 0{,}02$
C. MÜLLER[6] (1929)	$5{,}77 \pm 0{,}03$
C. E. MENDENHALL[7] (1929) . .	5,79

Der Mittelwert dieser sieben Meßergebnisse, $5{,}767 \cdot 10^{-5}$, besitzt einen wahrscheinlichen Fehler von etwa $^1/_2$%, so daß der daraus berechnete h-Wert

$$h = \sqrt[3]{\frac{2\pi^5 k^4}{15 c^2 \sigma}} = 6{,}526 \cdot 10^{-27}$$

einen wahrscheinlichen Fehler von $\pm 0{,}011$ enthält[8]. Dieser Wert von h ist jedoch erheblich kleiner als die nach den anderen Methoden bestimmten h-Werte (vgl. Tabelle 4); oder errechnet man umgekehrt σ aus den zwei Gleichungen

$$\sigma = \frac{2\pi^5 k^4}{15 c^2 h^3} \quad \text{und} \quad h^3 = \frac{2\pi^2 e^4 m}{c R_\infty},$$

so erhält man[9]

$$\sigma = \left(\frac{\pi k}{e}\right)^4 \frac{\frac{e}{mc} R_\infty}{15 \pi e} = (5{,}7099 \pm 0{,}007) \cdot 10^{-5}$$

(dabei ist $k/e = R_0/F \cdot c = 2{,}87395 \cdot 10^{-7}$ auf etwa $0{,}15\,^0/_{00}$ genau bekannt, so daß der Fehler in σ lediglich durch den von e/mc und e bestimmt ist). Die Abweichung dieses indirekt berechneten von den unmittelbar von so vielen zuverlässigen Beobachtern gemessenen Werten läßt vermuten, daß bei den Bestimmungen von σ vielleicht doch noch ein bisher unbekannter systematischer Fehler vorhanden ist. Die bis vor kurzem als wesentliche Fehlerquelle angenommene Unsicherheit in der Korrektur auf vollständige Schwärze des Empfängers ist von MÜLLER und von HOARE durch Benutzung nahezu völlig schwarzer Körper als Empfänger nach Möglichkeit vermieden. Die Modifikation der PLANCKschen Strahlungsformel nach NERNST und WULF (a. a. O.) würde den aus dem experimentellen Wert von σ berechneten Wert von $h = 6{,}526$ um 1,7%, d. h. um 0,11 vergrößern, also sicherlich einen viel zu großen h-Wert liefern; etwa den dritten bis vierten Teil dieser Korrektur könnte man aus den vorliegenden Messungen von σ auf Grund der anderweitigen Bestimmungen von h rechtfertigen. Eine theoretische Begründung dieser Korrektur liegt freilich zur Zeit nicht vor.

Wir wollen deshalb bei der in der folgenden Ziffer durchgeführten Berechnung des wahrscheinlichsten Wertes von h die aus σ berechneten Werte von $h/e^{4/3}$ und von h nicht verwerten.

7. Der wahrscheinlichste Wert von *h*. Wie am Schluß der Einleitung bemerkt, enthalten alle Methoden zur Bestimmung von h die Elektronenladung e,

---

[1] W. GERLACH, Ann. d. Phys. Bd. 38, S. 1. 1902; Bd. 50, S. 259. 1916. Den hier angegebenen Wert (5,85) hat G. später auf Grund einer etwas anderen Schwärzungskorrektion auf (5,75 + Schwärzungskorrektion von etwa 1%) verbessert.

[2] W. W. COBLENTZ, Bull. Bureau of Stand. Bd. 12, S. 503. 1916; Bd. 15, S. 529. 1920.

[3] K. HOFFMANN, ZS. f. Phys. Bd. 14, S. 315. 1923.

[4] A. KUSSMANN, ZS. f. Phys. Bd. 25, S. 79. 1924; s. ferner G. MICHEL u. W. KUSSMANN, ebenda Bd. 18, S. 263. 1923.

[5] F. HOARE, Phil. Mag. Bd. 6, S. 828. 1928; Bd. 13, S. 380. 1932.

[6] Siehe Fußnote 8 auf S. 19.

[7] C. MENDENHALL, Phys. Rev. Bd. 34, S. 502. 1929.

[8] Für $h/e^{4/3}$ ergibt sich $1{,}7512 \cdot 10^{-14}$.

[9] Vgl. L. FLAMM, Phys. ZS. Bd. 18, S. 515. 1917.

teils in der $^3/_3$., teils in der $^4/_3$., teils in $^5/_3$. Potenz. Die Ergebnisse sind im folgenden zusammengestellt:

Tabelle 4. h-Bestimmungen nach verschiedenen Methoden.

Meßmethode		h berechnet mit $e = (4{,}770 \pm 0{,}005) \cdot 10^{-10}$
Lichtelektrischer Effekt	$h/e^{3/3} = (1{,}3716 \pm 0{,}0014) \cdot 10^{-17}$	$h = (6{,}543 \pm 0{,}010) \cdot 10^{-27}$
Ionisierungsspannung .	$h/e^{3/3} = (1{,}3752 \pm 0{,}0027) \cdot 10^{-17}$	$h = (6{,}560 \pm 0{,}015) \cdot 10^{-27}$
Strahlungskonstante c_2.	$h/e^{3/3} = (1{,}3728 \pm 0{,}0030) \cdot 10^{-17}$	$h = (6{,}548 \pm 0{,}015) \cdot 10^{-27}$
Kontinuierliches Röntgenspektrum:		
nach Duane, Palmer u. Chi-Sun-Yeh . .	$h/e^{4/3} = (1{,}7605 \pm 0{,}0009) \cdot 10^{-14}$	$h = (6{,}561 \pm 0{,}009) \cdot 10^{-27}$
nach Feder	$h/e^{4/3} = (1{,}7561 \pm 0{,}0009) \cdot 10^{-14}$	$h = (6{,}545 \pm 0{,}009) \cdot 10^{-27}$
Rydbergkonstante [mit $e/mc = (1{,}760 \pm 0{,}0006) \cdot 10^7$]	$h/e^{5/3} = (2{,}2486 \pm 0{,}0003) \cdot 10^{-11}$	$h = (6{,}548 \pm 0{,}011) \cdot 10^{-27}$

Bei der Berechnung des wahrscheinlichsten Wertes von h berücksichtigen wir (vgl. Bond[1] und Birge III]), daß die erhaltenen Werte von h/e^a, wobei $a = {}^3/_3$, $^4/_3$ oder $^5/_3$ ist, eine unabhängige Berechnung von h und von e erlauben. In seiner ausführlichen (zur Zeit im Druck befindlichen) Arbeit[2] hat Birge die von Bond benutzte halbgraphische Rechenmethode wesentlich verbessert und zugleich den nach der Öltröpfchenmethode von Millikan gefundenen Wert von e zur Berechnung mit herangezogen. Er verwertet die gleichen neuesten Bestimmungen von h wie im vorliegenden Bericht[3] und erhält nach ausführlicher Diskussion der wahrscheinlichen Fehler und ihrer Berechnung nach der Methode der kleinsten Quadrate die Endwerte

$$e = (4{,}7688 \pm 0{,}0040) \cdot 10^{-10}; \qquad h = (6{,}5464 \pm 0{,}0095) \cdot 10^{-27}.$$

Dabei ist für e/mc der Wert $(1{,}761 \pm 0{,}0009) \cdot 10^7$ benutzt. Zugleich berechnet Birge die „Feinstrukturkonstante“ $\alpha = 2\pi e^2/hc$ und erhält für deren reziproken Wert $1/\alpha = 137{,}307 \pm 0{,}048$. Der von Eddington angenommene ganzzahlige Wert 137 ist mit obigem Wert von e/mc unvereinbar; e/mc müßte etwa um $4^0/_{00}$ größer sein, was den nach drei verschiedenen Methoden ausgeführten Bestimmungen, deren Resultate gut übereinstimmen (s. Ziff. 5), widerspricht.

Aus den oben angegebenen Werten von h/e^a könnte man die Werte von e und h auch unmittelbar auf algebraischem Wege berechnen, der aber natürlich weniger exakt ist als die von Birge verwendete Methode der kleinsten Quadrate, da die Fehler der Werte von h/e^a nicht ausgeglichen sind: setzt man nämlich $h/e^{3/3} = d$, $h/e^{4/3} = v$ und $h/e^{5/3} = f$, so sollte zunächst $v = (f \cdot d)^{1/2}$ sein, was eine gute Probe auf die Übereinstimmung der gefundenen Werte ist. Ferner folgt

$$h = \left(\frac{d}{f}\right)^2 v \qquad \text{und} \qquad e = \left[\left(\frac{d}{f}\right)^2 \frac{v}{f}\right]^{3/5}.$$

Als Mittelwerte der in Tabelle 4 angegebenen Werte von h/e^a ergeben sich bei Berücksichtigung des Gewichtes der einzelnen Werte: $h/e^{3/3} = d = (1{,}3728 \pm 0{,}001$[illegible]$) \cdot 10^{-17}$, $v = (1{,}7583 \pm 0{,}0015) \cdot 10^{-14}$ und $f = (2{,}2486 \pm 0{,}0003) \cdot 10^{-11}$. Das Produkt $(f \cdot d)^{1/2}$ ergibt sich zu $1{,}7569 \pm 0{,}0007$, also innerhalb der Fehlergrenze mit v in Übereinstimmung.

---

[1] W. N. Bond, Phil. Mag. Bd. 10, S. 994. 1930; Bd. 12, S. 632. 1931.

[2] Indessen erschienen: Phys. Rev. Bd. 40, S. 228. 1932 (Anm. bei der Korrektur).

[3] Die einzigen Unterschiede sind, daß er für e/mc den Wert 1,761 benutzt, während wir den Wert 1,760 verwenden, und daß er den Wert von σ mitverwertet.

Für die Werte von h und e folgt zunächst

$$\left(\frac{d}{f}\right)^2 v = h = (6{,}553_6 \pm 0{,}012) \cdot 10^{-27}$$

und

$$\left[\left(\frac{d}{f}\right)^2 \frac{v}{f}\right]^{3/5} = e = (4{,}772_5 \pm 0{,}006) \cdot 10^{-10}.$$

Dieser e-Wert ist unabhängig von jeder direkten Messung von e; er stimmt sehr gut mit MILLIKANS Wert $(4{,}770 \pm 0{,}005) \cdot 10^{-10}$ überein, wie er sich mit den heutigen Werten der Lichtgeschwindigkeit und des absoluten Ohm ergibt[1]. BIRGE [II, Sektion K] hält den ein wenig kleineren Wert $(4{,}768 \pm 0{,}005)$ für wahrscheinlicher den MILLIKANschen Messungen entsprechend. Der Mittelwert aus diesem und dem eben gefundenen ist $(4{,}770 \pm 0{,}004) \cdot 10^{-10}$, woraus schließlich

$$h = f \cdot e^{5/3} = (6{,}548 \pm 0{,}009) \cdot 10^{-27}$$

folgt.

Wenn man andrerseits den Wert von $v = h/e^{4/3}$ wegen der durch die Strichgittermessungen der Röntgenwellenlängen entstandenen Zweifel gar nicht benutzen will, erhält man

$$e = \left(\frac{d}{f}\right)^{3/2} = (4{,}770_3 \pm 0{,}006) \cdot 10^{-10},$$

und wenn man wieder den Mittelwert dieses Wertes und des von BIRGE aus MILLIKANS Messungen errechneten Wertes $(4{,}768 \pm 0{,}005)$ benutzt, ergibt sich schließlich

$$h = e \cdot d = (6{,}547 \pm 0{,}009) \cdot 10^{-27}.$$

Als heute (Februar 1932) wahrscheinlichste Werte können wir also die gleichen Werte bezeichnen, die MILLIKAN[1] 1930 und BIRGE [II, 1929, und III, 1932] angeben:

$$\boldsymbol{e = (4{,}770 \pm 0{,}004) \cdot 10^{-10}}\ \textbf{abs. es. Einh.}$$

und

$$\boldsymbol{h = (6{,}547 \pm 0{,}009) \cdot 10^{-27}}\ \textbf{erg. sec.}$$

Der Wert der von DIRAC eingeführten, häufig benutzten Größe $h/2\pi$ ist

$$\boldsymbol{\hbar = (1{,}0420 \pm 0{,}0014) \cdot 10^{-27}}.$$

Der viel benutzte Umrechnungsfaktor von Volt auf Wellenlängen entsprechend der Quantengleichung

$$V' = \frac{h c^2}{e p q 10^8} \frac{1}{\lambda}$$

ergibt sich mit obigen Zahlenwerten zu $1{,}233 \cdot 10^{-4}$.

---

[1] Vgl. R. A. MILLIKAN, Phys. Rev. Bd. 35, S. 1231. 1930; s. auch Schluß der Einleitung vorliegenden Berichtes.

Kapitel 2.

Anregung von Quantensprüngen durch Stoß[1].

(Mit Ausschluß der Erscheinungen an Korpuskularstrahlen hoher Geschwindigkeit.)

Von

W. DE GROOT und **F. M. PENNING**, Eindhoven (Holland).

Mit 114 Abbildungen.

I. Historisches; Abgrenzung und Einteilung des Gebietes.

1. Entdeckung quantenhafter Energieübertragung. Die experimentellen Ergebnisse, die in diesem Kapitel besprochen werden sollen, sind aus dem Studium der *Entladungserscheinungen in verdünnten Gasen* hervorgegangen. Nachdem diese Erscheinungen in den Händen von HITTORF[2] und CROOKES[3] eine größere Bedeutung für die Erforschung der Materie erhalten hatten, haben sie in immer steigendem Maße zur Erkenntnis der Eigenschaften des Atoms und seines Aufbaus beigetragen. Vor allem sind hier die Arbeiten LENARDS[4] zu erwähnen. Die im 1. Kapitel des Bandes XXII/1 ds. Handb. beschriebenen Versuche zur Bestimmung des Verhältnisses von Ladung zur Masse für Elektronen und für positive Ionen gingen aus diesen Arbeiten sowie z. B. aus denen J. J. THOMSONS[5] hervor. Die Untersuchungen der LENARDschen Schule beschäftigten sich außerdem ausführlich mit dem Studium der *Absorption* der Kathodenstrahlen in fester und gasförmiger Materie und mit der gleichzeitigen Bildung sekundärer geladener Teilchen. Sie erstreckten sich zuerst auf die Erscheinungen an Elektronenstrahlen hoher Geschwindigkeit, während später auch ganz niedrige Elektronengeschwindigkeiten zur Beobachtung kamen Ferner befaßten sie sich mit den Energieverlusten, die die Elektronen beim Durchgang durch Materie erleiden. Schon 1902[6] ergab sich dabei das für die Erkenntnis quantenhafter Energieübertragung wichtige Ergebnis, daß es zur Bildung positiver Ionen (Trägerbildung), also zu einem Prozeß, in dem durch den Stoß

[1] In der ersten Auflage bearbeitet von J. FRANCK und P. JORDAN. Bei der folgenden Darstellung ist die Literatur bis Anfang 1932 berücksichtigt; später (bis 1. September 1932) erschienene wichtige Arbeiten wurden bei der Korrektur in Anmerkungen erwähnt.

[2] W. HITTORF, Pogg. Ann. Bd. 136, S. 1 u. 197. 1869.

[3] W. CROOKES, Proc. Roy. Soc. London A Bd. 30, S. 469. 1880; Nature Bd. 20, S. 419 u. 436. 1879.

[4] P. LENARD, Berl. Ber. Jan. 1893; Über Kathodenstrahlen, Nobel-Vortrag, 2. Aufl. Berlin 1920; Quantitatives über Kathodenstrahlen aller Geschwindigkeiten, 2. Aufl. Heidelberg 1925.

[5] J. J. THOMSON, Conduction of electricity through gases, 2. Engl. Aufl. Cambridge 1906. Für die vollständige Literatur verweisen wir auf das genannte Kapitel.

[6] P. LENARD, Ann. d. Phys. Bd. 8, S. 149 u. 188. 1902.

eines primären Elektrons einem Atom oder Molekül ein (sekundäres) Elektron entrissen wird, einer gewissen Mindestenergie des stoßenden Primärelektrons bedarf. Diese Beobachtung bedeutet einen ersten Vorstoß in ein Gebiet, das wir heute als „Quantentheorie der atomaren Prozesse" bezeichnen und das die eben geschilderte Entwicklung zu einem gewissen Abschluß brachte. Ein zweiter Vorstoß erfolgte durch die Untersuchung des Zusammenhanges zwischen Energieverlusten und Lichtemission bei Kathodenstrahlen in verdünnten Gasen.

Der soeben genannte Begriff der Ionisierungsenergie widersprach wegen der Analogie zur chemischen Bindungsenergie noch nicht ernstlich den auf anderen Wegen gewonnenen Vorstellungen über den Bau der Atome. Erst bei dem Studium der *Spektren*, welche von Strom durchflossene Gase zeigen, fingen die Schwierigkeiten an, erheblich zu werden. Die Lichtemission der Gase wurde einerseits mit der Lumineszenz fester Stoffe unter Einfluß von Kathodenstrahlen in Verbindung gebracht, indem in beiden Fällen angenommen wurde, daß der primäre Prozeß bei diesen Erscheinungen die Entfernung eines Elektrons aus irgendeinem „Zentrum" war, während in vorläufig nicht weiter geklärter Weise die Lichtemission mit der Zurückkehr des Elektrons zum Zentrum in Verbindung gebracht wurde. Andererseits wies die Anwesenheit ganz bestimmter Frequenzen in den Spektren der Atome (KIRCHHOFF-BUNSENsche Spektralanalyse) auf das Bestehen schwingungsfähiger Gebilde innerhalb des Atomes hin. Die LORENTZsche Elektronentheorie[1] sah als solche die Elektronen selber an, indem sie durch „quasielastische Kräfte" gebundene Elektronen (Oszillatoren) als Bestandteile des Atoms annahm. Diese Theorie fand ihre wichtigste experimentelle Stütze in der ZEEMANschen Entdeckung[2] der magnetischen Zerlegung der Spektrallinien, aus der die Identität von freien und gebundenen Elektronen zu folgern war. Diesen Vorstellungen gemäß sollte man erwarten, daß ein Atom bei Erschütterung durch noch so geringe Kräfte zu leuchten anfangen würde, indem seine Oszillatoren durch den Stoß *angeregt* werden. Speziell mit dieser letzten Vorstellung stand eine Erscheinung in Widerspruch, die bei Beobachtung des Leuchtens der Gasgemische wiederholt zutage trat, nämlich die Auslöschung des Spektrums eines Gases durch geringe Beimischungen anderer Gase, wobei das Spektrum der Beimischung auf das stärkste hervortrat[3]. Die erste Klarheit über diesen Punkt brachte ein Versuch von GEHRCKE und SEELIGER[4] aus dem Jahre 1912, der also noch gerade vor das Jahr 1913 fällt, in dem BOHR seine umwälzende Interpretation des Wasserstofftermspektrums gab[5]. GEHRCKE und SEELIGER ließen einen Kathodenstrahl, der von einer Glühkathode kam, in ein elektrisches Feld eintreten und bremsten ihn so ab. Sie untersuchten dann spektroskopisch die Lichtemission längs seiner parabolischen Bahn. Daraus ergab sich das wichtige Resultat, daß es eine scharfe untere Grenze der Kathodenstrahlgeschwindigkeit gibt, unter der keine Lichtemission stattfindet. Weiter zeigten sich längs der Elektronenbahn Farbumschläge, die mit dem Auftreten weiterer Spektrallinien bei höherer Elektronengeschwindigkeit zusammenhingen. Hiermit war prinzipiell bewiesen, daß es zur Emission einer bestimmten Spektrallinie einer Mindestenergie (Anregungsenergie) bedarf. Zugleich war die Erscheinung bei den Gasgemischen erklärt, indem das Gas niedrigster An-

[1] H. A. LORENTZ, Arch. Néerland. Bd. 25, S. 363. 1892; Versuch einer Theorie der elektrischen und optischen Erscheinungen in bewegten Körpern. Leiden 1895; Theory of Electrons, 2. Aufl. Leipzig 1916.

[2] P. ZEEMAN, Versl. Akad. Amsterdam Bd. 5, S. 181 u. 242. 1896; Phil. Mag. Bd. 43, S. 226. 1897.

[3] J. E. LILIENFELD, Ann. d. Phys. Bd. 16, S. 931. 1905.

[4] E. GEHRCKE u. R. SEELIGER, Verh. d. D. Phys. Ges. Bd. 14, S. 335 u. 1023. 1912.

[5] N. BOHR, Phil. Mag. Bd. 26, S. 1, 476 u. 857. 1913.

regungsenergie die Elektronen daran verhindert, die Atome des Hauptgases anzuregen. Die Existenz einer für die Anregung notwendigen Mindestenergie selbst war jedoch mit den LORENTZschen Oszillatoren nicht zu versöhnen. Etwas besser paßte sie sich dem inzwischen von PLANCK entworfenen Bilde des harmonischen Oszillators an, in dem endliche Energiestufen formell zugelassen wurden. Erst recht paßte jedoch der neue Befund, dessen Untersuchung durch FRANCK und HERTZ[1] seit 1914 in ausführlicher Weise unternommen wurde, hinein in die neue BOHRsche Interpretation der Spektralterme als reelle durch innere Energie unterschiedene Zustände des Atoms (stationäre Zustände, Anregungsstufen).

Eine wichtige Reihe von Untersuchungen bilden noch die etwa 1900 angefangenen Experimente von TOWNSEND[2] über Leitung von Elektrizität in Gasen und Diffusion von Elektronen im elektrischen Felde. TOWNSEND kommt zum Ergebnis, daß Elektronen geringer Geschwindigkeit (bis zu wenigen Volt) keine anderen Energieverluste im Gas erleiden, als die von der kinetischen Theorie in Verbindung mit dem Massenverhältnis von Elektronen und Gasatomen zu erwartenden. Auch in den TOWNSENDschen Arbeiten finden sich deutliche Anzeichen für das Auftreten größerer Energieverluste bei größerer mittlerer Geschwindigkeit der Elektronen. Insbesondere wurde schon frühzeitig festgestellt, daß positive Ionen nur dann auftreten, wenn das stoßende Elektron eine Mindestenergie von einigen Volt besitzt.

Was die Untersuchungen von FRANCK und HERTZ von den älteren Messungen unterscheidet, ist das Bestreben, die Versuchsbedingungen zu vereinfachen, indem Elektronenstrahlen von möglichst einheitlicher Geschwindigkeit verwandt und die Dimensionen der Apparate sowie die Gasdrucke so gewählt wurden, daß die elastischen Stoßverluste keine Rolle spielten. Durch besondere Untersuchungen überzeugten diese Autoren sich davon, daß diese Bedingungen bei ihren Versuchen in genügendem Maße erfüllt waren[3]. In erster Linie betrafen die Experimente von FRANCK und HERTZ, die bald auch in anderen Laboratorien fortgesetzt und erweitert wurden, rein elektrische Messungen der Energieverluste bei unelastischen Stößen, speziell die Bestimmung der Anregungs- und Ionisierungsspannungen verschiedener Gase. Zugleich wurde aber die bei der Anregung auftretende Lichtemission mit in die Beobachtung gezogen. Durch einen grundlegenden Versuch von 1914[4] wurde festgestellt, daß zur Emission der Resonanzlinie 2537 Å des Quecksilbers eine Elektronengeschwindigkeit von 4,9 Volt nötig ist, in Übereinstimmung mit der PLANCKschen Formel[5]:

$$\varepsilon = e\frac{V}{300} = h\nu .$$

Später hat vor allem HERTZ[6] sich zu zeigen bemüht, daß diese einfachste Beziehung nicht immer befolgt wird, daß vielmehr die Energiedifferenz zwischen dem oberen Spektralterm (im BOHRschen Sinne) und dem Grundzustand des Atoms maßgebend ist für die Emission einer Spektrallinie. Wiederholungen der Versuche mit verschiedenen Gasen und Dämpfen waren vor allem interessant in Verbindung mit der fortschreitenden Analyse der Termspektren der Atome und Moleküle.

---

[1] J. FRANCK u. G. HERTZ, Verh. d. D. Phys. Ges. Bd. 16, S. 457. 1914.

[2] J. S. TOWNSEND, Nature Bd. 62, S. 340. 1900; Electricity in Gases. Oxford 1915; Motion of Electrons through Gases. Oxford 1924; V. A. BAYLEY: ZS. f. Phys. Bd. 68, S. 834. 1931; Phil. Mag. Bd. 11, S. 1052. 1931.

[3] J. FRANCK u. G. HERTZ, Verh. d. D. Phys. Ges. Bd. 15, S. 613. 1913.

[4] J. FRANCK u. G. HERTZ, Verh. d. D. Phys. Ges. Bd. 16, S. 512. 1914.

[5] Vgl. S. 27 u. 28.

[6] G. HERTZ, Die Ergebnisse der Elektronenstoßversuche im Lichte der BOHRschen Theorie des Atoms. Nobelvortrag Dez. 1926.

2. Häufigkeit der Quantenprozesse. Die BOHRsche Theorie macht über ältere elektronentheoretische Überlegungen hinaus[1] keine neuen Aussagen über die Wahrscheinlichkeit dafür, daß ein stoßendes Elektron bei genügender Energie tatsächlich das Atom in einen höheren Quantenzustand, insbesondere in den ionisierten Zustand, überführt. Schon LENARD und seine Schüler haben wichtige Messungen über die Häufigkeit der Ionisierungen angestellt. Eines der wichtigen Resultate dieser Messungen war die Abnahme der Zahl der gebildeten Ionen mit *zu*nehmender Geschwindigkeit der Elektronen bei größeren Geschwindigkeiten. Andererseits wurde gefunden, daß die Ionisierungswahrscheinlichkeit unterhalb der Ionisierungsspannung (Trägerbildungsspannung) Null ist. Dazwischen sollte man ein Maximum erwarten, wie tatsächlich später gefunden wurde. Was die Anregungswahrscheinlichkeit betrifft, so hat schon der Versuch von GEHRCKE und SEELIGER einen Anhaltspunkt gegeben, indem nämlich gezeigt wurde, daß die Lichtstärke einer Spektrallinie von der Anregungsspannung ab erst zu-, danach wieder abnahm. Später sind zahlreiche Versuche angestellt worden, die Anregungshäufigkeit (Anregungsfunktion nach SEELIGER) und die Häufigkeit der Ionisierung im Gebiete 0—1000 Volt genau zu bestimmen.

3. Anregung und Ionisierung durch Ionen und ungeladene Molekeln[2]. Neben Anregung und Ionisierung durch Elektronenstoß ist, auch auf Grund der geschilderten älteren Vorstellungen über die Anwesenheit von Oszillatoren im Atom, Anregung durch schwere Teilchen (Ionen oder ungeladene Molekeln) zu erwarten. Die Kanalstrahlen und das Leuchten in der sog. ersten Kathodenschicht sowie das Flammenleuchten haben sicher zum Teil in diesen Vorgängen ihren Ursprung. Spezielle Untersuchungen über Anregung und Ionisation durch Protonen und Ionen sind in letzter Zeit durchgeführt worden und werden im Laufe der Zeit unzweifelbar weiter ausgebaut werden.

4. Stöße zweiter Art. Endlich sind, zum Teil auf indirektem Wege, Elementarprozesse entdeckt worden, bei denen quantenhafte Übertragung von Energie von einem Atom oder einem Molekül bei Zusammenstoß mit einem zweiten solchen Teilchen stattfindet. Auch die Rekombination eines Ions mit einem Elektron verdient in dieser Hinsicht unsere Aufmerksamkeit. Wird dabei die Energie einem anwesenden zweiten Elektron übertragen, so stellt der Vorgang gerade die Umkehrung des Ionisationsprozesses durch Elektronenstoß dar. KLEIN und ROSSELAND[3] bezeichneten solche Prozesse als Stöße zweiter Art.

5. Abgrenzung des Gebietes. Wir betrachten es als unsere Aufgabe, in vorliegendem Kapitel diejenigen Untersuchungen und Resultate zu beschreiben, bei denen Elementarprozesse studiert und die dabei maßgebenden Größen (Energie, Häufigkeit) bestimmt werden. Die komplizierten Erscheinungen, wie Diffusions- und Absorptionsversuche, werden in anderen Teilen ds. Handb. ihre Behandlung finden.

6. Neuere Quantentheorie. Bisher haben wir in dieser Übersicht keine Rücksicht genommen auf die Änderungen, die die Theorie der quantenhaften

---

[1] J. J. THOMSON, Phil. Mag. Bd. 23, S. 449. 1912.

[2] Bei der Niederschrift dieses Kapitels empfanden wir es als sehr unbequem, daß nach dem jetzigen Sprachgebrauch mit „Molekeln" oder „Moleküle" nur zwei- oder mehratomige Gebilde gemeint werden. Weil in der physikalischen Literatur das Wort Molekül als Bezeichnung für zwei- und mehratomige Gebilde allgemein gebraucht wird, haben auch wir daran festgehalten, benutzen jedoch nach Rücksprache mit Herrn Prof. Dr. GEIGER weiterhin das Wort *Molekel als gemeinsame Bezeichnung für Atome und Moleküle.* Für die Literatur über die Frage: „Molekel oder Molekül?" verweisen wir auf Naturwissensch. Bd. 17, S. 87. 1929; Bd. 18, S. 601 u. 940. 1930; ZS. f. Elektrochem. Bd. 36, S. 552 u. 1023. 1930; Bd. 37, S. 108. 1931.

[3] O. KLEIN u. S. ROSSELAND, ZS. f. Phys. Bd. 4, S. 46. 1921.

Prozesse seit BOHR erfahren hat. Die ursprüngliche BOHRsche Theorie zerfällt nach ihrem Wesen in zwei verschiedenartige Teile. An erster Stelle behauptete sie, wie oben erwähnt, die Identität von Spektraltermen und Anregungsstufen und erlaubte also die Einordnung der Resultate zweier Forschungsgebiete (Analyse der Spektren und Mechanik der Stoßvorgänge) in einen Rahmen. Zweitens erstrebte sie, durch spezielle Vorstellungen über die stationären Zustände (Planetenbahnen, quantisierte Bewegungen) die in Frage kommenden Größen (Spektralterme) zu berechnen. In dieser Hinsicht hat sich die Quantentheorie seit BOHR[1] bedeutend geändert. Die neueren Theorien (Quantenmechanik, Wellenmechanik, DIRACsche Theorie), die in letzter Instanz als eine Ausbreitung und Präzisierung des BOHRschen Korrespondenzprinzips anzusehen sind, werden für unseren Zweck deshalb wichtig, weil sie prinzipiell das Mittel an die Hand zu geben scheinen, nicht nur die Energiestufen, sondern auch die Wahrscheinlichkeiten der Quantenprozesse zahlenmäßig zu berechnen. Allerdings läßt der bisherige Stand dieser Entwicklungen noch vieles zu wünschen übrig, zum Teil, weil die Rechnungen in verwickelteren und sogar in einfachen Fällen noch nicht in Strenge durchgeführt werden können, zum Teil, weil befriedigende Ansätze fehlen, wie beispielsweise bei dem Mechanismus der Lichtemission. Jedoch brauchen wir an dieser Stelle darauf nicht weiter einzugehen.

II. Zusammenstöße zwischen Elektronen und Molekeln.

a) Allgemeines.

7. Einleitende Bemerkungen. In der aus unserem Programm sich ergebenden Einteilung ist offenbar der einfachste Fall derjenige, bei dem *Elektronen* mit Atomen oder Molekülen zusammenstoßen. Der Umstand, daß die Elektronen geladene Teilchen sind, trägt erheblich zur Erleichterung dieser Untersuchungen bei, da die Ladung der Elektronen und der bei dem Zusammenstoß etwa gebildeten Ionen das Mittel an die Hand gibt, sie in ganz geringen Konzentrationen nachzuweisen und zu untersuchen. Besonders wertvoll ist dabei, daß man zur Veränderung der Geschwindigkeiten der Ladungsträger nicht auf Temperaturerhöhung angewiesen ist, sondern daß es möglich ist, durch *elektrische Felder* den Ladungsträgern beliebige Beträge von kinetischer Energie zu geben und in *Nichtgleichgewichtsversuchen* ihr Verhalten bei Zusammenstößen mit ungeladenen Molekeln zu studieren. Ein anfänglich ruhendes Elektron oder Ion erhält beim Durchlaufen einer Potentialdifferenz V eine kinetische Energie

$$\tfrac{1}{2} m v^2 = \frac{1}{300} e V \; *,$$

wenn V in Volt, e in ESE gemessen sind; für ein Elektron ist $e = 4{,}77 \cdot 10^{-10}$ ESE, $m = 0{,}899 \cdot 10^{-27}\,g$ und somit

$$v = 5{,}95 \cdot 10^7 \sqrt{V}.$$

Wir werden vielfach die Energie oder die Geschwindigkeit eines Elektrons oder auch eines Ions bezeichnen durch die äquivalente Anzahl Volt.

---

[1] Die BOHR-SOMMERFELDschen Quantenbedingungen haben als solche unmittelbar nach ihrem großen Triumph beim H-Atom versagt. Schon die in aller Strenge durchgeführten Rechnungen beim Wasserstoffmolekülion H_2^+ stimmten nicht mit der Erfahrung überein: W. PAULI jun., Ann. d. Phys. Bd. 68, S. 177. 1922; K. F. NIESSEN, Dissert. Utrecht 1922; Ann. d. Phys. Bd. 70, S. 129. 1923.

* Von der Relativitätskorrektion ist hier abgesehen worden.

Auch die (BOHRschen) Energiestufen des Atoms können in derselben Einheit ausgedrückt werden. In Abb. 1 sind beispielsweise die Terme des Wasserstoffatomspektrums graphisch dargestellt. Für unseren Zweck wird es sich als bequemer herausstellen, nicht den ionisierten Zustand, sondern den Zustand niedrigster Energie, den sog. Grund- oder Normalzustand des Atoms als Nullniveau zu benutzen (Abb. 2). In Abb. 2 haben wir zugleich die Wellenzahlskala durch Multiplikation mit $300\,hc/e$ in eine Voltskala umgerechnet gemäß der BOHRschen Frequenzbedingung

$$h\nu = \Delta\varepsilon = \frac{1}{300}\,e\,\Delta V,$$

wo ν in $\sec^{-1}$, $\Delta\varepsilon$ in Erg und ΔV in Volt zu messen ist[1]. Für sämtliche Atome läßt sich in derselben Weise ein Termschema angeben. Allerdings befolgen die Termwerte im allgemeinen nicht die einfache BALMERsche Formel. Auch gibt nicht jede denkbare Termkombination Anlaß zu einer wirklichen Spektrallinie. Jedoch

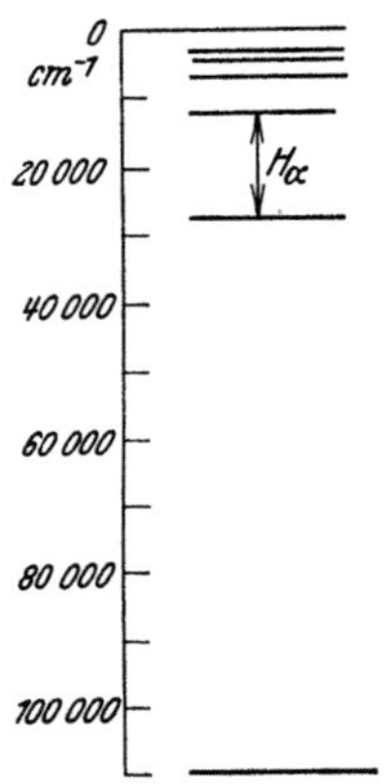

Abb. 1. Die Terme des Wasserstoffatomspektrums in BALMER-Einheiten (cm^{-1}).

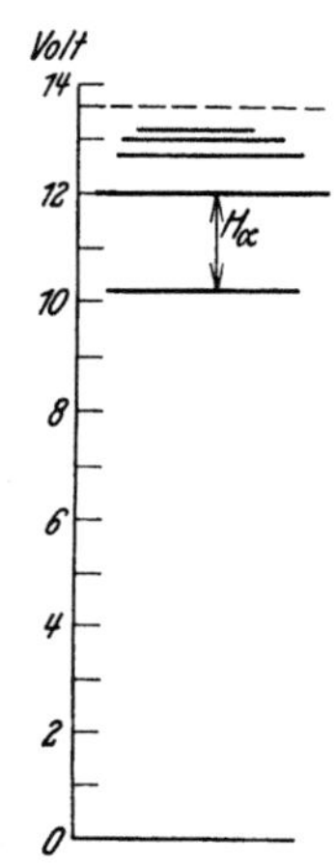

Abb. 2. Die Energiestufen des H-Atoms in Volt.

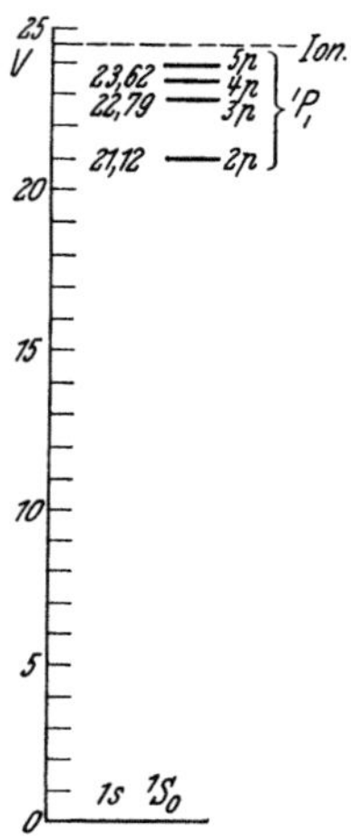

Abb. 3. Energiestufen des He-Atoms (^1P-Terme).

entspricht nach BOHR jedem Term ein stationärer Zustand des Atoms, dessen Energiedifferenz in Beziehung zum Grundzustand durch eine bestimmte Voltzahl ausdrückbar ist. In Hinsicht auf das folgende führen wir noch das Termschema des He-Atoms, wenigstens teilweise, an. Der Grundzustand des He-Atoms ist ein ^1S-Zustand (Ziff. 52). Darüber befinden sich u. a. eine Reihe von ^1P-Zuständen, die nach der Ionisierungsgrenze hin konvergieren. Weitere Terme sind deutlichkeitshalber aus der Abbildung weggelassen (Abb. 3).

8. Grundlegende Betrachtungen über Zusammenstöße zwischen Elektronen und Molekeln. Beschreibung der Erscheinungen durch Querschnitte. Anschließend an das Beispiel des He-Atoms leiten wir jetzt unsere Betrachtungen über Elektronenstoßuntersuchungen ein, indem wir, die historische Entwicklung überspringend, ein Experiment besprechen, das in seiner vollendeten Form einen klaren Einblick in die ganze Sachlage gestattet und zugleich die nötigen Definitionen aufzustellen erlaubt. Abb. 4 stellt eine von MCMILLEN[2] benutzte Anordnung dar, die es ermöglicht, die nach Zusammenstoß mit He-Atomen in

[1] Der Umrechnungsfaktor ist also derart, daß die Wellenlänge einer Spektrallinie sich aus der Voltdifferenz zweier Terme berechnet aus (vgl. Kap. 1, Ziff. 7):

$$\lambda_{\text{Å}} \cdot V_{\text{Volt}} = \frac{300\,h\,c}{e} \cdot 10^8 = 12\,330\,.$$

[2] J. H. MCMILLEN, Phys. Rev. Bd. 36, S. 1034. 1930.

eine vorgegebene Richtung abgelenkten Elektronen in ein Geschwindigkeitsspektrum zu zerlegen. Ein von der Glühkathode G ausgehender, durch Blenden begrenzter Elektronenstrahl schneidet die Achse einer zylindrischen Dose. Durch die Spalte $S_1 S_2$ können nur Elektronen in den Meßapparat hinter S_2 gelangen, die im Zentrum M der Dose eine Kollision mit einem Atom des (äußerst verdünnten) Füllgases erfahren haben und von dorthin gerade in die Richtung MS_1 abgelenkt sind. Das elektrische Feld zwischen den gekrümmten Platten $P_1 P_2$ läßt nur Elektronen von scharf definierter Geschwindigkeit durch den Spalt S_3 in den Faradaykäfig K treten, wo sie zur Messung gelangen. Abb. 5 gibt ein Bild des Geschwindigkeits- (Energie-) Spektrums von (ursprünglich) 50-Volt-Elektronen nach Ablenkung um einen Winkel von 10°. Das genannte Experiment lenkt unsere Aufmerksamkeit auf die Tatsache, daß Elektronen beim Zusammenstoß mit Atomen[1] (wenigstens im Falle des He) entweder gar keine Energie verlieren (jedenfalls viel weniger als 1 Volt) oder aber solche Beträge, die den aus dem Termspektrum bekannten Energiedifferenzen mit dem Grundzustand genau entsprechen, wie man aus einem Vergleich von Abb. 5 und 3 ersieht. Wir können uns vorstellen, daß das getroffene Atom im letzten Falle die vom Elektron verlorene Energie aufgenommen hat, indem es sich nach dem Stoße in dem betreffenden höheren stationären Zustand befindet[2]. Da, wie wir sehen werden, dieser Vorgang in vielen Fällen mit der Emission von Spektrallinien verbunden ist, und zwar gerade von Linien, die dem betreffenden Zustand als oberen Spektralterm zugehören, hat der Sprachgebrauch für die stationären Zustände außer dem Grundzustand das Wort *Anregungszustand* oder *angeregter Zustand* gebildet.

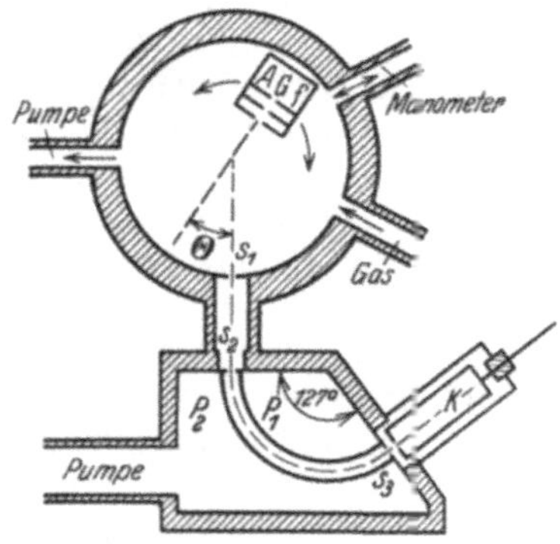

Abb. 4. Apparatur zur Messung der Energieverteilung gestreuter Elektronen. (Nach Mc Millen.)

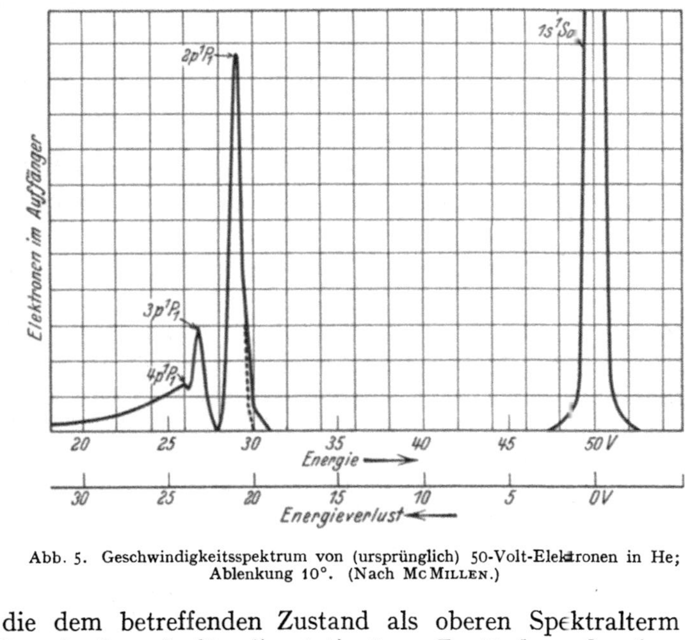

Abb. 5. Geschwindigkeitsspektrum von (ursprünglich) 50-Volt-Elektronen in He; Ablenkung 10°. (Nach Mc Millen.)

[1] Auf verwickeltere Verhältnisse bei Molekülen gehen wir hier nicht näher ein.

[2] Verwandlung kinetischer Elektronenenergie in Strahlung ohne Anregung des Atoms ist für langsame Elektronen wenigstens bei Substanzen im Gaszustand niemals beobachtet worden. Sollte eine derartige Erscheinung auftreten, so würde sie das Analogon zur Bremsstrahlung im Röntgengebiet darstellen, wie tatsächlich von Mohler an Metallschichten beobachtet wurde; vgl. F. L. Mohler u. C. Boeckner, Bur. Stand. J. Res. Bd. 6, S. 673. 1931; F. L. Mohler, ebenda Bd. 7, S. 701. 1931; Bd. 8, S. 357. 1932.

Fassen wir noch einmal die Apparatur von Abb. 4 ins Auge, dann sehen wir, daß sie, indem man dem Elektronenstrahl verschiedene Neigungen erteilt, prinzipiell gestattet, die Anzahl der mit bestimmten Energien davonfliegenden Elektronen in Abhängigkeit der Richtung zu messen. Derartige Messungen sind in der Tat ausgeführt worden, jedoch geben die Versuche verschiedener Beobachter zwar ähnliche, nicht aber quantitativ übereinstimmende Resultate.

Denken wir uns jedoch den genannten Versuch in idealer Verfeinerung ausgeführt, dann läßt sich folgendes Bild entwerfen: Ein isoliertes Atom befinde sich in einem homogenen geradlinigen Elektronenstrahl[1]; die Elektronen mögen eine Geschwindigkeit v haben. Die Stromdichte sei j. (Also $j = \varrho \cdot e \cdot v$, wo ϱ die Elektronenzahl pro cm³ bedeutet.) Infolge der Anwesenheit des Atoms wird eine Anzahl Elektronen das Atom in den Anregungszustand a ($b, c \ldots$) versetzen und nachher in die Richtung ϑ, φ, innerhalb des Raumwinkels $d\omega = \sin\vartheta \cdot d\vartheta \cdot d\varphi$ abgelenkt werden (Abb. 6); sei $i_a\,(v, \vartheta, \varphi, d\omega)$ der Strom dieser Elektronen, dann wird dieser proportional j und $d\omega$ sein, so daß wir

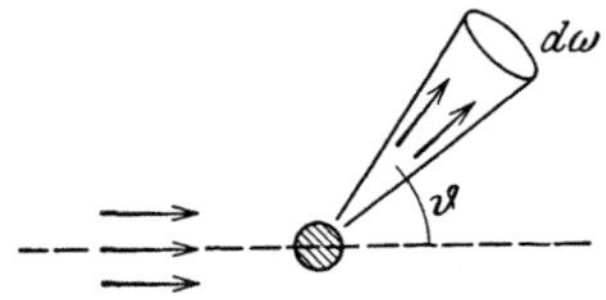

Abb. 6. Zur Streuung von Elektronen an Molekeln bei elastischem bzw. unelastischem Stoß.

$$i_a(v, \vartheta, \varphi, d\omega) = \mathfrak{q}_a(v, \vartheta, \varphi) \cdot d\omega \cdot j$$

ansetzen dürfen.

Das Problem der experimentellen Erforschung der Mechanik des Stoßprozesses hat zum Ziel: 1. die Funktionen $\mathfrak{q}_a(v, \vartheta, \varphi)$ zu bestimmen und 2. die resultierenden Prozesse (Strahlung) zu studieren.

Der Ausdruck $\mathfrak{q}_a(v, \vartheta, \varphi) \cdot d\omega$, welcher die Dimension einer Fläche hat, stellt den pro Atom gerechneten wirksamen Querschnitt für den soeben genannten Prozeß (Anregung unter Ablenkung des Elektrons in den vorgegebenen Raumwinkel) dar. Wir können den Ausdruck noch nach φ integrieren. Dies liegt um so mehr auf der Hand, weil meistens Symmetrie um den Strahl als Achse besteht, da selbst bei an sich asymmetrischen Molekülen doch über deren Orientierung gemittelt wird[2]. Wir erhalten dann einen neuen Ausdruck

$$\mathfrak{Q}_a(v, \vartheta)\, d\vartheta = \int_0^{2\pi} \mathfrak{q}_a(v, \vartheta, \varphi) \sin\vartheta\, d\vartheta\, d\varphi\,.$$

Zuletzt können wir die Integration nach ϑ vornehmen. Hier bietet sich eine Schwierigkeit insofern, als das Resultat unendlich werden kann, wenn nämlich die Elektronen auch in beliebig großem Abstande vom Atom noch merklich abgelenkt werden, was wegen der Polarisierbarkeit des Atoms wohl immer der Fall sein wird. Wir können diese Schwierigkeit umgehen, indem wir eine kleine Ablenkung ϑ_0 als belanglos ansehen. Meistens wird innerhalb gewisser Grenzen das Resultat ziemlich unabhängig von ϑ_0 werden, so daß wir durch die Integration eine bestimmte Größe erhalten, nämlich:

$$q_a = \int_{\vartheta_0}^{\pi} \mathfrak{Q}_a(v, \vartheta) \cdot d\vartheta\,.$$

Das ist der wirksame Querschnitt des Atoms für Anregung in den Zustand a durch Elektronen von der Geschwindigkeit v. Im allgemeinen kann das Atom

---

[1] Die Wellenmechanik ersetzt den Strahl durch eine homogene ebene Welle und faßt das Problem als Analogon zur Lichtbeugung auf. Für unseren experimentellen Standpunkt ist das aber unwesentlich.

[2] In der Quantenmechanik ist eine solche Mittelung vielfach von selbst in die Ansätze hineingebracht worden.

nicht nur angeregt, sondern auch ionisiert werden. Dieser Fall ist etwas verwickelter, indem das stoßende Elektron sowohl dem Atom wie dem losgelösten Elektron Energie mitzuteilen vermag. Doch läßt sich auch hier nach Integration über verschiedene Variable, nämlich die Geschwindigkeitskomponenten des stoßenden sowie des abgelösten Elektrons nach dem Zusammenstoß, unter gleichen Beschränkungen wie oben ein atomarer Ionisierungsquerschnitt q_i definieren. Auch kann, wie wir gesehen haben, das Elektron gar keine oder verschwindend wenig Energie verlieren, nämlich im Falle der sog. elastischen Reflexion, der ebenfalls ein gewisser Querschnitt entspricht, den wir mit q_e bezeichnen. Endlich kann in gewissen Fällen (Elektronenaffinität) außerdem noch wahre Absorption (Festhalten) der Elektronen stattfinden, wofür ein gesonderter Teilquerschnitt q_f hinzufügen ist. Bei Molekülen ist auch mit der Anregung von Schwingungs- und Rotationsquanten (im Grenzfall Dissoziation) zu rechnen. Der Ionisationsquerschnitt q_i wäre noch zu zerlegen in gesonderte Querschnitte für einmalige, doppelte, mehrfache Ionisierung, während jeder dieser Prozesse noch mit Anregung des Ions zusammenfallen kann:

$$q_i = q_{0'} + q_{a'} + q_{b'} + \cdots q_{0''} + q_{a''} + q_{b''} + \cdots \quad \text{usw.}$$

Die Summe der Querschnitte

$$q_e + q_a + q_b + \cdots q_i + q_f = q$$

stellt den totalen wirksamen Querschnitt des Atoms (atomaren Wirkungsquerschnitt) dar.

Oft definiert man sämtliche in Betracht kommenden Größen noch auf eine andere Weise, indem man angibt, wie oft Elektronen auf der Strecke dl zu einem der genannten Prozesse (Anregung, Ionisierung, elastische Reflexion) Anlaß geben. In einem Gase, das n Atome pro cm³ enthält, fallen pro Sekunde $\varrho \cdot v = N$ Elektronen auf 1 cm² ein. Dann ist nach dem Vorgehenden die Anzahl der Anregungen usw. pro Sekunde

$$n \cdot q_a \cdot N \cdot dl \quad \text{usw.}$$

und die totale Anzahl der aus dem Bündel ausgeschiedenen Elektronen[1]

$$-dN = n \cdot q \cdot N \cdot dl.$$

Der Elektronenstrom nimmt also ab nach dem Gesetz

$$N = N_0 e^{-Ql},$$

wo

$$Q = nq.$$

Als Wirkungsquerschnitt Q definiert man das Produkt nq für eine ganz bestimmte Dichte des Gases, z. B. für 1 mm Hg bei 0° C ($n = 3{,}56 \cdot 10^{16}$). Der reziproke Wert $Q^{-1} = \lambda$ ist dann die freie Weglänge der Elektronen reduziert auf eine Gasdichte von 1 mm Hg bei 0°. Hierbei ist zu beachten, daß die Experimente, von denen hier die Rede ist, im allgemeinen bei viel geringeren Gasdichten ausgeführt werden. Man nimmt gewöhnlich auch dann die Reduktion auf den Druck von 1 mm vor, wenn die Substanz bei 0° C einen viel geringeren Dampfdruck haben würde.

Die schon in Abschnitt I angedeuteten Eigentümlichkeiten der Anregung und Ionisation finden ihren Ausdruck in der funktionellen Abhängigkeit der

---

[1] Bei LENARD wird diese Größe als Absorption bezeichnet. Dieser Begriff ist von der oben definierten wahren Absorption zu unterscheiden. Es sei darauf hingewiesen, daß die Absorption im LENARDschen Sinne im allgemeinen von dem Apparat abhängig ist, indem dieser einen Wert für den kleinsten Ablenkungswinkel ϑ_0 (s. oben) festlegt.

Größen q_a, q_i von der Geschwindigkeit v, indem sie für Geschwindigkeiten $v < v_a$ bzw. $v < v_i$ gleich Null sind und von v_a bzw. v_i ab erst anwachsen und danach im allgemeinen wieder abnehmen. Im folgenden werden wir an erster Stelle die Bestimmung der charakteristischen Geschwindigkeiten v_a, v_i (bzw. die zugehörigen Energien ε_a, ε_i) studieren und weiter dasjenige zusammenstellen, was über den Verlauf der Funktionen q_a, q_i in Abhängigkeit von v (bzw. ε) bekannt ist.

Wir werden uns im folgenden hauptsächlich mit dem Problem des unelastischen Stoßes beschäftigen. Es wird sich jedoch herausstellen, daß bei den beobachteten Erscheinungen die elastischen Stöße eine wichtige Rolle spielen. Die Methoden zur Bestimmung der Streuung, speziell bei elastischer Reflexion, und ebenfalls die zur Bestimmung der freien Weglänge und des Wirkungsquerschnittes Q werden wir jedoch nicht besprechen, da ihnen ein gesondertes Kapitel in Bd. XXII/2 ds. Handb., 2. Aufl., gewidmet ist. In gewissen Fällen, z. B. bei den Molekülen, ist aber eine experimentelle Trennung der elastischen Reflexion und der Anregung in niedrigen Quantenzuständen (Oszillation, Rotation) kaum möglich.

Wir schließen diese Betrachtungen ab, indem wir noch eine andere Beschreibungsart erwähnen, die aus der vorigen abgeleitet werden kann. Beim Studium eines besonderen Prozesses, z. B. der Anregung einer Molekel in den Zustand a, kann man die Frage stellen, welcher Prozentsatz der Stöße zu dem ins Auge gefaßten Prozesse führt. Die Antwort hängt offenbar davon ab, was man in diesem Falle unter Stoß versteht. Es liegt auf der Hand, und es wird auch vielfach so verfahren, daß man die Häufigkeit der Stöße durch den totalen Querschnitt q, die Häufigkeit der anregenden Stöße durch q_a ausdrückt. Die Ausbeute für den Prozeß a ist dann

$$W_a = q_a/q\,.$$

In vielen Fällen, in denen zwar q_a, jedoch nicht q mit genügender Genauigkeit bekannt ist, kann man q durch eine willkürliche andere Größe, z. B. durch den gaskinetischen Querschnitt q_{gask} ersetzen. In diesem Falle kann man die Beobachtungen durch die Ausbeute pro gaskinetischen Stoß

$$W_{a\,(\text{gask})} = q_a/q_{\text{gask}}$$

wiedergeben. Die Größen W_a nennen wir die Wahrscheinlichkeiten der Quantenprozesse im Gegensatz zu den Häufigkeiten, die den Größen q_a, q_i selbst proportional sind.

Wir bemühen uns im folgenden, die beiden Ausdrücke: Häufigkeit und Wahrscheinlichkeit nur im Sinne der obigen Definition zu gebrauchen. Restlos läßt sich dies allerdings nicht durchführen.

9. Beispiele über Streuung von Elektronen an Gasmolekeln. Zur Erläuterung des in Ziff. 8 Behaupteten möchten wir zuerst ein schematisches Beispiel anführen, indem wir uns ein Atom denken, an dem die Elektronen wie an einer harten unendlich schweren Kugel vom Radius r reflektiert werden. Nach MAXWELL ist in diesem Falle $\mathfrak{q}_e(v, \vartheta, \varphi)$ konstant gleich $r^2/4$ und somit (Abb. 7)

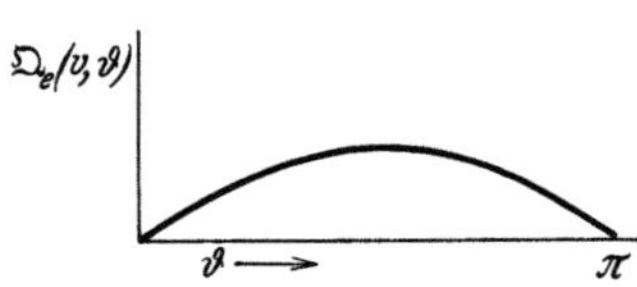

Abb. 7. $\mathfrak{Q}_e(v, \vartheta)$ für eine unendlich schwere harte Kugel.

$$\mathfrak{Q}_e(v, \vartheta) = \frac{\pi}{2} r^2 \sin\theta\,.$$

Liegt zu gleicher Zeit Polarisierbarkeit vor, so wird die Kurve für kleine Werte von θ sich dem Wert Unendlich nähern, und zwar desto stärker, je kleiner die Geschwindigkeit des stoßenden Elektrons ist.

Über die Gestalt der Funktionen $\mathfrak{q}_e(v, \vartheta, \varphi)$ bei wirklichen Atomen liegen einige zum Teil relative, zum Teil absolute Messungen vor. Abb. 8 und 9 geben einige an Ar und Hg gewonnene Resultate wieder. Über die Winkelverteilung nach Anregung liegen einige Messungen vor[1].

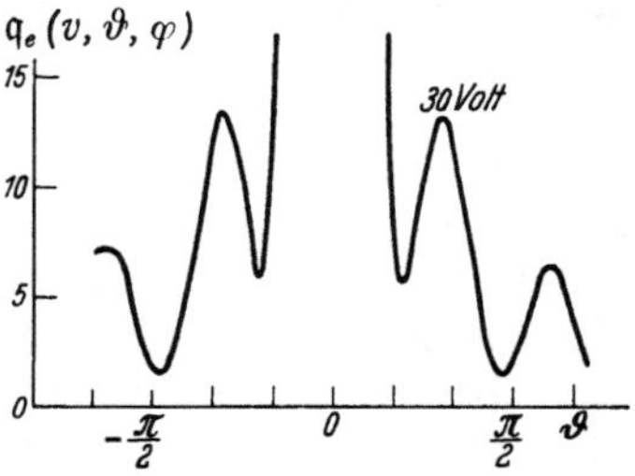

Abb. 8. $\mathfrak{q}_e(v, \vartheta, \varphi)$ für Hg-Atome. [Nach Arnot, Proc. Roy. Soc. London (A) Bd. 130, S. 655. 1931.]

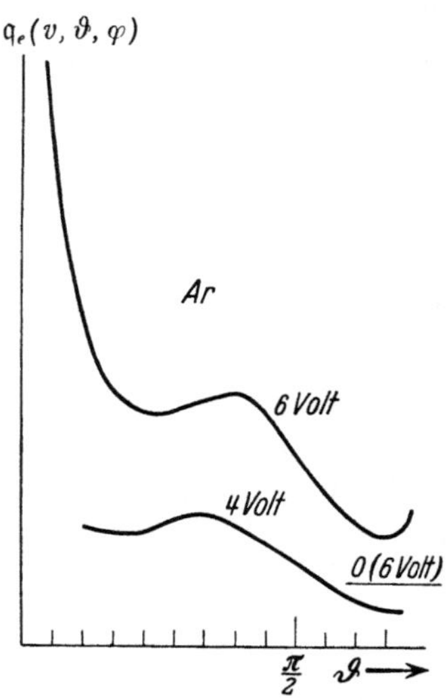

Abb. 9. $\mathfrak{q}_e(v, \vartheta, \varphi)$ für Ar-Atome. [Nach Bullard u. Massey, Proc. Roy. Soc. London (A) Bd. 130, S. 579. 1931.]

Das Ansteigen von $\mathfrak{Q}_e(v, \vartheta)$ unterhalb $\theta = 10°$ als Folge der Polarisation ist experimentell bisher nicht weiter verfolgt worden.

Der durch die Kurve $\mathfrak{Q}_e(v, \vartheta)$ abgegrenzte Flächeninhalt stellt nach Ziff. 10 den totalen Querschnitt pro Atom für irgendeinen Prozeß (elastischer Stoß, Anregung) dar. Schon aus der Abbildung 9 ist ersichtlich, daß wenigstens q_e für ein bestimmtes Atom stark von der Geschwindigkeit der Elektronen abhängig ist. Dasselbe gilt für den totalen atomaren Querschnitt q oder für den Wirkungsquerschnitt Q. Viele Untersuchungen haben sich mit der Bestimmung von Q für Atome und Moleküle beschäftigt[1]. Abb. 10 bis 12 geben einige Beispiele von Wirkungsquerschnittskurven. Der Verlauf der Wirkungsquerschnittskurven ist für niedrige Elektronengeschwindigkeiten zum größten Teil durch die elastischen Stöße bedingt. Den gesonderten Verlauf von q_a und q_i werden wir an geeigneter Stelle ausführlich besprechen.

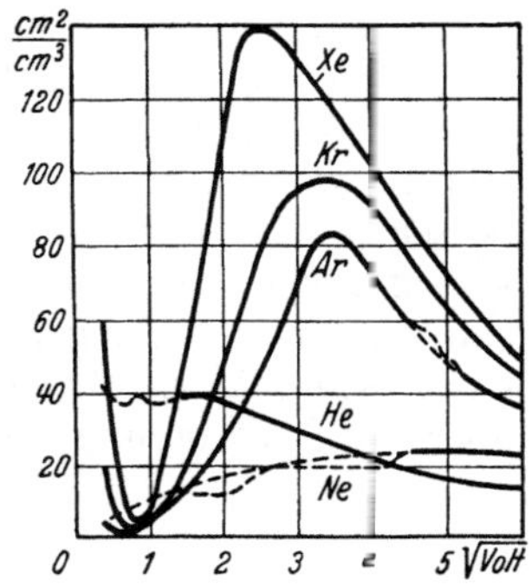

Abb. 10. Wirkungsquerschnitte Q (cm^2/cm^3) für He, Ne, Ar, Kr, Xe (1 mm, 0° C). (Nach Ramsauer-Kollath.)

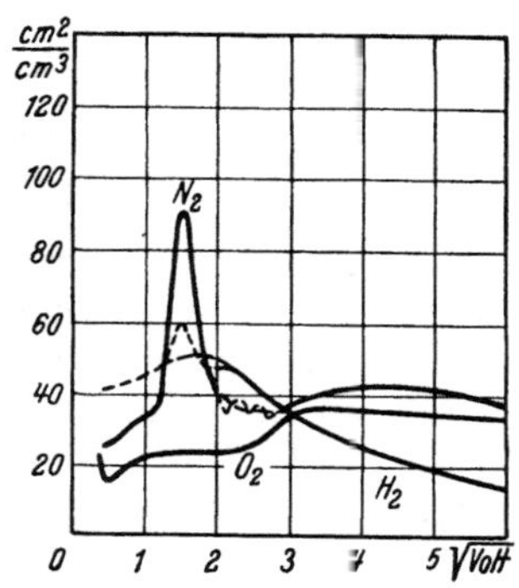

Abb. 11. Wirkungsquerschnitte Q (cm^2/cm^3) für H_2, O_2, N_2. (Mittelwerte nach Kollath.)

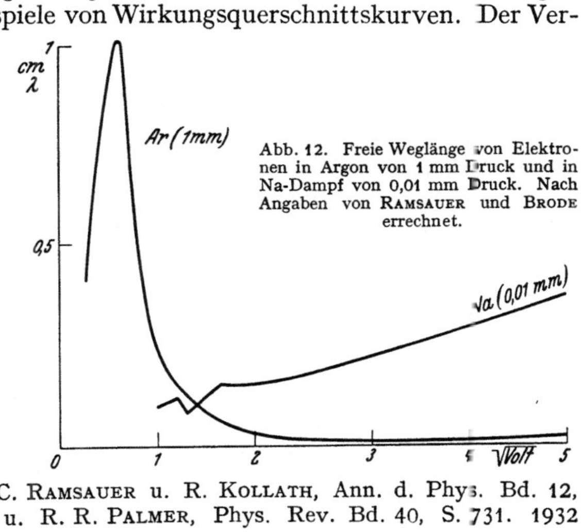

Abb. 12. Freie Weglänge von Elektronen in Argon von 1 mm Druck und in Na-Dampf von 0,01 mm Druck. Nach Angaben von Ramsauer und Brode errechnet.

[1] Vgl. Zusammenfassungen von R. Kollath, Phys. ZS. Bd. 31, S. 985. 1930; C. Ramsauer u. R. Kollath, ds. Handb. Bd. XXII/2, 2. Aufl. Neuere Ergebnisse bei A. G. Hughes u. J. H. McMillen, Phys. Rev. Bd. 39, S. 585. 1932; Bd. 40, S. 39. 1932; dieselben und G. M. Webb, Phys. Rev. Bd. 41, S. 154. 1932; C. Ramsauer u. R. Kollath, Ann. d. Phys. Bd. 12, S. 529 u. 837. 1932; J. T. Tate u. R. R. Palmer, Phys. Rev. Bd. 40, S. 731. 1932 (z. T. Anm. bei der Korrektur).

10. Der Energieverlust bei Elektronenstoß als Folge der endlichen Masse der getroffenen Molekeln. Im Vorausgehenden haben wir den Zusammenstoß eines Elektrons mit einer Molekel als unelastisch bzw. elastisch gekennzeichnet, je nachdem die Molekel nach dem Stoß innere Energie (Anregungsenergie) aufgenommen hat oder nicht. Im allgemeinen findet jedoch bei jedem Zusammenstoß zu gleicher Zeit Übertragung von kinetischer Energie statt. Bei Einzelstößen, wie bei dem in Ziff. 8 beschriebenen Versuch, tritt dieser Energieaustausch allerdings nicht in Erscheinung, jedoch war dieses nicht ohne weiteres vorauszusehen. Wir wollen uns daher jetzt mit den Experimenten befassen, die zum Ziele hatten, den genannten Energieverlust genauer zu bestimmen oder wenigstens abzuschätzen. Der Beschreibung der Experimente lassen wir eine Berechnung über den Stoßvorgang vorangehen. Sei v (Abb. 13) die anfängliche Geschwindigkeit des Elektrons, ϑ der Ablenkungswinkel, w die Geschwindigkeit der Molekel, v' die Geschwindigkeit des Elektrons nach dem Stoß, α der Winkel zwischen w und v, dann ist:

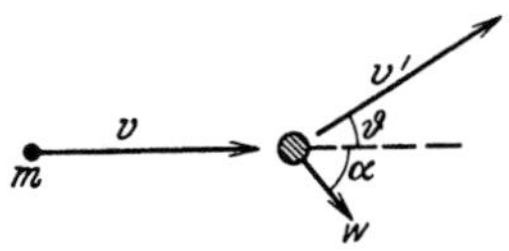

Abb. 13. Zur Energieübertragung bei elastischem Zusammenstoß.

$$m v = m v' \cos\vartheta + M w \cos\alpha\,,$$
$$o = m v' \sin\vartheta + M w \sin\alpha\,,$$
$$m^2 (v^2 + v'^2 - 2 v v' \cos\vartheta) = M^2 w^2$$

und indem ε die Energie, $-\Delta\varepsilon$ den Energieverlust angibt,

$$-\frac{\Delta\varepsilon}{\varepsilon} = \frac{1}{2} M w^2 : \frac{1}{2} m v^2 = \frac{2m}{M}(1 - \cos\vartheta)\,.$$

Dabei ist $v'^2 = v^2$ gesetzt worden. Hieraus sieht man, daß nach dem Impulssatz der relative Energieverlust jedenfalls klein ist. Selbst für das Wasserstoffatom würde er von der Größenordnung 10^{-3} sein. Die genaue Größe des *mittleren* relativen Verlustes hängt mit dem Winkelverteilungsgesetz zusammen. Im allgemeinen ist[1]:

$$-\frac{\overline{\Delta\varepsilon}}{\varepsilon} = \frac{2m}{M} \cdot \frac{\int (1 - \cos\vartheta)\,\mathfrak{Q}(v,\vartheta)\,d\vartheta}{\int \mathfrak{Q}(v,\vartheta)\,d\vartheta} = \frac{2m}{M}\left(1 - \frac{\int \mathfrak{Q}(v,\vartheta)\cos\vartheta\,d\vartheta}{\int \mathfrak{Q}(v,\vartheta)\,d\vartheta}\right).$$

Im Falle gleichmäßiger Streuung ist also

$$-\frac{\overline{\Delta\varepsilon}}{\varepsilon} = \frac{2m}{M}\,.$$

Dasselbe gilt in dem Falle, wo die Streuung symmetrisch ist in Bezug auf eine Ebene senkrecht zur Einfallsrichtung.

Unsere Rechnung gilt für den Fall, daß die Molekel anfänglich stillsteht. Bei wiederholter Streuung in einem Gase, dessen Molekeln thermische Geschwindigkeiten haben, ist zu erwarten, daß die Elektronen gelegentlich auch Energie aufnehmen. Insbesondere gilt der Satz, daß der mittlere Energieverlust Null ist, wenn die mittlere Elektronenenergie gleich der mittleren kinetischen Energie ($\bar{\varepsilon}_g$) der Gasmolekeln ist. Unter Berücksichtigung dieses Satzes gibt TOWNSEND[2] die Formel:

$$\alpha_{\text{theor.}} = -\frac{\overline{\Delta\varepsilon}}{\varepsilon} = \frac{2m}{M}\left(1 - \frac{\bar{\varepsilon}_g}{\varepsilon}\right).$$

---

[1] In Bezug auf die Integrale in dieser Formel gilt das in Ziff. 8 über den Winkel ϑ_0 Gesagte. Sonst würde man in vielen Fällen, wo tatsächliche Streuung auftritt, einen mittleren Verlust gleich Null bekommen.

[2] Vgl. F. B. PIDDUCK, Proc. Roy. Soc. London (A) Bd. 88, S. 296. 1913; K. T. COMPTON, Phys. Rev. Bd. 22, S. 333. 1923 (Formel 10); J. S. TOWNSEND, Proc. Roy. Soc. London (A) Bd. 120, S. 517. 1928.

b) Beobachtung von elastischen und unelastischen Reflexionen von Elektronen an Molekeln durch Diffusionsmessungen.

11. Untersuchungen von TOWNSEND. Seit 1908 haben TOWNSEND und seine Schüler[1] die Diffusion von Elektronen in verschiedenen Gasen beobachtet. Die Apparatur ist besonders einfach und ist in Abb. 14 wiedergegeben.

Es ist A eine Elektronenquelle (photoelektrische Platte, die von ultraviolettem Licht bestrahlt wird), O eine Öffnung, durch welche die Elektronen, nachdem sie im Felde Z zwischen A und B beschleunigt worden sind, hindurchtreten und in einen zweiten Raum gelangen, wo ebenfalls ein Feld Z herrscht, das durch Schutzringe möglichst homogen gehalten wird. Endlich gelangen sie auf die Auffangplatten c_1, c_2, c_3. Man mißt die Stromverteilung zwischen c_1, c_2 und c_3. Diese ist eine Funktion des Feldes Z, und zwar, wie aus Diffusionsbetrachtungen folgt, von Z/k, wo k ein Maß ist für die mittlere kinetische Energie der Elektronen, nämlich das Verhältnis der mittleren kinetischen Energie $\frac{1}{2}\,mu^2$ der Elektronen zur Wärmeenergie $\frac{1}{2}\,mw^2$ der Gasmolekeln. Für eine Temperatur von 15° C ist diese letztere gleich 1/27 Volt. Also ergibt sich k = Voltzahl der Elektronenenergie $\times$ 27. Man kann jetzt die Funktion

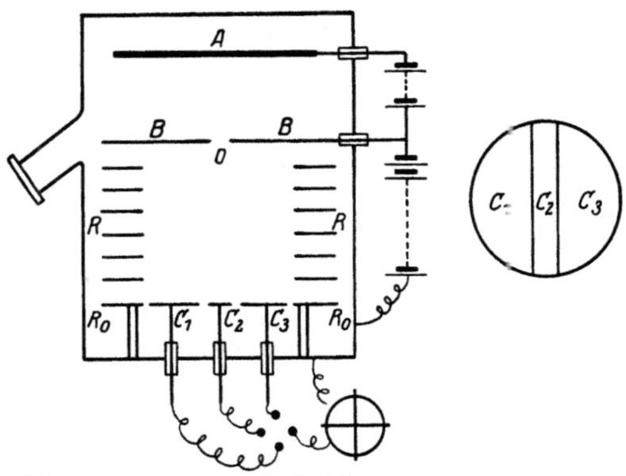

Abb. 14. Apparatur nach J. S. TOWNSEND zur Messung der Elektronendiffusion. (Aus K. PRZIBRAM, ds. Handb. Bd. XXII/1.)

$$R = \frac{i_2}{i_1 + i_2 + i_3} = F(Z, k)$$

berechnen, in der i_1, i_2, i_3 die nach c_1, c_2 und c_3 fließenden Ströme bedeuten. Die gefundene Abhängigkeit der Größe R von Z wurde für negative Ionen ($k = 1$) bestätigt. Für Elektronen kann man aus dem beobachteten Wert von R die Größe k ableiten. Es zeigt sich, daß diese vom Gasdruck abhängt, und zwar so, daß für ein bestimmtes Gas

$$k = f(Z/p)\,.$$

Außerdem wird die mittlere Wanderungsgeschwindigkeit W der Elektronen im Felde gemessen, indem man die Änderung von i_1, i_2 und i_3 beobachtet, die durch ein transversales Magnetfeld herbeigeführt wird. Ist b die Breite der mittleren Auffangplatte, d der Abstand dieser Platte von der Öffnung O, ist ferner

für das Feld H_1 der Strom $i_1 = i_2 + i_3$,
„ „ „ H_3 „ „ $i_3 = i_1 + i_2$,

dann ist

$$W = \frac{bZ}{d(H_1 + H_3)}\,.$$

Aus W und k bzw. u läßt sich der mittlere Energieverlust pro Zusammenstoß ableiten. Man findet dafür

$$-\frac{\overline{\Delta\varepsilon}}{\varepsilon} = \alpha_{\text{exp.}}{}^{*} = \text{konst.} \cdot \frac{W^2}{u^2}\,.$$

---

[1] Zusammenfassend dargestellt in J. S. TOWNSEND, Motion of Electrons in Gases. Oxford 1925; Journ. Frankl. Inst. Bd. 200, S. 563. 1925. Die TOWNSENDschen Versuche wenden vom Standpunkte der Gasdiffusion im Bd. XXII/1, vom Standpunkte der Gasentladungen im Bd. XIV ds. Handb. besprochen.

* Von TOWNSEND mit λ bezeichnet.

Der genaue Wert der Konstante ist etwas unsicher. Nimmt man für die Elektronen eine MAXWELLsche Geschwindigkeitsverteilung an, dann findet man nach TOWNSEND für die Konstante den Wert 2,46. Inzwischen hat PIDDUCK darauf hingewiesen, daß die Geschwindigkeitsverteilung tatsächlich von der MAXWELLschen abweicht. Die Beobachtungen ergeben zugleich einen Wert für die mittlere freie Weglänge λ* bei 1 mm Hg. Dieser folgt aus der Formel

$$\lambda = \text{konst.} \cdot W \cdot u \cdot \frac{e}{M} \cdot \frac{Z}{p}.$$

Aus der MAXWELLschen Verteilung findet man für die Konstante dieser Gleichung den Wert 0,815. PIDDUCK dagegen berechnet sie zu 0,92. Aus den Versuchen wählen wir eine Beobachtung an Helium[1] aus.

Tabelle 1. Mittlerer relativer Energieverlust von Elektronen in Helium nach TOWNSEND.

Z/p Volt/cm · mm	$k/27$ Volt	$10^4 \cdot \alpha_{\text{exp.}}$	$10^4 \cdot \alpha_{\text{theor.}}$	Z/p Volt/cm · mm	$k/27$ Volt	$10^4 \cdot \alpha_{\text{exp.}}$	$10^4 \cdot \alpha_{\text{theor.}}$
0,013	0,065	1,30	1,2	1	1,95	2,4	2,7
0,02	0,078	1,56	1,4	2	3,9	2,85	2,7
0,05	0,136	2,30	2,0	3	5,1	4,15	2,7
0,1	0,23	2,6	2,3	4	5,6	6,75	2,7
0,2	0,42	2,5	2,5	5	6,4	9,8	2,7
0,5	1,0	2,3	2,6				

Wir sehen aus diesem Beispiel zuerst, daß die Formel für $\alpha_{\text{theor.}}$ bis zu mittleren Geschwindigkeiten von etwa 2 Volt die Beobachtungen gut darstellt. Aber für höhere Werte von Z/p, d. h. für höhere Elektronengeschwindigkeit, werden die beobachteten Werte für α zu groß, und zwar gerade in dem Bereich, wo man einen konstanten Wert von etwa 2,7 erwarten sollte. Dies hängt offenbar damit zusammen, daß für diesen Wert von k die *unelastischen Zusammenstöße* (Anregung und Ionisation) in merkbarer Menge auftreten. Aus Abb. 5 (Ziff. 8) entnehmen wir, daß die kleinste Anregungsenergie des Heliums etwa 20 Volt beträgt; die Ionisierungsarbeit ist 24,5 Volt. Diese Energie erreichen etwa 1% der Elektronen, wenn $k/27 = 6{,}4$ Volt, dagegen nur 0,01%, wenn $k/27 = 3{,}9$ Volt, falls eine MAXWELLsche Geschwindigkeitsverteilung angenommen wird.

Man sieht aus diesem Beispiel, daß die TOWNSENDschen Versuche vor allem an Edelgasen eine genaue Kontrolle der elastischen Stoßgesetze zulassen und zu gleicher Zeit, daß sie interessante Beiträge über das Einsetzen der unelastischen Stöße bei höheren Geschwindigkeiten liefern. Es ist jedoch nicht möglich, aus diesen Versuchen exakte Werte für die zur Anregung bzw. Ionisierung nötige Mindestenergie abzuleiten. Wir fügen noch eine Tabelle an für $\alpha_{\text{exp.}}$ bei $k = 27$ (mittlere Energie gleich 1 Volt).

Tabelle 2. Mittlerer relativer Energieverlust langsamer Elektronen (nach TOWNSEND).

Gas	$10^5 \alpha_{\text{exp.}}$ (1 Volt)	$\frac{2m}{M} \cdot 10^5$	Gas	$10^5 \alpha_{\text{exp.}}$ (1 Volt)	$\frac{2m}{M} \cdot 10^5$
He	24	27	H_2	460	54
Ne	8,5	5	N_2	100	3,9
Ar	1,5	2,5	O_2	740	3,2

* Bei TOWNSEND mit L bezeichnet.

[1] J. S. TOWNSEND u. V. A. BAYLEY, Phil. Mag. Bd. 46, S. 657. 1923.

Daraus ist zu ersehen, daß für die Edelgase die Übereinstimmung mit $2\,m/M$ auf elastische Zusammenstöße hinweist, daß dagegen bei den Molekülen der experimentelle Wert von α den für elastische Reflexion um einen Faktor 10 bis 300 übertrifft. Bei der Besprechung des Termschemas der Moleküle kommen wir darauf zurück.

12. Beobachtungen von FRANCK und HERTZ über Energieverluste bei elastischen Zusammenstößen von Elektronen und Molekeln. Der Nachweis der Reflexion langsamer Elektronen an Atomen und Molekülen wurde von FRANCK und HERTZ[1] mit folgender Versuchsanordnung erbracht: Die vom Glühdraht D in Abb. 15 ausgehenden Elektronen werden durch ein elektrisches Feld zwischen D und einem Netz N_1 beschleunigt und treten durch die Maschen in den allseitig geschützten Raum S ein. Die Metallwände von S befinden sich dabei auf gleichem Potential mit dem Netz N_1. Der Gasdruck wird so einreguliert, daß die freie Weglänge größer als der Abstand $D - P$, aber mehrmals kleiner als die nächste Entfernung von N_1 zu den Seitenwänden und dem Deckel von S ist. Elektronen, die aus dem Raum S zurückgeworfen werden, können daher nicht an den Metallteilen, sondern nur an den Gasmolekeln reflektiert sein, wenn die Hilfselektrode P durch einen Schliff zur Seite gedreht ist. Zur größeren Sicherheit sind alle Metallteile berußt[2], um Reflexion an den Metallwänden zu verhindern.

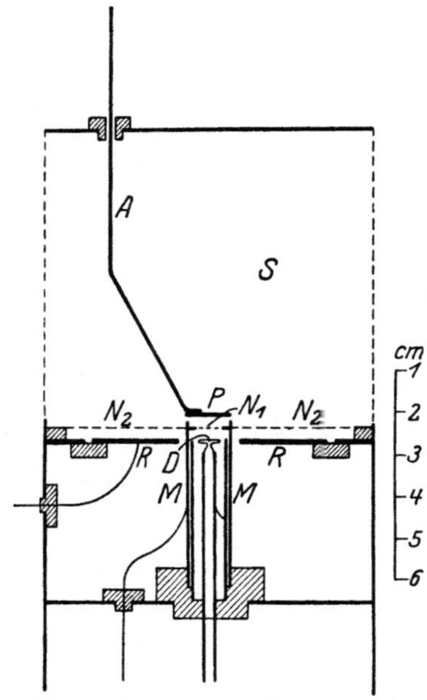

Abb. 15. Anordnung von FRANCK u. HERTZ zum Nachweis der Reflexion langsamer Elektronen an Gasmolekeln.

Zur Untersuchung der aus dem Raum S zurückgeworfenen Elektronen dient der durch das Platindrahtnetz N_2 und die ringförmige Auffangplatte R gebildete Kondensator. In ihm wird nach der Methode des elektrischen Gegenfeldes die Energieverteilung der reflektierten Elektronen gemessen. Die Energieverteilung der Primärelektronen wurde nach der Methode des elektrischen Gegenfeldes zwischen der Hilfselektrode P und dem Netz N_1 bestimmt, wobei natürlich P in einem möglichst kleinen Abstand direkt vor dem Netz N_1 stand. Abb. 16 gibt ein Beispiel der in Helium bei 0,083 mm und einer beschleunigten Spannung von 4 Volt gewonnenen Resultate. Der obere Kurvenzug gibt die Geschwindigkeitsverteilung der Primärelektronen, der untere Kurvenzug die (scheinbare) der reflektierten Elektronen. Letztere ist stark entstellt, da die reflektierten Elektronen im allgemeinen schief durch das Netz hindurchtreten und somit zum größten Teil durch eine wesentlich kleinere Potentialdifferenz gehindert werden, den Ring R zu erreichen, als ihrer Voltgeschwindigkeit entspricht. Berechnet man überschlagsmäßig die Zahl der Elektronen, die bei gegebenem Primärstrom den Ring erreichen sollten, wenn jeder Zusammenstoß eines Elek-

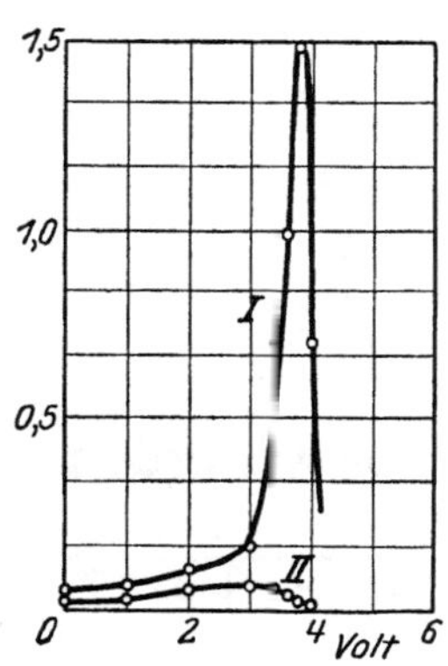

Abb. 16. I: Geschwindigkeitsverteilung der Primärelektronen. II: Geschwindigkeitsverteilung der in He reflektierten Elektronen. (Nach FRANCK u. HERTZ.)

[1] J. FRANCK u. G. HERTZ, Ber. d. D. Phys. Ges. Bd. 15, S. 373. 1913.
[2] Vgl. O. v. BAEYER, Phys. ZS. Bd. 13, S. 485. 1912.

trons mit einem Heliumatom zur Reflexion führt, so sieht man, daß dieser Wert gut mit dem gemessenen übereinstimmt. Ferner gibt eine rechnerische Entzerrung der gemessenen Energieverteilung, daß die Kurve der Energieverteilung derjenigen der Primärelektronen sehr ähnlich ist. Man hat daraus zu schließen, daß der relative Energieverlust der Elektronen klein ist. Die Genauigkeit reicht nur aus, um anzugeben, daß der Energieverlust nicht größer sein kann als einige Prozente. Abb. 17 zeigt das Resultat analoger Messungen in Wasserstoff. Hier weist die Kurve der reflektierten Elektronen geringe, aber typische Unterschiede gegenüber der in He gewonnenen auf, aus denen hervorgeht, daß die Energie der reflektierten Partikel im Mittel kleiner ist als die der primären. Ganz ähnliche Resultate erhielt BAERWALD[1] in einer neueren Arbeit über das Verhalten des Wasserstoffes. Seine Versuchsanordnung unterscheidet sich durch die Abwesenheit des Netzes N_2. Noch viel stärker macht sich die Veränderung der Geschwindigkeitsverteilung in der Kurve der reflektierten Elektronen gegenüber der Kurve der Primärelektronen in Sauerstoff bemerkbar. In diesem Falle ist die Reflexion insgesamt schwach, und die Geschwindigkeitsverteilung der reflektierten Teilchen zeigt nur sehr kleine Voltgeschwindigkeiten an. FRANCK[2] macht darauf aufmerksam, daß dieses nicht nur durch Energieverluste, sondern auch durch Bildung negativer Ionen verursacht sein kann. Diese treten in derselben Weise wie die Elektronen durch das Netz N_2. Ihre Energie ist jedoch derjenigen der Gasmolekeln gleich.

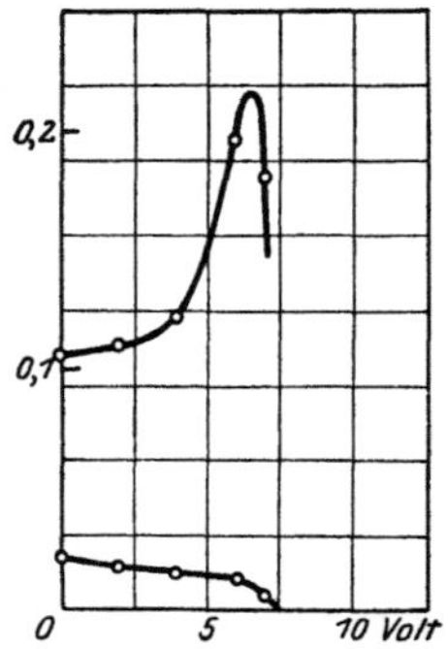

Abb. 17. Primäre und reflektierte Elektronen in Wasserstoff. (Nach FRANCK u. HERTZ.)

Genauere Angaben über die Energieverluste beim Stoß zwischen Elektronen und Molekeln bekommt man mit Hilfe der in Abb. 18 dargestellten Anordnung[3]. Elektronenquelle ist ein Glühdraht, der im Zentrum einer Metallplatte (a) sitzt. Diese läßt sich mittels einer durch einen Schliff bedienten Anordnung parallel zu sich selbst und zum Auffangkäfig bc verschieben. Der Druck ist so gewählt, daß die durch das Netz in den Auffänger tretenden Elektronen zwischen Netz und Auffangplatte möglichst keine Zusammenstöße machen. Die Messung besteht in der Aufnahme der Energieverteilung der Elektronen in Abhängigkeit vom Abstande ab, wobei zwischen a und b eine konstante, die Elektronen beschleunigende Spannung gelegt wird. Abb. 19 gibt diese Energieverteilung in He bei 1,3 mm Druck und bei einer beschleunigenden Spannung von 18 Volt. Der Abstand des Glühdrahtes von der Platte

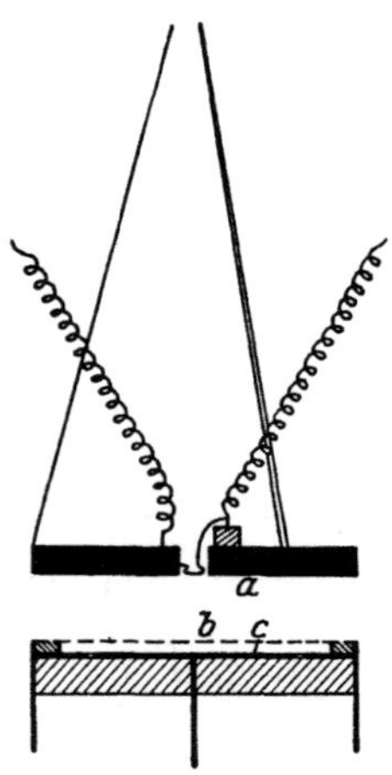

Abb. 18. Anordnung von FRANCK u. HERTZ zur Messung des Energieverlustes von Elektronen beim Stoß.

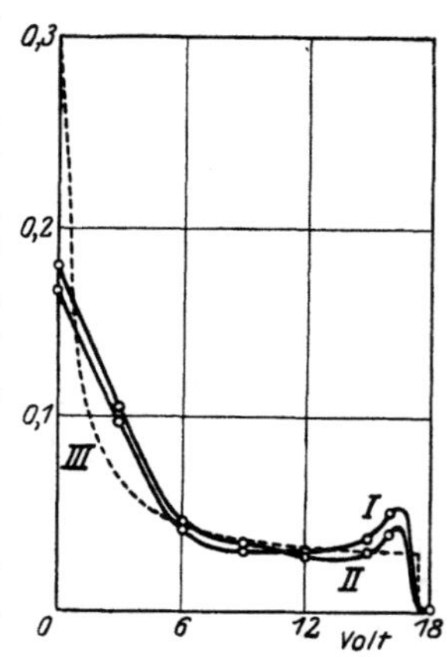

Abb. 19. Geschwindigkeitsverteilung von Elektronen nach Zusammenstößen in He. (Nach FRANCK u. HERTZ.)

[1] H. BAERWALD, Ann. d. Phys. Bd. 76, S. 829. 1925.
[2] J. FRANCK u. P. JORDAN, Anregung von Quantensprüngen durch Stöße. Berlin: Julius Springer 1926.
[3] J. FRANCK u. G. HERTZ, Verh. d. D. Phys. Ges. Bd. 15, S. 613. 1913.

betrug 4 mm bei der einen (*I*) und 18 mm bei der anderen Kurve (*II*), so daß die Abstandsänderung zwischen den beiden Meßreihen das Zwanzigfache der mittleren Weglänge der Elektronen bei diesem Druck betrug. Man sieht, daß die Kurvenform in beiden Fällen fast die gleiche ist. Dabei hat man zu bedenken, daß die Vermehrung der Zahl der Zusammenstöße bei Kurve *II* gegenüber Kurve *I* eine ungeheuer große ist wegen der vielfachen Reflexionen, die die Elektronen erfahren. Die Form der Kurven *I* und *II* läßt sich erklären, wenn man annimmt, daß die Geschwindigkeit der Elektronen in der Nähe der Auffangplatte nach allen Richtungen gleichmäßig verteilt ist. Sei P die Potentialdifferenz zwischen b und c, V die Voltgeschwindigkeit der Elektronen, so daß

$$\tfrac{1}{2} m v^2 = eV,$$

dann ist

$$\tfrac{1}{2} m v_S^2 = eP,$$

wo v_S die minimale Geschwindigkeit in der Richtung senkrecht zur Platte C darstellt, welche die Elektronen besitzen müssen, um bei einem Gegenfeld P diese Platte zu erreichen. Das Verhältnis der die Platte erreichenden Elektronen zur Gesamtzahl der durch das Netz hindurch tretenden ist

$$\frac{v - v_s}{v} = 1 - \sqrt{\frac{P}{V}}.$$

Differenziert man diesen Ausdruck nach P, so bekommt man für die Energieverteilung falls $P < V$:

$$N(P)\, dP = \frac{N}{2\sqrt{PV}},$$

und falls, $P > V$:

$$N(P)\, dP = 0.$$

Diese Verteilung ist in Abb. 19 als Kurve *III* eingezeichnet worden, und zwar für $V = 17$ Volt. Die Differenz zwischen dieser Spannung, die die Messungen am besten wiedergibt, und der angelegten Spannung von 18 Volt rührt offenbar von einem Kontaktpotential her.

Um zu einer Abschätzung des Energieverlustes pro Zusammenstoß zu kommen, muß man die mittlere Stoßzahl der Elektronen in der beschriebenen Apparatur kennen. Da es sich hier wieder um einen Diffusionsprozeß handelt, wird man erwarten, daß die Stoßzahl von der Größenordnung a^2/λ^2 ist (a = Plattenabstand). Eine genauere Berechnung speziell für den Fall, daß die *Gesamtverluste* der Elektronen noch klein sind gegenüber der Energie, die sie im Felde bekommen, hat HERTZ[1] gegeben. Er nimmt an, daß die Reflexion der Elektronen durch eine Molekel für alle Richtungen gleich wahrscheinlich ist, und daß der Energieverlust pro Zusammenstoß Null ist.

HERTZ kommt zu der Gleichung[2]

$$N = \frac{1}{3} \frac{\varrho \gamma \lambda}{v} - \frac{1}{3} \lambda v \frac{d\varrho}{dx}.$$

[1] G. HERTZ, ZS. f. Phys. Bd. 32, S. 298. 1925; vgl. A. D. FOKKER, Physica Bd. 5, S. 334. 1925.

[2] Der Einwand ist gemacht worden (V. A. BAYLEY, ZS. f. Phys. Bd. 68, S. 834. 1931), daß die HERTZsche Diffusionstheorie über der klassischen Theorie von MAXWELL hinaus nichts Neues bringt. Aus MAXWELLS Theorie folgt

$$N = U\varrho - \frac{2}{3} \varrho \lambda \frac{dv}{dx} - \frac{1}{3} \lambda v \frac{d\varrho}{dx}, \quad \text{wobei} \quad U = \frac{\gamma \lambda}{v}$$

ein Ausdruck, der bei Nullsetzen der Stoßverluste ($\gamma dx = v dv$) in den HERTZschen übergeht. Zur Verteidigung der HERTZschen Behandlung des Problems könnte man anführen, daß diese vom Elementarprozeß der Streuung und von den gebogenen Bahnen im Felde ausgeht und deshalb anschaulicher ist als die MAXWELLsche Ableitung auf energetischer Grundlage (Partialdrucke, Gleichgewicht zwischen „Diffusionskraft" und Feldkraft). Aus den Annahmen

Dabei ist N die Anzahl der Elektronen, die durch ein Quadratzentimeter in der Richtung des Feldes pro Sekunde hindurchgeht. $\gamma = eE/m$ ist die Beschleunigung, v die örtliche Geschwindigkeit, ϱ die örtliche Dichte der Elektronen. Hieraus leitet man durch Integration ab, daß

$$\varrho = \frac{3N}{\lambda}\sqrt{\frac{x}{2\gamma}}\log\frac{a}{x},$$

während man für die mittlere Stoßzahl findet

$$\frac{1}{N}\int_0^a \frac{\varrho v}{\lambda}\,dx = \int_0^a \frac{3x}{\lambda^2}\log\frac{a}{x}\,dx = \frac{3}{4}\frac{a^2}{\lambda^2}.$$

In derselben Weise ist es möglich, den mittleren Energieverlust zu berechnen. Sei $-\Delta\varepsilon/\varepsilon = \alpha$ der relative Verlust pro Zusammenstoß, so findet man für den mittleren totalen Verlust pro Elektron

$$\frac{1}{N}\int_0^a \frac{\varrho v}{\lambda}\cdot\alpha\cdot\frac{1}{2}mv^2\cdot dx = \frac{3\alpha\gamma m}{\lambda^2}\int_0^a x^2\log\frac{a}{x}\,dx = \frac{1}{3}\frac{a^2}{\lambda^2}\cdot\alpha\cdot e\cdot V,$$

mit $V = 18$ Volt und $\alpha = 2\,m/M$ findet man für den totalen Verlust in Volt

$$V_{\text{tot}} = 1{,}5 \text{ Volt},$$

während aus den Kurven I und II in Abb. 19 ersichtlich ist, daß der beobachtete Verlust sicher nicht größer und augenscheinlich kleiner ist. Dieses kann verursacht sein 1. durch die Temperaturbewegung des Gases beim Anfang der Elektronenbewegung, 2. am Ende der Elektronenbewegung durch den Umstand, daß die Vorwärtsstreuung überwiegt, was nach Ziff. 10 eine Verminderung des Verlustes und dazu noch eine scheinbare Vergrößerung der Weglänge, also eine Verringerung der Stoßzahl zufolge hat. Wir sehen also, daß die Versuche von FRANCK und HERTZ, obgleich sie eine genaue Bestimmung des Energieverlustes bei Zusammenstößen nicht ermöglichen, wenigstens eine obere Grenze festlegen, der von der Theorie nicht widersprochen wird[1].

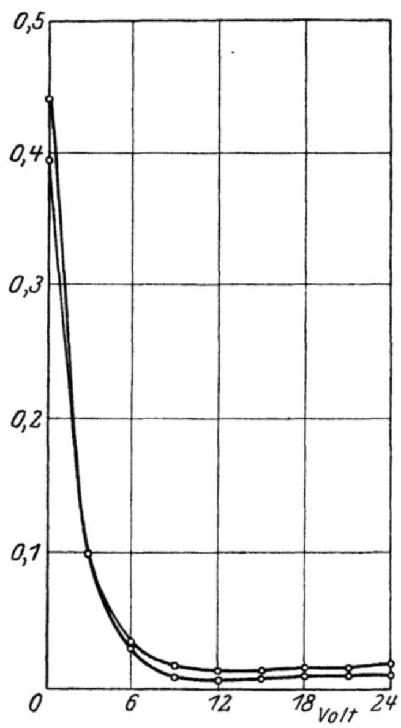

Abb. 20. Energieverteilung von Elektronen in He beim Auftreten unelastischer Stöße. (Nach FRANCK u. HERTZ.)

13. Beobachtungen von FRANCK und HERTZ über unelastische Zusammenstöße zwischen Elektronen und Molekeln. Ein ganz anderes Bild bekommt man, wenn man in derselben Anordnung (Abb. 18) statt 18 Volt eine Spannung anlegt, die die kritischen Spannungen des He übertrifft, z. B. 25 Volt. So sieht man aus Abb. 20, daß jetzt fast keine Elektronen durchkommen mit einer höheren Energie als etwa 6 Volt. Das stimmt ziemlich gut überein mit der niedrigsten Anregungsspannung

von HERTZ folgt selbstverständlich die beschränkte Anwendungsmöglichkeit. Auf die oben behandelten TOWNSENDschen Versuche kann man die HERTZsche Formel z. B. nicht anwenden. Auch wenn die freie Weglänge von der Größenordnung der Abmessungen der Apparatur wird, ist die HERTZsche Theorie nicht mehr gültig. Vgl. W. DE GROOT, Physica Bd. 8, S. 23. 1928; H. BARTELS, ZS. f. Phys. Bd. 55, S. 507. 1929; H. BARTELS u. H. NOACK, ebenda Bd. 64, S. 465. 1930.

[1] Versuche von J. M. BENADE u. K. T. COMPTON, Phys. Rev. Bd. 11, S. 184. 1918, führen zu demselben Schluß.

des Heliums, die etwa bei 20 Volt, also 5 Volt unter der angelegten Spannung liegt. Wir werden weiter unten ausführlich besprechen, wie man derartige Beobachtungen zur genauen Messung der Anregungsenergien verfeinern kann.

Ähnliche Untersuchungen sind später von Harries[1] an Molekülen ausgeführt. Er benutzte eine zylindrische Anordnung und ließ die Elektronen in einem feldfreien Raum diffundieren, nachdem sie auf einer kleinen Wegstrecke zwischen dem Glühdraht und einem konzentrischen Zylinder beschleunigt waren. Die Gegenspannungskurven sind in Abb. 21 für zwei Drucke des Füllgases (CO) wiedergegeben. Abb. 22 veranschaulicht die Energieverluste nach Zusammenstößen in N_2 und CO als Funktion der Stoßzahl.

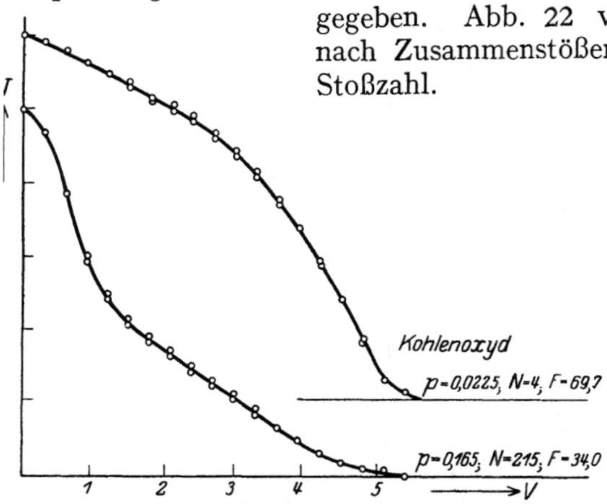

Abb. 21. Gegenspannungskurven in CO. (Nach Harries.)

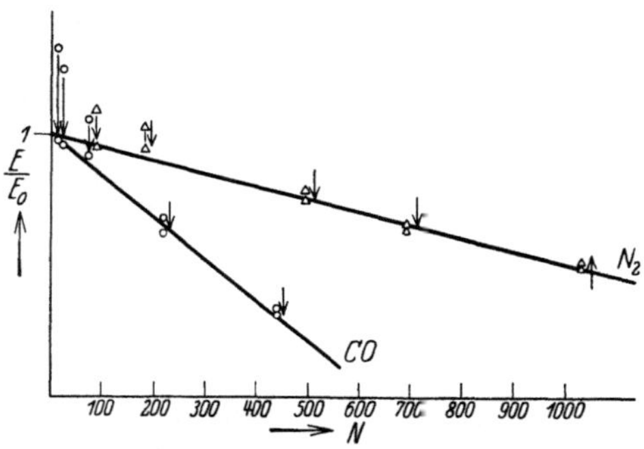

Abb. 22. Relativer Energieverlust von Elektronen in CO und N_2 in Abhängigkeit von der Stoßzahl. (Nach Harries.)

c) Methoden zur Bestimmung kritischer Potentiale bei Elektronenstoß.

α) Vorbemerkungen zur Methodik.

14. Wie in Ziff. 8 angedeutet, ist das erste Ziel der Untersuchungen über Anregung von Quantensprüngen durch Elektronenstöße die genaue Festlegung der Voltgeschwindigkeiten, bei denen eine Umwandlung von kinetischer Energie der Elektronen in quantenhaft aufgenommene Energie der getroffenen Molekeln zum ersten Male erfolgt, sowie die Bestimmung der dabei auftretenden Quantensprünge. Hierzu sind eine große Zahl von verschiedenen Methoden ausgearbeitet worden, die in den nächsten Ziffern dieses Abschnitts besprochen werden sollen.

Die allen Methoden gemeinschaftlichen experimentellen Aufgaben sind:

1. Die Herstellung einer Elektronenquelle, die eine genügende Zahl sehr langsamer Elektronen mit bekannter Geschwindigkeitsverteilung liefert. Die Geschwindigkeitsverteilung soll sich dabei über einen möglichst engen Bereich erstrecken;

2. muß man den Elektronen durch elektrische Felder und durch geeignetes Elektrodenmaterial jede vorgegebene Geschwindigkeit erteilen können und

3. muß man dafür sorgen, daß die Elektronen mit der erworbenen Geschwindigkeit an bestimmten Stellen der Apparatur gerade mit den Atomen oder Molekülen zusammenstoßen, deren Anregungsspannungen man untersuchen will. Diese Aufgaben sind zum Teil nur mit einer gewissen Annäherung zu lösen.

Die bisher benutzten Methoden zur Erzeugung genügend langsamer Elektronen sind:

a) der lichtelektrische Effekt,

b) die Elektronenemission glühender Körper.

[1] W. Harries, ZS. f. Phys. Bd. 42, S. 26. 1927.

15. Photoelektrische Kathoden. Beim lichtelektrischen Effekt besitzen die Elektronen eine Geschwindigkeit, die sich aus der EINSTEINschen Beziehung

$$\tfrac{1}{2} m v^2 = e V = h \nu - P$$

berechnet. Dabei bedeutet P die Austrittsarbeit eines Elektrons aus dem Metall. P ist gleich $e \cdot \varphi$, wo φ die RICHARDSONsche Konstante für das betreffende Metall in Volt bedeutet (s. unten). Die Mehrzahl aller Metalle hat eine Abtrennungsarbeit > 3 Volt. Man muß in diesem Falle durch ein Quarzfenster[1] bestrahlen.

Die Benutzung von Alkalimetallen verbietet sich wegen der Schwierigkeit, die Apparatur zu entgasen, ohne die übrigen Elektroden mit einem Beschlag von Alkali zu überziehen. Durch einen solchen Beschlag wächst die Gefahr der Auslösung von sekundären Elektronen. Unter Umständen wirkt auch der hohe Dampfdruck dieser Metalle störend. Magnesium und Zink sind auch nur unter bestimmten Bedingungen brauchbar. Jedenfalls bedingen sie merkliche Kontaktpotentialdifferenzen. Am besten ist es, edle Metalle (Cu, Ni, Pt)[2] zu verwenden, die sich gut ausglühen und entgasen lassen. Man kann unter Benutzung einer geeigneten Lichtquelle (gefilterte Hg-Lampe) eine Voltgeschwindigkeit unterhalb 1 Volt bekommen.

Den Einfluß der Kontaktpotentiale muß man später, z. B. durch Eichung mit einem bekannten Gase, eliminieren. Die Stärke der lichtelektrischen Emission ist verhältnismäßig gering. Man ist also auf elektrometrische Messung angewiesen, zumal man Ströme genau zu bestimmen hat, die sehr kleine Bruchteile des Primärstromes sind. Vorteile der lichtelektrischen Stromerzeugung sind: Sättigung des Elektronenstromes schon bei geringen beschleunigenden Spannungen; keine Raumladungen wegen Kleinheit der Stromdichte; Möglichkeit der Untersuchung chemisch aktiver Gase. Eine photochemische Zersetzung des Gases ist durch Erniedrigung des Druckes zu vermeiden.

16. Glühkathoden. In den meisten Fällen verwendet man bei den Elektronenstoßversuchen die Elektronenemission glühender Körper. Bei ihrer Verwendung kann man Gefäß und Elektroden leicht sauber entgasen, der Elektronenquelle jede gewünschte Gestalt geben und sie an jeder Stelle des Entladungsrohrs anbringen. Sie bietet vor allem auch den Vorteil, daß sie langsame Elektronen in großer Zahl liefert, so daß man mit unempfindlicheren und störungsfreieren Meßinstrumenten arbeiten kann. Die Sättigungsstromstärke ist in Abhängigkeit von der Temperatur durch die bekannte abgeänderte RICHARDSONsche Formel[3]

$$I = A T^2 e^{-b/T}$$

gegeben. In ihr ist

$$b = \frac{e \varphi}{k}$$

ein Maß für die Austrittsarbeit der Elektronen. A ist eine Größe, die im einfachsten Falle eine absolute Konstante sein sollte, nämlich 60,2 Amp/cm², jedoch in den für uns wichtigsten Fällen (Oxydkathoden) einen viel kleineren Wert hat, dessen Betrag mit der Größe b in einfachem Zusammenhang zu stehen scheint[4].

---

[1] Es ist heutzutage möglich, Quarzfenster durch Übergangsgläser an eine Glasapparatur zu verschmelzen. Allerdings ist die Methode etwas kostspielig. Kittungen sind beim Arbeiten mit reinen Gasen zu vermeiden.

[2] Pt ist nach DU BRIDGE in vollkommen entgastem Zustand bis hinab zu 1960 Å nicht lichtempfindlich (L. A. DU BRIDGE, Phys. Rev. Bd. 29, S. 451. 1927).

[3] O. W. RICHARDSON, Phil. Mag. Bd. 28, S. 633. 1914; M. v. LAUE, Jahrb. d. Radioakt. Bd. 15, S. 205 u. 257. 1918; S. DUSHMAN, Phys. Rev. Bd. 21, S. 623. 1925; Rev. Mod. Phys. Bd. 2, S. 381. 1930.

[4] O. W. RICHARDSON, Proc. Roy. Soc. London A Bd. 91, S. 524. 1915; C. ZWIKKER, Phys. ZS. Bd. 30, S. 578. 1929.

Welchen Einfluß die Temperatur auf die Homogenität des Elektronenbündels hat, ist aus Tabelle 3 ersichtlich. Der Bruchteil der emittierten Elektronen, deren Energie V Volt übersteigt, ist nämlich gegeben durch

$$f(eV/kT) = (1 + eV/kT)\, e^{-eV/kT}.$$

Tabelle 3. Energieverteilung glühelektrisch emittierter Elektronen.

eV/kT	$f(eV/kT)$	V in Volt bei		
		$T = 1000°$ K	$T = 2000°$ K	$T = 3000°$ K
1	0,74	0,09	0,17	0,26
2	0,40	0,17	0,35	0,52
3	0,20	0,26	0,52	0,78
4	0,09	0,35	0,70	1,04
5	0,04	0,44	0,87	1,30
10	0,0005	0,87	1,75	2,60
15	$4{,}5 \cdot 10^{-6}$	1,30	2,62	3,90
20	$4 \cdot 10^{-8}$	1,75	3,50	5,20

Aus dieser Tabelle ist z. B. zu ersehen, daß bei 1000° K 4% der Elektronen eine Geschwindigkeit von mehr als 0,44 Volt besitzen. Daraus sieht man, daß es wichtig ist, bei einer möglichst niedrigen Temperatur zu arbeiten. Weitere durch hohe Temperatur der Glühkathode bedingte Störungen sind:

a) Temperaturionisation,

b) störende Lichtemission,

c) Dissoziation im Falle eines Molekülgases.

Glühkathoden niedriger Temperatur erhält man durch Verwendung von Materialien, für die φ einen kleinen Wert besitzt. Als solche sind an erster Stelle die Oxyde von Ba, Sr, Ca zu nennen, die für die sog. Wehneltkathoden verwandt werden[1].

17. Zur Herstellung von Oxydkathoden. Da die Oxydkathoden in der Technik eine wichtige Rolle spielen, sind zahlreiche Verfahren zu ihrer Herstellung ausgearbeitet worden. Nach HERTZ kann man z. B. die unten zu beschreibenden Äquipotentialkathoden in der Weise herstellen, daß man zuerst bei niedriger Temperatur (50 bis 60° C) in der Luft Ba-Azid- (BaN_6-) Lösung auf ein Ni-Blech aufpinselt, bis eine Kruste aus Azid entstanden ist. Die Kathode wird sodann im Entladungsrohr eingeschmolzen, wobei sie vor hoher Temperatur zu schützen ist. Sodann erhitzt man im Vakuum bis etwa 110° C, wobei das Azid sich zersetzt. Die Reaktionsgeschwindigkeit ist dabei mit dem Manometer zu kontrollieren. Die fertige Ba-Schicht wird durch Glühen oxydiert. Nach einer ebenfalls von HERTZ gefundenen Methode kann man das Ba auch anderswo in der Entladungsröhre herstellen und es nachher auf die Kathode aufdampfen (Verdampfungsverfahren)[2].

Als Unterlage eignen sich oxydierte Metalle, z. B. Wo. Andere Methoden gehen von Karbonaten, Hydraten, Nitraten, Hydroxyden aus. Am einfachsten kann man eine aufgerauhte Ni-Kathode durch Hineintauchen in geschmolzenes $Ba(OH)_2$ mit einer dünnen Hydratschicht überziehen, die nach dem Einschmelzen durch Erhitzung von Wasser zu befreien ist und danach in O_2 geglüht werden soll. Karbonate kann man in wässeriger Suspension aufspritzen oder aufpinseln. Meistens wird ein Bindemittel (Gummi arabicum z. B.) zugefügt. Die trockene Kathode wird in derselben Weise behandelt. Auch kann man sich durch Aufschlämmen in Paraffinöl, geschmolzenem Paraffin oder Harz fein verteilte Kar-

[1] A. WEHNELT, Erg. exakt. Naturwiss. Bd. 4, S. 86. 1925.

[2] Zu diesem Zweck kann man außer Ba-Azid auch metallisches Ba in Kupferrohr („Copperclad Ba") benutzen.

bonatpasten herstellen, die man auf die aus Pt, W oder Ni bestehende Kathode aufstreicht (Pasteverfahren). Das Paraffin wird bei 300 bis 500° C abgedampft und die Masse bei 1000° C gesintert. Auch kann man Stangen aus Paraffin oder Harz herstellen, die fein verteilte Oxyde usw. enthalten[1]. Man reibt damit die glühende Kathode ein. Wiederum eine andere Methode ist Glühen der mit Hydrat- oder Nitratlösung benetzten Kathode in CO_2*. Es empfiehlt sich, Mischungen aus BaO und SrO** zu verwenden. Fertige Oxydkathoden können im allgemeinen in beliebige Apparaturen eingeschmolzen werden, wenn sie nicht länger als nötig an der Luft verbleiben und die zum Glasblasen erforderliche Luft durch geeignete Filter von Wasserdampf und CO_2 befreit wird.

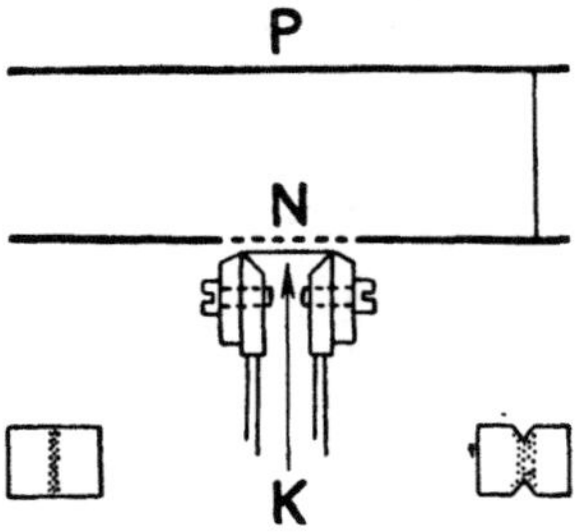

Abb. 23. Glühkathode nach HERTZ.

Neben den Erdalkalien hat man auch die Alkalien zur Herstellung von Oxydkathoden verwandt. Obgleich man damit z. B. im Falle von Cs auf Wo oder Wo-Oxyd sehr hohe Emissionen bekommen hat[2], scheint uns jedoch diese Art Kathoden wegen des hohen Dampfdruckes der Alkalien weniger für Elektronenstoßversuche geeignet, zumal ihre Herstellung viel Sorgfalt erfordert.

Eine zweite Fehlerquelle bietet das Potentialgefälle des Heizstromes längs der Oberfläche der Glühelektrode. Um diese auszuschalten, unterbricht man nach v. BAEYER[3] den Heizstrom 10- bis 20mal pro Sekunde mittels einer Wippe oder eines Kommutators, der den Meßstrom nur zuläßt in den Augenblicken, wo der Heizstrom ausgeschaltet ist. Nach HERTZ[4] kann man eine Folie in der Mitte verjüngen und nur dort das Oxyd aufbringen (Abb. 23). Eine andere Lösung ist, ein größeres Metallstück auf einen dünneren Wolframdraht festzuklemmen oder zu schweißen[5]. Der Draht darf nicht allzu kurz sein (Abb. 24). Auch Kathoden anderer Form, z. B. eine dicke flache Platte, eignen sich zur Herstellung einer ausgebreiteten, gleichtemperierten Äquipotentialfläche. Die üblichen Radioröhren mit indirekt geheizter Kathode geben ebenfalls Beispiele praktischer Lösungen.

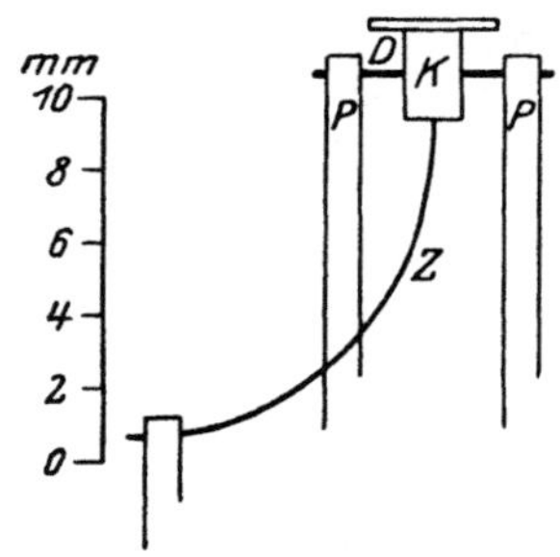

Abb. 24. Äquipotentialkathode nach HERTZ u. KLOPPERS.

18. Einfluß von Raumladungen. Eine Schwierigkeit bei dem Arbeiten mit Oxydkathoden bietet das Auftreten von Raumladungen, wodurch bei nichtgesättigter Emission eine starke Abhängigkeit des Stromes von der beschleunigenden Spannung eintreten kann. Im Vakuum und auch dann, wenn die Weglänge groß ist gegenüber den Abmessungen des Feldes, gilt die LANGMUIRsche Gleichung[6]

$$i = \frac{1}{9\pi} \frac{v(x)\, V(x)}{x^2} = \frac{1}{9\pi} \sqrt{\frac{2e}{m}} \frac{V^{3/2}}{d^2},$$

[1] C. DAVISSON u. S. H. GERMER, Phys. Rev. Bd. 24, S. 666. 1924; K. SIEBERTZ, ZS. f. Phys. Bd. 68, S. 505. 1931.
* W. STATZ, ZS. f. techn. Phys. Bd. 8, S. 451. 1927.
** H. J. SPANNER, Ann. d. Phys. Bd. 75, S. 609. 1929; H. SIMON, ZS. f. techn. Phys. Bd. 8, S. 434. 1927.
[2] I. LANGMUIR u. K. H. KINGDON, Science Bd. 57, S. 58. 1923; I. LANGMUIR, Ind. and Eng. Chem. Bd. 22, S. 390. 1930.
[3] O. v. BAEYER, Phys. ZS. Bd. 10, S. 168. 1909.
[4] G. HERTZ, ZS. f. Phys. Bd. 22, S. 18. 1924; vgl. G. HERTZ, Phys. ZS. Bd. 26, S. 868. 1925.
[5] G. HERTZ u. R. K. KLOPPERS, ZS. f. Phys. Bd. 31, S. 463. 1925.
[6] I. LANGMUIR, Phys. Rev. Bd. 2, S. 450. 1913.

wo $v(x)$, $V(x)$ die Geschwindigkeit bzw. das Potential im Abstande x von der Kathode bedeuten. Es ist d der Abstand Kathode—Anode, V die beschleunigende Spannung. Im Falle von Elektronen ist die Konstante $\sqrt{2e}/9\pi\sqrt{m}$ gleich $2{,}33 \cdot 10^{-6}$ Amp, wenn V in Volt und d in cm ausgedrückt wird.

Nach RICHARDSON und BAZZONI[1] besteht eine ähnliche Beziehung im Falle elastischer Zusammenstöße, nämlich:

$$i = \frac{\lambda}{4\pi} \frac{v(x)\,V(x)}{x^3} = \frac{\lambda}{4\pi}\sqrt{\frac{2e}{m}}\,\frac{V^{3/2}}{d^3}.$$

Beim Eintreten unelastischer Zusammenstöße ändert sich die Raumladung und wird, sobald Ionisation einsetzt, zum Teil aufgehoben. Man setzt daher oft geringe Mengen eines leicht ionisierbaren Gases, z. B. Hg bei Edelgasen, zu, damit die Raumladung nicht stört. Auch kann man die Raumladungswirkung abschwächen durch Anwendung großer Kathodenoberflächen[2]. Weitere Störungsquellen sind Wandladungen. Diese wirken stark feldverzerrend[3].

Bei allen Versuchen über Elektronenstoß wird ein weitgehender Gebrauch von Drahtnetzen gemacht. Schon frühzeitig hat LENARD[4] darauf hingewiesen, daß die Felder durch weite Maschen erheblich durchgreifen. In der Praxis der Verstärker und der Röntgenröhren macht man von diesem Durchgriff vielfach Gebrauch. Es empfiehlt sich also, für Elektronenstoßröhren enge Drahtnetze zu verwenden[5]. Störungen können auch durch solche Effekte hervorgerufen werden, die beim Auftreffen von Elektronen und Ionen auf Metallteile entstehen (Reflexion, Auslösung von Sekundärstrahlen); namentlich bei hohen Geschwindigkeiten hat man derartige Effekte zu befürchten. Auf andere Störungsquellen (Strahlung, metastabile Atome) kommen wir an geeigneten Stellen zurück.

β) Elektrische Methoden.

19. Untersuchung des primären Elektronenstromes. Diese Untersuchungen knüpfen an die in Abb. 18 wiedergegebene und in Ziff. 12 beschriebene Anordnung an. Nach dem in Ziff. 18 Behaupteten wird entweder der Strom durch Raumladung beeinflußt, oder es liegt Sättigung der Glühkathode vor. Jedenfalls wollen wir annehmen, daß Gasdruck und Abmessungen des Gefäßes wieder so bemessen sind, daß die Gesamtverluste eines Elektrons infolge elastischer Zusammenstöße zu vernachlässigen sind. Auch nehmen wir vorläufig an, daß die Raumladungen nicht bedeutend sind. Dann werden folgende Verhältnisse vorliegen: Wenn die Elektronen nur elastische Zusammenstöße machen, kommen sie mit nahezu gleicher Geschwindigkeit entsprechend dem Potentialunterschied zwischen Glühkathode und Auffangplatte, auf dieser an. Die Geschwindigkeitskomponenten der Elektronen sind jedoch verschieden. Legt man eine kleine Gegenspannung von z. B. 0,5 Volt zwischen dem Netz und der Auffangplatte an, dann wird ein kleiner Teil der Elektronen, wie aus Abb. 19 ersichtlich, zurückgehalten. Der übrigbleibende Teil erreicht die Platte. Anders verhält es sich, wenn eine bestimmte Anregungsspannung um einen kleinen Betrag übertroffen wird. Dann werden die Elektronen, sobald sie den Punkt passiert haben, wo ihre Energie der Anregungsspannung entspricht, auf ihrem Zickzackweg Gasmolekeln

[1] O. W. RICHARDSON u. CH. B. BAZZONI, Phil. Mag. Bd. 32, S. 426. 1916.
[2] K. SIEBERTZ, ZS. f. Phys. Bd. 68, S. 505. 1931.
[3] I. LANGMUIR, Gen. Electr. Rev. Bd. 26, S. 731. 1923; W. SCHOTTKY, Phys. ZS. Bd. 25, S. 342 u. 635. 1924; J. v. ISSENDORF, ZS. f. Phys. Bd. 26, S. 85. 1924; A. GÜNTHERSCHULZE, ebenda Bd. 31, S. 606. 1925.
[4] P. LENARD, Quantitatives usw. S. 15. 1925.
[5] Vgl. N. SEMENOFF, ZS. f. Phys. Bd. 19, S. 31. 1929; A. WALTHER u. L. INGE, ebenda Bd. 19, S. 31. 1923; Bd. 24, S. 400. 1924.

anregen und dabei ihre Geschwindigkeit verlieren. Wenn man jetzt wieder den der Platte zufließenden Strom mißt, und zwar bei kleiner Gegenspannung, so zeigt sich, daß viel weniger Elektronen die Platte erreichen können. Übertrifft die angelegte Spannung die Anregungsspannung um mehrere Volt, so wird bei genügend kleiner Weglänge, also genügend großer Stoßzahl, das Folgende eintreten: Die Elektronen werden ihre Geschwindigkeit verlieren in einer Schicht, die an der Stelle anfängt, wo der Potentialunterschied gegen die Kathode der Anregungsspannung gleich ist und die sich von dieser Stelle ab nach der Anode hin erstreckt. Die Elektronen, die ihre Geschwindigkeit durch Anregung zum Teil eingebüßt haben, werden danach wieder Energie in dem Felde gewinnen und also mit merklich von Null verschiedener Geschwindigkeit auf die Auffangplatte auftreffen. Das Gegenfeld vermag dann nur wenige Elektronen zurückzuhalten. Es ist wichtig, zu bemerken, daß die Geschwindigkeit, mit der die Elektronen, die durch Anregung Energie verloren haben, auf die Platte auftreffen, für alle dieselbe ist. Es sei 0 das Potential der Kathode, V_a die Anregungsspannung, V_x das Potential an der Stelle des unelastischen Zusammenstoßes, V_p die Spannung an der Platte, so hat das Elektron nach dem Stoße die restliche Energie $e(V_x - V_a)$; auf seinem Weg zur Platte gewinnt es die Energie $e(V_p - V_x)$ und erreicht sie also mit der Energie $e(V_p - V_a)$ unabhängig von V_x. Dieses ist der Grund, weshalb der Prozeß sich beim Passieren des doppelten, dreifachen, im allgemeinen mehrfachen Wertes der Anregungsspannung wiederholen kann. Abb. 25 gibt eine mit Hg-Dampf gewonnene Kurve nach FRANCK und HERTZ wieder[1], Abb. 26 eine derartige für K-Dampf nach WILLIAMSON[2].

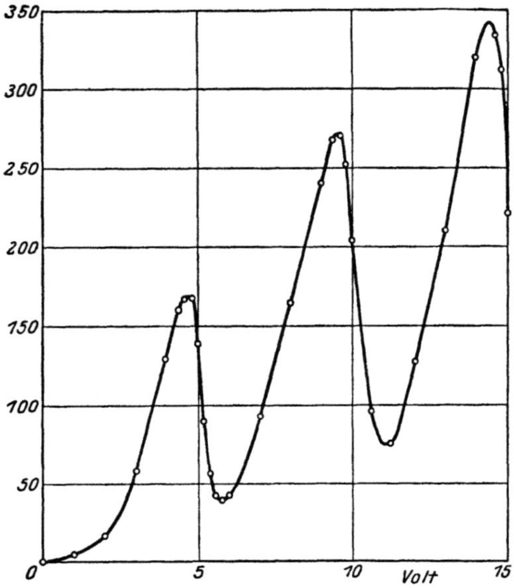

Abb. 25. Periodisches Auftreten von Elektronen geringer Geschwindigkeit in Quecksilberdampf. (Nach FRANCK u. HERTZ.)

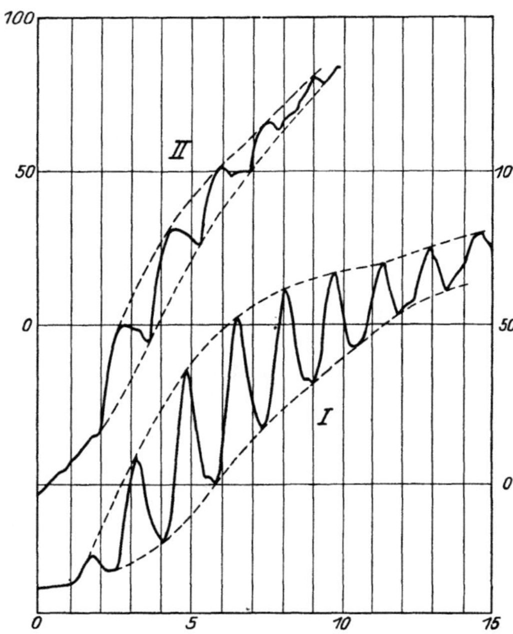

Abb. 26. Messung der Anregungsspannung in K-Dampf. (Nach WILLIAMSON).

[1] J. FRANCK u. G. HERTZ, Ber. d. D. Phys. Ges. Bd. 16, S. 457. 1914.
[2] R. C. WILLIAMSON, Phys. Rev. Bd. 24, S. 134. 1924.

Die auffallende Periodizität in den Kurven gestattet es, die Anregungsspannung genau zu bestimmen. Für Hg wird z. B. 4,9 ± 0,1, für K 1,63 ± 0,01 Volt gefunden. Zur genauen Bestimmung von Anregungsspannungen ist diese Methode jedoch nur unter gewissen Bedingungen geeignet, da die Verhältnisse oft verwickelter liegen. Abb. 27 *A* veranschaulicht die Anregung einer einzigen Energiestufe. Die gezeichnete Kurve stellt die Zahl der unelastischen Zusammenstöße im Gase als Funktion des Abstandes x von der Kathode dar, wenn ein Elektronenstrom 1 die Kathode verläßt. Die Kurve ist derart normiert, daß ihr Inhalt ebenfalls gleich 1 ist. Das bedeutet, daß alle Elektronen nach dem Passieren der Schicht angeregt haben. Die Form dieser Kurve läßt sich mit Hilfe der HERTZschen Diffusionsbetrachtung errechnen, wenn man die Anregungsfunktion kennt. Diese Rechnungen sind für die Ionisierung unter der Annahme durchgeführt, daß die Ionisierungswahrscheinlichkeit dicht oberhalb des kritischen Potentiales linear ansteigt[1]. Qualitativ darf man einen ähnlichen Verlauf auch im Falle der Anregung erwarten.

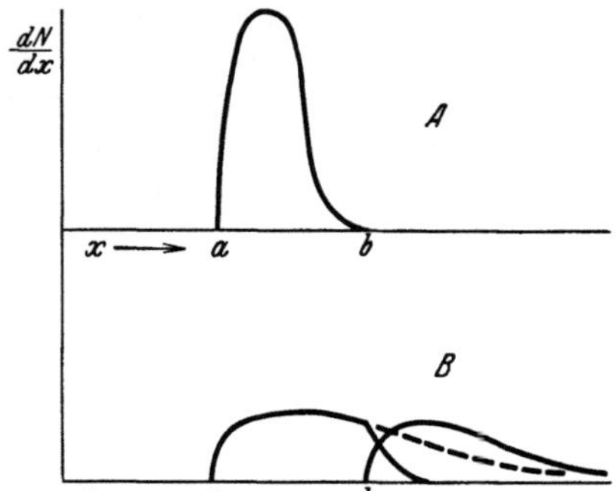

Abb. 27. Überlagerung bei der Anregung von zwei Energiestufen. *A* kleines, *B* großes $\lambda\, dV/dx$.

Die Gestalt der Anregungskurven hängt im hohen Grade vom Potentialunterschied pro freie Weglänge $\lambda\, dV/dx$ ab. Nimmt diese Größe zu, dann breitet die Schicht sich nach höheren Potentialen hin aus. Abb. 27 *B* führt den Fall vor, in dem eine zweite Anregungsspannung (V_b) vorhanden ist und $\lambda\, dV/dx$ einen so hohen Wert hat, daß die Kurve a an der Stelle b noch nicht nach Null abgefallen ist. Dann wird von der Stelle b ab eine Überlagerung der Anregungsprozesse a und b auftreten. Ein derartiges Verhalten wird bei desto kleineren Werten von $\lambda\, dV/dx$ auftreten, je näher die Spannungen V_a und V_b beieinander liegen und je kleiner die Wahrscheinlichkeit des Prozesses a ist. Solch ein Verhalten scheint beim He leicht aufzutreten, wie aus Abb. 28 ersichtlich. Die Maxima sind dort viel verwaschener als in den Abb. 25 und 26. Der Umstand, daß die elastischen Stoßverluste im He relativ größer sind als in allen anderen einatomigen Gasen, kann dabei auch störend gewirkt haben. Der Fall des Heliums ist auch deshalb für die Anwendung der beschriebenen Methode sehr ungünstig, weil die Anregungsspannung sehr hoch ist und der Versuch deshalb leicht von Verunreinigungen gestört wird. Die Wirkung von Verunreinigungen läßt sich an Hand der Abb. 27 *A* und *B* beschreiben: Es sei V_b die zu bestimmende kritische Spannung, V_a die Anregungsspannung einer Beimischung; dann wird eine von der Konzentration der Beimischung abhängige

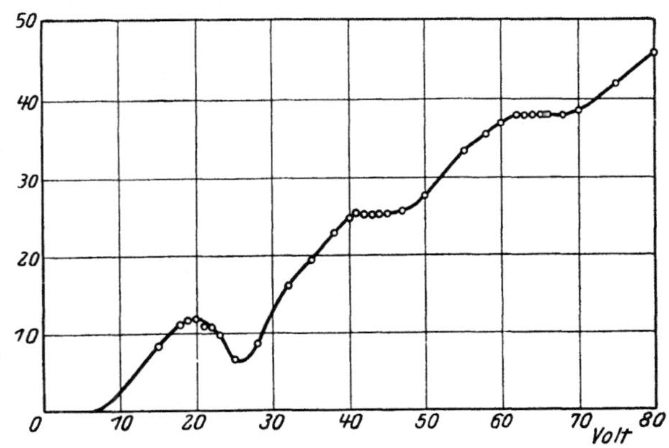

Abb. 28. Periodisches Auftreten langsamer Elektronen in He. (Nach FRANCK.)

[1] F. M. PENNING, ZS. f. Phys. Bd. 40, S. 4. 1926; M. J. DRUYVESTEYN, ebenda Bd. 52, S. 197. 1928.

Elektronenzahl bei den Molekeln dieser Substanz den Zustand *a* angeregt haben, bevor sie Gelegenheit hatte, bei den Molekeln des Hauptgases den Zustand *b* anzuregen. Die Bevorzugung einer Atomart niedriger Anregungsenergie vor einer höheren Anregungsenergie beim Leuchten der Gasgemische beruht auf diesem Vorgang. Bereits in Ziff. 1 wurde darauf hingewiesen, wie die Maskierung eines Atomspektrums durch geringe Beimischungen fremder Atome dazu beigetragen hat, die Erscheinung der quantenhaften Energieübertragung richtig zu fassen. Ältere Literaturangaben findet man bei LILIENFELD[1]. Weiter sind zu erwähnen: FRANCK und HERTZ[2], DÉJARDIN[3], GEHLHOFF[4], MERTON und NICHOLSON[5] und PASCHEN[6]. Ein Experiment, in dem die Anregungspotentiale *a* und *b* derselben Substanz angehören und in dem die Abmessungen der Apparatur und der Druck des Gases derart beschaffen sind, daß der zweite Fall (Überlagerung

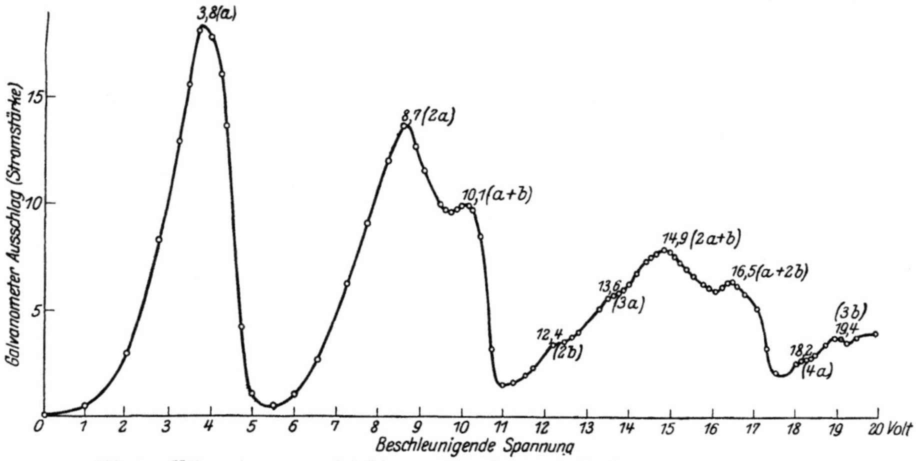

Abb. 29. Höhere Anregungen bei Stromspannungskurven in Hg-Dampf. (Nach EINSPORN.)

von *a* und *b*) auftritt, liegt bei den Beobachtungen von EINSPORN am Quecksilber vor. Abb. 29 gibt die von EINSPORN aufgenommene Kurve wieder. In dieser Kurve sieht man deutlich abwechselnd Anregung von zwei wichtigen Anregungsstufen des Quecksilbers, und zwar

a) 4,9 Volt $(6s\,{}^1S_0 - 6p\,{}^3P_1)$,
b) 6,7 Volt $(6s\,{}^1S_0 - 6p\,{}^1P_1)$.

Tabelle 4. Anregungsmaxima des Quecksilbers nach EINSPORN.

Beobachtete Voltzahlen nach Korrektur der Voltskala	Berechnete Voltzahlen	Deutung	Beobachtete Voltzahlen nach Korrektur der Voltskala	Berechnete Voltzahlen	Deutung
4,9	4,9	a	16	16,5	$2a+b$
—	6,7	b	17,6	18,3	$a+2b$
9,8	9,8	$2a$	19,3	19,5	$4a$
11,2	11,6	$a+b$	20,2	20,1	$3b$
13,5	13,4	$2b$	21,2	21,4	$3a+b$
14,7	14,7	$3a$			

[1] J. E. LILIENFELD, Ann. d. Phys. Bd. 16, S. 931. 1925.
[2] J. FRANCK u. G. HERTZ, Ber. d. D. Phys. Ges. Bd. 18, S. 213. 1916 (Hg in He); J. FRANCK, ZS. f. Phys. Bd. 1, S. 1. 1920.
[3] G. DÉJARDIN, C. R. Bd. 175, S. 952. 1922.
[4] G. GEHLHOFF, Ber. d. D. Phys. Ges. Bd. 13, S. 183. 1911 (Alkali in He).
[5] J. W. R. MERTON u. T. NICHOLSON, Proc. Roy. Soc. London A Bd. 96, S. 112. 1919 (H_2 in He).
[6] F. PASCHEN, Ann. d. Phys. Bd. 71, S. 142 u. 537. 1923.

Ein interessantes Beispiel zu dem eben besprochenen Fall gibt die visuelle Beobachtung einer Entladung zwischen parallelen Platten in Neon[1] (Abb. 30). Es handelt sich hier um eine selbständige Entladung geringer Stromdichte[2] (etwa 10^{-7} Amp/cm²). Nach der Auffassung der genannten Autoren emittiert die Kathodenplatte Elektronen unter Einfluß der mit geringer Energie aufprallenden positiven Ionen. Die Ionenbildung im Gase, obwohl für die Erscheinung als Ganzes wesentlich, ist jedoch so gering, daß keine störenden Raumladungen auftreten und daß die Ionisierung gegenüber der Anregung zurücktritt. Was man beobachtet, sind rötlich leuchtende, parallele Schichten im Abstand von 18,5 bis 19 Volt. Das Leuchten entsteht dadurch, daß die Neonatome nach Anregung in den 18,5 V-Zuständen ($3p\,{}^{1,3}S \cdot P \cdot D$) in die $3s\,{}^{1,3}P$-Zustände zurückfallen (während Strahlung nach dem Grundzustand $2p^6\,{}^1S_0$ verboten ist). Bemerkenswert ist dabei, daß neben Anregung in den 18,5 V-($3p$-)Zuständen Anregung in den 16,5 V-($3s$-)Zuständen zu erwarten sein wird, daß jedoch offenbar der höhere Zustand häufiger ist, was auf eine sehr geringe relative Wahrscheinlichkeit der 16,5 Volt-Anregung hinweist (vgl. Ziff. 52).

Abb. 30. Negative Schichten in Neon bei geringer Stromdichte. Unten Kathode. (Nach DRUYVESTEYN.)

Auch beim A und He sind derartige Schichten beobachtet worden[3]. Beim Argon wird umgekehrt wie beim Neon die Potentialdifferenz zwischen den Schichten gleich dem niedrigsten Anregungspotential (etwa 12 Volt; $3p^6\,{}^1S_0 - 4s\,{}^{1,3}P$ = 11,5 bis 11,8 Volt) gefunden. Hier überwiegt also offenbar diese Anregung, und das Leuchten ist einer sporadischen Erregung höherer Energiestufen im Atom zuzuschreiben. Beim He wird etwa 25 Volt gefunden.

Wie schon bemerkt, darf bei der obenbeschriebenen Methode zur Bestimmung von Anregungsenergien die Raumladung nicht bedeutend sein. Sonst haben die Geschwindigkeitsänderungen der Elektronen schwierig zu kontrollierende Änderungen der Raumladung und der Stromstärke zur Folge. Aus demselben Grund ist die Methode abzulehnen in denjenigen Fällen, wo (wie z. B. bei Argon) eine starke Veränderlichkeit der freien Weglänge mit der Geschwindigkeit vorliegt.

20. Einführung eines feldfreien Raumes. Aus dem in der vorigen Ziffer Gesagten erhellt, daß die Größe $\lambda\, dV/dx$ so niedrig wie möglich gehalten werden muß, wenn man eng benachbarte Anregungsstufen beobachten will. Da andererseits unter diesen Umständen die Beobachtung höherer Anregungsstufen unmöglich sein würde, muß man einen Kunstgriff anwenden, der darin besteht, daß man die Beschleunigung und die Anregung in verschiedenen Teilen der Apparatur zustande kommen läßt. Dieses

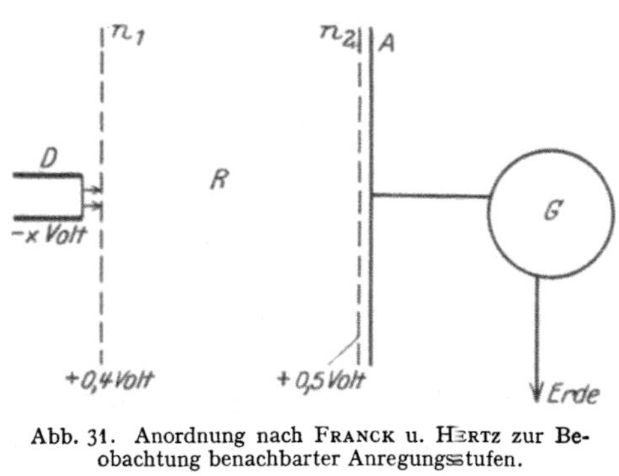

Abb. 31. Anordnung nach FRANCK u. HERTZ zur Beobachtung benachbarter Anregungsstufen.

[1] G. HOLST u. E. OOSTERHUIS, Phil. Mag. Bd. 46, S. 1117. 1923; Physica Bd. 1, S. 78. 1921; vgl. M. J. DRUYVESTEYN, ZS. f. Phys. Bd. 73, S. 33. 1931.

[2] Für eine derartige Entladung wird der Name Townsendentladung mehr und mehr gebräuchlich.

[3] Vgl. auch F. W. ASTON, Proc. Roy. Soc. London A Bd. 80, S. 45. 1908.

wird erreicht unter Zuhilfenahme eines zweiten Drahtnetzes, das sich in einem Abstand von der Elektronenquelle befindet, der klein ist gegen die freie Weglänge (Abb. 31). Eine mit dieser Anordnung an Hg gewonnene Kurve zeigt Abb. 32. Neben dem Knick bei 4,9 Volt erkennt man solche bei 4,68 und 5,29 Volt. Diese gehören optisch verbotenen Übergängen zu.

Die geschilderten Methoden sind verschiedentlich auch zur Untersuchung von Gasen mit Elektronenaffinität (meistens Moleküle) herange-

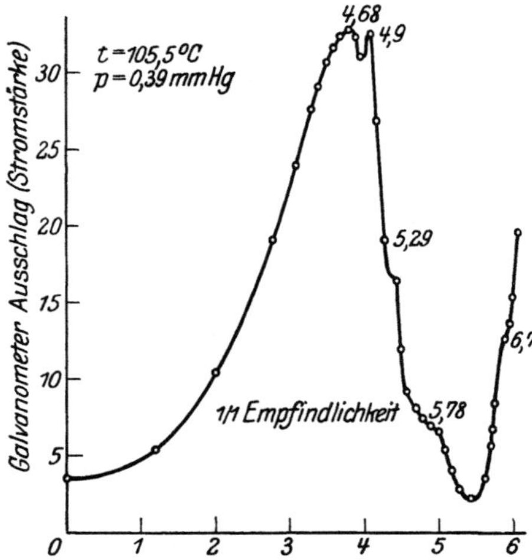

Abb. 32. Feinere Zerlegung von Anregungsstufen.

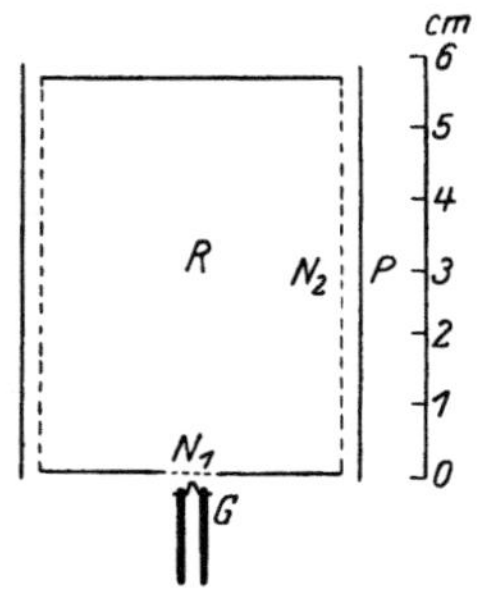

Abb. 33. Anordnung von HERTZ zur genauen Festlegung von Anregungsspannungen.

zogen worden. Die so erhaltenen Resultate dürften wohl kaum Anspruch auf Genauigkeit besitzen. Durch die in Ziff. 12 geschilderten Prozesse der Bildung und des Zerfalles negativer Ionen wird die Geschwindigkeit der Elektronen nach dem Durchgang durch das Gas unter Umständen wesentlich kleiner sein, als sich aus der angelegten Spannung berechnet. Auf die Bestimmung der kritischen Potentiale von Molekülen kommen wir später zurück.

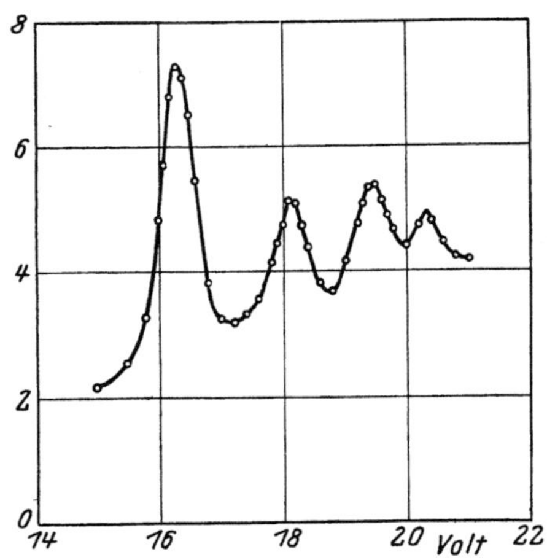

Abb. 34. Anregungsspannungen in einem Ne-He-Gemisch nach HERTZ.

Weitere Verfeinerungen in der Methode des feldfreien Raumes sind von HERTZ[1] eingeführt worden. HERTZ legt zwischen dem Netz N_2 und der Platte P abwechselnd eine Gegenspannung 0 und 0,2 Volt an und mißt die dadurch verursachte Stromänderung. Diese Gegenspannung wird nur dann eine merkliche Wirkung ausüben, wenn viele Elektronen mit kleiner Geschwindigkeit anwesend sind, also gerade beim Passieren einer Anregungsspannung. Abb. 33 gibt die HERTZsche Ausführungsform, Abb. 34 eine an einem Ne-He-Gemisch gewonnene Kurve wieder.

21. Untersuchung der Geschwindigkeitsverteilung der primären Elektronen. Bei den in Ziff. 19 und Ziff. 20 erwähnten Versuchen wird die Elektronengeschwindigkeit allmählich gesteigert; sobald ein kritisches Potential erreicht wird, nimmt der Primärstrom ab. Es ist jedoch auch noch eine zweite Methode zu erwähnen, wobei man den Elektronen eine größere Geschwindigkeit erteilt und die Geschwindigkeitsverteilung nach der Durchquerung des feldfreien Raumes bestimmt;

[1] G. HERTZ, ZS. f. Phys. Bd. 18, S. 307. 1923.

daraus ergeben sich dann ebenfalls die kritischen Potentiale als diskrete Energieverluste. Die relative Intensität, mit welcher die kritischen Potentiale bei diesen beiden Methoden auftreten, hängt von den betreffenden Anregungsfunktionen ab und kann also sehr verschieden sein. Diese zweite Methode ist öfters bei Streuungsmessungen zur Bestimmung der wirksamen Querschnitte benutzt worden, wie schon in Ziff. 9 erwähnt wurde.

Man kann die Geschwindigkeitsverteilung der Elektronen durch Gegenfelder (LÖHNER, vgl. Ziff. 32), durch magnetische (DYMOND[1]) oder durch elektrische Ablenkung (HARNWELL[2], MCMILLEN[3]) bestimmen. Bei der elektrischen Methode kann der ablenkende Kondensator so bemessen werden, daß das Elektronenbündel auf den hinteren Schlitz des Ablenkungsraumes fokussiert wird[4].

Es sei noch erwähnt, daß WHIDDINGTON[5] und Mitarbeiter statt eines Schlitzsystemes mit Faradaykäfig eine photographische Platte zur Registrierung der Elektronen benutzen.

22. Bestimmung der Ionisierungsspannungen durch Untersuchung des Primärstromes. Nach den in Ziff. 19 geschilderten Methoden kann auch die zur Ionisierung nötige Energie bestimmt werden, und zwar auf zwei verschiedene Weisen, je nachdem eine Raumladung vorhanden ist oder nicht. Ist keine Raumladung da, so gleicht die Methode der obigen. Eine Schwierigkeit besteht insofern, als der Ionisierungsspannung eine Reihe von Anregungsspannungen vorausgehen. Neu ist ferner der Umstand, daß die Energie des stoßenden Elektrons nach Abzug der Ionisierungsenergie sich jetzt auf zwei Elektronen verteilt, so daß auch nach Überschreiten der kritischen Spannung sehr langsame Elektronen entstehen können. Die Methode gibt also ein verwaschenes Bild des Ionisierungspotentiales. Eine qualitative Bestimmung der Ionisierungsspannung des Heliums wurde von FRANCK und KNIPPING[6] in dieser Weise ausgeführt.

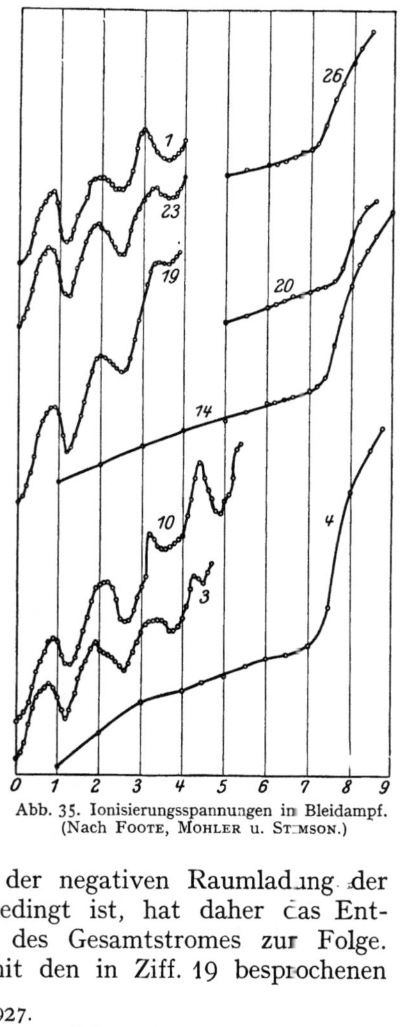

Abb. 35. Ionisierungsspannungen im Bleidampf. (Nach FOOTE, MOHLER u. STIMSON.)

Ganz anders verhalten sich die Methoden, die auf der Änderung der Raumladung durch positive Ionen beruhen. Infolge ihrer großen Masse und der damit zusammenhängenden geringen Geschwindigkeit erzeugen bereits wenige positive Ionen eine merkliche Verringerung der negativen Raumladung der Elektronen. Wenn der Strom raumladungsbedingt ist, hat daher das Entstehen positiver Ionen eine jähe Zunahme des Gesamtstromes zur Folge. Abb. 35 gibt derartige Kurven zusammen mit den in Ziff. 19 besprochenen

[1] E. G. DYMOND, Phys. Rev. Bd. 29, S. 433. 1927.

[2] G. P. HARNWELL, Phys. Rev. Bd. 33, S. 559. 1929; Bd. 34, S. 661. 1929.

[3] J. H. MCMILLEN, Phys. Rev. Bd. 36, S. 1034. 1930.

[4] A. L. HUGHES u. V. ROJANSKY, Phys. Rev. Bd. 34, S. 284. 1929; A. L. HUGHES u. J. H. MCMILLEN, ebenda Bd. 34, S. 291. 1929.

[5] H. JONES u. R. WHIDDINGTON, Phil. Mag. (7) Bd. 6, S. 889. 1928; J. E. ROBERTS u. R. WHIDDINGTON, ebenda (7) Bd. 12, S. 962. 1931.

[6] J. FRANCK u. P. KNIPPING, Phys. ZS. Bd. 20, S. 48. 1919.

Kurven, und zwar für den Fall von Bleidampf nach FOOTE, MOHLER und STIMSON[1].

Bei allen Methoden zur Bestimmung der Ionisierungsspannung ist auf Reinheit der Gase zu achten, zumal wenn bei verhältnismäßig hohem Gasdruck und mit größeren Strömen gearbeitet wird. Denn es ist nicht nur möglich, daß das beigemischte Gas infolge seiner niedrigen Ionisierungsenergie die Elektronen daran hindert, das Hauptgas zu ionisieren, sondern es kann auch vorkommen, daß angeregte, insbesondere metastabile Atome oder Moleküle das beigemischte Gas durch Sekundärprozesse ionisieren (Ziff. 84). In diesem Fall mißt man einen starken Stromanstieg bei der niedrigsten Anregungsspannung. Beispiele hierfür liefern zwei Kurven aus einer Arbeit von STEAD und GOSSLING[2] (Abb. 36). Werden die obenbeschriebenen Versuche mit einer sehr reichlich emittierenden Kathode ausgeführt, dann gehören die Erscheinungen mehr dem Gebiet der gewöhnlichen Gasentladungen an. Bei Überschreitung der Ionisierungsspannung bildet sich zwischen einer Oxydkathode und einer in kleiner Entfernung (z. B. 2 cm bei 1 mm Druck) befindenden Anode eine Entladung aus, die als Bogenentladung bezeichnet wird. Es wird angenommen, daß die Spannung, bei der der Bogen zündet, und die gewöhnlich sehr wenig davon verschiedene Brennspannung gleich der Ionisierungsspannung sind. Im allgemeinen trifft das zu (abgesehen von Kontaktpotentialen), jedoch hat man darauf zu achten, daß nicht nur Verunreinigungen, sondern auch stufenweise Ionisierung über den metastabilen Zustand als Zwischenzustand die Bogenspannung herabsetzen können. Die letzte Erscheinung kann so weit gehen, daß die höchste Spannung, nämlich die Bildungsspannung der metastabilen Atome, nur in einem sehr kleinen Teil des Entladungsraumes erreicht wird und daß infolge der positiven Raumladung die Spannung von dort ab nach allen Seiten hin, also auch zur Anode, stark abfällt (Abb. 37). Die dann entstehende Entladung, der sog. Niedervoltbogen[3], ist zur Bestimmung der Ionisierungsspannung ungeeignet.

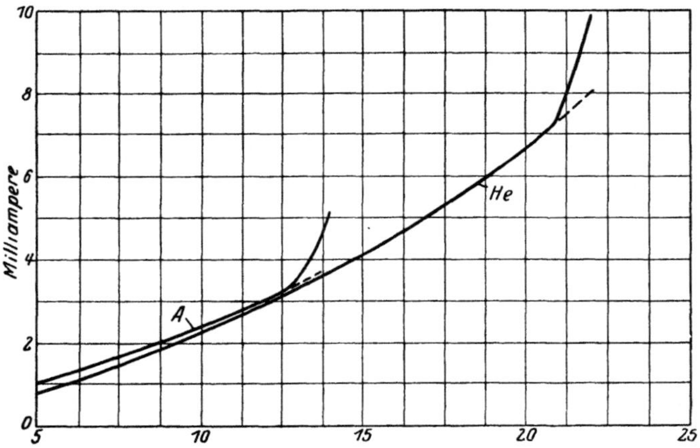

Abb. 36. Starkes Ansteigen des Elektronenstroms infolge Zusammenbrechens der Raumladung bei der Anregungsspannung. (Nach STEAD u. GOSSLING.)

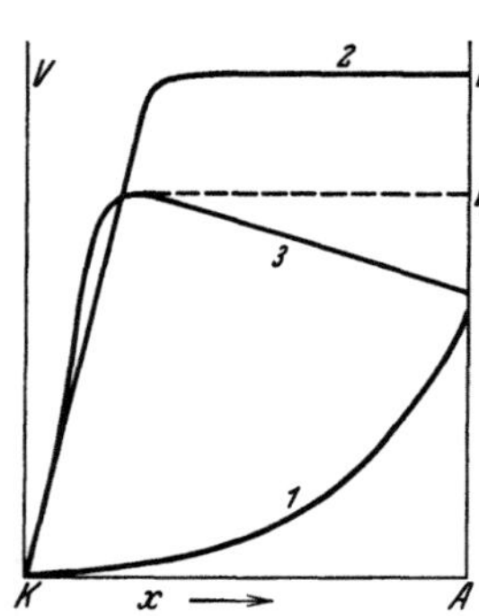

Abb. 37. Potentialverlauf bei starkem Strom und stark emittierender Kathode. Die Stromstärke nimmt von 1 nach 3 zu. Normaler Bogen (2) und Niedervoltbogen (3).

[1] P. D. FOOTE, F. L. MOHLER u. H. F. STIMSON, Bull. Bureau of Stand. Bd. 15, S. 721. 1920; vgl. auch J. T. TATE, Phys. Rev. Bd. 10, S. 81. 1917.

[2] G. STEAD u. B. S. GOSSLING, Phil. Mag. Bd. 40, S. 413. 1920.

[3] K. T. COMPTON, Phys. Rev. Bd. 25, S. 139. 1925; M. J. DRUYVESTEYN, ZS. f. Phys. Bd. 64, S. 78. 1930.

23. Verwendung einer zweiten Glühkathode. Ein zweites, ebenfalls von HERTZ[1] herrührendes Verfahren, das auch auf Kompensation der Raumladung beruht, ist folgendes: Im Anregungsraum (Abb. 38) befindet sich ein Glühdraht G, der schwach negativ ist, verglichen mit N_2. Der Emissionsstrom dieses Drahtes ist durch Raumladung stark beengt. Treten positive Ionen auf, so geht auf einmal ein relativ starker Strom vom Glühdraht aus. Zum Vergleich mit den Anregungsspannungen nimmt man mit derselben Versuchsanordnung die Kurve der Abb. 34 auf. Ein Beispiel (Neon) zeigt Abb. 39.

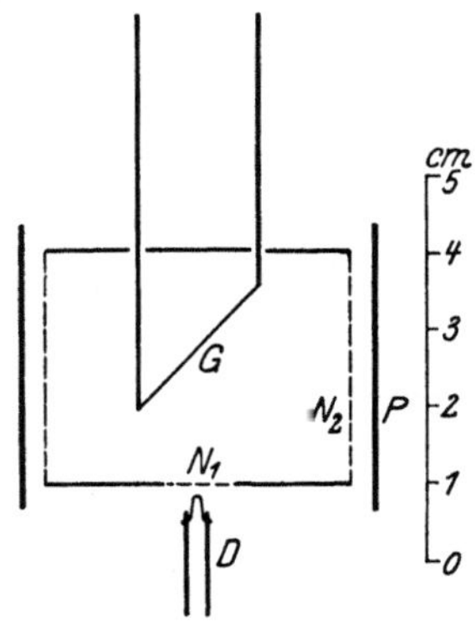

Abb. 38. Anordnung von HERTZ zur Bestimmung von Anregungs- und Ionierungsspannungen.

24. Untersuchung des ausgelösten Sekundärstromes. Die in den vorigen Ziffern beschriebene Anordnung (Abb. 31) läßt sich auch so abändern, daß die primären Elektronen die Auffangplatte nicht erreichen können und diese nur von sekundären Produkten des Elektronenstromes getroffen werden kann. Man braucht dazu nur der Auffangplatte ein negatives Potential zu erteilen, das niedriger ist als das Potential der Kathode (Abb. 40). Diese Meßmethode ist zu gleicher Zeit eine der ältesten, da sie (vgl. Abschn. I) bereits von LENARD 1902 zur Messung der Ionisierungsspannungen (Trägerbildungsspannungen) angewandt wurde. Es ist auch LENARD gewesen, der auf eine wichtige Fehlerquelle bei diesen Versuchen hingewiesen hat. Es zeigt nämlich die Auffangplatte im allgemeinen einen positiven Strom an. Dieser besteht:

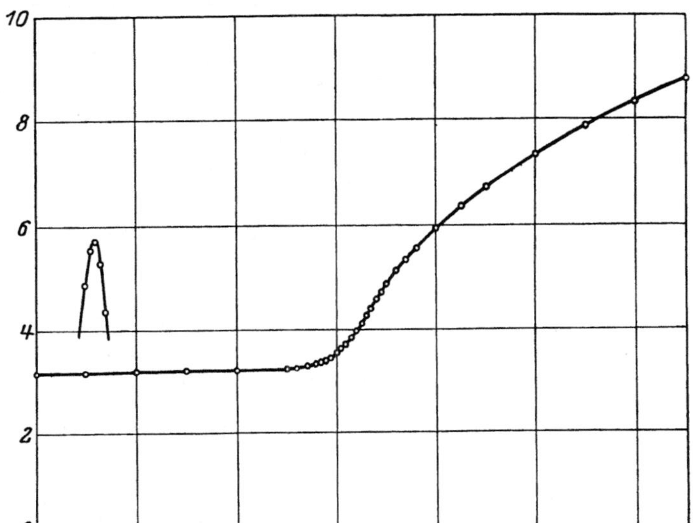

Abb. 39. Ionisierungskurve für Neon nach HERTZ.

1. aus aufprallenden Ionen, die bei genügender Geschwindigkeit der Primärelektronen im Raum R (Abb. 40) gebildet werden;

2. aus Elektronen, welche die Platte verlassen. Diese werden a) entweder photoelektrisch ausgelöst, sobald infolge Anregung Strahlung aus R die Platte

[1] G. HERTZ, ZS. f. Phys. Bd. 18, S. 307. 1923.

trifft, oder b) an dieser Platte ausgelöst durch metastabile Atome, welche im Raume R gebildet werden und zu der Platte diffundieren.

Die Effekte 2a und b kann man manchmal trennen, indem man zwischen dem Anregungsraum und der Auffangplatte eine für Strahlung durchsichtige Platte anbringt[1], die die metastabilen Atome daran hindert, die Platte zu erreichen. Ein Mittel, die Photoelektronen von den Ionen zu trennen, hat man in Änderung der Gestalt der Auffangelektrode. Von LENARD wurde dazu ein Ring benutzt, der wegen seiner geringen Oberfläche nur wenig Strahlung aufnimmt, jedoch die Ionen quantitativ zu sammeln imstande ist. Andererseits kann es ein Vorteil sein, die photoelektrisch ausgelösten Elektronen mit zu beobachten, weil man in diesem Falle wichtige Anregungspotentiale erhält. Die Unterscheidung zwischen Anregung und Ionisierung kann auf verschiedene Weisen geschehen. DAVIS und GOUCHER[2] (Abb. 41) legten zwischen der Auffangplatte und dem Netz n_2 ein schwaches Feld an, das die Photoelektronen zurückhielt. Zu gleicher Zeit werden Photoelektronen, die an A selbst ausgelöst sind, als negativer Strom registriert. Verbindet man Netz und Platte, so kommt derselbe Strom scheinbar als positiver Ionenstrom zur Messung. Abb. 42 zeigt die beiden Kurven für den Fall des Hg-Dampfes. Der gemeinsame, steigende Ast entspricht dem wirklichen Ionenstrom. Die Einführung mehrerer Drahtnetze birgt die Gefahr in sich, daß neue Sekundäreffekte auftreten.

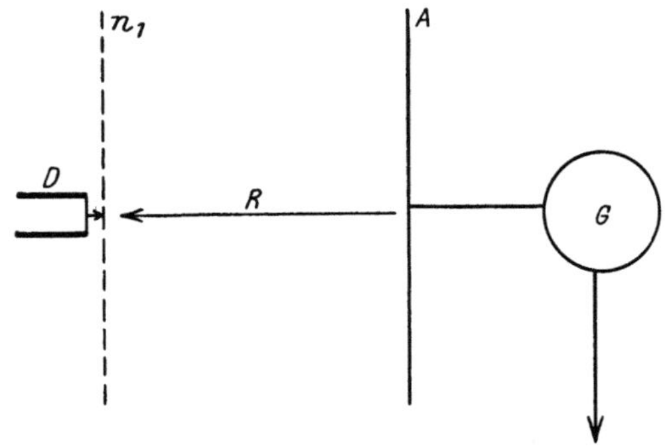

Abb. 40. LENARDS Methode zur Messung von Ionisierungsspannungen.

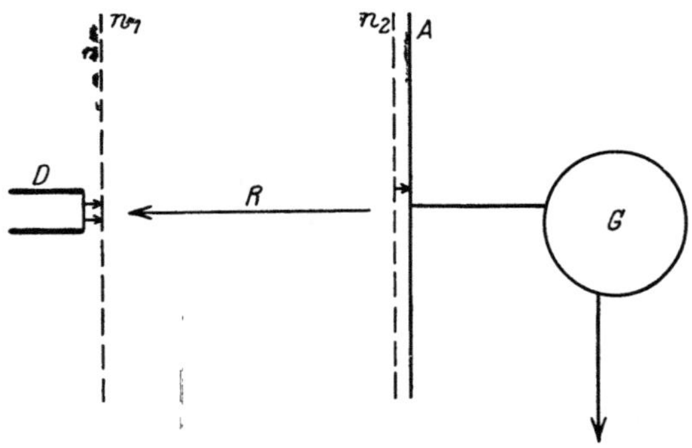

Abb. 41. Anordnung von DAVIS u. GOUCHER zur Unterscheidung von Anregung und Ionisierung.

Ein anderes Verfahren, zwischen Anregung und Ionisierung zu unterscheiden, hat COMPTON[3] angegeben. Er benutzt die unveränderte Lenardschaltung (Abb. 43). Die Auffangplatte ist jetzt ein drehbarer Faradaykäfig, der mit einem Drahtnetz bespannt ist. Die Anzahl der aufgefangenen positiven Ionen ist unabhängig von der Stellung des Auffängers. Wird dagegen der Faradaykäfig einer lichtelektrisch wirksamen Strahlung

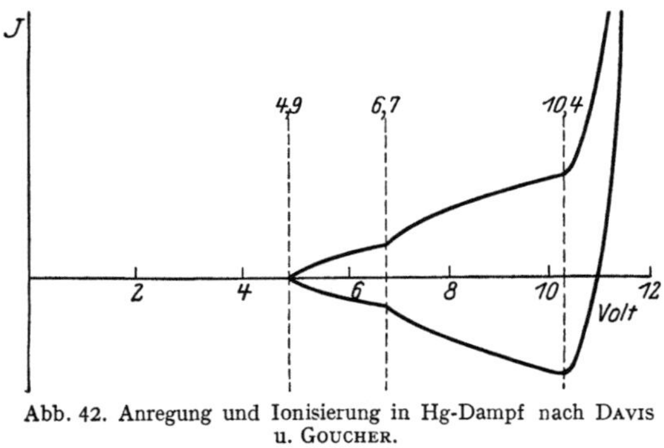

Abb. 42. Anregung und Ionisierung in Hg-Dampf nach DAVIS u. GOUCHER.

[1] Vgl. H. MESSENGER, Phys. Rev. Bd. 28, S. 962. 1929.
[2] B. DAVIS u. F. S. GOUCHER, Phys. Rev. Bd. 10, S. 101. 1917.
[3] K. T. COMPTON, Phil. Mag. Bd. 40, S. 553. 1920.

ausgesetzt, so muß eine Drehung den Effekt merklich beeinflussen. Wird die Bodenseite exponiert, so verlassen alle Elektronen den Auffänger; wird dagegen die Netzseite von der Strahlung getroffen, so bleiben die im Käfig ausgelösten Elektronen eingefangen. COMPTON hat auf diese Weise Helium untersucht. Er findet eine schwache Ionisierung schon bei der unteren Anregungsspannung, was der stufenweisen Ionisation unter Mitwirkung metastabiler Atome zugeschrieben wird. Vermutlich handelt es sich hier wieder um geringe Verunreinigungen.

Eine mit der LENARDschen Idee übereinstimmende Methode wurde von OLMSTEAD[1] und MACKAY[2] benutzt. Als Auffangelektrode diente entweder ein Draht oder eine Platte. Lichtelektrisch ist nur die letztere empfindlich.

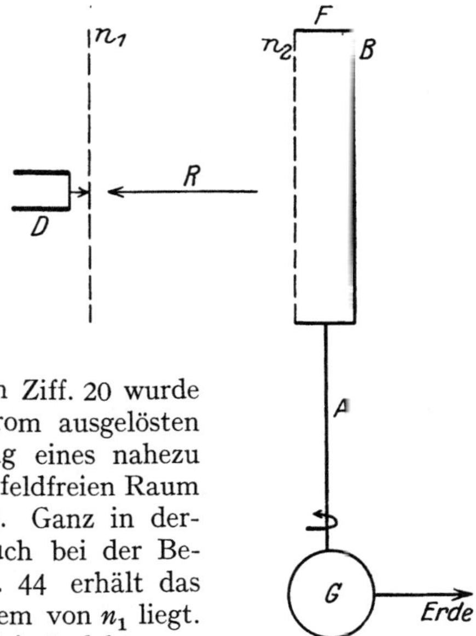

Abb. 43. Anordnung von COMPTON zur Unterscheidung von Anregung und Ionisierung.

25. Verfeinerung der Meßmethode. In Ziff. 20 wurde gezeigt, daß sich die durch den Primärstrom ausgelösten Effekte wesentlich schärfer durch Einführung eines nahezu feldfreien Raumes erfassen lassen. In diesem feldfreien Raum finden die Ionisierung und Anregung statt. Ganz in derselben Weise verfährt man zweckmäßig auch bei der Beobachtung des Sekundärstromes. In Abb. 44 erhält das Netz n_2 ein Potential, das nur wenig über dem von n_1 liegt. Das starke negative Potentialgefälle, das die Primärelektronen zurückhalten soll, wird zwischen n_2 und A angelegt. Eine mit dieser Anordnung an Hg-Dampf gewonnene Kurve[3] zeigt Abb. 45. Dabei ist die Nullinie ein wenig aufwärts verschoben, um den Knick bei 4,68 Volt deutlich sichtbar zu machen. Verschiedene schwache Knicke sind wahrscheinlich nicht dem Hg-Atom zuzuschreiben, da ihnen keine Termwerte entsprechen[4].

DYMOND[5] hat im RUTHERFORDschen Institut ein Verfahren ausgearbeitet, um die Lage der Knicke besser zu erkennen. Er erreicht das durch Überlagerung einer kleinen Wechselspannung über die Gleichspannung. An den Stellen, wo die kritischen Spannungen überschritten werden, erhöht sich die Stromstärke durch die Wechselspannung sehr erheblich.

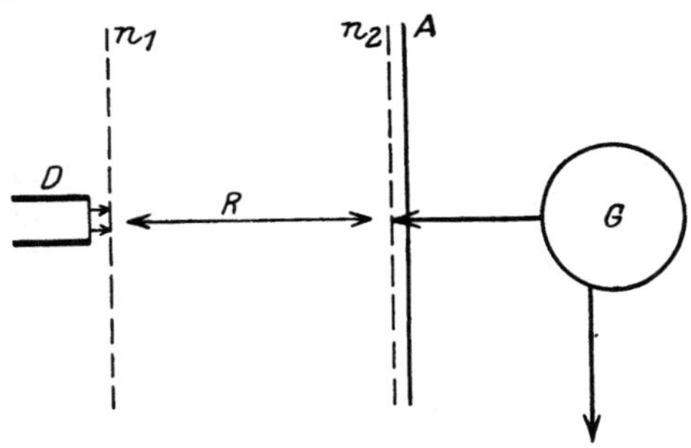

Abb. 44. Abgeänderte LENARDsche Methode zur Messung von Anregungs- und Ionisierungsspannungen.

Auch bei der in dieser Ziffer beschriebenen Methode ist es meistens nicht schwierig, zwischen Anregung und Ionisierung zu unterscheiden. Abb. 46 zeigt das plötzliche Einsetzen der Ionisation in Quecksilberdampf bei 10,5 Volt (die wahre Ionisierungsspannung liegt

---

[1] P. S. OLMSTEAD, Phys. Rev. Bd. 20, S. 613. 1912.
[2] C. A. MACKAY, Phil. Mag. Bd. 46, S. 828. 1923.
[3] J. FRANCK u. E. EINSPORN, ZS. f. Phys. Bd. 2, S. 18. 1920.
[4] Vgl. H. MESSENGER, Phys. Rev. Bd. 28, S. 962. 1927; die von R. LOYARTE (Phys. ZS. Bd. 30, S. 678. 1929) gegebene Deutung kann schwerlich richtig sein; vgl. LANDOLT BÖRNSTEIN, II. Erg.-Bd., S. 564.
[5] E. G. DYMOND, Proc. Roy. Soc. London A Bd. 107, S. 291. 1925.

nach Anbringen der Korrektur für Kontaktpotential bei 10,38 Volt). Der schwache Anstieg von 9,5 Volt ab entspricht dem photoelektrischen Strom. Durch Nichtberücksichtigung dieses Unterschiedes wurde bei älteren Messungen die Ionisierungsspannung oft zu niedrig angegeben.

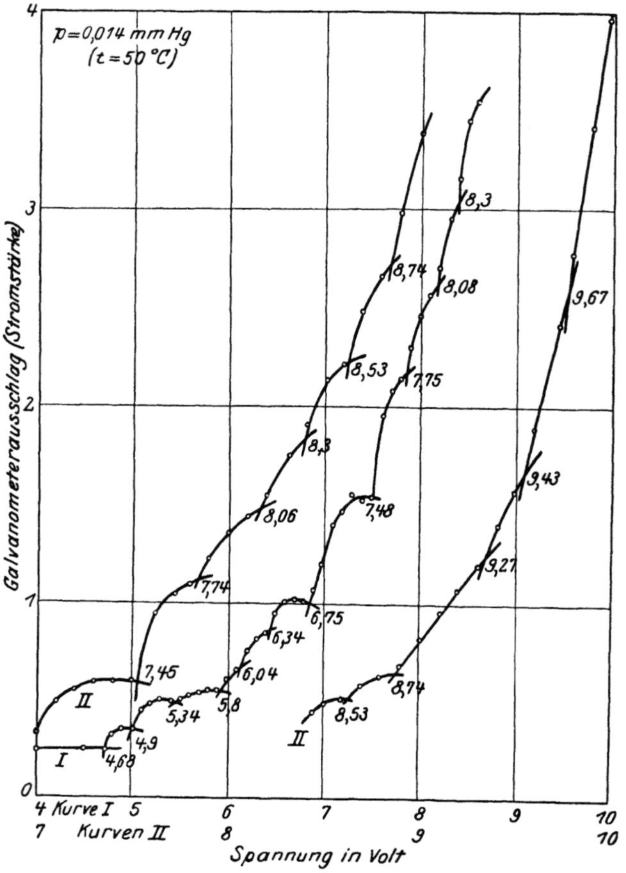

Abb. 45. Lichtelektrische Kurve in Hg-Dampf. (Nach FRANCK u. EINSPORN.)

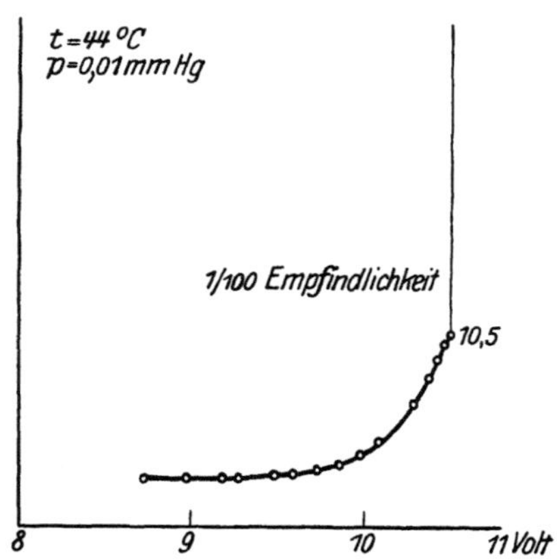

Abb. 46. Einsetzen der Ionisierung in Hg-Dampf. (Nach EINSPORN.)

26. Absolutwerte von Anregungs- und Ionisierungsspannungen und Kontaktpotentiale. Der Gebrauch von Glühkathoden oder lichtelektrischen Kathoden bedingt im allgemeinen eine Fehlerquelle, die darin besteht, daß die genauen Spannungen zwischen Kathode, Netz und Auffangplatte nur bis auf eine additive Konstante bekannt sind. Teilweise ist das Auftreten dieser Konstante auf die von Null verschiedene Geschwindigkeit zu schieben, mit der die Elektronen aus der Kathode austreten. Zum größten Teil rührt sie jedoch meistens vom Kontaktpotential her. Die gefundenen kritischen Spannungen müssen daher korrigiert werden. Bei den älteren Versuchen ist dies nicht geschehen, was aber nicht als ein Einwand gegen die Methode selbst angesehen werden kann[1]. Erstens hat man, wie in Ziff. 19 ausgeführt wurde, in der Methode selbst ein Mittel in der Hand, den Absolutwert des Anregungspotentiales zu bestimmen. In Abb. 25 und 26 z. B. sind nur die ersten Anregungsstufen falsch, und man kann das aus diesen Kurven gefundene wahre Anregungspotential dazu benutzen, die Korrektion für Kontaktpotential zu bestimmen. Zweitens hat man im Termschema der Elemente ein vorzügliches Hilfsmittel zur Kontrolle. So braucht man in einer bestimmten Apparatur die Korrektion nur für eine Substanz aus dem Spektrum zu entnehmen und darf diese dann auf andere Substanzen anwenden[2].

[1] Vgl. z. B. P. LENARD, Quantitatives über Kathodenstrahlen, S. 6. 1925.
[2] Vgl. G. HERTZ, ZS. f. Phys. Bd. 18, S. 307. 1923.

Endlich kann man die Korrektur für das Kontaktpotential in folgender Weise bestimmen: Man erteilt dem Netz, an dem die beschleunigende Spannung gemessen werden soll, eine kleine positive oder negative Spannung und mißt mit einem empfindlichen Instrument den Elektronenstrom. Man wird meist finden, daß dieser Strom nicht etwa bei der beschleunigenden Spannung Null auf Null herabgeht, sondern bei einer bestimmten positiven oder negativen Spannung. Diese Spannung ist die gesuchte Korrektur. Ist sie positiv, so hat man sie von den gefundenen Werten abzuziehen.

27. Elektrische oder magnetische Zerlegung der gebildeten Ionen. Die obenbesprochene LENARDsche Apparatur ist später in vielfacher Weise abgeändert worden. Diese Änderungen haben zum Teil den Zweck, neben den Ionisierungsspannungen auch die Wahrscheinlichkeit der Ionisierung zu bestimmen. Wir kommen darauf in Ziff. 37 zurück. Zum Teil wurde die Anordnung so getroffen, daß es möglich wurde, den gebildeten Ionen eine bestimmte Geschwindigkeit zu erteilen und sie danach in einem elektrischen oder magnetischen Spektrographen[1] zu analysieren. Wir verstehen darunter eine Vorrichtung, die es erlaubt, die Ionen oder Elektronen durch elektrische oder magnetische Felder oder durch eine Kombination dieser beiden derartig räumlich zu trennen, daß Teilchen verschiedener Geschwindigkeit bzw. verschiedener Masse bei gleicher Energie getrennt beobachtet werden können. Einen Spezialfall bildet der ASTONsche Massenspektrograph (mass-spectrograph). ASTON hat sich neuerdings dagegen gewandt, daß dieser Name auch für andere Apparaturen in Gebrauch gekommen ist[2]. Ein Spektrograph der obenbeschriebenen Art findet vor allem dann Verwendung, wenn die Bildung mehrfach geladener Ionen zu erwarten ist oder wenn, wie in dem Falle von Molekülgasen, verschiedene Ionisationsprodukte entstehen können. An erster Stelle ist die von SMYTH[3] benutzte Anordnung zu erwähnen (Abb. 47). Die vom Glühdraht F kommenden Elektronen werden im Raum R_1 beschleunigt, treten durch ein Netz in den Stoßraum R_2, wo sie Ionen bilden und abgebremst werden, während ein Teil der gebildeten Ionen durch Spalte in die Räume R_3 und R_4 und schließlich in R_5 eintreten kann. Diese Ionen erhalten ihre Beschleunigung in R_2 und R_3, wobei $V_2 + V_3 = V$. Der aus S_3 austretende parallele Ionenstrahl wird durch ein homogenes magnetisches Feld zum Kreis gebogen, und es wird der Anteil gemessen, der als Funktion der Beschleunigungsspannung V durch den Schlitz S_4 in den Faradaykäfig P eintritt. Die erhaltenen Kurven geben dann ohne weiteres den Wert von e/M. Eine Schwierigkeit besteht darin, daß im Raum R_2 ein genügend hoher Druck herrschen muß, damit positive Ionen in ausreichender Zahl entstehen; dagegen dürfen weder in R_2 und noch viel weniger in R_4 oder R_5 Zusammenstöße stattfinden. Mindestens ein großer Teil der durch die Schlitze S_2 S_3 S_4 hindurchgehenden Ionen muß eine freie Weglänge haben, die größer ist als der Abstand S_2 S_3 plus dem Halbkreis, der durch S_3 und S_4 geht. Durch die in der Abbildung angedeuteten weiten Pumpleitungen B und C und

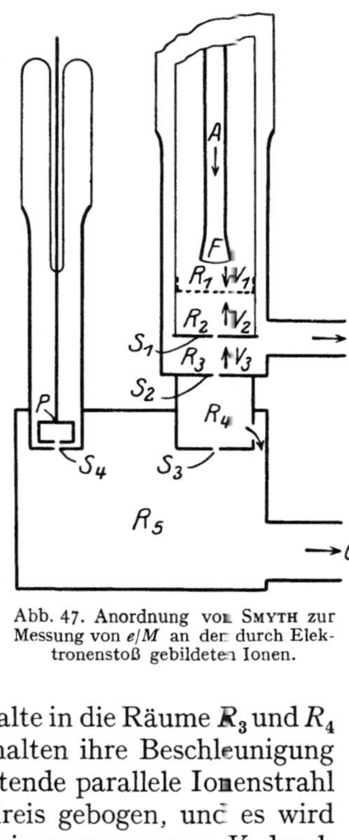

Abb. 47. Anordnung von SMYTH zur Messung von e/M an den durch Elektronenstoß gebildeten Ionen.

[1] A. J. DEMPSTER, Phys. Rev. Bd. 11, S. 316. 1918.
[2] F. W. ASTON, Nature Bd. 127, S. 813. 1931.
[3] H. D. SMYTH, Proc. Roy. Soc. London A Bd. 102, S. 283. 1922; Bd. 104, S. 121. 1923.

durch Verwendung enger Spalte wird das unter Benutzung der modernen Pumptechnik erreicht. Das zu untersuchende Gas strömt bei A ein. Weiter ist darauf zu achten, daß die Räume R_1 bis R_4 vor dem Einfluß des magnetischen Feldes, das sich über R_5 erstreckt, geschützt werden. Das wird durch Verwendung von Eisen für die Wände dieser Räume erreicht. Die Benutzung vieler Metallflächen

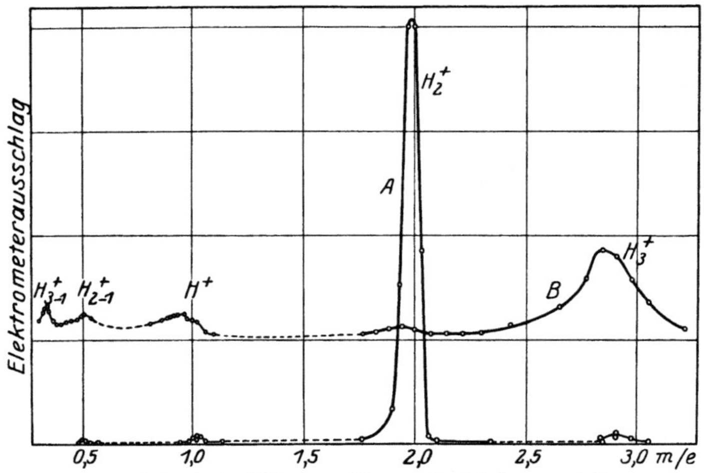

Abb. 48. Nachweis der Bildung von Wasserstoffmolekülionen nach SMYTH.

erfordert besonders gute Entgasung unter Erhitzung der gesamten Apparatur. Hierbei leisten die Verschmelzungen zwischen Kupfer und Glasröhren gute Dienste, da sie Erhitzung vertragen[1]. Die beschriebene Apparatur ist für Gase geeignet. Bei Verwendung von Dämpfen (z. B. Hg-Dampf oder Salzdämpfen) tritt an Stelle der durch Pumptechnik erreichten Druckverteilung die Anwendung verschiedener Temperaturen in den verschiedenen Räumen. Ein Beispiel für Wasserstoff bietet der Kurvenzug in Abb. 48, auf die wir an geeigneter Stelle näher eingehen. Bezüglich der störenden Wirkung von Raumladungen sei auf die Veröffentlichungen von GURNEY und MORSE[2] und von NIELSEN[3] verwiesen.

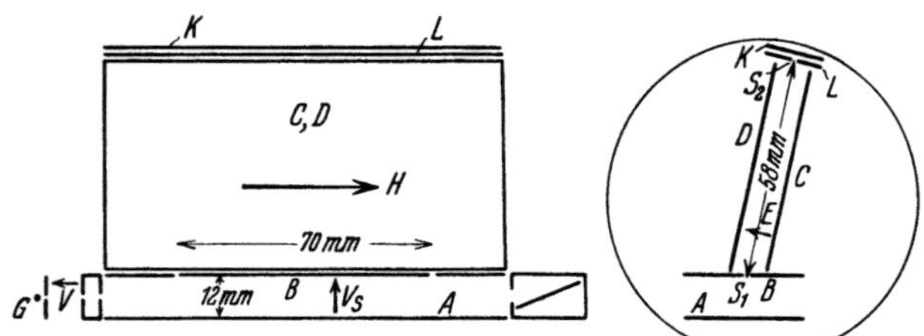

Abb. 49. Elektrische Zerlegung von Ionen mit verschiedenem e/M-Wert nach BLEAKNEY.

Eine andere Form des Ionenspektrographen ist von BLEAKNEY[4] ausgearbeitet worden. Die Apparatur ist in Abb. 49 dargestellt. Der wesentliche Unterschied gegenüber den üblichen Vorrichtungen, die demselben Zweck dienen sollen, besteht darin, daß der Elektronenstrom senkrecht zum Ionenstrom verläuft und von einem Magnetfeld H in einem engen Strahl zusammengehalten wird. Die Ionen werden durch ein kleines Potential V_s aus dem Elektronenstrahl herausgezogen und treten durch einen Spalt S_1 in einen Raum ein, in dem senkrecht zum Magnetfeld ein elektrisches Feld E wirksam ist. Unter Einfluß dieses Feldes und des Magnetfeldes H beschreiben die Ionen eine

[1] Auch Chromeisen würde sich hierfür vorzüglich eignen.
[2] R. W. GURNEY u. P. M. MORSE, Phys. Rev. Bd. 33, S. 789. 1929.
[3] W. M. NIELSEN, Proc. Nat. Acad. Amer. Bd. 16, S. 721. 1930.
[4] W. BLEAKNEY, Phys. Rev. Bd. 34, S. 157. 1929.

komplizierte Bahn. Sie werden aber, nachdem sie durch den Spalt S_1 gelangt sind, nur dann durch den zweiten Spalt S_2 hindurchtreten können, wenn die Kraft evH/c, die das Magnetfeld auf die Ionen ausübt, gerade durch die elektrische Kraft E kompensiert wird, also

$$E = \frac{H}{c}\sqrt{\frac{2eV_s}{M}}$$

(M = Masse des Ions). Die Kurve, die den Ionenstrom als Funktion des elektrischen Feldes darstellt[1], wird in üblicher Weise ausgewertet, indem jede durch ein Maximum abgegrenzte Fläche der betreffenden Ionenzahl proportional gesetzt wird. In dieser Anordnung ist eine Reihe störender Prozesse von vornherein eliminiert. Vor allem sind die oft sehr störenden Zusammenstöße der Elektronen mit den Metallwänden vermieden. Der lange Weg der Elektronen im Apparat erlaubt es, mit sehr geringen Gasdrucken zu arbeiten, wodurch sekundäre Prozesse wie Umladungen eliminiert werden. Auch hat die Apparatur den Vorteil einer größeren Ionenintensität.

γ) Spektroskopische Beobachtung.

28. Die Methode der konstanten Elektronengeschwindigkeit. Wie bereits angedeutet wurde, ist die Anregung einer Molekel in einen höheren Quantenzustand meistens mit Emission von Strahlung verbunden. Die Methodik der Beobachtung dieser Strahlung schließt sich den unter β besprochenen Verfahren an, indem man durch Anbringen von Löchern, Drahtnetzen und Fenstern dafür sorgt, daß der Stoßraum von außen her beobachtet werden kann. Die erste Beobachtung von Lichtanregung in einem feldfreien Raum, der von Elektronen konstanter Geschwindigkeit durchquert wird, stammt von Rau[2]. Er beschleunigte Elektronen, die von einer Glühkathode kamen und ließ sie durch einen Schlitz in einen feldfreien Raum eintreten. In einigen Fällen wurde ein Magnetfeld parallel zur Strahlenrichtung benutzt, um die Bahn der Strahlen und damit die Lichtemission zu konzentrieren. Rau stellte sich als Ziel, die Behauptungen der Bohrschen Theorie zu prüfen. Er kam beim He zum Resultat, daß die Glieder einer Serie Anregungsspannungen besitzen, die mit der Gliednummer ansteigen. Die Lichtemission fängt bei ihm jedoch erst oberhalb der Ionisierungsgrenze an, was auf Störungen durch Raumladung hinzuweisen scheint, auf die wir noch näher eingehen werden.

Die erste Beobachtung einer Spektralinie bei genau definierter Anregungsspannung gelang Franck und Hertz[3]. Sie stellten fest, daß der Energieverlust von 4,9 Volt-Elektronen in Quecksilberdampf mit Emission der Resonanzlinie 2537 Å verknüpft ist. Ihr Verfahren ist zur Beobachtung von Resonanzlinien einer großen Anzahl von einatomigen Gasen mit niedriger Anregungsspannung benutzt worden. Abb. 50 bringt als Beispiel eine Aufnahme der Resonanzlinie (λ 4571) des Mg nach Mohler[4], die bei 2,65 Volt angeregt wird.

Wie in Abschn. I schon gesagt wurde, war diese Art Beobachtungen deshalb wichtig, weil man in einer früheren Periode geglaubt hat, daß Lichtemission nur stattfände durch Rekombination eines ionisierten Atoms mit einem Elektron. In diesem Zusammenhang ist es bemerkenswert, daß anfänglich die Versuche

---

[1] Vgl. H. Kallmann u. B. Rosen, Phys. ZS. Bd. 32, S. 521. 1931.

[2] H. Rau, Phys. Med. Ges. Würzburg Nr. 2, S. 20. 1914.

[3] J. Franck u. G. Hertz, Verh. d. D. Phys. Ges. Bd. 16, S. 512. 1914.

[4] F. L. Mohler, P. D. Foote u. W. F. Meggers, Bull. Bur. of Stand. Bd. 16, S. 725. 1920; P. D. Foote, W. F. Meggers u. F. L. Mohler, Phil. Mag. Bd. 42, S. 1002. 1921; Astrophys. Journ. Bd. 55, S. 145. 1922.

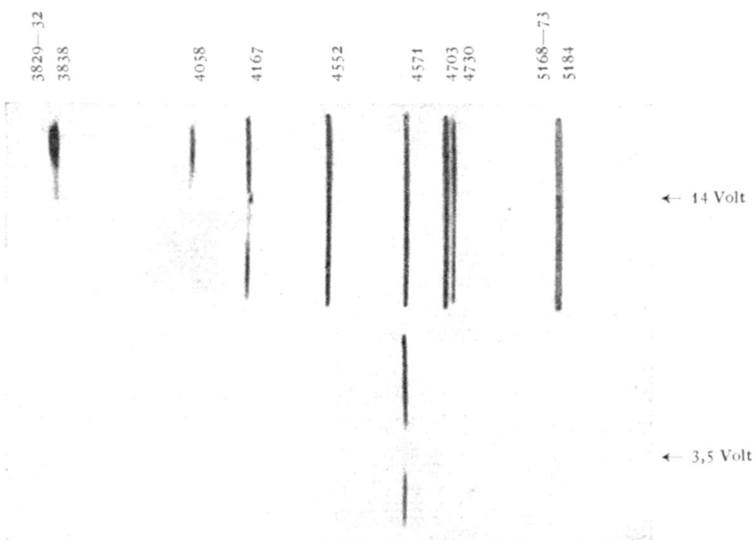

Abb. 50. Anregung des Mg-Spektrums nach MOHLER.

eine teilweise Bestätigung dieser Auffassung lieferten, indem zwar bei einer bestimmten Spannung die Resonanzlinie und manchmal bei einer höheren Spannung eine zweite Resonanzlinie auftrat, aber erst beim Überschreiten der Ionisierungsspannung sämtliche andere Linien des Bogenspektrums sichtbar wurden. Man sprach demgemäß von Einlinien-, Zweilinien-, Viellinienspektrum. Diese Beobachtung führte anfänglich zur Auffassung, daß der Anregungsmechanismus der Resonanzlinien von dem der Anregung höherer Linien prinzipiell verschieden sei, entgegen der BOHRschen Vorstellung, nach der die Emission

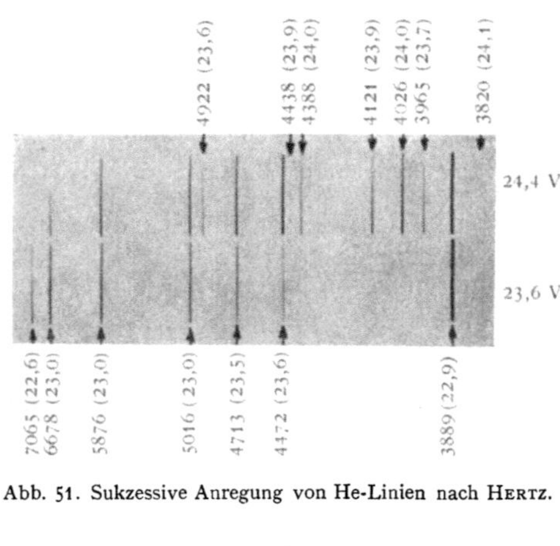

Abb. 51. Sukzessive Anregung von He-Linien nach HERTZ.

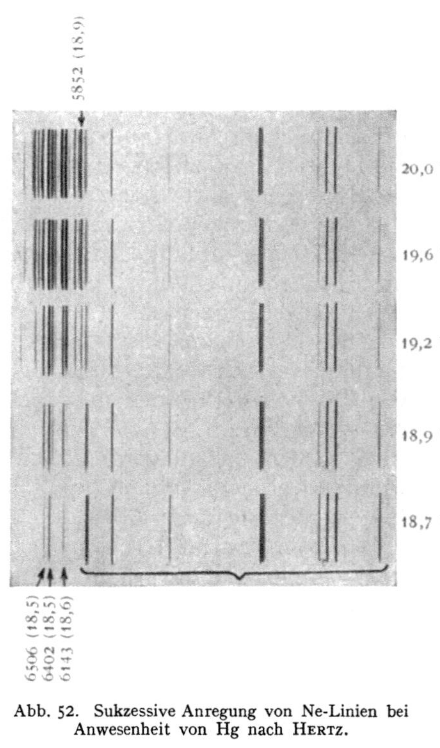

Abb. 52. Sukzessive Anregung von Ne-Linien bei Anwesenheit von Hg nach HERTZ.

einer Spektrallinie einsetzen sollte, sobald die dem oberen Spektralterm entsprechende Energiedifferenz in bezug zum Grundzustand überschritten wird.

Wie in Abschn. I bemerkt, war es vor allem HERTZ[1], der gezeigt hat, daß das Verhalten aller Linien genau den BOHRschen Vorstellungen entspricht und daß die scheinbaren Widersprüche auf Störungen zurückzuführen sind. Als Beispiele sind in Abb. 51 und 52 Aufnahmen von HERTZ wiedergegeben.

Auch ELDRIDGE[2] und HUGHES und HAGENOW[3] beobachteten das Auftreten höherer Serienglieder bei Spannungen unterhalb der Ionisierungsspannung.

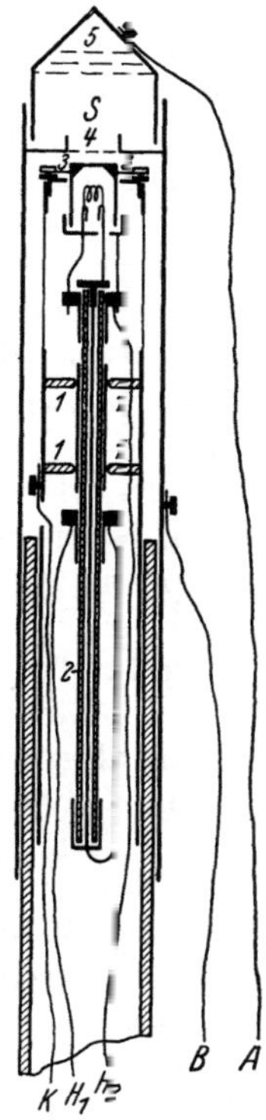

Abb. 53. Stoßraumaufbau nach SIEBERTZ. *3* Glühkathode, *4* Beschleunigungsnetz, *5* Auffänger, *S* Stoßraum.

Der Einfluß der Raumladungen, die zur Folge haben, daß an der Beobachtungsstelle die Elektronen eine niedrigere Geschwindigkeit bekommen als der Beschleunigungsspannung entspricht, kann auf verschiedene Weisen umgangen werden. ELDRIDGE[2] beobachtete das nahe an der Anodenplatte erzeugte Spektrum. Dort erreichen diejenigen Elektronen, welche vorher keinen elastischen Zusammenstoß erlitten haben, wirklich die der angelegten Spannung entsprechende Geschwindigkeit. HERTZ und später HUGHES und HAGENOW[3] vermieden die störenden Raumladungen durch Benutzung sehr geringer Stromdichten. Bei HERTZ wurde die Stromstärke meistens nicht höher als 0,1 mA gewählt und durch lange Exposition der photographischen Platte die Kleinheit der erzeugten Lichtintensität ausgeglichen. Ein besonderer Kunstgriff ist nach HERTZ die Zufügung eines Gases, dessen Ionisierungsspannung unterhalb des zu untersuchenden Spannungsbereiches liegt (Abb. 52). In diesem Falle sind immer einige positive Ionen da, welche die Raumladung der Elektronen kompensieren. Auch spätere Untersuchungen haben sich mit der Beseitigung der Raumladungsstörungen beschäftigt. Darunter ist z. B. eine Arbeit von SIEBERTZ[4] zu erwähnen. Abb. 53 gibt den Stoßraumaufbau der SIEBERTZschen Apparatur, die zugleich zur Bestimmung von Anregungswahrscheinlichkeiten dienen sollte, wieder. Die Stromdichte ist hier niedrig gehalten durch Verwendung einer sehr ausgedehnten indirekt geheizten Kathode. Die Stromstärke betrug etwa 1 mA. Indem man, wie aus Abb. 54 ersichtlich ist, das Verhältnis Auffängerstrom (nach *5*, Abb. 54) zu Netzstrom (nach *4*) als Funktion der beschleunigenden Spannung aufträgt, kann man sich von dem Fehlen der Raumladung überzeugen. Bei Vorhandensein einer Raumladung müßte die Kurve unterhalb der Ionisierungsspannung des untersuchten Quecksilberdampfes (10,4 Volt) eine sprunghafte Unstetigkeitsstelle zeigen. Dies ist aber nicht der Fall; vielmehr beträgt die größte Schwankung nur etwa 3%.

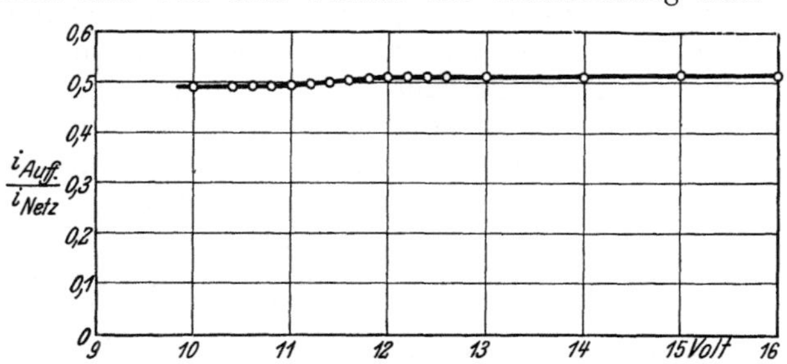

Abb. 54. Kontrolle der Raumladungsfreiheit nach SIEBERTZ.

29. Anregung von Funkenlinien. Ähnlich wie bei den Bogenspektren ist es während längerer Zeit eine offene Frage gewesen, ob die Emission z. B. des ersten

---

[1] G. HERTZ, ZS. f. Phys. Bd. 22, S. 18. 1924.
[2] J. A. ELDRIDGE, Phys. Rev. Bd. 23, S. 685. 1924.
[3] A. L. HUGHES u. C. F. HAGENOW, Phys. Rev. Bd. 24, S. 229. 1924.
[4] K. SIEBERTZ, ZS. f. Phys. Bd. 68, S. 505. 1931.

Funkenspektrums erst bei der zweiten Ionisierungsspannung (entsprechend der Entfernung von zwei Elektronen aus dem Atom) anfängt oder schon bei niedrigeren Spannungen. Dabei wurde dann die zweite Frage aufgeworfen, ob die Anregung einer Funkenlinie in zwei Stufen vor sich geht, also durch Anregung eines bereits vorhandenen Ions, oder direkt, indem in einem Akt ein Elektron aus dem Atom entfernt wird und zugleich ein zweites Elektron auf eine höhere Quantenbahn gehoben wird. Es hat sich dabei gezeigt, daß bei geringen Stromstärken in der Regel der letzte Fall eintritt[1]. Nur bei höheren Stromdichten, z. B. in Bogenentladungen, jedoch auch schon in Anregungsversuchen der oben beschriebenen Art, tritt außer direkter Anregung auch stufenweise Anregung von Funkenlinien auf. Es sei darauf hingewiesen, daß bei Funkenlinien nicht wie bei den Linien des neutralen Atoms Störungen durch Raumladung zu befürchten sind, weil unmittelbar nach Überschreiten der Ionisierungsspannung genügend Ionen da sind.

Die Beobachtung der Funkenlinien erfordert in den meisten Fällen den Gebrauch von Ultraviolettspektrographen, insbesondere auch von Vakuumspektrographen. Als Beispiel seien die Untersuchungen von DÉJARDIN[2] an Quecksilber und von BOYCE und COMPTON[3] an die Edelgase Ar und Ne genannt. Auf die Resultate wird in Abschn. III näher eingegangen werden.

Im Glimmlicht hat DRUYVESTEYN[4] die Anregung von Funkenlinien in einem Elementarprozeß beobachtet. Er verwendete als Kathodenmaterial verschiedenartige Oxydschichten, für die der normale Kathodenfall einen kleinen Wert besaß. Die Emission verschiedener Funkenlinien des Neons trat gerade bei der zu erwartenden Spannung auf.

30. Wiedervereinigungsleuchten. Obwohl die Fragen, die diesen Gegenstand betreffen, teilweise zu dem Gebiet der Gasentladungen und zu dem Gebiet der Lumineszenz gehören, enthalten sie doch für uns so viel Prinzipielles, daß sie hier kurz behandelt werden müssen. Man darf nämlich ein Ion samt einem Elektron mit von Null verschiedener Energie als einen angeregten Zustand des Atoms betrachten und die Frage aufwerfen, ob das Elektron aus diesem Zustand in einen Zustand übergehen kann, in dem es in einer Quantenbahn gebunden ist. Andererseits kann man die Wahrscheinlichkeit dieses Prozesses, indem man das Elektron als frei betrachtet, durch einen atomaren Querschnitt in Abhängigkeit der Energie des Elektrons zum Ausdruck bringen. Wie oben angeführt, ist die Meinung irrig, daß der beschriebene Prozeß dem normalen Zustandekommen eines Bogenspektrums entspricht, etwa indem das Elektron von der Quantenbahn, in der es eingefangen ist, nachher zu tieferen Bahnen übergeht. Vielmehr werden in den meisten Fällen die Anregungsstufen der Bogenlinien durch direkte Anregung vom Grundzustand aus erreicht[5]. Es gibt jedoch Fälle, in denen ein Übergang wie zuerst beschrieben zustande kommt. Vorbedingungen dafür sind:

1. hohe Ionen- und Elektronenkonzentration,
2. niedrige Elektronengeschwindigkeit.

Diese Bedingungen haben MOHLER[6] und Mitarbeiter dadurch erfüllt, daß sie als Glühkathode einen sehr dünnen Wo-Draht wählten, um den die Ionen herum-

---

[1] Vgl. A. E. RUARK, Journ. Opt. Soc. Amer. Bd. 11, S. 199. 1925.

[2] G. DÉJARDIN, Ann. d. phys. (10) Bd. 8, S. 424. 1925.

[3] H. N. RUSSELL, J. C. BOYCE u. K. T. COMPTON, Proc. Nat. Acad. Amer. Bd. 14, S. 280. 1927; J. C. BOYCE u. K. T. COMPTON, ebenda Bd. 15, S. 656. 1928.

[4] M. J. DRUYVESTEYN, ZS. f. Phys. Bd. 62, S. 764. 1930; Bd. 68, S. 378. 1931.

[5] L. S. ORNSTEIN u. H. LINDEMAN, ZS. f. Phys. Bd. 63, S. 8. 1930; L. S. ORNSTEIN u. H. C. BURGER, ebenda Bd. 62, S. 636. 1930.

[6] F. L. MOHLER, Phys. Rev. Bd. 31, S. 187. 1928; F. L. MOHLER u. C. BOECKNER, Bur. Stand. Journ. Res. Bd. 2, S. 489. 1929; F. L. MOHLER, Phys. Rev. Suppl. Bd. 1, S. 216. 1929; vgl. H. KREFFT, ZS. f. Phys. Bd. 77, S. 752. 1932.

kreisen können. Sie studierten Entladungen in Cs- und K-Dampf und in Helium. Sie fanden anschließend an die Seriengrenzen Kontinua, entsprechend der Beziehung

$$h\nu = h\nu_g + \tfrac{1}{2} m v^2,$$

in der $h\nu$ die ausgesandte Strahlung, $h\nu_g$ den Termwert und v die Geschwindigkeit des Elektrons vor der Wiedervereinigung bedeuten. Das Kontinuum streckt sich somit desto weiter nach Violett aus, je höher die mittlere Elektronengeschwindigkeit ist. Die Intensität dieser Kontinua ist in folgender Weise durch einen atomaren Stoßquerschnitt $q_g(v)$ ausdrückbar:

$$I(\nu)\, d\nu / h\nu = N^-(v) \cdot N^+ \cdot v \cdot q_g(v)\, dv.$$

In dieser Formel ist $N^-(v)\, dv$ die Konzentration der Elektronen mit einer Geschwindigkeit zwischen v und $v + dv$, N^+ die Konzentration der positiven Ionen. $q_g(v)$ ist der zur Frequenz ν_g gehörige atomare Querschnitt in Abhängigkeit von v. MOHLER konnte aus seinen Messungen ableiten, daß

$$q_g(v) \text{ prop. } \nu^{-a}(\nu - \nu_g)^{-1/2},$$

worin a unsicher ist und etwa den Wert 1 oder 2 besitzt. Auch ein Absolutwert von $q_g(v)$ konnte bestimmt werden, und zwar für die $6p\,^2P$-Grenze des Zäsiums. Für 0,2 Volt-Elektronen beträgt $q_g(v)$ in diesem Falle $2 \cdot 10^{-3}$ Å^2. Auf die Beziehung zur optischen Übergangswahrscheinlichkeit (Absorptionswahrscheinlichkeit) brauchen wir an dieser Stelle nicht weiter einzugehen. Für Einzelheiten der gewonnenen Spektren mit hoher Gliedzahl sei auf die genannten Abhandlungen verwiesen. Für die $6p\,^2P$-Grenze des Cs z. B. kommen diese dadurch zustande, daß das Elektron bisweilen in einer hohen s- oder d-Bahn gefangen wird und von dort in einem zweiten Schritt nach $6p\,^2P$ überspringt.

Das letztbeschriebene Einfangen ist natürlich ebenfalls mit der Emission eines kontinuierlichen Spektrums verbunden, das jedoch in diesem Falle, weil es weit im Infrarot liegt, unbeobachtet bleibt.

Ähnliche Erscheinungen hat PASCHEN[1] beim He beobachtet. Er hat in einer Hohlkathode eine hohe Ionen- und Elektronenkonzentration erzeugt.

31. Die Beobachtung bei variierender Elektronengeschwindigkeit. Unter dieser Überschrift vereinigen wir die Methoden, die absichtlich so eingerichtet sind, daß die stoßenden Elektronen an verschiedenen Teilen des Beobachtungsraumes verschiedene Geschwindigkeiten haben. Wie in Abschn. I bemerkt wurde, ist diese Methode die älteste, mit der bewußt Lichtanregung durch Elektronenstoß beobachtet wurde. Denn hierher gehört der Versuch von GEHRCKE und SEELIGER in welchem ein Kathodenstrahl, ein sehr verdünntes Gas durchquerend, allmählich abgebremst wird. Die Anregung verschiedener Linien macht sich dabei durch mehrfachen Farbumschlag längs der Elektronenbahn bemerkbar. Abb. 55 gibt den GEHRCKE-SEELIGERschen Versuch schematisch wieder. Diese Methode gibt zugleich eine Übersicht über die Anregungswahrscheinlichkeiten, worauf wir im folgenden Abschnitt zurückkommen.

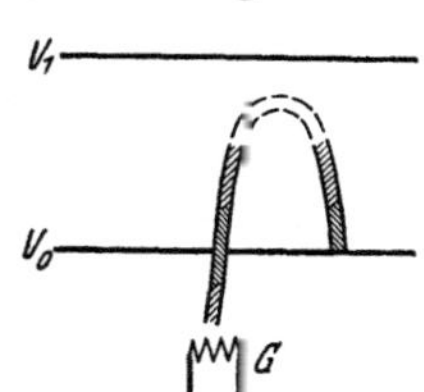

Abb. 55. Versuch von GEHRCKE u. SEELIGER. (Schematisch.)

Eine zweite Methode zur Beobachtung verschiedener Anregungsstufen haben LAU und REICHENHEIM[2] ausgearbeitet, indem sie das Leuchten am Anfang der

[1] F. PASCHEN, Berl. Ber. Bd. 16, S. 135. 1926; F. SCHÜLER u. K. L. WOLF, ZS. f. Phys. Bd. 35, S. 477. 1926.

[2] E. LAU u. O. REICHENHEIM, Ann. d. Phys. Bd. 5, S. 296. 1930; W. FINKELNBURG, E. LAU u. O. REICHENHEIM, ZS. f. Phys. Bd. 61, S. 782. 1930.

positiven Säule einer Gasentladung beobachteten. Die Elektronen im FARADAYschen Dunkelraum werden im Anfang der positiven Säule allmählich beschleunigt. Bei geeigneter Wahl von Gasdruck und Rohrweite läßt sich erreichen, daß die Geschwindigkeiten an verschiedenen Stellen der Entladung ziemlich homogen sind. Dann kennzeichnet sich der Anfang des Leuchtens durch verschiedengefärbte Schichten, deren jede der Anregung einer bestimmten Linie oder Bande entspricht. Diese Methode ist jedoch zum Studium der Elementarprozesse wenig geeignet. Analoge Beobachtungen lassen sich im CROOKES-HITTORFschen Dunkelraum machen (GÜNTHERSCHULZE, vgl. Ziff. 36).

δ) Ausbeute an Quantensprüngen bei Elektronenstoß.

32. Häufigkeit der Anregung. Elektrische Methoden. Die elektrischen Methoden zur Bestimmung der Anregungsspannungen lassen auch Aussagen über die Anregungshäufigkeit zu. Bereits der Umstand, daß man wichtige Änderungen in den beobachteten Stromkurven gerade bei den aus dem Termspektrum zu erwartenden Geschwindigkeiten findet, weist auf einen starken Anstieg der Anregungswahrscheinlichkeit innerhalb weniger Zehntelvolt nach Überschreiten der kritischen Spannung hin. Frl. SPONER[1] hat für die Resonanzlinie des Quecksilbers die Ausbeute der Anregung dadurch zu bestimmen versucht, daß die Geschwindigkeitsverteilung der gestreuten Elektronen gemessen wurde. Das benutzte Verfahren besteht im Prinzip in der Messung der Geschwindigkeitsverteilung von Elektronen, die durch ein Netz aus einem Raum austreten, der mit dem zu untersuchenden Gas, in diesem Falle mit Hg-Dampf, gefüllt ist; in diesem Raum haben auch die Elektronen ihre Beschleunigung erfahren (vgl. Abb. 18). Bezeichnen wir die Anregungsspannung mit A, die Beschleunigungsspannung mit $A + \Delta A$, so treten durch das Netz eine Zahl von Elektronen mit der Voltgeschwindigkeit $A + \Delta A$, während der Prozentsatz der Elektronen, der einen Quantensprung beim Stoß angeregt hat, mit der kinetischen Energie ΔA durch das Netz hindurchgeht. Die Anregungswahrscheinlichkeit pro Zusammenstoß für Elektronen mit einer Energie zwischen A und $A + \Delta A$ berechnet sich dann zu $N(\Delta A) : N \cdot n$, wobei $N(\Delta A)$ die Anzahl der aufgefangenen Elektronen mit Energie ΔA, N die Gesamtzahl der durch das Netz hindurchtretenden Elektronen bedeutet, während n die Zahl der Zusammenstöße ist, die ein Elektron nach Überschreiten der kritischen Spannung im Mittel im Stoßraum erfährt. Wird diese Zahl nach der Formel von HERTZ berechnet, so ergibt sich für Elektronen von 4,9 bis 5,2 Volt ($A = 4{,}9\ V$, $\Delta A = 0{,}3$ Volt) eine Ausbeute von etwa 3%[2]. Eine Fehlerquelle bei diesem Verfahren ist, daß die Geschwindigkeitsmessung in einem Raum erfolgt, in dem ein Teil der Elektronen noch Zusammenstöße macht. ELDRIDGE[3] hat in dieser Hinsicht eine Verbesserung anzubringen versucht, indem er den Raum, in dem die Geschwindigkeitsverteilung gemessen wurde, nur durch enge Schlitze mit dem Stoßraum kommunizieren ließ, so daß der erstgenannte Raum gesondert auf sehr niedrigem Druck gehalten werden konnte. Die Einführung der Schlitze brachte jedoch erhebliche Störungen durch Raumladung mit sich. Erfolgreicher war ein Versuch DYMONDS[4]. Er bestimmte auf eine Weise, die der HERTZschen Methode zur Bestimmung von Anregungsspannungen sehr ähnlich ist, die Geschwindigkeitsverteilung der Elektronen nach dem unelastischen Stoße. Abb. 56 gibt das Resultat für einen Übergang $1\,s\,{}^1S_0 - 2\,s\,{}^3S_1$ in He

[1] H. SPONER, ZS. f. Phys. Bd. 7, S. 185. 1921.
[2] G. HERTZ, ZS. f. Phys. Bd. 32, S. 298. 1925.
[3] J. A. ELDRIDGE, Phys. Rev. Bd. 20, S. 456. 1922; Bd. 23, S. 685. 1924.
[4] E. G. DYMOND, Proc. Roy. Soc. London A Bd. 107, S. 291. 1925.

wieder. Das Auffallende an der Abbildung ist, daß der Anregungsquerschnitt innerhalb weniger Zehntelvolt ein Maximum erreicht und danach wieder abfällt.

Auf eine andere Weise, die der SPONERschen Methode ähnlich ist, haben LEIPUNSKI und PAVLOW[1] die Ausbeute für die Anregung des 4,9- bzw. des 6,7-Voltzustandes des Quecksilbers gemessen. Sie fanden Maxima für 7 bzw. 11 Volt. In beiden Fällen war die Ausbeute von der Größenordnung von 0,5%. Der geringe Wert dieser Ausbeute macht dieses Ergebnis zweifelhaft.

Endlich sei noch erwähnt, daß WILLIAMSON[2] schätzungsweise eine Ausbeute von 100% für den Übergang $4\,s\,{}^2S - 4\,p\,{}^2P$ (Resonanzlinie) beim Kalium aus Elektronenstoßmessungen festgestellt hat.

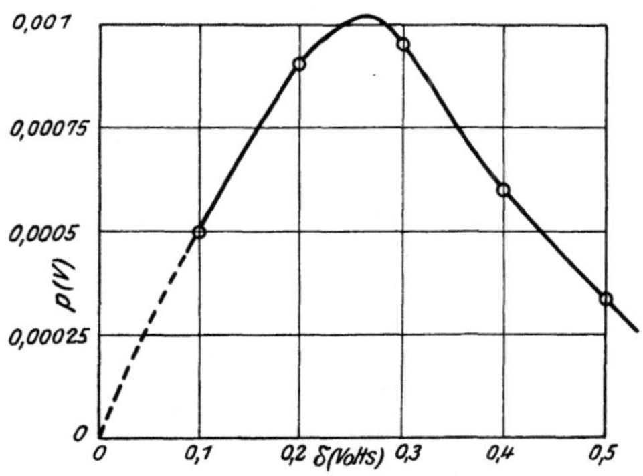

Abb. 56. Anregungsfunktion für den Übergang $1\,s\,{}^1S_0 - 2\,s\,{}^3S_1$ in He (nach DYMOND).

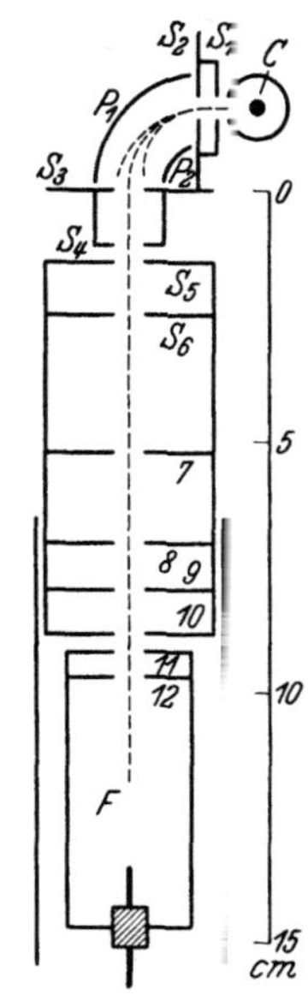

Abb. 57. Apparatur (schematisch) zur Messung der Anregungswahrscheinlichkeit (nach LÖHNER).

Auch die neueren Messungen über Streuung von Elektronen nach unelastischem Stoß geben zur gleichen Zeit Aufschluß über die Anregungswahrscheinlichkeit. Wir werden zuerst eine Arbeit LÖHNERS[3] besprechen. Abb. 57 gibt die Apparatur wieder. Der Glühdraht C emittiert Elektronen. Der durch die Schlitze S_1 und S_2 austretende Elektronenstrahl wird durch das elektrische Feld zwischen P_1 und P_2 abgebogen und durch die Schlitze S_3 bis S_5 homogenisiert. Er tritt nun durch die Schlitze S_6 bis S_{10} in den Faradaykäfig F ein, der selbst durch zwei Öffnungen S_{11} und S_{12} abgeschlossen ist. Es werden Gegenspannungskurven aufgenommen:

a) ohne Anwesenheit von Gas,

b) bei sehr verdünnter Gasfüllung.

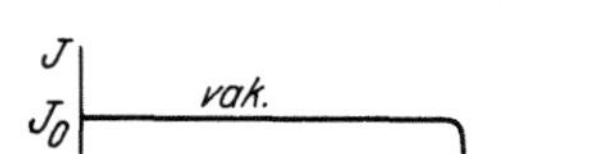

Abb. 58. Verzögerungskurven nach LÖHNER.

Der Druck ist dabei so niedrig gewählt, daß die Elektronen praktisch niemals mehr als einen Zusammenstoß erleiden. Abb. 58 gibt die aufgenommenen Kurven wieder. Die Abbildung erlaubt, erstens die Strahlgeschwindigkeit V_0 abzulesen, zweitens kritische Potentiale zu bestimmen, indem die bei Gasfüllung gemessene Verzögerungskurve bei der Spannung $V_0 - V_a$ (V_a irgendeine kritische Spannung) einen steilen Abfall geringer Höhe aufweist. Die Elektronen, die

[1] A. J. LEIPUNSKI u. W. J. PAVLOW, Journ. russ. Chem. Ges. Bd. 59. 1927.
[2] R. C. WILLIAMSON, Phys. Rev. Bd. 24, S. 134. 1924.
[3] H. LÖHNER, Ann. d. Phys. Bd. 6, S. 50. 1930; Bd. 9, S. 1004. 1931.

nach Überschreiten dieser Spannung nicht mehr zur Messung gelangen, sind diejenigen, die nach dem Zusammenstoß wohl ihre Energie, jedoch nicht ihre Richtung verändert hatten. Den Querschnitt für diesen letzten Prozeß, der selbstverständlich durch die Öffnungsverhältnisse der Apparatur mitdefiniert ist, nennt LÖHNER $Q_{\|\mathrm{Brems}}$, im Gegensatz zum Anregungsquerschnitt, den er mit Q_{Brems} bezeichnet, der jedoch nicht in dieser Apparatur gemessen werden kann. Es läßt sich leicht zeigen, daß

$$Q_{\|\mathrm{Brems}} = \frac{1}{p \cdot l} \ln \frac{J_1}{J_2}$$

(p Gasdruck, l Länge der Elektronenbahn), während der Wirkungsquerschnitt

$$Q_{\mathrm{wirk}} = \frac{1}{p \cdot l} \ln \frac{J_0}{J_2}.$$

Aus den beiden Querschnitten folgt in bekannter Weise die Wahrscheinlichkeit für Anregung ohne Ablenkung:

$$W_{\|\mathrm{Brems}} = \frac{Q_{\|\mathrm{Brems}}}{Q_{\mathrm{wirk}}}.$$

Die Größen Q_{Brems} und W_{Brems} werden unter Annahme gleichmäßiger Richtungsverteilung nach dem Stoße[1] errechnet, indem der durch die Apparatur bedingte Öffnungswinkel auf $0{,}08\,\pi$ abgeschätzt wird

$$W_{\mathrm{Br}}\,(Q_{\mathrm{Br}}) = \frac{4}{0{,}08} \cdot W_{\|\mathrm{Br}}\,(Q_{\|\mathrm{Br}}).$$

Für 13,7 Volt-Elektronen in Argon (kritische Potentiale 11,6 und 12,8 Volt) ergeben sich für beide Anregungen zusammen W_{Br} zu 0,18, Q_{Br} zu 15 $\mathrm{cm}^2/\mathrm{cm}^3$. Für 19 Volt-Elektronen in Argon (Anregung und Ionisation) ist $W_{\mathrm{Br}} = 0{,}46$, $Q_{\mathrm{Br}} = 30\ \mathrm{cm}^2/\mathrm{cm}^3$. (Bezogen auf 1 mm und 0° C.)

An zweiter Stelle erwähnen wir die bereits in Ziff. 8 besprochene Arbeit MCMILLENS[2]. Dieser hat die Richtungsverteilung von Elektronen gemessen, die elastische und unelastische Zusammenstöße im Helium erlitten haben. Im Gegensatz zur vorigen Arbeit kommen bei diesen Versuchen nur die Richtungsänderungen größer als 10° zur Beobachtung. Aus diesen Versuchen ist zu entnehmen, daß die Übergänge $1\,s\,{}^1S_0 \to 2\,p, 3\,p, 4\,p \ldots {}^1P_1$ viel häufiger sind als die von $1\,s\,{}^1S_0$ nach $2\,s\,{}^1S_0$ bzw. $2\,s\,{}^3S_1$ · (19,77 bzw. 20,55 Volt), wenigstens für 50 Volt-Elektronen bei Ablenkung von 10°. Die auf diese Weise auf dem Gebiet der Anregungswahrscheinlichkeit gewonnenen Resultate sind jedoch noch dürftig. Sie beschränken sich zudem auf höhere Geschwindigkeiten.

33. Spektroskopische Beobachtung der Anregungshäufigkeit. Die spektroskopische Methode zur Beobachtung der Häufigkeit der Anregung ist im allgemeinen erfolgreicher gewesen als die rein elektrischen Methoden. Bevor wir zur Besprechung der Experimente übergehen, müssen einige Begriffe geklärt werden.

Wie in Ziff. 8 angedeutet, können wir jedem Term einen Anregungsquerschnitt

$$q_a(v)$$

zuordnen. Im BOHRschen Bilde des Strahlungsvorganges folgt auf die Anregung eines Termes im allgemeinen ein Elektronensprung nach einem tieferen Term unter Aussendung eines Lichtquantes von entsprechender Energie. Falls sich hier eine einzige Möglichkeit darbietet, ist die Intensität der betreffenden Spektrallinie ein Maß für die Termanregung. Vielfach kommt es jedoch vor, daß von einem bestimmten Spektralterm mehrere Übergänge nach tieferen Termen möglich sind. In diesem Falle ist die Summe der Intensitäten der zugehörigen Linien als

[1] Der Verfasser gibt selbst an, daß diese Bedingung in Wirklichkeit wohl nicht erfüllt ist.

[2] J. H. MCMILLEN, Phys. Rev. Bd. 36, S. 1034. 1930.

Maß für die Termanregung zu betrachten. Ein Umstand, der die Sachlage in diesem Falle besonders vereinfacht, ist, daß die *Intensitätsverhältnisse* eines derartigen Multipletts gewissen Gesetzmäßigkeiten unterliegen und in vielen Fällen durch eine einfache Intensitätsregel (BURGER-DORGELO[1], ORNSTEIN[2]), darstellbar sind. Alsdann genügt es, die Intensität einer einzigen Linie zu verfolgen.

Eine ernstliche Komplikation tritt auf, sobald auch höhere Niveaus als das betrachtete angeregt werden können, von denen ein Übergang in dieses durch Strahlung oder durch Stoß zweiter Art möglich ist. Den Übergang durch Stoß kann man durch Druckerniedrigung vermeiden und wenigstens auf diese Weise vom Effekt direkter Anregung trennen. Die Übergänge durch Strahlung muß man jedoch in jedem Falle mit in Kauf nehmen. Dementsprechend wird man erwarten, daß die Linienanregung (so genannt zur Unterscheidung von Termanregung) als Funktion der Elektronengeschwindigkeit sich als eine komplizierte Funktion herausstellen wird, nämlich als eine lineare Kombination der in Frage kommenden Termanregungen. Glücklicherweise scheint es so zu sein, daß höhere Terme in den meisten Fällen eine viel niedrigere Anregungswahrscheinlichkeit haben als tiefere Terme[3]. Dadurch ist zu erklären, daß man meistens für die Linienanregung wenig komplizierte Funktionen findet.

34. Methodik der spektroskopischen Bestimmung der Anregungsfunktionen. Prinzipiell sollte jede Beobachtung der Intensität einer Spektrallinie als Funktion

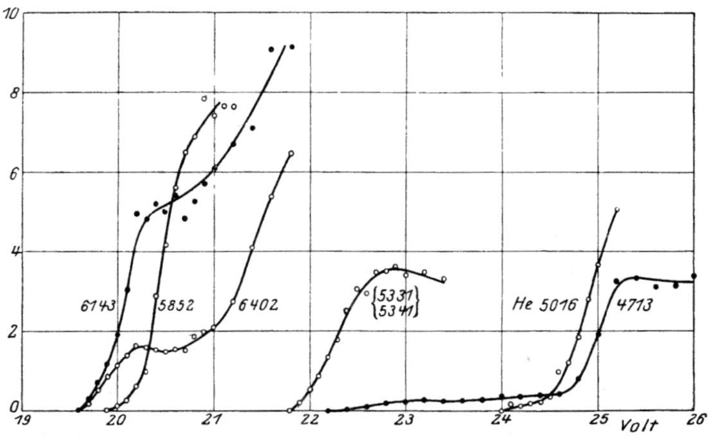

Abb. 59. Abhängigkeit benachbarter Energiestufen voneinander (nach HERTZ und SCHARP DE VISSER).

der beschleunigenden Spannung Aufschluß über die Anregungsfunktion geben. In Wirklichkeit ist dieses nicht immer der Fall. An erster Stelle ist dafür zu sorgen, daß der Elektronenstrom unabhängig von der beschleunigenden Spannung ist, andernfalls müssen die beobachteten Intensitäten auf konstanten Strom reduziert werden. Zweitens sind Raumladungsstörungen ebenso schädlich wie bei der Beobachtung von Anregungsspannungen. Drittens soll die Anzahl der Stöße, die ein Elektron im Beobachtungsraum machen kann, möglichst klein sein, da sonst bei Überschreiten einer Anregungsspannung der neue, von der betreffenden Spannung ab anregbare Term von den bei dieser Spannung bereits angeregten Termen nicht unabhängig ist. Ein deutliches Bild einer derartigen Abhängigkeit zeigt Abb. 59, die eine Beobachtung von HERTZ[4] wiedergibt. Diese Beobachtung macht

[1] H. B. DORGELO, Phys. ZS. Bd. 26, S. 756. 1925.

[2] L. S. ORNSTEIN, Phys. ZS. Bd. 28, S. 688. 1927.

[3] Vgl. z. B. H. S. W. MASSEY u. C. B. O. MOHR, Proc. Roy. Soc. London A Bd. 132, S. 605. 1931.

[4] G. HERTZ u. J. C. SCHARP DE VISSER, ZS. f. Phys. Bd. 31, S. 470. 1925.

nicht Anspruch auf richtige Wiedergabe der Anregungswahrscheinlichkeit und war nur als verfeinerte Methode zur Bestimmung von Anregungsspannungen gedacht. Eine weitgehende Vermeidung der genannten Fehlerquellen findet man bei HANLE[1] und Mitarbeiter. Abb. 60 gibt die HANLEsche Apparatur wieder[2]. Die häufig auftretende Schwierigkeit, daß niedrige Spannungen nur schwache Emissionsströme zulassen, ist durch Zwischenschalten einer Hilfsanode A_1 umgangen. Zwischen die Kathode K und die Anode A_1 wird eine konstante Spannung von 80 Volt angelegt. Die aus einem Loch in A_1 austretenden Elektronen werden sodann in einem zweiten Felde zwischen A_1 und A_2 auf die gewünschte Geschwindigkeit abgebremst. Sie passieren jetzt den feldfreien Beobachtungsraum B und werden endlich im Faradaykäfig A_3 aufgefangen. Mit dieser Apparatur wurden verschiedene Substanzen untersucht, z. B. die Dämpfe von Hg, Cd und Zn und die Edelgase He und Ne. Die Ergebnisse werden bei der Behandlung der einzelnen Substanzen (Abschn. III) erwähnt werden. Abb. 61 gibt als Beispiel ein Spektrogramm, das zur Messung der Anregungsfunktion einer Anzahl von He-Linien gedient hat. Ein Hauptresultat wollen wir an dieser Stelle vorwegnehmen, nämlich die verschiedene Gestalt der Anregungsfunktion verschiedener Linien, speziell den Unterschied zwischen Linien, die einem Singulett- bzw. Triplett-Term als oberem Term angehören. Die Triplettlinien haben im allgemeinen einen scharfen Anstieg bis auf wenige Volt oberhalb der Anregungsspannung und einen darauffolgenden steilen Abfall. Die Singulettlinien haben einen viel sanfteren Anstieg und ein flaches Maximum, das erst für Spannungen erreicht wird, die das Anregungspotential um 10 bis 100 Volt übersteigen.

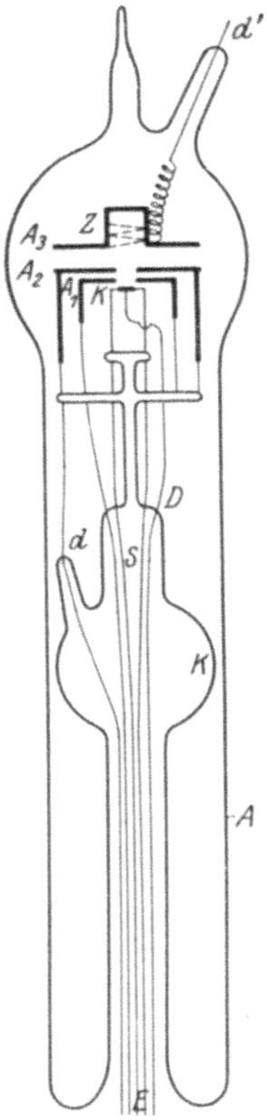

Abb. 60. Apparatur zur spektroskopischen Bestimmung von Anregungsfunktionen (nach HANLE).

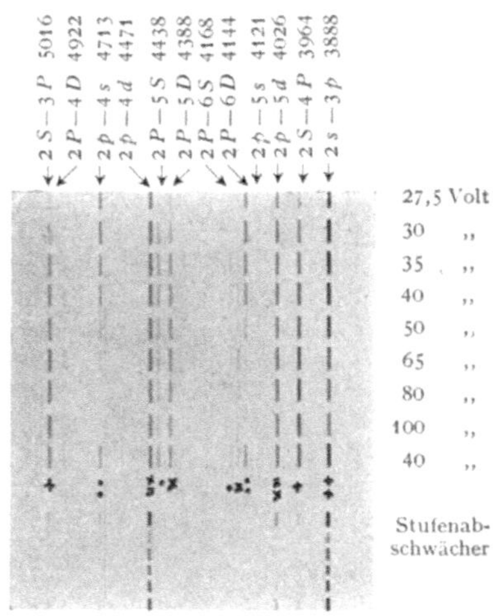

Abb. 61. Spektrogramm zur Bestimmung der Anregungsfunktion von He-Linien (nach HANLE). Wegen der Bezeichnung vgl. Tab. 19.

Besondere Erwähnung verdient auch die von SIEBERTZ[3] verwandte Apparatur. Die von ihm benutzte Kathode wurde bereits in Ziff. 28 besprochen; die Metallteile der Apparatur sind in Abb. 53 wiedergegeben. Auffallend ist auch hier der Auffangkäfig, in dem die Elektronen sich „verirren“ sollen, indem sie von einer Anzahl Netze aufgefangen werden. Die SIEBERTZsche Meßmethode arbeitet mit möglichst kleinen Potentialsprüngen (0,1 Volt). Es kommen dadurch Einzelheiten zutage, die von andern Forschern nicht gefunden wurden, jedoch wegen der Exaktheit der Methode als reell angesehen werden dürfen. Als Beispiel geben

[1] Für eine Übersicht dieser Arbeiten vgl. W. HANLE u. K. LARCHÉ, Ergebnisse der exakten Naturwissenschaften Bd. 10, S. 285. 1931; W. HANLE, Phys. ZS. Bd. 33, S. 245. 1932.
[2] W. HANLE, ZS. f. Phys. Bd. 56, S. 94. 1929.
[3] K. SIEBERTZ, ZS. f. Phys. Bd. 68, S. 505. 1931.

wir in Abb. 62 die Triplettlinie $6p\,^3P_0 - 7s\,^3S_1$ 4047 des Hg wieder. Auch CROZIER[1] hat bei den Anregungsfunktionen einiger Quecksilberlinien Unstetigkeiten gemessen. Alle bisher genannten Methoden sind mehr oder weniger mit dem Fehler behaftet, daß die Geschwindigkeit nicht für alle Elektronen dieselbe ist, daß also mit nichthomogenen Bündeln gearbeitet wird. Dieser Fehler wird um so mehr störend wirken, je kleiner die beobachtete Anregungsspannung und je steiler der Anstieg und Abfall der zu messenden Anregungsfunktion sind.

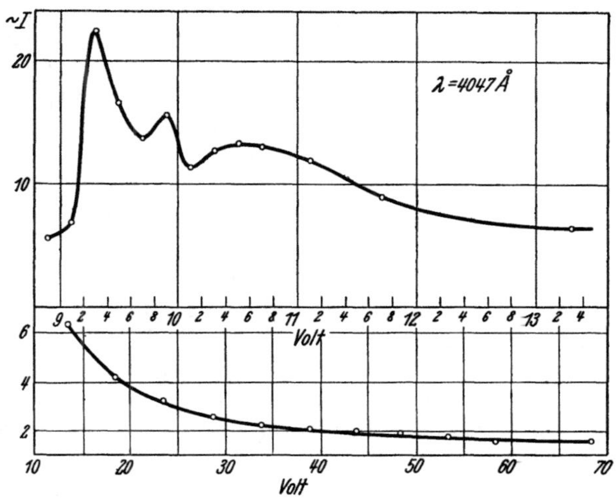

Abb. 62. Anregungsfunktion der Hg-Triplett-Linie 4047, $6p\,^3P_0 - 7s\,^3S_1$. (Nach SIEBERTZ.)

MICHELS[2] hat diese Schwierigkeit prinzipiell dadurch zu lösen versucht, daß er die gesuchte Anregungsfunktion aus einer Integralgleichung bestimmt. Er benutzt ein Elektronenbündel, das zwar sehr unhomogen ist, jedoch in jedem Falle eine genau bestimmbare Maximalgeschwindigkeit V_m (Volt) besitzt. Es sei $i(V_m, V)\,dV$ der Stromanteil der Elektronen im Geschwindigkeitsbereich dV. Dann ist die Intensität der Spektrallinie gegeben durch

$$I(V_m) = C\int\limits_0^\infty q(V)\,i(V_m V)\,dV,$$

wo C eine durch den Gasdruck und die Abmessungen des Apparates bedingte Konstante darstellt. Weil $i(V_m, V) = 0$ für $V > V_m$ und $q(v) = 0$ für $V < V_a$, ist auch

$$I(V_m) = \int\limits_{V_a}^{V_m} f(V)\,i(V_m, V)\,dV,$$

wo $f(V)$ für $C q(V)$ gesetzt ist. Man kann diese Gleichung durch einmaliges Differenzieren überführen in

$$\frac{dI(V_m)}{dV_m} = \int\limits_{V_a}^{V_m} f(V)\,\frac{\partial i(V_m, V)}{\partial V_m}\,dV + f(V_m)\,i(V_m \cdot V_m).$$

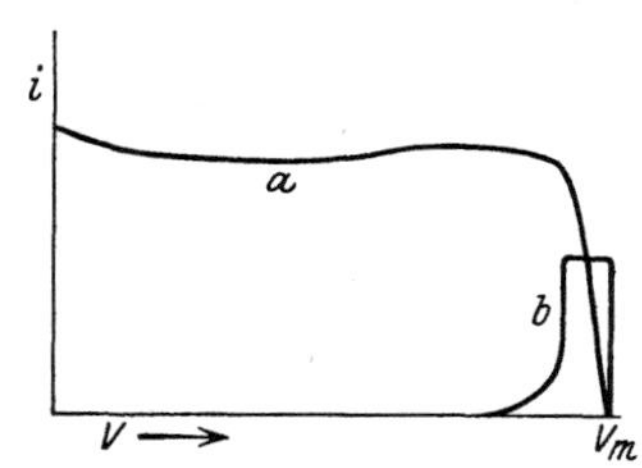

Abb. 63. Verzögerungskurve (a) und Geschwindigkeitsverteilung (b) des Elektronenstrahls im MICHELSschen Versuch.

Abb. 63 (b) veranschaulicht die Funktion $i(V_m \cdot V)$. Daraus ist ersichtlich, daß $\partial i(V_m, V)/\partial V_m$ in einem Intervall von etwa 5 Volt unterhalb V_m gleich Null ist. Dieses vereinfacht die Auswertung der Kurven, da für $V_m < V_a + 5$ Volt die gesuchte Funktion durch einmaliges Differenzieren erhalten wird. Obgleich diese Methode theoretisch gut begründet ist, darf man sie praktisch nur mit Vorsicht anwenden, da das Differenzieren experimentell gefundener Kurven mit beträchtlichen Unsicherheiten behaftet ist. Im allgemeinen findet MICHELS sehr scharfe Maxima in der Anregungsfunktion gerade oberhalb der Anregungsspannung. Be-

[1] W. D. CROZIER, Phys. Rev. Bd. 31, S. 800. 1928.
[2] W. C. MICHELS, Phys. Rev. Bd. 36, S. 604 u. 1362. 1930; Bd. 38, S. 712. 1931.

züglich der Diskrepanzen, die zwischen verschiedenen Beobachtern bestehen, vergleiche Ziff. 41, Abb. 73 u. 74 (Na), und Ziff. 52, Abb. 80 (He)[1].

35. Die absolute Messung von Anregungsfunktionen. Die bisher mitgeteilten Messungen bezwecken an erster Stelle die Relativwerte der Anregungsfunktion zu bestimmen. HANLE und SCHAFFERNICHT[2] haben photoelektrisch die absolute Anregungsfunktion einiger Hg-Linien gemessen, indem sie das Anregungslicht mit der Strahlung einer im bekannten Maßstab geschwächten Quecksilberbogenlampe verglichen, deren Intensität nachher mit einer Thermosäule gemessen wurde. Für die $6p\,^3P_{012} - 7s\,^3S_1$-Gruppe ($\lambda$ 4047, 4358, 5461) finden sie eine Gesamtausbeute von 3,2%, bezogen auf wahren Stoß im Maximum der Anregungsfunktion. Dieser entspricht ein atomarer Querschnitt von 0,6 Å^2.

Ältere Bestimmungen stammen von BRICOUT und VALASEK[3]. VALASEK hat die absolute Ausbeute für 2537 und für andere Quecksilberlinien bestimmt bei einem Dampfdruck, welcher 22° C entspricht. Er erhielt z. B. für die Linie 4358 bei 50 Volt Elektronengeschwindigkeit eine Ausbeute von $3{,}2 \cdot 10^{-3}$, bezogen auf wahren Stoß (HANLE und SCHAFFERNICHT $2{,}7 \cdot 10^{-3}$ bei 60 Volt). BRICOUT verglich die Strahlung der 2537-Linie mit der eines schwarzen Körpers. Er fand nach umständlichen Korrekturen eine Ausbeute von 97% für 6,5 Volt-Elektronen, bezogen auf *gaskinetischen Stoß* (also 15%, bezogen auf wahren Stoß).

36. Angaben über Anregungswahrscheinlichkeit aus dem Gebiet der Gasentladungen. Es sei im folgenden kurz darauf hingewiesen, daß sich aus verschiedenen Entladungserscheinungen Schlüsse über die Anregungsfunktion ziehen lassen. In Ziff. 31 wurden bereits der GEHRCKE-SEELIGERsche Versuch und die LAUsche Beobachtung der positiven Säule genannt. Als eine Erweiterung des erstgenannten Versuches sind die Beobachtungen von SEELIGER und MIERDEL[4] zu betrachten. Sie gaben für eine Anzahl Linien und Banden von H, H_2, Hg, He, Ar und N_2 die Intensitätsverteilung entlang eines gebremsten Kathodenstrahles. Die Kurven zeigen die typische Gestalt mit dem Maximum. Weitere Schlüsse über die Anregungsfunktion, die man aus der Lichtemission der Entladungen ziehen kann, sind nur insofern sicher, als die Deutung dieser Erscheinungen es ist. Das negative Glimmlicht und das Leuchten im HITTORF-CROOKESschen Dunkelraum kann man dadurch erklären, daß im Dunkelraum wegen des anwesenden Feldes die Elektronen große Geschwindigkeiten haben, während im Glimmlicht ihre Geschwindigkeit nach dem Faradayschen Dunkelraum hin allmählich abfällt. Zugleich ändert sich dabei die Konzentration der Elektronen, die im Glimmlicht viel größer ist als im HITTORF-CROOKESschen Dunkelraum. Außer von dieser Konzentrationsänderung rührt der Unterschied in der Lichtstärke daher, daß nur für Geschwindigkeiten wenige Volt oberhalb der kritischen eine merkbare Anregung stattfindet[5]. Dem entspricht die Glimmsaumregel[6], nach der das Intensitätsmaximum einer Spektrallinie im Glimmlicht in desto größerem Abstand von der Kathode auftritt, je *niedriger* die Anregungsspannung ist. Ent-

[1] (Anm. bei der Korrektur). Eine ausführliche Arbeit von LEES u. SKINNER ist den möglichen Fehlern bei der Messung von Anregungsfunktionen gewidmet: J. H. LEES, Proc. Roy. Soc. London (A) Bd. 137, S. 173. 1932; J. H. LEES u. H. W. B. SKINNER, ebenda Bd. 137, S. 186. 1932.

[2] W. HANLE u. W. SCHAFFERNICHT, Ann. d. Phys. Bd. 6, S. 905. 1930.

[3] P. BRICOUT, Journ. de phys. et le Radium Bd. 9, S. 88. 1928; J. VALASEK, Phys. Rev. Bd. 29, S. 817. 1927; Journ. Opt. Soc. Amer. Bd. 17, S. 102. 1928.

[4] R. SEELIGER u. G. MIERDEL, ZS. f. Phys. Bd. 1, S. 355. 1919; R. SEELIGER u. E. SCHRAMM, ebenda Bd. 7, S. 93. 1920.

[5] A. GÜNTHERSCHULZE, ZS. f. Phys. Bd. 40, S. 545. 1927; M. J. DRUYVESTEYN, ebenda Bd. 62, S. 764. 1930; Bd. 68, S. 378. 1931; Physica Bd. 11, S. 129. 1931.

[6] R. SEELIGER, Phys. ZS. Bd. 22, S. 610. 1921; Ann. d. Phys. Bd. 67, S. 352. 1922; R. SEELIGER u. W. LINDOW, Phys. ZS. Bd. 26, S. 393. 1925.

gegen dieser Auffassung hat SEELIGER[1] später das Glimmlicht als Wiedervereinigungsleuchten zu deuten versucht. In Verbindung mit neueren Beobachtungen und Messungen DRUYVESTEYNS scheint jedoch die letzte Auffassung kaum haltbar. Kürzlich hat GÜNTHERSCHULZE[2] im anomalen Kathodenfall bei einer Mg-Kathode die Aufmerksamkeit auf ein grünliches Leuchten, nahe der Kathodenoberfläche, gelenkt, indem er dieses als Anregungsleuchten durch die an der Kathode ausgelösten Elektronen deutet. Der Abfall nach der Anode hin soll dem reellen Abfall der Anregungsfunktion entsprechen und nicht etwa dem Abfall der Dampfdichte. Ähnliches wurde bei Na und Li gefunden.

37. Häufigkeit der Ionisierung. Die Methoden, die zur Bestimmung von Ionisierungsspannungen gedient haben (Ziff. 24), können auch dahin verfeinert werden, daß man die relative bzw. absolute Ionisierungshäufigkeit damit messen kann. Das für alle Methoden gemeinsame Prinzip besteht darin, daß mit sehr geringem Gasdruck gearbeitet wird, so daß ein in die Apparatur eintretendes Elektron in den meisten Fällen nicht mehr als ein einziges Ion bilden kann. Nur wenn diese Bedingung erfüllt ist, darf man annehmen, daß die Ionenausbeute, wie man sie im Apparat mißt, ein Maß für den Ionisierungsquerschnitt ist. Die Methodik ist weiter zu unterteilen in Meßmethoden mit variierender und solche mit konstanter Geschwindigkeit. Die letzte Methode entspricht der in Ziff. 25 beschriebenen Apparatur mit feldfreiem Raum, die erste der einfacheren LENARDschen Apparatur. Endlich sind die Apparate unterschieden, je nachdem die gebildete Ionenmenge als Ganzes zur Messung kommt oder erst nach Zerlegung in ein Massengeschwindigkeitsspektrum durch magnetische oder elektrische Felder. Mit der Lenardapparatur haben zuerst HUGHES und KLEIN[3] die Ionisierungsausbeute bei verschiedenen Substanzen gemessen. Ein Kathodenstrahl trat in den Stoßraum R (Abb. 40) ein und wurde dort abgebremst durch eine negativ geladene Platte, die die gebildeten Ionen auffangen sollte. In dem Abstand x, der von n_1 aus nach rechts gerechnet sei, ist die Geschwindigkeit bestimmt durch die Gleichung

$$\frac{1}{2} m v^2 = e\left(V_0 - \frac{x}{a}(V_0 - V)\right),$$

v = Geschwindigkeit der Elektronen,
V_0 = beschleunigende Spannung (Kathode = 0),
V = Spannung der Auffangplatte A gegen die Kathode D,
a = Abstand zwischen n_1 und A (Abb. 40).

Die Elektronen kommen also bis an den Ort $x_m = a V_0/(V_0 - V)$, daraus ergibt sich die Ionenmenge zu

$$I = 2in\int_0^{x_m} q_i(V)\,dx = 2in\frac{a}{V_0 - V}\int_0^{V_0} q_i(V)\,dV.$$

Im letzten Ausdruck stellt i den Primärstrom, n die Anzahl der Gasatome pro cm³, a den Abstand der Kondensatorplatten, $q_i(V)$ den Ionisierungsquerschnitt pro Atom in Abhängigkeit von V dar. Wird jetzt V_0 geändert, indem i konstant gehalten wird, so ergibt sich

$$\frac{1}{2ina}\frac{d}{dV_0} I \cdot (V_0 - V) = q_i(V_0).$$

Man findet also $q_i(V)$ durch Differentiation der zuerst gefundenen experimentellen Kurve. Dies hat zur Folge, daß die Genauigkeit nur gering ist. COMPTON und

---

[1] R. SEELIGER, ZS. f. Phys. Bd. 39, S. 601. 1927.
[2] A. GÜNTHERSCHULZE, ZS. f. Phys. Bd. 71, S. 246. 1931; Bd. 75, S. 105. 1932.
[3] A. Ll. HUGHES u. E. KLEIN, Phys. Rev. Bd. 23, S. 450. 1924.

v. VOORHIS[1] haben mit konstanter Elektronengeschwindigkeit gearbeitet. Der Auffänger wird bei ihnen durch eine Anzahl feiner Drähte gebildet, die parallel der Elektronenbahn angebracht sind. Ihre Messungen umfassen die Substanzen He, Ne, Ar, Hg, H_2, HCl und Potentiale bis 400 V.

Auf demselben Prinzip beruht die Apparatur von P. T. SMITH[2] (Abb. 64). In ihr wird ein sehr sorgfältig abgeblendetes und durch ein Magnetfeld konzentriertes Elektronenbündel durch einen Kondensator hindurchgeschickt und dann in einer Art Faradaykäfig aufgefangen. Die Ionen werden durch ein sehr schwaches Querfeld im Kondensator auf der Platte P_2 gesammelt. Die Apparatur unterscheidet sich durch weitgehende Unterdrückung der Sekundäreffekte von den älteren Anordnungen. SMITH hat seine Messungen ausgedehnt auf Hg, He, Ne, Ar und mit Potentialen bis 4000 V gearbeitet. Die Methode arbeitet sehr scharf, so daß zahlreiche Knicke in den Kurven sich bemerkbar machen, die als höhere Ionisierungen gedeutet werden, zum Teil unter gleichzeitiger Anregung.

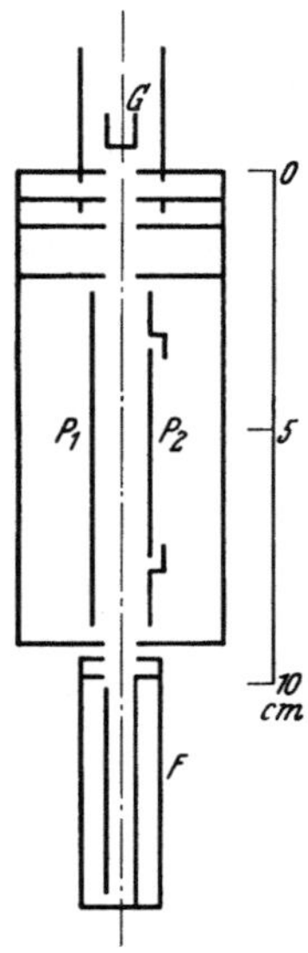

Abb. 64. Apparatur zur Messung der Häufigkeit der Ionisierung nach P. T. SMITH.

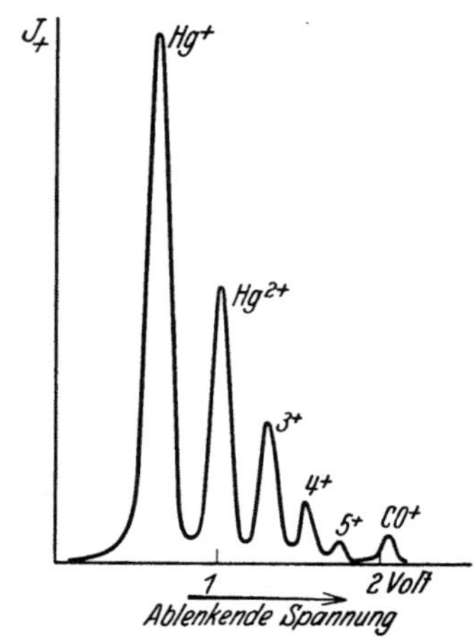

Abb. 65. Typische e/M-Kurve für Hg. (Nach BLEAKNEY.)

Ein Nachteil der bisher erwähnten Methoden ist, daß sie nicht entscheiden lassen, welcher Teil des gemessenen Ionenstromes von einfach und welcher von mehrfach geladenen Ionen herrührt. Um eine Unterscheidung zu ermöglichen, muß man zur spektralen Zerlegung greifen. In sehr vollkommener Weise ist dieses in einer Anordnung BLEAKNEYS verwirklicht, die wir oben (Ziff. 27) bereits abgebildet und besprochen haben. Abb. 65 gibt ein Spektrogramm für Hg wieder im Falle von 350 Volt Elektronen. Der Flächeninhalt unterhalb eines jeden Maximums gibt, durch 1, 2, 3, 4 usw. geteilt, die Anzahl der 1-, 2-, 3-, 4fach geladenen Ionen an. Stellt man diese Zahlen als Funktion der Elektronengeschwindigkeit zusammen, so bekommt man eine Figur wie Abb. 66.

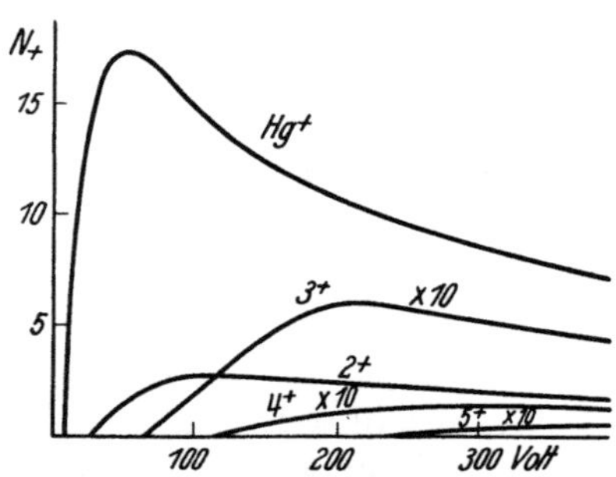

Abb. 66. Anzahl gebildeter positiver Ionen pro cm Weglänge in Hg-Dampf (reduziert auf 1 mm 0° C) als Funktion der Elektronengeschwindigkeit. Absolutwerte korrigiert nach späterer Angabe. (Nach BLEAKNEY.)

Die Methoden zur Bestimmung der Ionisierungsausbeute lassen sich, ebenso wie bei der Messung der Anregungsfunktion, noch dadurch verfeinern, daß man durch besondere Maßnahmen ein möglichst *homogenes* primäres Elektronenbündel herstellt. Dieses kann durch Zerlegung des ursprünglich inhomogenen Bündels in einem elektrischen oder magnetischen Spektrum geschehen, aus dem dann durch Anwendung eines zweiten Spaltes ein Teilbündel größerer Homogenität abgesondert wird.

[1] K. T. COMPTON u. C. C. v. VOORHIS, Phys. Rev. Bd. 26, S. 436. 1925; Bd. 27, S. 724. 1926.
[2] P. T. SMITH, Phys. Rev. Bd. 36, S. 1293. 1930; Bd. 37, S. 808. 1931.

Ein schönes Beispiel dieses Prinzipes bildet die von LAWRENCE[1] benutzte Apparatur, die in Abb. 67 wiedergegeben ist. In dieser ist magnetische Zerlegung angewandt. Die Elektronen werden, nachdem sie in Teil A der Apparatur beschleunigt sind, in B spektral zerlegt und in C aufgefangen. Dieser letzte Teil ist ein von B isoliert aufgestellter Faradaykäfig. Indem man diesem verschiedene Potentiale erteilt, können die aus B austretenden Elektronen abgebremst werden. Die von diesen Elektronen gebildeten positiven Ionen werden mit einer Sonde aufgefangen und die Anzahl der Ionen als Funktion der Bremsspannung aufgetragen. Mit Hilfe der zuerst bestimmten Geschwindigkeitsverteilungskurve werden versuchsweise Ionisierungskurven aufgestellt, welche die gefundene Ionisierung als Funktion der Bremsspannung möglichst genau reproduzieren. Das wichtigste Resultat von LAWRENCE, der seine Messungen an Hg anstellte, war die Entdeckung der Ultraionisationspotentiale. Wir kommen darauf in Ziff. 44 bei der Behandlung der Substanz Hg zurück.

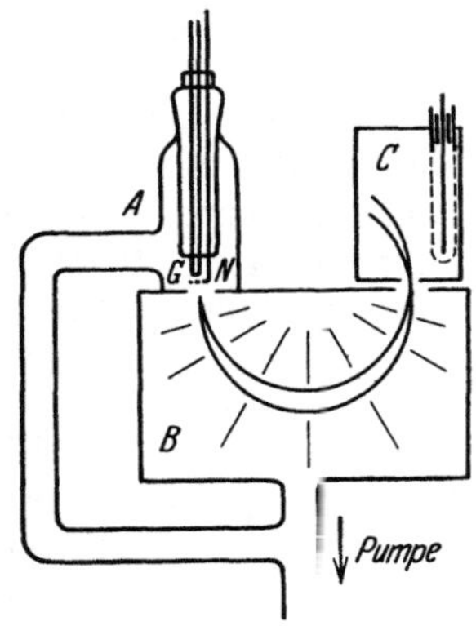

Abb. 67. Apparatur zur Messung der Ionisierungsausbeute bei sehr homogener Elektronengeschwindigkeit. (Nach LAWRENCE.)

Weitere spezielle Ergebnisse werden ebenfalls bei der Besprechung der verschiedenen Substanzen (Abschnitt III) erwähnt werden.

Die Wahrscheinlichkeit der Ionisierung, also die Größe $W_i = q_i/q$, ist von PENNING[2] für eine Anzahl Atome und Moleküle aus bekannten Daten berechnet worden. Es zeigte sich, daß, wenn man $W_i = f(V/V_i)$ abträgt, die Funktion f für He, Ar, H_2 und N_2 nahezu dieselbe wird.

d) Stöße zweiter Art zwischen Elektronen und angeregten Molekeln.

38. Wie an anderer Stelle in diesem Handbuch ausgeführt wird, folgt aus allgemeinen thermodynamischen Überlegungen, daß neben dem in der vorigen Ziffer behandelten Vorgang der Anregung durch Elektronenstoß auch der inverse Effekt auftreten muß, also:

Angeregte Molekel + Elektron → Normale Molekel + Elektron mit kinetischer Energie.

Nach KLEIN und ROSSELAND[3] wird ein solcher Stoß als Stoß zweiter Art bezeichnet, es wird dabei also Anregungsenergie in kinetische Energie umgesetzt im Gegensatz zu dem Stoß erster Art, für welchen das Umgekehrte zutrifft. Die Bezeichnung „Stoß zweiter Art" ist später für alle Vorgänge in Gebrauch gekommen, wo Anregungs- oder Ionisierungsenergie umgesetzt wird, auch wenn dabei keine Abgabe, sondern Aufnahme von kinetischer Energie stattfindet.

Nach KLEIN und ROSSELAND besteht zwischen dem Querschnitt $q(E)$ für einen Stoß erster Art mit einer Elektronenenergie zwischen E und $E + dE$ und dem Querschnitt $q'(E - V_a)$ für einen Stoß zweiter Art mit einer Elektronenenergie zwischen $E - V_a$ und $E - V_a + dE$ die Beziehung:

$$g_1 E\, q(E) = g_2 (E - V_a)\, q'(E - V_a),$$

[1] E. LAWRENCE, Phys. Rev. Bd. 28, S. 947. 1926.

[2] F. M. PENNING, Physica Bd. 6, S. 290. 1926.

[3] O. KLEIN u. S. ROSSELAND, ZS. f. Phys. Bd. 4, S. 46. 1921; vgl. M. J. DRUYVESTEYN u. W. DE GROOT, Physica Bd. 12, S. 153. 1932.

wobei g_1 und g_2 Konstanten (Gewichte) sind und die Anregungsenergie V_a ist. $q(E)$ hat für $E = V_a$ den Wert 0 und steigt dann (vgl. Ziff. 32) rasch an, also muß q' für $E = V_a$ groß werden, so daß Stöße zweiter Art mit langsamen Elektronen große Wahrscheinlichkeit besitzen.

Leider ist das experimentelle Material über Stöße zweiter Art zwischen Elektronen und angeregten Molekeln noch sehr dürftig; es ist nämlich nicht leicht, das Auftreten der dabei gebildeten schnellen Elektronen einwandfrei festzustellen.

Schon 1924 haben HOLST und OOSTERHUIS[1] Stöße zweiter Art zur Erklärung des Niederspannungsbogens herangezogen. Dabei handelte es sich zwar nicht um angeregte Molekeln, sondern um Ionen, welche bei der Rekombination mit einem zweiten Elektron ihre Neutralisierungsenergie abgeben sollten. Nach den späteren Untersuchungen von COMPTON und ECKART[2] und von DRUYVESTEYN[3] ist es jetzt jedoch wohl wahrscheinlich, daß dieser Effekt im Niederspannungsbogen nur eine untergeordnete Rolle spielt.

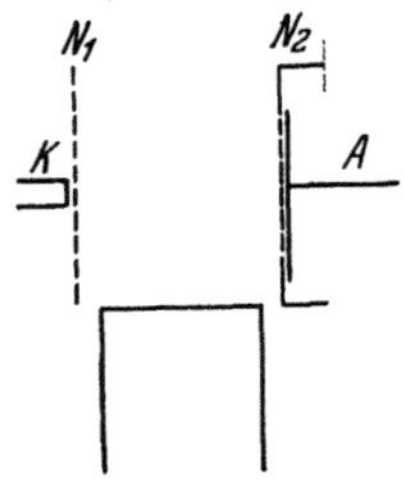

Abb. 68. Zur Beobachtung der Stöße zweiter Art zwischen Elektronen und angeregten Hg-Atomen. (Nach LATYSCHEFF u. LEIPUNSKI.)

Eine mehr direkte Untersuchung ist von SMYTH[4] ausgeführt. Dabei fanden Zusammenstöße zwischen Elektronen und Jodatomen statt; die Energie, welche bei der Bildung eines negativen Jodions frei wird, könnte dabei, genau wie bei dem von HOLST und OOSTERHUIS angegebenen Vorgang, an ein zweites Elektron abgegeben werden. In der Tat zeigten die von SMYTH aufgenommenen Geschwindigkeitsverteilungskurven Anhaltspunkte dafür. Bei der Schwierigkeit, hier Fehlerquellen zu vermeiden, hält SMYTH selbst seine Kurven noch nicht für beweisend. Eine ähnliche Arbeit über Stöße zweiter Art bei dem Zerfall von Ozon[5], über die nur eine kurze Notiz vorliegt, gab auch nur eine schwache Andeutung des Effektes.

In der ersten Auflage ds. Handb. geben FRANCK und JORDAN[6] an, daß man vielleicht die Versuche von LANGMUIR[7] über Streuung von Elektronen in stark ionisierten Gasen durch Stöße zweiter Art deuten könnte. Nachdem jedoch PENNING[8] und später auch LANGMUIR und TONKS[9] Oszillationen von sehr kurzer Wellenlänge (etwa 50 cm) in Entladungen dieser Art beobachtet haben, liegt es nahe, diese Oszillationen für die abnormen Elektronengeschwindigkeiten verantwortlich zu machen.

LEIPUNSKY und STRAUFF[10] suchten nach Elektronenstößen zweiter Art in einem Raume, der infolge der Oxydation von Phosphor mit angeregten Molekülen gefüllt war. In der Tat wurden dabei Elektronen nachgewiesen mit einer Geschwindigkeit, welche viel größer war, als der angelegten Potentialdifferenz entsprach; die Versuchsbedingungen waren dabei jedoch sehr kompliziert. Einwandfreiere Resultate erhielten LATYSCHEFF und LEIPUNSKY[11] mit der in Abb. 68 schematisch wiedergegebenen Anordnung. Eine Glühkathode K liefert die Elektronen, welche zwischen K und dem Gitter N_1 beschleunigt werden und sodann in dem feldfreien Raum zwischen den Gittern N_1 und N_2 mit metastabilen

[1] G. HOLST u. E. OOSTERHUIS, Physica Bd. 4, S. 42. 1924.
[2] K. T. COMPTON u. C. ECKART, Phys. Rev. Bd. 25, S. 139. 1925.
[3] M. J. DRUYVESTEYN, ZS. f. Phys. Bd. 64, S. 781. 1930.
[4] H. D. SMYTH, Nat. Akad. Amer. Bd. 11, S. 679. 1925.
[5] H. D. SMYTH, Phys. Rev. Bd. 27, S. 108. 1926 (Abstract).
[6] Ds. Handb. Bd. XXIII, 1. Aufl., S. 738. 1926.
[7] I. LANGMUIR, Phys. Rev. Bd. 26, S. 585. 1925.
[8] F. M. PENNING, Nature Bd. 118, S. 301. 1926; Physica Bd. 6, S. 241. 1926.
[9] I. LANGMUIR, Nat. Akad. Amer. Bd. 14, S. 627. 1928; L. TONKS u. I. LANGMUIR, Phys. Rev. Bd. 33, S. 195. 1929.
[10] A. LEIPUNSKY u. E. STRAUFF, ZS. f. Phys. Bd. 58, S. 104. 1929.
[11] G. D. LATYSCHEFF u. A. S. LEIPUNSKY, ZS. f. Phys. Bd. 65, S. 111. 1930.

Quecksilberatomen zusammenstoßen. Die metastabilen Atome werden gebildet durch Einstrahlung von der Linie 2537 (vgl. Ziff. 80). Zwischen N_2 und A liegt ein die Elektronen verzögerndes Feld; es zeigt sich nun, daß bei Anwesenheit von metastabilen Quecksilberatomen die Elektronen gegen eine verzögernde Spannung anlaufen können, welche 4,7 Volt größer ist, als wenn keine metastabilen Atome da sind. Daraus schließen die Verfasser, daß diese Elektronen durch Stöße zweiter Art eine Vermehrung ihrer kinetischen Energie um 4,7 Volt erfahren haben, ein Betrag, der gerade mit der Anregungsspannung des Quecksilbers übereinstimmt. Die Messungen wurden erschwert durch eine starke Emission von Sekundärelektronen unter dem Einfluß der ultravioletten Strahlung. Diese Fehlerquelle konnte jedoch durch eine zweckmäßige Kombination von Messungen mit und ohne Bestrahlung bzw. ohne Glühstrom eliminiert werden. Die Verfasser versuchen auch, den absoluten Wert der Wahrscheinlichkeit dieses Vorganges zu bestimmen und kommen zu einem Maximalwert von 0,7% bei einer Elektronenenergie von 2,8 Volt. Dieses Resultat gibt jedoch nur die Größenordnung, da die theoretischen Ansätze zum Teil recht zweifelhaft sind und außerdem für die Zahl der Zusammenstöße die Formel von HERTZ benutzt wird, welche bei den benutzten niedrigen Drucken gar nicht anwendbar ist.

Eine gewisse Analogie mit den hier erwähnten Stößen zweiter Art hat der Vorgang, bei dem ein Röntgenniveau eines Atoms angeregt ist und die Anregungsenergie nicht an ein freies, sondern an ein Elektron desselben Atoms übertragen wird. Für diese, insbesondere von AUGER[1] studierte Erscheinung verweisen wir auf Bd. XXIII/2 ds. Handb. 2. Aufl.

III. Ergebnisse über kritische Potentiale und Wahrscheinlichkeiten der Elektronenstoßprozesse bei Atomen und Molekülen.

39. Vorbemerkung. Im folgenden wird eine Übersicht gegeben über die bisherigen Resultate der Elektronenstoßuntersuchungen in Verbindung mit der Termstruktur der Spektren. Über die Systematik der Spektren ist in jedem Falle nur so viel mitgeteilt, als zur bequemen Orientierung erforderlich erschien. Für die ausführliche Besprechung der Atom- und Molekülspektren verweisen wir auf das HUNDsche Kapitel im Bd. XXIV/1 ds. Handb. 2. Aufl. Der allgemeine Eindruck, den man bei Durchsicht des vorhandenen Materiales bekommt, ist der einer überaus befriedigenden Übereinstimmung zwischen den Elektronenstoßmethoden und der Analyse der Spektren. In den meisten Fällen geht die letztere voraus. In einigen Fällen jedoch haben die Elektronenstoßmethoden die Führung gehabt, indem sie für die Termanalyse wichtige Anhaltspunkte boten. Ferner liefert die weitere Ausarbeitung der Elektronenstoßmethoden wichtige Aufschlüsse über die Wahrscheinlichkeit der Anregung und Ionisierung. Diese Ergebnisse sind in unserer Übersicht mit aufgenommen.

Zusammenfassende Darstellungen über kritische Potentiale und Spektralterme bei Atomen und Molekülen sind in letzter Zeit mehrfach veröffentlicht worden[2].

---

[1] P. AUGER, Ann. d. phys. (10) Bd. 6, S. 183. 1926.

[2] F. L. MOHLER, Internat. Crit. Tables Bd. 6, S. 69. 1930; W. GROTRIAN, Graphische Darstellung der Spektren von Atomen mit 1, 2, und 3 Valenzelektronen. Berlin: Julius Springer 1928; LANDOLT-BÖRNSTEIN, Phys. Chem. Tabellen, I. Erg.-Bd., S. 377. 1927 (GROTRIAN, JORDAN); II. Erg.-Bd., S. 561. 1931 (GROTRIAN, ROSEN); H. D. SMYTH, Reviews of Modern Physics Bd. 3, S. 347. 1931; H. KALLMANN u. B. ROSEN, Phys. ZS. Bd. 32, S 521. 1931. Für die ältere Literatur vgl. J. FRANCK u. P. JORDAN, Anregung von Quantensprüngen durch Stöße. Berlin: Julius Springer 1926. Bez. Literatur von 1920 bis 1931 über die Spektren der Elemente vgl. R. C. GIBBS, Rev. Mod. Phys. Bd. 4, S. 278. 1932.

a) Atome[1].

40. Atomarer Wasserstoff (H). Die Energiestufen des Wasserstoffatoms sind gegeben durch die Termformel $\nu = R/n^2$, wobei $R = 109677{,}759\,\mathrm{cm}^{-1}$.

Von den aus diesen Termen sich ergebenden Spektralserien sind jetzt vier bekannt:

$$\nu = R(1 - 1/n^2) \qquad n = 2, 3, 4 \quad (\text{LYMAN } 1916),$$
$$\nu = R(1/2^2 - 1/n^2) \qquad n = 3, 4, 5 \quad (\text{BALMER } 1885),$$
$$\nu = R(1/3^2 - 1/n^2) \qquad n = 4, 5, 6 \quad (\text{PASCHEN } 1908),$$
$$\nu = R(1/4^2 - 1/n^2) \qquad n = 5, 6, 7 \quad (\text{BRACKETT } 1922).$$

Die Linien der Lymanserie sind Kombinationen mit dem Grundzustand und geben, in Voltmaß umgerechnet, zugleich die verschiedenen Anregungsenergien wieder, wie aus der Tabelle ersichtlich ist.

n	(Å)	ν (cm⁻¹)	V (Volt)
2	1215,7	82258	10,154
3	1025,7	97491	12,034
4	972,5	102823	12,692
5	949,7	105291	12,997
6	937,8	106631	13,162
7	930,8	107440	13,262
—	—	—	—
∞	911,8	109678	13,539

In Abb. 2 (Ziff. 7) sind die ersten fünf Zustände und der ionisierte Zustand angegeben. Bekanntlich bildete die Berechnung der Energiestufen des Wasserstoffatoms eine der größten Stützen der BOHRschen Atomtheorie. Die weitere Entwicklung der Theorie der Spektren hat gefordert, daß das H-Spektrum alkaliähnlich sein sollte. Die aus dieser Anschauung folgende Feinstruktur der Terme wird durch den relativistischen Effekt kompliziert. Die völlige Enträtselung dieses Problems gelang GOUDSMIT und UHLENBECK[2]. Nach dieser Auffassung sind die alkaliähnlichen Zustände in nebenstehender Weise über die Terme verteilt. Energetisch exakt gleiche Terme sind dabei durch einen Bogen verbunden.

n	Bezeichnung (nach HUND)
1	$1s\,^2S_{1/2}$
2	$2s\,^2S_{1/2}$, $2p\,^2P_{1/2}$, $2p\,^2P_{1\,1/2}$
3	$3s\,^2S_{1/2}$, $3p\,^2P_{1/2}$; $3p\,^2P_{1\,1/2}$, $3d\,^2D_{1\,1/2}$, $3d\,^2D_{2\,1/2}$

Die Messung der Anregungsenergien der Zustände auf elektrischem Wege wurde von OLMSTEAD[3] und COMPTON ausgeführt. Abb. 69 gibt die Apparatur

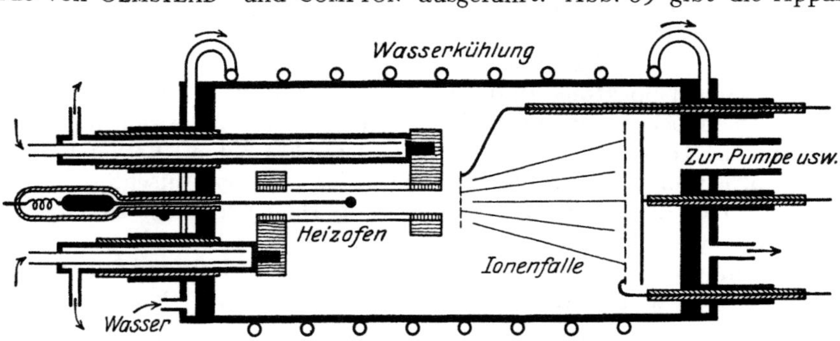

Abb. 69. Anordnung von OLMSTEAD u. COMPTON zur Messung der Anregungsspannungen des H-Atoms.

[1] Man vergleiche die Tabelle der Ionisierungsspannungen der Atome am Ende der Ziff. 52. (Tab. 28.)

[2] S. GOUDSMIT u. G. E. UHLENBECK, Physica Bd. 5, S. 266. 1925; A. SOMMERFELD u. A. UNSÖLD, ZS. f. Phys. Bd. 36, S. 259. 1926; J. C. SLATER, Proc. Nat. Acad. Amer. Bd. 11, S. 732. 1925.

[3] P. S. OLMSTEAD u. K. T. COMPTON, Phys. Rev. Bd. 22, S. 559. 1923.

wieder. Die Meßmethode ist die verbesserte Lenardmethode (Ziff. 25); als Quelle von atomarem Wasserstoff dient ein glühendes Wolframrohr mit gekühlter Stromzufuhr. Die ganze Apparatur ist von einer Wasserkühlung umgeben. Elektronenquelle ist eine mit einer Oxydschicht versehene kleine Platte aus Platin im Innern des Wolframrohres. Die divergierenden Linien in der Figur sind Bleche, die als Trägerfalle dienen. Es wurden lichtelektrische Kurven aufgenommen, aus denen sich die ersten sechs Anregungsstufen und die Ionisierungsstufe angeblich mit einer Genauigkeit von 0,05 Volt ablesen ließen.

n	2	3	4	5	6	7	∞
Spektrum . . .	10,154	12,034	12,692	12,997	13,162	13,262	13,539
Beobachtung . .	10,15	12,05	12 70	13,00	13,17	13,27	13,54

Die Anregungswahrscheinlichkeit der H-Terme experimentell zu bestimmen, ist deshalb äußerst wichtig, weil man in diesem Falle prinzipiell in der Lage ist, diese Größen quantentheoretisch (z. B. wellenmechanisch) zu berechnen[1] und also eine Prüfungsmöglichkeit der modernen Theorien vor sich hat. Leider konnten die Rechnungen vorläufig nur in „erster Näherung" durchgeführt werden; andererseits sind auch die Experimente nicht leicht auszuführen. Erste Versuche dieser Art sind von ORNSTEIN und LINDEMAN[2] veröffentlicht worden. Sie erzeugten atomaren Wasserstoff in einer WOODschen Entladungsröhre. Eine einfache Apparatur zur Erzeugung von Elektronen konstanter Geschwindigkeit befand sich in einem Seitenrohr, durch das zu gleicher Zeit der Wasserstoff abgepumpt wurde. Abb. 70 gibt die Apparatur und Abb. 71 die neuesten Ergebnisse wieder[3]. Die Kurven für H_α, H_β und H_γ sind ähnlich und zeigen nur ein Maximum, das sehr flach ausgebildet ist. Die Intensitäten sind in dieser Figur nicht vergleichbar. Abb. 72 veranschaulicht den Kurvenverlauf, wenn störende Raumladungen da sind. In diesem Fall können die Kurven nur von etwa 35 Volt ab beobachtet werden[3]. Die a. a. O. publizierten Kurven zeigen ebenfalls zwei Maxima. Nach diesen Kurven ist das Verhältnis der

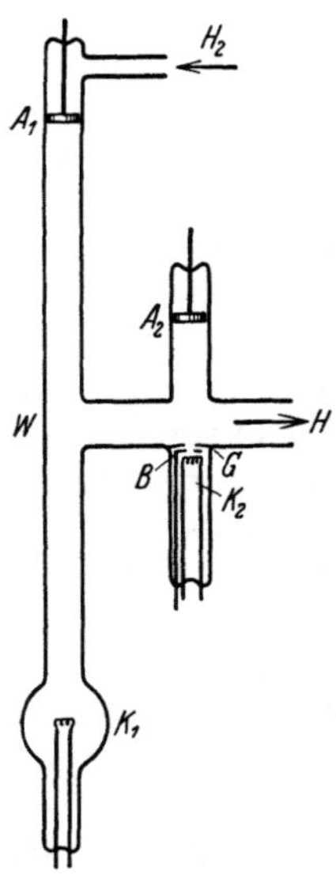

Abb. 70. Apparatur zur Bestimmung der Anregungsfunktion der *H*-Linien. (Nach ORNSTEIN u. LINDEMAN.)
W WOODsches Rohr, K_2BA_2 Dreielektrodenrohr, *G* Glasfenster.

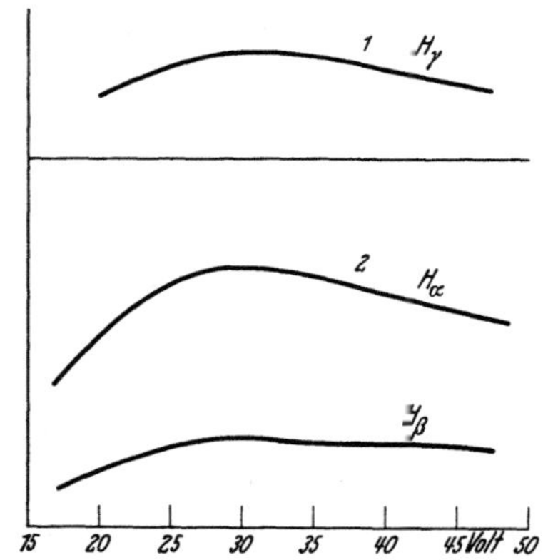

Abb. 71. Anregungsfunktion von H_α, H_β und H_γ. (Nach ORNSTEIN u. LINDEMAN.) Intensitäten von *1* und *2* nicht vergleichbar. *Keine* Störung durch Raumladung. Stromstärke 0,3 mA, Druck 0,0? mm.

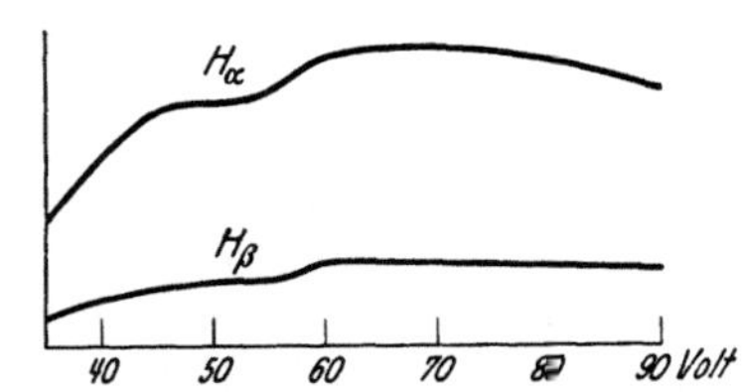

Abb. 72. Anregungsfunktion von H_α und H_β raumladungsgestört. (Nach ORNSTEIN u. LINDEMAN.) Stromstärke 0,5 mA, Druck 0,08 mm.

[1] Vgl. H. S. W. MASSEY u. C. B. O. MOHR, Proc. Roy. Soc. London A Bd. 132, S. 605. 1931.
[2] L. S. ORNSTEIN u. H. LINDEMAN, Proc. Amsterdam Bd. 33, S. 1097. 1930.
[3] Nach brieflicher Mitteilung der Autoren.

Intensitäten von H_α zu H_β etwa 5, was größenordnungsmäßig mit einer Berechnung ELSASSERS[1] übereinstimmt.

Das ganze Problem der Termanregung des Wasserstoffes kann nur unter Hinzunahme der anderen Serien (LYMAN, PASCHEN usw.) gelöst werden. Das in dieser Hinsicht wichtige Intensitätsverhältnis der Paschenlinien zu den demselben Niveau entspringenden Balmerlinien haben ORNSTEIN und BURGER[2] gemessen. ORNSTEIN und LINDEMAN[3] haben auch aus der Beobachtung der positiven Säule in Wasserstoff bei niedrigem Gasdruck wichtige Schlüsse gezogen. Sie finden für die Anregungswahrscheinlichkeiten der Terme $n = 3, 4, 5$ folgende Verhältniszahlen:

Term:	3	4	5
Intensität:	1	0,27	0,09

Allerdings ist hierbei im Auge zu behalten, daß die Anregung durch Elektronen von sehr verschiedener Geschwindigkeit erfolgt.

Ein weiterer wichtiger Schluß, den die genannten Autoren aus ihrer Arbeit ziehen, ist die Entscheidung zwischen direkter spezifischer Anregung der Terme und Wiedervereinigung zugunsten der ersten. Dieses geschah in der Weise, daß sämtliche Linien, die in den Term $n = 3$ enden, ihrer Intensität nach mit den aus diesem Term entspringenden Linien verglichen wurden. Indem für die nicht meßbare Lymanserie das theoretische Verhältnis der Übergangswahrscheinlichkeiten nach SUGIURA[4] hinzugezogen wurde, ergab sich das Verhältnis der beiden Gruppen von Linien zu 0,18, während Wiedervereinigung Gleichheit gefordert hätte. Dabei ist noch zu bemerken, daß dieses Resultat keineswegs besagt, daß Wiedervereinigung gerade 18% zur Lichtemission beigetragen hat.

HERZBERG[5] hat in einer elektrodenlosen Entladung in H_2 die Balmerserie bis zu einer sehr hohen Gliederzahl (etwa 20) in Emission erhalten und wahrscheinlich gemacht, daß es sich hier um ein echtes Rekombinationsspektrum handelt. Auch das hierbei zu erwartende Grenzkontinuum wurde dabei beobachtet.

Ein wichtiger Punkt ist noch die Frage nach einer evtl. Metastabilität der Wasserstoffzustände, speziell des Terms $n = 2$. Dieser umfaßt nämlich den Zustand $2s\,^2S_{1/2}$, der nicht mit $1s\,^2S_{1/2}$ kombiniert. Bei den Alkalien tritt eine solche Möglichkeit nicht auf, weil hier der $(m+1)s$-Zustand (Grundzustand ms) höher liegt als der $(m+1)p$-Zustand und Strahlung durch Übergang auf diesen Term erfolgen kann. Absorptionsmessungen von SNOEK[6] haben erwiesen, daß auch beim Wasserstoff der $2s\,^2S_{1/2}$-Zustand nicht metastabil ist, wie es auch nach der Wellenmechanik wegen des Zusammenfallens mit $2p\,^2P_{1/2}$ der Fall sein soll.

Zum Schluß erwähnen wir noch einige Beobachtungen von LAU[7] über die Anregungsmaxima der Balmerserie in den Schichten der positiven Säule in Wasserstoff. Es ergeben sich für H_α und H_β Maxima der Lichtstärke an Stellen, die etwa 1 mm auseinander liegen, entsprechend einer Voltdifferenz, die mit dem zu erwartenden Betrag von 0,7 Volt nicht in Widerspruch steht. Bezüglich des Molekülspektrums, des Wasserstoffes sei auf Ziff. 58—62 verwiesen.

41. Die Alkalien (Li, Na, K, Rb, Cs). Die Alkaliatome haben als Grundzustand einen $^2S_{1/2}$-Zustand. In der folgenden Tabelle sind für die *S*-, *P*-, *D*,

[1] W. ELSASSER, ZS. f. Phys. Bd. 45, S. 522. 1917; H. BETHE, Ann. d. Phys. (5) Bd. 5, S. 325. 1930.

[2] L. S. ORNSTEIN u. H. C. BURGER, ZS. f. Phys. Bd. 62, S. 636. 1930.

[3] L. S. ORNSTEIN u. H. LINDEMAN, ZS. f. Phys. Bd. 63, S. 8. 1930; Bd. 67, S. 1. 1931.

[4] Y. SUGIURA, Journ. de phys. Bd. 8, S. 113. 1927.

[5] G. HERZBERG, Ann. d. Phys. (4) Bd. 84, S. 551. 1927.

[6] J. L. SNOEK u. L. S. ORNSTEIN, ZS. f. Phys. Bd. 50, S. 600. 1928; J. L. SNOEK, Arch. Néerl. III A Bd. 12, S. 164. 1929; V. v. KEUSSLER, Ann. d. Phys. Bd. 7, S. 225. 1930.

[7] E. LAU, Ann. d. Phys. Bd. 77, S. 183. 1925.

F-Zustände die niedrigsten Bahnen angegeben, in denen das optische Elektron sich bewegen kann.

	Li	Na	K	Rb	Cs
S	$2s$	$3s$	$4s$	$5s$	$6s$
P	$2p$	$3p$	$4p$	$5p$	$6p$
D	$3d$	$3d$	$3d$	$4d$	$5d$
F	$4f$	$4f$	$4f$	$4f$	$4f$

Die Abschirmung sorgt jedoch dafür, daß in jedem Fall die Reihenfolge der Energiestufen, die zu diesen Zuständen gehören, dieselbe ist. Der nächsthöhere Zustand vom Grundzustand aus ist also für alle Alkaliatome ein ^2P-Dublett. Die Kombinationen $^2S_{1/2} - {}^2P_{1/2,\,1^1/2}$ dieses Terms mit dem Grundzustand ist das Resonanzdublett des Atoms. Metastabile Zustände gibt es nicht, da der untere Zustand jeder Termfolge ausnahmslos durch Strahlung in einen niedrigeren Zustand übergehen kann. Vom Grundzustand aus sind optische Übergänge nur nach den P-Termen möglich. Diese bilden die Hauptserie der Alkalien, die häufig in Absorption und auch in Emission bis zu hohen Gliederzahlen beobachtet worden ist[1]. Ihr schließt sich ein kontinuierliches Absorptionsgebiet an.

Von verschiedenen Autoren ist die Anregung der Zustände der Alkaliatome nach elektrischen Methoden untersucht worden. Insbesondere ist die Resonanz- bzw. Ionisierungsspannung auf diese Weise gemessen worden. Die gefundenen Werte sind in der Tabelle vereinigt, in der auch der spektroskopisch zu erwartende Wert eingetragen ist.

Tabelle 5. Anregungs- und Ionisierungsspannungen der Alkaliatome.

Element (Z)	Bezeichnung	λ (Å)	V (Spektr.)	V (Elektr.)
Na (11)	$3s\,^2S_{1/2} - 3p\,^2P_{1/2}$	5895,9	2,093 }	2,12[2] 2,13[3]
	$3s\,^2S_{1/2} - 3p\,^2P_{1^1/2}$	5889,9	2,095 }	
	Ionisation		5,116	5,13[2] 5,18[3]
K (19)	$4s\,^2S_{1/2} - 4p\,^2P_{1/2}$	7699,1	1,603 }	1,55[2] 1,63[4]
	$4s\,^2S_{1/2} - 4p\,^2P_{1^1/2}$	7664,9	1,610 }	
	Ionisation		4,321	4,13[2] 4,41[3]
Rb (37).	$5s\,^2S_{1/2} - 5p\,^2P_{1/2}$	7947,6	1,553 }	1,66[5]
	$5s\,^2S_{1/2} - 5p\,^2P_{1^1/2}$	7800,2	1,582 }	
	Ionisation		4,159	4,16[5]
Cs (55)	$6s\,^2S_{1/2} - 6p\,^2P_{1/2}$	8943,6	1,380 }	1,48[5]
	$6s\,^2S_{1/2} - 6p\,^2P_{1^1/2}$	8521,2	1,448 }	
	Ionisation		3,877	3,96[5]

Spektroskopische Beobachtungen der Anregung der Alkaliserien sind vielfach angestellt worden. FOOTE und MEGGERS[6] untersuchten die Anregung des Zäsiums bei variierender Spannung in einer Entladungsröhre mit zwei Elektroden, wobei die Kathode als Äquipotentialkathode ausgebildet war. Nach den mitgeteilten Intensitätskurven erscheinen die Resonanzlinien bei 1,1 Volt (unkorrigiert); bei höheren Spannungen werden dann zahlreiche Linien des Spektrums beobachtbar. Ionisierung tritt bei 2,9 Volt (unkorrigiert) auf. Der Intensitätsabfall der Resonanzlinien zwischen 3,2 und 3,6 Volt (korrigiert) ist, wie früher erörtert (Ziff. 19 u. 34) darauf zurückzuführen, daß andere Zustände auf Kosten der

[1] R. W. WOOD, Astrophys. Journ. Bd. 29, S. 47. 1909; R. W. WOOD u. R. FORTRAT, ebenda Bd. 47, S. 73. 1916; G. R. HARRISON, Phys. Rev. Bd. 25, S. 768. 1925; G. R. HARRISON u. J. C. SLATER, ebenda Bd. 26, S. 176. 1925; B. TRUMPY, ZS. f. Phys. Bd. 71, S. 720. 1931; H. BARTELS, ebenda Bd. 73, S. 203. 1931.

[2] J. T. TATE u. P. D. FOOTE, Phil. Mag. Bd. 36, S. 64. 1918.

[3] A. CAMPETTI, Rend. Lincei (2) Bd. 29, S. 385. 1920.

[4] R. C. WILLIAMSON, Phys. Rev. Bd. 24, S. 134. 1924.

[5] P. D. FOOTE, O. ROGNLEY u. F. L. MOHLER, Phys. Rev. Bd. 13, S. 59. 1919.

[6] P. D. FOOTE u. W. F. MEGGERS, Phil. Mag. Bd. 40, S. 80. 1920.

$6p\,^2P$-Zustände angeregt werden. Genaue Beobachtungen über die Anregung von $6s\,^2S-mp\,^2P$-Linien ($m=7, 8\ldots$) beim Cs haben HUGHES und HAGENOW[1] angestellt.

Tabelle 6. Anregung der Hauptserie des Cs nach HUGHES und HAGENOW.

m	7	8	9	10	11
Theor. Voltzahl .	2,41 2,68	3,17 3,18	3,41 3,42	3,55	3,63
Elektronengeschw.			Intensität		
3,3 Volt	10	Spur	0	0	0
3,5 „	9	8	Spur	0	0
3,7 „	7	9	8	Spur	0
3,8 „	8	12	10	6	Spur

In der Tabelle 6 sind in den Horizontalreihen die Intensitäten vergleichbar, in den Vertikalreihen nicht. Auch Linien der Nebenserien sind von denselben Autoren mit Sicherheit unterhalb der Ionisierungsgrenze festgestellt worden. Ausführliche Beobachtungen über sukzessive Anregung der Alkalispektren hat NEWMAN[2] angestellt. Ein evakuiertes Dreielektrodenrohr war mit Alkalidampf von weniger als 0,1 mm Druck beschickt. Der Druck wurde durch Temperaturregulierung konstant gehalten. Die Voltkorrektion infolge Kontaktpotential wurde durch Vergleich der gefundenen Ionisierungsspannung mit der theoretischen bestimmt. Es wurden für Na, K, Cs bei den angegebenen Potentialen die in Tabelle 7 verzeichneten Linien gefunden.

Tabelle 7.
Anregung der Na-, K- und Cs-Linien nach NEWMAN.

	Bezeichnung		Volt (ber.)	Volt (beob.)
Na	$3s\,^2S_{1/2} - 3p\,^2P_{1/2, 1\,1/2}$	5890 5896	2,10	2,2
	$3s\,^2S_{1/2} - 4p\,^2P_{1/2, 1\,1/2}$	3302 3303	3,74	4,0
	$3p\,^2P - 5s\,^2S$	6154 6161	4,10	4,4
	$3p\,^2P - 3d\,^2D$	5683 5688	4,27	4,6
	vollständiges Bogenspektrum		5,12	5,2
K	$4s\,^2S_{1/2} - 4p\,^2P_{1/2}$	7699	1,60	1,9
	$4s\,^2S_{1/2} - 4p\,^2P_{1\,1/2}$	7665	1,61	
	$4s\,^2S - 5p\,^2P$	4044 4047	3,05	3,3
	$4p\,^2P - 3d\,^2D$	6936 6965	3,38	3,7
	$4p\,^2P - 6s\,^2S$	6911 6939	3,39	3,7
	$4s\,^2S - 6p\,^2P$	3447 3448	3,58	3,9
	vollständiges Bogenspektrum		4,32	4,4
Cs	$6s\,^2S_{1/2} - 6p\,^2P_{1/2}$	8943	1,38	1,6
	$6s\,^2S_{1/2} - 6p\,^2P_{1\,1/2}$	8521	1,45	
	$6s\,^2S - 7p\,^2P$	4593	2,69	2,7
	$6p\,^2P_{1\,1/2} - 8s\,^2S$	7944	3,01	3,2
	$6s\,^2S - 8p\,^2P$	3889	3,17	3,2
	vollständiges Bogenspektrum		3,88	3,9

Die Beobachtung des Wiedervereinigungsspektrums bei Cs von MOHLER und BOECKNER ist in Ziff. 30 bereits besprochen worden. Außer den dort genannten Arbeiten sei noch eine von BOECKNER[3] erwähnt[4]. In dieser wird die Rekombination

[1] A. L. HUGHES u. C. F. HAGENOW, Phys. Rev. Bd. 24, S. 229. 1924.
[2] F. H. NEWMAN, Phil. Mag. Bd. 50, S. 165, 463, 796 u. 1276. 1925; Bd. 1, S. 705. 1926.
[3] C. BOECKNER, Bur. Stand. J. Res. Bd. 6, S. 277. 1931.
[4] Neuerdings hat H. KREFFT (ZS. f. Phys. Bd. 77, S. 753. 1932) das Wiedervereinigungsleuchten der Alkalidämpfe eingehend studiert. (Anm. bei der Korr.)

in den Grundzustand und die damit verbundene Emission an der Grenze $6s\,^2S$ qualitativ untersucht. Im Gegensatz zu den Messungen an den $6p\,^2P$- und $5d\,^2D$-Grenzen fällt hier die Wahrscheinlichkeit für Rekombination stärker als mit v^{-4} ab (v = Geschwindigkeit der Elektronen in cm · sec^{-1}), wenigstens oberhalb 0,15 Volt Elektronenenergie. Die Beobachtungen stimmen mit denen über die Wahrscheinlichkeit des umgekehrten Prozesses, also der optischen Absorption im Grenzkontinuum, in befriedigender Weise überein.

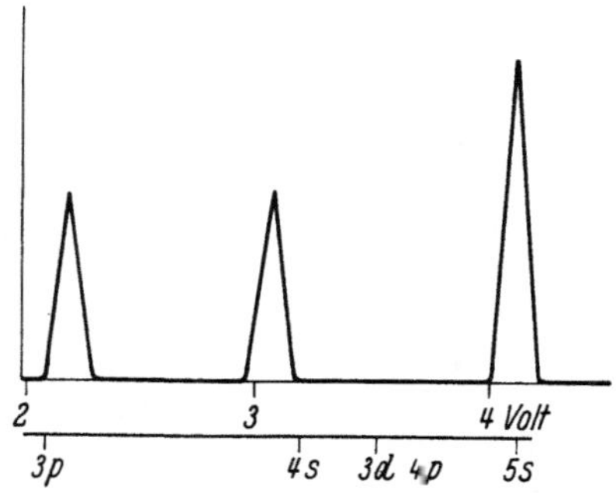

Abb. 73. Anregungsfunktion der Na-Resonanzlinien nach MICHELS.

Die Anregungsfunktionen der Alkalispektren sind bisher nur wenig untersucht worden[1]. MICHELS[2] hat die Anregung der Na-Resonanzlinien nach seiner Methode (im Intervall 0—5 Volt) untersucht. Um Schwierigkeiten durch Bogenbildung zu entgehen, wurde mit einem Atomstrahl gearbeitet, der vor einem Elektronenstrahl durchquert wurde. Scharfe Maxima (Abb. 73) werden gefunden gerade oberhalb $3p\,^2P$, $4s\,^2S$ und $5s\,^2S$. Die beiden letzten scheinen durch indirekte Anregung $4s\,(5s)^2S \rightarrow 3p\,^2P \rightarrow 3s\,^2S$ zu entstehen. Das erste Maximum soll dagegen die direkte Anregung sein. Vor kurzer Zeit von ORNSTEIN und BAARS[3] publizierte Kurven (Abb. 74), welche sich auf das Intervall 5—80 Volt beziehen, ergeben ein Maximum bei etwa 15 Volt und ein Minimum bei etwa 50 Volt. Die Anregungswahrscheinlichkeiten für $3s\,^2S_{1/2} - 3p\,^2P_{1\,1/2}$ und $3s\,^2S_{1/2} - 3p\,^2P_{1/2}$ verhalten sich wie 2 : 1. ORNSTEIN und BAARS haben auch die freie Weglänge und die absolute Anregungswahrscheinlichkeit bestimmt. Diese soll im Maximum für beide Linien zusammen etwa 5% betragen.

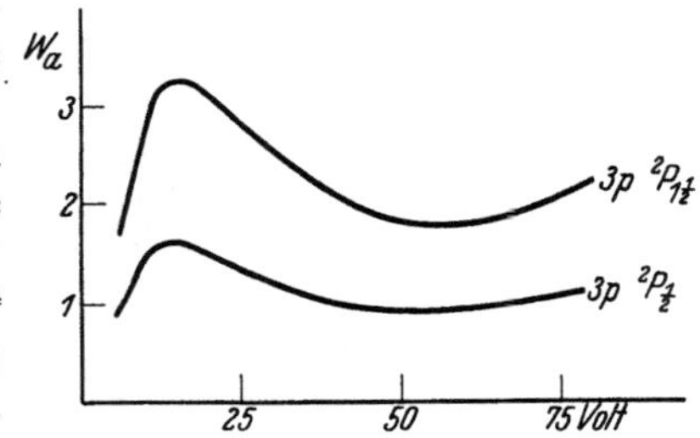

Abb. 74. Anregungsfunktion der Na-Resonanzlinien nach ORNSTEIN u. BAARS.

Über die Funkenspektren der Alkalien liegen nur verhältnismäßig wenig befriedigende Messungen vor. Spektren von Na^+ und K^+ (Na II bzw. K II) sind edelgasartig. NEWMAN[4] hat in einer besonderen Entladung (flash-arc) die Funkenlinien der Alkalien kräftig erzeugt. BOWEN[5] hat die Funkenspektren der Alkalien analysiert. Er findet für die zum Entreißen eines zweiten Elektrons benötigte Arbeit bei Na 47 Volt, bei K 31,7 Volt. Von MOHLER[6] wurden folgende kritische Potentiale (vom Grundzustand des neutralen Atoms aus gerechnet) mitgeteilt:

Element: Li	Na	K	Rb	Cs	Beobachtete Effekte
54 ± 2	35 ± 2	19 ± 1	16 ± 0,5	14 ± 2	Strahlung, Zunahme der Ionisierung, Funkenlinien bei starkem Strom
		23 ± 1	21,6 ± 0,5		Verstärkung der Strahlung
	44 ± 2	28 ± 1	25,2 ± 1	21,5 ± 1	Funkenlinien bei schwachem Strom

[1] Vgl. W. HANLE, Phys. ZS. Bd. 33, S. 245. 1932.
[2] W. C. MICHELS, Phys. Rev. Bd. 38, S. 712. 1931.
[3] L. S. ORNSTEIN u. B. BAARS, Proc. Amsterdam Bd. 34, S. 1259. 1931.
[4] W. NEWMAN, Phil. Mag. Bd. 2, S. 1042. 1926; Bd. 3, S. 229, 364 u. 843. 1927; Bd. 5, S. 150. 1928.
[5] J. S. BOWEN, Phys. Rev. Bd. 31, S. 497, 967. 1928.
[6] F. L. MOHLER, Bull. Bureau of Stand. Bd. 20, S. 167. 1925.

Das Li^+-Spektrum wurde von SCHÜLER und SUGIURA[1] analysiert. Der damals unbekannte Grundterm des Li II-Spektrums wurde durch die Vakuumspektrographaufnahmen von ERICSON und EDLEN[2] entdeckt. Hieraus berechnet sich die zum Entreißen des zweiten Elektrons erforderliche Energie zu 75,282 Volt. HYLLERAAS[3] hat quantenmechanisch nahezu denselben Wert, nämlich 75,26 Volt, berechnet. In Verbindung mit der SCHÜLERschen Analyse ergibt sich hieraus für die niedrigste Anregungsenergie des Li^+ 58,7 Volt oder 64,1 Volt vom Grundzustand des Li aus berechnet.

Das Li^{++}-Ion hat ein wasserstoffähnliches Spektrum (Li III). Elektronenstoßbeobachtungen liegen nicht vor. ERICSON und EDLEN photographierten die Linie 135,02 Å, die das Analogon zur ersten Lymanlinie bildet ($1s - 2p$). Die Ionisierungsarbeit $Li^{++} \rightarrow Li^{+++}$ beträgt das 9fache derjenigen des H-Atoms oder 121,85 Volt.

42. Die Kupfergruppe (Cu, Ag, Au). Die Spektren dieser Gruppe sind durch die Arbeiten von SHENSTONE[4], MCLENNAN[5] und SOMMER[6] bekannt geworden. Kritische Spannungen sind bei Kupfer von SHENSTONE[7] und später von WAHLIN[8] gemessen worden. Wir lassen die aus Knicken in den Stromspannungskurven gemessenen Spannungen nebst ihrer Deutung folgen. WAHLIN gebrauchte die verbesserte Lenardmethode. Die Beobachtungen SHENSTONES beziehen sich auf eine Bogenentladung. Tabelle 8 enthält eine Anzahl der beobachteten kritischen Spannungen nebst deren Deutung. Zum Teil entsprechen sie Anregung vom metastabilen ^2D-Zustand ($3d^9 4s^2\,{}^2D$) aus.

Tabelle 8. Kritische Spannungen des Kupfers.

Energiedifferenz	Volt		
	ber.	beob. (W.)	beob. (SH.)
$4s\,{}^2S - 3d^9 4s^2\,{}^2D_{2^1/_2}$	1,38	1,38	—
$3d^9 4s^2\,{}^2D - 4p\,{}^2P$	2,13—2,39	2,0—2,6	—
$3d^9 4s^2\,{}^2D_{1^1/_2} - 3d^9 4s 4p\,{}^4P_{2^1/_2}$	3,18	3,18	—
$4s\,{}^2S - 4p\,{}^2P_{1/_2}$	3,77	3,73	—
$3d^9 4s^2\,{}^2D_{1^1/_2} - 5p\,{}^2P_{1/_2}$	4,46	4,2	—
$4s\,{}^2S - 3d^9 4s 4p\,{}^4P_{2^1/_2}$	4,87	4,8	—
$4s\,{}^2S - 3d^9 4s 4p\,{}^2D_{2^1/_2}$	5,75	5,67	—
$4s\,{}^2S - 5p\,{}^2P_{1^1/_2}$	6,09	6,09	—
$3d^9 4s^2\,{}^2D_{1^1/_2} - 3d^9 4s 5s\,{}^2D_{2^1/_2}$	6,65	6,61	—
$4s\,{}^2S - 6s\,{}^2S$	6,52	6,61	—
$3d^9 4s^2\,{}^2D_{1^1/_2} - 3d^9 4s 4d\,{}^2G_{4^1/_2}$	7,10	7,06	—
$4s\,{}^2S - 3d^9 4s 5s\,{}^2D_{2^1/_2}$	8,28	8,14	—
$4s\,{}^2S - 3d^9 4s 4d\,{}^2G_{4^1/_2}$	8,73	(8,71)	—
$4s\,{}^2S - 3d^9 4s 4d\,{}^2P_{1/_2}$	9,27	9,42	—
Ionisation:			
$4s\,{}^2S \rightarrow 3d^{10}\,{}^1S$	7,69	7,72	7,8
$3d^9 4s^2\,{}^2D_{1^1/_2} \rightarrow 3d^9 4s\,{}^3D_3$	8,95	(9,0)	—
$4s\,{}^2S \rightarrow 3d^9 4s\,{}^3D_1$	10,90	10,85	—

[1] H. SCHÜLER, ZS. f. Phys. Bd. 37, S. 568. 1925; Y. SUGIURA, Journ. de phys. Bd. 6, S. 323. 1925.

[2] A. ERICSON u. B. EDLEN, ZS. f. Phys. Bd. 59, S. 656. 1930.

[3] E. HYLLERAAS, ZS. f. Phys. Bd. 65, S. 209. 1930.

[4] A. G. SHENSTONE, Phil. Mag. Bd. 49, S. 95. 1925; Phys. Rev. Bd. 28, S. 449. 1926; Bd. 29, S. 380. 1927.

[5] J. C. MCLENNAN u. A. B. MCLAY, Proc. Roy. Soc. London (A) Bd. 108, S. 571. 1926.

[6] L. A. SOMMER, ZS. f. Phys. Bd. 39, S. 711. 1926.

[7] A. G. SHENSTONE, Nature Bd. 112, S. 100. 1923.

[8] H. B. WAHLIN, Phys. Rev. Bd. 32, S. 277. 1928.

Höhere Spannungen sind von WAHLIN beobachtet worden bei 11,63, 12,4, 13,06, 14,0, 14,92, 15,52, 16,6, 17,16, 17,60, 18,12, 19,00, 19,68 Volt, deren Deutung unsicher ist.

Für Silber hat WAHLIN[1] folgende Potentiale mitgeteilt: 2,18, 2,89, 3,61, 4,28, 5,25, 5,94, 6,79, 7,54. Nach FOOTE und MOHLER[2] ist 7,542 Volt das Ionisierungspotential.

Au ist noch nicht untersucht.

43. Die Erdalkalimetalle (Be, Mg, Ca, Sr, Ba, Ra). Bei den Erdalkalimetallen ist das optische Elektron eines von zwei äquivalenten *s*-Elektronen. Der Grundzustand ist demgemäß ein $^1S_1$-Zustand. Die nächstfolgenden Zustände entstehen aus der nächsten *p*-Bahn. Diese gibt Anlaß sowohl zu einem $^1P_1$- wie zu einem $^3P_{012}$-Zustand. Vom ^3P-Tripletterm sind der untere und der obere, also $^3P_0$ bzw. $^3P_2$ *metastabil*. Der mittlere, $^3P_1$, kombiniert mit dem Grundzustand und bildet die langwellige Resonanzlinie; die zweite (kurzwellige) Resonanzlinie entsteht durch Kombination des $^1P_1$-Zustandes mit dem Grundzustand. Elektronenstoßuntersuchungen sind von FOOTE, MOHLER, MEGGERS und STIMSON[3] an Ca und Mg angestellt worden. Festgestellt wurden die Resonanzpotentiale $^1S - {}^3P$ und $^1S - {}^1P$. Die ^3P-Zustände sind infolge ihres kleinen Abstandes nicht getrennt beobachtet worden. Folgende Tabelle gibt eine Übersicht über die Resonanz und Ionisierungsspannungen.

Tabelle 9. Resonanz- und Ionisierungsspannungen von Mg und Ca.

Element (Z)	Bezeichnung	λ (Å)	Volt	
			ber.	beob.
Mg (12)	$3s\,^1S_0 - 3p\,^3P_{012}$	4571	2,70	2,65
	$3s\,^1S_0 - 3p\,^1P_1$	2852	4,33	4,42
	Ionisation:		7,61	7,75; 8,0
Ca (20)	$4s\,^1S_0 - 4p\,^3P_{012}$	6573	1,88	1,90
	$4s\,^1S_0 - 4p\,^1P_1$	4226	2,92	2,8
	Ionisation:		6,09	6,01

Spektroskopisch sind auch Terme beobachtet worden, bei denen sich das zweite Valenzelektron in einer niedrigen *d*-Bahn befindet. Die diesen Termen zugehörende Ionisierungsgrenze liegt einige Volt oberhalb der gewöhnlichen Ionisierungsspannung. Elektronenstoßbeobachtungen über diese Terme liegen nicht vor[4].

Das Funkenspektrum von Mg wurde von RUARK[5] untersucht. Er erhielt die Linien bei Spannungen, die dem Abstand vom Grundzustand des neutralen Atoms entsprechen.

44. Die Zn-Gruppe (Zn, Cd, Hg). Die Spektren der Elemente dieser Gruppe verhalten sich ähnlich den Spektren der Erdalkalimetalle, indem auch hier meistens eines der zwei Valenzelektronen (*s*-Elektronen) als optisches Elektron fungiert. Dieses gibt Anlaß zu Singulett- und Triplettermen. Die Triplettzustände sind jedoch stärker aufgespalten als bei der vorigen Gruppe. Der

---

[1] H. B. WAHLIN, Phys. Rev. Bd. 31, S. 155. 1928 (kurzer Bericht).

[2] P. D. FOOTE u. F. L. MOHLER, Origin of Spectra.

[3] P. D. FOOTE u. F. L. MOHLER, Phil. Mag. Bd. 37, S. 33. 1919; F. L. MOHLER, P. D. FOOTE u. W. F. MEGGERS, Scient. Pap. Bureau of Stand. Bd. 16, S. 725. 1920; F. L. MOHLER, P. D. FOOTE u. H. F. STIMSON, Scient. Pap. Bureau of Stand. Bd. 15, S. 724. 1919.

[4] Vgl. H. E. WHITE, Phys. Rev. Bd. 38, S. 2016. 1931.

[5] A. E. RUARK, Journ. Opt. Soc. Amer. Bd. 11, S. 199. 1925.

Umstand, daß die Dampfdrucke der Elemente Zn, Cd, Hg so viel höher sind als die der Erdalkalimetalle, so daß sie leicht in den gasförmigen Zustand gebracht werden können, ist der Grund dafür, daß die Elektronenstoßmethoden öfters auf sie angewandt wurden und daher ein reiches Beobachtungsmaterial vorliegt.

Wir besprechen zuerst die an Hg gewonnenen Resultate, die in den vorigen Abschnitten bereits an vielen Stellen erwähnt sind. Die Messungen von FRANCK und EINSPORN (Ziff. 25) wurden von HELEN MESSENGER[1] im WEBBschen Laboratorium in verfeinerter Weise wiederholt. Die bei diesen Untersuchungen angewandte Methode war die verbesserte LENARDsche. Insbesondere wurde die Strahlung aus verschiedenen Spektralbereichen gesondert beobachtet. Auch war es möglich, die direkte Wirkung metastabiler Atome von der photoelektrischen Wirkung der Strahlung zu trennen. Dieses geschah, indem im Vierelektrodenrohr vor der photoelektrisch wirksamen Elektrode eine dünne ultraviolettdurchsichtige Platte aus Quarz oder Kalzit eingeschaltet wurde, die zwar teilweise die Strahlung, jedoch nicht die metastabilen Atome durchließ. Abb. 75 zeigt die Apparatur. Das folgende Schema gibt die Methoden zur getrennten Beobachtung verschiedener Effekte wieder:

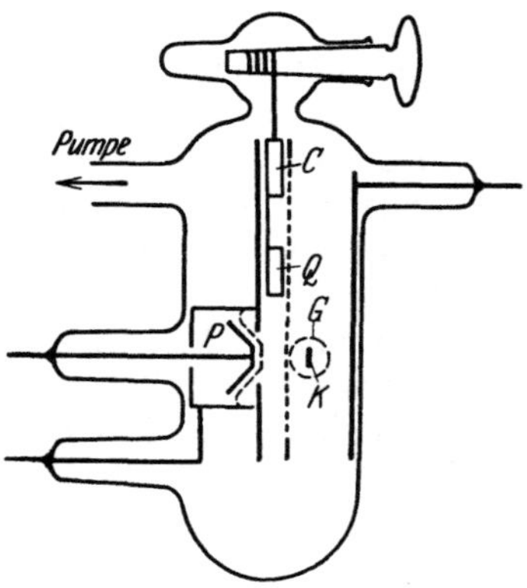

Abb. 75. Elektronenstoßrohr nach H. MESSENGER. *G* beschleunigendes Gitter, *K* Glühdraht, *P* Platte, *C* Kalzit-, *Q* Quarzfenster.

Differenz B—A		Effekt
A	*B*	
Quarz	Keine Platte	Metastabile Atome und Strahlung 1403, 1269 Å
Kalzit	Keine Platte	
Quarz	Kalzit	Strahlung 2140, 1849 Å
Nickel- Auffangplatte	Aluminium- Auffangplatte	Strahlung 2700—2500
Kombination Kalzit, Ni-Platte		Strahlung 2200—2500

Ferner findet man in Tabelle 10 die beobachteten Linien und Banden nebst der mutmaßlichen Deutung der beobachteten Effekte. In der letzten Vertikalreihe bedeutet 0, 1, 2, 3, 4: keine, sehr wenige, wenige, ziemlich viele, sehr viele metastabile Atome.

Die Anregung des Funkenspektrums von Hg wurde von DÉJARDIN und ELDRIDGE[2] untersucht. Zu gleicher Zeit ist die Analyse des Funkenspektrums gelungen. Die ersten Deutungen stammen von CARROLL[3], die späteren ausführlicheren von PASCHEN[4] und NAUDÉ[5]. DÉJARDIN findet in einer Dreielektrodenröhre, daß die Linie $6s\,^2S - 6p\,^2P_{1/2}$ ($\lambda = 1941{,}52$ Å), also eine der Resonanzlinien des Ions, von etwa 16 Volt ab deutlich auftritt. Dieses würde gut zur Anregung des $6p\,^2P_{1/2}$ Termes passen, wenn man diesen vom Grundzustand des neutralen Atoms ab rechnet (16,8 Volt). Eine ganze Gruppe von Linien des ersten Funkenspektrums treten jedoch erst bei 19 Volt auf. Da dieses gerade die Ionisierungsspannung des Ions ($Hg^+ \rightarrow Hg^{++}$) ist, würde es

[1] H. MESSENGER, Phys. Rev. Bd. 28, S. 962. 1926.
[2] G. DÉJARDIN, Ann. de phys. (10) Bd. 8, S. 424. 1927; J. A. ELDRIDGE, Phys. Rev. Bd. 29, S. 213. 1927.
[3] S. CARROLL, Phil. Trans. A Bd. 225, S. 366. 1925.
[4] F. PASCHEN, Berl. Ber. Bd. 32, S. 536. 1928.
[5] S. M. NAUDÉ, Ann. d. Phys. Bd. 3, S. 1. 1929.

Tabelle 10. Kritische Spannungen des Quecksilberatoms (nach H. MESSENGER).

Volt F.E.[1]	Volt Spektr.	Deutung und Bezeichnung	Gemessen			Strahlung		Metastabile Atome
4,68	4,66	$6s\,^1S_0 - 6p\,^3P_0$	4,70	—	—	Ni	keine	3
			4,70	—	—	Al		
4,9	4,86	$6s\,^1S_0 - 6p\,^3P_1$	4,90	—	—	Ni		2
			4,90	4,9	4,9	Al	2537 $6s\,^1S_0 - 6p\,^3P_1$	
5,32	5,28 bis 5,34	Bande 2313—2338	5,25	5,25	5,25	Ni, Al	$2200 < \lambda < 2500$	3 (Moleküle)
5,47	5,43	$6s\,^1S_0 - 6p\,^3P_2$	5,45	5,40	5,40	,,	2537	4
5,76	5,73	Ionis. $6p\,^3P_0$					$1650 < \lambda < 2200$	0
	5,77	Bande 2140	5,75	5,75				
6,04	—		6,00	6,00	6,00	,,	$2200 < \lambda < 2700$	4
6,30	—		6,30	6,30	6,30		$2200 < \lambda < 2700$	2
6,73	6,67	$6s\,^1S_0 - 6p\,^1P_1$	6,70	6,70	—		1849 $6s\,^1S - 6p\,^1P_1$	0
7,12	—		7,10	7,10	7,05		$1650 < \lambda < 2200$	3
7,46	—		7,45	7,45	7,45		$1650 < \lambda < 2200$	3
	7,69	$6s\,^1S_0 - 7s\,^3S_1$					4046, 4358, 5461 $7s\,^3S_1 - 6p\,^3P$	3
7,73	—		7,75				2537	
	(7,83)	$6s\,^1S_0 - 7s\,^1S_0$		7,80	7,80		4077 $6p\,^3P_1 - 7s\,^1S$	
							10139 $6p\,^1P_1 - 7s\,^1S$	
							1849	
8,09	—		8,00	8,05	—	Al	$1650 < \lambda < 2200$	1
8,35	—		8,30	8,30	—	,,	$1650 < \lambda < 2200$ vermutlich 1849	0
8,64	8,58	$6s\,^1S_0 - 7p\,^3P_{0,1}$	8,60	8,60	8,60		13672 $7s\,^3S - 7p\,^3P_1$	1
							13950 $7s\,^3S - 7p\,^3P_0$	
							4046 $6p\,^3P_0 - 7s\,^3S$	
							5461 $6p\,^3P_2 - 7s\,^3S$	
8,86	8,79	$6s\,^1S_0 - 7p\,^1P_1$					$1650 < \lambda < 2200$	
	8,80	$6s\,^1S_0 - 6d\,^1D_2$					5491 $6p\,^1P - 6d\,^1D$	
	8,82	$6s\,^1S_0 - 6d\,^3D$					1849	
	8,80	$6s\,^1S_0 - 7p\,^3P_2$					3663 $6p\,^3P_2 - 6d\,^1D$	2
							3131 $6p\,^3P_1 - 6d\,^1D$	
							2967 $6p\,^3P_0 - 6d\,^1D$	
	9,15	$6s\,^1S_0 - 8s\,^3S_1$	9,15	9,15	9,20	,,	3341 $6p\,^3P_2 - 7s\,^1S$	
							2894 $6p\,^3P_1 - 7s\,^1S$	1
							2735 $6p\,^3P_1 - 7s\,^1S$	
9,37	9,32	$2 \times 4{,}66$	9,30	9,30	—	,,	—	4
9,60	9,52	$4{,}66 + 4{,}86$	9,50	9,55	—		2537	3
9,79	9,72	$2 \times 4{,}86$	9,70	9,70	9,70		2537	2
10,38	10,39	Ionis. $6s\,^1S$	10,4	10,4	10,4		Sämtl. Strahlungen	3

sich nach DÉJARDIN um eine stufenweise Ionisierung in den Zustand Hg^{++} handeln. Wie bereits in Ziff. 29 angedeutet wurde, braucht eine derartige Erklärung nicht richtig zu sein.

Zwischen 26 und 30 Volt werden einige weitere kritische Potentiale festgestellt (bei ELDRIDGE 24 Volt und eine weitere bei 57 Volt). Es ist wahrscheinlich, daß es sich in allen Fällen um Anregung aus dem Grundzustand oder aus einem metastabilen Zustand des neutralen Atoms handelt. Das Potential von 57 Volt ist nicht geklärt.

Verschiedene Bestimmungen der Anregungs- bzw. Ionisierungswahrscheinlichkeit wurden am Quecksilber gemacht. Zum Teil sind diese bereits in dem betreffenden Abschnitt erwähnt worden[2]. Wir lassen hier noch einige spezielle Resultate folgen. Abb. 76 und 77 geben in relativem Maß ein Bild der Anregungsfunktionen von einigen Quecksilberlinien. Der Unterschied zwischen Singulett-

[1] J. FRANCK u. E. EINSPORN, ZS. f. Phys. Bd. 2, S. 18. 1920.
[2] Vgl. Ziff. 34 und O. THIEME, ZS. f. Phys. (im Erscheinen).

und Triplettanregung tritt deutlich dabei hervor. Wir lassen noch Tabelle 11[1] folgen, in der die Anregungsmaxima der wichtigsten Linien des Hg-Spektrums angegeben sind.

Über die Anregungshäufigkeit der Resonanzlinie 1850 Å ($6s\,^1S_0 - 6p\,^1P_1$) liegen keine spektroskopischen Beobachtungen vor. Aus den Elektronenstoß-

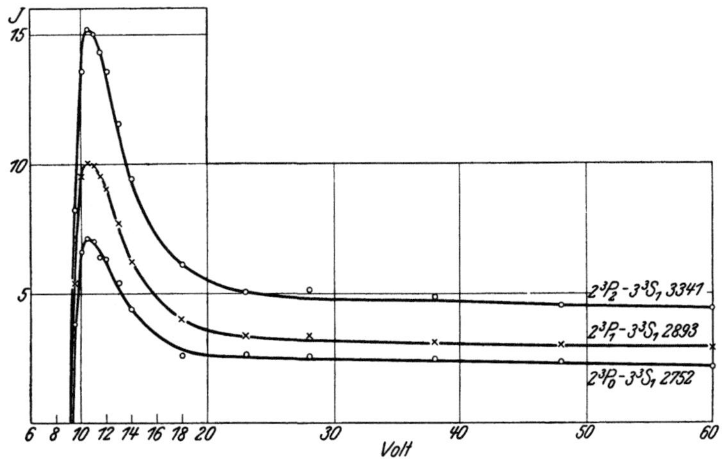

Abb. 76. Anregungsfunktionen des $6p\,^3P - 8s\,^3S$-Tripletts des Hg nach SCHAFFERNICHT. (Ordinaten nicht vergleichbar.)

versuchen von WHITNEY[2] und FOARD[3] ist jedoch zu entnehmen, daß bei größerer Elektronengeschwindigkeit (>16 Volt) die Anregungswahrscheinlichkeit dieses Niveaus diejenige aller anderen Niveaus übersteigt, wenigstens für Elektronen, welche durch den Zusammenstoß nicht abgelenkt werden.

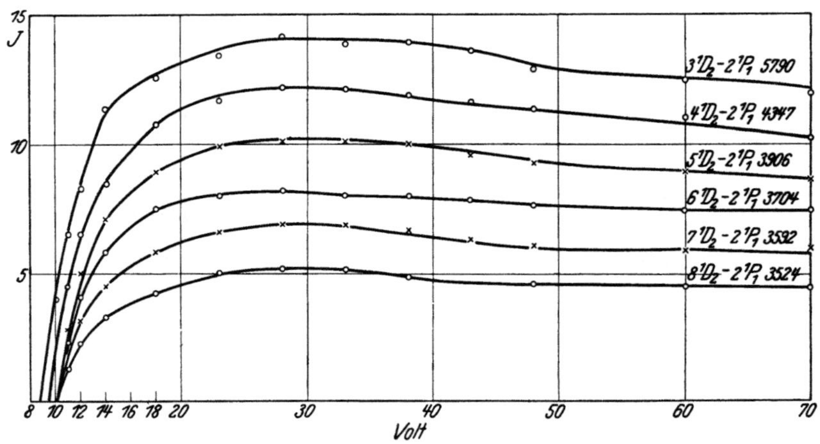

Abb. 77. Anregungsfunktion einiger Singulettlinien des Hg. (Nach SCHAFFERNICHT.)

Endlich sei an dieser Stelle daran erinnert, daß SIEBERTZ (Ziff. 34) Einzelheiten in den Anregungskurven entdeckt hat, die bei den Messungen von HANLE und Mitarbeitern nicht zutage traten.

---

[1] W. HANLE, Ergebn. d. exakt. Naturwissensch. Bd. 10, S. 285. 1931.

[2] J. D. WHITNEY, Phys. Rev. Bd. 34, S. 923. 1929.

[3] C. W. FOARD, Phys. Rev. Bd. 35, S. 1187. 1930.

Tabelle 11. Anregungs- und Optimalspannung einiger Quecksilberlinien nach SCHAFFERNICHT.

Bogenlinien.

λ (Å)	Bezeichnung	Anr. Sp. (V) ber.	Max. (V)	λ (Å)	Bezeichnung	Anr. Sp. (V) ber.	Max. (V)
6234	$7s\,^1S_0 - 9p\,^1P_1$	9,9	45	3027	$6p\,^3P_2 - 7d\,^1D_2$	9,5	30
6123		—	11	3023	$6p\,^3P_2 - 7d\,^3D_2$	9,4	12 u. 30
6072	$7s\,^3S_1 - 8p\,^1P_1$	9,7	45	3021	$6p\,^3P_2 - 7d\,^3D_3$	9,4	11,2
5790	$6p\,^1P_1 - 6d\,^1D_2$	8,8	30	2968	$6p\,^3P_0 - 6d\,^3D_1$	8,8	12
5769	$6p\,^1P_1 - 6d\,^3D_2$	8,8	11 u. 30	2925	$6p\,^3P_2 - 9s\,^3S_1$	9,6	11,1
5675	$7s\,^3S_1 - 9p\,^1P_1$	9,9	45	2893	$6p\,^3P_1 - 8s\,^3S_1$	9,1	10,5
5461	$6p\,^3P_2 - 7s\,^3S_1$	8,7	9,3	2856	$6p\,^3P_1 - 8s\,^1S_0$	9,2	10,3 u. 35
4916	$6p\,^1P_1 - 8s\,^1S_0$	9,2	10,3 u. 35	2806	$6p\,^3P_2 - 8d\,^1D_2$	9,7	30
4358	$6p\,^3P_1 - 7s\,^3S_1$	8,7	9,3	2803	$6p\,^3P_2 - 8d\,^3D_3$	9,7	11,5
4347	$6p\,^1P_1 - 7d\,^1D_2$	9,5	30	2759	$6p\,^3P_2 - 10s\,^3S_1$	9,8	11,5
4339	$6p\,^1P_1 - 7d\,^3D_2$	9,4	12 u. 30	2752	$6p\,^3P_0 - 8s\,^3S_1$	9,1	11,5
4108	$6p\,^1P_1 - 7s\,^1S_0$	7,9	10,6 u. 35	2700	$6p\,^3P_2 - 9d\,^1D_2$	10,0	30
4077	$6p\,^3P_1 - 7s\,^3S_1$	8,7	11,5 u. 35	2698	$6p\,^3P_2 - 9d\,^3D_3$	10,0	11,7
4047	$6p\,^3P_0 - 7s\,^3S_1$	8,7	9,3	2655	$6p\,^3P_1 - 7d\,^1D_2$	9,5	30
3906	$6p\,^1P_1 - 8d\,^1D_2$	9,7	30	2654	$6p\,^3P_1 - 7d\,^3D_1$	9,4	12
3801	$6p\,^1P_1 - 10s\,^1S_0$	9,9	11,1 u. 35	2652	$6p\,^3P_1 - 7d\,^3D_2$	9,4	12 u. 30
3704	$6p\,^1P_1 - 9d\,^1D_2$	10,0	30	2639	$6p\,^3P_2 - 10d\,^3D_3$	10,1	11,9
3663	$6p\,^3P_2 - 6d\,^1D_2$	8,8	30	2603	$6p\,^3P_2 - 11d\,^3D_3$	10,2	12
3662	$6p\,^3P_2 - 6d\,^3D_1$	8,8	12	2578	$6p\,^3P_2 - 12d\,^3D_3$	10,2	12
3654	$6p\,^3P_2 - 6d\,^3D_2$	8,8	11 u. 30	2576	$6p\,^3P_1 - 9s\,^3S_1$	9,6	11,1
3650	$6p\,^3P_2 - 6d\,^3D_3$	8,8	10,5	2537	$6s\,^1S_0 - 6p\,^3P_1$	4,9	6,5
3592	$6p\,^1P_1 - 10d\,^1D_2$	10,1	30	2534	$6p\,^3P_0 - 7d\,^3D_1$	9,4	12
3524	$6p\,^1P_1 - 11d\,^1D_2$	10,2	30	2482	$6p\,^3P_1 - 8d\,^3D_2$	9,8	12
3341	$6p\,^3P_2 - 8s\,^3S_1$	9,1	10,5	2464	$6p\,^3P_0 - 9s\,^3S_1$	9,6	11,1
3131	$6p\,^3P_1 - 6d\,^1D_1$	8,8	30	2446	$6p\,^3P_1 - 10s\,^3S_1$	9,8	11,5
3131	$6p\,^3P_1 - 6d\,^3D_1$	8,8	12	2400	$6p\,^3P_1 - 9d\,^1D_2$	10,0	30
3125	$6p\,^3P_1 - 6d\,^3D_2$	8,8	11 u. 30	2399	$6p\,^3P_1 - 9d\,^3D_2$	10,0	12

Funkenlinien.

Hg II.

λ (Å)	Bezeichnung	Anr. Sp. (V) ber.	Max. (V)
2224	$6p\,^2P_{1^1/_2} - 6d\,^2D_{2^1/_2}$	24,0	55
2260	$6p\,^2P_{^1/_2} - 7s\,^2S_{^1/_2}$	22,3	55
2262			55
2847	$6p\,^2P_{1^1/_2} - 7s\,^2S_{^1/_2}$	22,3	55
2935			90
2947			90
3209			90

Hg III.

3090, 3312, 3556, 4797 } Maximum bei 200—300 Volt

Hg IV.

2572, 2810, 2809, 2992, 3114, 3832, 3968 } Maximum bei 400 Volt

Die Häufigkeit der Ionisierung oder genauer die Ionenzahl pro cm Weglänge in Hg-Dampf von niedrigem Druck wurde ebenfalls öfters gemessen. Ältere Bestimmungen rühren von HUGHES und KLEIN und COMPTON und v. VOORHIS (Ziff. 37) her. Besondere Erwähnung verdienen die Beobachtungen BLEAKNEYs[1]. Dieser bestimmte die Anzahl der einfach bis fünffach geladenen Ionen gesondert. Abb. 78 erlaubt einen Vergleich der Ergeb-

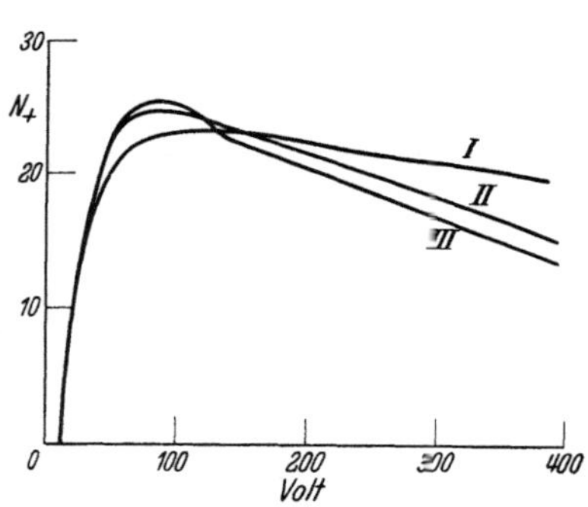

Abb. 78. Anzahl positiver Ladungen in Hg-Dampf pro cm Weglänge (1 mm, 0° C) nach *I* COMPTON, *II* JONES, *III* BLEAKNEY.

[1] W. BLEAKNEY, Phys. Rev. Bd. 34, S. 157. 1929; Bd. 35, S. 139. 1930; vgl. Abb. 66.

nisse verschiedener Autoren. Über die neueren Messungen von P. T. SMITH vgl. Tabelle 13.

Sehr spezielle Befunde wurden von LAWRENCE[1] erzielt. LAWRENCE beobachtete Unstetigkeiten in der Ionisierungskurve wenige Volts oberhalb der gewöhnlichen Ionisierungsspannung. Sie wurden von ihm Ultraionisationspotentiale genannt. Ihre Deutung war bis vor kurzer Zeit unsicher. Nach SHENSTONE[2] muß man sie der Anregung von Termen zuschreiben, die der Hebung eines d-Elektrons in eine höhere Bahn entsprechen. Diese Terme sollen sogar bei den tiefsten in dieser Weise zu erreichenden Zuständen bereits zum Teil über die Ionisierungsgrenze hinaus ragen. Aus diesen Zuständen soll sich das Atom durch spontane Ionisierung in ein Ion und ein Elektron mit entsprechender kinetischer Energie aufspalten können. Sehr genaue Angaben nebst einer Übersicht über die Ergebnisse anderer Forscher gibt P. T. SMITH[3], der nach der in Ziff. 37 beschriebenen Methode den gesamten positiven Sekundärstrom pro cm Weglänge in Hg-Dampf für Elektronen bis 750 Volt bestimmte. Wir entnehmen dieser Arbeit folgende Tabellen[4].

Tabelle 12. Ionisierungspotential und Ultraionisationspotentiale des Hg.

LAWRENCE	MORRIS	HUGHES u. v. ATTA	HAUPT	NIELSEN u. POTTER	P. T. SMITH
10,40	—	10,40	10,40	10,40	10,40
10,60	10,65	10,62	—	10,66	10,60
—	—	—	—	—	10,76
—	—	10,88	—	—	10,88
—	—	—	—	11,00	11,06
11,29	11,34	11,28	—	—	11,27
—	—	11,40	—	11,41	11,40
—	—	—	—	—	11,55
11,70	11,78	11,77	—	11,72	11,70
—	—	—	—	—	11,78
—	—	—	—	—	11,92
12,06	12,06	—	—	12,06	12,06
—	—	12,16	12,3	—	12,17
—	—	12,46	12,45	12,40	12,28
—	—	—	12,85	12,80	12,77
—	—	—	13,2	13,25	13,55
—	—	—	—	—	18,20
—	—	—	—	—	19,36
—	—	—	—	—	20,40
—	—	—	—	—	29,50

Tabelle 13. Anzahl der gebildeten positiven Ladungen (e^+) pro cm Weglänge der Elektronen in Hg-Dampf (auf 1 mm Druck bei 0° C umgerechnet), nach P. T. SMITH.

Volt	e^+	Volt	e^+	Volt	e^+	Volt	e^+
15	3,43	60	18,85	140	18,64	500	11,05
20	8,14	70	19,25	175	17,55	600	9,88
25	11,51	80	19,38	200	16,90	700	8,90
30	13,68	90	19,38	250	15,70		
40	16,42	100	19,25	300	14,60		
50	17,90	120	18,83	400	12,55		

[1] E. O. LAWRENCE, Phys. Rev. Bd. 28, S. 947. 1926 (vgl. Ziff. 37).
[2] A. G. SHENSTONE, Phys. Rev. Bd. 38, S. 873. 1931.
[3] P. T. SMITH, Phys. Rev. Bd. 38, S. 808. 1931.
[4] Vgl. H. KALLMAN u. B. ROSEN, Phys. ZS. Bd. 32, S. 521. 1931.

Zum Vergleich lassen wir noch das Termschema des Hg und des Hg⁻ folgen (Abb. 79). Daraus ist ersichtlich, daß das von SMITH angegebene Potential bei 29,5 Volt wahrscheinlich der doppelten Ionisierung entspricht.

Bei Zn und Cd wurden die wichtigsten Anregungsspannungen und die Ionisierungsspannung wiederholt nach Elektronenstoßmethoden untersucht. Die Ergebnisse sind in Tabelle 14 wiedergegeben worden, in der zugleich die älteren Beobachtungen an Hg eingetragen sind.

RUARK und CHENAULT[1] haben die sukzessive Anregung höherer Linien beim Cd mit steigender Voltgeschwindigkeit der Elektronen beobachtet. Sie untersuchten auch die Funkenlinien und fanden ihre Ergebnisse in Einklang mit der Analyse des Cd II-Spektrums nach v. SALIS[2].

Ebenso wie bei Quecksilber wurde bei Cd und Zn die Anregungsfunktion vieler Singulett- und Triplettlinien bestimmt[3].

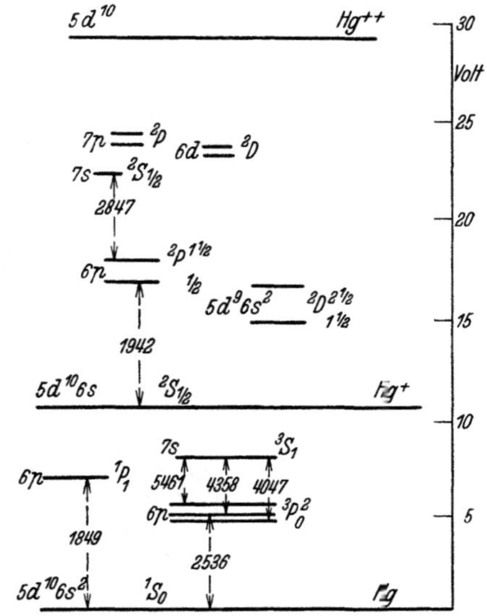

Abb. 79. Energiestufen des Hg-Atoms. (Nach PASCHEN.)

Tabelle 14. Anregungs- und Ionisierungsspannungen von Zn, Cd, Hg.

Element (Z)	Bezeichnung	λ (Å)	Volt	
			ber.	beob.
Zn (30)	$4s\,^1S_0 - 4p\,^3P_1$	3076,0	4,02	4,1; 4,8
	$4s\,^1S_0 - 4p\,^1P_1$	2139,3	5,77	5,65
	Ionisation:	—	9,35	9,5; 9,3
Cd (48)	$5s\,^1S_0 - 5p\,^3P_1$	3261,2	3,95	3,95; 3,88
	$5s\,^1S_0 - 5p\,^1P_1$	2288,8	5,35	5,35
	Ionisation:	—	8,95	9,0; 8,92
Hg (80)	$6s\,^1S_0 - 6p\,^3P_1$	2536,5	4,86	4,9
	$6s\,^1S_0 - 6p\,^1P_1$	1849,5	6,67	6,7
	Ionisation:	—	10,39	10—10,8

45. Die Bor-Gruppe (B, Al, Ga, In, Tl). Bei den Elementen dieser Gruppe läuft das optische Elektron in einer p-Bahn. Demgemäß ist der Grundzustand ein ^2P-Zustand.

Elektrische Messungen der kritischen Potentiale liegen bei Ga, In und Tl vor. Von den Metallen dieser Gruppe hat Tl den höchsten Dampfdruck. Nach einer älteren Untersuchung von MOHLER haben MOHLER, FOOTE und RUARK[4] genauere Werte der kritischen Spannungen des Tl bestimmt (s. Tab. 15). Ga und In sind von JARVIS und FRAYNE[5] untersucht worden. Die Metalle befanden sich in einem Quarzgefäß, das auf etwa 700° erhitzt werden konnte. Darin

[1] A. E. RUARK u. R. L. CHENAULT, Journ. Opt. Soc. Amer. Bd. 10, S. 653. 1925; A. E. RUARK, ebenda Bd. 11, S. 199. 1925.

[2] G. v. SALIS, Ann. d. Phys. Bd. 76, S. 145. 1925.

[3] K. LARCHÉ, ZS. f. Phys. Bd. 67, S. 440. 1930.

[4] P. D. FOOTE u. F. L. MOHLER, Phil. Mag. Bd. 37, S. 33. 1919; F. L. MOHLER, P. D. FOOTE u. A. E. RUARK, Science Bd. 57, S. 455. 1923.

[5] C. W. JARVIS u. J. FRAYNE, Phys. Rev. Bd. 29, S. 673. 1927; C. W. JARVIS, ebenda Bd. 27, S. 442. 1927.

befanden sich eine Oxydkathode, verschiedene Drahtnetze und Auffangplatten, so daß verschiedene Methoden nach Belieben angewandt werden konnten. Es wurden die in Tabelle 15 wiedergegebenen Potentiale beobachtet. Zum Teil beziehen sich die angegebenen Potentiale auf Anregung vom metastabilen $^2P_{1^1/_2}$-Zustand aus[1].

Tabelle 15. Kritische Potentiale der Elemente Ga, In, Tl.

Element (Z)	Bezeichnung	λ (Å)	Volt ber.	Volt beob.
Ga (31)	$4p\,^2P_{1^1/_2} - 5s\,^2S_{1/_2}$	4172	2,96	2,70
	$4p\,^2P_{1/_2} - 5s\,^2S_{1/_2}$	4033	3,06	3,07
	$4p\,^2P_{1^1/_2} - 4d\,^2D$	2943, 2944	4,19	3,80
	$4p\,^2P_{1/_2} - 4d\,^2D$	2874	4,29	4,22
	Ionisation		5,97	5,8
			—	13,2
In (49)	$5p\,^2P_{1/_2} - 5p\,^2P_{1^1/_2}$		0,272	0,30
	$5p\,^2P_{1^1/_2} - 6s\,^2S_{1/_2}$	4511	2,74	2,8
	$5p\,^2P_{1/_2} - 6s\,^2S_{1/_2}$	4101	3,01	3,03
	$5p\,^2P_{1/_2} - 5d\,^2D$	3039	4,06	4,07
	Ionisation		5,76	6,3
			—	14,1
Tl (81)	$6p\,^2P_{1/_2} - 6p\,^2P_{1^1/_2}$		0,96	0,9
	$6p\,^2P_{1/_2} - 7s\,^2S_{1/_2}$	3775	3,27	3,5[2]
	$6p\,^2P_{1^1/_2} - 7s\,^2S_{1/_2}$	5350		
	Ionisation		6,08	6,04

46. Die Kohlenstoffgruppe (C, Si, Ge, Sn, Pb). Diese Elemente haben zwei äquivalente p-Elektronen in der äußeren Schale. Diese geben zu einem tiefen ^3P-Zustand Veranlassung, dessen untere Term Grundzustand ist; daneben gibt es tiefe ^1D- und ^1S-Zustände. Die einfach geladenen Ionen dieser Gruppe sind der vorigen Gruppe analog. Sie haben also einen Dublett-P-Term als Grundzustand. Die Elemente dieser Gruppe haben also einen doppelten Ionisierungszustand. Auf elektrischem Wege wurde von MOHLER, FOOTE und STIMSON[3] Pb untersucht. Eine Anregungsspannung bei 1,26 Volt ist vielleicht ein Mittelwert der Anregung der Terme $6p\,^3P_{12}$ (0,96 bzw. 1,31 Volt). Die Ionisierungsspannung von 7,93 Volt scheint der unteren Ionisierungsstufe $6p\,^2P_{1/_2}$ des Ions zu entsprechen. Die Beobachtungen von KOPFERMANN[4] über sensibilisierte Fluoreszenz des Pb-Dampfes bestätigen im wesentlichen die THORSEN-GROTRIANsche Festlegung der tieferen (mit $^3P_{012}$ kombinierenden) Terme.

LOYARTE[5] mißt in Sn-Dampf die kritische Spannung 7,39 Volt, in guter Übereinstimmung mit der aus dem Spektrum berechneten Ionisierungsspannung 7,37 Volt. MCLAY[6] findet Ionisierung bei 7,3 Volt und Anregungsspannungen zwischen 4,3 und 4,8 Volt.

47. Die Stickstoffgruppe (N, P, As, Sb, Bi). Die Elemente dieser Gruppe sind durch die Konfiguration s^2p^3 charakterisiert. Diese gibt Veranlassung zu tiefen ^2P- und ^2D-Termen und zu einem tiefen ^4S-Zustand, welcher den Grund-

[1] Über die Wiedervereinigungsspektren von In und Tl vgl. H. KREFFT, ZS. f. Mnp. Bd. 77, S. 753. 1932.
[2] G. HERTZ, ZS. f. Phys. Bd. 22, S. 18. 1924.
[3] F. L. MOHLER, P. D. FOOTE u. H. F. STIMSON, Phys. Rev. Bd. 14, S. 534. 1919; Phil. Mag. Bd. 40, S. 73. 1920.
[4] H. KOPFERMANN, ZS. f. Phys. Bd. 21, S. 316. 1924.
[5] R. G. LOYARTE, Publ. la Plata Bd. 4, S. 407. 1928.
[6] A. B. MCLAY, Proc. Can. Bd. 18, S. 57. 1925.

zustand bildet. Eines der p-Elektronen ist optisches Elektron. Der ionisierte Zustand ist ein ^3P-Zustand und demgemäß dreifach.

Bei As, Sb, Bi, welche bei mäßiger Temperatur flüchtig sind, haben FOOTE, ROGNLEY und MOHLER[1] sowie RUARK und CHENAULT[2] (vgl. Tabelle 16) einige kritische Spannungen bestimmt. Das As-Spektrum wurde später von MEGGERS und DE BRUIN[3] ausführlich analysiert. Sie fanden eine Ionisierungsspannung von 10 Volt.

Beim P haben DUFFENDACK und HUTHSTEINER[4] eine Ionisierung bei 10,3 Volt bestimmt, während KIESS[5] aus dem Spektrum 11,11 ableitet. Eine ältere Bestimmung von FOOTE und MOHLER[6] ergibt $13{,}3 \pm 0{,}5$ Volt allerdings nach einer Korrektion von 2,7 Volt für Kontaktpotential. Diese Autoren schreiben dieses Potential einem Molekül zu, sowie auch eine Anregungsspannung bei $5{,}8 \pm 0{,}5$ Volt.

Tabelle 16. Anregungs- und Ionisierungsspannungen von As, Sb, Bi.

Element (Z)	Bezeichnung	Volt	
		ber.	beob.
As (33)	$4p\,^4S_{1^1/_2} - 5s\,^4P_{1/_2}$	6,1	$4{,}69 \pm 0{,}1$
	Ionisation	10	$11{,}54 \pm 0{,}5$
Sb (51)	—	—	$1{,}7 \pm 0{,}5$
	—	—	$5{,}7 \pm 0{,}5$
	—	8,35	$8{,}5 \pm 1{,}0$
Bi (83)	—	—	$1{,}9 \pm 0{,}1$
	—	—	3,9
	—	—	5,7
	—	7,25	$8{,}0 \pm 0{,}5$

Auch bei Bi hat KOPFERMANN (vgl. Pb) sensibilisierte Fluoreszenz beobachtet. Die Ionisierungsenergie beträgt für die niedrigste Stufe $6s^2p^2\,^3P_0$ 14,2 Volt, $6s^2p^2\,^1D$ und $6s^2p^2\,^1S$ liegen 1,86 bzw. 11,5 Volt höher.

Das Atom N wurde von COMPTON und BOYCE[7] untersucht unter Zuhilfenahme eines Vakuumspektrographen und Anregung durch Elektronen konstanter Geschwindigkeit (20 bis 100 Volt). Die Schwierigkeit der gleichzeitigen Anregung des Bandenspektrums von N_2 scheint dabei in genügender Weise überwunden zu sein. Die Autoren stellen jedoch weitere Untersuchungen unter Zuhilfenahme neuartiger Entladungsformen in Aussicht. Nach COMPTON und BOYCE haben die metastabilen Zustände $2s^2p^3\,^2D$ und $2s^2p^3\,^2P$ Energien von 2,37 bzw. 3,56 Volt. Der niedrigste Quartetterm, $2s^2p^2\,3s\,^4P$, hat eine Energie von 10,3 Volt, der niedrigste Dubletterm, $3s\,^2P$ 10,6 Volt. Über diese Terme hinaus sind noch zwei Terme gefunden, die der Hebung eines $2s$-Elektrons in einer p-Bahn entsprechen, nämlich $2s\,p^4\,^4P$ (10,9 Volt) und $2s\,p^4\,^2P$ (12,6 Volt). Die Ionisierungsspannung ist 14,5 Volt.

48. Die Sauerstoffgruppe (O, S, Se, Te). Obgleich die Spektren dieser Gruppe zum Teil ausführlich untersucht sind (O, S), liegen keine spezielle Beobachtungen mit Elektronenstoßmethoden für diese Atome vor.

49. Die Halogene (F, Cl, Br, J). Die Halogenatome sind, weil sie normalerweise nicht frei, sondern zu zweien in einem Molekül vereinigt auftreten, verhältnismäßig wenig untersucht worden. Das Spektrum der Halogenatome hat wegen der fünf äquivalenten p-Elektronen in der äußeren Schale einen verkehrten ^2P-Zustand als Grundzustand. Der ionisierte Zustand ist ein verkehrter ^3P-Zustand. Die Spektren des Chlors und des Broms sind neuerdings von

[1] P. D. FOOTE, O. ROGNLEY u. F. L. MOHLER, Phys. Rev. Bd. 13, S. 59. 1929.
[2] A. E. RUARK, F. L. MOHLER, P. D. FOOTE u. R. L. CHENAULT, Phys. Rev. Bd. 23, S. 770. 1924 (kurzer Bericht).
[3] W. F. MEGGERS u. T. L. DE BRUIN, Bur. Stand. Journ. Res. Bd. 3, S. 765. 1929.
[4] O. S. DUFFENDACK u. H. HUTHSTEINER, Phys. Rev. Bd. 25, S. 501. 1925.
[5] C. C. KIESS, Bur. Stand. Journ. Res. Bd. 8, S. 393. 1932.
[6] P. D. FOOTE u. F. L. MOHLER, Scient. Pap. Bureau of Stand. Bd. 16, S. 569. 1920.
[7] K. T. COMPTON u. J. C. BOYCE, Phys. Rev. Bd. 33, S. 145. 1929.

KIESS[1] und DE BRUIN analysiert worden. Nach Elektronenstoßmethoden ist das Jodatom untersucht worden. SMYTH und COMPTON[2] fanden Ionisierung bei 6,8, 8,0 und 9,4 Volt, wenn Joddampf durch das Licht einer Quecksilberlampe bestrahlt wird. Vermutlich[3] handelte es sich hier um optische Dissoziation des Jodmoleküls in ein normales ($^2P_{1^1/_2}$)- und ein angeregtes ($^2P_{^1/_2}$)-Atom (der Dublettabstand des Grundterms beträgt 0,9 Volt). Das Potential von 8,0 wird dem normalen, das von 6,8 Volt von den Autoren einem angeregten Jodmolekül, von FRANCK[4] dem metastabilen Atom zugeschrieben. Das dritte Potential, das auch ohne Bestrahlung stark auftritt, soll dem Molekül angehören. FOUND[5] findet ein Potential bei 8,5 Volt, das nach SMYTH und COMPTON in zwei andere bei 8,3 und 9,8 Volt auseinanderfällt, die mit den beiden höchsten der von den vorigen Autoren gefundenen Spannungen identisch sein sollen. In einem Niedervoltbogen finden FRUTH und DUFFENDACK[6] die Spannungen 6,5 (niedrigste Anregung) und 8,0 (Ionisation)[7].

KONDRATJEW und LEIPUNSKY[8] finden 1 Volt und 6,5 Volt als kritische Spannungen in dissoziiertem Joddampf. Das Potential von 6,5 Volt, das hier wieder auftritt, ist vielleicht identisch mit dem von 6,8 Volt bei SMYTH. Die Deutung kann nach diesen Autoren eine andere sein. Statt Ionisierung von $5p\,^2P_{^1/_2}$ aus würde dieses Potential Anregung vom Grundzustand $5p\,^2P_{1^1/_2}$ aus bedeuten. Sie halten es nämlich nicht für ausgeschlossen, daß diese Anregung identisch ist mit der von TURNER[9] bei 6,92 Volt auf Grund spektroskopischer Messungen im Schumanngebiet angegebenen. Die Anregung desselben Terms von $5p\,^2P_{^1/_2}$ aus würde 6,0 Volt fordern. Vielleicht sind die gefundenen Werte Mittelwerte zwischen diesen beiden.

50. Die Elemente mit unvollständig besetzten *d*-Bahnen (mit Ausnahme der seltenen Erden) und Pd. Diese Elemente sind

Sc,	Y,		
Ti,	Zr,	Hf,	Th,
V,	Nb,	Ta,	
Cr,	Mo,	W,	U,
Mn,	Ma,	Re,	
Fe,	Co,	Ni,	
Ru,	Rh,	Pd,	
Os,	Ir,	Pt.	

Wir fassen sie hier zusammen, weil ihre Spektren zum Teil noch unvollständig analysiert sind und jedenfalls Elektronenstoßuntersuchungen nur spärlich vorliegen.

---

[1] C. C. KIESS u. T. L. DE BRUIN, Bur. Stand. Journ. Res. Bd. 2, S. 1117. 1929; Bd. 4, S. 667. 1930.

[2] H. D. SMYTH u. K. T. COMPTON, Phys. Rev. Bd. 16, S. 501. 1920.

[3] Vgl. E. G. DYMOND, ZS. f. Phys. Bd. 34, S. 553. 1925; H. KUHN, ebenda Bd. 39, S. 77. 1926.

[4] J. FRANCK u. P. JORDAN, Anregung der Quantensprünge durch Stöße, S. 156.

[5] C. G. FOUND, Phys. Rev. Bd. 15, S. 132. 1920.

[6] H. F. FRUTH u. O. S. DUFFENDACK, Phys. Rev. Bd. 27, S. 248. 1926.

[7] Nach IWAMA, Sc. Pap. Inst. Phys. Chem. Res. (Tokyo) Bd. 15, S. 163. 1931, ist aus dem Spektrum eine Ionisierungsspannung von 10,4 Volt abzuleiten. Nach einer alten Regel von SAHA, nach der $V_i \cdot R =$ konst. ($R =$ Atomstrahl, $V_i =$ Ionisierungsspannung), welche für verschiedene Vertikalreihen des periodischen Systems sehr genau befolgt wird, soll man für J 10,4 Volt erwarten. MEGH NED SAHA, Nature Bd. 107, S. 682. 1921; J. A. M. v. LIEMPT, Rec. Trav. Chim. Pays. Bas. Bd. 51. 1932 (im Erscheinen begriffen). (Anm. b. d. Korrektur.)

[8] V. KONDRATJEW u. A. LEIPUNSKY, ZS. f. Phys. Bd. 44, S. 708. 1927.

[9] L. A. TURNER, Phys. Rev. Bd. 27, S. 397. 1926.

DOUGLAS[1] berechnet aus astrophysikalischen Daten für Y bzw. La Ionisierungsspannungen von 6,8 bzw. 4,9 Volt, während PICCARDI und ROLLA (vgl. Ziff. 51) aus Flammenleitung für Lanthan 5,49 Volt ableiten.

Bei Eisen und Nickel liegen einige Beobachtungen über kritische Potentiale vor, allerdings nur in vorläufigen Mitteilungen[2]. Die Ionisierungsspannung des Ni ist nach RUSSELL[3] 7,606 Volt.

51. Die Elemente mit unvollständig besetzten *f*-Bahnen und Cp (seltene Erden). Diese sind die folgenden: La, Ce, Pr, Nd, Il, Sm, Eu, Gd, Tb, Dy, Ho, Er, Tu, Yb, Cp.

Über die seltenen Erden liegt eine einzige Untersuchung von PICCARDI und ROLLA[4] vor. Sie bestimmten die Ionisierungsspannungen aus Beobachtungen über Flammenleitung und fanden die in Tabelle 17 angegebenen Werte.

Tabelle 17. Ionisierungsspannungen der seltenen Erden nach PICCARDI und ROLLA.

Element (Z)	Ionisierung in Volt	Element (Z)	Ionisierung in Volt	Element (Z)	Ionisierung in Volt
La (57)	5,49	Nd (60)	6,31	Tb (65)	6,74
Ce (58)	6,91	Sm (62)	6,55	Dy (66)	6,82
Pr (59)	5,76	Gd (64)	6,65	Ho (67)	7,06

52. Die Edelgase (He, Ne, Ar, Kr, X, Em).

Helium. Unter den Edelgasatomen nimmt He eine gesonderte Stelle ein, weil es eine abgeschlossene Schale von zwei *s*-Elektronen besitzt, während die äußere Schale bei den schweren Edelgasatomen aus sechs äquivalenten *p*-Elektronen zusammengesetzt ist. Wir behandeln deshalb das He gesondert. Wegen der Anwesenheit von zwei *s*-Elektronen ist das Termschema des He demjenigen der Erdalkalimetalle und der Gruppe Zn, Cd, Hg ähnlich, indem es aus Singulett- und Triplettermen besteht. Dieses Verhalten ist erst verhältnismäßig spät festgestellt worden. Ein Unterschied gegen die Erdalkalispektren liegt darin, daß die nächsten ^1S- bzw. ^3S-Terme, vom Grundzustand aus gerechnet, tiefer liegen als die tiefsten P-Terme. Dieses hat zur Folge, daß nicht wie bei den Erdalkaliatomen ein $^3P_1$, sondern die beiden S-Terme, $2s\,^1S_0$ und $2s\,^3S_1$, metastabil sind.

Die Absorption der Linien $2s\,^1S_0 - 2p\,^1P_1$ und $2s\,^3S_1 - 2p\,^3P$ wurde von PASCHEN[5] untersucht. Die Lebensdauer der metastabilen Zustände wurde von DORGELO und WASHINGTON und später von EBBINGHAUS bestimmt. Hierauf werden wir in Ziff. 83 zurückkommen.

Der Zusammenhang des sichtbaren Spektrums mit dem Grundterm ist durch die Aufnahmen LYMANS[6] geklärt worden. LYMAN fand die Linien $1s\,^1S_0 - mp\,^1P_1$ ($m = 2, 3, 4, 5$). Dazu noch zwei schwächere und zum Teil diffuse Linien, bei denen es sich wahrscheinlich entweder um Banden oder um Verunreinigungen (Ne)[7] oder endlich um Starkeffekte handelt und die von ihm als $1s\,^1S_0 - 2s\,^1S_0$ bzw. $1s\,^1S_0 - 2p\,^3P_1$ gedeutet wurden. Die LYMANschen Linien haben oft Verwendung gefunden zur Korrektion der Voltskala (Kontaktpotentiale, Ziff. 26).

---

1 A. V. DOUGLAS, Nature Bd. 121, S. 906. 1928.

2 Fe: R. HAMER u. S. SINGH, Phys. Rev. Bd. 29, S. 608. 1927; O. STUHLMANN, ebenda Bd. 29, S. 304. 1927; Ni: H. B. WAHLIN, ebenda Bd. 31, S. 155. 1928.

3 H. N. RUSSELL, Phys. Rev. Bd. 34, S. 821. 1930.

4 L. ROLLA u. G. PICCARDI, Phil. Mag. Bd. 7, S. 286. 1929.

5 F. PASCHEN, Ann. d. Phys. Bd. 45, S. 625. 1914; vgl. W. H. MCCURDY, Nature Bd. 117, S. 122. 1926.

6 TH. LYMAN, Science Bd. 56, S. 167. 1922.

7 Vgl. H. B. DORGELO u. J. H. ABBINK, ZS. f. Phys. Bd. 37, S. 667. 1926.

Die Tabelle 18 gibt die spektroskopischen Werte der Anregungsspannungen nebst den experimentellen von FRANCK und KNIPPING und HERTZ gefundenen Werten wieder.

Tabelle 18. Anregungs- und Ionisierungsspannungen des He[1].

Bezeichnung	Volt						
	LYMAN	DORGELO	COMPTON	Spektr.	FRANCK	HERTZ	ber.
$1s\,^1S_0 - 2s\,^3S_1$	—	—	—	19,77	[19,75	19,77	19,72
$1s\,^1S_0 - 2s\,^1S_0$	—	—	—	20,55	20,55	20,55	20,51
$- 2p\,^1P_1$	584,4	584,44	584,41	21,12	21,2	—	—
$- 3p\,^1P_1$	537,1	537,08	537,04	22,97	22,9	—	—
$- 4p\,^1P_1$	522,3	522,17	522,25	23,62	—	—	—
$- 5p\,^1P_1$	515,7	—	515,60	23,92	—	—	—
Ionisation	502	—	504,94	24,47	24,6	24,5	24,47

Die Berechnung der Spektralterme des He machte den Atomtheoretikern für längere Zeit erhebliche Schwierigkeiten. Nachdem die Unzulänglichkeit der BOHR-SOMMERFELDschen Theorie in ihrer ursprünglichen Form dabei zutage getreten war, erwartete man von der neueren Quantenmechanik (bzw. Wellenmechanik) die richtige Lösung. In Händen verschiedener Theoretiker, von denen wir nur HYLLERAAS nennen wollen, weil er die Rechnung am weitesten getrieben hat, ist das auch wirklich gelungen, indem er nicht nur die Ionisierungsenergie, sondern auch einige Anregungsenergien mit einer Genauigkeit bestimmt hat, welche die bei Elektronenstoßversuchen erreichte bereits übertrifft. Die letzte Vertikalreihe der Tabelle 18 bezieht sich auf diese Werte.

Die Spektralterme des He^+ sind, gleich denen des H-Atoms, entweder nach der BOHRschen Theorie oder quantenmechanisch zu berechnen. Man erhält sie, indem man die für H geltenden Zahlen mit 4 multipliziert. Die Ionisierung des He^+ kostet also $4 \times 13,54 = 54,16$ Volt. Für die doppelte Ionisierung ($He \rightarrow He^{++}$) bekommt man also:

$$24,5 + 54,16 = 78,7 \text{ Volt.}$$

Ein solches Potential ist tatsächlich von FRANCK und KNIPPING[2] gefunden. Einige Linien des He^+-Spektrums wurden von LYMAN und COMPTON und BOYCE[3] gefunden. Die letzteren gebrauchten diese Linien als Wellenlängennormalien bei ihren Arbeiten über Elektronenstoßbeobachtungen nach der spektroskopischen Methode im äußersten Ultraviolett.

Die optische Anregung einer Anzahl von He-Linien ist u. a. von HANLE[4] untersucht worden. Auffallend ist die Schärfe des Maximums der Triplettlinien. Weitere Aufschlüsse über diese Messungen gibt Tabelle 19.

Die relative Einfachheit des He-Atoms erlaubt eine genäherte Berechnung der Anregungsfunktionen auf wellenmechanischem Wege[5]. Es zeigt sich, daß

---

[1] H. B. DORGELO u. J. H. ABBINK, ZS. f. Phys. Bd. 37, S. 667. 1926; J. FRANCK, ebenda Bd. 11, S. 155. 1922; G. HERTZ, ebenda Bd. 31, S. 463. 1925; E. A. HYLLERAAS, ebenda Bd. 54, S. 349. 1929; Bd. 65, S. 209 u. 759. 1930; J. H. MCMILLEN, Phys. Rev. Bd. 36, S. 1034. 1930 (Ziff. 8, Abb. 5); J. E. ROBERTS u. R. WHIDDINGTON, Phil. Mag. Bd. 12, S. 962. 1931 (Ziff. 21); A. PLÜMER, ZS. f. Phys. Bd. 77, S. 356. 1932 (Literaturübersicht).

[2] J. FRANCK u. P. KNIPPING, Phys. ZS. Bd. 20, S. 481. 1919; A. PLÜMER, a. a. O., findet 79,0 Volt.

[3] A. a. O.

[4] W. HANLE, ZS. f. Phys. Bd. 56, S. 94. 1929; vgl. A. UDDEN u. J. C. JACOBSON, Phys. Rev. Bd. 23, S. 322. 1924.

[5] H. S. W. MASSEY u. C. B. O. MOHR, Proc. Roy. Soc. London (A) Bd. 132, S. 605. 1931.

Tabelle 19. Anregungsfunktion einiger He-Linien nach HANLE.

Wellenlänge	Bezeichnung	Anr.Sp. in Volt	Opt. Sp. in Volt	Anstieg	Abfall
6678	$2p\,^1P - 3d\,^1D$	23,0	60		—
5876	$2p\,^3P - 3d\,^3D$	23,0	35	z. steil	langsam
5048	$2p\,^1P - 4s\,^1S$	23,6	40	mäßig	flach
5016	$2s\,^1S - 3p\,^1P$	23,1	120	sehr flach	
4922	$2p\,^1P - 4d\,^1D$	23,7	50—100	ziemlich flach	
4713	$2p\,^3P - 4s\,^3S$	23,6	36	ziemlich steil	
4471	$2p\,^3P - 4d\,^3D$	23,7	35	z. steil	langsam
4438	$2p\,^1P - 5s\,^1S$	24,0	43	mäßig	flach
4388	$2p\,^1P - 5d\,^1D$	24,0	100		flach
4166	$2p\,^1P - 6s\,^1S$	24,15	43	mäßig	flach
4144	$2p\,^1P - 6d\,^1D$	24,15	100	flach	
4121	$2p\,^3P - 5s\,^3S$	24,0	30	z. steil	steil
4026	$2p\,^3P - 5d\,^3D$	24,05	50—100	flach	schwach
4024	$2p\,^1P - 7s\,^1S$	24,3	—		—
4009	$2p\,^1P - 7d\,^1D$	24,3	60		—
3964	$2s\,^1S - 4p\,^1P$	23,7	120	sehr flach	
3934	$2p\,^1P - 8s\,^1S$	24,4	—		—
3926	$2p\,^1P - 8d\,^1D$	24,4	—		—
3888	$2s\,^3S - 3p\,^3P$	23,0	33	ziemlich steil	
3878	$2p\,^1P - 9s\,^1S$	24,4	—		—
3871	$2p\,^1P - 9d\,^1D$	24,4	—		—
3867	$2p\,^3P - 6s\,^1D$	24,15	30	ziemlich steil	
3819	$2p\,^3P - 6d\,^1D$	24,15	50—100	flach	schwach

die Anregung der Tripletterme nur infolge eines Austauschprozesses einen von Null verschiedenen Wert bekommt. Die Ursache eventueller Abweichungen ist zu suchen in der Rechnung (erste Näherung) sowie in dem Unterschied zwischen Linien- und Termanregung (Ziff. 33). Zu abweichenden Ergebnissen kommt MICHELS (Ziff. 34)[1]. Er findet für die Linienanregung sehr steile Maxima gerade oberhalb der Anregungsspannung. Weitere Bestimmungen rühren von HUGHES und LOWE[2], ELENBAAS[3], LEES und SKINNER[4] her. Zum Vergleich geben wir in Abb. 80 die Anregung der Linien 3888 und 5016 nach verschiedenen Autoren[5].

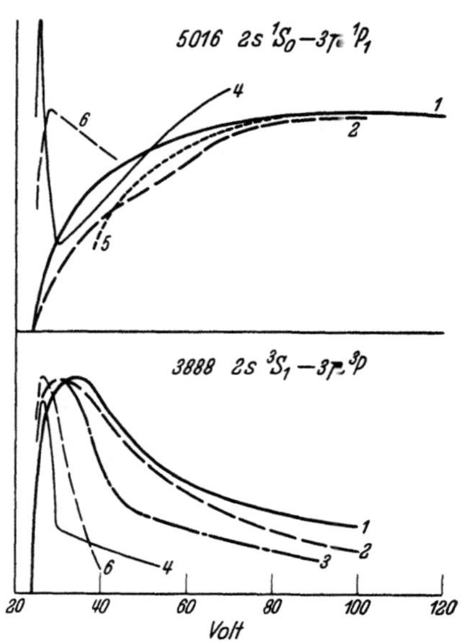

Abb. 80. Anregungsfunktionen von zwei He-Linien nach verschiedenen Autoren und nach der Theorie *1* HANLE, *2* ELENBAAS, *3* SKINNER, *4* MICHELS, *5* HUGHES, *6* MASSEY (theor.).

Die Streuung von Elektronen an He (vgl. Ziff. 9) ist sowohl für elastische als für unelastische Stöße untersucht worden[6]. Während wir für die elastischen Stöße auf Bd. XXII/2 ds. Handb. verweisen, sei hier einiges über die unelastischen Stöße bemerkt. Die in der MCMILLENschen Arbeit vorkommende Figur ist in

[1] W. C. MICHELS, Phys. Rev. Bd. 36, S. 1362. 1930.
[2] A. L. HUGHES u. P. LOWE, Proc. Roy. Soc. London (A) Bd. 104, S. 480. 1923.
[3] W. ELENBAAS, ZS. f. Phys. Bd. 59, S. 289. 1930.
[4] J. H. LEES u. H. W. B. SKINNER, Nature Bd. 123, S. 836. 1929; J. H. LEES, Proc. Roy. Soc. London (A) Bd. 137, S. 173. 1932; J. H. LEES u. H. W. B. SKINNER, ebenda Bd. 137, S. 186. 1932.
[5] Vgl. O. THIEME, ZS. f. Phys. Bd. 77, 1932 (im Erscheinen).
[6] J. H. MCMILLEN, Phys. Rev. Bd. 36, S. 1034. 1930; vgl. J. E. ROBERTS u. R. WHIDDINGTON, Phil. Mag. (7) Bd. 12, S. 962. 1931; L. C. v. ATTA, Phys. Rev. Bd. 38, S. 876. 1931.

Abb. 5 (Ziff. 8) wiedergegeben. Aus ihr ist ersichtlich, daß Elektronen von 50 Volt Energie hauptsächlich dadurch Energie verlieren, daß sie die $mp\,{}^1P_1$-Niveaus ($m = 2, 3\ldots$) anregen. Jedoch liegt eine Andeutung für Anregung der $2s\,{}^1S_0$- bzw. $2s\,{}^3S_1$-Niveaus vor[1]. Anregung von weiteren Triplettermen wird nicht gefunden. Dieses ist wohl in Übereinstimmung mit der wellenmechanischen Berechnung, nach der die Anregung von Triplettermen bei größeren Geschwindigkeiten gering ist. Zu einem ähnlichen Ergebnis kommen ORNSTEIN, BURGER und KAPUSZINSKI[2].

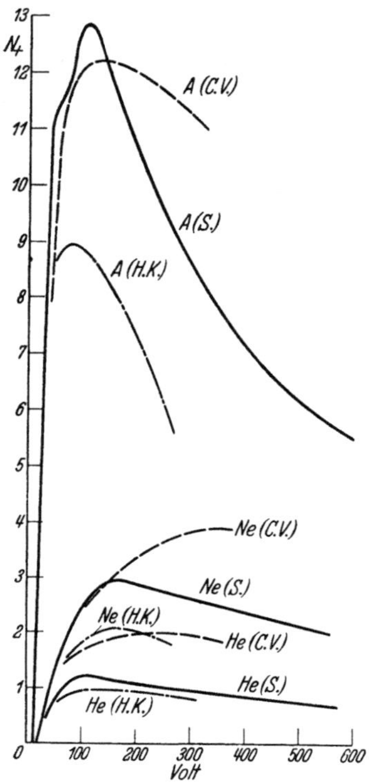

Abb. 81. Anzahl positiver Ladungen pro cm Weglänge (0° C, 1 mm) in Ar, Ne, He nach SMITH (S.), COMPTON-v. VOORHIS (C. V.), HUGHES-KLEIN (H. K.).

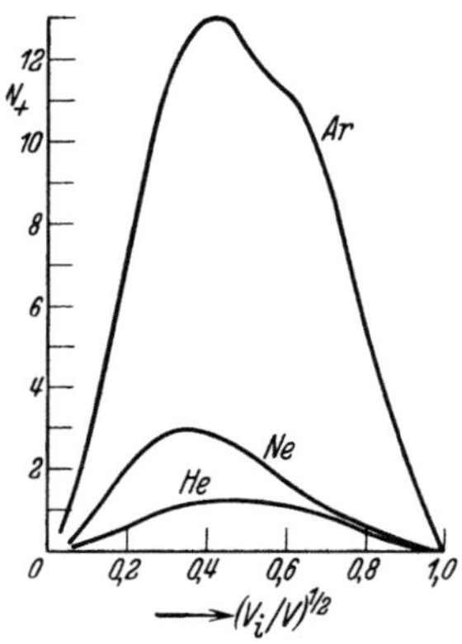

Abb. 82. Anzahl positiver Ladungen pro cm Weglänge (0° C, 1 mm) in Ar, Ne, He als Funktion von $(V_i/V)^{1/2}$. (Nach SMITH.)

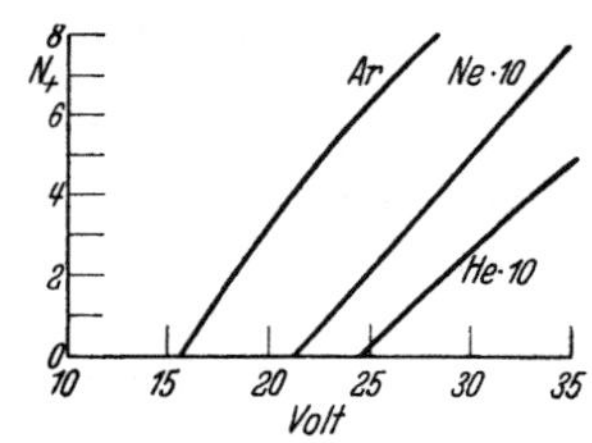

Abb. 83. Anzahl positiver Ionen pro cm Weglänge (0° C, 1 mm) in Ar, Ne, He in der Nähe der Ionisierungsspannung. (Nach SMITH.)

Die Ionisierungsausbeute ist bei He von HUGHES und KLEIN und COMPTON und v. VOORHIS[3] gemessen worden, in letzter Zeit auch von P. T. SMITH[4] und BLEAKNEY[5]. Abb. 81 gibt die von SMITH gefundenen Werte für die erzeugte positive Ladung pro cm Weglänge, bezogen auf 1 mm Druck bei 0° C, wieder für Ne, Ar, He. Zugleich sind die Werte der vorhergenannten Autoren eingetragen. Abb. 82 gibt die SMITHschen Messungen in etwas anderer Darstellung. Auf die Kurven für Ne und Ar kommen wir unten zurück. Wichtig für die Theorie der Entladungen in verdünnten Gasen ist der Verlauf der Kurven gerade oberhalb der Ionisierungsspannung. Dieser Verlauf ist in Abb. 83 wiedergegeben worden. Die einfache Form der Kurve in der Abb. 82 hat TATE[4] zur Aufstellung einer empirischen Formel veranlaßt. Diese lautet:

$$E = 3{,}383\,(V_0/V)^{1/2}\,(1 - e^{-54\,V_0/V})^{1/2}\,(1 - e^{-(V-V_0)/2{,}28\,V_0}).$$

Dabei ist V die Energie der Elektronen in Volt, V_0 die Ionisierungsspannung. Die Formel ist zwischen 60 und 4500 Volt richtig. BLEAKNEY konnte wegen Verunreinigung des Heliums mit Wasserstoff keine exakten Beobachtungen mitteilen. Mit Sicherheit wurde von ihm aber festgestellt, daß die Wahrscheinlichkeit der Bildung von He^{++}-Ionen durch Elektronen von einigen hundert Volt kleiner ist als $^1/_{100}$ derjenigen der Bildung von einmal geladenen Ionen.

[1] Der wirksame Querschnitt für diese Anregung erreicht nach MASSEY und MOHR (a. a. O.) für geringe Geschwindigkeiten sehr beträchtliche Werte von der Größenordnung 0,7 Å².

[2] L. S. ORNSTEIN, H. C. BURGER u. W. KAPUSZINSKI, ZS. f. Phys. Bd. 51, S. 34. 1927.

[3] Vgl. Quecksilber Ziff. 44.

[4] P. T. SMITH, Phys. Rev. Bd. 36, S. 1303. 1930.

[5] W. BLEAKNEY, Phys. Rev. Bd. 36, S. 1293. 1930.

Das Rekombinationsspektrum (Ziff. 30) wurde von PASCHEN[1] und MOHLER und BOECKNER[2] untersucht.

Neon. Neben He sind auch die schweren Edelgase Ne, Ar, Kr, X vielfach mit Elektronenstoßmethoden untersucht worden. Über Em ist der Seltenheit dieses Gases wegen wenig gearbeitet worden. Die Analyse der Spektren der schweren Edelgase ist in den letzten Jahren besonders schnell fortgeschritten, so daß wir heute viele Tatsachen in ihrem richtigen Zusammenhang verstehen können.

Das Neonspektrum ist von PASCHEN[3] weitgehend analysiert. Im Grundzustand haben die schweren Edelgase sechs äquivalente p-Elektronen Nach HUND ist dieser Zustand also ein $^1S_0$-Zustand. Wird eins der p-Elektronen entfernt, so bleibt ein ^2P-Zustand übrig. Die Ionisierungsspannung ist also doppelt.

Die dem Grundzustand nächste Bahn des optischen Elektrons ist eine s-Bahn ($3s$ bei Ne). Sie veranlaßt einen ^1P- und einen ^3P-Term, im ganzen also vier Energiestufen. Die nächsthöhere p-Bahn ($3p$ bei Ne) gibt zu ^1S-, ^3S-, ^1P-, ^3P-, ^1D-, ^3D-Termen Veranlassung (zehn Energiestufen).

In zweifacher Hinsicht sind die Spektren der schweren Edelgase verschieden von denen der Erdalkalimetalle, womit sie auf den ersten Blick Ähnlichkeit haben. Erstens ist die Kopplung der Bahnmomente und des Spins nicht mehr die einfache RUSSELL-SAUNDERSsche $\{(l_1 l_2)(s_1 s_2)\}$, sondern sie nähert sich der j—j-Kopplung. Dieses äußert sich in der relativen Lage der Terme, und zwar desto stärker, je größer die Kernladung und je größer die totale Quantenzahl des optischen Elektrons ist. Die Zuordnung der Energiestufen zu den beiden Ionisierungsgrenzen tritt dabei deutlich zutage. Zweitens sind infolge der starken Störung des Multipletts die Übergangswahrscheinlichkeiten stark anomal, so daß Interkombinationslinien stark sind.

Die vielfach benutzte PASCHENsche Beschreibung des Ne-Spektrums weicht in hohem Grade von der HUNDschen ab, indem bei PASCHEN die Terme zu einem „Multiplett" zusammengefaßt werden, die einer bestimmten Bahn des optischen Elektrons entsprechen. PASCHEN unterscheidet also vierfache s-Terme (s_2, s_3, s_4, s_5), zehnfache p-Terme (p_1, p_2, ..., p_{10}) usw.

Zur Erleichterung der Vergleichung der HUNDschen Bezeichnung mit den in der Literatur gebrauchten lassen wir eine Vergleichstabelle für die wichtigsten Terme folgen. Die Zuordnung des ganzen Schemas (d-, s- und f-Terme PASCHENS) zur HUNDschen Terminologie ist noch nicht eindeutig festgestellt. Es muß auch zugegeben werden, daß im Falle der Edelgase die HUNDsche Bezeichnung am wenigsten sinnvoll ist.

Tabelle 20. Bezeichnung der Neon-Terme.

PASCHEN	PASCHEN-GÖTZE	HERTZ, DORGELO	HUND	Grenze
—	—	$1p$ $(1s)$	$2p^6\ ^1S_0$	—
$1{,}5s_5$	$1s_5$	$2s_5$	$3s\ ^3P_2$	$^2P_{1^1/_2}$
$1{,}5s_4$	$1s_4$	$2s_4$	$3s\ ^3P_1$	$^2P_{1/_2}$
$1{,}5s_3$	$1s_3$	$2s_3$	$3s\ ^3P_0$	$^2P_{1/_2}$
$1{,}5s_2$	$1s_2$	$2s_2$	$3s\ ^1P_1$	$^2P_{1^1/_2}$
—	$2p_{10}$	—	$3p\ ^3S_1$	$^2P_{1^1/_2}$
—	$2p_9$	—	$3p\ ^3D_3$	$^2P_{1^1/_2}$
—	$2p_8$	—	$3p\ ^1D_2$	$^2P_{1^1/_2}$
—	$2p_7$	—	$3p\ ^1P_1$	$^2P_{1^1/_2}$
—	$2p_6$	—	$3p\ ^3P_2$	$^2P_{1^1/_2}$
—	$2p_5$	—	$3p\ ^3D_1$	$^2P_{1/_2}$
—	$2p_4$	—	$3p\ ^3D_2$	$^2P_{1/_2}$
—	$2p_3$	—	$3p\ ^1S_0$	$^2P_{1^1/_2}$
—	$2p_2$	—	$3p\ ^3P_1$	$^2P_{1/_2}$
—	$2p_1$	—	$3p\ ^3P_0$	$^2P_{1/_2}$
—	$2s_5$	$3s_5$	$4s\ ^3P_2$	—
	usw.			
—	$3p_{10}$	—	$4p\ ^3S_1$	—

[1] F. PASCHEN, Berl. Ber. Bd. 16, S. 135. 1926.
[2] F. L MOHLER u. C. BOECKNER, Bur. Stand. Journ. Res. Bd. 2, S. 489. 1928.
[3] F. PASCHEN, Ann. d. Phys. Bd. 60, S. 405. 1919; Bd. 63, S. 201. 1920.

Der niedrigste Term der PASCHENschen Analyse ($3s\,^1P$, ^3P) liegt etwa 5 Volt unterhalb der Ionisierungsgrenze. Nach HERTZ[1] ist diese 21,5 Volt, während die Anregung der $3s$-Terme bei 16,6 Volt erfolgt. Falls diese Terme mit dem Grundzustand kombinieren, muß man Linien bei etwa 700 Å erwarten. Tatsächlich wurden von HERTZ im Vakuumspektrographen zwei Resonanzlinien bei 735 und 743 Å gefunden[2]. Sie entsprechen den Übergängen

λ	Bezeichnung
735,7	$2p\,^1S_0 - 3s\,^1P_1$
746,5	$2p\,^1S_0 - 3s\,^3P_1$

Die Niveaus $3s\,^3P_2$ und $3s\,^3P_0$ (PASCHEN $1s_5$ bzw. $1s_3$) sind metastabil. Dieses wurde durch Absorptionsversuche von MEISSNER und DORGELO und durch einen Resonanzversuch von DE GROOT bestätigt[3]. Später haben DORGELO und ABBINK, LYMAN und SAUNDERS, COMPTON und BOYCE[4] mehrere ultraviolette Linien von Neon gemessen.

Von den sichtbaren Linien ist die Gruppe $3s\,^{1,3}P - 3p\,^{1,3}S\,^{1,3}P\,^{1,3}D$, die zum größten Teil aus starken roten Linien besteht, am eingehendsten untersucht worden. Die Anregungsfunktion dieser Linien ist von HANLE[5] gemessen worden. Es zeigte sich derselbe qualitative Unterschied zwischen Singulett- und Triplettermen, welcher auch bei Hg und He gefunden wurde, nämlich daß die Linien, die einem Triplettniveau als oberem Niveau angehören, ein relativ schmales und steiles Anregungsmaximum haben, verglichen mit den Linien, deren oberes Niveau ein Singulettniveau ist. Die Linien, die demselben oberen Niveau angehören, haben, wie zu erwarten ist, ähnliche Anregungsfunktionen. HANLE selbst hat jede Linie für sich in relativem Maßstab gemessen. Die Kurven sind also nicht untereinander vergleichbar. Um sie zu vergleichen, schließt er seine Messungen an die von ENDE[6] an. Dieser hat die relativen Intensitäten sämtlicher „roten" Neonlinien gemessen bei Erregung mit Elektronen von 25 Volt Geschwindigkeit. ENDE hat seine Ergebnisse mit älteren Messungen von DORGELO und DE GROOT[7] verglichen. Diese Messungen sind bei verschiedenen Entladungsformen (Säule, Glimmlicht), ferner mit Elektronen konstanter Geschwindigkeit (23,5 Volt korrigiert) und an Resonanzlicht ausgeführt worden. Sie sind also nur zum Teil mit denen von ENDE vergleichbar. Die Übereinstimmung dieser Messungen mit denen ENDES läßt jedoch zu wünschen übrig. Die DORGELOschen Messungen an der positiven Säule sind neuerdings von ELENBAAS[8], der nach einer visuellen Methode gearbeitet hat, ziemlich gut bestätigt worden, wie aus Tabelle 21 ersichtlich ist.

Wir erwähnen noch, daß bei Ne und Ar von PENNING[9] ein kontinuierliches Spektrum gefunden wurde, das sich bis ins Ultraviolett erstreckt. Bei höherem

[1] G. HERTZ, ZS. f. Phys. Bd. 18, S. 307. 1923.

[2] G. HERTZ, ZS. f. Phys. Bd. 32, S. 933. 1925.

[3] K. W. MEISSNER, Ann. d. Phys. Bd. 76, S. 124. 1925; H. B. DORGELO, ZS. f. Phys. Bd. 34, S. 766. 1925; W. DE GROOT, Naturwissensch. Bd. 14, S. 104. 1926.

[4] H. B. DORGELO u. J. H. ABBINK, ZS. f. Phys. Bd. 37, S. 667. 1926; TH. LYMAN u. F. A. SAUNDERS, Phys. Rev. Bd. 25, S. 886. 1925; H. N. RUSSELL, K. T. COMPTON u. J. C. BOYCE, Proc. Nat. Acad. Amer. Bd. 14, S. 280. 1928.

[5] W. HANLE, ZS. f. Phys. Bd. 65, S. 512. 1930.

[6] W. ENDE, ZS. f. Phys. Bd. 56, S. 503. 1929; Bd. 67, S. 292. 1931.

[7] H. B. DORGELO, Physica Bd. 5, S. 90. 1925; H. B. DORGELO u. W. DE GROOT, ZS. f. Phys. Bd. 36, S. 897. 1926.

[8] W. ELENBAAS, ZS. f. Phys. Bd. 72, S. 715. 1931.

[9] F. M. PENNING, Phil. Mag. Bd. 11, S. 961. 1931; vgl. H. B. DORGELO u. T. P. K. WASHINGTON, Proc. Amsterdam Bd. 35, S. 1009. 1926; P. JOHNSON, Phil. Mag. Bd. 13, S. 487. 1932. Nach unveröffentlichten Versuchen von W. DE GROOT tritt die gleiche Erscheinung wahrscheinlich auch beim He auf.

Tabelle 21. Intensitäten der roten Neonlinien in der positiven Säule. (Nach DORGELO und ELENBAAS.)

λ	Bezeichnung		ELENBAAS ⌀ 10 mm, 20° C, Druck 9,65 mm					DORGELO ⌀ 9,3 mm, Druck 7 mm
	HUND	DORGELO	40 mA	80 mA	180 mA	500 mA		50 mA
8082	$3s\,{}^1P_1 - 3p\,{}^3S_1$	$2s_2 - 2p_{10}$	—	—	—	—	—	2
7438	$3s\,{}^3P_0 - 3p\,{}^3S_1$	$2s_3 - 2p_{10}$	—	—	—	—	—	1
7245	$3s\,{}^3P_1 - 3p\,{}^3S_1$	$2s_4 - 2p_{10}$	—	—	—	—	—	20
7173	$3s\,{}^1P_1 - 3p\,{}^1D_2$	$2s_2 - 2p_8$	5,75	5,9	5,6	5,9	5,8	5
7032	$3s\,{}^3P_2 - 3p\,{}^3S_1$	$2s_5 - 2p_{10}$	59	65	51	57	—	20
7024	$3s\,{}^1P_1 - 3p\,{}^1P_1$	$2s_2 - 2p_7$	1,7	1,6	1,5	1,5	1,6	2
6929	$3s\,{}^1P_1 - 3p\,{}^3P_2$	$2s_2 - 2p_6$	23,5	22,3	24	22,4	23,3	26
6717	$3s\,{}^1P_1 - 3p\,{}^3D_1$	$2s_2 - 2p_5$	15,6	14,6	15,7	16,7	15,6	19,5
6678	$3s\,{}^1P_1 - 3p\,{}^3D_2$	$2s_2 - 2p_4$	27	25,7	28	27,4	27	31,5
6652	$3s\,{}^1P_1 - 3p\,{}^1S_0$	$2s_2 - 2p_3$	0,13	0,13	0,15	0,13	0,1	0,1
6598	$3s\,{}^1P_1 - 3p\,{}^3P_1$	$2s_2 - 2p_2$	15,5	14,2	14,8	16,4	15,1	17
6532	$3s\,{}^3P_0 - 3p\,{}^1P_1$	$2s_3 - 2p_7$	13	12,3	11,1	11,0	11,8	15
6506	$3s\,{}^3P_1 - 3p\,{}^1D_2$	$2s_4 - 2p_8$	46	47,5	45	46,6	46	39,5
6402	$3s\,{}^3P_2 - 3p\,{}^3D_3$	$2s_5 - 2p_9$	100	100	100	100	100	100
6382	$3s\,{}^3P_1 - 3p\,{}^1P_1$	$2s_4 - 2p_7$	34	31,5	28	30	31	32,5
6334	$3s\,{}^3P_2 - 3p\,{}^1D_2$	$2s_5 - 2p_8$	35,3	31,5	29	30,3	31,5	34
6304	$3s\,{}^3P_1 - 3p\,{}^3P_2$	$2s_4 - 2p_6$	7,0	6,1	6,3	6,7	6,5	10
6266	$3s\,{}^1P_0 - 3p\,{}^3D_1$	$2s_3 - 2p_5$	17,6	17,6	19,2	20	18,6	16
6217	$3s\,{}^3P_2 - 3p\,{}^1D_2$	$2s_5 - 2p_7$	8,8	8,0	7,6	7,3	7,9	10
6163	$3s\,{}^3P_1 - 3p\,{}^1S_0$	$2s_3 - 2p_3$	10,0	9,5	11,0	11,0	10,5	10,5
6143	$3s\,{}^3P_2 - 3p\,{}^3P_2$	$2s_5 - 2p_6$	34	34,5	37,8	37,4	36	34,0
6128	$3s\,{}^3P_1 - 3p\,{}^3D_1$	$2s_4 - 2p_5$	0,18	0,18	0,19	0,20	0,19	0,1
6096	$3s\,{}^3P_1 - 3p\,{}^3D_2$	$2s_4 - 2p_4$	19,8	19,6	21,0	21,0	20,4	20,5
6074	$3s\,{}^3P_1 - 3p\,{}^1S_0$	$2s_4 - 2p_3$	13,3	13,5	15,1	13,3	13,8	15
6029	$3p\,{}^3P_1 - 3p\,{}^3P_1$	$2s_4 - 2p_2$	4,25	4,0	4,05	4,15	4,1	4
5975	$3s\,{}^3P_2 - 3p\,{}^3D_1$	$2s_5 - 2p_5$	3,35	3,95	3,2	3,0	3,1	3
5944	$3s\,{}^3P_2 - 3p\,{}^3D_2$	$2s_5 - 2p_4$	14,4	14,2	15,7	14,3	14,6	17,5
5881	$3s\,{}^3P_2 - 3p\,{}^3P_1$	$2s_5 - 2p_2$	7,1	8,1	8,1	8,3	7,9	9
5852	$3s\,{}^3P_1 - 3p\,{}^3P_0$	$2s_2 - 2p_1$	8,0	9,4	8,7	9,7	9,0	14
5400	$3s\,{}^3P_1 - 3p\,{}^3P_0$	$2s_4 - 2p_1$	0,10	0,15	0,16	0,17	0,15	1

Druck tritt in der positiven Säule das Linienspektrum allmählich gegen das kontinuierliche Spektrum zurück. Die Deutung dieser Erscheinung steht noch aus.

Die Wahrscheinlichkeit der Ionisierung im Neon ist von denselben Autoren wie beim He gemessen worden (s. Abb. 81, wo auch die betreffenden Kurven zum Teil schon abgedruckt sind). Die Bildung mehrfach geladener Ionen im Ne ist speziell von BLEAKNEY gemessen worden. Die mehrfach geladenen Ionen machen nur einen geringen Prozentsatz der totalen Ionenzahl aus. Für die Ionisierungsspannungen ergibt sich aus diesen Messungen (Tabelle 22):

Tabelle 22. Ionisierungsspannungen des Neons.

	BLEAKNEY	Spektrosk.
$Ne \rightarrow Ne^+$	21,5 ± 0,1	21,47
$Ne \rightarrow Ne^{++}$	63,0 ± 0,5	62,39
$Ne \rightarrow Ne^{+++}$	125 ± 1	125,65
	143	
	157	

Die höheren Voltzahlen beim Ne^{+++} gehören zu bis jetzt unbekannten Elementarprozessen.

Das Funkenspektrum des Neons ist nach Elektronenstoßmethoden von COMPTON, BOYCE und RUSSELL[1] untersucht worden. Diese Untersuchungen bilden eines der schönsten Beispiele des Zusammenwirkens von Elektronenstoßmethoden mit der Analyse der Spektren. Es zeigte sich, daß bei 40 Volt neben den von DORGELO und LYMAN gefundenen Linien keine neuen Linien auftraten,

[1] H. N. RUSSELL, K. T. COMPTON u. J. C. BOYCE, Proc. Nat. Acad. Amer. Bd. 14, S. 280. 1928; K. T. COMPTON u. J. C. BOYCE, Journ. Frankl. Inst. Bd. 205, S. 497. 1928; J. C. BOYCE u. K. T. COMPTON, Proc. Nat. Acad. Amer. Bd. 15, S. 656. 1929.

wohl aber bei 60 Volt und stärker bei 80 Volt. Die neuen Linien sind Kombinationen von Niveaus, die bis 40 Volt oberhalb der Ionisierungsspannung des Neons liegen mit dem Grundzustand des Ne^+. Durch die Entdeckung dieser Linien wurde der Anschluß gefunden an die bereits von DE BRUIN durchgeführte Analyse des Ne II-Spektrums, welche sich auf seine eigenen Messungen und die von BLOCH und DÉJARDIN stützt. Für die Ionisierungsspannung des Ne^+-Ions wurde $40{,}9 \pm 0{,}05$ Volt gefunden[1], also 62,4 Volt für die Ionisierung vom Grundzustand aus in bester Übereinstimmung mit BLEAKNEY. Unter den von COMPTON und BOYCE gefundenen kurzwelligen Linien von Ne II nehmen die Linien λ 461,72 und 462,38 eine besondere Stelle ein. Sie haben nämlich als oberen Term einen $sp^6\,^2S$-Zustand. Dieser Zustand entspricht einem Neonatom, bei dem ein inneres Elektron entfernt ist. Die Linien entstehen, indem das fehlende Elektron aus der p-Schale ergänzt wird. Sie gehören also mehr dem Röntgengebiet an, indem sie als ein $L_I - L_{II,III}$-Dublett zu betrachten sind.

Direkte Anregung von Ne-Funkenlinien wurde von DRUYVESTEYN[2] im Glimmlicht beobachtet. Er konnte die Brennspannung (normaler Kathodenfall) durch Wahl einer geeigneten Kathodensubstanz so weit erniedrigen, daß die Anregungsgrenze der Funkenlinien erreicht wurde. Er bestimmte auf diese Weise die in Tabelle 23 angegebenen Anregungsspannungen.

Tabelle 23. Anregungsspannungen von NeII-Linien nach DRUYVESTEYN.

λ (Å)	Bezeichnung	$V_{ber.}$	$V_{beob.}$
4430,9	$3d\,^4F_{1^1/_2} - 4f\,^4F_{1^1/_2}$	58,9	60
4428,6	$3d\,^4F_{2^1/_2} - 4f\,^4G_{2^1/_2}$	58,9	60
4397,9	$3d\,^4F_{4^1/_2} - 4f\,^4F_{4^1/_2}$	58,9	60
4391,9	$3d\,^4F_{3^1/_2} - 4f\,^4G_{4^1/_2}$	58,9	60
4379,5	$3d\,^4F_{3^1/_2} - 4f\,^4F_{3^1/_2}$	58,9	60
4290,4	$3d\,^4F_{4^1/_2} - 4f\,^4G_{5^1/_2}$	58,9	56
4233,8			60
4231,6	$3d\,^4D_{2^1/_2} - 4f\,^4D_{2^1/_2}$	58,9	60 oder 56
4219,7	$3d\,^4D_{3^1/_2} - 4f\,^4D_{3^1/_2}$	59,0	60 oder 56
4217,2	$3d\,^4D_{3^1/_2} - 4f\,^4D_{2^1/_2}$	58,9	60
3777,2	$3s\,^4P_{1/_2} - 3p\,^4P_{1^1/_2}$	51,8	50
3766,3	$3s\,^4P_{1^1/_2} - 3p\,^4P_{2^1/_2}$	51,8	50
3734,9	$3s\,^4P_{1^1/_2} - 3p\,^4P_{1^1/_2}$	51,8	53
3727,1	$3s\,^2P_{1/_2} - 3p\,^2D_{1^1/_2}$	52,5	50
3713,1	$3s\,^2P_{1^1/_2} - 3p\,^2D_{2^1/_2}$	52,4	50
3709,7	$3s\,^4P_{1^1/_2} - 3p\,^4P_{1/_2}$	51,8	53
3694,2	$3s\,^4P_{2^1/_2} - 3p\,^4P_{2^1/_2}$	51,8	50
3664,1	$3s\,^4P_{2^1/_2} - 3p\,^4P_{1^1/_2}$	51,8	53

BOYCE und COMPTON haben vergebens versucht, auch höhere Funkenspektren mit Elektronen konstanter Geschwindigkeit anzuregen. Es gelang ihnen jedoch nur in einer elektrodenlosen Entladung, höhere Linien zu erzeugen.

Die niedrigste Ionisierungsstufe $(2s^2p^3\,^4S_{1^1/_2})$ des Ne^{++} wurde auf Grund gefundener Serienterme zu 63,2 Volt bestimmt; also erfordert die Bildung von Ne^{+++} vom Grundzustand aus 125,6 Volt, wieder im guten Einklang mit BLEAKNEYS Wert.

Die Edelgase Ar, Kr, X sind in ihrem spektralen Verhalten dem Neon sehr ähnlich. Obwohl dieses auf Grund der HUNDschen Theorie bereits früher erwartet wurde, ist die Bestätigung erst verhältnismäßig spät gelungen, und zwar durch die Entdeckung der Resonanzlinien dieser Gase, die ebenso wie diejenige des Neons im kurzwelligen Ultraviolett liegen.

Argon. Nach HERTZ[3] sind die wichtigsten Anregungsspannungen des Argons 11,55, 13,0 und 13,9 Volt, die Ionisierungsspannung 15,4 Volt. In

[1] Nach einer neueren Analyse ist die Ionisierungsspannung des Ne^+ 40,92 Volt. T. L. DE BRUIN u. C. J. BAKKER, ZS. f. Phys. Bd. 69, S. 19. 1931.

[2] M. J. DRUYVESTEYN, ZS. f. Phys. Bd. 62, S. 764. 1930; Bd. 68, S. 378. 1931.

[3] G. HERTZ, ZS. f. Phys. Bd. 18, S. 307. 1923.

Übereinstimmung damit wurden von LYMAN und SAUNDERS[1] und zu gleicher Zeit von HERTZ und ABBINK[2] die Wellenlängen der Resonanzlinien, die der 11,5 Volt-Anregung entsprechen, festgestellt. Sie betragen 1066,7 bzw. 1048,3 Å (11,58 bzw. 11,78 Volt). Inzwischen veröffentlichte MEISSNER[3] eine ausführliche Analyse des Argon-Bogenspektrums. Die Bestätigung dieser Analyse durch Aufnahmen mit dem Vakuumspektrographen gelang DORGELO und ABBINK[4]. Sie arbeiteten mit verschiedenen Entladungen (Säule, Glimmlicht, kondensierten Funken, Hohlkathode). Später haben COMPTON, BOYCE und RUSSELL[5] gleichartige Beobachtungen gemacht, indem sie wie beim Ne die Linien durch Elektronen konstanter Geschwindigkeit (bis 150 Volt) anregten.

Aus den genau bekannten Wellenlängen läßt sich im Zusammenhang mit der MEISSNERschen Analyse die Ionisierungsspannung exakt ermitteln. Sie beträgt 15,69 Volt (für den $3s^2p^5\,{}^2P_{1^1/_2}$-Zustand). Eine genaue Bestimmung der Anregungsenergien im Argonspektrum nach der spektroskopischen Methode wurde von SCHULZE[6] ausgeführt. Anstatt drei Anregungsstufen, wie sie von HERTZ angegeben wurden, fand er sieben. Eine große Anzahl von Linien wurde beobachtet und die gefundene Anregungsenergie mit dem MEISSNERschen Termschema verglichen. Wir geben eine Auswahl in Tabelle 24.

Tabelle 24. Anregungsspannungen einiger Argonbogenlinien (nach SCHULZE).

λ (Å)	Anregungsenergie (Volt)	
	Nach MEISSNER	Beob.
7635	13,1	13,3
7504	13,4	13,3
7047	13,21	13,3
6677	13,4	13,5
4702	13,38	13,5
4522	14,38	14,5
4158	14,45	14,5
4251	14,38	14,5
6752	14,66	14,7
4181	14,61	14,7
7353	14,75	15,1
6367	15,05	15,1
6467	15,10	15,4
5221	15,36	15,4
4876	15,75	15,7
4587	15,52	15,7

Die Resonanzlinien des Argons sind wie beim Neon Übergänge von den Zuständen $4s\,{}^1P_1$ und $4s\,{}^3P_1$ nach dem Grundzustand $3p^6\,{}^1S_0$. Die Zustände $4s\,{}^3P_0$ und $4s\,{}^3P_2$ sind metastabil, wie durch Absorptions- und Resonanzversuche von MEISSNER[7] nachgewiesen wurde.

Die Anregungsfunktionen der Argonlinien sind bisher noch nicht untersucht worden. Einige indirekte Schlüsse bezüglich der relativen Anregungswahrscheinlichkeit der s- und p-Niveaus beim Ar und beim Ne seien hier mitgeteilt. Bei vielen Gasentladungserscheinungen spielen diese Anregungsspannungen eine wichtige Rolle. Es ist nun merkwürdig, daß die meistens auftretende Spannung beim Ar etwa 12 Volt beträgt ($3p-4s$), während beim Neon etwa 19 Volt ($2p-3p$) gefunden wird! So findet PENNING[8] für die Potentialdifferenz zwischen stehenden Schichten in der positiven Säule in Neon 18,5 Volt, in Argon 11,5 Volt. DRUYVESTEYN[9] findet für das Potentialmaximum im Niedervoltbogen in Neon 18,5 Volt (nach Korrektur für Kontaktpotential), in Argon 11,7 Volt. Für die Potentialdifferenz der Schichten in der Townsend-Entladung im Neon findet

[1] TH. LYMAN u. F. A. SAUNDERS, Nature Bd. 116, S. 358. 1925; F. A. SAUNDERS, Proc. Nat Acad. Amer. Bd. 12, S. 556. 1926.
[2] G. HERTZ u. J. H. ABBINK, Naturwissensch. Bd. 14, S. 648. 1926.
[3] K. W. MEISSNER, ZS. f. Phys. Bd. 37, S. 238. 1926; Bd. 39, S. 172. 1926; Bd. 40, S. 839. 1926.
[4] H. B. DORGELO u. J. H. ABBINK, ZS. f. Phys. Bd. 41, S. 753. 1927.
[5] K. T. COMPTON, J. C. BOYCE u. H. N. RUSSELL, Phys. Rev. Bd. 32, S. 179. 1927.
[6] B. SCHULZE, ZS. f. Phys. Bd. 56, S. 378. 1929.
[7] K. W. MEISSNER, Phys. ZS. Bd. 26, S. 687. 1925; ZS. f. Phys. Bd. 43, S. 449. 1927.
[8] F. M. PENNING, ZS. f. Phys. Bd. 41, S. 769. 1927.
[9] M. J. DRUYVESTEYN, ZS. f. Phys. Bd. 64, S. 781. 1930.

DRUYVESTEYN[1] etwa 19 Volt, in Argon 13 Volt (He 25 Volt). Die ansehnliche Lichtausbeute in der positiven Säule in Neon ist nach DORGELO[2] nur dadurch zu erklären, daß hauptsächlich $3p$- und fast gar keine $3s$-Niveaus angeregt werden. Allerdings ist hier der Schluß unsicher wegen Anregung vom metastabilen Zustand aus. Daß in Neon $3s$-Zustände angeregt werden können, folgt aus den HERTZschen Versuchen und aus einem Versuch von DE GROOT[3], der Resonanz in nicht leuchtendem Neon erzeugte, in dem metastabile Atome durch Elektronen mit weniger als 17 Volt Geschwindigkeit erzeugt wurden. Sämtliche Erscheinungen weisen jedoch auf eine relativ schwächere Anregung der $3s$-Terme gegenüber den $3p$-Termen beim Ne hin, während beim Ar die Anregung der $4s$-Terme stark zu sein scheint.

Intensitätsverhältnisse von Argonlinien sind bisher nur für die $5p-4s$-Kombinationen von BARENDS[4] gemessen worden.

Die Wahrscheinlichkeit der Ionisierung ist für Argon von den schon genannten Autoren (vgl. He, Ne) gemessen worden. BLEAKNEY hat für Ar die Anzahl der Ionen Ar^+ Ar^{2+} Ar^{3+} Ar^{4+} pro cm Weglänge der Elektronen (1 mm Druck, 0° C) gemessen. Seine Kurven für die Absolutzahl der Ionen sind in Abb. 84 wiedergegeben. Zählt man die Kurven in Abb. 84 zusammen, so zeigt sich bei etwa 43 Volt ein deutlicher Knick, der seine Entstehung der relativ großen Wahrscheinlichkeit der Bildung doppelt geladener Ionen verdankt. Dieser Knick ist auch in der SMITHschen Kurve (Abb. 81) deutlich wiederzufinden. Die Ionisierungsspannungen des Argons sind:

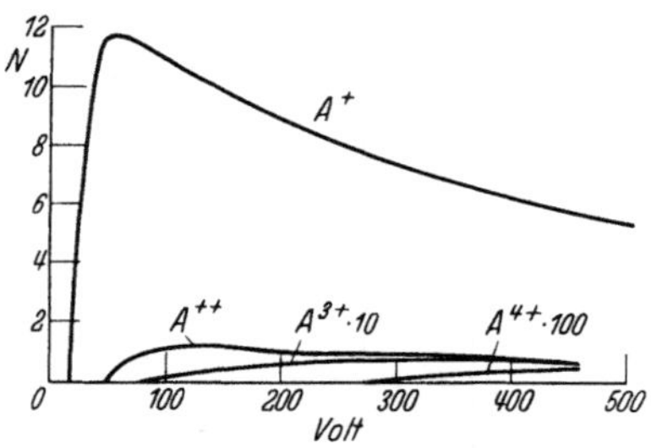

Abb. 84. Anzahl positiver Ionen pro cm Weglänge (0° C, 1 mm) als Funktion der Elektronengeschwindigkeit. (Nach BLEAKNEY.)

Tabelle 25. Ionisierungsspannungen des Argons.

	BLEAKNEY	Spektroskopisch
$Ar \rightarrow Ar^+$	15,7 ± 0,1	15,69
$Ar \rightarrow Ar^{2+}$	44,0 ± 0,5	43,51
$Ar \rightarrow Ar^{3+}$	88 ± 1	80,25
$Ar \rightarrow Ar^{4+}$	258 ± 3	—
	300	—
	345	—
$Ar \rightarrow Ar^{5+}$	500	—

Die Funkenspektren des Argons sind schon seit längerer Zeit bekannt. Bereits die ersten spektroskopischen Beobachtungen ließen ein kathodisches (blaues) und anodisches (rotes) Spektrum erkennen. Die Deutung des blauen Spektrums als erstes Funkenspektrum erfolgte durch DORGELO und ABBINK unter Verwendung einer Hohlkathode. Eine Bestätigung brachten die obenerwähnten Aufnahmen von COMPTON und Mitarbeiter. Diese Autoren konnten ihre Befunde einer vorläufigen Analyse von DE BRUIN anschließen. Bemerkenswert (vgl. *Neon*) ist das Auftreten der Kombinationen $3s^2p^5 - 3sp^6$ λ 931,77 und 919,69, die auch schon von DORGELO und SAUNDERS beobachtet wurden und vom ersten dem Ar^+ zugeschrieben wurden. Im Vakuumspektrogramm folgt auf diese Linien eine Gruppe zwischen 769 und 718 Å. Den beiden Liniengruppen entsprechen theoretische Anregungspotentiale von 13,4 bzw. 17,1 Volt oder vom Grundzustand des neutralen Atoms aus gerechnet 29,1 bzw. 32,8 Volt. MOHLER[5] hat als kritische Spannungen 32,2 Volt, 34,8 Volt (angeblich Ionisierung $Ar^+ \rightarrow Ar^{++}$)

[1] M. J. DRUYVESTEYN, ZS. f. Phys. Bd. 73, S. 33. 1931.
[2] H. B. DORGELO, Physica Bd. 5, S. 90. 1925.
[3] W. DE GROOT, Naturwissensch. Bd. 14, S. 104. 1926.
[4] T. BARENDS, Physica Bd. 11, S. 275. 1931.
[5] F. L. MOHLER, Science Bd. 63, S. 405. 1926.

und 39,6 Volt angegeben. Auch DÉJARDIN[1] fand eine kritische Spannung von 34,8 ± 0,5 Volt, während BARTON[2], der SMYTHschen Methode folgend, eine Energie von 45,3 ± 1,5 Volt für doppelte Ionisierung angibt. SCHULZE (s. oben) hat spektroskopisch die Anregung einiger Ar II-Linien verfolgt. Er vergleicht die gefundenen Voltzahlen mit den Messungen DORGELOS und der Analyse DE BRUINS[3].

Tabelle 26. Anregungsenergie (Volt) einiger Ar II-Linien (nach SCHULZE).

λ	DE BRUIN	beob.	λ	DE BRUIN	beob.
4806	34,85	35,0	4579	35,59	35,5
4736	34,88	35,1	4545	35,44	35,1
4727	35,38	35,3	4426	35,17	35,2
4658	35,44	35,5	4228	35,30	36,3

Die spektroskopische Zahl 32,8 Volt stimmt gut mit der ersten Zahl MOHLERS überein. Die SCHULZEsche Zahl 35 ist wohl mit der zweiten MOHLERschen identisch. Für die Ionisierung $Ar^+ \rightarrow Ar^{++}$ $(3s^2p^4\ {}^3P_2)$ findet COMPTON 27,82 ± 0,05 Volt, also ist die Ionisierungsarbeit $Ar \rightarrow Ar^{++}$ $27{,}82 + 15{,}69 = 43{,}51$ Volt in befriedigender Übereinstimmung mit BLEAKNEY.

Zuletzt sei eine Beobachtung von HERTZ erwähnt (vgl. DORGELO-ABBINK, a. a. O.). Dieser fand die blauen Argonlinien in einer Bogenentladung bei 16 Volt Bogenspannung. Diese Beobachtung kann man dadurch erklären, daß in derartigen Entladungen[4] eine hohe Ionenkonzentration (10^{12} pro cm^3) und eine hohe Elektronenkonzentration vorliegen, so daß die Funkenlinien aus dem ionisierten Zustand angeregt werden können. DRUYVESTEYN fand, daß die relativen Intensitäten der Quartett- und Dublettlinien in diesem Fall umgekehrt sind als im Glimmlicht[5], was auf eine andere Entstehungsart hinweist.

In den Aufnahmen DORGELOS war zwischen den Gruppen 932—919 Å und 769—718 Å noch eine Gruppe von 6 Linien vorhanden, die charakteristische Frequenzunterschiede von 1003 und 1112 Balmereinheiten aufwiesen, aber nicht dem Ar II angehören. COMPTON und BOYCE[6] haben nachgewiesen, daß diese Linien dem Ar III zuzuschreiben sind (man vergleiche das beim Ne Gesagte). Für weitere Einzelheiten sei auf die genannten Arbeiten verwiesen.

KENTY[7] hat in einem Bogen die Rekombination von Argonionen und Elektronen beobachtet. Er maß die Elektronenenergie während des Nachleuchtens. Diese betrug etwa 0,4 Volt, war also ziemlich niedrig. Ein beschleunigendes Feld (3 bis 10 Volt) erhöht die Elektronenenergie und verringert die Nachleuchtdauer; ein verzögerndes Feld (bis 90 Volt) beeinflußt die Geschwindigkeit und die Dauer des Nachleuchtens (10^{-3} sec) nicht. Aus der gemessenen Elektronenkonzentration (10^{12} pro cm^3) wurde auf einen Rekombinationskoeffizienten von $2 \cdot 10^{-10}$ geschlossen.

Krypton und *Xenon*. Etwas weniger als Ar und Ne sind Kr und X untersucht worden. Die Resonanzlinien wurden von HERTZ und ABBINK[8] bestimmt und von DORGELO und ABBINK[9] bestätigt, die zahlreiche weitere Linien im kurzwelligen Ultraviolett beobachteten. Zugleich wurden viele kurzwellige Funkenlinien photographiert. Anschließend haben MEGGERS, DE BRUIN und HUM-

[1] G. DÉJARDIN, Ann. d. Phys. (10) Bd. 2, S. 241. 1924.
[2] H. A. BARTON, Phys. Rev. Bd. 25, S. 469. 1925.
[3] T. L. DE BRUIN, ZS. f. Phys. Bd. 51, S. 108. 1928.
[4] Vgl. M. J. DRUYVESTEYN, ZS. f. Phys. Bd. 64, S. 781. 1930.
[5] Im Glimmlicht sind die Dublettlinien die stärkeren. W. HANLE, Phys. ZS. Bd. 33. 1932 (im Erscheinen).
[6] J. C. BOYCE u. K. T. COMPTON, Proc. Nat. Acad. Amer. Bd. 15, S. 656. 1929.
[7] C. KENTY, Phys. Rev. Bd. 32, S. 624. 1928. [8] G. HERTZ u. J. H. ABBINK, a. a. O.
[9] H. B. DORGELO u. J. H. ABBINK, ZS. f. Phys. Bd. 47, S. 221. 1928.

Tabelle 27. Kritische Potentiale der Edelgasatome.

Elektronenbahnen	Terme	Volt vom Grundzustand aus (ber.)	Volt (beob.)	Ionisierungsstufe
		Helium[1].		
$1s^2$	$^1S_0$	0	—	He
$1s\,2s$	$^3S_1$	19,77	19,75[a] 19,77[b] 19,6[d]	He
$1s\,2s$	$^1S_0$	20,55	20,55[a] 20,55[b]	He
$1s\,2p$	$^1P_1$	21,12	21,2[a]	He
$1s\,3p$	$^1P_1$	22,97	22,9[a]	He
$1s$	^2S	24,47	24,6[a] 24,5[b] 24,5[e]	He^+
$2s, p$	$^2S, P$	65,1	—	He^+
vollständig ionisiert	—	78,63	79,5 ± 0,3[c]	He^{++}
		Neon.		
$2s^2\,2p^6$	$^1S_0$	0	—	Ne
$2s^2\,2p^5\,3s$	$^{1,3}P$	16,54—16,80	16,65[f]	Ne
$2s^2\,2p^5\,3p$	$^{1,3}S, P, D$	18,3 —18,9	18,45[f]	Ne
$2s^2\,2p^5$	$^2P_{1\frac{1}{2}}$	21,47	21,5[f]	Ne^+
$2s\,2p^6$	^2S	48,3		
$2s^2\,2p^4\,3s$	^4P	49,2	48,0 ± 1[m]	Ne^+
	^2P	49,4		
$2s^2\,2p^4\,3p$	$^{2,4}S, P, D$	52,5—52,9	—	
$2s^2\,2p^4\,3d$	$^{2,4}P, D, F$	56,1—56,3	54,9 ± 1[m]	Ne^+
$2s^2\,2p^4$	$^3P_2$	62,39	63,0 ± 0,5[j]	Ne^{++}
$2s\,2p^5$	$^3P_{012}$	87,6		Ne^{++}
$2s^2\,2p^3$	$^4S_{1\frac{1}{2}}$	125,7	125 ± 1[j]	Ne^{+++}
$2s^2\,2p^3$	^2D	130,0		Ne^{+++}
	^2P	132,5		
$2s\,2p^4$	^4P	148,3	143[j]	
		156,1	157[j]	
		164,2		
		Argon.		
$3s^2\,3p^6$	$^1S_0$	0		Ar
$3s^2\,3p^5\,4s$	$^3P_2$	11,49	11,5[f, g] 11,51[e]	Ar
	$^3P_1$	11,58		
	$^3P_0$	11,69		
	$^1P_1$	11,78		
$3s^2\,3p^5\,4p$	$^{1,3}S, P, D$	12,7—13,3	13,0[f] 12,89[e] 13,3-5[o]	Ar
$3s^2\,3p^5\,5s$	$^{1,3}P$	14,0—14,9	13,9[f] 14,79[e] 14,5-7[o]	Ar
$3s^2\,3p^5\,4d$	$^{1,3}P, D, F$	14,1—14,3	14,02[e]	Ar
			15,81[e]	
$3s^2\,3p^5$	$^2P_{1\frac{1}{2}}$	15,68	15,4[f] 15,2[g]	
	$^2P_{1\frac{1}{2}}$	15,86	15,7 ± 0,1[j]	Ar^+
$3s^2\,3p^4\,3d$	^4D	32,9—32,3	32,2 ± 0,2[m]	Ar^+
$3s^2\,3p^4\,3d$			34,8 ± 0,5[m]	
$3s^2\,3p^4\,4s$	$^{2,4}S, P, D, F$	32,5—35,8	34,0 ± 0,5[g]	Ar^+
$3s^2\,3p^4\,4p$			34	
$3s^2\,3p^4\,4d$	$^{2,4}P, D, F$	38,5—39,3	39,6 ± 0,5[m]	Ar^+
$3s^2\,3p^4\,5s$				
$3s^2\,3p^4$	$^3P_2$	43,51	45,3 ± 1,5[p]	Ar^{++}
			44,0 ± 0,5[j]	
$3s\,3p^5$	$^3P_{012}$	56,3—57,5		Ar^{++}
$3s^2\,3p^3$	$^4S_{1\frac{1}{2}}$	80,25	88 ± 1[j] 70 ± 2[g]	Ar^{+++}
$3s^2\,3p^2$	$^3P_0$		258[j]	Ar^{4+}
			300[j]	
			345[j]	
$3s^2\,3p$	$^2P_{\frac{1}{2}}$		500[j]	Ar^{5+}

[1] Über He vgl. H. PLÜMER, ZS. f. Phys. Bd. 77, S. 356. 1932 (Lit.).

Tabelle 27. (Fortsetzung.)

Elektronenbahnen	Terme	Volt vom Grundzustand aus (ber.)	Volt (beob.)	Ionisierungsstufe
		Krypton.		
$4s^2\,4p^6$	$^1S_0$	0		Kr
$4s^2\,4p^5\,5s$	$^3P_2$	9,9 }	9,9[f] 9,8[g]	{ Kr
	$^3P_1$	10,0 }		Kr
	$^3P_0$	10,5 }	10,5[f]	{ Kr
	$^1P_1$	10,6 }		Kr
$4s^2\,4p^5\,5p$	$^{1,3}S, P, D$	11,2—11,6	11,5[f]	Kr
		12,0—12,2	12,1[f]	Kr
$4s^2\,4p^5$	$^2P_{1^1/_2}$	13,94	13,3[f] 12,7[g]	Kr^+
			28,25 ± 0,5[g]	Kr^+
			59[g]	Kr^{++}
		Xenon.		
$5s^2\,5p^6$	$^1S_0$	0		X
$5s^2\,5p^5\,6s$ {	$^3P_2$	8,3 }	8,3[f] 8,4[g]	X
	$^3P_1$	8,45 }		
	$^3P_0$	9,4		X
	$^1P_1$	9,55	9,9[f] 9,5[g] (vgl. $5d$)	X
$5s^2\,5p^5\,6p$	$^{1,3}S, P, D$	{ 9,5—9,95 10,95—11,05	} 11,0[f]	X
$5s^2\,5p^5\,5d$	$^{1,3}P, D, F$	9,8—10,1		X
$5s^2\,5p^5$	$^2P_{1^1/_2}$	12,08	11,5[f] > 11,7[l] 12,0[k]	X^+
	$^2P_{1/_2}$	13,38		
$5s\,5p^6$	$^2S_{1/_2}$	23,1		X^+
$5s^2\,5p^4\,6s$	^4P	23—23,5		X^+
	$^2P, D$	25		
$5s^2\,5p^4\,5d$	^4D	24—25	24,2[g]	
$5s^2\,5p^4\,6p$	$^{2,4}S, P, D$	26—27		
$5s^2\,5p^4$	$^3P_2$	33,2		X^{++}
			51[g]	X^{++}
		Emanation.		
$6s^2\,6p^6$	$^1S_0$	0		
$6s^2\,6p^5\,7s$	$^3P_1$	6,93		Em
	$^1P_1$	8,52		Em
$6s^2\,6p^5$	$^2P_{1^1/_2}$	10,7	10,6[n]	Em^+

[a] J. Franck, ZS. f. Phys. Bd. 11, S. 155. 1922.
[b] G. Hertz, ZS. f. Phys. Bd. 31, S. 463. 1925.
[c] J. Franck u. P. Knipping, Phys. ZS. Bd. 20, S. 481. 1919.
[d] G. Dymond, Proc. Cambridge Phil. Soc. Bd. 22, S. 405. 1924; Proc. Roy. Soc. London (A) Bd. 107, S. 291. 1925.
[e] H. Bartels, ZS. f. Phys. Bd. 47, S. 61. 1928; H. Bartels u. W. Gliwitsky, ebenda Bd. 47, S. 68. 1928; W. Gliwitsky, Ann. d. Phys. (5) Bd. 1, S. 701. 1929.
[f] G. Hertz, ZS. f. Phys. Bd. 18, S. 307. 1923; G. Hertz u. R. K. Kloppers, ebenda Bd. 31, S. 463. 1925.
[g] G. Déjardin, C. R. Bd. 172, S. 1347. 1921; Bd. 176, S. 894. 1923; Bd. 178, S. 1069. 1924.
[h] G. Horton u. Ann. Davies, Proc. Roy. Soc. London (A) Bd. 102, S. 13[illegible]. 1921.
[i] G. Hertz, ZS. f. Phys. Bd. 32, S. 933. 1925.
[j] W. Bleakney, Phys. Rev. Bd. 36, S. 1303. 1930.
[k] H. B. Dorgelo u. J. H. Abbink, ZS. f. Phys. Bd. 47, S. 221. 1927.
[l] F. M. Penning, ZS. f. Phys. Bd. 46, S. 335. 1927.
[m] F. L. Mohler, Science Bd. 63, S. 405. 1926.
[n] F. Holweck u. L. Wertenstein, Nature Bd. 126, S. 433. 1930.
[o] B. Schulze, ZS. f. Phys. Bd. 56, S. 378. 1929.
[p] H. A. Barton, Phys. Rev. Bd. 25, S. 469. 1925.

PHREYS[1] größtenteils nach eigenen Aufnahmen die Spektren Kr I und X I, II analysiert, so daß man jetzt die gefundenen kritischen Potentiale mit den spektroskopischen Werten vergleichen kann. Die Potentiale der neutralen Atome wurden von HERTZ und KLOPPERS[2] bestimmt. Bemerkenswert ist dabei, daß die Resonanzspannungen jetzt getrennt gemessen werden, entsprechend dem größeren Frequenzunterschied der Resonanzlinien und der Struktur der niedrigen s-Terme ($4p^5\,5s$ beim Kr, $5p^5\,6s$ beim X). Dieser Frequenzunterschied ist etwa gleich dem Dublettabstand im Grundterm des Ions. PENNING konnte durch Beimischung von Xenon keine Erniedrigung der Zündspannung des Argons erzielen und schloß daraus, daß das Ionisierungspotential höher ist als die Energie des metastabilen $4s\,^3P_0(s_3)$-Zustandes (11,70 Volt). In Übereinstimmung damit beobachtete DORGELO kontinuierliche Absorption an der Seriengrenze von 1025 Å (12,05 Volt) ab.

Über die Funkenspektren liegen nur wenige Messungen kritischer Potentiale vor. DÉJARDIN[3] gibt 28,25 ± 0,5 Volt für Kr und 24,2 Volt für X an.

Emanation (Niton, Radon). Das Spektrum des sechsten (radioaktiven) Edelgases ist seit 1920[4] wiederholt untersucht worden. Die Ionisierungsspannung wurde von HOLWECK und WERTENSTEIN[5] bestimmt. Sie fanden nach der HERTZschen Raumladungsmethode (Ziff. 23) für Kr, X, Em bzw. 13,3, 11,4 und 10,6 Volt. Aus dem Spektrum leitete RASMUSSEN[6] 10,7 Volt für die Ionisierungsspannung ab. Für die Resonanzlinien fand er die Wellenlänge 1786,07 bzw. 1451,56 Å.

In Tabelle 27 werden die wichtigsten Niveaus der Edelgase mit den gefundenen Potentialen verglichen.

Tabelle 28[7]. Ionisierungsspannungen der Atome.

Angegeben sind die Spannungen, die zum Entreißen des ersten, zweiten usw. Elektrons nötig sind. Die meisten Zahlen sind aus der Analyse der Spektren bekannt. Bei den mit Stern hervorgehobenen Ionisierungsspannungen liegen Elektronenstoßbeobachtungen vor. Die eingeklammerten Zahlen sind unsicher.

		1	2	3	4	5	6
1	H	13,54*	—	—	—	—	—
2	He	24,47*	54,16*	—	—	—	—
3	Li	5,37*	75,28	121,85	—	—	—
4	Be	9,28	18,14	153,10	216,62	—	—
5	B	8,33	23,98	37,75	(261)	339	—
6	C	11,22	24,28	46,34	64,19	(395)	487
7	N	14,48	29,47	47,17	(73,5)	97,43	—
8	O	13,56	34,93	54,88	77,0	(109,19)	137,48
9	F	(17,4)[8]	34,5	(62,5)	(86,8)	(102,3)	—
10	Ne	21,47*	40,92*	63,2*	—	—	—
11	Na	5,12*	47,5	70,8	—	—	—
12	Mg	7,61*	14,97	(81)	109,0	—	—
13	Al	5,96	18,75	28,32	(122)	153,6	—
14	Si	8,12	16,27	33,35	44,95	(169)	—
15	P	11,11*	19,81	30,04	(48)	64,74	—

[1] W. F. MEGGERS, T. L. DE BRUIN u. C. J. HUMPHREYS, Bur. Stand. Journ. Res. Bd. 3, S. 129. 1930; Bd. 3, S. 731. 1930; Bd. 6, S. 287. 1931.

[2] G. HERTZ u. R. K. KLOPPERS, ZS. f. Phys. Bd. 31, S. 463. 1925.

[3] G. DÉJARDIN, C. R. Bd. 172, S. 1347. 1921; Bd. 176, S. 894. 1923; Bd. 178, S. 1069. 1924.

[4] N. M. HICKS, Phil. Trans. Bd. 220, S. 335. 1920.

[5] F. HOLWECK u. L. WERTENSTEIN, Nature Bd. 126, S. 433. 1930.

[6] E. RASMUSSEN, ZS. f. Phys. Bd. 62, S. 494. 1930.

[7] Nach H. KALLMANN u. B. ROSEN, Phys. ZS. Bd. 32, S. 521. 1931; W. GROTRIAN, Landolt-Börnstein E II 6, S. 567. 1931; S. GOUDSMIT u. L. PAULING, Structure of Line-Spectra 1930; A. v. ANTROPOFF u. M. v. STACKELBERG, Atlas der phys. u. anorg. Chemie 1929, Nachträge 1929—1931.

[8] Nach KALLMANN-ROSEN (a. a. O.) 18,6.

Tabelle 28 (Fortsetzung).

		1	2	3	4	5	6
16	S	10,31	23,30	34,9	47,08	(67)	87,67
17	Cl	12,96	23,70	39,73	47,36	67,65	(88,6) [1]
18	Ar	15,68*	27,82*	36,75*	178*	242*	—
19	K	4,32*	31,7*	46,5	—	—	—
20	Ca	6,09*	11,82	50,8	—	—	—
21	Sc	6,57	12,80	24,64	(72,2)	—	—
22	Ti	6,80	13,60	27,6	44,66	(95,7)	—
23	V	6,76	14,7	(29,6)	(48,3)	68,64	122)
24	Cr	6,74	16,6	(31)	(50,4)	(72,8)	—
25	Mn	7,40	15,70	(32)	(52)	(75,7)	—
26	Fe	7,83*	16,5	—	—	—	—
27	Co	7,81	17,3	—	—	—	—
28	Ni	7,61*	18,13	—	—	—	—
29	Cu	7,69*	20,2	—	—	—	—
30	Zn	9,35*	17,89*	—	—	—	—
31	Ga	5,97	18,9	30,58	63,9	—	—
32	Ge	7,85	15,86	31,97	45,50	(90)	—
33	As	(10,5)* [2]	—	28,0	(51,7)	62,4	—
34	Se	9,70*	—	—	42,72	72,8	81,4
35	Br	11,8	—	—	—	—	—
36	Kr	13,94*	26,4	31,23	—	—	—
37	Rb	4,16*	27,3	—	—	—	—
38	Sr	5,67	10,98	—	—	—	—
39	Y	6,5	12,3	20,6	—	—	—
40	Zr	(6)	13,97	—	34,16	—	—
42	Mo	7,35	—	—	—	—	—
44	Ru	(7,5)	—	—	—	—	—
45	Rh	(7,7)	—	—	—	—	—
46	Pd	(8,3)	(19,8)	—	—	—	—
47	Ag	7,54*	17,1	—	—	—	—
48	Cd	8,95*	16,84	(32)	—	—	—
49	In	5,76*	18,81	27,91	(53)	—	—
50	Sn	7,37*	14,52	30,49	40,4	—	—
51	Sb	8,35*	13,8	24,7	43,91	55,4	—
52	Te	8,96 [3]	—	—	—	59,95	—
53	J	10,4*	—	—	—	—	—
54	X	12,08*	21,1	28,51	—	—	—
55	Cs	3,88*	23,4	—	—	—	—
56	Ba	5,19	9,95	—	—	—	—
57	La	5,5	(12,5)	—	—	—	—
58	Ce	(6,91)	—	—	—	—	—
59	Pr	(5,76)	—	—	—	—	—
60	Nd	(6,31)	—	—	—	—	—
61	Il	—	—	—	—	—	—
62	Sm	(6,55)	—	—	—	—	—
64	Gd	(6,65)	—	—	—	—	—
65	Tb	(6,74)	—	—	—	—	—
66	Dy	(6,82)	—	—	—	—	—
70	Yb	(7,06)	—	—	—	—	—
75	Re	7,85	—	—	—	—	—
78	Pt	8,9	—	—	—	—	—
79	Au	9,19	—	—			
80	Hg	10,39*	18,67*	(41)*	(72)*	(82)*	—
81	Tl	6,08*	20,30	29,7	—	—	—
82	Pb	7,38*	14,97	31,91	43,93	—	—
83	Bi	7,25*	29,5	25,9	—	—	—
86	Em	10,69*	—	—	—	—	—
88	Ra	(5,4)	10,2	—	—	—	—

[1] Eine siebente Ionisierungsspannung beträgt nach PAULING u. GOUDSMIT (a. a. O.) 114 Volt. [2] A. S. RAO, Proc. Phys. Soc. London Bd. 44, S. 594 1932.

[3] J. E. RUEDY, Phys. Rev. Bd. 41, S. 588. 1932.

b) Zweiatomige Moleküle[1].

α) Allgemeines.

53. Energiestufen. Während bei Atomen die verschiedenen Anregungsstufen nur von der Elektronenkonfiguration abhängen, sind die Verhältnisse schon bei zweiatomigen Molekülen sehr viel verwickelter. Weil nämlich die Atomkerne gegeneinander schwingen und umeinander rotieren können, wird jeder Elektronenterm in eine zweifach unendliche Mannigfaltigkeit von Termen zerlegt; dementsprechend steht einer Spektrallinie des Atomspektrums ein ganzes „Bandensystem" des Molekülspektrums gegenüber. Für eine eingehende Betrachtung der Molekülspektren und für die theoretische Behandlung der Stoßvorgänge müssen wir auf andere Teile dieses Handbuches verweisen[2], hier seien nur kurz einige Tatsachen, welche für die uns hier interessierende Anregung von Molekülen durch Elektronenstoß besonders wichtig[3] sind, erwähnt.

Die Energiewerte E (ergs) der Schwingungs- und Rotationsterme sind für einen bestimmten Elektronenzustand durch folgende Formel darstellbar[4]:

$$\left.\begin{aligned} E = E_e + hc[\omega_e(v+\tfrac{1}{2}) - \omega_e x_e(v+\tfrac{1}{2})^2 + \cdots] \\ + hc[B_v\{(J+\tfrac{1}{2})^2 + \text{konst.}\} + D_v(J+\tfrac{1}{2})^4 + \cdots], \end{aligned}\right\} \quad (1)$$

wo v = Schwingungsquantenzahl,
J = Rotationsquantenzahl,
h = PLANCKsches Wirkungsquantum,
c = Lichtgeschwindigkeit,
E_e, x_e, ω_e = Konstanten,
B_v, D_v = Funktionen von v.

Die Energie wird bezogen auf den (übrigens nicht realisierbaren) unangeregten Zustand des Moleküls ohne Schwingungs- und Rotationsenergie. In dieser Formel ist zum Ausdruck gebracht, daß der niedrigste in Wirklichkeit vorkommende Schwingungs- bzw. Rotationszustand immer noch ein halbes Quantum der bezüglichen Energie enthält. Abb. 85 gibt als Beispiel einige Energieniveaus für Wasserstoff. Wie man sieht, sind die Rotationsquanten klein in bezug auf die Schwingungsquanten, und diese wiederum viel kleiner als die Anregungsenergien der Elektronenterme. Tatsächlich hat das Wasserstoffmolekül wegen seines kleinen Trägheitsmomentes noch relativ große Rotationsquanten; bei den anderen in diesem Abschnitt zu be-

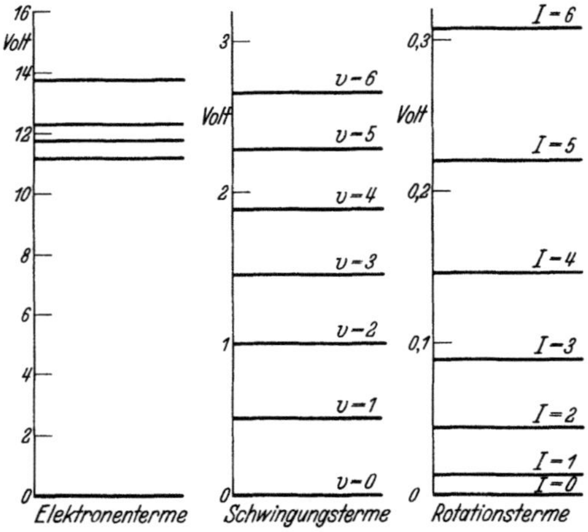

Abb. 85. Vergleich der Energiequanten bei einem zweiatomigen Molekül (H_2).

[1] Angaben über zusammenfassende Übersichten findet man auf S. 75, Fußnote 2.

[2] Vgl. ds. Handb. Bd. XXI, Kap. 11. 1929; ferner 2. Aufl. Bd. XXIV/1.

[3] Weitere neuere Übersichten über Molekülspektra: R. S. MULLIKEN, Rev. Mod. Phys. Bd. 2, S. 60, 506. 1930; Bd. 3, S. 89. 1931; R. DE L. KRONIG, Band Spectra and molecular structure. 1930; W. WEIZEL, Bandenspektren, Handb. d. Experimentalphysik, Ergänzungswerk Bd. 1. 1931; F. HUND, Ergebn. d. exakt. Naturwissensch. Bd. 8, S. 147. 1929; ZS. f. Phys. Bd. 63, S. 719. 1930; G. HERZBERG, ZS. f. Phys. Bd. 57, S. 601. 1929.

[4] Die in den Formeln (1) und (3) benutzten Bezeichnungen sind international festgelegt; siehe R. S. MULLIKEN, Phys. Rev. Bd. 36, S. 611. 1930; F. HUND, ZS. f. Astrophys. Bd. 2, S. 217. 1931.

sprechenden Molekülen sind diese noch 10 bis 100mal so klein; derartige Energiebeträge liegen jedoch bei den Elektronenstoßversuchen meistens ganz innerhalb der Beobachtungsfehler, so daß wir im folgenden die Rotation außer Betracht lassen können[1]. Die Formel (1) vereinfacht sich dann zu

$$E = E_e + hc[\omega_e(v + \tfrac{1}{2}) - \omega_e x_e(v + \tfrac{1}{2})^2 + \cdots]. \tag{2}$$

Die experimentell erhaltenen Resultate werden meistens durch eine etwas andere Formel dargestellt, nämlich:

$$E = E_0 + hc(\omega_0 v - \omega_0 x v^2 + \cdots); \tag{3}$$

E_0 bedeutet dabei eine direkt beobachtbare Energiedifferenz, nämlich die Differenz zwischen den nullten Schwingungszuständen des betrachteten Elektronenterms und des unangeregten Moleküls. Diese letzte Formel werden wir fernerhin anwenden.

54. Potentialkurven. Dissoziation. Für eine Übersicht über die Vorgänge beim Elektronenstoß hat sich die Darstellung durch „Potentialkurven" als besonders fruchtbar erwiesen. Die potentielle Energie $U(r)$ des Atomsystems wird dabei als Funktion des Kernabstandes r aufgetragen, wie es beispielsweise in Abb. 86 angegeben ist; die „erlaubten" Schwingungszustände ($v=0,1$, usw.) werden durch horizontale Gerade dargestellt.

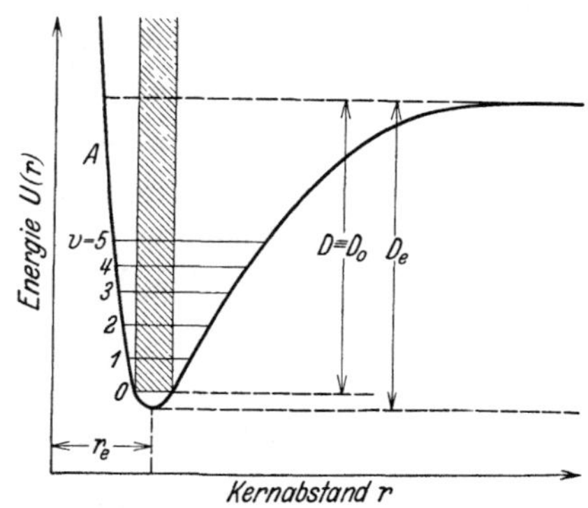

Abb. 86. Potentialkurve mit Schwingungszuständen.

Übersteigt die Schwingungsenergie einen gewissen Wert D_e (Abb. 86), so tritt Dissoziation auf. Zu jeder Potentialkurve und also zu jedem Anregungszustand des Moleküls gehört eine bestimmte Dissoziationsarbeit, welche entweder auf das Minimum der Potentialkurve ($r = r_e$) bezogen werden kann (D_e) oder auf den nullten Schwingungszustand $v = 0$ (D oder D_0). Der Unterschied beträgt etwa $\frac{1}{2} hc\omega_e$ (Formel 2), d. h. maximal einige zehntel Volt (vgl. Abb. 85). Wir werden im folgenden die Größe D als die Dissoziationsarbeit des betrachteten Zustandes bezeichnen. Mit der Dissoziationsarbeit eines Moleküls ohne weiteres soll die Arbeit zur Dissoziierung des Grundzustandes in zwei unangeregte neutrale Atome gemeint sein; diese ist der chemischen Dissoziationsarbeit beim absoluten Nullpunkt gleich, kann jedoch von der Größe D für den Grundzustand verschieden sein (z. B. bei Ionenmolekülen, Ziff. 73).

An der rechten Seite der Potentialkurven werden öfters die Dissoziationsprodukte angegeben; so ist z. B. aus der Abb. 89 (Ziff. 57) ersichtlich, daß der niedrigste Elektronenzustand des Wasserstoffmoleküls ($1s\,^1\Sigma_g$) in zwei normale H-Atome, der angeregte $2p\,^1\Pi_u$-Zustand in ein normales und ein angeregtes Atom (H^1) dissoziiert. In derselben Abbildung sind ähnliche Potentialkurven auch für Molekülionen angegeben, dabei ist dann offenbar eines der Dissoziationsprodukte ein Ion; der mit H_2^+ angegebene Zustand dissoziiert z. B. in $H + H^+$, der mit H_2^{++} angegebene in $H^+ + H^+$. Zu beachten ist noch, daß Lichtabsorption einen Übergang von einem neutralen in einen ionisierten Zustand veranlassen kann; der mit Lichtemission verknüpfte Übergang in umgekehrter Richtung ist jedoch nur möglich wenn ein Elektron hinzutritt (Rekombinationsleuchten).

---

[1] Die Trennung von Rotations- und Schwingungsenergie ist übrigens nicht immer möglich, vgl. z. B. O. Oldenberg, ZS. f. Phys. Bd. 56, S. 563. 1929.

Übergänge zwischen zwei Ionenzuständen gehören zum Ionenspektrum (die „negativen Banden" des N_2, O_2 usw.).

Bei den „Atommolekülen" dissoziiert der Grundzustand bei Steigerung der Schwingungsenergie in zwei neutrale Atome, von denen ausnahmsweise eines angeregt sein kann[1]; bei den Ionenmolekülen dagegen dissoziiert der Grundzustand in zwei Ionen (vgl. Ziff. 73).

MORSE[2] hat eine Formel angegeben, welche die Potentialkurve $U(r)$ in einem gewissen Bereich des Kernabstandes r gut darstellt[3]; vorausgesetzt ist dabei, daß die höheren Terme in der Formel (3) für die Schwingungszustände vernachlässigt werden können und daß also:

$$E = E_0 + hc(\omega_0 v - \omega_0 x v^2)\,. \tag{4}$$

In diesem Fall gilt für die Dissoziationsarbeit:

$$D = hc\frac{\omega_0^2}{4\,\omega_0 x}\,(\text{ergs}) \quad \text{oder} \quad D = \frac{\omega_0^2}{4\,\omega_0 x}\,(\text{cm}^{-1})\,. \tag{5}$$

Damit wir die nötigen Konstanten direkt aus den Tabellen der Bandenspektren ablesen können, geben wir der MORSEschen Formel eine von der ursprünglichen Form etwas abweichende Gestalt. Als Energieeinheit wählen wir cm^{-1}. Es gilt dann:

$$U(r) = A_0 - \tfrac{1}{2}\,\omega_0 + (D + \tfrac{1}{2}\,\omega_0)\,[1 - e^{-a(r-r_e)}]^2\,(\text{cm}^{-1})\,. \tag{6}$$

A_0 = die Energie des nullten Schwingungszustandes, bezogen auf den Grundzustand des Moleküls ($v = 0$),

r_e = der Wert von r, wobei $U(r)$ minimal ist,

$$a = \pi(\omega_0 + \omega_0 x)\sqrt{\frac{2c}{h(D_0 + \frac{1}{2}\,\omega_0)}}\sqrt{\frac{m_1 m_2}{m_1 + m_2}}\,,$$

oder wenn r und r_e in Å ausgedrückt sind:

$$a = 0{,}1226\,\frac{\omega_0 + \omega_0 x}{\sqrt{D + \frac{1}{2}\,\omega_0}}\sqrt{\frac{M_1 M_2}{M_1 + M_2}}\,;$$

$m_1 m_2$; $M_1 M_2$ = Massen bzw. Atomgewichte der Kerne.

Die Werte von D, ω_0 und $\omega_0 x$ sind den Tabellen der Bandenspektren zu entnehmen. Ist D nicht bekannt, so kann diese Größe nach der Formel (5) berechnet werden. Für a ergibt sich dann:

$$a = 0{,}2452\sqrt{\omega_0 x}\sqrt{\frac{M_1 M_2}{M_1 + M_2}}\,(r \text{ in Å})\,.$$

Der Wert von r_e folgt aus der Rotationsstruktur des betrachteten Terms. Wenn diese Größe unbekannt ist, kann sie in vielen Fällen mit guter Annäherung aus der Gleichung

$$r_e^3\,\omega_0 = 3000\ (\text{Å}^3/\text{cm})$$

berechnet werden.

Wenn die Bedingungen (4) und (5) nicht erfüllt sind, was öfters der Fall ist, gilt die MORSEsche Formel nur angenähert. Setzt man dann für D den aus (5) folgenden Wert ein, so wird die berechnete Kurve in der Nähe des Minimums dem wirklichen Verlauf besser angepaßt sein, jedoch für große r nicht

---

[1] Dies ist z. B. nach HEITLER und HERZBERG (ZS. f. Phys. Bd. 53, S. 52. 1929) beim CN der Fall; auch für einige Ionen gilt nach diesen Autoren Ähnliches z. B. für N_2^+, dessen Grundzustand in ein normales Atom und ein angeregtes Ion dissoziieren soll.

[2] P. M. MORSE, Phys. Rev. Bd. 34, S. 57. 1929. Die Bezeichnungen MORSEs sind etwas anders, weil damals die internationalen Festlegungen noch nicht stattgefunden hatten.

[3] Eine andere Methode wird von R. RYDBERG (ZS. f. Phys. Bd. 73, S. 376. 1931) angegeben. Vgl. auch O. KLEIN: ZS. f. Phys. Bd. 76, S. 226. 1932.

mehr die richtigen Energiewerte liefern; nimmt man dagegen für D den experimentell bestimmten Wert an, so gibt die Formel zwar für $r = r_e$ und $r = \infty$ die richtigen Energiewerte, ist aber in der Nähe von r_e weniger genau[1]. Weil jedoch im letzten Fall die Kurve zur Darstellung des betrachteten Bereiches als Ganzes besser geeignet ist, haben wir bei der Berechnung der in den folgenden Ziffern abgebildeten Potentialkurven die zweite Methode angewendet[2].

Für die Methoden zur optischen Bestimmung der Dissoziation verweisen wir auf die untenstehende Literatur[3]. Aus theoretischen Überlegungen geht öfters hervor, in welche Dissoziationsprodukte (normale, angeregte, ionisierte Atome usw.) das Molekül bei dem betreffenden Dissoziationsprozeß zerlegt wird; in diesem Fall kann die entsprechende Dissoziationsenergie mittels eines Kreisprozesses mit anderen Energiedifferenzen in Zusammenhang gebracht werden und zur Berechnung von unbekannten Größen dienen (z. B. beim O_2, Ziff. 66) oder auch selbst aus bekannten Größen berechnet werden (z. B. beim N_2, Ziff. 65).

55. Das FRANCK-CONDONsche Prinzip. Es fragt sich nun, wie die Schwingungsquantenzahl sich ändert, wenn das Molekül durch Strahlung oder, was uns hier besonders interessiert, durch Elektronenstoß in einen anderen Elektronenzustand übergeführt wird. Darüber gibt das FRANCK-CONDONsche Prinzip Auskunft. In der ursprünglichen Fassung von FRANCK[4] lautet es folgendermaßen: Der Elektronensprung verläuft so rasch, daß der Abstand der Kerne sich währenddessen nur wenig ändert[5]; bei der Anregung des Moleküls in einen höheren Zustand sind also nur Übergänge möglich zwischen Zuständen, welche im $U(r)$-Diagramm nahezu auf derselben Gerade $r =$ konst. liegen. Befindet sich bei Elektronenstoßversuchen das Gas auf Zimmertemperatur, so verweilt die große Mehrzahl der Moleküle im nullten Schwingungszustand des Grundniveaus; stellt A in Abb. 86 dieses Grundniveau dar, so wird man nur Übergänge nach

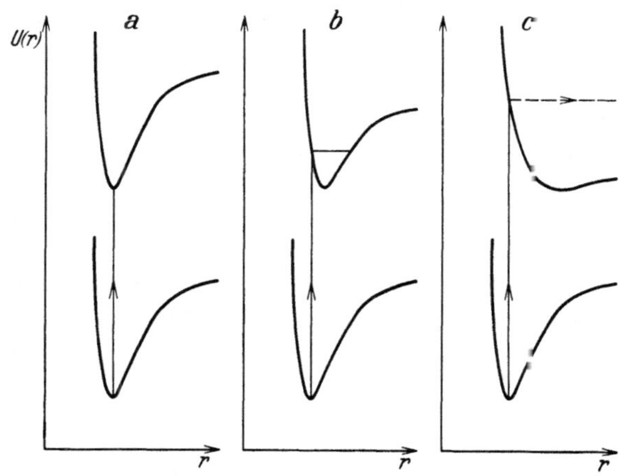

Abb. 87. Anregung durch Elektronenstoß nach dem FRANCK-CONDONschen Prinzip. *a* keine Übertragung von Schwingungsenergie; *b* Übertragung von Schwingungsenergie; *c* Dissoziation.

[1] Für briefliche Aufklärung hinsichtlich dieses Punktes möchten wir Dr. MORSE herzlich danken.

[2] Diese Methode wird auch von MULLIKEN in einer neuerdings veröffentlichten Übersicht benutzt (Rev. Mod. Phys. Bd. 4, S. 1. 1932). Daselbst eine ausführliche Zusammenstellung der Daten für die Berechnung von Potentialkurven. (Anm. bei der Korr.)

[3] Weitere Literatur über Dissoziation: Ds. Handb. Bd. 21, S. 553 (MECKE); H. SPONER, Ergebn. d. exakt. Naturwissensch. Bd. 6, S. 75. 1927; G. HERZBERG, ebenda Bd. 10, S. 207. 1931; R. T. BIRGE, Trans. Faraday Soc. Bd. 25, S. 707. 1929; J. FRANCK, ZS. f. Elektrochem. Bd. 36, S. 581. 1930; Naturwissensch. Bd. 19, S. 217. 1931; LANDOLT-BÖRNSTEIN, Phys.-Chem. Tabellen, 2. Ergänzungsbd., S. 1611. 1931 (SPONER); Molekülstruktur, Leipziger Vorträge 1931, S. 107 (SPONER); E. RABINOWITSCH, ZS. f. Elektrochem. Bd. 37, S. 91. 1931; Bd. 38, S. 370, 451. 1932.

[4] J. FRANCK, Trans. Faraday Soc. Bd. 21, S. 536. 1925; ZS. f. phys. Chem. Bd. 120, S. 144. 1926.

[5] Dieser Gedanke war schon früher versuchsweise von NIESSEN benutzt bei einer Untersuchung über die Ionisierungsspannung des Wasserstoffmolekülions. K. F. NIESSEN, Zur Quantentheorie des Wasserstoffmolekülions. Utrechter Dissert. 1922, S. 172.

Punkten von anderen Potentialkurven, welche innerhalb oder in der unmittelbaren Nähe des schraffierten Gebietes liegen, erwarten. Je nach der Lage der Minima der Potentialkurven werden also bei der Anregung durch Elektronenstoß stark verschiedene Beträge von Schwingungsenergie übertragen werden. Abb. 87 gibt einige typische Beispiele (*a*: keine Änderung, *b*: beträchtliche Änderung der Schwingungsenergie, *c*: Dissoziation).

Die quantenmechanische Betrachtung der optischen Übergangswahrscheinlichkeiten nach CONDON[1] führt zu einer weniger strengen Auswahl der Möglichkeiten; die Formulierung wird dann so, daß für Übergänge mit Elektronensprung die Wahrscheinlichkeit am größten ist, wenn der Kernabstand sich während des Sprunges nicht ändert. Für Übergänge ohne Elektronensprung gilt die Auswahlregel: $\Delta v = \pm 1$.

56. Bestimmung kritischer Potentiale von Molekülen durch Elektronenstoß[2]. Wir definieren die Anregungsspannung eines bestimmten Elektronenniveaus (bzw. die Ionisierungsspannung) als die Energiedifferenz zwischen den nullten Schwingungszuständen des angeregten (bzw. des ionisierten) Zustandes und des Grundzustandes. Die Bestimmung kritischer Potentiale durch Elektronenstoß ist bei Molekülen viel schwieriger als bei Atomen, was in erster Linie durch die sehr viel größere Zahl der Energiestufen verursacht wird. Die Kurve, welche bei Elektronenstoßversuchen z. B. für den Photostrom aus der negativen Platte (Ziff. 24) erhalten wird, ist als die Summe einer Anzahl von Kurven für benachbarte Energieniveaus zu betrachten. Die Anregung der verschiedenen einzelnen Schwingungsniveaus hat nach dem FRANCK-CONDONschen Prinzip eine stark verschiedene Wahrscheinlichkeit, und man kann also aus der gemessenen Summenkurve nicht ableiten, wie groß die Anregungsspannung des nullten Schwingungszustandes des betrachteten Elektronenniveaus ist. Gleichzeitige spektroskopische Beobachtung kann hierüber jedoch Auskunft geben. Beim Stickstoff z. B. konnten auf diese Weise Anregungsspannungen eines bestimmten Schwingungszustandes bestimmt werden (Ziff. 63). Wenn die Energieverluste der Primärelektronen nach der Methode von McMILLEN (Ziff. 9) bestimmt werden, ist daraus zwar das kritische Potential desjenigen Schwingungszustandes, dessen Anregung die größte Wahrscheinlichkeit hat, abzuleiten, man weiß dann jedoch noch nicht, wieviel Schwingungsenergie bei dieser wahrscheinlichsten Anregung übertragen wird.

Bei Bestimmung der Ionisierungsspannung treten dieselben Schwierigkeiten auf, außerdem ist dabei mit verschiedenen Ionisationsprodukten (Molekülionen, verschiedenen Atomionen) zu rechnen. Darum werden in letzter Zeit Bestimmungen der Ionisierungsspannung von Molekülen meistens mit dem magnetischen Spektrographen (vgl. Ziff. 27) ausgeführt.

Eine andere Schwierigkeit liegt in den unelastischen Energieverlusten, welche auch schon Elektronen geringer Geschwindigkeit erleiden. Aus diesem Grunde sind die Beobachtungen bei niedrigem Druck auszuführen, was bei der Methode des magnetischen Spektrographen auch aus anderen Gründen erwünscht ist. Schließlich muß das Auftreten von Zersetzungsprodukten, insbesondere von Atomen (Zersetzung bzw. Dissoziation am Glühfaden oder durch vorhergehenden Elektronenstoß) soviel wie möglich vermieden werden, da sonst auch fremde kritische Potentiale mitbeobachtet werden. Bei Versuchen mit Wasserstoff (Ziff. 62) z. B. scheint diese Möglichkeit nicht immer genügend berücksichtigt zu sein.

---

[1] E. U. CONDON, Proc. Nat. Acad. Amer. Bd. 13, S. 462. 1927; Phys. Rev. Bd. 32, S. 858. 1928.

[2] Neuere Übersichten über dieses Gebiet: H. D. SMYTH, Rev. Mod. Phys. Bd. 3, S. 347. 1931; H. KALLMANN u. B. ROSEN, Phys. ZS. Bd. 32, S. 521. 1931.

57. Anregung von Schwingungs- und Rotationsquanten durch Elektronenstoß ohne gleichzeitigen Elektronensprung im Molekül. In Ziff. 13 wurde schon hervorgehoben, daß bei Elektronen geringer Geschwindigkeit, welche noch keine Elektronensprünge anregen können, doch unelastische Zusammenstöße festgestellt wurden, welche von HARRIES und anderen näher untersucht sind. HARRIES folgerte aus seinen Resultaten für 5 Volt-Elektronen in N_2 und CO erstens, daß bei den Zusammenstößen im Mittel der gleiche *absolute* Energiebetrag verlorenging, und zweitens, daß dieser Energieverlust relativ groß war; es handelte sich dabei also um Anregung von Schwingungs- und nicht von Rotationsquanten. Nach dem FRANCK-CONDONschen Prinzip soll der Kernabstand sich während des Elektronenstoßes nur wenig ändern, es liegt also auf der Hand anzunehmen, daß es sich hier hauptsächlich um die Übertragung *eines* Schwingungsquants handelt. Da wegen der geringen Masse des Elektrons eine direkte Übertragung von kinetischer Energie an die Kerne unmöglich ist, hat man sich nach FRANCK und JORDAN[1] diesen Prozeß so vorzustellen, daß die potentielle Energie der Kerne während der Störung des Elektronensystems sich ändert; während aber diese Störung selbst beim Zusammenstoß mit einem langsamen Elektron adiabatisch zurückgeht, können die Kerne die erworbene potentielle Energie in Schwingung umsetzen.

Für die Wahrscheinlichkeit einer derartigen Schwingungsanregung erwartet man bei homonuklearen Molekülen einen geringeren Wert als bei heteronuklearen. Optisch ist nämlich bei gleichen Kernen der Übergang zwischen zwei Schwingungszuständen ohne gleichzeitigen Elektronensprung verboten: ein Rotationsschwingungsspektrum kommt bei homonuklearen Molekülen nicht vor. In Übereinstimmung damit zeigte sich experimentell die Anregungswahrscheinlichkeit für diesen Vorgang bei H_2 und N_2 geringer als bei CO (vgl. weiter unten)[2].

Wahrscheinlich ist in Übereinstimmung mit den optischen Prozessen die Änderung der Rotation bei Anregung durch Elektronenstoß nur gering; die Erfahrung, daß in Entladungsröhren die Zahl der auftretenden Bandenlinien von der Temperatur des Gases abhängt, ist damit im Einklang[3, 4].

β) Homonukleare Moleküle.

Wasserstoff.

58. Allgemeines. Während vor wenigen Jahren[5] beim Wasserstoff mit Sicherheit nur zwei Quantensprünge angegeben werden konnten, nämlich Anregung bei 11,5 Volt $\pm$ 0,4 und Ionisierung bei 16,1 Volt $\pm$ 0,2, sind in der letzten Zeit die Verhältnisse viel besser geklärt worden. Abb. 88 gibt die Elektronenterme ($v = 0$), Abb. 89 die Potentialkurven für einige der wichtigsten Anregungszustände wieder[6]. Besonders wichtig für die Erklärung mehrerer

[1] J. FRANCK u. P. JORDAN, Anregung von Quantensprüngen durch Stoß, S. 255. 1926.

[2] Wir unterscheiden zwischen homonuklearen Molekülen (gleiche Kerne) und heteronuklearen (ungleiche Kerne). Vgl. R. DE L. KRONIG, Bandspectra and molecular structure, S. VIII. 1931.

[3] J. FRANCK u. P. JORDAN, a. a. O. S. 255.

[4] Versuche aus der letzten Zeit scheinen jedoch dafür zu sprechen, daß hier andere, sehr merkwürdige Gesetzmäßigkeiten vorliegen; die Elektronenstöße sollen nämlich so vor sich gehen, daß die Rotationszustände der angeregten Moleküle eine, der Temperatur des nicht angeregten Gases entsprechende Boltzmann-Verteilung aufweisen. W. R. VAN WYK, ZS. f. Phys. Bd. 75, S. 584. 1932; L. S. ORNSTEIN u. A. A. KRUITHOF, ebenda Bd. 76, S. 780. 1932 (Anmerkung bei der Korrektur).

[5] J. FRANCK u. P. JORDAN, a. a. O. S. 256.

[6] Vgl. J. G. WINANS u. E. G. STUECKELBERG, Proc. Nat. Acad. Amer. Bd. 14, S. 867. 1928; E. U. CONDON u. H. D. SMYTH, ebenda Bd. 14, S. 871. 1928; W. BLEAKNEY, Phys. Rev. Bd. 35, S. 1180. 1930; E. A. HYLLERAAS, ZS. f. Phys. Bd. 71, S. 739. 1931.

Elektronenstoßversuche sind die Kurven ohne Minimum, auf welchen keine quantisierte Vibrationszustände liegen; kommt das Molekül von einem höheren Niveau oder durch Elektronenstoß in einen dieser Zustände, so fahren die zwei Kerne, evtl. samt ihrem Elektron, mit kinetischer Energie auseinander. Die Kurve für H_2^{++} stellt den Fall dar, wo dem Molekül die zwei Elektronen entrissen sind; sie ist einfach nach dem COULOMBschen Gesetz berechnet. Die Kurve $2p\,{}^3\Sigma_u(H_2)$ wurde von SUGIURA[1] aus der Theorie von HEITLER und LONDON[2] abgeleitet, jedoch in der Abbildung, um Übereinstimmung mit den von FINKELNBURG und WEIZEL erhaltenen Resultaten zu erreichen (vgl. Ziff. 60), nach den Angaben dieser Verfasser abgeändert. Die Kurve $2p\,{}^2\Sigma_u\,(H_2^+)$ ist nach TELLER[3] wiedergegeben, die übrigen Kurven wurden nach MORSE[4] berechnet, wobei für D immer der richtige Wert der Dissoziationsarbeit benutzt ist (vgl. Ziff. 54). Da bei Zimmertemperatur hauptsäch-

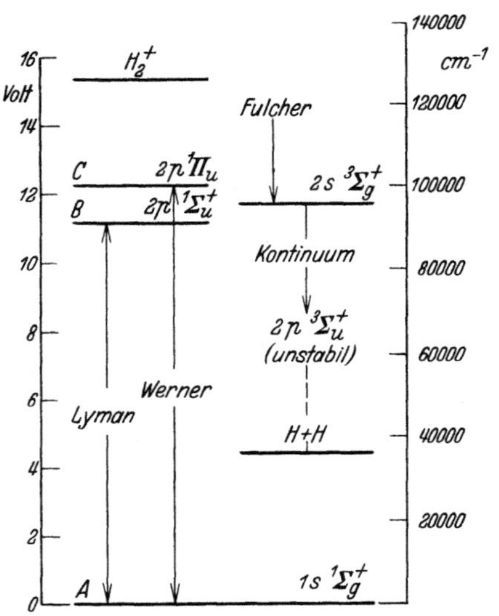

Abb. 88. Elektronenterme des H_2.

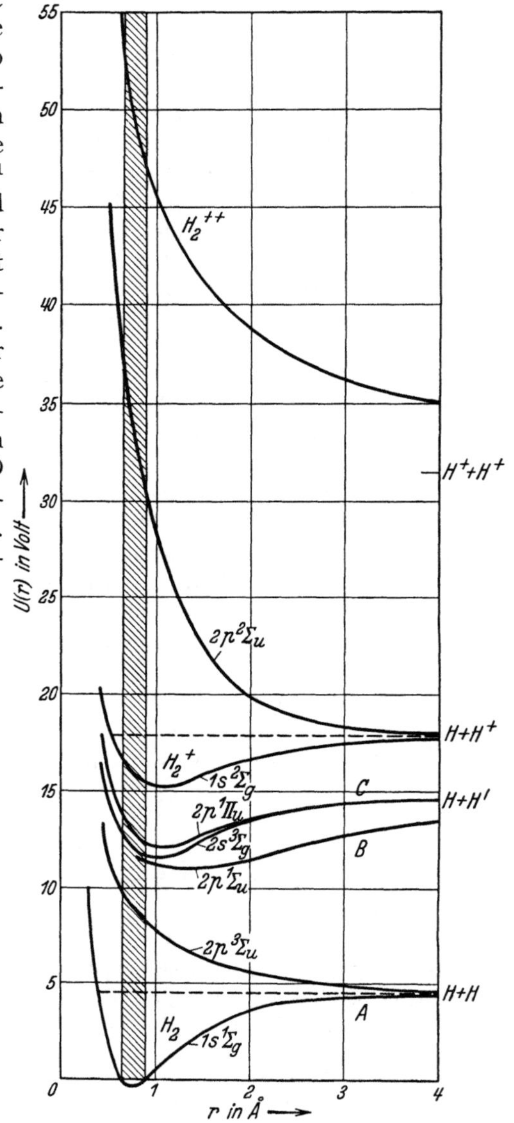

Abb. 89. Potentialkurven des H_2.

lich nur der niedrigste Schwingungszustand (in der Abb. 89 durch $U = 0$ dargestellt) angeregt ist, haben nach dem FRANCK-CONDONschen Prinzip nur diejenigen Übergänge, welche innerhalb des schraffierten Gebietes verlaufen, eine

[1] Y. SUGIURA, ZS. f. Phys. Bd. 45, S. 484. 1927.
[2] W. HEITLER u. F. LONDON, ZS. f. Phys. Bd. 44, S. 455. 1927.
[3] E. TELLER, ZS. f. Phys. Bd. 61, S. 458. 1930; vgl. P. M. MORSE u. E. C. G. STUECKELBERG, Phys. Rev. Bd. 33, S. 932. 1929.
[4] P. M. MORSE, Phys. Rev. Bd. 34, S. 57. 1929.

beträchtliche Wahrscheinlichkeit (vgl. Ziff. 55). Die Wahrscheinlichkeit ist für die Mitte dieses Gebietes am größten.

Über die experimentellen Methoden zur Bestimmung der kritischen Potentiale des Wasserstoffs bemerken wir, daß besonders für die Abwesenheit von Wasserstoffatomen in der Röhre gesorgt werden muß; zumal wenn die Glaswände „vergiftet“ sind[1], können diese eine beträchtliche Konzentration erreichen. Wahrscheinlich ist die in mehreren Arbeiten auftretende Anregung bei etwa 10 Volt und die Ionisierung bei 13,5 Volt dem atomaren Wasserstoff zuzuschreiben, wie schon HORTON und DAVIS[2] angeben.

Die Anregung von Schwingungsquanten ohne gleichzeitigen Elektronensprung wurde von RAMIEN[3] nach einer Methode, welche der HARRIESschen ähnlich ist, untersucht (vgl. Ziff. 13). Die Resultate wurden so interpretiert, daß pro wirklichen Zusammenstoß die Wahrscheinlichkeit für die Anregung eines Schwingungsquants (0,54 Volt) bei 3,5 Volt Elektronengeschwindigkeit 0,03 und bei 7 Volt 0,02 beträgt.

59. Anregung des $2p\,^3\Sigma_u$-Zustandes. Dissoziation. Obgleich die Dissoziationsarbeit des Wasserstoffs nur 4,4 Volt beträgt, folgt aus der in Abb. 89 gegebenen Darstellung, daß man eine einigermaßen beträchtliche Dissoziation durch Übergänge in den instabilen $2p\,^3\Sigma_u$-Zustand erst bei einer viel höheren Elektronenenergie erwarten kann. Die meisten experimentellen Resultate, die erhalten wurden, bevor der in Abb. 89 wiedergegebene Sachverhalt bekannt war, sind damit im Einklang. HUGHES und SKELLETT[4] stellen fest, daß die Dissoziation bei 11,5 Volt anfängt und bei niedrigen Drucken dem Gasdruck proportional ist; es handelt sich hier also um direkte Anregung durch Elektronenstoß. Das Auftreten des atomaren Wasserstoffs wurde in diesen Versuchen durch Druckerniedrigung (Kondensation der Wasserstoffatome an in flüssiger Luft tauchende Gefäßwände) festgestellt. DORSCH und KALLMANN[5] beobachten von 11 bis 12 Volt Elektronengeschwindigkeit an eine Reduzierung von $PbCl_2$ durch atomaren Wasserstoff, bei 16 bis 18 Volt wurde diese sehr beträchtlich (vgl. weiter unten). Nach GLOCKLER, BAXTER und DALTON[6] fängt Wasserstoff bei Anwesenheit von CuO im Entladungsgefäß dann an zu verschwinden, wenn die Elektronengeschwindigkeit 11,4 Volt übersteigt. Die Verfasser schrieben diesen Effekt damals der Anregung der Wasserstoffmoleküle zu; diese sollten entweder direkt oder, nachdem sie durch Zusammenstöße dissoziiert waren, mit dem CuO reagieren. Jetzt, wo die Potentialkurven der Abb. 89 vorliegen, kann man diesen Effekt auch deuten als Übergang in den instabilen $2p\,^3\Sigma_u$-Zustand, welcher unmittelbar dissoziiert.

Nach RAMIEN (a. a. O.) ist die Anregung dieses Zustandes unter 11,5 Volt zwar weniger wahrscheinlich, aber doch noch meßbar. Der Verfasser stellt die Dissoziation nicht direkt fest; er kann aus seinen Versuchen nur auf einen Energieverlust der primären Elektronen schließen, welcher als Anregung des $2p\,^3\Sigma_u$-Zustandes gedeutet wird; die Anregungswahrscheinlichkeit soll bei 9,3 Volt 0,005, bei 11,5 Volt 0,035 pro wirklichem Zusammenstoß sein. JONES und WHIDDINGTON[7] finden mit ihrer in Ziff. 19 erwähnten Anordnung ein noch niedrigeres kritisches Potential, nämlich von etwa 8 Volt bei einer Elektronenenergie von

[1] Vgl. z. B. R. W. WOOD, Phil. Mag. Bd. 44, S. 538. 1922.
[2] F. HORTON u. A. C. DAVIES, Phil. Mag. Bd. 46, S. 872. 1923.
[3] H. RAMIEN, ZS. f. Phys. Bd. 70, S. 353. 1931.
[4] A. L. HUGHES u. A. M. SKELLETT, Phys. Rev. Bd. 30, S. 11. 1927.
[5] K. E. DORSCH u. H. KALLMANN. ZS. f. Phys. Bd. 53, S. 80. 1929.
[6] G. GLOCKLER, W. P. BAXTER u. R. H. DALTON, Journ. Amer. Chem. Soc. Bd. 49, S. 58. 1927.
[7] H. JONES u. R. WHIDDINGTON, Phil. Mag. (7) Bd. 6, S. 889. 1928.

16 Volt, von 9,6 Volt bei einer Elektronenenergie von 26 Volt; gemäß ihrer Anordnung sind dies die Mittelwerte der gesamten in dem betreffenden Gebiet auftretenden Energieverluste. Auch H. F. MAYER[1] findet einen Energieverlust von 8,2 Volt. Tatsächlich ist nach Abb. 89 bei der Anregung des $2p\,^3\Sigma_u$-Zustandes der wahrscheinlichste Wert des Elektronenenergieverlustes etwa 9 Volt; alle erwähnten Resultate sind durch die Annahme zu erklären, daß die Anregungswahrscheinlichkeit dieses Niveaus bei einer Elektronengeschwindigkeit von etwa 9 Volt noch klein ist und bei 11 bis 12 Volt rasch ansteigt. Vielleicht ist dieser Anstieg primär der Anregung eines höheren Terms ($2s\,^3\Sigma_g$) zuzuschreiben, welcher später in den $2p\,^3\Sigma_u$-Zustand übergeht und sodann dissoziiert (vgl. Ziff. 60).

Noch ungeklärte niedrigere kritische Potentiale wurden gefunden von HARNWELL[2] (5,5 bis 7,5 Volt). Noch weniger verständlich sind die Resultate LÖHNERS[3], welche ältere Beobachtungen ÅKESSONS bestätigen. Nach diesen soll das erste kritische Potential 4,2 Volt $\pm$ 0,2 sein, was gerade mit der Dissoziationsarbeit von 4,4 Volt[4] stimmt. LÖHNER bestimmt nach der schon in Ziff. 32 beschriebenen Methode die Energieverluste der primären Elektronen und erhält auf diese Weise z. B. in Argon den richtigen Wert der ersten Anregungsspannung. Es ist nicht einzusehen, wie dieser Quantensprung bei 4,2 Volt mit den oben erwähnten und zahlreichen anderen Beobachtungen in Einklang zu bringen ist, um so weniger, als die Wahrscheinlichkeit dieses Überganges nach LÖHNER groß sein soll; unter der Annahme gleichmäßiger Winkelverteilung der unelastischen Reflexionen wird bei einer Elektronenenergie von 7,5 Volt eine Wahrscheinlichkeit von 60% pro Zusammenstoß berechnet. Andererseits schließen DORSCH und KALLMANN aus ihren Versuchen, daß bei derselben Elektronenenergie höchstens 1 auf 400000 Stöße zur Dissoziation führen kann. Versuche mit gleichzeitiger Beobachtung von Energieverlust und Dissoziation könnten über diesen Punkt vielleicht näheren Aufschluß geben.

60. Anregung höherer Elektronenterme. Das Wasserstoffkontinuum. Unter etwa 12,5 Volt liegen außer der erwähnten Dissoziation noch verschiedene andere Anregungsmöglichkeiten; einige davon sind aus der Abb. 89 ersichtlich. Vorerst ist hier die Anregung des kontinuierlichen Wasserstoffmolekülspektrums zu erklären, das sich nach Versuchen von SCHUMANN[5] und anderen vom sichtbaren Spektralgebiet bis weit ins Ultraviolett erstreckt. HORTON und DAVIES (a. a. O.) konnten es bis zu einer Elektronengeschwindigkeit von 13,5 Volt hinunter beobachten, nach ihren Messungen tritt es wahrscheinlich auch darunter noch auf. LAU und REICHENHEIM[6] bestimmten die Anregungsspannung des sichtbaren Lichtes zu etwa 12,6 Volt (vgl. Ziff. 31). Nachdem verschiedene andere Deutungen vorgeschlagen waren[7], konnten WINANS und STUECKELBERG (a. a. O.) die Erscheinung erklären durch die Annahme, daß das Molekül in den $2s\,^3\Sigma_g$-Zustand angeregt wird. Von dort aus kann es unter Aussendung von kontinuierlicher Strahlung in den instabilen, nicht gequantelten $2p\,^3\Sigma_u$-Zustand herunterfallen, was dann wieder zur Dissoziation des Moleküls führt. Der untere Schwingungszustand des $2s\,^3\Sigma_g$-Zustandes liegt

---

[1] H. F. MAYER, Heidelberger Dissert. 1920.

[2] G. P. HARNWELL, Phys. Rev. Bd. 34, S. 661. 1929.

[3] H. LÖHNER, Ann. d. Phys. Bd. 6, S. 50. 1930.

[4] Vgl. O. W. RICHARDSON u. P. M. DAVIDSON, Proc. Roy. Soc. London (A) Bd. 123, S. 54, 466. 1929. Thermochemisch wurde von F. R. BICHOWSKI u. L. C. COPELAND (Journ. Amer. Chem. Soc. Bd. 50, S. 315. 1928) 4,55 Volt $\pm$ 0,15 gefunden.

[5] V. SCHUMANN, Smithonian Inst. Bd. 29, S. 13. 1903.

[6] E. LAU u. O. REICHENHEIM, Ann. d. Phys. (5) Bd. 5, S. 296. 1930.

[7] H. SCHÜLER u. K. L. WOLFF, ZS. f. Phys. Bd. 33, S. 42. 1925; Bd. 35, S. 477. 1926; P. M. S. BLACKETT u. J. FRANCK, ZS. f. Phys. Bd. 34, S. 389. 1925.

bei 11,8 Volt; nach FINKELNBURG und WEIZEL[1] wird nun tatsächlich das Kontinuum schon bei 11,86 Volt angeregt; bei dieser Elektronengeschwindigkeit tritt jedoch, wie aus Abb. 89 hervorgeht, nur ultraviolette Strahlung auf (bis 3700 Å), die Verfasser konnten experimentell nachweisen, daß diese erst bei 12,6 Volt in das sichtbare Gebiet hineinrückt. Damit wird dann das von LAU und REICHENHEIM erhaltene Resultat (s. oben) verständlich. Bei zunehmender Elektronengeschwindigkeit nimmt nach LAU und REICHENHEIM[2] die Anregungswahrscheinlichkeit des $2s\,^3\Sigma_g$-Zustandes schnell ab, was nach FINKELNBURG[3] mit der allgemeinen Erfahrung übereinstimmt, daß die Anregungsfunktion der Triplettterme ein scharfes Maximum aufweist, wenn der Grundzustand ein Singulettterm ist (vgl. weiter unten).

Bei etwa 11,5 Volt ist weiter auch die Anregung des $2p\,^1\Sigma_u$-Zustandes möglich ($v = 0$ bei 11,1 Volt), welcher das Anfangsniveau der Lymanbande[4] bildet; der Anfang des Absorptionsspektrums des molekularen Wasserstoffs[5] (etwa 1100 Å) stimmt mit diesem Wert überein. Dazu kommen dann in diesem Gebiet noch andere Anregungszustände, so daß es schwer zu entscheiden sein dürfte, mit welchem Elektronenübergang jedes der in der Nähe von 12 Volt beobachteten kritischen Potentiale[6] verknüpft ist. Wir erwähnen nur, daß Beobachtungen mit größeren Elektronengeschwindigkeiten übereinstimmend einen stark ausgeprägten Energieverlust von etwa 12,5 Volt aufweisen (Tabelle 29). Nach

Tabelle 29. Energieverluste von Elektronen größerer Geschwindigkeit in Wasserstoff.

Verfasser	Elektronen-geschwindigkeit (Volt)	Energieverlust (Volt)
LANGMUIR u. H. A. JONES[7]	etwa 100	12,8
H. JONES u. WHIDDINGTON (a. a. O.) .	50—150	12,6
HARNWELL (a. a. O.)	75—300	12,5

HARNWELL treten neben dem Maximum bei 12,5 Volt noch zwei kleinere Maxima bei etwa 11 und 13 bis 14 Volt auf. JONES und WHIDDINGTON deuten den von ihnen beobachteten Energieverlust als eine Anregung des $2p\,^1\Pi_u$-Niveaus; nach dem FRANCK-CONDONschen Prinzip ist dabei eine Übertragung von zwei bis drei Schwingungsquanten wahrscheinlich, was nach den Bandenspektren einer Anregungsspannung von 12,8 bis 13,0 Volt entspricht. Daß bei höheren Geschwindigkeiten hauptsächlich Singulettniveaus angeregt werden, ist mit der Beobachtung VENCOVS[8] in Übereinstimmung. Dieser Verfasser findet für die Anregungsfunktion der Triplettbanden ein scharfes Maximum in der Nähe der Anregungsspannung, während die Anregung der Singulettbanden allmählich ansteigt und erst bei höherer Elektronengeschwindigkeit ein Maximum aufweist. Dieses Verhalten der Anregungsfunktionen ist schon bei den Atomspektren (z. B. beim Hg, Ziff. 44) erwähnt worden[9]. Der Befund HORIS[10], daß die Werner-

[1] W. FINKELNBURG u. W. WEIZEL, ZS. f. Phys. Bd. 68, S. 577. 1931.
[2] A. a. O., vgl. W. FINKELNBURG, ZS. f. Phys. Bd. 62, S. 624. 1930.
[3] W. FINKELNBURG, ZS. f. Phys. Bd. 66, S. 345. 1930.
[4] Für die Anregung der Lymanbande in Ar-H_2-Gemischen vgl. Ziff. 83.
[5] G. H. DIEKE u. J. J. HOPFIELD, Phys. Rev. Bd. 30, S. 400. 1927.
[6] Für die ältere Literatur vgl. J. FRANCK u. P. JORDAN, a. a. O. S. 266.
[7] I. LANGMUIR u. H. A. JONES, Phys. Rev. Bd. 31, S. 357. 1928.
[8] S. VENCOV, Ann. de phys. Bd. 15, S. 133. 1931.
[9] H. S. W. MASSEY und C. B. O. MOHR haben neuerdings die Anregungsfunktionen für den $2p\,^1\Sigma_u$- und den $2p\,^3\Sigma_u$-Zustand des H_2 quantenmechanisch berechnet und finden für den ersten einen allmählichen, für den zweiten einen schroffen Abfall nach dem Maximum (Proc. Roy. Soc. London (A) Bd. 135, S. 258. 1932). (Anm. bei der Korr.)
[10] T. HORI, ZS. f. Phys. Bd. 44, S. 834. 1927.

banden $2p\,^1\Pi_u \rightarrow 1s\,^1\Sigma_g$ von 200 Volt-Elektronen sehr viel stärker angeregt werden als die Lymanbanden $2p\,^1\Sigma_u \rightarrow 1s\,^1\Sigma_g$, ist ebenfalls mit der Deutung nach JONES und WHIDDINGTON in Übereinstimmung. Nach diesen Verfassern beträgt die Anregungswahrscheinlichkeit des $2p\,^1\Pi_u$-Niveaus für 150 Volt-Elektronen 1 bis 2% (pro gaskinetisch berechneten Zusammenstoß).

61. Anregung der Balmerlinien in einem Elementarakt. Es gibt zahlreiche Untersuchungen über die Frage, ob eine Anregung von Wasserstoffmolekülen ohne nachfolgende Zusammenstöße zur Ausstrahlung der Balmerlinien führen kann. Nach einer Arbeit von BLACKETT und FRANCK (a. a. O.), bei der die obengenannten Störungen durch Wasserstoffatome sehr sorgfältig umgangen wurden, ist das tatsächlich der Fall. Bei diesem Versuch wurde mit Kathodenstrahlen von 50 bis 100 Volt Geschwindigkeit gearbeitet; der Druck war so niedrig gewählt, daß die freie Weglänge der Moleküle groß war gegenüber dem Durchmesser des Elektronenstrahls. Dennoch trat Lichtemission nur in dem Bündel selbst auf. Es handelte sich also um Anregungsleuchten von Molekülen, die nach dem Anregungsprozeß ungestört bleiben. Außer dem Bandenspektrum („Viellinienspektrum") wurden auch die Balmerlinien beobachtet, und zwar mit etwa der Stärke der einzelnen Bandenlinien. Damit ist also erwiesen, daß Zerfall des Moleküls und Anregung des Atoms durch Elektronenstoß in einem Elementarakt stattfindet, und daß die Wahrscheinlichkeit dieses Vorgangs bei der benutzten Elektronengeschwindigkeit klein ist gegenüber der einfachen Anregung des Moleküls. Es dürfte sich hier um Anregung von Niveaus zwischen $2p\,^1\Sigma_u$ und das Niveau für H_2^+ handeln, wobei Dissoziation in ein angeregtes und ein neutrales Atom auftritt.

62. Ionisierung. In einigen Versuchen tritt bei etwa 10,5 Volt, in anderen bei etwa 13,5 Volt eine schwache Ionisierung auf. Die erste ist wahrscheinlich dem Quecksilberdampf, welcher als Verunreinigung manchmal schwer auszuschließen ist, zuzuschreiben[1], die zweite dem atomaren Wasserstoff (s. oben). Bei den älteren Versuchen (z. B. von BISHOP) ist außerdem mit der Möglichkeit zu rechnen, daß die Anregung als Ionisierung zu deuten ist. Starke Ionisierung tritt jedoch erst in der Nähe von 16 Volt auf. Die Tabelle 30 gibt eine Übersicht von den durch Elektronenstoß erhaltenen Werten der Ionisierungsspannung V_i. In mehreren Arbeiten wurden außerdem zur Eichung der Voltskala kritische Potentiale anderer Gase, deren Werte genau bekannt sind, bestimmt; die bezüglichen Potentiale der Eichgase sind ebenfalls in die Tabelle eingetragen und der damit korrigierte Wert der Ionisierungsspannung als $V_{i\,\text{korr.}}$ angegeben. In einigen Fällen ist die Korrektion nicht von den Verfassern selber, sondern von den Referenten vorgenommen; der von den Verfassern angegebene Wert befindet sich dann unter V_i. Wenn kein fremdes Gas zugefügt wurde, konnte manchmal die bekannte Anregungs- und Ionisierungsspannung des Wasserstoffatoms zur Kontrolle der Voltskala dienen. Die in Klammern angegebenen Zahlen beziehen sich wahrscheinlich nicht auf die Ionisierung des Wasserstoffmoleküls (s. oben); Versuche, bei denen keine anderen Werte als diese gemessen wurden, sind nicht in die Tabelle aufgenommen. Auch die Resultate von OLSON und GLOCKLER[2], welche nicht mit den Ergebnissen anderer Verfasser in Übereinstimmung gebracht werden können[3], sind fortgelassen.

Aus der Tabelle folgt für die Elektronenenergie, bei der zum erstenmal Ionisierung auftritt, im Mittel der Wert 15,8 Volt[4]. Nach spektroskopischen

[1] Vgl. J. FRANCK u. G. HERTZ, Phys. ZS. Bd. 20, S. 132. 1919.

[2] A. R. OLSON u. G. GLOCKLER, Proc. Nat. Acad. Amer. Bd. 9, S. 112. 1923.

[3] Vgl. F. L. MOHLER, Bull. Nat. Res. Counc. Bd. 9, S. 61. 1924.

[4] Neuerdings hat W. BLEAKNEY in sehr genauen Versuchen die Ionisierung von H_2 von 15,37 $\pm$ 0,03 Volt ab festgestellt. (Phys. Rev. Bd. 40, S. 496. 1932.) (Anm. b. d. Korr.)

Tabelle 30. Ionisierung von Wasserstoff durch Elektronenstoß.

Verfasser	V_i (Volt)	Andere kritische Potentiale				$V_{i\,\mathrm{korr.}}$	Primärion
		Hg	Ar	He	He		
Bishop[1]	(11); 15,7	10,27				15,8	
Davis u. Goucher[2]	(11); 15,8	10,4				15,8	
Franck, Knipping u. Krüger[3]				19,8		16,4 ± 0,25; 29,7 ± 0,5	
Stead u. Gossling[4]	15	10,8				14,6	
Compton u. Olmstead[5]	(10,8); (13,4); 15,9						
Found[6]	15,1	10,1	15,6			15,2	
Boucher[7]	(13,6); 15,6 ± 0,1						
Mohler, Foote u. Kurth[8]		10,4				15,5	
Olmstead[9]	(11,5); 16,0						
Horton u. Davies[10]	15,9; 29,4						
Mackay[11]		10,4				15,8	
Smyth[12]	16						H_2^+
Hogness u. Lunn[13]					24,5	16,0	H_2^+
Dorsch u. Kallmann[14]			15,6			16,5	H_2^+
Vencov[15]	(13,6); 16,5 ± 0,5; 29,7 ± 0,6						
Bleakney[16]		10,4				15,4 ± 0,1; 26 ± 1	H_2^+; H_2^+ u. H^+
Tate u. Smith[17]						15,6	

Daten[18] ist der Abstand zwischen dem Grundzustand ($v = 0$) und dem ionisierten Zustand ($v = 0$) 15,34 Volt, so daß bei der Ionisierung durch Elektronenstoß etwa 0,5 Volt Schwingungsenergie an das Ion abgegeben wird.

In vielen Arbeiten wurde mit dem magnetischen Spektrographen die Art der gebildeten Ionen näher untersucht. Für Elektronengeschwindigkeiten von 16 bis 26 Volt traten bei höherem Druck nicht nur H_2^+-, sondern auch H^+- und H_3^+-Ionen auf, bei abnehmendem Druck sank jedoch die Prozentzahl der letzteren fast bis auf Null herab. Primär werden also bei diesen Elektronengeschwindigkeiten hauptsächlich nur H_2^+-Ionen gebildet (vgl. die Tabelle). Dempster[19] war schon früher für größere Elektronengeschwindigkeiten (800 Volt)

[1] F. M. Bishop, Phys. Rev. Bd. 9. S. 567. 1917; Bd. 10, S. 244. 1917.
[2] B. Davis u. F. S. Goucher, Phys. Rev. Bd. 10, S. 101. 1917.
[3] J. Franck, P. Knipping u. T. Krüger, Verh. d. D. Phys. Ges. Bd. 21, S. 728. 1919; T. Krüger, Ann. d. Phys. (4) Bd. 64, S. 288. 1921. Die ursprünglichen Werte sind mit −0,7 Volt korrigiert, vgl. J. Franck, ZS. f. Phys. Bd. 11, S. 155. 1922.
[4] G. Stead u. B. S. Gossling, Phil. Mag. Bd. 40, S. 413. 1920.
[5] K. T. Compton u. P. S. Olmstead, Phys. Rev. Bd. 17, S. 45. 1921.
[6] C. G. Found, Phys. Rev. Bd. 16, S. 41. 1920.
[7] P. E. Boucher, Phys. Rev. Bd. 19, S. 189. 1922.
[8] F. L. Mohler, P. D. Foote u. E. H. Kurth, Phys. Rev. Bd. 19, S. 414. 1922, und frühere Arbeiten von Mohler u. Foote.
[9] P. S. Olmstead, Phys. Rev. Bd. 22, S. 613. 1922.
[10] F. Horton u. A. C. Davies, Phil. Mag. Bd. 46, S. 872. 1923, und frühere Arbeiten.
[11] C. A. Mackay, Phil. Mag. Bd. 46, S. 828. 1923.
[12] H. D. Smyth, Phys. Rev. Bd. 25, S. 452. 1925, und frühere Arbeiten.
[13] T. R. Hogness u. E. G. Lunn, Phys. Rev. Bd. 26, S. 44. 1925, und frühere Arbeiten.
[14] K. E. Dorsch u. H. Kallmann, ZS. f. Phys. Bd. 44, S. 565. 1927, und frühere Arbeiten von Kallmann und Mitarbeitern.
[15] S. Vencov, C. R. Bd. 189, S. 27. 1929; Ann. de phys. Bd. 15, S. 133. 1931.
[16] W. Bleakney, Phys. Rev. Bd. 35, S. 1180. 1930.
[17] J. T. Tate u. P. T. Smith, Phys. Rev. Bd. 39, S. 270. 1932.
[18] O. W. Richardson u. P. M. Davidson, a. a. O.; O. W. Richardson, Trans. Faraday Soc. Bd. 25, S. 1. 1929; H. H. Hyman, Phys. Rev. Bd. 36, S. 187. 1930.
[19] A. J. Dempster, Phil. Mag. Bd. 31, S. 438. 1916.

zu demselben Schluß gekommen. H^+ und H_3^+ entstehen wahrscheinlich bei Zusammenstößen gemäß der Reaktionen:

$$H_2^+ + H_2 = H^+ + H + H_2 . \tag{7}$$

$$H_2^+ + H_2 = H_3^+ + H . \tag{8}$$

Bei dem Prozeß (7) liegt insofern eine Schwierigkeit vor, als für die Bildung von $H^+ + H +$ Elektron eine Energie von $13,5 + 4,4 = 17,9$ Volt erforderlich ist, während die Ionisierungsspannung des Moleküls nur 15,38 Volt beträgt. Der Vorgang ist wahrscheinlich der, daß der fehlende Energiebetrag ergänzt wird aus der kinetischen Energie, welche die Ionen bei der Beschleunigung im Beschleunigungsraum des magnetischen Spektrographen (vgl. Ziff. 76) oder infolge des Felddurchgriffs schon früher gewinnen. Tatsächlich haben DORSCH und KALLMANN experimentell wahrscheinlich gemacht, daß die Bildung der H^+-Ionen in der Nähe des Spaltes zwischen Ionisierungs- und Beschleunigungsraum stattfindet. Nach einer anderen Arbeit von DEMPSTER[1] findet Dissoziation eines beschleunigten H_2^+-Ions auch beim Zusammenstoß mit einem He-Atom statt (vgl. Ziff. 76).

Nach DORSCH und KALLMANN ist für den Prozeß (8) keine Energiezufuhr erforderlich. Diesen Vorgang schreiben die Verfasser dem in Ziff. 59 erwähnten starken Anstieg der Dissoziation zwischen 16 und 18 Volt zu.

Die Schlußfolgerung, daß primär hauptsächlich nur H_2^+ gebildet wird, ist von DORSCH und KALLMANN näher so formuliert worden, daß die Häufigkeit anderer Prozesse bis zu einer Elektronenenergie von 40 bis 50 Volt weniger als 0,5% beträgt. Neuerdings hat jedoch BLEAKNEY in einer wichtigen Arbeit über die Ionisierungsvorgänge beim Wasserstoff gezeigt, daß schon bei 18 Volt eine, wenn auch sehr schwache, primäre Bildung von H^+ auftritt ($^{18}H^+$). Es handelt sich dabei um einen Übergang in einen höheren Vibrationszustand der Potentialkurve für H_2^+ (Abb. 89), dessen Energie zur spontanen Dissoziation ausreicht; in Zusammenhang mit dem FRANCK-CONDONschen Prinzip ist es klar, daß die Wahrscheinlichkeit für diesen Prozeß nur sehr gering ist. Eine neue Vermehrung der H^+-Ionen entsteht von etwa 26 Volt an ($^{26}H^+$) durch den Übergang des Moleküls zu einem Punkt der Kurve $2p\,^2\Sigma_u$ (Abb. 89); die dabei auftretenden H und H^+ fliegen mit großer Geschwindigkeit auseinander. In der Abb. 90 sind die relativen Zahlen der primär gebildeten Ionen nach BLEAKNEY als Funktion der Elektronengeschwindigkeit aufgetragen, wobei zu beachten ist, daß die Ordinaten für $^{18}H^+$ und $^{26}H^+$ in zehnfacher Vergrößerung angegeben sind. Die von einigen Autoren bei 30 Volt gefundene Ionisierung (Tabelle 30) ist wahrscheinlich identisch mit der Ionisierung bei 26 Volt nach BLEAKNEY, welche ja auch erst von 30 Volt ab beträchtlich wird. CONDON[2] hatte schon früher angegeben, daß die vorgeschlagene Deutung dieses Prozesses als zweifache Ionisierung und Dissoziation unhaltbar ist, da die H^+-Kerne nach der Entfernung der Elektronen eine gegenseitige potentielle Energie von etwa 18 Volt besitzen.

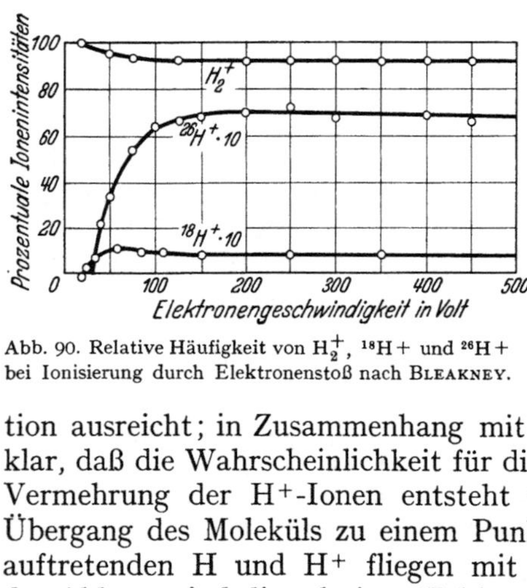

Abb. 90. Relative Häufigkeit von H_2^+, $^{18}H+$ und $^{26}H+$ bei Ionisierung durch Elektronenstoß nach BLEAKNEY.

[1] A. J. DEMPSTER, Phil. Mag. Bd. 3, S. 115. 1927.
[2] E. U. CONDON, Phys. Rev. Bd. 35, S. 658. 1930.

Zweifache Ionisierung mit Dissoziation ist nach CONDON erst bei $2 \times 13,5 + 4,4 + 18 =$ etwa 50 Volt zu erwarten, wie auch aus Abb. 89 zu ersehen ist. Doch ist dieser Effekt nach BLEAKNEY nur schwach angedeutet. LOZIER[1] konnte später die kinetische Energie der neugebildeten Ionen bestimmen und auf diese Weise die von 27 Volt und von 46 Volt an auftretenden Ionisierungen nachweisen. Bei einer Steigerung der Elektronenenergie von 27 auf 40 Volt nahm die Energie der neugebildeten H^+-Ionen von 5 bis 11 Volt zu; für eine Elektronenenergie von 46 bis 56 Volt war dieser Bereich $7^1/_2$ bis $12^1/_2$ Volt, genau so groß, wie man erwarten würde, wenn die kinetische Energie gleichmäßig zwischen den beiden auseinanderfliegenden Partikeln aufgeteilt wird.

Die Häufigkeit der Ionisierung durch Elektronenstoß wurde neuerdings von TATE und SMITH[2] für H_2, N_2, O_2, CO, NO und C_2H_2 bestimmt. Die Apparatur war der für He, Ne und Ar benutzten ähnlich (Ziff. 52). Bei den Molekülgasen wurde jedoch die Pumprichtung so gewählt, daß die Dissoziation am Glühfaden keinen störenden Einfluß ausüben konnte. Die Resultate sind in der Abb. 91 wiedergegeben. Die Kurve für H_2 stimmt mit den von BLEAKNEY (a. a. O.) erhaltenen relativen Werten sehr gut überein; auch mit der früher von COMPTON und VAN VOORHIS[3] mit einer ganz anderen Apparatur bestimmten Kurve besteht bei den niedrigeren Geschwindigkeiten eine gute Übereinstimmung, nur ist der Abfall jenseits des Maximums bei der Kurve der Abb. 91 steiler.

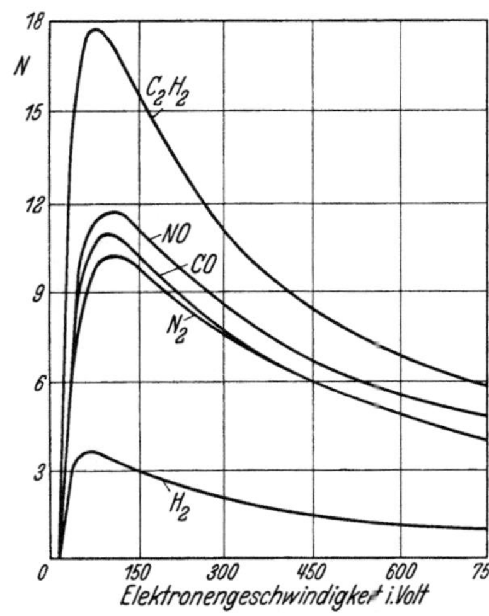

Abb. 91. Ionisierung durch Elektronenstoß nach TATE u. SMITH. (N = Anzahl positiver Ladungen pro cm Weg bei 0° C, 1 mm.)

Stickstoff.

63. Anregung. Versuche über die Anregung des Stickstoffs durch Elektronenstoß sind in der Literatur sehr zahlreich vertreten. Wir beschränken uns zunächst auf diejenigen Untersuchungen, bei welchen die Verfasser zugleich durch spektroskopische Beobachtung feststellen konnten, welche Niveaus angeregt wurden.

Die Elektronenterme ($v = 0$) der wichtigsten Bandensysteme sind in der Abb. 92 angegeben. Das Termschema besteht aus Singulettermen (u. a. dem Grundzustand) und Tripletttermen, welche nicht untereinander kombinieren; der unterste Tripletterm A ($^3\Sigma$) ist also wahrscheinlich metastabil. Er spielt eine wichtige Rolle bei dem Nachleuchten des Stickstoffs (vgl. weiter unten, Ziff. 83).

Abb. 93 zeigt einige Potentialkurven, berechnet nach der MORSEschen Formel, wobei jedoch für die Konstanten in einigen Fällen neuere Werte angenommen wurden. Weil die Dissoziationsarbeiten der meisten Zustände unbekannt sind, ist für jede Kurve nur das Gebiet in der Nähe des Minimums angegeben. Tabelle 31 enthält die spektroskopischen, durch Elektronenstoß bestimmten Anregungsspannungen samt den aus den Bandenspektren berechneten Werten für den nullten Schwingungszustand. Diese berechneten Werte sind für die Tripletterme nur bis auf eine Konstante V_A bekannt, weil Übergänge nach

[1] W. WALACE LOZIER, Phys. Rev. Bd. 36, S. 1285. 1930.

[2] J. T. TATE u. P. T. SMITH, Phys. Rev. Bd. 39, S. 270. 1932.

[3] K. T. COMPTON u. C. C. VAN VOORHIS, Phys. Rev. Bd. 27, S. 724. 1926; vgl. L. HUGHES u. B. KLEIN, ebenda Bd. 23, S. 450. 1924.

dem Grundzustand fehlen. Die sog. „negativen" Banden[1] gehören zu N_2^+; hier läßt sich aus dem Spektrum nur die Energiedifferenz zwischen dem ersten Schwingungszustand und dem Normalzustand des Ions ableiten.

Aus der Tabelle ist ersichtlich, wie die Elektronenstoßversuche zur Bestimmung der noch unbekannten Größe V_A und der Ionisierungsenergie V_i dienen können. Besonders geeignet sind dafür die Beobachtungen von TURNER und SAMSON. Die Verfasser arbeiteten mit einem N_2-Ne-Gemisch, so daß die Volt-

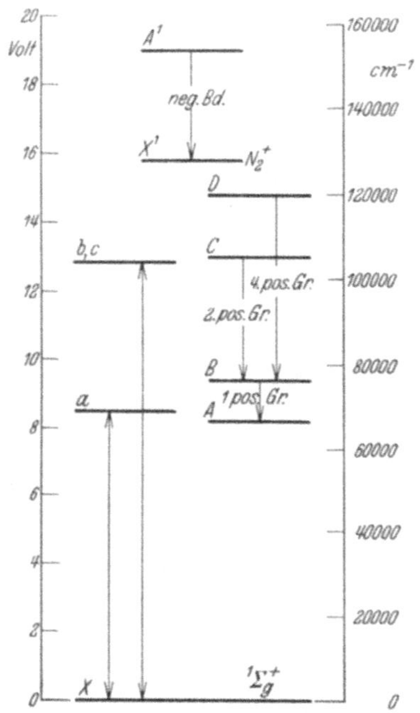

Abb. 92. Elektronenterme des N_2.

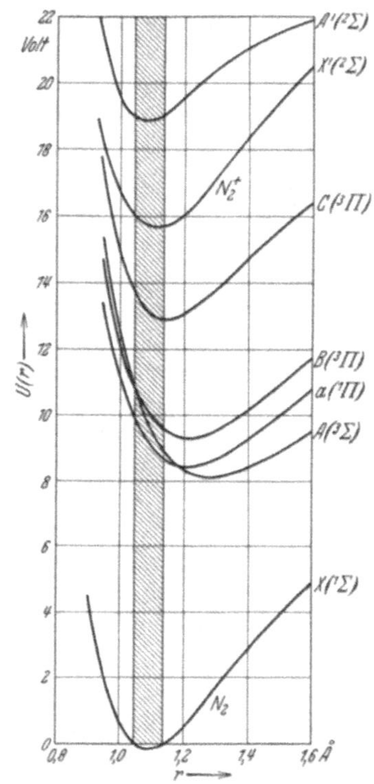

Abb. 93. Potentialkurven des N_2.

skala ohne Änderung der Gasfüllung und der Kontaktpotentiale durch Beobachtung der Neonlinien bestimmt werden könnte. Für die Energie des nullten Schwingungszustandes des Ions, also für die Ionisierungsspannung V_i, ergab sich auf diese Weise 19,0 — 3,2 = 15,8 Volt. Dieser Wert ist neuerdings durch genaue Elektronenstoßversuche bestätigt worden (Ziff. 64).

V_A wird gewöhnlich aus der SPONERschen Bestimmung der Anregung des C-Zustandes abgeleitet. In dieser Untersuchung wurde die Voltskala bei einer anderen Gasfüllung festgelegt, wobei also, wie die Verfasserin selber betont, eine Änderung der Kontaktpotentiale nicht ausgeschlossen war. Da bei denselben Versuchen für die Energie des ersten Schwingungszustandes von A' 19,6 Volt gefunden wurde statt 19,0 Volt nach TURNER und SAMSON, so liegt es nahe, auch den SPONERschen Wert von 13,0 Volt um 0,6 Volt zu verringern. Es sind hier jedoch auch die Resultate von DUNCAN und von KNESER zu berück-

[1] Eine erste orientierende Bestimmung der Anregungsfunktion dieser Banden wurde von A. E. LINDH ausgeführt (ZS. f. Phys. Bd. 67, S. 67. 1931). Über einen Vergleich zwischen der Anregung der Stickstoffbanden durch Elektronen- und Ionenstoß siehe H. D. SMYTH u. E. G. F. ARNOTT, Phys. Rev. Bd. 36, S. 1023. 1930.

Tabelle 31. Anregungsspannung der N_2-Niveaus (in Volt) nach Elektronenstoßversuchen mit gleichzeitiger spektroskopischer Beobachtung.

	N_2							N_2^+
	Singuletterme			Tripletterme				
Alte Bezeichnung[1]	X	a	b, c	A	B	C	D	A'
Neue Bezeichnung[2, 3]	$^1\Sigma_g^+$	$^1\Pi_u$		$^3\Sigma_g^+$	$^3\Pi_u$	$^3\Pi_g$		$^2\Sigma_u$
Anfangsniveau der					1. pos. Gr.	2. pos. Gr.	4. pos. Gr.	Neg. Bd.
I. L. u. E. BLOCH[4]						10		
II. L. u. E. BLOCH[5]						12		21,5
III. DUNCAN[6]					$9{,}5 \pm 0{,}5$	$12{,}0 \pm 0{,}5$	$15{,}0 \pm 0{,}5$	$18{,}0 \pm 0{,}5$
IV. SPONER[7]						$13{,}0 \pm 0{,}3$		$19{,}6 \pm 0{,}3$
V. WITMER[8]								<18
VI. KNESER[9]					$10{,}9 \pm 0{,}4$	$14{,}8 \pm 0{,}4$		$19{,}5 \pm 0{,}4$
VII. TURNER u. SAMSON[10]								19,0
VIII. Energie ($v=0$) berechnet aus den Bandenspektren[11]	0	8,5	12,8; 12,9	V_A	$V_A + 1{,}2$	$V_A + 4{,}8$	$V_A + 6{,}6$	$V_i + 3{,}2$
IX. Energie ($v = 0$) nach IV, VII, VIII	0	8,5	12,8; 12,9	8,2	9,4	13,0	14,8	19,0

sichtigen[12]; legt man auch für diese die Voltskala auf die erwähnte Weise fest, so erhält man für die Anregung des nullten Schwingungszustandes des C-Terms folgende Werte:

SPONER 12,4 Volt
DUNCAN 13,0 Volt } im Mittel 12,9 Volt.
KNESER 14,3 Volt

Solange keine genaueren Messungen vorliegen, hat es also keinen Sinn, eine Änderung des jetzt allgemein angenommenen Wertes von 13,0 Volt vorzuschlagen. Für V_A ergibt sich dann $13{,}0 - 4{,}8 = 8{,}2$ Volt, und für die Energie des nullten Schwingungszustandes bekommt man die Werte, welche in der Tabelle (Zeile IX) angegeben sind.

Daß die C- und A'-Terme durch Elektronenstoß in den ersten Schwingungszustand angeregt werden, ist in Übereinstimmung mit der Lage der Minima für die Potentialkurven (Abb. 93). Bei den a-, A- und B-Zuständen wird jedoch nach dem FRANCK-CONDONschen Prinzip bei der Anregung auch Schwingungsenergie übergetragen, und man erwartet also bei Elektronenstoßversuchen für

[1] Das Niveau b wurde von BIRGE und HOPFIELD früher mit b' bezeichnet (Astrophys. Journ. Bd. 68, S. 257. 1928).

[2] Nach F. HUND, ZS. f. Phys. Bd. 63, S. 719. 1930. Weil diese Deutung nicht sicher ist, benutzen wir in dieser Ziff. die alten Bezeichnungen.

[3] Nach der neuen Übersicht MULLIKENS (Rev. Mod. Phys. Bd. 4, S. 1. 1932) ist das A-Niveau vielleicht als $^3\Sigma_u^+$-, das a-Niveau als $^1\Sigma_u^+$ zu bezeichnen. (Anm. bei der Korr.)

[4] L. u. E. BLOCH, C. R. Bd. 170, S. 1380. 1920.

[5] L. u. E. BLOCH, C. R. Bd. 173, S. 225. 1921.

[6] D. C. DUNCAN, Astrophys. Journ. Bd. 62, S. 145. 1925. Vgl. R. T. BIRGE, Nature Bd. 117, S. 81. 1926.

[7] H. SPONER, ZS. f. Phys. Bd. 34, S. 622. 1925.

[8] E. E. WITMER, Phys. Rev. Bd. 26, S. 780. 1925.

[9] H. O. KNESER, Ann. d. Phys. (4) Bd. 79, S. 597. 1926.

[10] L. A. TURNER u. E. W. SAMSON, Phys. Rev. Bd. 34, S. 747. 1929.

[11] R. S. MULLIKEN, Phys. Rev. Bd. 32, S. 186. 1928; R. T. BIRGE, Int. crit. tables Bd. 5, S. 417. 1929.

[12] Die Beobachtungen von WITMER, wobei die Spannung nur in Stufen von 1 Volt erhöht wurde, lassen wir hier außer Betracht.

die erste Anregungsspannung einen Wert von etwa 9 Volt. Bei den älteren Untersuchungen[1] ohne gleichzeitige spektroskopische Anregung sind öfters Werte zwischen 8 und 9 Volt gefunden, welche der Anregung des *a*- oder *A*-Zustandes zugeschrieben werden können. Man findet jedoch auch niedrigere Wertevon etwa 7,5 Volt und 6,3 Volt[2] angegeben. Vielleicht handelt es sich hier um dieselben Niveaus bei etwa 7 Volt, deren Banden HOPFIELD[3] in Absorption erhielt, welche jedoch nach MULLIKEN[4] wahrscheinlich nicht dem N_2 zuzuschreiben sind.

Bei den in Tabelle 31 erwähnten Untersuchungen war die Elektronenenergie gleich oder nur wenig größer als die Anregungsenergie der Niveaus. Im allgemeinen hat (vgl. Ziff. 44, 60) in diesem Gebiet die Anregungswahrscheinlichkeit der Tripletterme ein scharfes Maximum, wie es für N_2 auch experimentell von DUNCAN (a. a. O.) und anderen festgestellt wurde. Bei Versuchen mit Elektronen höherer Geschwindigkeit haben also Energieverluste, welche mit einer Anregung der Triplettniveaus verbunden sind, eine relativ geringere Wahrscheinlichkeit. Von diesen Versuchen sind insbesondere die RUDBERGschen zu erwähnen, bei denen eine Anordnung nach HUGHES und ROJANSKY (vgl. Ziff. 21) benutzt wurde. Abb. 94 gibt ein Beispiel der für die Energieverluste der Elektronen erhaltenen Kurven. Das Maximum bei 6,6 Volt wird vom Verfasser als Energieverlust bei Stößen gegen die Elektroden gedeutet, weil es auch bei Messungen im Vakuum auftritt[5]. Die Energieverluste, welche der Verfasser dem N_2 zuschreibt, sind mit einigen Werten aus anderen Arbeiten in Tabelle 32 wiedergegeben.

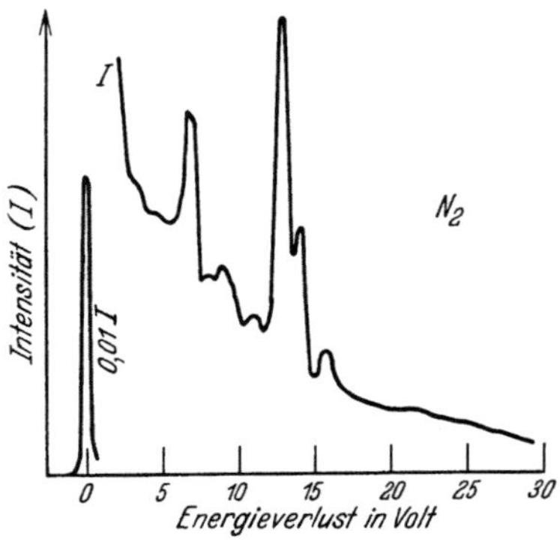

Abb. 94. Energieverluste von Elektronen in N_2 nach RUDBERG.

Tabelle 32. Energieverluste von Elektronen größerer Geschwindigkeit in Stickstoff.

Verfasser	Elektronengeschwindigkeit (Volt)	Energieverluste (Volt)			
RUDBERG[6]	90— 370	9,25 ± 0,2	12,78 ± 0,1	13,93 ± 0,1	15,82 ± 0,2
LANGMUIR u. JONES[7]	etwa 100		13,0 ± 0,5		
HARNWELL[8]	75— 300		12,9		
RENNINGER[9]	200—2000		13		
Deutung nach RUDBERG		*a*	*b*		

Das Maximum bei etwa 13 Volt ist bei allen diesen Versuchen sehr stark ausgeprägt; in Übereinstimmung mit den obigen Bemerkungen wird es von RUDBERG als Anregung eines Singulettniveaus, und zwar des *b*-Niveaus gedeutet.

[1] Ältere Literatur siehe bei J. FRANCK u. P. JORDAN, a. a. O. S. 269.
[2] A. S. LEVESLEY, Trans. Faraday Soc. Bd. 23, S. 552. 1927.
[3] J. J. HOPFIELD, Phys. Rev. Bd. 31, S. 1131. 1928.
[4] R. S. MULLIKEN, a. a. O. S. 215.
[5] Vgl. E. RUDBERG, Proc. Roy. Soc. London (A) Bd. 127, S. 111. 1930. Da für Hg bei größeren Elektronengeschwindigkeiten öfters ein sehr stark ausgeprägter Energieverlust bei 6,7 gefunden wurde (C. W. FOARD, Phys. Rev. Bd. 35, S. 1187. 1930; I. LANGMUIR u. H. A. JONES, ebenda Bd. 31, S. 357. 1928) und die RUDBERGsche Apparatur wohl nicht ganz frei von Quecksilber war, so scheint es uns nicht unmöglich, daß dieses Maximum dem Hg zuzuschreiben ist. Übrigens ist das für die RUDBERGsche Arbeit völlig nebensächlich.
[6] E. RUDBERG, Proc. Roy. Soc. London (A) Bd. 129, S. 628. 1930; Ann. d. Phys. (5) Bd. 11, S. 802. 1931.
[7] I. LANGMUIR u. H. A. JONES, Phys. Rev. Bd. 31, S. 357. 1928.
[8] G. P. HARNWELL, Phys. Rev. Bd. 33, S. 559. 1929.
[9] M. RENNINGER, Ann. d. Phys. (5) Bd. 9, S. 295. 1931.

Aus den Bandenspektren ergibt sich dafür 12,8 Volt (Tabelle 31). Das Maximum bei 9,25 Volt soll der Anregung des a-Niveaus im dritten oder vierten Schwingungszustand entsprechen, was nach dem Verfasser mit dem FRANCK-CONDONschen Prinzip im Einklang ist. Die Zuordnung der anderen Maxima ist nach RUDBERG unbekannt, doch wollen wir darauf hinweisen, daß der Wert 15,8 Volt genau übereinstimmt mit dem in Ziff. 64 angegebenen Wert der Ionisierungsspannung.

Von den neueren Versuchen erwähnen wir noch die von LÖHNER[1], wobei eine Anzahl diskreter Energieverluste zwischen 2,45 und 5,55 Volt gefunden wurde. Ebenso wie beim Wasserstoff steht die Deutung dieser Werte noch aus.

HARRIES[2] hat die Diffusion langsamer Elektronen durch Stickstoff nach der in Ziff. 13 angegebenen Methode studiert (vgl. auch Ziff. 57) und dabei festgestellt, daß Elektronen von 3 bis 5 Volt bei 100 Stößen im Mittel einen Energieverlust von 0,36 Volt erleiden. Dieses Resultat wird gedeutet als eine Anregung des ersten Schwingungszustandes, welcher 0,29 Volt über dem nullten liegt; die Wahrscheinlichkeit für die Übertragung eines Schwingungsquants soll also für Elektronen von 3 bis 5 Volt 0,013 pro wirklichen Zusammenstoß betragen.

64. Ionisierung. Über die Ionisierungsspannung von Stickstoff liegen viele Untersuchungen vor[3]; die Resultate schwanken zwischen 15,8 und 17,0 Volt mit einem Mittelwert >16 Volt. Drei vor kurzem erschienene Arbeiten ergeben jedoch niedrigere Werte, nämlich TURNER und SAMSON: 15,8 Volt (vgl. Ziff. 63), TATE und SMITH[4]: 15,7 Volt, und VAUGHAN[5]: $15{,}8 \pm 0{,}1$ Volt. Wir sind geneigt, den Wert von 15,8 Volt für den wahrscheinlichsten zu halten. Diese Energie entspricht dem Übergang aus dem Grundzustand des Moleküls in den Grundzustand des Molekülions, und zwar in Übereinstimmung mit der Abb. 93, ohne Übertragung von Schwingungsenergie.

TATE und SMITH[6] beobachteten eine Reihe von Ultraionisierungspotentialen 16,01 Volt, 16,16 Volt usw.; bezüglich ihrer Deutung verweisen wir auf Ziff. 44.

Nach den Versuchen mit den magnetischen Spektrographen werden zwischen 16 und 24 Volt nur N_2^+-Moleküle gebildet; das ist auch verständlich, weil die Potentialkurve für das nicht angeregte Molekülion (im Gegensatz zu Wasserstoff) ein tiefes Minimum aufweist. Für die erste Bildung von N^+ ergaben sich bei diesen Untersuchungen die nebenstehenden kritischen Potentiale. Auch BRANDT[12] hatte schon früher bei Versuchen ohne magnetische Zerlegung ein kritisches

Verfasser	Volt
SMYTH[7]	24,1; 27,7
HOGNESS u. LUNN[8] . . .	24
KALLMANN u. ROSEN[9] . .	24
LOZIER[10]	24
VAUGHAN[11]	$24{,}5 \pm 0{,}1$

[1] H. LÖHNER, Ann. d. Phys. (5) Bd. 9, S. 1004. 1931.

[2] W. HARRIES, ZS. f. Phys. Bd. 42, S. 26. 1927; W. HARRIES u. G. HERTZ, ebenda Bd. 46, S. 177. 1927.

[3] Für die ältere Literatur siehe FRANCK u. JORDAN, a. a. O. S. 269.

[4] J. T. TATE u. P. T. SMITH, Phys. Rev. Bd. 39, S. 270. 1932.

[5] A. VAUGHAN, Phys. Rev. Bd. 38, S. 1687. 1931.

[6] J. T. TATE u. P. T. SMITH, Phys. Rev. Bd. 37, S. 1705. 1931 (kurzer Sitzungsbericht).

[7] H. D. SMYTH, Proc. Roy. Soc. London (A) Bd. 104, S. 121. 1923. Die ursprüngliche Deutung (N^{++} bei 24,1 Volt, N^+ bei 27,7 Volt) wurde später verlassen (vgl. H. D. SMYTH, Rev. Mod. Phys. Bd. 3, S. 373. 1931). SMYTH erwähnt auch die Möglichkeit, daß bei 16 Volt gebildete Ionen nach Beschleunigung durch Stoß dissoziiert werden (vgl. Ziff. 62).

[8] T. R. HOGNESS u. E. G. LUNN, Phys. Rev. Bd. 26, S. 786. 1925.

[9] H. KALLMANN u. B. ROSEN, ZS. f. Phys. Bd. 58, S. 52. 1929; Bd. 61, S. 61. 1930; Bd. 64, S. 806. 1930.

[10] Mitgeteilt in: H. D. SMYTH, Rev. Mod. Phys. Bd. 3, S. 372. 1931.

[11] A. VAUGHAN, a. a. O.

[12] E. BRANDT, ZS. f. Phys. Bd. 8, S. 32. 1921. Die von BRANDT angegebenen Werte wurden auf Grund einer Eichung der Voltskala mit He um 0,8 Volt korrigiert.

Potential von 24,6 Volt gefunden. Aus der Anregungsspannung 19,0 Volt des $^2\Sigma_u$-Niveaus nach TURNER und SAMSON (Tabelle 31) ergibt sich durch Kombination mit dessen Dissoziationsenergie von 3,7 Volt für die Energiedifferenz zwischen $N^+ + N +$ Elektron und N_2 der Wert 22,7 Volt.

Bei 24 Volt wird offenbar ein energiereicherer Zustand des N_2^+ angeregt, welcher entweder spontan oder bei einem Zusammenstoß in N und N^+dissoziiert (primäre bzw. sekundäre Bildung des N^+-Ions). Über die Frage, welche der beiden Vorgänge hier stattfindet, sind die Meinungen geteilt. HOGNESS und LUNN nehmen eine sekundäre Bildung von N^+ an, weil nach ihren Versuchen der Quotient der Ionenmengen N^+/N_2^+ mit steigendem Druck stark zunimmt. Da eine ähnliche Druckabhängigkeit ebenfalls in einem N_2-He-Gemisch gefunden wurde, soll diese Dissoziation auch bei Stößen mit anderen Molekeln stattfinden. KALLMANN und ROSEN dagegen vertreten die Ansicht, daß Ionen von 24 Volt ohne vorangehenden Zusammenstoß dissoziieren und also auch N^+ primär gebildet wird. Nach diesen Verfassern soll die Druckabhängigkeit von N^+/N_2^+ durch verschieden starke Umladung der beiden Ionenarten im Ablenkungsraum des magnetischen Spektrographen verursacht sein. Experimentell zeigte sich das Verhältnis N^+/N_2^+ tatsächlich bei konstantem Druck im Ionisierungsraum stark vom Druck im Ablenkungsraum abhängig; der Druck im Ionisierungsraum dagegen hatte wenig Einfluß. Für eine ausführliche Diskussion dieser Frage verweisen wir auf Ziff. 76 (Umladung). Die Erklärung von KALLMANN und ROSEN scheint wohl das Richtige zu treffen; die erwähnten Beobachtungen von HOGNESS und LUNN an N_2-He stehen damit nicht im Widerspruch, weil in diesem Fall die He^+-Ionen durch Umladung die energiereichere, dissoziierende Form der N_2^+-Ionen und also N^+ bilden können; für diese Umladung ist nach HARNWELL[1] die Wahrscheinlichkeit besonders groß. Nicht in dieses Bild paßt die Feststellung von HOGNESS und LUNN, daß sich bei 10^{-5} mm keine Spur von N^+ zeigte, obgleich die Intensität von N_2^+ noch groß war. Demgegenüber soll nach KALLMANN und ROSEN das Verhältnis N^+/N_2^+ für sehr geringen Druck bei 30 Volt Elektronenenergie 2%, bei 50 Volt 5% sein.

LOZIER[2] konnte kürzlich zeigen, daß die bei etwa 24 Volt gebildeten N^+-Ionen eine kinetische Energie bis zu 2 Volt haben, was im Zusammenhang mit dem oben angegebenen Minimumwert von 22,7 Volt für dieses kritische Potential zu erwarten ist[3].

TURNER und SAMSON[4] beobachteten die ultraroten Bogenlinien des N-Atoms ($2p^2\,3s\,^4P - 2p^2\,3p\,^4P^0$) von 23 ± 1 Volt ab; der Gasdruck war so niedrig, daß die Anregung durch einen einzigen Stoß veranlaßt sein mußte. Die Verfasser konnten nicht entscheiden, ob es sich hier um das oben erwähnte kritische Potential von 24 Volt (erste Bildung von N^+) handelt oder um eine andere Anregung, wobei das Molekül in ein normales und ein angeregtes Atom zerlegt wird. Im ersten Fall würde das Leuchten der Rekombination $N^+ +$ Elektron zuzuschreiben sein, da die Energie von 23 Volt nicht ausreicht zur Bildung eines N^+-Ions und eines N-Atoms im $2p^2\,3p\,^4P^0$-Zustand. KONDRATJEV[5] hatte schon

[1] G. P. HARNWELL, Phys. Rev. Bd. 29, S. 830. 1927.

[2] Siehe Fußnote 10, S. 125.

[3] Eine ausführliche Arbeit über diese Prozesse ist inzwischen von J. T. TATE u. W. W. LOZIER (Phys. Rev. Bd. 39, S. 254. 1932) veröffentlicht worden. Sie leiten für den Vorgang $N_2 \rightarrow N + N^+$ einen Minimumwert von 22,9 Volt $\pm$ 0,5 ab; daraus ergibt sich für die Dissoziationsarbeit des Moleküls 8,4 $\pm$ 0,5 Volt. In dieser Arbeit wurden weiter noch zwei höhere kritische Potentiale gefunden, welche den Prozessen $N_2 \rightarrow N^+ + N'$ bzw. $N_2 \rightarrow N^+ + N^+$ entsprechen sollen. (Anm. bei der Korr.)

[4] L. A. TURNER u. E. W. SAMSON, Phys. Rev. Bd. 34, S. 743. 1929.

[5] V. KONDRATJEW, ZS. f. Phys. Bd. 38, S. 346. 1926.

früher gefunden, daß die Anregung der *violetten* Atomlinien in einem Elementarakt möglich war, und zwar von 32 ± 2 Volt Elektronenenergie ab.

Über 24 Volt wurden noch kritische Potentiale gefunden von BRANDT (29,9 Volt), SMYTH (27,7 Volt), VAUGHAN (40,0 ± 1 Volt, 47,0 ± 1 Volt, in beiden Fällen verstärkte Bildung von N^+). Die Deutung dieser Potentiale steht noch aus. RUDBERG suchte mit negativem Resultat nach einer Ionisierung in dem K-Niveau des Stickstoffs bei etwa 390 Volt, für welche MOHLER und FOOTE[1] früher in photoelektrischen Kurven eine Andeutung gefunden hatten, die auch SMYTH[2] in seiner Untersuchung mit dem magnetischen Spektrographen zu konstatieren glaubt.

Die Ionisierungshäufigkeit für Elektronenstoß nach TATE und SMITH ist schon in Abb. 91 angegeben. Die Resultate von VAUGHAN (a. a. O.) sind damit in Übereinstimmung.

Negative Ionen, gedeutet als N_2^-, wurden von SMYTH und von HOGNESS und LUNN in sehr geringer Menge gefunden, jedoch nicht näher untersucht.

65. Dissoziation. Die Daten der Tabelle 31 (Zeile IX) ermöglichen in Verbindung mit spektroskopischen Daten (Dissoziationsenergie des A'-Terms 3,7 Volt und Ionisierungsspannung des Atoms 14,5 Volt) die Berechnung der Dissoziationsenergie D, wie aus dem folgenden Schema ersichtlich ist:

$$\begin{array}{lllll} N_2 \rightarrow N_2^{+\prime}(A') + \text{El.} & \rightarrow N + N^+ + \text{El.} & \rightarrow N + N & \\ 19{,}0 & + 3{,}7 & - 14{,}5 & = 8{,}2 \text{ Volt.} \end{array}$$

Für D ergibt sich auf diese Weise 8,2 Volt[3]. Hierbei ist angenommen, daß die Dissoziation des A'-Zustandes zu einem normalen N-Atom und einem N^+-Ion führt. KAPLAN[4] leitet auf einem anderen Wege den Wert 9,0 Volt ab in der Voraussetzung, daß das „D"-Niveau dissoziiert in zwei angeregte N-Atome mit bzw. 3,56 und 2,39 Volt innerer Energie. Bezüglich der Begründung verweisen wir auf die Originalarbeit.

66. Sauerstoff. Abb. 95 gibt die wichtigsten Elektronenterme des Sauerstoffs mit den beobachteten Bandensystemen wieder, Abb. 96 die Potentialkurven, berechnet nach der MORSEschen Formel. Die letzteren findet man auf ähnliche Weise schon dargestellt in einer Arbeit von STUECKELBERG[5], welcher an Hand dieser Kurven die Ionisation und Dissoziation nach Elektronenstoßversuchen diskutiert; für einige Größen sind in der Abb. 96, wie im folgenden näher belegt wird, andere Werte angenommen. Es sei jedoch hier schon bemerkt, daß einige Kurven nur angenähert richtig sein können, weil dabei die Formel (5) (Ziff. 54) nicht zutrifft.

Die berechneten[6] und experimentell bestimmten kritischen Potentiale sind in der Tabelle 33 zusammengestellt. Nur bei den Versuchen LOCKROWS wurde

---

[1] F. L. MOHLER u. P. D. FOOTE, Scient. Pap. Bureau of Stand. Bd. 17, S. 471. 1922.

[2] H. D. SMYTH, Proc. Roy. Soc. London (A) Bd. 104, S. 121. 1923.

[3] L. A. TURNER u. W. SAMSON, Phys. Rev. Bd. 34, S. 743. 1929. Die Verfasser selbst erhalten 8,4 Volt unter Annahme einer Dissoziationsenergie des $^2\Sigma_u$-Zustandes von 3,9 Volt; der Wert 3,7 Volt ist jedoch sicherer (vgl. G. HERZBERG, Ann. d. Phys. Bd. 86, S. 189. 1928; R. T. BIRGE, Phys. Rev. Bd. 34, S. 1062. 1929). HERZBERG (Nature Bd. 122, S. 505. 1928) berechnet auf diese Weise 9,1 Volt; dabei wurde jedoch als Ionisierungsenergie 16,7 Volt angenommen.

[4] J. KAPLAN, Proc. Nat. Acad. Amer. Bd. 15, S. 226. 1929.

[5] E. C. G. STUECKELBERG, Phys. Rev. Bd. 34, S. 65. 1929; vgl. R. S. MULLIKEN, ebenda Bd. 32, S. 761. 1928.

[6] Nach R. S. MULLIKEN, Phys. Rev. Bd. 32, S. 186. 1928, vgl. insbesondere seine Tabellen 3 und 4.

spektroskopische Beobachtung angewendet, bei den anderen Versuchen ist also die in der Tabelle angegebene Deutung nicht sicher. Bei den atmosphärischen Absorptionsbanden sind die optischen Übergangswahrscheinlichkeiten sehr klein; nach MULLIKEN[1] gilt es hier ein Interkombinationsspektrum $^1\Sigma \leftarrow {}^3\Sigma_g^-$; der $^1\Sigma$-Term ist entweder der metastabile $^1\Sigma_g^+$- oder der nicht metastabile $^1\Sigma_u^-$-Term[2]. Neuerdings finden CHILDS und MECKE[3] unter gewissen Voraussetzungen für die Lebensdauer dieses Zustandes etwa 7 sec, er ist also ausgesprochen metastabil und wahrscheinlich als $^1\Sigma_g^+$ zu bezeichnen. Der $^1\Sigma_g^+$-Term dissoziiert in normale Atome.

Eine Anregung des $^3\Sigma_u^-$-Niveaus bei 8 bis 9 Volt stimmt nach Abb. 96 gut mit dem FRANCK-CONDONschen Prinzip überein; es wird dabei 2 bis 3 Volt Schwingungsenergie auf die Kerne übertragen, was die Dissoziation des Moleküls veranlaßt.

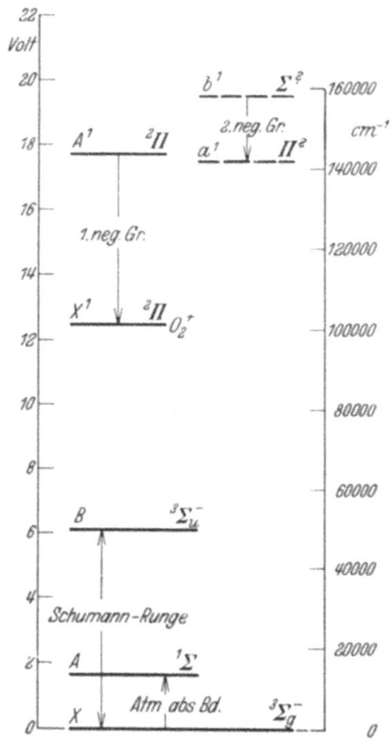

Abb. 95. Elektronenterme des O_2.

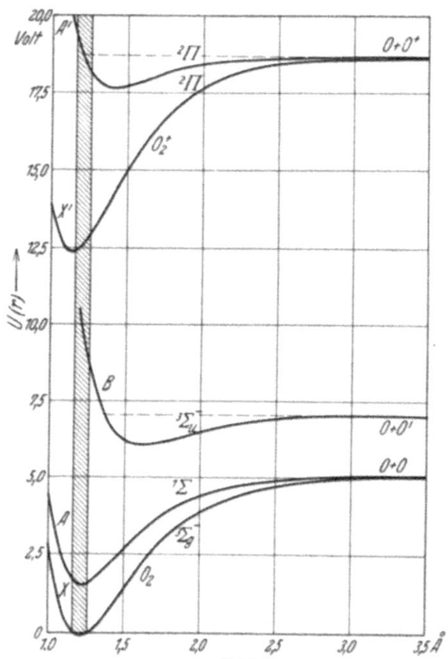

Abb. 96. Potentialkurven des O_2.

Tatsächlich zeigte DALTON, daß bei der von ihm gemessenen ersten Anregungsspannung (7,9 Volt) eine Druckabnahme zufolge einer chemischen Reaktion des atomaren Sauerstoffs auftrat (Bildung von CO_2). Eine höhere, ebenfalls von DALTON in Einzelfällen gefundene Anregungsspannung bei 10,6 Volt kann in der Darstellung der Potentialkurven nicht untergebracht werden; DALTON selber erwähnt die Möglichkeit, daß es sich hier um die Anregung des bei seinem Versuch gebildeten CO_2 handelt. Nach HENRY wird von einer Elektronengeschwindigkeit von 9,0 Volt ab Ozon im Versuchsrohr gebildet; dabei tritt nämlich eine Druckerniedrigung dadurch auf, daß Gas an den in

---

[1] R. S. MULLIKEN, Phys. Rev. Bd. 32, S. 880. 1928; vgl. R. M. BADGER u. R. MECKE, ZS. f. Phys. Bd. 60, S. 59. 1930.

[2] R. S. MULLIKEN, Phys. Rev. Bd. 37, S. 1711. 1931 (kurzer Sitzungsbericht).

[3] W. H. J. CHILDS u. R. MECKE, ZS. f. Phys. Bd. 68, S. 344. 1931.

Tabelle 33. Kritische Potentiale des O_2.

	O_2			O_2^+				
Alte Bezeichnung	X	A	B	X'	A'	a'	b'	
Neue Bezeichnung	$^3\Sigma_g^-$	$^1\Sigma$	$^3\Sigma_u^-$	$^2\Pi$	$^2\Pi$	Π?	Σ?	
Oberer Term der		Atm.Abs.Bd.	Sch.Ru.Bd.		1. neg. Gr.		2. neg. Gr.	
$v = 0$ berechnet aus den Bandenspektren	0	1,62	6,09	V_i	$V_i + 5{,}2$	V_2	$V_2 + 2$	
Ältere Versuche[1]. .			8—9	13--16				
DALTON[2]			7,9					
LOCKROW[3, 4]					19,2		21	
SMYTH[5]				15,5				22,7
HOGNESS u. LUNN[6]				13				20
ROBERTS u. WHIDDINGTON[7]			8,5					
KALLMANN u. ROSEN[8] . . .				13				19,5
HENRY[9]			9,0					
TATE u. SMITH[10] . .				12,5				
Ionisationsprodukte (magn. Spektr.) .				O_2^+				$O + O^+$

flüssige Luft tauchenden Gefäßwänden absorbiert wird, während das später bei Erwärmung wieder freiwerdende Gas das Absorptionsspektrum des Ozons zeigt. Nach dem Verfasser handelt es sich hier wahrscheinlich um die Reaktionen

$$O_2' + O_2 \rightarrow O_3 + O$$
$$O_2 + O \rightarrow O_3 .$$

Aus dem oben Gesagten ist ersichtlich, daß der erste Prozeß hier ausfallen kann, weil beim Elektronenstoß das O_2-Molekül schon dissoziiert. Es scheint nicht ausgeschlossen, daß in diesem Versuch atomarer Sauerstoff an den Gefäßwänden absorbiert wird, welcher dann später Ozonbildung veranlaßt. Bei einer Elektronengeschwindigkeit von 21,2 Volt tritt eine Verstärkung des Effektes auf, wahrscheinlich der Bildung von O^+ zufolge (vgl. weiter unten).

Die Ionisierungsspannung kann theoretisch aus dem folgenden Prozeß abgeleitet werden:

$$O_2 \rightarrow O + O' \rightarrow O + O \rightarrow O + O^+ + \text{El.} \rightarrow O_2^+ + \text{El.}$$
$$(\text{Diss. von } {}^3\Sigma_u^-)$$
$$7{,}05 \quad -1{,}96 \quad +13{,}56 \qquad -6{,}9 = 11{,}7 \text{ Volt.}$$

HERZBERG[11] zeigte, daß der $^3\Sigma_u^-$-Zustand in ein normales $2p\,^3P_2$-Atom (O) und ein angeregtes $2p\,^1D_2$-Atom (O′) dissoziieren muß, die Anregungsspannung des

[1] Vgl. J. FRANCK u. P. JORDAN, a. a. O.

[2] R. H. DALTON, Journ. Amer. Chem. Soc. Bd. 51, S. 2366. 1929.

[3] Elektronenstoßversuche mit spektroskopischer Beobachtung.

[4] L. L. LOCKROW, Astrophys. Journ. Bd. 63, S. 205. 1926.

[5] H. D. SMYTH, Proc. Roy. Soc. London (A) Bd. 105, S. 116. 1924.

[6] T. R. HOGNESS u. E. G. LUNN, Phys. Rev. Bd. 27, S. 732. 1926.

[7] J. E. ROBERTS u. R. WHIDDINGTON, Proc. Leeds Phil. Soc. Bd. 2, S. 12, 1929; Versuche nach der WHIDDINGTONschen photographischen Methode bei einer Elektronengeschwindigkeit von 100 Volt. Ein Energieverlust von 12,9 Volt wird von den Verfassern dem atomaren Sauerstoff zugeschrieben.

[8] H. KALLMANN u. B. ROSEN, ZS. f. Phys. Bd. 61, S. 61. 1930.

[9] L. A. M. HENRY, Bull. Soc. Chim. Belg. Bd. 40, S. 339. 1931.

[10] J. T. TATE u. P. T. SMITH, Phys. Rev. Bd. 39, S. 270. 1932.

[11] G. HERZBERG, ZS. f. phys. Chem. (B) Bd. 4, S. 223. 1929.

$2p\,^1D_2$-Zustandes wurde später von FRERICHS[1] aus dem O-Spektrum zu 1,96 Volt gefunden; die Dissoziationsarbeit des Grundzustandes des O_2 ist also 7,05 — 1,96 = 5,09 Volt. Der wahrscheinlichste Wert der Dissoziationsarbeit des O_2^+ ist nach MULLIKEN[2] 6,9 Volt. Mit diesen Zahlen erhält man für die Ionisierungsspannung 11,7 Volt, ein Wert, der von MULLIKEN[3] in einer neuerdings veröffentlichten Notiz ebenfalls als der wahrscheinlichste bezeichnet wird.

Bei Elektronenstoßversuchen wurden jedoch immer, wie aus der Tabelle ersichtlich ist, höhere Werte gefunden. Die neuesten genauen Versuche von TATE und SMITH ergeben 12,5 ± 0,1 Volt und eine zweite Ionisierungsspannung von 16,1 Volt, in vorzüglicher Übereinstimmung mit den beiden früher von MACKAY[4] beobachteten Werten. Immerhin bleibt auch jetzt noch eine Differenz von 0,8 Volt zwischen den beobachteten und berechneten Größen bestehen; durch Übertragung von Anregungsenergie kann dies wohl nicht erklärt werden, weil die Werte von r_e für die Grundniveaus des O_2 und O_2^+ ungefähr gleich sind (1,21 bzw. 1,14 Å)[5]. Wir möchten vorläufig 12,5 Volt als die richtige Ionisierungsspannung betrachten; die Dissoziationsarbeit des O_2^+ wird dann 6,1 Volt. Für die Anregungsspannung der 1. negativen Gruppe ergibt sich 12,5 + 5,2 = 17,7 Volt. LOCKROW kam durch spektroskopische Beobachtung zu einem Wert von 19,2 Volt, also 1,5 Volt höher. Nimmt man an, daß die 2. negative Gruppe von LOCKROW um den gleichen Betrag zu hoch angegeben ist, dann würden sich etwa 19,5 und 17,5 für den oberen bzw. unteren Term dieser Banden ergeben. Diese Werte sind jedoch sehr unsicher.

Eine Bildung von O^+ tritt nach Elektronenstoßversuchen von etwa 20 Volt an auf, und zwar handelt es sich hier um eine Dissoziation in einem Elementarakt, weil das Verhältnis O_2^+/O^+ nicht vom Druck in der Apparatur abhängt. Theoretisch ergibt sich aus der Dissoziationsspannung des O_2-Moleküls (5,1) und der Ionisierungsspannung des O-Atoms (13,6) der Wert 18,7 Volt für die Energie, bei der dieser Prozeß zuerst möglich ist; nach Abb. 96 würde man bei dieser Elektronengeschwindigkeit tatsächlich Ionisierung und Dissoziation in einem Elementarakt erwarten. Die beobachteten Elektronengeschwindigkeiten liegen zwischen 19,5 und 22,7 Volt; nach Umladungsversuchen von SMYTH und STUECKELBERG[6] soll die Bildungsenergie des O^+ unter, aber dicht in der Nähe von der Ionisierungsspannung des Neons (21,5 Volt) liegen.

Schließlich sei noch erwähnt, daß die Kurve für die Ionisierungshäufigkeit beim O_2 nach TATE und SMITH fast genau mit derjenigen für N_2 zusammenfällt (Abb. 91, Ziff. 62).

67. Jod. In Abb. 97 sind einige Potentialkurven des Jodmoleküls nach BROWN[7] wiedergegeben. Die Daten für die ausgezogenen Kurven[8] folgen aus den sichtbaren Banden; die gestrichelte Kurve, welche nur annähernd bekannt ist, wurde von BROWN aus einem neuen Bandensystem im Ultrarot abgeleitet[9]. Nach dieser Abbildung erwartet man eine Anregung des Moleküls bei einer Elektronengeschwindigkeit von etwa 2,5 Volt, welche nach der Tabelle auch

---

[1] R. FRERICHS, Phys. Rev. Bd. 36, S. 398. 1930.
[2] R. S. MULLIKEN, Phys. Rev. Bd. 32, S. 186. 1928.
[3] R. S. MULLIKEN, Phys. Rev. Bd. 37, S. 1711. 1931 (kurzer Sitzungsbericht).
[4] C. A. MACKAY, Phys. Rev. Bd. 24, S. 319. 1924.
[5] Der Wert für O_2^+ wurde neuerdings von STEVENS (Phys. Rev. Bd. 38, S. 1292. 1931) aus der Rotationsstruktur der negativen Banden abgeleitet.
[6] H. D. SMYTH u. E. C. G. STUECKELBERG, Phys. Rev. Bd. 32, S. 779. 1928.
[7] W. G. BROWN, Phys. Rev. Bd. 38, S. 1187. 1931.
[8] P. M. MORSE, Phys. Rev. Bd. 34, S. 57. 1929.
[9] Derartige Zustände mit niedriger Dissoziationsenergie waren schon früher von MULLIKEN (Phys. Rev. Bd. 36, S. 1440. 1930) vermutet.

tatsächlich von mehreren Verfassern gefunden worden ist. Bei dieser oder einer etwas größeren Geschwindigkeit tritt nach der Abb. 97 eine Dissoziation des Moleküls auf, welche der Dissoziation durch Licht mit einer Wellenlänge kleiner als etwa 5000 Å entspricht. Optisch kann die dazu erforderliche Energie mit großer Genauigkeit aus der Konvergenzstelle der sichtbaren Banden[1] bestimmt werden; Brown[2] hat dafür neuerdings den Wert 2,472 ± 0,001 Volt angegeben. Nach Dymond[3] zerfällt das Molekül bei dieser Dissoziation in ein normales $^2P_{3/2}$- und ein metastabiles $^2P_{1/2}$-Atom. Für die Anregungsspannung des $^2P_{1/2}$-Zustandes wurde von Turner[4] später 0,937 Volt gefunden, und somit sollte die Dissoziationsarbeit des normalen Moleküls, welches in zwei normale Atome zerfällt, 2,472 − 0,937 = 1,535 Volt betragen. Der thermochemische Wert 1,50 Volt stimmt damit gut überein.

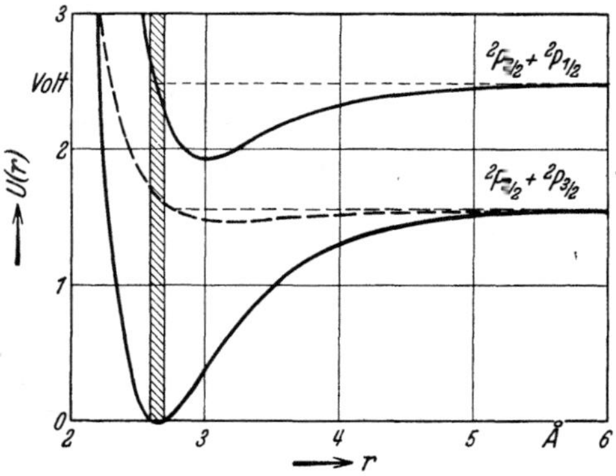

Abb. 97. Potentialkurven des J_2 nach Brown.

Die Deutung der übrigen in der Tabelle angegebenen Werte ist sehr unsicher. Nach Kondratjew und Leipunski ist das Maximum bei 5 Volt nur sehr schwach und vielleicht dem Hg zuzuschreiben; kritische Potentiale bei 1,2 und 6 Volt gehören nach den Verfassern zu dem Jodatom, weil sie nur in teilweise dissoziiertem Dampf auftreten (vgl. Ziff. 49). Doch würde man nach Abb 97 auch bei etwa 1,6 Volt eine schwache, Dissoziation veranlassende Anregung erwarten dürfen. Weitere Absorptionsgebiete[9] von Joddampf liegen zwischen 2140 und 1500 Å (äquivalent mit 5,8 bis 8,2 Volt), nur der Wert von 8,4 Volt aus der Tabelle könnte vielleicht damit in Zusammenhang gebracht werden. Die von Mohler angegebenen Werte sind aus dem Ansteigen des negativen Ionenstromes abgeleitet (vgl. weiter unten).

Tabelle 34. Anregung des J_2 durch Elektronenstoß.

Mohler u. Foote[5]	2,3 ± 0,2
Mohler[6]	2,4; 4,6; 8,4
Pavlov u. Leipunsky[7]	1,2; 2,3; 3,8; 5,1; 7,5
Kondratjew u. Leipunski[8]	2,5; 3,8; (5)

Die in Elektronenstoßversuchen bestimmten Werte der Ionisierungsspannung sind in der Tabelle 35 wiedergegeben. Nach Smyth und Compton ergibt eine genauere Analyse der Foundschen Kurve zwei kritische Potentiale bei 8,3 und 9,5 Volt, welche der Ionisierung des Atoms bzw. der des Moleküls entsprechen. Aus der Tabelle leiten wir ab, daß die Ionisierung des J_2 durch Elektronenstoß von 9,7 ± 0,3 Volt ab auftritt, für das Atom ist diese Größe nach Smyth und Compton 1,5 Volt niedriger, also etwa 8,2 Volt (vgl. Ziff. 49).

[1] R. Mecke, Ann. d. Phys. (4) Bd. 71, S. 104. 1923.
[2] W. G. Brown, Phys. Rev. Bd. 38, S. 709. 1931.
[3] E. G. Dymond, ZS. f. Phys. Bd. 34, S. 553. 1925.
[4] L. A. Turner, Phys. Rev. Bd. 27, S. 397. 1926.
[5] F. L. Mohler u. P. D. Foote, Scient. Pap. Bureau of Stand. Bd. 16, S. 569. 1920.
[6] F. L. Mohler, Phys. Rev. Bd. 26, S. 614. 1925.
[7] V. I. Pavlov u. A. I. Leipunsky, Nature Bd. 118, S. 843. 1926.
[8] V. Kondratjew u. A. Leipunski, ZS. f. Phys. Bd. 44, S. 708. 1927. Wahrscheinlich ist diese Untersuchung eine Fortsetzung der in der vorangehenden Fußnote zitierten Arbeit und fallen damit die nicht übereinstimmenden Zahlen der ersten Arbeit fort.
[9] M. Kimura u. M. Miyamishi, Scient. Pap. Inst. Phys. Chem. Res. Tokyo Bd. 10, S. 33. 1929; H. Sponer u. W. Watson, ZS. f. Phys. Bd. 56, S. 184. 1929.

Die Art der Ionisierungsprozesse ist von HOGNESS und HARKNESS mit dem magnetischen Spektrographen eingehend untersucht. Da das Intensitätsverhältnis I_2^+/I^+ mit abnehmendem Druck abnimmt, ohne jedoch Null zu werden, schließen die Verfasser, daß die beiden in der Tabelle angegebenen Prozesse primärer Natur sind. Diese Auffassung wird weiter dadurch gestützt, daß die J_2^+- und die J^+-Ionen beide von derselben Elektronengeschwindigkeit (9,6 Volt) ab auftreten. Man erwartet also für die Potentialkurven von J_2 und J_2^+ die in der Abb. 98 schematisch angegebene Lage. Es stimmt gut zu diesem Bilde, daß

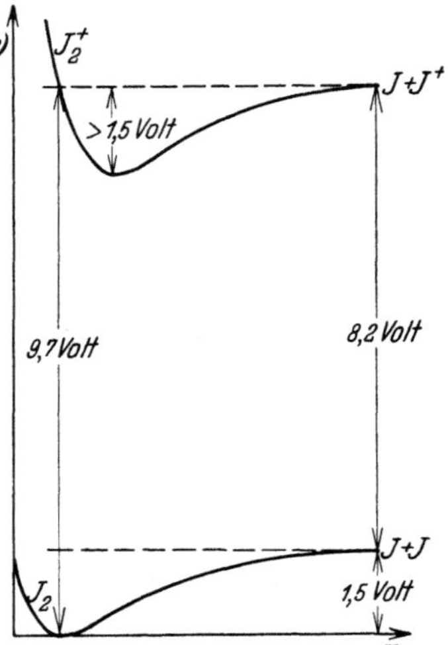

Abb. 98. Schematische Darstellung der Potentialkurve für J_2^+.

Tabelle 35.
Ionisierung des J_2 durch Elektronenstoß.

Verfasser	Elektronengeschwindigkeit (Volt)	Ionisierungsprodukte
FOUND[1]	8,5	
SMYTH u. COMPTON[2] . .	9,4	
MOHLER u. FOOTE[3] . .	10,1 $\pm$ 0,5	
MACKAY[4]	10,0	
FRUTH[5]	9,5	
HOGNESS u. HARKNESS[6] .	9,6	J_2^+, $J^+ + J$

die experimentell bestimmte Differenz der Ionisierungsspannungen von J_2 und J (1,5 Volt) gerade gleich der Dissoziationsarbeit des Moleküls ist[7]. Um die eigentliche Ionisierungsspannung des Moleküls (Übergang zum nullten Schwingungszustand) zu erhalten, muß der oben angegebene Wert von 9,7 Volt um die Dissoziationsenergie des Ions, welche wahrscheinlich $>1,5$ Volt ist (vgl. weiter unten), verringert werden.

HOGNESS und HARKNESS nehmen zur Erklärung der weiter von ihnen beobachteten Druckeffekte zwei sekundäre Prozesse an:

$$J^+ + J_2 \rightarrow J_2^+ + J, \qquad (9)$$

$$J_2^+ + J_2 \rightarrow J_3^+ + J. \qquad (10)$$

Da die Umladungswahrscheinlichkeit beim Durchgang durch J_2 für J_2^+ viel größer sein muß als für J^+, soll der Prozeß (9) sich im Ionisierungsraum abspielen (Ziff. 76). Dies ist nur möglich, wenn die Ionisierungsspannung des Moleküls kleiner als die des Atoms, und somit die Dissoziierungsenergie des Ions größer als 1,5 Volt ist (vgl. Abb. 98). Da keine negative Banden des Jods bekannt sind, ist dieser Wert nicht näher zu prüfen. Der Prozeß (10) ist der Bildung von H_3^+ beim Wasserstoff ähnlich (Ziff. 62).

Beim Jod muß auch die Bildung negativer Ionen näher betrachtet werden. Bekanntlich sind die Halogene elektronegative Gase, d. h. es wird Energie frei, wenn ein Atom oder Molekül sich mit einem Elektron vereinigt. Die Größe

---

[1] C. G. FOUND, Phys. Rev. Bd. 16, S. 41. 1920.
[2] H. D. SMYTH u. K. T. COMPTON, Phys. Rev. Bd. 16, S. 501. 1920.
[3] F. L. MOHLER u. P. D. FOOTE, a. a. O.
[4] C. A. MACKAY, Phys. Rev. Bd. 24, S. 319. 1924.
[5] H. F. FRUTH, Phys. Rev. Bd. 31, S. 614. 1928.
[6] T. R. HOGNESS u. R. W. HARKNESS, Phys. Rev. Bd. 32, S. 784. 1928. Die von den Verfassern angegebenen Werte sind mit +0,3 Volt korrigiert, da die Ionisierungsspannung des Ar von ihnen als 15,4 Volt (statt 15,7 Volt) angenommen wurde.
[7] Vgl. jedoch Fußnote 7, S. 92, nach der $V_i(J) = 10,4$ Volt sein soll.

dieser Energie („Elektronenaffinität") für das J-Atom wurde von J. E. MAYER[1] aus der thermischen Dissoziation von Jodsalzen in positive und negative Ionen berechnet. Der Verfasser kommt dabei zu einer Elektronenaffinität von $3{,}1^5$ Volt in vorzüglicher Übereinstimmung mit dem aus der BORNschen Gittertheorie[2] abgeleiteten Wert[3].

HOGNESS und HARKNESS schließen aus ihren Versuchen, daß der primäre Prozeß für die Bildung der negativen Ionen folgender ist:

$$\text{El.} + J_2 \to J^- + J. \qquad (11)$$

Energetisch ist dieser Prozeß im Hinblick auf die Werte von 1,5 und $3{,}1^5$ Volt für die Dissoziationsenergie bzw. die Elektronenaffinität schon bei Elektronen von einer Geschwindigkeit Null ab möglich. Die Beobachtungen von HOGNESS und HARKNESS sind damit in Übereinstimmung; die Verfasser stellen weiter fest, daß dieser Vorgang bei niedrigem Druck hauptsächlich in Nähe des Glühfadens stattfindet. Auch MOHLER (a. a. O.) kam zu dem Schluß, daß die Bildung der negativen Ionen bei sehr langsamen Elektronen die größte Wahrscheinlichkeit hat; die Bestimmung der oben erwähnten Anregungsspannungen nach MOHLER beruht eben auf der Annahme, daß die Bildung negativer Ionen jedesmal stark ansteigt, wenn die primären Elektronen durch Anregung ihre Geschwindigkeit verloren haben.

HOGNESS und HARKNESS schließen weiter noch auf sekundäre und tertiäre Ionenbildung, nämlich:

$$\text{Sekundär} \quad J^- + J_2 \to J_2^- + J, \qquad (12)$$

$$\text{Tertiär} \quad J_2^- + J_2 \to J_3^- + J. \qquad (13)$$

Wir möchten zum Schluß bemerken, daß die Interpretierung der in dieser Ziffer erwähnten Vorgänge im magnetischen Spektrographen durch die Dissoziierung der Moleküle am Glühfaden und durch Umladungen erschwert wird, so daß sie nur unter Vorbehalt mitgeteilt werden.

68. Andere Halogene. Für die anderen Halogenmoleküle findet man in der Literatur keine durch Elektronenstoß bestimmten Anregungsspannungen angegeben; die Ionisierungsspannungen sind in der Tabelle 36

Tabelle 36. Ionisierung von Br_2 und Cl_2 durch Elektronenstoß.

Verfasser	Br_2	Cl_2
HUGHES u. DIXON[4] . .	(10,0)	(8,2)
MACKAY[5]	12,8	13,2
MOHLER[6]	11,3	—

[1] J. E. MAYER, ZS. f. Phys. Bd. 61, S. 798. 1930.

[2] M. BORN, Enzyklop. d. math. Wiss. Bd. 5 III, S. 752. 1922. VON ANGERER und MÜLLER (Phys. ZS. Bd. 26, S. 643. 1925) leiteten aus den bei Alkalihalogeniden auftretenden kontinuierlichen Absorptionsspektren, welche als Elektronenaffinitätsspektren gedeutet wurden, Werte für die Elektronenaffinität ab, welche gut mit den von BORN und anderen berechneten übereinstimmten; später stellte sich jedoch heraus, daß es sich hier nicht um die Ablösung des Elektrons von einem negativen Ion, sondern um die Dissoziation eines Moleküls in normale Atome handelte [L. A. MÜLLER, Ann. d. Phys. (4) Bd. 82, S. 39. 1927; J. FRANCK, H. KUHN u. G. ROLLEFSON, ZS. f. Phys. Bd. 43, S. 155. 1927]. Vgl. weiter Ziff. 71.

[3] Neuerdings sind von J. E. MAYER und L. HELMHOLZ die Elektronenaffinitäten der Halogene nach einer neuen Formel für die Gitterenergie (M. BORN u. J. E. MAYER, ZS. f. Phys. Bd. 75, S. 1. 1932) neu berechnet. Es ergeben sich die Werte; F 4,1; Cl $3{,}7^5$; Br 3,5; J 3,2 Volt, welche auf 2% richtig sein sollen (ZS. f. Phys Bd. 75, S. 19. 1932). Vgl. E. LEDERLE, ZS. f. phys. Chemie (B) Bd. 17, S. 353. 1932. (Anm. bei der Korrektur.)

[4] A. L. HUGHES u. A. A. DIXON, Phys. Rev. Bd. 10, S. 495. 1917.

[5] C. A. MACKAY, Phys. Rev. Bd. 24, S. 319. 1924.

[6] F. L. MOHLER, mitgeteilt in F. L. MOHLER, Bull. Nat. Res. Counc. Bd. 9, S. 61. 1924; die betreffenden Versuche sind nicht publiziert.

vereinigt[1]. Die Werte von HUGHES und DIXON stammen aus der Zeit, wo zwischen Anregung und Ionisierung noch nicht scharf unterschieden werden konnte (vgl. Ziff. 25). Wie ein Vergleich ihrer „Ionisierungsspannungen" mit später bestimmten Werten zeigt, handelt es sich hier meistens um Anregung; wahrscheinlich gilt dasselbe für die in der Tabelle 36 angegebenen Werte.

Ein Vergleich dieser Ionisierungsspannungen mit den aus Bandenspektren abgeleiteten Werten ist noch nicht möglich; auch wurden die Ionisierungsprodukte noch nicht mit dem magnetischen Spektrographen untersucht. Unsere Kenntnisse über die Anregung und Ionisierung dieser Halogene sind also noch recht dürftig.

γ) Heteronukleare Moleküle.

69. Kohlenoxyd. Die Spektren der Moleküle CO und N_2, welche die gleiche Anzahl Elektronen, nämlich 14, haben, sind in vielen Punkten einander ähnlich; das Kohlenoxydspektrum weist jedoch mehrere Kombinationen auf, welche beim Stickstoff als homonuklearem Molekül verboten sind. Einige der wichtigsten Bandensysteme sind folgende:

CO	$A \longleftrightarrow X$	4. pos. Kohlengruppe
	$B \longrightarrow A$	Ångström-Banden
	$B \longleftarrow X$	Absorptionsbanden von HOPFIELD-BIRGE
	$a \longleftrightarrow X$	Cameron-Banden
	$b \longrightarrow a$	3. pos. Kohlengruppe
	$c \longrightarrow a$	3 *A*-Banden von DUFFENDACK und FOX
CO^+	$A' \longrightarrow X'$	Kometenschweifspektrum
	$B' \longrightarrow X'$	1. neg. Kohlengruppe
	$B' \longrightarrow A'$	BALDET-JOHNSONsche Kombinationsbanden.

In Abb. 99 sind einige Potentialkurven dieser Niveaus gezeichnet. Über die bei der Berechnung der Potentialkurven benutzten Konstanten ist folgendes zu bemerken. Die Dissoziationsenergie des CO ist aus den Bandenspektren nicht genau abzuleiten, aus thermischen Daten[2] ergibt sich dafür auf Grund des neuen Wertes 5,1 für die Dissoziationsarbeit des Sauerstoffes (Ziff. 66) 9,8 Volt. Auch dieser Wert ist jedoch unsicher, weil darin die nicht genau bekannte Sublimationswärme des C eingeht; nach KOHN und GUCKEL[3] wurde diese hier als 6,0 Volt angenommen. Für den Grundzustand gilt nach SNOW und RIDEAL[4] $r_e = 1{,}15$ Å; ESTEY[5] zeigte, daß die damit berechnete Intensitätsverteilung der 4. positiven Banden sehr gut der FRANCK-CONDONschen Theorie entspricht. Nach HERZBERG[6] dissoziiert der Grundzustand $^2\Sigma$ des CO^+ wahrscheinlich in ein normales O-Atom und ein angeregtes C^+-Ion (im ^2P-Zustand), dagegen soll der A'-Zustand ($^2\Pi$) in ein normales O- und ein normales C-Atom dissoziieren[7]; die betreffenden Potentialkurven überschneiden sich also. Die Dissoziationsarbeiten für diese beiden Vorgänge sind nach HERZBERG 9,8 bzw. 6,2 Volt. Die Energiedifferenz zwischen dem nullten Schwingungszustand des

---

[1] NOYES (Journ. Amer. Chem. Soc. Bd. 45, S. 1192. 1923) kommt auf indirektem Wege zu einem Wert von 12,5 Volt für Br_2. Beim J_2 hatte diese Methode zu dem Wert 10,0 Volt geführt (ebenda S. 337).

[2] Vgl. R. T. BIRGE u. H. SPONER, Phys. Rev. Bd. 28, S. 259. 1926.

[3] H. KOHN u. M. GUCKEL, ZS. f. Phys. Bd. 27, S. 305. 1924.

[4] C. P. SNOW u. R. K. RIDEAL, Proc. Roy. Soc. London (A) Bd. 125, S. 462. 1929.

[5] R. S. ESTEY, Phys. Rev. Bd. 35, S. 309. 1930.

[6] G. HERZBERG, ZS. f. Phys. Bd. 52, S. 815. 1929; W. HEITLER u. G. HERZBERG, ebenda Bd. 53, S. 52. 1929.

[7] Nach der neuen Übersicht R. S. MULLIKENS (Rev. Mod. Phys. Bd. 4, S. 1. 1932) soll auch der Grundzustand des CO^+ in zwei normale Atome dissoziieren. (Anm. bei der Korr.)

Tabelle 37. Kritische Potentiale des CO.

	Eichgas	CO						CO+					
Alte Bezeichnung		X	A	B	a	b	c	X'	A'	B'			
Neue Bezeichnung		$^1\Sigma$	$^1\Pi$	$^1\Sigma$				$^2\Sigma$	$^2\Pi$	$^2\Sigma$			
$v=0$ berechnet aus den Bandenspektren[1]		0	8,0	10,7	6,0	10,3	11,4	V_i	$V_i+1,9$	$V_i+5,6$			
DUFFENDACK u. FOX[2, 3]				10,7		10,2	11,1	14,3	16,9	20,0 22,9?			
MOHLER u. FOOTE[4] .	Hg		8,0	10,1	5,8			14,3					
HOGNESS u. HARKNESS[5]	Ar							14,2			23,1	24	
RUDBERG[6]			8,19	11,17					16,72				
KALLMANN u. ROSEN[7]								14			21,5	25	
FRIEDLÄNDER, KALLMANN u. ROSEN[8] .													45
VAUGHAN[9]								13,9			22,5		43
TATE u. SMITH[10] . .								14,1					
Ionisationsprodukte .								CO+			C+ + O	C + O+	CO++

A'-Niveaus und dem Grundzustand des Ions ist in Abb. 99 nach HERZBERG (a. a. O.) als 1,9 Volt angenommen.

Tabelle 37 gibt die in Elektronenstoßversuchen gemessenen kritischen Potentiale wieder. Von den zitierten Verfassern arbeiteten nur DUFFENDACK und FOX mit gleichzeitiger spektroskopischer Beobachtung[11]; bei den anderen Arbeiten ist die wahrscheinlichste Interpretierung der festgestellten Anregung angegeben.

Der Grundzustand des CO ist ein Singuletterm; die mit a, b, c bezeichneten Niveaus sind wahrscheinlich Tripletterme, so daß der Anregung dieser Niveaus optisch eine Interkombinationslinie gegenübersteht. Dementsprechend stellen z. B. die Cameron-Banden ($a \longleftrightarrow X$) nur ein schwaches und schwer anregbares Bandensystem dar. Es gelten hier ähnliche Betrachtungen, wie in Ziff. 63 für Stickstoff angestellt wurden: bei Versuchen mit höheren Elektronengeschwindigkeiten (RUDBERG, 60 bis 120 Volt) erwartet man hauptsächlich eine Anregung

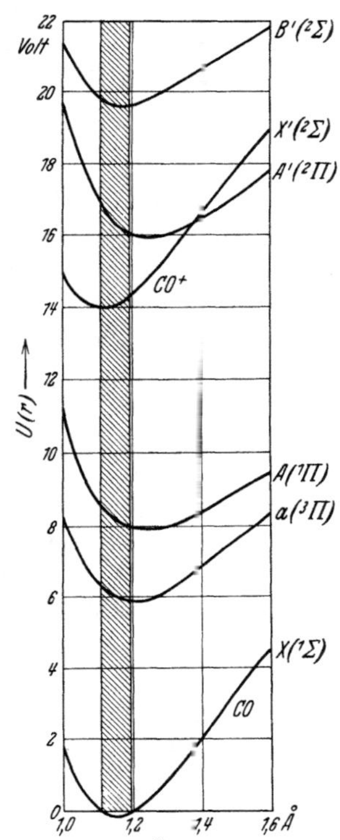

Abb. 99. Potentialkurven des CO.

[1] G. HERZBERG, ZS. f. Phys. Bd. 52, S. 815. 1929.

[2] Elektronenstoßversuche mit spektroskopischer Beobachtung.

[3] O. S. DUFFENDACK u. G. W. FOX, Astrophys. Journ. Bd. 65, S. 214. 1927.

[4] F. L. MOHLER u. P. D. FOOTE, Phys. Rev. Bd. 29, S. 141. 1927.

[5] T. R. HOGNESS u. R. W. HARKNESS, Phys. Rev. Bd. 32, S. 936. 1928. Die von den Verfassern angegebenen Werte sind um 0,3 Volt erhöht, da die Ionisierungsspannung des Ar von ihnen zu 15,4 Volt (statt 15,7 Volt) angenommen wurde.

[6] E. RUDBERG, Proc. Roy. Soc. London (A) Bd. 130, S. 182. 1930.

[7] H. KALLMANN u. B. ROSEN, ZS. f. Phys. Bd. 61, S. 61. 1930.

[8] E. FRIEDLÄNDER, H. KALLMANN u. B. ROSEN, Naturwissensch. Bd. 31, S. 510. 1931.

[9] A. L. VAUGHAN, Phys. Rev. Bd. 38, S. 1687. 1931.

[10] J. T. TATE u. P. T. SMITH, Phys. Rev. Bd. 39, S. 270. 1932.

[11] Auch A. B. HEPBURN arbeitete nach der gleichen Methode und stellte eine vorzügliche Übereinstimmung zwischen den beobachteten und berechneten Anregungsspannungen fest. Von dieser Arbeit liegt jedoch nur ein kurzer Sitzungsbericht vor (Phys. Rev. Bd. 29, S. 212. 1927).

der Singuletterme, während die Tripletterme nur dann stark angeregt werden, wenn die Elektronengeschwindigkeit eben zur Anregung dieser Terme ausreicht oder nur wenig größer ist (DUFFENDACK und FOX, MOHLER und FOOTE). Wie aus Abb. 99 ersichtlich ist, stimmt die von RUDBERG gemessene Anregungsspannung des A-Niveaus sehr gut mit dem nach FRANCK und CONDON zu erwartenden Wert überein. Der Wert 11,17 ist nach RUDBERG der Zusammenwirkung der benachbarten B- und C-Niveaus zuzuschreiben; ein starkes Maximum in dem Geschwindigkeitsspektrum bei 13,0 Volt soll dem G-Niveau (berechnet 13,0 Volt) entsprechen. Die Übereinstimmung zwischen den beobachteten und den berechneten Potentialen ist also gut.

Die Bestimmungen der Ionisierungsspannung nach den Elektronenstoßmethoden ergeben übereinstimmend $V_i = 14{,}1 \pm 0{,}2$ Volt, während auch ältere Versuche zu ungefähr demselben Resultat führten: STEAD und GÖSSLING[1] 14,5 Volt, MACKAY[2] 14,1 Volt. Weiter wurde von BIRGE[3] aus den DUNCANschen Versuchen über Stickstoff (Ziff. 63), wobei die 4. positive Kohlengruppe als Verunreinigung auftrat, für die Ionisierungsspannung des CO der Wert 14,2 Volt abgeleitet. Da die Werte von r_e für die Grundzustände des CO und des CO^+ nahezu gleich sind (1,15 bzw. 1,11 Å, s. oben), sollte bei der Ionisierung fast keine Schwingungsenergie übertragen werden.

Leider stimmt diese Ionisierungsspannung nicht zu den oben genannten Dissoziationsarbeiten. Aus dem Prozeß

$$\begin{array}{l} CO \rightarrow C + O \rightarrow C^+ + El. + O \rightarrow CO^{+\prime}(A') + El. \rightarrow CO^+(X') + El. \qquad (14) \\ \quad 9{,}8 \quad + 11{,}2 \qquad\qquad - 6{,}2 \qquad\qquad\qquad - 1{,}9 = 12{,}9 \text{ Volt} \end{array}$$

leitet man ab: $V_i = 12{,}9$ Volt. Da jedoch, wie oben bemerkt wurde, in die Dissoziationsarbeit des CO die nicht genau bekannte[4] Sublimationswärme des C eingeht, möchten wir vorläufig für die Ionisierungsspannung des CO an dem Wert $14{,}1 \pm 0{,}2$ Volt festhalten. Dieser Wert wurde auch in der Darstellung der Abb. 99 benutzt.

Bei dieser Spannung wird nach Beobachtungen mit dem magnetischen Spektrographen CO^+ gebildet. CO^+-Ionen von großer Geschwindigkeit (z. B. 200 Volt) können nach FRIEDLÄNDER, KALLMANN und ROSEN (a. a. O.) beim Zusammenstoß mit anderen Molekeln oder mit einer festen Wand dissoziieren, und zwar hauptsächlich in $C^+ + O$.

Bei Elektronenstoßversuchen wird C^+ von etwa 22, O^+ von etwa 24 Volt ab beobachtet, in beiden Fällen handelt es sich um Ionisierung und Dissoziation in einem Primärakt. Energetisch sind diese Prozesse (bei einer Dissoziationsarbeit des CO von 9,8 Volt) von 21,0 bzw. 23,4 Volt ab möglich[5]. VAUGHAN

---

[1] G. STEAD u. B. S. GOSSLING, Phil. Mag. (6) Bd. 40, S. 413. 1920 (korrigiert nach Phys. Rev. Bd. 2, S. 323. 1921).

[2] C. A. MACKAY, Phys. Rev. Bd. 24, S. 319. 1924. Die Deutung einer zweiten von MACKAY gefundenen Ionisierungsspannung (15,6 Volt) ist unsicher.

[3] R. T. BIRGE, Nature Bd. 117, S. 229. 1926.

[4] Umgekehrt führt der experimentell bestimmte Wert der Ionisierungsspannung in Zusammenhang mit (14) zu dem Schluß, daß der Wert 9,3 Volt (J. J. VAN LAAR, C. R. Bd. 178, S. 2250. 1924; WERTENSTEIN u. JEDRZEJEWSKI, ebenda Bd. 177, S. 316. 1923) für die Sublimationswärme des C zu hoch ist.

[5] Die Dissoziationsvorgänge beim CO sind inzwischen von J. T. TATE und W. W. LOZIER (Phys. Rev. Bd. 39, S. 254. 1932) näher untersucht. Für den Vorgang $CO \rightarrow C^+ + O$ wird ein Minimumwert von $20{,}5 \pm 0{,}5$ Volt abgeleitet, was $9{,}3 \pm 0{,}5$ Volt für die Dissoziationsarbeit des Moleküls gibt. In dieser Arbeit wird auch das Auftreten der O^--Ionen näher studiert. Eine Gruppe negativer Ionen tritt bei einer Elektronengeschwindigkeit zwischen 10 und 13 Volt auf, eine andere von 22 Volt an. Als entsprechende Prozesse werden angegeben: $CO + El. \rightarrow C + O^-$ bzw. $CO \rightarrow C^+ + O^-$, wobei allerdings der Anregungszustand der Dissoziationsprodukte nicht feststeht. (Anm. bei der Korr.)

bemerkt noch, daß in seinen Versuchen das Auftreten von O^+ nicht beobachtet werden konnte wegen der Anwesenheit eines H_2O^+-Maximums in der Kurve des magnetischen Spektrums. Wohl beobachtete der Verfasser die Bildung von O^--Ionen, und zwar bei Elektronengeschwindigkeiten zwischen 9,5 und 16,5 Volt und sodann wieder von 22,5 Volt an. Diese merkwürdigen Erscheinungen werden, wie der Verfasser mitteilt, in einer späteren Arbeit von SMITH näher diskutiert werden[1].

Die von DUFFENDACK und FOX bestimmten Anregungsspannungen der CO^+-Banden stimmen ebenfalls gut mit den berechneten Werten überein, zumal wenn man berücksichtigt, daß bei den Kometenschweifbanden die Anregung von höheren Schwingungszuständen beobachtet wurde. Nicht stimmt jedoch die Anregungsspannung der Baldet-Johnson-Banden, welche nach den Verfassern 22,9 Volt betragen soll, obgleich diese Banden ebenfalls vom B-Niveau ausgehen. MULLIKEN[2] erwähnt die Möglichkeit, daß DUFFENDACK und FOX nicht die Baldet-Johnson-Banden, sondern ein neues System beobachtet haben. Der Energieverlust von 16,72 in den RUDBERGschen Versuchen wird vom Verfasser als Ionisierung + Anregung (im $^2\Pi$-Zustand) gedeutet. Es ist dazu bemerkt worden[3], daß in diesem Fall doch auch ein der bloßen Ionisierung entsprechender Energieverlust hätte auftreten müssen. Dieser Widerspruch wird jedoch aufgehoben, wenn man berücksichtigt, daß das 16,72-Maximum nur schwach ist und ein zu der Ionisierung gehörender Energieverlust leicht von dem starken Maximum bei 13,2 Volt (s. oben) verdeckt werden kann.

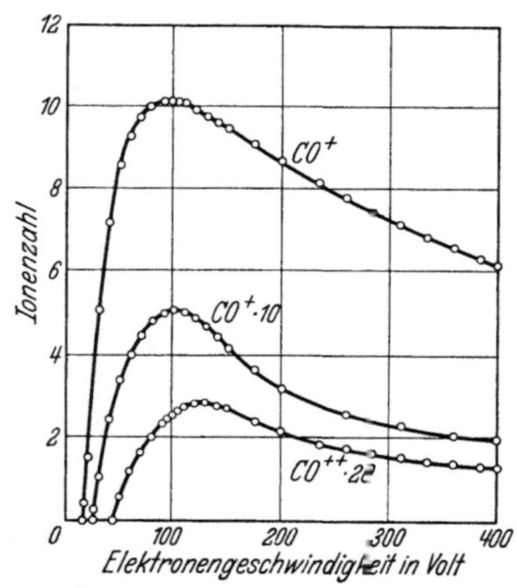

Abb. 100. Zahl der positiven Ionen gebildet pro cm Weg bei 0° C und 1 mm Gasdruck nach VAUGHAN.

Neuerdings haben FRIEDLÄNDER, KALLMANN und ROSEN (a. a. O.) und gleichfalls VAUGHAN (a. a. O.) die Bildung von CO^{++} bei Elektronengeschwindigkeiten von etwa 45 Volt ab festgestellt. Obgleich dieses Ion energetisch in C^+ und O^+ zerfallen kann, zeigt es nach den Versuchen der Verfasser doch eine beträchtliche Lebensdauer, es soll also als metastabil bezeichnet werden[4]. Diese und viele andere doppelt geladene Molekülionen waren schon früher von CONRAD[5] in Kanalstrahlen gefunden

Die Wahrscheinlichkeit für die verschiedenen Ionisierungen nach VAUGHAN ist in Abb. 100 wiedergegeben; die Übereinstimmung mit TATE und SMITH (Abb. 91) ist sehr gut.

Schließlich sei noch erwähnt, daß TATE und SMITH[6] nach einem kurzen Sitzungsbericht außer der in der Tabelle angegebenen Ionisierungsspannung von 14,20 Volt noch 7 Ultraionisationspotentiale[7] gefunden haben (das höchste bei

[1] Inzwischen sind diese Versuche von TATE und LOZIER veröffentlicht worden; vgl. die vorangehende Anmerkung. (Anm. bei der Korr.)

[2] R. S. MULLIKEN, Phys. Rev. Bd. 32, S. 186. 1928, Fußnote 37.

[3] H. KALLMANN u. B. ROSEN, Phys. ZS. Bd. 32, S. 521. 1931.

[4] Vgl. für die Bildung von CO^{++}, CO_2^{++}, NO^{++} und NO_2^{++} auch E. FRIEDLÄNDER, H. KALLMANN, W. LASAREFF u. B. ROSEN, ZS. f. Phys. Bd. 76, S. 70. 1932. (Anm. b. d. Korr.)

[5] R. CONRAD, Phys. ZS. Bd. 31, S. 888. 1930; O. EISENHUT u. R. CONRAD, ZS. f. Elektrochem. Bd. 36, S. 654. 1930.

[6] J. T. TATE u. P. T. SMITH, Phys. Rev. Bd. 37, S. 1705. 1931.

[7] Neuerdings ist das Absorptionsspektrum des CO im Gebiet 600 bis 900 Å von H. J. HENNING untersucht worden [Ann. d. Phys. (5) Bd. 13, S. 599. 1932]. Dabei wurden Banden gefunden, welche diesen Ultraionisationspotentialen genau entsprechen. (Anm. b. d. Korr.)

16,38 Volt) und daß HARRIES[1] die Anregung von Schwingungsquanten durch Elektronen von 5 Volt Geschwindigkeit untersuchte; nach dem Verfasser ist die Wahrscheinlichkeit für diesen Prozeß etwa 0,05 pro wirklichem Zusammenstoß (vgl. Ziff. 57).

70. Stickoxyd. Nach den für NO berechneten Potentialkurven[2] wird man die erste Anregung dieses Moleküls durch Elektronenstoß von etwa 5,5 Volt ab erwarten. Es liegen hierüber jedoch keine Beobachtungen vor. Die in Elektronenstoßversuchen bestimmten Werte der Ionisierungsspannungen sind in der Tabelle 38 angegeben. Bei den Versuchen von HOGNESS und LUNN wurden die

Tabelle 38. Ionisierung des NO durch Elektronenstoß.

HUGHES u. DIXON[3]	(9,3)	—	—
MACKAY[4]	9,4	—	—
HOGNESS u. LUNN[5]	9	21	22
TATE u. SMITH[6]	9,5	—	—
Ionisierungsprodukte	NO^+	$O^+ + N$	$N^+ + O$

Ionisationsprodukte mit dem magnetischen Spektrographen analysiert; die erste Ionisierungsspannung (Bildung von NO^+) konnte dabei nach der Angabe der Verfasser nicht so genau bestimmt werden als in den älteren Versuchen, welche 9,3 und 9,4 Volt ergaben. Das von BISHOP[7] bestimmte kritische Potential von 7,5 Volt bezieht sich wahrscheinlich nicht auf die Ionisierung des NO (vgl. Ziff. 62).

Das bei etwa 9 Volt gebildete NO^+-Ion ist stabil gegen Zusammenstöße, erst bei einer Elektronengeschwindigkeit von 21 bzw. 22 Volt werden nach HOGNESS und LUNN O^+- bzw. N^+-Ionen gebildet, und zwar hauptsächlich primär. Mit den Werten 8,2 und 5,1 Volt für die Dissoziationsenergien von N_2 bzw. O_2 und mit dem Wert 0,94 Volt für die chemisch bestimmte Energie zur Bildung von NO aus N_2 und O_2 ergibt sich für die Dissoziationsarbeit des NO 5,7 Volt. Energetisch sollte also die Bildung von O^+ und N^+ von $5{,}7 + 13{,}6 = 19{,}3$ bzw. $5{,}7 + 14{,}5 = 20{,}2$ Volt ab möglich sein. Da keine Bandensysteme und also auch keine Potentialkurven für NO^+ bekannt sind, ist ein weiterer Vergleich dieser Werte mit den beobachteten nicht möglich[8].

71. Halogenwasserstoffe. Bei den Halogenwasserstoffen sind nur Ionisierungsspannungen, keine Anregungsspannungen bestimmt worden. Tabelle 39 enthält das experimentelle Material. Ursprünglich glaubte man, daß diese Moleküle bei der Ionisierung in ein positives Wasserstoff- und ein negatives Halogenion dissoziierten; die experimentellen Ionisierungsspannungen stimmten nämlich vorzüglich mit den aus der BORNschen Gittertheorie für den genannten Vorgang berechneten[9] Energien überein. Später wurde diese Auffassung jedoch aus theoretischen[10] und experimentellen[11] Gründen angezweifelt, und es gelang

[1] W. HARRIES, ZS. f. Phys. Bd. 42, S. 26. 1927; W. HARRIES u. G. HERTZ, ebenda Bd. 46, S. 177. 1928.

[2] R. SCHMID, T. KÖNIG u. D. v. FARKAS, ZS. f. Phys. Bd. 64, S. 84. 1930.

[3] A. L. HUGHES u. A. A. DIXON, Phys. Rev. Bd. 10, S. 495. 1917. Als diese Versuche ausgeführt wurden, konnte zwischen Anregung und Ionisierung noch nicht mit Sicherheit unterschieden werden.

[4] C. A. MACKAY, Phys. Rev. Bd. 24, S. 319. 1924.

[5] T. R. HOGNESS u. E. G. LUNN, Phys. Rev. Bd. 30, S. 26. 1927.

[6] J. T. TATE u. P. T. SMITH, Phys. Rev. Bd. 39, S. 270. 1932.

[7] F. M. BISHOP, Phys. Rev. Bd. 10, S. 244. 1917.

[8] Bezüglich der Bildung von NO^{++} vgl Fußnote 4, S. 137.

[9] M. BORN, Enzyklop. d. math. Wiss. Bd. 5 III, S. 750. 1922.

[10] Vgl. J. FRANCK u. P. JORDAN, Anregung von Quantensprüngen durch Stöße, S. 284. 1926.

[11] F. L. MOHLER, Phys. Rev. Bd. 26, S. 614. 1925; BARKER u. DUFFENDACK, a. a. O.

BARTON[1] in Versuchen mit dem magnetischen Spektrographen zu zeigen, daß aus dem HCl-Molekül bei Elektronengeschwindigkeiten von 14 bis 75 Volt primär nur HCl^+ gebildet wird. Zwar traten auch Cl^--Ionen auf, aber diese wurden schon bei sehr geringer Geschwindigkeit, wahrscheinlich von 0 Volt ab, gebildet und ihre Anzahl nahm bei der Ionisierung des HCl nicht zu. Die Cl^--Ionen entstanden hauptsächlich am Glühfaden; was dabei der Elementarvorgang ist, konnte von BARTON nicht entschieden werden; vielleicht werden die HCl-Moleküle erst in H und Cl dissoziiert, während später sich das Elektron an das Cl-Atom anlagert. Bei dem Prozeß: Elektron $+ HCl \rightarrow H + Cl^-$ wird wahrscheinlich Energie aufgenommen, denn die thermochemisch bestimmte Dissoziationsarbeit von HCl (4,4 Volt) ist größer als die aus der BORNschen Gittertheorie abgeleitete[7] Elektronenaffinität für Cl (3,8 Volt). Die Anwesenheit von H^+-Ionen bei den BARTONschen Versuchen wurde vom Verfasser dem Einfluß von Wasserdampf zugeschrieben. Schließlich sei noch erwähnt, daß BARTON mit einer verbesserten Apparatur die Auflösung so weit steigern konnte, daß die zwei Maxima der Chlorisotope 35 und 37 getrennt auftraten und eine Abschätzung des Mengenverhältnisses erlaubten.

Tabelle 39. Ionisierung der Halogenwasserstoffe durch Elektronenstoß.

Verfasser	HCl	HBr	HJ
FOOTE u. MOHLER[2]	14	—	—
KNIPPING[3]	13,7	13,3	12,7
MACKAY[4]	13,8	13,2	12,8
BARKER u. DUFFENDACK[5]	14	—	—
BARTON[6]	13,3 ± 1,5	—	—

Über die Ionisierung des HBr und des HJ liegen keine Analysen mit dem magnetischen Spektrographen vor.

72. Andere zweiatomige Moleküle. KALLMANN und ROSEN[8] haben eine Abschätzung der Ionisierungsarbeiten von C_2 und CN mittels der Methode der „selektiven Umladung" gemacht. Wie später (Ziff. 76) auseinandergesetzt werden soll, ist die Umladungswahrscheinlichkeit von Ionen mit einigen hundert Volt Geschwindigkeit im allgemeinen um so größer, je geringer die Differenz zwischen der Neutralisierungsenergie des Ions und der Ionisierungsenergie (evtl. vermehrt um Anregungs- oder Schwingungsenergie) der gestoßenen Molekel ist. KALLMANN und ROSEN[8] studierten nun die Umladung von C^+, C_2^+, $C_2N_2^+$ und CN^+ beim Durchgang durch NH_3, O_2, C_2N_2 und Ar. Dazu wurde der Ablenkungsraum des magnetischen Spektrographen jedesmal mit einem dieser Gase gefüllt und es wurde bestimmt, um welchen Faktor die Intensität jeder Ionensorte bei einer bestimmten Erhöhung des Gasdruckes abnahm. Diese Faktoren, welche für die Umladungswahrscheinlichkeit maßgebend sind, findet man in der Tabelle 40 für die verschiedenen Fälle angegeben[9]; zu beachten ist dabei, daß nur die Zahlen einer horizontalen Reihe miteinander vergleichbar sind. Werden die

[1] H. A. BARTON, Phys. Rev. Bd. 30, S. 614. 1927.
[2] P. D. FOOTE u. F. L. MOHLER, Journ. Amer. Chem. Soc. Bd. 42, S. 1832. 1920.
[3] P. KNIPPING, ZS. f. Phys. Bd. 7, S. 328. 1921; korrigiert nach J. FRANCK, ebenda Bd. 11, S. 155. 1922.
[4] C. A. MACKAY, Phys. Rev. Bd. 24, S. 319. 1924.
[5] E. F. BARKER u. C. S. DUFFENDACK, Phys. Rev. Bd. 26, S. 339. 1925.
[6] H. A. BARTON, Phys. Rev. Bd. 30, S. 614. 1927.
[7] M. BORN, a. a. O.
[8] H. KALLMANN u. B. ROSEN, ZS. f. Phys. Bd. 61, S. 332. 1930.
[9] Vgl. für diese Darstellungsweise: H. KALLMANN u. B. ROSEN, Naturwissensch. Bd. 18, S. 448. 1930.

Molekeln in horizontaler und vertikaler Richtung nach steigender Ionisierungsspannung geordnet, so sollen die Zahlen der Tabelle um so größer sein, je näher sie an der Diagonale liegen; außerdem sind beim Durchgang von Ionen durch ein Molekülgas rechts von der Diagonale größere Zahlen zu erwarten als links, weil in diesem Fall das entstehende Ion auch Anregungs- und Schwingungsenergie aufnehmen kann. Die Anordnung der Moleküle in der Tabelle ist also

Tabelle 40. Umladung von positiven Ionen nach KALLMANN und ROSEN.

V_i (Volt)		NH_3^+	C^+	O_2^+	C_2^+	$C_2N_2^+$	CN^+	Ar^+
11	NH^3		8		5	3	3	
11,2	C							
11,7	O_2		1		6	12	2,5	
	C_2							
13,5	C_2N_2		1		3	75	9	
	CN							
15,7	Ar		k		k	k	k	g

k = klein, g = groß.

wahrscheinlich richtig. Für die Ionisierungsspannungen von C_2 und CN ergibt sich auf diese Weise nach KALLMANN und ROSEN 12 Volt $\pm$ 2 bzw. 14 Volt $\pm$ 2. Andere, in Ziff. 74 erwähnte Überlegungen führen zu denselben Werten. Aus der Umladung von Ionen niedriger Geschwindigkeit leiten die Verfasser noch ab, daß die Ionisierungsspannung von CN gleich oder etwas größer ist als die des C_2N_2, welche nach anderen Versuchen (Ziff. 74) 13,5 Volt beträgt. Es ist übrigens klar, daß die Umladungswahrscheinlichkeit außer von der Differenz der Ionisierungsspannungen noch von anderen Umständen abhängen muß und somit diese Methode keine große Genauigkeit beanspruchen kann.

Schließlich sei noch erwähnt, daß DITCHBURN und ARNOTT[1] die Ionisierung von Kaliumdampf durch Licht, Elektronen und positive Ionen untersuchten und dabei stabile und unstabile K_2^+-Ionen beobachteten. Diese Ionen entstehen nach den Verfassern wahrscheinlich durch die Vereinigung von K^+ und K und ebenfalls durch Elektronenstoßionisierung von K_2. Die Größe der Ionisierungsspannung wurde nicht bestimmt.

δ) Ionenmoleküle.

73. Bemerkungen über Ionenmoleküle[2]. Bei den bis jetzt behandelten Molekülen dissoziiert der Grundzustand in neutrale Atome. Bei anderen, z. B. bei den Alkalihalogeniden ergibt die Verfolgung der Schwingungszustände bis

[1] R. W. DITCHBURN u. F. L. ARNOTT, Proc. Roy. Soc. London (A) Bd. 123, S. 516. 1929.

[2] Vgl. bezüglich neuer Messungen und Literatur über die optische Dissoziation von Ionenmolekülen: G. H. VISSER, Dissert. Delft 1932. (Anm. bei der Korr.)

zur Konvergenz einen Zerfall in Ionen, weshalb diese nach FRANCK[1] als Ionenmoleküle zu bezeichnen sind. Abb. 101 gibt für diesen Fall ein Beispiel des Verlaufs der Potentialkurven; sie bezieht sich auf CsJ und ist einer Arbeit SOMMERMEYERS[2] entnommen. Der Grundzustand hat gemäß der starken Bindung des Cs^+- und J^--Ions ein tiefes Minimum, der angeregte Zustand weist nur ein sehr flaches Minimum auf und dissoziiert in normale Atome. Hier ist also eine Dissoziation durch Licht in zwei normale Atome möglich; dies äußert sich im Auftreten eines kontinuierlichen Absorptionsspektrums. Man würde für diesen Fall auch von einer Elektronenenergie von 3,2 Volt ab eine Dissoziation in normale Atome durch Elektronenstoß erwarten. Leider sind bei den Alkalihalogeniden keine kritischen Potentiale bekannt; die Versuche von MOHLER und FOOTE[3] an KCl und NaCl mißlangen wegen der bei der benutzten Temperatur auftretenden starken Temperaturionisation.

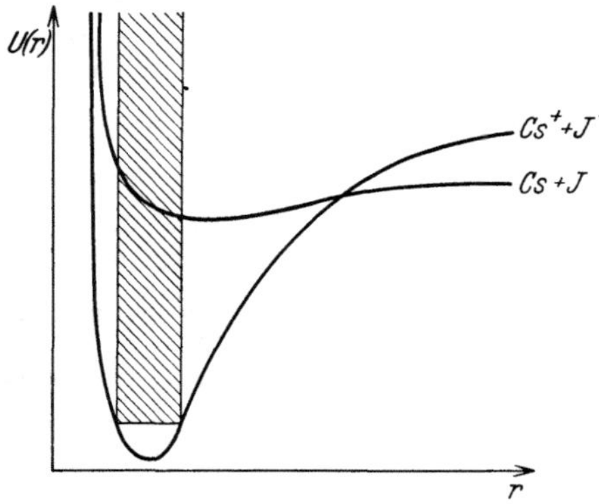

Abb. 101. Potentialkurven des CsJ nach SOMMERMEYER.

Am Schluß unserer Betrachtungen über zweiatomige Moleküle fassen wir die erwähnten Ionisierungsprozesse in Tabelle 41 zusammen. Unter V_{beob} ist angegeben, bei welcher Elektronengeschwindigkeit der betreffende Ionisierungsprozeß zuerst beobachtet wird, unter $V_{\min}$ die Energie, welche für diesen Prozeß bei im Unendlichen ruhenden, unangeregten Ionisierungsprodukten notwendig ist. Es ist also $V_{\text{beob}} > V_{\min}$. Die Differenz $V_{\text{beob}} - V_{\min}$ hängt ab von der Lage der betreffenden Potentialkurven; sie entspricht der Anregungs-

Tabelle 41. Übersicht der Ionisierungsprozesse bei zweiatomigen Molekülen.

Gas	V_{beob}	$V_{\min}$	Wahrscheinlicher Vorgang	Ziffer
H_2	15,8	15,4	$H_2 \rightarrow H_2^+$	62
	18	17,9	$\rightarrow H^+ + H$	
	26	17,9	$\rightarrow H^+ + H$ + kin. En.	
	46	31,4	$\rightarrow H^+ + H^+$ + kin. En.	
N_2	15,8	15,8	$N_2 \rightarrow N_2^+$	64
	24,5	22,7	$\rightarrow N^+ + N$	
O_2	12,5	11,7?	$O_2 \rightarrow O_2^+$	66
	20	18,7	$\rightarrow O^+ + O$	
J_2	9,7		$J_2 \rightarrow J_2^+$	67
	9,7		$\rightarrow J^+ + J$	
Br_2	12			68
Cl_2	13			68
CO	14,1	12,9?	$CO \rightarrow CO^+$	69
	22	21,0	$\rightarrow C^+ + O$	
	24	23,4	$\rightarrow C + O^+$	
	44		$\rightarrow CO^{++}$	
NO	9,5		$NO \rightarrow NO^+$	70
	21	19,3	$\rightarrow O^+ + N$	
	22	20,2	$\rightarrow O + N^+$	
HCl	13,8		$HCl \rightarrow HCl^+$	71
HBr	13,2			71
HJ	12,8			71

[1] Vgl. J. FRANCK, H. KUHN u. G. ROLLEFSON, ZS. f. Phys. Bd. 43, S. 155. 1927; J. FRANCK, Naturwissensch. Bd. 19, S. 217. 1931.
[2] K. SOMMERMEYER, ZS. f. Phys. Bd. 56, S. 548. 1929.
[3] P. D. FOOTE u. F. L. MOHLER, Phys. Rev. Bd. 17, S. 394. 1921 (kurzer Sitzungsbericht).

energie des Molekülions oder der kinetischen Energie der auseinanderfliegenden Atome, die in der Tabelle als kin. En. angegeben ist. Bei dem Prozeß $H_2 \rightarrow H^+ + H^+ +$ kin. En. findet man z. B. für die kinetische Energie der beiden Protonen zusammen 15 Volt. Während also hier Theorie und Experiment vorzüglich übereinstimmen, besteht in anderen Fällen zwischen beiden noch ein nicht aufgeklärter Widerspruch (O_2, CO). Die letzte Spalte der Tabelle gibt die Ziffer an, in der der betreffende Prozeß bereits diskutiert wurde.

c) Mehratomige Moleküle.

74. Unsere Kenntnisse von den mehratomigen Molekülen sind viel weniger gesichert als die der zweiatomigen. Auch geben hier die Bandenspektren wegen

Tabelle 42. Anregung und Ionisierung von mehratomigen Gasen.

Gas	Lit.	Anregung	Ionisierung	Ionen	Wahrscheinlicher Prozeß	Erforderliche Energie (berechnet)
CO_2	1, 2, 3		14,4	CO_2^+	$CO_2 \rightarrow CO_2^+$	
	4, 5	11,2; 12,9	19,6 ± 0,4	O^+	$\rightarrow CO + O^+$	19,1
		15,9	20,4 ± 0,7	CO^+	$\rightarrow CO^+ + O$	19,6
			28,3 ± 1,5	C^+	$\rightarrow C^+ + O + O$	26,5
NO_2	6		11,0 ± 1	NO_2^+	$NO_2 \rightarrow NO_2^+$	
			?	NO^+	$\rightarrow NO^+ + O$	12,7
			17,7 ± 1	O^+	$\rightarrow NO + O^+$	16,9
			?	O_2^+	$\rightarrow N + O_2^+$	16,4
			20,8 ± 1	N^+	$\rightarrow N^+ + O_2$	18,4
N_2O	6		12,9 ± 0,5	N_2O^+	$N_2O \rightarrow N_2O^+$	
			16,3 ± 1	O^+	$\rightarrow N_2 + O^+$	15,4
			?	N_2^+	$\rightarrow N_2^+ + O$	17,6
			15,3 ± 0,5	NO^+	$\rightarrow NO^+ + N$	13,7
			21,4 ± 0,5	N^+	$\rightarrow NO + N^+$	18,8
H_2O	1, 7, 8, 9		13,0	H_2O^+	$H_2O \rightarrow H_2O^+$	
			17,3	HO^+	$\rightarrow HO^+ + H$	
			19,2	H^+	$\rightarrow HO + H^+$	18,4
			6,6; 8,8	H^-		
H_2S	1, 10		10,4	H_2S^+	$H_2S \rightarrow H_2S^+$	
			16,9	HS^+	?	
			15,8	S^+	?	
C_2N_2	11		13,5	$C_2N_2^+$	$C_2N_2 \rightarrow C_2N_2^+$	
			18	CN^+	$\rightarrow CN + CN^+$	
			17	C_2^+	$\rightarrow C_2^+ + N_2$	
			22,5	C^+	$\rightarrow C^+ + C + N_2$	20,4
NH_3	1, 10, 12		11,2 ± 1,5	NH_3^+	$NH_3 \rightarrow NH_3^+$	
			12,0 ± 1,5	NH_2^+	$\rightarrow NH_2^+ + H$	
			11,2 ± 1,5	NH^+	Sekundär?	
CH_4	13, 14,		14,5	CH_4^+	$CH_4 \rightarrow CH_4^+$	
	15, 16		15,5	CH_3^+	$\rightarrow CH_3^+ + H$	
C_3H_8	17			Fast alle niedrigeren Kohlenwasserstoffe, jedoch kein H^+		
C_4H_{10}	17					
C_2H_2	14		12,3			
C_2H_4	14		12,2			
C_2H_6	14		12,8			
C_6H_6	18	6,0	9,6			
C_7H_8	18	6,2	8,5			
C_8H_{10}	18	6,5	10,0			
$CHCl_3$	18	6,5	11,5			
$C_4H_{10}O$	18	6,6; 8,1	13,6			
HCN	19, 20		15	HCN^+	$HCN \rightarrow HCN^+$	
$Zn(C_2H_5)_2$	21	7	12			
$HgCl_2$	21		12,1			
$ZnCl_2$	21		12,9			
Schwefel	22	4,8	12,2			
Phosphor	22	5,8	13,3			

(Literatur zur Tabelle siehe nächste Seite unten.)

ihrer unvollkommenen Analyse nur wenige theoretische Aufschlüsse, und eine Darstellung der Potentialkurven in der bisherigen Form ist nicht möglich. Über die bei der Ionisierung entstehenden primären Dissoziationsprodukte haben jedoch in letzter Zeit Untersuchungen mit dem magnetischen Spektrographen bei mehreren Gasen Aufschluß gegeben. Öfters ist es möglich, die für diese Prozesse notwendige Minimalenergie aus thermochemischen und optischen Daten abzuleiten; es ergibt sich, daß die beobachteten kritischen Potentiale in den meisten Fällen nicht viel (1 bis 2 Volt) über den berechneten liegen, so daß also nur geringe Beträge von innerer bzw. kinetischer Energie an die Dissoziationsprodukte übertragen werden.

Wir fassen die für mehratomige Moleküle erhaltenen Resultate in Tabelle 42 zusammen, welche, ebenso wie die Bemerkungen dazu, hauptsächlich der Übersicht von SMYTH[1] entnommen ist. Für die älteren, nicht mit dem magnetischen Spektrographen bestimmten Potentiale folgten wir den Übersichtstabellen von MOHLER[2]; jedoch sind ältere Werte, bei denen noch nicht zwischen Anregung und Ionisierung unterschieden wurde, fortgelassen. Es sei noch bemerkt, daß in der MACKAYschen Arbeit die Primärelektronen photoelektrisch ausgelöst wurden, so daß hier eine thermische Dissoziation des Gases ausgeschlossen war; viele der von diesem Verfasser erhaltenen Resultate wurden durch andere, teils neuere Messungen bestätigt (vgl. die vorigen Ziffern).

Ferner wurden, wo es möglich war, die erforderlichen minimalen Anregungsenergien in der von SMYTH angegebenen Weise von uns berechnet. Die dabei benutzten Daten sind in der Tabelle 43 zusammengestellt. Soweit ein Energiebetrag schon im vorliegenden Kapitel diskutiert wurde, ist die betreffende Ziffer in der vierten Spalte angegeben, andernfalls gibt die fünfte Spalte über die Berechnungsweise Auskunft.

[1] H. D. SMYTH, Rev. Mod. Phys. Bd. 3, S. 347. 1931.
[2] F. L. MOHLER, Bull. Nat. Res. Counc. Bd. 9, S. 61. 1924. Vgl. auch die auf S. 112 zitierte Übersicht.

Literatur zur nebenstehenden Tabelle.

1 C. A. MACKAY, Phys. Rev. Bd. 24, S. 319. 1924.
2 H. KALLMANN u. B. ROSEN, ZS. f. Phys. Bd. 58, S. 52. 1929.
3 H. D. SMYTH u. E. C. G. STUECKELBERG, Phys. Rev. Bd. 36, S. 472. 1930.
4 H. LÖHNER, Ann. d. Phys. (5) Bd. 6, S. 50. 1930.
5 E. RUDBERG, Proc. Roy. Soc. London (A) Bd. 130, S. 182. 1930.
6 E. C. G. STUECKELBERG u. H. D. SMYTH, Phys. Rev. Bd. 36, S. 478. 1930.
7 H. A. BARTON u. J. H. BARTLETT, Phys. Rev. Bd. 31, S. 822. 1928.
8 W. LOZIER, Phys. Rev. Bd. 36, S. 1417. 1930.
9 D. W. MUELLER u. H. D. SMYTH, Phys. Rev. Bd. 38, S. 1920. 1931, und andere nicht publizierte Untersuchungen, mitgeteilt von H. D. SMYTH a. a. O.
10 J. H. BARTLETT, Phys. Rev. Bd. 33, S. 169. 1929.
11 K. E. DORSCH u. H. KALLMANN, ZS. f. Phys. Bd. 60, S. 376. 1930.
12 A. T. WALDIE, Journ. Franklin Inst. Bd. 200, S. 507. 1925.
13 T. R. HOGNESS u. H. M. KVALNESS, Phys. Rev. Bd. 32, S. 942. 1928.
14 J. C. MORRIS, Phys. Rev. Bd. 32, S. 456. 1928.
15 G. GLOCKLER, Journ. Amer. Chem. Soc. Bd. 48, S. 2021. 1926.
16 E. PIETSCH u. G. WILCKE, ZS. f. Phys. Bd. 43, S. 342. 1927; G. M. SCHWAB u. E. PIETSCH, ZS. f. Elektrochem. Bd. 32, S. 430. 1926; E. PIETSCH u. G. M. SCHWAB, ZS. f. Phys. Bd. 55, S. 231. 1929.
17 H. R. STEWART u. A. R. OLSON, Journ. Amer. Chem. Soc. Bd. 53, S. 1236. 1931.
18 P. E. BOUCHER, Phys. Rev. Bd. 19, S. 189. 1922.
19 P. KNIPPING, ZS. f. Phys. Bd. 7, S. 328. 1921.
20 H. KALLMANN, Réun. Int. de Chim. phys. Paris S. 106. 1928.
21 P. D. FOOTE u. F. L. MOHLER, Phys. Rev. Bd. 17, S. 394. 1921 (kurzer Sitzungsbericht).
22 F. L. MOHLER u. P. D. FOOTE, Scient. Pap. Bureau of Stand. Bd. 16, S. 669. 1921.

Wir erwähnen noch, daß wie bei den zweiatomigen Gasen auch hier im allgemeinen die Bildung des einfach geladenen Molekülions viel wahrscheinlicher ist als Ionisierung unter gleichzeitiger Dissoziation; nur NH_3, CH_4, C_3H_8 und C_4H_{10} bilden eine Ausnahme von dieser Regel.

CO_2. Die in der Tabelle angegebenen Anregungsspannungen wurden von RUDBERG auf dieselbe Weise wie beim N_2 und CO (Ziff. 63 u. 69) bestimmt. Es geben also die mitgeteilten Zahlen die wahrscheinlichsten Werte der Elektronenenergieverluste an. Ein kritisches Potential bei 6,4 Volt, das ebenfalls von LÖHNER gefunden wird, tritt nach RUDBERG auch im Vakuum auf und ist also nicht dem CO_2 zuzuschreiben (vgl. Ziff. 63). Bei der Interpretation der Ionisierungsspannungen ist nach SMYTH und STUECKELBERG zu beachten, daß das CO_2-Molekül wahrscheinlich eine gestreckte Form hat[1]. Man wird also erwarten, daß die Ablösung eines O-Atoms unter gleichzeitiger Ionisierung eines der beiden Reste (Bildung von CO^+ oder O^+) viel leichter ist als die Ablösung beider O-Atome unter gleichzeitiger Ionisierung des C-Atoms (Bildung von C^+). Bei höherem Druck wurden von SMYTH und STUECKELBERG von 20 Volt ab O_2^+-Ionen gefunden, welche offenbar durch sekundäre Prozesse entstehen. Die Verfasser geben als möglichen Vorgang $CO_2^+ + CO_2 \rightarrow 2\,CO + O_2^+$ an. Dabei muß also ein vielleicht metastabiles CO_2^+-Niveau mit etwa 5 Volt Energie eine Rolle spielen. Die zugehörige Wellenlänge entspricht starken Kohlensäurebanden, welche wahrscheinlich dem CO_2^+ angehören. FRIEDLÄNDER, KALLMANN und ROSEN[2] konstatierten im magnetischen Spektrum des CO_2 auch ein Maximum, das dem CO_2^{++} zugeschrieben wird. Die Entstehungsspannung dieses Ions liegt unterhalb 50 Volt, seine Lebensdauer muß wenigstens $3 \cdot 10^{-6}$ bis $5 \cdot 10^{-6}$ sec sein[3]. Doppelt geladene Ionen von CO_2 und von vielen anderen mehratomigen Molekülen waren schon früher von CONRAD[4] in Kanalstrahlen nachgewiesen[5].

NO_2 und N_2O. Die Beobachtungen in diesen Gasen wurden erschwert durch thermische Dissoziation, zumal in NO_2, sowie durch Schwankungen in der Voltskala. STUECKELBERG und SMYTH bemerken, daß die Prozesse $NO_2 \rightarrow N^+ + O_2$ und $N_2O \rightarrow N_2 + O^+$ kein Analogon beim CO_2 haben und schreiben dies der abweichenden Struktur (Dreieckstruktur) der erstgenannten Gase zu. Jedoch scheinen neuere Beobachtungen des Ramaneffekts am N_2O darauf hinzuweisen, daß wenigstens bei diesem Gas das Molekül eine nahezu gestreckte Form hat[3, 6].

H_2O. Außer HO^+ und H^+ wurden auch H_3O^+-Ionen gefunden; nach SMYTH und MUELLER[7] handelt es sich hier wahrscheinlich um einen Sekundärprozeß, der von etwa 13 Volt ab auftritt. BLEAKNEY und LOZIER kommen zu dem merkwürdigen Ergebnis, daß die H-Ionen bei Elektronengeschwindigkeiten von genau 6,6 und 8,8 Volt gebildet werden. Diese Erscheinung, welche in keinem anderen Falle beobachtet ist, wurde von SMYTH und MUELLER bestätigt. SMYTH und STUECKELBERG[8] konstatierten bei höherem Druck in Argon, auch nach

[1] A. EUCKEN, ZS. f. Phys. Bd. 37, S. 714. 1926. Diese Auffassung wird durch Untersuchungen über den Ramaneffekt bestätigt, vgl. E. FERMI, ZS. f. Phys. Bd. 71, S. 250. 1931.

[2] E. FRIEDLÄNDER, H. KALLMANN u. B. ROSEN, Naturwissensch. Bd. 19, S. 510. 1931.

[3] Vgl. Fußnote 4, S. 137.

[4] W. CONRAD, Phys. ZS. Bd. 31, S. 888. 1930.

[5] Von H. J. HENNING [Ann. d. Phys. (5), Bd. 13, S. 599. 1932] wurde beim CO_2 neuerdings im äußersten Ultraviolett eine bei 12 Volt anfangende kontinuierliche Absorption gefunden, welche der Verfasser dem Prozeß $CO_2 \rightarrow CO$ (angeregt) $+ O$ zuschreibt. (Anmerkung bei der Korrektur.)

[6] E. F. BARKER, Nature Bd. 129, S. 132. 1932.

[7] Nicht publizierte Versuche, vgl. H. D. SMYTH, a. a. O.

[8] H. D. SMYTH u. E. C. G. STUECKELBERG, Phys. Rev. Bd. 32, S. 779. 1928.

Tabelle 43. Energiewerte verschiedener Reaktionen in Volt.

	Prozeß	Energie	Ziffer	Berechnet aus:
a	$[C] \to C$ [1]	6,0		Thermochemisch[2]
b	$C_2 \to 2C$	7,0		Bandenspektren[3]
c	$CN \to C + N$	8,1		Bandenspektren[3]
d	$C_2N_2 \to 2[C] + N_2$	−2,8		Thermochemisch[2]
e	$\to 2C + N_2$	9,2		d, a, n
f	$CO \to [C] + {}^1/_2 O_2$	1,3		Thermochemisch[2]
g	$\to C + O$	9,8		f, a, w
h	$CO_2 \to CO + {}^1/_2 O_2$	2,9		Thermochemisch[2]
i	$\to CO + O$	5,5		h, w
j	$\to C + O + O$	15,3		i, g
k	$H_2 \to H + H$	4,4	59	
l	$H_2O \to H_2 + {}^1/_2 O_2$	3,0		Thermochemisch[2]
m	$\to H + OH$	4,9		l, k, w; gleiche Bindung der H-Kerne[4]
n	$N_2 \to N + N$	8,2	65	
o	$NO \to {}^1/_2 N_2 + {}^1/_2 O_2$	−0,9		Thermochemisch[2]
p	$\to N + O$	5,7		o, n, w
q	$NO_2 \to {}^1/_2 N_2 + O_2$	−0,2		Termochemisch[2]
r	$\to NO + O$	3,3		q, o, w[5]
s	$\to N + O_2$	3,9		q, n
t	$N_2O \to N_2 + {}^1/_2 O_2$	−0,8		Thermochemisch[2]
u	$\to N_2 + O$	1,8		t, w
v	$\to NO + N$	4,3		t, o, n
w	$O_2 \to O + O$	5,1	66	
	$C \to C^+ + El.$	11,2		
	$CO \to CO^+ + El.$	14,1	69	
	$H \to H^+ + El.$	13,5	40	
	$H_2 \to H_2^+ + El.$	15,4	62	
	$O \to O^+ + El.$	13,6	48	
	$O_2 \to O_2^+ + El.$	12,5	66	
	$N \to N^+ + El.$	14,5	47	
	$N_2 \to N_2^+ + El.$	15,8	64	
	$NO \to NO^+ + El.$	9,4	70	

möglichst sorgfältiger Trocknung, immer eine kräftige Bildung von H_2O^+-Ionen. Dies läßt eine Ionisation durch Stoß zweiter Art: $A^+ + H_2O \to A - H_2O^+$ vermuten, was dann auf ein zweites Ionisierungspotential in der Nähe von 16 Volt hinweisen sollte[6].

H_2S. Die Deutung der in der Tabelle 42 gegebenen Potentiale für HS^+ und S^+ ist unsicher. Der Prozeß $H_2S \to H_2 + S^+$ würde etwa 13 Volt, der Prozeß $H_2S \to H + H + S^+$ etwa 17 Volt erfordern, während das gemessene Potential 15,8 Volt beträgt. H^+-Ionen wurden nicht gefunden.

C_2N_2. Aus den in Tabelle 42 angegebenen Werten für die Bildung von CN^+ und C_2^+ in Zusammenhang mit den Daten der Tabelle 43 schätzen Dorsch und Kallmann die Ionisierungsspannungen von CN und C_2 auf 14 bzw. 12 Volt. Spätere Versuche über selektive Absorption in C_2N_2, welche schon in Ziff. 72 erwähnt wurde, sind mit diesen Werten in Übereinstimmung.

[1] [ ] = fest; nicht eingeklammert = gasförmig.

[2] Landolt-Börnstein, Phys.-Chem. Tabellen Bd. 2, S. 1489; 1. Ergänz.-Bd., S. 808; 2. Ergänz.-Bd., S. 1497.

[3] Ebenda 2. Ergänz.-Bd., S. 1611.

[4] K. F. Bonhoeffer und H. Reichardt [ZS. f. phys. Chem. (A) Bd. 139, S. 75. 1929] erhalten aus einer optischen Bestimmung des Dissoziationsgleichgewichtes 5,0 Volt ± 0,1.

[5] Dieser Wert stimmt genau mit dem von V. Henri aus der Prädissoziation des NO_2 abgeleiteten überein (Nature Bd. 125, S. 202. 1930).

[6] Bezüglich der Absorption von H_2O-Dampf im äußersten Ultraviolett vgl. H. J. Henning, Ann. d. Phys. (5), Bd. 13, S. 599. 1932. (Anm. bei der Korr.)

CH_4. Nach SCHWAB und PIETSCH tritt von 15,4 Volt ab Dissoziation in C und 2 H_2 auf. Vielleicht folgt hier ein Sekundärprozeß dem von HOGNESS und KVALNESS gefundenen Vorgang $CH_4 \rightarrow CH_3^+ + H$ bei 15,5 Volt (Zerfall von CH_3^+ an der Wand?).

IV. Zusammenstöße zwischen positiven Ionen und Molekeln.

75. Allgemeines. Bei der Diskussion der Zusammenstöße zwischen Ionen und Molekeln wollen wir uns, wie bei den Elektronen, auf kleine Geschwindigkeiten beschränken und die Erscheinungen bei Kanalstrahlen und α-Strahlen außer Betracht lassen. Näheres hierüber findet man in Bd. XXII/2 ds. Handb., 2. Aufl. Ebenso wollen wir die indirekten Schlüsse aus den Gasentladungen nicht besprechen und nur das allgemeine Resultat erwähnen, daß langsame Ionen viel weniger geeignet sind, ein Gas anzuregen oder zu ionisieren als Elektronen derselben Energie.

Ionen, welche sich durch ein Gas bewegen, können auf verschiedene Weise mit den Gasmolekeln in Wechselwirkung treten; wir unterscheiden *Ablenkung* (Streuung), *Übertragung von kinetischer Energie, Umladung, Ionisierung, Anregung* und *Dissoziation.* Unter *Umladung* verstehen wir den Vorgang, bei dem das Ion A^+ neutralisiert wird durch die Aufnahme eines Elektrons, das es einer Molekel B entreißt, also:

$$A^+ + B \rightarrow A + B^+. \qquad (15)$$

Dieser Vorgang wird in der Literatur (z. B. bei DEMPSTER) auch als *Neutralisierung* bezeichnet. Wenn keine negativen Ladungsträger anwesend sind, kann Neutralisierung im Gase offenbar nur durch Umladung zustande kommen. Als *Ionisierung* definieren wir den Vorgang, bei dem durch Stoß ein neues Ion gebildet wird, während das ursprüngliche Ion seine Ladung behält, also:

$$A^+ + B \rightarrow A^+ + B^+ + \text{Elektron}. \qquad (16)$$

Von den obenerwähnten Vorgängen treten naturgemäß oft mehrere zugleich auf, z. B. wird die Ablenkung eines Ions durch eine Molekel nicht ohne Energieverlust des Ions möglich sein.

Auf derselben Weise wie bei der Elektronenbewegung (Ziff. 8) kann auch hier für die Anregung, Ionisierung usw. ein bestimmter „Querschnitt" eingeführt werden; bei den Ionen kommt außerdem noch der „Umladungsquerschnitt" hinzu. Die Summe dieser Querschnitte ist wieder der „Wirkungsquerschnitt". Dabei ist zu bedenken, daß beim Ionenstoß nicht nur der Durchmesser der neutralen Molekel, sondern auch derjenige des Ions für den Wirkungsquerschnitt maßgebend ist. Für kugelförmig gedachte Ionen und Molekeln vom Durchmesser σ_i bzw. σ_m ist der Wirkungsquerschnitt $\frac{1}{4} n \pi (\sigma_i + \sigma_m)^2$ (n = Zahl der Molekeln in cm^3). Leitet man σ_i und σ_m unter Benutzung der SUTHERLANDschen Konstante aus der inneren Reibung ab[1] und setzt man den Ionendurchmesser dem Durchmesser der entsprechenden neutralen Molekel gleich, so heißt $\frac{1}{4} n \pi (\sigma_i + \sigma_m)^2$ der gaskinetische Wirkungsquerschnitt. Gehören das stoßende Ion und die gestoßene Molekel zu demselben Gase, dann ist offenbar der gaskinetische Wirkungsquerschnitt das Vierfache des gaskinetischen Molekülquerschnitts.

[1] Vgl. LANDOLT-BORNSTEIN, Phys. Chem. Tabellen Bd. 1, S. 119. 1923; 1. Ergänz.-Bd., S. 69. 1927.

Was die Ablenkung und Energieverluste anlangt, verweisen wir auf Kap. 5 des Bandes XXII/2 und beschränken uns im folgenden auf die Erscheinungen der Umladung, Ionisierung, Anregung und Dissoziation durch Ionenstoß.

76. Umladung. In der Kanalstrahlenphysik ist die Umladung eine sehr bekannte Erscheinung. Wir wollen uns hier jedoch nur mit den direkteren Untersuchungen bei geringeren Geschwindigkeiten beschäftigen. Die theoretischen Betrachtungen dieses Vorganges findet man in diesem Handbuch an anderer Stelle (Bd. XXIV/1, Kap. 5). Zum besseren Verständnis der experimentellen Resultate erwähnen wir hier nur einige allgemeine Gesichtspunkte.

Die Umladung hat, als Übertragung von Ionisierungsenergie, eine gewisse Analogie mit der Übertragung von Anregungsenergie. Es ist schon lange bekannt, daß eine angeregte Molekel ihre innere Energie um so besser an eine andere Molekel übertragen kann, je geringer der in kinetische Energie umzusetzende Energieüberschuß ist. KALLMANN und LONDON[1] gelangten bei einer quantenmechanischen Berechnung dieser Vorgänge zu demselben Schluß. Diese Betrachtungen wurden von KALLMANN und ROSEN[2] auf den Fall der Umladung ausgedehnt[3].

Bei der Umladung wird die Neutralisierungsenergie V_n des Ions frei; ein gestoßenes Atom kann außer der Ionisierungsenergie V_i unter Umständen auch Anregungsenergie V_A aufnehmen; bei einem Molekül besteht außerdem die Möglichkeit einer Aufnahme von Bewegungsenergie V_s der Kerne (Schwingungs- und Rotationsenergie). Bei geringer Ionengeschwindigkeit (z. B. 1 Volt) kann Umladung offenbar nur dann auftreten, wenn V_i kleiner oder nur sehr wenig größer als V_n ist; die Wahrscheinlichkeit hat einen um so größeren Wert, je kleiner der Ausdruck

$$(V_i + V_A + V_s) - V_n \tag{17}$$

ist. Bei größeren Ionengeschwindigkeiten (z. B. 100 Volt) kann auch Umladung erfolgen, wenn $V_i > V_n$ ist; der Energiedefekt wird dann aus dem Vorrat an kinetischer Energie ergänzt, wobei nach KALLMANN und ROSEN der Absolutwert des Ausdrucks (17), also

$$|(V_i + V_A + V_s) - V_n| \tag{18}$$

maßgebend ist für die Umladungswahrscheinlichkeit. Sowohl für geringe als für größere Ionengeschwindigkeiten wird die Umladungswahrscheinlichkeit besonders groß, wenn die Ionen mit neutralen Molekeln desselben Gases zusammenstoßen ($V_i = V_n$).

Bei vielen Umladungsmessungen hat der magnetische Spektrograph Anwendung gefunden, der schon in Ziff. 27 besprochen wurde; nur wurde für die vorliegenden Zwecke statt einer Glühkathode oft eine Ionen emittierende Glühanode benutzt. Eine der ersten Arbeiten, welche quantitative Resultate für die Umladung langsamer Ionen ergab, rührt von DEMPSTER[4] her. In der von ihm benutzten Apparatur emittierte die Glühanode H^+ und H_2^+-Ionen; die Gasfüllung war He, so daß durch den Stoß der primären Ionen auch He^+-Ionen gebildet wurden.

---

[1] H. KALLMANN u. F. LONDON, ZS. f. phys. Chem. (B) Bd. 2, S. 207. 1929.

[2] H. KALLMANN u. B. ROSEN, ZS. f. Phys. Bd. 61, S. 61. 1930.

[3] In einer späteren Arbeit von P. M. MORSE und E. C. G. STUECKELBERG [Ann. d. Phys. (5) Bd. 9, S. 579. 1931] wird bei der Betrachtung der Umladung auch die kinetische Energie der Ionen in die Berechnung aufgenommen. Die Resultate beziehen sich jedoch nur auf sehr geringe Ionengeschwindigkeiten, so daß ein Vergleich mit den experimentellen Daten zur Zeit noch nicht möglich ist. Vgl. auch O. K. RICE, Phys. Rev. Bd. 38, S. 1943. 1931.

[4] A. J. DEMPSTER, Phil. Mag. Bd. 3, S. 115. 1927. Vgl. A. J. DEMPSTER, ebenda Bd. 31, S. 438. 1916.

Über die Methode (Abb. 102) läßt sich folgendes sagen: Die Ionen treten durch einen Schlitz S_1 in den evakuierten „Ablenkungsraum" ein; dort wird durch ein transversales Magnetfeld geeigneter Größe ihre Bahn zu einem Kreise gekrümmt, der durch den zweiten Schlitz S_2 hindurchgeht. Bestimmt man also im Vakuum den durch S_2 hindurchtretenden Strom als Funktion des Magnetfeldes, so ergibt sich eine „Intensitätskurve", welche für jede Ionensorte ein scharfes Maximum aufweist. Ist der Ablenkungsraum mit Gas gefüllt, so erfahren die Ionen beim Zusammenstoß mit den Gasmolekeln kleinere oder größere Änderungen in ihrer Bewegungsrichtung. Sind diese Richtungsänderungen bei einer Ionensorte nur gering, dann wird das zugehörige Maximum der Intensitätskurve verbreitert, ohne daß die Gesamtzahl dieser Ionen, gemessen an der Fläche der Intensitätskurve, sich dabei ändert; Energieverluste geben außerdem eine Verschiebung des Maximums. Erfahren die Ionen jedoch große Richtungsänderungen, so nimmt auch ihre Gesamtzahl ab, und zwar aus zwei Gründen. Bei einer Ablenkung in der Zeichenebene der Abb. 102, welche die neue Bewegungsrichtung JA zur Folge haben soll, kann das Ion nur dann durch ein bestimmtes Magnetfeld nach S_2 gebracht werden, wenn der Kreis durch J und S_2, welcher JA berührt, die Wände nicht schneidet. Und zweitens kann eine Ablenkung senkrecht zur Zeichenebene nicht durch das Magnetfeld aufgehoben werden, so daß eine größere Ablenkung in diese Richtung ebenfalls einen Zusammenstoß mit der Gefäßwand zufolge hat. Die Abnahme der Gesamtintensität kann jedoch außer durch Ablenkungen auch durch andere Vorgänge, z. B. Umladungen, verursacht werden. Experimentell wird die totale Verringerung der Gesamtintensität als *Absorption* bezeichnet, und für jeden Fall ist näher zu untersuchen, welcher Teil dieser Absorption den Umladungen und welcher den Ablenkungen oder anderen Ursachen zugeschrieben werden soll.

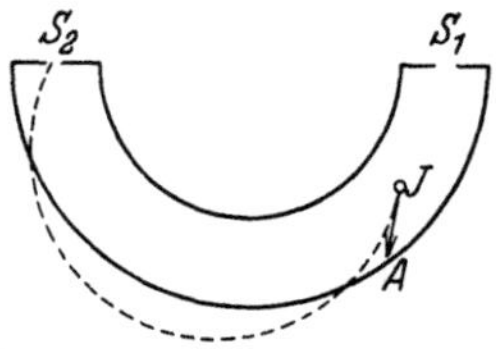

Abb. 102. „Ablenkungsraum" des magnetischen Spektrographen.

DEMPSTER erhielt bei seinen Versuchen über den Durchgang von Ionen durch Helium folgende Resultate. H^+-Ionen (Protonen) von 14 bis 900 Volt Energie konnten ohne Umladung eine Strecke von vielen gaskinetischen Weglängen zurücklegen, wobei die Richtungsänderungen und Energieverluste nur gering waren. Bei den H_2^+-Ionen trat Dissoziation auf (Ziff. 79). He^+-Ionen (900 Volt) wurden absorbiert; der absorbierende Querschnitt zeigte sich ungefähr gleich dem gaskinetischen. In Analogie mit den Beobachtungen an den H^+-Ionen, welche ebenfalls nach mehreren gaskinetischen Weglängen noch dieselbe Geschwindigkeit und Bewegungsrichtung behalten hatten, schloß DEMPSTER, daß die Absorption der He^+-Ionen in He durch Umladung und nicht durch Ablenkungen verursacht wurde; die große Umladungswahrscheinlichkeit ist in Übereinstimmung mit den obigen Bemerkungen.

Mit einer ähnlichen Apparatur wurden später mehrere Messungen über den Durchgang von Alkaliionen[1] (Energie 3,5 bis 900 Volt) durch verschiedene Gase (He, Ar, H_2, O_2, N_2, Luft, Hg) ausgeführt. Im allgemeinen wurden dabei pro gaskinetische freie Weglänge nur geringe Energieverluste und Richtungsablenkungen konstatiert. KENNARD schloß aus seinen Versuchen über Cs^+ in Ar, daß in diesem Falle der Umladungsquerschnitt nur einige Male geringer war als der gaskinetische. Dieses Resultat wurde aber von COX durch die Bemerkung widerlegt, daß die beobachtete Absorption nicht notwendig Umladungen, sondern

[1] F. M. DURBIN, Phys. Rev. Bd. 30, S. 844. 1927; R. B. KENNARD, ebenda Bd. 31, S. 423. 1928; I. W. COX, ebenda Bd. 34, S. 1426. 1929; J. S. THOMPSON, ebenda Bd. 35, S. 1196. 1930.

vielleicht auch Ablenkungen zuzuschreiben ist (s. oben). COX zeigte weiter, daß bei seinen eigenen Versuchen mit Li^+-Ionen in Hg die große Absorption tatsächlich durch Ablenkungen verursacht wurde.

Mit ähnlichen Apparaturen sind auch Messungen an *Gas*ionen gemacht worden, und zwar zunächst hauptsächlich mit Molekülen, um zu untersuchen, welche Ionen dabei primär durch Elektronenstoß und welche sekundär durch Zusammenstöße mit Molekülen gebildet werden. In diesem Zusammenhang sei auf die von SMYTH benutzte Anordnung (Ziff. 27) hingewiesen. Wie aus der dort gegebenen Abb. 47 hervorgeht, kann man bei diesen Versuchen unterscheiden: den *Ionisierungsraum* ($R_1 R_2$), wo die Ionen gebildet, den *Beschleunigungsraum* (R_3), wo sie beschleunigt, und den *Ablenkungsraum* R_5, wo sie durch das Magnetfeld im Kreise abgelenkt werden; im Ionisierungsraum ist die Geschwindigkeit klein, im Ablenkungsraum groß. SMYTH, HARNWELL, HOGNESS und LUNN[1] haben in einer derartigen Apparatur das Auftreten von Umladungen näher untersucht. Es zeigte sich, daß bei Gasgemischen das Intensitätsverhältnis der auftretenden Ionensorten stark von dem Druck abhängig war. So fand z. B. HARNWELL[2], daß bei einem Gemisch von 50% Ne und 50% He das Verhältnis der Intensitäten von He^+ und Ne^+ sich um einen Faktor 10 verkleinerte, wenn der Gasdruck im Ionisierungsraum von 0,04 bis 0,16 mm zunahm (Abb. 103), und zwar handelt es sich hierbei nach dem Verfasser um den Vorgang:

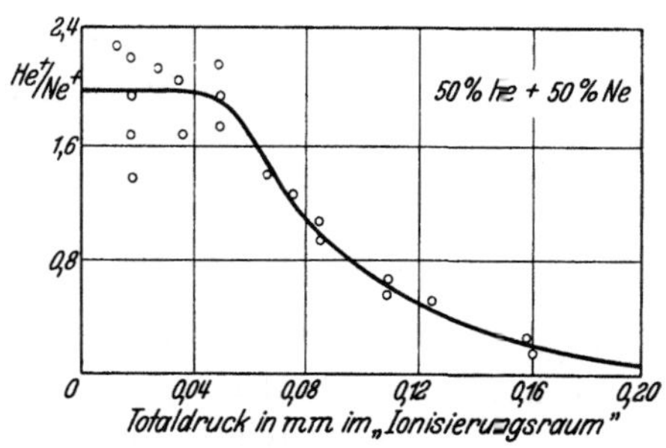

Abb. 103. Umladung von He^+ in He—Ne nach HARNWELL.

$$He^+ + Ne \rightarrow He + Ne^+,$$

welcher sich im Ionisierungsraum abspielt. Die ursprünglichen He^+-Ionen hatten dabei eine Energie von maximal 10 Volt. Diese und ähnliche Versuche[3] haben es wahrscheinlich gemacht, daß solche langsame Ionen anderen Molekeln von geringerer Ionisierungsenergie ein Elektron entreißen können, wie das schon früher von FRANCK[4] angegeben war. Dieser Vorgang erwies sich in Übereinstimmung mit den im Anfang dieser Ziffer gemachten Bemerkungen um so wahrscheinlicher, je kleiner die Differenz der Ionisierungsenergien ΔV_i war. So war z. B. bei den erwähnten Versuchen von HARNWELL die Ausbeute bei Ne^+ und Ar ($\Delta V_i = 4{,}2$ Volt) geringer als bei He^+ und Ne ($\Delta V_i = 3{,}0$ Volt), und bei He^+ und Ar ($\Delta V_i = 8{,}8$ Volt) sehr gering. Bei Mischungen von einem Edelgas mit einem zweiatomigen Gas liegen die Verhältnisse durch die größere Zahl der Möglichkeiten wesentlich komplizierter. Die für Ne und N_2 erhaltenen Kurven sind z. B. nach HARNWELL so zu interpretieren, daß die folgenden Prozesse stattfinden:

$$Ne^+ + N_2 \rightarrow Ne + {}^{16}N_2^+$$
$$Ne + {}^{24}N_2^+ \rightarrow Ne^+ + N_2,$$

wobei mit ${}^{16}N_2^+$ und ${}^{24}N_2^+$ die Ionen mit 16 bzw. 24 Volt innerer Energie gemeint sind (vgl. Ziff. 64). Für weitere Einzelheiten bei anderen Gasen müssen

[1] H. D. SMYTH, G. P. HARNWELL, T. R. HOGNESS u. E. G. LUNN, Nature Bd. 119, S. 85. 1927.

[2] G. P. HARNWELL, Phys. Rev. Bd. 29, S. 683. 1927.

[3] G. P. HARNWELL, Phys. Rev. Bd. 29, S. 830. 1927; T. R. HOGNESS u. E. G. LUNN, ebenda Bd. 30, S. 26. 1927; H. D. SMYTH u. E. C. G. STUECKELBERG, ebenda Bd. 32, S. 779. 1928.

[4] J. FRANCK, ZS. f. Phys. Bd. 25, S. 312. 1924.

wir auf die Literatur verweisen. Wir bemerken nur noch, daß bei einigen Edelgasgemischen die als Umladung gedeuteten Vorgänge vielleicht teilweise auch einer Ionisation durch metastabile Atome (vgl. Ziff. 84) zuzuschreiben sind, und daß in einigen Fällen die Resultate wesentlich gefälscht sein können durch die von KALLMANN und ROSEN beobachtete Umladung im Ablenkungsraum (vgl. weiter unten).

Eine andere Methode zur Untersuchung von Umladungen ist von DUFFENDACK[1] und Mitarbeitern benutzt worden. Die neu auftretenden Ionen werden dabei nicht mit dem magnetischen Spektrographen, sondern optisch identifiziert. In einer der letzten Arbeiten wurden z. B. Bogenentladungen in H_2, Ar, Ne oder He mit Mg untersucht. Die Ionen des Hauptgases sind dabei imstande, den Mg-Atomen nicht nur ein Elektron zu entreißen, sondern sie außerdem noch anzuregen; die ausgestrahlten Funkenlinien zeigen also die neuen Ionen an und geben darüber hinaus Aufschluß, welches Energieniveau angeregt ist. Diese Methode, ist verglichen mit der erstgenannten Methode, allerdings insofern weniger direkt, als die Elektronen hier sehr viele Zusammenstöße mit den Gasmolekeln machen. Eine direkte Anregung durch Elektronenstöße ist aber unwahrscheinlich, weil der Dampfdruck des Mg sehr niedrig gehalten wird und außerdem das Mg II-Spektrum im Vergleich mit dem Mg I-Spektrum sehr stark auftritt. Schließlich schneiden die Funkenlinien in jedem Gemisch, mit Ausnahme von He-Mg, entweder bei der Ionisierungsenergie des Hauptgases ab oder bei einer Energie, die so viel höher liegt, als der kinetischen Energie der Atome entspricht. Daß dieses nicht für He gilt, ist verständlich; denn die Neutralisierungsenergie des He^+ genügt, um das Mg-Atom zweifach zu ionisieren. Die in He-Mg auftretenden Funkenlinien schneiden bei der Spannung des höchsten metastabilen Zustandes von He ab (vgl. Ziff. 84). Auch bei diesen Versuchen zeigt sich, daß die Umladung mit Anregung um so leichter eintritt, je geringer der Energiebetrag ist, welcher in kinetische Energie umgesetzt werden muß. Es sei hier ebenfalls auf Beobachtungen von STARK[2] am Glimmlicht hingewiesen. Dabei zeigte sich, daß die Funkenlinie 2848 Å des Quecksilbers in einem He-H-Gemisch bei großer Stromdichte sehr stark, sogar stärker als die Bogenlinie 2894 Å auftrat, während sie unter denselben Umständen in einem Ne-Hg-Gemisch gar nicht oder nur sehr schwach zu beobachten war. STARK sucht diese Erscheinung dadurch zu erklären, daß die Wahrscheinlichkeit für die Umladung durch Hg-Atome bei He^+ sehr viel größer ist als bei Ne^+; dadurch soll die Konzentration der Hg-Ionen im He-Hg-Gemisch sehr groß werden, so daß die Funkenlinien durch Zusammenstöße von Elektronen mit Hg-Ionen angeregt werden können. Nun ist aber auch die Energie von Ne^+ zur Ionisierung eines Hg-Atoms hinreichend groß. Man wird daher hier, ebenso wie bei den obigen Versuchen, eher an Ionisierung und Anregung des Quecksilberatoms in einem Elementarakt denken. Denn so wird die beobachtete Erscheinung unmittelbar verständlich, da die Anregungsenergie der Linie 2848 Å (vom Grundzustand des Atoms aus gerechnet) 22,2 Volt beträgt, also geringer ist als die Energie des He^+-Ions, aber größer als die Energie des Ne^+-Ions. Bezüglich ähnlicher Versuche an Hohlkathoden und in positiven Säulen verweisen wir auf Ziff. 84, wo auch andere Möglichkeiten (Ionisierung durch metastabile Atome usw.) besprochen werden.

[1] O. S. DUFFENDACK u. H. L. SMITH, Nature 119, S. 743. 1927; Phys. Rev. Bd. 34, S. 68. 1929; O. S. DUFFENDACK u. J. G. BLACK, Phys. Rev. Bd. 34, S. 35. 1929; O. S. DUFFENDACK, C. L. HENSHAW u. M. GOYER, ebenda Bd. 34, S. 1132. 1929; L. B. HEADRICK u. O. S. DUFFENDACK, ebenda Bd. 37, S. 736. 1931; O S. DUFFENDACK u. R. A. WOLFE, ebenda Bd. 34, S. 409. 1929.

[2] J. STARK, Ann. d. Phys. (4) Bd. 86, S. 541. 1928. Vgl. G. DÉJARDIN, Ann. de phys. (10) Bd. 2, S. 241. 1924.

Wir kehren nun wieder zu den Untersuchungen mit dem magnetischen Spektrographen zurück. Auch KALLMANN und ROSEN[1] haben das Intensitätsverhältnis der im Auffänger zur Messung gelangenden Ionensorten, z. B. N^+/N_2^+, untersucht und dabei gefunden, daß dieses nicht nur durch die obenerwähnten Umladungen im *Ionisierungsraum*, sondern auch durch Umladungen im *Ablenkungsraum* beeinflußt werden kann. Dabei konnten die Drucke in den beiden Räumen unabhängig voneinander eingestellt werden; der Ionisierungsraum war so klein, daß dort Zusammenstöße nur einen geringen Einfluß hatten. Wie aus Abb. 104 ersichtlich ist, war beim Stickstoff das Verhältnis N_2^+/N^+ stark vom Druck im Ablenkungsraum abhängig; die Verfasser schließen daraus, daß die N_2^+-Ionen (Energie 50 bis 400 Volt) bei Zusammenstößen mit N_2-Molekülen viel stärker absorbiert werden als die N^+-Ionen, und zwar wird diese Absorption als Umladung gedeutet (vgl. weiter unten). Dieses Resultat ist wiederum in Übereinstimmung mit der Erwartung, weil für N_2^+-Ionen in N_2 der Ausdruck (18) Null wird. Die Druckabhängigkeit des Intensitätsverhältnisses der Ionen wird von KALLMANN und ROSEN also ganz anders gedeutet als bei den obigen Versuchen von HARNWELL u. a.; nach KALLMANN und ROSEN ändert sich das Intensitätsverhältnis, weil im Ablenkungsraum die eine Ionensorte stark, die andere nur schwach absorbiert wird, nach HARNWELL geht die eine Ionensorte im Ionisierungsraum durch Umladung in die andere über. Sehr wahrscheinlich ist je nach den Umständen jede dieser Erklärungen richtig; so wird z. B. für den hier betrachteten Fall von N_2^+ und N^+ die erste Erklärung zutreffen, für den obengenannten Fall von He^+ und Ne^+ (HARNWELL) die zweite. Das wird klar, wenn wir noch einmal die Vorgänge im Ablenkungsraum für beide Fälle niederschreiben:

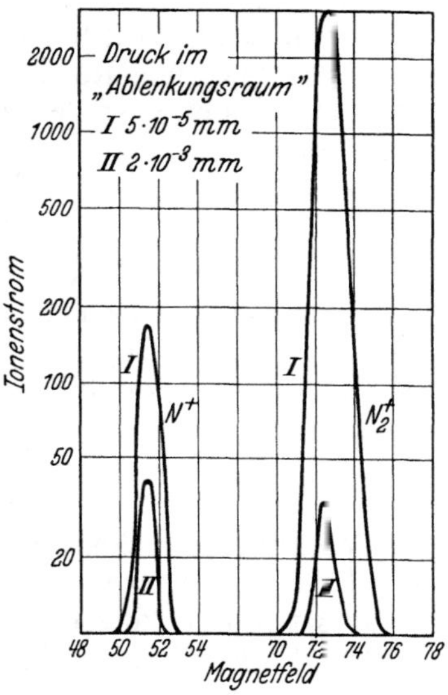

Abb. 104. Umladung von N_2^+ und N^+ nach KALLMANN und ROSEN.

I. N_2^+ und N^+ durch 100% N_2 0% N,

II. He^+ und Ne^+ durch 50% He 50% Ne.

Bei I. werden die N_2^+-Ionen umgeladen, die neuen N_2^+-Ionen haben nahezu keine Geschwindigkeit und gelangen nicht zur Messung; die N^+-Ionen dagegen werden nur schwach absorbiert. Durch Umladung können keine N^+-Ionen gebildet werden, da die Konzentration der N-Atome Null ist. In dem Falle II dagegen werden die Umladungen von He^+ durch He und von Ne^+ durch Ne wahrscheinlich gleich groß sein, da nach HARNWELL auch die Druckabhängigkeit der Intensität bei reinem He der bei reinem Ne ungefähr gleich ist. Eine kleine Intensitätsveränderung könnte hier vielleicht noch im Ablenkungsraum entstehen infolge einer verschieden starken Umladung von He^+ durch Ne und von Ne^+ durch He; jedoch wird diese wohl gering sein, verglichen mit den Umladungen bei dem viel größeren Druck im Ionisierungsraum. Bei anderen Versuchen dieser Art, z. B. bei denen von HOGNESS und LUNN über N_2, ist die von den Verfassern gegebene Deutung der Vorgänge wahrscheinlich wegen der Umladungen im Ablenkungsraum nicht richtig (vgl. Ziff. 64).

Wie im Anfang dieser Ziffer ausgeführt wurde, ist nach KALLMANN und ROSEN die Umladungswahrscheinlichkeit um so größer, je kleiner die Diffe-

[1] H. KALLMANN u. B. ROSEN, ZS. f. Phys. Bd. 58, S. 52. 1929; Bd. 61, S 61. 1930.

renz (18) ist. Die Verfasser führten zur Prüfung dieser Regel noch eine Anzahl von weiteren Versuchen aus. Tabelle 44 gibt hierfür ein Beispiel, welches in seinen Ergebnissen mit der Erwartung übereinstimmt. Nach KALLMANN und ROSEN kann diese Regel dazu benutzt werden, um unbekannte Ionisierungsenergien abzuschätzen (Methode der selektiven Absorption). Ein Beispiel hierfür wurde schon in Ziff. 72 angeführt.

Tabelle 44.
Umladung von N^+ ($V_i = 14{,}5$ Volt) und N_2^+ ($V_i = 16$ Volt) in verschiedenen Gasen.

Gas	Ionisierungs-spannung (Volt)	Umladungsquerschnitt
N_2	16	Für N_2^+ viel größer als für N^+
Ar	15,7	„ N_2^+ „ „ „ „ N^+
80% Ne + 20% He	21,5 u. 24,5	„ N_2^+ und N ungefähr gleich
O_2	13	„ N^+ etwas größer

KALLMANN und ROSEN konnten aus einigen ihrer Versuche Abschätzungen über die absolute Größe des Umladungsquerschnittes Q_u machen, und zwar ergab sich für

$$Ar^+ \text{ in } Ar \quad Q_u = 90 \text{ cm}^{-1},$$

$$N_2^+ \text{ in } N_2 \quad Q_u = 160 \text{ cm}^{-1}.$$

Der Querschnitt ist hier wie oben (Ziff. 8 u. 75) definiert, bezieht sich also auf 1 cm³ eines Gases von 1 mm Druck und 0° C[1]. Die genannten Werte sind von der gleichen Größenordnung wie die gaskinetischen Wirkungsquerschnitte (W_{gask}, vgl. Ziff. 75) für Ar^+ und N_2^+, nämlich:

$$Ar \quad W_{\text{gask}} = 91 \text{ cm}^{-1},$$

$$N_2 \quad W_{\text{gask}} = 111 \text{ cm}^{-1}.$$

Der Wirkungsquerschnitt für Ar^+ in Ar wurde neuerdings von WOLF[2] bestimmt; er erhielt für Ionen von 21 bis 520 Volt Geschwindigkeit den Wert 120 cm^{-1}. Es findet also in diesen Fällen ungefähr bei jedem Zusammenstoß Umladung statt[3]. Wir erwähnen noch, daß nach KALLMANN und ROSEN bei einer Änderung der Ionengeschwindigkeit von 50 bis 400 Volt keine merkbare Änderung des Umladungsquerschnitts auftrat.

KALLMANN und ROSEN deuten die von ihnen gefundene Absorption als Umladung und nicht als Streuung; sie bemerken dazu, daß man im Falle der Streuung die massenunabhängige Selektivität der Absorption nicht verstehen würde. Weiter haben sie auch durch direkte Experimente die Umladungen nachweisen können. In Analogie zu den Messungen an nicht umladenden Ionen liegt es nahe anzunehmen, daß auch bei dem Umladungsprozeß das schnelle Ion A^+ nur wenig kinetische Energie verliert, wofür weiter unten ein direkter Beweis gegeben wird. Durch die Umladung entsteht also eine schnelle neutrale Molekel A und ein Ion B^+ von geringer Geschwindigkeit. Diese langsamen Ionen werden schon durch ein transversales elektrisches Feld von geringer

[1] Wir berechneten diese Werte aus den Tab. 2 und 12 der Arbeit ZS. f. Phys. Bd. 61, S. 61. 1930. KALLMANN und ROSEN selbst geben andere Zahlen, da sie den Querschnitt verschieden definieren.

[2] F. WOLF, ZS. f. Phys. Bd. 72, S. 42. 1931.

[3] Neuerdings hat WOLF den Umladungsquerschnitt von Ar^+ in Ar für Ionengeschwindigkeiten zwischen 20 und 1000 Volt bestimmt. Er findet bei 200 Volt den wesentlich geringeren Wert 60 cm^{-1} (ZS. f. Phys. Bd. 74, S. 575. 1932). In dieser Arbeit wird übrigens bemerkt, daß die quantitative Richtigkeit des früher vom Verfasser bestimmten *Wirkungs*querschnitts (120 cm^{-1}) noch nicht überzeugend nachgewiesen ist. (Anm. bei der Korr.)

Stärke aus dem Bündel abgetrennt. Tatsächlich gelang es auf diese Weise ihre Anwesenheit z. B. beim Durchgang von N_2^+ in N_2 zu zeigen[1]. Bei N^+ in N_2 dagegen, wo die Umladungen sehr viel seltener sind, wurden keine langsamen Ionen beobachtet. Schließlich wurde versucht, die entstehenden schnellen neutralen Atome bei Ar dadurch nachzuweisen, daß man durch sie Elektronen aus einer Metallplatte auslöste[2]. Dazu wurden alle positiven Ionen durch ein Gegenfeld von der Metallplatte ferngehalten. Trotzdem zeigte sich eine vom Gegenfelde unabhängige positive Aufladung der Platte, welcher als ein durch die schnellen Atome ausgelöster Elektronenstrom zu deuten ist. Wie der Einfluß anderer elektronenauslösender Vorgänge (z. B. von metastabilen Atomen) ausgeschlossen wird, ist aus der kurzen Notiz nicht zu ersehen[3].

Beim Wasserstoff wurde die Absorption von H^+, H_2^+ und H_3^+ (60 bis 850 Volt Geschwindigkeit) von HOLZER[4] untersucht; auch hier konnten die Drucke im Ionisierungs- und im Ablenkungsraum unabhängig voneinander eingestellt werden. Der für den Absorptionsquerschnitt erhaltene Wert ist für H_2^+ am größten, für H^+ am kleinsten, und zwar für dieses letzte Ion in dem untersuchten Geschwindigkeitsbereich konstant und gleich dem halben gaskinetischen Wirkungsquerschnitt. Die Absorption von H^+ und H_3^+ wird von HOLZER hauptsächlich als Ablenkung gedeutet, bei H_2^+ soll auch Umladung in Betracht kommen. Wir bemerken dazu, daß bei H_2^+ und H_3^+ außer Umladung auch Dissoziation möglich ist (vgl. Ziff. 79); das starke Maximum für H_{2-1}^+ in den von HOLZER erhaltenen Kurven zeigt, daß Dissoziation durch Stoß tatsächlich eine große Rolle spielt, was man auch aus der Versuchsanordnung erwarten würde. Neuerdings sind diese Versuche bei einer Ionengeschwindigkeit von 200 bis 1800 Volt an He und Ar weitergeführt worden[5]. Die Resultate für He stimmen mit den Messungen von DEMPSTER (s. oben) überein; die Absorption der Wasserstoffionen war in Argon größer als in H_2. Auch GOLDMANN[6] studierte die Umladung von H^+-Ionen (Protonen) in H_2 (500 bis 4000 Volt), Ar und He (1500 bis 4000 Volt). Obgleich diese großen Geschwindigkeiten aus dem Rahmen dieses Kapitels fallen, möchten wir doch erwähnen, daß auch hier in He nur sehr geringe, in H_2 und Ar dagegen beträchtliche Absorption gefunden wurde. Durch eine besondere Elektrodenanordnung konnte, im Gegensatz zu dem HOLZERschen Versuch, einwandfrei zwischen Streuung über große Winkel, Ionisierung und Umladung unterschieden werden; die ersten Vorgänge traten nicht merkbar auf, die ganze beobachtete Absorption ist also als Umladung zu deuten. Der Umladungsquerschnitt war für Ionengeschwindigkeiten >1000 Volt in H_2, und in Ar größer als der gaskinetische Wirkungsquerschnitt (auch hier für Ar größer als für H_2); mit steigender Geschwindigkeit stieg der Umladungsquerschnitt ziemlich rasch an. Obgleich die geringe Umladung in He gut in das oben geschilderte Bild paßt, scheint nach diesen Versuchen doch der „Resonanzeffekt" bei größeren Geschwindigkeiten viel weniger ausgeprägt zu sein als bei niedrigeren.

Bei den bisher in dieser Ziffer dargestellten Versuchen fand hauptsächlich die Methode des magnetischen Spektrographen Anwendung. Bei anderen Experimenten wurde mit einem Gegenfelde die Geschwindigkeitsverteilung der Ionen, welche Zusammenstöße mit Gasmolekeln erlitten hatten, untersucht. So schloß

[1] H. KALLMANN u. B. ROSEN, ZS. f. Phys. Bd. 64, S. 806. 1930.
[2] H. KALLMAMN u. B. ROSEN, Naturwissensch. Bd. 18, S. 867. 1930.
[3] Inzwischen sind diese Versuche mit einer einwandfreien Elektrodenanordnung weitergeführt worden, siehe H. KALLMANN, W. LASAREFF u. B. ROSEN, ZS. f. Phys. Bd. 76, S. 213. 1932 (Anmerkung bei der Korrektur.)
[4] R. E. HOLZER, Phys. Rev. Bd. 36, S. 1204. 1930.
[5] R. E. HOLZER, Phys. Rev. Bd. 38, S. 585. 1931 (kurzer Sitzungsbericht).
[6] F. GOLDMANN, Ann. d. Phys. (5) Bd. 10, S. 460. 1931.

HARNWELL[1] aus Experimenten dieser Art, daß Alkaliionen beim Zusammenstoß mit Gasionen sehr viel weniger Energie verlieren, als man für elastische Kugeln mit gaskinetischer freier Weglänge berechnen würde. Umladungen wurden dabei nicht festgestellt. Andererseits zeigten sich Umladungen bei Versuchen von PENNING und VEENEMANS[2] über die Bewegung von Ar^+-Ionen in Argon. Das Prinzip der von ihnen benutzten Methode ist aus Abb. 105 ersichtlich. Zwischen der Glühkathode K und der Anode A brennt eine Bogenentladung in Argon von niedrigem Druck. Ionen aus dieser Entladung werden nach der perforierten Platte G hingezogen und auf einer sehr kurzen Strecke ($^1/_2$ mm) beschleunigt. Sie treten dann durch Öffnungen in einer zweiten Platte G_2 in einen Raum ein, wo sie Zusammenstöße mit Argonatomen erleiden. Der Strom nach einer dritten Platte P wird als Funktion der Plattenspannung V_p gemessen; die Resultate geben nähere Auskunft über die Art der Zusammenstöße. Auf diese Weise ergibt sich, daß schon ein großer Teil der Ionen durch ein Gegenfeld von einigen Volt zurückgehalten wird, wenn der Abstand zwischen G_2 und P von der Größenordnung der gaskinetischen Weglänge ist. Es verliert also ein Ar^+-Ion von 200 Volt Energie im Mittel schon nach etwa einem gaskinetischen Zusammenstoß praktisch seine ganze Energie. Dieses Resultat wird verständlich, wenn man annimmt, daß das Ar^+-Ion umgeladen wird und selber als neutrales Atom unter Beibehaltung seiner kinetischen Energie weiterfliegt. Würde nämlich ein bedeutender Anteil dieser Energie an das neue Ion übertragen, dann könnte dieses nicht durch ein so geringes Gegenfeld zurückgehalten werden. Abb. 106 gibt ein Beispiel einer Meßreihe mit Ar^+ in Ar. In dieselbe Figur ist auch eine Messung mit K^+ in Ar eingetragen, die mit derselben Apparatur bei gleichem Druck und Plattenabstand ausgeführt war. Man sieht, daß die K^+-Ionen viel seltener umgeladen werden, was in Übereinstimmung mit obigen Betrachtungen steht. Für die Größe des Umladungsquerschnittes von Ar^+ in Ar konnte aus diesen Versuchen eine Abschätzung gemacht werden mit dem Ergebnis:

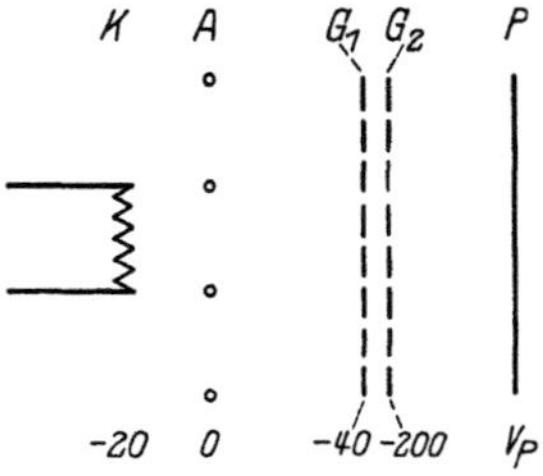

Abb. 105. Anordnung zum Studium der Umladungserscheinungen.

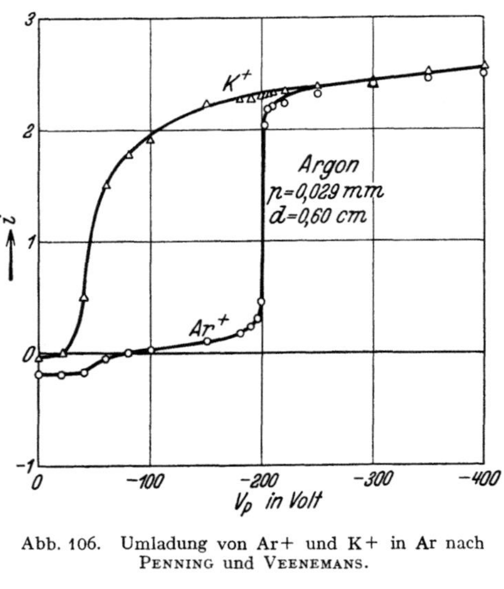

Abb. 106. Umladung von Ar+ und K+ in Ar nach PENNING und VEENEMANS.

$$Ar^+ \text{ in } Ar \quad Q_u = 120\ \text{cm}^{-1},$$

was der Größenordnung nach mit dem Resultat von KALLMANN und ROSEN übereinstimmt.

Schließlich wollen wir noch eine Umladungsart erwähnen, bei der nach der Meinung einiger Verfasser das stoßende Ion A^+ in ein angeregtes Atom A' entsprechend dem Schema

$$A^+ + B \rightarrow A' + B^+ \tag{5}$$

[1] G. P. HARNWELL, Phys. Rev. Bd. 31, S. 634. 1928.
[2] F. M. PENNING u. C. F. VEENEMANS, ZS. f. Phys. Bd. 62, S. 746. 1930.

übergeht. Nach TATE[1] kann man bei Na^+-Ionen, welche sich mit einer Energie $\geqq 40$ Volt durch Quecksilberdampf bewegen, das Na-Spektrum beobachten. APPLEYARD[2] machte ähnliche Versuche und kommt zu dem Schluß, daß es sich hier um folgenden Prozeß handelt: das Na^+-Ion entreißt einem Hg-Atom sein Elektron und geht selber in ein angeregtes Atom über, welches dann später Na-Licht ausstrahlt. Nach den obigen Überlegungen sollte die Wahrscheinlichkeit für diesen Prozeß sehr klein sein; denn erstens ist dazu ein großer Betrag an kinetischer Energie erforderlich und zweitens stimmt der Prozeß nicht überein mit der Regel, daß die aufgenommene potentielle Energie der abgegebenen Energie möglichst nahe kommen soll. Eine nähere Untersuchung dieser Vorgänge scheint wünschenswert.

77. Ionisierung. Ebenso wie Elektronen können auch positive Ionen Molekeln ionisieren; das Experiment und elementare theoretische Überlegungen zeigen jedoch, daß für den Ionenstoß recht komplizierte Verhältnisse vorliegen. Darum ist es unmöglich, Anregungs- und Ionisierungsarbeiten durch Ionenstoß zu bestimmen, obwohl man auch den Ionen eine genau dosierbare kinetische Energie geben kann. Der Unterschied zwischen Ionen- und Elektronenstoß ist in erster Linie dadurch bedingt, daß beim Zusammenstoß nicht nur die totale Energie, sondern auch der totale Impuls unverändert bleiben muß. Wenn die Masse des stoßenden Partikels M_1 und die der ursprünglich ruhenden Molekel M_2 ist, so kann nach JOOS und KULENKAMPFF[3] maximal nur ein Teil $M_2/(M_1+M_2)$ der kinetischen Energie des Partikels in potentielle Energie umgesetzt werden. Beim Elektronenstoß ist dieser Bruchteil praktisch gleich 1, beim Zusammenstoß eines Ions mit einer Molekel derselben Masse dagegen $^1/_2$. Ein Ion kann also eine Molekel derselben Art nur ionisieren, wenn seine Energie mindestens $2V_i$ ist (V_i = Ionisierungsspannung). FRANCK[4] weist darauf hin, daß auch dieser Betrag noch nicht ausreicht. Man muß nämlich annehmen, daß bei der Ionisierung das abgetrennte Elektron so schnell in sehr große Entfernung gebracht wird, daß die schweren Massen des stoßenden und des neugebildeten Ions ihre Lage zueinander in dieser Zeit praktisch nicht ändern. Nach der Entfernung des Elektrons stoßen die Ionen einander ab und nehmen so noch einen weiteren Betrag an kinetischer Energie auf. Berücksichtigt man die gegenseitige Polarisation der Ionen, so sollte die Mindestenergie des Ions fast gleich $3V_i$ sein müssen. Läßt man den unwahrscheinlichen Fall zu, daß ein Ion in einem zentralen Stoß einem vorher ruhenden Atom seine ganze kinetische Energie überträgt und dieses wieder zentral ein Atom gleicher Masse trifft, so würde eine kinetische Energie $\frac{1}{2}mv^2$ im Betrag von $2V_i$ ausreichen. Noch unwahrscheinlicher, aber theoretisch denkbar ist es, daß ein Ion ein zentral getroffenes Atom anregt und daß dieses nunmehr mit kinetischer Energie und Anregungsenergie ein weiteres Atom ionisiert. In diesem Falle würde man mit $\frac{1}{2}mv^2 = 1\frac{2}{3}V_i$ auskommen, bzw. wenn man die Stoßkette noch weiter verlängert mit $1\frac{1}{2}V_i$.

Diese Überlegungen sind in dieser Form nur dann anwendbar, wenn Ionen mit Molekeln derselben Art zusammenstoßen. Ist das nicht der Fall, dann können, wie FRANCK schon früher angegeben hat[5], außer der kinetischen Energie unter Umständen auch noch andere Energiequellen zur Verfügung stehen. Z. B. könnte ein Heliumion, das mit verschwindend kleiner kinetischer Energie

[1] J. T. TATE, Phys. Rev. Bd. 23, S. 293. 1924 (Abstract).
[2] E. T. S. APPLEYARD, Proc. Roy. Soc. London (A) Bd. 128, S. 330. 1930.
[3] G. JOOS u. H. KULENKAMPFF, Phys. ZS. Bd. 25, S. 257. 1924.
[4] J. FRANCK, ZS. f. Phys. Bd. 25, S. 312. 1927.
[5] J. FRANCK, Verh. d. D. Phys. Ges. (3) Bd. 3, S. 29. 1922.

ein Zäsiumatom trifft, diesem ein Elektron entreißen und es dann auf einer höheren Quantenbahn binden. Das ist der oben besprochene Fall der Umladung, welcher noch kein neues Elektron liefert. Weiter kann jedoch das angeregte Helium durch Strahlung oder durch einen Stoß zweiter Art noch ein zweites Zäsiumatom ionisieren. Für diesen letzten Vorgang werden speziell metastabile Heliumatome in Frage kommen (vgl. Ziff. 84).

Aus diesen Überlegungen geht hervor, daß man beim Ionenstoß kein scharfes Einsetzen der Ionisierung bei der Ionisierungsspannung der getroffenen Molekel erwarten kann. Sind die Versuche, wie z. B. die von BEECK (s. weiter unten), bei sehr niedrigem Druck ausgeführt, so darf man die genannten sekundären Prozesse wohl außer Betracht lassen, und man würde dann bei Stoßpartnern gleicher Masse erst von einer Ionenenergie von 2 bis 3 V_i an Ionisierung erwarten.

Für die Ionisierung durch positive Ionen wurden zuerst von TOWNSEND[1] Zahlen angegeben, die jedoch auf sehr indirekte Weise gewonnen sind. Die diesbezüglichen Messungen können, wie TOWNSEND selbst angibt[2], auch so gedeutet werden, daß die neuen Elektronen von den Ionen nicht im Gase, sondern an der Kathode ausgelöst werden[3]. Die Auslösung von Elektronen an Metalloberflächen, sei es durch Strahlung oder durch Stoß, ist freilich auch bei mehr direkten Versuchen eine der stärksten Fehlerquellen. Wahrscheinlich sind die merkwürdigen Resultate der älteren Messungen von v. BAHR und FRANCK[4], PAWLOW[5], HORTON und DAVIES[6] hierauf zurückzuführen, wie es die letzten Autoren auch selbst wahrscheinlich machen. Zu demselben Schluß kommt HOOPER[7], der einige dieser Versuche wiederholte und feststellte, daß die Ionisierung immer durch Elektronenauslösung an den Elektroden ganz überdeckt wurde.

Während die genannten Autoren das Auftreten von Elektronen als Kriterium für die Ionisierung anwenden, wurde von GURNEY[8] eine andere Methode angegeben. Er benutzt eine Glühanode, welche Kaliumionen emittiert. Die Kaliumionen werden beschleunigt und stoßen dann mit Wasserstoffmolekülen zusammen; sobald es nun zur Ionisierung kommt, kann dies daran erkannt werden, daß H^+- oder H_2^+-Ionen in dem eingebauten magnetischen Spektrographen auftreten. Bis zu einer Ionenenergie von 7000 Volt konnte GURNEY keine Ionisierung feststellen. Die benutzte Apparatur war jedoch, wie der Verfasser selber ausführt, so beschaffen, daß die entstandenen Ionen nur dann im magnetischen Spektrographen zur Messung gelangten, wenn sie keine kinetische Energie mitbekamen. Also kann aus diesen Versuchen nur geschlossen werden, daß Kaliumionen bis zu einer Energie von 7000 Volt entweder Wasserstoffatome nicht merkbar ionisieren oder daß sie an die entstehenden Wasserstoffionen kinetische Energie übertragen. Versuche, diese Methode auch auf andere Gase anzuwenden, mißlangen wegen der starken Streuung dei primären Ionen. Außerdem ist es bei dieser Methode nicht leicht, Ionisierung und Umladung voneinander zu trennen.

---

[1] J. S. TOWNSEND, Electrician Bd. 50, S. 971. 1903.
[2] J. S. TOWNSEND, Electricity in Gases, S. 331. 1915.
[3] Nach neuen direkten Messungen von J. S. TOWNSEND und F. LLEWELLYN JONES (Nature, Bd. 130, S 398. 1932) soll jedoch die Ionisierung von Wasserstoff durch Wasserstoffionen schon unter 200 Volt beträchtlich sein. (Anm. bei der Korr.)
[4] E. v. BAHR u. J. FRANCK, Verh. d. D. Phys. Ges. Bd. 16, S. 57. 1914.
[5] V. I. PAWLOW, Proc. Roy. Soc. London (A) Bd. 90, S. 398. 1914.
[6] F. HORTON u. A. C. DAVIES, Proc. Roy. Soc. London (A) Bd. 95, S. 333. 1919.
[7] W. J. HOOPER, Journ. Franklin Inst. Bd. 201, S. 311. 1926.
[8] R. W. GURNEY, Phys. Rev. Bd. 32, S. 467, 795. 1928.

Erfolgreicher waren die Versuche von SUTTON[1], SUTTON und MOUZON[2], BEECK[3] und BEECK und MOUZON[4], welche die Ionisierung durch Alkaliionen wieder aus der Zahl der gebildeten Elektronen bestimmten. Wir beschreiben hier nur die BEECKsche, später auch von BEECK und SUTTON benutzte Versuchsanordnung. Sie ist in Abb. 107 schematisch wiedergegeben. *A* ist eine Glühanode nach KUNSMAN[5]; die von ihr emittierten Alkaliionen werden durch ein zwischen *A* und den Spalt *1* angelegtes elektrisches Feld beschleunigt und treten mit einer Geschwindigkeit von z. B. 6 Volt in den Raum *M* ein, der von einem kräftigen, senkrecht zur Zeichenebene stehenden Magnetfeld durchsetzt ist. Die verschiedenen Ionen werden im Magnetfeld je nach ihrer Masse auf verschiedenen Kreisbogen umgebogen, und man ist durch geeignete Wahl des Magnetfeldes in der Lage, die gewünschte Ionenart den durch die Spalte *2* und *3* vorgeschriebenen Weg passieren zu lassen. Durch ein zwischen den Spalten *3* und *4* angelegtes elektrisches Feld werden die Ionen nach Verlassen des Magnetfeldes dann wieder beliebig beschleunigt und gelangen mit einer Geschwindigkeit von z. B. 200 Volt in den durch das Gitter *G* abgeschlossenen Ionisationsraum *I*, den sie durchqueren. Der Druck in *I* ist so niedrig gewählt, daß die Ionen dort im Mittel nur einmal mit einem Gasatom zusammenstoßen. Schließlich werden sie von dem Auffänger *P* aufgefangen. Die im Ionisationsraum *I* durch Ionisation erzeugten Elektronen wandern zu der Platte *E*, welche auf ein gegen die Wände des Ionisationsraumes positives Potential aufgeladen ist.

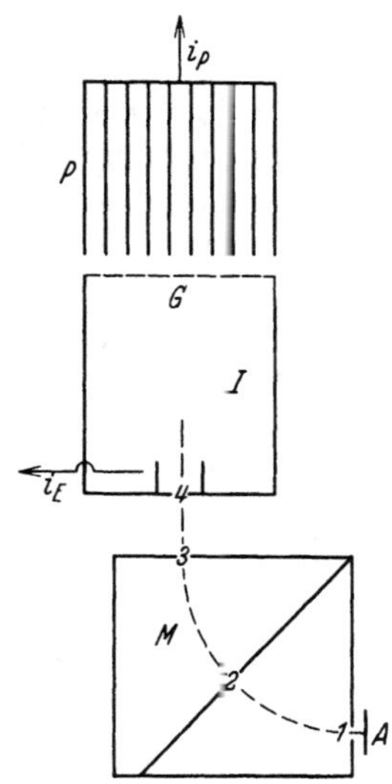

Abb. 107. Versuchsanordnung zur Bestimmung der Ionisierungshäufigkeit von Alkaliionen nach BEECK.

Damit die Zahl der an *G* ausgelösten Sekundärelektronen klein sei, besteht das Gitter aus sehr dünnen Golddrähten. Weiter sind die konzentrischen Messingzylinder des Auffängers *P* mit ihren freien, gut angeschärften Enden dicht über dem Gitter angebracht. Da *P* ein gegen *G* positives Potential von einigen Volt hat, wird der größte Teil der ausgelösten Elektronen durch *P* angezogen und auf diese Weise unschädlich gemacht. Die Zahl der auch dann noch nach *E* gehenden Sekundärelektronen wird durch Extrapolation des Stromes auf den Druck Null bestimmt. Bei den späteren Versuchen konnte diese Sekundäremission durch längeres Pumpen völlig beseitigt werden.

Wir müssen noch einige Worte sagen über eine bei derartigen Versuchen mögliche Fehlerquelle, auf welche OLIPHANT[6] hingewiesen hat. OLIPHANT bemerkt, daß die von positiven Ionen ausgelösten Sekundärelektronen mit einer gewissen Geschwindigkeit austreten können (bei He^+ z. B. maximal 21 Volt[7]). Diese Elektronen werden dann noch durch eine Spannung von mehreren Volt beschleunigt und können so vielleicht selbst ionisieren. Auch die Zahl dieser Ionisationen würde dem Druck proportional sein, und dieser Umstand könnte nach OLIPHANT die Resultate von SUTTON gefälscht haben. BEECK, dessen

[1] R. M. SUTTON, Phys. Rev. Bd. 33, S. 364. 1929.
[2] R. M. SUTTON u. J. C. MOUZON, Phys. Rev. Bd. 35, S. 694. 1930; Bd. 37, S. 379. 1931.
[3] O. BEECK, Ann. d. Phys. (5) Bd. 6, S. 1001. 1930.
[4] O. BEECK u. J. C. MOUZON, Phys. Rev. Bd. 38, S. 967. 1931; Ann. d. Phys. (5) Bd. 11, S. 737, 858. 1931.
[5] H. A. BARTON, G. P. HARNWELL u. C. H. KUNSMAN, Phys. Rev. Bd. 27, S. 739. 1926.
[6] Mitgeteilt in E. T. S. APPLEYARD, Proc. Roy. Soc. London (A) Bd. 128, S. 330. 1930.
[7] M. L. E. OLIPHANT, Proc. Roy. Soc. London (A) Bd. 127, S. 373. 1930.

Arbeit damals noch nicht erschienen war, hat jedoch die Zahl der neu gebildeten Elektronen als Funktion der Potentialdifferenz zwischen E und G bestimmt (Abb. 107). Aus den betreffenden Kurven ist sofort ersichtlich, daß der genannte Effekt hier höchstens eine untergeordnete Rolle spielt. Das ist um so mehr der Fall, als die maximale Austrittsenergie der Elektronen durch $V_i - \varphi$ gemessen wird, wobei V_i die Ionisierungsenergie des Ions und φ das RICHARDSONsche Potential für die Metallplatte bedeutet. Für die benutzten Alkaliionen sind beide Werte sehr klein.

Bezeichnet man den erforderlichenfalls korrigierten Strom nach E mit i_E, den Ionenstrom nach P mit i_P, den auf 0° C reduzierten Gasdruck in I mit p_0 und den von einem Ion in I zurückgelegten Weg mit s, so ist

$$N = \frac{i_E}{i_P\, p_0\, s}$$

die Zahl der Ionisierungen, welche ein Ion im Mittel auf dem Wege von 1 cm ausführt, umgerechnet auf einen Gasdruck von 1 mm Hg bei 0° C. Es sei betont, daß diese Zahl N nur eine Rechengröße ist, welche den Messungen entsprechend nur für Wege angewendet werden darf, welche kleiner sind als die freie Weglänge der Ionen. Die Zahl der wirklich auf einem Wege von 1 cm bei einem Gasdruck von 1 mm stattfindenden Ionisierungen kann eine ganz andere sein als N.

Auf diese Weise wurde die Ionisierung von He, Ne, Ar, Kr und X durch Li^+, Na^+, K^+, Rb^+ und Cs^+ untersucht; als Beispiel seien in Abb. 108 die Werte von N für X nach BEECK und MOUZON wiedergegeben. Die Resultate von SUTTON und SUTTON und MOUZON sind qualitativ mit denjenigen von BEECK und BEECK und MOUZON in Übereinstimmung; die letzteren dürften genauer sein, u. a. weil dabei der Gasdruck niedriger war und eine magnetische Aussonderung der Ionen benutzt wurde.

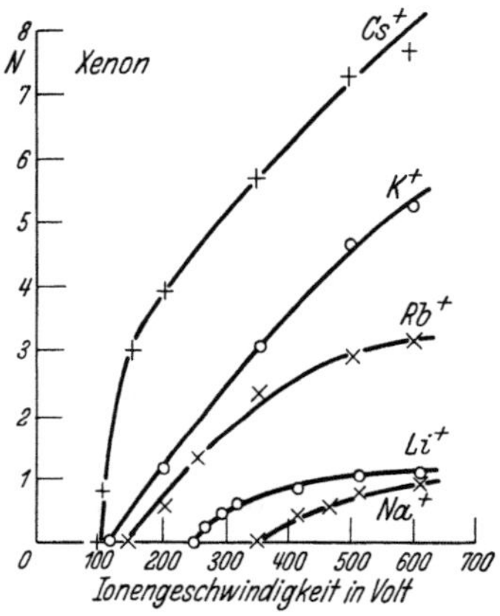

Abb. 108. Ionisierung von Xenon durch Alkaliionen nach BEECK und MOUZON.

Tabelle 45. Spannungen in Volt, bei denen die Ionisierung von Edelgasatomen durch Alkaliionen einsetzt (nach BEECK und MOUZON).

	Li^+	Na^+	K^+	Rb^+	Cs^+
Ne	307	175	320	423	437
Ar	100	105	95	180	365 (?)
Kr	420 (?)	400 (?)	80	100	143
X	250	360 (?)	120	145	105

Von BEECK und MOUZON[1] wurde neuerdings insbesondere untersucht, bei welcher Ionenenergie die Ionisierung zuerst auftritt. Sie fanden dafür in verschiedenen Fällen fast immer eine ziemlich scharfe untere Grenze. Aus Tabelle 45, welche ihre Resultate enthält, ist ersichtlich, daß diese untere Grenze weit über dem im Anfang dieser Ziffer abgeleiteten Minimalwert liegt[2] und auch nicht in der erwarteten Weise mit den Massen der Stoßpartikeln zusammenhängt. Es

[1] In der letzten der auf S. 157, Fußnote 4 zitierten Arbeiten.

[2] Neuerdings hat jedoch O. BEECK tatsächlich Anzeichen dafür gefunden, daß die Ionisierung von Ar durch neutrale Argonatome schon bei einer Energie von etwa 2 V_i anfängt (Proc. Nat. Acad Amer. Bd. 18, S. 311. 1932; ZS. f. Phys. Bd. 76, S. 799. 1932). (Anm. bei der Korr.)

scheinen hier also andere Größen für die Ionisierung durch positive Ionen maßgebend zu sein[1].

Wenn man die Wahrscheinlichkeiten der Ionisierung für die verschiedenen Edelgas-Alkalion-Kombinationen miteinander vergleicht, so ergibt sich ein merkwürdiges Resultat, das von BEECK und MOUZON folgendermaßen formuliert wird: „1. Ein Edelgasatom wird von *dem* Alkaliion am leichtesten ionisiert, das dem Edelgasatom am nächsten im periodischen System steht, also nahezu die gleiche Masse hat und die gleiche Elektronenzahl in der Hülle wie das Edelgasatom. Eine Ausnahme macht das Krypton, das unterhalb 400 Volt stärker von K^+ als von Rb^+ ionisiert wird. 2. Die jeweilige maximale Ausbeute[2] der Ionisation in einem Edelgas durch das ihm im periodischen System nächststehende Alkaliion ist um so größer, je schwerer das Edelgasatom ist.“ SUTTON und MOUZON kommen auf Grund eines weniger umfassenden Beobachtungsmaterials zu demselben Schluß. In Abb. 109 ist dieses Resultat graphisch dargestellt[1].

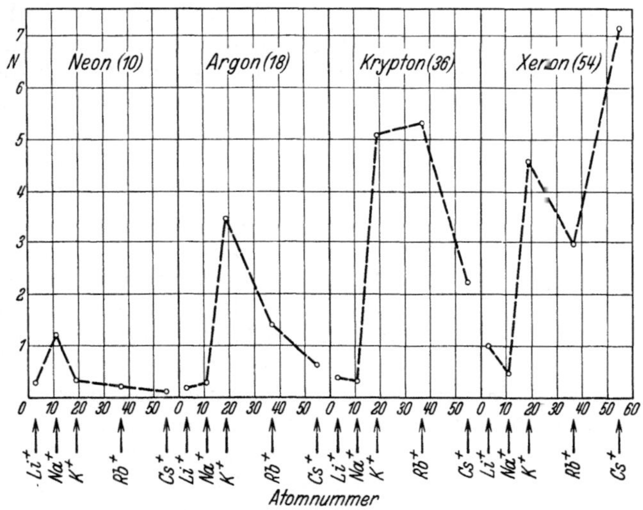

Abb. 109. Ionisierung von Edelgasen durch Alkaliionen von 500 Volt als Funktion der Atomnummer nach BEECK und MOUZON.

Aus diesen Versuchen geht hervor, daß langsame Ionen viel schlechtere Ionisatoren sind als Elektronen derselben Energie; während jedoch das Maximum von N für Elektronen schon bei einer Energie von etwa 150 Volt erreicht wird, steigt die Kurve für alle untersuchten Ionen bei 500 Volt noch an. Für die günstigste Kombination von Ion und Gas ergeben sich schon bei dieser Energie Werte von N, welche den Maximalwert für Elektronen nur um einen Faktor 2 bis 4 unterschreiten, für größere Ionenenergien ist also ein Überschreiten dieses Wertes durchaus als möglich zu betrachten[3].

78. Anregung durch Ionenstoß. Die Anregung durch Ionenstoß läßt sich insofern einfacher als die Ionisierung messen, als man die Ionen dabei in einen feldfreien Raum hineinschießen kann, wo die Auslösung von Sekundärelektronen nicht schadet, wenigstens wenn diese nur eine geringe Austrittsgeschwindigkeit haben (vgl. Ziff. 77). Andererseits muß jedoch die Anregung optisch beobachtet

[1] Vgl. dazu die Bemerkungen von F. ZWICKY (Proc. Nat. Acad. Amer. Bd. 18, S. 314. 1932) und von W. WEIZEL u. O. BEECK (ZS. f. Phys. Bd. 76, S. 250. 1932). (Anm. bei der Korr.)

[2] BEECK und MOUZON beobachteten bis zu einer Ionenenergie von etwa 600 Volt. Ne und Ar wurden bis 2000 Volt untersucht von J. C. MOUZON, Phys. Rev. Bd. 41, S. 605. 1932. (Anm. bei der Korr.)

[3] Neuerdings ist es F. WOLF gelungen, die Ionisierung von Ar durch Ar^+ für Ionengeschwindigkeiten zwischen 20 und 1000 Volt zu bestimmen. Die Ionisierung wird von etwa 300 Volt ab bemerkbar und weist bei 500 Volt eine ähnliche Ausbeute auf wie für den Fall K^+ in Ar. C. F. BRASEFIELD (Phys. Rev. Bd. 41, S. 394. 1932) findet dagegen die folgenden Anfangsspannungen für die Ionisierung von He, Ne und Ar durch ihre eigenen positiven Ionen: He 100; Ne 90, 130; Ar 55, 95 Volt. Die zwei verschiedenen Werte sollen sich auf einfach bzw. zweifach ionisierte Atome beziehen. (Anm. bei der Korr.)

werden, was bei der Kleinheit der hier auftretenden Lichtstärken viel größere Schwierigkeiten mit sich bringt als die elektrische Messung der neugebildeten Elektronen. Weiter besteht die Schwierigkeit, daß sowohl das stoßende Ion A^+ als die gestoßene Molekel B in einen angeregten Zustand übergehen und somit Strahlung emittieren kann. Es bestehen z. B. die Möglichkeiten

$$A^+ + B \rightarrow A' + B^+, \tag{19}$$

$$A^+ + B \rightarrow A + B^{+\prime}, \tag{20}$$

$$A^+ + B \rightarrow A^+ + B', \tag{21}$$

wobei der angeregte Zustand durch einen Strich angedeutet ist. Die Vorgänge (19) und (20) sind als Umladung zu bezeichnen und als solche schon in Ziff. 76 besprochen. Es scheint uns nicht unmöglich, daß die von DEMPSTER[1] bis zu einer Ionenenergie von 5 Volt herunter beobachtete Lichtemission in Wasserstoffkanalstrahlen dem Vorgang (20) zugeschrieben werden muß. Bei dieser niedrigen Ionenenergie wurde das Licht von DEMPSTER nicht spektral zerlegt; bei höheren Geschwindigkeiten, wo das wohl geschah, trat die Funkenlinie des Bariums 4544 stark auf, und es liegt daher die Möglichkeit nahe, daß bei der Umladung eines Bariumatoms durch ein Wasserstoffion ein angeregtes Bariumion entstanden sein könnte; auch bei einer Ionengeschwindigkeit Null reicht die Energie hierfür aus.

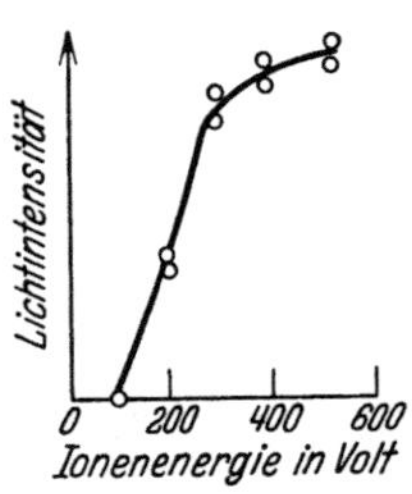

Abb. 110. Anregung von Hg durch Na^+-Ionen nach APPLEYARD.

Bei den späteren Versuchen von TATE[2], JONES[3], KIRSCHSTEIN[4] und APPLEYARD[5] wurde die Anregung von Quecksilberatomen durch Alkaliionen studiert; dabei hat man es wahrscheinlich mit Anregung im engeren Sinne, also mit dem Vorgang (21) zu tun. Von den beiden ersten Arbeiten liegen nur kurze Zusammenfassungen vor. KIRSCHSTEIN arbeitete mit Na^+-Ionen; die Mindestenergie, bei welcher er noch eine Schwärzung der photographischen Platte durch die Linie 2537 erhielt, war 35 Volt; es ist jedoch nicht ausgeschlossen, daß sich bei noch längerer Belichtung auch für langsamere Ionen noch Anregung gezeigt hätte. Allerdings liegt die benutzte Spannung von 35 Volt beträchtlich höher als die theoretisch zu erwartende Mindestenergie, welche für diesen Fall nach dem in Ziff. 77 gegebenen Ausdruck $4{,}9\,(M_1 + M_2)/M_2 = 5{,}4$ Volt beträgt. Zu einer genauen Übereinstimmung mit dem theoretischen Wert kommen LEIPUNSKY und SCHECHTER[6] bei ihren Versuchen über die Dissoziation von H_2 durch K^+-, Na^+- und Li^+-Ionen, wenn sie die Anregung als primären Vorgang ansehen. Diese Versuche können jedoch nicht als einwandfrei gelten (vgl. Ziff. 79). Aus der KIRSCHSTEINschen Arbeit ist weiter noch eine rohe Abschätzung über die absolute Wahrscheinlichkeit der Anregung zu entnehmen, nämlich 10^{-5} pro Zusammenstoß. APPLEYARD untersucht ebenfalls Na^+-Ionen in Hg, wobei allerdings das erregte Licht nicht spektroskopisch zerlegt wurde wie bei den vorigen Versuchen. Der Verfasser verwandte einen gerichteten Ionenstrahl, dessen Licht derartig gefiltert wurde, daß nur die Quecksilberlinien auf die photographische Platte wirkten. Die Lichtintensität, welche als Funktion der Ionenenergie erhalten wurde, ist in Abb. 110 in willkürlichen Einheiten aufgetragen, wobei zu beachten ist, daß die Intensität für 100 Volt ein wenig unsicher ist.

---

[1] A. J. DEMPSTER, Phys. Rev. Bd. 8, S. 652. 1916.
[2] J. T. TATE, Phys. Rev. Bd. 23, S. 293. 1924 (Kurzer Sitzungsbericht).
[3] E. T. JONES, Phys. Rev. Bd. 29, S. 611. 1927 (Kurzer Sitzungsbericht).
[4] B. KIRSCHSTEIN, ZS. f. Phys. Bd. 60, S. 184. 1930.
[5] E. T. S. APPLEYARD, Proc. Roy. Soc. London (A) Bd. 128, S. 330. 1930.
[6] A. LEIPUNSKY u. A. SCHECHTER, ZS. f. Phys. Bd. 29, S. 857. 1930.

Wir erwähnen noch, daß die Anregung durch positive Ionen in der Glimmentladung neuerdings von GÜNTHERSCHULZE und KELLER[1] untersucht ist. Die Verfasser kommen zu dem Schluß, daß sie z. B. beim Neon von etwa 300 Volt, beim Krypton von etwa 200 Volt an beträchtlich wird[2].

79. Dissoziation durch Ionenstoß. Bei der Dissoziation durch Ionenstoß hat man, ebenso wie in der vorigen Ziffer, zwei Fälle zu unterscheiden, je nachdem das stoßende Ion oder das getroffene Molekül dissoziiert wird. Der erste Fall ist schon bei der Behandlung der kritischen Potentiale von Molekülen in Zusammenhang mit der Frage, ob die Atomionen primär oder sekundär gebildet werden, eingehend besprochen worden (vgl. Ziff. 64)[3]. Wir beschränken uns jetzt auf die Frage, ob ein Molekül durch Ionenstoß dissoziiert werden kann, und zwar soll das ohne vorangehende Anregung stattfinden, da wir sonst den in der vorigen Ziffer betrachteten Fall vor uns haben.

Während nach Theorie und Experiment eine Dissoziation durch Licht oder durch Elektronenstoß ohne gleichzeitige Anregung bei den Atommolekülen sehr unwahrscheinlich ist, liegen die Verhältnisse beim Ionenstoß insofern anders, als das Ion seine kinetische Energie relativ leichter an einen Atomkern übertragen kann. MITCHELL[4] hat in Wasserstoff Versuche über diesen Effekt mit Li^+- und Cs^+-Ionen ausgeführt, die von einer Glühanode emittiert wurden. Das Versuchsgefäß tauchte dabei in flüssiger Luft, so daß bei Dissoziation von Wasserstoffmolekülen die Atome durch die kalten Gefäßwände absorbiert wurden. Tatsächlich konnte eine durch die Ionenemission verursachte Druckabnahme festgestellt werden. Da diese dem Druck und dem Ionenstrom proportional war, handelte es sich um einen im Gase ausgelösten Effekt; außerdem konnte gezeigt werden, daß etwa vorhandene Sekundärelektronen keine Rolle dabei spielten. Trotzdem kommt es MITCHELL unwahrscheinlich vor, daß hier eine Dissoziation des Wasserstoffs auftritt, weil der Effekt in dem ganzen untersuchten Bereich von 15 bis 320 Volt von der Ionenenergie unabhängig war. Wahrscheinlich wird die Druckabnahme durch die Bildung von Alkalihydriden verursacht, wofür auch der Umstand spricht, daß ein Teil des neugebildeten Gases kondensiert werden konnte.

Ähnliche Versuche nach derselben Methode waren schon früher von LEIPUNSKY und SCHECHTER[5] mit K^+-, Na^+- und Li^+-Ionen aus KUNSMANschen Anoden ausgeführt. Diese Autoren finden jedoch, daß die Druckerniedrigung des Wasserstoffs von der Ionengeschwindigkeit abhängt und bei K^+ z. B. erst von einer Ionenenergie von 260 Volt ab durch die Ionen verursacht wird. Sie schließen hieraus unter Berücksichtigung der Betrachtungen von JOOS und KULENKAMPFF (vgl. Ziff. 77), daß es sich hier primär um eine Anregung des H_2-Moleküls handelt, welcher in gleicher Weise wie bei den Elektronenstoßversuchen eine Dissoziation nachfolgt. MITCHELL erhebt jedoch einen schwerwiegenden Einwand: eine einfache Rechnung ergibt nämlich, daß nach den Daten von

[1] A. GÜNTHERSCHULZE u. F. KELLER, ZS. f. Phys. Bd. 72, S. 143. 1931.

[2] Nach neueren Untersuchungen von HANLE und Mitarbeiter (Phys. ZS. Bd. 33, S. 245. 1932) ist die Intensität des Stoßleuchtens in H_2, He, Ne, Ar und Kr für Ionen des gleichen Gases bei 50 Volt Geschwindigkeit sehr schwach und nimmt bei steigender Geschwindigkeit *ständig* zu (beobachtet wurde bis 600 Volt). Dies steht im Gegensatz zu den Beobachtungen von GÜNTHERSCHULZE u. KELLER. Vgl. jedoch W. WEIZEL: ZS. f. Phys. Bd. 76, S. 258. 1932. (Anm. b. d. Korr.)

[3] Vgl. auch E. FRIEDLÄNDER, H. KALLMANN, W. LASAREFF u. B. ROSEN: ZS. f. Phys. Bd. 76, S. 60. 1932. Nach diesen Verfassern zerfallen CO^{++}-Ionen spontan in C^+- und O^+-Ionen; beim Zusammenstoß zerfallen CO^+ in C^+ und O, CO^{++} in C und O^{++}, NO^+ in N und O^+, NO_2^+ in NO^+ und O, NO_2^{++} in NO^{++} und O. (Anm. b. d. Korr.)

[4] A. C. G. MITCHELL, Journ. Franklin Inst. Bd. 210, S. 269. 1930.

[5] A. LEIPUNSKY u. A. SCHECHTER, ZS. f. Phys. Bd. 29, S. 857. 1930.

LEIPUNSKY und SCHECHTER ein positives Ion 10 bis 1000 H_2-Moleküle dissoziieren würde. Eine nähere Aufklärung ist also sehr erwünscht[1]. SEMENOFF und SCHECHTER[2] haben später Versuche mit Stickstoff ausgeführt und kommen zu ähnlichen Resultaten wie LEIPUNSKY und SCHECHTER.

Zusammenfassend läßt sich also sagen, daß MITCHELL und LEIPUNSKY und SCHECHTER aus verschiedenen Gründen zu demselben Ergebnis kommen, daß nämlich Dissoziation durch Ionenstoß ohne vorhergehende Anregung bei Wasserstoff unwahrscheinlich ist. Weitere Versuche sind sehr erwünscht, um diesen Punkt völlig klären zu können.

V. Zusammenstöße zwischen angeregten und normalen Molekeln.

80. Allgemeines. Um die hier zu besprechenden Vorgänge zu studieren, ist es notwendig, angeregte Molekeln zu erzeugen und diese während ihrer Verweilzeit mit anderen Molekeln zusammenstoßen zu lassen. Obgleich man prinzipiell verschiedene Mittel zur Anregung benutzen kann, ist es doch am bequemsten, Lichteinstrahlung anzuwenden. Dabei kann man die Stoßzahl durch Zusatz eines die einfallenden Strahlen nicht absorbierenden Gases erhöhen und zugleich die Zahl der angeregten Atome konstant halten. Aus der Stärke der Fluoreszenz können dann Schlüsse über die Wirkung der Zusammenstöße gezogen werden. Diese Erscheinungen werden in Kap. 3 dieses Bandes ausführlich besprochen.

Unter den angeregten Molekeln nehmen die metastabilen eine besondere Stellung ein; wegen ihrer langen Lebensdauer können sie in beträchtlicher Konzentration in Gasentladungen auftreten[3] und einen großen Einfluß auf die elektrischen und optischen Eigenschaften der Entladung ausüben. Auf diese metastabilen Molekeln kann man die soeben erwähnte Methode deshalb nicht unmittelbar anwenden, weil ihre Erzeugung direkt durch Einstrahlung nicht möglich ist. Wohl kann jedoch eine durch Einstrahlung angeregte Molekel, wie wir sehen werden, durch einen Zusammenstoß in einen metastabilen Zustand übergehen und später nach einem weiteren Zusammenstoß wieder Fluoreszenz hervorrufen. Also kann die Untersuchung der Resonanzfluoreszenz wenigstens indirekt gewisse Aufschlüsse geben, und tatsächlich hat sie auch für metastabile Atome zu wichtigen Schlüssen über die Elementarvorgänge geführt, z. B. bei den Versuchen von ZEMANSKY[4], der den Einfluß von Zusammenstößen zwischen metastabilen Quecksilberatomen und einer Reihe von Molekülen (CO, NH_3, CO_2, H_2O, N_2, CH_4, C_2H_6, C_4H_{10}) studiert hat. Da es sich auch hier im Grunde um „Emission durch Einstrahlung" handelt, verweisen wir auf Kap. 3 dieses Bandes.

Die besprochene Methode zur Untersuchung metastabiler Zustände ist jedoch nicht nur indirekt, sie hat auch den Nachteil, daß dabei die metastabilen Zustände nur in geringer Konzentration entstehen. Außerdem ist sie für die metastabilen Zustände der Edelgasatome nicht anwendbar, weil da die Resonanzlinien zu weit im Ultraviolett liegen. Insbesondere ist man in diesem letzten

[1] Auf die Bemerkungen MITCHELLS geht SCHECHTER in einer neuen Arbeit näher ein (ZS. f. Phys. Bd. 75, S. 671. 1932). (Anm. b. d. Korr.)

[2] N. SEMENOFF u. A. SCHECHTER, Nature Bd. 126, S. 436. 1930.

[3] Ausnahmsweise gilt dasselbe auch für bestimmte nicht metastabile Zustände, z. B. für den $3s\,^3P_1$-Zustand des Neons, vgl. Ziff. 83.

[4] M. W. ZEMANSKY, Phys. Rev. Bd. 36, S. 919. 1930.

Fall auf Anregung durch Elektronenstoß angewiesen. In den folgenden Ziffern sollen die auf diese Weise gewonnenen Resultate besprochen werden.

81. Methoden zur Bestimmung der Lebensdauer metastabiler Zustände. Wenn metastabile Atome nicht durch äußere Störungen wie z. B. Zusammenstöße zugrunde gehen, haben sie eine sehr große Lebensdauer. Sie ist aber nicht unendlich groß, da auch bei metastabilen Zuständen eine geringe Wahrscheinlichkeit für einen Übergang durch Strahlung in den Normalzustand besteht. So konnte RAYLEIGH[1] feststellen, daß Quecksilberdampf in einer schwachen elektrischen Entladung die zwei verbotenen Quecksilberlinien $6s^2\,{}^1S_0 - 6s\,6p\,{}^3P_2$ (2270 Å) und $6s^2\,{}^1S_0 - 6s\,6p\,{}^3P_0$ (2645 Å) schwach emittierte; nach den heutigen Vorstellungen gehören auch die grüne Nordlichtlinie[2] und die Nebuliumlinien[3] zu Übergängen, welche von einem metastabilen Niveau ausgehen. Bei Quecksilber kann die Lebensdauer des ungestörten ${}^3P_2$- bzw. ${}^3P_0$-Zustandes auf 0,1 bis 1 bzw. 10 sec abgeschätzt werden[4]. Bei Laboratoriumsversuchen sind jedoch entweder die Gefäßwände so nahe oder die Drucke so hoch, daß die natürliche Lebensdauer eines isolierten metastabilen Zustandes gar nicht erreicht wird und die Atome durch Stöße zugrunde gehen.

Wir wollen nun die Methoden zur Bestimmung dieser durch Stöße begrenzten Lebensdauer metastabiler Atome näher betrachten. Die ersten diesbezüglichen Versuche von KANNENSTINE[5] beruhten auf folgendem Gedanken: Aus den in Ziff. 52 genannten Untersuchungen von FRANCK und Mitarbeitern hatte sich die Ionisierungsspannung der metastabilen He-Atome zu 3,9 bzw. 4,7 Volt ergeben. KANNENSTINE vermutete nun, daß unter Umständen bei einem Wechselstrombogen mit Glühkathode in Helium aus der vorhergehenden Periode noch genug metastabile Atome übrigbleiben, um eine Wiederzündung bei etwa 4 Volt herbeizuführen. Tatsächlich war das bei Frequenzen von 70 Hertz und höher der Fall, und so schloß KANNENSTINE für He auf eine Lebensdauer der metastabilen Zustände von etwa $^1/_{140}$ sec.

Ähnliche Versuche mit Quecksilber wurden von MARSHALL[6] ausgeführt; dabei wurde eine Lebensdauer von $^1/_{22}$ sec gefunden. Eine spätere Untersuchung von ECKART[7] hat es jedoch sehr wahrscheinlich gemacht, daß bei den Versuchen von KANNENSTINE und MARSHALL nicht die Lebensdauer der metastabilen Atome, sondern die der Ionen bestimmt wurde. So ist auch zu verstehen, daß die von KANNENSTINE und MARSHALL gefundenen Lebensdauern nur wenig durch Beimischungen beeinflußt wurden und auch bei Drucken größer als 1 bis 2 mm vom Druck unabhängig waren, während spätere Arbeiten über metastabile Atome zu wesentlich anderen Ergebnissen kommen (s. unten).

Eine einwandfreiere Methode rührt von K. W. MEISSNER[8] her, bei der ebenfalls die metastabilen Atome in einer Gasentladung gebildet werden. Es wird untersucht, wie lange sie nach dem Ausschalten des Stromes noch im Entladungsraum nachweisbar sind. Dabei wird jedoch ein viel geeigneteres Kriterium,

---

[1] Lord RAYLEIGH, Proc. Roy. Soc. London (A) Bd. 114, S. 620. 1927.

[2] J. C. McLENNAN, R. RUEDY u. J. C. McLEOD, Trans. Roy. Soc. Canada Bd. 21, S. 27. 1927.

[3] I. S. BOWEN, Nature Bd. 120, S. 473. 1927. Vgl. die Übersicht über die verbotenen Nebellinien von F. BECKER u. W. GROTRIAN, Ergebn. d. exakt. Naturwissensch. Bd. 7, S. 60. 1928.

[4] Eine Übersicht über „Erlaubte und verbotene Quantenübergänge" findet sich bei R. LADENBURG, ZS. f. Elektrochem. Bd. 36, S. 631. 1930.

[5] F. M. KANNENSTINE, Astrophys. Journ. Bd. 55, S. 345. 1922; Bd. 59, S. 133. 1924.

[6] M. MARSHALL, Astrophys. Journ. Bd. 60, S. 243. 1924.

[7] C. ECKART, Phys. Rev. Bd. 26, S. 454. 1925.

[8] K. W. MEISSNER, Ann. d. Phys. Bd. 76, S. 124. 1925.

als es die Wiederzündung einer Entladung ist, angewendet, nämlich die Absorption derjenigen Spektrallinien, welche den metastabilen Term als Grundzustand haben[1]. Die Anordnung für derartige Versuche ist in Abb. 111 schematisch angegeben. Das Licht einer starken Emissionsröhre E geht durch die Absorptionsröhre A, in der sich die metastabilen Atome befinden, hindurch und fällt dann auf den Spalt eines Spektroskops oder Spektrographen. Die schwache Entladung in A, durch die die metastabilen Atome gebildet werden, wird abgeschaltet und dann die Absorption nach einer bestimmten Zeit t während einer kurzen Zeit Δt gemessen. Variierung von t ergibt dann die gesuchte Änderung der Absorption mit der Zeit, aus welcher das zeitliche Abklingen der metastabilen Atome erschlossen werden kann. Für die Genauigkeit der Versuche ist offenbar wesentlich, daß Δt kurz gegen t ist.

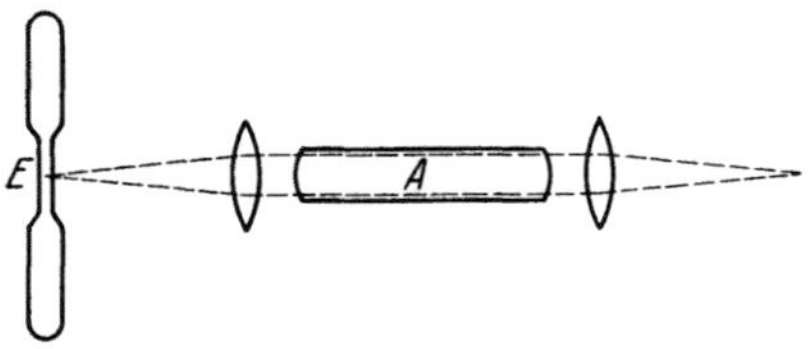

Abb. 111. Anordnung zur Bestimmung der Lebensdauer metastabiler Atome.

Drei verschiedene Methoden fanden bei derartigen Versuchen Anwendung:

A. Methode des Generators mit veränderlicher Periodenzahl[2]. Die zwei Halbwellen eines Wechselstromgenerators werden durch je eine Elektronenröhre gleichgerichtet, die eine Halbwelle wird durch die Emissionsröhre, die andere durch die Absorptionsröhre geleitet. Durch besondere Kunstgriffe[3] kann erreicht werden, daß die Entladung durch beide Röhren nur während eines kurzen Teiles der Periode hindurchgeht, Δt also kurz ist. t wird variiert durch Änderung der Periodenzahl.

B. Methode der rotierenden Scheibe[4]. Die Emissionsröhre ist dauernd unter Strom; das Licht wird jedoch nach Durchgang durch die Absorptionsröhre auf den Schlitz einer auch als Stromschlüssel für die Röhre A dienenden rotierenden Scheibe konzentriert. Δt ist hier durch die Breite des Schlitzes, t durch die Rotationsgeschwindigkeit der Scheibe bestimmt. Damit t gut definiert ist, muß die Unterbrechung des Stromes schnell vor sich gehen.

C. Methode der gekoppelten Generatoren gleicher Periodenzahl mit variabler Phasenverschiebung[5]. Die Emissions- und die Absorptionsröhre werden durch zwei identische, miteinander gekoppelte Wechselstromgeneratoren betrieben, deren Ankerwicklungen gegeneinander verschoben werden können. Durch geeignete Wahl der parallel zu den Röhren liegenden Kapazitäten und Widerständen ist es auch hier wieder möglich, die Entladungen auf einen kleinen Bruchteil der Periode zu beschränken, während die Variierung von t hier durch Änderung der Phasenverschiebung der Generatoren bewirkt wird. Diese Methode hat, verglichen mit den Methoden A und B, den Vorteil, daß die Periode konstant bleibt und somit die Entladungsbedingungen sich bei Variation von t nicht ändern; weiter ist die zu erreichende Lichtintensität hier größer als bei der einen Schlitz erfordernden Methode B. Indessen hat auch die bei Methode C angewandte Verkürzung der Entladungsdauer wieder Nachteile, da die Entladung dadurch in Formen entarten kann, die nicht mehr den ganzen Querschnitt der Röhre ausfüllen[6].

---

[1] Anstatt Absorption kann auch das Auftreten von Resonanzlicht (vgl. Neon, Ziff. 52) als Kriterium für die Anwesenheit metastabiler Atome benutzt werden, vgl. W. DE GROOT, Physica Bd. 6, S. 53. 1926; Y. FUJIOKA, Sc. Pap. Inst. phys. a. chem. Res. Tokyo, Bd. 7, S. 27. 1927.

[2] K. W. MEISSNER, a. a. O.

[3] H. B. DORGELO u. T. P. K. WASHINGTON, Proc. Amsterdam Bd. 30, S. 33. 1927.

[4] H. B. DORGELO, ZS. f. Phys. Bd. 34, S. 766. 1925.

[5] K. W. MEISSNER u. W. GRAFFUNDER, Ann. d. Phys. Bd. 84, S. 1009. 1927.

[6] Vgl. O. BARTELT, Ann. d. Phys. (5) Bd. 9, S. 679. 1931.

Bei allen Versuchen dieser Art ist zu bedenken, daß die gesamte in einer Periode in die Absorptionsröhre eingestrahlte Lichtmenge nicht zu groß sein darf, da sonst die Vernichtung der metastabilen Zustände durch die Strahlung nicht mehr zu vernachlässigen ist; und weiter, daß die auf diese Weise gemessene Lebensdauer stark verschieden sein kann von der Lebensdauer während des Betriebs der Absorptionsröhre, da für diese letzte Vernichtung sowohl durch Strahlung als durch Elektronenstoß in Betracht kommt[1].

82. Der $3s^3P_2$-Zustand des Neons. Die gegenseitige Lage der hier in Betracht kommenden Neonterme ist aus der Abb. 112 ersichtlich, wo auch die älteren PASCHENschen Bezeichnungen angeschrieben sind. Die $3s\,^3P_2$- und $3s\,^3P_0$-Terme sind metastabil.

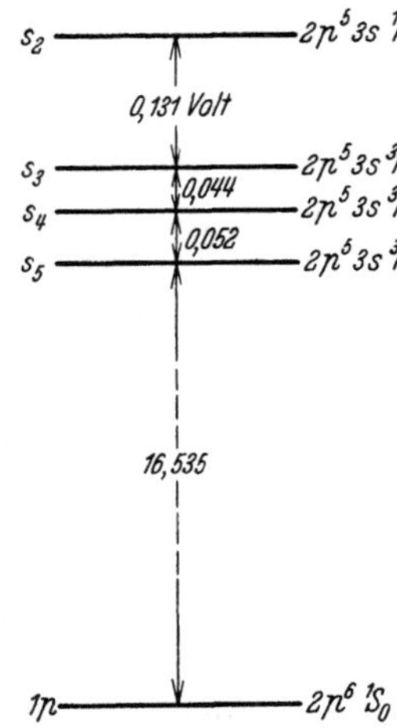

Abb. 112. Energieniveaus des Ne.

Die ersten einwandfreieren Versuche über die Lebensdauer metastabiler Zustände wurden von MEISSNER[2] und DORGELO[3] an Neon ausgeführt. MEISSNER benutzte die Methode A, DORGELO die Methoden A und B. Als übereinstimmendes Resultat ergaben diese Messungen für die Lebensdauer des $^3P_2$-Niveaus 0,004 sec, d. h. nach 0,004 sec war die Absorption durch die metastabilen s_5-Zustände ganz verschwunden.

Diese gute Übereinstimmung zwischen den verschiedenen Messungen ist wohl als zufällig zu betrachten, da die Lebensdauer eine Funktion von Gasdichte, Röhrenweite, Temperatur und Gasreinheit ist. Die Temperaturabhängigkeit wurde von DORGELO schon in seiner ersten Arbeit untersucht; er fand bei 174° C einen Wert von 0,0006 sec, bei −196° C von 0,1 sec. Dieses Resultat kann nach FRANCK und JOFFÉ verständlich gemacht werden durch die Annahme, daß die metastabilen Zustände durch Zusammenstöße in den $^3P_1$-Zustand übergehen können[4], von welchem sie unter Ausstrahlung der Resonanzlinie 743 Å in den Normalzustand zurückkehren. Ein unmittelbarer Übergang durch Stoß von dem $^3P_1$- in den $^1S_0$-Zustand ist sehr unwahrscheinlich, weil dabei ein Betrag von 16,6 Volt in kinetische Energie verwandelt werden muß. Die Energiedifferenz zwischen $^3P_1$ und $^3P_2$ ist 0,052 Volt, die kinetische Energie der Wärmebewegung bei Zimmertemperatur 0,038 Volt; die Wahrscheinlichkeit, daß dieser Übergang stattfindet, kann also bei Zimmertemperatur noch nicht groß sein, wächst aber mit zunehmender Temperatur. Die Abhängigkeit der Lebensdauer von der Temperatur ist damit aufgeklärt, ebenfalls die Abhängigkeit von der Dichte des Gases, da die Stoßzahl und somit auch die Vernichtungswahrscheinlichkeit mit der Dichte zunimmt. Die Rohrweite hat insofern Einfluß, als die metastabilen Atome auch bei Zusammenstößen mit der Wand vernichtet werden können. Auf den Einfluß von Verunreinigungen kommen wir noch zurück.

Bei den erwähnten Versuchen wurde nur die Zeit bestimmt, nach welcher die Absorption gerade aufhört bemerkbar zu sein. Diese „Lebensdauer" ist

---

[1] Vgl. die Berechnungen ZEMANSKYS (Phys. Rev. Bd. 34, S. 213. 1929) über die Versuche von L. ECKSTEIN [Ann. d. Phys. (4) Bd. 87, S. 1003. 1928].

[2] K. W. MEISSNER, Phys. ZS. Bd. 26, S. 687. 1925.

[3] H. B. DORGELO, ZS. f. Phys. Bd. 34, S. 766. 1925; Physica Bd. 5, S. 429 1925.

[4] Ein ähnlicher Übergang von dem $1snp\ ^1P$-Zustand in den benachbarten $1snd\ ^3D$-Zustand beim Helium ist neuerdings von J. H. LEES und H. W. B. SKINNER wahrscheinlich gemacht [Proc. Roy. Soc. London (A) Bd. 137, S. 186. 1932). (Anm. b. d. Korr.)

offenbar von der Genauigkeit der Beobachtung stark abhängig. Es ist darum besser, in der oben angegebenen Weise die Absorption als Funktion der Zeit zu bestimmen und zu versuchen, daraus die „Halbwertszeit" abzuleiten, d. h. die Zeit, in welcher die Zahl der metastabilen Atome auf die Hälfte abgenommen hat. Einen wesentlichen Fortschritt in dieser Richtung bildet die Arbeit von DORGELO und WASHINGTON[1] (Methode A), wo zum erstenmal Kurven über den zeitlichen Verlauf der Absorption gegeben werden. In dieser Arbeit wird auch die Vernichtung der metastabilen Atome bei Zusammenstößen mit der Wand näher untersucht. Es handelt sich dabei um einen Diffusionsvorgang, welcher offenbar um so mehr Einfluß hat, je niedriger der Druck ist; andererseits wächst die obenerwähnte Vernichtung durch Stöße im Gase mit steigendem Druck an. Es wird daher bei einem bestimmten Druck die Vernichtung der metastabilen Atome einen Minimalwert und die Absorption einen Maximalwert besitzen. DORGELO und WASHINGTON bestimmen die Absorption z. B. nach 0,004 sec als Funktion des Druckes und erhalten tatsächlich eine Kurve mit einem Maximum für etwa 1 mm Ne bei einer Röhrenweite von 4,6 cm. Man kann eine derartige Kurve auch angenähert berechnen, wenn man die Diffusionskonstante der metastabilen Atome und die Vernichtungswahrscheinlichkeit im Gase kennt. Für die erste Größe setzten DORGELO und WASHINGTON (ziemlich willkürlich) den vierfachen Wert der Diffusionskonstante der normalen Atome an, die zweite wurde aus einem Versuch bei hohem Druck, wo die Diffusion keine Rolle spielte, abgeleitet. Weiter wurde angenommen, daß jeder Wandstoß das metastabile Atom vernichtet. Die berechnete Kurve stimmte ziemlich gut mit der beobachteten überein. Quantitative Übereinstimmung wird man, auch abgesehen von der Unsicherheit der Diffusionskonstante, nicht erwarten können, da bei der Berechnung die Zahl der metastabilen Atome der Absorption proportional gesetzt ist, was nur bei der Absorption unendlich schmaler Linien in einer unendlich dünnen Schicht zulässig ist. Diese Bedingungen sind hier jedoch durchaus nicht erfüllt, so daß man nur die Halbwertszeit der Absorption, nicht die Halbwertszeit der $^3P_2$-Zustände berechnen kann.

Bei ähnlichen Versuchen von MEISSNER und GRAFFUNDER (Methode C) wurde das Licht spektral zerlegt und die zeitliche Abklingung der Absorption für vier verschiedene Spektrallinien mit $^3P_2$ als Endniveau bestimmt. Wäre die Zahl der metastabilen Zustände der Absorption proportional, dann müßten die Halbwertszeiten für alle diese Linien gleich der Halbwertszeit für die $^3P_2$-Zustände sein; das war jedoch nicht der Fall, die gemessenen Halbwertszeiten variierten zwischen 6,0 und $2{,}6 \cdot 10^{-4}$ sec. Auch hier zeigt sich also die obenerwähnte Unzulänglichkeit der gemachten Annahmen. ZEMANSKY[2] hat versucht, aus diesen Messungen für die Atome im $^3P_2$-Zustand quantitativ die Diffusionskonstante (also auch den Durchmesser) und die Vernichtungswahrscheinlichkeit bei einem Zusammenstoß im Gase zu bestimmen. Er rechnet in ähnlicher Weise wie DORGELO und WASHINGTON, MEISSNER und GRAFFUNDER, zieht dabei jedoch die endliche Dicke der Absorptionsschicht (nicht die endliche Breite der Spektrallinien) in Betracht. Nach ZEMANSKY zeigt die Rechnung, daß der Durchmesser des Atoms im $2s\,^3P_2$-Zustand kleiner ist als im Normalzustand; unseres Erachtens ist jedoch dieser Schluß wegen der Ungenauigkeit des benutzten Verfahrens nicht zwingend. Besser läßt sich die Wahrscheinlichkeit der Vernichtung des $^3P_2$-Zustandes pro gaskinetischen Zusammenstoß (γ_{gask}) bestimmen; nach der Rechnungsweise ZEMANSKYs erhält man dafür den

[1] H. B. DORGELO u. T. P. K. WASHINGTON, a. a. O.
[2] M. W. ZEMANSKY, Phys. Rev. Bd. 34, S. 213. 1929.

Wert $2{,}2 \cdot 10^{-4}$, nach MEISSNER und GRAFFUNDER $1{,}5 \cdot 10^{-4}$. Man kann versuchen, diese Methode auch auf die von DORGELO und WASHINGTON gemessenen Abklingungskurven der Absorption anzuwenden; dazu muß man jedoch die Absorption ihrem absoluten Wert nach kennen, während DORGELO und WASHINGTON nur den prozentuellen Wert für $t = 0$ angeben können, da das Licht bei ihren Versuchen nicht spektral zerlegt wurde. Es genügt jedoch, eine rohe Abschätzung dieser Anfangsabsorption zu machen, da das Resultat davon nur wenig abhängig ist. So findet man für die Wahrscheinlichkeit der Vernichtung pro gaskinetischem Zusammenstoß $1{,}6 \cdot 10^{-5}$, also einen sehr viel kleineren Wert, als oben angegeben. Auf diese Diskrepanz wird schon von MEISSNER und GRAFFUNDER hingewiesen.

Eine andere Berechnungsweise für die Halbwertszeit der metastabilen Atome von Ne, Ar und He wurde von ANDERSON[1] angewendet. Er nimmt an, daß z. B. beim Neon der Übergang $^3P_2 \rightarrow {}^3P_1$ nur dann auftritt, wenn die verfügbare kinetische Energie der Stoßpartikel sehr wenig von der überzutragenden potentiellen Energie abweicht; ANDERSON nennt Werte von 10^{-5} bis 10^{-7} Volt. Dies scheint uns jedoch sehr unwahrscheinlich, da bisher für einen Übergang von kinetischer in potentielle Energie ein so scharfer Resonanzeffekt wohl niemals beobachtet wurde.

Der obenerwähnte Unterschied zwischen den experimentell für γ_{gask} gefundenen Werten kann vielleicht zum Teil durch einen verschiedenen Reinheitsgrad des benutzten Neons verursacht sein. Es zeigte sich nämlich bei derartigen Versuchen schon bald, daß metastabile Neonatome beim Zusammenstoß mit Molekeln bestimmter Verunreinigungen leicht ihre Energie verlieren, wobei diese Molekeln dann ionisiert, dissoziiert oder angeregt werden. Wie wir in Ziff. 84 zeigen, können schon Beimischungen von einem Millionstel einen bemerkbaren Einfluß haben. Es wäre also bei ähnlichen Versuchen sehr erwünscht, die Reinheit des Gases besonders eingehend zu kontrollieren. Ein solcher Weg bietet sich nach PENNING[2] etwa dadurch, daß man die Erhöhung der Zündspannung durch Bestrahlung mißt.

Weiter kann der Unterschied zwischen den experimentellen Werten von γ_{gask} auch dadurch verursacht sein, daß der Übergang $^3P_2 \rightarrow {}^3P_1$ nicht mit der endgültigen Vernichtung des $^3P_1$-Zustandes identisch zu sein braucht. Es kann nämlich bei höherem Druck auch der umgekehrte Übergang $^3P_1 \rightarrow {}^3P_2$ durch Stoß stattfinden, wobei wegen des geringen Energiebetrags, der in kinetischer Form frei wird, mit einer großen Übergangswahrscheinlichkeit zu rechnen ist. Wenn andererseits die Atome aus dem $^3P_1$-Zustand unter Aussendung der Resonanzstrahlung $^1S_0 - {}^3P_1$ in den Normalzustand zurückkehren, kann ein Teil dieser Strahlung wieder absorbiert werden und dann aufs neue Übergänge $^3P_1 \rightarrow {}^3P_2$ veranlassen (Diffusion der Resonanzstrahlung).

Wir leiten nun für reines Neon von höherem Druck eine allgemeine Formel für die Lebensdauer der $3s\,^3P_2$-Zustände ab[3]. Wir betrachten dazu metastabile Atome, welche auf irgendeine Weise in einem nicht bestrahlten Raum ohne Elektronen und Ionen gebildet werden; der Druck sei so hoch, daß die Diffusion nach der Wand vernachlässigt werden darf. Wir bezeichnen die Wahrscheinlichkeit eines bestimmten Vorganges pro Sekunde mit a (Stoß) oder A (Strahlung); die zu diesem Vorgang gehörende mittlere Lebensdauer ist dann $1/a$ $(1/A)$.

---

[1] J. M. ANDERSON, Canad. Journ. Res. Bd. 2, S. 13. 1930.

[2] F. M. PENNING, Phil. Mag. Bd. 11, S. 961. 1931.

[3] Vgl. ähnliche Betrachtungen über die Auslöschung der Resonanzfluoreszenz bei Quecksilber: P. D. FOOTE, Phys. Rev. Bd. 30, S. 288. 1927; H. KLUMB u. P. PRINGSHEIM, ZS. f. Phys. Bd. 52, S. 610. 1928; E. GAVIOLA, Phys. Rev. Bd. 34, S. 1373. 1929.

In Abb. 113 sind die verschiedenen Möglichkeiten angegeben, zwei davon (Wandstoß und Stoß mit Verunreinigungen) lassen wir hier außer Betracht. Es sei die Wahrscheinlichkeit für den Übergang:

$^3P_2 \to {}^1S_0$ durch Stoß: a_{20};
$^3P_2 \to {}^1S_0$ „ „verbotene" Strahlung: A_2;
$^3P_2 \to {}^3P_1$ „ Stoß: a_{21};
$^3P_1 \to {}^3P_2$ „ Stoß: a_{12};
$^3P_1 \to {}^1S_0$ „ Strahlung: A_1.

Der Teil der Resonanzstrahlung, welcher im Mittel die Gefäßwand erreicht, ohne reabsorbiert zu werden, sei g. Es ist dann leicht, zu zeigen, daß für die gesamte Wahrscheinlichkeit der Vernichtung eines metastabilen Zustandes β die Beziehung gilt:

$$\beta = A_2 + a_{20} + \frac{a_{21}}{\frac{a_{12}}{A_1 g} + 1}. \tag{22}$$

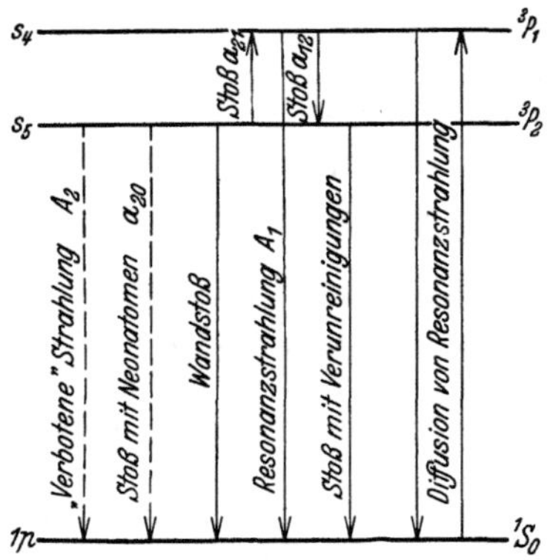

Abb. 113. Vorgänge bei der Vernichtung des metastabilen $^3P_2$-Zustandes des Neons.

β hängt bekanntlich mit der mittleren Lebensdauer T und der Halbwertszeit τ in folgender Weise zusammen:

$$\beta = \frac{1}{T} = \frac{0{,}693}{\tau}.$$

Wenn wir weiter die Wahrscheinlichkeit für die verschiedenen Übergänge *pro gaskinetischen Stoß* mit w, die gesamte Wahrscheinlichkeit der Vernichtung pro gaskinetischen Stoß wie oben mit γ_{gask} bezeichnen, dann ist offenbar

$$a = Z_1 p w,$$
$$\beta = Z_1 p \gamma_{\text{gask}},$$

wo p den Gasdruck in mm und Z die Zahl der gaskinetischen Stöße für $p = 1$ bedeutet. Wir können auf diese Weise für (22) schreiben:

$$\beta = Z_1 p \gamma_{\text{gask}} = A_2 + Z_1 p w_{20} + \frac{Z_1 p w_{21}}{\frac{Z_1 p w_{12}}{A_1 g} + 1}. \tag{23}$$

Wenn man das Verhältnis w_{12}/w_{21} unter der Voraussetzung berechnet, daß im thermodynamischen Gleichgewicht die Zahlen der Übergänge $^3P_1 \to {}^3P_2$ und $^3P_2 \to {}^3P_1$ einander gleich sind, erhält man für $w_{12}/w_{21} = e^{-\frac{(\varepsilon_2 - \varepsilon_1)}{kT}}$ den Wert 8. Da weiter bei nicht zu hohem Druck die zwei ersten Terme von (23) wohl zu vernachlässigen sind, bekommt man aus (23):

$$\gamma_{\text{gask}} \sim \frac{w_{21}}{\frac{8 Z_1 p w_{21}}{A_1 g} + 1}. \tag{24}$$

Bei niedrigem Druck ist die Stoßzahl $Z_1 p$ so klein, daß der Nenner des Bruches gleich 1 und also die Vernichtungswahrscheinlichkeit gleich der Übergangswahrscheinlichkeit in den $^3P_1$-Zustand wird, wie oben angenommen wurde. Bei höherem Druck ist γ_{gask} jedoch keine Konstante mehr. Nach KOPFERMANN und LADENBURG[1] ist A_1 etwa 10^7 bis 10^8, während für die von ihnen benutzte Röhre (1 cm Durchmesser, Gasdruck 1 mm) $g < 0{,}01$ angenommen werden muß. Bei den Versuchen von DORGELO und WASHINGTON, MEISSNER und GRAFFUNDER war bei den höchsten Drucken (7 mm) in den viel weiteren Röhren g gewiß noch viel geringer, also wird:

$$\frac{8\,Z_1\,p\,w_{21}}{A_1\,g} \gg 1000\,w_{21}\,.$$

Diese Zahl braucht nicht mehr klein gegenüber 1 zu sein; es ist also klar, daß γ_{gask} nicht mit w_{21} identisch ist und daß der experimentelle Wert von den Versuchsbedingungen abhängt. Für T bekommt man aus (23) und (24)

$$T = \frac{1}{\beta} \sim \frac{8}{A_1\,g} + \frac{1}{w_{21}\,Z_1\,p}\,. \tag{25}$$

Wir haben früher gesehen, daß DORGELO und WASHINGTON, MEISSNER und GRAFFUNDER für die mittlere Lebensdauer T ein Maximum bei einem Druck von etwa 1 mm feststellten. Nach der Formel (25) würde T bei höherem Druck wieder zunehmen, weil g dabei abnimmt. Bei sehr hohem Druck sind jedoch die ersten zwei Terme in (23) nicht mehr zu vernachlässigen; von dem Verhältnis der Summe dieser Terme zu dem letzten Term wird es abhängen, ob die Lebensdauerkurve bei höherem Druck ein Minimum zeigt oder nicht. Experimentell ist dies bis jetzt noch nicht beobachtet worden; doch läßt sich in den Kurven von MEISSNER und GRAFFUNDER[2] vielleicht schon eine Andeutung für ein Wiederansteigen der Lebensdauer bei den höchsten Drucken erkennen.

Daß die erwähnten Vorgänge, nämlich der Übergang $^3P_1 \to {}^3P_2$ durch Stoß und die Absorption von Resonanzstrahlung, auf die durch metastabile Atome verursachten Erscheinungen von erheblichem Einfluß sind, konnte neuerdings von LANGMUIR und FOUND[3] gezeigt werden. Bei ihren Versuchen brannte eine Bogenentladung in Neon von einigen Millimetern Druck; die Strahlung dieser Entladung bildete in dem Entladungsrohr bis zu Abständen von 20 bis 30 cm noch eine große Zahl von metastabilen Atomen, deren Anwesenheit durch die Auslösung von Sekundärelektronen an einer Metallplatte nachgewiesen werden konnte[4]. Aus der Tatsache, daß an der der Bogenentladung abgekehrten Seite auch Elektronen ausgelöst werden, schließen LANGMUIR und FOUND, daß sie nicht von einem photoelektrischen Effekt herrühren. Da jedoch, wie wir sahen, unter diesen Umständen auch die Resonanzfluoreszenz stark nach allen Richtungen diffundiert, ist dieser Beweis wohl noch nicht ganz einwandfrei[5].

Wir wollen schließlich eine von MEISSNER und GRAFFUNDER (a. a. O.) angegebene Methode zur Bestimmung der Lebensdauer erwähnen, welche von dem durch die endliche Linienbreite und die endliche Schichtdicke verursachten

---

[1] H. KOPFERMANN u. R. LADENBURG, ZS. f. Phys. Bd. 48, S. 26. 1928.

[2] K. W. MEISSNER u. W. GRAFFUNDER, a. a. O. Abb. 13.

[3] I. LANGMUIR u. C. G. FOUND, Phys. Rev. Bd. 36, S. 604. 1930. (Kurze Mitteilung.)

[4] Nach C. KENTY (Phys. Rev. Bd. 38, S. 377. 1931) handelt es sich in schwach verunreinigtem Neon nicht um Auslösung von Elektronen aus einer Metallplatte, sondern um Ionisierung der Beimischung im Gase (vgl. Ziff. 84 und F. M. PENNING, ZS. f. Phys., im Erscheinen begriffen). In reinem Neon soll die Elektronenauslösung nach KENTY nicht durch metastabile Atome, sondern durch den photoelektrischen Effekt der Resonanzstrahlung verursacht werden.

[5] Neuere Literatur über die Diffusion der Resonanzstrahlung in Neon: C. G. FOUND u. I. LANGMUIR, Phys. Rev. Bd. 39, S. 237. 1932; C. KENTY, ebenda Bd. 38, S. 2079. 1931; Bd. 40, S. 633. 1932. (Anm. bei der Korr.)

Fehler frei ist. Man bestimmt für zwei gleich weite und gleich stark angeregte Röhren von der Länge l bzw. $2l$ die Absorption A_{l0} bzw. A_{2l0} zur Zeit $t = 0$ und beobachtet nach einer der angegebenen Methoden für die längere Röhre die Absorption A_{2lt} als Funktion der Zeit t. Ist nun für $t = \tau$

$$A_{2l\tau} = A_{l0},$$

so ist offenbar τ die gesuchte Halbwertszeit. Vorausgesetzt ist dabei, daß die metastabilen Atome in beiden Fällen gleichmäßig über den Rohrquerschnitt verteilt sind. Leider hat diese Methode, soviel wir wissen, bisher noch keine praktische Verwendung gefunden.

83. Andere metastabile Zustände. Nach der ausführlichen Besprechung des $^3P_2$-Zustandes des Neons erwähnen wir nur kurz die Ergebnisse bei anderen metastabilen Zuständen.

Neon. Für Neon ergaben die Versuche von DORGELO (a. a. O.) und von MEISSNER und GRAFFUNDER (a. a. O.), daß die Lebensdauer des $^3P_0$-Zustandes wesentlich kürzer war als die des $^3P_2$-Zustandes (0,1- bis 0,5 mal so groß). Dies ist in Übereinstimmung mit der Tatsache, daß der $^3P_0$-Zustand, im Gegensatz zu dem $^3P_2$-Zustand, schon ohne Energiezufuhr in einen benachbarten Zustand übergehen und also vernichtet werden kann. Die instabilen $^3P_1$-Zustände zeigten bei diesen Versuchen eine Lebensdauer von derselben Größenordnung wie die metastabilen Atome. Wenn man ihre natürliche Lebensdauer auf 10^{-7} bis 10^{-8} sec abschätzen darf (s. oben), muß dieser Effekt einer Nachfüllung aus den $^3P_0$- und $^3P_2$-Zuständen und einer Diffusion der Resonanzstrahlung zugeschrieben werden. Die Lebensdauer des $^1P_1$-Zustandes war bei den benutzten Apparaturen unmeßbar klein. Dieses unterschiedliche Verhalten gegenüber dem $^3P_1$-Zustand ist zu verstehen, weil eine Nachfüllung aus den metastabilen Niveaus bei $^1P_1$ nicht auftritt und weiter die natürliche Lebensdauer für dieses Singulettniveau viel kleiner ist als für das Triplettniveau ($^3P_1$). Der Grundzustand ist nämlich ein Singulettniveau ($^1S_0$) und somit $^1S_0 - {}^3P_1$ eigentlich eine Interkombinationslinie. Die Verhältnisse liegen hier ähnlich wie beim Quecksilber, wo die Lebensdauer des Singulettniveaus $^1P_1$ etwa 50 mal kürzer ist[1] als die des Triplettniveaus $^3P_1$.

Argon. Argon wurde von DORGELO und WASHINGTON und MEISSNER und GRAFFUNDER untersucht. Die Resultate waren den für Neon erhaltenen ähnlich. Weiter liegt hier eine ausführliche Arbeit von ANDERSON[2] vor. Der Verfasser modifizierte die in Ziff. 81 erwähnte Methode C und bestimmte photographisch die Größe der Absorption für die Linien 7635 Å und 7948 Å, welche den $^3P_2$- bzw. $^3P_0$-Zustand als Endniveau haben. Bezeichnet man die Intensität des durch Absorption geschwächten bzw. nicht geschwächten Lichtes mit I bzw. I_0 und die Schwärzungen der photographischen Platten für diese Fälle mit D bzw. D_0, so ist

$$D_0 - D = \text{konst.} \log \frac{I_0}{I}.$$

Weil nun andererseits $\log I_0/I$ (wenigstens bei genügend schmalen Spektrallinien) der Zahl der im Absorptionsrohr vorhandenen metastabilen Atome proportional ist, so kann die Halbwertszeit der metastabilen Atome unmittelbar aus der zeitlichen Änderung von $D_0 - D$ abgeleitet werden. Zu bemerken ist jedoch, daß auch hier die Resultate wegen der endlichen Breite der Spektrallinien gefälscht

---

[1] Vgl. R. LADENBURG, a. a. O.

[2] J. M. ANDERSON, Canad. Journ. Res. Bd. 4, S. 312. 1931.

sein können. Die Versuche wurden bei Zimmertemperatur und in flüssiger Luft ausgeführt. Abb. 114 gibt die für den $^3P_2$-Zustand erhaltenen Resultate wieder. Auch hier zeigt sich, daß die Lebensdauer bei Erniedrigung der Temperatur stark zunimmt. Die Linie 7948 zeigte dabei nur sehr geringe Absorption[1], so daß der $^3P_0$-Zustand eine viel geringere Lebensdauer haben muß.

Krypton. Bei Krypton ist die Lebensdauer der metastabilen Atome noch nicht direkt untersucht. Es sei hier jedoch eine Arbeit von BEUTLER und EISENSCHIMMEL[2] erwähnt, in der die Anregung von Hg-Linien durch metastabile Kr-Atome im $5s\,^3P_2$-Zustand untersucht wurde. Die Verfasser stellten fest, daß hier ein stark ausgeprägter Resonanzeffekt besteht (vgl. Ziff. 76), daß jedoch bei praktisch gleicher Resonanzlage die Tripletterme gegenüber den Singulett-termen bezüglich ihrer Anregungswahrscheinlichkeit bevorzugt sind. Diese Beobachtung wird in ähnlicher Weise wie bei der Anregung durch Elektronenstoß (Ziff. 52, He) mit dem Elektronenaustausch in Zusammenhang gebracht.

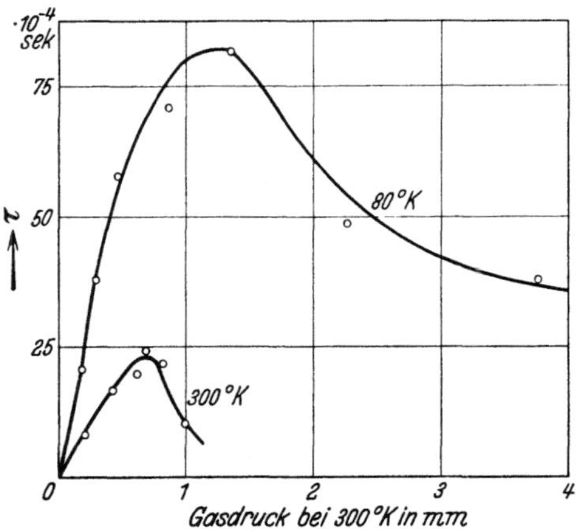

Abb. 114. Halbwertszeit des $^3P_2$-Zustandes des Argons nach ANDERSON.

Quecksilber. Die Lebensdauer der metastabilen Zustände $6s\,6p\,^3P_0$ und $6s\,6p\,^3P_2$ des Quecksilbers wurden von DORGELO[3] bestimmt; für $^3P_0$ (hier, im Gegensatz zu dem Fall von Neon, der niedrigste der zwei Zustände) wurde maximal 0,005 sec gefunden. Auch der nicht metastabile $^3P_1$-Term zeigte unter Umständen eine beträchtliche scheinbare Lebensdauer ($8 \cdot 10^{-5}$ sec). WEBB[4] und HAYNER[5] schlossen ursprünglich aus ihren Versuchen, daß auch dieser Zustand metastabil sei; spätere Messungen[6] ergaben jedoch für seine Lebensdauer bei genügend niedrigem Druck 10^{-7} sec, was mit den Resultaten anderer Beobachter im Einklang ist. Bei höherem Druck wird, aus ähnlichen Gründen wie bei dem entsprechenden Zustand des Neons, eine größere Lebensdauer gefunden, z. B. bei 0,1 mm schon $5 \cdot 10^{-5}$ sec. Es ist jedoch bis jetzt noch nicht gelungen, diese Druckabhängigkeit quantitativ durch Stöße bzw. durch Diffusion der Resonanzstrahlung zu erklären[7].

Es sei noch erwähnt, daß in zahlreichen Arbeiten über Quecksilber die metastabilen Atome indirekt mittels Einstrahlung gebildet wurden (vgl. Ziff. 80). Wir verweisen auf Kap. 3 und nennen hier nur eine der letzten Arbeiten auf diesem Gebiet von POOL[8], in der speziell die Art der Energieübertragung an N_2-Moleküle näher studiert wird.

---

[1] Bei den Versuchen von H. B. DORGELO und T. P. K. WASHINGTON (a. a. O.) war das jedoch nicht der Fall (vgl. die Abb. 7 ihrer Arbeit).

[2] H. BEUTLER u. W. EISENSCHIMMEL, ZS. f. Elektrochem. Bd. 36, S. 746. 1930.

[3] H. B. DORGELO, Physica Bd. 5, S. 429. 1925.

[4] H. W. WEBB, Phys. Rev. Bd. 24, S. 113. 1924.

[5] L. J. HAYNER, Phys. Rev. Bd. 26, S. 364. 1925; ZS. f. Phys. Bd. 35, S. 365. 1926.

[6] H. W. WEBB u. H. A. MESSENGER, Phys. Rev. Bd. 33, S. 319. 1929; P. H. GARRETT u. H. W. WEBB, ebenda Bd. 37, S. 1686. 1931.

[7] Vgl. M. ZEMANSKY, Phys. Rev. Bd. 29, S. 513. 1927.

[8] M. L. POOL, Phys. Rev. Bd. 38, S. 955. 1931.

Helium. Bei Helium hat man eine etwas andere Sachlage. Nach Ziff. 52, Tabelle 18, ist die Reihenfolge der Niveaus und ihre Energie relativ zum Grundzustand ($1s^2\,{}^1S_0$) folgende:

$1s\,2s\,{}^3S_1$	(metastabil)	19,77 Volt
$1s\,2s\,{}^1S_0$	,,	20,55 ,,
$1s\,2p\,{}^3P$		20,91 ,,
$1s\,2p\,{}^1P_1$		21,15 ,,

Über den $2s\,{}^1S_0$-Zustand sind bis jetzt keine Lebensdauermessungen ausgeführt, so daß wir uns zweckmäßig auf den $2s\,{}^3S_1$-Zustand beschränken. Seine Vernichtung kann in einer nicht bestrahlten Röhre, in der keine Entladung stattfindet, nur auf folgende Weisen vor sich gehen[1]:

1. durch Wandstoß,
2. durch Übergang in den Normalzustand bei Zusammenstoß mit Verunreinigungen,
3. durch Übergang in den Normalzustand bei Zusammenstoß mit Heliumatomen,
4. durch Übergang in einen höheren Zustand infolge eines Stoßes.

Was die letzte Möglichkeit angeht, so ist zu bemerken, daß ein Stoß nur dann unmittelbar zur Vernichtung führt, wenn $2p\,{}^1P_1$ oder ein noch höheres Niveau angeregt wird. $2s\,{}^1S_0$ ist metastabil; das Atom kehrt vielleicht von diesem Zustand wieder nach $2s\,{}^3S_1$ zurück; gewiß ist das der Fall bei einem Übergang nach $2p\,{}^3P_0$ oder $2p\,{}^3P_1$. Selbst wenn jedoch ein Übergang nach $2s\,{}^1S_0$ zur Vernichtung ausreichen sollte, ist dazu eine Energie von 0,78 Volt notwendig. Die Wahrscheinlichkeit, daß ein Atom bei Zimmertemperatur diese Energie besitzt, ist so gering, daß wir den Vorgang 4 außer Betracht lassen können. Bei dem Vorgang 3 ist ein Betrag von 20 Volt in kinetische Energie der Stoßpartner umzusetzen. Auch dafür ist die Wahrscheinlichkeit wohl sehr gering. Bei ganz reinem Gas bleibt also hauptsächlich die Vernichtung durch Wandstöße übrig. DORGELO und WASHINGTON (a. a. O.) kommen zu dem Schluß, daß ihre Lebensdauermessungen für den $2s\,{}^3S_1$-Zustand mit dieser Auffassung in Übereinstimmung sind. Genauere Versuche sind seitdem durch EBBINGHAUS[2] ausgeführt worden. Die Anordnung wurde so gewählt, daß in der oben angedeuteten Weise sowohl die Diffusionskonstante (Atomdurchmesser) wie die Wahrscheinlichkeit der Vernichtung durch Stoß bestimmt werden konnte. Es ergab sich so für den Atomdurchmesser $4{,}5 \cdot 10^{-8}$ cm, also ein etwa zweimal so großer Wert als der gaskinetische ($2{,}5 \cdot 10^{-8}$ cm); die Vernichtungswahrscheinlichkeit war $5 \cdot 10^{-6}$. Auf Grund der Lage der Niveaus meint EBBINGHAUS, daß auch diese kleine Vernichtungswahrscheinlichkeit noch geringen Spuren von Verunreinigungen zuzuschreiben ist.

Stickstoff. Schließlich soll auf den komplizierten Fragenkomplex des aktiven Stickstoffs[3] noch kurz eingegangen werden. Nach Durchgang einer elektrischen Entladung zeigt Stickstoff unter Umständen minutenlang besondere physikalische

---

[1] Nach W. WEIZEL (ZS. f. Phys. Bd. 59, S. 320. 1929) können beim Zusammenstoß zwischen metastabilen und normalen He-Atomen He_2-Moleküle gebildet werden; diese dissoziieren wieder in ein normales und ein angeregtes He-Atom. Die He_2-Banden sind ausführlich untersucht worden, vgl. z. B. W. WEIZEL, Handb. d. exp. Phys. (Ergänzungswerk) Bd. I: Bandenspektren, S. 252. 1931. Über ähnliche Banden, welche wahrscheinlich einer Ne-He-Verbindung zuzuschreiben sind, vgl. M. J. DRUYVESTEYN, Nature Bd. 128, S. 1076. 1931.

[2] E. EBBINGHAUS, Ann. d. Phys. Bd. 7, S. 267. 1930.

[3] Vgl. H. O. KNESER, Ergebn. d. exakt. Naturwissensch. Bd. 8, S. 229. 1929.

und chemische Eigenschaften, von welchen uns hier besonders das Nachleuchten interessiert. Von den vielen Erklärungen, welche für diese Erscheinungen gegeben wurden, erwähnen wir nur die von CARIO und KAPLAN[1]. Bei dem Nachleuchten werden einige Banden der 1. pos. Gruppe (Abb. 92) ausgestrahlt, jedoch mit einer sehr charakteristischen Intensitätsverteilung. Die Banden gehen hauptsächlich aus von zwei Anfangszuständen des B-Niveaus mit 11 bzw. 6 Schwingungsquanten, welche 3,47 bzw. 2,38 Volt über dem niedrigsten Schwingungszustand des A-Niveaus liegen. Das A-Niveau ist sehr wahrscheinlich metastabil, weil optisch keine Übergänge in den Normalzustand nachgewiesen werden könnten. Nach CARIO und KAPLAN entsteht die ausgeprägte Anregung der zwei erwähnten Schwingungszustände durch Zusammenstöße zwischen metastabilen Molekülen im A-Zustand und metastabilen Atomen im $2p\,^2P$- bzw. $2p\,^2D$-Zustand. Die Energie dieser Atome (3,56 bzw. 2,37 Volt[2]) ist dafür eben zureichend. Die Anwesenheit der metastabilen $2p\,^2P$-Atome konnte von JACKSON und BROADWAY mittels eines STERN-GERLACH-Versuchs gezeigt werden[3]. Sowohl die metastabilen Atome wie die metastabilen Moleküle N_2^{met} verdanken ihre Entstehung der Anwesenheit von Stickstoffatomen, welche in Dreierstößen rekombinieren, und zwar sollen folgende Reaktionen dabei auftreten:

$$N + N + N_2 \rightarrow N_2 + N_2^{met},$$

$$N_2^{met} + N_2^{met} \rightarrow N_2 + N^{met} + N^{met},$$

wobei das Atom vom $2p\,^2P$-Zustand durch Stoß in den $2p\,^2D$-Zustand übergehen kann. Mit diesen Hypothesen läßt sich das vorhandene Beobachtungsmaterial befriedigend erklären.

Wir erwähnen noch, daß von verschiedenen Seiten versucht wurde, die Größe der im aktiven Stickstoff auftretenden Energiequanten durch Ionisierung und Anregung von Beimischungen näher festzulegen. Besonders scharf konnten OKUBO und HAMADA[4] diese Energie bestimmen, indem sie zeigten, daß das Quecksilbertriplett $6p\,^3P - 7d\,^3D$ noch deutlich, $6p\,^3P - 8d\,^3D$ dagegen gar nicht angeregt wird; danach müßte die verfügbare Energie $9{,}58 \pm 0{,}07$ Volt betragen. Das ist allerdings ein höherer Wert, als jetzt allgemein für die Dissoziationsenergie des Stickstoffs angenommen wird (vgl. Ziff. 65).

84. Ionisierung, Anregung und Dissoziation fremder Molekeln durch metastabile Atome. Bei den Versuchen über metastabile Atome hat sich gezeigt, daß diese bei Zusammenstößen mit Atomen desselben Gases nur selten, bei Zusammenstößen mit gewissen Verunreinigungen dagegen mit viel größerer Wahrscheinlichkeit in den Grundzustand übergehen. Die Schlußfolgerung liegt nahe, daß im letzten Fall die potentielle Energie des metastabilen Atoms hauptsächlich in potentielle Energie der gestoßenen Molekel umgesetzt wird und daß diese in einen angeregten, ionisierten oder dissoziierten Zustand übergeht[5]. Auch ist die Bildung kurzlebiger Verbindungen möglich. Auf diese Weise wurde ursprünglich von FRANCK und KNIPPING[6] das Auftreten des Knickes bei 19,77 Volt in der lichtelektrischen Kurve für He gedeutet.

---

[1] G. CARIO u. J. KAPLAN, ZS. f. Phys. Bd. 58, S. 769. 1929; siehe auch Z. BAY u. W. STEINER, ZS. f. phys. Chem. (B) Bd. 3, S. 149. 1929; Bd. 9, S. 93. 1930.

[2] K. T. COMPTON u. J. C. BOYCE, Phys. Rev. Bd. 33, S. 145. 1929.

[3] L. C. JACKSON u. L. F. BROADWAY, Proc. Roy. Soc. London (A) Bd. 127, S. 678. 1930.

[4] I. OKUBO u. H. HAMADA, Phil. Mag. Bd. 5, S. 372. 1928.

[5] J. FRANCK u. P. JORDAN, Anregung von Quantensprüngen durch Stöße, S. 119. 1926.

[6] J. FRANCK u. P. KNIPPING, ZS. f. Phys. Bd. 1, S. 320. 1920.

Die ionisierende Wirkung metastabiler Atome hat PENNING[1] durch Untersuchungen über die Zündspannung der Glimmentladung in Edelgasen nachgewiesen. Er benutzte parallele, ebene Platten; bei einem Wert 20 für das Produkt, aus Elektrodenabstand gemessen in cm und dem Gasdruck gemessen in mm Hg, betrug z. B. die Zündspannung in reinem Neon 410 Volt, in Neon mit 0,0001% Hg-Beimengung aber nur 330 Volt. Da die Zündung in einem nahezu homogenen elektrischen Felde stattfindet und bei sehr kleiner Stromstärke einsetzt, liegen die Verhältnisse hier besonders einfach. Man kann für diesen Fall leicht eine Abschätzung machen über die Zahl der Zusammenstöße, welche ein Elektron im Mittel erfährt, bevor es seine Energie verliert. Dabei zeigt sich, daß die Wahrscheinlichkeit für eine direkte Ionisierung der Hg-Atome durch Elektronenstoß bei einer solchen geringen Beimischung viel zu klein ist, als daß dadurch die große Erniedrigung der Zündspannung bewirkt werden könnte. Weiter kommen wegen der Kleinheit des Einsatzstromes für die Vermehrung der Ionen nur Zusammenstöße zwischen metastabilen Ne-Atomen und normalen Hg-Atomen in Betracht. Man kann also schließen, daß die Hg-Atome bei diesen Stößen ionisiert werden. Allgemein ist die Bedingung für diesen Vorgang

$$V_{\mathrm{met}} > V_i', \tag{26}$$

wenn V_{met} die Anregungsspannung des Hauptgases, V_i' die Ionisierungsspannung der Beimischung bedeutet. Tatsächlich wurde festgestellt, daß immer dann, wenn die Bedingung (26) erfüllt war, eine derartige Erniedrigung der Zündspannung eintrat und umgekehrt. Diese Auffassung wurde durch mehrere Kontrollversuche gestützt. So zeigte sich z. B. bei einem ähnlichen Gasgemisch eine Erhöhung der Zündspannung, wenn es mit Licht von solcher Frequenz bestrahlt wurde, daß die metastabilen Atome dadurch in einen unstabilen Zustand gehoben und somit vernichtet wurden[2]. BEUTLER und EISENSCHIMMEL[3] versuchten neuerdings die Vernichtung von metastabilen Neonatomen infolge von Wasserstoffbeimischung durch den Prozeß

$$\mathrm{Ne_{met}} + \mathrm{H_2} \rightarrow \mathrm{Ne} + \mathrm{H}\ (\text{angeregt}) + \mathrm{H}$$

zu erklären. Obgleich dieser Prozeß energetisch möglich und nach den Verfassern wahrscheinlich ist, so folgt doch aus Zündspannungsmessungen an Neon-Wasserstoff-Gemischen, daß auch die Ionisierung von Wasserstoffmolekülen durch angeregte Neonatome eine große Wahrscheinlichkeit besitzt. Dieser Vorgang wurde auch von TAKAMINE und SUGA[4] zur Erklärung der großen Anzahl von Balmerlinien in einer mit Wasserstoff verunreinigten Neonsäule herangezogen. Ist die Bedingung (26) nicht erfüllt, dann kann das metastabile Atom, wenn seine Energie dazu ausreicht, die Molekeln der Beimischung dissoziieren oder anregen. Das zeigte sich z. B. bei Versuchen über Ar mit Hg[5]. Das Quecksilber erniedrigt in der erwähnten Weise die Zündspannung des Argons; fügt man nun z. B. noch 1% H_2 oder N_2 hinzu, so werden die Moleküle dieser Gase durch die metastabilen Ar-Atome dissoziiert oder angeregt, so daß die Wahrscheinlichkeit für die Ioni-

[1] F. M. PENNING, Naturwissensch. Bd. 15, S. 818. 1927; ZS. f. Phys. Bd. 46, S. 335. 1927; Bd. 72, S. 338. 1931; Phil. Mag. Bd. 11, S. 961. 1931.

[2] F. M. PENNING, ZS. f. Phys. Bd. 57, S. 723. 1929.

[3] H. BEUTLER u. W. EISENSCHIMMEL, ZS. f. Elektrochem. Bd. 37, S. 582. 1931.

[4] T. TAKAMINE u. T. SUGA, Scient. Pap. Inst. of phys. a. chem. Res. Bd. 11, S. 131. 1929.

[5] F. M. PENNING, Physica Bd. 10, S. 47. 1930.

sierung der Quecksilberatome sinkt und demzufolge die Zündspannung wieder stark ansteigt.

FRERICHS[1] konnte diese Ionisierung durch metastabile Atome direkt sichtbar machen. Er benutzte eine positive Säule in Neon; wurde nun in einem Ansatzrohr Mg oder Cd verdampft, so traten bis zu einem Abstand von 1 bis 2 cm von der Ansatzstelle Funkenlinien des Metalls samt dem ganzen Bogenspektrum auf, während die Edelgaslinien völlig fehlten. Das Funkenspektrum wird gerade bis zu der Energiestufe, welche mit der Energie des metastabilen Zustandes des Ne übereinstimmt, angeregt. Man hat hier also eine gleichzeitige Ionisierung und Anregung des Metallatoms. Das Bogenspektrum wird als Rekombinationsspektrum der auf diese Weise entstandenen Ionen gedeutet.

In zahlreichen Arbeiten wird versucht, die Wirkung der metastabilen Atome aus den Spektren von Gasgemischen in Gasentladungen zu erschließen. Wir besprechen die Untersuchungen über das Spektrum des Glimmlichts in einer Hohlkathode und der positiven Säule.

Von den Beobachtungen an Hohlkathodenspektren nennen wir diejenige von PASCHEN[2], FRERICHS (a. a. O.), TAKAHASHI[3] und SAWYER[4]. Als Gasfüllung wurde He, Ne oder Ar mit einer geringen Menge beigemischtem Metalldampf: Al, Ca, Cd, Cu, Hg, Mg, Tl oder Zn benutzt. Auch hier versucht man, aus dem Abbrechen des Funkenspektrums bei einem bestimmten Niveau oder aus der abnormen Verstärkung gewisser Linien Schlüsse über die Elementarprozesse zu ziehen. Die Verhältnisse liegen hier jedoch sehr kompliziert, da in der Hohlkathode nicht nur normale, sondern auch metastabile und ionisierte Metallatome eine beträchtliche Konzentration erreichen können. Man hat hier mit der Möglichkeit folgender Zusammenstöße zu rechnen:

$$\text{I}: G' + M, \quad \text{II}: G' + M', \quad \text{III}: G' + M^+,$$
$$\text{IV}: G^+ + M, \quad \text{V}: G^+ + M', \quad \text{VI}: G^+ + M^+,$$

wo G das Gasatom, M das Metallatom im normalen, angeregten bzw. metastabilen (Strich) oder ionisierten (+) Zustand darstellt. Wenn auch die Energiedifferenzen der verschiedenen metastabilen Zustände eine Rolle spielen, wird die Zahl der Möglichkeiten entsprechend größer. Außerdem ist dann noch mit direkter Anregung oder Ionisierung der Metallatome durch Elektronenstoß zu rechnen; die Anregung des Edelgases kann nämlich die Geschwindigkeit der Elektronen einigermaßen begrenzen[5] und so z. B. den Prozeß I vortäuschen; da jedoch der Potentialgradient im Kathodenfall ziemlich groß ist, kann eine scharfe Abgrenzung in dem hier betrachteten Fall nicht erwartet werden. SAWYER schloß aus dem vorhandenen Beobachtungsmaterial, daß je nach den Umständen jeder der Prozesse I bis V eine Rolle spielt. Insofern als bei den Prozessen IV und V das Metallatom in ein angeregtes Ion umgewandelt wird, hat man es mit Umladung zu tun. Dabei tritt, wie wir in Ziff. 76 gesehen haben, eine Art Resonanz auf, so daß dieser Vorgang eine desto größere Wahrscheinlichkeit hat, je geringer der Energieüberschuß ist, der von den Stoßpartnern aufgenommen werden muß. In diesem Fall wird man also eine ausgesprochene Verstärkung der betreffenden Funkenlinien erwarten; tatsächlich wurde diese z. B. von

[1] R. FRERICHS, Ann. d. Phys. Bd. 85, S. 362. 1928.

[2] F. PASCHEN, Ann. d. Phys. Bd. 71, S. 142. 1923; R. A. SAWYER u. F. PASCHEN, ebenda Bd. 84, S. 1. 1927; F. PASCHEN, Berl. Ber. Bd. 29, S. 207. 1927; Bd. 32, S. 536. 1928.

[3] Y. TAKAHASHI, Ann. d. Phys. Bd. 3, S. 27, 49. 1929.

[4] R. A. SAWYER, Phys. Rev. Bd. 36, S. 44. 1930.

[5] Vgl. J. FRANCK, ZS. f. Phys. Bd. 1, S. 2. 1920.

TAKAHASHI für He mit Cd festgestellt. Nach FRERICHS und TAKAHASHI tritt diese Verstärkung jedoch nicht oder jedenfalls weniger stark auf, wenn bei den Prozessen I bis III das Metallatom ionisiert wird und somit ein freies Elektron als Energiereservoir dienen kann. Die obenerwähnten Beobachtungen an Zündspannungen der Glimmentladung sind mit dieser Auffassung in Übereinstimmung. Es zeigt sich nämlich, daß die Wahrscheinlichkeiten der Ionisierung von Ar, X und Hg durch ein metastabiles Ne-Atom[1] von gleicher Größenordnung sind, obgleich der Energieüberschuß dabei sehr verschiedene Werte annehmen kann (Ar: 0,9 Volt; X: 3,9 Volt; Hg: 6,2 oder 0 Volt, je nachdem man mit einfacher Ionisierung oder mit gleichzeitiger Anregung des Hg-Ions rechnet).

Auch Beobachtungen des Spektrums und des Potentialgradienten in der positiven Säule sind zur Klärung der Elementarvorgänge benutzt worden[2]. Dabei wird jedoch wegen des geringen Potentialgradienten die oben erwähnte Begrenzung der Elektronengeschwindigkeit durch die Anregungsspannung des Hauptgases stärker ins Gewicht fallen. Schon CAMERON hat zur Erklärung der Spektra in Mischungen von Edelgasen und N_2 usw. angenommen, daß die Moleküle oder Atome der Beimischung durch angeregte Atome des Hauptgases ionisiert oder angeregt werden, und zwar sollten dafür alle angeregten Zustände des Edelgases, bis zur Ionisierung, in Betracht kommen. Das letzte ist jedoch bei geringen Beimischungen wegen der kleinen Konzentration der instabilen Atome sehr unwahrscheinlich; man wird hier außer an die Begrenzung der Elektronengeschwindigkeit, welche auch CAMERON in Betracht zieht, hauptsächlich an die Wirkung von metastabilen Atomen oder Ionen denken. FRERICHS (a. a. O.) schließt aus seinen Beobachtungen an Edelgas-Metalldampf-Gemischen, daß in der Säule das Funkenspektrum des Metalls hauptsächlich durch metastabile Atome angeregt wird; HEADRICK und DUFFENDACK[3] erklären ihre Resultate teils durch Ionisierung durch metastabile Atome, teils durch Umladung. Die anderen Untersuchungen von DUFFENDACK und Mitarbeitern sind schon in Ziff. 76 erwähnt. Auch hier wurde außer Umladung Ionisierung durch metastabile Atome festgestellt. Wir fügen noch hinzu, daß DUFFENDACK und WOLFE auf Grund ihrer Beobachtungen im Bogenspektrum eines He-N_2-Gemisches die Dissoziierung von Stickstoff durch metastabile Heliumatome für wahrscheinlich halten.

In dieser Ziffer ist bis jetzt nur die Anregung der Funkenspektren besprochen worden. Übertragung von Anregungsenergie ohne gleichzeitige Ionisierung der gestoßenen Molekel ist meist in solchen Fällen untersucht worden, wo die primäre Anregung durch Einstrahlung stattfand. Sie wird daher in Kap. 3 dieses Bandes besprochen. Von den Versuchen, bei denen die primäre Anregung durch Elektronenstoß verursacht wird, nennen wir diejenige von LYMAN[4]. Er zeigte, daß gewisse Wasserstoffbanden (Lymanbanden) in einer Argonentladung mit sehr geringem Wasserstoffgehalt auftraten. Diese Banden sind später von WITMER[5], DIEKE und HOPFIELD[6] und HORI[7] näher analysiert worden, mit dem Ergebnis, daß es sich hier um $2p\,{}^1\Sigma_u \rightarrow 1s\,{}^1\Sigma_g$ Übergänge

[1] F. M. PENNING, Physica Bd. 12, S. 65. 1932.
[2] W. H. B. CAMERON, Phil. Mag. (7) Bd. 1, S. 405. 1926.
[3] L. B. HEADRICK u. O. S. DUFFENDACK, Phys. Rev. Bd. 37, S. 736. 1931.
[4] T. LYMAN, Astrophys. Journ. Bd. 33, S. 98. 1911.
[5] E. WITMER, Proc. Nat. Acad. Amer. Bd. 12, S. 238. 1926.
[6] G. H. DIEKE u. J. J. HOPFIELD, ZS. f. Phys. Bd. 40, S. 299. 1926; Phys. Rev. Bd. 30, S. 400. 1927.
[7] T. HORI, ZS. f. Phys. Bd. 44, S. 834. 1927.

und wahrscheinlich um eine Anregung durch metastabile Argonatome handelt. Nur war damals nicht klar, warum verschiedene Linien, welche man erwarten mußte, fehlten. Die Sachlage hat BEUTLER[1] aufgeklärt, indem er nach DENNISON[2] annahm, daß bei Wasserstoff eine Überführung von einem symmetrischen in einen asymmetrischen Zustand und umgekehrt, auch durch Stoß, praktisch unmöglich ist (Ortho- und Parawasserstoff). Es sei bemerkt, daß die ‚Resonanz" in diesem Falle, wo Anregungsenergie in Anregungsenergie umgesetzt wird, besonders scharf ist.

Zusammenfassend können wir sagen, daß auch durch Elektronenstoßversuche die Ionisierung usw. mittels metastabiler Atome einwandfrei festgestellt ist und daß diese Vorgänge einen großen Einfluß auf die elektrischen und optischen Eigenschaften von Gasentladungen ausüben.

VI. Zusammenstöße zwischen neutralen Molekeln.

85. Umsetzung von kinetischer Energie in Anregungsenergie[3]. Im vorangehenden Abschnitt ist die Umsetzung von kinetischer Energie von Ionen in Anregungs- und Ionisierungsenergie besprochen worden. Wir wollen jetzt untersuchen, inwieweit dieser Prozeß auch bei neutralen Molekeln stattfindet wobei wir wieder auf die anregende und ionisierende Wirkung von neutralen Molekeln großer Geschwindigkeit in Kanalstrahlen nicht eingehen. Zum genauen Studium dieser Fragen müßte man Molekeln mit dosierbarer Geschwindigkeit zur Verfügung haben. Nun ist es zwar möglich, diese durch Umladung oder nach einer der von ESTERMANN, FRISCH und STERN[4] angegebenen Methoden zu erzeugen. Versuche über Anregung und Ionisierung durch so beschleunigte Molekeln sind jedoch äußerst schwierig und bis jetzt nicht ausgeführt worden[5]. Wir verfügen also nur über solche Versuche, bei denen ein größeres Gasvolumen auf höhere Temperatur gebracht wird und somit die Geschwindigkeitsverteilung der Molekeln relativ breit ist. Am einfachsten liegen die Verhältnisse bei einem einatomigen Gas, wenn chemische Reaktionen ausgeschlossen sind und es sich in einem elektrisch feldfreien Raum homogener Temperatur T befindet. Für diesen Fall kann man nach der Formel

$$f(\varepsilon) = \left(\frac{\varepsilon}{kT} + 1\right) e^{-\frac{\varepsilon}{kT}} \tag{27}$$

den Bruchteil der Zusammenstöße berechnen, für den die relative kinetische Energie der Stoßpartner größer als ε ist. In Tabelle 3 (Ziff. 16) ist $f(\varepsilon)$ für einige Werte von T und ε angegeben. Es ist leicht zu zeigen, daß infolge des Impulssatzes beim Zusammenstoß höchstens der Betrag der relativen kinetischen Energie, d. h. der kinetischen Energie der Stoßpartner, bezogen auf

[1] H. BEUTLER, ZS. f. Phys. Bd. 50, S. 581. 1928.

[2] D. M. DENNISON, Proc. Roy. Soc. London (A) Bd. 115, S. 483. 1927.

[3] Die Wahrscheinlichkeit der Umsetzung von kinetischer Energie in Vibrationsenergie bei Molekülen kann aus Bestimmungen der Schallgeschwindigkeit abgeleitet werden, vgl. H. O. KNESER, Ann. d. Phys. Bd. 11, S. 761, 777. 1931; Bd. 12, S. 1015. 1932; H. O. KNESER u. J. ZÜHLKE, ZS. f. Phys. Bd. 77, S. 649. 1932; P. S. H. HENRY, Proc. Cambridge Phil. Soc. Bd. 28, S. 249. 1932. (Anm. b. d. Korr.)

[4] I. ESTERMANN, R. FRISCH u. O. STERN, Phys. ZS. Bd. 32, S. 670. 1931; ZS f. Phys. Bd. 73, S. 348. 1931.

[5] Vgl. jedoch Fußnote 2, S. 158.

ihren Schwerpunkt, in potentielle Energie umgesetzt werden kann[1]. Ist also für Anregung oder Ionisierung ein Energiebetrag ε_1 erforderlich, so kann dafür höchstens der entsprechende Bruchteil $f(\varepsilon_1)$ der Stöße in Betracht kommen; in Wirklichkeit werden diese Prozesse jedoch noch seltener stattfinden, da bei nicht zentralem Stoß außerdem dem Impulsmomentsatz Genüge geleistet werden muß und deshalb ein höherer Betrag von kinetischer Energie erforderlich ist. Dazu ist vermutlich auch bei einem Stoß, für den die genannten Bedingungen erfüllt sind, die Anregungs- (bzw. Ionisierungs-) Wahrscheinlichkeit noch gering.

86. Temperaturanregung. Daß in gewissen Fällen die Anregung durch neutrale Molekeln eine besondere Rolle spielt, rührt wohl daher, daß die Konzentration der stoßenden Teilchen (z. B. in einer Flamme bei atmosphärischem Druck) um viele Zehnerpotenzen höher ist als die Konzentration der Elektronen in Elektronenanregungsversuchen. Ein Umstand, der in diesem Falle die Sachlage stark beeinflußt, ist der, daß die Stöße zweiter Art, in denen Anregungsenergie in kinetische Energie umgesetzt wird, ebenfalls zahlreich sind.

Überlegt man sich die Verhältnisse in einem Hohlraum, in dem sich außer dem Füllgase ein verdünnter Metalldampf befindet[2], so findet man, daß nach dem Prinzip des detaillierten Gleichgewichts (MILNE, KLEIN-ROSSELAND) folgende Gleichgewichte zu gleicher Zeit bestehen:

I. Das EINSTEINsche Strahlungsgleichgewicht

$$n_1 (A + B' u(\nu)) = n_0 B u(\nu).$$

Dabei stellt $u(\nu)$ die PLANCKsche Energiedichte dar, n_0 ist die Anzahl der Metallatome pro cm³, n_1 die Anzahl der angeregten Atome pro cm³.

II. Das Gleichgewicht zwischen Anregung durch Gasmolekeln und Stöße zweiter Art

$$N \cdot n_0 J_0 = N n_1 J_1.$$

Die Integrale J sind von der Form

$$J = \int V \cdot q(V) \mu(V) dV.$$

Darin stellt $q(V)$ den wirksamen Querschnitt für den betreffenden Prozeß als Funktion der Relativgeschwindigkeit V dar; $\mu(V)$ ist die Verteilungsfunktion für die Relativgeschwindigkeit, N die Anzahl der Gasmolekeln pro cm³.

Beide Gleichgewichtsbedingungen ergeben unabhängig voneinander:

$$\frac{n_1}{n_0} = \frac{g_1}{g_0} e^{-\frac{\varepsilon_1}{kT}}.$$

Daraus folgt, daß

$$J_0 : J_1 = \frac{g_1}{g_0} e^{-\frac{\varepsilon_1}{kT}}.$$

In einer Flamme, in der sich Metalldampf in solcher Verdünnung befindet, daß Selbstabsorption nicht auftritt, ist der stationäre Zustand wegen $u(\nu) = 0$ gegeben durch

$$n_1(A + NJ_1) = n_0 N J_0,$$

es ist also

$$\frac{n_1}{n_0} = \frac{J_0}{J_1} \cdot \frac{NJ_1}{A + NJ_1} = \frac{g_1}{g_0} e^{-\frac{\varepsilon_1}{kT}} \frac{NJ_1}{A + NJ_1}.$$

[1] Das gilt allgemein, auch für Stoßpartner ungleicher Masse.

[2] Vgl. M. J. DRUYVESTEYN u. W. DE GROOT, Physica Bd. 12, S. 153. 1932.

Aus den Versuchen von MANNKOPF[1] läßt sich ableiten, daß $NJ_1 \gg A$ und also

$$\frac{n_1}{n_0} = \frac{g_1}{g_0} e^{-\frac{\varepsilon_1}{kT}}. \tag{28}$$

Man muß erwarten, daß die Strahlung in diesem Falle das Gesetz befolgt:

$$Q = n_1 A = \frac{g_1}{g_0} e^{-\frac{\varepsilon_1}{kT}} \cdot n_0 A, \tag{29}$$

wo Q die Anzahl der pro Sekunde emittierten Lichtquanten bedeutet. Dieser Ausdruck ist gänzlich unabhängig von den Größen $q(V)$. Man darf also nicht erwarten, auf diese Weise etwas über die Anregungsfunktion des Temperaturleuchtens erfahren zu können.

Bemerkenswert ist vielleicht noch, daß man nach DRUYVESTEYN und DE GROOT im Falle eines heißen Edelgases, dem verdünnter Metalldampf zugemischt ist, eine starke Störung des Temperaturgleichgewichts erwarten darf, weil hier J_1 und J_0 sehr viel kleiner sind als bei den Molekülgasen. Sie zeigten, daß trotzdem der KIRCHHOFFsche Satz befolgt wird. Strenggenommen ist also die Gültigkeit des KIRCHHOFFschen Gesetzes kein Kriterium für reine Temperaturstrahlung.

Weil in der Flamme chemische Reaktionen stattfinden, wird hier die Chemilumineszenz unter Umständen eine wichtige Rolle spielen E. PRINGSHEIM[2] zeigte z. B., daß eine Schwefelkohlenstoffflamme schon bei 150° C das ganze sichtbare Spektrum aussendet; hier kann also von Temperaturleuchten nicht die Rede sein. Saubere Bedingungen realisiert man, wie gesagt, in einem Ofen, zumal wenn der strahlende Metalldampf im Vakuum oder in einem nicht reagierenden Gase erhitzt wird. Auf diese Weise hat schon E. PRINGSHEIM[3] im Jahre 1892 das Auftreten der Alkaliresonanzlinien beobachtet. Der Verfasser dachte damals noch an chemische Einflüsse von Verunreinigungen, obgleich diese nur in sehr geringer Menge anwesend waren. Jetzt ist jedoch wohl nicht mehr daran zu zweifeln, daß in diesem und ähnlichen Fällen das Flammenleuchten hauptsächlich durch Temperaturanregung entsteht, wie das bereits von KIRCHHOFF vermutet wurde. Wir wollen nun die verschiedenen Methoden, nach welchen man zu diesem Schluß gekommen ist, besprechen und Beispiele dazu geben. Wenn ein erhitztes Gas reine Temperaturstrahlung aussendet, befolgt es das KIRCHHOFFsche Gesetz. Umgekehrt ist es sehr unwahrscheinlich, daß man bei Chemilumineszenz dieses Gesetz erfüllt findet. Eine direkte Prüfung dieser Frage wurde von SCHMIDT[4] ausgeführt, indem er den Quotient des Emissions- und des Absorptionsvermögens einer nichtleuchtenden Bunsenflamme im Gebiet der ultraroten Kohlensäurebanden bestimmte. Die Temperatur eines schwarzen Körpers, für den dieser Quotient denselben Wert haben muß, stimmte innerhalb 30° mit der direkt gemessenen Temperatur überein; die Bedingung der Temperaturstrahlung ist hier also ziemlich genau erfüllt. Eine etwas andere, von FÉRY angegebene Methode ist folgende[5].

Wenn man einen schwarzen Körper durch eine temperaturstrahlende Gasschicht beobachtet, so werden im Spektroskop die vom Gase ausgestrahlten

[1] R. MANNKOPF, ZS. f. Phys. Bd. 36, S. 315. 1926; L. v. HAMOS, ebenda Bd. 74, S. 379. 1932.

[2] E. PRINGSHEIM, Ann. d. Phys. (3) Bd. 45, S. 428. 1892.

[3] E. PRINGSHEIM, Ann. d. Phys. (3) Bd. 45, S. 428. 1892; Bd. 49, S. 347. 1893.

[4] H. SCHMIDT, Ann. d. Phys. (4) Bd. 29, S. 971. 1909.

[5] CH. FÉRY, C. R. Bd. 137, S. 909. 1903.

Linien gegen den kontinuierlichen Hintergrund gerade dann verschwinden, wenn die Temperatur des Gases der des schwarzen Körpers gleich ist. Auf diese Weise untersuchte GIBSON[1] die Strahlung des Thalliums, das sich in einem evakuierten Rohr befand. Wurde das Rohr in einem Ofen erhitzt, so verschwand tatsächlich die grüne Tl-Linie gegen den kontinuierlichen Hintergrund des Ofens, sobald der Thalliumdampf die Temperatur des Ofens angenommen hatte. Diese Strahlung ist also als Temperaturstrahlung zu betrachten. Von BAUER[2] und KOHN[3] wurde die FÉRYsche Methode auf Flammen angewendet, wobei eine kontinuierliche Lichtquelle hinter der Flamme aufgestellt war. KOHN fand eine Differenz von weniger als 10° zwischen der „Umkehrtemperatur“ und der direkt gemessenen Temperatur einer mit Na-Salz getränkten Flamme. BAUER[4] zeigte, daß man bei gleichartigen Beobachtungen an verschiedenen Metalldämpfen in demselben Teil der Flamme immer die gleiche Temperatur findet, was also auch stark für Temperaturanregung spricht. Eine unmittelbare Temperaturbestimmung der Flamme fand jedoch bei diesen letzten Versuchen nicht statt.

Schließlich folgt aus dem KIRCHHOFFschen Gesetz, daß bei einer unendlich dicken leuchtenden Gasschicht, deren Reflexionsvermögen zu vernachlässigen ist, für alle Linien die Strahlungsintensität der des schwarzen Körpers derselben Wellenlänge gleich sein soll. Dementsprechend schloß PASCHEN[5], daß die Banden von Wasserdampf und Kohlensäure im Ofen und in der Flamme Temperaturstrahlung zuzuschreiben sind.

ORNSTEIN und VAN DER HELD[6] haben an einer mit Na-Salz getränkten Bunsenflamme, in der Voraussetzung, daß es sich hier um Temperaturstrahlung handelt, τ berechnet und den Wert $5 \cdot 10^{-8}$ sec erhalten (D-Linien). Zu einer quantitativen Untersuchung ist dieser Versuch jedoch, wie LADENBURG und MINKOWSKI[7] bemerkt haben, nicht ohne weiteres geeignet, da die Größe n_0 nicht genau bekannt ist und die Annahme von ORNSTEIN und VAN DER HELD, daß alle Na-Verbindungen in der Flamme vollständig dissoziiert sind, einer näheren Begründung bedarf[8]. SENFTLEBEN[9] konnte die Zahl n_0 aus magnetooptischen Versuchen ermitteln. Es zeigte sich dabei, daß n_0 bei steigender Temperatur (1900 bis 2000° K) und konstant gehaltener Salzkonzentration stark zunahm, was eine unvollständige Dissoziation bedeutet. Der Prozentsatz der angeregten Atome änderte sich jedoch nach Formel (28), was wieder für Temperaturanregung spricht. Viele andere Untersuchungen ergeben eine qualitative Bestätigung der Gleichung (28), indem sie zeigen, daß bei einer bestimmten Temperatur die Linienspektren nur bis zu einer gewissen Energiestufe mit genügender Intensität angeregt werden. Bei verschiedenen Metallen sieht man also bei derselben Temperatur desto mehr Linien, je tiefer die kritischen Potentiale des Metalls liegen; andererseits erscheinen bei denselben Metallen mit steigender Temperatur immer mehr Linien. Diese Gesetzmäßigkeit findet KING[10] in seinen bekannten Ofenspektren für die Elemente mit bekannten Energieniveaus bestätigt,

[1] G. E. GIBSON, Phys. ZS. Bd. 12, S. 1145. 1911.
[2] E. BAUER, C. R. Bd. 148, S. 908, 1756. 1909.
[3] H. KOHN, Ann. d. Phys. (4) Bd. 44, S. 1749. 1914.
[4] E. BAUER, Ann. de chim. et phys. (8) Bd. 29, S. 372. 1913.
[5] F. PASCHEN, Ann. d. Phys. Bd. 50, S. 409. 1893; Bd. 51, S. 1, 40. 1894.
[6] L. S. ORNSTEIN u. E. F. M. VAN DER HELD, Ann. d. Phys. (4) Bd. 85, S. 953. 1928.
[7] R. LADENBURG u. R. MINKOWSKI, Ann. d. Phys. (4) Bd. 87, S. 298. 1928.
[8] Vgl. dazu die neue Arbeit von E. F. M. VAN DER HELD u. L. S. ORNSTEIN, ZS. f. Phys. Bd. 77, S. 459. 1932. (Anm. b. d. Korr.)
[9] H. SENFTLEBEN, Ann. d. Phys. (4) Bd. 47, S. 949. 1915.
[10] A. S. KING, zahlreiche Arbeiten in Astrophys. Journ.

was er dazu benutzt, die Spektrallinien in Temperaturklassen einzuteilen; je niedriger die Klasse, um so niedriger ist die Anregungsspannung der Linie. Diese Methode gibt ein wichtiges Hilfsmittel zur Einordnung der Linien. HEMSALECH[1] hat gegen die KINGschen Versuche den Einwand erhoben, daß dabei die Elektronen durch das Potentialgefälle in dem elektrisch geheizten Ofen beschleunigt werden und so zur Anregung und Ionisierung beitragen können; KING zeigte jedoch durch Kontrollexperimente[2], daß seine Resultate hierdurch nicht wesentlich gefälscht sein konnten. McLENNAN und Mitarbeiter[3] führten ähnliche Versuche an einer Bunsenflamme aus und erhielten dabei die Resonanzlinien von Hg, Zn, Cd, Mg und Tl, insofern ihre Anregungsenergie nicht über etwa 5 Volt liegt. Daß die leichter anregbaren Alkalien und Erdalkalien bei dieser Temperatur eine ganze Reihe von Linien emittieren, ist schon lange bekannt und stimmt gut in das Bild. Systematisch ist das Auftreten der verschiedenen Linien der Alkalien und Erdalkalien bis 2400° K von MÜLLER[4] untersucht worden. Auch seine Resultate sind in Übereinstimmung mit den obengenannten Gesetzmäßigkeiten. Wir erwähnen noch, daß bei höheren Temperaturen die Erdalkalimetalle, deren Ionen leicht anregbar sind, auch die Resonanzlinien des ersten Funkenspektrums zeigen.

Über das Temperaturleuchten der Moleküle liegen nur wenige Messungen vor. Wir erwähnten schon die Untersuchungen über die ultraroten Rotationsbanden bei Kohlensäure. Ein Leuchten im sichtbaren Gebiet, das mit einem Elektronensprung verknüpft ist, tritt bei Erhitzung von Joddampf auf Temperaturen von 550° C und höher auf[5]. Vielleicht ist dieses Leuchten zum Teil der Wiedervereinigung eines normalen Jodatoms mit einem metastabilen zuzuschreiben[6], so daß es in gewissem Sinne als Chemilumineszenz bezeichnet werden könnte. Nach PRINGSHEIM[7] sollte man jedoch auch in diesem Fall von Temperaturleuchten sprechen, da die vorausgehenden Prozesse durch Wärmeenergie ausgelöst werden und es sich hier um einen Gleichgewichtszustand handelt. PRINGSHEIM hat diese Erscheinung zu einem Demonstrationsversuch des Temperaturleuchtens benutzt: auf die Außenseite einer Jod enthaltenden Quarzkugel wird ein schwarzer Fleck angebracht; es zeigt sich dann, daß beim Erhitzen der Kugel der schwarz strahlende Fleck vollkommen gegen den hellen Hintergrund des leuchtenden Joddampfes verschwindet.

Von verschiedenen Seiten ist versucht worden, gewisse elektrische Entladungserscheinungen im Lichtbogen usw. ebenfalls als Temperaturanregung und Temperaturionisation im Gase zu deuten[8]. Neuerdings ist diese Auffassung durch Arbeiten von ORNSTEIN und Mitarbeiter gestützt worden[9, 10]. Die Verfasser

[1] G. A. HEMSALECH, Phil. Mag. Bd. 36, S. 209, 281. 1918; Bd. 39, S. 241 Bd. 40, S. 296. 1920.

[2] A. S. KING, Astrophys. Journ. Bd. 52, S. 187. 1920.

[3] J. C. McLENNAN u. A. THOMPSON, Proc. Roy. Soc. London (A) Bd. 92, S. 534. 1916; J. C. McLENNAN u. H. J. C. IRETON, Phil. Mag. Bd. 36, S. 461. 1918.

[4] F. H. MÜLLER, Dissert. Göttingen 1921.

[5] Für die ältere Literatur vgl. H. KONEN, Ann. d. Phys. (3) Bd. 65, S. 257 1898.

[6] E. G. DYMOND, ZS. f. Phys. Bd. 34, S. 553. 1925.

[7] P. PRINGSHEIM, ZS. f. Phys. Bd. 57, S. 739. 1929.

[8] Siehe für die Säule des Bogens: K. T. COMPTON, Phys. Rev. Bd. 21, S. 266. 1923. J. SLEPIAN (Phys. Rev. Bd. 27, S. 407. 1926) benutzt diese Theorie auch zur Erklärung der Vorgänge an der Kathode von gewissen Bogenentladungen; wahrscheinlicher ist jedoch, daß dabei die Elektronen durch die hohe Feldstärke aus der Kathode gezogen werden; siehe I. LANGMUIR, Gen. Electr. Rev. Bd. 24, S. 731. 1923; K. T. COMPTON, Phys. Rev. Bd. 37, S. 1077. 1931.

[9] L. S. ORNSTEIN, Phys. ZS. Bd. 32, S. 517. 1931 (Übersicht).

[10] Vgl. auch die neue Arbeit von L. S. ORNSTEIN, H. BRINKMAN u. A. BEUNES. ZS. f. Phys. Bd. 77, S. 72. 1932. (Anm. b. d. Korr.)

bestimmen aus Intensitätsverhältnissen von Bandenlinien und Spektrallinien die Verteilung der Molekeln auf den verschiedenen Niveaus und kommen zu dem Schluß, daß diese in den von ihnen untersuchten Fällen dem MAXWELL-BOLTZMANNschen Verteilungsgesetz genügt. Auf diese Weise wurde z. B. in einem Luftbogen, bei dem die Anode zum Teil aus Al_2O_3 bestand, für die Mitte der Säule (CN-Banden) eine Temperatur von 6500° K gefunden, für eine mehr nach außen liegende Zone (AlO-Banden) etwa 3000° K[1]. Es fragt sich nun, ob diese aus den relativen Intensitäten der Rotationsterme abgeleitete Temperatur („Rotationstemperatur") tatsächlich die wahre Gastemperatur darstellt, ob also auch die Translationsgeschwindigkeiten der Moleküle die zu dieser Temperatur gehörende Verteilung haben und ob die „Elektronen"- und „Ionentemperatur" gleich groß sind. Nach LOCHTE-HOLTGREVEN[2] braucht das nicht der Fall zu sein. Der Verfasser bestimmt z. B. die Intensitätsverteilung innerhalb der C_2- und CN-Banden in einer Azetylenentladung und findet zwar für beide eine MAXWELL-BOLTZMANNsche Verteilung, die aber zwei um mehrere 1000° verschiedenen Temperaturen angehören. Es handelt sich hier jedoch nicht um Messungen an einem Gleichstrombogen, sondern um eine kondensierte Entladung, wobei die Verhältnisse während einer Periode stark variieren. Es können sich also sehr wohl die verschiedenen Temperaturbestimmungen auf verschiedene Phasen der Entladung beziehen. Diese Erklärungsmöglichkeit wird gestützt durch neuere Arbeiten von ORNSTEIN, BRINKMAN und VERMEULEN[3], die die Temperatur eines Wechselstrombogens als Funktion der Zeit aus den CN-Banden bestimmen. Es zeigte sich dabei, daß die Temperatur innerhalb einer Schwingung durch die Formel

$$T = 4330 + 5100\,|\sin\varphi|$$

(φ = die Phase) gut dargestellt wird. Daß die Rotationstemperatur mit der wahren Temperatur übereinstimmt, wird weiter gestützt durch andere Arbeiten von ORNSTEIN und BRINKMAN[4]. Sie bestimmen die Temperatur aus der Verteilung der Energie über die Vibrationszustände und finden, daß diese „Vibrationstemperatur" innerhalb der Beobachtungsfehler mit der Rotationstemperatur übereinstimmt. Auch das Intensitätsverhältnis der Balmerlinien in einem Wasserstoffbogen[5] genügt einer MAXWELL-BOLTZMANN-Verteilung bei 5000 bis 6000° je nach Stromstärke und Bogenlänge („Anregungstemperatur"). Weiter bestätigten sich noch gewisse qualitative Schlüsse, welche unter der Voraussetzung von Temperaturanregung abgeleitet wurden. Schließlich erwähnen wir, daß v. ENGEL und STEENBECK[6], welche die Gasdichte in der Achse eines Luft- bzw. Stickstoffbogens und somit die „Translationstemperatur" des Gases bestimmten, ebenfalls zu hohen Temperaturen von etwa 5000° K kamen. Es ist also nach allen diesen Versuchen wahrscheinlich, daß die Anregung im Lichtbogen in vielen Fällen als Temperaturanregung zu deuten ist.

87. Temperaturionisation. Wenn man ein Gas auf genügend hohe Temperatur erhitzt, wird man nicht nur Temperaturanregung, sondern auch Temperaturionisation erwarten. Tatsächlich hat die Flammenleitfähigkeit schon

---

[1] L. S. ORNSTEIN u. W. R. VAN WIJK, Proc. Amsterdam Bd. 33, S. 44. 1930; L. S. ORNSTEIN u. H. BRINKMAN, ebenda Bd. 34, S. 498. 1931.

[2] W. LOCHTE-HOLTGREVEN, ZS. f. Phys. Bd. 64, S. 443. 1930; Bd. 67, S. 590. 1931.

[3] L. S. ORNSTEIN, H. BRINKMAN u. D. VERMEULEN, Proc. Amsterdam Bd. 34, S. 764. 1931.

[4] L. S. ORNSTEIN u. H. BRINKMAN, Proc. Amsterdam Bd. 34, S. 33, 498. 1931.

[5] L. S. ORNSTEIN, J. G. EYMERS u. J. WOUDA, Proc. Amsterdam Bd. 34, S. 505. 1931.

[6] A. VON ENGEL u. M. STEENBECK, Wiss. Veröffentl. a. d. Siemens-Konz. Bd. 10, S. 155. 1931.

lange in diese Richtung hingewiesen. Mit der in voriger Ziffer erwähnten Beobachtung, daß in Flammen nur die niedrigsten Energieniveaus der Atome merkbar angeregt werden, ist diese Ionisation nur scheinbar im Widerspruch. Denn einerseits sind die elektrischen Beobachtungsmethoden sehr viel empfindlicher als die optischen, und andererseits werden die Molekeln durch Ionisation in zwei Teile gespalten, so daß die Formel (28) nicht mehr anwendbar ist. Nach EGGERT[1] und SAHA[2] gilt, wenn nur ein einziges Gas vorhanden ist und nur einfache Ionisierung wesentlich in Frage kommt, die Formel:

$$\frac{x^2 P}{1 - x^2} = \frac{1}{h^3} (2\pi m)^{\frac{3}{2}} (kT)^{\frac{5}{2}} e^{-\frac{\varepsilon_i}{kT}}, \tag{30}$$

wo P die Summe der Partialdrucke der Atome, Ionen und Elektronen darstellt und x den Bruchteil der Atome, welcher ionisiert ist, m die Masse des Elektrons, k die BOLTZMANNsche Konstante, T die absolute Temperatur und ε_i die Ionisierungsenergie bedeuten. Man sieht, wie der Bruchteil x für irgendeine Temperatur T beliebig groß werden kann, wenn nur der Druck P klein ist, das Gas sich also über einen großen Raum ausbreitet.

Da einerseits die Flammenleitung, andererseits die SAHAsche Theorie und ihre Anwendung auf die Astrophysik in diesem Handbuch an anderen Stellen eingehend behandelt werden (Bd. XIV und XI), beschränken wir uns hier nur auf einige wichtige Beobachtungen aus den letzten Jahren.

Als qualitatives Resultat der Leitfähigkeitsmessungen an Flammen ist hervorzuheben, daß die Ionisation desto stärker ist, je tiefer die Ionisierungsspannung der Metalle liegt. Von NOYES und WILSON[3] ist zum ersten Male eine quantitative Prüfung der Formel (30) vorgenommen. Kürzlich sind alle in Betracht kommenden Leitfähigkeitsmessungen an alkalihaltenden Flammen, einschließlich der neueren Untersuchungen von WEICHERT, von WILSON[4] zusammengestellt worden. Tabelle 46 gibt in Spalte 2 die aus Formel (30) berechneten Ionisierungsspannungen V_i und in Spalte 3 die entsprechenden aus spektroskopischen Daten bekannten Werte. Wie man sieht, ist die Übereinstimmung für die schwereren Metalle sehr befriedigend, für Na und Li jedoch viel weniger gut. Der experimentelle Wert von $x^2 P/(1 - x^2)$ ist für diese letzten Metalle um eine Zehnerpotenz höher als der aus Formel (30) berechnete. Die Änderung der Flammenleitfähigkeit mit der Temperatur (1570 bis 1920° K) wurde von BENNETT[5] untersucht; dabei zeigte sich eine geringere Zunahme mit der Temperatur, als man nach SAHA erwarten würde. Obgleich also noch nicht alles geklärt ist, kann doch festgestellt werden, daß diese Theorie in der Hauptsache ein befriedigendes Bild der Vorgänge bei der Flammenleitung gibt. Wird das Gas in einem Ofen erhitzt, so ist die SAHAsche Formel, wie LANGMUIR und KINGDON[6] gezeigt haben, in der Form (30) nicht

Tabelle 46. Temperaturionisierung nach WILSON.

Metall	V_i nach Formel (30)	V_i spektroskopisch
Zäsium	3,97	3,87
Rubidium	4,20	4,15
Kalium	4,35	4,32
Natrium	4,77	5,12
Lithium	4,88	5,36

[1] J. EGGERT, Phys. ZS. Bd. 20, S. 570. 1919.
[2] M. N. SAHA, Phil. Mag. Bd. 40, S. 472. 1920; ZS. f. Phys. Bd. 6, S. 40. 1921.
[3] A. A. NOYES u. H. A. WILSON, Astrophys. Journ. Bd. 57, S. 20. 1923.
[4] H. A. WILSON, Rev. Mod. Phys. Bd. 3, S. 156. 1931 (ausführliche Literaturangaben). Vgl. L. ROLLA u. G. PICCARDI, Phil. Mag. Bd. 7, S. 286. 1929.
[5] J. A. J. BENNETT, Phil. Mag. (7) Bd. 3, S. 127. 1927.
[6] I. LANGMUIR u. K. H. KINGDON, Proc. Roy. Soc. London (A) Bd. 107, S. 61. 1925.

mehr gültig, weil die Ofenwände Elektronen emittieren und infolgedessen die Konzentration der Elektronen nicht mehr der der positiven Ionen entspricht. Es gilt dann unter denselben Voraussetzungen wie bei der Formel (30):

$$\frac{n_p n_e}{n_a} = \frac{1}{h^3} (2\pi m)^{\frac{3}{2}} (kT)^{\frac{3}{2}} e^{-\frac{\varepsilon_i}{kT}}, \tag{31}$$

wo n_p, n_e und n_a die Zahl der positiven Ionen, der Elektronen bzw. neutralen Atome pro cm^3 und h die PLANCKsche Konstante bedeuten. Für $n_p = n_e$ geht die Formel in die SAHAsche über. Die Versuche der Verfasser ergaben Resultate, welche mit dieser Formel in Übereinstimmung sind.

Schließlich sei noch auf einige KINGsche Ofenversuche[1] hingewiesen, die ebenfalls die Richtigkeit dieser thermodynamischen Betrachtungen bestätigen. Während die Intensitäten der Bogenlinien eines Metalles von der Beimischung anderer Metalle unabhängig sind, soll das bei den Funkenlinien nicht der Fall sein. Für diesen Fall gilt nämlich ebenfalls die Formel (31), wobei man unter n_e die Gesamtzahl der Elektronen zu verstehen hat und n_p und n_a sich auf eine Atomsorte bezieht[2]. Wird also ein leichter ionisierbares Metall hinzugefügt, so nimmt dadurch n_e zu, was zur Folge hat, daß das Verhältnis n_p/n_a abnimmt und die Intensität der Funkenlinien geringer wird. Tatsächlich bestätigte sich dies, wenn dem Ca-Dampf andere Metalle wie K oder Cs beigemischt wurden.

---

[1] A. S. KING, Astrophys. Journ. Bd. 55, S. 380. 1922.
[2] Vgl. H. N. RUSSELL, Astrophys. Journ. Bd. 55, S. 119. 1922.

Kapitel 3.

Anregung von Lichtemission durch Einstrahlung.

Von

PETER PRINGSHEIM, Berlin[1].

Mit 86 Abbildungen.

a) Allgemeine Vorbemerkungen.

1. Begriffsdefinition. Da die Absorption von Lichtstrahlung unter Energieaufnahme erfolgt, entsteht hierdurch eine energiereichere Modifikation des absorbierenden Systems, also beim Elementarakt ein „erregtes" Atom oder Molekül. Falls nicht die aufgenommene Energie durch äußere Störungen dem erregten System auf anderem Wege entzogen wird, muß ein der Absorption entsprechender Prozeß auch im umgekehrten Sinne, unter Energieabgabe in Form von Strahlung, durchlaufen werden können; wird dem erregten System ein Teil der Erregungsenergie entzogen oder noch weitere Energie zugeführt (meist wohl durch Wärmebewegung), so wird für den Emissionsprozeß eine andere Energiemenge zur Verfügung stehen, als vorher aus der Strahlung aufgenommen worden war; oder im Sinne der Quantentheorie: das emittierte Licht wird eine andere Wellenlänge haben als das erregende. Eine derartige vollständige oder teilweise Reemission von Licht durch Moleküle, die durch Einstrahlung in einen angeregten Zustand überführt worden sind, heißt Fluoreszenz, wenn der Leuchtprozeß mit dem Abschneiden der erregenden Strahlung „praktisch momentan" verlöscht; sie wird als Phosphoreszenz bezeichnet, wenn zwischen dem Ende der Absorption und dem Ende der Emission eine meßbare Zeit verfließt, die je nach den Umständen Bruchteile einer Sekunde oder mehrere Jahre betragen kann. Da die mittleren Verweilzeiten sich auf die einzelnen Elementarprozesse nach Wahrscheinlichkeitsgesetzen verteilen, tritt bei der Phosphoreszenz ein allmählich abklingendes Nachleuchten der erregten Substanz in Erscheinung, das im Falle einer einheitlichen Sorte erregter Systeme durch eine Exponentialfunktion, sonst durch eine Überlagerung derartiger Funktionen sich darstellen läßt; zu der gleichen Gesetzmäßigkeit führt auch die klassische Annahme, daß jeder individuelle Emissionsprozeß nicht momentan verläuft, sondern durch Strahlungsdämpfung allmählich abklingt. An Gasen und Dämpfen wird im allgemeinen nur Fluoreszenz, bei festen Körpern Phosphoreszenz beobachtet; bei Flüssigkeiten ist die Nachleuchtdauer in der Regel äußerst kurz ($\sim 10^{-9}$ sec), mit wachsender Zähigkeit der Flüssigkeit tritt aber hier an Intensität relativ immer stärker auch Phosphoreszenz hinzu.

---

[1] Wegen vollständiger Literaturnachweise bis zum Jahre 1908 vgl. KAISER, Handb. d. Spektroskopie Bd. IV, Leipzig 1908, für die Zeit 1908—1928 PRINGSHEIM, Fluoreszenz und Phosphoreszenz im Lichte der neueren Atomtheorie, 3. Aufl. Berlin: Julius Springer 1928.

Da der Begriff einer „momentan" kurzen Zeit ein relativer ist, ist die hier zunächst gegebene den älteren phänomenologischen Definitionen entsprechende Abgrenzung zwischen Fluoreszenz und Phosphoreszenz, obwohl praktisch vielfach ausreichend, nicht eindeutig, um so weniger, als es nach neueren Methoden möglich ist, eine endliche Leuchtdauer für alle Lichtemissionsprozesse festzustellen und auch zu messen. Es scheint daher richtiger, von Fluoreszenz dann zu sprechen, wenn die Rückkehr in den unerregten Zustand unter Strahlung nur durch die spontanen Übergangswahrscheinlichkeiten im Molekülinnern bedingt ist, selbst wenn man dabei — etwa im Falle metastabiler Anregungszustände — zu relativ langen Leuchtdauern gelangt. Im Fall der Phosphoreszenz dagegen ist die Abklingungszeit, d. h. die Geschwindigkeit, mit der die in einem bestimmten Moment nach Aufhören der Erregung von den erregten Molekülen angesammelte Energie ausgestrahlt wird, von äußeren Bedingungen, insbesondere der Temperatur, abhängig; unter diesen Umständen ist die Leuchtintensität nur ein Maß für die in der Zeiteinheit in den unerregten Zustand zurückkehrenden, nicht aber für die Zahl der eben noch erregten Moleküle; diese bestimmt sich vielmehr aus der Lichtmenge, die von dem fraglichen Augenblick an im ganzen noch ausgesandt wird, eine Größe, für die LENARD die Bezeichnung „Lichtsumme" eingeführt hat. Die Lichtsumme mißt man nach LENARD, indem man die unter einem räumlichen Winkel ω von dem Phosphor[1] emittierte Strahlung in eine ELSTER- und GEITELsche Photozelle einfallen läßt und die gesamte Elektrizitätsmenge bestimmt, die bis zum vollständigen Verlöschen des Phosphors durch die Zelle fließt. Ist diese für Licht der betreffenden Wellenlänge geeicht, d. h. kennt man das Verhältnis zwischen einfallender Strahlungsenergie pro Sekunde und lichtelektrischer Stromstärke, so kann man unter Berücksichtigung des Wertes von ω die Lichtsumme im absoluten Maße in Kalorien bzw. Erg oder nach Division durch $h \cdot \nu$ als Zahl der ausgesandten Lichtquanten angeben. Während die Fluoreszenzhelligkeit immer und innerhalb der weitesten Grenzen der Intensität des primären Lichtes streng proportional ist, da ja bei sofortiger Reemission die Zahl der erregten Systeme im Verhältnis zur Gesamtzahl der Moleküle stets klein bleibt, gilt das für die Phosphoreszenz nicht mehr, und zwar ebensowenig bezüglich der Helligkeit in einem gegebenen Augenblick wie bezüglich der totalen Lichtsumme; denn all die Moleküle, die über eine längere Zeit hin im erregten Zustande bleiben, scheiden für diese Zeit für eine nochmalige Erregung aus. Im Grenzfall kann dann eine weitere Steigerung der Primärintensität die Phosphoreszenzintensität überhaupt nicht mehr erhöhen, die Substanz ist „voll erregt". Langsam abklingende Phosphore besitzen auch eine gewisse Anklingungsperiode, da zunächst die Zahl der erregten Moleküle immer mehr anwächst, bis der Gleichgewichtszustand erreicht wird, bei dem die Zahl der in der Zeiteinheit ausstrahlenden und absorbierenden Atome gleich groß ist. Eine wesentliche Rolle spielen diese Phänomene jedoch nur bei Substanzen mit sehr großer Nachleuchtdauer, wie sie vor allem in Ziff. 45ff. behandelt werden sollen.

2. Apparate zur Messung kurzdauernden Nachleuchtens. Versuchsanordnungen, die dazu dienen, das Vorhandensein kurzdauernder Phosphoreszenz nachzuweisen und evtl. das Abklingen solchen Nachleuchtens messend zu verfolgen, heißen nach J. BECQUEREL Phosphoroskope. Es kommt dabei im Prinzip immer darauf an, in meßbaren und dabei variablen kurzen Zeitabständen die

[1] Die Bezeichnung „Phosphor" (zunächst wohl „hermetischer Phosphor") für Substanzen, die nach vorangegangener Belichtung im Dunkeln selbst leuchten, findet man schon bei verschiedenen Autoren, z. B. BAUDOUIN, in der Mitte des 17. Jahrhunderts, noch vor Entdeckung des Elementes, das den gleichen Namen erhielt.

Beobachtung der Lumineszenz auf ihre Erregung folgen zu lassen, so daß also immer eine Periode, während welcher der Phosphor mit erregendem Licht beleuchtet wird, und eine Periode, während welcher der augenblicklich nicht bestrahlte selbst leuchtende Phosphor dem Auge sichtbar wird, miteinander abwechseln. Am einfachsten wird das erreicht mit einem der von BECQUEREL[1] selbst konstruierten Phosphoroskope: Der Phosphor befindet sich zwischen zwei auf einer Achse montierten rotierenden Scheiben M und N (Abb. 1), an denen gegeneinander versetzte sektorförmige Ausschnitte a bzw. d angebracht sind. Durch die Ausschnitte der einen Scheibe tritt das erregende Licht ein, durch die der anderen gelangt das Lumineszenzlicht ans Auge. Durch Änderung der Rotationsgeschwindigkeit, des Öffnungswinkels der Sektoren und der Winkel, um die die Sektoren der beiden Scheiben gegeneinander versetzt sind, läßt sich die Zeit zwischen Erregung und Beobachtung und die Länge der Erregungsperiode selbst innerhalb gewisser Grenzen variieren; Nachleuchtdauern bis 10^{-4} sec lassen sich so ohne Schwierigkeit feststellen. Dieses BECQUERELsche Phosphoroskop kann nur gebraucht werden, wenn der Phosphor zum mindesten für die erregende *oder* die sekundäre Strahlung einigermaßen durchlässig ist; anderenfalls muß die Anordnung dahin abgeändert werden, daß Erregung und Beobachtung von derselben Seite („von vorne“) erfolgt. Das kann z. B. durch Verwendung zweier rotierender Spiegel geschehen, von denen der eine zur intermittierenden Belichtung des Phosphors dient, während der andere in den zwischenliegenden Zeitintervallen die Phosphoreszenzstrahlung ins Auge des Beobachters bzw. in das Objektiv der photographischen Kamera reflektiert. LENARD hat eine Apparatur angegeben, bei der eine bewegliche Blende, die periodisch den Phosphor für den Beobachter verdeckt, gleichzeitig die Schließung einer Funkenstrecke betätigt, deren Licht zur Phosphoreszenzerregung dient. In einem von WOOD gelegentlich beschriebenen Phosphoroskop wird ein punktförmiges Bild der primären Lichtquelle auf die phosphoreszierende Substanz entworfen, die in größerer Fläche auf einer schnell rotierenden Scheibe befestigt ist: findet Nachleuchten statt, so wird der leuchtende Punkt in ein Band ausgezogen, dessen Länge in Verbindung mit der Umlaufsgeschwindigkeit der Scheibe über die Leuchtdauer Aufschluß gibt; mit dieser Anordnung soll es gelingen, Nachleuchten von weniger als 10^{-6} sec noch nachzuweisen. Weitere mechanische Modifikationen des BECQUERELschen Phosphoroskops sind von verschiedenen Autoren vorgeschlagen worden (NICHOLS und MERRILL, WAWILOW usw.). In neuerer Zeit hat man die mechanische Lichtunterbrechung durch elektrische Methoden ersetzt, wodurch man zu wesentlich höheren Frequenzen, d. h. zur Messung sehr viel kürzerer Leuchtdauern übergehen konnte. Die erste auf diesem Prinzip beruhende Anordnung von GOTTLING, bei der durch die aperiodische Entladung eines Kondensators ein schnell abklingendes elektrisches Feld zwischen den Platten einer mit Nitrobenzol gefüllten Kerrzelle erzeugt wurde, ist von E. GAVIOLA durch Verwendung hochfrequenter, ungedämpfter elektrischer Schwingungen wesentlich verbessert worden[2] (Abb. 2). Das erregende Licht der Lampe Q, durch das NICOLsche Prisma N_1 linear polarisiert, geht zwischen den Platten der Kerrzelle C_1 und dann durch einen zweiten gegen

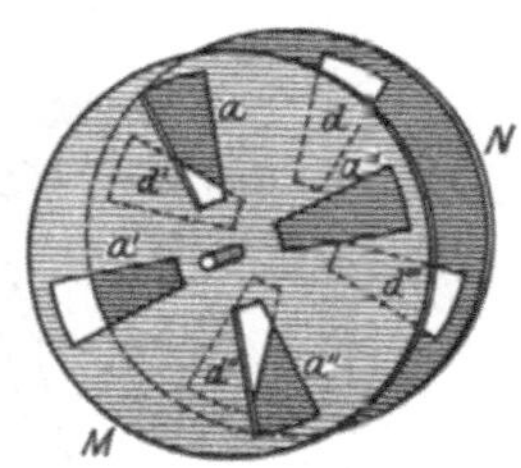

Abb. 1. Phosphoroskop nach E. BECQUEREL.

[1] Die Ergebnisse seiner zahlreichen Arbeiten über Fluoreszenz und Phosphoreszenz sind zusammengestellt in dem Buch: E. BECQUEREL, La Lumière. Paris: Firmin Didot 1867.

[2] Siehe auch H. H. HUPFELD, ZS. f. Phys. Bd. 54, S. 484. 1929 u. F. DUSCHINSKY, Diss. Berlin 1932.

N_1 gekreuzten Nicol N_2 hindurch, ehe es auf die lumineszenzfähige Substanz R auftrifft. Von hier durchläuft das Lumineszenzlicht ein zweites analoges System, das aus den NICOLschen Prismen N_3, N_4 und der synchron mit C_1 schwingenden Kerrzelle C_2 besteht. Jedes der beiden Systeme bildet einen Lichtverschluß, der nur wenn Spannung an den Kerrzellen liegt, geöffnet ist; je nach der Höhe der Spannung, d. h. der Phase der angelegten Wechselfelder im Augenblick des Lichtdurchganges, ist dieses nach dem Austritt aus C_2 mehr oder weniger elliptisch polarisiert. Der Vergleich des Elliptizitätsgrades des Fluoreszenzlichtes mit dem von Primärlicht, das an einem Spiegel Sp' in bekannter Entfernung reflektiert worden ist, gestattet — bei einer elektrischen Schwingungszahl von $5 \cdot 10^6$ ($\lambda = 15{,}5$ m) im Kerrfeld — mittlere Nachleuchtdauern[1] von $3 \cdot 10^{-9}$ sec noch mit ziemlicher Sicherheit zu messen[2].

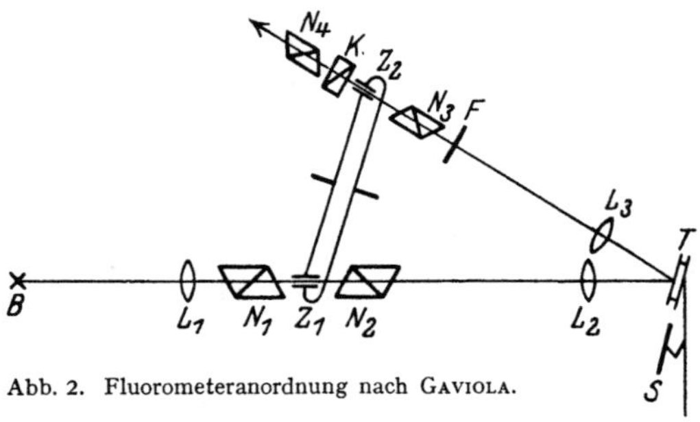

Abb. 2. Fluorometeranordnung nach GAVIOLA.

Wenn, was vor allem bei festen Substanzen schwer zu vermeiden ist, die lumineszierende Oberfläche das erregende Licht diffus zerstreut, ist es sehr oft vorteilhaft, mit komplementären Farbfiltern zu arbeiten, von denen das erste, in den Weg der Primärstrahlung eingeschaltet, nur die zur Erregung notwendigen Wellenlängen hindurchläßt; das zweite Filter ist umgekehrt nur für die Sekundärstrahlung durchsichtig, während es die zerstreute Primärstrahlung absorbiert: es befindet sich unmittelbar vor dem Auge des Beobachters. Dieser Kunstgriff wurde schon von STOKES[3] angegeben; er ist natürlich nur dann anwendbar, wenn die beiden Wellenlängengebiete der Erregung bzw. Emission spektral hinreichend getrennt sind. Dann aber gestattet er auch, Fluoreszenz während der Erregung in der Richtung des Primärstrahls zu untersuchen, was häufig bequem und in manchen Fällen von besonderem Interesse ist. Wird zur Erregung ausschließlich ultraviolettes Licht verwandt, so kann man das zweite Filter weglassen; als ein geeignetes Ultraviolettfilter ist von WOOD Nickeloxydglas angegeben worden: es ist für das ganze sichtbare Spektralgebiet so gut wie vollständig undurchlässig, absorbiert dagegen zwischen 4000 und 3000 Å verhältnismäßig wenig; das Maximum der Durchlässigkeit liegt bei etwa 3500 Å. Durch ein solches Filter hindurchgegangenes Licht wird häufig als „Filterultraviolett“ bezeichnet.

3. Resonanzstrahlung und Streuung. Der einfachste Fall der Fluoreszenz ist die Resonanzstrahlung. Sie tritt auf, wenn nur ein einziger möglicher Übergang aus dem erregten in den unerregten Zustand existiert, der die direkte Umkehrung des Absorptionsprozesses darstellt: dann wird dieselbe Linie reemittiert, die zur Erregung dient, und nur diese. Sind dagegen in dem Atom bzw. Molekül aus dem erregten Zustand noch andere strahlende Übergänge — etwa auf irgendwelche energetische Zwischenniveaus — möglich, so kommen in der Emission neben der erregenden Linie noch andere, eben jenen anderen Übergängen entsprechende Linien vor: man spricht dann von Resonanzspektren. Während

[1] Zeit, in der die Helligkeit auf $1/e$ gesunken ist.

[2] Bezüglich indirekter Methoden zur Messung der Abklingungsdauer von Resonanzstrahlung in Dämpfen vgl. Ziff. 10.

[3] Diese sowie zahlreiche andere wichtige Angaben finden sich in den grundlegenden Veröffentlichungen von G. G. STOKES, Phil. Trans. Bd. 143 II, S. 463. 1852; Bd. 143 III, S. 385. 1853.

nach der älteren Quantentheorie[1] vielfach ein prinzipieller Unterschied zwischen diesen mit quantenhafter Absorption verbundenen Resonanzvorgängen und der klassischen „RAYLEIGHschen" Streuung angenommen wurde, die schon in der Inkohärenz der einen, der Kohärenz der anderen zum Ausdruck kommen sollte — wobei sogar die Vermutung nicht ausgeschlossen wurde, daß an der Stelle der Eigenfrequenz des Atoms beide Effekte gleichzeitig nebeneinander vorhanden seien —, scheint nach der Wellenmechanik kein Zweifel mehr zu bestehen[2], daß die beiden Phänomene stetig ineinander übergehen, und daß somit insbesondere auch die Resonanzstrahlung kohärent mit der Primärstrahlung ist. Daß diese Kohärenz bis jetzt in keinerlei Versuchen zutage trat, liegt daran, daß die Resonanzstrahlung nur an verdünnten Gasen bzw. Dämpfen beobachtet werden kann, in denen wegen der Gültigkeit der Gasgesetze, d. h. der vollkommen zufälligen räumlichen Verteilung der einzelnen Moleküle auch die RAYLEIGHsche Streuung in ihren beobachteten Eigenschaften die Kohärenz nicht erkennen läßt.

4. Erregungsverteilung und STOKESsche Regel. Infolge von zeitlich und örtlich veränderlichen Störungen durch benachbarte Moleküle können die einzelnen Quantenzustände ihre scharfe Definiertheit verlieren, das betreffende Molekül kann je nach der gerade zufällig vorhandenen äußeren Konfiguration merklich verschiedene Energieinhalte besitzen, die nun aber nicht mehr stufenweise streng gegeneinander abgegrenzt sind, sondern stetig ineinander übergehen. Dann treten an Stelle scharfer Absorptions- bzw. Emissionslinien mehr oder weniger verwaschene Banden: solche werden bei fast allen Substanzen im flüssigen und festen Aggregatzustande beobachtet. In der Regel aber fallen bei solchen Substanzen, sofern sie überhaupt fluoreszenzfähig sind, die Emissionsbanden mit den Absorptionsbanden, in denen die Lumineszenz erregt werden kann und die man darum auch häufig als die „Erregungsverteilung" bezeichnet, nicht mehr zusammen. Der erste Prozeß ist dann nicht mehr die einfache Umkehr des zweiten, es muß sich irgendeine Art von Zwischenmechanismus einschalten, der letzten Endes wohl stets in einem Energieaustausch mit dem durch die Umgebung gebildeten Wärmereservoir besteht[3]. Prinzipiell gilt dann für die Frequenz des Fluoreszenzlichtes nur noch der Erhaltungssatz, daß die bei der Emission ausgestrahlte Energie im Höchstfall gleich oder kleiner sein muß als die bei der Absorption aufgenommene; oder, da diese nach dem Quantenpostulat durch $h\nu_a$ bzw. $h\nu_e$ gemessen werden, es muß sein:

$$\nu_e \leqq \nu_a .$$

Das ist der Inhalt der rein phänomenologisch schon lange bekannten STOKESschen Regel und ihre quantenmäßig energetische Deutung nach EINSTEIN. Abweichungen von der Regel können nur insoweit vorkommen, als das erregte Atom imstande ist, aus dem Wärmeinhalt des Systems Energie im Überschuß über die absorbierte Energie zu gewinnen; bei mittleren Temperaturen sind diese Energieüberschüsse relativ niemals sehr groß, sie genügen aber zur Erklärung der gleichfalls lange bekannten Tatsache, daß die STOKESsche Regel häufig nicht streng erfüllt ist.

Um die spektrale Lage der Energieverteilung zu bestimmen, entwirft man nach STOKES ein reelles Spektrum auf die lumineszenzfähige Fläche; an den Stellen des Primärspektrums, die erregend wirken, tritt dann die Lumineszenzemission hervor; handelt es sich um Fluoreszenz, die während der Erregung beobachtet werden muß, so kann evtl. diese Methode mit derjenigen der kom-

---

[1] N. BOHR, H. A. KRAMERS u. J. C. SLATER, ZS. f. Phys. Bd. 24, S. 69. 1924.
[2] V. WEISSKOPF, Ann. d. Phys. (5) Bd. 9, S. 23. 1931.
[3] Vgl. Stöße 1. und 2. Art in Ziff. 24, ferner Ziff. 32 und 50.

plementären Filter kombiniert werden. Besonders vorteilhaft erweist sie sich aber bei der Untersuchung langsam abklingender Phosphore, die nach Abblenden des primären Spektrums nur an den „Dauererregungsstellen" weiterleuchten.

5. Unterschied zwischen Photolumineszenz und anderen Erregungsarten. Da die Lichtemission von seiten eines Atoms oder Moleküls ausschließlich bedingt ist durch den Erregungszustand, in dem sich das System bei Beginn der Emission befindet, und durch die Übergangswahrscheinlichkeiten aus diesem Zustand in Zustände geringerer Energie, so muß die Natur der Strahlung prinzipiell ganz unabhängig von der Art sein, wie der erregte Zustand ursprünglich erreicht worden ist, also von der Art des Erregungsprozesses. In diesem Sinne unterscheidet sich die Fluoreszenzstrahlung in nichts von sonstiger Lichtemission der gleichen Atome ode Moleküle, sei diese nun durch Elektronenstöße, durch thermische Agitation oder durch chemische Prozesse verursacht: alle charakteristischen Eigenschaften etwa einer bestimmten Spektrallinie oder Bande, wie Abhängigkeit von Druck und Temperatur, Beeinflußbarkeit durch magnetische, durch elektrische Felder muß sich hier wiederfinden. Ausgezeichnet ist die Fluoreszenzstrahlung allein dadurch, daß man bei ihr in viel feinerer Weise als sonst den Erregungsmechanismus beherrscht, daß man durch Absorption von Strahlung einer scharf definierten Frequenz aus der Gesamtzahl der vorhandenen Atome nur die in einem ganz bestimmten Anfangszustand befindlichen in einen ganz bestimmten Erregungszustand versetzen kann. In einer Flamme z. B. oder in einem Lichtbogen tritt — nur innerhalb ziemlich weiter Grenzen durch die Temperatur modifiziert — das vollständige Spektrum aller dort vorhandenen Atome und Moleküle auf. Bei Anregung durch Elektronenstoß kann man wohl all die Frequenzen aus dem Spektrum ausschließen, deren Anregungsspannung oberhalb der gewählten Elektronenenergie liegt; aber alle unterhalb dieser Energiestufe liegenden Zustände werden gleichzeitig erregt, und zu wirklich feinster Differenzierung reicht die Genauigkeit der Methode keineswegs aus. Durch Einstrahlung dagegen werden nicht nur beinahe beliebig nahe beieinander liegende Energiezustände unabhängig angeregt, sondern man kann sogar auch noch den Polarisationszustand, der für den betreffenden Übergang charakteristisch ist, festlegen, und so die in schwachen Magnetfeldern spektral evtl. überhaupt nicht mehr unterscheidbaren Zeemanniveaus trennen. Auch noch bei festen Verbindungen, deren Lumineszenzspektren man evtl. auf anderem Wege — durch Flammenerregung, Kathodenstrahlen, Kanalstrahlen — hervorrufen kann, gilt mit gewissen Einschränkungen das gleiche, auch hier hat die Erregung durch Einstrahlung den Vorzug weit größerer Differenziertheit: sie gestattet es, statt die Gesamtheit aller Saiten des Instrumentes gleichzeitig zu erschüttern, jeden Ton nach Wahl einzeln anzuschlagen.

b) Resonanzstrahlung einatomiger Gase und Dämpfe.

6. Bedingungen für das Auftreten der Resonanzstrahlung. Voraussetzung für das Auftreten reiner Resonanzstrahlung ist, daß einerseits der Prozeß vom Moment der Absorption bis zur vollendeten Emission sich ungestört abspielt und also die aufgenommene Energie dem erregten System auf keinem anderen Wege als durch spontane Ausstrahlung entzogen wird: der Dampfdruck sowohl der absorbierenden Atomart als auch evtl. fremder Zumischungen muß so niedrig sein, daß die mittleren Stoßzeiten groß sind gegenüber der mittleren Leuchtdauer. Andererseits muß, wie schon erwähnt, aus dem erregten Zustand kein anderer strahlender Übergang möglich sein, als der in den unerregten Anfangszustand: dieser muß somit einfach sein, was für alle Atome erfüllt ist, deren

Leuchtelektron unerregt eine S-Bahn beschreibt, wie bei den Alkalimetallen, den Elementen der zweiten Vertikalreihe des periodischen Systems usf.; und der erregte Zustand muß zwar nicht der der Grundbahn energetisch nächste sein, aber der spontane Übergang nach etwa zwischenliegenden Bahnen aus dem erregten Zustand muß durch die Auswahlregeln verboten sein. Derartige Zustände sind bei den eben erwähnten Elementen durch die Termsymbole $2\,^2P_{\frac{1}{2}}$ und $2\,^2P_{\frac{3}{2}}$ bzw. $2\,^1P_1$ und $2\,^3P_1$ charakterisiert[1]. Man ersieht hieraus, daß eine Atomart sehr wohl mehrere echte Resonanzlinien besitzen kann, sofern diese nur erregten Niveaus entsprechen, die untereinander nicht kombinieren. Das gilt z B. für die beiden D-Linien des Na, von denen bei niedrigem Druck nur eine in der Resonanzstrahlung auftritt, wenn das erregende Primärlicht nur diese enthält.

Um das nachzuweisen, ohne zur Trennung der D-Linien einen Monochromator mit relativ engem Spalt und daher von sehr kleiner Lichtstärke verwenden zu müssen, hat WOOD die folgende Versuchsanordnung angegeben (Abb. 3): Die Strahlung der primären Lichtquelle L, die beide D-Linien enthält, wird durch einen ersten Polarisator P_1 linear polarisiert; dann durchsetzt sie eine Quarzplatte Q, deren optische Achse in der Plattenebene liegt und um 45° gegen die Schwingungsrichtung des elektrischen Vektors im einfallenden Strahlenbündel gedreht ist; die Dicke der Platte (etwa 32 mm) ist so gewählt, daß infolge der Dispersion die Drehung der Polarisationsebene für D_1 gerade um 90° mehr beträgt als für D_2. Ein zweiter entsprechend orientierter Polarisator P_2 läßt dann nach Belieben nur D_1 oder D_2 austreten.

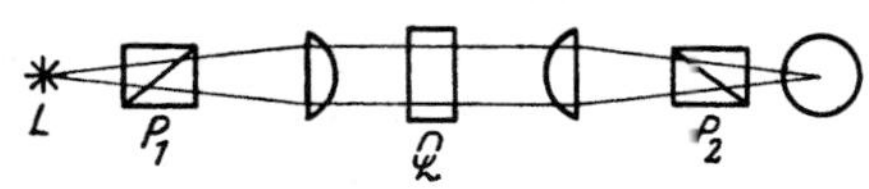

Abb. 3. Erregung der Na-Resonanz mit einer D-Linie.

Unter den Metalldämpfen, deren Atome analog gebaute Spektren aufweisen wie das Na, ist noch am Li ($\lambda = 6708$ Å ohne Auflösung des hier viel engeren Dubletts), am K[2] ($\lambda = 7699$ und 7645 Å) und am Ag[3] ($\lambda = 3382$ und 3280 Å) das erste Hauptseriendublett in Resonanzemission beobachtet worden.

Ebenso wie die Metalle dieser Gruppe besitzt das Quecksilber zwei Resonanzlinien: $\lambda = 2536{,}7$ Å $(1\,^1S_0 - 2\,^3P_1)$ und $\lambda = 1849$ Å $(1\,^1S_0 - 2\,^1P_1)$, von denen aber die zweite in das intensive Absorptionsgebiet des Sauerstoffs fällt, daher nur bei Ausschluß aller atmosphärischen Luft aus dem Strahlengang erhalten werden kann und in der Tat bei Erregung durch Einstrahlung bis jetzt nur einmal beobachtet wurde. Ganz analog den Linien des Hg sind die beiden Resonanzlinien des Cd: $\lambda = 3261$ Å und 2289 Å, des Zn ($\lambda = 3076$ und 2139 Å) und des Ca[4] (6573 und 4227 Å). Erwähnt sei schließlich noch das Mangan[5], dessen Spektrum aber schon wesentlich komplizierter gebaut ist: es besitzt zwei Resonanztripletts, dargestellt durch die Übergänge $1S \rightarrow 2\,^3P_{1,2,3}$ und $1S - 2\,^3P'_{1,2,3}$, die jedes für sich durch Einstrahlung ihrer Eigenwellenlänge anzuregen gelang; dagegen sind die einzelnen Triplettkomponenten in der Resonanzstrahlung bis jetzt noch nicht getrennt worden. Hiermit sind bereits alle Fälle wirklich experimentell festgestellter einfacher Resonanzstrahlung aufgezählt. Es besteht aber wohl nicht der geringste Zweifel, daß alle anderen Elemente, bei denen die obengenannten Bedingungen erfüllt sind, sich genau ebenso verhalten.

---

[1] Vgl. hierzu Abb. 4, 6 und 7. Die in diesem Kapitel gebrauchten Termbezeichnungen sind durchweg die von RUSSELL und SAUNDERS vorgeschlagenen.

[2] I. R. NIELSEN and N. WRIGHT, Journ. Opt. Soc. Amer. Bd. 20, S. 27. 1930.

[3] W. KAPUSCINSKI, Bull. Acad. Pol. Krakau (A) 1930, S. 285.

[4] A. STEINHÄUSER. Diss. Berlin 1932.

[5] J. FRIEDRICHSON, ZS. f. Phys. Bd. 64, S. 43. 1930.

Daß weitaus die meisten quantitativen Untersuchungen über Resonanzstrahlung bisher an Na und Hg durchgeführt worden sind, liegt allein an versuchstechnischen Gründen. Dabei handelt es sich nicht so sehr um den Umstand, daß gerade für diese beiden Materialien der Dampfdruck schon bei niedrigen Temperaturen relativ hoch ist; denn es sind für die Untersuchungen so geringe Dampfdichten notwendig, daß sie auch für viele andere Metalle ohne größere experimentelle Schwierigkeiten erzielt werden können. So läßt sich die Hg-Resonanz, die bei 0° bereits sehr kräftig ist, bis zu Sättigungstemperaturen von $-50°$ verfolgen, was einem Druck von etwa 10^{-7} mm Hg entspricht; und sie ist für Na bei 100° ($p = 10^{-7}$ mm Hg) so intensiv, daß alle wünschenswerten Messungen leicht visuell ausgeführt werden können.

7. Lichtquellen. Um Reinheit der Versuchsbedingungen zu erzielen, sind gerade möglichst geringe Dampfdrucke erforderlich. Die Folge davon ist aber, daß die Absorptionslinien außerordentlich schmal werden, und somit bedarf man primärer Lichtquellen, die ohne Selbstumkehr die betreffenden Linien mit größtmöglicher Intensität in der Linienmitte liefern. Verwendet man z. B., wie es in den früheren Arbeiten WOODS und DUNOYERS über die Na-Resonanz geschah, eine Kochsalzflamme, so ist es charakteristisch, daß eine natriumreiche sehr viel heller gelb leuchtende Flamme keine kräftigere Resonanzstrahlung hervorzurufen vermag als eine natriumarme Flamme: bekanntlich wird durch Zunahme der Na-Konzentration in der Flamme wesentlich nur die Breite der Emissionslinie, nicht aber die Intensität in der Linienmitte vergrößert. Demgemäß scheiden Funkenentladungen in Luft oder Hochdrucklichtbogen als Strahlungsquellen vollständig aus. Am meisten verwandt wurden neben der Na-Flamme Vakuumbogen, deren Elektroden aus Hg, Cd bzw. Na oder auch aus flüssigen Amalgamen der letztgenannten Metalle bestehen, und die entweder ganz oder doch teilweise von außen derart gekühlt werden, daß der Dampfdruck im Entladungsraum nicht zu hoch ansteigt; zudem wird der Lichtbogen meist noch durch ein Magnetfeld dicht an eine Stelle der Rohrwandung angedrückt und so die bei Durchgang der Strahlung durch eine Schicht nicht leuchtenden Dampfes auftretende Selbstumkehr der Linien vermieden. Neuerdings kommen immer mehr Geißlerentladungen[1] oder noch besser durch Glühkathoden gespeiste Niederspannungsentladungen in Rohren mit Edelgasfüllung in Verwendung, in die geringe Mengen des gewünschten Metalles eingeführt sind, und die bei entsprechender, evtl. durch die Entladung selbst aufrechterhaltener Temperatur, außerordentlich helle und scharfe Linien ohne Selbstumkehr ergeben[2]. Besonders günstig in dieser Beziehung sowohl als durch ihre Lichtstärke ist eine von CARIO und LOCHTE-HOLTEGREVE entwickelte Anordnung, bei der der Metalldampf durch einen mittels einer Zirkulationspumpe aufrechterhaltenen Gegenstrom des Edelgases auf den eigentlichen Entladungsraum konzentriert und insbesondere vom Austrittsfenster ferngehalten wird.

Für Untersuchungen, bei denen es darauf ankommt, daß die Linienbreite in der erregenden Strahlung absolut konstant und definiert ist, muß man als Primärstrahler bereits eine „Resonanzlampe" benutzen, d. h. ein hochevakuiertes Gefäß, das den Dampf des in Frage stehenden Metalls von bestimmter Temperatur enthält und in dem seinerseits mit Hilfe einer der eben beschriebenen Lichtquellen Resonanzstrahlung erregt wird.

8. Linienbreite und Nutzeffekt; Oberflächenresonanz. Die Breite der Resonanzlinien ist, solange die Dampfdichte so niedrig gehalten wird, daß

---

[1] R. LADENBURG, ZS. f. Phys. Bd. 28, S. 51. 1924; ELLETT, Journ. Opt. Soc. Amer. Bd. 10, S. 427. 1925.

[2] M. PIRANI, Elektrot. ZS. Bd. 51, S. 889, 1930.

Störungen durch benachbarte Moleküle nicht in Betracht kommen, wesentlich durch die Temperatur des Dampfes bzw. durch den aus dieser resultierenden Dopplereffekt bedingt. Beobachtet man, wie das häufig geschieht, in einer Richtung senkrecht zur primären Strahlung, so ist auch die Breite der erregenden Linie ohne Einfluß, weil jedes Atom — vom Standpunkt eines mitbewegten Beobachters — immer nur, gleichviel wie es in den erregten Zustand versetzt wurde, genau die der Linienmitte entsprechende Frequenz ausstrahlt; die vom ruhenden Beobachter wahrgenommene Linienbreite aber wird allein durch die MAXWELLsche Geschwindigkeitsverteilung bestimmt, welche die erregten Atome in bezug auf ihn besitzen. Wie RUMP am Quecksilber gezeigt hat, nimmt die Breite der Resonanzlinie so zu, wie es die Theorie erwarten läßt, wenn man bei konstant gehaltener Primärerregung und konstanter Dichte des Dampfes im Resonanzgefäß dessen Temperatur variiert. Diese relativen Messungen über Änderungen in der Linienbreite wurden so ausgeführt, daß die Absorbierbarkeit der Resonanzstrahlung in einer Zelle bestimmt wurde, die mit Hg-Dampf von konstanter Temperatur und Druck gefüllt war. Einer Methode, die größere Feinheiten zu verfolgen gestattet, bediente sich MALINOWSKI und nach ihm E. MEYER und seine Schüler[1] zur absoluten Messung der Breite der Hg-Resonanzlinie, indem er das Gefäß mit dem absorbierenden Dampf zwischen die Pole eines Elektromagneten brachte, durch allmähliche Verstärkung des Magnetfeldes die Zeemankomponenten der Absorptionslinie im Spektrum verschob und zu jeder Feldstärke die zugehörige Absorbierbarkeit der von einer unverändert bleibenden Resonanzlampe emittierten Resonanzstrahlung feststellte. Man fand auf diese Weise, daß die Hg-Resonanzlinie bei Zimmertemperatur aus fünf Komponenten besteht, die bei einer dem theoretischen Dopplerwert entsprechenden Halbwertbreite von etwa 0,01 Å in Abständen von etwa 0,012 Å angenähert äquidistant aufeinanderfolgen. MROZOWSKI konnte die gleichen Hyperfeinstrukturkomponenten auch mit einer Lummer-Gehrke-Platte in der Resonanzstrahlung des Hg-Dampfes nachweisen, nachdem dies vorher schon WOOD im Emissionsspektrum eines Hg-Bogens gelungen war, und sie teilweise verschiedenen Isotopen[2] des Quecksilbers zuordnen (vgl. Ziff. 12 u. 38).

Die Halbwertbreite der D_2-Linie in der Resonanzstrahlung des Na bei 300° ist durch interferometrische Methoden von DUNOYER und WOOD sowie von STRUTT zu 0,02 Å bestimmt worden, was in guter Übereinstimmung mit dem Wert ist, den man aus der reinen Dopplerverbreiterung bei 550° abs. für eine beim absoluten Nullpunkt unendlich schmale Linie errechnet. Dies bedeutet, daß unter den erwähnten Versuchsbedingungen die Linienbreite praktisch nur durch den thermischen Dopplereffekt, nicht aber durch Strahlungsdämpfung oder äußere Störungen bedingt wird. Indem TERENIN in einem DUNOYERschen Na-Atomstrahl durch Einstrahlung der D-Linien Resonanzemission erregte und diese in einer Richtung senkrecht zu dem Atomstrahl beobachtete, konnte er die Wirkung des Dopplereffekts, die sonst in diesem Fall die Hyperfeinstruktur ganz überdeckt, eliminieren und so auch hier jede der D-Linien in zwei Hyperfeinstrukturkomponenten auflösen.

Bei sehr niedriger Dampfdichte ist die Absorption der Primärstrahlung pro Längeneinheit eine geringe, die Resonanzstrahlung ist daher auf einer relativ großen Wegstrecke entlang der Bahn des erregenden Lichtes zu beobachten, und da das Resonanzlicht auch nur wenig einer sekundären Absorption im Dampfraum unterliegt, erhält man auf der photographischen Platte bzw. bei visueller Beobachtung ein scharf begrenztes, in seiner Längsrichtung ungefähr

[1] M. SCHEINER, Helv. Phys. A. Bd. 2, Suppl. I.
[2] Z. B.: H. SCHÜLER u. E. G. JONES, ZS. f. Phys. Bd. 74, S. 631. 1932.

nach einer e-Funktion an Intensität abklingendes Strahlenbündel. Bei Zimmertemperatur (p = etwa $1 \cdot 10^{-3}$ mm Hg) wird die Hg-Resonanzstrahlung in einer Dampfschicht von 5 mm Dicke etwa auf die Hälfte geschwächt. Wird der Dampfdruck erhöht, so nimmt die Absorption sowohl für das primäre als für das sekundäre Licht zu, d. h. das Strahlenbündel klingt auf immer kürzere Strecken ab und wird gleichzeitig diffuser. Schließlich zieht sich das ganze Leuchtphänomen auf eine unmeßbar dünne Haut unmittelbar an der Eintrittstelle des erregenden Strahles in die Resonanzlampe zusammen: die „Volumenresonanz" hat sich in „Oberflächenresonanz" verwandelt. Dieser Zustand ist für gesättigten Na-Dampf bei etwa 300°, für Hg schon unter 100° erreicht. Dabei gelangt dann wesentlich nicht mehr das direkt erregte Resonanzlicht zur Beobachtung, sondern es hat unter Umständen eine beträchtliche Anzahl von wiederholten Reabsorptionen und Reemissionen durchgemacht. Daneben tritt infolge der jetzt herrschenden größeren Dampfdichte noch eine andere Art von Energieübertragung auf ursprünglich unerregte Atome in Wirkung, nämlich durch Stöße 2. Art; hierauf wird in anderem Zusammenhang weiter eingegangen.

Für die Oberflächenresonanz des Na ist von WOOD und DUNOYER durch eine einfache Versuchsanordnung bewiesen worden, daß der Nutzeffekt des Vorganges von der Größenordnung 1 ist, d. h. daß die gesamte absorbierte D-Linienenergie auch wieder in gleicher Form ausgestrahlt wird, ein Resultat, das unbedingt zu erwarten ist, solange wirklich keine andere Möglichkeit der Energieabgabe für die erregten Atome besteht, und das daher für die Volumenresonanz bei geringeren Dampfdichten a fortiori gültig bleiben muß. Wird ein Na-Dampf enthaltendes Rohr bei 300° zur Oberflächenresonanz erregt, so erscheint, von vorn betrachtet, die leuchtende Schicht ebenso hell wie eine an die gleiche Stelle gebrachte vollkommen weiße Fläche, falls in dem erregenden Licht nur die vom Na-Dampf absorbierten Frequenzen enthalten sind. Ebenso haben nach verschiedenen Methoden WOOD und GERLACH für die Hg-Resonanz eine Ausbeute von angenähert 100% nachgewiesen.

9. Höhere Serienglieder. Absorptionslinien von Atomen, deren unerregtes Leuchtelektron auf einer $1S$-Bahn umläuft (allein von solchen war bisher die Rede), sind im Normalzustande nur die Linien der Hauptserien, unter denen jedesmal das erste Glied als „Resonanzlinie" besonders ausgezeichnet ist. Wird statt ihrer in einem Metalldampf eine Hauptserienlinie von höherer Ordnungsnummer zur Absorption gebracht, so befinden sich zwischen dem so erreichten Erregungszustand und dem Normalzustand energetische Zwischenniveaus von der Art, daß das Leuchtelektron nicht mehr ausschließlich auf dem Erregungswege in die stabilste Bahn zurückkehren muß: es kann den Weg dorthin nunmehr in mehreren Etappen zurücklegen, und so können neben der eingestrahlten Linie in der Emission eine Reihe anderer Linien auftreten. Ein derartiger Vorgang ist von BOECKNER[1] am Cs verifiziert worden: die dem Übergang $1^2S_{\frac{1}{2}} \rightarrow 4^2P_{\frac{1}{2}}$ entsprechende Linie 3889 Å koinzidiert so genau mit einer kräftigen Emissionslinie einer Heliumlampe, daß im Cs-Dampf durch Bestrahlung mit Heliumlicht dieser Übergang angeregt wird. In der Fluoreszenz des Dampfes erhält man dann neben der Reemission der gleichen Linie noch eine Anzahl weiterer Linien (darunter die Resonanzlinie $2^2P_{\frac{3}{2}} \rightarrow 1^2S_{\frac{1}{2}}$), die in Abb. 4 durch stark ausgezeichnete Pfeile kenntlich gemacht sind. Die zur Vervollständigung des Übergangs von $4^2P_{\frac{1}{2}}$ nach dem Grundzustande über die Zwischenniveaus $3S$ und $4D$ fehlenden Linien, in der Abbildung durch punktierte Pfeile angedeutet, werden fraglos auch emittiert; auf den Photogrammen kommen sie nur wegen ihrer zu

[1] C. BOECKNER, Bur. Stand. Journ. Bd. 5, S. 184. 1930.

großen Wellenlänge nicht heraus; das gilt z. B. auch für die 2. Linie des Resonanzdubletts ($2\,^2P_{\frac{1}{2}} \to 1\,^2S_{\frac{1}{2}}$), während die 2. Komponente des Dubletts $4\,^2P_{\frac{3}{2}} \to 1\,^2S_{\frac{1}{2}}$ wirklich nicht vorhanden ist, da ein Übergang $4\,^2P_{\frac{1}{2}} \to 4\,^2P_{\frac{3}{2}}$ unter den Versuchsbedingungen nicht vorkommen kann. Ähnlich hatte der jüngere Lord RAYLEIGH schon früher durch Einstrahlung der Zn-Linie 3303,7 den Zustand $3\,^2P_{\frac{3}{2}}$ im Na-Dampf erregt und in der Fluoreszenz neben der Primärlinie auch die *D*-Linien, und zwar in diesem Fall beiden Komponenten des Resonanzdubletts, beobachtet. Daß, wie eine Zeitlang vermutet wurde, bei diesem Prozeß Stöße 2. Art von wesentlicher Bedeutung gewesen sind, scheint man heute kaum mehr anzunehmen.

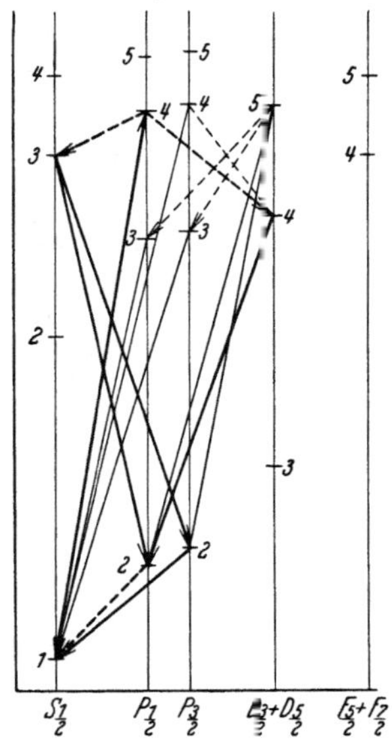

Abb. 4. Niveauschema für die Fluoreszenz des Cs.
—— ohne Fremdgas beobachtet.
—— mit „ „
- - - ohne Fremdgas } wegen großer Wellenlänge nicht beobachtet.
- - - mit Fremdgas }

Es muß in diesem Zusammenhang noch darauf hingewiesen werden, daß die „Röntgenfluoreszenzstrahlung“, d. h. die Erregung der charakteristischen Röntgenstrahlen einer Atomart durch einfallende primäre Röntgenstrahlung den hier behandelten optischen Phänomenen vollständig analog ist; nur wird dort die Erregung stets durch eine Frequenz hervorgerufen, welche die vollständige Loslösung des „Leuchtelektrons“ verursacht, so daß aus allen möglichen höheren Niveaus, soweit Übergänge von dort erlaubt sind, Elektronen in die frei gewordene Stelle übergehen können; diese höheren Niveaus sind — und auch dies ist noch ein charakteristischer Unterschied zwischen der Fluoreszenz im Röntgen- und im sichtbaren Gebiet — stets mit Elektronen besetzt, und so wird immer die gesamte Serie emittiert, die den erwähnten Übergängen entspricht. Ausführlich werden diese Fragen in Bd. XXIII/1 (2. Aufl.), Kap. 1, besprochen.

10. Stufenweise Erregung. Ist ein Atom auf irgendwelche Weise — durch Einstrahlung einer Resonanzlinie etwa oder durch Elektronenstoß — in einen erregten Zustand versetzt, so kann es aus diesem heraus, ehe es spontan durch Strahlung in den Normalzustand zurückfällt, auch die Linien anderer Serien absorbieren, und aus den so erreichten höheren Erregungszuständen eine große Anzahl weiterer Linien als Fluoreszenz emittieren. Dies Phänomen ist zuerst von FÜCHTBAUER am Hg-Dampf aufgefunden, dann von WOOD mit verbesserter Versuchsanordnung im einzelnen untersucht worden. WOOD ging dabei derart vor (Abb. 5), daß er den in einem Quarzrohr *R* enthaltenen Hg-Dampf durch eine gekühlte Quecksilberbogenlampe *I* unter Zwischenschaltung eines Filters F_1, das alle Wellenlängen >3000 Å abblendete, zur Resonanz erregte und den so erregten Dampf der Strahlung einer anderen Quecksilberbogenlampe *II* aussetzte, die nicht gekühlt war und infolge starker Linienumkehr darum für sich allein keine Resonanzstrahlung hervorzurufen vermochte. Die Strahlung der Lampe *II* hatte auch sonst keinerlei Wirkung, wenn nicht gleichzeitig die

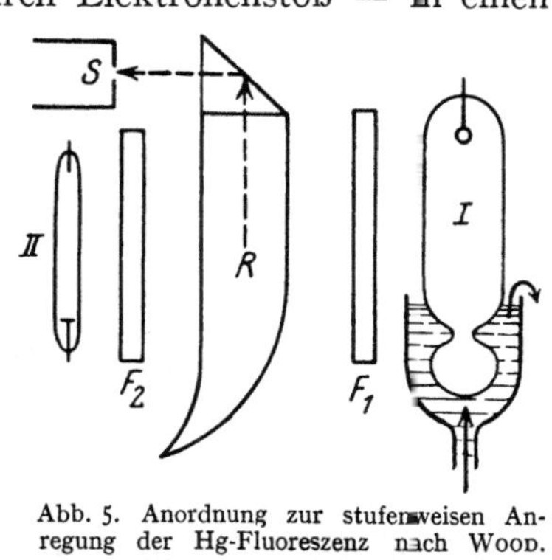

Abb. 5. Anordnung zur stufenweisen Anregung der Hg-Fluoreszenz nach WOOD. *I* gekühlte, *II* ungekühlte Hg-Lampe. *R* Resonanzgefäß, *S* Spektrographenspalt. F_1 und F_2 Strahlenfilter.

Lampe I eingeschaltet war und einen Teil der Hg-Atome in den $2\,^3P_1$-Zustand versetzte. War aber diese Bedingung erfüllt, so traten alle Linien im Fluoreszenzspektrum auf, deren Ausgangsniveaus für die Emission durch Absorption aus dem $2\,^3P_1$-Zustand erreicht werden können (Abb. 6). Dabei ist die relative Helligkeit der einzelnen Fluoreszenzlinien, abgesehen von der Intensität der betreffenden erregenden Linie in der Primärstrahlung, noch von der Zahl und

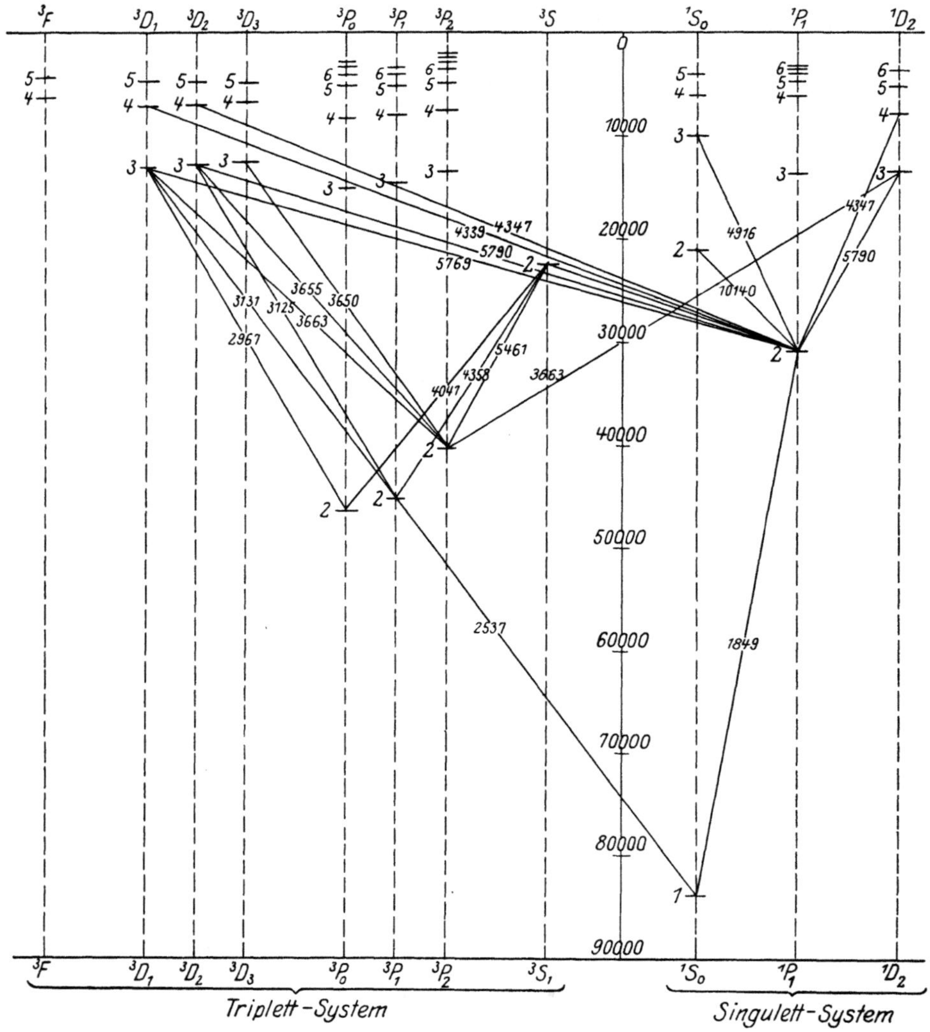

Abb. 6. Niveauschema des Hg-Bogenspektrums.

Wahrscheinlichkeit der Elementarprozesse abhängig, die zu dem als Ausgangspunkt für die Erregung dienenden Niveau führen. So sind z. B. alle Linien, die in der Fluoreszenzemission von $2\,^3S_1$ ausgehen (also etwa das Triplett 5461, 4359 und 4047 Å), in ihrer Helligkeit bedingt durch das Produkt der Häufigkeiten, mit dem Übergänge $1\,^1S_0 \rightarrow 2\,^3P_1$ (unter Absorption von 2537 Å) und $2\,^3P_1 \rightarrow 2\,^3S_1$ (Abs. von 4358) vorkommen, während für die Emission von 3650 Å noch ein dritter Erregungsprozeß $2\,^3P_2 \rightarrow 3\,^3D_3$ nötig ist, wobei $2\,^3P_2$ seinerseits nur durch Emission der Linie 5461 Å von $2\,^3S_1$ her erreicht werden kann. So muß also die Intensitätsverteilung im stufenweise angeregten Fluoreszenzspektrum sehr stark durch die Intensitätsverhältnisse in den Linien der evtl. noch durch Farbfilter modifizierten Primärstrahlung beeinflußt werden. Wird insbesondere die totale Primärintensität in allen Linien gleichmäßig verändert, so wird nur die Resonanzlinie mit der ersten Potenz, eine Gruppe von Fluoreszenzlinien mit dem Quadrat, eine weitere mit dem Kubus dieser Änderung proportional gehen[1]. Durchaus analoge Resultate erzielte BENDER bei stufenweiser Anregung der Fluoreszenz des Cd-Dampfes[2].

Prinzipiell ist es ohne Bedeutung, ob die erste Erregung durch Einstrahlung oder durch Elektronenstoß hervorgerufen wird; im Hg-Dampf entstehen aber in diesem zweiten Fall (bei niedrigem Entladungspotential) neben den $2\,^3P_1$-Atomen auch solche in den metastabilen Zuständen $2\,^3P_0$ und $2\,^3P_2$, die sich eben wegen ihrer „Metastabilität" in relativ großer Zahl anreichern. Daher werden von dem Dampf nun gerade die von diesen Niveaus ausgehenden Linien besonders stark absorbiert und so kann jetzt außer durch Einstrahlung der Linie 4358 Å, und zwar mit besonders großer Ausbeute, auch durch die Linien 4047 und 5461 Å die Fluoreszenzemission des sichtbaren Tripletts $2\,^3S_1 \rightarrow 2\,^3P_{0,1,2}$ angeregt werden[3]. Die relative Intensität der drei Triplettkomponenten ist dabei unabhängig davon, welche der drei Linien primär eingestrahlt wurde, d. h. es existiert nicht neben der Fluoreszenz noch für sich eine Streuung[4].

Ähnlich wie beim Hg liegen die Verhältnisse bei den Edelgasen, deren eigentliche Resonanzlinien durchweg im äußersten, nur der Vakuumspektroskopie zugänglichen Ultraviolett liegen, die jedoch gleichfalls oberhalb des Grundzustandes eine Anzahl metastabiler Niveaus besitzen. Beim Helium ist dies zunächst der $2\,^3S_1$-Zustand (Abb. 7), der Grundzustand des „Orthoheliums". Das Orthohelium (Triplettsystem des He) ist noch weiterhin dadurch ausgezeichnet, daß auch seine höheren durch strahlende Übergänge erreichbaren Niveaus mit den Niveaus des Parheliums (Singulettsystem des He) praktisch überhaupt nicht kombinieren, während z. B. beim Hg derartige „Interkombinationslinien", zu denen ja sogar die Resonanzlinie 2537 Å gehört, sehr wohl existieren. Daher funktioniert der durch $2\,^3S_1$ charakterisierte Grundzustand des Orthoheliums gerade wie der Normalzustand $1\,^1S_0$ eines unerregten Metallatoms und kann als Ausgangsniveau für eine echte Resonanzstrahlung dienen. Die Resonanzlinien des Orthoheliums (es handelt sich um ein Dublett) wurden von PASCHEN entdeckt: in einem von schwachem elektrischem Strom durchflossenen Rohr, das mit He von niedrigem Druck gefüllt ist, wird das von einer He-Geißlerröhre emittierte ultrarote Dublett 10830 und 10829 ($2\,^3P_2 - 2\,^3S_1$ und $2\,^3P_{\bullet} - 2\,^3S_1$) sehr stark absorbiert — bis zu 95% in einer 5 mm dicken Schicht bei einem Druck von 1,5 mm Hg. Die Strahlung wird mit denselben Wellenlängen nach allen Richtungen reemittiert, und zwar, wie PASCHEN gleichfalls zeigen konnte, ohne merklichen Energieverlust. Auch der Grundzustand $2\,^1S_0$ des „Parheliums" ist an sich metastabil, doch ist der Grad der Metastabilität ein sehr viel kleinerer, da von ihm aus auf Umwegen, etwa über $2\,^1P_1$ oder $3\,^1P_1$ usw., das Atom immer wieder spontan in den unerregten Zustand zurückkehren kann. Daher reichern sich Atome des Parheliums nicht merklich an, und seine erste Absorptionslinie ($2\,^1P_1 - 2\,^1S_0$, 20582 Å) besitzt im elektrisch erregten Gas schon nur relativ

[1] R. W. WOOD u. E. GAVIOLA, Phil. Mag. (7) Bd. 6, S. 352. 1928; E. GAVIOLA, ebenda Bd. 6, S. 1154. 1928.

[2] P. BENDER, Phys. Rev. Bd. 36, S. 1535. 1930.

[3] S. PIENKOWSKI, C. R. Bd. 186, S. 1530. 1928; Z. ZAJAC, C. R. Soc. Pol. Phys. Bd. 5, S. 311. 1931.

[4] R. FRISCH u. PETER PRINGSHEIM, ZS. f. Phys. Bd. 67, S. 169. 1931.

kleine Intensität; überdies aber können die auf die $2\,^1P_1$ gehobenen Elektronen direkt in die Grundbahn $1\,^1S_0$ unter Emission einer ultravioletten Linie zurückfallen; d. h. die genannte ultrarote Linie des Parheliums ist keine Resonanzlinie,

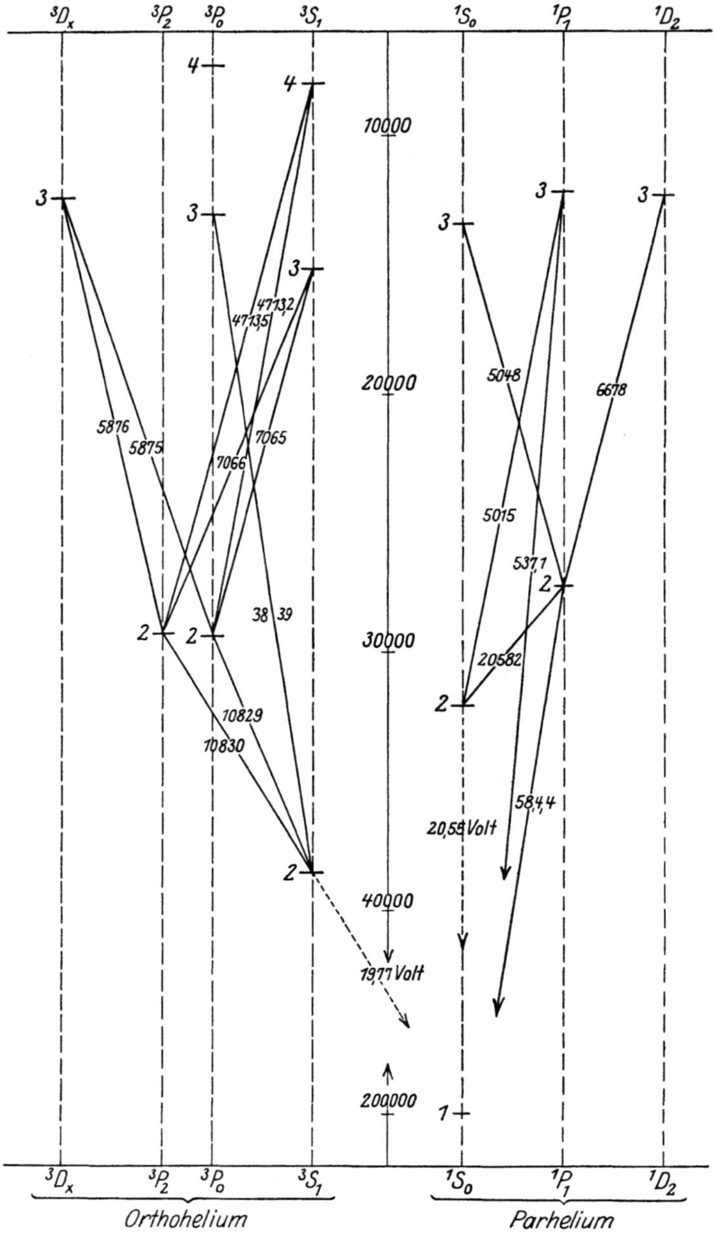

Abb. 7. Niveauschema des Heliums.

sie tritt in der Fluoreszenz, wenn überhaupt, dann nur mit so kleiner Intensität auf, daß sie der Beobachtung entgeht. Auch das zweite Hauptseriendublett des Orthoheliums bei 3839 Å ($3\,^3P_j \rightarrow 2\,^3S_1$) konnte unter ähnlichen Versuchsbedingungen durch Einstrahlung zur Fluoreszenz erregt werden, während die analoge Linie des Parheliums 5015 Å ($3\,^1P_1 - 2\,^1S_0$) wiederum fehlte.

Ebenso läßt sich in anderen Edelgasen (Neon, Argon), wenn durch Elektronenstoß bei einer Betriebsspannung, die mindestens der Anregungsspannung für die untersten metastabilen Zustände gleich ist, ein Teil der Atome in diese Zustände gebracht wird, eine Fluoreszenz hervorrufen, die stets alle Linien enthält, die nach dem Termschema des Elementes und den sonstigen Versuchsbedingungen zu erwarten sind. So wird z. B. im Neon bei einer Betriebsspannung zwischen 16 und 18 Volt und bei Einstrahlung der Linie 6402 Å nur diese als echte Resonanzlinie reemittiert. Bei höheren Betriebsspannungen ist in einem Neonrohr das Glimmlicht, das primär von der elektrischen Entladung herrührt, von einer rötlich leuchtenden Zone umgeben, die ihren Ursprung der Fluoreszenz von aus der Entladungsbahn hinausdiffundierten metastabilen Atomen verdankt. Auch wenn die elektrisch angeregten Atomzustände nicht metastabil sind, können sie bei hinreichender Stromdichte so zahlreich in der Entladungsbahn vorhanden sein, daß sie durch Einstrahlung zur sichtbaren Fluoreszenzemission höherer Serienlinien erregt werden; das haben z. B. LAU und REICHENHEIM an der H_α- und H_β-Linie des H-Atoms beobachtet[1]. Solche Prozesse dürften ganz allgemein in der Lichtemission bei elektrischen Gasentladungen eine Rolle spielen.

11. Erregung von Atomen mit mehrfachen Grundzuständen. Eine Emission anderer Linien neben der direkt eingestrahlten Linie muß unter allen Umständen bei solchen Atomen erwartet werden, deren unterster Quantenzustand in mehrere benachbarte Energieniveaus zerfällt. Derartige Atome besitzen keine Resonanzlinien im strengen Sinne des Wortes. Als einfachstes Beispiel kann das Thallium dienen; sein energieärmster Zustand ist durch eine $2\,^2P_{\frac{1}{2}}$-Bahn für das Leuchtelektron charakterisiert; die von diesen ausgehenden ersten Absorptionslinien (3776 und 2768 Å) heben das Elektron auf die Niveaus $2\,^2S_{\frac{1}{2}}$ und $3\,^2D_{\frac{3}{2}}$; von dort kann es aber nicht nur nach $2\,^2P_{\frac{1}{2}}$ zurückfallen, sondern ebensowohl nach $2\,^2P_{\frac{3}{2}}$, und demgemäß treten in der Emission nun auch noch die Linien 5350 bzw. 3529 Å auf (Abb. 8). Bei hohen Temperaturen (oberhalb 800°) erscheinen diese Linien im Absorptionsspektrum gleichfalls, weil dann ein Teil

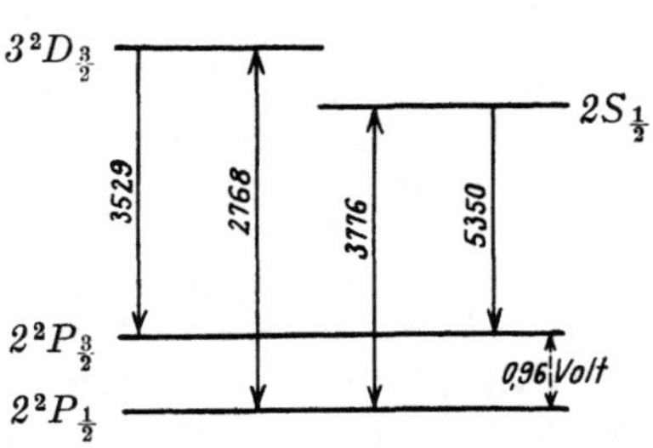

Abb 8. Absorption und Fluoreszenz des Tl-Dampfes.

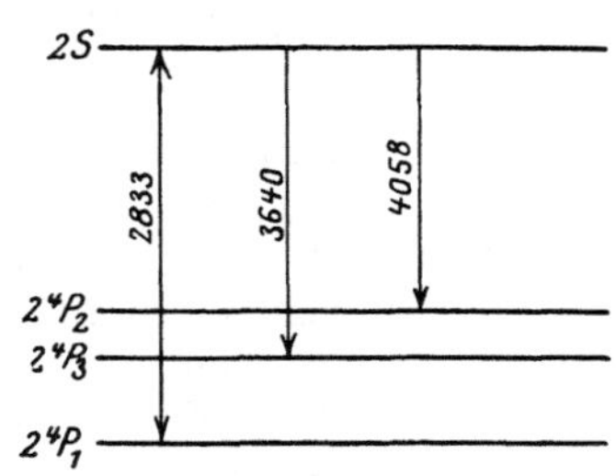

Abb. 9. Absorption und Fluoreszenz des Pb-Dampfes.

der Atome im Wärmegleichgewicht sich im $2\,^2P_{\frac{3}{2}}$-Zustand befindet. Die von TERENIN am Thalliumdampf im Vakuum zwischen 200 und 800° angestellten Beobachtungen erweisen die Richtigkeit dieser Darstellung. Bei Einstrahlung des gesamten Lichtes einer Thalliumlampe erscheinen im Fluoreszenzspektrum des Thalliumdampfes noch eine ganze Anzahl weiterer Linien, die von höheren Niveaus des Atoms ihren Ausgang nehmen, und die teilweise durch direkte, teilweise durch stufenweise Anregung hervorgerufen sein dürften.

Analoge Resultate wie am Tl erhielt TERENIN am Pb, Bi, Sb und weniger vollständig am As, deren Serienschemata noch nicht ganz analysiert waren und

[1] E. LAU u. O. REICHENHEIM, Ann. d. Phys. (5) Bd. 12, S. 52. 1932.

durch diese Fluoreszenzbeobachtungen etwas weiter geklärt werden konnten; die hier in Betracht kommenden Absorptions- und Emissionslinien lassen sich aus den Abb. 9 bis 11 ohne weitere Erklärung ablesen.

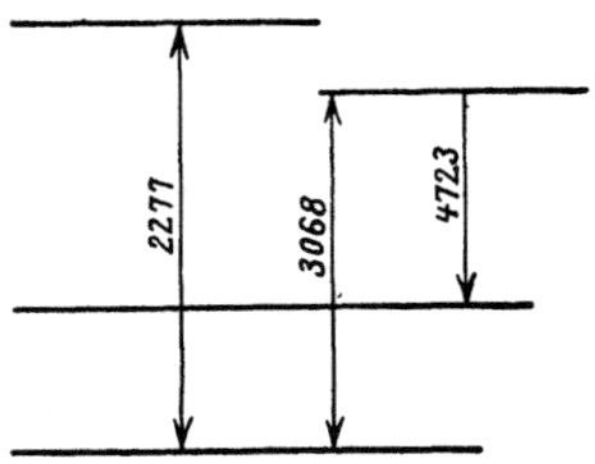

Abb. 10. Absorption und Fluoreszenz des Bi-Dampfes.

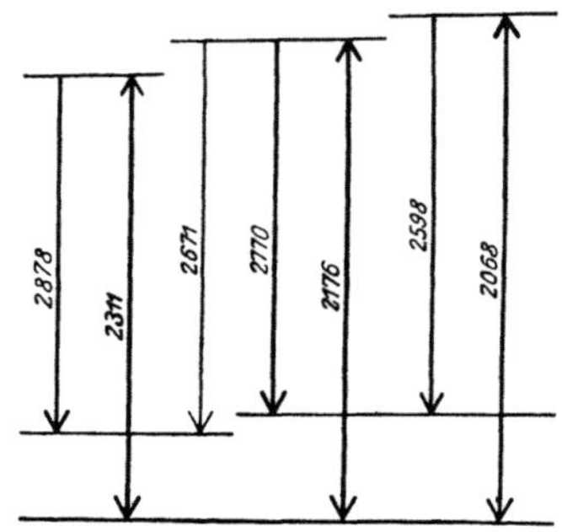

Abb. 11. Absorption und Fluoreszenz des Sb-Dampfes.

12. Polarisation der Fluoreszenzstrahlung im Magnetfeld. In Magnetfeldern von so kleiner Intensität, daß eine Zeemanaufspaltung von Spektrallinien spektrometrisch unter keinen Umständen mehr nachgewiesen werden kann, weil sie noch ganz durch die Dopplerbreite der Linien verdeckt wird, können in der Resonanzstrahlung gleichwohl die π- und σ-Komponenten eines Zeemanmultipletts getrennt angeregt werden, indem man zur Erregung linear oder zirkular polarisiertes Licht verwendet. Die unmittelbare Folge hiervon ist eine (meist partielle) Polarisation des Fluoreszenzlichtes, die stark von Größe und Orientierung sehr schwacher (evtl. zufälliger) äußerer Magnetfelder relativ zum elektrischen Vektor der Primärstrahlung und zur Beobachtungsrichtung abhängt. Dieses Phänomen ist, nachdem vorher lange Meinungsverschiedenheiten über den Polarisationszustand der Resonanzstrahlung geherrscht hatten (eben weil man den Einfluß schwacher Magnetfelder nicht beachtete), von WOOD und ELLETT entdeckt und dann sehr bald als durch Zeemaneffekte in der Absorption und Emission verursacht gedeutet worden[1].

Als Polarisationsgrad wird definiert das Verhältnis $p = \frac{J'' - J'}{J'' + J'}$, wenn J'' und J' die Intensitätskomponenten der Gesamtstrahlung $J = J' + J''$ darstellen, deren elektrische Vektoren in senkrecht zueinander liegenden Richtungen schwingen und die den größten bzw. kleinsten Wert unter allen möglichen Polarisationsazimuten aufweisen. Die theoretische Deutung der Versuchsergebnisse erhält man am einfachsten, wenn man die bekannte LANDÉsche Darstellung der Zeeman-Energieniveaus einführt, wie sie in Abb. 12 bis 15 für Resonanzlinien verschiedener Metalldämpfe wiedergegeben sind. Darin entsprechen Übergänge, bei denen die magnetische Quantenzahl m unverändert bleibt, einer linearen Polarisation der emittierten Strahlung $\mathfrak{E}_s \parallel \mathfrak{H}$, Übergänge, bei denen m um ± 1 springt, einer zirkularen Polarisation in einer Ebene $\perp \mathfrak{H}$. Wird (als einfachster Fall) durch die Erregung ein Niveau erreicht, von dem aus nur Übergänge der einen Art möglich sind (wie in Abb. 12, die ebenso wie für die Resonanzlinie des Hg auch für die des Cd, Zn oder der Erdalkalien maßgebend ist), so tritt auch in der Emission nur die durch diese bedingte Polarisation auf.

Bezüglich der Orientierung des Magnetfeldes $\mathfrak{H}$ und des elektrischen Vektors $\mathfrak{E}_p$ im linear polarisierten Primärlicht sind hier drei Hauptfälle von besonderem Interesse. Dabei sei stets X die Richtung des Primärstrahls und Y die Beobachtungsrichtung. I. $\mathfrak{H}$ und $\mathfrak{E}_p \parallel Z$: der einzig mögliche Übergang bei der Erregung

[1] Vgl. W. HANLE, Ergebn. d. exakt. Naturwissensch. Bd. 4, S. 214. 1925, wo man eine vollständige Zusammenstellung der älteren Literatur findet.

und der Emission für m ist $0 \rightarrow 0$, also ist auch $\mathfrak{E}_s \parallel Z$. II. $\mathfrak{H} \parallel X$, $\mathfrak{E}_p \parallel Z$ oder $\parallel Y$ (oder auch Primärstrahl unpolarisiert): in Erregung und Emission kommen (da $\mathfrak{E}_p \perp \mathfrak{H}$!) für m nur Übergänge $0 \rightarrow \pm 1$ bzw. $\pm 1 \rightarrow 0$ vor. $\mathfrak{E}_s$ ist zirkular in der YZ-Ebene, erscheint also in Y-Richtung wieder linear $\parallel Z$ polarisiert. III. $\mathfrak{H} \parallel Y$, $\mathfrak{E}_p \parallel Z$: die angeregten Übergänge für m sind ebenfalls $0 \rightarrow \pm 1$, $\mathfrak{E}_s$ ist jetzt aber in der XY-Ebene zirkular, und da die beiden („longitudinalen") Zeemankomponenten entgegengesetzten Drehsinn besitzen, erscheint das totale Fluoreszenzlicht im allgemeinen unpolarisiert. Doch hat FRISCH durch Versuche, bei denen er die unter diesen Bedingungen ermittelte Hg-Resonanzstrahlung durch einen in einem ebenso kräftigen Magnetfeld befindlichen Absorptionstrog hindurchgehen ließ und die Richtung des zweiten Magnetfeldes dann umkehrte, bewiesen, daß es sich hier tatsächlich um zwei gegen die normale Linie nur sehr wenig verschobene, entgegengesetzt zirkular polarisierte Komponenten handelt[1]. In Wahrheit liegen die Verhältnisse auch bei den angeführten Metalldämpfen (Hg usw.) darum komplizierter, weil sie aus Isotopengemischen bestehen, deren Atome teilweise von Null verschiedene Kernmomente

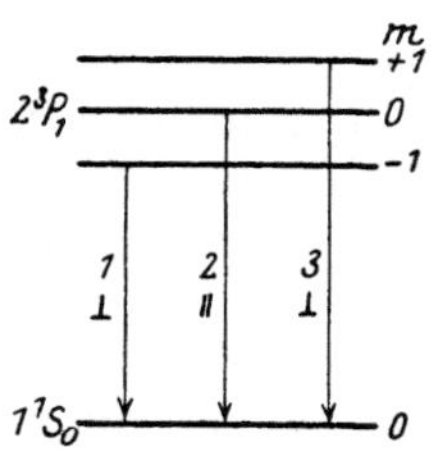

Abb. 12. Zeeman-Schema der Hg-Resonanzlinie.

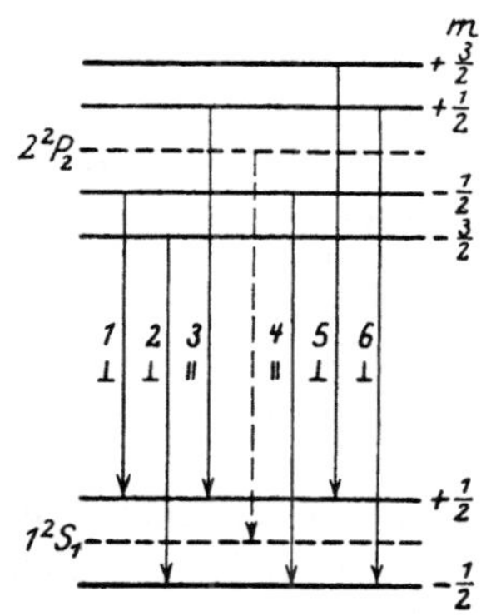

Abb. 13. Zeeman-Schema von D_2.

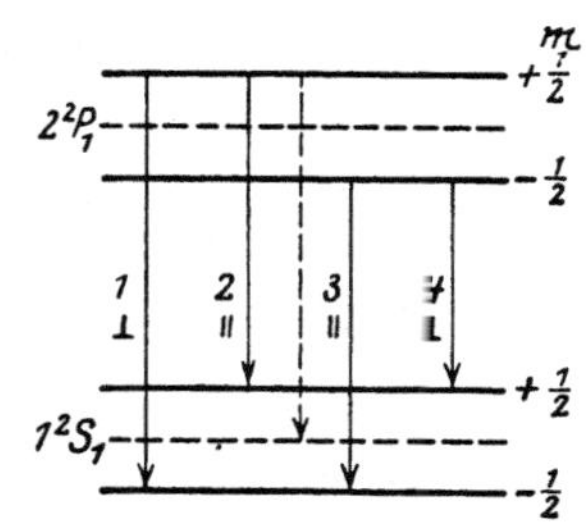

Abb. 14. Zeeman-Schema von D_1

und dann auch weniger einfache Zeemanaufspaltungen besitzen als die in Abb. 12 angegebenen. Daher sind die — auch unter günstigsten Bedingungen — wirklich beobachteten Polarisationsgrade immer kleiner als 100%, solange nicht so starke Magnetfelder angewendet werden, daß die den einzelnen Isotopen zugehörenden Komponenten vollkommen getrennt werden. Doch stimmen die gemessenen p-Werte durchweg sehr gut mit den theoretisch zu erwartenden überein, wenn man die aus der Hyperfeinstrukturanalyse bekannte Häufigkeit der einzelnen Isotopen und ihre charakteristischen Zeemaneffekte in der Rechnung berücksichtigt[2].

Die Abb. 13 und 14 gelten für etwas kompliziertere Zeemanaufspaltungen, wie sie bei den D-Linien des Na vorliegen. Hier sind aus jedem durch Einstrahlung erreichten oberen Zustand sowohl Übergänge mit $\Delta m = 0$ als auch solche mit $\Delta m = \pm 1$ möglich, dem entspricht eine teilweise oder vollständige Depolarisation der Resonanzstrahlung, selbst im Fall I ($\mathfrak{H}$ und $\mathfrak{E}_p \parallel Z$). Der Depolarisationsgrad berechnet sich dabei aus der relativen Wahrscheinlichkeit

---

[1] R. FRISCH, ZS. f. Phys. Bd. 61, S. 626. 1930; A. KASTLER, Journ. de phys. et le Radium (7) Bd. 2, S. 159. 1931. Auch A. E. RUARK u. H. C. UREY, Proc. Nat. Acad. Amer. Bd. 17, S. 764. 1927.

[2] W. A. MACNAIR u. A. ELLETT, Phys. Rev. (2) Bd. 31, S. 180, 986. 1928; L. LARRICK u. N. P. HEYDERBURG, Phys. Rev. (2) Bd. 39, S. 181. 1932; A. ELLETT u. L. LARRICK, Phys. Rev. (2) Bd. 39, S. 294. 1932; A. v. KEUSSLER, ZS. f. Phys. Bd. 73, S. 640. 1932.

der einzelnen möglichen Übergänge. So ergibt sich, was auch das Experiment bestätigt, immer eine vollkommene Depolarisation in der Reemission von D_1. Die D_2-Linie dagegen ist in den Fällen I und II partiell polarisiert, und zwar sollte, wenn man nur die bekannten Werte für die relative Intensität der einzelnen Zeemankomponenten im Schema Abb. 14 in die Rechnung einsetzt, nach der Theorie $p = 60\%$ (I) bzw. $p = 42\%$ (II) sein. Experimentell werden immer merklich kleinere Werte gefunden (meist von der Größenordnung 30% im Fall I); nun wird die Polarisation der Resonanzstrahlung immer durch Zusammenstöße, insbesondere aber durch die Wechselwirkung zwischen gleichartigen Atomen, stark herabgesetzt, und nach DATTA soll es gelingen, durch immer weitergetriebene Erniedrigung des Na-Dampfdruckes Werte von p zu beobachten, die sich asymptotisch dem theoretischen Wert von 60% nähern. Von ELLETT wird die Richtigkeit dieser Angabe entschieden bestritten, er glaubt auch hier die Anwesenheit von Isotopen für den zu kleinen Polarisationsgrad von D_2 verantwortlich machen zu können, der unter keinen Umständen über 33% steige[1].

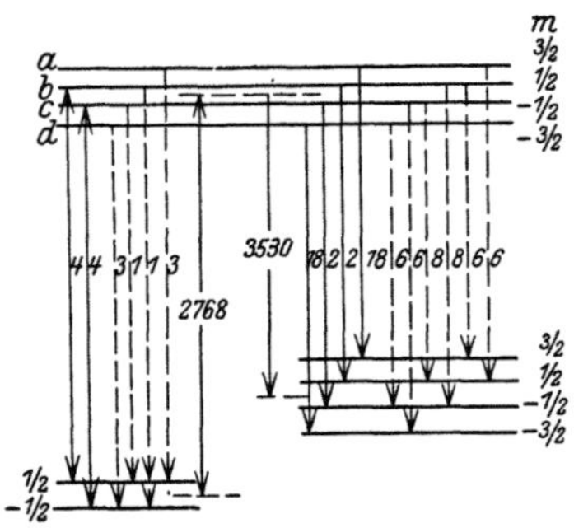

Abb. 15. Zeeman-Schema für die Tl-Linien 3530 und 2768 ↓$\Delta m = 0$, ↓$\Delta m = \pm 1$. Die Zahlen geben die relativen Intensitäten.

Es kann aber auch vorkommen, daß bei Einstrahlung von Licht mit $\mathfrak{E}_p \parallel Z$ in einem Magnetfeld $\mathfrak{H} \parallel Z$ das Fluoreszenzlicht vorwiegend $\parallel X$ polarisiert ist. Das gilt z. B. für die Thalliumlinie $3\,^2D_{\frac{1}{2}} \rightarrow 2\,^2P_{\frac{3}{2}}$ (3529 Å), für die GÜLKE[2] ein $p\,(\parallel X) = 60\%$ erhielt statt des von ihm nach Abb. 15 theoretisch abgeleiteten Wertes von 75%. Dagegen ist die vom gleichen oberen Zustand ausgehende Tl-Linie 2768 Å ebenso etwa wie die D_2-Linie wieder partiell $\parallel Z$, und die von $2\,^2S_{\frac{1}{2}}$ ausgehenden Linien 3776 und 5350 analog der D_1-Linie vollkommen unpolarisiert. Ähnliches gilt für die bei stufenweiser Anregung auftretende Fluoreszenzemission des Hg-Tripletts $2\,^3S_1 \rightarrow 2\,^3P_{0,1,2}$, dessen eine Linie (4358 Å) auch wieder bei $\mathfrak{H}$ und $\mathfrak{E}_p \parallel Z$ vorwiegend $\parallel X$ polarisiert ist, während von den beiden anderen Linien die erste (4047 Å) stark, die andere (5461 Å) schwach $\parallel Z$ polarisiert ist. Dies hat zur Folge, daß wenn man die Fluoreszenz durch ein Nicol hindurch beobachtet, bei Drehen des Nicols die Fluoreszenzfarbe deutlich umschlägt[3].

Sehr einfach gestalten sich die Verhältnisse — und zwar unabhängig von der speziellen Art der Zeemanaufspaltung — bei Erregung mit zirkular polarisiertem Licht, wenn $\mathfrak{H}$ und die Beobachtungsrichtung in die Richtung des Primärstrahls gelegt werden: dann ist auch die Fluoreszenzstrahlung zirkular polarisiert, was HANLE sowohl für die Hg-Resonanzlinie als für die D-Linien experimentell bestätigen konnte.

13. Polarisation in sehr schwachen Feldern und bei Abwesenheit eines Magnetfeldes. Im feldfreien Raum ist nach einer von BOHR stammenden, von HEISENBERG weiter durchgeführten Überlegung der Polarisationsgrad der Resonanzstrahlung der gleiche, als wäre ein Magnetfeld von solcher Richtung vorhanden, daß die Polarisation der Strahlung eines in gleicher Weise erregten klassischen Resonators durch dasselbe nicht beeinflußt würde (also wie im Fall

[1] A. ELLETT, Phys. Rev. (2) Bd. 35, S. 588. 1930.

[2] R. GÜLKE, ZS. f. Phys. Bd. 56, S. 524. 1929; A. ELLETT, Phys. Rev. (2) Bd. 35, S. 588. 1930.

[3] W. HANLE u. E. F. RICHTER, ZS. f. Phys. Bd. 54, S. 811. 1929. E. F. RICHTER, Ann. d. Phys. (5) Bd. 7, S. 293. 1930.

I: $\mathfrak{H} \parallel \mathfrak{E}_p$). Im wesentlichen scheint dies durch das Experiment bestätigt, wobei auch hier wieder das Vorhandensein von Isotopengemischen und — in noch höherem Grade als bei Anwesenheit eines Magnetfeldes — die Depolarisation durch Wechselwirkung mit anderen Atomen zu berücksichtigen ist. Um dies Verhalten verständlich zu machen, kann man für den einfachsten Fall einer Zeeman-Linienaufspaltung in drei Komponenten (Resonanzlinie des Hg) das angeregte Atom sich durch einen schwingenden isotropen linearen Oszillator ersetzt denken, dessen Schwingung, solange sie ungestört ist, stets in der Richtung des äußeren elektrischen Feldes ($\parallel \mathfrak{E}_p$) erfolgt.

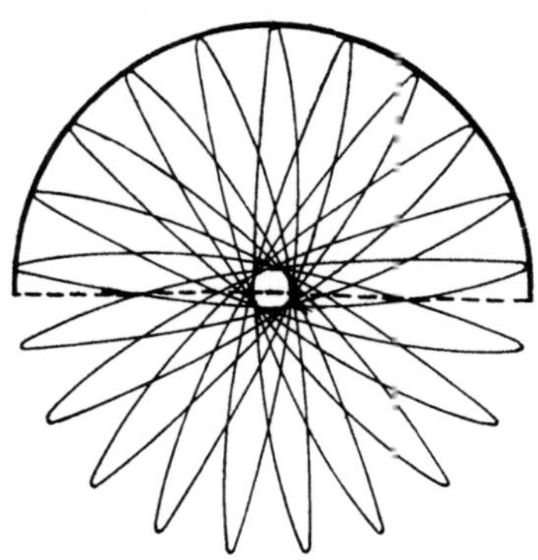

Abb. 16. Präzessionsbewegung in starken Magnetfeldern.

Bei Anwesenheit eines Magnetfeldes $\mathfrak{H}$, dessen Kraftlinien nicht $\parallel \mathfrak{E}_p$ verlaufen, führt der Resonator um $\mathfrak{H}$ als Achse mit der Winkelgeschwindigkeit $\mathfrak{o} = \mathfrak{H}/4\pi c \cdot e/m$ eine Präzessionsbewegung aus, die nach der bekannten LORENTZschen Analyse die Aufspaltung der ursprünglichen Frequenz in zwei inkohärente zirkulare und eine linear polarisierte Komponente verursacht, deren Emission im Sinne der älteren Quantentheorie je einem *anderen* unabhängigen Übergang im Atom entspricht. Ist $\mathfrak{H}$ jedoch so klein, daß die Zeemanaufspaltung kleiner bleibt als die natürliche Linienbreite, so sind die durch die verschiedenen m-Werte charakterisierten Atomzustände nicht mehr energetisch gegeneinander abgegrenzt (sie sind „entartet“), die von ihnen ausgehenden Wellenzüge sind nicht mehr inkohärent. Besonders deutlich tritt das in dem oben mit III bezeichneten Fall ($\mathfrak{H}$ in der Beobachtungsrichtung) in Erscheinung, indem dann die beiden entgegengesetzt zirkular polarisierten Wellen sich nicht zu einer unpolarisierten, sondern zu einer partiell linear polarisierten superponieren. HANLE hat eine halb quantenmäßige, halb klassische anschauliche Darstellung dieser Vorgänge gegeben: er nimmt an, daß der Resonator unter Aufnahme der Energie $h\nu$ momentan in der Richtung $\mathfrak{E}_p$ angestoßen wird und dann klassisch unter Durchlaufen der aus der Präzessionsbewegung resultierenden Rosette infolge der Strahlungsdämpfung abklingt. Ist die Abklingungsdauer (bzw. quantenmäßig: die mittlere Verweilzeit im angeregten Zustand) groß gegenüber der wesentlich durch $\mathfrak{H}$ bestimmten Umlaufsperiode der Präzessionsrosette, so daß also viele volle Umläufe mit praktisch konstanten Amplituden erfolgen, so wird das Fluoreszenzlicht ganz depolarisiert (Abb. 16); ist umgekehrt τ relativ zur Umlaufperiode klein, so bleibt (Abb. 17) eine merkliche Bevorzugung einer Schwingungsrichtung erhalten, die jedoch gegen $\mathfrak{E}_p$ um einen Winkel d gedreht ist.

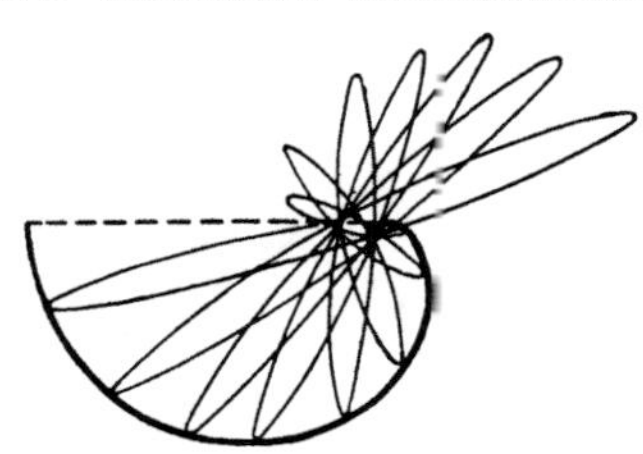

Abb. 17. Präzessionsbewegung in sehr schwachen Magnetfeldern.

Eine exakte klassische oder quantentheoretische Durchführung dieses Gedankenganges (ELLETT, BREIT u. a.) führt im wesentlichen zum selben Ergebnis. Die Stärke des Magnetfeldes, bei der die Depolarisation ein bestimmtes Maß erreicht, ist danach wesentlich durch die Abklingdauer τ der betreffenden Linie bedingt; der Polarisationsgrad ist auf die Hälfte gesunken für die D_2-Linie des Na bei $\mathfrak{H} =$ etwa 8 Gauß, für die „Interkombinations-Resonanzlinien“ $2\,{}^3P_1 - 2\,{}^1S_0$ von Hg (2537 Å) bei $\mathfrak{H} =$ etwa 0,3 Gauß, von Cd (2261 Å) bei $\mathfrak{H} =$ etwa $2 \cdot 10^{-2}$

Gauß[1], von Zn (3067 Å) schon bei $\mathfrak{H}$ = etwa $5 \cdot 10^{-4}$ Gauß[2], während für die Singulettserien-Resonanzlinien ($2\,{}^1P_1 \rightarrow 1\,{}^1S_0$) dieser Metalle (Cd: 2289 Å; Zn: 2139 Å) die entsprechenden Werte von $\mathfrak{H}$ sehr viel größer sind.

Hochfrequente magnetische Wechselfelder mit $\mathfrak{H}$ in der Beobachtungsrichtung haben (auch wenn $\mathfrak{H}$ große Spitzenwerte erreicht) nur dann einen Einfluß auf den Polarisationszustand des Fluoreszenzlichtes, wenn die Dauer der Wechselperiode größer ist als τ.

14. Die Leuchtdauer der Fluoreszenz. Die in der vorangehenden Ziffer besprochenen Methoden gestatten es, die mittlere Leuchtdauer τ der Fluoreszenzstrahlung aus der Depolarisation bzw. aus der Drehung der Polarisationsebene als Funktion von $\mathfrak{H}$ oder schließlich (mit geringerer Genauigkeit) auch bei Verwendung magnetischer Wechselfelder aus der Wechselzahl bei beginnender Depolarisation zu berechnen. Ist p der bei der Feldstärke $\mathfrak{H}$ gemessene Polarisationsgrad, p_0 die Polarisation für $\mathfrak{H} = 0$, so ist $p = p_0 \cdot 1/\sqrt{1 + 4\pi\tau^2\mathfrak{o}^2}$; und der Winkel, um den die Polarisationsebene gedreht ist: $d = \frac{1}{2}\,\mathrm{arctg}\,2\tau\mathfrak{o}$ (Abb. 18 und 19). Nach diesen Gleichungen berechnete Werte von τ sind in Tabelle 1 zusammengestellt. Eindeutig sind die Resultate allerdings nur, wenn, wie für die Hg-Resonanzlinie usw. (Abb. 12), allein der obere Term und dieser in drei Niveaus aufspaltet, so daß sich aus dem Zeemantriplett nur ein einziger Wert von $\mathfrak{o}$ errechnet, der sich von dem in Ziff. 13 angegebenen klassischen Wert noch evtl. um den LANDÉschen Aufspaltungsfaktor (für Hg 2537 Å: $\frac{3}{2}$) unterscheidet[3]. Schon wenn, wie bei der D_2-Linie, der obere Zustand in vier Niveaus zerfällt (Abb. 13), ist die Auswahl eines bestimmten $\mathfrak{o}$-Wertes nicht frei von Willkür, und noch schwieriger wird die Frage, wenn sowohl der obere als der untere Zustand in mehrere Niveaus aufspaltet und auch jeder dieser beiden Zustände eine beschränkte Lebensdauer besitzt, wie das etwa für die Hg-Triplettlinien $2\,{}^3S_1 \rightarrow 2\,{}^3P_{0,1,2}$ gilt; daher scheinen die von HANLE und RICHTER aus ihren Depolarisationsbeobachtungen gezogenen Schlüsse, insbesondere daß τ für die grüne Linie etwa viermal so groß sein soll

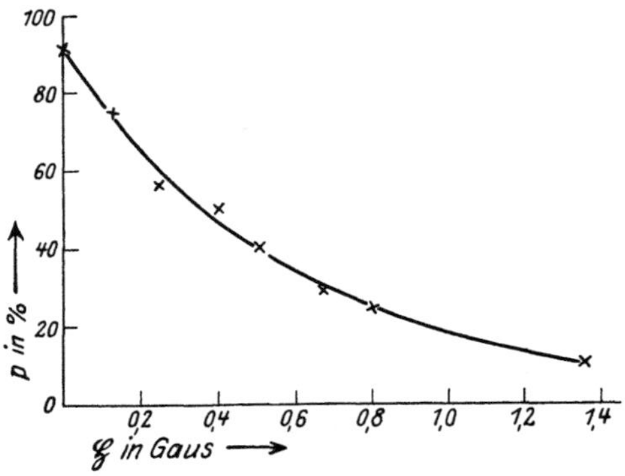

Abb. 18. Depolarisation der Hg-Resonanz bei Beobachtung $\parallel \mathfrak{H}$.

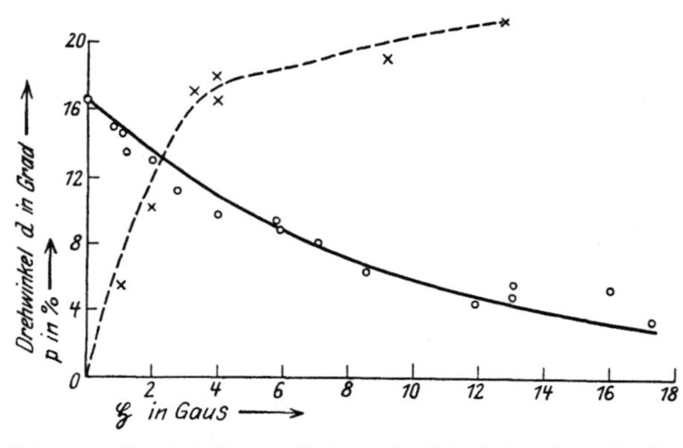

Abb. 19. o Depolarisation; × Drehung der Polarisationsebene der Na-Resonanzstrahlung bei Beobachtung $\parallel \mathfrak{H}$.

[1] P. SOLEILLET, C. R. Bd. 187, S. 976. 1928.
[2] P. SOLEILLET, C. R. Bd. 187, S. 723. 1928.
[3] Nach ST. MROZOWSKI haben jedoch auch hier noch die einzelnen Hyperfeinstrukturkomponenten ungleiche Lebensdauern, für die die in Tabelle 1 angegebene Zahl einen Mittelwert bedeutet.

Tabelle 1. Leuchtdauer τ von Resonanzlinien.

Element	Hg	Cd		Zn		Na
Wellenlänge	2537	3261	2289	3076	2139	5890
τ aus Polarisationsmessungen in Sekunden	$1{,}1 \cdot 10^{-7}$	$2{,}3 \cdot 10^{-6}$	$< 10^{-8}$	10^{-4}	$< 10^{-8}$	$1 \cdot 10^{-8}$
τ aus anderen Messungen	$1{,}04 \cdot 10^{-7}$*	$2{,}5 \cdot 10^{-6}$***	$2 \cdot 10^{-9}$*			10^{-8}*
	$1{,}1 \cdot 10^{-7}$**					10^{-8}†

als für die blaue und violette, obwohl alle drei aus demselben oberen Zustand herkommen, noch nicht ganz zuverlässig[1].

Bestätigt werden die Bestimmungen von τ aus Polarisationsbeobachtungen durch Messungen nach anderen Methoden. Die relativ großen Werte von τ für die „Interkombinations-Resonanzlinien" von Hg, Cd, Zn und auch ihre Zunahme in der angeführten Reihenfolge ist mit der Theorie in Einklang. Aus Beobachtung der natürlichen Linienbreite (in Absorption) ist τ für die Hg-Linie 2537 Å von verschiedenen Autoren[2], für Cd von ZEMANSKY[3], für Na von LADENBURG[4] berechnet worden. An unmittelbaren Fluoreszenzbeobachtungen liegen ferner Messungen über die D-Linienresonanz mit dem GAVIOLAschen Fluorometer vor[5], sowie über die Mitnahme des Leuchtens der durch Einstrahlung erregten Cd-Linie 3261 Å von der Erregungsstelle fort in einem DUNOYERschen Atomstrahl[6].

Die sehr viel größeren Lebensdauern, die metastabilen Zuständen, etwa $2\,^3P_0$ des Hg, zukommen, kann man mit gewöhnlichen Phosphoroskopen messen, allerdings erhält man hier in der Regel nicht die wahre „natürliche Lebensdauer", sondern die durch die zufälligen äußeren Umstände (auslöschende Zusammenstöße mit anderen Molekülen oder den Gefäßwänden) gegebene. Dies gilt z. B., wie die Autoren selbst betonen, für die von LADENBURG und seinen Mitarbeitern[7] gemessene Lebensdauer $\tau =$ etwa 10^{-3} sec des $2\,^3P_0$-Zustandes von Hg, die sie aus der Zeit bestimmten, innerhalb deren, nach abgeschlossener Erregung durch Einstrahlung der Linie 2537 Å und darauf durch Zusammenstoß mit einem N_2-Molekül hervorgerufenen Überführung nach $2\,^3P_0$ (vgl. Ziff. 26), durch Einstrahlung der Linie 4048 Å noch die Emission des Tripletts $2\,^1S_1 - 2\,^3P_{0,1,2}$ angeregt werden kann. Die wahre Lebensdauer von $2\,^3P_0$ ist sicher viel größer, vermutlich von der Größenordnung 1 sec. Ähnliche Versuche über die Lebensdauer anderer metastabiler Atome sind, da sie auf Absorptionsmessungen beruhen, hier nicht zu behandeln.

15. Der Starkeffekt in der Resonanzstrahlung. Der Starkeffekt ist für die der Beobachtung zugänglichen Resonanzlinien stets sehr klein; er läßt sich dagegen für Serienlinien, die bei Übergängen zwischen höheren Atomzuständen auftreten, auch in der stufenweise durch Einstrahlung angeregten Fluoreszenz leicht nachweisen: befindet sich der so angeregte Hg-Dampf in einem elektrischen Felde von 50000 Volt/cm, so fehlen in der Fluoreszenz nach TERENIN alle Linien, die von den Niveaus $3\,^3D_{1,2,3}$ und $3\,^1D_2$ ausgehen (5760, 5791, 3650 Å usw.)

* Aus Linienbreite. ** Kanalstrahlenmethode.
*** Mitnahme der Emission im Dunoyerstrahl. † Fluorometer.

[1] Allerdings wurde das gleiche Ergebnis nach einer ganz anderen Methode bei elektrischer Anregung auch von R. H. RANDALL [Phys. Rev. (2) Bd. 35, S. 1161. 1931] erhalten.

[2] P. KUNZE, Ann. d. Phys. Bd. 85, S. 1013. 1928; H. KOPFERMANN u. W. TIETZE, ZS. f. Phys. Bd. 56, S. 604. 1929; W. ZEHDEN u. M. W. ZEMANSKY, ZS. f. Phys. Bd. 72, S. 442. 1931.

[3] M. W. ZEMANSKY, ZS. f. Phys. Bd. 72, S. 587. 1931.

[4] R. LADENBURG u. R. MINKOWSKI, Ann. d. Phys. Bd. 87, S. 298. 1928.

[5] H. H. HUPFELD, ZS. f. Phys. Bd. 54, S. 484. 1929; F. DUSCHINSKY, Berliner Diss. 1932.

[6] H. O. KOENIG u. A. ELLETT, Phys. Rev. (2) Bd. 39, S. 576. 1932.

[7] T. ASADA, R. LADENBURG u. W. TIETZE, Phys. ZS. Bd. 29, S. 549. 1928; T. ASADA, ebenda Bd. 29, S. 708. 1928.

und die sonst vorhanden waren, während nicht nur die Resonanzlinie, sondern auch die von 2^3S_1 ausgehenden Linien (5461, 4358 Å usw.) unbeeinflußt bleiben: die nun fehlenden Linien werden durch das elektrische Feld (durch dessen Wirkung auf die $3D$-Bahnen) so stark verschoben, daß sie von der natürlichen Breite der entsprechenden Linien in der Primärstrahlung nicht mehr überdeckt werden.

Als sehr viel empfindlichere Methode hat die Beobachtung der Polarisation des Fluoreszenzlichtes in ihrer Abhängigkeit von elektrischen Feldern $\mathfrak{F}$ es HANLE ermöglicht, auch an den Resonanzlinien selbst, und zwar zunächst an der Linie 2537 Å des Hg den Starkeffekt festzustellen. Die von ihm erhaltenen Resultate sind vollkommen den in magnetischen Feldern gewonnenen analog und lassen sich am einfachsten ebenfalls aus den Energieniveau-Diagrammen herleiten, die ja für den allein hier in Betracht kommenden „quadratischen" Starkeffekt die gleiche Aufspaltung aufweisen wie für den Zeemaneffekt, mit dem einen Unterschied, daß die positiven und negativen Werte von m (so $m = \pm 1$ in Abb. 20 im Gegensatz zu Abb. 12) energetisch zusammenfallen. So erhält man in Feldern zwischen 20000 und 10000 Volt/cm je nach der Orientierung von $\mathfrak{F}$ gegen $\mathfrak{E}_p$ und die Beobachtungsrichtung lineare, partiell lineare, zirkulare oder elliptische Polarisation oder vollständige Depolarisation der Sekundärstrahlung. Für kleine Werte von $\mathfrak{F}$ setzt auch hier wieder „Entartung" der Quantelung ein, so daß z. B. für $\mathfrak{F} \parallel X$, $\mathfrak{E}_p \parallel Z$ und Beobachtung $\parallel Y$ an Stelle der nach Abb. 20 zu erwartenden vollkommenen Depolarisation bei $\mathfrak{F} = 10000$ Volt/cm partielle zirkulare Polarisation auftritt[1].

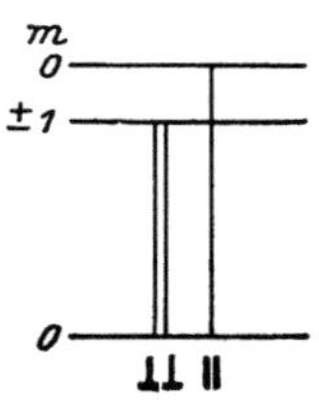

Abb. 20. Niveauschema für den Starkeffekt der Hg-Resonanzlinie.

Ein direkterer Nachweis für die Verschiebung der Resonanzlinie infolge des Starkeffektes gelang BRAZDZIUNAS, der die Änderung der Absorption in einer Hg-Dampfzelle maß, welche die von einer Resonanzlampe emittierte Strahlung erlitt, wenn die Lampe in ein elektrisches Feld von 16000 Volt/cm gebracht wurde[2].

Bei gleichzeitigem Vorhandensein magnetischer und elektrischer Felder ist allein das „stärkere" der beiden für die Richtungsquantelung der Atome und daher auch für die Polarisation der Resonanzstrahlung maßgebend; dabei hat als stärker dasjenige Feld zu gelten, das in dem speziellen Fall die größere Termaufspaltung verursacht: für die Hg-Linie 2537 Å ist ein elektrisches Feld von 60000 Volt/cm stärker als ein Magnetfeld von 0,8 Gauß, dagegen schwächer als ein Magnetfeld von 2 Gauß.

c) Fluoreszenz zweiatomiger Gase und Dämpfe.

16. Absorptionsbanden und Resonanzspektra. Die Vorgänge, die sich bei der Absorption und Emission in zweiatomigen Molekülen abspielen, lassen sich genau so behandeln wie bei Atomen mit mehrfacher Grundbahn; jetzt ist die Unterteilung des energetischen Normalzustandes in mehrere Niveaus immer, auch wenn man annehmen dürfte, daß die Elektronenbahn einfach ist, dadurch gegeben, daß die beiden Atomkerne verschiedene quantenmäßig festgelegte Schwingungsenergieen und überdies die Moleküle als Ganzes noch Rotationsenergie besitzen, die ebenfalls einer Quantenbedingung genügen muß. Der Gesamtzustand des Moleküls wird also durch drei Quantenzahlen n, v und J für Elektronenbahn, Kernschwingung und Molekülrotation definiert. Bei gleichem

[1] Einige hierauf sich beziehende theoretisch noch nicht deutbare Beobachtungen bei M. WINKLER, ZS. f. Phys. Bd. 64, S. 799. 1930.

[2] P. BRAZDZIUNAS, Ann. d. Phys. Bd. 6, S. 739. 1930.

Elektronenübergang $n_1 \to n_2$ (der im einfachen Atom eine bestimmte Emissionslinie verursachen würde) entspricht jeder Übergang mit geändertem $v_1 \to v_2$ bzw. $J_1 \to J_2$ einer anderen Linie desselben Bandensystems. Dabei ist zu bemerken, daß für homöopolare Moleküle (J_2, S_2 usw.), die ja keine ultraroten Kernschwingungs- oder Rotationsbanden besitzen, mit Strahlung verbundene Übergänge $v_1 \to v_2$ oder $J_1 \to J_2$ ohne gleichzeitigen Elektronensprung nicht vorkommen; ferner ist noch für die Rotationsquantenzahl nach dem Auswahlprinzip auch bei einem Elektronensprung stets nur eine Änderung von 0 oder ± 1 erlaubt, während v sich um beliebig viele Einheiten ändern kann.

Unter vorläufiger Vernachlässigung der Molekülrotation läßt sich das Niveauschema für die optisch unerregten und die nächstbenachbarten, durch Einstrahlung erreichbaren Zustände durch die Abb. 21 darstellen. Die Abstände ω_i der einzelnen Teilniveaus für eine gegebene Elektronenbahn mit der Quantenzahl n_i sind dabei in erster Näherung konstant wegen der nahezu harmonischen Bindung zwischen den Atomkernen; d. h. der Abstand der $v$ten Niveaus vom 0-Niveau ist ungefähr $v\omega_i$; in Wahrheit muß er, da die Bindung der Atomkerne nicht streng harmonisch ist, durch eine kompliziertere Funktion

$$v\omega - v^2\omega x + \cdots$$

dargestellt werden. Für sehr große Werte von v rücken die einzelnen Kernschwingungs-Energieniveaus immer enger bis zu einer „Konvergenzgrenze" zusammen, wie das z. B. aus dem beobachteten Verlauf der Joddampf-Absorptionsbanden hervorgeht[1]. Dagegen können die Teilniveaudifferenzen für verschiedene Elektronenanregungszustände sehr ungleiche Werte (ω_1, ω_2, ω_3 usw.) annehmen, weil durch die veränderte Elektronenkonfiguration die Bindungskraft zwischen den Atomkernen stark beeinflußt werden kann. Schließlich werden durch die bisher noch unberücksichtigten verschiedenen Molekularrotationsenergien alle Teilniveaus der Abbildung nochmals in eine dichte Folge von Einzelniveaus (in der Abbildung nicht angedeutet) auseinandergezogen, die den ganzen Grund beinahe kontinuierlich ausfüllen; infolgedessen entfallen z. B. im Absorptionsspektrum des Joddampfes auf 1 Å bis zu 20 feine Einzellinien der Banden[2].

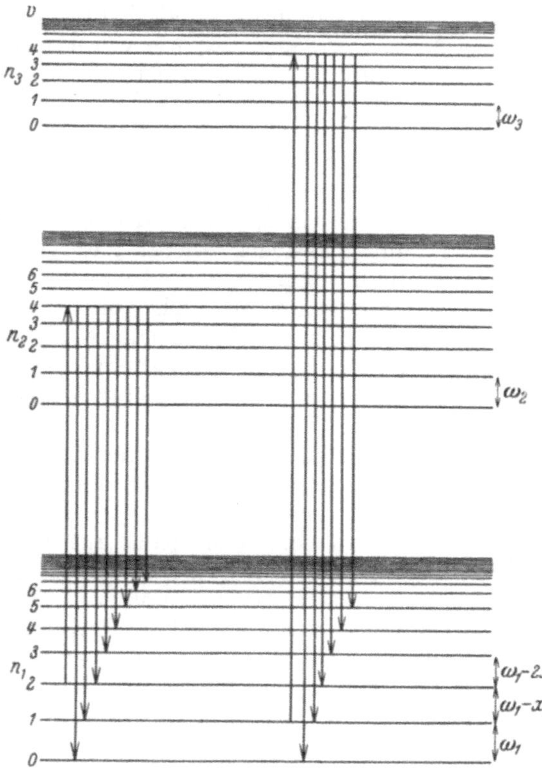

Abb. 21. Niveauschema für die Erregung von Resonanzspektren in zweiatomigen Dämpfen.

[1] E. G. Dymond, ZS. f. Phys. Bd. 34, S. 553. 1925.

[2] Wegen einer vollständigen Darstellung der Bandentheorie vgl. ds. Handb. Bd. XXI und XXIV/1 (2. Auflage).

Nach diesen Vorbemerkungen erklärt das Schema der Abb. 21 fast alle Beobachtungen, die zuerst von WOOD an den grüngelben Banden des Joddampfes von Zimmertemperatur angestellt wurden[1]. Wird eine monochromatische Linie des Spektralbereiches zwischen 5200 und 6000 Å in den Joddampf eingestrahlt, die einem möglichen Übergang, etwa $(n_1, v = 2) \rightarrow (n_2, v = 4)$, entspricht, so braucht, bei der Rückkehr des Elektrons nach n_1, v nicht wieder auf 2 zurückzuspringen, sondern es kann jeden beliebigen anderen Wert annehmen: alle in der Abbildung durch abwärts gerichtete Pfeile angedeuteten Übergänge sind möglich, jedesmal unter Emission einer anderen Linie, von denen eine allein mit der erregenden Linie zusammenfällt und die in der Frequenzskala untereinander ungefähr gleiche Abstände haben; jedes erregte Atom führt natürlich nur einen dieser Übergänge aus: wie sich ihre relative Häufigkeit auf die Atome verteilt, wird durch ein Wahrscheinlichkeitsgesetz bedingt. So entsteht bei monochromatischer Erregung eine Serie annähernd äquidistanter Linien: für dieses Gebilde hat WOOD ursprünglich den Ausdruck Resonanzspektrum geprägt, der aber logisch nun wohl auch auf die in einem vorangehenden Abschnitt behandelten Fälle einatomiger Dämpfe angewandt werden sollte. Die Zahl der Linien in einem Resonanzspektrum, deren Frequenz größer ist als die des Primärlichtes, der „antistokesschen Glieder", ist naturgemäß klein, sie ist höchstens gleich der Kernschwingungszahl v'' des Zustandes, von dem aus der Absorptionsprozeß seinen Ausgang nahm (vgl. Abb. 21). Dagegen ist prinzipiell die Zahl der Linien nach kleineren Wellenlängen zu unbegrenzt. Maßgebend für die Intensitätsverteilung in den Resonanzspektren sind natürlich die den einzelnen Linien entsprechenden Übergangswahrscheinlichkeiten, die in dem Abschnitt über Bandentheorie eingehend behandelt werden.

Bei jedem Übergang springt ferner noch die Rotationsquantenzahl J um ± 1, d. h. die ausgestrahlte Energie $h\nu$ ist um den Betrag eines Rotationsenergiequants kleiner oder größer, als sie es ohne Berücksichtigung dieses Zusatzgliedes wäre. Somit tritt an die Stelle jeder aus einem Übergang $n_2 v_2 \rightarrow n_1 v_1$ resultierenden Einfachlinie ein Dublett, dessen Komponentenabstand durch die Größe des Rotationsquants bestimmt ist[2]. Da dieses aber seinerseits sich aus dem Trägheitsmoment der Moleküle berechnen läßt, gestattet der Dublettabstand einen Rückschluß auf die Größe des Molekülradius. Diese Deutung hat zuerst W. LENZ für das tatsächliche Vorkommen von Dublettserien in den Resonanzspektren des Joddampfes gegeben. Die inzwischen vervollständigte Theorie liefert für den Dublettabstand die Beziehung

$$\Delta\nu = 4(J' + \tfrac{1}{2})B_0''(1 - \alpha''(v'' + \tfrac{1}{2})),$$

wo $B_0'' = h/8\pi^2 T_0''$ ist und α eine Konstante <1, durch welche die Zunahme des Trägheitsmoments T'' (T_0'' bezieht sich auf den kernschwingungsfreien Zustand) mit wachsender Kernschwingungszahl gemessen wird. $\Delta\nu$ ist also im allgemeinen für jede Serie verschieden und in erster Näherung proportional der Rotationsquantenzahl J. Eine vollständige Resonanzserie wird nunmehr in erster Näherung dargestellt durch eine Gleichung der Form:

$$\nu = \nu_0 - (v'' + \tfrac{1}{2})\,\omega''(1 - (v'' + \tfrac{1}{2})x'') - (J' + \tfrac{1}{2} \pm 1)^2 B_0''(1 - \alpha''(v'' + \tfrac{1}{2}))\,.$$

---

[1] Die grüne Fluoreszenz des Joddampfes, wenn er in einem evakuierten Gefäß mit Sonnenlicht bestrahlt wird, ist zuerst von E. WIEDEMANN und G. C. SCHMIDT beschrieben worden (Ann. d. Phys. Bd. 56, S. 18. 1895), doch mußte diesen Forschern wegen der von ihnen verwandten Versuchsanordnung die Bandenstruktur und die damit eng verknüpfte Erscheinung der Resonanzspektra entgehen.

[2] Evtl. auch ein Triplett, wenn (was beim Joddampf nicht der Fall ist) Übergänge $\Delta J = 0$ erlaubt sind.

Dabei ist ν_0 im allgemeinen nicht die Frequenz der primär eingestrahlten Linie („Resonanzlinie"), die natürlich auch in der Serie enthalten sein muß, sondern sie entspricht der Linie, die ausgestrahlt würde beim Übergang aus dem erregten Zustand n', v', J' in den Endzustand n'', $v'' = 0$ und bei unveränderter Rotationsenergie. Entsprechend dem jetzt allgemein eingeführten Brauch sind die auf den Anfangszustand des Emissionsprozesses sich beziehenden Größen (n', v' usw.) mit einem Strich, die zum Endzustand gehörenden (n'', v'' usw.) mit zwei Strichen gekennzeichnet. Für eine genauere Wiedergabe der Beobachtungen ist neben den in v und J quadratischen Gliedern oft auch noch ein kubisches Glied zu berücksichtigen.

17. Resonanzspektra des J_2-Dampfes. Bei weitem am eingehendsten untersucht ist das Resonanzspektrum des Joddampfes von Zimmertemperatur, das durch Einstrahlung der grünen Hg-Linie 5462,23 Å[1] entsteht; diese Linie überdeckt jedoch, wenn sie von einer vollbelasteten Bogenlampe herstammt, nicht weniger als neun Jodabsorptionslinien, nur wenn man als Lichtquelle eine gekühlte schwach belastete Lampe verwendet, wird sie hinreichend scharf, um nur mit einer Jodlinie zu koinzidieren und daher nur Moleküle eines ganz bestimmten Anfangszustandes zu erregen. Unter diesen Umständen erzielten Wood und Kimura die in Tabelle 2 wiedergegebene Resonanzserie, von der ein Teil auch in den Abb. 22 und 23 reproduziert ist. Sie läßt sich durch die Formel:

$$\nu = 18307{,}5 - 213{,}67(v + \tfrac{1}{2}) + 0{,}592(v + \tfrac{1}{2})^2 + 0{,}0021(v + \tfrac{1}{2})^3$$

Tabelle 2.
Das Resonanzspektrum des Jods bei Erregung mit der grünen Hg-Linie 5462,23.

Ordnungszahl n	Wellenlänge Å λ	Wellenzahl cm^{-1} $1/\lambda$	Ordnungszahl n	Wellenlänge Å λ	Wellenzahl cm^{-1} $1/\lambda$
0	5462,23 5463,74	18312,5 18307,5	13	6396,08 6398,05	15634,6 15629,7
1	5526,55 5528,10	18094,5 18089,5	14	fehlt	—
2	fehlt	—	15	6560,56 6562,68	15242,6 15237,7
3	5658,71 5660,38	17671,9 17666,7	16	6645,0 6647,0	15048,9 15044,3
4	5726,59 5728,25	17462,4 17457,3	17	6731,2 6733,25	14856,4 14851,5
5	5795,79 5797,51	17253,9 17248,8	18	6818,63 6820,01	14665,7 14660,8
6	6866,14 5867,85	17046,9 17042,0	19	?	—
7	fehlt	—	20	6998,96 7001,39	14287,8 14282,3
8	6010,66 6012,50	16637,1 16632,0	21	fehlt	—
9	fehlt	—	22	7186,23 7188,68	13915,5 13910,7
10	6160,63 6162,48	16232,1 16227,5	23	7282,39 7284,92	13731,3 13727,0
11	6237,68 6239,56	16031,6 16026,8	24	fehlt	—
12	6316,16 6318,14	15832,4 15827,0	25	7480,4 7482,9	13368,2 13363,3
			26	fehlt	—
			27	7685,7 7688,5	13011,0 13006,0

[1] Diese Wellenlänge sowie die der Tabelle 2 sind auf Vakuum umgerechnet.

gut darstellen. Die Serie besitzt kein antistokessches Glied (der Anfangszustand wäre also durch $v = 0$ charakterisiert) und erstreckt sich — sie ist von OLDENBERG[1] mit rotempfindlichen Platten noch weiter (bis 8823 Å) verfolgt worden — bis zur Gliednummer 37. Nach der von LOOMIS durchgeführten Analyse der J_2-Banden entspricht der Erregung dieser Resonanzlinie ein Übergang von $v_1 = 0$ nach $v_2 = 26$. Nicht ganz erklärt ist nach dem heutigen Stand der Theorie noch die zwar in der Hauptsache nach langen Wellen zu abnehmende, aber doch sehr ungleichmäßige relative Intensität der einzelnen Linien, von denen einige, wie die Tabelle und besonders deutlich auch Abb. 23 zeigt, gänzlich ausfallen. Ein solches Fehlen bestimmter Serienglieder wird auch in allen anderen Resonanzspektren beobachtet.

Wird zur Erregung der Jodfluoreszenz die verbreiterte grüne Linie einer heißen Hg-Lampe verwandt, so treten noch eine Anzahl anderer Absorptionslinien in Funktion, anderen Anfangszuständen unerregter Moleküle entsprechend und zu anderen Endniveaus führend: von jeder nimmt eine volle Resonanzserie ihren Ausgang, und da in jeder von diesen die Frequenzendifferenzen etwas andere Werte besitzen, laufen die Serien in höheren Ordnungen immer stärker auseinander, überschneiden sich schließlich sogar, so daß am roten Ende des Spektrums eine schwer entwirrbare Linienfolge erscheint. Einzelne der neuen Serien besitzen, freilich mit relativ geringer Intensität, auch ein oder sogar zwei antistokessche Glieder; diese müssen offenbar Molekülen zugehören, deren Kernschwingungszahl im unerregten Zustande $v'' = 1$ bzw. $v'' = 2$ war. Auch diese Serien konnten von LOOMIS größtenteils in das Bandenschema des Joddampfes eingeordnet werden (Tab. 3). Erhitzt man den Dampf bei konstanter Dichte auf 300°, so tritt sogar noch ein viertes antistokessches Glied in Erscheinung, während gleichzeitig die anderen an Intensität gewinnen: im kalten Dampf befinden sich nur wenige Moleküle mit Kernschwingungszahlen >0, bei höheren Temperaturen kommen auch noch Moleküle mit größerer innerer Energie vor. Dieser Vorstellung entspricht es, daß, wenn man das von einer monochroma-

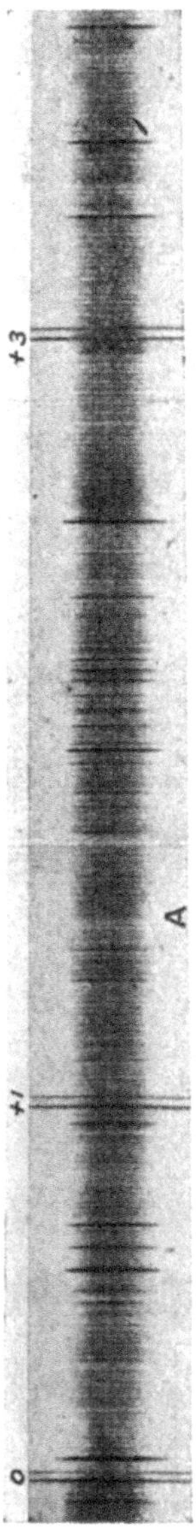

Abb. 22. 1—3. Ordnung im Resonanzspektrum des Joddampfes bei Erregung mit der Linie 5462. Darunter das kannelierte Bandenspektrum.

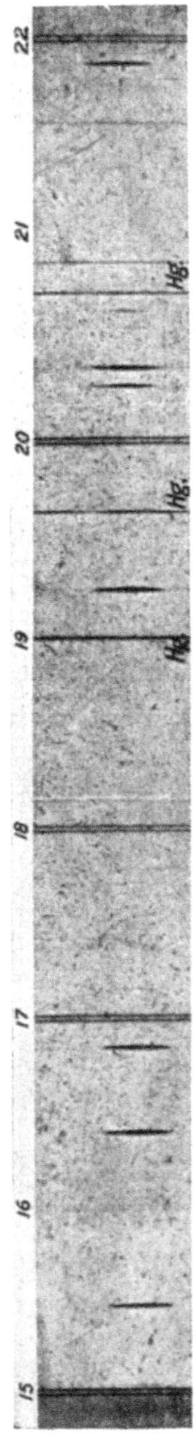

Abb. 23. 15—22. Ordnung im Resonanzspektrum des Joddampfes bei Erregung mit der Linie 5462.

[1] O. OLDENBERG, ZS f. Phys. Bd. 45, S. 451. 1927.

tischen Linie erregte Resonanzlicht durch eine auf Zimmertemperatur gehaltene Joddampfschicht hindurchgehen läßt, allein die antistokesschen und die ersten positiven Glieder absorbiert werden, die mehr nach Rot zu gelegenen Linien aber praktisch ungeschwächt bleiben, was fürs Auge ein deutliches Umschlagen der Resonanzfarbe ins Rötliche zur Folge hat. Denn die Absorption der Glieder höherer Ordnung müßte in Molekülen mit größeren Kernschwingungsenergien vor sich gehen, als sie im Joddampf von 20° in hinreichender Zahl vorhanden sind. Erhitzt man den Dampf im Absorptionsgefäß auf 300°, so werden auch noch Linien von höherer Ordnung in steigendem Maße geschwächt. Es folgt weiter, daß, wenn man die Fluoreszenz des Joddampfes mit weißem Lichte erregt, ein Emissionsspektrum zustande kommt, das zwar dem Absorptionsspektrum ähnlich, aber weit linienreicher sein muß als dieses. Denn praktisch beginnen alle Absorptionslinien auf den Niveaus $v = 0$ oder $v = 1$ (Abb. 21), die Emissionslinien dagegen enden teilweise auf Niveaus mit sehr viel höheren v-Werten.

Tabelle 3. Anfangs- und Erregungszustand des J_2-Moleküls für verschiedene erregende Linien.

Lichtquelle	λ (Å)	$\overline{v''}$	v'	J' *
Ne	5853	2	17	30,5
		1	15	47,5
Hg	5792	2	19	44,5; 37,5 u 38,5
		1	17	61,5 u. 54,5
		1	20	169,5
		0	15 (?)	72,5
Hg	5771	2	20	68,5
		1	18	80,5
		0	16	93,5 u. 86,5
Hg	5462	0	26	35,5; 34,5; 29,5 u. 28,5
		0	27	85,5 u. 80,5
		0	28	198,5
		0	29	134,5 u. 129,5
		1	29	51,5; 50,5 u. 45,5
Cd	5086	0	50	8,5
		0	51	43,5

In derselben Bandengruppe sind, wennschon weniger eingehend, auch noch die durch die beiden gelben Hg-Linien[1] sowie durch verschiedene Linien des Cd, Cu, Ne und Na erregten Resonanzspektra untersucht worden, ohne daß hierbei irgendwelche prinzipiell neuen Resultate zutage treten. Die durch die Hg-Linien 5771 und 5792 Å hervorgerufenen Spektra erstrecken sich nach Oldenberg auch bis über die Grenzen des Ultrarot (über 8500 Å) hinaus[2]. In Tabelle 3 sind die Angaben über Schwingungszustand ($\overline{v}''$) des Moleküls vor der Erregung und Schwingungs- und Rotationszustand ($v' J'$) des erregten Moleküls für die verschiedenen Resonanzspektra des J_2 zusammengestellt, soweit sie bis jetzt eingeordnet werden konnten[3].

Eine zweite Absorptionsbandengruppe des Joddampfes liegt im Ultraviolett unterhalb von 2000 Å; auch in ihr lassen sich, wie Oldenberg gezeigt hat, Resonanzspektren hervorrufen; es gelang ihm dies unter anderen mit den Hg-Linien 1849 und 1843, der Bi-Linie 1903, der Zn-Linie 1900 Å. Mit der letzteren erhielt er eine Serie von 35 positiven und einigen negativen Gliedern die der Gleichung $1/\lambda = 1/\lambda_0 - 219\,p + 0{,}895\,p^2$ folgen.

Die Schrittweite $\Delta\nu$ der Resonanzserien ist ein Maß für die Größe des Kernschwingungsquants im Endzustand, den das Molekül bei der Emission erreicht; für die verschiedenen durchgemessenen Serien der sichtbaren und ultravioletten Joddampffluoreszenz ist dieser Wert in Tabelle 4 zusammengestellt.

* Der Anfangszustand der Rotation $\overline{J}''$ ist für die Übergänge teils $J' + 1$, teils $J' - 1$.

[1] C. M. Warfield, Phys. Rev. (2) Bd. 31, S. 39. 1928.

[2] F. W. Loomis, Phys. Rev. (2) Bd. 35, S. 662. 1930.

[3] L. A. Turner, ZS. f. Phys. Bd. 65, S. 464, 480. 1930.

Tabelle 4.

Wellenlänge der erregenden Linie	5893	5791	5769	5461	5218	1903	1900	1849
Schrittweite $\Delta\nu$	210	212	212	218	207	219	219	217

Aus der relativ guten Übereinstimmung folgt, daß der Emissionsprozeß der sichtbaren und ultravioletten Banden zum selben Endzustand führt, was auch kaum anders zu erwarten, da sie beide durch Absorption aus dem Normalzustand der Moleküle erregt werden; in Abb. 21 entspricht also die rechte Hälfte der schematischen Darstellung mit dem Erregungsniveau n_3 einer ultravioletten Resonanzserie.

Ein drittes Absorptionsbandensystem des J_2, das sich von 2087 bis 2600 Å verfolgen ließ, tritt erst bei höheren Temperaturen ($> 500°$ C) in die Erscheinung, weil es von einem energiereicheren Elektronenzustand des Moleküls seinen Ausgang nimmt (analog also wie etwa die grüne Absorptions*linie* des einatomigen Tl-Dampfes Abb. 8); in diesem System wurde bisher nur eine Resonanzserie beobachtet, die durch die Hg-Linie 2537 Å angeregt war. Da die Schrittweite in dem Resonanzspektrum ($\Delta_\nu = 180\,\mathrm{cm}^{-1}$) genau das Doppelte des Abstandes zwischen den Absorptionskanten ($\Delta_\nu = 90\,\mathrm{cm}^{-1}$) beträgt, scheint hier regelmäßig jede zweite Linie zu fehlen. Auffällig ist weiter, daß das Spektrum sich im Gegensatz zu allen sonst bekannten über alle 36 beobachteten Glieder hin (von denen 15 antistokessche) durch eine lineare Gleichung darstellen läßt: $\nu = 42127 - v \cdot 180$[1].

Daß in Wirklichkeit auch bei Zimmertemperatur die Verhältnisse bei den Joddampfmolekülen längst nicht so einfach liegen wie in dem Niveauschema der Abbildung, geht aus der Tatsache hervor, daß monochromatisches Licht, welches in der ultravioletten Absorptionsbande des Dampfes absorbiert wird, neben der charakteristischen Resonanzserie und an diese sich nach größeren Wellenlängen zu anschließend noch ein ganz kompliziertes, ziemlich diffuses Bandenspektrum zur Emission anregt. Diese zuerst von MCLENNAN beobachteten Banden erstrecken sich von etwa 2000 bis 4800 Å, sie bestehen aus zahlreichen Teilbanden, die mit einer Schwingungszahldifferenz $500\,\mathrm{cm}^{-1}$ aufeinander folgen und die teilweise auch wieder noch in Einzelbanden aufgelöst werden konnten. Das gesamte Aussehen der Banden scheint wesentlich unabhängig von der Wellenlänge der erregenden Linie zu sein, sie treten mit ungefähr gleicher Verteilung auch bei elektrischer Anregung auf, im Absorptionsspektrum des Joddampfes fehlen sie. Zur Erklärung dieser Besonderheiten muß man wohl annehmen, daß aus dem durch die ultraviolette Einstrahlung hervorgerufenen Erregungszustand (n_3) die Moleküle statt auf dem direkten Wege über irgendwelche in der Abb. 21 nicht angedeutete Zwischenstufen ihre Energie unter Strahlung abgeben können, und daß das diffuse Bandenspektrum einem dieser stufenweisen Übergänge entspricht; das dabei erreichte Endstadium kann nicht mit dem Normalzustand (n_1) identisch sein, wegen des Fehlens der Banden im Absorptionsspektrum, wohl aber könnte eine Dissoziation in zwei J-Atome eine Rolle spielen (vgl. Ziff. 22).

18. Optische Dissoziation der Halogendämpfe. Bei konstanter Dichte ist die Fluoreszenzfähigkeit des Joddampfes (abgesehen von den spektralen Intensitätsverschiebungen aus den früher angegebenen Gründen) von der Temperatur weitgehend unabhängig; sie nimmt erst ab, wenn Temperaturen erreicht werden, bei denen der Dampf merklich zu dissoziieren beginnt. Dieses Verhalten findet sich naturgemäß bei allen im folgenden zu behandelnden Spektren wieder, die von Molekülen herrühren. Dagegen tritt eine Dissoziation der Moleküle durch

[1] E. HIRSCHLAFF, ZS. f. Phys. Bd. 75, S. 325. 1932.

Aufnahme von strahlender Energie sehr oft selbst dann nicht ein, wenn die absorbierte Energie die Dissoziationsarbeit um ein Vielfaches übersteigt. So beträgt diese für das Jodmolekül nur 1,4 Volt, während der Wert von $h\nu$ für die Wellenlänge der grüngelben Resonanzlinien 2 Volt, für die ultravioletten Resonanzlinien sogar 6 Volt übersteigt. Die spontane Übertragung der wesentlich vom *Leuchtelektron* aufgenommenen Erregungsenergie auf den Dissoziationsvorgang entspricht im allgemeinen einem verbotenen Übergang. In Abb. 21 konvergieren (wegen der durch x gemessenen Abweichung von der rein harmonischen Bindung zwischen den Atomkernen) die Kernschwingungsniveaus jedes Elektronenzustandes gegen eine obere Grenze, bei deren Erreichung die Kernschwingungsenergie zur vollständigen Trennung der beiden Atome genügt; das sich an die Konvergenzgrenze nach oben anschließende Kontinuum bedeutet ein Auseinanderfliegen der Atome mit von Null verschiedener, aber nicht mehr quantisierter, kinetischer Energie. Im Absorptionsspektrum schließt sich demgemäß an das kurzwellige Ende des Bandensystems ein kontinuierliches Band an. Lichtabsorption in diesem Gebiet führt, wie TURNER gezeigt hat, nicht zur Fluoreszenzanregung, sondern zur direkten Dissoziation des Moleküls, die durch das Hervortreten bekannter Jodatomlinien im Absorptionsspektrum des Dampfes zu erkennen ist.

Die Wahrscheinlichkeit des Überganges aus einem der bei Zimmertemperatur am häufigsten vorkommenden unteren Kernschwingungsniveaus des Molekülgrundzustandes (n_1 in Abb. 21) in ein bestimmtes Kernschwingungsniveau eines angeregten Zustandes (n_2) wird von Gesetzen beherrscht, die zuerst von FRANCK und CONDON erkannt worden sind. Sie beruhen darauf, daß während der kurzen Zeit, in der ein Elektronensprung bzw. ein Strahlungsprozeß sich abspielt, weder der Ort noch die Geschwindigkeit der relativ schweren Atomkerne sich merklich ändern kann („Franck-Condon-Prinzip“[1]). Ersetzt man die Elektronen-Energiestufen der Abb. 21 durch die den betreffenden Elektronenzuständen entsprechenden Potentialkurven (Abb. 24a und b), wobei die Ordinaten die potentielle Energie U des Moleküls als Funktion des Abstandes r zwischen den Atomkernen darstellen, so kommen nach diesem Prinzip wesentlich nur solche Übergänge zwischen den Zuständen *1* und *2* vor, die wie die durch Pfeile angedeuteten von einem Punkt der Kurve *1* zu dem senkrecht darüberliegenden der Kurve *2* führen, und größte Wahrscheinlichkeit besitzen sie an den Umkehrpunkten auf der Potentialkurve des Anfangszustandes, d. h. an den Stellen größten bzw. kleinsten Abstandes zwischen den Kernen, der bei der vorhandenen, durch v gemessenen Schwingungsenergie erreicht wird.

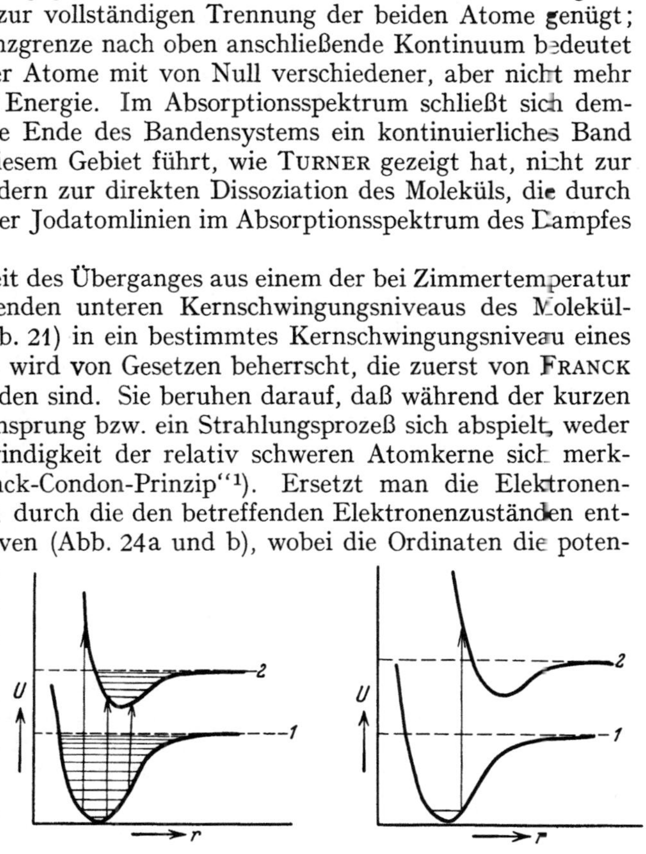

Abb. 24. Potentialkurven für zweiatomige Moleküle. *1* normaler, *2* angeregter Elektronenzustand. *a* Typen des J_2, *b* Typen des Cl_2.

Sind gemäß diesen Regeln vornehmlich Übergänge nach diskreten Niveaus des oberen Zustandes zu erwarten (Abb. 24a), so bilden kannelierte Banden den Hauptteil des Absorptionsspektrums, und die Rückkehr aus diesen Niveaus erfolgt unter Fluoreszenzemission. Ein derartiger Fall liegt beim Joddampf vor.

[1] Zusammenfassender Bericht hierüber z. B. H. SPONER, Leipziger Vorträge 1931, S. 107.

Finden dagegen vorzugsweise oder ausschließlich Übergänge nach dem kontinuierlichen Energiebereich des erregten Zustandes statt (Abb. 24b), so ist im Absorptionsspektrum das Bandenstruktur aufweisende Gebiet schwach ausgeprägt bzw. es fehlt ganz, dann wird auch durch Lichteinstrahlung keine Fluoreszenz erregt, da ja *jeder* Absorptionsprozeß eine vollkommene Dissoziation des Moleküls zur Folge hat. Das gilt im allgemeinen für die dem Jod chemisch so nahe verwandten Halogene Brom und Chlor, in deren Dämpfen niemals mit Sicherheit Fluoreszenz nachzuweisen gelang, und zwar weder im sichtbaren noch im ultravioletten Teil des Spektrums.

Wohl aber läßt sich in einem Gemisch von Jod- und Bromdampf durch kurzwelliges Ultraviolett ($\lambda < 2000$ Å) eine Fluoreszenz hervorrufen, deren Spektrum bis 2500 Å aus schmalen, annähernd äquidistanten Liniengruppen (möglicherweise monochromatisch angeregter Resonanzspektren), von 2500 Å bis ins Violett aus zahlreichen diffusen Banden besteht, und das, da es zwar an das ultraviolette Fluoreszenzspektrum des J_2 erinnert, aber sicher nicht mit ihm identisch ist, einem JBr-Molekül zugeschrieben werden muß. In JCl- und BrCl-Gemischen tritt eine derartige Fluoreszenz nicht oder höchstens mit minimaler Intensität auf[1].

Durch starke Magnetfelder wird die sichtbare Fluoreszenz des Joddampfes sehr geschwächt, evtl. (bei etwa 50000 Gauß) fast ganz vernichtet, und zwar ist die Größe dieser auslöschenden Wirkung in verschiedenen Teilen des Spektrums ungleich, am intensivsten ist sie im Grün, weniger beträchtlich nach dem Rot und dem Blau zu. Nach FRANCK wird durch das Magnetfeld der sonst „verbotene" Übergang aus dem angeregten *Molekül*zustand in den Zustand, in dem sich die Atome bei jeder gegenseitigen Entfernung abstoßen, ermöglicht; Wahrscheinlichkeit aber besitzt dieser Übergang nach dem Franck-Condon-Prinzip auch hier nur, wenn die Gesamtenergie — das eine Mal als Elektronenanregungs- plus Kernschwingungsenergie, das andere Mal als potentielle Energie infolge der Abstoßungskräfte — für beide Zustände gleich ist („Energieresonanz") und also nicht ein Teil der Anregungsenergie „plötzlich" in die Bewegungsenergie der auseinanderfliehenden Atome umgesetzt werden muß, d. h. an der Stelle, an der die Anziehungs- und die Abstoßungskurve sich schneiden (vgl. Abb. 32a). Demnach muß umgekehrt der Schnittpunkt der für die beiden Zustände charakteristischen Energiekurven gerade bei denjenigen Schwingungsniveaus des angeregten Jodmoleküls liegen, die durch Einstrahlung grünen Lichtes vom schwingungslosen Grundzustand des Moleküls her erreicht werden[2].

19. Resonanzspektra anderer homöopolarer zweiatomiger Moleküle. Neben dem Joddampf sind es vor allem die Elemente der sechsten Gruppe des periodischen Systems, in deren Dämpfen bei Einstrahlung weißen Lichtes eine aus kannelierten Banden bestehende Fluoreszenz, bei monochromatischer Erregung Resonanzspektra beobachtet worden sind. Die Dämpfe dieser Elemente (abgesehen vom Sauerstoff) enthalten allerdings in der Regel auch höheratomige Moleküle (S_6 usw.) mit sehr viel komplizierteren Spektren, doch läßt es sich durch geeignete Wahl von Temperatur und Druck stets erreichen, daß die zweiatomigen Moleküle bei weitem überwiegen. Die zu diesem Zweck notwendige unabhängige Regulierung der beiden Zustandsvariabeln wird dadurch erreicht, daß der eigentliche Beobachtungsraum und ein mit ihm verbundenes den Bodenkörper enthaltendes Ansatzrohr durch zwei getrennte Öfen geheizt werden, wobei natürlich das Ansatzrohr immer auf der tieferen Temperatur zu halten ist. Die

---

[1] A. FILIPPOV, ZS. f. Phys. Bd. 50, S. 861. 1928; F. W. LOOMIS u. A. J. ALLEN, Phys. Rev. (2) Bd. 33, S. 639. 1929.

[2] L. A. TURNER, l. c. J. H. VAN VLECK, Phys. Rev. (2) Bd. 40, S. 544. 1932.

Spektralgebiete, innerhalb deren durch Absorption Fluoreszenz erregt bzw. Fluoreszenzemission beobachtet wurde, sind für die vier Elemente in Tabelle 5 zusammengestellt. In den drei zuletzt angeführten Dämpfen sind durch zahl-

Tabelle 5. Ungefähre Lage der Absorptions- und Fluoreszenzbanden von O_2, S_2, Se_2, Te_2 (λ in Å).

	O_2	S_2	Se_2	Te_2
Absorption . . .	bis 1900	2548 bis 4000	3238 bis 4180	3831 bis 6200
Fluoreszenz . .	„ 3970	2800 „ 5650	3050 „ 4910	4200 „ 6600

reiche in die entsprechenden Absorptionsbanden fallende Linien des Hg-Bogens sowie anderer Metallbogen und -funken Resonanzserien erregt worden[1], die im wesentlichen die gleichen Merkmale aufweisen wie die Serien des J_2-Dampfes: sie sind durchweg durch in v'' quadratische Gleichungen darstellbar, sie lassen sich in das Kantenschema der Absorptionsspektra einordnen, ihre Glieder bestehen in der Regel aus Dubletts (manchmal auch aus Tripletts) mit für das Trägheitsmoment des Moleküls charakteristischen Abständen; daß in nicht seltenen Fällen diese Dubletts von einer großen Schar schwächerer Trabanten umgeben sind, kann, solange nicht das Gegenteil erwiesen ist, ohne weiteres auf die Breite der zur Erregung verwendeten Linien zurückgeführt werden, die mehr als eine Absorptionslinie überdecken. Schwer erklärlich erscheint dagegen die an einigen Dubletts sowohl von S_2 als von Se_2 und Te_2 gemachte Beobachtung, daß durch Erhöhung des Dampfdruckes die relative Intensität der beiden Komponenten merklich geändert wird; nach Angabe der Autoren handelt es sich dabei sicher nicht um einen durch ungleiche Reabsorption der Linien hervorgerufenen sekundären Effekt[2]. Im übrigen geht für all diese Dämpfe ebenso wie auch für den des J_2 — abgesehen von einer in Ziff. 28 noch zu behandelnden Herabsetzung der Ausbeute — mit wachsender Dichte die Volumenfluoreszenz immer mehr in Oberflächenfluoreszenz über, und zwar zuerst für die am stärksten absorbierbaren erregenden Linien, die den aus den schwingungslosen Grundzuständen herkommenden Übergängen entsprechen (z. B. für J_2 die Linie 5461 Å, für Te_2 die Linie 4046 Å), erst später für die in höheren Schwingungsniveaus absorbierten Linien (etwa 5770 Å für J_2, 4358 Å für Te_2).

Das Bandenspektrum des Sauerstoffs liegt — schon wegen der Luftabsorption — in einem nur der Vakuumspektroskopie zugänglichen Gebiet; doch konnte RASETTI[3] bei sehr intensiver Einstrahlung der in eine der langwelligsten O_2-Absorptionsbanden fallenden Hg-Linie 1894 Å eine Resonanzdublettserie erhalten, die von ihrem achten STOKESschen Glied bei 2364 Å bis zum 22. Glied bei 3970 Å mit einem Quarzspektrographen aufgenommen wurde. Ebenso vermochte OLDENBERG in Sauerstoff von geringem Druck (etwa 0,5 mm Hg) bei Erregung durch das von Funkenentladungen ausgehende kurzwellige Ultraviolett eine ziemlich kräftige, weiter nicht analysierte sichtbare Fluoreszenz festzustellen. Unter gleichen Bedingungen beobachtete er im Stickstoff eine Fluoreszenzemission, die aus einigen dem bekannten N_2-Spektrum angehörenden Banden zwischen 3700 und 4700 Å bestand. Gewisse N_2-Banden treten nach WOOD und

[1] B. ROSEN, ZS. f. Phys. Bd. 43, S. 69. 1927; P. SWINGS, ZS. f. Phys. Bd. 61, S. 681. 1930 u. Diss. Liége 1931; W. ROMPE, ZS. f. Phys. Bd. 65, S. 404. 1930; J. FRIEDRICHSEN, ZS. f. Phys. Bd. 70, S. 463. 1931; J. GENARD, Bull. Acad. de Belgique 1930 u. 1931. — H. GRÜNBAUM, Bull. Acad. Pol. A. 1929, S. 611; R. SCHMIDT, ebenda 1928, S. 61. — W. KESSEL, C. R. Bd. 189, S. 94. 1929; C. R. Soc. Pol. Phys. Bd. 4, S. 175. 1929; A. PRZEBORSKI, ebenda Bd. 5, S. 81. 1930.

[2] P. SWINGS, l. c.; L. NATANSON, ZS. f. Phys. Bd. 65, S. 75. 1930.

[3] F. RASETTI, Proc. Nat. Acad. Sc. Bd. 15, S. 411. 1929.

MEYER sogar in atmosphärischer Luft durch Erregung mit kurzwelligem Funkenlicht ($\lambda < 1500$ Å?) auf.

Schließlich sind auch noch mit derselben Versuchsanordnung wie für S_2 Resonanzspektren erhalten worden in den zweiatomigen Dämpfen von Wismut[1], Arsen und Phosphor[2]; und zwar in Bi_2 zwei Dublettserien durch die Hg-Linien 4358 und 5461 Å, in Arsen eine sehr lichtschwache Serie durch die Hg-Linie 2537 Å und in P_2 eine Anzahl von Serien durch eine Anzahl von zwischen 1900 und 2100 Å liegenden Linien des Cd-, Al- und Zn-Funkens. Bei Einstrahlung weißen Lichtes in Bi-Dampf von nahezu Atmosphärendruck (1400° C) wird eine Fluoreszenz ausgesandt, deren Spektrum aus etwa zwanzig nach Rot abschattierten Banden zwischen 5000 und 6600 Å besteht[3].

20. Resonanzspektra von Metallhalogenid-Dämpfen[4] und die durch optische Dissoziation hervorgerufene Fluoreszenz. Die Dämpfe vieler Metallhalogenide (AgJ, AgCl, AgBr, TlJ sind bisher untersucht) besitzen je ein Absorptionsbandensystem, das nach Aussehen und Entstehung etwa den sichtbaren J_2-Banden analog ebenso wie diese einem Übergang aus dem Grundzustand des Moleküls in einen angeregten Molekülzustand mit diskreten Kernschwingungsenergieniveaus entspricht, und in dem ebenfalls typische Resonanzserien erregt werden können. Die ungefähre Lage der Banden sowie die Kernfrequenz des Grundzustandes ω'', wie sie sich aus den Resonanzspektren ergibt, ist in Tabelle 6

Tabelle 6. Absorption und Resonanz in Metallhalogeniden.

Verbindung	AgJ	AgBr	AgCl	TlJ
Lage des Abstandes	3168 bis 3350	3183 bis 3394	3116 bis 3485	3780 bis 5360
Kernfrequenz ω''	205	245	340	152

zusammengestellt. Auch diese Banden besitzen nach kurzen Wellen zu eine Konvergenzgrenze, jenseits deren Lichtabsorption zur Dissoziation des Moleküls führt, und zwar in ein normales Metall- und ein angeregtes Halogenatom; da aber dessen Anregungszustand, ebenso wie der des Jods bei der optischen Dissoziation des J_2-Moleküls in $J + J'$, metastabil ist, wird die ihm verbleibende Energie nicht in Strahlung umgesetzt. Die gleichen Verbindungen besitzen jedoch weitere Absorptionsbanden im Gebiet kürzerer Wellen, die keine Struktur aufweisen und in denen Absorption stets zur Dissoziation führt; jetzt entsteht ein normales Halogenatom und ein angeregtes *nicht* metastabiles Metallatom, das seinerseits seine Anregungsenergie als Fluoreszenzlicht ausstrahlt. So beobachtet man bei Einstrahlung hinreichend kurzwelligen Lichtes (über die größte wirksame Wellenlänge λ_m siehe Tab. 7) in den Dampf von TlJ oder TlBr die Fluoreszenzemission der grünen Thallium-Atomlinie 5351 Å. Entsteht als Dissoziationsprodukt ein höher angeregtes Metallatom (etwa im Zustand $3P$ usw.), so entspricht dem ein weiter im Ultraviolett gelegenes Absorptionskontinuum; so hat TERENIN gezeigt, daß bei Einstrahlung von Wellenlängen zwischen 2115 und 2060 Å in der Fluoreszenz des Silberjodiddampfes fast nur die langwelligere Komponente des Ag-Resonanzdubletts (3383 Å) hervortritt, während bei Primärwellenlängen < 2060 Å die kurzwellige Komponente (3281 Å) stark überwiegt, d. h. daß im ersten Fall Ag-Atome im Zustand $2\,^2P_{\frac{1}{2}}$, im zweiten Fall hauptsächlich Atome im Zustand $2\,^2P_{\frac{3}{2}}$ erzeugt werden[5].

---

[1] J. PARYS, ZS. f. Phys. Bd. 71, S. 807. 1931.

[2] A. JAKOWLEWA, ZS. f. Phys. Bd. 69, S. 548. 1931.

[3] Über Fluoreszenz mehratomiger anorganischer Gase, insbesondere H_2O und NO_2, vgl. Ziff. 29.

[4] Über die Fluoreszenz von Metallhydriden vgl. unter Ziff. 28.

[5] K. BUTKOW u. A. TERENIN, ZS. f. Phys. Bd. 49, S. 865. 1928; A. TERENIN, Physica Bd. 10, S. 209. 1930.

Bei den Alkalihalogeniden ist auch schon die erste Bande, die zur Dissoziation in ein normales Metall- und ein metastabiles Halogenatom führt, ganz kontinuierlich, ihr Potentialkurvenschema ist durch Abb. 25 gegeben, während für AgJ usw. die unterste Kurve für das angeregte Molekül denselben Typus aufweist wie in Abb. 24a für J_2. Da demnach die Alkalihalogenide durch Lichtabsorption stets dissoziiert werden, besitzen ihre Dämpfe keine Resonanzspektra[1], wohl aber ist auch hier die Fluoreszenz der angeregten Metallatome zu beobachten, wenn das eingestrahlte Licht in einem der mehr nach kurzen Wellenlängen zu gelegenen Kontinua absorbiert wird. Die auf diese Weise in verschiedenen Verbindungen hervorgerufenen Linienemissionen und die dazu nötigen maximalen Wellenlängen sind aus Tabelle 7 zu entnehmen. Während in Fluoreszenz bis jetzt nie mehr als zwei solche

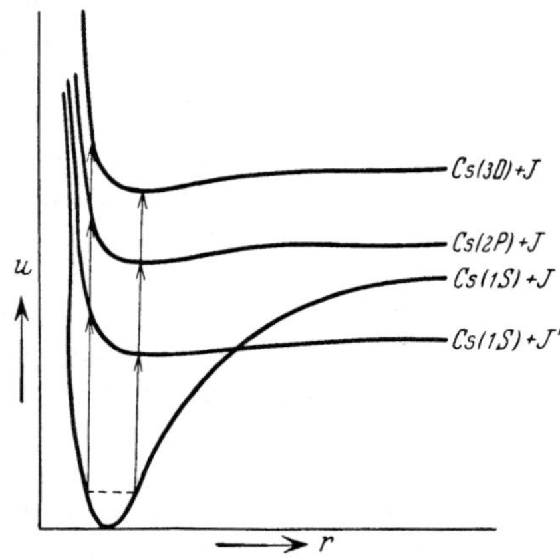

Abb. 25. Dissoziation von CsJ durch Einstrahlung (nach H. SPONER).

Tabelle 7. Bestimmung der Dissoziationsarbeit D von Molekülen aus der Maximalwellenlänge λ_m, die eine Atomlinie λ in Fluoreszenz hervorrufen kann.

Verbindung	λ (Å)	λ_m (Å)	D (Volt)	Verbindung	λ (Å)	λ_m (Å)	D (Volt)
NaJ	5892	2450	2,95	AgJ	3383	2113	2,2
	3303	1854	2,93	CuJ	3247/74	2170	1,92
RbJ[2]	7947/7800	2650	3,0	TlJ	5351	2080	2,65
	4216/01	2080	3,08	TlBr	5351	1915	3,21
CsJ	4555/93	2085	3,22	TlCl	5351	<1850	>3,4

energetisch verschiedene Prozesse an einer Verbindung sichergestellt werden konnten, hat SCHMIDT-OTT[3] in Absorption für viele Alkalihalogenide mehrere, am CsJ sogar sieben aufeinanderfolgende Kontinua unterscheiden können, von denen alle bis auf das erste zu verschiedenen Anregungszuständen des Metalls führen (Abb. 25). Aus der Linie größter Wellenlänge, die eben noch eine bestimmte Linienfluoreszenz hervorruft, und aus der bekannten Anregungsenergie der Atomlinie läßt sich die Dissoziationsarbeit des Moleküls abschätzen, allerdings nach FRANCKs Ansicht nicht mit der anderen optischen Methoden eigenen Präzision.

Je weiter die erregende Linie innerhalb eines Absorptionskontinuums nach kurzen Wellen zu liegt, desto größer ist die den Atomkernen nach der Dissoziation verbleibende kinetische Energie (Übergang $b\,b'$ in Abb. 26 im Vergleich mit $a\,a'$!), desto größer wird also auch die Dopplerbreite der von den angeregten Atomen nachher ausgesandten Resonanzlinien; so wächst die D-Linienbreite bei Dissoziation des NaJ-Dampfes durch die Zn-Linie

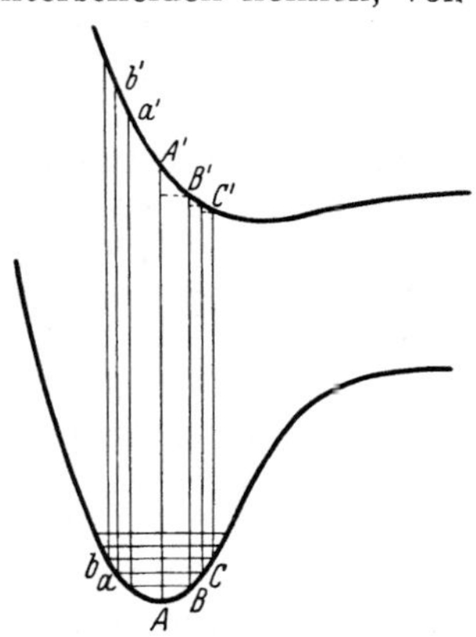

Abb. 26. Dissoziation eines Moleküls mit verschiedener kinetischer Energie der Dissoziationsprodukte durch Einstrahlung von Licht verschiedener Wellenlängen (nach H. SPONER)

[1] Eine gelegentlich von McLENNAN dem KJ zugeschriebene Bandenfluoreszenz zwischen 2940 und 4047 Å scheint von späteren Autoren nie wieder beobachtet worden zu sein.

[2] A. C. S. VAN HEEL u. G. H. VISSER, ZS. f. Phys. Bd. 70, S. 605. 1931.

[3] H. D. SCHMIDT-OTT, ZS. f. Phys. Bd. 69, S. 724. 1931.

2026 Å auf 0,1 Å, während die reine Temperatur-Dopplerbreite, wie sie bei Einstrahlung der Ag-Linie 2450 erhalten wird, nur 0,02 Å beträgt. Die Linienverbreiterung ist unabhängig von dem Winkel zwischen Beobachtungsrichtung und Primärstrahl, d. h. die Atome fliegen nicht in einer durch den Lichtvektor definierten Vorzugsrichtung auseinander; auch ist das so erhaltene Fluoreszenzlicht unpolarisiert[1].

Auch bei Bestrahlung von Dämpfen der dreiatomigen Halogenide des Hg, Cd, Zn und Pt ($p \sim 10^{-7}$ mm) mit ultraviolettem Licht wohldefinierter Spektralgebiete beobachtete TERENIN eine Fluoreszenz, deren Spektrum aus ausgedehnten Bandensystemen besteht und in seinem Aussehen von der Wellenlänge der erregenden Linie — falls sie nur in das auch wieder kontinuierliche Absorptionsgebiet fällt — ganz unabhängig ist; da überdies im Bereich der erregenden Strahlung jede Reemission fehlt, handelt es sich hier ebenfalls um eine optische Dissoziation, wobei nunmehr aber das eine Dissoziationsprodukt ein angeregtes Molekül ist (etwa HgJ usw.), in dem eine Bandenfluoreszenz an die Stelle der vorher beschriebenen Atomlinienemission tritt. Während das Fluoreszenzanregungsgebiet des HgJ_2 sein Maximum bei 2080 Å besitzt, zeigen sich in dem Dampf noch zwei weitere kontinuierliche Absorptionsbanden mit Maximis bei 2680 bzw. 2240 Å; die drei Kontinua werden den in Tabelle 8 charakterisierten Dissoziationsprozessen zugeschrieben. Ganz ebenso verhalten sich die Absorptionsspektra der anderen obengenannten Verbindungen[2].

Tabelle 8.

Bandenmaximum (in Å)	2630	2240	2080
$HgJ_2 + h\nu =$	HgJ + J	HgJ + J′	HgJ′+ J

21. Resonanzspektra der Alkalimetalle. In einer ganzen Reihe von Metalldämpfen, die früher für streng einatomig galten, wurde das Vorkommen zweiatomiger Moleküle erst durch die Untersuchung der Fluoreszenz- und der zugehörigen Bandenabsorptionsspektren nachgewiesen. Schon WIEDEMANN hatte gefunden, daß, wenn man Natriumdampf nicht zu geringer Dichte mit weißem Licht bestrahlt, eine intensive grünliche Fluoreszenz entlang dem ganzen erregenden Strahlenbündel auftritt. Im selben Spektralgebiet zeigt auch das Absorptionsspektrum des Na-Dampfes bei hinreichendem Druck (etwa 10^{-2} mm Hg) außer den dann sehr intensiven Hauptserienlinien eine Folge kannelierter Banden. Bei Einstrahlung monochromatischen Lichtes in Na-Dampf hat WOOD gerade in diesen Banden zuerst das Phänomen der Resonanzspektren entdeckt, die er zunächst allerdings dem Na-Atom zuschrieb. Die gleiche Erscheinung ließ sich später auch an anderen Alkalidämpfen auffinden. Aus den spektroskopischen Beobachtungen berechnet sich die Dissoziationswärme des Na_2-Moleküls zu 0,85 Volt, des K_2-Moleküls zu 0,60 Volt, während für Li_2 und Rb_2 noch keine gesicherten Daten vorliegen. In Gemischen zweier Alkalidämpfe kommen neue Banden heraus, die nun offenbar zweiatomigen NaK-, NaRb-Molekülen usw. angehören.

Der Na_2-Dampf besitzt im Sichtbaren zwei Absorptionsbandensysteme, das eine im Blaugrün (4600 bis 5500 Å), das andere wesentlich schwächer im Orangerot (6000 bis 7000 Å). Bezüglich der Fluoreszenzerscheinungen gelten für diese Banden im wesentlichen dieselben Regeln, wie sie ausführlich in Ziff. 18 bei den

[1] A. C. G. MITCHELL, ZS. f. Phys. Bd. 49, S. 228. 1928.

[2] Diese TERENINschen Resultate sind neuerdings durch K. WIELAND im wesentlichen bestätigt und in verschiedener Hinsicht vervollständigt worden (ZS. f. Phys. Bd. 76, S. 801 u. Bd. 77, S. 157. 1932); teilweise scheint danach die in Tab. 8 gegebene Deutung der einzelnen Prozesse nicht ganz zutreffend.

sichtbaren J_2-Banden angegeben wurden. Bei Einstrahlung weißen Lichtes erhält man ein Fluoreszenzspektrum, das den Absorptionsspektren ähnlich, doch linienreicher als dieses ist und sich weiter nach Rot erstreckt. Es ist in Abb. 27*b* und *d* reproduziert, das Spektrum *d* dient zum Beweise dafür, daß die Banden nicht etwa, wie zeitweise angenommen wurde, von Verunreinigung des „reinen" Natriums mit organischen Dämpfen herrühren. Bei monochromatischer Erregung erscheinen Resonanzserien, teils aus Dubletts, teils aus Einfachlinien bestehend.

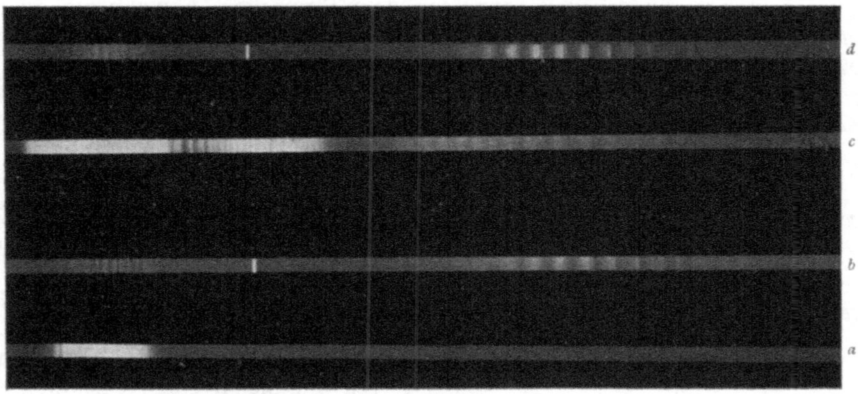

Abb. 27. Bandenfluoreszenz in K- und Na-Dampf bei 300°, erregt mit weißem Licht. *a* reines K, *b* reines Na, *c* K-Na-Gemisch, *d* reines Na aus NaN_3.

Die Dublettabstände ergeben als Trägheitsmoment des normalen Na_2-Moleküls: $J_0'' = 179{,}5 \cdot 10^{-40}$ bzw. einen Kernabstand $r_0'' = 3{,}08 \cdot 10^{-8}$ cm. In den blaugrünen Banden ist eine sehr große Zahl solcher Resonanzspektren aufgenommen worden, die sich durchweg darstellen lassen in der Form

$$\nu = \nu_0 - 158{,}57\, v'' - 0{,}73\, v''^2 \quad \text{(vgl. Tab. 9)}.$$

Tabelle 9.
Resonanzspektrum des Na-Dampfes bei Erregung mit der Mg-Linie 5173,5 Å.

v''	0	1	2	3	4	5	6	7	8	9	10
λ in Å . . .	4946	4984	5022	5060	5098	5136	**5173,5**	5212	5250	5288	5327
$\frac{1}{\lambda}$ gemessen	20219	20064	19912	19763	10615	19470	19329	19187	10948	18911	18773
$\frac{1}{\lambda}$ berechnet	20214	20062	19912	19764	19617	19472	19329	19188	19077	18910	18774

Die Resonanzserien im roten Bandensystem lassen sich mit Hilfe derselben Konstanten wiedergeben, woraus — wie übrigens schon aus der Tatsache, daß die Systeme gleichzeitig bei ein und derselben Temperatur in Absorption auftreten — folgt, daß der untere Elektronenzustand für beide Banden der nämliche ist, der angeregte Elektronenzustand für die roten Banden dagegen tiefer liegt als für die grünen (Abb. 28). Während die für die meisten Resonanzspektra charakteristische, bis zum vollkommenen Fehlen mancher Glieder gehende Unregelmäßigkeit in der Intensität der einzelnen Linien sich auch hier wiederfindet, ist die durchschnittliche Intensitätsverteilung innerhalb jeder Serie, bzw. die Verteilung der Übergangswahrscheinlichkeiten aus einem gegebenen angeregten Zustand mit der Kernschwingungszahl v' in Endzustände mit verschiedenen Kernschwingungszahlen v'' von wesentlich anderer Art als bei J_2, S_2 usw. Es liegt dies an der etwas andersartigen relativen Lage der Potentialkurven infolge fast gleich starker Bindung des unangeregten bzw. des angeregten

Zustandes (*1* und *3* in Abb. 28). Man sieht aus der Abbildung, daß aus einem angeregten Zustand v' gemäß dem Franck-Condon-Prinzip sowohl ein tief gelegener Zustand v_1'' unter Emission einer kurzwelligen, als ein hoch gelegener Zustand v_2'' unter Emission einer langwelligen Linie mit größter Wahrscheinlichkeit erregt werden kann. Daraus erklärt sich die schon früh von WOOD gemachte, anfangs sehr schwer verständlich scheinende Beobachtung, daß bei Erregung mit Licht, das durch einen Monochromator ausgesondert einem kurzwelligen engen Spektralgebiet angehörte, das Fluoreszenzspektrum aus zwei Teilen bestand, von denen der eine mit dem Primärlicht koinzidierte, während der andere durch einen dunkeln Zwischenraum getrennt bei größeren Wellenlängen lag; verschob man die Wellenlänge des erregenden Lichtes nach Rot, so wanderte der langwellige Teil des Emissionsspektrums nach Violett, bis sie sich schließlich in der Mitte vereinigten. Dem entspricht es wohl auch, daß im kurzwelligen Teil der blaugrünen Bande erregte Resonanzspektra außer der sich an die erregende Linie anschließenden Linienfolge meist noch im Grüngelb ein System schwer entwirrbarer, sehr viel näher beieinander liegender schwächerer Linien aufweisen: diese gehören Übergängen nach den höchsten einander schon eng benachbarten Schwingungsniveaus des unerregten Moleküls an.

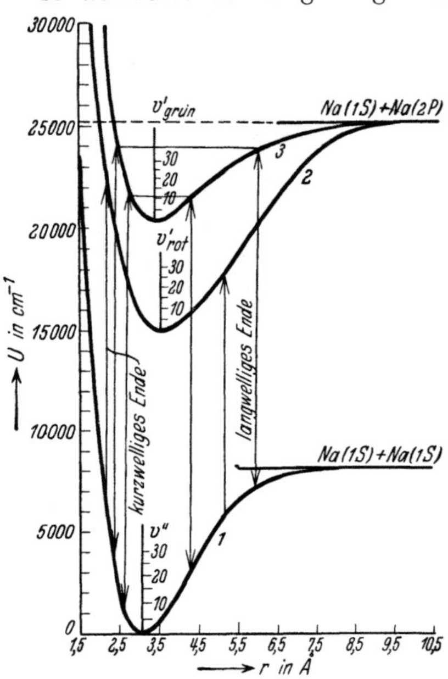

Abb. 28. Potentialkurven des Na_2-Moleküls für die Absorption bzw. Emission der roten und grünen Banden (nach F. W. LOOMIS).

Natrium-Dampf besitzt auch im Ultraviolett in der Umgebung des zweiten Hauptseriendubletts (3303 Å) eine kannelierte Absorptionsbande, und Absorption von Licht in dieser Bande ruft eine Fluoreszenz hervor, die im selben Spektralgebiet liegt, bisher aber noch nicht genau untersucht worden ist.

Das K_2-Molekül weist zwar gleichfalls zwei Bandensysteme im Sichtbaren auf, das eine zwischen 6200 und 7600 Å, das andere oberhalb 7700 Å, doch ist bis jetzt nur in dem ersten durch weißes Licht ausgelöste Bandenfluoreszenz sowie die Erregung einiger Resonanzserien untersucht worden. Dies gelang auch für die sich von 5200 bis 6200 Å erstreckende Bande des NaK (Abb. 27a und c). Dagegen wurden im Cäsium-, Rubidium- und im Lithiumdampf[1] nur die Bandenfluoreszenz bei Einstrahlung weißen Lichtes beobachtet. Das Fluoreszenzspektrum des Rubidiums besteht aus drei Bandengruppen, einer roten von 6700 Å bis an die Grenzen des Ultrarot, einer im Orange und einer im Grün, von denen die beiden letzten möglicherweise dem RbNa oder RbK angehören dürften, das des Cs_2 aus einer nicht auflösbaren Bande bei 7540 Å, das des Li_2 aus einer Bandengruppe im Grün.

Einer besonderen Erwähnung bedarf noch das Auftreten der *D*-Linien in der Fluoreszenz des Natrium-Dampfes bei Erregung mit weißem Licht. WOOD hat gezeigt, daß sie selbst dann im Emissionsspektrum vorhanden sind, wenn aus der Primärstrahlung alle Wellenlängen oberhalb 5400 Å sorgfältig ausgefiltert sind, also eine Lichtabsorption sicher nur in den blaugrünen Banden der

[1] Cs_2: R. ROMPE, ZS. f. Phys. Bd. 79, S. 175. 1931. Li_2: K. WURM, Naturwissensch. Bd. 16, S. 1028. 1928.

Na_2-Moleküle stattfindet: unter diesen Umständen kann eine von Na-Atomen herrührende D-Linienemission nur sekundär ausgelöst werden, dadurch, daß das ursprünglich angeregte Molekül einen Zusammenstoß erleidet und dabei entweder in ein erregtes und ein unerregtes Atom zerfällt, was bei der schwachen Bindung der Moleküle recht wahrscheinlich sein dürfte, oder seine Erregungsenergie auf das kollidierende Na-Atom überträgt. Von derartigen Prozessen wird im folgenden noch ausführlich die Rede sein. Ganz sicher aber und namentlich viel häufiger wird die D-Linienemission bei Einstrahlung von weißem Licht in gesättigtem Na-Dampf von mehr als 260° durch Frequenzen hervorgerufen, die sehr nahe mit den D-Linien selbst koinzidieren. Das zeigen wiederum Filterversuche, bei denen diesmal alle Wellenlängen unter 5800 Å aus der erregenden Strahlung ausgeblendet waren. Aber auch durch typische D-Linien-Lichtquellen wird im Innern einer Na-Dampfwolke relativ hoher Dichte neben der eigentlichen Resonanz, die unter diesen Umständen nun als Oberflächenresonanz zu beobachten ist, eine D-Linienvolumenfluoreszenz hervorgerufen. Die Linien müssen dabei sowohl im Absorptions- wie im Emissionsspektrum sehr stark verbreitert sein, sonst könnte weder die Primärstrahlung so tief in den Na-Dampfraum eindringen, noch die Sekundärstrahlung aus ihm heraus an das Auge des Beobachters gelangen. Ferner ist diese Strahlung in der D_2-Linie bis zu 30% polarisiert bei Na-Dampfdrucken, bei denen die Resonanzstrahlung schon ganz depolarisiert ist, und der Polarisationsgrad wird durch Magnetfelder nicht merklich geändert. So wird man zu der Vermutung geführt, daß diese sehr verbreiterte D-Linienabsorption und -emission im Na-Dampf größerer Dichte ebenfalls einer Art mehratomiger, sehr locker gebundener Moleküle („Van-der-Waals-Moleküle“) angehört, deren Konzentration gegenüber derjenigen der Atome gering ist, und in denen die Leuchtelektronen noch praktisch identische Bahnen besitzen wie in den Atomen. Oder aber es handelt sich bei dem ganzen Phänomen um einen Übergang von der Fluoreszenz zur RAYLEIGHschen Streuung[1].

22. Bandenfluoreszenz anderer Metalldämpfe: Zerfallsleuchten. Die Dämpfe des Hg, Cd und Zn können bei hinreichender Dichte zu einer Fluoreszenzemission von Banden angeregt werden, die nur zum Teil auch in Absorption auftreten, schon äußerlich einen wesentlich anderen Typus repräsentieren als die kannelierten Banden etwa des J_2 oder Na_2 und bei Einstrahlung monochromatischen Lichtes nicht in Resonanzserien übergehen. Allein über die Bandenfluoreszenz des Hg-Dampfes sind in den letzten Jahren weit mehr als zwanzig Arbeiten veröffentlicht worden, die vielfach widerspruchsvolle Resultate zu enthalten scheinen[2]. Im Anschluß an Überlegungen von FRANCK ist es H. KUHN gelungen, die meisten dieser Beobachtungen nach einheitlichen Gesichtspunkten zu deuten. In Tabelle 10 sind alle bekannten Banden des Hg, die durch Einstrahlung erregt werden können, zusammengestellt, soweit möglich mit Angabe der KUHNschen Zuordnung. Es wird angenommen, daß die unangeregten Hg-Atome, abgesehen von den VAN DER WAALSschen Kräften, überhaupt keine Anziehung aufeinander ausüben, wie das durch den bis auf eine ganz flache Mulde stetigen Anstieg der unteren Potentialkurve I in Abb. 29 dargestellt wird. Für die Wechselwirkung zwischen einem normalen und einem angeregten Atom hingegen gibt es neben reinen Abstoßungskurven (III in Abb. 29) auch die Möglichkeit zur Bildung echter Moleküle (Kurve I und I'), und zwar sollen die verschiedenen Anregungs-

[1] G. A. JABLONSKI und PETER PRINGSHEIM, ZS. f. Phys. Bd. 20, S. 593 und Bd. 73, S. 281, 1931.

[2] Zusammenstellung eines großen Teils dieser Literatur bei H. KUHN, ZS. f. Phys. Bd. 72, S. 462. 1931. Ferner Lord RAYLEIGH, Proc. Roy. Soc. London (A) Bd. 135, S. 612. 1932.

Tabelle 10. Fluoreszenzbanden des Hg-Dampfes.

Bandenbezeichnung .	T	S *	R_1	R_0	W_1	C_1	W_2	C_2
Oberer Molekülzustand	$2\,^1P_1$?	$2\,^3P_2$	$2\,^3P_1$	$2\,^3P_0$	$2\,^3P_1$	$2\,^3P_0$	$2\,^3P_1$	$2\,^3P_0$
Ausdehnung der Bande (Maximum) (Å) . .	ca. 1850 bis 2000	2100 bis 2346	ca. 2540	2650	2750 bis 2930	2660 bis 3020	1950 bis 3600 (3380)	(4850)
Aussehen der Bande .	?	Flukt.	Flukt. kontin.	schmal, kontin.	schmal, Flukt.	Flukt.	kontin.	kontin.
Vorkommen in Abs. .	ja	ja	ja	ja	ja	nein	nein	nein
Entsprechende Atomlinie (Å)	1849	2270	2537	2656	2537	2656	—	—

niveaus der Atome sich auch im Molekül wiederfinden, wobei die Metastabilität von P_2 und P_0 wenigstens bis zu einem gewissen Grade erhalten bleibt. Zwei normale Atome im gegenseitigen Abstand r_1 werden durch Absorption von Licht der Wellenlänge 2600 Å (Bande W_1) in ein angeregtes $^3P_1$-Molekül verwandelt, das eine gewisse (aus der Potentialkurve zu bestimmende) Schwingungsenergie enthält. Dies Molekül zerfällt wieder in zwei Atome, und zwar mit größter Wahrscheinlichkeit an der Stelle r_1 unter Emission einer von der vorher eingestrahlten nicht sehr verschiedenen Wellenlänge (Bande W_1) oder an der Stelle r_2 unter Emission einer wesentlich größeren, der Bande W_2 angehörenden Wellenlänge. Bande W_1 zeigt dabei die als „Fluktuation“ bezeichnete Struktur infolge der Quantelung des oberen Zustandes, und weil der untere Zustand zwar seinerseits nicht gequantelt ist, aber bei r_1 sehr flach und überdies mit einer der oberen Kurve entgegengesetzten Neigung verläuft. Aus den umgekehrten Gründen ist die Bande W_2 kontinuierlich, sie fehlt überdies im Absorptionsspektrum, weil die dazu nötigen kleinen Kernabstände r_2 zwischen zwei normalen Atomen praktisch nie vorkommen. Genau dieselben Überlegungen gelten für die Emission des Bandenpaares C_1 und C_2, dagegen macht sich hier auch C_1 wegen der durch die Metastabilität von P_0 zu erwartenden kleineren Übergangswahrscheinlichkeit im Absorptionsspektrum nicht bemerkbar. Die P_0-Moleküle werden also nicht direkt durch Einstrahlung erzeugt, sondern sie entstehen sekundär aus P_1-Atomen, die ihrerseits durch Absorption der Resonanzlinie in normalen Atomen gebildet werden. Ob aus dem Zusammentreffen eines P_1-Atoms mit einem normalen Atom unmittelbar das P_0-Molekül hervorgeht oder vorher noch das angeregte Atom in den metastabilen Atomzustand P_0 überführt werden muß, ist nicht ganz sicher, doch dürften vermutlich zwei Stöße bei dem Prozeß mitwirken, weil bei Fluoreszenzanregung im strömenden Hg-Dampf die Banden C_1 und C_2 nicht nur so lange nachleuchten, daß von der Anregungsstelle weg das Leuchten über eine lange Strecke hin mitgenommen wird, sondern dieses auch eine deutliche Anklingungsperiode von etwa 10^{-4} sek erkennen läßt. Daß auch sonst bei diesen Prozessen Energieübertragung durch Stöße eine Rolle spielen muß, geht schon aus der Tatsache hervor, daß die Bande W_2 ebenfalls im Nachleuchten beobachtet wird, obwohl der ihr zugeschriebene Erregungs-

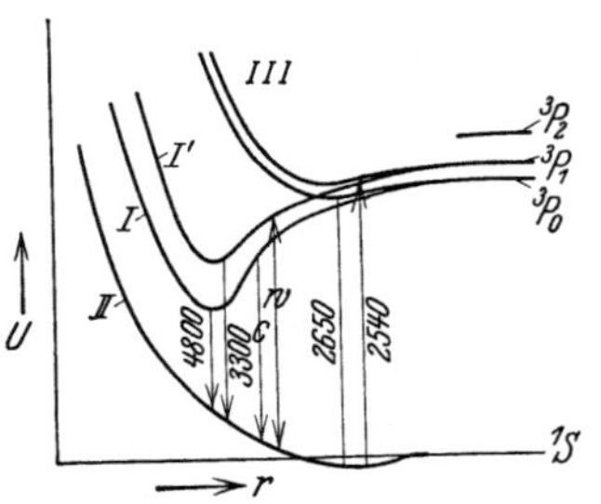

Abb. 29. Potentialkurven zur Deutung der Hg-Bandenfluoreszenz nach H. KUHN.

* Zwischen S und W_1 existiert nach RAYLEIGH noch eine Bande mit starken Fluktuationen 2481 bis 2476 mit schwächerer Fortsetzung 2476 bis 2470, die aber nur bei elektrischer Anregung auftritt.

zustand P_1 nicht metastabil sein sollte[1]. Durch Temperatursteigerung sowohl im gesättigten als im überhitzten Dampf wird die Intensität von C_1 und C_2 schnell kleiner, während die von W_1 und W_2 zunächst wächst, was durch die bei hohen Temperaturen wahrscheinlichere Überführung der P_0-Moleküle in den P_1-Zustand zu erklären ist. Daß die Träger der grünen Bandenfluoreszenz merklich metastabil sind, folgt auch aus ihrer extrem großen Empfindlichkeit gegen Zusammenstöße mit Wasserstoff; freilich scheinen die Banden W_1 und W_2 durch H_2 ebenfalls sehr leicht auslöschbar. Die schmalen Banden R_0 und R_1 schreibt KUHN Übergängen in die den Atomniveaus $3\,^3P_0$ bzw. $3\,^3P_1$ entsprechenden Abstoßungskurven III zu (Abb. 29). Nicht eingeordnet werden von KUHN die von STEUBING zuerst beobachtete Bandenfolge S, die an ihrem langwelligen Ende bei 2346 Å eine sehr deutliche Struktur aufweist, und die Bande T, die wohl sicher mit dem Atomniveau $2\,^1P_1$ in Zusammenhang zu bringen sein dürfte. Bei Absorption von Licht in diesen beiden Banden treten in Fluoreszenz auch die langwelligen Banden teilweise hervor, und zwar bei Erregung in der Bande S die Banden C_2 und W_2 mit etwa gleicher Intensität, bei Erregung in T bei weitem überwiegend die grüne Bande C_2; und es muß (wodurch vielleicht manche Widersprüche geklärt werden können) betont werden, daß ein Teil der über die Emission von C_2 und W_2 angegebenen Resultate gerade bei Anregung mit der Aluminiumlinie 1850 Å gewonnen wurde. Gegen die vielleicht naheliegende Zuordnung der Bande S an einen metastabilen Zustand $2\,^3P_2$ spricht der Umstand, daß sie durch Wasserstoffzusatz fast gar nicht ausgelöscht wird[2]. Im übrigen hat diese Bande die bei den Na-Fluoreszenzbanden besprochene und wohl auch ähnlich zu erklärende Eigentümlichkeit, daß ihr Emissionsmaximum sich destomehr nach dem langwelligen Ende der Bande verlagert, je näher die erregende Wellenlänge ihrem kurzwelligen Ende (bei 2100 Å) liegt. Eine überraschende Beobachtung hat TERENIN schließlich über die Intensitätsverteilung der Fluoreszenz in der Bande T gemacht[3]. Dem kontinuierlichen Band, das sich von etwa 1850 bis 2000 Å erstreckt, überlagert erscheinen im Fluoreszenzspektrum mit weit überwiegender Helligkeit die Wellenlängen der primär eingestrahlten Linien, und zwar bei geringem Dampfdruck ($p = 10$ mm) nur im kurzwelligsten, bei höheren Drucken auch im langwelligeren Teil der Bande. Ob die von LANDSBERG und MANDELSTAM beobachtete Reemission der Zn-Linie 2558 Å durch Hg-Dampf von großer Dichte ($p = 380$ mm) das gleiche Phänomen in einer der sich an die Resonanzlinie 2537 Å anschließenden Banden darstellt oder — wie die genannten Autoren vermuten — den Übergang von der Resonanz zur RAYLEIGHschen Streuung, ist noch kaum zu entscheiden[4].

Wohl im Grundgedanken, kaum in den Einzelheiten, lassen sich die FRANCK-KUHNschen Überlegungen auf die Bandenfluoreszenz des Cd und Zn übertragen, schon aus dem Grunde, weil hier im Fluoreszenzspektrum hauptsächlich Banden mit Wellenlängen unterhalb der ersten Resonanzlinie ($2\,^3P_1 \rightarrow 1\,^1S_0$) beobachtet wurden, die ja auch im Falle des Hg von KUHN wie gesagt noch nicht in sein

[1] Anmerkung bei der Korrektur: Lord RAYLEIGH ist es neuerdings (Proc. Roy. Soc. London (A) Bd. 137, S. 101. 1932) gelungen, durch Beobachtung von „stufenweiser" Fluoreszenzerregung durch die Hg-Linien 4046 bzw. 5461 Å in strömendem Hg-Dampf, der vorher mit der Resonanzlinie bestrahlt worden war, das Vorhandensein metastabiler $2\,^3P_0$- und $2\,^3P_2$-*Atome* an den Stellen nachzuweisen, an die das Nachleuchten der Banden W und C vom Dampfstrahl mitgenommen wird. Diese Beobachtungen beziehen sich allerdings auf Versuche, bei denen das Rohr außer dem Hg-Dampf auch noch N_2 enthielt.

[2] H. NIEWODNICZANSKI, ZS. f. Phys. Bd. 49, S. 59. 1928.

[3] M. ELLIASHEVICH and A. TERENIN, Nature 1930.

[4] G. LANDSBERG u. L. MANDELSTAM, ZS. f. Phys. Bd. 72, S. 130. 1931; W. KAPUSZINSKI, ZS. f. Phys. Bd. 73, S. 137. 1931.

Schema eingeordnet worden sind. Fig. 30 gibt eine von MROZOWSKI stammende schematische Darstellung der Fluoreszenzbanden der drei Metalldämpfe, in der die vor allem durch Untersuchungen von KAPUSZINSKI und JABLONSKI bekannten Spektra des Cd und Zn mit dem des Hg in Parallele gestellt werden[1]; die Bezeichnungen der einzelnen Banden sind so weit möglich dieselben wie in Tabelle 10. Im Absorptionsspektrum des Cd (und vermutlich auch des weniger gründlich untersuchten Zn) finden sich dieselben Banden wie im Fluoreszenzspektrum mit ungefähr der gleichen Struktur, nur fehlt die langwellige Bande mit dem Maximum im Blauviolett ($W_1 - W_2$ in der Abbildung). In dem durch S charakterisierten Gebiet erscheinen ganz verschiedene Fluktuationsbanden in Fluoreszenz, je nachdem man diese bei tieferen Temperaturen (350°) oder höheren Temperaturen (> 700°) erregt, auch ist die Struktur im einzelnen von der Wellenlänge des Primärlichtes abhängig, was für die Bande S des Hg ebenfalls zutrifft; darüber hinaus aber wird in der Cd-Bande S bei Einstrahlung monochromatischen Lichtes ein starkes Intensitätsmaximum an der Stelle der eingestrahlten Linie

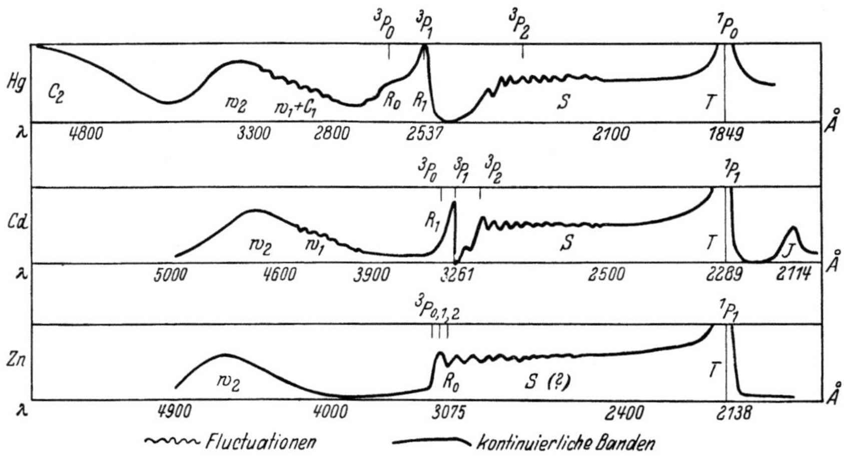

Abb. 30. Schematische Darstellung der Fluoreszenzbande der Hg, Cd und Zn nach MROZOWSKI.

beobachtet (also wie bei Hg in Bande T!), und unter diesen Bedingungen treten Fluktuationen nur im „stokesschen" Teil der Bande hervor, während der nach kürzeren Wellen schnell abfallende antistokessche Teil ganz kontinuierlich verläuft. Monochromatische Erregung mit Licht von Wellenlängen < 2289 Å ruft die Fluoreszenz der blauen Bande W_2 sowie den kontinuierlichen kurzwelligen Teil der Bande S hervor; die Emission der am weitesten im Ultraviolett gelegenen Bande J schließlich wird nur durch Licht von Wellenlängen unter 2114 Å angeregt. Auch in der Cd-Fluoreszenz zeigen die sichtbaren Banden ($W_1 + W_2$) sowohl Nachleuchten mit $\tau \sim 10^{-4}$ sec als eine deutliche Anklingungsperiode $\sim 10^{-5}$ cm, während die Leuchtdauer der ultravioletten Banden um mehrere Zehnerpotenzen kleiner zu sein scheint[2].

Endlich sei erwähnt, daß in Dampfgemischen von Hg und Zn einige Fluoreszenzbanden beobachtet worden sind, die in den Dämpfen der einzelnen Komponenten nicht auftreten und die also in ähnlicher Weise der Bildung oder dem Zerfall von Hg-Zn-Molekülen zuzuschreiben sein dürften[3].

[1] A. JABLONSKI, ZS. f. Phys. Bd. 45, S. 878. 1927; W. KAPUSZINSKI, Bull. Acad. Pal 1930, S. 453; S. MROZOWSKI, ZS. f. Phys. Bd. 62, S. 314. 1930.
[2] W. KAPUSZINSKI, Naturwissensch. Bd. 19, S. 400. 1931.
[3] J. G. WINAUS, Phys. Rev. Bd. 32, S. 427. 1928.

23. Polarisation der Bandenfluoreszenz von Dämpfen. Wie zuerst WOOD gezeigt hat, ist auch die Bandenfluoreszenz des Joddampfes und der Alkalidämpfe partiell polarisiert, wenn man in einer Richtung senkrecht zu der des Primärstrahls beobachtet. Die gemessenen Polarisationsgrade betragen zwischen 16 und 38%, wenn das erregende Licht polarisiert, etwa die Hälfte davon, wenn es unpolarisiert ist; diese Werte entsprechen ungefähr der Voraussetzung, daß man es mit zufällig orientierten, vollkommen anisotropen Resonatoren zu tun hat, von denen die parallel zum elektrischen Vektor liegenden am stärksten, die senkrecht dazu liegenden gar nicht angeregt werden; bei vollständiger Ruhe der Moleküle würde das einen Polarisationsgrad von 50% ergeben, die thermische Rotation aber verursacht eine weitere, jedoch, wie sich leicht zeigen läßt, nicht vollständige Depolarisation; nach dieser Hypothese muß der Polarisationsgrad von der Temperatur praktisch unabhängig sein, was ebenfalls mit den Beobachtungen übereinstimmt. Schließlich konnte zum mindesten für die Joddampffluoreszenz auch gezeigt werden, daß die Intensität des emittierten Lichtes in der Richtung des primären elektrischen Vektors um so viel kleiner ist als in den Richtungen senkrecht zu diesem Vektor, wie es die Annahme linearer Oszillatoren erwarten läßt. Derartige Helligkeitsunterschiede bei variierender Beobachtungsrichtung sind übrigens auch an der polarisierten Resonanzstrahlung des Hg und Na sichergestellt worden, ebenfalls in vollständiger Übereinstimmung mit den für diese entwickelten modellmäßigen Vorstellungen[1].

d) Störung der Resonanzstrahlung durch Zusammenstöße.

24. Die verschiedenen Wirkungsmöglichkeiten von Zusammenstößen. Der ungestörte Verlauf einer Resonanzemission, wie er bis jetzt im allgemeinen angenommen wurde, hat zur Voraussetzung, daß die erregten Atome zwischen dem Moment der Absorption und der vollendeten Ausstrahlung keine Zusammenstöße mit fremden Molekülen erleiden; ist diese Bedingung nicht erfüllt, so ist die Folge eine zwiefache: einerseits wird der durch die Einstrahlung erreichte Zustand des erregten Systems verändert, andererseits wird die Erregungsenergie ganz oder teilweise auf das kollidierende System übergehen. Die Wirkung eines Zusammenstoßes ist daher in hohem Grade abhängig von der Natur der beiden an dem Vorgang beteiligten Atome oder Moleküle. Sehr klein ist die Wahrscheinlichkeit, daß bei dem Zusammenstoß der Hauptteil der Erregungsenergie in kinetische Energie überführt wird, obwohl auch dieser Fall eintreten muß, da ja umgekehrt durch den Zusammenstoß schnell bewegter Moleküle — etwa in Kanalstrahlen — Lichtemission angeregt werden kann. Es bleibt also vor allem die Möglichkeit, daß entweder das primär erregte System — evtl. unter Durchbrechung des Auswahlprinzips — in einen nah benachbarten Quantenzustand übergeht, wobei der kleine positive oder negative Energieüberschuß aus dem Reservoir der kinetischen Wärmeenergie kompensiert wird: dann wird im allgemeinen ein anderes als das normal zu erwartende Resonanzspektrum zur Emission gelangen, bzw. wenn (bei mehratomigen Molekülen) der neue Zustand einer Abstoßungs-Potentialkurve der Atomkerne entspricht, so wird die Anregungsenergie ganz in kinetische Energie überführt, also die Fluoreszenz durch den Stoß ausgelöscht. Oder aber das zweite (stoßende) System besitzt Energie-

[1] Anmerkung bei der Korrektur. Die Untersuchung der Fluoreszenz mehratomiger Verbindungen, die hier anzuschließen wäre, ist (abgesehen von der in einem späteren Kapitel behandelten Fluoreszenz aromatischer Stoffe) in neuester Zeit systematisch in Angriff genommen worden (z. B. G. HERZBERG und K. FRANZ, ZS. f. Phys. Bd. 76, S. 720, 1932: Fluoreszenz des H_2CO). Einige qualitative ältere Beobachtungen an NO_2, NH_2 usw. werden in anderem Zusammenhang berührt (vgl. Ziff. 28 und 29).

stufen, die ihm gestatten, den größten Teil des primär eingestrahlten $h\nu$ seinerseits als Erregungsenergie zu übernehmen: dies führt zu einer vollkommenen Vernichtung der direkt angeregten Fluoreszenz, kann dagegen zu irgendwelchen tertiären Vorgängen den Anlaß geben. Dabei braucht es sich nicht um rein optische Phänomene zu handeln, wie sie hier im allgemeinen mit Erregungsprozessen in Verbindung gebracht werden: vollständige Ionisation, Dissoziation oder endotherme Neubildung von Molekülen sind mit unter die möglichen energieaufnehmenden Veränderungen zu rechnen, und ebenso Deformationen in den Elektronenschalen stark elektronegativer Moleküle (Sauerstoff, Halogene), über deren Natur noch kaum etwas bekannt ist, von denen aber vermutet wird, daß sie imstande sind, erregten Atomen ihre Energie zu entziehen; denn durch Anwesenheit von elektronegativen Gasen wird jede bekannte Dampffluoreszenz vollkommen ausgelöscht[1]. Umgekehrt ist bei den abgeschlossenen Elektronenschalen der Edelgase irgendein Übergreifen elektrischer Molekularfelder am wenigsten zu erwarten, und da auch ihre Erregungspotentiale durchweg sehr hoch liegen, geht von ihnen bei Zusammenstößen mit erregten Atomen fast ausschließlich eine Wirkung der zuerst beschriebenen Art aus.

25. Überführung erregter Atome in benachbarte Quantenzustände. Jede Art von Zusammenstoß genügt, um eine etwa infolge der besonderen Erregungsart vorhandene Polarisation der Resonanzstrahlung zu zerstören. Die Zeemanniveaus eines Erregungszustandes weisen, zumal in schwachen Magnetfeldern, so minimale Energiedifferenzen auf, daß auch bei niedrigen Temperaturen alle stoßenden Atome hinreichende Energie besitzen, um das erregte Atom aus einem Niveau in ein benachbartes zu befördern; daher denn bei der Emission alle Zeemankomponenten gleichmäßig auftreten können — das aber ist identisch mit vollständiger Depolarisation. Tatsächlich wird die Resonanzstrahlung des Hg sowohl als die des Na mit wachsendem Druck fremder zugemischter Gase — je nachdem H_2, N_2, He usw. — auch bei polarisierter Erregung immer weniger polarisiert. So mag auch die fehlende Polarisation in der Oberflächenresonanz, die ja erst bei relativ großer Dichte des fluoreszierenden Dampfes selbst auftritt, neben der früher besprochenen Ursache teilweise zu erklären sein. Wirken die Kollisionen jedoch auslöschend, oder verwandeln sie auch nur die Resonanz in eine andere Strahlungsart, so behält der erhaltene Anteil an ursprünglicher Resonanzstrahlung auch deren ursprünglichen Polarisationsgrad bei, da in ihm nur solche Atome mitwirken, die keinen Zusammenstoß erlitten haben; das gilt z. B. bei der Zumischung von Wasserstoff zum Quecksilber (nicht aber zum Natrium). Besonders auffallend tritt dieser Effekt bei der Drehung der Polarisationsebene der Hg-Resonanzstrahlung in schwachen longitudinalen Magnetfeldern zutage: gleichzeitig mit abnehmender Intensität der Gesamtstrahlung wird bei wachsendem H_2-Druck die Drehung geringer, weil, wie früher gezeigt wurde[2], die Drehung desto kleiner sein muß, je kleiner die Lebensdauer der leuchtfähigen Atome im Verhältnis zur Präzessionsgeschwindigkeit ist. Auch die Polarisation der Joddampffluoreszenz wird durch Zusatz von Helium stark geschwächt, aber nicht ganz vernichtet, solange noch ein Teil der Moleküle ohne vorangehende Kollision die ursprüngliche Resonanzserie aussendet. Hier muß man sich die Wirkung so vorstellen, daß auch die sonst erhaltene Rotationsachse der Moleküle durch die Zusammenstöße noch eine Richtungsänderung erleidet, wodurch jede polare Orientierung der Resonatoren zerstört wird.

Nicht minder eng liegen die Hyperfeinstrukturkomponenten der Hg-Resonanzlinie bei 2537 Å beieinander: in einem Spektralbereich von knapp 0,1 Å

---

[1] Vgl. hierzu Ziff. 28! [2] Vgl. Ziff. 15.

lassen sich in der Resonanzstrahlung bei normaler Erregung 5 Komponenten unterscheiden. MROZOWSKI gelang es in reinem Hg-Dampf von 10^{-3} mm Druck durch Einstrahlung eine einzige dieser Komponenten anzuregen. Bei Zusatz von He zum Hg-Dampf erscheinen einige weitere, aber nicht alle Hyperfeinstrukturlinien in der Emission, wodurch — in Übereinstimmung mit der aus anderen Beobachtungen gewonnenen Erkenntnis — bewiesen wurde, daß die Komponenten teilweise verschiedener Hg-Isotopen zugehören[1].

Die beiden $2P$-Niveaus des Na ($2\,^2P_1$ und $2\,^2P_2$) schließlich sind, entsprechend dem engen Dublettabstand der D-Linien, energetisch gleichfalls nur sehr wenig — um etwa 0,002 Volt — voneinander entfernt, daher erscheint, auch wenn die erregende Strahlung nur *eine* der D-Linien aufweist, in der Emission alsbald neben dieser die andere D-Linie, wenn die Resonanzlampe außer dem Na-Dampf noch ein Edelgas oder Wasserstoff von geringem Druck enthält; erreicht der Partialdruck des Fremdgases die Größenordnung von einigen Millimeter, so strebt die relative Intensität der beiden Linien — ganz unabhängig, ob D_1 oder D_2 zur Erregung dient — dem Normalwert 1 : 2 zu, wie er etwa in einer schwach beschickten Kochsalzflamme vorhanden ist: durch die Zusammenstöße mit den Fremdgas-Molekülen wird die statistisch wahrscheinlichste Verteilung der Elektronen auf die $2\,^2P$-Bahnen der einzelnen erregten Atome erreicht. Die gleiche Erklärung muß man wohl für die Tatsache annehmen, daß nach PASCHEN das Resonanzdublett des Orthoheliums in der normalen Intensitätsverteilung reemittiert wird, obwohl die in der Primärstrahlung sehr viel schwächere kurzwellige Komponente 10329,11 Å dementsprechend von den durch Elektronenstoß in den metastabilen $2\,^3S_1$-Zustand versetzten He-Atomen auch viel weniger stark absorbiert wird als die Hauptlinie des Dubletts. Aber auch die Emission der D-Linien bei primärer Bestrahlung des Na-Dampfes mit dem zweiten Hauptseriendublett (3303 Å), die früher durch eine spontane stufenweise Rückkehr des Leuchtelektrons erklärt wurde, muß teilweise zum mindesten auf Zusammenstöße zurückgeführt werden. Eine solche Deutung ist zulässig, weil bei den in Frage stehenden Versuchen von STRUTT sicher hinreichend große Dampfdichte vorhanden war; ihre Richtigkeit aber hat FRANCK durch folgende Überlegung in hohem Grade wahrscheinlich gemacht: Wenn durch Absorption der ultravioletten Linien Atome in einen der $3\,^2P$-Zustände versetzt worden sind und dann durch einen Zusammenstoß in einen $2\,^2P$-Zustand zurückfallen, so muß die dabei frei werdende Energie von 1,64 Volt als Bewegungsenergie auf die kollidierenden Moleküle sich verteilen, diese müssen also viel größere Geschwindigkeit besitzen, als es dem Temperaturgleichgewicht entspricht, und somit muß die dann von einem solchen Atom in $2\,^2P$ ausgesandte Strahlung einen abnorm großen Dopplereffekt besitzen: d. h. die Linien sollten stark verbreitert sein. Tatsächlich wird das unter diesen Bedingungen emittierte D-Licht beim Durchgang durch eine dicke Schicht Na-Dampf nicht merklich geschwächt, während die normale unter den gleichen Versuchsbedingungen hervorgerufene Resonanzstrahlung in einer solchen Dampfschicht vollkommen absorbiert wird.

Wird dem durch die Linie 3889 Å ($1\,^1S_1 - 4\,^2P_{\frac{1}{2}}$) angeregten Cs-Dampf Helium von einigen Millimetern Druck zugesetzt, so erscheinen in der Fluoreszenz neben den in Ziff. 9 genannten Linien nun auch noch die aus dem Zustand $4P_{\frac{3}{2}}$ ausgehende zweite Dublettkomponente 3877 Å, ferner aber eine ganze Reihe von Linien, deren Auftreten dadurch zu erklären ist, daß die angeregten Atome durch Zusammenstöße in den auch nahe benachbarten $5D$-Zustand überführt

[1] A. MROZOWSKI, Nature Bd. 127, S. 890. 1931.

werden. Die entsprechenden Übergänge sind in Abb. 4 mit dünnen Linien eingezeichnet, gestrichelt sind dabei wieder Übergänge, wenn die betreffenden Linien offenbar nur darum nicht auf der Photographie sichtbar sind, weil sie zu große Wellenlängen besitzen.

26. Die metastabilen Zustände des Hg. Der Hg-Dampf ist dadurch besonders ausgezeichnet, daß dicht unterhalb des durch Einstrahlung der Resonanzlinie 2537 Å erreichten Energienvieaus $2\,^3P_1$ der metastabile Zustand $2\,^3P_0$ liegt[1]: die Überführung des erregten Atoms aus dem ersten in den zweiten Zustand durch einen Zusammenstoß besitzt daher große Wahrscheinlichkeit. Die Energiedifferenz von 0,2 Volt ist aber doch groß genug, daß eine Rückkehr des Leuchtelektrons aus der $2\,^3P_0$-Bahn in die $2\,^3P_1$-Bahn infolge eines abermaligen Zusammenstoßes bei Zimmertemperatur relativ selten vorkommt[2]; daher scheiden bei dieser Temperatur die meisten Atome, die erst einmal in den metastabilen Zustand gelangt sind, für die Emission der Resonanzlinie aus, die betreffenden Zusammenstöße wirken auslöschend für die Resonanzstrahlung. Da andererseits wegen des großen Energierestes von 4,7 Volt ein Übergang der metastabilen Atome in den Normalzustand ($1\,^1S_0$) durch Kollision verhältnismäßig unwahrscheinlich ist, solange nicht die kollidierenden Moleküle im oben definierten Sinne diese Energie als Erregungsenergie aufnehmen können, reichern sie sich in großer Zahl an. Daß die metastabilen Hg-Atome tatsächlich eine große Reihe von Zusammenstößen mit Stickstoffatomen oder anderen Hg-Atomen überleben können, folgt aus weiter unten zu beschreibenden Versuchen von STUART sowie von ORTHMANN und PRINGSHEIM. Infolgedessen müssen im Hg-Dampf die Linien, die von $2\,^3P_0$ ihren Ausgang nehmen, also keine Absorptionslinien des unerregten Dampfes sind — vor allem 4047 und 2967 Å (vgl. Abb. 6) —, stark absorbiert werden, wenn bei Anwesenheit eines geeigneten Fremdgases gleichzeitig die Resonanzlinie 2537 Å eingestrahlt wird. Wie WOOD und andere gezeigt haben, wirkt in diesem Sinne besonders stark N_2 und CO, und zwar offenbar darum, weil sie unter Veränderung ihres Kernschwingungs- und Rotationszustandes Energien aufnehmen können, die sehr genau dem Energieunterschied $2\,^3P_1 - 2\,^3P_0$ des Hg entsprechen. Wasserdampf hat auch noch eine ziemlich große Ausbeute solcher Überführungen, während sie für die Edelgase nur äußerst gering ist. Bei höheren Temperaturen verschwindet auch bei N_2-Zusatz der Effekt, weil dann der umgekehrte Übergang $2\,^3P_0 \rightarrow 2\,^3P_1$ durch Zusammenstöße mit schon in höheren Schwingungszuständen befindlichen N_2-Molekülen herbeigeführt und so die Lebensdauer der metastabilen Hg-Atome sehr verkürzt wird.

Nach den WOODschen Beobachtungen ist unter den erwähnten Versuchsbedingungen, schon wenn der Partialdruck des N_2 nur etwa 0,1 mm beträgt, die Absorption der Linie 4047 im Hg-Dampf deutlich erkennbar, bei 2 mm Stickstoffdruck wird sie außerordentlich intensiv, um dann bei noch höheren Drucken eine stark unsymmetrische Verbreiterung zu erleiden. Die Absorptionslinien des metastabilen Hg-Atoms sind nicht Resonanzlinien, wie das für die vom metastabilen Zustand des Orthoheliums ausgehenden Linien der Fall war, weil aus den durch sie erreichten höheren Quantenzuständen $2\,^3S_1$ und $3\,^3D$ das Leuchtelektron unter Strahlung auch auf andere Bahnen, insbesondere $2\,^3P_1$, und von da nach $1\,^1S_0$ zurückspringen kann (Abb. 6). Wohl aber müssen alle jene Linien jetzt bei der Erregung mit der Gesamtstrahlung des Hg-Bogens in

---

[1] Noch enger ist diese Nachbarschaft beim Cd und Zn, deren Resonanzfluoreszenz jedoch viel weniger untersucht ist.

[2] Etwa jeder 2000. Stoß ist dazu imstande; eine Verunreinigung des „überführenden" mit wenigen ‰ eines „auslöschenden" Gasen genügt aber, um die Überführung nach oben praktisch nie zustande kommen zu lassen.

der Fluoreszenz sehr stark an Intensität gewinnen, deren Emission von Bahnen ausgeht, die durch Absorption aus dem metastabilen Zustand $2\,^3P_0$ direkt oder indirekt erreichen werden. Die Tabelle 11 gibt einen Teil der von Wood mitgeteilten Ergebnisse wieder; dabei bedeuten die Zahlen unter $\varkappa$ das Verhältnis, in dem die Intensität einer Linie anstieg, wenn bei sonst konstanten Versuchsbedingungen dem Quecksilberdampf von Zimmertemperatur Stickstoff von etwa 2 mm Druck zugesetzt wurde.

Tabelle 11.
Intensitätssteigerung von Hg-Fluoreszenzlinien infolge von N_2-Zusatz bei Erregung mit der Gesamtstrahlung eines Hg-Bogens.

Endbahn	$2\,^3P_2$		$2\,^3P_1$		$2\,^3P_0$	
Anfangsbahn	λ	$\varkappa$	λ	$\varkappa$	λ	$\varkappa$
$2\,^3S_1$	5461	32	4358	16	4045	8
$3\,^3S_1$	3341	5	2894	8	2753	16
$3\,^3D_1 + 3\,^1D_2$*	3663	4	3131	16	2967	4
$3\,^3D_2$	3654	1	3125	2	—	—
$3\,^3D_3$	3650	16	—	—	—	—

Um die Intensitätsverhältnisse wirklich verstehen zu können, ist zu bedenken, daß durch die verstärkte Emission etwa der Linie 5461 Å auch Atome in dem oberen metastabilen Zustand $2\,^3P_2$ angereichert werden, aus dem heraus durch abermalige Absorption neue Emissionsprozesse angeregt werden, die nun mit der dritten Potenz der totalen Primärlampenintensität proportional gehen. Schließlich ist auch noch die Reabsorption der Fluoreszenzlinien im Hg-Dampf und eine gewisse echte Auslöschung (vollständiger Energieentzug) bei wiederholten Zusammenstößen metastabiler Hg-Atome mit Fremdgasmolekülen zu berücksichtigen. Daß diese, in reinem N_2 zum mindesten, keine große Rolle spielen, geht daraus hervor, daß Wood bei Anwesenheit von einigen Millimetern Stickstoff im Fluoreszenzspektrum auch die „verbotene" Linie 2655,8 Å ($2\,^3P_0 \rightarrow 1\,^1S_0$) beobachtet hat, die wegen der sehr geringen Wahrscheinlichkeit des betreffenden Übergangs nur dann erscheinen kann, wenn die metastabilen Atome relativ sehr lange am Leben bleiben. Die, wie man sieht, quantitativ recht komplizierten Verhältnisse sind von Gaviola diskutiert worden; er findet die Beobachtungsresultate in befriedigender Übereinstimmung mit seinen Berechnungen[1]. Ähnliche Überlegungen hat u. a. Zemanski angestellt[2], der insbesondere zeigen konnte, daß auch bei Zusatz einer ganzen Reihe anderer Gase und Dämpfe (NH_3, CO_2, CH_4, C_2H_6 usw.) die Überführung der angeregten Hg-Atome vom $2\,^3P_1$- in den $2\,^3P_0$-Zustand mit desto größerer Wahrscheinlichkeit („größerer Wirkungssphäre") erfolgt, je näher eine mögliche Änderung der inneren Energie des betreffenden Moleküls mit der Energiedifferenz $2\,^3P_1 - 2\,^3P_0$ koinzidiert. Schließlich haben auch eine Reihe von Arbeiten gezeigt, daß bei Anwesenheit eines derartigen Fremdgases die Resonanzlinie des Hg selbst eine sehr viel größere, sogar phosphoroskopisch nachweisbare Nachleuchtdauer besitzt, als der natürlichen Lebensdauer des $2\,^3P_1$-Zustandes entspricht. Es ist dies so zu erklären, daß die primär angeregten Atome zunächst durch einen Zusammenstoß in den metastabilen Zustand versetzt werden, in diesem längere Zeit verweilen und erst, wenn sie durch einen zweiten Stoß — der wie erwähnt relativ selten mit der nötigen Energie erfolgt — wieder nach $2\,^3P_1$ zurückbefördert worden sind, nunmehr die Resonanzlinie emittieren[3].

Analoge Beobachtungen hat Bender[4] an der Fluoreszenz des Cd bei Zumischung von Fremdgasen (N_2, CO usw.) gemacht, es erfolgt ebenfalls, wie aus

* Diese beiden Linien waren in den Woodschen Spektrogrammen nicht getrennt.

[1] R. W. Wood u. E. Gaviola, Phil. Mag. Bd. 6, 352, 1154. 1928; E. Gaviola, ebenda Bd. 6, S. 1167. 1928.

[2] M. W. Zemansky, Phys. Rev. Bd. 36, S. 219, 919. 1929.

[3] Vgl. S. 205, Anm. 7.

[4] P. Bender, Phys. Rev. Bd. 36, S. 1535. 1930.

dem Hervortreten neuer Linien im Emissionsspektrum zu erkennen, durch Stöße eine Überführung der primär angeregten Cd-Atome in den metastabilen Zustand. Allerdings dürfte hier nicht, wie bei Hg, Energieresonanz zwischen den Eigenschwingungen der Fremdgasmoleküle und der dem Übergang $2^3P_1 \rightarrow 2^3P_0$ in Betracht kommen. Aber diese Differenz ist beim Cd so klein (sie beträgt nur 0,07 Volt gegen 0,218 Volt bei Hg), daß die Übergangsenergie bei Zusammenstößen direkt in kinetische Energie sollte verwandelt werden können. Vermutlich wird dieser Übergang daher beim Cd auch durch Edelgase mit sehr viel größerer Wahrscheinlichkeit ausgelöst als beim Hg.

27. Überführung zweiatomiger Moleküle in benachbarte Zustände. Für zweiatomige Moleküle existieren stets dem durch Lichtabsorption erreichten eng benachbarte Energieniveaus, die sich von jenem nur durch die Rotations- oder Kernschwingungsquantenzahl unterscheiden, nach denen Übergänge spontan nur mit äußerst kleiner Wahrscheinlichkeit vorkommen, in die dagegen die Moleküle durch Zusammenstöße gemäß dem Impulssatz überführt werden müssen. Hat aber erst infolge eines Zusammenstoßes ein erregtes Molekül seine Kernschwingungs- und Rotationsquantenzahl geändert, so wird beim darauffolgenden Elektronenrücksprung jedesmal eine andere als die sonst zu erwartende Resonanzserie ausgesandt werden; die Mannigfaltigkeit dieser neuen Resonanzserien, gegen welche bei wachsender Häufigkeit der Stöße die ursprünglich angeregte immer mehr zurücktritt, wird in ein Bandensystem übergehen, das an die vollständige, bei Erregung mit weißem Licht auftretende Fluoreszenzbande erinnert, allerdings im allgemeinen weniger kompliziert ist als diese. Schon bei einer Zumischung von 2 mm He zum Joddampf erscheinen tatsächlich zwischen den Linien des durch die grüne Hg-Linie angeregten Resonanzspektrums deutliche Banden, bei gesteigertem Partialdruck des He werden die neuen Banden immer zahlreicher und heller, bei 10 mm Heliumdruck ist von den primären Resonanzlinien nichts mehr in der Bandenfolge zu erkennen, die sich nun auch bedeutend weiter nach Rot erstreckt als das ursprüngliche Resonanzspektrum (Abb. 31). Diese Intensitätsverschiebung nach Rot, die bei Erregung der Fluoreszenz mit weißem Licht besonders deutlich zu beobachten ist, ist ebenfalls leicht verständlich, da die angeregten energiereichen J_2-Moleküle in der Regel beim Zusammenstoß Energie an die He-Atome abgeben und somit für die Emission nur ein kleinerer $h\nu$-Wert zur Verfügung steht als vor dem Zusammenstoß. Gleichwohl ist, da ja weitaus der größte Teil der Erregungsenergie, nämlich die Elektronenenergie, bei dem Vorgang nicht in Mitleidenschaft gezogen wird, die Schwächung der Gesamthelligkeit der Joddampffluoreszenz infolge der Zumischung von Helium nicht beträchtlich, noch bei 30 mm Heliumdruck ist, soweit die geänderte Farbe einen Vergleich gestattet, die Leuchtintensität nicht merklich herabgesetzt, selbst bei 80 mm, wo im Mittel jedes Molekül während seiner Erregungsdauer etwa 30 Zusammenstöße erleidet, ist die Fluoreszenz zwar vollständig ins Rot umgeschlagen, aber noch deutlich wahrnehmbar.

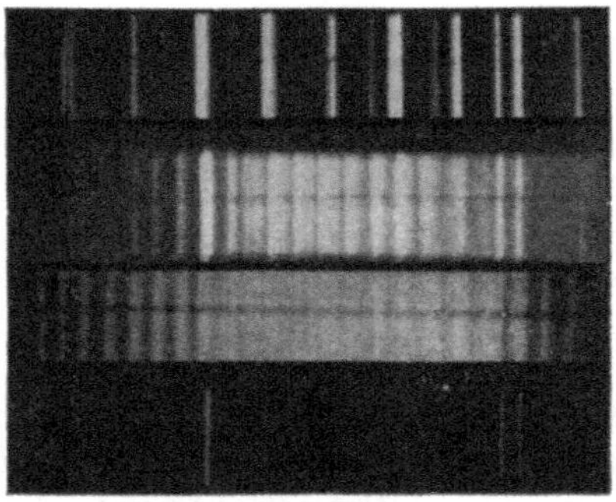

Abb. 31. Überführung des Joddampf-Resonanzspektrums in das Bandenspektrum durch He-Zusatz. 1. Reiner Joddampf. 2. 2 mm He. 3. 10 mm He.

Durch Verwendung eines sehr stark auflösenden Spektralapparates konnten WOOD und LOOMIS[1] nachweisen, daß durch Zusammenstöße mit He-Atomen

[1] R. W. WOOD, Journ. Frankl. Inst. Bd. 205, S. 481. 1928.

die Rotationsquantenzahl sich immer nur um zwei Einheiten ändern kann, wie das für Moleküle des Typus J_2 nach der Quantenmechanik auch zu erwarten war; experimentell kommt das dadurch zum Ausdruck, daß in einer durch Zusammenstöße mit einem angeregten J_2-Molekül modifizierten Emission jede zweite Linie einer Teilbande fehlt. Anderseits bewies HEIL durch die Untersuchung analoger Prozesse an den Dämpfen von Se_2, S_2 und Te_2, daß die Kernschwingungszahl sich bei einem Zusammenstoß immer nur um eine Einheit ändert, und daß Teilbanden, die aus einem von dem ursprünglich angeregten um mehr Schwingungsquanten entfernten Niveau ihren Ausgang nehmen, nur dann auftreten, wenn das angeregte Molekül eine ganze Anzahl von Zusammenstößen mit Fremdatomen überleben kann[1].

Im allgemeinen existieren nämlich noch weitere Energiezustände des das Molekül bildenden Atompaares, die nach dem Schema von Abb. 32 durch reine Abstoßungskurven darzustellen sind: Werden die Atomkerne durch einen Zusammenstoß in den einer solchen Potentialkurve entsprechenden Zustand überführt, so werden sie (ohne Lichtemission) mit einem Überschuß an kinetischer

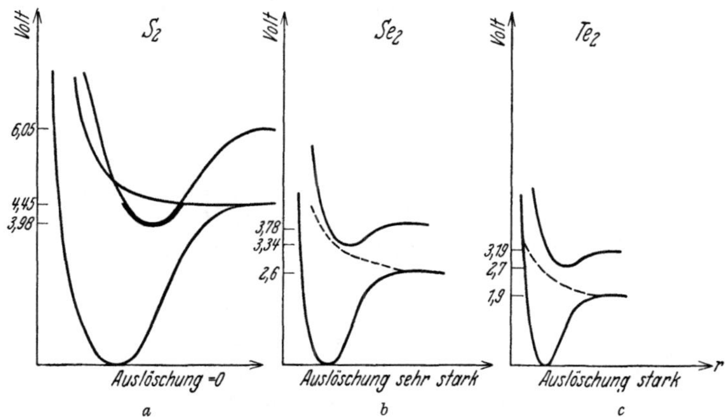

Abb. 32. Potentialkurven für S_2, Se_2 und Te_2.

Energie dissoziiert. Damit solche Stoßprozesse überhaupt vorkommen können, muß erstens der Übergang vom Anregungs- in den Abstoßungszustand nicht prinzipiell verboten sein, und es muß zweitens die Abstoßungskurve etwas tiefer liegen als die Anregungskurve; je näher sie dabei der letzteren kommt, desto wahrscheinlicher werden (nach dem FRANCK-CONDON-Prinzip) die Prozesse, und desto weniger wahrscheinlich wird demgemäß die Überführung einer Resonanzserie in das komplette Bandenspektrum im Verhältnis zur vollständigen Auslöschung der Fluoreszenz. Im Joddampf ist (wegen eines Auswahlverbots) bei Heliumzusatz praktisch nur Überführung zu beobachten[2], ähnlich im Schwefeldampf — hier aber ausschließlich, weil (Abb. 32a) die Abstoßungskurve höher verläuft, als der Fluoreszenzanregungsenergie entspricht; bei Se_2 (Abb. 32b) ist die Auslöschung sehr stark, eine Überführung kaum beobachtbar, während beim Te_2 die Auslöschung wohl ziemlich stark ist, aber doch noch sehr deutlich eine Überführung wenigstens in die nächstbenachbarten Kernschwingungszustände in den Fluoreszenzspektren zu erkennen ist. Allerdings hat HIRSCHLAFF für Te_2 aus den auch in dessen Absorptionsspektrum beobachteten „Prädissoziationsbanden" auf

[1] O. HEIL, ZS. f. Phys. Bd. 74, S. 18. 1932.

[2] Anm. bei der Korrektur: Nach L. A. TURNER (Phys. Rev. Bd. 41, S. 627, 1932) scheinen auch optisch angeregte J_2-Moleküle durch Zusammenstöße mit A-Atomen auf eine „Abstoßungskurve" überführt und dissoziiert zu werden (vgl. Abb. 35); ebenso nach F. W. LOOMIS und H. G. FULLER (Phys. Rev. Bd. 39, S. 180, 1932) durch Zusammenstöße mit O_2-Molekülen.

die Existenz einer Abstoßungskurve geschlossen, die ähnlich liegt wie die des S_2 (Abb. 32a). Wenn also die HEILsche Deutung richtig ist, so muß beim Te_2 noch eine zweite tieferliegende Abstoßungskurve vorhanden sein, die die in Abb. 32c angedeutete Lage besitzt, während eine solche beim S_2 fehlen würde. Die Untersuchungen am Tellur haben weiter auch noch gezeigt, daß Anregungszustände mit großer Kernschwingungsenergie durch He-Zusatz stärker ausgelöscht werden als schwach schwingende, offenbar, weil solche „aufgelockerten" Moleküle für Kollisionen einen vergrößerten Wirkungsquerschnitt besitzen.

Die ultravioletten Resonanzspektren des Joddampfes verlieren durch Zumischung von Fremdgasen stark an Intensität, ohne daß jedoch ein Auftreten der vollständigen Banden zwischen den monochromatisch erregten Resonanzlinien zu erkennen wäre; dagegen treten gleichzeitig sehr bedeutende Intensitätsverschiebungen in den die ultraviolette Resonanz stets begleitenden diffusen Banden ein, wobei vor allem das langwellige Ende dieser Banden stark bevorzugt wird (vgl. Abb. 33): bei Drucken zwischen 15 und 50 mm N_2 oder He erscheinen zwischen 4000 und 4800 Å einige Teilbandengruppen, die vorher nur schwach angedeutet waren, immer deutlicher; sie sind selbst bei 760 mm Druck noch nicht verschwunden. Offenbar gelangen also infolge von Zusammenstößen die durch kurzwellige ultraviolette Einstrahlung erregten Jodmoleküle nicht in die benachbarten Energieniveaus, die einer bloßen Änderung der Rotations- oder Kernschwingungsquantenzahl entspricht, sondern sie werden vorzugsweise in jene sonst nicht näher bekannten Zustände überführt, in die sie auch mit kleinerer Häufigkeit spontan gelangen können und aus denen heraus die Emission der diffusen ultravioletten Banden erfolgt. Daß ihrerseits die sonst gleichmäßige Reihe dieser Banden in ihren Teilen sehr ungleichmäßig durch Stöße zweiter Art ausgelöscht wird, beweist, daß die Übergangswahrscheinlichkeiten bei Zusammenstößen von anderen Faktoren abhängt als die Wahrscheinlichkeit der spontanen Übergänge unter Strahlung.

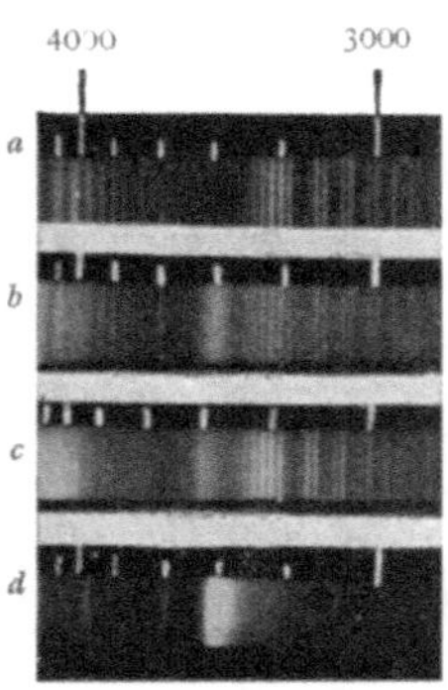

Abb. 33. Die diffusen Joddampfbanden bei verschiedenem Fremdgasdruck. *a* Fluoreszenz 10 mm N_2. *b* Fluoreszenz: 0 mm N_2. *c* Elektrische Entladung 0 mm N_2. *d* Fluoreszenz bei 760 mm N_2.

Liegt die durch Lichteinstrahlung dem Molekül zugeführte Energie nicht allzu tief unter der Dissoziationsenergie des angeregten Zustandes, so kann schließlich auch durch Stöße die vollständige Dissoziation in ein angeregtes und ein normales Atom herbeigeführt werden. Dieser Fall wird realisiert bei Anregung der Na_2-Moleküle durch blaues Licht, etwa der Zn-Linie 4678 Å: setzt man dem Na-Dampf (dessen Eigendruck bei 320° nur einige hundertstel Millimeter beträgt) Helium oder Argon von einigen Millimetern Druck zu, so treten zu der vorher allein vorhandenen Resonanzserie mit beträchtlicher Intensität die *D*-Linien[1]. Ähnlich können übrigens auch durch Einstrahlung hochangeregte Atome — etwa des Cs-Dampfes — durch Kollision mit Edelgasatomen *ionisiert* werden.

28. Auslöschung der Fluoreszenz durch Stöße. Bei den in Ziff. 25 bis 27 behandelten Prozessen, auch wenn sie schließlich zu völliger Vernichtung der Fluoreszenz führen können, wird primär die Energie des angeregten Systems nur um einen relativ kleinen Betrag geändert. Es kommen aber auch „auslöschende Stöße" vor, bei denen dem Atom oder Molekül seine Anregungsenergie vollkommen entzogen wird, wobei jedoch eine unmittelbare Überführung in kinetische Energie wie gesagt nur sehr kleine Wahrscheinlichkeit besitzt. Eine solche auslöschende Wirkung wurde früher in erster Linie Zusammenstößen mit stark

[1] A. JABLONSKI, P. PRINGSHEIM u. R. ROMPE ZS. f. Phys. Bd. 77, S. 26. 1932.

elektronegativen Molekülen (O_2, Cl_2 usw.) zugeschrieben, ohne daß über den in Betracht kommenden Mechanismus etwas bekannt war. Es scheint aber, daß dabei fast immer chemische Reaktionen zwischen dem angeregten System und dem Stoßpartner im Spiele sind, die allerdings bei elektronegativen Zusatzgasen besonders häufig sein mögen.

Durch Anwesenheit von Wasserstoff wird die Resonanzstrahlung des Quecksilberdampfes außerordentlich stark geschwächt. Da, wie CARIO und FRANCK als erste gezeigt haben, dabei gleichzeitig atomarer Wasserstoff entsteht, schien die nächstliegende Erklärung, daß beim Zusammenstoß zwischen dem angeregten Hg-Atom und dem H_2-Molekül die Anregungsenergie (4,9 Volt) direkt zur Dissoziation verbraucht wird, die eine Arbeit von 4,6 Volt erfordert. In Wahrheit dürfte der Prozeß meistens aber unter gleichzeitiger Bildung von HgH nach der Gleichung: $Hg^* + H_2 \rightarrow HgH + H$ verlaufen. Denn einerseits beobachtet man dieselbe starke Auslöschung durch Wasserstoff auch an den Resonanzlinien von Cd und Zn mit der viel zu kleinen Anregungsenergie von 3,78 bzw. 4,03 Volt; anderseits läßt sich das Entstehen der fraglichen Metallhydride in allen drei Fällen optisch nachweisen: bestrahlt man ein Gemisch von einem dieser Metalldämpfe und Wasserstoff mit dem Licht einer Lampe, deren Spektrum außer den Metall-Bogenlinien auch noch die Banden des entsprechenden Hydrids enthält, so erscheinen in der Fluoreszenz neben der Resonanzlinie die Hydridbanden[1]; die gleichen Banden sind von WOOD schon früher allerdings mit weit geringerer Intensität als „sensibilisierte" Fluoreszenz erhalten worden, wenn die Primärstrahlung nur die Resonanzlinie enthielt (vgl. die folgende Ziffer). Ebenso wird die Hg-Resonanz durch Sauerstoff stark ausgelöscht; daß sich hier durch die Zusammenstöße $Hg^* + O_2$ eine chemische Verbindung bilden muß, erkennt man nach WOOD daran, daß in einem Gemisch von Hg-Dampf und O_2 durch fortgesetzte Bestrahlung mit der Linie 2537 Å der Sauerstoff allmählich aufgezehrt wird, so daß die anfangs fast völlig ausgelöschte Resonanzstrahlung ihre volle Intensität zurückgewinnt. Eine Anzahl weiterer Prozesse bei Zusammenstößen zwischen angeregtem Hg und Fremdgasmolekülen (N_2, H_2O usw.) wird im folgenden noch zu erwähnen sein. Es ist aber zu vermerken, daß auch die sehr bedeutende Herabsetzung der auf gleiche absorbierte Energie berechneten Fluoreszenzausbeute bei Erhöhung des Hg-Dampfdruckes selbst zum großen Teil nicht auf die Überführung der angeregten Atome in den metastabilen Zustand, sondern eher auf die Bildung angeregter Hg_2-Moleküle zurückzuführen ist, deren Vorhandensein durch das Hervortreten der Hg_2-Banden bewiesen wird, von denen sich jedoch die meisten ihrerseits in einem metastabilen Zustand befinden dürften (vgl. folgende Ziffer).

Die D-Linien-Resonanzstrahlung des Natriums wird besonders stark durch Stickstoff (relativ weniger durch Wasserstoff) ausgelöscht, bei längerer Dauer des Prozesses scheint hierbei der N_2-Partialdruck mit der Zeit zu sinken. Die zweite Hauptserienlinie des Na (3303 Å) wird durch N_2 ungefähr ebenso geschwächt wie die D-Linien. Durch Heliumzusatz dagegen wird — wenn beide Linien primär durch Einstrahlung erregt werden — die ultraviolette Linie geschwächt, das gelbe Dublett aber verstärkt, weil es sich hier nicht um eigentliche Auslöschung durch Stöße, sondern um eine Überführung eines Teiles der $3P$-Atome in die $2P$-Zustände handelt[2]. Auch die grünen und roten Na_2-Banden werden durch Stickstoffzusatz merklich ausgelöscht, doch lange nicht im selben Maße wie die Atomlinien[3]. Welcher Art die Prozesse sein mögen, die zur Auslöschung der Bandenfluoreszenz von J_2, S_2 usw. durch verschiedene Gas-

[1] P. BENDER, Phys. Rev. (2) Bd. 36, S. 1543. 1930.
[2] N. E. BERRY u. G. K. ROLLEFSEN, Phys. Rev. Bd. 38, S. 1599. 1931.
[3] A. JABLONSKI, P. PRINGSHEIM u. R. ROMPE, ZS. f. Phys. Bd. 77, S. 26. 1932.

zumischungen führen, läßt sich zur Zeit nicht sagen; da für Joddampf Stickstoff und Sauerstoff sehr nahe dieselbe Wirkung haben, ist die „Elektronegativität" das Gases allein sicher nicht maßgebend[1]. Die Verminderung der Fluoreszenzausbeute in elektronegativen Gasen bei Steigerung des Eigendruckes ist bei weitem nicht so groß, wie früher vielfach angenommen wurde, wobei die Absorption der erregenden und der Sekundärstrahlung nicht hinreichend berücksichtigt wurden: während z. B. die J_2-Fluoreszenz bei einem Dampfdruck von wenigen Millimetern schon praktisch verschwunden sein sollte, ist sie faktisch (allerdings nur als Oberflächenfluoreszenz) bis zu einem Druck von 70 mm sicher nachzuweisen[2]. Ähnliches gilt für S_2, Se_2 und Te_2; im Sauerstoff hat RASETTI sogar bei Atmosphärendruck noch eine Resonanzserie erregen können.

Schließlich müssen doch wohl auch auslöschende Stöße ohne Auftreten chemischer Reaktionen existieren, insbesondere bei der Schwächung der Fluoreszenz durch Zusatz von Edelgasen, obwohl es selbst da unter Umständen zur vorübergehenden Bildung von neuen Molekülen kommen kann (vgl. Ziff. 30). Will man auch für solche Prozesse die Gültigkeit des FRANCK-CONDONschen Prinzips postulieren, so muß man mit JABLONSKI[3] annehmen, daß sie nur dann auftreten, wenn die Stoßpartner infolge ihrer vorher vorhandenen kinetischen Energie sich so nahe kommen, daß die potentielle Energie des Systems angeregtes Atom (bzw. Molekül) + Fremdatom und des Systems unangeregtes Atom + Fremdatom praktisch gleich werden, also die beiden Zustände ohne plötzlich auftretende Änderung der Bewegungsgröße ineinander übergehen können; bei Auseinanderfliegen verwandelt sich dann die ursprüngliche Anregungsenergie in zusätzliche kinetische Energie. Solche Stöße können naturgemäß nur sehr selten sein, auch ist die auslöschende Wirkung der Edelgase stets gering, sie wächst in allen Fällen mit dem Atomgewicht der Edelgase, ist z. B. für Argon immer beträchtlich größer als für Helium.

In Tabellen 12 und 13 sowie in den Abb. 34 und 35[4] sind eine Anzahl quantitativer Messungen über die Auslöschung von Fluoreszenzstrahlung wiedergegeben. Nach STERN und VOLMER ist bei dem Druck, der die Fluoreszenzhelligkeit unter sonst konstant gehaltenen Bedingungen auf die Hälfte herabsetzt, und der darum als „Halbwertdruck" bezeichnet wird, die mittlere Stoßzeit gleich der mittleren Lebensdauer der angeregten Moleküle ohne das Zusatzgas[5], wenn man voraussetzt,

Tabelle 12. Schwächung der Hg-Dampf-Resonanzstrahlung durch Zumischung fremder Gase bei 20°.

Gas	He	A	N_2	H_2O	CO_2	CO	O_2	H_2	Luft	Hg
Halbwertdruck in mm Hg . .	ca. 760	240	30	4,0	2,0	0,4	0,35	0,2	1,2	1,1
Zugehörige Stoßzeit $\times 10^8$ sec	0,003	0,02	0,13	1	2	8	10	7	—	7,5
Ausbeute an auslöschenden Stößen in Proz.	0,03	0,2	1,3	10	20	80	100	70	—	75
Helligkeit der Fluoreszenz bei $p = 1$ mm Hg in Proz. . .	>99	98	92	78	67	27	23	18	56	52

Tabelle 13. Schwächung der Joddampffluoreszenz bei 20° durch fremde Gase.

Gas	A	H_2	O_2	CO_2	Äther	Cl_2	J_2
Halbwertdruck in mm Hg . . .	6	5	3,5	1,2	0,3	0,2	0,08

[1] Vgl. S. 231, Anm. 2. [2] E. HIRSCHLAFF, ZS. f. Phys. Bd. 75, S. 325. 1932.
[3] A. JABLONSKI, ZS. f. Phys. Bd. 70, S. 723. 1911. [4] W. BERG, Diss. Berlin 1932.
[5] Dies braucht aber keineswegs die eigentliche „natürliche" Verweilzeit des betreffenden Anregungszustandes zu sein, vielmehr kann dieser schon durch die vorhandenen Versuchsbedingungen (Wandzusammenstöße, eigener Dampfdruck, Magnetfelder u. dgl.) modifiziert sein.

daß jeder Zusammenstoß wirklich auslöschend wirkt. Für die Fluoreszenzintensität beim Fremdgasdruck p gilt dann die Beziehung: $J_p = J_0 \frac{1}{1+bp}$. Will man unter dieser Annahme einer 100prozentigen Ausbeute den von STUART für die Hg-Resonanz experimentell gefundenen Halbwertdruck des O_2 in Einklang bringen mit der anderweitig bestimmten mittleren Verweilzeit der Hg-Atome im $2\,^3P_1$-Zustand ($\tau = 1{,}3 \cdot 10^{-7}$ sec), so berechnet sich daraus für die erregten Hg-Atome ein Durchmesser, der etwa 3,3mal so groß ist als der aus gaskinetischen Daten für die normalen Hg-Atome abgeleitete. Würde man im Gegenteil den letzteren in die von STERN und VOLMER aufgestellte Gleichung einsetzen, so würde man entweder zu längeren Abklingungszeiten gelangen, als es der Erfahrung entspricht, oder aber zu einer mehr als 100prozentigen Ausbeute an auslöschenden Stößen, was nicht möglich ist. Ähnliche Resultate erhielten STERN und VOLMER bei der Auswertung der an der Jodfluoreszenz durchgeführten Photometerkurven — auch hier muß man, um zu möglichen Abklingungszeiten zu gelangen, den erregten Molekülen größere Querschnitte zuschreiben als den unerregten.

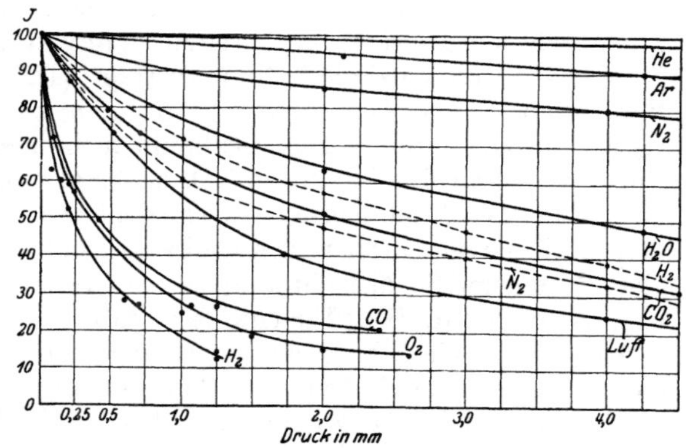

Abb. 34. Schwächung der Hg- und Na-Resonanzstrahlung durch fremde Gase. ——— Hg ········· Na.

Um allen Beobachtungen gerecht zu werden, genügt es aber keineswegs, dem erregten Atom oder Molekül einen festen, gegenüber dem normalen vergrößerten Querschnitt zuzuschreiben und dann die Stoßzahlen nach der klassischen kinetischen Theorie zu berechnen; vielmehr muß fast für jeden Prozeß ein besonderer Wirkungsradius angenommen werden, als dessen untere Grenze der gaskinetische Radius zu gelten hat, der aber bei guter „Energieresonanz", d. h. wenn möglichst der ganze Energieumsatz ohne Überführung in Bewegungsenergie vor sich gehen kann, das Hundertfache und mehr betragen kann — so z. B. bei der Depolarisation oder der Verwandlung der $2\,^3P_1$-Hg-Atome in metastabile durch N_2 (vgl. auch die folgende Ziffer)[1].

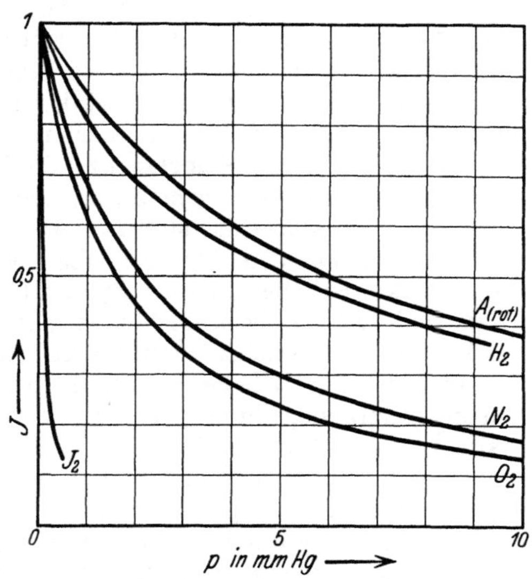

Abb. 35. Schwächung der J_2-Fluoreszenz durch Zusammenstöße nach BERG.

[1] Wegen der quantenmechanischen Deutung dieses Phänomens siehe z. B. H. KALLMANN u. F. LONDON, ZS. f. phys. Chem. (B) Bd. 2, S. 207. 1929, ferner M. MORSE u. E. C. G. STUECKELBERG, Ann. d. Phys. Bd. 9, S. 579. 1931.

Aus der Überlegung von STERN und VOLMER ergibt sich, daß bei gleicher Stoßzahl und bei gleicher spezifischer Wirkung der einzelnen Stöße die Schwächung der Fluoreszenz desto größer sein muß, je größer die Lebensdauer des erregten Zustandes ist. Dies tritt besonders deutlich bei der Auslöschung der Bandenfluoreszenz des Hg_2 durch Wasserstoff in die Erscheinung, die ja eine Nachleuchtdauer $\sim 10^{-3}$ sec besitzt: während der Wasserstoff-Halbwertdruck für die Hg-Resonanzlinie 0,2 mm beträgt (Tab. 12), ist er für die erwähnten Banden von der Größenordnung $3 \cdot 10^{-5}$ mm, bei Anwesenheit von nur 10^{-4} mm H_2 ist die Bandenfluoreszenz überhaupt nicht mehr zu beobachten[1]. Eine durch Einstrahlung weißen Lichtes in NO_2 angeregte sichtbare Bandenfluoreszenz wird nach BAXTER[2] durch Zusatz verschiedener Gase extrem stark ausgelöscht: für CO_2 als Zusatzgas beträgt der Halbwertdruck nur 0,02 mm. Während BAXTER glaubte, darum für diese Stoßprozesse extrem große Wirkungsradien annehmen zu müssen, konnte HEIL[3] nachweisen, daß es sich vielmehr hier auch wieder um relativ sehr große Lebensdauern der angeregten Molekülzustände ($\tau \sim 10^{-5}$ sec) handelt: diese lange Lebensdauer ließ sich auch direkt nachweisen dadurch, daß leuchtende Moleküle aus dem scharf begrenzten Bündel des anregenden Lichtes herausfliegen und die Begrenzung der Fluoreszenz verwaschen. Endlich folgt aus der Form der von STERN und VOLMER berechneten oder auch der gut damit übereinstimmenden beobachteten Auslöschungskurven (Abb. 34 und 35), daß bei gleichzeitigem Zusatz zweier verschiedener Gase deren prozentuales Auslöschungsvermögen sich nicht einfach addiert: die Resonanzstrahlung der reinen Hg wird durch 4 mm H_2 auf den 20. Teil herabgesetzt, die bereits durch 100 mm N_2 geschwächte Resonanzintensität dagegen sinkt bei Zusatz von 4 mm H_2 nunmehr auf den 5. Teil[4], weil nämlich die mittlere Verweilzeit der Hg-Atome im angeregten Zustand bei 100 mm N_2 nur noch etwa ein Viertel der Verweilzeit im ungestörten Fall beträgt. Aus demselben Grunde ist die Schwächung der J_2-Fluoreszenz durch Fremdgase weitgehend bedingt durch den J_2-Dampfdruck, bei dem die Messung ausgeführt wird, da ja das Jod auf sich selbst auslöschend wirkt: die Zahlen von Tab. 13 sind auf den J_2-Druck 0 extrapoliert[5].

29. Sensibilisierte Fluoreszenz. Die Übertragung der Erregungsenergie auf ein anderes Atom bei einem Zusammenstoß läßt sich dann am eindeutigsten verfolgen, wenn dabei das stoßende Atom seinerseits in einen erregten Zustand versetzt wird, aus dem heraus es die übernommene Energie als Strahlung der ihm charakteristischen Frequenzen emittieren kann. Für diesen Vorgang haben CARIO und FRANCK die Bezeichnung „sensibilisierte Fluoreszenz“ geprägt. Vermutlich tritt ein solcher Prozeß sehr häufig ein, wenn Resonanzstrahlung in Dämpfen von relativ hohem Druck erregt wird, da ja nach dem früher Gesagten Energieübertragung durch Stöße zweiter Art desto größere Wahrscheinlichkeit besitzt, ein je geringerer Teil dabei in Wärme überführt werden muß: diese Bedingung ist in dem angegebenen Fall am vollständigsten erfüllt, doch läßt sich solche tertiäre Erregung von Resonanzstrahlung, die durchaus parallel mit der tertiären Erregung durch Reabsorption verläuft, experimentell kaum von dieser unterscheiden: auch die Vernichtung einer ursprünglich etwa vorhandenen Polarisationsvorzugsrichtung ist beiden Vorgängen gemeinsam. Ist dagegen dem primär erregten Dampf eine andere Atomsorte beigemischt, die Anregungsstufen von geringerer Energie besitzt, als es dem $h\nu$-Wert des eingestrahlten Lichtes ent-

---

[1] P. PRINGSHEIM u. A. TERENIN, ZS. f. Phys. Bd. 47, S. 330. 1928.
[2] W. P. BAXTER, Journ. Amer. Chem. Soc. Bd. 52, S. 3920. 1930.
[3] O. HEIL, ZS. f. Phys. Bd. 77, S. 583. 1932.
[4] M. BADGER, ZS. f. Phys. Bd. 55, S. 56. 1929.
[5] W. BERG, Diss. Berlin 1932.

spricht, so werden nun die betreffenden Linien der Fremdatome in der Emission auftreten. Dabei lassen sich über die wahrscheinliche Energieverteilung auf die einzelnen Linien der sensibilisierten Fluoreszenzstrahlung folgende durch das Experiment bestätigte Aussagen machen: Linien, deren Erregungsenergie der primär eingestrahlten sehr nahe liegt, sollten sich zwar am leichtesten anregen lassen, werden aber gleichwohl nur mit geringer Intensität beobachtet, wenn sie Absorptionslinien des zugemischten Dampfes sind; denn dessen Dampfdruck muß, damit Zusammenstöße mit primär erregten Atomen wahrscheinlich sind, nicht zu niedrig gewählt werden, und so werden diese Frequenzen im Dampf stark reabsorbiert. Das gilt dagegen nicht für Linien, deren Emission entweder nicht auf den normalen Zustand der unerregten Atome zurückführt, die also keine Absorptionslinien sind, oder bei deren Erregung ein relativ großer Energieüberschuß bleibt: dieser wird dann durch Dopplereffekt eine starke Linienverbreiterung hervorrufen, wie das früher bei der ultravioletten Anregung der D-Linien schon besprochen wurde.

Die sensibilisierte Fluoreszenz ist von Cario zuerst entdeckt worden, als er dem durch die Resonanzlinie 2536,7 Å erregten Hg-Dampf Thalliumdampf zumischte; um die Drucke der beiden Dämpfe unabhängig regulieren zu können, besaß das elektrisch heizbare Beobachtungsgefäß zwei Ansatzrohre, die mit metallischem Hg bzw. Tl beschickt waren und deren Temperatur durch gesonderte Öfen erhöht werden konnte (Abb. 36); dabei entsprach der Dampfdruck des Hg einer Sättigungstemperatur von 100°. Auch sonst ist bis jetzt sensibilisierte Fluoreszenz in ganz gleichartiger Versuchsanordnung anscheinend nur bei Erregung mit der Hg-Resonanzlinie beobachtet worden; es gelang dies außer für Tl noch für Ag, Cd, Pb, Bi, In und die Alkalimetalle.

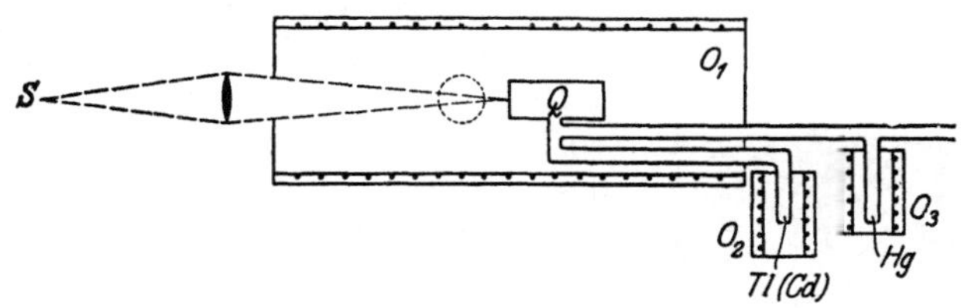

Abb. 36. Versuchsanordnung zur Erregung sensibilisierter Fluoreszenz.

Besonders deutlich tritt die Bedeutung der Prozesse mit „Energieresonanz" in Beobachtungen zutage, die Beutler und Josephi über die sensibilisierte Fluoreszenz des Na angestellt haben. Tabelle 14 gibt für eine Anzahl von Na-Termen die Anregungsenergie in Kalorien (1 Cal/Mol = 23 Volt), ferner die Anregungsenergie der Hg-Terme 2^3P_1 und 2^3P_0, von denen zunächst der erstere durch Einstrahlung der Linie 2537 Å erreicht wird. Während im normalen Na-

Tabelle 14.

Na-Term	$4D$	$4S$	$5D$	$5S$	$6D$	$6S$	$7D$	$7S$	$8D$	$8S$
Cal	98,21	103,40	105,28	108,05	109,12	110,76	111,92	112,49	112,93	113,68
Hg-Term				2^3P_0				2^3P_1		
Cal				107,02				112,04		

Bogenspektrum die höheren Serienlinien sehr geringe Intensität besitzen, herrscht in der sensibilisierten Fluoreszenz die Linie $7S-2P$ (4423 Å) neben den D-Linien bei weitem vor. Ist dem Metalldampfgemisch noch Argon von relativ hohem Druck zugesetzt, so wird ein großer Teil der angeregten Hg-Atome in den 2^3P_0-Zustand überführt, und demgemäß erscheint nun auch die Na-Linie $5S-2P$ (4750 Å) in der Fluoreszenz mit relativ großer Helligkeit.

Als Beispiel für einen typischen Fall sensibilisierter Fluoreszenz sind die von Donat bei Erregung mit der Hg-Resonanzlinie beobachteten Linien des Indiums in Tabelle 15 und Abb. 37, schematisch in Abb. 38 wiedergegeben; in der letzteren sind nur die Übergänge durch ausgezogene Linien gekennzeichnet, die unter den angegebenen Versuchsbedingungen auf der photographischen Platte erscheinen.

Tabelle 15. Spektrum der sensibilisierten Fluoreszenz des Indiums bei Erregung mit der Hg-Linie 2537 Å.

Wellenlänge in Å	Intensität (geschätzt)	Termbezeichnung	Wellenlänge in Å	Intensität (geschätzt)	Termbezeichnung
4511	sehr stark	$2\,^2S_{\frac{1}{2}} - 2\,^2P_{\frac{3}{2}}$	2754	(durch Hg-Linie	
4102	stark	$2\,^2S_{\frac{1}{2}} - 2\,^2P_{\frac{1}{2}}$		verdeckt)	$3\,^2S_{\frac{1}{2}} - 2\,^2P_{\frac{1}{2}}$
3259 }	sehr stark	$3\,^2D_{\frac{3}{2}} - 2\,^2P_{\frac{3}{2}}$	2715	schwach	$4\,^2D_{\frac{3}{2}} - 2\,^2P_{\frac{3}{2}}$
3256 }	(nicht getrennt)	$3\,^2D_{\frac{5}{2}} - 2\,^2P_{\frac{3}{2}}$	2710	stark	$4\,^2D_{\frac{5}{2}} - 2\,^2P_{\frac{3}{2}}$
3039	stark	$3\,^2D_{\frac{3}{2}} - 2\,^2P_{\frac{1}{2}}$	2602	sehr schwach	$4\,^2S_{\frac{1}{2}} - 2\,^2P_{\frac{3}{2}}$
2933	stark	$3\,^2S_{\frac{1}{2}} - 2\,^2P_{\frac{3}{2}}$	2560	schwach	$4\,^2D_{\frac{3}{2}} - 2\,^2P_{\frac{1}{2}}$
			2523 }	sehr schwach	$5\,^2D_{\frac{3}{2}} - 2\,^2P_{\frac{3}{2}}$
			2521 }	nicht getrennt	$5\,^2D_{\frac{5}{2}} - 2\,^2P_{\frac{3}{2}}$

Bei höheren Temperaturen im Beobachtungsraum können durch einen Zusammenstoß mit einem erregten Hg-Atom auch Linien angeregt werden, deren Anregungsenergie über derjenigen der Hg-Linie liegt, falls nämlich die kinetische Energie der stoßenden Atome ausreicht, um den fehlenden Energieüberschuß zu liefern. Es besteht hier eine gewisse Analogie mit dem Hervortreten antistokesscher Glieder in den Resonanzspektren des Joddampfes bei hoher Temperatur. So findet man in einem Hg-Cd-Dampfgemisch, wenn die Temperatur im Beobachtungsraum auf 800° gebracht wird, mit sehr kleiner Intensität die Linien des Cd-Tripletts, 5086—4800—4678 Å, deren Ausgangsbahn $2\,^3S_0$ einer Anregungsspannung von 6,3 Volt entspricht; daß der Energieüberschuß von 1,4 Volt wirklich der Wärmebewegung entstammt, wird dadurch bestätigt, daß das Triplett verschwindet, wenn bei konstant gehaltenem Dampfdruck (d. h. bei konstant gehaltener Temperatur des Ofens O_2) die Temperatur im Beobachtungsraum nur 400° beträgt; die stets nur geringe Intensität des Tripletts ist selbstverständlich, da auch bei 800° die mittlere kinetische Energie der Atome nur 0,12 Volt beträgt, also Stöße, bei denen ein Energieüberschuß von 1,4 Volt zur Verfügung steht, nur sehr selten sind.

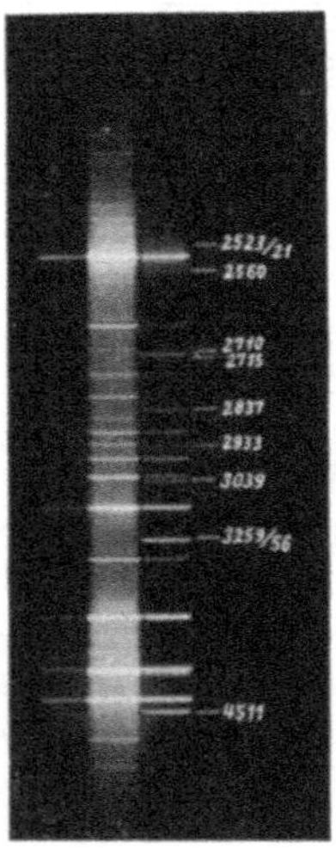

Abb. 37. Spektrum der sensibilisierten Fluoreszenz des Indiums bei Erregung mit der Hg-Linie 2537 Å.

Bei der Beobachtung der anderen erwähnten Fälle von sensibilisierter Fluoreszenz sind über die Bestätigung des hier Mitgeteilten hinaus neue Tatsachen nicht zutage getreten. Sehr wichtige Ergebnisse haben dagegen die Untersuchungen von DONAT über die Beeinflussung der sensibilisierten Fluoreszenz durch den Zusatz fremder Gase zu einem Hg-Tl-Dampfgemisch ergeben; einen Teil der aus diesen Ergebnissen zu ziehenden Schlüsse haben wir allerdings bereits vorweggenommen. Beimischung von A[1] oder N_2 schwächt die Hg-Resonanzstrahlung, indem durch Zusammen-

[1] Es ist allerdings nicht unwahrscheinlich, daß die von DONAT mit Argon erhaltenen Ergebnisse durch Verunreinigung des von ihm verwandten A mit N_2 zu erklären ist, da direkte Beobachtungen keine merkliche Überführung von Hg $2\,^1P_1 \rightarrow 2\,^3P_0$ durch ganz reines A erkennen lassen (H. KLUMB und P. PRINGSHEIM, ZS. f. Phys. Bd. 52, S. 610. 1929, sowie unveröffentlichte Messungen von H. KLUMB).

stöße die angeregten Atome in den metastabilen Zustand überführt werden; die metastabilen Atome sind gegen weitere Kollisionen mit A oder N_2 fast ganz unempfindlich, da sie an diese ihre Energie von 4,7 Volt nicht abgeben können, dagegen vermögen sie Thalliumatome genau ebensogut anzuregen wie die normalen erregten Hg-Atome im $2\,^3P_1$-Zustand. Die so erregten Thalliumatome aber sind ihrerseits, da hier kein benachbarter metastabiler Zustand existiert und strahlungslose Überführung der totalen Erregungsenergie in Translationsenergie unwahrscheinlich ist, gegen Zusammenstöße mit A oder N_2 auch wieder relativ unempfindlich — allenfalls springt infolge einer solchen Kollision das Leuchtelektron, wenn es ursprünglich auf eine höhere Quantenbahn gehoben war, in eine benachbarte tiefere Bahn über (etwa von $4\,^2D_1$ nach $3\,^2D_1$), um dann die diesen entsprechenden Linien zu emittieren. Daher nimmt bei Zumischung von A oder N_2, während die Hg-Resonanzlinie allmählich ganz verschwindet, auf deren Kosten mit wachsendem Fremdgasdruck die sensibilisierte Thalliumfluoreszenz bedeutend zu. Während aber die Intensität der von höheren Niveaus ($4\,^2D_1$, $3\,^2S_1$) ausgehenden Linien bald ein Maximum erreicht und dann wieder abfällt, übersteigt die Helligkeit der von $2\,^2S_1$ ausgehenden Linien selbst bei 600 mm Argon noch um das 5- bis 8fache den Wert, den sie bei Abwesenheit eines Fremdgases besaß (Abb. 39).

Zusammenstöße mit H_2-Molekülen überführen die angeregten Hg-Atome nicht in den metastabilen Zustand, sondern entziehen ihm die Erregungsenergie vollkommen; daher wird durch Zusatz von H_2 zu einem Hg-Tl-Dampfgemisch gleichzeitig mit der Hg-Resonanzstrahlung auch die sensibilisierte Fluoreszenz des Thalliums ausgelöscht. Dagegen wirkt wieder die Erhöhung des Hg-Dampfdruckes selbst gerade wie Vermehrung des Argonpartialdruckes: in gesättigtem Hg-Dampf von 250° ist, wie erwähnt, die Resonanzstrahlung schon fast ganz ausgelöscht, die Linien des beigemischten Tl-Dampfes aber sind nicht nur bei dieser Temperatur noch kräftiger als bei den Hg-Dichten, welche die Hg-Reso-

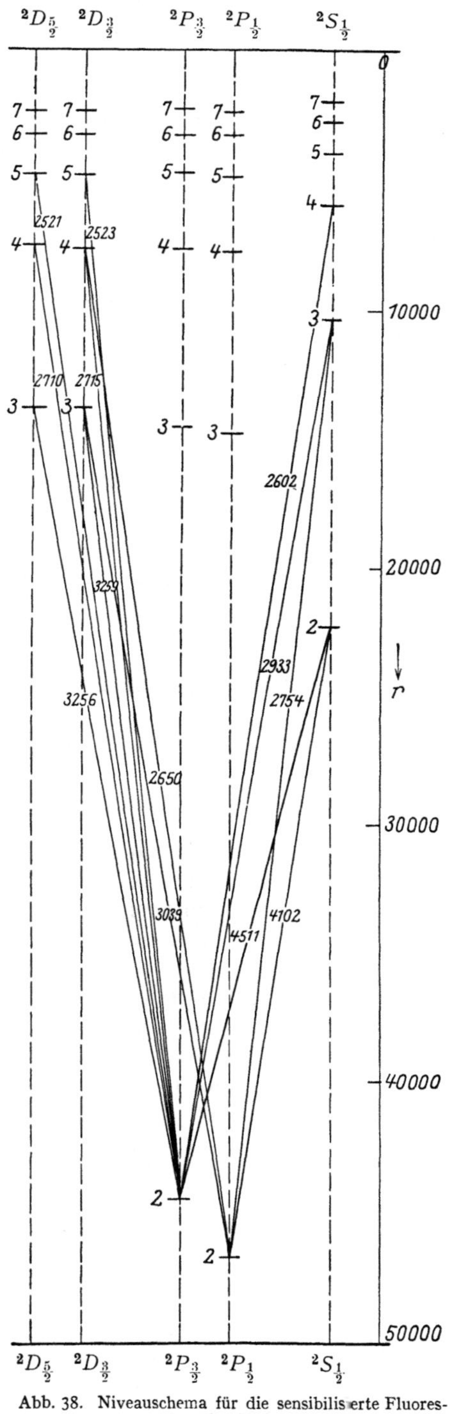

Abb. 38. Niveauschema für die sensibilisierte Fluoreszenz des Indiums.

nanzstrahlung am meisten begünstigen; sondern die Tl-Linie 3776 Å hat selbst bei einem Hg-Dampfdruck von über einer Atmosphäre (350°) noch nichts von ihrer Intensität verloren. Stoßen zwei angeregte Hg-Atome zusammen (was mit einiger Wahrscheinlichkeit nur dann vorkommen kann, wenn sie, etwa infolge Anwesenheit von N_2, sich beide in metastabilem Zustand befinden), so kann die gesamte Erregungsenergie auf den einen Stoßpartner übergehen, der dann in den Zustand $3\,^1S_0$ versetzt wird: das Phänomen wird sichtbar gemacht durch das Auftreten der Linie 2857 Å ($3\,^1S_0 \rightarrow 2\,^3P_1$) im Emissionsspektrum; die Anregungsenergie beträgt für $2\,^3P_0$: 4,66, für $3\,^1S_0$: 9,17 Volt[1]. Ferner findet Lord RAYLEIGH im Nachleuchten des durch Einstrahlung der Resonanzlinie angeregten strömenden Hg-Dampfes, in dem durch Absorptionsmessungen die Existenz metastabiler Atome nachgewiesen wird, stets eine größere Anzahl von Hg-Bogenlinien, für welche die Anregungsenergie nur durch Zusammenstoß zweier metastabiler Atome gewonnen werden kann (vgl. Anm. 1, S. 223).

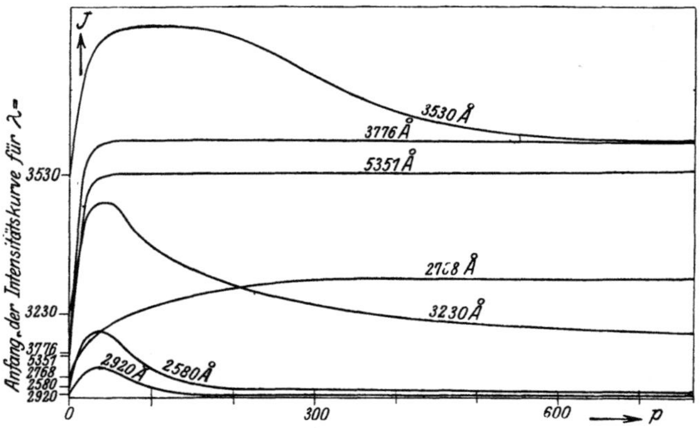

Abb. 39. Verstärkung der sensibilisierten Thalliumfluoreszenz durch Zusatz von Argon (p = Partialdruck des A).

Als sensibilisierte Fluoreszenz ist ferner das Erscheinen verschiedener Molekülbanden im Fluoreszenzspektrum anzusprechen, die WOOD und seine Mitarbeiter bei Anregung der Hg-Resonanz beim Zusatz von Wasserdampf, H_2, N_2, O_2 oder mehrerer dieser Gase zum Hg-Dampf beobachtet haben. Zunächst werden beim Zusammenstoß mit erregten Hg-Atomen neue Moleküle wie HgH, HO, NH_3, NH gebildet (der Mechanismus dieser Prozesse ist verschiedentlich ausführlich diskutiert worden[2]), dann kann durch abermaligen Zusammenstoß eines erregten Hg-Atoms mit einem dieser Moleküle dessen Bandenemission ausgelöst werden, die tatsächlich auf den Photogrammen unter geeigneten Versuchsbedingungen mit großer Intensität zu erkennen ist.

Endlich ist zum mindesten teilweise auch die Emission von Atomlinien durch Metalldämpfe nicht zu kleinen Druckes bei Absorption in den Banden der zweiatomigen Moleküle durch sensibilisierte Fluoreszenz zu erklären. Daß bei Erregung der Hg-Banden durch nicht im Atom absorbierbare Linien jene stets von der Resonanzlinie, zuweilen aber auch von einer Reihe weiterer Bogenlinien im Emissionsspektrum begleitet wird, wurde schon früher erwähnt. Ebenso findet KAPUSZINSKI[3] in der Fluoreszenz des gesättigten Cd-Dampfes bei Temperaturen $> 500°$ bei Einstrahlung irgendeiner Linie, die in der Cd_2-Molekülbande bei 2300 Å absorbiert wird, die Resonanzlinien 2289 und 2361 Å, das Triplett 5086—4800—4978 Å ($2\,^3P_{0,1,2} \rightarrow 2\,^3S_1$) und andere mehr; und analoge Resultate erhielt er am Zn-Dampf. Soweit die Anregungspotentiale der betreffenden Atom-

[1] H. BEUTLER u. E. RABINOWITSCH, ZS. f. phys. Chem. (B) Bd. 6, S. 233. 1929.
[2] E. GAVIOLA u. R. W. WOOD, Phil. Mag. Bd. 6, S. 1191. 1928; H. BEUTLER u. E. RABINOWITSCH, ZS. f. phys. Chem. (B) Bd. 8, S. 403. 1930.
[3] W. KAPUSZINSKI, ZS. f. Phys. Bd. 41, S. 214. 1927; Bull. Acad. Pol. A. 1930, S. 453.

linien wesentlich über dem durch die Frequenz der Primärstrahlung bedingten Wert liegen, muß es sich hier wohl wieder um eine Kombination von sensibilisierter Fluoreszenz und stufenweiser Anregung (Zusammenstoß zweier angeregter Moleküle) handeln, evtl. mit unmittelbar darauffolgender Dissoziation des einen Moleküls in ein hochangeregtes und ein normales Atom. Dagegen ist das intensive Hervortreten der *D*-Linien in bei 600° gesättigtem Na-Dampf ($p = 25$ mm) bei Einstrahlung blauen Lichtes am einfachsten durch unmittelbare Energieübertragung vom angeregten Molekül auf ein Atom zu deuten[1].

Die sensibilisierte Fluoreszenz ist, auch wenn das Primärlicht linear polarisiert ist, stets unpolarisiert und besitzt keine Vorzugsrichtung der Emission[2].

30. Chemische Reaktion des angeregten Moleküls beim Zusammenstoß: Photochemilumineszenz. Es bleiben noch einige Fälle zu erwähnen, bei denen das angeregte Atom (bzw. Molekül) bei einem Zusammenstoß mit dem Stoßpartner zusammen ein neues angeregtes Molekül bildet, das dann die Anregungsenergie in Form seiner charakteristischen Bandenlumineszenz emittiert. Hierher gehört die schon in Ziff. 22 behandelte Bandenfluoreszenz von Hg_2 usw., soweit die primäre Anregung durch Absorption der Resonanzlinie im Atom erfolgt. Aber auch bei Zusatz von Edelgasen zum Hg-Dampf hat OLDENBERG bei Einstrahlung der Resonanzlinie im Fluoreszenzspektrum das Auftreten von Banden zu beiden Seiten der Linie 2537 Å beobachtet, deren genaue Lage und Form von der Natur des Edelgases abhängt, und die für A und Kr im Gebiet zwischen 2540 und 2557 Å eine ziemlich enge Struktur (Fluktuationen) aufweisen, während von der Resonanzlinie aus nach kurzen Wellen zu für A, Kr und Ne zwei bis drei, für Xe nur ein ziemlich diffuses Maximum zu unterscheiden ist; bei He-Zusatz ist die Bande ganz kontinuierlich. Die Banden erstrecken sich desto weiter nach kleinen Wellenlängen, je leichter das Edelgas — für He bis 2513, Ne bis 2520, A bis 2523, Kr bis 2526, X bei 2532 Å. OLDENBERG schreibt diese Banden alle sehr schwach gebundenen Molekülen aus angeregtem Hg-Atom und Edelgasatom zu, die unter Bandenemission in unangeregte Atome zerfallen. Doch scheint er es nicht für unwahrscheinlich zu halten, daß zum mindesten ein Teil der Kontinua in unmittelbarer Nähe der Resonanzlinie auf einem etwas anderen Mechanismus beruht, indem ein angeregtes Hg-Atom im Augenblick der spontanen Emission einen Zusammenstoß erleidet und nun die relative kinetische Energie entweder das Strahlungsquant vergrößert (nach kleineren Wellenlängen verschobenes Kontinuum) oder umgekehrt auf seine Kosten anwächst (nach größeren Wellenlängen verschobenes Kontinuum)[3]. Daß nicht etwa durch Zusammenstöße mit Edelgasatomen eine beschleunigte Rückkehr angeregter Atome in den Normalzustand unter Lichtausstrahlung *erzwungen* wird, hat DUSCHINSKY durch fluorometrische Messung der Leuchtdauer angeregter Na-Atome bei Heliumzusatz nachgewiesen[4].

Im Joddampf erscheint bei Bestrahlung mit Licht der kurzwelligen Absorptionsbande ($\lambda < 2000$ Å), wenn das Beobachtungsrohr Stickstoff enthält, eine tiefgrüne Fluoreszenz, herrührend von einer etwa 200 Å breiten kannellierten Bande bei 5100 Å, die weder im reinen N_2 noch im reinen J_2 — auch nicht durch elektrische Entladung — erregt werden kann. Sie bildet sich schon bei einem N_2-Partialdruck von wenigen Zentimetern deutlich aus und bleibt bis zum Atmosphärendruck und darüber hinaus voll erhalten; durch Anwesenheit anderer Gase (H_2, O_2, CO_2) wird sie nicht hervorgerufen; es scheinen somit durch Absorption

[1] E. L. KINSAY, Proc. Nat. Acad. Amer. Bd. 15, S. 37. 1930.
[2] A. C. G. MITCHELL, Journ. Frankl. Inst. Bd. 209, S. 747. 1930.
[3] O. OLDENBERG, ZS. f. Phys. Bd. 51, S. 605. 1928; Bd. 55, S. 1. 1929.
[4] F. DUSCHINSKY, Diss. Berlin 1932.

kurzwelligen Lichtes angeregte J_2-Moleküle mit dem N_2 irgendwelche energiereiche Jodstickstoffverbindungen zu bilden, die — möglicherweise infolge eines nochmaligen Zusammenstoßes — die grüne Bande emittieren. Dies wäre somit ein Fall ausgesprochener Photochemilumineszenz, indem durch die Lichtabsorption das Zustandekommen einer chemischen Reaktion, dann aber durch diese Reaktion wiederum eine Lichtemission ausgelöst wird.

31. Stoßverbreiterung; Flammenfluoreszenz. Die Verbreiterung von Spektrallinien bei Druckerhöhung ist schon relativ lange bekannt, sie wird in der klassischen Theorie nach LORENTZ durch „Stoßdämpfung" erklärt; danach wird, sooft durch einen Stoß der schwingende Oszillator gestört wird, die von ihr ausgesandte Welle plötzlich in ihrer Phase geändert oder auch ganz abgebrochen. Beides bewirkt nach der Fourieranalyse des Wellenzuges in gleicher Weise eine Verbreiterung der betreffenden Spektrallinie. Da die ursprüngliche BOHRsche Theorie jeden einzelnen Emissionsprozeß als „zeitlos" und streng monochromatisch annahm und daher ein dem Phasensprung der klassischen Darstellung entsprechender Vorgang in ihr kein rechtes Analogon hatte, konnte sie die Ursache der Stoßverbreiterung nur korrespondenzmäßig in einer Verkürzung der mittleren Lebensdauer der erregten Zustände sehen, oder energetisch in einer Störung des Erregungszustandes („der Elektronenbahn") durch die Nähe des stoßenden Atomes (molekularer Starkeffekt od. dgl.) im Moment der Emission — dann wäre die Stoßverbreiterung ein reiner Konfigurationseffekt, nur soweit von der Temperatur beeinflußt, als bei höherer mittlerer kinetischer Energie große Annäherung zweier Moleküle häufiger vorkommt, aber gar nicht mehr abhängig von der Zahl der Stöße in der Zeiteinheit: wenn bei einer durch eine hohe Temperatur gegebenen Konfiguration alle Moleküle plötzlich festgehalten würden, würde dadurch die Linienbreite gegenüber der bei hoher Temperatur beobachteten nicht verändert. Diese Anschauung ist auch in der neueren Darstellung der Energieverhältnisse mit Hilfe von Potentialkurven wieder aufgenommen worden[1]; sie reicht aber sicher nicht aus. D. h. solche verbreiternde Ursachen wie molekulare Felder usw. existieren wohl, sie spielen aber für das Phänomen nur eine sekundäre Rolle. Die Wellenmechanik zeigt, daß wirklich, genau wie nach der LORENTZschen Theorie, die Häufigkeit der Stöße während der Lebensdauer eines Anregungszustandes bzw. während eines ja jetzt nicht mehr als zeitlos anzusehenden Emissionsprozesses für die Verbreiterung maßgebend ist, wobei es nicht wesentlich ist, ob die Stöße auslöschend wirken oder nicht[2].

Die größte Zahl der sich mit der Stoßverbreiterung beschäftigenden Untersuchungen, insofern sie sich nämlich auf Absorptionslinien beziehen, sind in diesem Zusammenhang nicht zu besprechen. Im übrigen sind auch die Messungen über die Änderung der Linienbreite von Resonanzlinien ausnahmslos in der Weise durchgeführt worden, daß man die Änderung ihrer Absorbierbarkeit in einer konstant gehaltenen Schicht desselben Dampfes untersuchte. So hat man festgestellt, daß wirklich die Änderung der Stoßzahl in einem Hg-Dampf-Fremdgasgemisch durch Temperaturerhöhung die Linienbreite um ebensoviel vergrößert als eine Änderung der Stoßzahl durch Erhöhung des Fremdgasdruckes, und zwar beides zum mindesten größenordnungsmäßig in Übereinstimmung mit der LORENTZschen Theorie; weiter, daß stark auslöschende oder „überführende" Gase nicht stärker verbreiternd wirken als andere: die Resonanzlinien von Hg oder Na werden durch He und H_2 ungefähr gleich beeinflußt, ebenso durch A und N_2[3];

[1] A. JABLONSKI, ZS. f. Phys. Bd. 70, S. 723. 1931.
[2] V. WEISSKOPF, ZS. f. Phys. Bd. 75, S. 287. 1932.
[3] E. A. NEUMANN, ZS. f. Phys. Bd. 62, S. 368. 1930; P. KUNZE, Ann. d. Phys. (5) Bd. 8, S. 500. 1931; vgl. auch R. MINKOWSKI, ZS. f. Phys. Bd. 55, S. 16. 1929.

Erhöhung des Eigendruckes des Dampfes hat auf gleiche gaskinetische Stoßzahlen umgerechnet eine extrem große verbreiternde Wirkung, infolge von „Energieresonanz" ist der Wirkungsquerschnitt für die entsprechenden Störungen zwischen gleichartigen Atomen besonders groß[1]. Wird in einen Dampf, dessen Resonanzlinie durch hohen Fremdgasdruck verbreitert ist, eine schmale Linie eingestrahlt, die nur einen engen Teil der anderen Linie überdeckt, so besitzt die von dem Dampf reemittierte Linie doch wieder die volle, durch die Stoßdämpfung bedingte Breite.

Die Stoßverbreiterung der Resonanzlinien hat häufig zur Folge, daß bei Zusatz eines Fremdgases die Intensität der Resonanzemission stark zunimmt; da nämlich fast immer die zur Erregung verwendete Linie der primären Lichtquelle (Hg-Bogen, Flamme usw.) eine sehr viel größere Breite besitzt als die Absorptionslinie des Dampfes bei niederem Druck, kommt infolge der Druckverbreiterung ein weit größerer Anteil der eingestrahlten Energie zur Wirkung. Besonders deutlich kommt dies zum Ausdruck, wenn einerseits die Primärlinie mehr oder weniger stark selbstumgekehrt ist, und wenn anderseits das Zusatzgas nicht auslöschend wirkt. So steigt unter Umständen die Helligkeit der Resonanzstrahlung von Na oder Hg bei Zusatz von He auf das Mehrfache des vorher vorhandenen Wertes[2]. Aber selbst wenn das Zusatzgas auslöschend wirkt, kann dies (vor allem wenn die eben erwähnte erste Bedingung erfüllt ist) durch den Einfluß der Verbreiterung vollkommen kompensiert werden. BADGER[3] findet, daß wenn die Hg-Resonanz durch das Licht einer Resonanzlampe (sehr schmale Primärlinie) hervorgerufen wird, sie durch einige cm N_2 praktisch ganz ausgelöscht wird, während bei Anregung mit einer Hg-Bogenlampe die Fluoreszenzintensität annähernd unabhängig vom N_2-Druck ist.

Durch diesen Effekt erklärt BADGER auch die zuerst von NICHOLS und HOWES zunächst nur für Tl beobachtete als „Flammenfluoreszenz" bezeichnete Erscheinung, die darin besteht, daß von einer mit Metalldämpfen (Tl, Mg, Cu, Ag; Cd, Hg, Na) beschickten Bunsenflamme bei Einstrahlung von die betreffenden Bogenlinien enthaltendem Licht die Resonanzlinien und evtl. durch stufenweise Erregung auch noch andere Serienlinien des betreffenden Metalles mit beträchtlicher Intensität reemittiert werden. Durch besondere Versuche wurde gezeigt, daß hierfür weder die Flammentemperatur noch sonstige spezifische Eigenschaften der Flamme maßgebend sind, daß es sich also auch hier wohl nur um die stark verbreiternde Wirkung der unter Atmosphärendruck befindlichen Flammengase handeln kann, die deren auslöschende Wirkung weitgehend kompensiert.

e) Fluoreszenz und Phosphoreszenz organischer Verbindungen.

32. Unterschiede gegenüber der Resonanzstrahlung von Atomen und einfachen Molekülen. Historisch[4] ist das Phänomen der Fluoreszenz als der Aussendung andersfarbigen Lichtes unter der Wirkung einer einfallenden Primärstrahlung zuerst an Lösungen gewisser Pflanzenauszüge (Roßkastanie, Lignum nephriticum) beobachtet worden. Heute ist die Fluoreszenzfähigkeit als charakteristische Eigenschaft außerordentlich zahlreicher organischer Stoffe, vor allem

---

[1] W. ORTHMANN u. P. PRINGSHEIM, ZS. f. Phys. Bd. 46, S. 116. 1927.

[2] Z. Bsp. L. v. HAMOS, ZS. f. Phys. Bd. 74, S. 329. 1932 (zuerst von R. W. WOOD beobachtet!).

[3] R. M. BADGER, ZS. f. Phys. Bd. 55, S. 56. 1929.

[4] Wegen historischer Einzelheiten sei auf die sehr ausführliche Einleitung des von H. KONEN verfaßten Kapitels über Fluoreszenz in Kaisers Handb. d. Spektroskopie Bd. IV noch einmal besonders hingewiesen.

aromatischer Verbindungen, bekannt. In mehrfacher Hinsicht ist die Fluoreszenz derartiger sehr komplizierter Moleküle von der Resonanzstrahlung ein- oder zweiatomiger Dämpfe verschieden: 1. Der Leuchtprozeß spielt sich in Teilen des Moleküls ab, die gegen äußere Störungen weitgehend geschützt sind, und wird daher durch enge Nachbarschaft fremder Moleküle wenig beeinträchtigt, wie das bis zu einem gewissen Grade auch schon für die in Ziff. 25 und 31 des vorigen Abschnittes behandelten Fälle von Fluoreszenz galt. Jetzt aber überdauert die Leuchtfähigkeit nicht nur eine Reihe von Zusammenstößen, wie sie etwa durch Zumischung eines Fremdgases zu einem lumineszierenden Dampf verursacht werden, sondern sie bleibt auch noch in kondensierten Systemen, in flüssigen Lösungen sowohl als im festen Zustande erhalten. Bis in die letzte Zeit hinein galt sogar im allgemeinen der Lösungszustand als Vorbedingung für die Fluoreszenzfähigkeit der Körper dieser Klasse; erst neuerdings ist durch systematische Untersuchung von Dämpfen aromatischer Verbindungen der Nachweis geführt worden, daß dies nicht zutrifft, und so ist es gelungen, an Stelle der komplizierteren Bedingungen die möglichst einfachen Verhältnisse, unter denen Lumineszenz erregt wird, festzustellen. 2. Der Zusammenhang zwischen der Frequenz der primären und der sekundären Strahlung ist bei weitem nicht mehr so übersichtlich: die Emissionsbanden, im allgemeinen breit und verwaschen, sind stets gegen die Absorptionsbanden beträchtlich nach längeren Wellen zu verschoben, so daß sie sich meist gerade noch überschneiden (z. B. Abb. 45, S. 261). Es liegt natürlich nahe, zum mindesten, soweit es sich um kondensierte Systeme, insbesondere Lösungen handelt, dieses Verhalten darauf zurückzuführen, daß der für eine im Sichtbaren gelegene Bande maßgebende Elektronensprung gar nicht mit dem für das isolierte Molekül charakteristischen identisch sein kann, sondern dabei immer infolge der Wechselwirkung mit den Nachbarmolekülen (z. B. des Lösungsmittels) die Energie der ganzen Umgebung mitverändert wird. Dadurch, daß die Wechselwirkungsenergie und damit die „normale“ (wahrscheinlichste) Konfiguration der umgebenden Moleküle vom Elektronenzustand des absorbierenden Moleküls abhängt, wird bei einem Elektronensprung gemäß dem Franck-Condon-Prinzip sich zunächst immer eine von der normalen abweichende Konfiguration einstellen, die erst nachträglich durch Wärmeausgleich in die wahrscheinlichste übergeht: so wird die Absorptionsfrequenz größer, die Emissionsfrequenz kleiner als die des ungestörten Moleküls. Die Breite und Form der Banden wäre dann wesentlich durch die Dichteschwankungen und die daraus resultierenden Schwankungen der Wechselwirkungsenergie bedingt[1]. Man darf jedoch solchen Überlegungen nicht zu allgemeine Bedeutung zuschreiben, da sie nicht erklären, warum auch in den Dämpfen, insofern diese wie der des Benzols ihrerseits fluoreszenzfähig sind, noch bei relativ geringem Druck die gleiche spektrale Verschiebung zwischen Absorptions- und Emissionsbanden existiert, die dann (vgl. folgende Ziffer) in Lösungen derselben Substanz sich unverändert wiederfindet. LEWSCHIN[2], der, ohne eine theoretische Deutung zu geben, eine spiegelbildliche Symmetrie der Absorptions- und Fluoreszenzbande in bezug auf einen gemeinsamen Schwerpunkt konstatiert, findet diese empirische Gesetzmäßigkeit ebenso wie bei zahlreichen Farbstofflösungen auch beim Benzoldampf bestätigt.

Der durch Einstrahlung erreichte Erregungszustand ist nicht metastabil; denn an Dämpfen oder an Flüssigkeiten mit großer Molekülbeweglichkeit ist die Lichtemission immer ganz momentan: weder ergab die Methode von PHILLIPS eine

[1] A. JABLONSKI, ZS. f. Phys. Bd. 73, S. 460. 1931.

[2] W. L. LEWSCHIN, ZS. f. Phys. Bd. 72, S. 368, 382. 1931. JABLONSKI macht allerdings darauf aufmerksam, daß diese Spiegelsymmetrie nicht exakt erfüllt ist, und kann ihr ungefähres Vorhandensein aus seinen Überlegungen ableiten, läßt aber dabei nun wieder das analoge Verhalten der Dämpfe unberücksichtigt.

Mitnahme des Leuchtphänomens in überdestillierendem Anthrazen oder Rhetendampf, noch konnte durch eine der unter Ziff. 3 beschriebenen, zum Teil noch weit empfindlicheren Versuchsanordnungen je eine Leuchtdauer festgestellt werden, die größer wäre als die bei atomaren Vorgängen ($\sim 10^{-8}$ sec). Dies scheint gegen die sonst wohl diskutable Hypothese zu sprechen, daß die Erregung in einer vollständigen Abtrennung eines Elektrons, also in einer lichtelektrischen Wirkung besteht: bei so schnellem Ablauf dürfte sich der ganze Vorgang doch im Innern *eines* Moleküls abspielen. Sobald die molekulare Beweglichkeit herabgesetzt wird, sei es, daß man die leuchtfähigcn Moleküle in zähflüssige oder feste Lösungen einbettet oder daß man an sich schon feste Substanzen untersucht, tritt neben der Fluoreszenz Phosphoreszenz auf. Schon in noch tropfbaren zähen Flüssigkeiten, wie wasserfreiem Glyzerin, ist unter Umständen ein schwaches Nachleuchten vorhanden; entzieht man einer gelatinösen Farbstofflösung allmählich ihren Wassergehalt, so wird die Abklingungsperiode immer größer; sie wächst noch, wenn man durch Übergang zu tieferen Temperaturen die Wärmebewegung weiter herabsetzt — im übrigen ist sie stets aber auch in hohem Grade von der besonderen Natur des Lösungsmittels abhängig. Dabei handelt es sich um die gleichen Emissionsbanden, die allenfalls durch die besonderen Versuchsbedingungen spektral ein wenig verschoben werden; es ist also nicht der Emissions-, sondern nur der Anregungsprozeß ein anderer geworden, der nun vielleicht wirklich in einem „inneren Photoeffekt" besteht (vgl. Ziff. 53), wobei die Rückkehr des abgetrennten Elektrons mit sinkenden Temperaturen immer langsamer erfolgt. Über das daneben noch vorkommende Auftreten neuer Banden, das hier zunächst nicht interessiert, wird in anderem Zusammenhang zu berichten sein.

33. Die Fluoreszenz des Benzols. Es möge zunächst das Benzol als einfachster und dabei am vielseitigsten untersuchter Vertreter der hier zu behandelnden Gruppe fluoreszierender Verbindungen mit größerer Ausführlichkeit besprochen werden. Das Absorptionsspektrum des Benzoldampfes besteht aus einer komplizierten kannelierten Bandengruppe im Ultraviolett. Schon früher aus den Arbeiten HARTLEYS bekannt, ist diese Bandengruppe durch HENRI[1] vollständig in Linien aufgelöst und analysiert worden. Sie ist aus acht Banden mit ziemlich scharf definierten kurzwelligen Kanten zusammengesetzt, deren jede aus einer Anzahl von Teilbanden besteht, die ihrerseits in zahlreiche Linien zerfallen. Der ganze Komplex läßt sich durch eine Gleichung der auch sonst für Banden charakteristischen Art darstellen:

$$\nu = \nu_0 + (a'v' + b'v'^2) - (a''v'' + b''v''^2) - (J'^2 - J''^2)\alpha,$$

$$|: v', v'', J'' = 0, 1, 2, 3 \ldots; \qquad J' = J'' \pm 1 :|.$$

In Anbetracht des schon recht komplizierten Baues des Benzolringes, der eine größere Anzahl verschiedener Kernschwingungsfrequenzen und wohl auch nahe benachbarter Elektronenniveaus (d. h. mehrerer ν_0-Werte) erwarten läßt, gibt diese selbst für zweiatomige Moleküle nicht immer ausreichende Gleichung nicht alle im Absorptionsspektrum beobachteten Einzelheiten wieder. Die kräftigeren Bandenkanten aber werden mit genügender Vollständigkeit dargestellt durch die numerische Beziehung:

$$\nu = 38600 + z\,922 - v'' \cdot 80,$$

wo

$$z = v'' - v' = 0, \pm 1, \pm 2 \text{ usw.}, \qquad v'' = 0, 1, 2 \ldots$$

Das Entstehen von Bandengruppen wird aus dem Schema der Abb. 40 verständlich; dabei ist $\omega' = 922$, $\omega'' = 1002$, also $\omega'' - \omega' = 80$; die Bezeichnungen haben dieselbe Bedeutung wie in Ziff. 16.

[1] V. HENRI, Journ. de Phys. et le Radium (6) Bd. 3, S. 181. 1922.

Entgegen früheren Angaben läßt sich, wie McVICKER und MARSH zuerst gezeigt haben, durch Einstrahlung von kurzwelligem Licht im Benzoldampf Fluoreszenz hervorrufen, deren Spektrum dem der Absorption weitgehend analog ist: es besteht ebenfalls aus einer Folge gleichartig gebauter Banden; die diese bildenden Teilbanden sind bis jetzt noch nicht in Linien aufgelöst worden; sie stellen eine Fortsetzung der Absorptionsbanden dar, derart, daß die langwelligsten Banden der Absorption mit den kurzwelligsten der Emission koinzidieren. In diesem den beiden Spektren gemeinsamen Gebiet findet somit Selbstumkehr statt, wodurch die Intensitätsverteilung zwischen den einzelnen Teilbanden, die sich außerhalb des Selbstumkehrgebietes in jeder Bande mit großer Regelmäßigkeit wiederholt, starke Verschiebungen erleidet. Tab. 16 bringt in den zwei ersten Horizontalreihen die Bandenkanten der beiden Dampfspektra; für $z = +1$ und $z = 0$ sind die Fluoreszenzbanden nur schwach ausgebildet, vor allem fehlen infolge von Selbstumkehr die kurzwelligsten Teilbanden, so daß die Bandenkanten etwas nach größeren Wellenlängen zu verschoben erscheinen. Die Fluoreszenzbanden lassen sich durch dieselbe Gleichung darstellen wie die Absorption, wobei von der gleichen Grundfrequenz ν_0 ausgegangen wird, aber fast ausschließlich negative z-Werte vorkommen; überdies hat wohl die zweite Konstante die gleiche Größe (80) wie früher, der Konstanten ω aber, die in erster Linie die Schrittweite zwischen den aufeinanderfolgenden Banden bestimmt, muß ein anderer Zahlenwert gegeben werden

$$\nu = 38600 + z\,1000 - v''80.$$

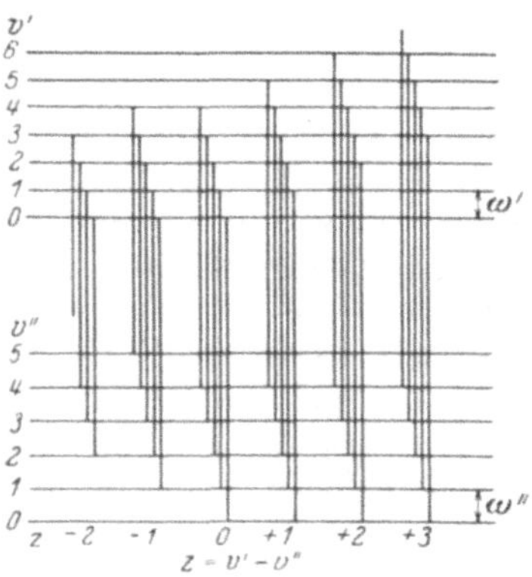

Abb. 40. Niveauschema für Absorptions- und Fluoreszenzbanden des Benzols.

Daß im Absorptionsspektrum die Schrittweite zwischen den Bandengruppen durch ω', im Fluoreszenzspektrum durch ω'' gegeben wird, ist nach dem Schema der Abb. 40 und auch nach dem analogen Verhalten in der Absorption und Fluoreszenz zweiatomiger Moleküle zu erwarten. Ob aber das vollkommene Fehlen der Banden mit $z > 1$ in der Emission nur durch Reabsorption dieser Bandengruppen im Dampf, durch eine besondere Verteilung der Übergangswahrscheinlichkeiten oder durch andere Ursachen (vgl. die vorangehende Ziffer) zu erklären ist, kann zur Zeit nicht entschieden werden. Gegen die erste Erklärungsmöglichkeit als alleinige Ursache spricht, daß auch in der Oberflächenfluoreszenz keine Andeutung der fehlenden Banden zu finden ist.

Tabelle 16. Absorptions- und Fluoreszenzspektra des Benzols in verschiedenen Zuständen.

(Wellenlängen der kurzwelligen Bandenkanten in Å.)

	z	+6	+5	+4	+3	+2	+1	0	−1	−2	−3	−4	−5	−6
Dampf	Abs.	2275	2324	2363	2416	2471	2528	2589	2667					
	Fl.						2541	2602	2667	2739	2815	2895	2980	3065
Verdünnte Lösung in Alkohol	Abs.	(2290?)	2330	2378	2428	2485	2547	2698	2681					
	Fl.							2599	2679	2754	2827	2910	(3005?)	
rein flüssig	Abs.	2297	2346	2385	2438	2493	2550	2612	2689					
rein fest	Fl.								2686	2761	2837	2920		
Progressive Phosphoreszenz −180° (alkoholische Lösung)		3390	3520	3650	3800	3970	4130	4290						
		3406	3570	3710	3850	4020	4190	4350						

Die Fluoreszenz des Benzoldampfes kann mit jeder Linie angeregt werden, die dem Absorptionsgebiet angehört, es gelangt dabei ganz unabhängig von der Wellenlänge des Primärlichtes dasselbe vollständige Bandenspektrum zur Emission, das auch durch elektrische Entladungen hervorgerufen werden kann. Dies läßt sich entweder dadurch erklären, daß im Molekülinnern sich zwischen Absorption und Emission stets ein Übertragungsmechanismus zwischenschaltet, der die aufgenommene Energie statistisch auf alle möglichen erregten Zustände verteilt; oder aber die Überführung von einem wohldefinierten monochromatisch erregten Endzustand in die zufällige Verteilung auf alle möglichen Zustände geschieht durch Stöße 2. Art. Die Fluoreszenz des Benzoldampfes — und auch der im folgenden noch zu besprechenden Benzolderivate — ist nämlich fast ausschließlich bei Drucken untersucht worden, bei denen die weitaus größte Zahl der erregten Moleküle vor dem Eintritt der strahlenden Emission Zusammenstöße erleiden muß; und unter diesen Bedingungen wurde das Fluoreszenzspektrum bei Erregung mit Fe- oder Hg-Bogen, mit Zn-, Sn-, Al-Funken oder auch mit Teslaentladung als identisch gefunden. Bei sehr niedrigen Dampfdrucken dagegen ($p < 1$ mm, unter $-20°$) zeigt das Fluoreszenzspektrum bei Erregung mit der Hg-Linie 2537 Å eine ganz andere Intensitätsverteilung, die, da die Veränderungen auch in den Banden auftreten, wo die Selbstumkehr keine Rolle spielen kann, sicher nicht nur auf die verminderte Wirkung der letzteren geschoben werden kann: viele der sonst kräftigsten Banden fehlen jetzt ganz, während sonst schwächere Banden relativ große Intensität besitzen, das Maximum der Helligkeit ist nach Banden kleinerer Wellenlänge verschoben[1]. Dieser Befund spricht wohl eher für die Richtigkeit der zweiten oben angegebenen Eventualität; doch sind andererseits klare Beziehungen zwischen der erregenden Frequenz und den vorzugsweise herausgehobenen Banden, nach Art eines Resonanzspektrums nicht zu erkennen. Mit zunehmendem Dampfdruck, wohl auch bei Zumischung fremder Gase von nicht zu hohem Druck, kommt unter sonst konstant gehaltenen Erregungsbedingungen immer deutlicher das totale Bandenspektrum in der Emission zum Vorschein.

Die Benzoldampffluoreszenz ist gegen Zusammenstöße — außer mit stark elektronegativen Molekülen — im übrigen ziemlich unempfindlich: wohl wird sie durch Luft von Atmosphärendruck ausgelöscht; Erhöhung des Benzoldampfdruckes selbst dagegen von 25 mm (bei 0°) bis 350 mm (bei 75°) bringt kaum eine merkliche Veränderung hervor, wenn man davon absieht, daß bei großer Dampfdichte das erregende Licht in einer sehr dünnen Schicht ganz absorbiert wird und daher nur eine Oberflächenfluoreszenz beobachtet werden kann. Die Fluoreszenzfähigkeit bleibt aber auch noch erhalten, wenn das Benzol nicht als Dampf, sondern gelöst in den verschiedensten Flüssigkeiten (Wasser, Alkohol, Äther, Penthan, Hexan, CCl_4 usw.) untersucht wird; nur ist dann gleichmäßig in Absorption und Emission die Auflösung der Banden in Teilbanden verwischt; eine Andeutung von Struktur bleibt insofern erhalten, als alle Banden der Gruppe, am kurzwelligen Ende ganz ähnlich wie im Dampf ziemlich scharf begrenzt, nach längeren Wellen zu ein sekundäres Maximum aufweisen, das sich im Dampfspektrum ebenfalls wiederfindet, und dann langsam abfallen. Sämtliche Banden sind, wie aus Tabelle 16 ersichtlich, ein wenig nach dem sichtbaren Spektrum hin verschoben, die Größe dieser Verschiebung hängt von der Natur des Lösungsmittels, mindestens ebensoviel aber von der Konzentration des Benzols in der Lösung ab. Tatsächlich fällt bei sehr großer Verdünnung in Alkohol die Lage der

[1] Anm. bei der Korrektur: Dieses Ergebnis wird bestätigt und wesentlich vervollständigt durch eine neue Arbeit von G. B. Kistiakowsky und M. Nelles, Phys. Rev. (2) Bd. 41, S. 595. 1932.

Banden fast genau mit derjenigen im Dampf zusammen, und die Verschiebung wird erst mit wachsendem Benzolgehalt stärker. Die Zahlen der dritten und vierten Horizontalreihe in Tabelle 16 können daher, wie die Tabelle 17 nochmals illustriert, keine allgemein strenge Gültigkeit beanspruchen.

Tabelle 17. Kurzwellige Kanten der kräftigsten Benzolfluoreszenzbanden in alkoholischer Lösung.

Benzolkonzentration (Volumenprozent)	Wellenlänge in Å		
4	2679	2753	2829
12	2682	2755	2831
30	2684	2759	2832
100	2686	2761	2836

Die Helligkeit des Leuchtens nimmt anfangs mit der Intensität der Absorptionsbanden zu, erreicht aber bei einer Konzentration von etwa 0,2% ein Optimum und nimmt später wieder ab. Im reinen flüssigen Benzol ist die Fluoreszenz nur eben noch in den kräftigsten Banden nachweisbar, die gleichzeitig sehr unscharf und verwaschen werden. Läßt man jedoch das Benzol, dessen Schmelzpunkt bei $+5°$ liegt, das sich aber leicht auf $0°$ unterkühlen läßt, bei dieser Temperatur auskristallisieren, so treten die Banden in alter Schärfe und mit einer Intensität, die etwa dem Optimum der verdünnten Lösung gleichkommt, wieder hervor. Gleichzeitig ist nun auch phosphoroskopisch ein Nachleuchten zu konstatieren. Kühlt man schließlich das feste Benzol auf die Temperatur der flüssigen Luft ab, so zerfallen die Lumineszenzbanden in sehr ausgeprägte diskrete Maxima, die, ohne die ganze Vielfältigkeit der Teilbanden im Spektrum des Dampfes zu besitzen, doch sehr stark an diese erinnern. Auch bei noch tieferen Temperaturen ($-250°$) und bei hinreichendem Auflösungsvermögen des Spektralapparates ist niemals die volle Feinstruktur der Dampf-Emissionsbanden am Kristall zu beobachten, die ja von der Molekülrotation herrühren soll[1]. Erregt

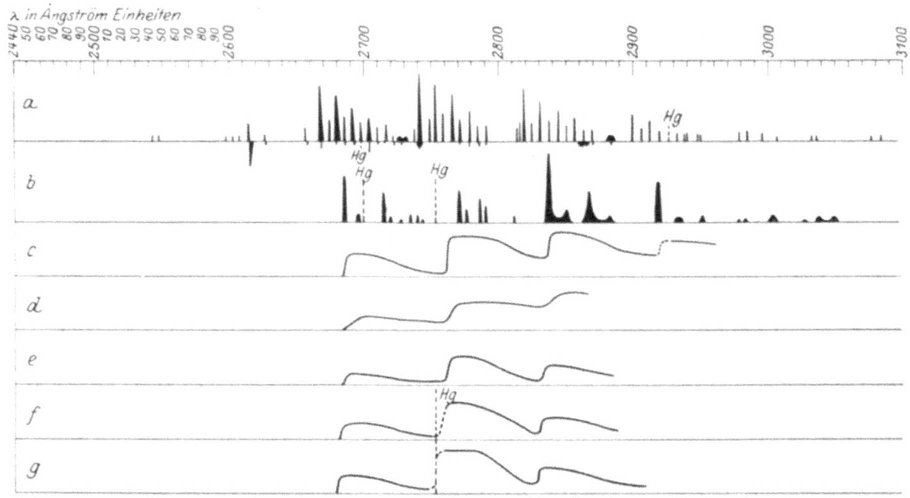

Abb. 41. Fluoreszenz des Benzols bei Erregung mit weißem Licht. *a* Dampf (nach unten: die bei Erregung mit 2537 Å im Dampf von geringem Druck auftretenden Banden). *b* fest bei $-180°$. *c* fest bei $0°$. *d* flussig bei $0°$. *e* 30 proz. Losung in Alkohol. *f* 12 proz. Losung in Alkohol. *g* 4 proz. Lösung in Alkohol.

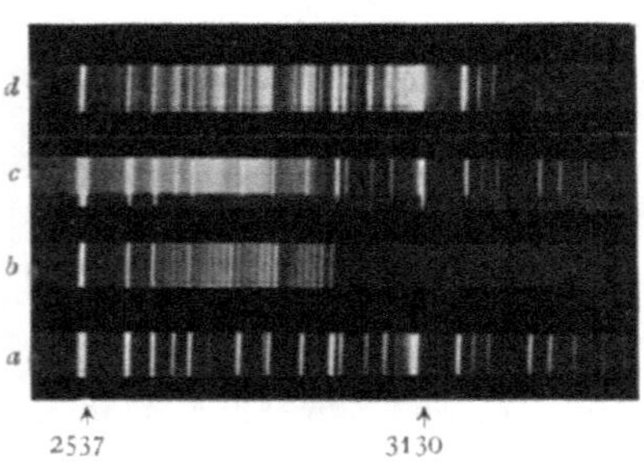

Abb. 42. *a* Hg-Bogenspektrum. *b* Fluoreszenzspektrum des Benzoldampfes, *c* des festen Benzols bei $0°$, *d* bei $-180°$.

[1] A. KRONENBERGER, ZS. f. Phys. Bd. 63, S. 494. 1930.

man die Fluoreszenz des festen Benzols bei $-180°$ monochromatisch etwa durch die Hg-Linie 2537 Å, so erscheint in der Fluoreszenz ebenso wie beim Dampf das vollständige Bandenspektrum[1]. Das Aussehen der drei kräftigsten Banden ist nach Lage und geschätzter relativer Intensitätsverteilung schematisch in Abb. 41 für die verschiedenen Zustände des Benzols wiedergegeben, einige dieser Spektra sind in Abb. 42 nach photographischen Aufnahmen reproduziert.

34. Spektra einfacher Benzolderivate. Die nächsten Abkömmlinge des Benzols verhalten sich, was ihre Absorptions- und Fluoreszenzspektra angeht, dem Benzol selbst sehr ähnlich. Für die weitaus meisten Substanzen liegen allerdings bis jetzt nur Beobachtungen an verdünnten Lösungen vor, doch sind einige von Reimann und Kronenberger auch in reinem festen Zustande untersucht worden, während J. K. Marsh und seinen Mitarbeitern in den letzten Jahren an Dämpfen gewonnenes ziemlich reiches Material zu verdanken ist. Die Dampf-Fluoreszenzspektra von Toluol, den Xylolen, Äthylbenzol, Indol, Mesithylen, Anilin, Diäthylamin und zahlreichen anderen Verbindungen sind von ihnen aufgenommen worden. Substanzen, wie Naphthylamin, die in Lösung fluoreszieren, als Dämpfe aber nicht, scheinen danach ziemlich selten zu sein. Die Dampfspektra der einfachsten Verbindungen, des Toluols z. B. oder der Xylole, schon viel weniger des Phenols, fallen nach Lage und Abstand der Teilbanden fast mit dem des Benzols zusammen; doch ist selbst beim Toluol schon ein sehr viel kräftigerer kontinuierlicher Hintergrund vorhanden, und die an sich weniger intensiven Teilbanden sind daher nur noch in kleinerer Zahl auszumessen. Bei den schwerer substituierten Derivaten verfließen dann die Teilbanden in der Regel vollständig bei gleichzeitiger Verschiebung des Gesamtspektrums nach größeren Wellenlängen. So gibt z. B. Anilindampf zwischen 2900 und 3900 Å eine Fluoreszenzemission, deren Spektrum sich wenigstens am kurzwelligen Ende noch in eine größere Anzahl von Einzelbanden auflösen läßt, während die sehr kräftige Fluoreszenzbande des Diäthylanilindampfes (zwischen 3100 und 4100 Å) keinerlei Struktur mehr erkennen läßt. Ähnlich wie Substitution scheint auch Kondensation mehrerer Benzolringe zu wirken; zum mindesten sind auch die schon länger bekannten bis ins Sichtbare reichenden Banden des dreikernigen Anthrazens nicht weiter auflösbar (vgl. Tab. 18). Zu den anscheinend dem Benzolring angehörenden, nur durch die Einflüsse chemischer Bindung modifizierten Banden treten häufig noch ganz neue, offenbar einem anderen Mechanismus zuzuschreibende Gruppen in anderen Spektralbereichen, so wird vor allem bei vielen Derivaten noch eine reichgegliederte Bandengruppe im Blau beobachtet, daneben zwei diffuse Banden im Grün, die allerdings durch Einstrahlung in viel geringerem Maße zu erregen sind als durch elektrische Entladung.

Tabelle 18. Kanten der Fluoreszenzbanden des Anthrazens in verschiedenen Zuständen (Wellenlängen in Å).

Als Dampf	3900	4150	4320	—	—
In Alkohol gelöst .	4050	4275	4540	4820	—
Rein (fest)	4250	4495	4745	4930	5300

Allgemein verschieben sich für alle aromatischen Substanzen ebenso wie beim Benzol die Fluoreszenzbanden nach größeren Wellenlängen, wenn man vom Dampf zur flüssigen oder festen Lösung übergeht, sie verschieben sich weiter im gleichen Sinne mit wachsender Konzentration in der Lösung, die Helligkeit der Fluoreszenz sinkt in der reinen Flüssigkeit auf ein Minimum (untersucht für die drei Xylole und Kresol) und wird für die reinen Körper im kristallisierten Zustand wieder beträchtlich. Die Auflösung der Banden in Teil-

[1] J. Starkiewicz, C. R. Soc. Pol. Phys. Bd. 4, S. 201. 1929.

banden bei -180° ist außer am Benzol noch sichergestellt worden am p-Xylol und am Naphthalin. Für das letztere sind alle unter verschiedenen Versuchsbedingungen beobachteten Fluoreszenzspektra, von denen einige erst in weiterem Zusammenhang zu besprechen sein werden, in Tabelle 19 zusammengestellt.

Tabelle 19. Lumineszenzspektra des Naphthalins (Bandenkanten in Å).

Absorption in Alkohol und Borsäure	Fluoreszenz			Borsäure-phosphor +20 bis −45°	Progressive Phosphor. in Alkohol −185°	Lösungs-spektrum in Chlorbenzol −185°	„Hauptspektrum", Phosphoreszenz −185°
	in Alkohol (+20°)	rein fest +20°	rein fest −185°				
2540				4650—4750	4660	4730	
2660					4770		
2770				4830	4830	4830	
2960				4980—5100	5000	5050	
3000	300				5080	5100	
3040	3046			—	5200	5170	
3070	3098					5230	
3150	3142	3163		5400—5500	5400—5500	5400	5426
3200	3190	3214	3220 3233			5450	—
	3235	3258	3276 3303			5570	5580
	3292	3307	3328			5650	5620
	3340	3369	3375 3400				5760
	3386	3421	3433				5900
	3447		3464 3491				6010
	3498		3563				6170
	3558		3603				6320
	3627?		3629				6490
	3654?		3711 3742				

Überdies treten aber bei tiefen Temperaturen noch neue Bandengruppen in den Fluoreszenzspektren vieler aromatischer Verbindungen auf, die viel weiter ins Sichtbare sich erstrecken und ebenfalls eine ziemlich ausgebildete Struktur besitzen; sie sind — vielleicht nicht ganz glücklich — von GOLDSTEIN, der sie zuerst beobachtete, Vorspektra genannt worden, weil sie bei der ursprünglich von ihm angewandten Erregung durch Kathodenstrahlen eben unter deren Wirkung schnell verschwanden und einem anderen Typus von Emissionsspektren Platz machten. Sie erscheinen aber genau in derselben Weise bei Bestrahlung mit ultraviolettem Licht (Filterultraviolett) und sind dann durchaus beständig. Obwohl eine nähere Entscheidung noch kaum möglich ist, ist es wahrscheinlich, daß diese Vorspektra der festen Substanzen bei -180° den obenerwähnten blauen Bandengruppen der von MARSH untersuchten Dampfspektren entsprechen. Beide fehlen beim reinen Benzol, sind dagegen schon vorhanden bei Toluol, Xylol und zahlreichen einkernigen Benzolderivaten. Allerdings sind die blauen Banden der Dämpfe für alle diese Substanzen identisch, während in den Vorspektren die Lage der Einzelbanden für jede Verbindung eine etwas andere ist; doch erklärt sich das zwanglos durch die schon bekannte Tatsache, daß sich die Spektra stets beim Übergang vom dampfförmigen in den festen Zustand verschieben und daß die Größe der Verschiebung von der Natur der Substanz abhängig ist. Dagegen haben auch diese Vorspektra alle denselben Charakter, sie bestehen durchweg aus sechs Banden zwischen 4000 und 6000 Å, deren jede aus drei bis vier Teilbanden von verschiedener Breite und Helligkeit zusammengesetzt ist, so daß jede Bande in ihrer Struktur sich wiederholt. Die blauen Banden der Dämpfe konnten von MARSH noch weiter aufgelöst werden; Tabelle 20 zeigt die kurzwelligen Kanten dieser Banden und diejenigen der Vorspektren von zwei Verbindungen nach GOLDSTEIN. Auch in den letzteren sind die im Violett und Blau gelegenen Banden, die im Dampf allein zur Beobachtung gelangten, weitaus am intensivsten, während die langwelligen nur sehr schlecht definiert sind, so daß die totale Fluoreszenz stets einen bläulichen Farbton hat. Bei Zimmertemperatur erscheinen die Vorspektra zuweilen (z. B. für die Metatoluylsäure) kontinuierlich, und erst bei tiefen Temperaturen zerfallen sie in diskrete Banden. Vorspektra von verwandtem Habitus, aber komplizierterem Bau, fand GOLDSTEIN bei mehrkernigen Benzolderivaten — sie erstrecken sich meist bis weit ins Rot.

Tabelle 20. Kanten der blauen Fluoreszenzbanden einkerniger aromatischer Verbindungen in Å.

Dampfspektra	3940	4237	4595	4990	—	—
Vorspektra bei $-185°$ Metatoluylsäure	3940	4260	4600	4970	5400	ca. 5900
Vorspektra bei $-185°$ Mesitylensäure	4000	4350	4700	5100	5450	ca. 5900
Fluoreszenzspektra bei $-185°$ p-Xylol	3940	4224	4550	4949	5392	5840
	3964	4582	4582	—	—	—
Fluoreszenzspektra bei $-185°$ o-Xylol	4020	4310	4605	5030	5440	—
	4083	4380	4798	5130	5610	—

An den drei Xylolmodifikationen löst nach KRONENBERGER Einstrahlung kurzwelligen Lichtes ($\lambda < 2600$ Å) bei tiefen Temperaturen außer den ultravioletten Banden eine Phosphoreszenz im Sichtbaren aus, die aus einer Folge von Doppelbanden bestehend, den blauen Dampfspektren und den GOLDSTEINschen Vorspektren durchaus analog zu sein scheint; diesen Banden überlagert sind breite kontinuierliche Fluoreszenzbanden, die jedoch einem wesentlich anderen Mechanismus angehören. Erregt man nämlich die Xylole bei $-250°$, so herrschen während der Erregung und auch während des phosphoroskopisch zu verfolgenden Nachleuchtens die kontinuierlichen Banden bei weitem vor. Unterbricht man dann die Erregung und läßt die Substanz sich langsam erwärmen, so werden, wenn die Temperatur auf etwa $-200°$ gestiegen ist, die diskontinuierlichen Phosphoreszenzbanden mit relativ großer Intensität emittiert — es ist dies genau dasselbe Verhalten, das bei der Phosphoreszenz von Kristallphosphoren regelmäßig zu beobachten ist („unterer Momentanzustand" nach LENARD, vgl. Ziff. 51).

Wird ein aromatischer Körper längere Zeit der Einwirkung von Kathodenstrahlen ausgesetzt, so verschwindet in der Fluoreszenz bei tiefer Temperatur das „Vorspektrum", und es tritt an seine Stelle eine Emission von ganz anderem Spektraltyp, die, weil sie auch bei fortgesetzter Kathodenbestrahlung beständig blieb und weil sie für jede Verbindung besonders charakteristisch erschien, von GOLDSTEIN ihr „Hauptspektrum" genannt wurde. Zur weiteren Erregung der durch Elektronenbombardement umgewandelten Substanzen genügt dann wieder Licht der Wellenlänge 3000 bis 4000 Å. Die Hauptspektra sind durchweg unregelmäßig gebaut, bestehen aus einer großen Menge von Banden ungleicher Breite und Helligkeit, reichen wohl immer bis ins Rot, brechen aber meist im Blaugrün oder Blau scharf ab: über 4000 Å hinaus scheint nach dem Violett zu sich kein Hauptspektrum zu erstrecken. In Tabelle 19 sind für das Hauptspektrum des Naphthalins mittlere Wellenlängen schmaler Einzelbanden eingetragen, nur die beiden fettgedruckten Zahlen bedeuten scharfe kurzwellige Kanten sehr heller Bandengruppen, die kurzwelligere der beiden (5420 Å) bildet gleichzeitig die Grenze des ganzen Spektrums. Worin die chemisch in keiner Weise unterscheidbare Modifikation der aromatischen Verbindungen besteht, der die Hauptspektra zugeschrieben werden müssen, ist nicht bekannt.

Alle Arten von Lumineszenzemission der reinen festen Substanzen treten als Phosphoreszenz auf, doch ist die Nachleuchtdauer selbst bei tiefen Temperaturen nur sehr kurz. Möglicherweise ist ein Teil dieser Phänomene (abgesehen von der „aufspeicherbaren“ Phosphoreszenz der Xylole) eher als eine „Fluoreszenz von langer Dauer“ zu bezeichnen (vgl. Ziff. 1).

35. Fluoreszenz von Farbstofflösungen. Wesentlich anders als die bisher besprochenen Benzolderivate verhalten sich in ihren Fluoreszenzeigenschaften die komplizierteren Verbindungen, die in den älteren mehr qualitativen Arbeiten weitaus am häufigsten behandelt worden sind: die außerordentlich zahlreichen fluoreszenzfähigen Farbstoffe. In Dampfform sind diese Substanzen wenig untersucht, im festen kristallinen Zustand aber fluoreszieren sie nicht[1], nur in molekulardisperser Verteilung besitzen sie Leuchtfähigkeit: in nicht zu konzentrierten flüssigen oder festen Lösungen, oder als Adsorbate an geeigneten Oberflächen (SiO_2, Aluminiumhydroxyd)[2]. Dampft man eine verdünnte alkoholische Fluoreszeinlösung auf einer Glasplatte ein, so verliert sie ihr Fluoreszenzvermögen vollständig; läßt man dagegen mit der gleichen Lösung getränktes Fließpapier eintrocknen, so bleibt die Fluoreszenz mit voller Stärke erhalten.

Die Fluoreszenzbanden von Farbstofflösungen sind im allgemeinen breit und verwaschen; die nach LEWSCHIN spiegelsymmetrische Beziehung zu den stets wieder nach kürzeren Wellen zu gelegenen Absorptionsbanden ist aber auch hier nicht zu verkennen. Wird die spektrale Lage der Banden durch das Lösungsmittel beeinflußt, dann gilt das im selben Maße für Emissions- und Absorptionsspektra. So rücken beim Uranin und Eosin — die als die am meisten untersuchten typischen Beispiele hier allein angeführt werden mögen — in beiden Spektren die Banden um den gleichen Betrag nach Rot, wenn man von wässerigen zu alkoholischen Lösungen übergeht. Bei genauer spektrophotometrischer Durchmessung ist in der Regel eine Andeutung von Struktur in den Banden zu konstatieren, die sich in Absorption und Fluoreszenz mehr oder weniger deutlich wiederholt: zwei stärksten Erhebungen in der Emissionskurve des Uranins (5350 und 5500 Å) entsprechen Maxima in der Absorptionsbande bei 4920 und 4710 Å sowie in der weiteren ultravioletten Bande bei 3200 und 2900 Å. Ähnlich liegen die Verhältnisse bei Eosin. Versuche, die häufig in einer kontinuierlichen Bande erkennbaren Maxima auf die Überlagerung mehrerer Einzelbanden zurückzuführen, deren jede einen einfachen symmetrischen Verlauf besitzen und einem diskreten Energieübergang im Molekül entsprechen sollte, sind wiederholt gemacht worden, haben bis jetzt aber noch kaum eindeutige Ergebnisse geliefert[3]. Immerhin soll in manchen Fällen die relative Intensität der einzelnen Maxima oder auch die Intensitätsverteilung innerhalb einer scheinbar kontinuierlichen Bande von der Wellenlänge des anregenden Lichtes abhängen, so daß also mehreren angenommenen Emissionsgebieten auch verschiedene Anregungsgebiete entsprächen. Doch ist es möglich, daß diese Beobachtungen durch das Vorhandensein der in Ziff. 38 besprochenen, sicher unabhängigen „Lösungsbanden“ verursacht waren. Manche sehr komplizierte natürliche Farbstoffe, wie das Chlorophyll und insbesondere die Porphyrine, besitzen Fluoreszenzspektra, die ganz deutlich aus einer Folge ziemlich schmaler Einzelbanden bestehen: am Ätioporphyrin haben AHARONI und DHÉRÉ[4] deren in Rot und Orange nicht weniger als 15 gezählt, und die Gesamtheit dieser Banden ist durch Einstrahlung allen Lichtes

[1] Ganz allgemein gültige Regeln für die ungemein große Zahl der aromatischen Verbindungen lassen sich allerdings kaum aufstellen. So fluoresziert nach H. KAUFMANN das p-Dimethylamino-α-phenyl-zimtsäurenitril im festen Zustande prächtig gelbgrün, in Lösungen dagegen fast gar nicht. Für Indigoblau, Jodeosin und wenige andere finden KÖNIGSBERGER und KÜPFERER, daß sie auch als Dämpfe nicht fluoreszieren (Ann. d. Phys. Bd. 37, S. 638. 1912).

[2] K. NOAK, Biochem. ZS. Bd. 183, S. 135. 1927; H. KAUTSKY, Chem. Ber. Bd. 64, S. 2053, 2677. 1931.

[3] Z. Bsp. J. STARKIEWICZ, C. R. Soc. Pol. Phys. Bd. 4, S. 73. 1929.

[4] J. AHARONI u. CH. DHÉRÉ, C. R. Bd. 190, S. 1499. 1930.

mit Wellenlängen < 5600 Å (so durch die Hg-Linie 5461 und 3655 Å) gleichmäßig anregbar; das Absorptionsspektrum, das aus einem vom Ultraviolett bis etwa 4300 Å reichenden Kontinuum besteht, sich aber mit einer Anzahl schwächerer und schmaler relativer Maxima bis oberhalb 5500 Å fortsetzt, enthält die Fluoreszenzbanden, deren stärkste bei 6221 Å liegt, nicht als „Umkehrbanden“[1]. Das gleichfalls von DHÉRÉ untersuchte Bilirubin[2] dagegen weist genau übereinstimmend mit seiner einzigen sehr schmalen Fluoreszenzbande bei 6508 Å eine ebenso enge, nur wenig im Schwerpunkt nach kleineren Wellenlängen verschobene Absorptionsbande auf (Abb. 43); die Anregung der Fluoreszenz aber erfolgt auch hier wieder in einer kontinuierlichen Absorptionsbande von 4800 bis 3600 Å.

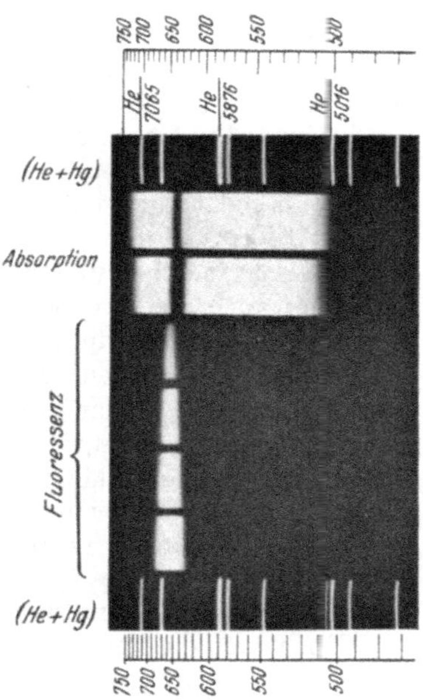

Abb. 43. Absorption und Fluoreszenz des Bilirubins bei verschiedenen Expositionsdauern nach DHÉRÉ.

36. Chemische Konstitution und Fluoreszenz aromatischer Verbindungen. Nachdem als erster BALY — freilich von Voraussetzungen ausgehend, die nach unseren heutigen Anschauungen sicher nicht zutreffend sein können — nach Zusammenhängen zwischen den ultraroten Eigenschwingungen und den im Sichtbaren und Ultraviolett gelegenen Absorptions- und Fluoreszenzbanden aromatischer Verbindungen gesucht hat, wurden neuerdings derartige Beziehungen von MARSH aufgestellt, wonach im Sinne der HEURLINGER-LENZschen Bandentheorie die langwelligen Schwingungsfrequenzen als Schwingungszahldifferenzen zwischen den Einzelbanden in den kurzwelligen Bandengruppen wiederkehren sollen. Die seinen Berechnungen zugrunde gelegten Annahmen sind jedoch nicht im Einklang mit den heute aus der Ultrarot- und Ramanspektroskopie bekannten Kernschwingungsfrequenzen organischer Verbindungen; anderseits ist es bis jetzt noch in keinem Fall (auch nicht im einfachsten des Benzols) gelungen, aus den letzteren die beobachtete Struktur der kurzwelligen Fluoreszenz- bzw. Absorptionsbanden herzuleiten.

Auch früher schon hat es nicht an Forschern gefehlt, die — noch ohne den von der neueren Bandentheorie gelieferten theoretischen Ausgangspunkt — das Vorkommen einzelner Fluoreszenzbanden, noch mehr aber das Vorhandensein der Fluoreszenzfähigkeit selbst mit der Anwesenheit ganz bestimmter Atomgruppen im Molekül zu verknüpfen suchten. Da ihnen aber fast ausschließlich an Lösungen angestellte Beobachtungen zur Verfügung standen und das Lösungsmittel für das ganze Phänomen oft von ausschlaggebender Bedeutung ist, konnten auch nach dieser mehr phänomenologischen Methode nur sehr wenig zuverlässige Resultate gewonnen werden. Es lag nahe, die gleichen Systeme, welche für die in der Regel intensive Färbung der fraglichen Stoffe als Ursache gelten und in der Regel als „Chromophore“ bezeichnet werden, auch für die Fluoreszenz verantwortlich zu machen. Weil jedoch manche tief gefärbte Substanzen nicht zu fluoreszieren schienen, glaubte man neben dem Chromophor noch einen besonderen „Fluorophor“ (auch „Luminophor“) annehmen zu müssen,

[1] E. BOIS, Diss. Fribourg 1927.
[2] CH. DHÉRÉ, Arch. internat. Pharmacodynamie Bd. 37, S. 134. 1930.

durch dessen spezifische Wirkung erst die eingestrahlte, im Chromophor absorbierte Lichtenergie wieder zur Emission gelangt. Solche Überlegungen sind z. B. von R. MEYER und von HUGO KAUFMANN ziemlich weitgehend durchgeführt worden[1]; nach ihnen sind typische Chromophore die Nitrosogruppe: $-N=O$, die Azogruppe: $-N=N-$, die Äthylengruppe $>C=C<$, usf.; als Fluorophore dagegen fungieren vor allem der Benzolkern und sonstige Ringsysteme, aber auch die Karbonylgruppe als Beispiel nichtzyklischer Kohlenwasserstoffverbindungen. Im Gegensatz hierzu hat J. STARK, dem auch das Verdienst zukommt, die Untersuchungen über die Fluoreszenz organischer Stoffe ins Ultraviolett ausgedehnt zu haben, als erster mit Entschiedenheit betont, daß in der Regel Absorption und Emission in den gleichen Atomgruppen vor sich geht, daß also Chromophor und Fluorophor identisch sind; er folgert daraus, daß in Wahrheit auch die Emissionsbanden mit den Absorptionsbanden spektral vollkommen koinzidieren müßten und daß die — tatsächlich oft sehr großen — Verschiebungen der beiden Bandenarten gegeneinander nur durch die teilweise Reabsorption des primär angeregten Lichtes vorgetäuscht würden. Diese Folgerung ist, wie wir sahen, im allgemeinen nicht richtig, schon in den einfachsten Fällen, wie bei der Fluoreszenz des Benzoldampfes, liegt der Schwerpunkt für die Emissionsbanden bei viel größeren Wellenlängen als für die Absorptionsbanden, und diese Intensitätsverschiebung kann unmöglich nur durch Selbstumkehr im kurzwelligeren Teil des Fluoreszenzspektrums hervorgerufen sein. Hier muß, wie schon erwähnt, eine andere Ursache mitwirken.

Doch auch die Tatsache, daß bestimmte Farbstoffe (Methylviolett, Malachitgrün u. a. m.) mit sehr starkem Chromophor unter Bedingungen keinerlei Fluoreszenz aufweisen, unter denen andere ihnen ganz ähnliche Substanzen fluoreszieren, vermag die STARKsche Theorie nur unter Zuhilfenahme besonderer Zusatzhypothesen zu erklären. Vergleicht man z. B. Phenolphthalein und Fluoreszein in alkalischer wässeriger Lösung, so fluoresziert, obwohl das erste sogar noch ausgesprochenere Färbung aufweist, doch allein das zweite; dabei unterscheidet sich das Phenolphthalein vom Fluoreszein allein durch das Fehlen des geschlossenen Pyronringes (IV in der Formel d); durch diesen letzteren glaubt daher STARK, ebenso wie schon R. MEYER, auch die Fähigkeit des Uranins zur sichtbaren Fluoreszenz bedingt: nur durch die vollständig geschlossenen Ringe soll das Molekül derartig gegen äußere Störungen geschützt sein, daß die aufgenommene Energie wieder in Form von Strahlung abgegeben werden kann. STARK führt noch mehrere derartige Paare an, wie Xanthon und Benzophenon (Formel g und h), Rosamin und Malachitgrün, von denen immer nur das eine sichtbare Fluoreszenz aufweist. Diese an sich ganz plausible Annahme hat jedoch sehr an Gewicht verloren, seitdem es sich gezeigt hat, daß bei Verwendung geeigneter Lösungsmittel auch das alkalische Phenolphthalein sich zu einer prächtigen orangegelben, das Malachitgrün zu gelblicher Fluoreszenz erregen läßt. Andererseits unterscheidet sich Eosin (Formel f) vom Uranin nur dadurch, daß die vier H-Atome des Benzolringes III (im Phthalsäurerest) durch Bromatome ersetzt sind; diese müßten dann auch wieder eine Rückwirkung auf die Eigenfrequenzen des Pyronringes haben, dessen chinoid gebundenen C-Atomen STARK die Banden im Sichtbaren zuschreibt. Am Hydrochinonphthalein schließlich (Formel c), mit dem Fluoreszein isomer, also auch mit geschlossenem Pyronring, konnte bis jetzt anscheinend noch unter keinerlei Versuchsbedingung Fluoreszenz beobachtet werden. Man sieht aus diesen wenigen Beispielen, wie

[1] Vgl. z. B. H. KAUFMANN, Beziehung zwischen physikalischen Eigenschaften und chemischer Konstitution, S. 265ff. Stuttgart: F. Enke 1920. Ferner ds. Handb. Bd. XXI, S. 710 (Artikel von H. LEY).

fast aussichtslos es heute noch sein dürfte, in diesen sehr kompliziert gebauten Molekülen den eigentlichen Träger und die maßgebenden Bedingungen für das Auftreten des Leuchtens sicherzustellen. Hypothesen wie die von KAUFMANN oder STARK lassen sich wohl durch eine unter Umständen gar nicht kleine Reihe von Beispielen illustrieren, es fehlt dann aber auch nie an Gegenbeispielen, die aus der Reihe herausfallen.

a) Fluoreszein

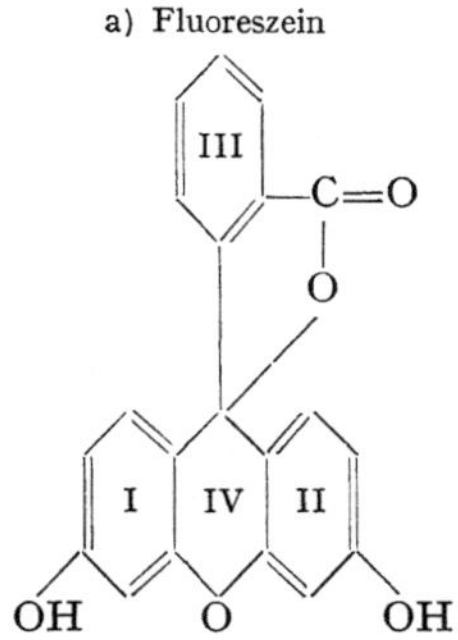

d) Uranin (Fluoreszeinnatrium)

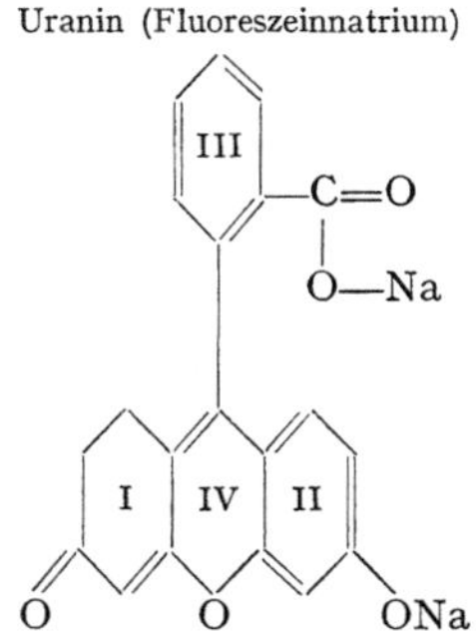

g) Xanthen

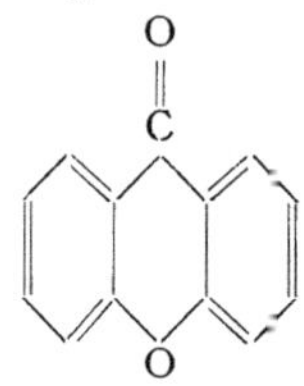

b) Phenolphthalein (neutral)

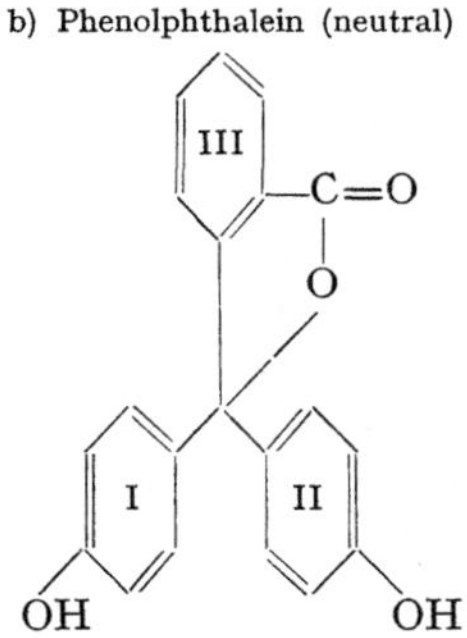

e) Phenolphthalein (alkalisch)

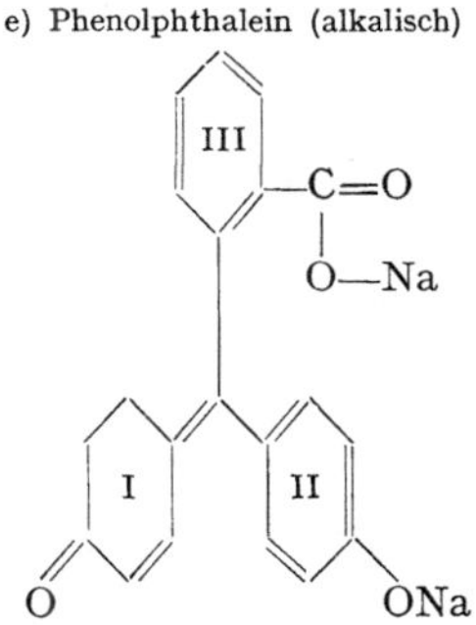

h) Benzophenon

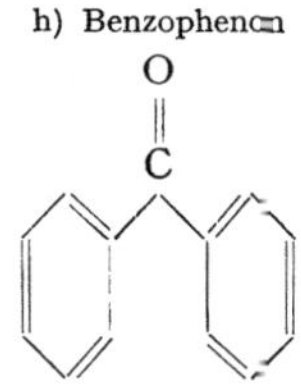

c) Hydrochinonphthalein

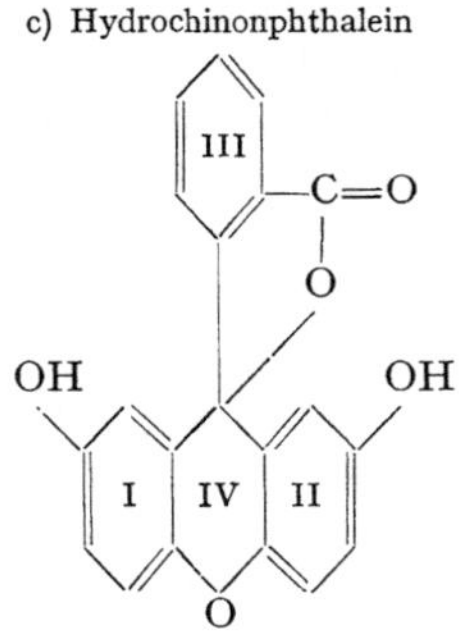

f) Eosin (Tetrabrom-Fluoreszeinnatrium)

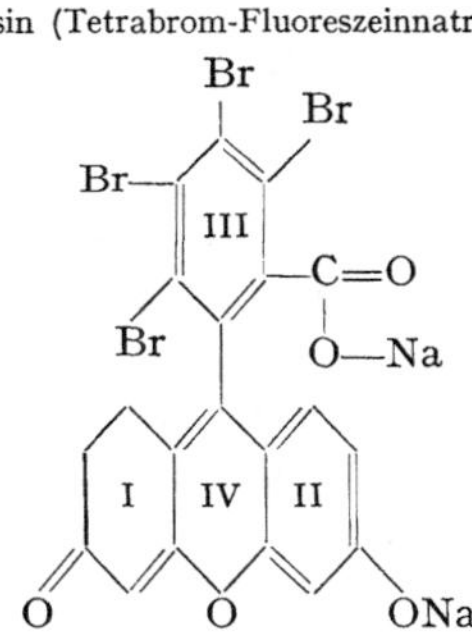

Eher gelingt es schon, die Wirkung einfacher Substitutionen auf die spektrale Lage, Struktur und Intensität einer wohl definierten Bande aufzufinden, wenn sich diese Variationen einigermaßen stetig verfolgen lassen (vgl. Tab. 21). Von ausschlaggebendem Einfluß ist neben der Zahl auch die Art der Substituenten; den relativ geringsten Einfluß hat die Einführung der Methylengruppe CH_3 an Stelle der H-Atome im Benzolring: die Banden von Toluol und der Xylole sind gegen die des Benzols bei deutlicher Differenzierung nicht wesentlich verschoben. Stärker wirken die Hydroxyl- und die Amidogruppe (OH bzw. NH_2). Bei Einführung der letzteren (Anilin, Naphthylamin) rückt nicht nur der Banden-

Tabelle 21. Fluoreszenzbanden von Benzolderivaten in alkoholischer Lösung in Å.

Benzol	2599	2635	2639	2754	2827	2910							
Toluol	2622	2646	2676	2740	2809	2886							
Orthoxylol	2603	2636	2680	2713	2798	2896	3038	3135					
Metaxylol			2685	2715	2802								
Paraxylol			2631	2739	2801	2865							
Mesitylen			2698	2712	2747	2786	2863	2972					
Anilin	3000—4100 (kontinuierlich mit schwach angedeuteten Maximis bei 3048 und 3355)												
Naphthalin	3000	3046	3098	3142	3235	3292	3340	3386	3447	3498	3558	3627	3657
Naphthylamin	3700—5300 (ohne jede Struktur)												
Anthrazen	3658	3762	3897	4115	4354								

in alkalischer Lösung

Fluoran	2900—4600	Maximum	3200	(kräftig)
Fluoreszein (Dioxyfluoran)	5100—5900	,,	5200	(sehr stark)
Fluoreszeinchlorid	keine Fluoreszenz			
Eosin (Tetrabromfluoreszein)	5400—6400	,,	5800	(kräftig)
Erythrosin (Tetrajodfluoreszein)		,,	4150	(schwach)

schwerpunkt weit ins Sichtbare, sondern gleichzeitig wird auch die Bandenstruktur ganz verwischt. Versetzt man eine Anilin- oder Naphthylaminlösung mit HCl, so bildet sich an Stelle des anfänglich vorhandenen mit wachsender HCl-Konzentration schrittweise ein Absorptions- und Fluoreszenzspektrum aus, das immer mehr dem des Benzols bzw. dem des Naphthalins gleicht: die allmählich die Aminogruppe NH_2 verdrängende Chlorhydratgruppe NH_3Cl ist in ihrem Einfluß auf die optischen Eigenschaften der Benzolkerne viel schwächer als jene. Sehr stark die Fluoreszenz herabsetzend ist hingegen die Wirkung von Halogenatomen, wenn sie in die Benzolringe selbst eingeführt werden. KAUFMANN hat sehr eingehende Hypothesen entwickelt über die Fähigkeit der verschiedensten Substitutionen, das Fluoreszenzvermögen eines Fluorophors zu vermehren oder zu schwächen, die Banden nach größeren oder kleineren Wellenlängen zu verschieben, er nennt sie je nachdem ,,auxoflor" oder ,,diminoflor" bzw. ,,bathoflor" oder ,,hypsoflor" — doch ist auch hier sicher eine allgemeingültige Regelmäßigkeit noch nicht erkennbar. Ähnlich steht es mit dem Einfluß der Isomerie: meist ist wohl die Fluoreszenzhelligkeit am größten in der Orthostellung, am geringsten in der Parastellung (z. B. bei den Xylolen, den Oxybenzoesäuren u. a. m.), doch gibt es auch hier Ausnahmen von der Regel. Fälle, in denen von zwei Isomeren nur das eine fluoresziert (wie beim Fluoreszein und Hydrochinonphthalein) sind auch nicht selten. Um über die in diesem Abschnitt behandelten Fragen sichere Aufschlüsse zu gewinnen, müßte vor allem ganz von der bisher meist angewandten Methode abgegangen werden, die verschiedenen Substanzen in Lösungen zu untersuchen, da hier die Einwirkungen des Lösungsmittels eine ganz überflüssige Komplikation mit sich bringen.

37. Einfluß des Lösungsmittels. Die Natur des Lösungsmittels kann in dreierlei Richtung von Bedeutung für die Fluoreszenz gelöster Substanzen sein: 1. wird fast stets die spektrale Lage der Banden mehr oder weniger beeinflußt; 2. sind zahlreiche Stoffe in manchen Lösungen fluoreszenzfähig, in anderen nicht; 3. treten in manchen Lösungsmitteln bei Verbindungen, die auch sonst fluoreszenzfähig sind, neuartige Fluoreszenzspektra hinzu, die somit als ,,Lösungsspektra" bezeichnet worden sind.

Für die spektrale Verschiebung der Fluoreszenzbanden hat man, da sich das Prinzip in dem später zu behandelnden Fall der Lenardphosphore als sehr fruchtbar erwiesen hat, nach einem Zusammenhang mit der Dielektrizitätskonstanten ε des Mediums gesucht, hier aber ohne rechten Erfolg; denn wenn auch in Einzelfällen eine gewisse qualitative Parallelität vorhanden zu sein schien, so ist dies vermutlich nur zufällig, da die Verschiebung nur manchmal — so bei dem oft zitierten Dimethylnaphtheurhodin — in dem nach der erwähnten Analogie zu erwartenden Sinne verläuft: nach größeren Wellen mit wachsendem ε, zuweilen aber auch, wie beim Anthrazen (Tab. 22a u. b) oder Benzol,

Tabelle 22. Abhängigkeit der Lage der Fluoreszenzbanden von der Dielektrizitätskonstante des Lösungsmittels.

a) Dimethylnaphtheurhodin.

Lösungsmittel:	Ligroin	Äther	Pyridin	Azeton	Lävulinsäure	Äthylalkohol	Methylalkohol
ε	1,86	4,37	8,08	12,4	20,7	26	31
Fluoreszenzfarbe:	grün	grüngelb	gelb	orangegelb	orangegelb	orange	rotorange

b) Anthrazen.

Lösungsmittel:	Benzol	Toluol	Xylol	Äther	Amylalkohol	Äthylalkohol	Dampf
ε	2,25	2,35	2,57	4,37	16,7	26,3	
Wellenlänge der Bandenmaxima in Å	4060	4050	4050	4035	4030	4020	3900
	4310	4270	2990	4225	4250	4260	4150
	4570	4550	4535	4535	4500	4500	4320

in entgegengesetzter Richtung. Wenn jedoch der Typus des Absorptions- und Fluoreszenzspektrums in verschiedenen Lösungsmitteln ein ganz ungleicher ist, so muß wenigstens in einem derselben eine chemische Veränderung der fluoreszierenden Substanz durch die Wirkung des Lösungsmittels vorliegen. Das gilt z. B. für den obenerwähnten Fall des Naphthylamins in HCl-haltigen Lösungen oder für das Fluoran, das in neutralen Lösungen nur eine fast ganz im Ultraviolett verlaufende Fluoreszenzbande emittiert, in H_2SO_4 dagegen tiefgrün leuchtet (Maximum der Emission bei 5200 Å): STARK schreibt diese neue Emission der Bildung einer Sulfoverbindung zu; oder schließlich für das Hämatoporphyrin, dessen charakteristische Fluoreszenzbanden bei stets gleichbleibender Helligkeitsverteilung mit nur geringen Verschiebungen wiederkehren, wenn Alkohol, Äther, Pyridin usw. als Lösungsmittel dienen, während in Säuren (HCl, H_2SO_4, Tartarsäure u. a. m.) neue Banden in ganz anderer spektraler Lage nicht nur, sondern auch mit ganz anderem Intensitätsverlauf auftreten.

Auf direkte chemische Veränderung ist es fraglos auch zurückzuführen, daß manche Substanzen nur in bestimmten Lösungsmitteln fluoreszieren: neutrales Fluoreszein etwa kann in reiner alkoholischer Lösung nicht zum Leuchten erregt werden, wohl aber bei Zusatz beliebiger Alkalien (KOH oder NaOH, Ammoniak, K_2CO_3 usf.); dabei bildet sich in der Lösung das betreffende Alkalisalz, das sich in seiner Struktur wesentlich vom neutralen Fluoreszein unterscheidet (Formel a und b auf S. 255): aus diesem Grunde hat auch STARK die sichtbare Fluoreszenz des Fluoreszeins auf die nun auftretende chinoide Bindung im Pyronring (IV in den Formeln) zurückgeführt. Das intensiv fluoreszierende Fluoreszein des Handels (häufig unter dem Namen „Uranin") ist tatsächlich stets ein Alkalisalz, meist wohl Fluoreszeinnatrium; das gleiche gilt für Eosin, Erythrosin und ähnliche Verbindungen. Sehr zahlreich aber sind die Beispiele, bei denen eine solche direkte chemische Veränderung nicht angenommen werden kann und doch bestimmte Lösungsmittel erst die Fluoreszenzfähigkeit einer Substanz zur Auswirkung bringen; denn bei chemisch so neutralen Medien wie Gelatine, Eiweiß oder Zucker, um die es sich hier in erster Linie handelt, läßt sich eine chemische Einwirkung auf die Farbstoffmoleküle schwerlich annehmen; auch bleiben im Gegensatz zu den vorher besprochenen Fällen die Absorptionsspektra ganz unverändert. Zahlreiche Farbstoffe wären hier zu erwähnen, die in wässeriger oder alkoholischer Lösung keine Spur von Lumineszenz erkennen lassen, neben dem schon früher genannten durch Alkalien gefärbten Phenolphthalein und Malachitgrün etwa noch Purpurin, Methylblau, Methylviolett, Modebraun und viele andere. Die Medien, in denen diese Substanzen ihre Leuchtfähigkeit erhalten — außer Eiweiß oder Gelatine z. B. noch Bernsteinsäure, Benzoesäure, Benzamid u. a. m. —, sind durchweg fest, man beobachtet daher nicht nur Fluoreszenz, sondern immer auch Phosphoreszenz. Da man ja wohl annehmen muß, daß das Ausbleiben der Fluoreszenz in den flüssigen Lösungen solcher Farbstoffe auf die Störungen zurückzuführen ist, welche die durch Lichtabsorption erregten Moleküle von seiten benachbarter Moleküle erleiden, so müßten in den festen Lösungen solche Störungen nicht mehr oder doch nur in geringerem Maße vorhanden sein. Umgekehrt müßten Substanzen, die auch in flüssiger Lösung zu fluoreszieren vermögen, durch die Konstitution ihrer Moleküle gegen äußere Einwirkungen besonders gut gesichert sein — eine derartige schützende Wirkung schreibt STARK der Ringstruktur zu, z. B. der des Pyronringes im Fluoreszein (im Gegensatz zum Phenolphthalein). Bei Stoffen der letztgenannten Art (Fluoreszein, Eosin usw.) ist, abgesehen vom Verschwinden des Nachleuchtens, keine merkliche Veränderung der Lumineszenz zu konstatieren, wenn man die betreffende Lösung vom festen in den flüssigen Zustand überführt, etwa durch Schmelzen der Benzoesäure oder durch zunehmenden Wassergehalt der Gelatine.

38. Sogenannte Lösungsspektra. Das Vorkommen besonderer Lösungsspektren, die von den Spektren der reinen Substanzen prinzipiell verschieden sind und doch diesen selbst, nicht aber chemisch veränderten Molekülen angehören, ist zuerst von GOLDSTEIN beobachtet worden; als Lösungsmittel dienten dabei ihrerseits aromatische Verbindungen wie Xylol, Pyridin, Chlorbenzol, die bei tiefen Temperaturen eingefroren waren. Ist das Lösungsmittel selbst fluoreszenzfähig (beim Chlorbenzol trifft das fast gar nicht zu), so lassen sich die beiden Arten von Lichtemission doch leicht trennen, weil die für die gelösten Substanzen charakteristischen Banden durch ein sehr viel längeres und intensiveres Nachleuchten ausgezeichnet sind — ein Verhalten, das sich bei allen typischen Lösungsspektren wiederfindet. Außerordentlich geringe Mengen von Verunreinigungen genügen bereits, um die Lösungsspektra hell hervortreten zu lassen; bei einem Naphthalingehalt von 1/100000 in Chlorbenzol kann man leicht noch alle Einzelheiten des Naphthalinlösungsspektrums verfolgen (vorletzte Vertikalreihe in Tab. 19), bei sehr viel kleineren Konzentrationen sind die kräftigsten Banden noch deutlich zu sehen. Auf Grund dieser Erkenntnis konnte GOLDSTEIN zeigen, daß auch sog. chemisch ganz reine Präparate stets noch nachweisbare Verunreinigungen enthalten, die durch wiederholte Fraktionierung immer weiter geschwächt, aber kaum je völlig zum Verschwinden gebracht werden können. Die GOLDSTEINschen Lösungsspektra erstrecken sich meist über das ganze sichtbare Gebiet bis ins Rot und sind im allgemeinen diskontinuierlich, zeigen aber in der Verteilung ihrer Einzelbanden keinerlei Regelmäßigkeit. Sie sind für einkernige aromatische Substanzen von der Natur des Lösungsmittels praktisch unabhängig, variieren dagegen für die mehrfach anellierten Benzolderivate wie Naphthalin und Anthrazen sehr stark, je nachdem, in welchem Medium sie gelöst sind; schon der Ersatz von Orthoxylol durch eines seiner Isomeren als Lösungsmittel bringt im Lösungsspektrum des Naphthalins beträchtliche Veränderungen hervor. Die Erscheinungen sind äußerst kompliziert: GOLDSTEIN, der unter verschiedenen Versuchsbedingungen an 2000 verschiedene Fluoreszenzspektren aromatischer Verbindungen beobachtet hat, teilt zwar eine Anzahl qualitativer Regeln mit, hat aber nur in ganz vereinzelten Fällen genaue Angaben über die Lage der einzelnen Banden gemacht, so daß eine weitere Diskussion seiner Resultate und ihr Vergleich mit anderweitigen Beobachtungen, wie sie im folgenden zu beschreiben sind, noch kaum möglich ist.

Charakteristische Lösungsspektra des Benzols und anderer aromatischer Körper treten nämlich auch in alkoholischen Lösungen auf, wenn man diese einfrieren läßt und unter $-158°$ abkühlt: diese Temperaturgrenze für das Erscheinen der neuen Banden ist ziemlich scharf definiert, bei weiterer Temperaturerniedrigung nimmt Helligkeit und Dauer des Nachleuchtens beträchtlich zu. Das Phänomen wurde von Kowalski entdeckt und als progressive Phosphoreszenz bezeichnet, weil die Banden nur langsam anklingen, d. h. zur vollen Erregung einer länger anhaltenden Primärbestrahlung bedürfen: unter den von Kowalski verwandten Versuchsbedingungen, bei denen ein Hg-Bogen als Lichtquelle diente, betrug die Anklingungszeit etwa 100 Sekunden. Das progressive Phosphoreszenzspektrum des Benzols besteht aus sieben Dubletts von ziemlich scharfen Teilbanden mit annähernd konstanter Frequenzendifferenz zwischen den Dublettkomponenten (vgl. letzte Horizontalreihe in Tab. 16); die Frequenzendifferenzen zwischen aufeinanderfolgenden Dubletts sind ebenso groß wie zwischen den kurzwelligen Absorptions- und Fluoreszenzbanden des Benzols $\left(\Delta\frac{1}{\lambda}\sim 1000;\right.$ vgl. die Gleichung auf S. 246$\left.\right)$; sie lassen sich also als eine Fortsetzung derselben auffassen und wären dann auch dem gleichen Mechanismus zuzuordnen. Im reinen festen Benzol sind die Banden der progressiven Phosphoreszenz bei $-180°$ nicht zu beobachten. Die progressiven Phosphoreszenzspektra anderer aromatischer Substanzen sind denen des Benzols weitgehend analog, sie unterscheiden sich von ihnen etwa in der gleichen Weise, wie das auch bei den entsprechenden Dampfspektren der Fall ist: durch Substitutionen verschiebt sich im allgemeinen das ganze Spektrum nach größeren Wellenlängen, die Einzelbanden werden unschärfer.

Daß es sich hier trotz der erwähnten ziemlich scharfen Temperaturgrenze nicht um eine primäre Temperaturwirkung auf die leuchtfähigen Moleküle handelt, folgt daraus, daß man in unterkühltem Glyzerin dieselben Spektra schon bei $-60°$ beobachten kann — maßgebend ist vielmehr der Übergang des Lösungsmittels aus dem zäh tropfbaren in den glasharten Zustand, der bei denselben charakteristischen Temperaturen erfolgt. Im kristallisierten Glyzerin bleiben die „Lösungsspektra" bis zu dem bei etwa $+10°$ liegenden Schmelzpunkt erhalten.

Genau die gleichen Emissionsspektra, nur mit etwas weniger ausgeprägter Struktur, erhält man auch, wenn die aromatischen Verbindungen in fester Borsäure (Bortrioxydhydrat) gelöst sind. Solche zuerst von E. Tiede dargestellten „Borsäurephosphore" sind durch ganz besondere Intensität und Dauer ihres Nachleuchtens sowie gleichfalls durch relativ langsames Anklingen ausgezeichnet. Ihre charakteristischen Banden verschwinden beim Schmelzen der festen Lösung vollständig, während die gewöhnlichen Fluoreszenzbanden der gelösten Substanzen, die in den festen Borsäurephosphoren mit nur kurzem Nachleuchten ebenfalls vorhanden sind, beim Übergang in den flüssigen Aggregatzustand auch hier als Fluoreszenz erhalten bleiben. Wenn das Bortrioxydhydrat durch Aufnahme oder Abgabe von Wasser in Orthoborsäure bzw. Borsäureanhydrid verwandelt wird, werden die Phosphore alsbald zerstört; auch läßt sich das Bor nicht durch ihm chemisch nahestehende Elemente, etwa Silizium, ersetzen. Die Erregungs- bzw. Absorptionsbanden der Borsäurephosphore sowohl als die der progressiven Phosphoreszenz in Alkohol bei $-180°$ fallen mit den normalen Absorptionsbanden in flüssigen alkoholischen Lösungen zusammen; diese Tatsache einerseits, anderseits die durch Abb. 44 illustrierte weitgehende Übereinstimmung in den beiden Arten von Emissionsspektren (vgl. hierzu auch Tab. 19), spricht entschieden gegen die Möglichkeit, daß es sich bei diesem besonderen Verhalten aromatischer Substanzen um die Bildung neuer chemischer Verbindungen unter der Einwirkung der Borsäure handelt.

Da zur Aktivierung von Borsäurephosphoren nicht nur die einfachen Benzolderivate, sondern auch komplizierte Farbstoffe wie Eosin dienen können, sind dementsprechend auch die Phosphoreszenzspektra von sehr verschiedenem Charakter. Während manchmal nur zwei oder drei sehr verwaschene Maxima sich von einem kontinuierlichen Grund abheben — so beim Uranin drei Maxima bei 465 bis 485, 505 bis 520, 545 bis 565 mμ —, zeigt sich bei den Verbindungen, die auch sonst durch stark diskontinuierliche Fluoreszenzspektra ausgezeichnet sind, eine Reihe von schmaleren, deutlich getrennten Einzelbanden mit vor allem nach kurzen Wellen zu recht scharf abfallenden Kanten. Sämtliche Teilbanden erscheinen stets gleichzeitig in der Emission, jede Wellenlänge, die überhaupt erregend wirkt, ruft das vollständige Phosphoreszenzspektrum hervor. Die Zahl der aromatischen Verbindungen, die bisher als zur Herstellung von

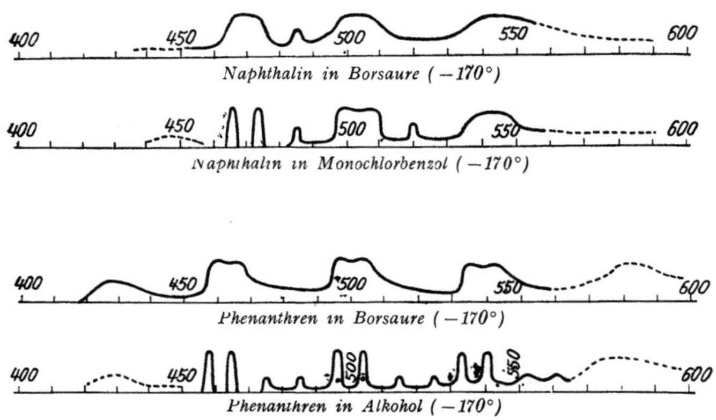

Abb. 44. Phosphoreszenzspektren von Borsäurephosphoren und progressive Phosphoreszenz.

Borsäurephosphoren brauchbar gefunden wurden, ist sehr groß: Eosin, Fluoreszin, Naphthalin, Hydrochinon, Chinin, Phenanthren und viele andere. Merkwürdigerweise sind aber einzelne Substanzen, die sonst leicht zur Fluoreszenz erregt werden können, hier nicht wirksam, so das dem Phenanthren isomere Anthrazen. Benzol scheint in diesem Zusammenhange nicht untersucht worden zu sein.

Sehr ähnlich wie die Borsäurephosphore verhalten sich feste Lösungen von Farbstoffen in Zucker, nur daß hier wieder die „Lösungsspektra" häufig erst bei tiefen Temperaturen mit großer Intensität hervortreten.

Die Bezeichnung „Lösungsspektra" für diese neuen stets nach größeren Wellen zu gelegenen und relativ lang nachleuchtenden Emissionsbanden scheint allerdings nicht ganz passend, wenn die von KAUTSKY an adsorbierten Farbstoffen bei $-180°$ beobachteten Phosphoreszenzbanden mit ihnen identisch sein sollten; auch sie sind stets gegen die normalen Fluoreszenzbanden nach Rot verschoben, sie sind jedoch auf ihre spektrale Lage und etwaige Struktur noch nicht hinreichend untersucht (vgl. folgende Ziff.).

39. Nutzeffekt der Lumineszenzstrahlung. Jede Primärstrahlung, die imstande ist, die Fluoreszenz einer Farbstofflösung zu erregen, ruft — wie das für den Spezialfall der Borsäurephosphore schon erwähnt wurde — die Emission der gesamten Fluoreszenzbande bzw. des ganzen Bandenkomplexes hervor. Nur in zähen Lösungsmitteln (schon in wasserfreiem Glyzerin) ist nach STARKIEWICZ, wenn die Wellenlänge des erregenden Lichtes in das Spektralgebiet der Emissionsbande fällt, das STOKESsche Gesetz streng erfüllt, d. h. es fehlt dann in der Emission der Teil der Fluoreszenzbande, der kürzere Wellenlängen hat als das Primärlicht; er nimmt an, daß unter diesen Umständen der Energieausgleich durch Zusammenstöße nicht schnell genug erfolgen kann[1]. Daß stets eine „Erregungsverteilung" zu existieren scheint, deren Schwerpunkt gegen die Fluoreszenzbande nach kürzeren Wellen zu verschoben ist — entsprechend der ursprünglichen Fassung der STOKESschen Regel — hat darin seine Ursache, daß die selektiven Absorptionsbanden der fraglichen Verbindungen immer kurzwelliger sind als die Fluoreszenzbanden. Bezieht man dagegen die Intensität des Fluoreszenzlichtes auf gleiche absorbierte Energiemengen in den verschiedenen Teilen des Spektrums, so verschwindet die sonst scheinbar vorhandene, selektiv erregende Wirkung bestimmter Spektralgebiete. Abb. 45 bringt dafür ein typisches Beispiel nach Messungen von NIHOLS und MERRITT; daß die Kurve *III* des scheinbaren selektiven Erregungsgebietes mit der Absorptionskurve *I* nicht ganz koinzidiert, wird durch den gegen das Violett ziemlich steilen Intensitätsabfall im Spektrum der als Lichtquelle dienenden Nernstlampe bedingt. Die wahre Erregungsverteilung — Kurve *IV* — gibt für alle Wellenlängen nahezu konstante Werte des Nutzeffektes. WAWILOW, der seine Beobachtungen über einen sehr viel größeren Wellenlängenbereich des erregenden Lichtes ausgedehnt hat (2500 bis 5500 Å für wässerige Uraninlösung), findet eine vollkommene Konstanz der Fluoreszenzausbeute, wenn man diese auf gleiche Zahl der absorbierten Lichtquanten bezieht („Quantenäquivalenzgesetz"), d. h. also einen linearen Anstieg mit wachsender Wellenlänge für gleiche absorbierte Energie[2]; erst wenn die Wellenlänge des erregenden Lichtes größer wird als die des Fluoreszenzbandenmaximums, fällt die relative Ausbeute sehr schnell ab. Nach HARRISON und LEIGHTON ist für zahlreiche organische Stoffe in dem (meist kurzwelligen) Spektralgebiet in dem sie das einfallende Licht in einer kleinen Schichtdicke praktisch ganz absorbieren, das Quantenäquivalenzgesetz so genau erfüllt, daß die Messung der sichtbaren Fluoreszenzhelligkeit direkt zur Ultraviolett-Photometrie verwandt werden kann[3]. Unter der Annahme einer vollkommenen Konstanz des Ökonomiekoeffizienten über das ganze Spektrum hin hat WAWILOW dann noch auf Grund von Versuchen mit spektral unzerlegtem Primärlicht den absoluten Ökonomiekoeffizienten be-

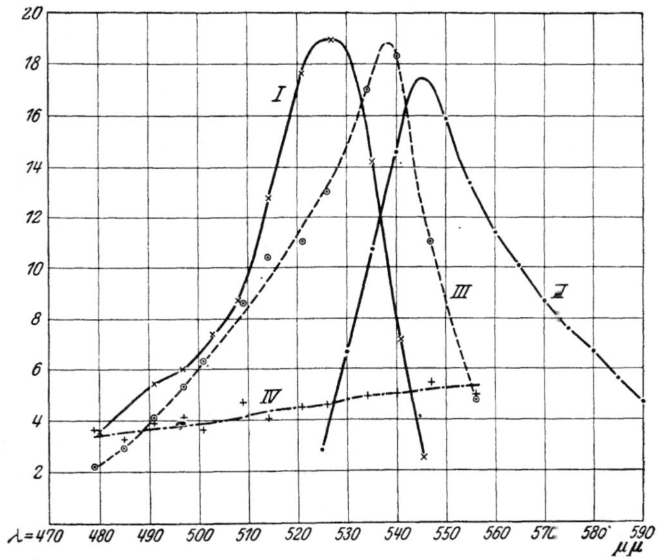

Abb. 45. Eosin in wässeriger Lösung. × Absorptionsspektrum. ⊙ Unkorrigierte Erregungsverteilung bei Erregung mit dem spektral zerlegten Licht einer Nernstlampe. + Erregungsverteilung, bezogen auf gleiche absorbierte Energie. ● Fluoreszenzspektrum.

[1] J. STARKIEWICZ, C. R. Soc. Pol. Phys. Bd. 4, S. 73. 1929.

[2] Siehe auch A. JABLONSKI, ZS. f. Phys. Bd. 73, S. 460. 1931.

[3] G. R. HARRISON u. P. A. LEIGHTON, Phys. Rev. (2) Bd. 38, S. 899. 1931; A. GYEMANT, Journ. Opt. Soc. Amer. Bd. 12, S. 65. 1926.

rechnet, d. h. das Verhältnis der gesamten absorbierten zur gesamten emittierten Energie im gleichen Maßsystem gemessen; für stark leuchtende Stoffe wie Uranin oder Rhodamin in Alkohol erhielt er dabei Werte, die zwischen 80 und 25% lagen, und LEWSCHIN konnte weiterhin zeigen, daß dieser Nutzeffekt einen beträchtlichen negativen Temperaturkoeffizienten besitzt, so daß er bei $-180°$ nahezu 100% erreicht; für Erythrosin dagegen übersteigt in alkoholischer Lösung die Ausbeute nie 2%, wird auch bei Temperaturerniedrigung nicht merklich größer, erreicht aber, wenn Azeton als Lösungsmittel dient, 50%; ähnlich beträgt die Ausbeute für Eosin in Alkohol 15, in Azeton 66% — offenbar wird in dem letzteren Lösungsmittel die die Fluoreszenz störende Wirkung der Halogene (Jod bzw. Brom) im Farbstoffmolekül weitgehend aufgehoben[1].

Bei kleinen Farbstoffkonzentrationen ist die Fluoreszenzhelligkeit der Lösungen der absorbierten Lichtenergie proportional, sie wächst also bei konstanter Primärintensität mit der Konzentration anfangs nahezu proportional, dann langsamer. Bei großen Konzentrationen dagegen nimmt, wie lange bekannt, die Fluoreszenzfähigkeit sehr stark ab, so daß z. B. gesättigte Lösungen von Fluoreszein oder Eosin in Alkohol oder Wasser keine Andeutung von Lumineszenz mehr erkennen lassen; bei Verdünnung auf $\frac{1}{25}$ zeigen sich die ersten Spuren von Fluoreszenz. In Tabelle 23 ist die spezifische Fluoreszenzhelligkeit

Tabelle 23. Fluoreszenzausbeute als Funktion der Konzentration.

C $\left(C=1:\frac{1}{100}\text{ konzentriert}\right)$	1	$\frac{1}{2}$	$\frac{1}{4}$	$\frac{1}{8}$	$\frac{1}{16}$	$\frac{1}{32}$	$\frac{1}{64}$	$\frac{1}{128}$	$\frac{1}{256}$	$\frac{1}{512}$	$\frac{1}{1024}$	$\frac{1}{2048}$	$\frac{1}{4096}$	$\frac{1}{8192}$	$\frac{1}{16384}$
J (willkürliche Einheiten)	5,7	25	58	80	90	100	99,5	97,5	96	96	90	91	90	100	99

einer Fluoreszeinlösung in ammoniakalischem Wasser für verschiedene Konzentrationen nach B. WALTER zusammengestellt; dabei ist die Ausgangslösung ($C = 1$) bereits auf $\frac{1}{100}$ der konzentrierten Lösung verdünnt, die größte auftretende Fluoreszenzausbeute ist willkürlich $= 100$ gesetzt. Ähnliche Messungen sind von WAWILOW unter besser definierten Versuchsbedingungen durchgeführt worden; Abb. 46 gibt eine graphische Darstellung seiner Beobachtungen an in Methylalkohol gelöstem Fluoreszein wieder. Das relativ sehr geringe Fluoreszenzvermögen des reinen flüssigen Benzols im Vergleich zu verdünnten Lösungen in Penthan, Alkohol usw. ist schon an anderer Stelle hervorgehoben worden; worin die schwächende Wirkung hoher Konzentrationen liegt, ist noch recht wenig geklärt: um bloße Reabsorption der Strahlung in der Lösung selbst kann es sich nicht handeln, da ja die erregende Strahlung in noch dünneren Schichten absorbiert wird und also — gerade wie in Metalldämpfen großer Dichte — eine intensive Oberflächenfluoreszenz übrigbleiben müßte, was nicht der Fall ist. Die auslöschende Wirkung erhöhter Farbstoffkonzentration ist nach LEWSCHIN in flüssigen und festen Lösungsmitteln gleich groß[2]; in einer bei hoher Konzentration wenig leuchtfähigen Lösung wird die Fluoreszenzhelligkeit durch Temperaturerhöhung vermehrt, während sie in verdünnten Lösungen herabgesetzt wird. Daraus schließt LEWSCHIN, daß unter diesen Umständen die Auslöschung nicht auf Stöße 2. Art zurückzuführen sei (deren Zahl ja bei Erwärmung stets wachse), sondern auf eine Polymerisation der Farbstoffmoleküle, und daß solche Vielfachmoleküle — ebenso wie die festen Substanzen — nicht fluoreszenzfähig seien.

---

[1] W. L. LEWSCHIN, ZS. f. Phys. Bd. 72, S. 382. 1931.

[2] Nach F. PERRIN ist sie in festen Lösungen bedeutend geringer; ebenso nach KAUTSKY an Adsorbaten.

Sehr stark vermindert wird, wie schon STOKES und nach ihm viele andere[1] nachgewiesen haben, die Fluoreszenzausbeute in Farbstofflösungen durch Zusatz gewisser Salze, insbesondere von KJ oder durch die Aufnahme von gasförmigem Sauerstoff. In solchen Fällen kann es sich natürlich um eine unmittelbare Veränderung der Farbstoffmoleküle handeln, was allerdings, wenn das Absorptionsspektrum dasselbe bleibt, nicht anzunehmen ist.

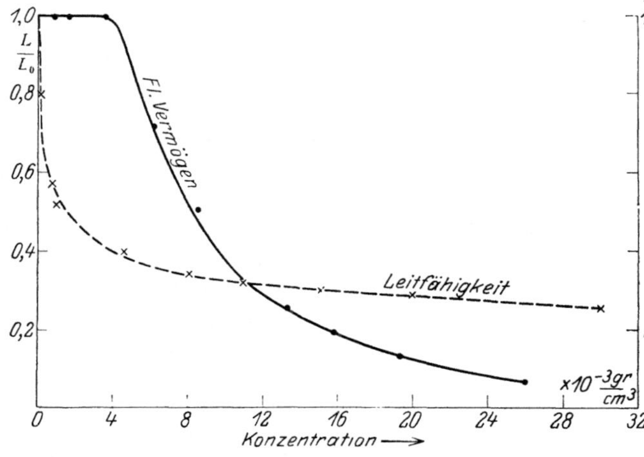

Abb. 46. Spezifisches Fluoreszenzvermögen und elektrisches Leitvermögen von Fluoreszein in Methylalkohol als Funktion der Konzentration (nach WAWILOW).

Manche Autoren[2] neigten dazu, die Abhängigkeit der Fluoreszenzfähigkeit einer Lösung von der Konzentration oder von Zusätzen auf eine damit parallel gehende Änderung des Dissoziationsgrades zurückzuführen: die Fluoreszenz sollte eine Eigenschaft ausschließlich der dissoziierten Moleküle, der Ionen, sein. Es existiert über diese Frage eine weitläufige Literatur aus den ersten Jahren dieses Jahrhunderts, die aber nach Vorbringung zahlreicher Argumente für und wider zu dem Ergebnis führte, daß eine allgemeine Gesetzmäßigkeit in dieser Richtung nicht existiert. Während wohl in vereinzelten Fällen Dissoziation Vorbedingung für das Auftreten von Fluoreszenz sein mag, gibt es zahlreiche Beispiele, wo die weniger dissoziierten alkoholischen Lösungen weit heller fluoreszieren als die stärker dissoziierten wässerigen Lösungen, und selbst in gar nicht dissoziierenden Lösungsmitteln wie Chloroform und Benzol zeigen z. B. Chinin und seine Salze eine Fluoreszenz, die genau wie in den wässerigen Lösungen der gleichen Verbindungen mit zunehmender Konzentration abnimmt. Die in Abb. 46 punktiert eingezeichnete Kurve läßt ebenfalls erkennen, wie wenig das spezifische elektrische Leitvermögen einer Lösung mit seinem Fluoreszenzvermögen proportional verläuft.

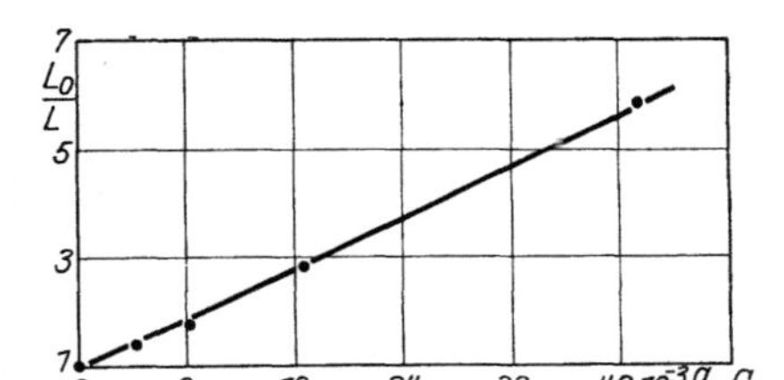

Abb. 47. Auslöschung der Fluoreszenz von Uranin durch KJ (nach WAWILOW).

Der quantitative Verlauf der Auslöschung in ihrer Abhängigkeit von der Konzentration auslöschender Fremdmoleküle läßt sich formal sehr gut nach der Theorie der Stöße 2. Art herstellen (Abb. 47), wobei evtl. noch besondere

[1] Ältere Literatur siehe KAISER Bd. IV, S. 1006.

[2] So neuerdings J. EISENBRAND, ZS. f. phys. Chem. (A) Bd. 144, S. 441. 1929.

Annahmen über die Wirkungsquerschnitte der auslöschenden Stöße eingeführt werden müssen. In der Gleichung:

$$L = \frac{L_0}{1 + \alpha c},$$

wo L_0 die Fluoreszenzhelligkeit ohne löschende Stöße und c die Konzentration der störenden Moleküle bedeutet, geht in die Konstante α die natürliche Lebensdauer der angeregten Moleküle, der Viskositätskoeffizient, die Temperatur und der Wirkungsquerschnitt ein[1].

Über die Frage, welche Zusammenstöße auslöschend wirken und was dabei aus der Anregungsenergie wird, ist im allgemeinen sehr wenig bekannt. J. und F. PERRIN sind der Meinung, daß eine besonders große auslöschende Wirkung solchen Molekülen zukommt, die eine Absorptionsbande im selben Wellenlängengebiet besitzen wie das erregte Molekül. In einem Fall (Phenosafranin + Fluoreszenzblau) glauben sie auch eine Energieübertragung auf das Fremdmolekül in der Form sensibilisierter Fluoreszenz nachgewiesen zu haben[2]. Auf die besonders stark auslöschenden Alkalihalogensalze (ohne sichtbare Färbung) trifft diese Hypothese sicher nicht zu. Im übrigen ist zu vermuten, daß in allen Farbstofflösungen mit geringer Fluoreszenzausbeute die Zusammenstöße mit den Molekülen des Lösungsmittels selbst schon auslöschend wirken, und daß dies nur in den relativ seltenen Fällen mit einer Fluoreszenzausbeute nahe gleich Eins nicht eintritt. Dafür spricht schon die Tatsache, daß in schwach fluoreszierenden Lösungen auch die kürzesten Leuchtdauern gemessen werden und dann auch trotz geringer Viskosität das Fluoreszenzlicht beträchtliche Polarisationsgrade aufweist (vgl. Ziff. 41).

Sehr aufschlußreich für den Mechanismus der Auslöschung sind die neuen Untersuchungen von KAUTSKY über die Wirkung von O_2 auf die Leuchtfähigkeit adsorbierter und gelöster Farbstoffe[3]. Er findet, daß die im Vakuum stets sehr stark fluoreszierenden und phosphoreszierenden Adsorbate ihr Phosphoreszenzvermögen schon bei Anwesenheit von 10^{-3} O_2 praktisch ganz verlieren, während die Fluoreszenz erst bei sehr viel höheren Drucken merklich geschwächt wird — was durchaus den Beobachtungen über Auslöschung langsam bzw. schnell abklingender Emissionsprozesse von Metalldämpfen entspricht. Wird der Sauerstoff wieder abgepumpt, so gewinnt das Adsorbat sein altes Lumineszenzvermögen zurück. Ganz analoge Resultate erzielte KAUTSKY an flüssigen Farbstofflösungen, die er mit O_2 sättigte und aus denen er das Gas dann wieder abpumpte. Darüber hinaus aber konnte er an den Adsorbaten noch zeigen, daß, indem die Sauerstoffmoleküle den Farbstoffmolekülen ihre Anregungsenergie entziehen, sie selbst in einen „aktivierten" Zustand versetzt werden, in welchem sie gewisse chemische Prozesse einzuleiten vermögen — beobachtet wurde hier die bei Anwesenheit unaktivierten Sauerstoffs nicht eintretende Oxydation des weißen p-Leukanilins zu rotem Rosanilin[4]. Ist ein solcher Akzeptor für die aktivierten O_2-Moleküle nicht vorhanden, so oxydieren sie — allerdings mit sehr viel kleinerer Ausbeute — die fluoreszenzfähigen Moleküle selbst, die nach diesem Prozeß ihre Lumineszenzeigenschaften ändern oder ganz verlieren[5]; diese irreversible photochemische

[1] W. WEST, R. H. MÜLLER u. E. JETTE, Proc. Roy. Soc. London Bd. 121, S. 294, 299, 313. 1928; S. J. WAWILOW, ZS. f. Phys. Bd. 53, S. 665. 1929; J. M. FRANK u. S. J. WAWILOW, ZS. f. Phys. Bd. 69, S 100. 1931 (vgl. hierzu Ziff. 28, S. 234 f.).

[2] J. PERRIN u. Mlle. CHOUCROUN, C. R. Bd. 184, S. 985, 1897. 1927; Bd. 189, S. 1213. 1929.

[3] H. KAUTSKY, Chem. Ber. Bd. 64, S. 2677. 1931.

[4] H. KAUTSKY, Naturwissensch. Bd. 19, S. 1043. 1931.

[5] Auf die gleiche Weise ist auch die Verfärbung flüssiger fluoreszierender Farbstofflösungen bei intensiver Belichtung zu erklären, die immer beobachtet wird, wenn nicht für vollständige Sauerstofffreiheit gesorgt wird.

Veränderung ist von der bloßen Auslöschung durch Stöße prinzipiell verschieden.

Gewissermaßen eine Umkehrung des eben beschriebenen Prozesses konnten KAUTSKY und NEIZKE bei der Oxydation des Silikons, einer ungesättigten Siliziumsauerstoffverbindung beobachten, an dem Eosin oder Rhodamin adsorbiert war: wurde das Silikon durch Behandlung mit Kaliumpermanganat oder Ozon oxydiert, so trat hell die typische Fluoreszenz der adsorbierten Farbstoffe in die Erscheinung. Wenn man nun, was gleichfalls möglich, den chemischen Prozeß — die Oxydation des Silikons — durch Belichtung einleitet oder beschleunigt, so wird indirekt auch die Fluoreszenz des Farbstoffes durch die einfallende Strahlung ausgelöst, man hat dann einen Fall, der unter Einschaltung sehr viel komplizierterer Zwischenmechanismen der sensibilisierten Fluoreszenz von Dämpfen weitgehend entspricht.

40. Photochemische Sensibilisierung. Ein Zusammenhang zwischen der Fluoreszenzfähigkeit von Farbstoffen und der Möglichkeit, gewisse chemische Reaktionen durch Zusatz solcher Farbstoffe, die an der Reaktion selbst nicht teilnehmen, „photochemisch zu sensibilisieren", ist schon lange vermutet worden. So hat im Anschluß an zahlreiche ältere Autoren in neuerer Zeit K. NOACK[1] den Nachweis für den Zusammenhang zwischen der CO_2-Assimilation in den Pflanzen unter der Einwirkung der Sonnenstrahlen und der Fluoreszenz des Chlorophylls zu führen gesucht: er stützt sich dabei auf Versuche, bei denen in wässerigen Eosinlösungen durch Licht, das im Eosin absorbiert wird und dessen Fluoreszenz zu erregen vermag, an anderen in der Lösung enthaltenen Stoffen gewisse chemische Reaktionen — Oxydation von Benzidin zu Benzidinblau bei Anwesenheit von Mangansalzen — ausgelöst werden. Durch die von KAUTSKY an Adsorbaten durchgeführten Beobachtungen ist es zum erstenmal gelungen, einen solchen Prozeß im einzelnen zu verfolgen, und es wird dadurch die schon früher geäußerte Ansicht bestätigt, daß nicht die Fluoreszenz selbst die fraglichen Reaktionen auslöst, sondern gerade die Auslöschung der Fluoreszenz, die in dem beschriebenen Sonderfall durch die Zwischenreaktion der O_2-Anregung verursacht wird; in anderen Fällen mag die Energieübertragung vom angeregten Farbstoffmolekül auf das reagierende System auch eine unmittelbare sein. Wesentlich für die Vorgänge ist jedenfalls nur, daß das lichtabsorbierende Molekül seine Anregungsenergie relativ lange, ohne sie in Wärme umzusetzen, aufspeichert, so daß sie *entweder* als Fluoreszenzlicht reemittiert werden *oder* zur Einleitung einer chemischen Reaktion dienen kann. Wird ceteris paribus die chemische Reaktion durch Herabsetzung der Temperatur oder durch „Vergiftung" (etwa mit Blausäure im Falle der CO_2-Assimilation durch Chlorophyll) unterbunden, so wird die Fluoreszenzausbeute demgemäß gesteigert[2]. Soll auch die bekannte Sensibilisierung der photographischen Bromsilberemulsion durch Farbstoffe wie Erythrosin oder Cyanin nach dem gleichen Schema zu deuten sein, so muß man annehmen, daß diese Stoffe außer ihrer durch kurzwelliges Licht anzuregenden blauvioletten Fluoreszenz auch noch eine weitere ihrer im Grün bzw. Rot gelegenen Absorptionsbande entsprechende langwellige Fluoreszenzbande besitzen.

Schließlich ist hier noch kurz die sog. „Fluoreszenzabsorption" zu erwähnen, über deren Existenz gleichfalls eine beträchtliche Reihe von Arbeiten publiziert worden ist, anfangs vielfach mit positivem, abschließend aber mit negativem Resultat, wie das nach unseren jetzigen Anschauungen auch durchaus zu erwarten war. Es sollten nämlich von einem zur Fluoreszenz erregten Stoffe die Wellenlängen seines Emissionsspektrums auch stärker *absorbiert* werden als im

[1] Wegen der umfangreichen älteren Literatur s. bei KAISER Bd. IV, S. 1009ff.
[2] H. KAUTSKY u. A. HIRSCH, Naturwissensch. Bd. 19, S. 964. 1931.

unerregten Zustande: eine irrtümliche Analogie zum KIRCHHOFFschen Gesetz, indem ja nicht die gerade leuchtenden Atome es sind, welche die von ihnen emittierte Strahlungsart absorbieren, sondern im Gegenteil die momentan nichtleuchtenden, die durch Absorption dieser Strahlungsart erst in den emissionsfähigen, d. h. erregten Zustand versetzt werden. Es ist natürlich anzunehmen, daß den erregten Molekülen ihrerseits nun neue Absorptionsfrequenzen entsprechen, doch kommen diese offenbar bei schnell abklingenden Vorgängen praktisch nicht zur Geltung, weil die Zahl der jeweils erregten Moleküle im Verhältnis zur Gesamtzahl zu klein ist; bei langsam abklingenden Phosphoren, wie sie weiter unten zu behandeln sein werden, ist dieser Effekt dagegen sehr wohl festzustellen.

41. Polarisation der Lumineszenzstrahlung. Sehr wesentlich bedingt durch die Natur des Lösungsmittels ist die Polarisation des Fluoreszenzlichtes von Farbstoffen, allerdings nicht so sehr durch seine chemischen Eigenschaften, sondern in der Hauptsache durch seine Zähigkeit. Die Fluoreszenzstrahlung organischer Dämpfe des Anthrazens z. B. soll — es existieren darüber allerdings nur sehr unzureichende Angaben — immer unpolarisiert sein. Das gleiche wurde bis vor kurzem allgemein auch für flüssige und feste Lösungen angenommen; richtig ist dies in der Regel jedoch nur für flüssige Medien von sehr kleiner Viskosität, wie Äther, Alkohol, Wasser. Mit wachsender Zähigkeit tritt, wie zuerst F. WEIGERT bemerkte, bei polarisierter Erregung eine immer deutlicher werdende Polarisation des Fluoreszenzlichtes auf, die unter Umständen einen Grad von nahezu 50% erreichen kann. Die Abhängigkeit des Polarisationsgrades von der Zähigkeit des Lösungsmittels ergibt sich aus den beiden ersten Beispielen der Tabelle 24, wo einmal die Viskosität des Glyzerins durch Wasserzusatz, das andere Mal die des Isobutylakohols durch Temperaturerhöhung schrittweise herabgesetzt wird. Trotz des unverkennbaren Zusammenhanges ist doch die makroskopisch gemessene Zähigkeit des Lösungsmittels nicht die einzige Voraussetzung für das Auftreten eines bestimmten Polarisationsgrades: p erreicht z. B. in wasserhaltigem, durch Abkühlung zu einem Glas erstarrten Glyzerin nicht denselben hohen Wert wie noch in tropfbarem, ganz wasserfreiem Glyzerin bei Zimmertemperatur. Auch ist p im gleichen Lösungsmittel für verschiedene fluoreszierende Substanzen nicht gleich, für gewisse sehr schwach leuchtende Stoffe wie Erythrosin oder Rose Bengale beobachteten WAWILOW und LEWSCHIN selbst in Wasser von Zimmertemperatur (Zähigkeit 0,014) noch Polarisationsgrade von über 30%, die aber in Azeton (Zähigkeit 0,003), wo nach LEWSCHIN die Lichtausbeute und somit vermutlich auch die mittlere Lebensdauer der erregten Zustände dieser Farbstoffe sehr viel größer ist, ebenfalls vernichtet werden. Schließlich ist für alle Substanzen p eine Funktion der Konzentration: mit wachsendem Farbstoffgehalt nimmt die Polarisation bis auf Null ab — das gilt aber sowohl für ganz zähe Medien wie etwa feste Gelatinehäute als auch für die extrem entgegengesetzten Fälle, von denen gerade Erythrosin in Wasser als typisches Beispiel angeführt wurde. Tabelle 24 und die Kurven der Abb. 48 geben zahlenmäßig den Verlauf dieser Abhängigkeit. Nur ein Bruchteil derselben kann auf die Erregung sekundärer Fluoreszenz infolge von Reabsorption des primären Fluoreszenzlichtes in benachbarten Farbstoffmolekülen zurückgeführt werden; hauptsächlich muß eine andere Art der Störung des Leuchtprozesses in Betracht kommen, die schließlich auch zu vollkommener Auslöschung der Fluoreszenz führt.

Der Polarisationsgrad ist im allgemeinen für alle Wellenlängen einer Fluoreszenzbande derselbe, er ist dagegen von der Wellenlänge des erregenden Lichtes abhängig: p besitzt bei transversaler Beobachtung ein Maximum, wenn die

Tabelle 24. Polarisationsgrad p des Fluoreszenzlichtes von Farbstofflösungen als Funktion der Zähigkeit des Lösungsmittels und der Konzentration.

a) Uranin in Glyzerin und Wasser.

Prozentgehalt Wasser .	0?	20	33	50	66	86	100
p in Proz.	36	28	18	14	10	6	0

b) Erythrosin in Isobutylalkohol.

Temperatur in °C . .	2	7	18	34,5	45	71	86
Zähigkeit	0,077	0,063	0,042	0,025	0,018	0,009	0,005
p in Proz.	20,9	19,5	17,6	13,1	10,7	5,2	3,5

c) Uranin in ganz wasserfreiem Glyzerin.

Uraninkonzentration in Gewichtsprozenten .	4	2	1	0,5	0,25	0,125	0,06	0,07	0,015	0,008	0,004	0,001
p in Proz.	0	?	3,2	6,5	8,1	11,1	15	19,5	30,7	39,2	43,5	45

Wellenlänge des erregenden Lichtes (λ_a) in die der Fluoreszenzbande stets eng benachbarte Absorptionsbande fällt, nimmt mit sinkendem λ_a bis auf 0 ab, erreicht sogar schwach negative Werte (d. h. die || dem Primärstrahl schwingende Komponente des Fluoreszenzlichtes hat die größere Intensität), nimmt dann wieder zu, um bei sehr kleinem λ_a ein neues Maximum zu erreichen, das unter Umständen höher liegt als das erste (Tab. 25). Ferner ist auch — bei Erregung mit linear polarisiertem Primärlicht — die Polarisation in der Primärstrahlrichtung größer als senkrecht zu ihr, die Differenz ist für große λ_a kaum meßbar, wird aber für kleinere λ_a sehr beträchtlich[1]. Geht in festen Lösungen (Gelatine, Eiweiß, Kollodium) die Fluoreszenz teilweise in Phosphoreszenz über, so ist, wenn die Lumineszenz durch polarisiertes Licht erregt wurde, das emittierte Licht während der ganzen Nachleuchtdauer in gleichem Maße polarisiert, wie es die Fluoreszenz der Lösung während der Bestrahlung war.

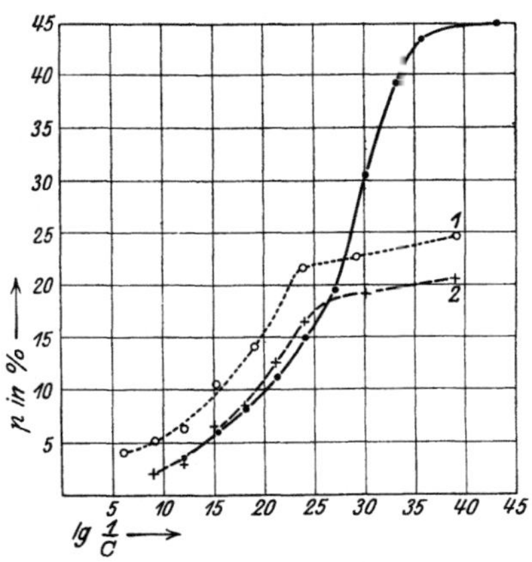

Abb. 48. Polarisation der Fluoreszenz von Uraninlösungen in Glyzerin als Funktion der Konzentration.

Diese Beobachtungen lassen sich im großen und ganzen durch die Annahme erklären, daß die Farbstoffmoleküle bzw. die in ihnen die Lichtabsorption und Emission verursachenden Systeme anisotrop sind, so daß also bei Einstrahlung polarisierten Lichtes vorzugsweise die entsprechend orientierten Moleküle angeregt werden. Bei großer Beweglichkeit der Moleküle in wenig viskosen Medien wird diese Orientierung infolge von Zusammenstößen, ehe die Reemission eintritt, vollständig zerstört; das wird desto weniger der Fall sein, je größer die Zähigkeit

Tabelle 25. Polarisationsgrad (in Proz.) des Fluoreszenzlichtes von Glyzerinfarbstofflösungen bei unpolarisierter Primärstrahlung und Beobachtung senkrecht zu diesem.

Erregende Wellenlänge λ_a in Å	5461	4358	4047	3655	3131	2537	2350	2250	2100	2000
Rhodamin B . . .	25	15	—	0	−8	20	—	27	28	20
Magdalarot	26	17	—	0	−9	21	—	29	27	18
Aeskulin	—	17	22	27	20	6	4	15	25	27
Fluoreszein	—	19		12	−3	17	—	23	26	28

[1] S. J. Wawilow, ZS. f. Phys. Bd. 55, S. 690. 1929.

und je kürzer die mittlere Nachleuchtdauer (bzw. die Verweilzeit in angeregtem Zustand) für die Farbstoffmoleküle ist: der letztere Umstand macht auch ein ungleichartiges Verhalten der einzelnen Substanzen im selben Lösungsmittel begreiflich. LEWSCHIN und ähnlich F. PERRIN haben versucht, aus den gemessenen Polarisationsgraden die mittleren Lebensdauern τ der erregten Moleküle zu errechnen. LEWSCHIN gelangt zu Werten zwischen $2\cdot 10^{-8}$ und $2\cdot 10^{-10}$ sec, die — unter Berücksichtigung der Unsicherheit der in die Rechnung eingehenden Größen — mit den nach der in Ziff. 2 beschriebenen Methode von GAVIOLA direkt gemessenen nicht schlecht übereinstimmen. Die von PERRIN abgeleitete Beziehung zwischen τ und dem bei Erregung mit linear polarisiertem Licht und bei Bestrahlung senkrecht zum Primärstrahl gemessenen Polarisationsgrad lautet: $p = p_0 \dfrac{1}{1+\left(1-\frac{1}{3}p_0\right)\frac{RT}{\eta V}\tau}$,
wo p_0 der maximale Polarisationsgrad bei Fehlen jeder Rotation ist, der je nach der Anisotropie der Moleküle verschiedene Werte besitzen kann, η den Reibungskoeffizienten des Lösungsmittels und V das Molekularvolumen des Farbstoffmoleküls darstellt. Die so berechneten τ-Werte stimmen mit den von GAVIOLA direkt gemessenen sehr gut überein. Der Zusammenhang mit η und T ist von HAKENBECK an zahlreichen Beispielen bestätigt worden[1]. Im selben Zusammenhang führt LEWSCHIN die bei großen Konzentrationen eintretende Abnahme der Polarisation auf die depolarisierende Wirkung der Kollisionen mit anderen Farbstoffmolekülen zurück; warum allerdings diesen eine derartige Wirkung eher zukommen soll als den Molekülen des Lösungsmittels, etwa des Glyzerins, wird hierbei nicht berührt.

Wird durch Zusatz „auslöschender" Fremdmoleküle (etwa KJ) zu einer fluoreszierenden (wässerigen) Lösung die mittlere Lebensdauer der erregten Zustände verkürzt, so ist die nur mehr lichtschwache Fluoreszenz auch in einem Lösungsmittel von kleinerer innerer Reibung merklich polarisiert: gleichzeitige Herabsetzung von η und τ kompensieren sich in der PERRINschen Gleichung für p.

Stets unpolarisiert, auch bei polarisierter Erregung, ist die Emission der typischen Lösungsspektra, wie sie in der progressiven Phosphoreszenz eingefrorener alkoholischer Lösungen und an den Borsäure- und Zuckerphosphoren zur Beobachtung gelangen.

42. Andere organische Substanzen. Es sind in den vorangehenden Ziffern nur wenige charakteristische Beispiele fluoreszierender aromatischer Substanzen angeführt worden; ein sehr vollständiges Verzeichnis aller damals bekannten Stoffe mit sichtbarer Fluoreszenz ist von KONEN in Kaisers Handbuch der Spektroskopie Bd. IV, S. 1108—1214, zusammengestellt worden; es enthält nahezu 2000 Nummern, darunter nur eine sehr geringe Zahl von anorganischen Verbindungen. Seitdem sind vor allem durch J. STARK und seine Schüler die Untersuchungen noch ins Ultraviolett ausgedehnt worden, allein in einer Arbeit von LEY und ENGELHARDT aus dem Jahre 1910 werden 150 ultraviolette Spektra zyklischer Kohlenstoffverbindungen beschrieben. Gleichzeitig gelang der Nachweis dafür, daß die Fluoreszenzfähigkeit unter den organischen Verbindungen nicht auf die Benzolderivate beschränkt ist, sondern daß auch aliphatische Substanzen zur Fluoreszenz erregt werden können. So hat M. GELBKE am Azeton bei Erregung mit dem Licht eines Aluminiumfunkens eine wesentlich im Ultraviolett verlaufende Fluoreszenzbande mit Maximum bei 3600 Å, am Diazetyl eine ähnliche, etwas mehr nach größeren Wellenlängen zu verschobene Bande

---

[1] E. HAKENBECK, Ann. d. Phys. Bd. 1, S. 457. 1929. Dort auch die ganze ältere Literatur.

beobachtet. Daß die Absorptions- und Emissionsbanden der aliphatischen Verbindungen im allgemeinen viel weiter im Ultraviolett liegen als die der aromatischen Stoffe, soll dadurch verursacht sein, daß in ihren Chromophorgruppen die für beide Prozesse maßgebenden Elektronen fester gebunden — weniger „gelockert" — sind und daher zur Überführung in den erregten Zustand größerer Energie bedürfen. Doch ist das hierüber vorliegende Material noch so unzureichend und die darauf bezüglichen Untersuchungen mit so vielen schwach begründeten Hypothesen beschwert, daß sich Weiteres darüber kaum aussagen läßt; selbst die Möglichkeit, daß die betreffenden Beobachtungen durch nicht hinreichende Reinheit der Stoffe verfälscht sind, ist nicht sicher von der Hand zu weisen. Die gelegentlich festgestellte bläuliche Fluoreszenz des Äthylalkohols bei $-180°$ z. B. ist sicher geringen Verunreinigungen zuzuschreiben: an ganz reinem Alkohol tritt sie nicht auf, doch genügt es bereits, die Flüssigkeit einige Zeit offen an der Luft stehenzulassen, um sie zum Erscheinen zu bringen.

Beinahe alle in der Natur vorkommenden organischen Substanzen fluoreszieren bei geeigneter Ultraviolettbestrahlung, meist genügt zur Erregung schon das Wellenlängengebiet zwischen 3000 und 4000 Å, wie es von den Zeissschen Uviolglasfiltern hindurchgelassen wird; bei tieferen Temperaturen geht die Fluoreszenz in Phosphoreszenz über: erwähnt seien als geeignete Demonstrationsobjekte Eiweiß, alle Harze, Öle, Hölzer, Papier, auch die im wesentlichen aus anorganischen Stoffen aufgebauten Bestandteile tierischer Körper, wie Eierschalen, Knochen, Zähne, die vermutlich durch die in ihnen enthaltenen organischen Zusätze „aktiviert" sind und sich durch ihre Leuchtfähigkeit leicht von ähnlich aussehenden anorganischen Körpern (Marmor, Porzellan) unterscheiden lassen. Bereitet schon eine Erklärung der an den einfachsten Benzolderivaten beobachteten Lumineszenzerscheinungen fast unüberwindliche Schwierigkeiten, so besteht natürlich zur Zeit nicht die geringste Aussicht, bezüglich der zuletzt erwähnten Phänomene über die bloße Konstatierung ihres Vorhandenseins hinauszukommen.

f) Fluoreszenz komplexer anorganischer Moleküle.

43. Uranylsalze[1]. Die Zahl fluoreszenzfähiger reiner anorganischer Verbindungen, bei denen also die Lumineszenz eine Molekül- bzw. Atomeigenschaft ist und nicht durch Einlagerung fremder Atome in einem Kristallgitter verursacht wird, ist äußerst gering. In erster Linie kommt hier eine Gruppe von Salzen des Urans in Betracht, die sämtlich diskontinuierliche Absorptions- und Emissionsspektra von sehr ähnlichem Charakter aufweisen. Dies Verhalten auf irgendwelche fremden Beimischungen zurückzuführen, ist darum nicht möglich, weil es sich als ganz unabhängig von der Herkunft und vorangehenden Behandlung der Salze erweist und auch noch in verdünnten Lösungen nicht verschwindet; einen inneren Zusammenhang mit der Radioaktivität des Urans anzunehmen, erscheint durch nichts begründet. Auch gehören nicht alle Salze des Urans in diese Gruppe, sondern nur jene, die das Uranylradikal $UO_2=$ enthalten, in denen also das Uran sechswertig auftritt, während die Uranosalze mit vierwertigem U durchweg nicht photolumineszent sind. Das Uranylradikal muß somit als der Träger des Fluoreszenzvermögens angesehen werden.

Die Ähnlichkeit der Uranylsalze in allem, was ihre Lumineszenzeigenschaften betrifft, mit den aromatischen Verbindungen vom Benzoltyp ist überraschend groß — mit der einen Ausnahme, daß sie nie im geschmolzenen oder dampf-

[1] Eine Zusammenstellung der zahlreichen Arbeiten von Nichols, Merritt und ihren Mitarbeitern in der „Publication No. 298" der Carnegie Institution, Washington 1919.

förmigen Zustand untersucht wurden, läßt sich alles, was in Ziff. 30ff. über die Spektra des Benzols gesagt wurde, fast wörtlich auf sie übertragen: Absorptions- und Fluoreszenzspektra der Salze bestehen bei Zimmertemperatur aus einer Folge von angenähert äquidistanten Banden, jene mehr nach kurzen, diese mehr nach längeren Wellen zu gelegen, so aber, daß die letzten Absorptions- und die ersten Fluoreszenzbanden sich überdecken, also umkehrbar sind (vgl. Abb. 49); an dieser Überschneidungsstelle beider Spektra ändert sich sprunghaft die Frequenzdifferenz zwischen aufeinanderfolgenden Banden, sie ist allerdings hier im Gegensatz zum Benzol für die langwelligeren Emissionsbanden größer $\left(\Delta \frac{1}{\lambda} \backsim 850\,\mathrm{cm}^{-1}\right)$ als im Absorptionsspektrum $\left(\Delta \frac{1}{\lambda} \backsim 720\,\mathrm{cm}^{-1}\right)$. Bei Abkühlung auf $-180°$ und darunter zerfallen Absorptions- und Emissionsbanden in zahlreiche sehr feine, oft linienscharfe Einzelbanden (vgl. Abb. 49 u. Tab. 26),

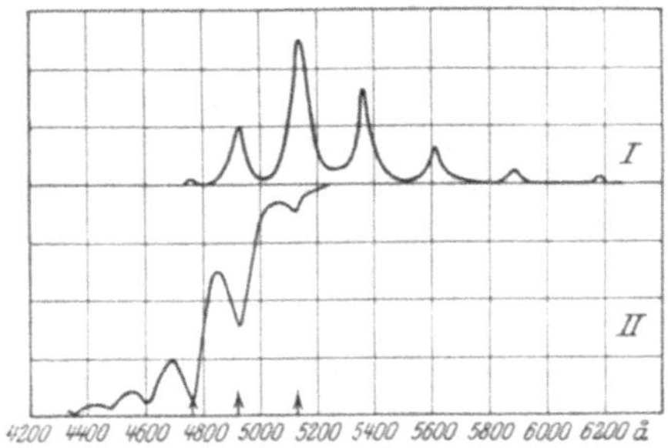

Abb. 49. Absorptions- und Fluoreszenzspektrum des Uranylkaliumsulfates. *I* Fluoreszenz. *II* Absorption.

Tabelle 26. Fluoreszenzbanden des Uranylnitrats (Wellenlängen in Å).

a) bei $+25°$.

	Ungefähre Grenze der Banden	Maximum
II	6212—6150	6188
III	5941—5840	5866
IV	5630—5550	5585
V	5360—5280	5329
VI	5120—5060	5086
VII	4900—4850	4869
VIII	?	4708

b) bei $-180°$.

(Banden in schmale Linien aufgelöst.)
ss = sehr schwach, s = schwach, m = mittelstark, st = stark.

	A	B	C	D	E	F	G	H	I	K
I	—	—	—	6515 ss	6493 ss	—	—	—	—	—
II	—	—	—	6169 s	6139 s	6131 m	—	6061 ss	—	6002 s
III	—	5917 ss	5885 s	5858 m	5831 m	5821 s	—	5767 ss	—	5688 m
IV	5682 ss	5634 s	5602 s	5578 st	5556 st	5544 m	5525 s	5489 ss	5476 ss	5440 m
V	5417 ss	5373 m	5351 s	5325 st	5305 st	5291 m	5269 s	5241 m	5230 ss	5200 s
VI	5136 s	5136 m	5112 s	5092 st	5068 m	5052 m	5042 ss	4950 m	—	—
VII	4956 m	4914 st	4897 m	4878 s	4856 st	4849 s	—	—	—	—

so daß die Spektra weitgehend an die von Dämpfen erinnern und man tatsächlich auch schon den Versuch gemacht hat, sie durch Gleichungen vom Deslandrestyp darzustellen; sie scheinen aber doch nicht jene letzte Feinstruktur zu besitzen, die man in den Spektren von Dämpfen auf die Molekülrotation zurückführt, und sind also vielleicht auch wieder als Folgen von Nullbanden aufzufassen. Freilich ist es auch nicht ganz wahrscheinlich, daß bei den tiefsten Beobachtungstemperaturen (20° abs.) die Moleküle im unerregten Zustand noch Kernschwingungsquantenzahlen >0 aufweisen; dann könnte aber in jeder Bande nur noch eine einzige „Null-Linie“ übrigbleiben, und das Auftreten von mehreren Bandenlinien, wie es in Abb. 50 deutlich zu erkennen ist, müßte einer anderen Differenzierungsmöglichkeit in den Energie-

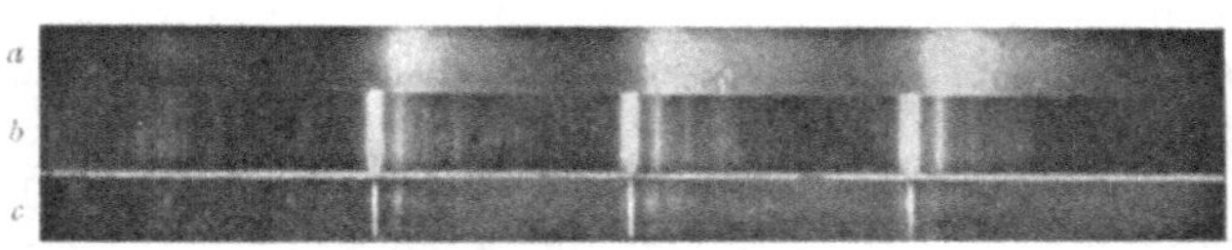

Abb. 50. Fluoreszenzspektrum des Uranylkaliumsulfates. *a* $+15°$, *b* $-193°$, *c* $-253°$.

niveaus zugeschrieben werden. Immerhin ist es VAN HEEL[1] gelungen, alle bei tiefen Temperaturen im Absorptions- und Emissionsspektrum verschiedener Uranylsalze beobachteten Einzelbanden durch Termschemata des unerregten und erregten Zustandes darzustellen (Abb. 51), die den in Abb. 40 für das Benzol wiedergegebenen weitgehend analog sind.

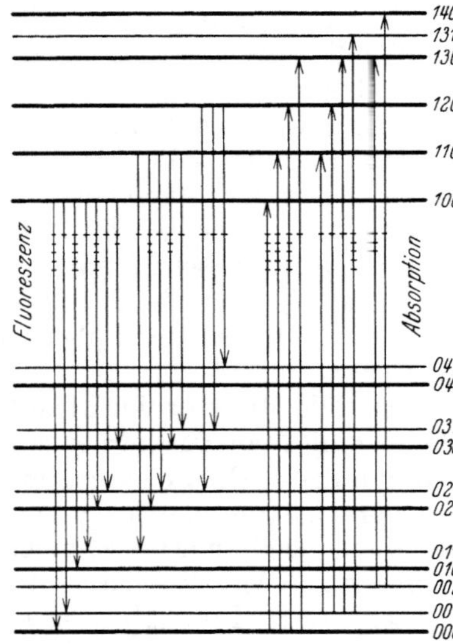

Abb. 51. Energieniveaus für Absorption und Fluoreszenz des Uranylcalciumphosphats (nach VAN HEEL).

Lösungen von Uranylsalzen in Wasser oder Säuren besitzen in der Regel Fluoreszenzspektra, die aus denen der festen Salze (bei Zimmertemperatur) durch geringfügige Verschiebungen hervorgehen: gerade dieser Umstand beweist eindeutig, daß die Fluoreszenzfähigkeit wirklich eine Eigenschaft des Uranylmoleküls selbst und nicht des Kristallgitters ist. Wiederum tritt hier bei Temperaturerniedrigung bzw. Festwerden der Lösungen nicht die Aufspaltung in Einzelbanden auf, die Banden bleiben breit und verwaschen. Das gilt auch für Lösungen in schon bei Zimmertemperatur festen Gläsern — den in der Praxis viel verwandten „Urangläsern". Wenn man Uranylsalze (Phosphate, Nitrate) durch zunehmenden Überschuß von Säure aus einem kleinkristallinischen Pulver allmählich in dickflüssige Lösungen überführt, die bei tiefen Temperaturen als Gläser erstarren, so treten die normal vorhandenen scharfen Linien der Kristalle immer mehr gegen breite verwaschene und zuweilen spektral stark verschobene Banden zurück. Abb. 52 erläutert das schematisch für den Fall des Uranylnatriumphosphats: in der letzten Zeile, die einem Verhältnis von 1 Mol Säure pro Mol Salz entspricht, sind allein noch die breiten Lösungsbanden übriggeblieben. Gelegentlich kommen auch sonst neben oder an Stelle der für die festen Salze charakteristischen Bandenfolge in Lösungen wesentlich anders gebaute Lösungsspektra vor, die augenscheinlich auf eine spezifische Wechselwirkung zwischen den Molekülen des betreffenden Salzes und denen des Lösungsmittels zurückzuführen sind.

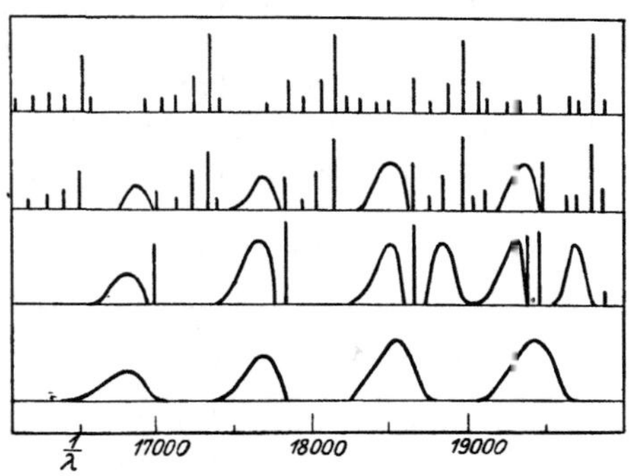

Abb. 52. Fluoreszenzbanden des Uranylnatriumphosphates bei wachsendem Säurezusatz (−185°).

Die Nachleuchtdauer τ der kristallinen Salze ist im allgemeinen bei Zimmertemperatur von der Größenordnung 10^{-4} sec und wird meist auch bei −185° kaum merklich größer. Die Abklingungskurve läßt sich entgegen älteren Angaben stets durch eine einfache Exponentialfunktion darstellen[2]. Das Emissionsspektrum eines Salzes klingt in allen Teilen gleich schnell ab, so daß sich also die Farbe der Phosphoreszenz im Phosphoroskop mit wechselnder Umlaufsgeschwindigkeit der Sektorscheiben nicht ändert.

[1] A. C. S. VAN HEEL, Comm. Leiden, Suppl.-Bd. 55b, Nr. 169—180. 1925.
[2] S. J. WAWILOW u. W. L. LEWSCHIN, ZS. f. Phys. Bd. 98, S. 397. 1928.

In flüssigen Lösungen ist die Fluoreszenzhelligkeit im allgemeinen klein; Uranylsulfat, in ganz reiner Schwefelsäure gelöst, ergibt dagegen eine Fluoreszenzausbeute, die der des kristallinen Salzes kaum nachsteht, und an solchen Lösungen mißt man Leuchtdauern, die — noch etwas von der Konzentration und Temperatur abhängend — auch wieder von der Größenordnung $\tau = 10^{-4}$ sec sind. Infolge dieser relativ großen Lebensdauer sind diese erregten Moleküle ungemein empfindlich gegen auslöschende Stöße, die geringsten Spuren von HCl oder hier (wie schon STOKES fand) auch von organischen Verunreinigungen (Alkohol z. B.) drücken Nachleuchtdauer und Lichtausbeute sehr stark herab. Aus diesen Gründen ist F. PERRIN der Ansicht, daß die Uransalze ein typisches Beispiel der „lang dauernden Fluoreszenz" (im Gegensatz zur Phosphoreszenz, vgl. Ziff. 1) bieten: die lange Nachleuchtdauer wird durch die kleine Übergangswahrscheinlichkeit zwischen erregtem und unerregtem Molekülzustand verursacht, sie kann daher nur durch auslöschende Zusammenstöße unter Herabsetzung der Ausbeute verkürzt, nicht aber durch Temperaturerniedrigung beliebig vergrößert werden[1].

44. Die Struktur der Uranylfluoreszenzbanden und ihre Abhängigkeit von der chemischen Zusammensetzung. Die Fluoreszenzspektra der verschiedenen Uranylsalze sind durchweg vom gleichen Typus: sieben bis acht Banden zwischen 4500 und 6500 Å, von denen die mittleren (z. B. III bis V in Tab. 26a) am hellsten leuchten, jede Bande mit ziemlich scharfer kurzwelliger Kante und einem flacheren Abfall nach dem Rot zu; unter den bei tiefen Temperaturen hervortretenden Einzelbanden (Tab. 26b) zeigen sich gewisse gleichmäßig fortschreitende Intensitätsverschiebungen beim Übergang von einer der mit römischen Zahlen bezifferten Bande zur folgenden, derart etwa, daß die hellsten Linien der Bande VII in den mehr nach Rot gelegenen Banden kleinerer Ordnungsnummer relativ immer weniger Intensität besitzen, und also nicht jede Bande eine vollkommene Wiederholung der vorangehenden darstellt. Besondere Intensitätsverschiebungen bilden sich überdies (auch wieder genau wie beim Benzol) in den kurzwelligsten Emissionsbanden infolge von Selbstumkehr aus. Mit sinkender Temperatur rücken alle Bandenköpfe nach kürzeren Wellenlängen: man vergleiche hierzu die Spektra *a*—*c* von Abb. 50 und die zugehörigen Wellenlängenangaben in Tabelle 27. Bei fast allen Salzen findet man auch bei Zimmertemperatur die Auflösung in Einzelbanden angedeutet, wenn man die Banden mit Hilfe eines Spektralphotometers durchmißt, zuweilen (so vor allem bei den Uranylalkalichloriden) ist diese Auflösung bei $+20°$ schon eine sehr weitgehende.

Tabelle 27. Bandenkanten der kräftigsten Fluoreszenzbanden von Uranyl-Alkali-Sulfaten.

Salz	Temperatur	Wellenlangen in Å				
Uranylsulfat	$+20°$	4925	5149	5397	5662	5930
Uranylkaliumsulfat	$+20°$	4920	5130	5360	5601	5881
,,	$-193°$	4907	5114,8	5342	5590,9	5863,1
,,	$-253°$	—	5113,5	5341,0	5588,9	5860,5
Uranylnatriumsulfat . . .	$-193°$	4891	5101	5338	5589	—
Uranylammoniumsulfat . .	$-193°$	4913	5125	5344	5595	—

Trotz der großen allgemeinen Ähnlichkeit besitzt doch jede Verbindung ihr nur für sie allein charakteristisches Spektrum; maßgebend ist dabei fast ausschließlich die Säure, während die Natur des zweiten Metalles in Doppel-

[1] S. J. WAWILOW u. L. LEWSCHIN, l. c.; F. PERRIN u. R. DELORME, C. R. Journ. Phys. et Rad. (6) Bd. 10, S. 172. 1929.

salzen eine mehr untergeordnete Rolle spielt: alle Salze bzw. Doppelsalze mit gleichem Säureradikal haben ganz analog gebaute Spektren, wie das z. B. für die Sulfate aus Tabelle 27 hervorgeht; dasselbe gilt für die Nitrate, Chloride, Azetate usw. Von großer Bedeutung für den Verlauf der Spektren ist der Kristallwassergehalt der Salze; werden Uranylsalze durch Erhitzen anhydriert, so verändern sich ihre Fluoreszenzbanden, und zwar in ganz verschiedenartiger Weise: neben bloßen Verschiebungen nach Rot oder Violett ist auch zuweilen das Auftreten ganz neuer Emissionseinzelbanden zu beobachten. So beschreiben NICHOLS und MERRIT für Uranylkaliumsulfat je nach dem Wassergehalt fünf verschiedene Varianten seines Fluoreszenzspektrums und in nichthomogenen mikrokristallinen Gemischen auch noch deren Superpositionen. Dabei ist es nicht unwahrscheinlich, daß die Einwirkung der Hydrierung auf das Spektrum keine direkte ist, sondern daß diese verursacht wird durch die Änderung des Kristallsystems, in dem das Salz jeweils kristallisiert. Denn einerseits ist das letztere wirklich durch den Wassergehalt bestimmt: vom Uranylnitrat z. B. existiert eine rhombische Modifikation mit sechs Kristallwassern, eine trikline Modifikation mit drei Kristallwassern sowie ein Dihydrat und ein Anhydrat, die nur mikrokristallinisch vorkommen und daher nicht sicher in ein bestimmtes Kristallsystem eingeordnet werden können; andererseits aber scheinen unter verschiedenen Salzen solche die größte Verwandtschaft in ihren Emissionsspektren zu besitzen, die im gleichen System kristallisieren, auch wenn ihr Kristallwassergehalt ein verschiedener ist: so sind die Spektra des monoklinen Diammoniumuranylnitrats $[(NH_4)_2UO_2(NO_2)_4]$ mit zwei Kristallwassern und des gleichfalls monoklinen Dikaliumuranylnitrats $[K_2UO_2(NH_3)_4]$ ohne Kristallwasser fast in allen Einzelheiten identisch, unterscheiden sich dagegen sehr deutlich von den Spektren des trigonalen Monoammoniumuranylnitrats $[NH_4UO_2(NO_3)_3]$ oder des rhombischen Kaliumuranylnitrats $[KUO_2(NO_3)_3]$ (Abb. 53).

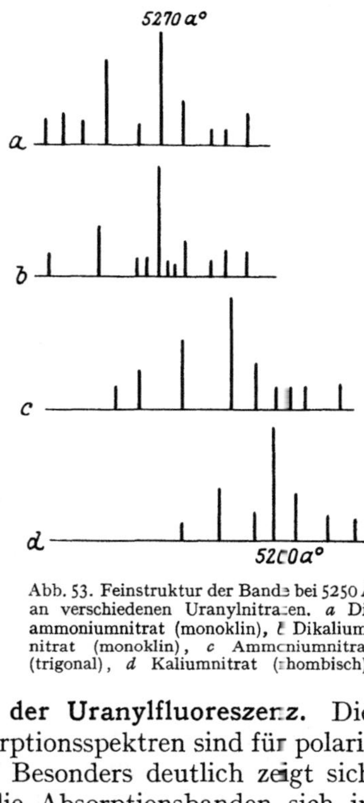

Abb. 53. Feinstruktur der Bande bei 5250 Å an verschiedenen Uranylnitraten. *a* Diammoniumnitrat (monoklin), *b* Dikaliumnitrat (monoklin), *c* Ammoniumnitrat (trigonal), *d* Kaliumnitrat (rhombisch).

45. Polarisation und Erregungsverteilung der Uranylfluoreszenz. Die meisten Uranylsalze sind pleochroitisch: ihre Absorptionsspektren sind für polarisiertes Licht abhängig vom Polarisationsazimut. Besonders deutlich zeigt sich das bei tiefen Temperaturen, bei denen auch die Absorptionsbanden sich in linienfeine Einzelbanden aufspalten: dann liegen diese Absorptionslinien für zwei senkrecht zueinander polarisierte Strahlen bei verschiedenen Wellenlängen, und zwar meist nicht nur so, daß jede Linie in ein Dublett mit ungleicher Schwingungsrichtung des elektrischen Vektors zerfällt; sondern die beiden Spektra schieben sich in ganz unregelmäßiger Folge ineinander. Dasselbe wiederholt sich im Emissionsspektrum: dieses Ergebnis wird nicht nur sekundär durch teilweise Absorption des Fluoreszenzlichtes im Kristallinneren vorgetäuscht, sondern hat seine Herkunft primär im Emissionsprozeß selbst; denn einerseits müßte sonst entgegen dem wirklichen Befund das Polarisationsazimut im Fluoreszenzlicht senkrecht auf dem der zugehörigen Absorptionslinie stehen, andererseits ist aber die Polarisation in den Fluoreszenzbanden, in denen Selbstumkehr überhaupt nicht mehr in Frage kommt, genau so gut vorhanden wie in den kurzwelligeren

Banden. Für das Uranylkaliumchlorid bei $-185°$ ist dies in Abb. 54 schematisch dargestellt: von den nach abwärts gerichteten Strichen bedeuten die ausgezogenen bzw. die punktierten die den beiden zueinander senkrechten Polarisationsebenen zugeordneten Absorptionsbanden; analog geben die nach oben gerichteten Striche die beiden Fluoreszenzspektra. Absorptions- und Emissionsspektrum sind in entsprechender Weise nach kleineren bzw. größeren Wellenlängen fortgesetzt zu denken.

Die Polarisation der einzelnen Banden selbst ist ebensowenig wie das Intensitätsverhältnis zwischen den unter verschiedenem Azimut polarisierten Banden irgendwie abhängig von der etwaigen Polarisation der Primärstrahlung: ist diese überhaupt imstande, die Lumineszenz zu erregen, so treten immer alle Linien mit der für sie charakteristischen Polarisation gleichzeitig und mit den gleichen relativen Intensitätsverhältnissen auf. Die Fluoreszenz der flüssigen und festen Lösungen ist stets unpolarisiert. Auch in spektraler Hinsicht ist trotz der engen Verknüpfung von Lumineszenz- und Absorptionsspektrum die Lumineszenzerregungsverteilung keineswegs auf die selektiven Absorptionsmaxima beschränkt: die Salze besitzen durchweg eine vom Blau nach dem Ultraviolett ansteigende kontinuierliche Absorption, der die selektiven Maxima überlagert sind; und diese treten in bezug auf die Fluoreszenzerregung gegenüber dem kontinuierlichen Untergrund nur so weit hervor, als es der vergrößerten Absorption entspricht, der Ökonomiekoeffizient ist über das ganze Absorptionsgebiet hin innerhalb der Meßgenauigkeit konstant. Er ist dagegen sehr stark temperaturabhängig: zwischen $+100$ und $250°$ verschwindet das Fluoreszenzvermögen fast aller Uranylsalze ganz — in flüssigen Lösungen sogar meist schon unter $100°$ —, während die Absorptionsbanden unverändert bleiben. Man gewinnt so den Eindruck, daß der Erregungsvorgang hier nur relativ indirekt mit dem Emissionsprozeß zusammenhängt: das System, dem die Emission zuzuschreiben ist, kann zwar die entsprechenden Übergänge auch im umgekehrten Sinne durchlaufen, die dann als Absorptionslinien in die Erscheinung treten, die Erregung wird aber im allgemeinen nicht auf diese Art herbeigeführt, sondern möglicherweise durch Energieaufnahme in ganz anderen Teilen des Moleküls. Derartige Vorgänge, sehr weitgehend verschieden von den typischen Resonanzprozessen, sind mit noch größerer Wahrscheinlichkeit bei den später zu behandelnden „Kristallphosphoren" anzunehmen.

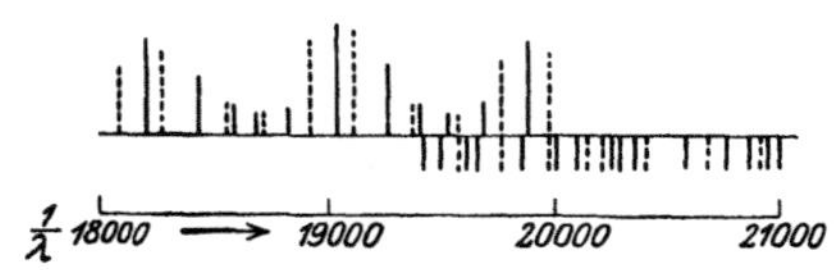

Abb. 54. Polarisation in den Absorptions- und Fluoreszenzbanden des Uranylkaliumfluorids bei $-185°$.

46. Platinzyanüre. Nicht ganz so eindeutig wie bei den Uranylsalzen ist es für die Zyandoppelsalze des Platins klargestellt, daß ihre beträchtliche Fluoreszenzfähigkeit eine Moleküleigenschaft ist und nicht etwa durch geringfügige, das Kristallgitter verzerrende fremde Verunreinigungen hervorgerufen wird. Denn es scheint sicher, daß diese Verbindungen nicht in Lösung oder geschmolzen, sondern ausschließlich als feste Kristalle Lumineszenzvermögen besitzen; bei diesen aber ist die Eigenschaft so regelmäßig vorhanden, daß man sie, solange keine besonderen Gegengründe bekannt werden, doch wohl den Molekülen der Verbindungen selbst zuschreiben muß. Die Salze sind meist ziemlich tief gefärbt, d. h. sie besitzen im sichtbaren Gebiet Absorptionsbanden, die gleichzeitig als Erregungsbanden der Fluoreszenz funktionieren. So findet HAGENBACH für das Magnesiumplatinzyanür ein Absorptionsgebiet, das sich von 6100 Å bis ins Ultraviolett erstreckt, mit drei deutlich ausgesprochenen Maximis bei 5900, 4850 und 4000 Å; dem entsprechen zwei im Rot gelegene Emissionsmaxima. Allerdings ist dieses Salz stark pleochroitisch, und ebenso wie die Farbe des durchgelassenen Lichtes ist auch Farbe und Polarisation des Fluoreszenzlichtes wesentlich durch die Polarisation der erregenden Strahlen und die Orientierung der Kristallachsen bedingt. Bilden Primärstrahl, Fluoreszenzstrahl und Kristallachse ein orthogonales Koordinatensystem XYZ, wie in Abb. 55, und ist das erregende Licht $\parallel Z$ polarisiert ($\updownarrow^{1}$ in der Abbildung), so ist das Fluoreszenzlicht von gelber Farbe und gleichfalls $\parallel Z$ polarisiert; liegt dagegen die Polarisationsrichtung des einfallenden Lichtes $\parallel Y$ ($\swarrow\!\!\nearrow^{2}$ in der Abbildung), so ist auch das sekundäre Licht $\perp Z$, also $\parallel X$ polarisiert und hellrot gefärbt. Das Verhalten ist also ein ganz anderes wie bei den Uranylsalzen: Absorptions- und Emissionsprozeß scheinen weit unmittelbarer zusammenzuhängen, indem durch primäre Schwingungen einer bestimmten Orientierung auch nur eine ganz bestimmt orientierte Sekundärwelle ausgelöst wird. Dagegen sind auch hier wieder wie bei den Uranylsalzen die allerdings meist nur sehr qualitativ bekannten Emissionsspektra sehr stark vom Wassergehalt der Kristalle abhängig, fast für alle untersuchten Salze ändert sich die Fluoreszenzfarbe nach Austreiben des Kristallwassers durch Erhitzung. Die ursprünglich bläulichweiße Fluoreszenz des Bariumplatinzyanürs wird nach gelinder Erwärmung tiefblau, nach stärkerer Erwärmung goldgelb, wobei auch das Absorptionsspektrum sich stark verändert; ebenso schlägt die Fluoreszenzfarbe des Magnesiumplatinzyanürs nach Erhitzung von Rot nach Gelbgrün um, die des Strontiumplatinzyanürs von Blaugrün nach Ziegelrot, dann nach Gelbrot, zuletzt nach Grün usw.[1]. Die durch Erwärmung hervorgerufene Veränderung braucht dabei nicht immer in einer Anhydrierung zu bestehen; es existieren zuweilen von demselben Salz mehrere vermutlich stereoisomere Modifikationen mit gleichem Kristallwassergehalt, aber in verschiedenen Kristallsystemen kristallisierend, die bezüglich ihrer Färbung und ihres Fluoreszenzvermögens sich stark voneinander unterscheiden. So findet L. A. LEVY drei Formen des Bariumplatinzyanürs mit vier Kristallwassern [$BaPt(CN)_4 - 4H_2O$]: zwei kristallinische und eine amorphe, von denen die erste, in der Durchsicht orange gefärbt, nur schwach, die zweite apfelgrüne sehr kräftig fluoresziert, während die amorphe, von ziegelroter Farbe, überhaupt keine Leuchtfähigkeit besitzt; nicht fluoreszent ist schließlich noch eine weitere amorphe Modifikation mit nur zwei Kristallwassern.

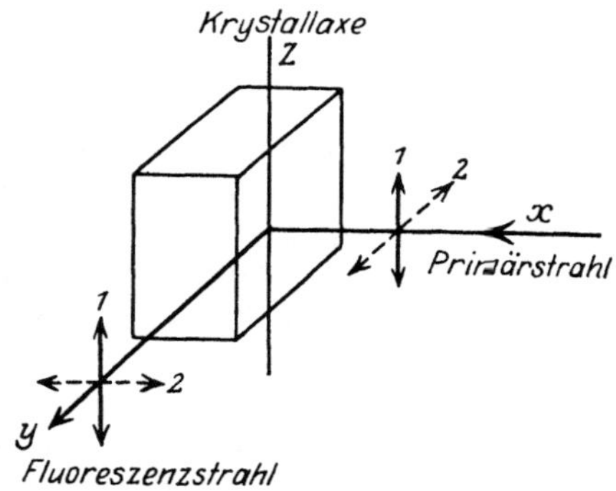

Abb. 55. Polarisierte Fluoreszenz des Magnesiumplatinzyanürs.

Die Nachleuchtdauer ist für alle Platinzyanüre bei Zimmertemperatur kurz, häufig kaum mit dem Phosphoroskop nachweisbar; meist tritt während des Nachleuchtens eine Farbänderung ein, d. h. das Emissionsspektrum besteht in Wahrheit aus mehreren Banden mit ungleicher Abklingungsgeschwindigkeit. Für Ammoniumplatinzyanür hat DEWAR gezeigt, daß, wenn man es bei der Temperatur des flüssigen Wasserstoffs einer erregenden Strahlung aussetzt, keinerlei Lumineszenz zu beobachten ist. Erhöht man aber nachträglich — ohne neuerdings zu erregen — im Dunkeln die Temperatur des vorher bestrahlten Kristalls, so wird nun die bei der Absorption aufgenommene und bei der tiefen Temperatur festgehaltene Energie in der Form heller Phosphoreszenzemission wieder abgegeben. Dies Verhalten ist typisch für die im folgenden Hauptabschnitt zu

[1] Wegen einer vollständigen Aufzählung siehe KAISER Bd. IV, S. 1191ff.

behandelnden Kristallphosphore, die durch Fremdatome aktiviert sind, und könnte also dafür sprechen, daß die Platinzyanüre doch vielleicht in diese Klasse zu rechnen sein mögen.

47. Seltene Erden. Die Fähigkeit bestimmter Moleküle, auch im kondensierten Zustande noch zu fluoreszieren, ist offenbar dadurch bedingt, daß die an dem Prozeß beteiligten Elektronensysteme gegen äußere Störungen wenig empfindlich sind. Ein solcher Schutz gegen die Einwirkung von Nachbarmolekülen ist bei den aromatischen Verbindungen, den Uranylsalzen und evtl. auch bei den Platinzyanüren wohl durch die besondere Konfiguration der Atome in den komplexen Molekülen gegeben. Bei den seltenen Erden sind auch schon durch die besondere Anordnung der Elektronen im Atom die für alle optischen Vorgänge maßgebenden Elektronen weitgehend gegen äußere Einflüsse isoliert und daher in ihren Absorptions- und Emissionsfrequenzen verhältnismäßig wenig von den äußeren Umständen abhängig. Bekanntlich sind viele feste Verbindungen von seltenen Erdmetallen durch diskontinuierliche, aus schmalen und scharfbegrenzten Banden bestehende Absorptionsspektra ausgezeichnet; und demgemäß sind auch die seltenen Erden, soweit bis jetzt bekannt, die einzigen Elemente, deren einfache Salze wie Chloride oder Sulfate in wässeriger und alkoholischer Lösung bei Erregung mit kurzwelligem ultraviolettem Lichte sichtbare Fluoreszenz zeigen. So leuchten, wie SORET als erster durch visuelle Beobachtung feststellte, Lösungen von Didymsalzen bei Bestrahlung mit dem Licht eines Cd-Funkens dunkelblau, von Ytterbium hellgrün, von Yttrium indigoblau, von Terbium grünlich. J. STARK und STEUBING haben durch photographische Aufnahmen gezeigt, daß all diese Spektra sowie auch die anderer seltener Erdverbindungen sich weit bis ins Ultraviolett, bis gegen 2200 Å, hin erstrecken; Genaueres über ihre Struktur ist nicht bekannt. Wieweit auch die reinen festen Salze der seltenen Erdmetalle an sich fluoreszenzfähig sind, muß noch als sehr zweifelhaft gelten; denn hier lassen sich spurenweise Verunreinigungen durch andere seltene Erden fast nicht vermeiden, und sobald diese für das Leuchten verantwortlich zu machen sind, hat man es mit Phosphoren von der Art zu tun, wie sie im folgenden Abschnitt zu besprechen sein werden; das gleiche gilt für andere Grundmaterialien, die mit seltenen Erden „aktiviert“ sind: Didymglas usw. (Ziff. 60).

48. Andere anorganische Verbindungen. Mit der gleichen Versuchsanordnung, die sie für die seltenen Erden verwandten, konnten STARK und STEUBING keine noch so schwache Andeutung von Fluoreszenz an Lösungen anderer Sulfate oder Chloride (Cu, Va, Mo, Fe, Ni, K, Co, Th, Ba) nachweisen. Dagegen existieren wohl noch manche anorganische Verbindungen, die in festem Zustand durch Bestrahlung zur Fluoreszenz erregt werden können, und von denen man nicht positiv weiß, daß ihre Lumineszenzfähigkeit fremden Verunreinigungen zuzuschreiben ist. Seitdem aber nach den ersten darauf hinweisenden Beobachtungen von VERNEUIL und BOISBAUDRAN für eine immer wachsende Zahl von Körpern, die früher als an sich fluoreszent galten, festgestellt wurde, daß es tatsächlich allein auf die meist minimalen Fremdbeimischungen ankommt, ist in dieser Frage äußerste Vorsicht am Platze. Hier wären etwa das Kalziumwolframat und -molybdat zu nennen (vgl. Ziff. 58). Dagegen scheint das Siloxen ($Si_6H_6O_3$) infolge einer Ringbildung seiner sechs Siliziumatome ähnlich dem Benzolring als konstitutive Eigenschaft Fluoreszenzvermögen zu besitzen[1]. Substitution der H-Atome durch NH_2-Gruppen bewirkt eine verstärkte Absorption im langwelligen Gebiet, so daß je nach der Zahl der Substituenten die Farbe des Präparats

---

[1] H. KAUTSKY, Chem. Ber. Bd. 64, S. 1610. 1931.

von Gelb über Orange und Rot bis Violett variiert; parallel rückt auch die Wellenlänge der Fluoreszenz nach dem Rot zu. Halogensubstitutionen schwächen das Fluoreszenzvermögen — auch dies wie beim Benzol. Geringe Sauerstoffmengen oxydieren die Aminosiloxene, wobei als intensive Chemilumineszenz dieselben Banden emittiert werden, die vorher durch Lichteinstrahlung hervorgerufen werden. Sie müssen also von den noch unveränderten Molekülen ausgesandt werden, auf welche die bei der exotherm verlaufenden Oxydation freiwerdende Energie übertragen wird, gerade wie bei dem schon früher besprochenen Fall auf die Moleküle eines am Siloxen adsorbierten Farbstoffes.

g) Durch Fremdatome aktivierte anorganische Phosphore.

(Kristallphosphore.)

49. Einige Bemerkungen über den Bau der Kristallphosphore. Die in diesem Abschnitt zu besprechenden Substanzen sind, was ihre Lumineszenzeigenschaften betrifft, die am längsten bekannten und wohl auch in qualitativer und quantitativer Hinsicht am meisten durchforschten. Zu ihnen gehören sowohl zahlreiche synthetische Produkte, „künstliche Leuchtsteine" oder „Leuchtfarben", darunter der älteste unter allen Phosphoren, der berühmte Bologneser Leuchtstein des alchimistischen Schusters CASCIAROLO, als natürliche Minerale, von denen der Flußspat durch sein Leuchtvermögen der ganzen Erscheinungsgruppe der „Fluoreszenz" den Namen gegeben hat. All diesen Körpern gemeinsam ist, daß sie aus einem an sich nicht fluoreszierenden anorganischen Grundmaterial bestehen, das durch geringe Zusätze eines gleichfalls anorganischen und an sich im kondensierten Zustand nicht fluoreszierenden Stoffes (meist, aber nicht immer einer Metallverbindung) aktiviert wird: erst durch diese Aktivierung kommt der Phosphor zustande; es genügt dazu häufig schon ein Zusatz von 10^{-4}% und darunter. Solange die Methoden der chemischen Reinigung nicht hinreichend fortgeschritten waren, mußten, obwohl man bereits vielfache und ausführliche Rezepte für die Herstellung künstlicher Leuchtsteine besaß[1], die Resultate der Präparation mehr oder weniger zufällig bleiben, da sie eben von den zufällig im Ausgangsmaterial enthaltenen fremden Bestandteilen abhingen. Systematisch sind diese Fragen erst von LENARD und seinen Mitarbeitern geklärt worden. Ein besonderes Problem bietet die Frage nach dem Zustand, in dem sich das Grundmaterial befinden muß, um einen leuchtfähigen Phosphor zu ergeben. LENARD stand auf dem Standpunkt, daß die von ihm in erster Linie untersuchten Phosphore, die darum — obwohl sie tatsächlich nicht nur mit dem alten Bologneser Leuchtstein, sondern auch mit den von BECQUEREL, VERNEUIL und vielen anderen hergestellten Präparaten von gleicher Art sind — häufig als „Lenardphosphore" bezeichnet werden, sicher nicht kristallinischen Bau besitzen, sondern als erstarrte Glasflüsse anzusehen sind. Es handelt sich dabei um Substanzen, deren Grundmaterial aus den Sulfiden, dann auch aus den Seleniden oder Oxyden der Erdalkalimetalle besteht, und die mit Hilfe irgendwelcher Flußmittel bei Temperaturen von etwa 1000° mit dem aktivierenden Metall zusammengesintert sind. In der bei der Abkühlung erstarrenden glasigen Masse sollen außerordentlich komplexe, unter Umständen aus über 10^5 Atomen zusammengesetzte Moleküle von besonders „sperriger" Struktur sich bilden, die sog. „Zentren", denen, falls sie ein Atom des aktivierenden Metalls enthalten, die Substanz ihre Phosphoreszenzfähigkeit verdankt. Auf Einzelheiten dieser Anschauung soll weiter unten noch zurückgekommen werden; obwohl sie aber als heuristische Arbeitshypothese

[1] Vgl. z. B. J. BECQUEREL, La Lumière S. 214ff.

fraglos Bedeutendes geleistet hat, und obwohl sie — allerdings mit Hilfe immer neuer Zusatzannahmen — das reiche Beobachtungsmaterial sehr vollständig darzustellen vermag, muß man gegen ihre Richtigkeit heute doch ernsthafte Bedenken geltend machen. Die den Erdalkalisulfidphosphoren in fast allen Dingen ähnlichen Zinksulfidphosphore (Sidotblende) besitzen auch nach Ansicht der LENARDschen Schule kristallinische Struktur; zahlreiche andere aus Schmelzflüssen erstarrte aktivierte Verbindungen, Wolframate, Silikate usw., sind nach TIEDE und SCHLEEDE[1] nur dann phosphoreszent, wenn sich in ihnen vermittels der DEBYE-SCHERRERschen Röntgenstrahlanalyse Partien mit kristallinischer Struktur nachweisen lassen; das Vorhandensein solcher Partien läßt sich aber nach derselben Methode stets auch in den nach LENARDs Vorschriften präparierten Erdalkalisulfidphosphoren feststellen, wennschon damit vielleicht nicht bewiesen ist, daß gerade die in den Glasfluß eingebetteten Kristallite und nicht — wie nach LENARDs Meinung — die glasartigen Bestandteile die Träger der Phosphoreszenz sind. Weiter haben TIEDE und SCHLEEDE gezeigt, daß man im Druckofen durch bloßes Schmelzen der Sulfide auch ohne Anwendung eines „schmelzbaren Zusatzes" lumineszenzfähige Lenardphosphore erhalten kann, daß also diese schmelzbaren Zusätze im wesentlichen wirklich nur die Rolle eines Flußmittels spielen. Und nach sehr lehrreichen Versuchen von TIEDE und WEISS entstehen sogar, wenn man das Sulfid des Schwermetalls (CuS oder SbS) und das Grundmaterial (ZnS bzw. MgS) beide als kleinkristalline Pulver übereinander schichtet, bei der relativ niedrigen Temperatur von etwas mehr als 350° durch Diffusion des Schwermetalls in das Grundmaterial typische Lenardphosphore[2]. Schließlich stimmen auch die zuerst von POHL und seinen Mitarbeitern hergestellten Alkalihalogenidphosphore (mit Cu, Ag, Tl usw. aktivierte Chloride, Bromide, Jodide der Alkalien Na, K, Rb, Cs) in allen wesentlichen Leuchteigenschaften mit den LENARDschen Präparaten überein, und hier handelt es sich nicht wie sonst um kleinkristalline Gemenge, sondern um große, gut ausgebildete Kristalle, die sich den ja auch als große Kristallstücke vorkommenden natürlichen phosphoreszierenden Mineralien gegenüber durch ihre bei synthetischer Präparation wohl definierte Zusammensetzung auszeichnen.

Kann so die Kristallnatur der Phosphore im allgemeinen als erwiesen gelten — obwohl es sicher auch echte Gläser gibt (z. B. die meisten technischen Silikatgläser), die durch in ihnen gelöste Metalle phosphoreszenzfähig sind —, so liegt ein weiteres noch stark umstrittenes Problem darin, wie die aktivierenden Fremdatome in das Kristallgitter eingebettet sein mögen und warum in verschiedenen Grundmaterialien immer nur ganz bestimmte aktivierende Stoffe wirksam sind. Diese könnten als Ionen an Stelle der Metallionen des Grundmaterials in das Raumgitter eingebaut sein — bei sehr geringen Konzentrationen kann das auch vorkommen, wenn die betreffende Verbindung (Sulfid, Oxyd usw.) des aktivierenden Elementes als Ganzes nicht isomorph mit dem Grundmaterial kristallisiert („Isodimorphie"), wobei natürlich durch die Einlagerung des Fremdions an dieser Stelle das Raumgitter stark verzerrt wird: in solchen Verzerrungen glaubt SCHLEEDE das Wesentliche der Phosphorbildung sehen zu müssen.

Im Widerspruch hierzu sind echte Mischkristalle (mit einer sehr verdünnten Komponente) nach TIEDE, wenn sie schon Leuchtfähigkeit besitzen können, nie als eigentliche Phosphore anzusehen — in diesen müßten vielmehr die Fremdionen als gitterfremde Bestandteile an sog. Locker- oder Fehlstellen des Gitters

[1] Die Bedeutung der kristallinen Struktur für die Phosphoreszenzfähigkeit haben diese beiden Autoren als erste erkannt; vgl. z. B. Chem. Ber. Bd. 53, S. 1721. 1920; Naturwissensch. Bd. 14, S. 586. 1926.

[2] E. TIEDE u. E. WEISS, Chem. Ber. Bd. 65, S. 364. 1932.

angelagert sein; er geht dabei zunächst von Beobachtungen an Aluminiumoxydphosphoren aus, da Zusatz von Cr_2O_3, das mit dem Al_2O_3 isomorph kristallisiert, den wohl sehr lumineszenzfähigen Rubin ergibt, dessen Lichtemission jedoch eher als eine langdauernde Fluoreszenz zu bezeichnen sei, indem das Nachleuchten selbst bei tiefsten Temperaturen immer nur phosphoroskopisch nachzuweisen ist; Zusatz von Mn oder Pt dagegen, deren Oxyde im anderen System kristallisieren, zum Al_2O_3 führt zur Bildung echter Phosphore (vgl. Ziff. 57). Eine weitere Stütze für die Richtigkeit seiner Anschauung findet TIEDE in der relativ niedrigen Temperatur von etwa 350°, bei der in dem oben erwähnten Versuch die Phosphorbildung durch Diffusion einsetzt und bei der man wohl kaum an einen zur Mischkristallbildung führenden „Platzwechsel“ etwa zwischen Cu- und Ca-Ionen im Raumgitter, sondern vielmehr an ein Eindringen der ersteren in die Lockerstellen des sonst unverändert bleibenden Gitters denken müsse. Ist unter den beschriebenen Bedingungen Mischkristallbildung möglich, etwa bei Übereinanderschichtung von ZnS und CdS, so tritt sie erst bei beträchtlich höheren Temperaturen (etwa 650°) ein, führt aber dann nur zu einer Änderung des Grundmaterials, die wohl einen gewissen Einfluß auf die Phosphoreszenz*eigenschaften* haben kann (vgl. Ziff. 54), während die Phosphoreszenz*fähigkeit* selbst auch hier wieder durch an Lockerstellen angelagerte Fremdatome verursacht wird. Damit ein Fremdatom in einem gegebenen Grundmaterial wirksam sein könne, muß nach TIEDE und WEISS sein Durchmesser kleiner sein als der des im Grundmaterial enthaltenen Metallatoms. Die von ihnen mitgeteilte Tabelle, in der für zahlreiche Sulfide, Oxyde sowie einige Nitride und Chloride von Na, Ca, Sr, Ba, Zn, Mg, Si, Al, B die Atomdurchmesser dieser Elemente sowie der in den betreffenden Verbindungen zur Phosphorbildung geeigneten Fremdatome zusammengestellt sind, wirkt zunächst sehr überzeugend, wird jedoch — wie die Autoren selbst finden — weitgehend zerstört, wenn man an die Stelle der Atomdurchmesser die hier vielleicht eher zu berücksichtigenden Ionendurchmesser einsetzt.

Auch nach TOMASCHEK, der die ursprünglich LENARDsche Theorie in der Weise fortgebildet hat, daß er als Zentrenmoleküle SMEKALsche „Gitterbereiche“ („Mikrokristallgebiete“) des Grundmaterials deutet, sind an Lockerstellen dieser Bereiche Moleküle der aktivierenden Schwermetallverbindung angelagert[1].

In den Alkalihalogenidphosphoren galten die Fremdatome zunächst wohl sicher als regelrecht an Stelle von Alkaliionen in das Gitter eingebaut und dieses im Sinne der SCHLEEDEschen Hypothese verzerrend. Da aber optische Beobachtungen (vgl. folgende Ziffer) sehr dafür zu sprechen scheinen, daß nicht die einfachen Schwermetallionen selbst (Tl^+, Pb^+ usw.), sondern Komplexionen [$(TlJ)^-$, $(PbCl_4)^{--}$] in diese Phosphore eintreten, sieht TIEDE das als eine neue Bestätigung seiner Auffassung an — anderenfalls müßten diese Komplexe im Gitter die Halogenionen ersetzen, sicher unter sehr starker Störung der normalen Anordnung. In einer Sorte von Alkalihalogenidphosphoren — und zwar der am längsten bekannten — sind die aktivierenden Atome sicher nicht in das Raumgitter eingebaut: es handelt sich hier um *reines* NaCl, KCl usw., das durch Behandlung mit Röntgenstrahlen oder β- und γ-Strahlen verfärbt ist: diese Verfärbung wird allgemein einer Bildung von „Amikronen“ des Alkalimetalles zugeschrieben, die entweder aus *neutralen* Atomen oder vielleicht aus Komplexen mehrerer solcher Atome bestehen mögen; auch diese verfärbten Kristalle besitzen, bei freilich relativ geringer Lichtausbeute, alle Eigenschaften typischer Phosphore (vgl. Ziff. 63).

[1] R. TOMASCHEK, Marburger Ber. Bd. 63, S. 119. 1929. — Die Bezeichnung Phosphoreszenzzentren für die durch Einlagerung der Fremdatome gegebenen Orte im Phosphor haben alle Autoren beibehalten, auch wenn sie nicht den ganzen Phosphoreszenzprozeß in ihnen lokalisiert annehmen.

Abschließend ist zu sagen, daß die Verhältnisse bei der außerordentlichen Mannigfaltigkeit der Substanzen, die hier als Kristallphosphore zusammengefaßt werden, möglicherweise gar nicht immer die gleichen zu sein brauchen (seltene Erdmetalle als aktivierende Zusätze könnten z. B. unter Bedingungen leuchtfähige Systeme bilden, wo das für Schwermetalle nicht zutrifft usw.), und daß damit jeder Versuch, eine einheitliche Theorie der Erscheinungen aufzustellen, zu scheinbaren Widersprüchen führen müßte. Dies ist mehr oder weniger in allen folgenden Paragraphen zu berücksichtigen.

50. Absorptions- und Emissionsprozesse in den Phosphoren. Im engen Zusammenhang mit dem Vorangehenden steht die Frage nach der Mitwirkung der verschiedenen Bestandteile des Phosphors an dem Phosphoreszenzprozeß. Daß der Primäreffekt in der Abtrennung eines Elektrons aus seiner Ruhelage bei der Lichtabsorption, also in einer lichtelektrischen Wirkung besteht, während die Rückkehr des Elektrons die Lichtemission auslöst: dies als den Grundmechanismus des Phosphoreszenzprozesses erkannt zu haben — und zwar lange vor der Aufstellung der BOHRschen Theorie —, ist das außerordentliche Verdienst LENARDS.

Die Lenardphosphore besitzen im allgemeinen eine oder mehrere ziemlich diffuse Emissionsbanden (nähere Angaben in Ziff. 55), deren spektrale Lage und sonstige Eigenschaften (Temperaturabhängigkeit, Leuchtdauer usw.) von der Natur des wirksamen Metalles *und* des Grundmaterials abhängt, wobei diese nicht nur durch die Zusammensetzung, sondern auch durch die Art der Präparation wesentlich bedingt ist. Die Emissionsbanden können sowohl als Fluoreszenz („Momentanprozeß") wie als Phosphoreszenz („Dauerprozeß") in die Erscheinung treten; während die Fluoreszenz einem breiten und verwaschenen Erregungsgebiet entspricht, wird die Phosphoreszenz stets nur in einigen schmalen gut definierten Banden („*d*-Maxima") hervorgerufen, die, wie WALTER zuerst nachwies, als selektive Maxima im Absorptionsspektrum des Phosphors zu beobachten sind. LENARD nahm ursprünglich an, daß die bei der Lichtabsorption in den *d*-Maximis freigemachten „Photoelektronen" von den Atomen des wirksamen Metalls abgetrennt werden, und daß ebenso auch die bei der Lichtemission beteiligten Elektronen diesen Atomen angehören, ohne jedoch die beiden Elektronenarten für identisch zu halten, da die Frequenz der Absorptionsbanden in viel höherem Grade von der Natur des umgebenden Mediums (nämlich der mittleren Dielektrizitätskonstante ε des Phosphors) abhängt als die der Emissionsbanden. Die Vorstellung war also etwa die, daß die bei der Rückkehr des Photoelektrons frei werdende Energie ein Leuchtelektron zum Schwingen bringt.

Im weiteren Ausbau der LENARDschen Hypothese lokalisiert TOMASCHEK den primären lichtelektrischen Prozeß in dem ja nach seiner Ansicht aus dem Grundmaterial (ZnS, CaO usw.) bestehenden Mikrokristallbereich, dessen Absorptionsfrequenz nur durch die Anlagerung der aktivierenden Fremdmetallverbindung etwas gestört und nach größeren Wellenlängen zu verschoben ist. Die Emissionsbanden dagegen schreibt er eben diesen angelagerten Molekülen zu, da bei den von ihm wesentlich untersuchten mit seltenen Erden aktivierten Phosphoren die Phosphoreszenzspektra aus zahlreichen vor allem bei tiefen Temperaturen sehr schmalen Einzelbanden (Linien) zusammengesetzt sind, die ganz sicher nur von den seltenen Erden herrühren können. TOMASCHEK deutet sie allerdings nicht als Linienspektra der Atome bzw. Ionen der Metalle, sondern als Bandenspektra der Verbindungen SmS usw. Die Übertragung der primär im Zentrum aufgenommenen Energie auf diese „Leuchtkomplexe" soll durch einen den Stößen 2. Art analogen Mechanismus erfolgen.

Eine andere, hauptsächlich von F. C. SCHMIDT herrührende Weiterführung der LENARDschen Überlegungen berechnet die Frequenzen zunächst der d-Maxima, neuerdings auch der Emissionsbanden nach der Gleichung:

$$\nu_n = \frac{K}{n^2 \sqrt{\varepsilon}}$$

aus einer Grundfrequenz K, die in ganz verschiedenen Phosphoren den gleichen Wert besitzen kann[1], während die spektrale Lage der an den einzelnen Phosphoren beobachteten Banden nur noch durch die mittlere Dielektrizitätskonstante ε bestimmt wird[2]; n ist eine Laufzahl, der Werte zwischen 6 und 17 zugeschrieben werden. Danach wären weder die Absorptions- noch die Emissionsbanden charakteristisch für das aktivierende Metall. Formal stellt die SCHMIDTsche Gleichung im Sinne der BOHRschen Theorie eine Serie dar, der Übergänge aus Zuständen mit den Quantenzahlen $n = 6, 7, \ldots$ in den Endzustand mit der Quantenzahl $n = \infty$ (vollständige Abtrennung des Elektrons) entsprechen; SCHMIDT nennt sie darum auch „Absorptionskantenserien". Freilich sind solche Serien mit ganzzahligen Werten von n sonst nur bei „wasserstoffähnlichen" Atomen (bzw. im Röntgenstrahlgebiet) bekannt. Auch darf nicht außer acht gelassen werden, daß die Aufstellung solcher numerischen Seriengesetze aus der Lage von meist recht unscharfen Banden, die häufig noch als eine Überlagerung mehrerer Einzelbanden gedeutet werden müssen[3], nicht unbedenklich ist, und daß z. B. TANAKA nach ähnlichen Methoden umgekehrt in den Emissionsspektren ungemein zahlreicher natürlicher und synthetischer phosphoreszierender Kristalle immer wiederkehrende ausschließlich für das aktivierende Metall charakteristische Serien mit konstanten Frequenzdifferenzen glaubt nachweisen zu können. Die Zusammenfassung der d-Maxima und der Emissionsbanden in ein gemeinsames Serienschema scheint auch im Widerspruch mit den Erfahrungen zu stehen, die an den mit seltenen Erden aktivierten Phosphoren gewonnen wurden, indem die in deren Emissionsspektren nachgewiesene reiche Struktur sich in den Erregungsbanden der Phosphoreszenz nicht wiederfindet; dabei ist es kaum zu bezweifeln, daß diese Phosphore, gerade wie alle Verbindungen der seltenen Erden, im kurzwelligen Teil des Spektrums schmale, für die seltenen Erden charakteristische Absorptionsbanden besitzen — aber dieses sind eben *nicht* die d-Maxima der Phosphore. Noch deutlicher tritt das analoge beim Rubin in die Erscheinung (vgl. Ziff. 61), einem der wenigen lumineszenzfähigen Kristalle, die nicht nur sehr schmale linienartige Emissionsbanden aufweisen, sondern in dessen Absorptionsspektrum die nämlichen schmalen Banden (als typische „Umkehrbanden") sich wiederholen — diese Frequenzen sind mit großer Wahrscheinlichkeit dem Cr-Ion zuzuschreiben: die Lumineszenzerregung aber erfolgt in einer anderen sehr viel breiteren Absorptionsbande, die in keinerlei Zusammenhang mit jenen Banden zu stehen scheint. Ob freilich aus der Tatsache, daß die Emissionsbanden der mit seltenen Erden aktivierten Phosphore dem wirksamen Metall

[1] Für über 20 Sulfidphosphore der Erdalkalien Ca, Sr, Ba, die mit Mn, Cu, Fe, Ni, Zn, Ag, Sb, Pb, Bi aktiviert sind, genügen sechs solche Grundfrequenzen, um alle beobachteten d-Maxima und Emissionsbanden darzustellen.

[2] Der wie erwähnt für die d-Maxima schon von LENARD aus seinen Beobachtungen gefolgerte Zusammenhang zwischen einer *optischen* Eigenfrequenz und der *elektrostatisch* gemessenen Dielektrizitätskonstante (an Stelle des eher zu erwartenden Brechungskoeffizienten n, der in dem fraglichen Spektralgebiet von $\sqrt{\varepsilon}$ meist *sehr* verschieden ist) scheint theoretisch schwer zu begründen. Nach LENARDS Darstellung ist $\nu_n \sqrt{\varepsilon}$ die Frequenz desselben Resonators, wenn er in ein Medium mit der Dielektrizitätskonstante 1 eingebettet ist; die entsprechende Wellenlänge nennt LENARD die absolute Wellenlänge des Resonators.

[3] Vgl. Ziff. 55.

zugehören, mit Notwendigkeit dasselbe für alle anderen Phosphore gefolgert werden muß, kann auch noch nicht für absolut sicher gelten.

Bei den Erdalkalihalogenidphosphoren scheinen jedenfalls die Verhältnisse in mehrfacher Beziehung anders zu liegen, als sie TOMASCHEK für die von ihm untersuchten Phosphore annimmt. Auch in den Alkalihalogenidphosphoren beobachtet man Absorptionsbanden, die im reinen Grundmaterial (NaCl, KJ usw.) fehlen[1]; Lichtabsorption in diesen Banden führt zur Fluoreszenz- bzw. Phosphoreszenzemission, die Lumineszenzbanden sind nach größeren Wellenlängen zu verschoben (vgl. Ziff. 59). Nach einer Beobachtung von HILSCH und POHL[2] sind die Absorptionsbanden der Phosphore sehr nahe identisch mit denen der entsprechenden Salze des aktivierenden Metalls (TlCl, TlJ, AgCl usw.) im kristallinen Zustand — danach wären wohl die Fremdmetallionen in das Gitter des Grundmaterials eingebaut, und die für die Bindung dieses Ions an die umgebenden Halogenionen charakteristische Eigenfrequenz verursacht die fraglichen Absorptionsbanden; sie würden dann dem Übergang des Elektrons vom Anion zum Kation entsprechen und ihre Frequenz im wesentlichen durch die Ionisierungsarbeit des ersten bedingt sein, die nur durch die Nähewirkung des zweiten bis zu einem gewissen Grade modifiziert wäre. Untersuchungen von FROMHERZ[3] und seinen Mitarbeitern dagegen über die Absorptionsspektra von wässerigen Lösungen, die, mit einem Alkalihalogenid nahezu gesättigt, daneben geringe Mengen eines Schwermetallsalzes enthalten (also etwa NaCl + TlCl in Wasser), beweisen, daß die fraglichen Banden „koordinativ gesättigten Komplexionen" vom Typ $(TlCl)^-$, $(PbCl_4)^{--}$ usw. zugehören: nicht nur fehlen sie in den reinen Alkali- und den reinen Schwermetallsalzlösungen, sondern auch bei Anwesenheit beider Salze findet man nur verwaschene Banden mit wesentlich verschobenem Schwerpunkt, solange die Konzentration des Alkalihalogenids (also der Halogenionen) klein ist, erst wenn diese groß ist und damit die Bildung der Komplexionen erfolgt, erhält man die schmalen und wohldefinierten Absorptionsbanden, die für die Phosphore charakteristisch sind (Abb. 56). Ob diese Banden (oder zum mindesten die langwelligste unter ihnen, die bisher hauptsächlich untersucht wurde und die mit *I* bezeichnet sein möge [vgl. Abb. 81, S. 310]) einem *inneren* Elektronensprung des Komplexions entsprechen oder wieder der Abtrennung eines Elektrons von dem Ion, scheint noch nicht diskutiert worden zu sein. Bemerkenswert ist in diesem Zusammenhang vielleicht, daß durch Lichtabsorption in der Bande *I* nur Fluoreszenz und keine Phosphoreszenz hervorgerufen wird; Absorption in den weiter im Ultraviolett gelegenen Banden *II* und *III* hingegen erregt sowohl Fluoreszenz als Phosphoreszenz; dabei sind wie bei allen Phosphoren die Emissionsspektra im Momentanleuchten und im Dauerleuchten ganz dieselben. In bezug auf die Verteilung der Momentan- und Dauererregung verhalten sich also die Halo-

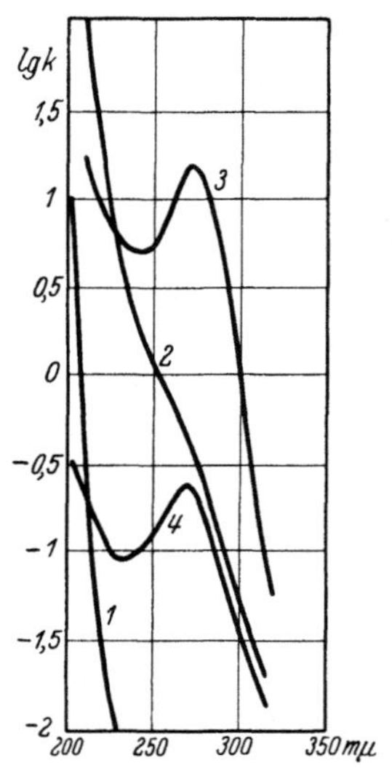

Abb. 56. Absorptionskurven wässeriger Salzlösungen nach FROMHERZ. (k = Extinktionskoeffizient.) *1* KCl (3,9 Mol/Liter). *2* CuCl (0,02 Mol/Liter). *3* KCl + CuCl. *4* KClCu-Phosphor.

[1] Es ist ein großer Vorteil für die Untersuchung, daß die Eigenabsorption dieser Salze durchweg erst unterhalb von 2000 Å einsetzt.

[2] R. HILSCH u. R. W. POHL, ZS. f. Phys. Bd. 48, S. 384. 1928; W. KOCH, ZS. f. Phys. Bd. 57, S. 638. 1929.

[3] H. FROMHERZ, ZS. f. Phys. Bd. 68, S. 233. 1931. Dort auch die frühere Literatur.

genidphosphore ganz anders als die Lenardphosphore. Auch scheint in den Halogenidphosphoren ganz sicher das wirksame Metall maßgebend für die Lage der Erregungsbanden zu sein.

Infolge der Lichtabsorption in den Banden, die zur Phosphoreszenzerregung führt, verlieren dieselben im Absorptionsspektrum an Intensität, verschwinden (bei den Lenardphosphoren) evtl. sogar vollständig, offenbar, weil durch die Abtrennung des Photoelektrons die Absorptionszentren (reversibel) zerstört werden[1]. Dafür treten neue Absorptionsgebiete hervor, die im wesentlichen bei größeren Wellenlängen liegen als die ursprünglichen Absorptionsmaxima und die nach LENARD den „polarisierten Zentren", oder allgemeiner dem durch die Elektronenverschiebung veränderten System angehören. Wird durch spontane Phosphoreszenzemission, deren zeitlicher Ablauf stark von der Temperatur abhängt, der Phosphor in seinen Normalzustand zurückversetzt, so verschwinden die neuen Banden wieder, während die anderen in ihrer alten Form hergestellt werden. Wird dagegen der erregte Phosphor mit Licht bestrahlt, dessen Wellenlänge in die neuen Banden fällt, so wird die Rückkehr in den Normalzustand beschleunigt, und zwar entweder unter Aussendung derselben Lichtmenge („Lichtsumme"), die bei spontaner Abklingung beobachtet wird: „Ausleuchtung", oder unter Verlust eines Teiles dieser Energie für die Strahlung: „Tilgung". Von diesen beiden Wirkungen, die, häufig nicht getrennt, unter dem gemeinsamen Namen „Auslöschung" zusammengefaßt werden, herrscht bei manchen Phosphoren (z. B. Natriumchlorid mit Thallium aktiviert) bei weitem die erste vor, zuweilen (vor allem beim ZnSCu-Phosphor) überwiegt auch die zweite; sie haben im allgemeinen nicht die gleiche spektrale Verteilung: es existieren für einen gegebenen erregten Phosphor Wellenlängengebiete, deren Licht nur „tilgt", während an anderen Stellen des Spektrums Ausleuchtung hervorgerufen wird, es handelt sich also um zwei wesentlich verschiedene Prozesse, die allerdings aus demselben Anfangszustand schließlich zum selben Endzustand führen. Die Auslöschungsverteilung reicht bei allen Phosphoren bis weit ins Gebiet kurzer Wellenlängen, wo sie sich in der Regel mit der Erregungsverteilung überschneidet. Es kann dann also Licht derselben Wellenlänge den Phosphor im Normalzustand erregen und den erregten Phosphor ausleuchten oder auch tilgen.

Nach LENARD wird das durch den Erregungsprozeß abgetrennte Photoelektron an ein anderes Atom desselben „Zentrums" (etwa ein S-Atom in Sulfidphosphoren) relativ lose gebunden, wobei ein Teil der zunächst ihm mitgeteilten Energie wieder frei wird und in Wärmebewegung übergeht. Nur wenn dieser Energieanteil aus der Wärmebewegung dem Elektron wieder zugeführt wird, kehrt es spontan, die Phosphoreszenzemission auslösend, zum Metallatom zurück. Bei der Ausleuchtung, die für die Lenardphosphore keine ausgeprägte spektrale Selektivität besitzt, wird diese Rückkehr durch „molekularlokale Temperaturerhöhung" des Zentrums beschleunigt, gerade wie sonst auch durch Erhöhung der mittleren Temperatur des ganzen Phosphors, d. h. es entspricht nicht jedem absorbierten Lichtquant ein ausleuchtender Elementarprozeß. Bei der Tilgungsverteilung dagegen soll es sich um Absorptionseigenfrequenzen des „polarisierten Zentrums" handeln; das durch solche Absorption aus seiner neuen Bindung freigemachte Elektron kehrt dann aber auf einem (energetisch) anderen Wege in seine Normallage zurück, ohne Lichtemission auszulösen.

---

[1] Der sehr große quantitative Unterschied, der hier zwischen Lenardphosphoren und Halogenidphosphoren besteht, beruht darauf, daß Lichtabsorption in den *d*-Maximis der einen immer zur Phosphoreszenzerregung führt, während bei den anderen auch das in den Banden *II* und *III* absorbierte Licht größtenteils als Fluoreszenz reemittiert wird.

Wesentlich anders stellen BÜNGER und FLECHSIG die Verhältnisse bei dem von ihnen untersuchten NaCl-Phosphor dar, und sie glauben ihre so gewonnenen Resultate auch auf die anderen Kristallphosphore verallgemeinern zu dürfen. Sie finden, daß die Maxima der in ihrem Fall sehr selektiven Ausleuchtungsbanden (vgl. Abb. 81, S. 310) sich in der Frequenzskala als Differenzen zwischen Erregungs- und Emissionsmaximis darstellen lassen (Abb. 57), und ferner, daß (zum mindesten größenordnungsmäßig) jedem in einer Ausleuchtungsbande absorbierten Lichtquant ein beschleunigt emittiertes Phosphoreszenzlichtquant entspricht. Sie folgern daraus, daß, wenn das Photoelektron aus dem Grundniveau (0) durch Lichtabsorption nach *I*, *II* oder *III* gehoben wird, alsbald ein anderes „Sperrelektron" in die Lücke eintritt und so die Rückkehr des Photoelektrons unter Reemission des Primärlichtes verhindert. Aus diesem Anregungszustand erfolgt ein strahlungsloser Übergang nach 1 oder 2, wobei in der Regel[1] die „Blockierung" durch das Sperrelektron auch wieder verschwindet, so daß nun auf den Wegen 1 → 0 oder 2 → 0 die Rückkehr in den Normalzustand unter Fluoreszenzemission eintreten kann. „Funktioniert die Freigabe der Blockierung" nicht bei dem strahlungslosen Übergang, so muß die dazu nötige Energie aus der Wärmebewegung geliefert werden (spontane Phosphoreszenz), oder es kann durch Absorption von Licht in einer der Ausleuchtungsbanden wieder einer der Zustände *I*, *II* usw. erreicht werden, aus dem heraus der Emissionsprozeß wieder ebenso verläuft wie bei der Fluoreszenz. Mit diesem Schema, das einerseits auf jede Lokalisierung der einzelnen Vorgänge verzichtet, anderseits aber doch sehr spezialisierende Voraussetzungen macht, können die genannten Autoren ihre Beobachtungen weitgehend deuten. Diese beziehen sich aber, soweit sie quantitative Übereinstimmung ergeben, bis jetzt nur auf einen einzigen Phosphor, die vielen an Lenardphosphoren vorliegenden Beobachtungen dagegen lassen von der die Grundlage der ganzen Überlegung bildenden energetischen Beziehung der Abb. 57 nicht das geringste erkennen. Weiter aber gibt das Schema keine Erklärung dafür, warum die für die Emissionsbanden maßgebenden Übergänge 0 → 1, 0 → 2 im Absorptionsspektrum nicht hervortreten, wofür wohl noch eine neue Spezialhypothese eingeführt werden müßte. Gerade das vollständige Fehlen der erregenden Absorptionsbanden im Emissionsspektrum und der Emissionsbanden im Absorptionsspektrum ist eine der wichtigsten und am sichersten feststehenden Erscheinungen bei allen Phosphoren. Es liegt doch wohl nahe, hierfür — auch wieder ohne auf die Einzelheiten einzugehen — zunächst die bereits in Ziff. 32 für die analoge Erscheinung bei der Fluoreszenz organischer Substanzen vorgeschlagene Erklärung heranzuziehen: nach dem durch primäre Lichtabsorption verursachten Elektronensprung entspricht die ursprüngliche Konfiguration der Atomkerne, die während des „unendlich kurzdauernden" Sprungs sich nicht hat ändern können, nicht mehr dem Gleichgewicht — sie ist, wenn das Elektron dabei vom Anion zum Kation übergegangen ist, sogar sicher sehr weit davon entfernt. Dieses Gleichgewicht stellt sich dann in dem kondensierten System sehr schnell ein, so daß der Energiezustand beim später einsetzenden Emissionsprozeß bereits

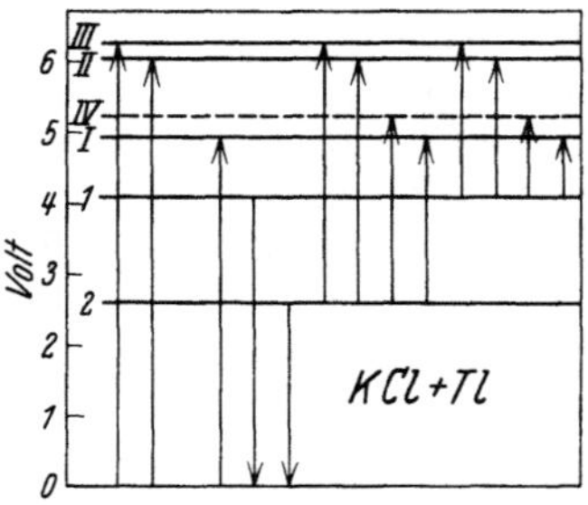

Abb. 57. Schema zur Veranschaulichung der bei der Phosphoreszenz von KClTl auftretenden Energiezustände (nach BUNGER u. FLECHSIG). *I*, *II* und *III* sind Energiezustände der Absorption, *1* und *2* der Emission, *IV* ist hypothetisch. Die Pfeile bezeichnen die Elektronenübergänge bei der Absorption, Emission und Ausleuchtung. Im Speicherzustand sind die Elektronen auf *1* oder *2*.

[1] Immer, wenn durch die erregende Absorption das Niveau *I* erreicht worden ist, da hierdurch nur Fluoreszenz hervorgerufen wird.

ein ganz anderer ist; und ebenso ist der in diesem unmittelbar erreichte Endzustand nicht der Normalzustand des Zentrums, der sich vielmehr auch erst wieder nachträglich einstellt. Bei Phosphoreszenzerregung muß überdies im Absorptionsprozeß eine Potentialschwelle überwunden werden — dies ist in etwas geänderter Ausdrucksweise nichts anderes als das von LENARD angenommene „Eingefangenwerden" des Photoelektrons durch ein „Gattungsatom". Daß aber auch solche — prinzipiell wohl sicher richtigen — Überlegungen keineswegs ausreichen, um die beobachteten Phänomene vollständig darzustellen, erhellt schon daraus, daß nicht nur in Phosphoreszenz, unabhängig von der zur Phosphoreszenzerregung dienenden Absorptionsbande, sondern auch in Fluoreszenz das Emissionsspektrum immer identisch dasselbe ist — gerade diese Tatsache soll in erster Linie das Schema der Abb. 57 wiedergeben.

51. Zeitlicher Ablauf des Emissionsprozesses. Mehr oder weniger scheint sich für alle Phosphore die Erregungsverteilung des Dauerprozesses (Phosphoreszenz) mit der des Momentanprozesses (Fluoreszenz) zu überlagern. Wenn daher durch Einstrahlung von Licht einer bestimmten Wellenlänge überhaupt Phosphoreszenz erregt wird, so sinkt die Intensität der sekundären Emission mit dem Aussetzen der Primärbelichtung in einem sehr kurzen — häufig nicht mehr auflösbaren Zeitintervall — sprunghaft herab, um dann gleichmäßig weiter abzuklingen. Nur beim Rubin, der in vieler Hinsicht doch in die Gruppe der Kristallphosphore gehört, verläuft der ganze Emissionsprozeß stetig, aber immer, selbst bei tiefsten Temperaturen in sehr kurzer Zeit; darum wurde bereits oben die Rubinlumineszenz als eine „Fluoreszenz langer Dauer" bezeichnet. Bei den Alkalihalogenidphosphoren wird auch noch weitaus der größte Teil der absorbierten Lichtenergie als Fluoreszenz reemittiert, umgekehrt können nach LENARDS Angaben Phosphore präpariert werden, bei denen der im Dauerprozeß zu beobachtende Energieanteil bei weitem überwiegt. Über den Ablauf des Momentanleuchtens liegen genaue Messungen noch kaum vor, nach älteren phosphoroskopischen Beobachtungen BECQUERELS an meist wenig definierten Materialien dürfte er einem Exponentialgesetz folgen. Dagegen sind Messungen über das Abklingen der Phosphoreszenz nicht nur in großer Zahl ausgeführt worden, sondern es ist auch mehrfach versucht worden, den funktionellen Zusammenhang zwischen der Lichtintensität J und der seit dem Abschluß der Erregung verflossenen Zeit t durch Gleichungen darzustellen.

So gibt BECQUEREL die rein empirisch gewonnene Formel:

$$J^{-x} = a + bt,$$

wo a und b Materialkonstanten, x aber noch eine Temperaturfunktion ist. Andere Autoren, so NICHOLS und MERRITT, glauben ihre Beobachtungen besser mit der Beziehung

$$\sqrt{J} = \frac{\text{konst.}}{t}$$

in Einklang bringen zu können, für die sie auch eine theoretische Ableitung geben. Doch sind die dieser zugrunde liegenden Hypothesen, wie LENARD gezeigt hat, sicher nicht zutreffend, und die Gleichung vermag ebenso wie die von BECQUEREL vorgeschlagene immer nur ein beschränktes Stück des wirklichen Kurvenverlaufs richtig wiederzugeben.

Solange es sich im ganzen Nachleuchten um einen einheitlichen Prozeß handelt, ist wohl am ehesten zu erwarten, daß nach Abschluß der Erregung die Zahl der in jedem Augenblick emittierenden Zentren proportional ist der Zahl der noch erregten Zentren oder auch (vgl. Ziff. 1) der noch in Phosphor aufgespeicherten Lichtsumme L. Also $J = -\beta \frac{dL}{dt} = \gamma L$; dann klingen J und L

nach demselben Exponentialgesetz ab: $J = J_0 e^{-\alpha t}$ bzw. $L = L_0 e^{-\alpha t}$. An gut ausgebildeten mit Tl aktivierten NaCl-Kristallen haben Bünger und Flechsig auch das Vorhandensein dieser Beziehung sehr gut bestätigt gefunden[1] (Abb. 58).

In den stets aus sehr heterogenen Gemischen bestehenden Lenardphosphoren dagegen ist auch für eine im spektralen Sinne einheitliche Emissionsbande die Abklingungskurve von L nur durch Superposition einer beträchtlichen Zahl von e-Funtionen zu aproximieren, und da den Partialkurven mit großem Exponentialkoeffizienten α eine große Leuchtintensität entspricht, fällt J nun nach einem ganz anderen Gesetz anfänglich sehr viel steiler ab als L. Veranschaulicht wird dies in Abb. 59 bis 61 durch die Abklingung eines CaBi-Sulfidphosphors bei Zimmertemperatur; man sieht, insbesondere aus Abb. 61, wie die Abnahme von L immer langsamer vor sich geht, was einer minimalen (darum in dieser Abbildung nicht mehr eingezeichneten) Leuchtintensität gegen Schluß der Beobachtungsperiode entspricht. Doch kann J jederzeit durch Beschleunigung der Abklingung bei Erwärmung des Phosphors verstärkt werden, und so sind auch experimentell die betreffenden L-Werte gewonnen worden.

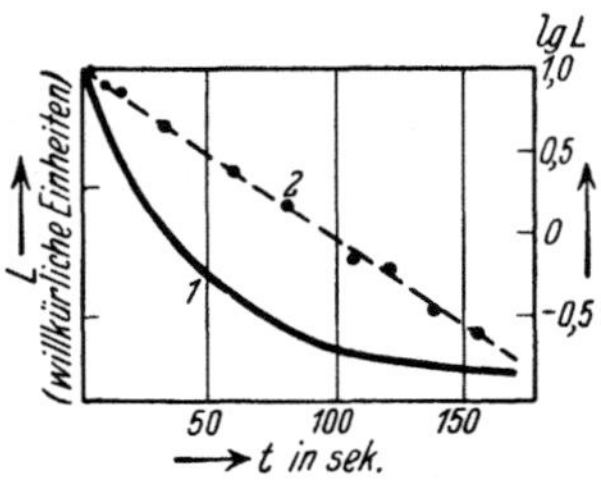

Abb. 58. Abklingung eines KClTl-Phosphors (nach Bünger u. Flechsig). *1* Lichtsumme L als Funktion der Zeit nach Abschluß der Erregung. *2* $\lg L$ nach Abschluß der Erregung.

Während in dem einheitlichen NaCl-Phosphor die Abklingungskurve in ihrer Form ganz unabhängig von der Dauer der Erregung ist und nur die Maximalintensität J_0 bei Beginn des Nachleuchtens innerhalb gewisser Grenzen durch sie bedingt wird (vgl. folgende Ziffer), gilt auch diese einfache Beziehung für die komplexen Lenardphosphore nicht mehr; denn den in diesen enthaltenen

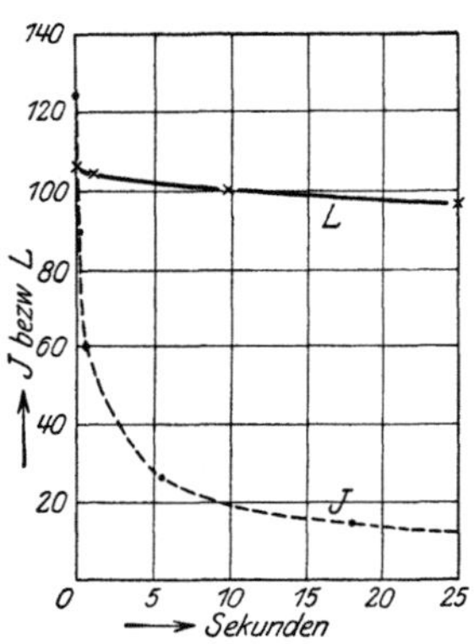

Abb. 59. Abklingung eines CaBiS-Phosphors nach Lenard.

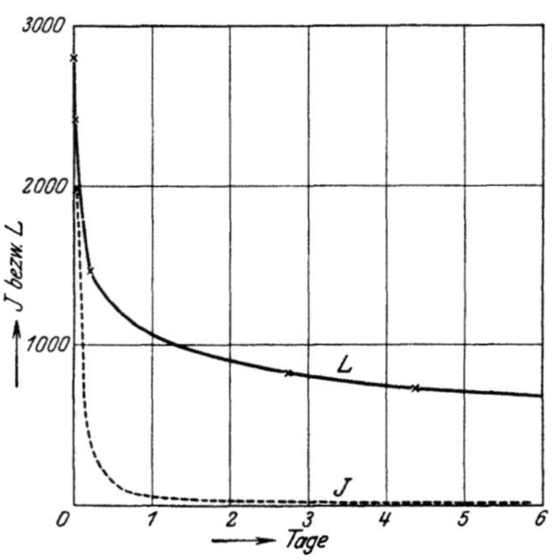

Abb. 60. Abklingung eines CaBiS-Phosphors nach Lenard.

Zentren ungleicher mittlerer Abklingungsgeschwindigkeit kommen auch ungleiche Erregungswahrscheinlichkeiten bzw. ungleiche Anklingungsdauern zu, so daß ein nur während einer kurzen Zeit erregter Phosphor als Ganzes schneller abklingt als ein „voll erregter", in dem alle überhaupt vorhandenen Zentren durch Lichtabsorption in den Erregungszustand überführt worden sind.

Unter allen Umständen aber ist die Größe des Exponentialkoeffizienten α stark von der Temperatur abhängig: die Abklingungsgeschwindigkeit wird bei

[1] W. Bünger u. W. Flechsig, ZS. f. Phys. Bd. 67, S. 42. 1931.

Erwärmung immer größer. Für den KCl-Thalliumphosphor läßt sich dieser Zusammenhang durch die Gleichung: $\ln \alpha = \text{konst.}/T$ quantitativ wiedergeben. Bei hinreichend tiefen Temperaturen ist die Abklingungsgeschwindigkeit praktisch gleich Null; in diesem „unteren Momentanzustand" kann der Phosphor wohl noch erregt werden, emittiert aber das Phosphoreszenzlicht erst, wenn man ihn — nach abgeschlossener Erregung — auf eine höhere Temperatur erwärmt. Die Momentanemission (Fluoreszenz) dagegen scheint im unteren Momentanzustand nicht wesentlich verändert zu werden. Umgekehrt wird oberhalb einer bestimmten Temperaturgrenze die Abklingungsgeschwindigkeit so groß, daß überhaupt kein längeres Nachleuchten mehr zu beobachten ist: „oberer Momentanzustand"[1]. Der untere Momentanzustand wird in manchen Fällen erst bei der Temperatur des siedenden Wasserstoffs, in anderen bereits bei $+100°$ C erreicht und in ähnlich weiten Intervallen variieren die Temperaturen, bei denen der obere Momentanzustand eintritt: „Kältebanden" und „Hitzebanden" nach LENARDS Nomenklatur. Die meisten Lenardphosphore besitzen mehrere unabhängige Phosphoreszenzbanden mit entsprechenden unabhängigen Erregungsverteilungen (d-Maximis) und ganz ungleichen Temperaturlagen (vgl. Ziff. 55). Eine Abklingungskurve kann sich natürlich immer nur auf eine solche Bande beziehen, deren Licht evtl. durch geeignete Vorkehrungen aus dem gesamten Emissionsspektrum ausgesondert werden muß.

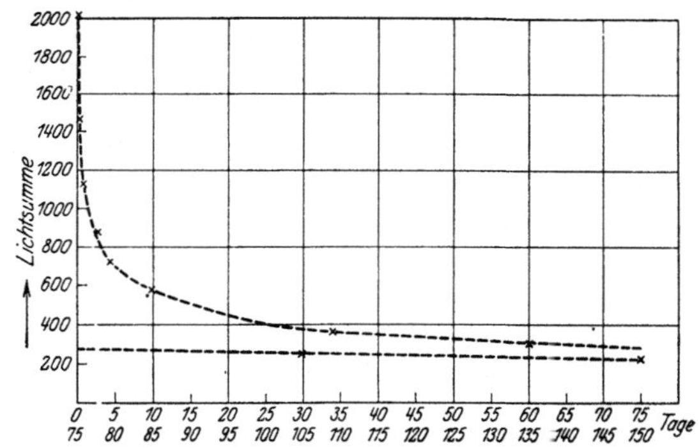

Abb. 61. Abklingung eines CaBiS-Phosphors nach LENARD.

Liegt die Grenze des unteren Momentanzustandes sehr hoch, so kann der Phosphor bei Zimmertemperatur seine einmal aufgenommene Erregungsenergie über sehr lange Zeiten aufgespeichert erhalten, um sie erst später bei Erhitzung auszustrahlen: sog. Thermolumineszenz.

Durch Anlegung eines elektrischen Feldes nach Abschluß der Erregung kann eine partielle beschleunigte Ausleuchtung des Phosphors hervorgerufen werden, d. h. nicht die totale Lichtsumme wird nun, wie etwa bei Erwärmung, schneller ausgegeben, sondern nach einer kurzen Intensitätssteigerung fällt die Leuchthelligkeit wieder auf den der normalen Abklingung entsprechenden Wert zurück. Je später nach Abschluß der Erregung die elektrische Ausleuchtung erfolgt, desto heller ist, relativ zu der noch im Phosphor enthaltenen Lichtsumme, das Aufblitzen. Ähnlich hängt auch die relative Verstärkung der Phosphoreszenzhelligkeit bei Bestrahlung mit ausleuchtendem Licht davon ab, an welcher Stelle der Abklingungskurve sie erfolgt — in beiden Fällen offenbar, weil es sich bei der Abklingung der Lenardphosphore nicht um einheitliche Prozesse handelt. Bis zu einem gewissen Grade regeneriert sich die Zahl der elektrisch ausleuchtbaren Zentren von selbst: wenn man nach Verschwinden des ersten Aufblitzens das elektrische Feld abschaltet und nach einiger Zeit wieder einschaltet, beobachtet man ein abermaliges Aufblitzen — an einem ZnMn-Sulfidphosphor konnten GUDDEN und POHL nach einmaliger Erregung bis zu 20 Wiederholungen des Phänomens verfolgen. Abb. 62 zeigt den Verlauf einer solchen Beobachtungsreihe nach quantitativen Messungen von HINDERER an einem ZnSMn-Phosphor, bei denen die angelegte Spannung 20000 Volt/cm betrug; die Wirkung steigt

[1] Vgl. hierzu jedoch Ziff. 56.

mit wachsender Feldstärke. Wird nach Beendigung eines Aufleuchtens die Feldrichtung umgekehrt, so erfolgt ein neues Aufleuchten, HINDERER hat daher auch das Phänomen der Ausleuchtung in langsamen Wechselfeldern untersucht (3 bis 60 Wechsel in der Minute)[1].

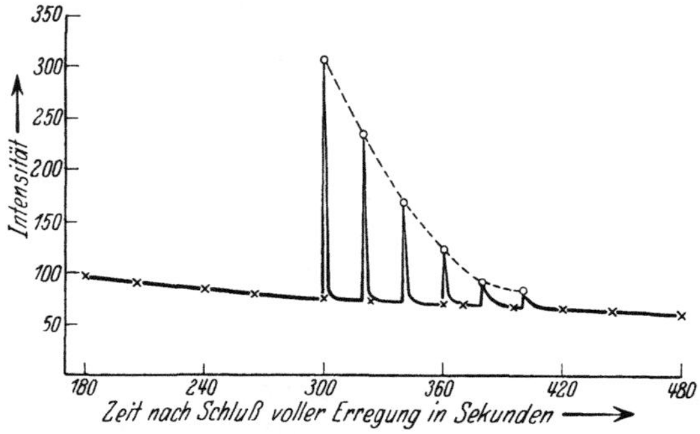

Abb. 62. Ausleuchtung eines ZnSMn-Phosphors durch ein elektrisches Feld (20000 Volt/cm) nach HINDERER.

Eine ähnliche partielle kurzdauernde Ausleuchtung, die sich der normalen Abklingung überlagert, konnte E. RUPP bei Anlegung von Magnetfeldern von etwa 3000 Gauß feststellen; dabei machte er die sehr interessante Beobachtung, daß, während sonst das Phosphoreszenzlicht von Lenardphosphoren, auch bei polarisierter Erregung, stets unpolarisiert zu sein scheint, die durch Magnetfelder ausgeleuchtete Strahlung partiell polarisiert ist, und zwar mit dem elektrischen Lichtvektor senkrecht zu den magnetischen Kraftlinien.

52. Der Nutzeffekt bei der Phosphoreszenzerregung. Während die Fluoreszenzhelligkeit, soweit Beobachtungen bis jetzt reichen, unter sonst konstant gehaltenen Bedingungen der Intensität des Primärlichtes stets streng proportional ist, gilt dies für die Phosphoreszenz nur annäherungsweise bei kleiner Primärintensität und relativ kurzdauernder Erregung. Steigert man Primärintensität und Erregungsdauer, so werden schließlich alle überhaupt vorhandenen Zentren in Anspruch genommen, die aufzuspeichernde Lichtsumme hat ihren Höchstwert erreicht und weitere, den „voll erregten" Phosphor treffende Primärstrahlung kann die später im Nachleuchten reemittierte Energie nicht mehr erhöhen[2]. Um einen Ökonomiekoeffizienten der Phosphoreszenz zu definieren, kann man den nur zur Phosphoreszenzerregung dienenden Bruchteil der absorbierten Energie zugrunde legen, vor allem also den Anteil abziehen, der etwa zur Fluoreszenzerregung dient. LENARD gelingt das für einige Sulfidphosphore, die nur verschwindend schwache Momentanprozesse aufweisen, indem er sie mit Licht ihrer d-Maxima bestrahlt; die Abnahme der erregenden Absorption bei zunehmender Erregung, die Lichtabsorption im Füllmaterial, die nach voller Erregung allein noch übrigbleiben muß, sowie eine Anzahl weiterer Korrektionen werden in Rechnung gestellt. So erhält er, auf gleiche Anzahl Quanten des absorbierten bzw. emittierten Lichtes umgerechnet, einen Ökonomiekoeffizienten der Phosphoreszenz = 1. Da aber die Wellenlänge λ_e des Phosphoreszenzlichtes in der Regel größer ist als die Wellenlänge λ_a des erregenden Lichtes, so ist auf gleiche Energien bezogen der Nutzeffekt p der Phosphoreszenz desto kleiner gegen 1, je kleiner λ_a ist (Tab. 28). Der lineare Zusammenhang zwischen p und λ_a ist unabhängig davon, ob λ_a mit einem der d-Maxima koinzidiert oder nicht, er bleibt nach F. SCHMIDT auch noch erhalten, wenn λ_a dem Spektralbereich der Emissionsbande angehört. Der Nutzeffekt wird nicht geändert, wenn ein Teil der Lichtsumme durch Temperaturerhöhung schneller ausgetrieben wird — hierauf beruht die Möglichkeit, überhaupt die volle Lichtsumme sehr langsam abklingender Phosphore zu messen; das nämliche gilt für die Ausleuchtung durch Licht geeigneter Wellenlänge, während durch Tilgung der Nutzeffekt wesentlich herabgesetzt werden kann.

[1] H. HINDERER, Ann. d. Phys. (5) Bd. 18, S. 265. 1931.
[2] Wohl aber durch „Tilgung" herabsetzen.

Tabelle 28. Ökonomiekoeffizient p für verschiedene Sulfidphosphore (auf gleiche absorbierte Energie bezogen).

Name des Phosphors	Mittlere Wellenlänge λ_e der Emissionsbande (α) in $m\mu$	Wellenlänge λ_a des erregenden Lichtes in $m\mu$	p beobachtet	p berechnet[1]
CaBi	440	435	0,97	0,99
		365	0,82	0,83
ZnCu	515	435	0,84	0,85
		365	0,73	0,71
CaCu	525	435	0,76	0,85
		365	0,64	0,70

Im Gegensatz zu diesen Lenardphosphoren ist bei den mit Schwermetallen aktivierten Alkalihalogeniden immer die Fluoreszenzemission bei weitem vorherrschend. Nach BÜNGER[2] beträgt der Nutzeffekt der Fluoreszenz stets 50 bis 80% und darüber, gleichviel, ob die Wellenlänge des Primärlichtes in eine Absorptionsbande fällt oder nicht. Der als Phosphoreszenz reemittierte Anteil der absorbierten Strahlung dagegen beträgt im Höchstfall etwa 3% und erreicht auch diesen Wert nur, wenn die erregende Wellenlänge mit dem Schwerpunkt der kurzwelligen Absorptionsbanden *II* und *III* (Abb. 81) koinzidiert, während er nach beiden Seiten hin schnell auf 0 herabsinkt (Abb. 63). Auch für die durch molekulardisperses Natrium verfärbten NaCl-Phosphore schätzen GUDDEN und POHL die Phosphoreszenzausbeute auf wenige Prozent. Die hier für die Nutzeffekte gegebenen Zahlen sind natürlich in keiner Weise mit den LENARDschen Ökonomiekoeffizienten vergleichbar, da sie nicht wie diese lediglich auf die „erregende Absorption" bezogen sind. Den wahren Ökonomiekoeffizienten (Quantenausbeute) im LENARDschen Sinne nimmt BÜNGER auch für die von ihm untersuchten Phosphore als sicher = 1 an.

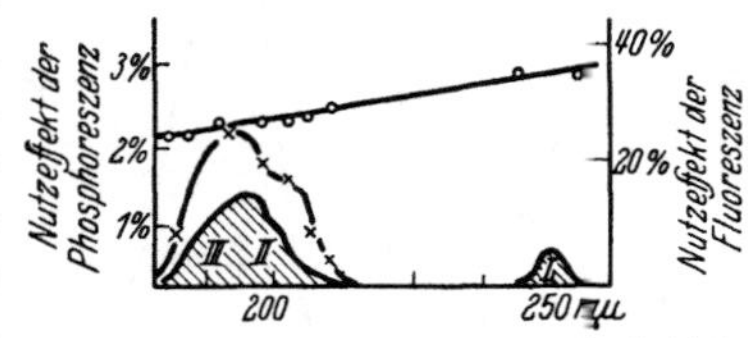

o Nutzeffekt der Fluoreszenz } auf gleiche Energie bezogen[3].
× Nutzeffekt der Phosphoreszenz }
Absorptionsbanden.

Abb. 63. Nutzeffekt der Lumineszenz für einen KClTl-Phosphor nach BÜNGER.

53. Lichtelektrische Eigenschaften der Phosphore und die lichtelektrische Leitung in Kristallen. Auf einen möglichen inneren Zusammenhang zwischen lichtelektrischem Effekt und Photolumineszenzfähigkeit haben zuerst ELSTER und GEITEL hingewiesen: sie fanden, daß sowohl fluoreszierende natürliche Mineralien (Flußspat) als künstliche Phosphore (BALMAINsche Leuchtfarbe) relativ große lichtelektrische Empfindlichkeit besitzen. LENARD hat diese Beobachtung auf seine Phosphore ausgedehnt, er hat zunächst gefunden, daß für diese die meist im Sichtbaren liegende Erregungsgrenze des damals allein bekannten äußeren lichtelektrischen Effekts mit derjenigen der Phosphoreszenz zusammenfällt und hat daraufhin seine lichtelektrische Theorie der Phosphoreszenz entwickelt. Später ist es dann GÖGGEL, einem Schüler LENARDS, gelungen, für zwei Phosphore verschiedener Zusammensetzung in der Erregungsverteilung des äußeren Photoeffektes selektive Maxima nachzuweisen, die spektral mit den d-Maximis koinzi-

[1] Berechnet unter der Annahme, daß pro absorbiertes Quant der Frequenz $\nu_a = \frac{1}{\lambda_a}$ ein Quant der Frequenz $\nu_e = \frac{1}{\lambda_e}$ emittiert wird, nach der Gleichung: $p = \frac{h\nu_e}{h\nu_a} = \frac{\lambda_a}{\lambda_e}$.

[2] W. BÜNGER, ZS. f. Phys. Bd. 66, S. 711. 1930.

[3] Auf gleiche Quanten umgerechnet wird die Gerade für die Fluoreszenzausbeute horizontal!

dierten (Abb. 64). Schließlich konnte GÖTHEL[1] zeigen, daß die selektiven Maxima der lichtelektrischen Empfindlichkeit am voll erregten Phosphor merklich niedriger werden, während gleichzeitig die langwellige Grenze der Erregbarkeit sich stark nach Rot zu verlagert. Wenn so auch der Parallelismus zwischen äußerem Photoeffekt und Phosphoreszenz unverkennbar ist, so können doch nicht die infolge des ersten aus der Phosphoroberfläche austretenden Elektronen die den zweiten charakterisierende Lichtemission verursachen, ihre etwaige Rückkehr hat nichts mit der Temperatur des Phosphors zu tun usw.: sie können von der Gesamtheit der durch das erregende Licht aus ihrer Ruhelage entfernten Elektronen nur einen verschwindend kleinen Bruchteil ausmachen, während die übrigen im Innern des Kristalls (nach LENARD sogar des einzelnen Zentrums) verbleiben müssen und diesem, soweit sie frei beweglich sind, ein ihm sonst nicht eigentümliches elektrisches Leitvermögen verleihen sollten.

Nach einem derartigen Effekt suchend, sind GUDDEN und POHL zu dem Ergebnis gelangt, daß die Loslösung von Elektronen aus ihrer Ruhelage als primäre Wirkung der Lichtabsorption in einer sehr großen Zahl von Kristallen durch das Auftreten lichtelektrischer Leitungsströme nachgewiesen werden kann[2]; daß aber nur in besonderen Fällen, eben bei den typischen Phosphoren, die Rückbildung des ursprünglichen Normalzustandes von einer Lichtemission begleitet ist[3]. Der größte Teil der von GUDDEN und POHL durchgeführten quantitativen Untersuchungen beziehen sich auf das einfachere Problem, auf die lichtelektrische Leitung in reinen und also nicht phosphoreszenzfähigen Kristallen. Da jedoch, wie gezeigt werden konnte, die Verhältnisse bei den durch Aktivierung in Phosphore verwandelten Substanzen im wesentlichen nicht anders liegen, lassen sich mit einigen Modifikationen die an jenen gewonnenen Resultate auf diese übertragen, wie das auch von GUDDEN und POHL und ihren Mitarbeitern wiederholt betont worden ist. Nach GUDDEN und POHL besitzen alle Kristalle lichtelektrisches Leitvermögen, die im kurzwelligen Spektralgebiet durch hohe Lichtabsorption ausgezeichnet sind und deren optischer Brechungskoeffizient in dem an das Absorptionsgebiet nach größeren Wellenlängen zu sich anschließenden Teil des Spektrums Werte größer als 2 annimmt; in diesem Teil des Spektrums, in dem die Lichtabsorption schnell von Violett gegen Rot abnimmt, findet die Erregung des lichtelektrischen Leitvermögens statt. Die damit im Zusammenhang stehen-

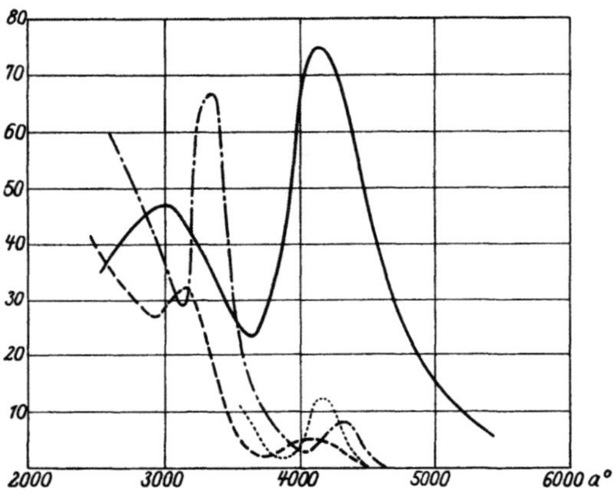

Abb. 64. - - - - - Erregungsverteilung der Phosphoreszenz (LENARD), —•—•— des äußeren Photoeffekts (GÖGGEL), ——— des lichtelektrischen Leitvermögens (GUDDEN und POHL), · · · · Absorptionsverteilung (WALTER).

[1] H. GÖTHEL, Ann. d. Phys. (5) Bd. 9, S. 865. 1931.

[2] Zusammenfassende Darstellung: B. GUDDEN, Lichtelektrische Erscheinungen. Berlin: Julius Springer 1928.

[3] F. SCHMIDT hat allerdings schon früher (Ann. d. Phys. Bd. 44, S. 477. 1914) eine durch Bestrahlung mit sichtbarem Licht in einem ZnSCu-Phosphor hervorgerufene Leitfähigkeit beobachtet, ohne aber in ihrer spektralen Erregungsverteilung die charakteristischen *d*-Maxima nachweisen zu können; auch glaubte er sie als eine Ionenleitung deuten zu müssen. Auch LENARD hat sich noch 1918 (Sitzungsber. Heidelb. Akad. A. 8. Abh.) dieser Meinung angeschlossen und den Effekt nicht auf die Elektronenabtrennung beim primären Erregungsprozeß zurückgeführt, sondern mit der „Tilgung“ in Zusammenhang gebracht.

den Fragen werden in Bd. XIII ds. Handb. ausführlich besprochen[1]. In der zweiten Gruppe der lichtelektrisch leitenden Kristalle dagegen, deren Atomgitter durch Einlagerung „gitterfremder Atome" stellenweise gestört sind, ist eben durch diese Störungen das Hervortreten besonderer relativ schmaler selektiver Absorptionsbanden verursacht, und gerade das in diesen Banden absorbierte Licht ist für den inneren Photoeffekt wirksam; dabei können die aktivierten Kristalle entweder schon ohne Verunreinigung lichtelektrisches Leitvermögen besitzen (reines Zinksulfid gegenüber den Zinksulfidphosphoren), dann ist das Verhalten des Phosphors gegenüber dem des reinen Kristalls in erster Linie durch das Auftreten der selektiven Banden ausgezeichnet, die sich der kontinuierlichen, nach dem Violett zu ansteigenden Absorption des Grundmaterials überlagern; oder der Kristall erhält überhaupt erst wie im Falle des NaCl durch die Störungen des normalen Gitters die Fähigkeit, unter der Wirkung des Lichtes Elektronen

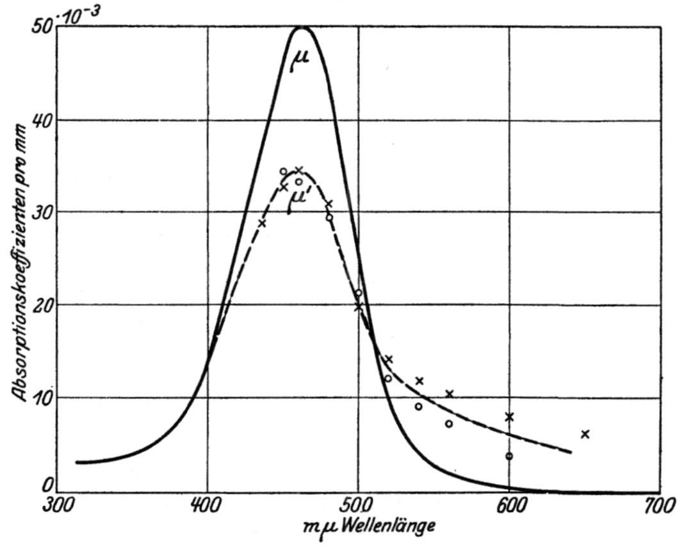

Abb. 65. Absorptionsspektrum des unerregten (μ) und des erregten (μ') verfärbten NaCl.

in seinem Inneren freizumachen. Die Erregungsverteilung der lichtelektrischen Leitfähigkeit ist für einen Lenardphosphor in Abb. 64 mit eingetragen, für NaCl-Phosphore bringen die Abb. 65 bis 67 Beispiele.

Die vom Lichte freigemachten Elektronen können in den reinen Kristallen einem von außen angelegten Felde folgend das ganze Atomgitter frei durchlaufen, ihre Zahl, die unter diesen Umständen direkt galvanometrisch gemessen werden kann, ist, solange die Intensitäten niedriggehalten werden, gleich der Zahl der absorbierten Lichtquanten, d. h. auf gleiche absorbierte Energie bezogen, steigt die Ausbeute linear mit der Wellenlänge des erregenden Lichtes. In durch Fremdatome gestörten Gittern dagegen werden die primär befreiten Atome unterwegs abgefangen, sie durchlaufen nicht den ganzen Weg bis zur Anode, und somit wird auch nicht ihre volle Zahl durch das Galvanometer gemessen; dagegen bleibt die lineare Beziehung zwischen der lichtelektrischen Stromstärke und der Wellenlänge des erregenden Lichtes, die Proportionalität zwischen der Zahl der absorbierten Quanten und der Zahl der abgespaltenen Elektronen erhalten. Nimmt man die absolute Gültigkeit des Quantenäquivalentgesetzes auch hier an, so kann man umgekehrt die Länge der von den Elektronen

[1] Artikel von B. GUDDEN über die lichtelektrische Wirkung.

im Kristall frei durchlaufenen Wege berechnen, die allerdings noch von der jeweils angelegten äußeren Feldstärke abhängt. Für verfärbtes Steinsalz (einen typischen Phosphor) fand GYULAI[1] bei 2000 Volt/cm mittlere Verschiebungswege von etwa $3 \cdot 10^{-5}$ cm, also von weit über molekularen Dimensionen[2].

Nach Aussetzen der Primärbelichtung bleibt der Kristall in verändertem Zustand zurück, infolge der lokalen Abwanderung von Elektronen sind in seinem Innern positive Raumladungen aufgebaut worden, die in den reinen Kristallen auch durch Sondenmessungen nachzuweisen sind; in den gestörten Gittern werden diese Raumladungen dagegen elektrisch nicht wahrnehmbar, weil jedes positiv geladene Element durch die Ladung eines in seiner Nähe haften gebliebenen Elektrons in seiner elektrostatischen Wirkung nach außen kompensiert wird — es tritt nur eine Art lokaler Polarisation ein. Dieselbe macht sich, wie GUDDEN und POHL fanden — allerdings nur in dem einen Fall des ZnSCu-Phosphors[3] —, durch eine Erhöhung der Dielektrizitätskonstante bemerkbar; BREUNIG[4] konnte neuerdings zeigen, daß bei richtiger Wahl der Versuchs bedingungen auch für diesen Effekt die spektrale Erregungsverteilung die gleiche ist wie für die Phosphoreszenzerregung; Bestrahlung des erregten Phosphors mit „tilgendem“ Licht macht die Wirkung rückgängig. — Der „erregte Zustand“ kann sich unter Umständen — am Diamanten oder auch am gefärbten Steinsalz bei Zimmertemperatur z. B. — sehr lange halten; er ist äußerlich durch eine Veränderung des Absorptionsspektrums kenntlich, das sich bei den reinen Kristallen ebenso wie

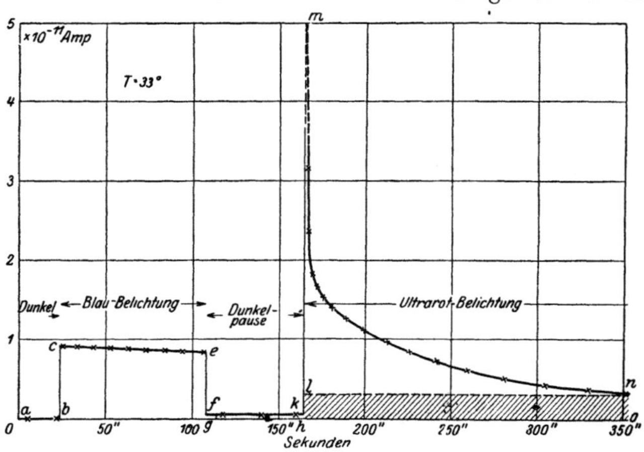

Abb. 66. Aufbauender und abbauender lichtelektrischer Strom in verfärbtem NaCl bei 33°.

[1] Z. GYULAI, ZS. f. Phys. Bd. 31, S. 296. 1925; Bd. 31, S. 651. 1925; Bd. 33, S. 251. 1925.

[2] Die obige Darstellung folgt der Auffassung von GUDDEN und POHL, die — abgesehen von der Annahme über die komplexen Zentrenmoleküle, an deren Stelle das gestörte Kristallgitter tritt — sich weitgehend mit der LENARDschen Phosphoreszenztheorie in Übereinstimmung bringen läßt. Es muß aber betont werden, daß eine wesentlich andere Auffassung dieser Vorgänge möglich ist, der vielleicht in mancher Hinsicht der Vorzug zu geben wäre. Danach bleiben auch in den „Phosphoren“ die Elektronen nicht an benachbarten Atomen hängen, sondern sie folgen den äußeren Feldkräften durch das ganze Gitter hindurch, genau wie in reinen Kristallen, nur mit sehr viel kleinerer „Beweglichkeit“, d. h. ihre wahre Bewegung ist eine Art von Diffusionsvorgang, dem nur die der Feldrichtung folgende einseitige Komponente überlagert ist. Diese z. B. von JOFFE vertretene Vorstellung ergibt die für das lichtelektrische Leitvermögen gefärbten NaCl wirklich beobachtete strenge Gültigkeit des OHMschen Gesetzes als notwendige Folge, während sie aus der GUDDEN und POHLschen Annahme nur sehr gezwungen hergeleitet werden kann; in dem oben zitierten Aufsatz macht A. SCHLEEDE den Versuch, mit Hilfe der Hypothese über die freie Diffusionsbewegung der Elektronen in Phosphoren die Phosphoreszenzerscheinungen zu deuten, worauf im weiteren noch zurückgekommen werden soll.

[3] Man hat versucht, dieses exzeptionelle Verhalten des ZnSCu-Phosphors mit der Ausnahmestellung, die er gegenüber anderen Sulfidphosphoren durch die extrem große „Tilgungsfähigkeit“ seiner Phosphoreszenzerregung besitzt, in Zusammenhang zu bringen. Jedenfalls beweisen solche Sondereffekte, daß der Erregungsprozeß in verschiedenen Phosphoren wenn nicht qualitativ, so doch quantitativ sehr ungleich sein muß.

[4] E. BREUNIG, Ann. d. Phys. (5) Bd. 11, S. 863. 1931.

bei den Phosphoren nun weiter nach Rot hin ausdehnt, während bei den letzteren überdies die Maxima der selektiven Absorption wesentlich an Intensität verlieren (Abb. 65). Diese veränderten Absorptionsfrequenzen werden den durch die Elektronenabwanderung bzw. -anlagerung veränderten Gitterpartien zugeschrieben. Erhöht man bei dauernd angelegtem äußerem Feld im Dunkeln die Temperatur des erregten Kristalls, so tritt ein nochmaliger elektrischer Strom auf, der im ganzen genau dieselbe Elektrizitätsmenge, die vorher während der erregenden Bestrahlung das Galvanometer durchflossen hatte, transportiert; die gleiche Wirkung läßt sich erzielen durch Bestrahlung mit langwelligem Licht, dessen Wellenlänge den charakteristischen Absorptionsfrequenzen des erregten Kristalls entspricht (Abb. 66). Nach Schluß dieses Prozesses ist der Kristall wieder in seinem unerregten, nichtleitenden Zustand, die Raumladungen sind „abgebaut" und auch die optische Absorptionskurve hat ihre normale Gestalt wieder angenommen. Der „Abbau" besteht in einem Nachwandern von Elektronen unter der Wirkung der Wärmebewegung oder der langwelligen Belichtung, die, in der Richtung von der Anode herkommend, die durch

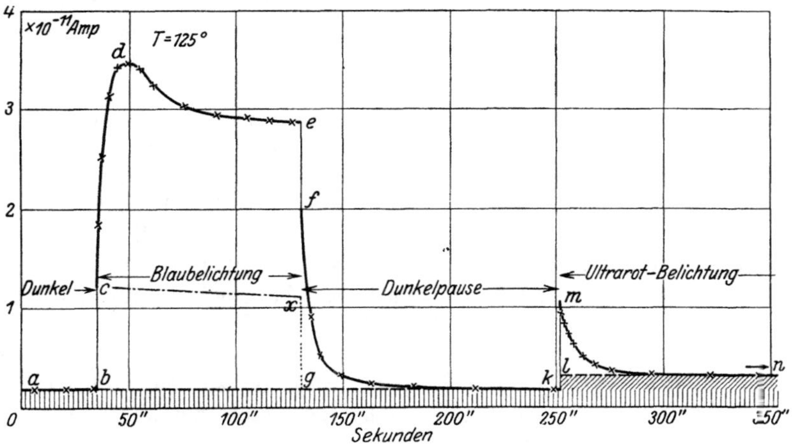

Abb. 67. Aufbauender und abbauender lichtelektrischer Strom in verfärbtem NaCl bei 125°.

den ersten Strom entstandenen Lücken wieder auffüllen; er geht desto schneller vor sich, je höher die Temperatur bzw. je intensiver die langwellige Bestrahlung ist. Wird die Primärerregung bei Temperaturen vorgenommen, bei denen (nach vorangegangener Erregung) im Dunkeln ein Abbau stattfände, so tritt ein solcher nun im geringeren oder größeren Maße als sofortige Begleiterscheinung des „Aufbaues" zutage, allerdings nicht trägheitslos wie dieser; der während der konstant gehaltenen Bestrahlung fließende Strom wächst daher mit der Zeit bis zur Erreichung eines Gleichgewichtszustandes an, während andererseits nach Aussetzen der Erregung nur mehr ein entsprechend geringer Teil des „abbauenden Stromes" zur Beobachtung gelangt (Abb. 67). Ist die Temperatur hinreichend hoch, so entsteht im Kristall überhaupt kein erregter Zustand mehr, weil jedes abwandernde Elektron sofort durch ein nachwanderndes Elektron ersetzt wird. Intensive langwellige Bestrahlung wirkt auch hier wieder wie Erwärmung. Tatsächlich überschneidet sich das typische Absorptionsgebiet des erregten Kristalls wohl stets mit dem Absorptionsgebiet des unerregten, und infolgedessen gibt es auch stets ein Wellenlängenintervall, innerhalb dessen ein gleichzeitiges Vorkommen beider Effekte nicht zu vermeiden ist: die gleiche Strahlung, die im unerregten Kristall aufbauend wirkt, wirkt im erregten Kristall abbauend. Will man also die erste Wirkung und die für sie geltenden Gesetzmäßigkeiten rein beobachten, so muß zur Erregung Licht von entsprechend kleiner Wellenlänge verwendet werden. Die mitgeteilten Abbildungen beziehen sich auf verfärbtes NaCl, weil man an den gut ausgebildeten einheitlichen Kristallen, die man von diesem Material besitzt, am besten quantitative Messungen ausführen kann; doch haben GUDDEN und POHL qualitativ durchaus analoge Beobachtungen an den mikrokristallischen Pulvern typischer Lenardphosphore, etwa eines ZnCu-Sulfidphosphors, anstellen können. Dagegen hat die einzige bisher vorliegende Untersuchung, die sich mit der lichtelektrischen Leitung in mit Schwermetallen aktivierten Alkalihalogeniden beschäftigt, noch keine eindeutigen Resultate geliefert[1].

Schließlich ist die Wirkung des erregenden Lichtes in Abwesenheit eines elektrischen Feldes zu besprechen, was ja dem bei Phosphoreszenzerregung in der Regel vorkommenden Fall entspricht. Hier verhalten sich die beiden Gruppen der lichtelektrisch leitenden Kristalle wesentlich verschieden: in den reinen Kristallen werden zwar auch ohne äußeres Feld Elektronen durch das Licht freigemacht, diese werden aber infolge ihrer großen Beweglichkeit, und da sie nur relativ geringe Eigengeschwindigkeit besitzen, durch die im Kristall entstehenden lokalen Felder alsbald wieder zurückgeholt, es bildet sich kein merklicher Erregungszustand aus, der nachträglich durch Erwärmung unter Anlegung eines äußeren Feldes rückgängig gemacht werden könnte. Im gestörten Gitter dagegen bleiben die durch das Licht losgelösten Elektronen in der Nachbarschaft haften, sie werden selbst durch relativ kräftige äußere elektrische Felder aus dieser neuen Gleichgewichtslage (bei tiefer Temperatur bzw. im Dunkeln) nicht losgerissen. Legt man daher an einen solchen Kristall nach feldfreier Erregung ein äußeres Feld an und erwärmt ihn dann oder bestrahlt ihn mit langwelligem Licht, so erhält man einen „abbauenden“ elektrischen Strom von derselben Intensität und Dauer, wie wenn die Erregung unter Anlegung eines äußeren Feldes stattgefunden hätte. Da aber in dem jetzt betrachteten Prozeß bei der Erregung sicher keinerlei Vorzugsrichtung vorhanden war, während beim Abbau sich alle Elektronen in der gleichen durch das Feld vorgeschriebenen Richtung bewegen, so folgt daraus eindeutig, daß im allgemeinen nicht jedes Elektron zu seinem ursprünglichen Atom zurückkehrt, sondern daß jedes beliebige andere zur Verfügung stehende Elektron seine Stelle einnehmen kann.

Auch das Auftreten eines „abbauenden Stromes“ ist an erregten Phosphoren (CaSBi, ZnSCu) bei durch Erwärmung beschleunigter Ausleuchtung nachgewiesen worden; die dabei emittierte Lichtsumme ist der im Strom transportierten Elektrizitätsmenge nach E. RUPP genau proportional.

Die wesentlichsten in den vorangehenden Ziffern besprochenen Eigenschaften der Phosphoreszenzerregung und -emission lassen sich somit auf die lichtelektrischen Leitungsvorgänge in Kristallen zurückführen. Zu einer vollständigen Deutung aller Einzelheiten reichen diese generellen Überlegungen bei weitem nicht aus, wie sich bei der Besprechung der Eigenschaften der wichtigsten Phosphore in den folgenden Ziffern mehr als einmal zeigen wird.

54. Die Lenardphosphore. Wenn hier die Lenardphosphore als erste behandelt werden, geschieht das sicher nicht deshalb, weil sie einen besonders einfachen Fall darstellen, man kann im Gegenteil behaupten, daß die Lumineszenz dieser Phosphore wohl das Komplizierteste aller bekannten Leuchtphänomene darstellt; es ist dies bis zu einem gewissen Grade begreiflich, da sie ja nicht nach dem Prinzip einer größtmöglichen Einfachheit ausgesucht, sondern zunächst rein empirisch als Präparate mit möglichst großer Nachleuchthelligkeit und Dauer gezüchtet worden sind. Anderseits aber liegt über sie ein ungewöhnlich

[1] K. HECHT, Diss. Göttingen 1930.

reiches Material an qualitativer und quantitativer experimenteller Forschung vor, während man sich bezüglich an sich vielleicht einfacherer Phosphore fast immer auf wenige Meßergebnisse beschränkt sieht. Und auch die Versuche zu deren theoretischer Deutung schließen sich fast ausnahmslos an die Überlegungen an, die LENARD aus den an seinen Phosphoren gemachten Beobachtungen hergeleitet hat. Die Frage, wieweit solche Verallgemeinerungen gerade bei der besonders komplizierten Natur der Lenardphosphore zulässig sind, muß hier nochmals wiederholt werden, um so mehr, als es sich nicht selten um Hypothesen handelt, die gerade für einen Spezialfall gemacht zu sein scheinen[1].

Der älteste Lenardphosphor ist, wie schon gesagt, der Bologneser Leuchtstein, nach unserer heutigen Kenntnis durch nicht näher definierte Zusätze aktiviertes Bariumsulfid; länger bekannt sind auch die BALMAINsche Leuchtfarbe — CaS mit Wismut — und die Sidotblende — ZnS, meist wohl mit Cu aktiviert. Die von LENARD und KLATT zunächst untersuchten „Erdalkali-Sulfidphosphore" bestehen aus dem Sulfid des betreffenden Erdalkalimetalles, das durch Erhitzung des Sulfates auf etwa 1000° gewonnen wird, wobei ohne Einfluß auf die Leuchtfähigkeit bis zu 75% des Ausgangsmaterials als Sulfat erhalten bleiben kann, und das mit minimalen Spuren eines „wirksamen Metalles" unter Zusatz eines als Flußmittel dienenden farblosen Salzes (Na_2SO_4, NaCl, K_2SO_4 usw.) zusammengesintert ist. In der weiteren Entwicklung zeigte es sich, daß im Phosphor an die Stelle der Erdalkalimetalle (Sr, Ba, Ca) eine beträchtliche Anzahl anderer Elemente treten kann, soweit sie wenig gefärbte Sulfide zu bilden vermögen: zunächst aus der 2. Vertikalreihe des periodischen Systems noch Magnesium, Beryllium, Zink — nicht aber Kadmium und Quecksilber, deren Sulfide ziemlich dunkle Eigenfarbe aufweisen; immerhin läßt sich in Ca-Sulfidphosphoren bis zu 30% des Ca durch Cd ersetzen; ferner die Alkalimetalle Natrium und Rubidium; Kalium-, Lithium-, Zäsiumphosphore konnten aus technischen Gründen bislang noch nicht dargestellt werden. Daß ebenso wie aus den Sulfiden auch aus den Seleniden und Oxyden der Erdalkalien nach derselben Präparationsmethode Phosphore von ähnlichen Eigenschaften erhalten werden können, war schon BOISBAUDRAN bzw. BECQUEREL bekannt; ihre genauere Erforschung verdankt man aber auch erst der LENARDschen Schule. Als Beispiele für die Zusammensetzung von Lenardphosphoren mögen aus einer sehr großen Zahl die folgenden in ihrer „normalen" Konzentration dienen:

1 g $CaSO_4$ + 0,00024 g Bi + 0,05 g Na_2SO_4 + 0,03 g $Na_2B_4O_7$ + 0,02 g CaF_2 (CaSBi-Phosphor),
1 g $CaSO_4$ + 0,0004 g Sb + 0,2 g Na_2SO_4 + 0,06 g NaTl (CaSSb-Phosphor),
1 g ZnS + 0,0001 g Cu + 0,01 g NaCl (ZnSCu-Phosphor),
1 g $SrCO_3$ + 0,0001 g Bi + 0,06 g MgF_2 (SrOBi-Phosphor),
1 g BaSe + 0,0005 g Pb + 0,5 g $Na_2B_4O_7$ (BaSePb-Phosphor).

Die den einzelnen Phosphoren beigefügten abgekürzten Bezeichnungen bedürfen keiner näheren Erläuterung; daß die Zusatzsalze keine für das Wesen

[1] Im Rahmen eines Handbuchartikels ist es unmöglich, alle Beobachtungen der LENARDschen Schule über die Eigenschaften der Lenardphosphore, die Wirkung verschiedener Einflüsse auf sie und die Deutung all dieser Einzelheiten durch die weit ausgebauten LENARDschen Hypothesen vollständig zu besprechen, es mußte vielmehr versucht werden, die Dinge herauszuheben, die allgemeinere Wichtigkeit zu besitzen schienen. Noch viel weniger konnten alle Rezepte zur Herstellung von Phosphoren oder alle an jedem Phosphor beobachteten Banden aufgezählt werden, wenige typische Beispiele mußten hier genügen, sonst wäre ein eigener dicker Band nur über die Lenardphosphore nötig. Vgl. z. B. P. LENARD, FERD. SCHMIDT u. R. TOMASCHEK, Phosphoreszenz und Fluoreszenz. Leipzig: Akad. Verlags-Ges. 1928.

der Phosphoreszenzfähigkeit ausschlaggebende Rolle spielen, folgt daraus, daß man nicht nur bei geeigneter Präparationsweise sie ganz entbehren kann, sondern daß sie sich auch aus den nach den LENARDschen Vorschriften hergestellten ZnS-Phosphoren nachträglich auswaschen lassen, ohne das Leuchtvermögen zu beeinträchtigen. Dient als Ausgangsmaterial ein Karbonat, so wird dieses beim Glühen in Oxyd überführt — ebenso wie die Sulfate in Sulfide. Die „normale“ Konzentration ist empirisch festgestellt als die für das Nachleuchten günstigste: auf sie wird bei anderer Zusammensetzung des Phosphors Bezug genommen (0,1 normal, 0,02 normal usw.). Dies ist natürlich eine bis zu einem gewissen Grade willkürliche Festsetzung, da die günstigste Konzentration für langes Nachleuchten eine wesentlich kleinere ist als für kurzes oder für das Momentanleuchten: in einem 0,01 normalen CaBi-Phosphor ist das Auftreten eines Momentanprozesses überhaupt kaum zu beobachten, in 0,1 normalem Phosphor dagegen trägt der Dauerprozeß nur noch etwa 10% zur totalen Lumineszenzhelligkeit während der Erregung bei. Es gibt Fälle, bei denen der Momentanprozeß erst für eine 1000 mal größere Metallkonzentration sein Optimum erreicht als der von LENARD fast ausschließlich behandelte Dauerprozeß, woraus sich manche in der Literatur zu findenden scheinbaren Widersprüche erklären[1]. Übersteigt jedoch die Menge des dem Grundmaterial zugeführten wirksamen Metalles ein gewisses Maß, so verliert die Substanz vollständig ihren Charakter als Phosphor und ist nicht mehr leuchtfähig[2].

Im allgemeinen ist auch die günstigste Konzentration nicht die gleiche für die verschiedenen unabhängigen Phosphoreszenzbanden, die ein und derselbe Phosphor besitzen kann. Insbesondere ist für das Herauskommen der ultravioletten Emissionsbanden (zwischen 2600 und 4000 Å), die fast alle CaS- und CaO-Phosphore kennzeichnen, eine weit (etwa um das 10^2fache) unter der „normalen“ gelegene Konzentration notwendig; sie erreichen das Maximum ihrer Intensität bei einem Gehalt an wirksamem Metall, bei dem die sichtbaren Banden kaum mehr zu beobachten sind[3].

In die folgende Tabelle 29 sind nur solche Phosphore aufgenommen, deren Eigenschaften eingehend untersucht sind und die in allen ihren wirksamen Bestandteilen vollkommen bekannt sind; die einzige Ausnahme — seiner typischen Bedeutung halber — bildet der Rubidiumsulfidphosphor, der seine Leuchtfähigkeit einem unbekannten, entweder schon im Ausgangsmaterial enthaltenen oder bei seiner recht schwierigen Präparation in die Masse eingedrungenen aktivierenden Metall verdanken dürfte.

Die Lücken in der Tabelle sind teilweise wohl zufällig, indem nicht für jedes Grundmaterial alle wirksamen Metalle durchprobiert wurden; wo aber eine Lücke durch ein + gekennzeichnet ist, ist ausdrücklich von einem Forscher bemerkt worden, daß es ihm mit der betreffenden Kombination nicht gelungen sei, einen leuchtfähigen Phosphor herzustellen; wird der Phosphor als nur sehr schwach nachleuchtend angegeben, so ist das wirksame Metall in Klammern gesetzt. Eine klare Regelmäßigkeit ist nicht zu erkennen; von den Erdalkalien gibt Ca mit den meisten wirksamen Metallen gute Resultate, etwas weniger Sr, am wenigsten Ba. Andererseits ist unter den wirksamen Metallen stets phosphorbildend das Bi, ihm kommen nahe Pb, Cu und Mn, von denen das letzte jedoch

---

[1] Z. B.: M. L. BRÜNINGHAUS, Sur la loi de l'optimum de phosphorescence. C. R. Bd. 149, S. 1375. 1909.

[2] Dagegen soll der äußere lichtelektrische Effekt, der am reinen Grundmetall ganz fehlt, bei Konzentrationen des wirksamen Metalls (Bi in CaS) erhalten bleiben, bei denen jede Spur von Leuchtvermögen zerstört ist (M. CURIE, C. R. Bd. 178, S. 244. 1925).

[3] O. SCHELLENBERG, Ann. d. Phys. Bd. 87, S. 677. 1928; Bd. 11, S. 94. 1931.

Tabelle 29. Zusammenstellung der bisher untersuchten Lenardphosphore.

Grund-material	Wirksames Metall																
	Mn	Fe	Co	Ni	Cu	Zn	Ag	Sn	Sb	Ce	Pr	Nd	Sm	Gd	Tb	Pb	Bi	U
ZnS	Mn	—	Co	+	Cu	—	Ag	—	—	—	—	—	Sm	—	—	Pb	Bi	U
CaS	Mn	Fe	+	Ni	Cu	(Zn)	Ag	Sn	Sb	—	Pr	Nd	Sm	+	(Tb)	Pb	Bi	+
SrS	Mn	Fe	+	No	Cu	Zn	Ag	+	—	—	Pr	Nd	Sm	+	Tb	Pb	Bi	+
BaS	+	—	—	+	Cu	+	+	+	+	—	—	—	Sm	+	—	Pb	Bi	+
MgS	Mn	—	—	—	(Cu)	—	Ag	—	Sb	Ce	Pr	(Nd)	Sm	Gd	—	(Pb)	Bi	—
BeS	+	—	—	+	+	+	+	+	Sb	—	—	—	—	—	—	+	Bi	+
NaS	—	Fe	—	—	Cu	—	—	—	—	—	—	—	—	—	—	—	—	—
RbS									?									
CaO	Mn	—	—	—	Cu	—	—	—	—	—	(Pr)	(Nd)	Sm	+	Tb	Pb	Bi	—
SrO	Mn	—	—	—	Cu	—	—	—	—	—	(Pr)	(Nd)	Sm	+	Tb	Pb	Bi	—
BaO	+	—	—	—	Cu	—	—	—	—	—	—	—	(Sm)	—	—	Pb	Bi	—
MgO	—	—	—	—	—	—	—	—	—	—	—	—	Sm	—	—	—	—	—
BeO	—	—	—	—	—	—	—	—	—	—	—	—	Sm	—	—	—	—	—
CaSe	—	—	—	—	Cu	Zn	—	—	Sb	—	—	—	—	—	—	Pb	Bi	—
SrSe	Mn	—	—	—	Cu	Zn	Ag	—	Sb	—	—	—	—	—	—	Pb	Bi	—
BaSe	—	—	—	—	Cu	Zn	—	—	—	—	—	—	—	—	—	Pb	Bi	—

bei den Bariumphosphoren versagt, während Cu ausdrücklich als im Magnesiumsulfid unwirksam hervorgehoben wird. Besonders auffallend ist das ungleiche Verhalten der seltenen Erdmetalle, die sich doch sonst in optischer und chemischer Beziehung so sehr ähnlich sind: allein das Samarium gibt in allen Verbindungen[1] stets phosphoreszierende Präparate; Neodym, das in manchen Phosphoren gut leuchtet, erteilt dem Magnesiumsulfid keine Lumineszenzfähigkeit, während umgekehrt wieder Gadolinium unter allen untersuchten Lenardphosphoren nur im Magnesiumsulfid wirksam ist. Fe als wirksames Metall muß nicht nur in CaS- und CaO-Phosphoren, deren Banden fast ganz im Ultraviolett liegen, sondern auch im NaS-Phosphor (mit einer Emissionsbande bei etwa 5300 Å) eine um das etwa 100fache unter der sonst „normalen" liegende Konzentration aufweisen, wenn Leuchtfähigkeit erzielt werden soll. In vielen an sich gut leuchtenden Phosphoren wird durch spurenweise Verunreinigung mit Eisensalzen das Emissionsvermögen ganz unterdrückt. Ferner kommt es häufig vor, daß in einem Phosphor, der mit einem bestimmten Metall aktiviert ist und die für dasselbe charakteristischen Banden aussendet, diese verschwinden und durch die Banden eines anderen Metalls „verdrängt" werden, das in noch so kleinen Mengen dem Phosphor zugesetzt wird; so werden die verwaschenen gelbroten Banden des CaOMn-Phosphors verdrängt durch die ganz unverkennbaren linienartigen Banden, die von Samarium oder Thulium herrühren (vgl. Ziff. 60). Anderseits ergeben manche Kombinationen von wirksamen Metallen (z. B. Mn und Cu in CaS) richtige „Mischphosphore", an denen die für beide Metalle charakteristischen Banden nebeneinander beobachtet werden. Eine andere Gattung von Mischphosphoren stellen jene dar, in denen das Grundmaterial zweierlei Anionen enthält, etwa CaS + CaO; auch hier beobachtet man, wenn der Mischphosphor mit Mn, Cu, Ag usw. aktiviert ist, jedesmal eine Superposition zweier Bandentypen, die den beiden getrennten Grundmaterialien entspricht[2]. Eine dritte Art von Mischphosphoren schließlich ergibt der Ersatz eines Teiles der Kationen des Grundmaterials durch ein anderes Metallion, etwa SrS + CaS; hierher gehören auch die zuerst von GUNTZ hergestellten ZnS-Phosphore, in denen bis zu 30% das Zn durch Cd ersetzt werden kann.

---

[1] Mit Ausnahme einiger Alkalihalogenide; vgl. Ziff. 60.

[2] O. SCHELLENBERG, Ann. d. Phys. Bd. 11, S. 94. 1931; Bd. 13, S. 249. 1932. Über Mischphosphore auch F. BANDOW, Ann. d. Phys. Bd. 87, S. 469. 1928.

Wieweit die verschiedene Wirkungsweise der einzelnen aktivierenden Metalle in verschiedenen Grundmaterialien durch die Ziff. 49, S. 279, wiedergegebene TIEDEsche Hypothese erklärt werden kann, ist wohl noch nicht sicher zu sagen. Erwähnt sei noch, daß die Lumineszenzeigenschaften der ZnS-Phosphore nicht wesentlich davon abhängen, ob das ZnS in der hexagonalen oder regulären Kristallform vorliegt (TIEDE und SCHLEEDE).

55. Die Absorptions- und Emissionsbanden der Lenardphosphore. Im allgemeinen besitzt ein Lenardphosphor von gegebener Zusammensetzung eine Anzahl „unabhängiger Emissionsbanden", von denen die eine oder die andere durch geeignete Präparationsweise vorzüglich oder auch allein ausgebildet sein kann. LENARD bezeichnet die gewöhnlich am stärksten hervortretende Bande, die „Hauptbande", mit α, die weiteren mit β, γ usw., meist erst später aufgefundene Banden im Ultraviolett mit ν_1, ν_2, ... Dabei ist als einheitliche Bande (durch *einen* griechischen Buchstaben charakterisiert) definiert „ein Komplex emittierter Wellenlängen, welche gemeinsame Eigenschaften haben in bezug auf Temperatur, Erregbarkeit durch bestimmte Wellenlängen, Schnelligkeit des An- und Abklingens, sowie auf das Erscheinen bzw. Nichterscheinen je nach der Präparationsweise (Natur des Zusatzsalzes, Glühdauer und -temperatur usw.)". Mit der Zeit stellte es sich heraus, daß solche „einheitlichen Banden" sehr häufig aus im Spektrum ziemlich weit auseinanderliegenden Teilbanden bestehen (z. B. die Bande β des CaSPb-Phosphors mit Teilbandenmaximis $\beta_1 = 470$, $\beta_2 = 420$, $\beta_3 = 328$ mμ); aber auch scheinbar kontinuierliche Banden, die nach obiger Definition als einheitlich zu gelten haben, werden als aus Teilbanden zusammengesetzt angenommen, wenn ihr spektraler Intensitätsverlauf nicht ungefähr dem einer GAUSSschen Fehlerkurve entspricht[1]. Abb. 68 zeigt eine derartige von Willkür wohl kaum ganzfreie Analyse einer Bande des CaO-Ag-Phosphors in vier Teilbanden nach SCHELLENBERG[2], in anderen Fällen ist, wie Abb. 69 nach BORISSOW zeigt, die Analyse mit größerer Anschaulichkeit möglich; daß die Kurven in Abb. 68 im Frequenzen-, in Abb. 69 im Wellenlängenmaßstab aufgetragen sind, ist für das Resultat vielleicht von keinem sehr großen Einfluß. Die im sichtbaren liegenden Teilbanden haben meist Halbwertbreiten von etwa 50 mμ; nach Messungen von HOWES, der anscheinend mit einem Spektralphotometer größeren Auflösungsvermögens gearbeitet hat, zerfallen auch die Teilbanden noch in weitere Einzelmaxima, deren Folge sich als eine in der Frequenzenskala äquidistante Serie darstellen lassen soll, doch ist nach STEINEBACHER diese Feinstruktur der Banden nicht reell[3]. Zu jeder „einheitlichen Phosphoreszenzbande" (bzw. Teilbandengruppe) gehört eine Anzahl von „Dauererregungsstellen"

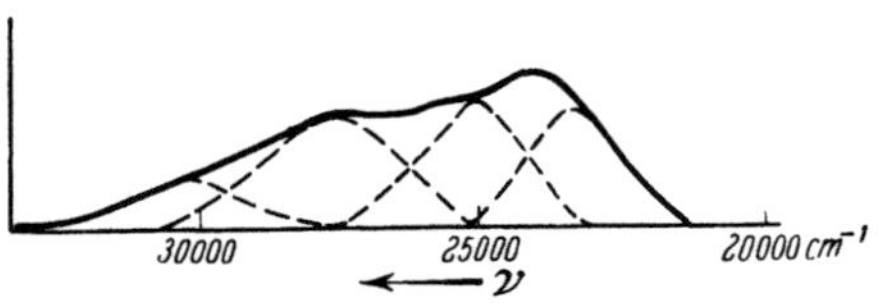

Abb. 68. Analyse eines Emissionsbandenkomplexes des CaOAg-Phosphors (nach SCHELLENBERG).

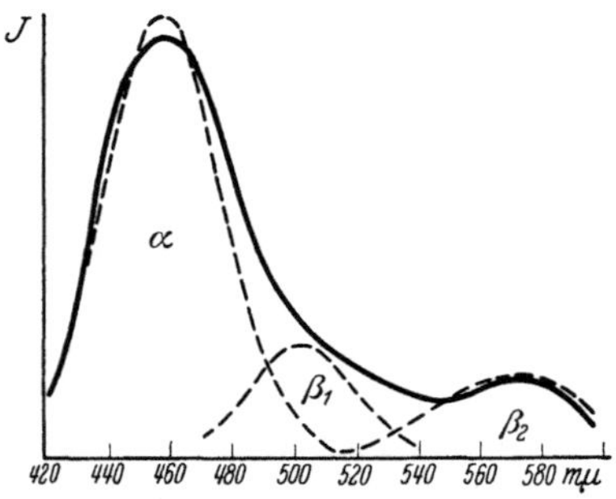

Abb. 69. Analyse eines Emissionsbandenkomplexes des ZnSCu-Phosphors (nach BORISSOW).

---

[1] Nach NICHOLS und MERRITT dagegen soll die Intensitätsverteilung in einer einheitlichen Bande stets der Verteilung im Spektrum der schwarzen Strahlung von entsprechend hoher Temperatur gleich sein.

[2] O. SCHELLENBERG, Ann. d. Phys. Bd. 13, S. 249. 1932.

[3] K. STEINEBACHER, Diss. Heidelberg 1927.

oder d-Maximis, ebenfalls mit einer mittleren Breite von 50 mμ, die LENARD von langen nach kurzen Wellen zu mit $d_1, d_2, \ldots$ numeriert. In einzelnen Fällen (z. B. β-Bande von CaSCu) werden bis zu sechs solcher d-Maxima gefunden. In Abb. 70 ist für eine Reihe von Sulfidphosphoren in der von LENARD eingeführten schematischen Weise die Lage der Emissions- und Erregungsbanden dargestellt.

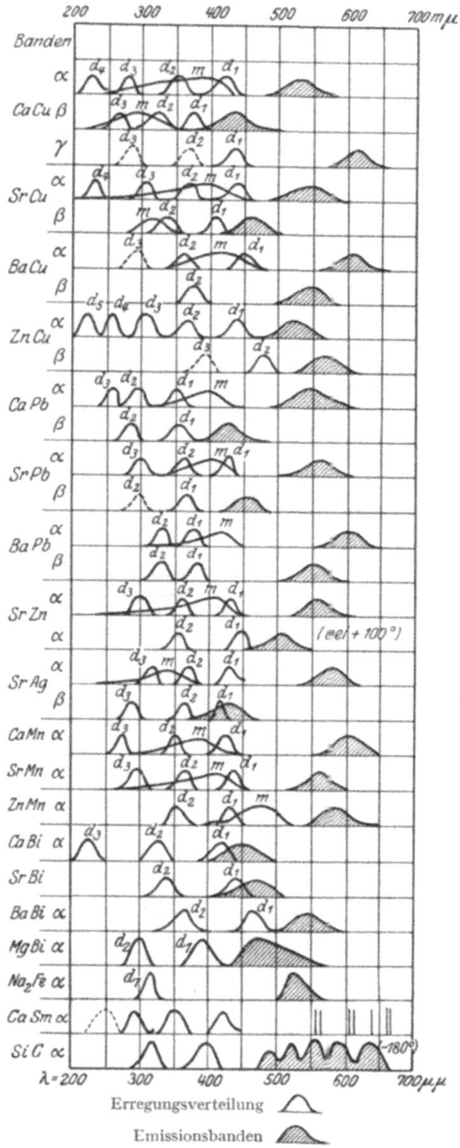

Abb. 70. Lage der Erregungsverteilung und der Emissionsbanden von Sulfidphosphoren nach LENARD.

Nach LENARD besitzen Phosphore, die dasselbe wirksame Metall in verschiedenen Grundmaterialien oder auch verschiedene wirksame Metalle im selben Grundmaterial enthalten, in der Regel „analoge" Banden, die bei ungleicher spektraler Lage sich in ihren sonstigen Eigenschaften ganz gleich verhalten — es sind dies aber nicht immer die Banden, die mit dem gleichen Buchstaben bezeichnet wurden. Nur für die Wellenlängen entsprechender d-Maxima solcher analoger Banden hat LENARD zunächst aus seinen Beobachtungen die Proportionalität mit der Wurzel aus der mittleren Dielektrizitätskonstante des Phosphors geschlossen:

$$\lambda(d_i) = \sqrt{\varepsilon}\, \Lambda_i ,$$

so daß man also z. B. für die α-Banden von CaSCu, SrSCu, CaSMn, CaOCu und die β-Banden von CaSPb, BaOPb usw., die alle miteinander analog sind, aus den gemessenen d_i-Wellenlängen und ε-Werten durchweg die gleichen „absoluten Wellenlängen" Λ_i der Dauererregungsmaxima berechnet (vgl. auch Tab. 30).

Daß die Wellenlänge der d-Maxima analoger Emissionsbanden nicht von der Natur des wirksamen Metalls, sondern nur von der Dielektrizitätskonstante des Phosphors abhängt, geht nach F. SCHMIDT besonders deutlich daraus hervor, daß in CaS(Mn + Cu)-Mischphosphoren einerseits die d-Maxima für die schnell abklingende Mn-α-Bande und für die lang nachleuchtende grüne Cu-α-Bande vollkommen zusammenfallen: der Phosphor, durch reelle Abbildung eines kontinuierlichen Spektrums auf das flächenhaft ausgebreitete Pulver erregt, leuchtet an genau derselben Stelle (eben den d-Wellenlängen im Primärspektrum) zuerst hellgelb, dann später ausgesprochen grün (Abb. 71). Andererseits verschieben sich in diesen Mischphosphoren, wenn man durch verschiedene Präparationsmethoden ihre Dielektrizitätskonstante variiert, für beide Emissionsbanden die d-Maxima durchaus nach dem von LENARD angegebenen Gesetz (Tab. 30). Auch die im allgemeinen nicht sehr großen Verlagerungen der d-Maxima nach größeren Wellenlängen zu, die man bei Erwärmung eines Phosphors beobachtet, läßt sich durch die gleichzeitige Änderung von ε erklären.

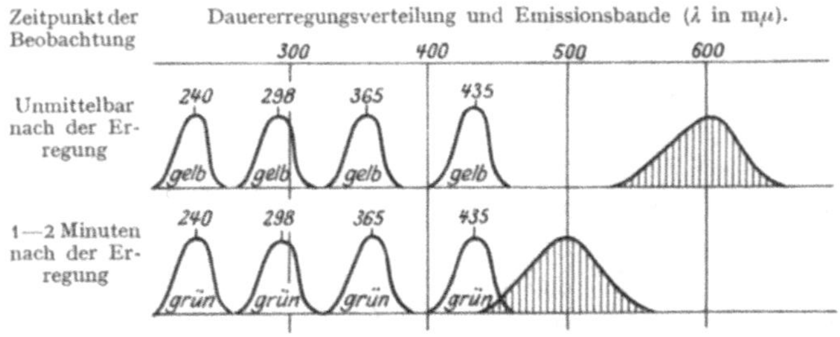

Abb. 71. Erregungs- und Emissionsbanden eines CaS(Cu, Mn)-Mischphosphors (nach SCHMIDT).

Für die Emissionsbanden der Phosphore hatte LENARD ursprünglich wohl einen Zusammenhang zwischen spektraler Lage und ε für möglich gehalten, hat ihn dann entschieden in Abrede gestellt, hält ihn aber, im Anschluß an F. SCHMIDT, neuerdings doch für erwiesen; auch hier soll, wenn die Banden analog sind, die Beziehung $\lambda = \sqrt{\varepsilon}\,\Lambda$ gelten. Darüber hinaus aber hat SCHMIDT und dann SCHELLENBERG[1], wie schon in Ziff. 50 erwähnt, zwischen den verschiedenen d-Maximis und Emissionsteilbanden *eines* Phosphors Serienbeziehungen aufzustellen gesucht,

Tabelle 30. d-Maxima der beiden α-Banden von (Cu, Mn)-Mischphosphoren verschiedener Dielektrizitätskonstante.

Wellenlängen der d-Maxima in mμ				Dielektrizitätskonstante ε	Absolute Wellenlängen der d-Maxima in mμ			
$\lambda(d_4)$	$\lambda(d_3)$	$\lambda(d_2)$	$\lambda(d_1)$		Λ_4	Λ_3	Λ_2	Λ_1
230	284	340	406	5,45	98	122	146	174
240	295	360	428	5,90	99	121	148	176
236	295	355	423	5,92	97	121	146	174
240	298	365	435	6,30	96	119	145	173
250	305	368	—	6,40	99	121	145	—
247	310	375	450	6,70	95	120	145	174
260	315	380	—	6,80	100	121	146	—
				Mittelwerte der Λ_i:	98	121	146	174

unter der Voraussetzung: $\Lambda = n^2 \Lambda_0$; auf diese Weise lassen sich aus sechs Λ_0-Werten (Tab. 31) und den jedesmal zu bestimmenden ε-Werten alle bekannten Erregungs- und Emissions-Teilbanden aller bekannten Sulfid- und Oxydphosphore durch Multiplikation mit den ganzen Zahlen zwischen 6 und 17 berechnen.

Tabelle 31. Grundfrequenzen (K bzw. ν_0) und zugehörige Λ_0 der Lenardphosphore.

Seriennummer	I	II	III	IV	V	VI
K	130	248	343	318	124	$108 \cdot 10^{15}\,\mathrm{sec}^{-1}$
ν_0	4,33	8,27	11,6	10,6	4,13	$3{,}6 \cdot 10^{6}\,\mathrm{cm}^{-1}$
Λ_0	2,31	1,27	0,862	0,944	2,42	2,78 mμ

Tabelle 32 gibt als Beispiel für den CaSCu-Phosphor die SCHMIDTsche Zuordnung aller beobachteten d-Maxima und Emissionsteilbanden an die einzelnen Serien; dabei bedeuten die römischen Zahlen die in Tabelle 31 durch die Grund-

[1] F. SCHMIDT, Ann. d. Phys. (5) Bd. 12, S. 211. 1932; O. SCHELLENBERG, Ann. d. Phys. (5) Bd. 13, S. 249. 1932; dort auch die frühere Literatur.

Tabelle 32. Einordnung der Banden des CaSCu-Phosphors ($\varepsilon = 8{,}1$) in Serien nach SCHMIDT. ($\Lambda = \lambda/\sqrt{\varepsilon}$; Wellenlängen in $m\mu$).

Erregung				Emission			
Bandenbezeichnung	λ	Λ	Seriennummer	Bandenbezeichnung	λ	Λ	Seriennummer
α d_1	416	146	II_{18} (I_8)	α α_1	554	193	III_{15}
α d_2	349	121	II_{10}	α α_2	535	188	I_9
α d_3	275	99	II_9	α α_3	525	184	IV_{14}
α d_4	225	78	II_8	α α_4	500	175	II_{12}
				β β_1	475	164	III_{14}
β d_1	375	184	IV_{14}	β β_2	455	160	IV_{13}
β d_2	318	160	IV_{13}	β β_3	440	154	V_8
β d_3	260	136	IV_{12}	β β_4	425	149	I_8
				β β_5	415	145	II_{11}, III_{13}
γ d_1	455	154	V_8				
γ d_2	400	136	VI_7				
γ d_3	340	118	V_7	γ γ_1	629	220	III_{16}
γ d_4	285	100	VI_6	γ γ_2	605	212	IV_{15}
γ d_5	250	87	V_6				

frequenzen definierten Seriennummern, die beigefügten Indizes die Laufnummern n in den Serien. Man sieht, daß nicht nur die Teilbanden einer früher nach LENARD als einheitlich geltenden Emissionsbande verschiedenen Serien zugeordnet werden müssen, sondern daß die unter demselben griechischen Buchstaben zusammengefaßten d-Maxima im allgemeinen nicht mehr derselben Serie angehören wie die Emissionsbanden. Um diesem Widerspruch zu entgehen, hat SCHMIDT in seiner letzten Arbeit darum nun auch die d-Maxima z. B. der Cu-α-Bande zwei verschiedenen Serien (I und II) zuweisen zu müssen geglaubt. Da aber das gleiche sich bei allen von SCHMIDT und von SCHELLENBERG nach dem neuen Prinzip geordneten Spektren vielfach wiederholt, heißt das nichts anderes, als das ganze von LENARD aufgebaute und nach seiner Ansicht immer wieder bewährte Einteilungsschema fast vollkommen aufzugeben. Auch die durch Abb. 71 illustrierte von SCHMIDT selbst stammende Überlegung über die d-Maxima eines Mischphosphors [CaS(Cu + Mn)] würde dann wohl ihre Beweiskraft verlieren. In einer anderen Gruppe von Mischphosphoren vom Typus Ca(S + O)Cu fand, wie schon erwähnt, SCHELLENBERG die für die beiden Bestandteile des Grundmaterials charakteristischen Emissionsbanden im Phosphoreszenzspektrum superponiert; er schließt daraus, daß hier nicht die *mittlere* Dielektrizitätskonstante des ganzen Phosphors für die spektrale Lage der Banden bestimmend sei, sondern eine lokale Dielektrizitätskonstante der einzelnen Zentren. Das scheint in schroffem Widerspruch zu der Tatsache zu stehen, daß die LENARDsche Beziehung $\lambda = \sqrt{\varepsilon}\,\Lambda$ ausschließlich in bezug auf die durch Zusatzsalz, Präparationsweise usw. bedingte *mittlere* Dielektrizitätskonstante hergeleitet und immer wieder bestätigt worden ist, und so ist es wohl einfacher, anzunehmen, daß die fraglichen Präparate keine eigentlichen Mischphosphore, sondern Mischungen der zwei getrennt ausgebildeten Phosphorarten darstellen[1].

Bezüglich der teilweise in Abb. 70 mit eingezeichneten Momentanerregungsverteilungen (m) sind irgendwelche Gesetzmäßigkeiten nicht bekannt; sie sind im allgemeinen sehr breit und verwaschen mit einem nicht sehr ausgeprägten Maximum, in wenigen Fällen scheinen sie in zwei durch ein Minimum getrennte Teilgebiete zu zerfallen[2].

[1] Wegen des ganz anderen Verhaltens von mit seltenen Erden aktivierter Mischphosphoren vom Typus (Ca + Sr)S vgl. Ziff. 60.

[2] J. M. SCHAPER, Ann. d. Phys. Bd. 85, S. 913. 1928.

Die in ihrem langwelligen Teil sehr ausgesprochene Selektivität aufweisende Tilgungsverteilung läßt in der Lage und Temperaturabhängigkeit dieser Maxima bei „analogen" Emissionsbanden ihrerseits eine deutliche Analogie erkennen, auch sie rücken mit wachsendem ε nach größeren Wellenlängen, ohne daß aber das für die d-Maxima bewiesene quantitative Gesetz gilt. Abb. 72 zeigt die spektrale Verteilung der Ausleuchtung und Tilgung für einen CaSBi-Phosphor.

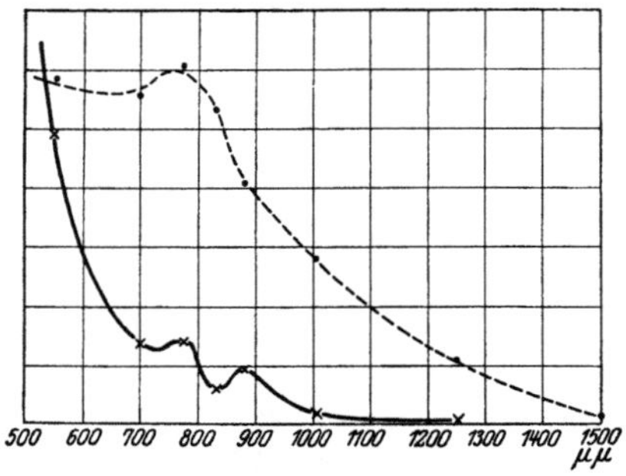

Abb. 72. Auslöschungsverteilung der α-Bande des CaBi-Sulfidphosphors. × Tilgungsverteilung, ● Ausleuchtungsverteilung.

Die Dielektrizitätskonstante wächst unter sonst gleichen Bedingungen für Sulfidphosphore beim Übergang vom Ca zum Sr und Ba, ebenso aber auch beim Übergang vom Oxydphosphor zum Sulfid- und Selenidphosphor, demnach verschieben sich die d-Maxima und die Emissionsbanden analoger Banden in der angegebenen Reihenfolge von kleineren zu größeren Wellenlängen; eine Folge davon ist u. a., daß ultraviolette Phosphoreszenz (bis herab zu 270 mμ), die bei Calciumoxyd- und -sulfidphosphoren fast stets zu finden ist, bei Sr-Phosphoren nur selten, bei Bariumphosphoren und ebenso ganz allgemein bei Selenidphosphoren überhaupt nicht beobachtet wird.

56. Eigenschaften der Lenardphosphore und die Zentrenhypothese[1]. Besitzt ein Phosphor mehrere unabhängige Emissionsbanden, so wird durch Absorption von Licht in einer d-Bande nur die mit dieser verbundene Phosphoreszenzbande angeregt. Sind bei hinreichend tiefer Temperatur, bei der sich der Phosphor für alle Banden im unteren Momentanzustand befindet, durch Lichteinstrahlung alle Banden erregt worden, so tritt bei darauf erfolgender allmählicher Erwärmung zunächst nur eine Phosphoreszenzbande (die mit niedrigster Temperaturlage: „Kältebande") in der Emission hervor und klingt evtl. vollständig ab; bei weiterer Erwärmung erscheint dann die nächste, zuletzt die „Hitzebanden". Jeder unabhängigen Bande entspricht also eine besondere Zentrengattung, die gegen die andere energetisch weitgehend isoliert ist. Die Zentren mit verschiedenen Emissionsbanden sollen sich durch die ungleiche Wertigkeit, mit denen das aktivierende Metallatom im Molekül gebunden ist, voneinander unterscheiden. Nach Messungen von RUPP über die magnetische Suszeptilität von Phosphoren, in denen die eine oder die andere Bande vorherrscht, entspricht die SCHMIDTsche Serie IV einer einwertigen (Cu_2S), II einer zweiwertigen (CuS) und I einer dreiwertigen Bindung (Ni_2S_3). Allerdings besitzt der mit dem nur ein- oder zweiwertigen Cu aktivierte CaS-Phosphor nach der älteren LENARDschen Beziehung drei unabhängige Banden (α, β, γ), während nach SCHMIDT diese Banden sogar auf sechs Serien zu verteilen sind (Tab. 32). Ähnlich liegen die Verhältnisse bei den meisten anderen Lenardphosphoren. Die verschiedenen zu einer einheitlichen Bande gehörenden d-Maxima dagegen sind Absorptionsfrequenzen ein und derselben Zentrengattung: beginnt man die Erregung mit dem Licht etwa der Wellenlänge von d_1, so kann die „volle Erregung" durch Einstrahlung in d_2 herbeigeführt werden usw. Immerhin ist durch verschiedene Präparation eines Phosphors das Hervortreten des einen oder anderen d-Maximums einer Bande zu begünstigen, so daß also auch hier noch feinere Unterschiede im Bau der Zentren anzunehmen sind.

[1] Ein großer Teil der LENARDschen Überlegungen und ihrer experimentellen Begründung findet man in seiner in vier Abschnitten publizierten Monographie „Über Ausleuchtung und Tilgung der Phosphore durch Licht". Sitzungsber. Heidelb. Akad. 1917 u. 1918.

Da die Abklingung auch einer „einheitlichen Bande“ eines Lenardphosphors sich nur durch eine Superposition mehrerer Exponentialfunktionen darstellen läßt, nimmt LENARD weiter die Existenz von Zentren verschiedener Dauer an; sie sollen sich durch ihre Größe unterscheiden, indem mit der Größe auch die Energieisolation in den Zentren und damit ihre Nachleuchtdauer zunimmt. Damit stimmt nach LENARD die Tatsache überein, daß die Ausleuchtung durch Bestrahlung und nach SCHMIDT auch durch elektrische Felder vornehmlich auf die Zentren großer Dauer wirkt, während die Tilgung wesentlich den von den schnell abklingenden Zentren herrührenden Lichtsummenanteil vernichtet. Auch setzt für die Zentren kurzer Dauer der „obere Momentanzustand“ schon bei tieferen Temperaturen ein als für die Zentren großer Dauer. Im oberen Momentanzustand verwandeln sich die Dauerzentren nicht in Momentanzentren, sondern sie verlieren ihre Leuchtfähigkeit vollständig. Die Momentanzentren ihrerseits, durch die besondere Momentanerregungsverteilung charakterisiert, müssen sich durch ihren Bau (trotz gleicher Emissionsbanden!) prinzipiell von den Dauerzentren, auch kürzester Dauer, unterscheiden, ohne daß hierüber genauere Hypothesen vorzuliegen scheinen. Dagegen wird für einen weiteren von ihm beobachteten Erregungsprozeß, dem „Ultraviolettprozeß“ (U-Prozeß), von LENARD keine besondere Zentrengattung angenommen: Phosphoreszenzemission einer Bande kann nämlich nicht nur durch Licht der zugehörigen d-Maxima hervorgerufen werden, sondern diese überlagern sich über ein kontinuierliches Anregungsgebiet, das sich von dem Spektralbereich, in dem die Emissionsbande selbst liegt, ansteigend bis weit ins Ultraviolett erstreckt[1]. Hierbei soll es sich aber nicht um eine unmittelbar an den d-Zentren angreifende Wirkung handeln, sondern es wird zunächst im Füllmaterial ein normaler Photoeffekt ausgelöst, und die so freigemachten Elektronen wirken sekundär ebenso wie von außen einfallende Kathodenstrahlen erregend auf die Zentren, und zwar vornehmlich auf die d-Zentren kleiner Dauer. Erwähnt sei, daß, wenn das erregende Licht in das Spektralgebiet der Emissionsbande fällt[2], im Nachleuchten unter Überschreitung des STOKESschen Gesetzes die ganze Emissionsbande erscheint, während für das Momentanleuchten das STOKESsche Gesetz streng gilt, d. h. in Fluoreszenz nur der Teil der Bande beobachtet wird, der bei größeren Wellenlängen liegt als das Primärlicht[3].

Nach LENARDS Anschauung sind die Zentrenmoleküle verschiedener Größe im entsprechend präparierten Grundmaterial auch dann ausgebildet, wenn dieses kein wirksames Metall enthält; die Phosphore können nämlich durch Druck „zerstört“ werden, wobei sie ihre Leuchtfähigkeit verlieren, dann aber durch Belichtung verfärbt werden: diese Verfärbung nach Druckzerstörung ist ihrerseits nicht an die Anwesenheit des wirksamen Metalles gebunden, sie ist vielmehr eine Eigenschaft des Grundmaterials bzw. der in diesem enthaltenen Zentren. Wird dem Grundmaterial vor dem Glühen nur eine kleine Menge des wirksamen Metalles zugesetzt, so lagern sich dessen Atome fast ausschließlich an die — bereits vorhandenen — großen Zentren an, je höher man die Metallkonzentration wählt, desto zahlreicher werden nicht nur absolut, sondern auch relativ die Zentren kleiner Dauer aktiviert, bei großer Konzentration schließlich überwiegen bei weitem die Momentanzentren. Daraus erklärt sich der aus Abb. 73 ersichtliche ganz ungleiche Verlauf der Abklingungskurve der-

[1] Vgl. auch Ziff. 53, S. 291.

[2] Nach der Lage der d_1-Maxima der auf dieses Verhalten untersuchten Banden ZnSCu-α und SrSBi-α) kann es sich hier wohl nur um einen m-Prozeß handeln.

[3] F. SCHMIDT u. W. ZIMMERMANN, Ann. d. Phys. Bd. 82, S. 193. 1927. Es steht dies in einem gewissen Gegensatz zu den an fluoreszierenden und nachleuchtenden Farbstofflösungen gemachten Beobachtungen (Ziff. 39).

selben Bande eines Phosphors je nach dem Gehalt an wirksamem Metall: unmittelbar nach Abschluß der Erregung leuchtet der Phosphor mit größtem Metallgehalt weitaus am hellsten, nach einiger Zeit übertrifft seine Intensität nicht mehr die von Präparaten mit geringer Metallkonzentration. Besonders deutlich tritt dieses Verhalten bei der in Ziff. 49 erwähnten Herstellung eines Phosphors durch Diffusion nach TIEDE in Erscheinung: unmittelbar an der Berührungsstelle der beiden Sulfide (ZnS und CuS), wo die Cu-Konzentration im ZnS natürlich am größten ist, fluoresziert der Phosphor viel kräftiger als in Schichten, die weiter entfernt liegen; im Nachleuchten verschwindet dieser Unterschied immer mehr.

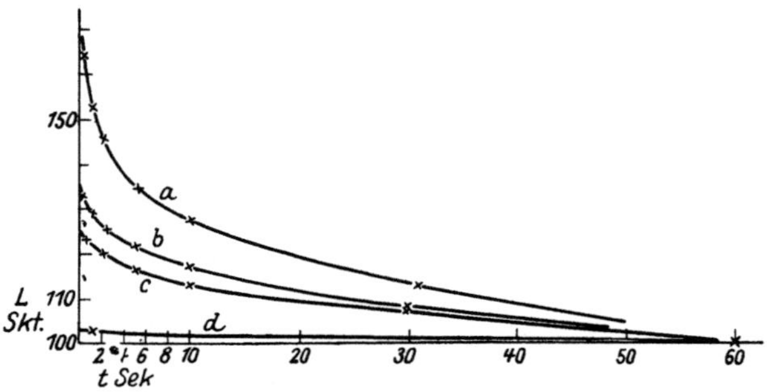

Abb. 73. Abklingung eines CaBiS-Phosphors bei verschiedenem Bi-Gehalt. *a* 5,0 normal. *b* 1,0 normal. *c* 0,1 normal. *d* 0,01 normal.

In Phosphoren mit geringem Metallgehalt ist die bei voller Erregung aufzunehmende Lichtsumme der Metallkonzentration direkt proportional, die Zahl der aufgespeicherten Lichtquanten ist (größenordnungsmäßig) gleich der Zahl der Metallatome, d. h. unter diesen Umständen muß jedes mit je einem Metallatom aktivierte Zentrum mit einem Quant an dem Phosphoreszenzprozeß teilnehmen. Es ist ohne weiteres ersichtlich, daß dies nicht mehr gelten kann, sobald bei höherem Metallgehalt Momentanzentren in größerer Zahl sich auszubilden beginnen.

57. Kristallphosphore mit verschiedenem Grundmaterial. Die Abgrenzung der in den vorangehenden Ziffern behandelten Gruppe der „Lenardphosphore" ist nicht frei von Willkür. Die in Tabelle 29 mit aufgenommenen MgS-, NaS- und RbS-Phosphore sind von TIEDE und seinen Mitarbeitern zuerst dargestellt worden (die erste genauere Untersuchung von BeS-Phosphoren wurde ebenfalls im TIEDEschen Laboratorium durchgeführt[1]), zum Teil wurden dabei auch von den LENARDschen verschiedene Präparationsmethoden angewandt: Erhitzung des Grundsulfids und des wirksamen Metalles im mit einem chemisch indifferenten Gas gefüllten Druckofen, wobei wesentlich höhere Temperaturen erreicht werden können, ohne daß das Material verdampft, so daß häufig kein Flußmittel (Zusatzsalz) zur Kristallisierung nötig ist. Anderseits schließen sich manche der in Tabelle 33 zusammengestellten, ebenfalls von TIEDE aufgefundenen Phosphore den Lenardphosphoren durchaus an. Für alle wurde gezeigt, daß das reine Grund-

Tabelle 33. Phosphore mit verschiedenem Grundmaterial. (Hinter dem aktivierenden Elemente die günstige Konzentration.)

Grundmaterial	Aktivierendes Element	Präparationstemperatur
Zinksilikat	Mn (10^{-4}–10^{-2}), Ag, Bi [Tl, Ma, Ce, Nd]	1300° C
Aluminiumoxyd[2] . .	Mn ($0{,}5 \cdot 10^{-5}$), Pt (10^{-5}) [Cr_2O_3 (2,5%), Rh_2O_3 ($2 \cdot 10^{-4}$), Ti_2O_3 (10^{-4})]	1300°
Siliziumdisulfid[3] . .	C (Spuren)	1250°
Bornitrid	C (Spuren)	Gebläseflamme
Aluminiumnitrid[4] .	Si 5%	1300°

[1] E. TIEDE u. F. GOLDSCHMIDT, Chem. Ber. Bd. 62, S. 758. 1929.
[2] E. TIEDE u. R. PIVONKA, Chem. Ber. Bd. 64, S. 2252. 1931.
[3] E. TIEDE u. M. THIMANN, Chem. Ber. Bd. 59, S. 1706. 1926.
[4] E. TIEDE, M. THIMANN u. K. SENSE, Chem. Ber. Bd. 61, S. 1568. 1929.

material keine Lumineszenzfähigkeit besitzt, alle weisen im phosphoreszenzfähigen aktivierten Zustand kristalline Struktur auf. Ihre physikalischen Eigenschaften sind nicht so eingehend untersucht wie die der eigentlichen Lenardphosphore, im einzelnen sei folgendes hervorgehoben: der mit Mn aktivierte Zinksilikatphosphor zeigt in der Regel an den verschiedenen Stellen eines Präparates teils grüne, teils rote oder gelbe Phosphoreszenz; durch schnelleres oder langsameres Abkühlen der Schmelze gelingt es, Präparate zu gewinnen, die gleichmäßig in einer der drei Farben leuchten und die, wie die Röntgenanalyse zeigt (Abb. 74), jeweils eine andere Kristallstruktur besitzen[1]. Rein qualitative Angaben finden sich bei ENGLER und HOPKINS über die Phosphoreszenz von Zinksilikatphosphoren, die in der Tabelle 33 in Klammern gesetzt sind, ebenso über die mit Nd aktivierten Silikate von Mg, Ca, Sr, Cd, La, Hg und schließlich auch noch über die Titanate und Zirkonate von Zn, ebenfalls mit Nd als wirksamem Metall.

Von den Aluminiumoxydverbindungen sind, wie schon in Ziff. 49 erwähnt, nur die beiden ersten in Tabelle 33 genannten eigentliche Phosphore, jeder mit zwei im Grün und Rot gelegenen unabhängigen Emissionsbanden mit verschiedener Temperaturlage ihres Dauerzustandes, während die drei anderen, in Klammern gesetzten, als echte Mischkristalle kein ausgesprochenes Nachleuchten aufweisen. Beachtenswert ist bei ihnen, besonders bei dem mit Cr_2O_3 aktivierten Rubin, die sehr viel größere günstige Konzentration des wirksamen Metalles. Die Eigenschaften des Rubins werden in Ziff. 61 gesondert behandelt. VERNEUIL hat synthetische Korunde (Al_2O_3) hergestellt, die mit Nickel oder Vanadium versetzt waren und bei Erregung mit ultraviolettem Licht intensiv gelb phosphoreszierten.

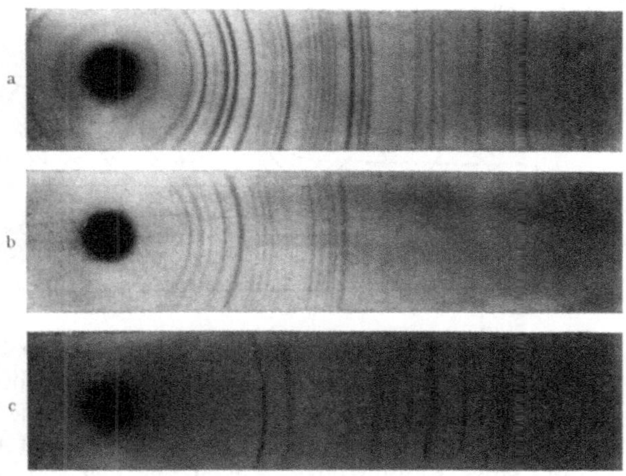

Abb. 74. Röntgendiagramme von Zinksilikatphosphoren. a grüne, b gelbe c rote Phosphoreszenz.

Siliziumdisulfid und Bornitrid sind dadurch ausgezeichnet, daß sie durch keines der sonst wirksamen Metalle aktiviert werden können, sondern nur dem Zusatz sehr geringer Mengen Kohlenstoff ihre Leuchtfähigkeit verdanken. Der Bornitridphosphor besitzt drei verwaschene, aber eine deutliche Struktur aufweisende unabhängige Emissionsbanden, die durch verschiedene Temperaturlagen und Erregungsverteilungen charakterisiert sind (Abb. 75). Die grüngelbe Bande α ist als Hauptbande bei allen Präparaten vorherrschend, tritt aber bei höheren Temperaturen (oberhalb 120°) mehr gegenüber der violetten Bande β zurück; die an sich meist schwache Bande γ ist von der Temperatur am wenigsten abhängig. Die Zentren besitzen durchweg kurze Dauer, das Abklingen läßt sich nie über zwei Minuten hinaus verfolgen; Ausleuchtung oder Tilgung wurden nicht beobachtet. Auch der mit Kohlenstoff aktivierte Siliziumsulfidphosphor

[1] Es steht nicht fest, daß es sich hier um drei unabhängige Banden im LENARDschen Sinne handelt; umgekehrt konnte bei Lenardphosphoren mit vorzugsweiser Ausbildung einer oder einer anderen unabhängigen Bande nie ein Unterschied in der Kristallstruktur nachgewiesen werden.

besitzt ein komplexes, aus fünf Teilbanden bestehendes Phosphoreszenzspektrum, das aber — bei Vorhandensein einer gemeinsamen Erregungsverteilung — als einheitliche Bandengruppe zu gelten hat (vgl. Abb. 70, letzte Zeile!).

Beim Aluminiumnitrid schließlich ist wieder nur ein einziges Element zur Aktivierung geeignet, nämlich das Silizium, und hier ist ebenfalls die relativ große günstigste Konzentration auffallend; unter 0,5% Silizium (bezogen auf Aluminiummetall) ist Phosphoreszenz kaum wahrnehmbar, das Optimum von 5% kann aber weit überschritten werden, ehe die Lumineszenzfähigkeit verlorengeht. Das Emissionsspektrum, in der Hauptsache im Blau gelegen, besteht ebenso wie beim Borstickstoff-Kohlenstoff-Phosphor aus drei unabhängigen Banden mit sehr verschiedenen Temperaturlagen, die Erregungsverteilung weist von 300 mμ nach kürzeren Wellen zu mehrere *d*-Maxima auf, die Hauptbande klingt bei Zimmertemperatur in wenigen Minuten ab, eine der anderen Banden ist dagegen im Nachleuchten über mehrere Stunden zu beobachten.

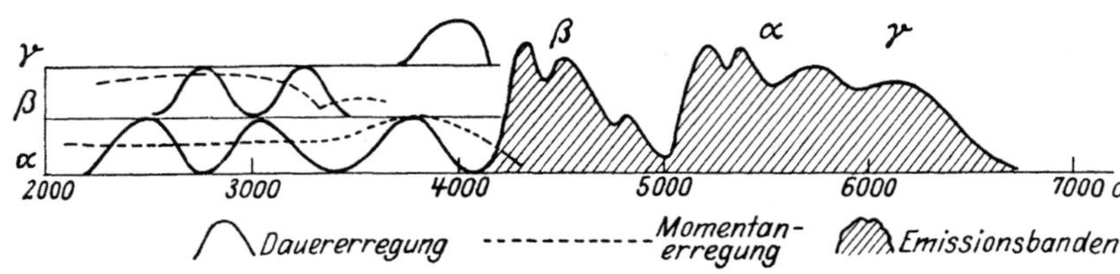

Abb. 75. Erregung und Emissionsverteilung eines Bornitrid-Kohlenstoffphosphors.

58. Aus wässerigen Lösungen ausgefällte Kristallphosphore. Die sämtlichen im vorausgehenden besprochenen Phosphore vom Lenardtyp bedurften, abgesehen von der Aktivierung durch die Atome eines fremden Elementes, um leuchtfähig zu werden, starker Erhitzung bei der Präparation, oft unter Zuhilfenahme eines Flußmittels — nach der hier hauptsächlich im Anschluß an die Arbeiten von TIEDE und SCHLEEDE vertretenen Ansicht, weil sie nur auf diese Weise in die für die Phosphoreszenz notwendige kristalline Form überführt werden können. Salze dagegen, die auch auf kaltem Wege, etwa aus wässerigen Lösungen, als Kristalle zu gewinnen sind, können dann auch ohne weitere Präparation die Erscheinung der Phosphoreszenz zeigen, freilich meist mit kleinerer Intensität und Nachleuchtdauer als die Lenardphosphore, bei denen vielleicht doch die bei der Kristallisation aus einer schnell abkühlenden Schmelze auftretenden Spannungen im Kristall noch besondere Bedeutung besitzen mögen. Daß Sulfate, Nitrate, Azetate usw. zahlreicher Metalle, vor allem der Alkalien und Erdalkalien, sehr oft Lumineszenzvermögen besitzen, war schon BECQUEREL bekannt[1], ebenso daß die aus wässeriger Lösung erhaltenen Kristalle vielfach erst durch gelindes Erwärmen wasserfrei gemacht werden müssen, um ihre volle Leuchtfähigkeit zu erreichen. Von E. WIEDEMANN[2] sind dann solche Phosphore ausführlich auf die Farbe des emittierten Lichtes, auf den Einfluß vorübergehender Erwärmung usw. untersucht worden: er fand, daß durch länger dauernde Erhitzung (nicht Schmelzen!) die aus wässeriger Lösung ausgefällten mikrokristallinen Präparate an Nachleuchtdauer stark gewannen — doch wohl nicht nur infolge fortschreitender Austreibung von Kristallwasser, sondern durch Begünstigung des Kristallisationsprozesses. Auch die große Bedeutung von Fremdmetallzusätzen zu seinen Phosphoren war ihm nicht entgangen, doch hielt er

[1] E. BECQUEREL, La Lumière, S. 22.

[2] Die Resultate zahlreicher Einzelpublikationen zusammengefaßt bei E. WIEDEMANN u. G. C. SCHMIDT, Ann. d. Phys. Bd. 56, S. 202. 1895.

immerhin die reinen Grundmaterialien gleichfalls für lumineszenzfähig. Daß dem nicht so ist, wurde vielmehr auch hier erst nach der Klärung der bei den Lenardphosphoren herrschenden Bedingungen erkannt. So konnte in neuerer Zeit von WAGGONER gezeigt werden, daß das Kadmiumsulfat des Handels, auch wenn es als „purissimum" gilt, immer mehr oder weniger stark phosphoresziert, daß es aber durch vielfaches fraktioniertes Umkristallisieren seine Leuchtfähigkeit vollkommen verliert. Doch genügen schon die geringsten Verunreinigungen im Lösungsmittel, um sie wiederherzustellen: Anwesenheit von 0,1‰ Zinksulfat verursacht das Auftreten einer intensiven blaugrünen Phosphoreszenzbande bei ultravioletter Erregung; ähnlich erscheinen durch den Zusatz von Mg- oder Na-Salzen Phosphoreszenzbanden im Gelb oder im Grün.

Eine für die Bedeutung der ganzen Verhältnisse sehr lehrreiche Zwischenstellung zwischen diesen Kristallen und den Lenardphosphoren nimmt das Calciumwolframat ein: aus kalter Lösung wird es, wie Debye-Scherrer-Aufnahmen beweisen, als amorphes Pulver ausgefällt und ist dann, auch bei Anwesenheit aktivierender Zusätze, nicht im geringsten lumineszent (a in Abb. 76); läßt man ein derartiges Pulver längere Zeit liegen, so geht es allmählich in die kristalline Modifikation über, wie sich wieder aus dem Röntgendiagramm erkennen läßt (c in Abb. 76). Das Auskristallisieren durch Altern läßt sich aber außerordentlich beschleunigen durch Erhitzung des amorphen Pulvers. Je höher man die Erwärmung treibt (die jedoch 1200° nicht übersteigen darf, weil sich sonst die Verbindung zersetzt), desto schneller bilden sich die phosphoreszenzfähigen Kristalle (*d* in Abb. 76). Verwendung eines Flußmittels erleichtert vielleicht den Prozeß um ein weniges, ist aber keineswegs notwendig. Schwach phosphoreszierende Präparate mit einer Andeutung kristalliner Struktur kann man schon durch Ausfällung aus einer heißen Lösung erzielen (*b* in Abb. 76).

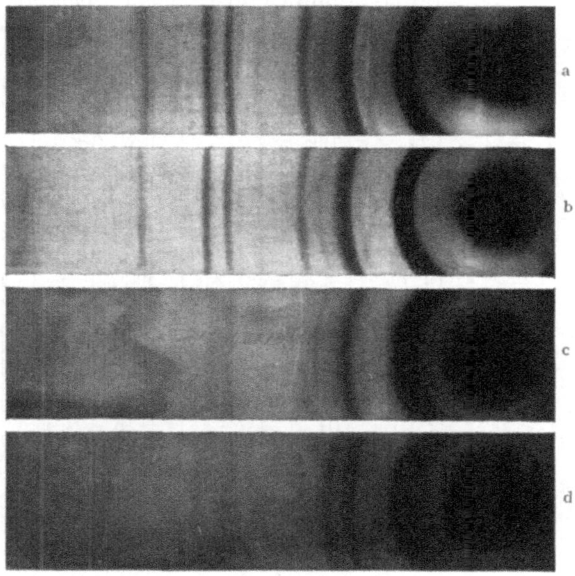

Abb. 76. Debye-Scherrer-Diagramme von phosphoreszierendem und nicht phosphoreszierendem Calciumwolframat.

Abgesehen von der Möglichkeit, sie auf kaltem Wege herzustellen, unterscheiden sich mit Mn, Cu oder Bi aktivierte Calciumwolframatphosphore von den normalen Lenardphosphoren noch durch eine Besonderheit. Neben ihren durch die Natur des aktivierenden Metalles bedingten individuellen Phosphoreszenzbanden mit verschiedener spektraler Lage, Temperaturabhängigkeit und Erregungsverteilung haben sie alle eine sich über das ganze sichtbare Gebiet erstreckende Emissionsbande mit einem Intensitätsmaximum bei etwa 500 mμ, deren Dauerzustand erst bei $-100°$ erreicht wird, und die bei Zimmertemperatur also nur als reine Fluoreszenz ohne jedes merkliche Nachleuchten wahrzunehmen ist. Sie wird desto kräftiger, je mehr das Wolframat von allen fremden Beimischungen gereinigt wird, während sie sonst gegen die charakteristischen Banden des Mn, Cu usw. zurücktritt. Weitgehend gereinigtes Kalziumwolframat ist oft noch infolge spurenweiser Verunreinigung mit Arsen phosphoreszenzfähig[1]. Die Wolframate des Bariums und Strontiums verhalten sich denen des Calciums ähnlich, nur ist ihre Lumineszenzfähigkeit viel geringer. Schließlich lassen sich auch die (scheinbar) reinen Molybdate der Erdalkalien zu einer mehr gelblichen Fluoreszenz erregen, das Auftreten von Phosphoreszenzbanden als Wirkung zugesetzter Fremdmetalle wurde an ihnen bis jetzt nicht beobachtet. Nach den am Borstickstoff gemachten Erfahrungen ist die Vermutung naheliegend, daß doch auch in diesen Fällen eine schwer zu eliminierende und immer im Ausgangsmaterial vorhandene Verunreinigung sich als der wahre Träger der Fluoreszenz wird nachweisen lassen; doch hat es zur Zeit eher den Anschein, daß es sich beim Leuchtvermögen reiner Molybdate und Wolframate ähnlich wie bei den Uranylsalzen oder des $Si_6O_3H_6$ um eine Eigenschaft der Moleküle selbst handelt.

59. Halogenidphosphore. Nach einer von POHL und seinen Schülern entwickelten Methode[2] kann man aus geschmolzenen Alkalihalogeniden fast beliebig

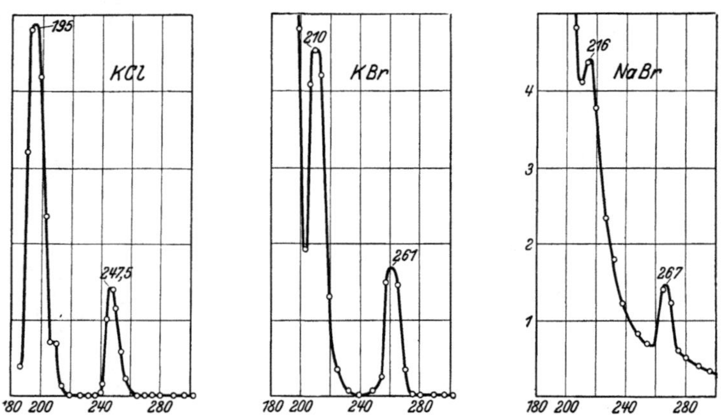

a b c

Abb. 77. Absorptionsbanden von mit Tl aktivierten Alkalihalogenidphosphoren (nach M. FORRÓ). Die Ordinaten bedeuten Absorptionskonstanten in willkürlichen Einheiten.

große klare einheitliche Kristalle gewinnen. Setzt man dem Schmelzfluß geringe Mengen von Schwermetall-Halogeniden zu, so sind die Kristalle makroskopisch von jenen nicht verschieden, enthalten jedoch Spuren der Fremdmetalle im Gitter eingebaut, wie sich aus dem Auftreten neuer Banden im Absorptionsspektrum und aus der nun vorhandenen Phosphoreszenzfähigkeit ergibt. Die dem Schmelzfluß zugegebene Fremdmetallmenge variiert zwischen 1 und 10^{-4} Molprozent, doch ist nach Messungen von BREDIG[3] die Zahl der wirklich in den Phosphor eingebauten Schwermetallatome um etwa 3 Zehnerpotenzen kleiner: er bestimmt für einen Phosphor (KBrTl) den Verlauf der Dispersion in der Umgebung der langwelligsten Absorptionsbande (vgl. Abb. 77b) und berechnet daraus und aus der Halbwertbreite der Bande nach einer von VOIGT stammenden Gleichung die Zahl der „Dispersionselektronen". Ob es berechtigt ist, diese auch nur der Größenordnung nach der Zahl der wirksamen Atome gleichzusetzen, ohne irgendwelche Kenntnisse von der Oszillatorenstärke (bzw. der Übergangswahrschein-

[1] A. SCHLEEDE u. TIEN-HAAN TSAO, Chem. Ber. Bd. 62, S. 763. 1929.

[2] S. KYROPOULOS, ZS. f. anorg. Chem. Bd. 154, S. 308. 1926; ZS. f. Phys. Bd. 63, S. 849. 1930.

[3] M. A. BREDIG, ZS. f. Phys. Bd. 46, S. 73. 1927.

lichkeit) zu besitzen, die der untersuchten Bande zukommt, und ohne zu berücksichtigen, daß eine zweite bedeutend stärkere von denselben Atomen herrührende Absorptionsbande bekannt ist (Abb. 77b) und noch weitere im Gebiet kleinerer Wellenlängen vorhanden sein mögen — scheint zum mindesten zweifelhaft. Die Angaben über die Metallkonzentrationen in den Phosphoren beziehen sich durchweg auf die dem Schmelzfluß zugesetzten Mengen.

Nach einer anderen Methode stellte BANDOW[1] einige NaCl-Phosphore her: er führte eine Einwanderung von Ag-, Cu-, Sn- oder Pb-Ionen in natürliche Steinsalzkristalle bei Temperaturen zwischen 350 und 600° durch Elektrolyse herbei, glaubt aber, daß ein Teil dieser Wanderung bei hohen Temperaturen auch als bloßer Diffusionsprozeß anzusehen ist.

Tabelle 34. Auf Absorptionsspektra untersuchte Alkalihalogenidphosphore.

Alkalimetall	Chloride				Bromide				Jodide			
	Na	K	Rb	Cs	Na	K	Rb	Cs	Na	K	Rb	Cs
Wirksame Metalle	Tl Pb Ag Cu	Tl Pb (Ag) Cu	Tl	Tl	Tl Pb Ag Cu	Tl Pb (Ag) Cu	Tl	Tl	Tl	Tl Pb Ag	Tl	Tl

Untersucht wurden bis jetzt auf ihre Absorptionsspektra, deren Abhängigkeit von Temperatur, Konzentration usw. die in Tabelle 34 zusammengestellten Phosphore[2]. Die Absorption der reinen Alkalihalogenide[3] beginnt durchweg erst unterhalb 200 mμ merklich zu werden; die Phosphore haben alle im Gebiet oberhalb 200 mμ eine, zwei oder auch drei ziemlich schmale und wohldefinierte Absorptionsbanden, deren Lage und Höhe von der Natur des Kations und des Anions des Grundmaterials und vom wirksamen Metall abhängt (Abb. 77). Mit sinkender Temperatur werden die Banden stets schmaler, wobei zuweilen neue Teilmaxima hervortreten (Abb. 78); gleichzeitig verschieben sie sich etwas nach kleineren Wellenlängen, ohne daß jedoch ein Zusammenhang mit einer Änderung der Dielektrizitätskonstante angenommen wird. Abb. 79 illustriert das an der langwelligsten Bande des schon in Abb. 77b wiedergegebenen KBrTl-Absorptionsspektrums. Bei hohem Metallgehalt (0,5 Molprozent und darüber) werden die Banden unscharf, der kurzwellige Teil des Spektrums geht in ein breites im Schumanngebiet ansteigendes Absorptionsbandensystem über[4].

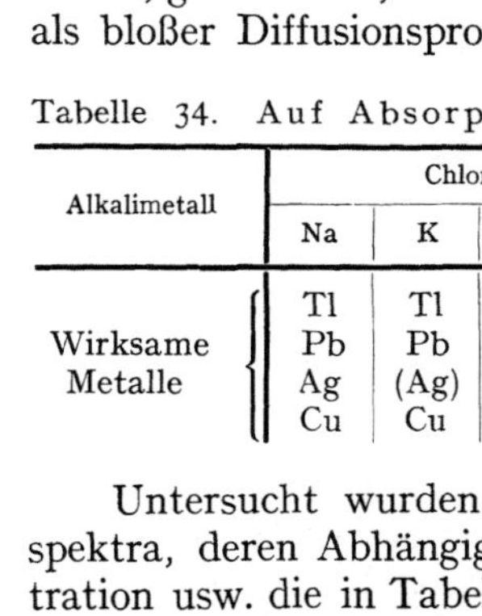

Abb. 78. Absorption eines NaClCu-Phosphors (nach MAC MAHON).
——— Zimmertemperatur
– – – −190°.

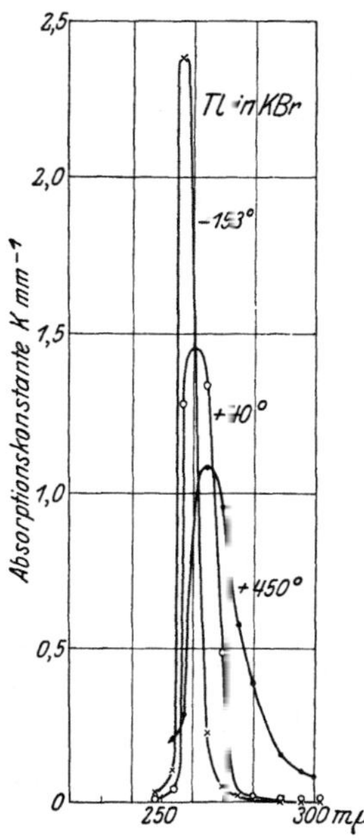

Abb. 79. Die langwelligste ultraviolette Absorptionsbande von KBr + Tl bei verschiedenen Temperaturen (nach LORENZ).

[1] F. BANDOW, Ann. d. Phys. Bd. 12, S. 385. 1932.
[2] R. HILSCH, ZS. f. Phys. Bd. 44, S. 860. 1927; A. SMAKULA, ZS. f. Phys. Bd. 45, S. 1. 1927; H. LORENZ, ZS. f. Phys. Bd. 46, S. 558. 1928; A. M. MACMAHON, ZS. f. Phys. Bd. 52, S. 336. 1928; M. FORRÓ, ZS. f. Phys. Bd. 56, S. 534. 1929 u. Bd. 58, S. 613. 1929.
[3] R. HILSCH, ZS. f. Phys. Bd. 44, S. 421. 1927.
[4] W. BÜNGER, ZS. f. Phys. Bd. 66, S. 311. 1930.

Sehr viel weniger ausführliche Angaben liegen über die Emissionsspektra vor, sie beziehen sich fast ausschließlich auf mit Tl aktivierte Phosphore, und zwar auf die Chloride von Na, K, Rb, die Bromide von Na und K und das Jodid des Kaliums[1]. Die Chloridphosphore mit geringem Tl-Gehalt haben ausnahmslos eine ziemlich schwache Emissionsbande in der Nähe von 300 mμ[2], die Bromidphosphore eine Doppelbande etwas oberhalb von 300 mμ, deren Breite und Intensitätsverteilung sehr stark von der Temperatur abhängt (Abb. 80), die Jodidphosphore wieder eine einzige aber ziemlich breite Bande bei etwa 400 mμ.

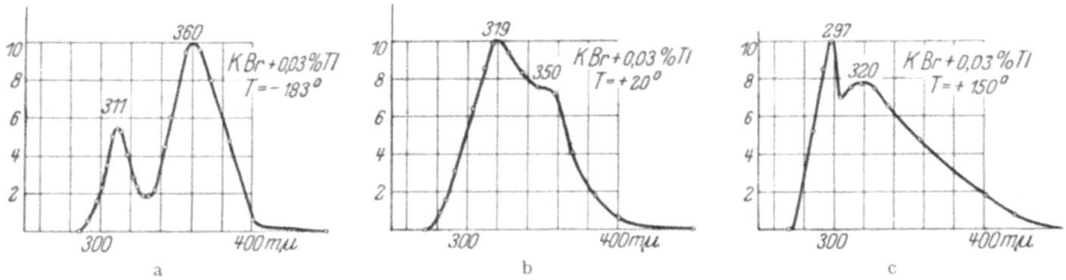

Abb. 80. Temperaturabhängigkeit der Emission der Bromid- und Jodidphosphore eines KBrTl-Phosphors (nach v. MEYEREN).

Beim Übergang von Na zu K und Rb bei sonst gleicher Zusammensetzung erfolgt stets eine Verschiebung der Banden von kleineren nach größeren Wellenlängen, Temperaturerhöhung macht zwar die Banden stets verwaschener, hat jedoch keinen einheitlichen Einfluß auf die spektrale Lage des Bandenschwerpunktes. Am KClTl-Phosphor hat BÜNGER ferner noch, wenn der Thalliumgehalt $1{,}6 \cdot 10^{-2}$ Molprozent übertraf, eine langwellige Emissionsbande bei 470 mμ beobachtet.

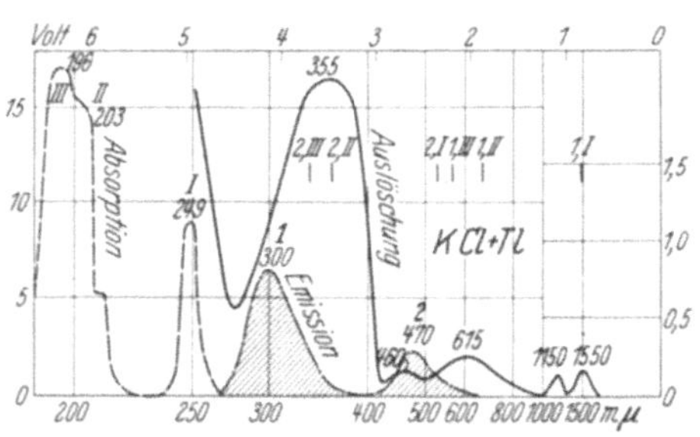

Abb. 81. Absorption (gestrichelt – – –), Emission (strichpunktiert —·—·—) und Auslöschung (ausgezogen ———) an KCl-Phosphoren mit Tl-Zusatz in willkürlichem Maß. Die Form der Auslöschungsmaxima ist unsicher. Die oben eingezeichneten Marken bezeichnen die Energiedifferenzen zwischen den Absorptions- und Emissionsmaximis. Die Ultrarotmaxima sind achtfach überhöht (nach BUNGER u. FLECHSIG).

Abb. 81 gibt für diesen Phosphor das vollständige Absorptions-, Emissions- und Auslöschungsspektrum nach BÜNGER und FLECHSIG[3]. Ein Teil der aus dieser Darstellung gewonnenen Überlegungen ist bereits in Ziff. 50 behandelt. Das ganze Emissionsbandensystem ist stets im LENARDschen Sinne als „einheitlich" zu bezeichnen, d. h. alle Teile besitzen gemeinsame Erregungsverteilung und klingen gemeinsam ab. Auch stimmen Fluoreszenz- und Phosphoreszenzspektrum vollkommen überein; über den Unterschied in der Erregungsverteilung für das Momentan- und das Dauerleuchten vgl. ebenfalls Ziff. 50. Die Phosphoreszenz im Verhältnis zur Fluoreszenz tritt im Gegensatz zu den Lenardphosphoren nur in Kristallen mit relativ großer Thalliumkonzentration merklich hervor und erreicht bei etwa 1 Molprozent ihr Optimum.

Zu diesen Beobachtungen an Thalliumphosphoren kommen noch einige vorläufige Angaben von BANDOW über die Emissionsspektra des durch Elektrolyse mit Ag, Cu und Pb aktivierten Steinsalzes; er findet durch photographische Auf-

---

[1] W. v. MEYEREN, ZS. f. Phys. Bd. 61, S. 321. 1930.

[2] Nur im Emissionsspektrum des RbClTl-Phosphors erscheint bei $-180°$ neben dem bei 314 mμ liegenden Hauptmaximum noch ein Nebenmaximum bei 345 mμ.

[3] W. BÜNGER u. W. FLECHSIG, ZS. f. Phys. Bd. 69, S. 637. 1931.

nahmen in allen drei Fällen eine starke Bande in der Umgebung von 350 mμ, dazu beim Ag noch eine schwache Bande bei 250 mμ und eine sehr diffuse von 400 bis oberhalb 450 mμ, und beim Cu eine sehr wenig intensive Bande bei 430 mμ. Doch zeigen die Phosphore sämtlich bei visueller Beobachtung ein deutliches bläuliches, evtl. sogar bis ins Grün reichendes Nachleuchten. BANDOW vermutet, daß bei den von ihm hergestellten Phosphoren die ultravioletten Banden wesentlich schneller abklingen als die im sichtbaren Spektralgebiet gelegenen.

Zu den Halogenidphosphoren ist auch noch das vielfach sehr lebhaft fluoreszierende und phosphoreszierende Calciumfluorid zu rechnen. Meist handelt es sich dabei jedoch um natürliche Mineralien (Flußspat), die in Ziff. 62 zusammenfassend besprochen werden. Über mit seltenen Erden aktiviertes synthetisches CaF_2 vergleiche die folgende Ziffer.

60. Seltene Erden als aktivierende Elemente. Im vorangehenden sind die Phosphore nach ihren Grundmaterialien gruppenweise geordnet worden; die Natur des aktivierenden Elementes war für die Lumineszenzeigenschaften meist nur von sekundärer Bedeutung. Anders liegen die Verhältnisse bei den seltenen Erdmetallen. Diese ergeben in den verschiedensten Grundmaterialien — nicht nur in kristallinen, als welche wir die sonstigen Phosphore ansehen, sondern auch in echten Gläsern (technischen Alkalisilikatgläsern) — lumineszenzfähige Präparate, deren Emissionsspektra, wenn natürlich in Einzelheiten von Fall zu Fall verschieden, alle einen unverkennbar ähnlichen Charakter besitzen: sie bestehen aus einer großen Zahl oft schon bei Zimmertemperatur sehr schmaler Banden, die bei der Temperatur der flüssigen Luft häufig das Aussehen scharfer Spektrallinien annehmen. TOMASCHEK gibt als bis jetzt untersuchte Grundmaterialien, die mit Sm aktiviert wurden, an: die Oxyde von Be, Mg, Ca, Sr, Al, Sc, Y, Lu, Si, Ti, Ge, Zr, Ce, Th; die Sulfide von Mg, Ca, Sr, Ba, Zn; die Fluoride von Be, Mg, Ca, Sr, Ba, Al, Sc; das Nitrat des K, das Borat des Na, die Sulfate von Li, Na, K, Rb, Mg, Ca, Sr, Ba, Zn, Cd, Al — glaubt aber, daß die Liste sich noch beliebig wird erweitern lassen[1]. Nur die Halogenide (mit Ausnahme der Fluoride) scheinen sich unter den durchsichtigen kristallinen Verbindungen nicht als Grundmaterial für seltene Erd-Phosphore zu eignen. Soweit die schon eingehend untersuchten Phosphore in die Gruppe der Lenardphosphore zu rechnen sind, finden sie sich in Tabelle 29 mit aufgezählt. Die Ähnlichkeit der Emissionsspektra des Samariums in verschiedenen Grundmaterialien wird durch Tabelle 35 ver-

Tabelle 35. Erregungsverteilung und Emissionsspektrum (kräftigste Linien und Banden) des Sm in verschiedenen Phosphoren.

Grundmaterial des Phosphors	Dauererregungsmaxima (mμ)				Emissionsspektra (mμ)								
	d_1	d_2	d_3	d_4									
CaS	420	350	290	240	660—648,5	616	611	608*	601,5*	570*	556*	561	—
SrS	(480?)	365	300	240	661—642	622,5	611	605*	600*	568*	554,5*	559	555
BaS	435	355	—	278	658—640	610—608		603,5*	599,5*	568*	554,5*	558	556
MgS	—	—	—	—	660—650			610,5*	604,5*	573,5*	559*	563	557
ZnS	—	—	—	—	662—655**—644	628—622		615*	608*	577*	571*	564	558
CaO	380	—	265	220	680—640	626,5		615*	605,3*	576,3*	558,3*	556	548
MgO	—	—	—	—	670—650	629	620—617	610*	609*	570*	555*		
CaF_2	350—200				650—630				604,2	572,5*	557,5*		534

[1] Die Kathodophosphoreszenz der seltenen Erden in sehr verschiedenen Grundmaterialien ist in zahlreichen älteren Arbeiten von CROOKES, BOISBAUDRAN, URBAIN u. a. untersucht worden, systematische Beobachtungen über Photolumineszenz sind jedoch erst in neuerer Zeit, und zwar zunächst an Sulfidphosphoren von TIEDE, von TOMASCHEK und von TRAVNIZEK durchgeführt worden.

anschaulicht, in die nur die kräftigeren Banden aufgenommen wurden; überall finden sich als stärkste Linien (in Tab. 35 durch * markiert) zwei ziemlich eng beisammen liegende Dubletts, nur beim ZnS-Phosphor tritt bei 655 mμ eine neue Linie auf, die alle übrigen an Helligkeit übertrifft. Ebenso zeigt Tabelle 36

Tabelle 36. Emissionsbanden von Praseodymglas und Praseodym-Calciumsulfidphosphor.

Gruppe	Praseodymglas: Ausdehnung der Bande λ in Å	Praseodymglas: Schwerpunkt	Praseodymglas: Beschaffenheit	Gruppe	Praseodym-Calciumsulfidphosphor: Lage der Bande λ in Å	Praseodym-Calciumsulfidphosphor: Beschaffenheit	
α	6500	6500	schmal, stark	α	6400—6300	sehr stark	
	6450—6150	6300	verwaschen, schwächer		6070	mittelstark	
	6150—6040	6100	sehr kräftig		6030	mittel	
β	5620—5500	5550	sehr kräftig	β	5750 5600	mittelschwach	
	5430 5350	5390	sehr kräftig		5450—5400	schwach	durch kontinuierlichen Grund verbunden
	5170—5100	5140	mittelstark		5250—5120	sehr stark	
β'	4850	4890	schmal, schwach		5100—5050	stark	
	4820	4890	schmal, etwas stärker		5010—4910	stark	
γ (α')	4600—4560	4580	mittelschwach		475	sehr schwach	
	4350—3900	bei 4350 mittelstark einsetzend, nach Ultraviolett stetig abfallend					

die Analogie des Pr-Spektrums in CaS und in einem technischen Glas. Die diesen Tabellen zugrunde liegenden Spektren waren mit Apparaten von geringem Auflösungsvermögen aufgenommen, bei größerer Auflösung zerfallen die meisten der Banden in den kristallinen Phosphoren schon bei Zimmertemperatur in zahlreiche mehr oder weniger scharfe Linien; gerade bei den Samarium- und Praseodymphosphoren ist diese Feinstruktur besonders reich — TOMASCHEK hat am ZnSSm-Phosphor im Gebiet zwischen 6600 und 6000 Å 50, EVERT[1] am CaSPr von 6900 bis 5000 Å über 100 Einzelbanden ausgemessen —, während in anderen Fällen, z. B. den Neodymphosphoren, die Banden auch bei tiefen Temperaturen diffus bleiben. Wegen der vollständigen Tabellen muß auf die Originalarbeiten verwiesen werden, in Abb. 82 sind in schematischer Zeichnung die Hauptlinien des CaSPr nach EVERT wiedergegeben.

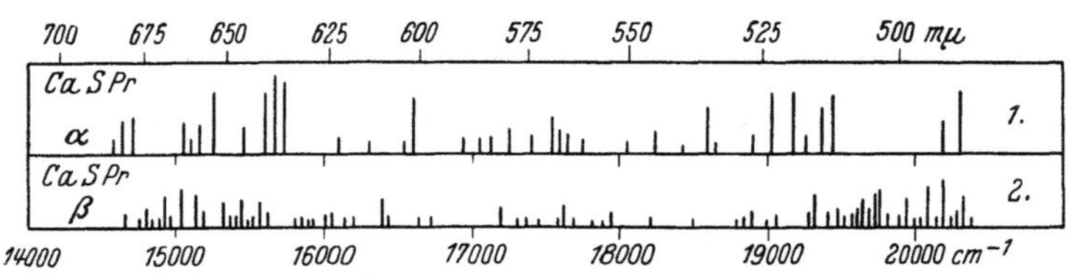

Abb. 82. Hauptemissionslinien eines CaSPr-Phosphors (nach EVERT).

Die Gesamtheit der Einzelbanden bildet im allgemeinen eine „einheitliche" Gruppe mit gleicher Energieverteilung, Temperaturlage und Abklingung. Die einzige bis jetzt bekannte Ausnahme von dieser Regel bildet das Praseodym, dessen Spektren in allen Grundmaterialien zwei Bandengruppen aufweisen, von denen die eine (β) als Kältebande an den Sulfidphosphoren nur bei tiefen Temperaturen in die Erscheinung tritt, während schon bei Zimmertemperatur die Gruppe α fast allein übrigbleibt; auch unterscheiden sie sich deutlich durch ihre ungleiche relative Intensität bei Erregung mit Licht verschiedener Wellenlänge. TOMASCHEK

[1] H. EVERT, Ann. d. Phys. Bd. 12, S. 107. 1932.

erklärt diese Sonderstellung des Pr dadurch, daß dieses Metall im Gegensatz zu den anderen seltenen Erdmetallen mit zweierlei Wertigkeit in chemische Verbindungen eingeht. Die beiden Bandengruppen sind in Tabelle 36 als α und β zusammengefaßt; wie die Abb. 82 zeigt, ist aber ihre bei oberflächlicher Betrachtung ins Auge fallende Trennung im Spektrum keineswegs vollständig, vielmehr überschneiden sie sich weitgehend. Im Fluoreszenzspektrum von Praseodymgläsern sind die Gruppen ebenfalls leicht zu trennen, nicht nur dadurch, daß sie für Glasproben verschiedener Herkunft ganz ungleiche relative Intensität besitzen (in manchen Praseodymgläsern fehlt β fast ganz), sondern auch dadurch, daß bei Erregung mit Licht von $\lambda < 400\ \mathrm{m}\mu$ nur β, bei Erregung mit gelbem Licht nur α auftritt, während bei Blauerregung beide Bandengruppen nebeneinander erscheinen[1].

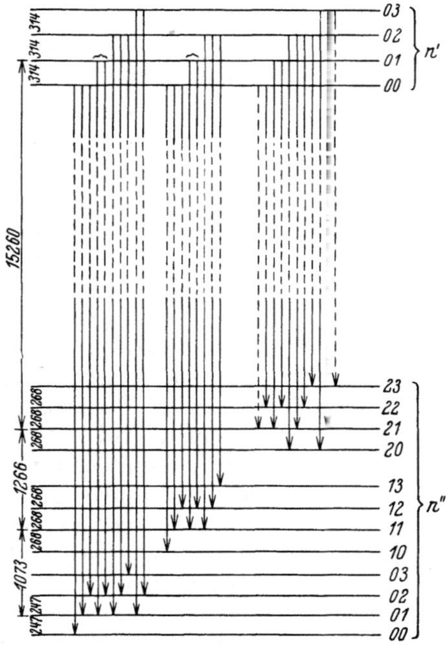

Abb. 83. Niveauschema für die Phosphoreszenzbanden eines CaOSm-Phosphors (nach TOMASCHEK).

In Praseodym- und ebenso Neodymgläsern wird nur durch den langwelligsten Teil des Ultravioletts und durch den sichtbaren Teil des Spektrums Lumineszenz hervorgerufen, Licht von $\lambda < 350\ \mathrm{m}\mu$ wird in sehr dünnen Schichten des Glases ohne merklichen Nutzeffekt für die Emission absorbiert. Umgekehrt liegt das Erregungsgebiet der Phosphore fast durchweg im Ultraviolett, vielfach sogar unter $300\ \mathrm{m}\mu$, es besteht aus den von den mit anderen Metallen aktivierten Lenardphosphoren her bekannten ziemlich breiten d-Maximis (vgl. Abb. 70, Tab. 35) und hat mit den typischen Absorptionsbanden der seltenen Erdverbindungen gar keine Ähnlichkeit. Die letzteren treten in den Absorptionsspektren der Praseodym- und Neodymgläser in der allgemein bekannten Form ebenso hervor wie etwa in denen der wässerigen Lösungen von Salzen der seltenen Erden, sie dürften sich wohl auch in den Absorptionsspektren der Phosphore nachweisen lassen. Für die Erregung der Lumineszenz aber besitzen diese Banden anscheinend keinerlei Bedeutung.

Hieraus kann man wohl mit Recht schließen, daß für die hier in Frage stehenden Phosphore — im Gegensatz etwa zu den Halogenidphosphoren der Ziff. 59 — die Erregungsverteilung nichts mit den Absorptionsfrequenzen des aktivierenden Metalles zu tun hat; von TOMASCHEK wird sie, wie schon erwähnt, dem durch die Anlagerung der Fremdmoleküle gestörten Gitter des Grundmaterials zugeschrieben. Die Emissionsspektra dagegen erklärt er als Bandenspektra, in denen sich einem Elektronensprung im Atom des seltenen Erdmetalles die Kernschwingungen des als „Leuchtkomplex" bezeichneten angelagerten Moleküls (etwa Sm_2O_3) und des Grundmaterials (etwa CaO) superponieren[2]. Abb. 83 gibt das so erhaltene Termschema des CaOSm-Phosphors nach TOMASCHEK: die Indizes n' und n'' beziehen sich auf den Elektronenzustand (n'' bezeichnet einen angeregten Elektronenzustand, da die Bande nur in Emission auftritt), von den neben den einzelnen Niveaus stehenden Quantenzahlen bezieht sich die erste

[1] PETER PRINGSHEIM u. S. SLIVITSCH, ZS. f. Phys. Bd. 61, S. 297. 1930.
[2] R. TOMASCHEK, ZS. f. Elektrochem. Bd. 9, S. 737. 1930.

auf die Kernschwingung des Leuchtkomplexes, die zweite auf die Gitterschwingung des Grundmaterials, der also die eigentliche Feinstruktur des Spektrums zuzuschreiben wäre; die Dubletts der Tabelle 35 sollen z. B. durch Übergänge in zwei nur durch die letzte Quantenzahl unterschiedene benachbarte Niveaus entstehen (in Abb. 83 durch Klammern verbunden). Ebenso hat EVERT die sämtlichen Linien der beiden Gruppen α und β der Pr-Phosphore eingeordnet, wobei er zwei verschiedene Elektronensprünge einführt[1]. Änderung in der Zusammensetzung der Phosphore haben (vgl. Tab. 35) eine Verschiebung aller Emissionsbanden zur Folge, die auf eine geringe Einwirkung der Molekülfelder auf die Elektronenniveaus im Metall zurückgeführt wird. In Mischphosphoren (CaS+SrS) lassen sich diese Verschiebungen stetig verfolgen, wenn man im Mischungsverhältnis schrittweise vom reinen CaS zum reinen SrS übergeht. Dazu kommt aber noch eine Variation der zwischen analogen Linien auftretenden Frequenzdifferenzen (z. B. der Dublettabstände in Tab. 35), und zwar ist dieser Einfluß verhältnismäßig klein, wenn nur das Kation des Grundmaterials ausgewechselt wird (Sr statt Ca), er ist sehr viel größer und auch unübersichtlicher bei Veränderung des Anions, da ja nun auch in den Leuchtkomplex selbst ein anderes Ion eintritt (etwa Sm_2O_3 statt Sm_2S_3). Auch die Veränderung der Spektren bei Temperaturerhöhung (Intensitätswechsel, Herauskommen neuer Linien) glaubt TOMASCHEK auf Grund dieser Anschauung weitgehend erklären zu können.

Dagegen haben FREED und SPEDDING[2] das Absorptionsspektrum einer Anzahl von Gadoliniumverbindungen untersucht, das in seinem gesamten Habitus (Zahl und Breite der linienartigen Banden, gruppenweise Verteilung) den Phosphoreszenzspektren des Sm, Pr usw. weitgehend ähnlich ist, und bestreiten entschieden die Möglichkeit, es als Bandenspektrum zu deuten, halten es vielmehr für ein Multiplettspektrum des Gd^{+++}-Ions, in dem durch die elektrischen Felder der Nachbarionen auch verbotene Linien vorkommen; nach dieser Auffassung können sie die meisten der von ihnen gemessenen Linien einordnen. Jedenfalls muß zugegeben werden, daß auch in den Phosphoreszenzspektren der regelmäßig periodische Aufbau, wie er sonst für Banden charakteristisch ist, etwa in Abb. 82 bei weitem nicht so deutlich zu erkennen ist, wie in den die Fluoreszenzspektra des Benzols oder von Uranlysalzen darstellenden Abb. 41 und 52.

Manche zartgefärbte Flußspatvarietäten (Kleophan, Leukophan, Flußspat vom Wardale) enthalten, wie ihre Fluoreszenzspektra zeigen, Beimischungen von seltenen Erdmetallen; indem URBAIN solche Kalziumfluoride synthetisch herstellte und immer nur mit einem der Metalle aktivierte, vermochte er die an den natürlichen Mineralien beobachteten Linien auf die einzelnen Elemente — in erster Linie Gd, Pr, Nd, Tb, Er, Sm — zu verteilen. Die optische Sensibilität der verschiedenen im Flußspat gelösten seltenen Erden ist sehr ungleich: Praseodym, Neodym und Erbium, die in relativ großer Menge vorkommen, verursachen, wenn allein vorhanden, das Auftreten sehr heller Linien; die Anwesenheit geringer Spuren der an sich sehr viel selteneren Elemente Terbium und Dysprosium drängt jene aber so stark zurück, daß fast nur noch die von diesen herrührenden Linien zu erkennen sind. Außerordentlich ungleich ist im Flußspat die Temperaturlage einzelner Liniengruppen: bei Zimmertemperatur befinden sich neben solchen, die nach Erregung langsam abklingen, viele andere noch im

---

[1] Die in Tabelle 36 für das Praseodymglas mit γ bezeichneten Banden bilden nach EVERT trotz anderer Erregungsverteilung keine „unabhängige" Gruppe, sondern sind zur Gruppe α zu zählen, da sie dem gleichen „Leuchtkomplex" angehören und nur verschiedenen Elektronensprüngen entsprechen. Dies ist natürlich lediglich eine Frage der Nomenklatur.

[2] S. FREED u. F. H. SPEDDING, Phys. Rev. Bd. 34, S. 945. 1929; Bd. 38, S. 670. 1931; Bd. 38, S. 2122. 1931; Bd. 38, S. 2294. 1931.

unteren Momentanzustand. Daher ist hier das Phänomen der Thermolumineszenz besonders gut zu beobachten: lange im Dunkeln aufbewahrte Materialproben zeigen bei Erwärmung eine prachtvolle Lumineszenz, in der viele Linien zum Vorschein kommen, die im Phosphoreszenzspektrum bei Zimmertemperatur nicht vorhanden waren. Vollständige Ausleuchtung dieser „Hitzebanden" wird in manchen Fällen erst bei Erwärmung auf Rotglut erzielt; dabei tritt dann aber häufig auch eine Verfärbung des Kristalls ein, der nach wieder erfolgter Abkühlung dann dauernd ein geändertes Lumineszenzspektrum aufweist. Es ist daher zu vermuten, daß die Thermolumineszenz dieser Art überhaupt nicht vorangehender Erregung durch Licht ihren Ursprung verdankt, sondern einer anderen sehr viel stabileren Umlagerung der gitterfremden Atome im Innern des Kristalls[1].

61. Rubin. Smaragd. Neben den seltenen Erden gibt nur noch Chrom, als wirksames Metall in einen Kristall eingebaut, Anlaß zur Emission linienartiger Fluoreszenzbanden; es handelt sich hier zunächst um das als Korund kristallisierte Al_2O_3, das mit Cr_2O_3 aktiviert als Rubin bekannt ist. Der Rubin, gleichviel ob natürlich oder synthetisch, besitzt eine Anzahl sehr schmaler Absorptionslinien bzw. -banden, die sich in drei Gruppen zusammenfassen lassen: eine im Rot, eine im Gelb, eine im Blau. Die Kristalle sind dichroitisch, die einzelnen Linien haben im ordentlichen und außerordentlichen Absorptionsspektrum sehr verschiedene Intensitäten. Daneben ist noch ein zweites ganz anders geartetes Absorptionsspektrum vorhanden, das vom Violett aus durch ein kontinuierliches mit abnehmenden Wellenlängen immer stärker werdendes Undurchlässigkeitsgebiet charakterisiert ist, im Grüngelb aber eine zwar an 100 mμ breite, aber immerhin doch wohldefinierte Bande mit einem Maximum bei 550 mμ bildet. Diese Bande, die übrigens auch die tiefrote Farbe des Rubins im durchfallenden Licht verursacht, hat bezüglich ihrer spektralen Lage eine Temperaturabhängigkeit, die derjenigen für die d-Maxima der Lenardphosphore durchaus entspricht (Abb. 84), sie dürfte wohl ebenfalls dem gestörten Gitter des Grundmaterials zuzuschreiben sein, während die „Linien" von Elektronensprüngen im Cr-Ion herrühren.

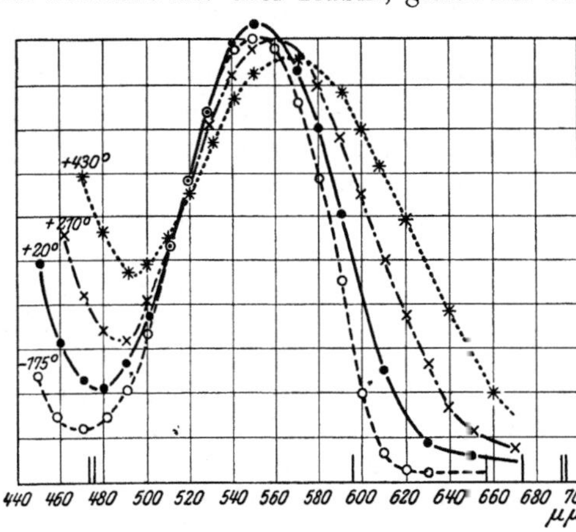

Abb. 84. Absorptionsbande des Rubins. (Die Striche geben die Lage der starksten Absorptionslinien an.)

Im kontinuierlichen Absorptionsgebiet (im ultravioletten Teil sowohl als im grüngelben) absorbiertes Licht ruft die Fluoreszenz[2] hervor; das Fluoreszenzspektrum aber ist in allen Einzelheiten eine vollkommene Umkehrung der roten Gruppe im Absorptionsspektrum. Tabelle 37 stellt ganz ebensowohl das Absorptions- wie das Emissionsspektrum dar — auch die Polarisation der einzelnen Linien ist in beiden Spektren identisch. Dieses Zusammenfallen von Absorptions- und Emissionsfrequenzen ist bis jetzt — mit einer sofort anzuführenden Ausnahme — ein ganz isolierter Fall, auch nicht etwa mit dem Verhalten der Uranylsalzspektra, sondern nur mit den Resonanzlinien einatomiger Dämpfe vergleichbar. Allein der Smaragd zeigt das gleiche Phänomen, und da auch dort wieder Cr als wirksames Metall auftritt, während das Grundmaterial aus einem kristallinen

[1] Vgl. Ziff. 63. [2] Vgl. Ziff. 49, S. 279.

Tabelle 37. Ordentliches Absorptions- bzw. Fluoreszenzspektrum des Rubins (λ in Å).

Temperaturen					
−190°		+18°		+225°	
6575	schwache	6590		6610	sehr schwache Bande
6585	Doppellinie	bis	schwache Bande		
6678	schmale Bande	6690			
R_1 6918	starke Linie	6926	intensive Bande	6945	intensiv fast
R_2 6932	sehr starke Linie	6941	sehr starke Bande	6960	zusammenhängend
6976	schwache Linien	6980	Verwaschene		
6985		bis	Streifen —	6900	vier ganz ver-
7006	scharfe Linien	6990		bis	waschene Streifen
7036		7016	schmale Banden	7100	
		7040			

Aluminium-Beryllium-Silikat besteht, muß man wohl das Cr als den Träger der besonderen diese Edelsteine auszeichnenden Lumineszenzeigenschaften ansehen. Dabei ist in seinen Einzelheiten das Spektrum des Smaragds ein wesentlich anderes als das des Rubins, am intensivsten ist eine Linie bei 6794 Å und eine noch nicht ganz aufgelöste Liniengruppe bei 6225 Å[1].

Wie aus Tabelle 37 ersichtlich, rücken alle Linien des Rubinfluoreszenzspektrums mit abnehmender Temperatur nach kürzeren Wellenlängen und werden dabei immer schmaler; die beiden bei weitem am stärksten hervortretenden (in der Tabelle mit R_1 und R_2 markiert) haben bei +18° noch eine Breite von 2 Å, bei −190° erscheinen sie in einem stark auflösenden Spektrometer als helle scharfe Linien, dabei nimmt ihre Gesamtintensität in der Emission noch wesentlich zu. Über die Nachleuchtdauer vgl. Ziff. 49 und 51.

Die nach den Achsen der Kristalle orientierte Polarisation der einzelnen Fluoreszenz- bzw. Absorptionslinien beweist, daß die Träger dieser Eigenschwingungen, also die Cr-Atome, nicht irgendwie zufällig (nach Art einer festen Lösung) in das Grundmaterial eingebettet sind, sondern tatsächlich Teile des Kristallgitters selbst bilden. Eine besondere Eigentümlichkeit der Linien des Rubins und Smaragds, die sich bei keinem anderen Phosphor (auch nicht bei den nicht minder scharfen Phosphoreszenzlinien der seltenen Erden[2]) wiederfindet, ist schließlich noch, daß sie im Magnetfeld Zeemaneffekte zeigen, die wiederum in bezug auf Typus und Aufspaltungsgröße für das Absorptions- und Emissionsspektrum völlig übereinstimmen. Vor allem bei tiefen Temperaturen ist die Wirkung gut zu beobachten. So werden die beiden R-Linien des Rubins in unsymmetrische Quadrupletts zerlegt, ein schwaches Dublett bei 6988 bis 6990 Å (in Tab. 37 nicht aufgenommen) wird bei zunehmendem Magnetfeld erst verwaschen und zieht sich dann in eine scharfe Linie im Schwerpunkt des ursprünglichen Dubletts zusammen usf.

62. Natürliche Mineralien. Unter den in den letzten Ziffern behandelten Phosphoren befanden sich bereits mehrere, die wohl synthetisch dargestellt werden können — was allein eine zuverlässige Feststellung des sie aktivierenden Fremdmetalles ermöglicht —, die aber doch weit häufiger in ihrem natürlichen

[1] Anmerkung bei der Korrektur. Neuerdings hat O. DEUTSCHBEIN (Ann. d. Phys. (2) Bd. 14, S. 712. 1932) mit Cr aktivierte MgO-Phosphore hergestellt, an denen er Phosphoreszenzspektra von ähnlichem Charakter wie am Rubin und Smaragd beobachtete. In der gleichen Arbeit wird auch das Emissionsspektrum des Rubins vor allem nach dem Ultrarot zu (bis fast 8000 Å) vervollständigt. Die gleichfalls dem Cr zuzuschreibende linienhafte Fluoreszenz des natürlichen Spinells ($MgAl_2O_4$) ist schon länger bekannt (vgl. dieses Handb. Bd. XXI, S. 596!).

[2] Dies ist vielleicht ein weiteres Argument dafür, daß es sich bei den seltenen Erd-Phosphoreszenzspektren ebenso wie bei den auch keine Zeemaneffekte ergebenden Uranylspektren um Molekülbanden handelt.

Vorkommen untersucht worden sind: so die CaF_2-Phosphore als Flußspat, die $ZnSiO_4$-Phosphore als Willemit oder Troostit, die Al_2O_3-Phosphore als Rubin usw. Die starke Lumineszenzfähigkeit des Fluorits hat bekanntlich dem Phänomen der Fluoreszenz den Namen gegeben. Außer den in Ziff. 60 besprochenen Linien sind an natürlichem Flußspat am häufigsten eine Emissionsbande im Blauviolett und eine im Grün beobachtet worden, deren Erregungsverteilung im mittleren Ultraviolett liegt und die dem Mn zugeschrieben werden. An besonders klarem, noch bis 127 mμ gut durchlässigem Material haben LAU und REICHENHEIM[1] bei Erregung mit Licht von Wellenlängen < 127 mμ eine intensive sehr lang nachleuchtende Phosphoreszenz, die aus drei Banden im Blaugrün, Grün und Orange besteht, beobachtet; sie ist verbunden mit einer nicht reversibeln Zersetzung des CaF: vermutlich wird metallisches Kalzium ausgeschieden. Die Zahl der phosphoreszenzfähigen natürlichen Mineralien ist eine viel größere als die der synthetisch dargestellten Phosphore, fast alle gefärbten, aber auch manche farblosen Kristalle, insbesondere die gesamte Reihe der Edelsteine und Halbedelsteine, wäre hier aufzuführen. E. ENGELHARDT[2] nennt allein aus der Sammlung des Mineralogischen Instituts der Universität Jena 433 verschiedene phosphoreszierende Mineralien, die sich allerdings teilweise nur durch den Fundort unterscheiden. Farbe, Intensität und Dauer des Leuchtens ist nämlich für verschiedene Exemplare derselben Gattung je nach dem Fundort, aber oft sogar für verschiedene Teile eines einheitlichen Kristalles sehr ungleich. Es kommt auch hier wieder auf die zufällige Beimischung von sehr kleinen Mengen gitterfremder Atome an, die ja auch, wie beim Rubin etwa, für die Eigenfarbe dieser Gesteine im durchfallenden Licht verantwortlich gemacht werden, deren Natur jedoch in den meisten Fällen noch nicht mit Sicherheit festgestellt ist[3]. Daß diese Beimischungen nicht immer eine sichtbare Färbung zur Folge haben müssen, weil die betreffenden Absorptionsbanden im Ultraviolett liegen können, ist selbstverständlich; ein Beispiel hierfür bietet der Diamant, von dem manche ganz wasserklare Exemplare eine kräftige, blaugrüne oder rötliche lang nachhaltende Phosphoreszenz aufweisen, die bei anderen Proben fehlt: die einen sind dann stets im langwelligen Teil des ultravioletten Spektralgebietes viel undurchlässiger als die anderen. In Tabelle 38 sind die Namen von Mineralien zusammengestellt, bei denen man mit einiger Wahrscheinlichkeit den Träger der Lumineszenzfähigkeit kennt, der gleichzeitig als Ursache für die Eigenfärbung zu gelten hat. Die Liste soll aus

Tabelle 38. Phosphoreszierende Mineralien.

Mineral	Eigenfarbe	Aktivierendes Metall	Lumineszenzfarbe
Diamant (C)	wasserklar	(Fe, Ti, Sm?)	weißlich, rosa, grün, blau
Kalzit ($CaCO_3$)	weiß	Mg, Mn	rot, grün, gelb
Arragonit ($CaCO_3$)	gelblich	Sr (Mg, Fe)	orange
Dolomit ($MgCaC_2O_6$)	farblos	Mn, Fe	weißlich, rot, grün
Rubin (Al_2O_3)	rot	Cr	rot
Spinell ($MgAl_2O_4$)	rot	Cr, Mn	rot, grün
Kunzit ($LiAlSi_2O_6$)	lila	Mn (Zn)	orange
Smaragd ($Be_3O_3Al_2Si_6O_{18}$) . .	grün	Cr	orange
Aquamarin $Be_3O_3Al_2O_3Si_6O_{18}$.	hellblau	Li?	hellgrün
Apatit ($FCa_5P_3O_{12}$)	hellviolett	(Ra!)	gelbgrün
Zyanith (Al_2SiO_5)	bläulich	Cr?	rot
Blaues Steinsalz (NaCl) . . .	blauviolett	Na	grünlich

[1] E. LAU u. O. REICHENHEIM, Ann. d. Phys. Bd. 17, S. 69. 1932.

[2] E. ENGELHARDT, Diss. Jena 1912.

[3] Man vgl. hierüber z. B. die von DÖLTER in seiner Monographie über die Farben der Mineralien gegebene, in physikalischer Hinsicht allerdings recht lückenhafte Zusammenstellung. Sammlung Vieweg Heft 27.

der beliebig zu erweiternden Zahl nur wenige Beispiele anführen, auch sind die darin enthaltenen Angaben vielfach als bloße Mutmaßungen anzusehen. Das gilt um so mehr, als viele natürliche farbige Mineralien durch Erhitzung entfärbt werden, wobei sie oft auch ihre Lumineszenzeigenschaften ändern, ohne daß man über die entsprechende physikalische Änderung in der Anordnung der Atome irgendwelche Aussagen machen könnte; viele werden durch X-Strahlen, Radiumstrahlen oder selbst ultraviolettes Licht verfärbt und gewinnen erst dadurch ihr Lumineszenzvermögen; DÖLTER ist der Ansicht, daß manche Gesteinsarten, z. B. der Apatit, auch in ihrem natürlichen Vorkommen vorangegangener Radiumbestrahlung ihre Färbung verdanken, was in der Tabelle durch den Vermerk: „Ra!" angedeutet ist. Auf einen Teil der damit zusammenhängenden Fragen wird in der folgenden Ziffer eingegangen.

63. Durch Bestrahlung verfärbte Kristalle. Manche reine, sicher von gitterfremden Atomen praktisch freie Kristalle, die an sich keine Spur von Lumineszenzfähigkeit besitzen, werden durch die Einwirkung von Kathodenstrahlen, Röntgenstrahlen oder Radiumstrahlen mehr oder weniger tief verfärbt und gewinnen dabei alle Eigenschaften eines Phosphors. Es ist anzunehmen, daß infolge der Bestrahlung ein geringer Teil der Metallatome aus dem Ionengitter des Salzes freigemacht oder wenigstens aus ihrer natürlichen Valenzbetätigung gelöst wird und daß diese als störende „gitterfremde" Atome im Gitter eingelagert bleiben, wobei unter Umständen ein kolloidalen Lösungen analoger Zustand sich herausbilden mag. Solche Störungsstellen spielen dann wieder die Rolle der LENARDschen Phosphoreszenzzentren, sie geben Anlaß zum Auftreten selektiver Absorptionsbanden, in denen lichtelektrische Leitung und Phosphoreszenz angeregt werden kann. Am besten ist mit Rücksicht auf diesen ganzen Erscheinungskomplex quantitativ das Steinsalz untersucht, erst durch RÖNTGEN und JOFFÉ, dann durch GUDDEN und POHL und neuerdings hauptsächlich durch PRZIBRAM und seine Mitarbeiter. Der natürliche rein weiße Kristall wird durch Röntgen- oder Radiumbestrahlung in der Durchsicht gelblich bis bräunlich, die Tiefe der Verfärbung bzw. die ihr entsprechende Zahl der gebildeten Zentren nimmt zunächst mit Intensität und Dauer der Bestrahlung zu, um dann einen Sättigungs- oder wohl richtiger Gleichgewichtszustand zu erreichen, indem durch die Bestrahlung auch wieder eine Rückbildung der Zentren hervorgerufen wird. Die maximal erreichbare Verfärbung ist sehr viel stärker, wenn man vor der Bestrahlung die Zahl der „Lockerstellen" im Kristall durch einseitigen Druck vermehrt hat, woraus PRZIBRAM schließt, daß die Wirkung der Bestrahlung vorzüglich an diesen Lockerstellen angreift[1]. Nicht recht im Einklang scheint dies mit der Beobachtung von SMAKULA, wonach die Verfärbung auch durch ultraviolettes Licht herbeigeführt werden kann, und zwar derart, daß jedes in einer kurzwelligen (anscheinend doch dem normalen ungestörten Gitter angehörenden) Absorptionsbande des Kristalls absorbierte Lichtquant die Entstehung eines Verfärbungszentrums verursacht[2]. Schließlich kann die gleiche Verfärbung „erster Art" (im Gegensatz zu der Verfärbung zweiter Art durch Schwermetallionen!) auch „additiv" hervorgerufen werden, indem der Kristall bei hoher Temperatur der Einwirkung von Na-Dampf ausgesetzt wird[3, 4].

---

[1] K. PRZIBRAM, Wiener Ber. (IIa) Bd. 136, S. 43. 1927.

[2] A. SMAKULA, ZS. f. Phys. Bd. 63, S. 762. 1930.

[3] Z. GYULAI, ZS. f. Phys. Bd. 37, S. 889. 1926.

[4] PRZIBRAM ist wohl sicher im Recht mit der Annahme, daß diese verschiedenen „Verfärbungszentren", wie sie durch ultraviolettes Licht, durch Elektronenbombardement, durch Eindiffundieren von Na-Dampf usw. gebildet werden, nicht von ganz gleicher Natur sind, wodurch auch obiger scheinbarer Widerspruch hinfällig werden mag [Wiener Ber. (IIa) Bd. 138, S. 483. 1929].

Die Gelbfärbung wird verursacht durch das Auftreten einer selektiven Absorptionsbande, die bei Zimmertemperatur zwischen 350 und 550 mμ liegt, mit einem wohldefinierten Maximum bei 470 mμ (vgl. Abb. 65, S. 291), bei tieferen Temperaturen aber nach kürzeren Wellen zu rückt und bedeutend schmaler wird (Abb. 85): eben die Erregungsbande der Phosphoreszenz und des lichtelektrischen Leitvermögens. Ein wesentlicher Teil der über die Beziehung zwischen diesen beiden Phänomen in Ziff. 53 gemachten quantitativen Angaben ist am gelb verfärbten Steinsalz gewonnen worden, das infolge der bei ihm gegebenen relativ einfachen Verhältnisse sehr viel zur Aufklärung des ganzen Kristallphosphoreszenzproblems beigetragen hat. Es genügt, hier nochmals auf die Kurven der Abb. 65 bis 67 zu verweisen. Ist der Kristall durch Licht einer Wellenlänge voll erregt, so trägt nachfolgende Bestrahlung mit Licht einer anderen noch in das Absorptionsgebiet des unerregten Phosphors fallenden Wellenlänge nicht zu einer weiteren Erhöhung der Phosphoreszenzhelligkeit bei; man muß daraus wohl schließen, daß der ganze Verlauf der Absorptionskurve μ in Abb. 65 den erregten Zentren oder aber auch hier den neben den Dauerzentren vorhandenen Momentanzentren zuzuschreiben ist. Der NaCl-Phosphor befindet sich, wie Abb. 66 und 67 zeigen, bei 20° noch im unteren Momentanzustand, zwischen 20 und 100° im Dauerzustand, oberhalb 100° im oberen Momentanzustand.

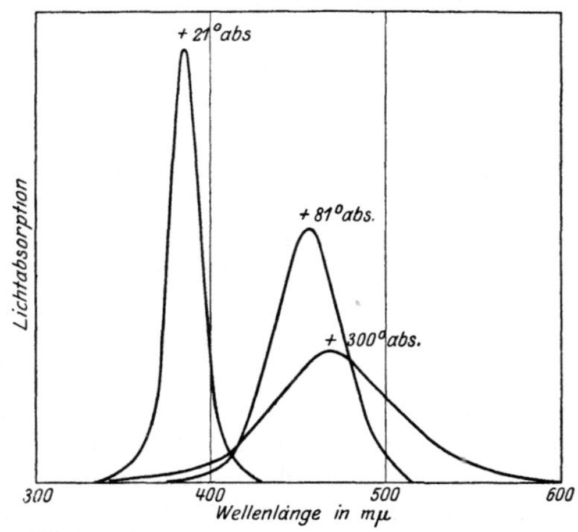

Abb. 85. Absorptionsbanden des verfärbten NaCl bei verschiedenen Temperaturen.

Ganz ähnlich wie NaCl verhalten sich auch die anderen Alkalihalogenide; in Tabelle 39 sind die durch Bestrahlung neu entstehenden Absorptionsbanden zusammengestellt, einige der Salze zeigen außer dem „Hauptmaximum“ im Gebiet größerer Wellenlängen noch sehr viel schwächere Nebenmaxima[1]. Für die Frequenz der Hauptmaxima gilt nach MOLLWA die Beziehung: $\nu \cdot d^2 = 5 \cdot 10^{-1}\,\mathrm{sec}^{-1} \cdot \mathrm{cm}^2$, wenn d die Gitterkonstante des Kristalls bedeutet[2]. Die Wellenlängen der Emissionsbanden, die wegen stets ziemlich kleiner Intensität schwer genau auszumessen sind, liegen nach URBACH für NaCl, KBr, RbBr, RbCl, CrCl zwischen 500 und 520 mμ.

Tabelle 39. Absorptionsmaxima in verfärbten Alkalihalogeniden (mμ).

Kristall	KJ	KBr	NaBr	RbCl	KCl	NaCl	LiCl	KF	NaF	LiF
Hauptmaximum	720	630	540	609	563	470	385	455	335	250
Nebenmaxima .	—	—	—	—	820	720	580 u. 650	570	415 u. 510	306
Färbung . . .	grün	tiefblau	violett	seegrün	blauviolett	bernsteingelb	hellgelb	gelb	farblos	farblos

Die Bildung der photolumineszenzfähigen Zentren durch Röntgen- oder Becquerelstrahlen in Kristallen, die an sich nicht durch Licht zur Phosphoreszenz erregt werden können, ist stets auch selbst von einer die Bestrahlung mehr oder minder überdauernden Phosphoreszenz begleitet: „Radioluminszenz“. Durch Erhitzung oder auch durch mechanischen Druck können die so verfärbten und

[1] R. OTTMER, ZS. f. Phys. Bd. 46, S. 798. 1928.
[2] E. MOLLWA, Göttinger Nachr. II, S. 98. 1931.

dann nicht weiter mit erregendem Licht bestrahlten Kristalle wieder in den unverfärbten Zustand zurückgebracht werden; auch diese Vorgänge sind von Lichtemission begleitet: „Radiothermolumineszenz" oder „Radiotribulumineszenz". Nach URBACH ist bei all diesen Prozessen die emittierte Lumineszenzbande von gleicher Wellenlänge[1]. Eine besondere hier vorliegende Komplikation besteht darin, daß man es nicht wie bei allen gewöhnlichen Fällen von Photolumineszenz mit nur zwei, sondern mindestens mit drei verschiedenen Zuständen des Kristalls zu tun hat, wie das z. B. von URBACH bei seinen Untersuchungen am Sylvin erläutert wird: dem energieärmsten — bei den Alkalihalogeniden farblosen — stabilen Normalzustand I, dem sehr viel energiereicheren verfärbten Zustand II, der durch die Röntgen- oder Radiumbestrahlung erreicht wird, dessen Stabilität aber noch sehr durch die besonderen Verhältnisse bedingt sein mag (vgl. Anm. 4 auf S. 318) und der als Ausgangszustand für die Photolumineszenzerregung dient, und schließlich dem durch die Einstrahlung wirksamen Lichtes erreichten sehr unstabilen Erregungszustand III. Die Lichtemission bei der Photolumineszenz (und also wohl auch bei allen anderen in Frage stehenden Prozessen) wird durch die Rückkehr von III nach II hervorgerufen, was schon daraus hervorgeht, daß ein verfärbter Kristall, solange er nicht durch Erhitzung entfärbt wird, immer wieder durch Belichtung erregt und wieder ausgeleuchtet werden kann. Bei Entfärbung wird der Kristall von II nach I zurückgebracht, die dabei frei werdende Energie muß wohl teilweise (durch Stöße 2. Art) auf noch im Zustand II befindliche Zentren übertragen werden, die so nach III gelangen, aus dem heraus die Lichtemission erfolgt. Die Überführung von II nach I kann auch (ähnlich der Ausleuchtung von Phosphoren) durch Bestrahlung mit langwelligem Licht herbeigeführt werden, so daß auch hierdurch wieder eine (scheinbar antistokessche) Emission der Phosphoreszenzbande ausgelöst wird. Schließlich kann diese selbst, wenn sie durch Lichteinstrahlung angeregt worden ist, durch langwelliges Licht beschleunigt ausgeleuchtet werden, und wenn dieses den Zustand III ausleuchtende Licht gleichzeitig entfärbend auf die Zentren II wirkt, kann in der Phosphoreszenz eine wesentlich größere Lichtsumme gemessen werden als ohne Ausleuchtung: „Lichtsummenanomalie" nach URBACH[2]. Im übrigen vermag auch Bestrahlung mit kurzwelligem Licht eine Entfärbung unter sie begleitendem kräftigem Leuchten hervorzubringen, ohne daß sich übersehen läßt, warum durch Licht *einer* Wellenlänge die nämlichen Zentren II teilweise nach I, teilweise nach III überführt werden. Der Unterschied zwischen der echten Photolumineszenz und der Lichterregung durch Entfärbung zeigt sich sehr schön bei einem einfachen von FRUM mitgeteilten Versuch: von zwei gleich verfärbten Stücken Steinsalz wird nur das eine durch Blaubelichtung erregt; wenn man dann beide auf 150° erwärmt — eine Temperatur, die noch nicht merklich entfärbend wirkt, aber die Lichtemission der Zentren im Zustand III beschleunigt —, so leuchtet allein das blau bestrahlte Stück hell auf und klingt ab. Treibt man nun die Erhitzung weiter auf 300°, so beginnen beide Stücke gleichmäßig zu leuchten und werden dabei entfärbt.

Die Erscheinungen, die hier zunächst für die relativ einfachen Alkalihalogenide behandelt wurden, wurden in ganz ähnlicher Weise an zahlreichen natürlichen Mineralien beobachtet, quantitative Beobachtungen liegen vor allem über den Kunzit (ein Lithium-Aluminiumsilikat) und verschiedene Flußspatsorten vor. Eine weitere Komplikation kommt aber hier noch insofern hinzu, als solche Mineralien meist bereits durch Beimischungen gitterfremder Bestandteile gefärbt sind („Fremdfärbung" 2. Art): gerade an diesen Färbungszentren scheint die

[1] F. URBACH, Wiener Ber. (IIa) Bd. 139, S. 353. 1930.
[2] F. URBACH, Wiener Ber. (IIa) Bd. 135, S. 149. 1926; Bd. 139, S. 353. 1930.

Wirkung der Radiumbestrahlung anzugreifen. Der natürliche Kunzit ist lila, vermutlich infolge geringer Beimengung von Mangan, und besitzt nur sehr geringes Photolumineszenzvermögen; durch Radiumbestrahlung wird er tief grün verfärbt und zeigt nun eine kräftige, durch Lichteinstrahlung hervorzurufende Phosphoreszenz, die bei Zimmertemperatur nur langsam abklingt; die Emissionsbande liegt zwischen 500 und 700 mμ, die zugehörige Absorptionsbande mit ihrem Schwerpunkt bei etwa 520 mμ wird durch den Erregungsprozeß nach größeren Wellenlängen verschoben (Abb. 86). Der Kunzit kann durch Glühen entfärbt werden, durch darauffolgende Radiumbestrahlung wird er grün verfärbt, erwärmt man ihn in diesem Zustand auf 250° oder setzt man ihn einer intensiven Lichtstrahlung aus, so nimmt er wieder seine ursprüngliche lila Färbung an[1]; es existieren also eine ganze Reihe mehr oder weniger stabiler Zustände der Fremdatome, die durch entsprechende Behandlung ineinander überführt werden können. Ganz ähnlich verhalten sich viele Fluoritproben, Kalzit und vermutlich zahlreiche andere Mineralien. Natürlicher stark phosphoreszierender Flußspat verliert durch die lumineszenzerregende Bestrahlung allmählich einen Teil seiner

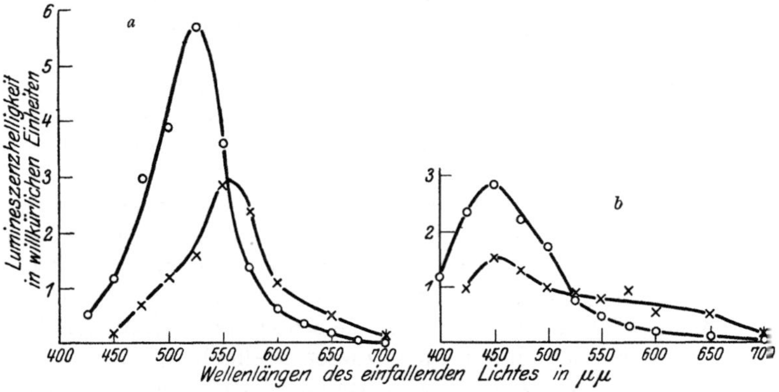

Abb. 86. Phosphoreszenz-Erregungsbanden. *a* des verfärbten Kunzits. *b* des verfärbten Fluorits (nach PRZIBRAM) —o— Belichtungsfolge von Violett nach Rot —×— Belichtungsfolge von Rot nach Violett

Leuchtfähigkeit[2]; die Änderung im Absorptions- und Emissionsspektrum von mit seltenen Erden aktiviertem Flußspat durch Erhitzung wurde schon in Ziff. 58 erwähnt — in diesem Fall ist ein Zweifel daran nicht möglich, daß wirklich die Fremdatome an der Umlagerung beteiligt sein müssen. Nach alledem muß man wohl annehmen, daß viele Mineralien die Färbung, in der man sie in der Natur vorfindet, durch lang dauernde Wirkung eingeschlossener radioaktiver Substanzen gewonnen haben[3].

64. Phosphoreszierende Gläser. Schon bei Besprechung der Lenardphosphore ist darauf hingewiesen worden, daß, wenn auch Kristallisation im allgemeinen für die Lumineszenzfähigkelt aktivierter anorganischer Phosphore

[1] K. PRZIBRAM, Wiener Ber. (IIa) Bd. 139, S. 101. 1930.

[2] S. JIMORI u. E. IWASE, Sc. Papers Inst. Phys. Chem. Res. Tokyo Bd. 16, S. 41. 1931. Es sei in diesem Zusammenhang erwähnt, daß auch andere Phosphore, etwa ZnS-Phosphore, durch kurzwelliges Licht verfärbt werden können, wobei sie ihre Lumineszenzfähigkeit einbüßen; doch ist für diese Substanzen durch Arbeiten von LENARD und von SCHLEEDE eindeutig gezeigt worden, daß es sich hier um photochemische Umwandlungen handelt, die nichts mit der Lichtemission zu tun haben.

[3] Intensive Thermolumineszenz zahlreicher anorganischer Verbindungen nach vorangehender Kathodenbestrahlung, in der PRZIBRAMschen Bezeichnungsweise also „Kathodo-Thermolumineszenz", ist schon von E. WIEDEMANN beobachtet worden. Vgl. E. WIEDEMANN u. G. C. SCHMIDT, Ann. d. Phys. Bd. 56, S. 202. 1895.

maßgebend und vielleicht für das Zustandekommen lange dauernder Phosphoreszenz notwendige Vorbedingung ist, es gleichwohl zahlreiche echte Gläser gibt, die nicht nur zur Fluoreszenz erregt werden können, sondern auch im Phosphoroskop deutliches Nachleuchten zeigen. Das ist ohne weiteres zu erwarten, wenn die Gläser solche Moleküle oder Atome gelöst enthalten, denen an sich Lumineszenzfähigkeit eigen ist und die auch in flüssigen Lösungen fluoreszieren, also in erster Linie Uranylsalze oder seltene Erden. Von den Urangläsern, die im übrigen je nach ihrer gewöhnlich nicht angegebenen genaueren Zusammensetzung sich in Einzelheiten der meist aus mehreren diskreten unscharfen Banden zwischen Grün und Rot bestehenden Emissionsspektren beträchtlich unterscheiden, war bereits in Ziff. 43 die Rede, ebenso von den mit seltenen Erden aktivierten Gläsern in Ziff. 60.

Aber auch fast alle gewöhnlichen Silikatgläser[1], die weder seltene Erden noch Uranylsalze enthalten, sind zu einer meist grünlichen oder bläulichen Fluoreszenz anzuregen, die bei Verwendung von „Filterultraviolett" zwar gewöhnlich nur lichtschwach ist, bei Bestrahlung mit kurzwelligem Licht ($\lambda < 3000$ Å) aber zuweilen der Lichtintensität von Urangläsern nicht nachsteht. Technische Gläser sind im Sinne der Phosphoreszenzchemie natürlich niemals als frei von den verschiedensten metallischen Beimischungen zu betrachten, selbst wenn solche nicht absichtlich bei der Fabrikation zugesetzt werden; Mangan, Blei, Eisen usw. mögen je nachdem als die Träger der Lichtemission zu gelten haben; eine besonders kräftige orangegelbe Fluoreszenz zeigt das als Farbfilter viel verwandte Jenaer Gelbglas.

Die meisten reinen Quarzgläser fluoreszieren bei kurzwelliger ultravioletter Bestrahlung ebenfalls, in der Regel mit bläulichweißer, zuweilen mit grüner oder tief violetter Farbe; die Intensität der Lumineszenz ist für Gläser verschiedener Herkunft ganz ebenso wie bekanntlich auch ihre Ultraviolettdurchlässigkeit sehr ungleich: manche Proben, die schon die Hg-Linie 2537 Å merklich absorbieren, werden auch durch Licht dieser Wellenlänge zu kräftiger blauer Fluoreszenz erregt. Ursache für diese Differenzen ist jedenfalls neben dem verschiedenen Reinheitsgrad des Ausgangsmaterials auch die ungleiche bei der Aufbereitung des Glases in den verschiedenen Schmelzen verwandte Arbeitsmethode.

Die Fluoreszenzstrahlung all dieser Gläser, einschließlich der Uran- und Didymgläser, ist auch bei polarisierter Erregung trotz der großen „Zähigkeit" des Lösungsmittels nicht oder doch nur sehr schwach polarisiert.

Daß Gläser ebenso wie die obengenannten Kristalle durch Röntgen- und Radiumstrahlen verfärbt werden, ist eine allgemein bekannte Erscheinung, ebenso daß sie gleichzeitig durch diese Strahlen zu intensiver Fluoreszenz angeregt werden können. In weiterer Analogie mit den Kristallen sind die so verfärbten Gläser in weit höherem Grade photolumineszent als die unverfärbten; und schließlich beobachtet man auch an ihnen intensive Thermolumineszenz, wenn man sie durch Erwärmung — es genügen hierzu schon Temperaturen von etwa 100° — wieder entfärbt[2].

---

[1] Die Literatur über diesen Gegenstand ist im ganzen sehr dürftig; vgl. hierzu F. ECKERT, Jahrb. d. Radioakt. Bd. 20, S. 93. 1924.

[2] Angaben über die Verfärbung zahlreicher Glassorten bei J. HOFFMANN, Wiener Ber. Bd. 139, S. 203. 1930.

Kapitel 4.

Photochemie.

Von

W. Noddack, Charlottenburg.

Mit 4 Abbildungen.

I. Allgemeines.

1. Definition und Begrenzung der Photochemie. Die Photochemie beschäftigt sich mit den chemischen Veränderungen der Materie, die durch die Wirkung des Lichtes entstehen[1]. Unter Licht verstand man hier ursprünglich das sichtbare Licht und das langwellige Ultraviolett. Die Erweiterung der physikalischen Kenntnisse hat aber auch die chemische Wirksamkeit des Ultrarot, des kurzwelligen Ultraviolett sowie der Röntgen- und γ-Strahlen aufgedeckt, so daß heute die gesamte elektromagnetische Strahlung in den Kreis photochemischer Betrachtungen einzubeziehen ist. Die direkte Umkehrung der Photochemie ist die Chemilumineszenz. Bei dieser sind chemische Reaktionen die Ursache der Lichtemission. — Der überwiegende Einfluß eines rein physikalischen Faktors, der Strahlung, auf chemische Vorgänge hat die Photochemie zu einem wirklichen Grenzgebiet zwischen der Chemie und der Physik gemacht. Sie zieht ihre Vorteile aus den Erkenntnissen der beiden großen Disziplinen und wird daher immer mehr zur Deutung physikalischer und chemischer Vorgänge herangezogen.

2. Historisches[2]. Die Kenntnis photochemischer Reaktionen ist uralt. Bei den Schriftstellern und Dichtern aller Zeiten finden wir Angaben, daß Sonnenenergie und Licht für das Leben unentbehrlich sind. Vor allem ist die großartigste aller irdischen photochemischen Reaktionen, die Assimilation der grünen Pflanzen, die die Grundlage alles höheren organischen Lebens bildet, seit Jahrtausenden beim Ackerbau benutzt worden. So finden wir bei den Griechen, besonders bei Aristoteles, schon ganz klare Vorstellungen über die Notwendigkeit des Lichtes für das Ergrünen und Wachsen der Pflanzen. Auch die Dunkelfärbung der Haut schrieb er der Wirkung des Sonnenlichtes zu. Die Kenntnis einer ganzen Reihe von Lichtreaktionen dürfte Gemeingut aller Kulturvölker der alten Welt gewesen sein, so z. B. das Bleichen des Linnen und die Lichtempfindlichkeit mancher Malerfarben.

Im Laufe des Mittelalters entdeckten die Alchimisten bei ihren Versuchen, das Gold aus unedlen Stoffen darzustellen, und bei dem Suchen nach der „quinta essentia" eine Anzahl Lichtreaktionen. Sie geben oft an, daß zur Darstellung einzelner Tinkturen das Licht der Sonne gebraucht werde, und warnen bei der Bereitung anderer vor dem Zutritt des Lichtes. Sie haben wahrscheinlich schon die Lichtempfindlichkeit der Gold- und Silbersalze gekannt (vgl. Albertus

[1] Über die elektrische und fluoreszenzerzeugende Strahlung vgl. Kap. 3 ds. Bds.
[2] Vgl. J. M. v. Eder, Handb. der Photographie, 3. Aufl., Bd. I, S. 1. Halle a. S.: Knapp.

MAGNUS 1280), aber sie warfen die wahren Lichtwirkungen viel zu sehr mit astrologischen Spekulationen durcheinander, als daß sie in ihnen eine besondere Klasse von Reaktionen erkannt hätten.

Erst im 16. und 17. Jahrhundert wurde gleichzeitig mit der Erfindung der Camera obscura die gelegentliche Beobachtung von Lichtreaktionen durch ein genaueres Studium von photochemischen Vorgängen abgelöst. So stammt die erste sichere Nachricht über die Lichtempfindlichkeit des Silbernitrats von GOMBERG 1694. 1745 fand BESTUSCHEFF die Lichtempfindlichkeit der Ferrisalze und erkannte auch, daß hier eine umkehrbare Lichtreaktion vorliegt. Die Beobachtungen über die Lichtempfindlichkeit der Silbersalze mehrten sich rasch, und man begann, mit Hilfe des vom Licht aus Chlorsilber und Silbernitrat ausgeschiedenen Silbers, Kopien von Gegenständen und Schriften herzustellen.

SENEBIER (1742—1809) stellte systematische Versuche über die Lichtempfindlichkeit verschiedener Hölzer, Öle und Harze und des Chlorsilbers an. Er fand, daß die stärker brechbaren Strahlen stärker chemisch wirken als die weniger brechbaren. SAUSSURE (1740—1799) beobachtete die Lichtempfindlichkeit in verschiedenen Höhenlagen und schlug als erster ein Aktinometer mit Hilfe der Chlorwasserzersetzung vor. In der Zeit von 1790—1820 fand man wiederum eine große Anzahl von photochemischen Reaktionen. Überhaupt muß zu jener Zeit das Interesse an der Photochemie ein bedeutendes gewesen sein. RUMFORD studierte die Wirkung des Sonnen- und Kerzenlichtes auf Gold- und Silbersalze, die er auf Seide oder Magnesia adsorbierte. LUCK fand 1800, daß die Lichtzersetzung des Chlorsilbers bis zu Temperaturen von $-50°$ keinen erheblichen Temperaturkoeffizienten hat. GAY-LUSSAC und THENARD stellten ausgedehnte Untersuchungen darüber an, ob Licht und Wärme gleichartige Wirkungen hätten, und kamen zu dem Schluß, daß die Wirkungen des Lichtes so eigentümlicher Art seien, daß dieses nicht durch die Wärme ersetzt werden könnte (1808). Merkwürdigerweise finden sich in diesen Arbeiten schon Vorstellungen quantenhafter Absorption. GAY-LUSSAC und THENARD schreiben (1808) gelegentlich ihrer Arbeit über die Entdeckung der Lichtempfindlichkeit des Chlorknallgases[1]: „Um alle diese chemischen Wirkungen des Lichtes zu erklären, ist es hinreichend, mit dem Grafen VON RUMFORD anzunehmen, daß das Licht weiter nichts tue, als daß es die Temperatur der kleinsten Teile, auf die es wirkt, sehr erhöht, wenn es gleich die Wärme der ganzen Masse nur wenig erhöht." Man darf in dieser Ansicht RUMFORDS wohl den ersten Vorläufer der heutigen Quantentheorie erblicken.

Mit der Entdeckung DAGUERRES (1838) setzte die photographische Epoche ein, die zwar einem Zweig der Photochemie, nämlich der Photographie, zu einem gewaltigen Aufschwung verhalf, aber die übrige wissenschaftliche Photochemie für Jahrzehnte in den Hintergrund drängte. 1839 veröffentlichte FOX TALBOT den „photogenic drawing"-Prozeß, der die Grundlage der modernen photographischen Kopierverfahren bildet. 1851 erfanden FRY und ARCHER das Kollodiumverfahren, welches 25 Jahre lang den Negativprozeß beherrschte. 1871 zeigte MADDOX, daß man das Kollodium durch Gelatine ersetzen kann, und wurde so der Erfinder der modernen Bromsilbertrockenplatten. War bisher der photographische Prozeß nur für blaues und violettes Licht empfindlich, so wurde er durch die Entdeckung VOGELS[2] 1873 auch für andere Strahlen anwendbar. VOGEL fand, daß Bromsilber und Chlorsilber durch Beimischung von gewissen Farbstoffen, die rotes, gelbes und grünes Licht absorbieren, auch für diese Teile des Spektrums empfindlich werden.

[1] Siehe LANDGREBE, Über das Licht. 1834.
[2] H. W. VOGEL, Lehrbuch der Photographie, 3. Aufl. 1878.

Durch die großartigen Fortschritte sowohl der anorganischen wie der organischen Chemie während des 19. Jahrhunderts wurden auch zahlreiche neue Lichtreaktionen bekannt, die aber meist nur im Hinblick auf ihre photographische Brauchbarkeit untersucht wurden. Die Zahl der rein wissenschaftlichen photochemischen Untersuchungen blieb zunächst gering. 1857 erforschten BUNSEN und ROSCOE die Chlorknallgasreaktion, definierten den chemischen Extinktionskoeffizienten und begründeten das Reziprozitätsgesetz. Die neuere Entwicklung der Photochemie ist hauptsächlich durch die Fortschritte der chemischen Kinetik und durch die Anwendung quantentheoretischer Vorstellungen beeinflußt worden.

3. Die photochemischen Grundgesetze. *Das Absorptionsgesetz von* GROTTHUS-DRAPER. Die Vorbedingung aller photochemischen Prozesse ist die Absorption strahlender Energie. Diese Erkenntnis liegt implicite schon in den Arbeiten von SENEBIER (1782) und vor allem in denen von ROBINSON (1737), der zeigte, daß Licht, welches lichtempfindliche Stoffe durchlaufen hat, auf Stoffe derselben Art keine chemische Wirkung mehr auszuüben vermag. Auf die Beziehung der Lichtempfindlichkeit zur Absorption machte besonders GROTTHUS (1820) aufmerksam; er fand, daß die blaue Lösung von Jodstärke sich im Sonnenspektrum am stärksten im Gelbgrün entfärbt, und kleidete seine Beobachtung in die Worte: „Diese Absorption, dieses Eindringen mit Schwierigkeit in die Substanz des Körpers muß wenigstens in vielen Fällen Ursache einer größeren chemischen Wirkung sein.“ Er erkannte also den qualitativen Zusammenhang, stellte aber noch nicht das Gesetz auf, daß nur absorbierte Strahlung chemisch wirken könne. Dies geschah erst 1845 durch DRAPER: „Bei jeder durch das Licht verursachten chemischen Veränderung eines Körpers werden gewisse Strahlen von bestimmter Wellenlänge absorbiert, und ohne Absorption ist überhaupt keine photochemische Veränderung möglich.“

Extinktion und Reziprozitätsgesetz. Mit dem eben genannten qualitativen Befund des Zusammenhanges zwischen Lichtenergie und chemischer Reaktion hat man sich lange Zeit begnügt und die Aufgabe der Photochemie nur darin gesehen, die Gesetze der Lichtabsorption auch für photochemische Substanzen zu untersuchen. BUNSEN und ROSCOE fanden bei ihren experimentellen Arbeiten über das Chlorknallgas, daß auch die photochemischen Reaktionen den Gesetzen der Extinktion von LAMBERT und BEER[1] gehorchen. Sie unterschieden zwischen dem optischen und dem chemischen Extinktionskoeffizienten[2], doch wurde diese letztere Auffassung später widerlegt[3]. Besonders wichtig war ihr Befund, daß die photochemische Wirkung „proportional der Zahl der aufgefallenen Lichtwellen“ ist, daß sie also für jede Lichtart durch das Produkt Lichtintensität $\times$ Zeit eindeutig bestimmt ist.

Die Gesetze der photochemischen Kinetik. Die weitgehende Anwendungsmöglichkeit des Massenwirkungsgesetzes auf chemische Reaktionen ließ die Frage entstehen, ob es ein allgemeines Grundgesetz der photochemischen Kinetik gäbe und ob dieses Gesetz ein Analogon des Massenwirkungsgesetzes sei oder ob es dem FARADAYschen Gesetz der Elektrolyse zu vergleichen wäre. Dieses Problem war der Anlaß einer Reihe von experimentellen und theoretischen Arbeiten. Man untersuchte besonders die Änderung der Geschwindigkeitskoeffizienten des Massenwirkungsgesetzes unter dem Einfluß der Bestrahlung. WITTWER[4] führte diese Untersuchung für den Fall der monomolekularen Zer-

[1] Vgl. die Abschnitte über Absorption des Lichtes usw. in Bd. XXI ds. Handb.
[2] R. BUNSEN u. H. ROSCOE, Pogg. Ann. Bd. 100, S. 81. 1857.
[3] C. H. BURGESS u. D. L. CHAPMAN, Journ. chem. Soc. Bd. 89, S. 1399. 1906.
[4] W. C. WITTWER, Pogg. Ann. Bd. 94, S. 598. 1855.

setzung des Chlorwassers durch, NERNST hat später diese Auffassung auf polymolekulare Reaktionen erweitert[1]. Zahlreiche Untersuchungen über das „Grundgesetz der photochemischen Kinetik"[2] haben zwar in einzelnen Fällen zur Deutung des Reaktionsmechanismus geführt, aber noch nicht zu einem einheitlichen Gesichtspunkt. Neuerdings ist man zu der Ansicht gekommen, daß es eine „photochemische Kinetik" nicht gibt, sondern daß die photochemischen Reaktionen mit denselben Teilnehmern und nach denselben Gesetzen verlaufen wie die chemischen Reaktionen. Bei früheren Untersuchungen wurde die Größe der absorbierten Energie wenig oder gar nicht in Rechnung gezogen. Erst VAN 'T HOFF[3] sprach die Ansicht aus, daß die photochemisch umgesetzte Stoffmenge der absorbierten Lichtmenge proportional sein sollte.

Die Gesetze der quantenhaften Absorption und des Energieumsatzes. Einen mächtigen Fortschritt bedeutet die Aufstellung der Quantentheorie durch PLANCK[4], nach der die Absorption der Strahlung durch eine Molekel von der Eigenfrequenz ν in bestimmten endlichen Beträgen in ganzen Vielfachen von $h\nu$ erfolgen sollte. Diese Annahme wurde von EINSTEIN[5] (1905) dahin erweitert, daß die Strahlung unabhängig von der Frequenz der Molekel nur im Betrage eines ganzen Vielfachen von $h\nu$ absorbiert würde. Er wandte diese Vorstellung zunächst nur auf lichtelektrische Vorgänge an.

1908 sprach STARK[6] die Vermutung aus, daß bei sensibilisierten photochemischen Reaktionen der Energiebetrag $h\nu$ von der absorbierenden Molekel auf die reagierende übertragen würde.

1912 erweiterte EINSTEIN die Annahme von der quantenhaften Absorption des Lichtes auf photochemische Vorgänge (photochemisches Äquivalentgesetz[7]).

Legen wir die Annahme zugrunde, daß bei der photochemischen Absorption immer nur das Quantum $h\nu$ von einer Molekel absorbiert wird, nennen wir die Größe der absorbierten Gesamtenergie E und die Anzahl Molekeln, die diese absorbieren, N, so besteht die Beziehung:

$$N = \frac{E}{h\nu}.$$

Aus dieser Beziehung müßte sich der photochemische Umsatz berechnen lassen, wenn man annimmt, daß alle Molekeln, die vom Licht affiziert sind, eindeutig reagieren.

Eine etwas modifizierte Form gab WARBURG[8] diesem EINSTEINschen Gesetz, indem er die von einer absorbierten Kalorie nach der Theorie hervorgerufene Ausbeute n das indizierte photochemische Äquivalent nannte; es ergibt sich dann:

$$n = \frac{1}{h\nu}\,\mathrm{Mol}\cdot\mathrm{Erg}^{-1} = \frac{\lambda\,(\text{in m}\mu)}{28370}\,\mathrm{Mol}\cdot\mathrm{cal}^{-1}.$$

Vergleicht man damit den reellen Umsatz φ in $\mathrm{Mol}\cdot\mathrm{cal}^{-1}$, das effektive photochemische Äquivalent, so ist

$$\gamma = \frac{\varphi}{n}$$

---

1 W. NERNST, Theoretische Chemie, 4. Aufl., S. 731. 1905.

2 M. TRAUTZ, ZS. f. wiss. Photogr. Bd. 6, S. 169. 1908; CH. WINTHER, ebenda Bd. 7, S. 66. 1908; F. WEIGERT, ebenda Bd. 7, S. 273. 1909; A. BYK, Phys. ZS. Bd. 10, S. 480. 1909; J. PLOTNIKOW, ZS. f. phys. Chem. Bd. 77, S. 472. 1911; R. WEGSCHEIDER, ebenda Bd. 103, S. 273. 1923.

3 H. VAN 'T HOFF, Berl. Ber. 1904.

4 M. PLANCK, Ann. d. Phys. Bd. 4, S. 556. 1901.

5 A. EINSTEIN, Ann. d. Phys. Bd. 17, S. 132. 1905.

6 J. STARK, Phys. ZS. Bd. 9, S. 898. 1908.

7 A. EINSTEIN, Ann. d. Phys. Bd. 37, S. 832; Bd. 38, S. 881. 1912.

8 E. WARBURG, ZS. f. Elektrochem. Bd. 26, S. 54. 1920.

das photochemische Güteverhältnis. Dieses muß $= 1$ sein, wenn das Äquivalentgesetz erfüllt ist. Zu demselben Verhältnis, das man auch die Quantenausbeute nennt, gelangt man, wenn man die Zahl der umgesetzten Molekeln N durch die Zahl Z der absorbierten $h\nu$ dividiert:

$$\gamma = \frac{N}{Z}.$$

Für Fälle, in denen das absorbierte Strahlungsquant außerordentlich viel größer ist als die Wärmetönung der betreffenden chemischen Primärreaktion, kommen NERNST und NODDACK[1] für die Photolyse zu der Grenzbedingung

$$N = \frac{Q}{q},$$

wobei N die Zahl der umgesetzten Molekeln, Q die absorbierte Energie, q die atomare Dissoziationsenergie einer Molekel ist. Diese Gleichung ist nur anwendbar, wenn sich an die Primärreaktion keine Folgereaktionen anschließen.

Für die Erkenntnis der verschiedenen Wege, die die Energie nach der Absorption geht, sind besonders die Untersuchungen von FRANCK[2] fruchtbar gewesen.

4. Meßmethoden[3]. Da sich bei den Photoreaktionen häufig eine starke Abhängigkeit der Ausbeute von der benutzten Wellenlänge zeigt, insbesondere die Absorption für verschiedene Wellenlängen meist sehr verschieden ist, empfiehlt es sich, möglichst immer monochromatisch zu arbeiten. Als kräftige Strahlungsquellen kann man für das sichtbare Licht und das langwellige Ultraviolett die Quecksilber- und Kadmium-Dampflampe benutzen. Am besten ist die Anwendung spektral zerlegten Lichtes; doch ist die Energie hierbei so gering, daß es häufig nicht möglich ist, die für eine genaue Messung nötige Menge von Reaktionsprodukten in der verfügbaren Zeit zu erhalten. Man muß daher meist aus einem Linienspektrum die brauchbare Wellenlänge durch Lichtfilter aussondern. Zur Isolierung der einzelnen Linien sind in neuerer Zeit mehrfach Lichtfilter erprobt und beschrieben worden. Das Haupterfordernis eines guten monochromatischen Lichtfilters ist eine möglichst hohe Durchlässigkeit für die gewünschte Linie bei völliger Abblendung der nicht geeigneten Strahlung.

Für das kurzwellige Ultraviolett ist die Strahlung der Quecksilberlampe zu schwach. Hier verwendet man mit Vorteil den Funken, mit dem sich bei geeigneter Wahl des Elektrodenmaterials ebenfalls enge Spektralbezirke herstellen lassen. Große Schwierigkeiten macht bisher die Untersuchung des Spektralbereichs von 1800 bis 50 Å, da hier die meisten Körper eine hohe störende Absorption besitzen und die ausgesandte Energie recht gering ist. Für das Gebiet der Röntgenstrahlen stehen kräftige Strahler in den modernen Röntgenröhren zur Verfügung. Durch geeignete Wahl des Antikathodenmaterials und Vorsetzen von Filtern mit Absorptionskanten kann man enge Bezirke von allerdings meist kleiner Intensität isolieren. Im Gebiet des Ultrarot spielen sich relativ wenige photochemische Reaktionen ab. Hier fehlt es trotz genügend starker Strahler, wie z. B. der He-Lampe, noch sehr an geeigneten monochromatischen Lichtfiltern.

Ist für die Untersuchung keine strenge Monochromasie notwendig, oder muß man Wellenlängen benutzen, die von den Metalldampflampen nicht in genügender Intensität geliefert werden, so kann man im optischen Gebiet hochkerzige Glühlampen verwenden. Durch geeignete Farbstoffilter lassen sich auch

---

[1] W. NERNST u. W. NODDACK, Berl. Ber. Bd. 15, S. 110. 1923.

[2] J. FRANCK, Trans. Faraday Soc. Bd. 21, Teil 3. 1925; ZS. f. phys. Chem. Bd. 120, S. 144. 1926.

[3] Vgl. dieses Handb. Bd. XIX; ferner F. WEIGERT, Optische Methoden der Chemie. 1927.

hier relativ enge Spektralbezirke isolieren. Für das langwellige Ultraviolett kommt für den gleichen Zweck der elektrische Kohlebogen in Betracht.

Zur Erzielung definierter Verhältnisse ist es wichtig, bei quantitativem Arbeiten die Strahlungsintensität auf der benutzten Fläche möglichst gleichmäßig zu machen. Man erreicht dies bei punktförmigen Lichtquellen durch Einsetzen von Linsensystemen in den Strahlengang, bei flächenhaften Lichtquellen durch Einschalten von Mattscheiben, die das Licht völlig diffus machen und die Unterschiede in der Helligkeit der einzelnen Teile des flächenhaften Strahlers verwischen.

Zur Messung der Strahlung benutzt man meist Methoden, bei denen die strahlende Energie in Wärme übergeführt wird. An Meßinstrumenten seien genannt: das Bolometer[1], die Thermosäule[2], das Radiometer[3] und das Radiomikrometer[4]. Die Strahlungsmessungen sind durch die Bestimmung der Gesamtstrahlung der Hefnerkerze in absolutem Maße erleichtert worden. Man eicht jetzt meist das Bolometer oder die Thermosäule mit Hilfe der Hefnerkerze und bezieht die Strahlungsmessungen auf den GERLACHschen Wert[5] der strahlenden Energie einer Hefnerlampe bei 1 m Entfernung auf 1 cm^2 von $22{,}6 \cdot 10^{-6}$ $cal \cdot sec^{-1}$. Dieser Energiebetrag entspricht für die Wellenlänge von 4358 Å (blaue Hg-Linie) einer Zahl von $2{,}01 \cdot 10^{14}\, h\nu$.

Außer den genannten Methoden, bei denen die von der Strahlung erzeugte Wärme gemessen wird, benutzt man auch den Photoeffekt zur Bestimmung der eingestrahlten Energie. Das gebräuchlichste Instrument für diesen Zweck ist die Kaliumzelle nach ELSTER und GEITEL[6].

Aktinometrie. Zur relativen Bestimmung der chemisch wirksamen strahlenden Energie wurden früher sog. *Aktinometer* benutzt. Unter den chemischen Aktinometern ist das Chlorknallgasaktinometer durch die Messungen von BUNSEN und ROSCOE[7] besonders bekannt geworden. Es besteht aus einer einseitig geschlossenen Röhre, in der sich ein Gemisch von Wasserstoff und Chlor befindet. Dieses Gemisch wird durch konzentrierte Natriumchloridlösung, die an Chlor gesättigt ist, von der Luft abgesperrt. Bei der Belichtung des Gasgemisches bildet sich Chlorwasserstoff, der sich sofort in dem Wasser löst. Infolge des im Rohr entstehenden Unterdruckes steigt die Lösung in die Höhe. Dieser Anstieg ist ein Maß der eingestrahlten Lichtmenge.

SMITH[8] verwandte zur Messung des aktiven Sonnenlichtes eine angesäuerte Kaliumjodidlösung, aus der bei der Belichtung Jod frei wird, und titrierte das freie Jod mit Hyposulfit.

EDER[9] schlug eine Lösung von Quecksilberchlorid und Ammoniumoxalat als Aktinometer vor. Aus dieser Lösung scheidet sich im Lichte weißes Quecksilberchlorür aus.

Auch das Chlorsilberpapier ist vielfach zur Aktinometrie verwandt worden.

BECQUEREL[10] fand, daß zwei mit Chlorsilber überzogene Silberplatten, die in eine verdünnte Säure tauchen, eine elektrische Potentialdifferenz zeigen,

---

[1] Vgl. O. LUMMER u. F. KURLBAUM, Wied. Ann. Bd. 46, S. 204. 1892; E. WARBURG, G. LEITHÄUSER u. E. S. JOHANSEN, Ann. d. Phys. Bd. 29, S. 25. 1907.

[2] H. RUBENS, ZS. f. Instrkde. Bd. 18, S. 65. 1898; W. COBLENTZ u. C. LEITZ, ebenda Bd. 34, S. 14. 1914.

[3] E. F. NICHOLS, ZS. f. Instrkde. Bd. 17, S. 123. 1897.

[4] H. SCHMIDT, Ann. d. Phys. Bd. 29, S. 1001. 1909.

[5] W. GERLACH, Phys. ZS. Bd. 14, S. 577. 1913.

[6] J. ELSTER u. H. GEITEL, Phys. ZS. Bd. 5, S. 238. 1904.

[7] R. BUNSEN u. H. ROSCOE, Pogg. Ann. Bd. 100, S. 81. 1857.

[8] A. SMITH, Photogr. News. Bd. 293. 1880.

[9] J. M. v. EDER, Handb. der Photographie. Bd. I, 2, S. 163.

[10] H. BECQUEREL, La lumière Bd. II, S. 121.

wenn die eine Platte belichtet wird; er konstruierte mit Hilfe dieses „photogalvanischen Elementes“ ein elektrisches Aktinometer.

Alle diese Aktinometer gestatten nur dann einen zuverlässigen Rückschluß auf die Strahlungsmenge, wenn die gemessene Aktivität des Lichtes auf photochemische Vorgänge von derselben spektralen Empfindlichkeit bezogen wird.

Für die Messung der Absorption der lichtempfindlichen Stoffe kommen sowohl energetische wie optische Methoden in Betracht. Da man gasförmige und flüssige Körper meist in Gefäße mit planparallelen Wänden einschließt, so ist hier Rücksicht zu nehmen auf die Reflexion der Gefäßwände und bei gelösten Stoffen auf die Absorption des Lösungsmittels. Die Reaktionsprodukte absorbieren häufig dieselbe Strahlenart wie der lichtempfindliche Stoff, man muß daher entweder diesen Betrag der Absorption bei der Berechnung der vom lichtempfindlichen Körper absorbierten Energie abziehen oder die Bestrahlung nur so lange stattfinden lassen, daß die Absorption der Reaktionsprodukte keinen merklichen Fehler bedingt. Bei Gasen und Flüssigkeiten verwendet man in diesem Falle zur Erzielung größerer Ausbeuten häufig die Strömungsmethode, bei der die Stoffe nur kurze Zeit im Reaktionsgefäß verweilen.

Energetisch mißt man die Absorption im homogenen Strahlungsfelde meist in der Weise, daß man die Strahlungsintensität hinter dem durchlässigen Reaktionsgefäß bei leerem und bei gefülltem Gefäß bestimmt.

Optische Absorptionsmessungen lassen sich im sichtbaren Gebiet mit Hilfe aller gebräuchlichen Photometer ausführen[1]. Im langwelligen Ultraviolett gestattet die Fluorometermethode[2] die Messung der an sich unsichtbaren Strahlung mit Hilfe der Fluoreszenz. Photographische Absorptionsmessungen sind neben den energetischen und rein optischen Methoden für fast alle Spektralgebiete anwendbar.

Kann man die Gültigkeit des Reziprozitätsgesetzes voraussetzen, so darf man beliebig hohe Absorptionen anwenden und kann durch völlige Absorption oft die Differenzmessung vermeiden. Besteht aber die Möglichkeit von Abweichungen vom Reziprozitätsgesetz, so sollte man nur sehr kleine Absorptionen verwenden, da sich sonst in den tieferen Schichten des Absorbens der Vorgang anders abspielt als an der Oberfläche.

Die beschriebenen Methoden der Absorptionsmessung kommen nur in Frage, wenn das zu messende Medium optisch homogen ist. Bei der Bestimmung der Absorption trüber Medien, wie sie z. B. Nebel, kolloidale Lösungen oder photographische Platten darstellen, muß man integrierende Methoden verwenden, die eine Messung der von dem trüben Körper nach allen Seiten ausgestrahlten Energie gestatten. Für die optische Messung der Absorption disperser Systeme kommt vor allem das Ulbrichtsche Kugelphotometer in Betracht[3].

Für energetische Messungen an trüben Systemen kann man sich der sog. räumlichen Thermosäule von Eggert und Noddack[4] bedienen, die ebenfalls bei der Untersuchung photographischer Platten verwandt wurde.

5. Die Reaktionsprodukte. Da die Masse der bei quantitativen photochemischen Untersuchungen erhaltenen Reaktionsprodukte meist sehr gering ist, ist ihre genaue Bestimmung oft mit Schwierigkeiten verknüpft. Man kann grundsätzlich zwei Wege innehalten: entweder man verfolgt die Entstehung der Reaktionsprodukte während des Prozesses, oder man bestimmt sie nach Beendigung des Vorganges. Die erstere Beobachtungsart läßt sich fast nur mit

---

[1] Vgl. Abschn. Photometrie in Bd. XIX ds. Handb.
[2] C. Winther, ZS. f. Elektrochem. Bd. 19, S. 389. 1913.
[3] J. Eggert u. W. Noddack, ZS. f. Phys. Bd. 31, S. 924. 1925.
[4] J. Eggert u. W. Noddack, ZS. f. Phys. Bd. 20, S. 299. 1923.

physikalischen Methoden durchführen, da die chemischen fast immer einen Eingriff in das System verlangen. Sie läßt sich leicht anwenden, wenn bei der Belichtung Gase entstehen, die man auffängt und volumetrisch oder manometrisch mißt, wie bei der Zersetzung der Oxalsäure oder bei der Assimilation der Pflanzen, oder wenn gefärbte Körper bei der Bestrahlung sich bilden oder verschwinden. Die Entstehung einer braunen Färbung tritt z. B. bei der Photosubstitution des Chlors im Trichlorbrommethan ein, bei der sich Brom bildet. Bei der Bromsubstitution des Benzols, bei der freies Brom verschwindet, zeigt sich eine Farbabschwächung. Die Änderung der Färbung läßt sich in beiden Fällen mit dem Photometer verfolgen. Ähnlich einfach ist der elektrische Nachweis entstehender Ionen, wie z. B. bei der Umwandlung des Azetons in Essigsäure.

In den meisten Fällen aber muß der Prozeß abgebrochen und das gebildete Produkt mit chemischen Methoden gravimetrisch oder titrimetrisch bestimmt werden. Von Vorteil ist die schon erwähnte Strömungsmethode, da sie eine dauernde Kontrolle der Reaktionsprodukte gestattet.

Wegen der näheren Angaben sei auf die Originalarbeiten in Ziff. 16 verwiesen.

II. Der Primärvorgang.

Nehmen wir an, daß das Energiequantum $h\nu$ von einer Molekel absorbiert wird, so vollzieht sich diese Übertragung der Strahlungsenergie auf die Materie nach BOHR durch den Hub eines Elektrons. Über die zeitliche Dauer einer derartigen Energieübertragung und die Wahrscheinlichkeit ihres Eintritts wissen wir noch wenig[1]. Die Untersuchungen über den Elektronenstoß und die Fluoreszenz bei Gasen haben gezeigt, daß die Wege, auf denen sich die absorbierte Energie umwandeln kann, recht verzweigt sind, ohne daß wir bisher sicher sind, alle Möglichkeiten in den Kreis der Betrachtungen gezogen zu haben. In Abb. 1 sind die bisher bekannten photophysikalischen Vorgänge, die der Lichtabsorption folgen, schematisch dargestellt. In den folgenden Abschnitten sollen sie einzeln behandelt werden.

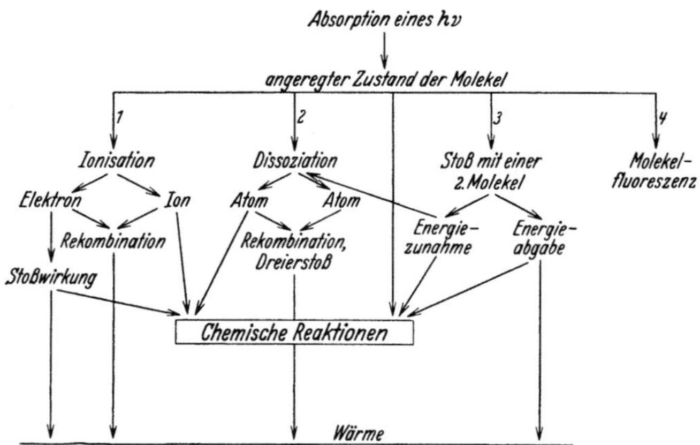

Abb. 1. Umwandlungsmöglichkeiten der absorbierten Energie.

6. Ionisation. Das gehobene Elektron kann aus dem Verband der Molekel entfernt werden, wenn das absorbierte $h\nu$ größer ist als die Ionisationsarbeit des Elektrons. Man spricht dann von äußerem oder innerem Photoeffekt. Ist die kinetische Energie des fortfliegenden Elektrons genügend groß, so wird es durch seine Stoßwirkung andere Molekeln beeinflussen und kann sowohl chemische Reaktionen wie alle anderen in Ziff. 6—9 geschilderten Vorgänge hervorrufen. Bei der Rekombination von Elektron und Ion kann Wärme entstehen. Über diese Erscheinungen liegen zahlreiche Beobachtungen vor. Sie zeigen, daß im Gebiete des sichtbaren Lichtes und des langwelligen Ultravioletts photo-

[1] Über die quantenmechanische Deutung der Absorption s. E. SCHRÖDINGER, Ann. d. Phys. (4) Bd. 81, S. 139. 1926.

chemische Reaktionen nur sehr selten mit Ionisation verbunden sind, da die absorbierten Quanten meist kleiner als die Ionisationsarbeiten sind. Dagegen wird bei der Absorption großquantiger Strahlung gerade das Herausreißen von Elektronen aus dem Molekelverband die Hauptursache für alle weiteren Reaktionen sein. Hierauf weist vor allem die Quantenausbeute bei derartigen Vorgängen hin.

7. Primäre Dissoziation. Übersteigt die Größe des absorbierten $h\nu$ einen gewissen Betrag, so zerfällt die absorbierende Molekel in Bruchstücke (in einfachen Fällen in Atome). Das Eintreten dieses Vorgangs läßt sich nicht einfach aus dem Vergleich von $h\nu$ mit der Dissoziationsarbeit berechnen, sondern die potentielle Energie der Molekelteile muß einen Betrag S übersteigen. Es muß sein:

$$S > D + A + q,$$

wobei D die Dissoziationsarbeit der Molekel, A die Aktivierungsenergie eines oder mehrerer Bruchstücke und q ihre relative kinetische Energie nach der Trennung bedeuten. Denn es zeigt sich im allgemeinen, daß die Bruchstücke mit einer gewissen Geschwindigkeit auseinanderfahren und daß häufig wenigstens eines von ihnen sich im angeregten Zustande befindet. Ein allgemeines Gesetz über die Summation der Größen D, A und q ist nicht bekannt. In einfachen Fällen ließ sich bei Kenntnis des atomaren Anregungszustandes, der A bedingt, mit Hilfe von spektralen Daten D berechnen, wenn man $q = 0$ setzte. Ebenso ließ sich die Lage der Konvergenzstelle der Bandenkanten bei Gasen aus atomaren Daten begründen.

So liegt z. B. beim Joddampf die Konvergenzstelle der Bandenkanten, die den Beginn der Dissoziation anzeigt, bei $\lambda = 4995$ Å, entsprechend einer Energie von 2,47 Volt. Da die J_2-Molekel nur 1,5 Volt zur Dissoziation verbraucht und die bei der Dissoziation entstehende Relativbewegung der Atome gering ist, muß der Betrag von 1 Volt zur Aktivierung mindestens eines J-Atoms dienen. In der Tat ließ sich zeigen, daß die Differenz $2\,^2P_{3/2} - 2\,^2P_{1/2}$, die beim Jod dem Energieunterschied zwischen der metastabilen Form und der Grundform entspricht, gleich 0,937 Volt ist[1]. Die freiwillige Dissoziation in ein normales und ein angeregtes Atom scheint besonders häufig zu sein. Sie ließ sich nachweisen bei der Spaltung der Halogene Cl_2, Br_2 und J_2, beim Wasserstoffsuperoxyd[2] und bei den Methylhalogeniden[3].

Aber auch die Entstehung zweier normaler Atome wurde mehrfach nachgewiesen. So zerfallen die Alkalihalogenide im Gaszustande beim Belichten in normales Halogenatom und Metallatom[4]. Da die Alkalihalogenide Ionenmolekeln darstellen, muß vor dem Zerfall der Übergang eines Elektrons vom Anion zum Kation stattfinden, der auch bei der Photolyse fester Metallhalogenide nachgewiesen wurde.

Ein spezieller Fall der freiwilligen Dissoziation ist die sog. Prädissoziation, die sich spektroskopisch in dem Auftreten diffuser Banden zeigt. Dieser Zustand tritt nur ein, wenn die Massen der Molekelteile während des Anregungszustandes Oszillationen ausführen. Der Quantenzustand ist dann nicht mehr definiert und die Molekelteile sind zwar energetisch, aber nicht räumlich dissoziiert[5].

---

[1] L. A. Turner, Phys. Rev. Bd. 27, S. 397. 1926; vgl. K. F. Bonhoeffer u. L. Farkas, ZS. f. phys. Chem. Bd. 132, S. 255. 1928; H. Senftleben u. E. Germer, Ann. d. Phys. (5) Bd. 2, S. 847. 1929.

[2] H. C. Urey, L. H. Dawsey, F. O. Rice, Journ. Amer. Chem. Soc. Bd. 51, S. 1371. 1929.

[3] G. Scheibe u. G. Herzberg, ZS. f. phys. Chem. Bd. 7, S. 390. 1930.

[4] V. Kondratjew, ZS. f. Phys. Bd. 39, S. 191. 1926.

[5] V. Henri, Photochimie 1919; R. L. de Kronig, ZS. f. Phys. Bd. 50, S. 347. 1928.

Die normalen oder angeregten Bruchstücke (Atome) einer Molekel können chemische Reaktionen einleiten oder sich rekombinieren, wobei die entstehende Energie, meist in Form von Wärme, durch ein drittes Teilchen abgeführt wird (Dreierstoß).

8. Der angeregte Zustand. Steht nach der Absorption des $h\nu$ ein Energiebetrag in der Molekel bereit, der kleiner ist als die im vorigen Abschnitt angegebene Größe S, so findet keine Dissoziation statt; die Molekel befindet sich dann in einem „angeregten" Zustande. Über die Dauer dieses Zustandes wissen wir nur, daß sie in einigen Fällen zwischen 10^{-8} und 10^{-10} sec liegt[1]. Innerhalb dieser Zeit kann die angeregte Molekel mit anderen Molekeln (Akzeptoren) zusammenstoßen und so chemische Reaktionen eingehen, oder sie erleidet bei einem derartigen Stoß eine Energieänderung. Diese Energieänderung kann eine Dissoziation veranlassen, sie kann ferner der schon angeregten Molekel einen Energiezuwachs bringen und ihre Lebensdauer durch Überführung in einen metastabilen Zustand vergrößern, schließlich kann die Energie der angeregten Molekel auf eine andere teilweise übertragen werden (Stoß 2. Art). Diese letztere Art der Energieübertragung liefert eine Erklärung für einfache Fälle der photochemischen Sensibilisation, wie wir sie z. B. bei der Zersetzung von H_2 durch belichtete Hg-Atome vor uns haben[2]. Durch mehrfache Energieübertragungen können ganze Ketten photophysikalischer Reaktionen entstehen, wobei stets ein Teil der Energie als Wärme dispergiert.

Auch für die am meisten verbreitete Art der Umwandlung strahlender Energie in Wärme wird wahrscheinlich die Energiedissipation durch Stöße 2. Art verursacht.

9. Molekelfluoreszenz. Reicht der absorbierte Energiebetrag nicht zur Dissoziation aus oder kann er wegen zu großer freier Weglängen oder beim Fehlen geeigneter Übertragungsbedingungen nicht an andere Molekeln weitergeleitet werden, so wird er in Form von Strahlung wieder abgegeben. Bei dieser Molekelfluoreszenz geht stets ein Teil der eingestrahlten Energie — wahrscheinlich durch Stöße 2. Art — als Wärme verloren (STOKESsche Regel).

Auf die Superposition von eingestrahltem $h\nu$ und Eigenquanten der Molekeln soll nicht eingegangen werden, da eine photochemische Bedeutung bei ihr noch nicht erkannt ist[3].

Naturgemäß kann die Fluoreszenzstrahlung von anderen Molekeln des Systems absorbiert werden und weitere Reaktionen veranlassen.

10. Flüssige und feste Systeme. Die in den vorangehenden Abschnitten geschilderten Erkenntnisse des Primärprozesses sind ausschließlich an Gasen gewonnen worden. Es läßt sich voraussehen, daß in flüssigen und festen Systemen qualitativ dieselben Erscheinungen auftreten können. In der Tat ließen sich Ionisation, Dissoziation, Aktivierung und Molekelfluoreszenz in Flüssigkeiten nachweisen. Doch modifizieren sich die Eigenschaften der einzelnen Molekeln durch ihren geringen Abstand voneinander so sehr, daß die Vergrößerung der Stoßzahl, die Überlagerung der elektrischen Felder, die Solvatation und die elektrolytische Dissoziation bisher noch keine einheitliche Durchführung der quantentheoretischen Prinzipien gestatteten. Ähnliches gilt für die festen Körper. Bei ihnen verlangen die Koppelung der schwingenden Teilchen, das Aufhören des Molekelbegriffs, die Grenzflächen und die Anisotropie eine weitgehende Änderung der Quantengesetze.

---

[1] N. BOHR, Dän. Akad. d. Wiss. (4) Bd. 8, Teil 1; O. STERN u. M. VOLMER, ZS. f. wiss. Photogr. Bd. 19, S. 275. 1920; W. WIEN, Ann. d. Phys. (4) Bd. 60, S. 597. 1919.

[2] J. FRANCK u. G. CARIO, ZS. f. Phys. Bd. 11, S. 161. 1922.

[3] Vgl. C. V. RAMAN u. H. P. KRISHNAN, Nature Bd. 121, S. 501. 1928.

III. Die photochemischen Reaktionen.

11. Definitionen. Im vorigen Kapitel sind die Umwandlungen der absorbierten Energie und die dabei entstehenden physikalischen Änderungen der Materie beschrieben worden. Da die primären Produkte, normale oder angeregte Atome und angeregte Molekeln, die photochemischen Reaktionen einleiten und da es dieselben Gebilde sind, die auch bei rein chemischen Reaktionen auftreten, gelten für den Ablauf der Lichtreaktionen die Gesetze der chemischen Kinetik. Der Unterschied zwischen beiden Arten von Reaktionen besteht nur in der von der Temperatur unabhängigen Konzentration und Aktivitätsverteilung der primär reagierenden Teilchen, die bei den Lichtreaktionen nur von der Intensität und Wellenlänge der Strahlung abhängen. Beim Studium der Lichtreaktionen hat sich eine Reihe von Begriffen entwickelt, die teils wirkliche Unterschiede zwischen Licht- und Dunkelreaktionen im obengenannten Sinne angeben, teils eine rein äußerliche Bedeutung haben. Im folgenden sollen die wichtigsten dieser Begriffe definiert werden.

Erweist sich ein Stoff als chemisch indifferent gegen die Wirkung des Lichtes, so nennt man ihn *lichtecht*; zeigt er eine photochemische Veränderung, so ist er *lichtempfindlich.* So ist z. B. das fein verteilte Silber lichtecht; es wird von den absorbierten Strahlen aller Wellenlängen nur erwärmt. Dagegen ist das Bromsilber für die meisten Strahlenarten lichtempfindlich, da es durch sie in Brom und Silber zersetzt wird.

Diese chemischen Veränderungen können durch Licht der verschiedensten Wellenlängen hervorgerufen werden; es ist aber eine auffallende Erscheinung, daß die kürzeren Wellen öfter photochemische Vorgänge verursachen als die längeren. Diese Eigenschaft hat dem Violett und Ultraviolett lange vor Aufstellung der neueren Theorien den Namen „chemische Strahlen" eingetragen. Man kann diese Erscheinung nicht quantitativ durch die Tatsache erklären, daß im allgemeinen die optische Absorption zum Gebiet der kürzeren Wellen hin zunimmt, denn häufig trifft man den Fall an, daß ein und derselbe Körper bei gleicher Absorption im Rot und Violett durch das rote Licht nur erwärmt wird, während ihn das violette Licht chemisch verändert. So wird z. B. die blaue FEHLINGsche Lösung durch Licht der Wellenlänge 6000 Å erwärmt, durch Licht der Wellenlänge 3650 Å dagegen zersetzt[1]. Diese Beobachtung ließ sich nicht mit Hilfe der Undulationstheorie erklären und hat ihre Deutung erst durch die Quantentheorie gefunden.

Mit der Ausdehnung des Beobachtungsmaterials auf das kurzwellige Ultraviolett und die Röntgenstrahlen ist die Vergrößerung der Anzahl der photochemischen Reaktionen nach den kürzeren Wellen hin noch auffallender geworden. Zu beachten ist allerdings, daß gerade im Gebiet der Röntgenstrahlen die Absorption wieder geringer wird und man, um kommensurable Werte zu erhalten, alle Wirkungen auf gleiche Absorption beziehen muß. Die Nichtbeachtung der letzteren Tatsache hat einige Forscher zu der Annahme verleitet, daß die kurzwelligste Strahlung geringere photochemische Wirkung besitze als das Licht[2].

Die Menge des von einer bestimmten Strahlenmenge umgesetzten Stoffes ist ein Maß seiner *Lichtempfindlichkeit.* Die Lichtempfindlichkeit findet sich bei allen drei Aggregatzuständen. Als Beispiele extrem lichtempfindlicher Reaktionen seien für den gasförmigen Zustand das Chlorknallgas ($Cl_2 + H_2$), für den flüssigen die ätherische Lösung von Chlorstickstoff (NCl_3) und für den

---

[1] A. BYK, ZS. f. phys. Chem. Bd. 49, S. 680. 1904.

[2] J. M. v. EDER, Handb. d. Photogr. Bd. I, 2, S. 482; J. PLOTNIKOW, Grundriß der Photochemie, S. 78.

festen das Karbazid (CON_6) genannt, die alle durch kurze intensive Bestrahlung mit Licht der Wellenlänge 3650 Å heftig reagieren. Von den Stoffen mit extremer — manchmal nur durch äußere Bedingungen, wie z. B. Gefäßwände, begrenzter — Lichtempfindlichkeit gibt es einen stetigen Übergang zu den lichtechten Körpern.

Die Lichtempfindlichkeit hängt zunächst, wie oben angegeben, von der Lichtart, vor allem aber von der chemischen Zusammensetzung des bestrahlten Körpers ab. Man kann eine große Anzahl von lichtechten Stoffen durch Zusätze geeigneter Körper, die das betreffende Licht selbst nicht absorbieren, lichtempfindlich machen. Als Beispiel sei das Chlorgas angeführt, das sich im reinen Zustande durch Licht von 4358 Å nur erwärmt. Ein Zusatz von einigen Prozenten Wasserstoff macht es lichtempfindlich und gibt bei Bestrahlung Veranlassung zur Bildung von Chlorwasserstoff. Man bezeichnete früher allgemein Stoffe, die die Lichtempfindlichkeit eines Körpers hervorrufen oder steigern, als Katalysatoren oder auch als chemische Sensibilisatoren. Jetzt unterscheidet man zwischen *Akzeptoren* und *Katalysatoren*. Akzeptoren nennt man Stoffe, welche die photochemischen Reaktionsprodukte des lichtempfindlichen Körpers aufnehmen; ihre Massenänderung während der Lichtreaktion steht in stöchiometrischem Verhältnis zur Menge des umgesetzten lichtabsorbierenden Stoffes, und ihre Wirksamkeit erlischt, sobald sie chemisch verbraucht sind. Als Katalysatoren bezeichnet man jetzt Körper, die die Lichtempfindlichkeit eines Systems ändern, ohne dabei eine bleibende chemische Veränderung zu erfahren. So wird die Lichtempfindlichkeit der Chlorknallgasreaktion durch Spuren von Wasserdampf außerordentlich erhöht[1].

Die Größe der Lichtausbeute hängt oft stark von der Wahl des benutzten Akzeptors ab. So erhält man in dem genannten Fall des Chlorgases bei Bestrahlung mit derselben Lichtmenge und mit Wasserstoff als Akzeptor einen 10^5 mal größeren Umsatz als beim Zusatz von Benzol. Auch der lichtempfindliche Stoff selbst kann unter Umständen als Akzeptor wirken, indem er die bei der Lichtreaktion auftretenden Produkte aufnimmt, wie z. B. beim Ozon, wo die vom Licht veränderten Moleküle sich mit den noch unveränderten zu molekularem Sauerstoff umsetzen.

Die meisten Katalysatoren vergrößern die Lichtempfindlichkeit. Es sind aber auch Fälle bekannt, in denen der Zusatz eines chemischen Stoffes eine hemmende Wirkung auf die photochemische Reaktion ausübt. So wird die Empfindlichkeit der Chlorknallgasreaktion durch Sauerstoff gehemmt, die Lichtempfindlichkeit des Bromsilbers durch Phenosafranin herabgesetzt. Man spricht dann, ähnlich wie bei den gewöhnlichen chemischen Reaktionen, von *negativen Katalysatoren* oder von *Desensibilisatoren*. Die Art dieser Desensibilisation dürfte in den einzelnen Fällen eine sehr verschiedene sein. Sie wird manchmal verursacht durch Abschirmung des wirksamen Lichtes, manchmal durch Entstehen einer neuen lichtechten Verbindung des Desensibilisators mit dem lichtempfindlichen Stoff oder mit dem Akzeptor. In vielen Fällen ist die Wirkungsweise noch nicht geklärt.

Während bisher nur Fälle behandelt wurden, in denen der Zusatz von Akzeptoren die Lichtausbeute erhöht, ohne daß der bestrahlte Körper eine Änderung seiner Absorption erfährt, sind auch Reaktionen bekannt, bei denen die Vergrößerung der Lichtempfindlichkeit durch eine Vergrößerung oder Änderung der spektralen Absorption des absorbierenden Mediums erzeugt wird. Man kann häufig einen für ein bestimmtes Spektralgebiet lichtechten Körper für dieses Gebiet lichtempfindlich machen durch Zusatz von Stoffen, die das

---

[1] Vgl. A. COEHN u. H. TRAMM, Chem. Ber. Bd. 56, S. 458. 1923.

betreffende Spektralgebiet absorbieren. Solche Stoffe nannte man früher *optische Sensibilisatoren*, jetzt gewöhnlich kurz Sensibilisatoren.

Für diese Erweiterung der spektralen Empfindlichkeit sind drei Möglichkeiten denkbar:

a) Der Stoff A sei für Rot lichtecht, für Violett lichtempfindlich. Es werde ihm ein Stoff B zugesetzt, der für Rot und Violett lichtecht ist. Das Gemisch wird nun für Rot lichtempfindlich in der Art, daß der Stoff A verändert wird, ohne daß A und B einen neuen Stoff gebildet haben, und ohne daß B verändert wird. Dann haben wir es mit einer wirklichen optischen Sensibilisation zu tun. Als Beispiel für Stoff A sei das Ozon genannt, das zwar im Ultraviolett ($\lambda = 2530$Å) lichtempfindlich, aber für blaues Licht ($\lambda = 4358$ Å) lichtecht ist. Setzt man dem Ozon Bromdampf zu, der $\lambda = 4358$ Å stark absorbiert, so wird das Gemisch Ozon-Brom für $\lambda = 4358$ Å lichtempfindlich. Das Ozon zersetzt sich, ohne daß das Brom eine chemische Änderung erfährt. Man kann also mit einer kleinen Brommenge eine beliebig große Menge Ozon zersetzen. — Ein anderer technisch wichtiger Fall ist die Sensibilisation photographischer Platten. Hier werden dem Bromsilber, das für Rot, Gelb und Grün nahezu lichtecht ist, Farbstoffe wie Eosin, Pinaverdol usw. zugesetzt, die eine Lichtempfindlichkeit des Bromsilbers für Rot bis Grün hervorrufen.

b) Der Stoff A sei wieder für Rot lichtecht, für Violett lichtempfindlich, der Stoff B für beide Gebiete lichtecht. Beim Mischen beider Stoffe tritt ohne Bildung einer chemischen Verbindung eine Lichtempfindlichkeit für Rot auf, wobei die Stoffe A und B gleichzeitig verändert werden. Dann liegt nur eine scheinbare Sensibilisation vor; der Stoff A wirkt als Akzeptor für die bei der Bestrahlung von B auftretenden Reaktionsprodukte. Einen solchen Fall haben wir beim Gemisch Trichlorbrommethan ($CBrCl_3$)—Chlor. $CBrCl_3$ ist für $\lambda = 4358$ Å lichtecht, für $\lambda = 3130$ Å lichtempfindlich und zersetzt sich hier nach der Gleichung

$$2\,CBrCl_3 \rightarrow C_2Cl_6 + Br_2\,.$$

Setzt man dem Trichlorbrommethan Chlor zu, das für die beiden genannten Wellenlängen lichtecht ist, so wird das Gemisch für $\lambda = 4358$ Å lichtempfindlich, wobei sich Chlor mit Trichlorbrommethan als Akzeptor umsetzt:

$$Cl_2 + 2\,CBrCl_3 \rightarrow CCl_4 + Br_2\,.$$

c) Stoff A ist für Rot echt, für Violett empfindlich, Stoff B für Rot und Violett echt, die Mischung beider für Rot empfindlich. Es findet aber eine chemische Verbindung zwischen A und B statt. Dann liegt die Bildung eines neuen lichtempfindlichen Stoffes und ebenfalls nur eine scheinbare optische Sensibilisation vor.

Silbernitrat ($AgNO_3$) ist für Rot, z. B. $\lambda = 6000$ Å, lichtecht, für $\lambda = 3530$ Å lichtempfindlich nach der Gleichung

$$AgNO_3 \rightarrow Ag + NO_2 + O\,.$$

Reines Erythrosin ist für $\lambda = 6000$ Å annähernd lichtecht. Die Mischung Erythrosin + Silbernitrat ist für $\lambda = 6000$ Å lichtempfindlich durch Bildung von Erythrosinsilber, das sich im Rot unter Abscheidung von Silber zersetzt.

Da es häufig schwer ist zu entscheiden, ob Fall a), b) oder c) vorliegt, und da auch die optischen Sensibilisatoren zuweilen eine eigene Lichtempfindlichkeit im Sensibilisationsgebiet zeigen, daneben aber manchmal das ursprüngliche Absorptionsgebiet des Stoffes A überdecken, so stellen die sensibilisierten photochemischen Reaktionen heute noch ein schwieriges und relativ wenig erforschtes Gebiet der Photochemie dar.

Zuweilen gelangt man bei der Untersuchung photochemischer Reaktionen zu *stationären Zuständen*, d. h. die Reaktion verläuft nicht vollständig, sondern strebt einem Endzustande zu, in dem bei konstanter Strahlungsintensität Ausgangsprodukt und Endprodukt eine bestimmte, durch äußere Umstände gegebene Konzentration besitzen[1]. Diese Erscheinung, die offenbar wie die gewöhnlichen chemischen Gleichgewichte durch Gegenwirkung zweier Ursachen erfolgt, läßt sich auf zwei Fälle zurückführen:

a) Die infolge der Lichtreaktion entstandenen Produkte reagieren miteinander unter Rückbildung des Ausgangsstoffes, und das Gleichgewicht ist im wesentlichen durch das Verhältnis Strahlungsintensität: Rückbildungsgeschwindigkeit gegeben. Je nach den Verhältnissen können dabei alle möglichen Stufen von Gleichgewichten eintreten. Bei den gebräuchlichen aktiven Lichtstärken von 1 Lumen besitzt die Anthrazenpolymerisation ihr Gleichgewicht bei einem Gehalt von ca. 50% Dianthrazen, bei der Ammoniakzersetzung geht die Reaktion praktisch zu Ende, da die Rückbildungsgeschwindigkeit außerordentlich klein ist. Nach Aufhören der Belichtung stellt sich der Anfangszustand wieder her. Braucht die Substanz dazu eine merkliche Zeit, so spricht man von umkehrbaren Lichtreaktionen, wie sie z. B. in der Phototropie vorliegen. Durch Änderung der Temperatur lassen sich viele Reaktionen, die stationäre Zustände besitzen, in vollständig verlaufende und umgekehrt vollständig verlaufende in stationäre verwandeln.

b) Die bei der photochemischen Reaktion gebildeten Stoffe sind selbst lichtempfindlich in demselben oder einem anderen Spektralbereich wie die Ausgangssubstanz und bilden daher bei der Bestrahlung gleichzeitig mit ihrer Entstehung den Ausgangsstoff zurück. Hierher gehören die Bildung und Zersetzung von HCl, HBr und $COCl_2$, bei denen sich die Rückbildung vermeiden läßt, wenn man in einem Spektralgebiet belichtet, das nur von der Ausgangssubstanz und nicht von den Reaktionsprodukten absorbiert wird.

Das Gesetz von BUNSEN-ROSCOE[2] verlangt, daß die vom Licht umgesetzte Stoffmenge dem Produkt aus Lichtintensität und Zeit proportional ist. Diese Proportionalität ist nun bei vielen photochemischen Prozessen nicht erfüllt[3]. Zunächst macht sich oft die Erscheinung bemerkbar, daß der photochemische Prozeß in seinen ersten Stadien wesentlich anders verläuft als in seiner Fortsetzung. Häufig ist die Anfangswirkung eine geringere als die spätere. So zeigt sich bei der Belichtung des Gemisches $H_2 + Cl_2$ zuerst eine Zunahme der Reaktionsgeschwindigkeit. Ebenso hat die Schwärzungskurve der photographischen Platten einen anfangs superproportionalen Anstieg. Man bezeichnete diese Erscheinung als *Induktion* und glaubte in Verbindung damit annehmen zu müssen, daß die Lichtreaktionen eine *Schwelle* besitzen, d. h. eine Lichtmenge, unterhalb der keinerlei Lichtwirkung eintritt. Über diesen Gegenstand liegen zahlreiche Untersuchungen vor[4], aus denen sich ergibt, daß die Induktion keine einheitliche Ursache hat und häufig ebenso wie die Schwelle durch ein Versagen der Meßmethoden und nicht durch die verminderte Lichtwirkung zu erklären ist. Wird z. B. ein Gemisch von Quecksilberchlorid ($HgCl_2$) mit Ammoniumoxalat in wässeriger Lösung belichtet, so tritt die Ausscheidung von Kalomel (HgCl) erst nach einiger Zeit ein, und von da an ist die ausgeschiedene Menge der Lichtmenge proportional. Diese Verspätung der Ausscheidung erklärt sich durch die merkliche Löslichkeit des Kalomels in Wasser; die Ausscheidung beginnt erst, wenn die Lösung an Kalomel gesättigt ist. — In anderen Fällen ist die

[1] Vgl. R. WEGSCHEIDER, Wiener Ber. IIb, Bd. 138, S. 33. 1929; ZS. f. phys. Chem. Bd. 53, S. 273. 1922.

[2] R. BUNSEN u. H. ROSCOE, Pogg. Ann. Bd. 100, S. 81. 1857.

[3] R. BUNSEN u. H. ROSCOE, Oswalds Klassiker, Nr. 34, S. 92; vgl. J. CH. GHOSH u. J. MUKHERJEE, Journ. of the Ind. Soc. Calcutta II. S. 165. 1925.

[4] R. BUNSEN u. H. ROSCOE, l. c.; C. H. BURGESS u. D. L. CHAPMAN, Journ. chem. Soc. Bd. 89, S. 1399. 1906; J. W. MELLOR, Trans. chem. Soc. London Bd. 81, S. 1292. 1902.

Induktion um so kleiner, je reiner die verwendeten Stoffe sind, z. B. im Falle der Bildung von Phosgen aus Chlor und Kohlenoxyd im Licht. Es werden also hier Verunreinigungen zerstört, auf die bei der Messung keine Rücksicht genommen wird.

Ähnliches gilt für die Schwelle. Es ist z. B. bekannt, daß photographische Platten unterhalb einer gewissen Lichtmenge keine entwickelbare Schwärzung zeigen. Diese Schwärzung wird meist optisch als Differenz gegen unbelichtete Stellen gemessen. Verwendet man zur Messung dieser Differenz nicht das Auge, sondern die Thermosäule oder die Selenzelle, oder zählt man die entwickelten Körner, so zeigt sich eine starke Verschiebung der Schwelle in das Gebiet kleinerer Lichtmengen[1]. Die Schwelle ist also hier nur durch die Empfindlichkeit der Meßmethode bedingt.

Eine andere sehr interessante Abweichung vom Reziprozitätsgesetz zeigt sich bei einigen besonders wichtigen photochemischen Reaktionen, vor allem bei der Assimilation der Kohlensäure, bei der Lichtempfindung im Auge und bei der photographischen Platte. Die Abweichung äußert sich meist so, daß geringere Intensitäten bei konstantem Produkt Intensität × Zeit schwächer wirken als größere. Diese Erscheinung ist vielfach untersucht worden. Die Ergebnisse gestatten bisher den Schluß, daß es sich hierbei nicht um eine Verschiedenheit der primären Lichtwirkung, sondern um Fragen der Kinetik von chemischen Reaktionen handelt, die sich an die Lichtwirkung anschließen.

Nahezu alle chemischen Reaktionen zeigen ein Zurückbleiben hinter der Proportionalität mit der Strahlenmenge, wenn eine Verminderung der Menge des bestrahlten Körpers oder des Akzeptors oder eine Abschirmung des wirksamen Lichtes durch die Reaktionsprodukte eintritt.

12. Klassifizierung der Lichtreaktionen. Die Zahl der bekannten Lichtreaktionen ist außerordentlich groß, und es ist wahrscheinlich, daß man aus jeder chemischen Reaktion durch Anwendung geeigneter Spektralgebiete mehrere Lichtreaktionen machen kann. Wegen dieser Fülle des Materials und wegen der geringen quantitativen Kenntnisse, die wir von den meisten dieser Reaktionen besitzen, ist es zur Zeit nicht möglich, sie von einem einheitlichen Standpunkt aus darzustellen. Da aber viele wissenschaftlich kaum erfaßte Lichtreaktionen für Physik, Chemie, Biologie und Technik von Wert sind, sollen sie im Rahmen dieses Artikels wenigstens erwähnt werden. Die Einteilung einer großen Anzahl von Lichtreaktionen kann nach drei Gesichtspunkten erfolgen. Man kann erstens energetisch *endotherme* und *exotherme* Reaktionen unterscheiden, indem man als maßgebend das Vorzeichen der Differenz der Energieinhalte von Anfangs- und Endstoffen nimmt. Diese Einteilung ist oft durchführbar, da die genannte Energiedifferenz meist aus thermochemischen Daten zu berechnen ist. Es ergibt sich, daß die meisten photochemischen Reaktionen unter Wärmeabgabe verlaufen, so daß diese Einteilung kein deutliches Bild von der Natur der einzelnen Prozesse gibt. Erheblich besser wäre eine Einteilung nach der *Reaktionsordnung*, doch ist diese nicht durchführbar, da viel zu wenig exakte Messungen über den Reaktionsverlauf vorliegen.

Schließlich läßt sich meist eine Klassifizierung anwenden, bei der man die *Änderung der Molekelzahl* bei den Lichtreaktionen als Gesichtspunkt benutzt. Diese Einteilung hat ebenfalls nur einen beschränkten Wert, da bei ihr auf die Art und Zahl der Zwischenprozesse keine Rücksicht genommen wird. Sie soll hier angewandt werden, da sie einen gewissen Einblick in die Mannigfaltigkeit photochemischer Reaktionen gibt und da bei vielen von ihnen wenigstens die

[1] W. Noddack, F. Streuber u. H. Scheffers, Berl. Ber. Bd. 20/21, S. 210. 1922.

Anfangs- und Endstoffe bekannt sind. Es ergeben sich dann 4 Klassen von Reaktionen:

a) Innere Umlagerungen ohne Änderung der Molekelzahl,

Schema: $AB \rightarrow BA$.

b) Spaltungen (Photolysen) mit Vermehrung der Molekelzahl,

Schema: $AB \rightarrow A + B$.

c) Synthesen mit Verminderung (Halbierung) der Molekelzahl,

Schema: $AB + CD \rightarrow ABCD$.

d) Umsetzungen ohne Änderung der Molekelzahl,

Schema: $AB + CD \rightarrow AC + BD$.

Diese Einteilung sieht vor, daß die chemischen Reaktionen eindeutig verlaufen und mit *einem* Prozeß ihr Ende finden. Da sich aber bei den genauer untersuchten Lichtreaktionen gezeigt hat, daß der Verlauf durchaus nicht immer eindeutig ist und daß oft eine ganze Kette von Einzelreaktionen einander folgt, werden sich auch in Zukunft viele der hier angegebenen scheinbar einfachen Vorgänge als komplex erweisen.

Ad a) Die Zahl der bekannten inneren Umlagerungen ist noch gering. Auf dem Gebiete der anorganischen Chemie ist noch keiner dieser Fälle näher untersucht. Bei der Beobachtung solcher Vorgänge ist der Nachweis der Reaktionsprodukte meist schwierig, da diese sich oft von selber schnell in den Ausgangskörper zurückverwandeln. In der organischen Chemie lassen sich die beiden Fälle der Konstitutionsisomerie und der Stereoisomerie unterscheiden. Ein Beispiel für den ersten Fall bildet der Übergang von Angelikasäure in Tiglinsäure (siehe Abb. 2).

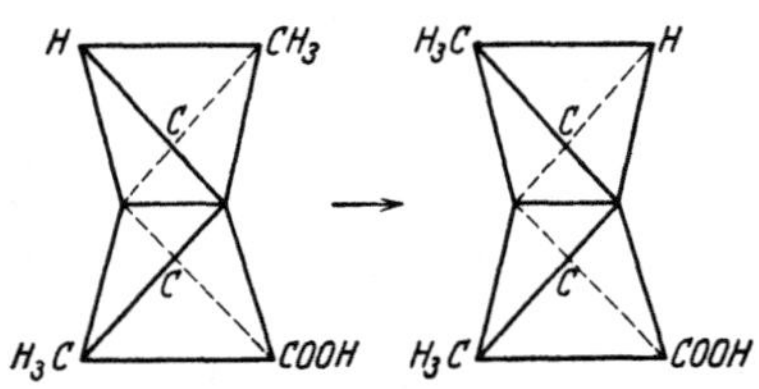

Abb. 2. Umlagerung von Angelikasäure in Tiglinsäure.

Beispiele für den zweiten Fall sind die Verwandlung von Zimtsäure in Allozimtsäure[1] und die der Maleinsäure in Fumarsäure. Die letztere Umlagerung ergibt folgendes Bild:

$$\begin{array}{c} HOOC-C-H \\ \| \\ HOOC-C-H \end{array} \rightarrow \begin{array}{c} HOOC-C-H \\ \| \\ H-C-COOH \end{array}$$

In engem Zusammenhang mit diesen Umlagerungen dürften die Fälle der Phototropie[2] stehen, bei der sich die chemische Veränderung fester Körper während der Belichtung durch Farbänderung anzeigt; im Dunkeln, schneller beim Erwärmen, kehrt die ursprüngliche Farbe zurück. Von diesen Stoffen seien genannt die Fulgide sowie die Imide der Phthal-, Pyrocinchon- und Maleinsäure, weiterhin die Diamide der Fumar- und Metakonsäure und einige Phenylderivate der Itakonsäure.

Ad b) Die Zahl der Spaltungen ist bei weitem größer. Hierher gehören vor allem die photochemischen Reduktionen. Viele Metalloxyde spalten sich unter der Wirkung des Lichtes in Metall und Sauerstoff, so zerfällt z. B. das Quecksilberoxydul:

$$Hg_2O \rightarrow 2\,Hg + O,$$

oder sie gehen in niedere Oxyde über, wie z. B. das Kupferoxyd:

$$2\,CuO \rightarrow Cu_2O + O.$$

---

[1] J. CH. GHOSH u. S. GUPTA, Journ. of the Ind. Soc. Calcutta II. S. 241. 1926.

[2] W. MARCKWALD, ZS. f. phys. Chem. Bd. 30, S. 140. 1899; H. STOBBE, ZS. f. angew. Chem. Bd. 21, S. 388. 1908.

Die meisten Halogenverbindungen der Elemente erfahren im Licht eine Reduktion. Bekannt und vielfach untersucht ist die Spaltung des Chlorsilbers:

$$AgCl \rightarrow Ag + Cl\,,$$

die bei den Halogeniden der Metalle Platin, Gold, Blei, Kupfer, Quecksilber, Eisen, Thallium usw. Analoga besitzt; diese Halogenide reduzieren sich im Lichte ganz oder teilweise. Auch die Halogenverbindungen der Metalloide zerfallen durch Strahlung, wie z. B. der Jodwasserstoff. Unter den organischen Verbindungen aller Arten sind viele bekannt, die im Licht eine Zersetzung erfahren. Genannt seien die Dichlor-, Dibrom- und Dijodderivate des Benzolsulfonamids, die durch Belichtung ihr Halogen verlieren.

Ad c) In der Klasse der Synthesen kann man Polymerisationen und Additionen unterscheiden, je nachdem, ob die zusammentretenden Teile gleicher oder verschiedener Art sind. Zu den anorganischen Polymerisationen gehören die Verwandlung des gelben Phosphors in roten, die Bildung von unlöslichem Schwefel aus löslichem, der Übergang des gelben Arsens in schwarzes und die Ozonisierung des Sauerstoffs. Für letztere gilt die Gleichung

$$3\,O_2 \rightarrow 2\,O_3,$$

während für die anderen genannten Polymerisationen die Änderung der Molekulargröße nicht bekannt ist.

Auch bei den Verbindungen des Kohlenstoffs kennen wir viele Fälle der Polymerisation. Hier lassen sich vier verschiedene Fälle unterscheiden[1], die im folgenden durch vier charakteristische Reaktionen demonstriert werden sollen.

α) Das Bromazetylen ergibt bei der Belichtung Tibrombenzol

$$3\,C_2HBr \rightarrow C_6H_3Br_3\,.$$

Es findet also eine Polymerisation mit gleichzeitiger Umlagerung zu einem neuen Körper statt.

β) Das Vinylbromid wandelt sich durch Bestrahlung in einen komplexen Körper von höherem Molekulargewicht um

$$n\,C_2H_3Br \rightarrow (C_2H_3Br)_n\,.$$

In diesen beiden Fällen lassen sich die Ausgangskörper auf keine Weise direkt aus dem Reaktionsprodukt regenerieren.

γ) Das Chloral verwandelt sich im Lichte in unlösliches Metachloral

$$n\,CCl_3COH \rightarrow (CCl_3COH)_n\,,$$

das zwar nicht von selbst im Dunkeln, aber beim Erhitzen auf 100° in Chloral zurückverwandelt wird.

δ) Das Anthrazen liefert photochemisch Dianthrazen

$$2\,C_{14}H_{10} \rightarrow (C_{14}H_{10})_2\,,$$

aus dem sich im Dunkeln freiwillig Anthrazen zurückbildet.

Um diese vier Fälle lassen sich alle möglichen Arten der polymerisierenden Wirkung des Lichtes auf organische Verbindungen gruppieren.

Zu den additiven Synthesen rechnen die Oxydation der elementaren Metalle, wie z. B. die photochemische Oxydation des Arsens und des Antimons sowie die Umwandlung niederer Oxyde in höhere[2]: Bleioxyd geht bei Gegenwart von Sauerstoff im Lichte in Bleisuperoxyd über

$$2\,PbO + O_2 \rightarrow 2\,PbO_2\,.$$

Auch Sulfide, Chloride usw. können durch Lichtsynthese aus den Elementen entstehen.

[1] Vgl. E. PATERNÒ, Lichtsynthese in der organischen Chemie. Rom: Tipografia Editrice „Italia" 1914.

[2] G. KORNFELD u. E. WEEGMANN, ZS. f. Elektrochem. Bd. 36, S. 789. 1930.

Bei den organischen Verbindungen ist gleichfalls eine große Reihe von Photooxydationen, Photochlorierungen usw. ungesättigter Verbindungen bekannt. Als Beispiele seien genannt die Oxydation des Chinons und die Bromierung des Azetylens im Lichte:

$$C_2H_2 + Br_2 \rightarrow C_2H_2Br_2 .$$

Ad d) Die Klasse der Umsetzungen enthält die meisten photochemischen Reaktionen, da die Möglichkeit doppelter Umsetzung nahezu bei allen Photolysen und bei vielen Synthesen gegeben ist. Auch die meisten als Photolysen oder Synthesen angesehenen Reaktionen stellen im Sinne der oben gegebenen Klassifikation Umsetzungen dar. Aus der anorganischen Chemie seien Fälle, wie z. B. die Chlorknallgasreaktion

$$Cl_2 + H_2 = 2\,HCl$$

oder die Zersetzung des Chlorwasserstoffs

$$2\,HCl = H_2 + Cl_2$$

genannt, die beide ohne Änderung der Molekülzahl verlaufen.

Die organischen Verbindungen liefern vielleicht noch mehr Vertreter dieser Klasse. Hierhin gehören zahlreiche Halogensubstitutionen, Veresterungen, Hydrolysen und Oxydationen von Alkoholen zu Aldehyden. Untersucht sind vor allem Substitutionen, bei denen Wasserstoff durch ein Halogen oder ein schwächeres Halogen durch ein stärkeres ersetzt wird. Genannt seien: die Bromierung des Hexahydrobenzols[1]

$$C_6H_{12} + Br_2 \rightarrow C_6H_{11}Br + HBr ,$$

die Bromierung von Propyl-, Isopropyl- und Butylalkohol[2], die Chlorierung des Trichlorbrommethans[3]

$$2\,CBrCl_3 + Cl_2 \rightarrow 2\,CCl_4 + Br_2$$

und die Chlorierung des Chloroforms[4]

$$CHCl_3 + Cl_2 \rightarrow CCl_4 + HCl .$$

Ferner wurden Oxydationen von Kohlenwasserstoffen[5], die Hydrolyse von Azeton[6] und die Umsetzung zwischen Nitrobenzol und Anilin[7] im Licht messend verfolgt.

Polymerisationen erfolgen häufig so energisch, daß dabei infolge der Änderung der chemischen Bindung Bruchstücke aus dem Molekularverband ausgeschieden werden. So erzwingt das Licht bei allen Kohlenstoff-Halogenverbindungen vom Typus CX_4 eine Polymerisation folgender Art

$$2\,CX_4 = C_2X_6 + X_2 .$$

Als Beispiel sei die Umwandlung von Tetrachlorkohlenstoff im Hexachloräthan genannt

$$2\,CCl_4 = C_2Cl_6 + Cl_2 .$$

Auch nur teilweise halogenisierte Kohlenwasserstoffe unterliegen dieser Umwandlung. So wird Jodoform in Tetrajodäthan verwandelt

$$2\,CHJ_3 = C_2H_2J_4 + J_2 .$$

Halogensubstitutionen lassen sich meist auch durch Erwärmung im Dunkeln erreichen, doch ist es merkwürdig, daß bei den Homologen des Benzols das

[1] L. PUSCH, ZS. f. Elektrochem. Bd. 24, S. 336. 1918; W. NODDACK, ebenda Bd. 27, S. 359. 1921.
[2] K. N. MALAVIJA, ZS. f. anorg. Chem. Bd. 199, S. 400. 1931.
[3] W. NODDACK, l. c.; H. GRÜSS, ZS. f. Elektrochem. Bd. 29, S. 144. 1923.
[4] G. M SCHWAB u. H. HEYDE, ZS. f. phys. Chem. Abtl. B Bd. 8, S. 147. 1930.
[5] C. J. KOTHAR u. H. E. WATSON, Johns. Inst. (A) Bd. 14, S. 11. 1931.
[6] M. OURESHI u. N. A. TAHER, Nature Bd. 127, S. 522. 1931.
[7] L. VECCHIOTTI u. C. PICCININI, Gaz. chim. Ital. Bd. 61, S. 626. 1931.

Halogen im Licht in die Seitenkette, ohne Lichtwirkung aber an den Benzolkern tritt, wie es z. B. bei der Bromierung des Toluols der Fall ist[1].

Charakteristisch sind auch die Umsetzungen der Alkohole mit Körpern, die eine Karbonylgruppe enthalten, im Licht. Zahlreiche Beispiele dieser 4. Klasse sind bekannt.

Die sensibilisierten Reaktionen können jeder der 4 Klassen angehören, da ihr Unterschied von den anderen photochemischen Reaktionen nur darin besteht, daß die primär reagierende Molekel ihre Energiegröße $h\nu$ nicht direkt von der Strahlung, sondern durch Vermittlung einer anderen Molekel — der sensibilisierenden — erhält.

13. Biologische Lichtreaktionen. In der Biologie sind zahlreiche Lichtreaktionen bekannt. An erster Stelle steht die Assimilation der grünen Pflanzen (vgl. Ziff. 16), deren Chemismus trotz vieler Versuche und Spekulationen noch unbekannt ist. Ähnlich steht es mit dem photochemischen Prozeß während des Sehvorganges im Auge. Hier kennt man zwar einen lichtempfindlichen Stoff, den Sehpurpur, aber der eigentliche photochemische Vorgang entzieht sich unserer Kenntnis. — Eine oft studierte Reaktion ist die Bräunung der Haut unter dem Einfluß des Lichtes[2]. Noch zahlreiche andere Wirkungen des Lichtes auf die lebende Materie sind untersucht und beschrieben worden, ohne daß ihr Mechanismus erkannt ist[3].

14. Motorische Wirkungen des Lichtes. In der photochemischen Literatur finden sich zahlreiche Beschreibungen von motorischen Wirkungen der Strahlung, die sich nicht innerhalb der heutigen Photophysik und Photochemie unterbringen lassen. Wahrscheinlich hat oft eine Verwechslung der direkten Lichtwirkung mit der durch Belichtung erzeugten Wärme stattgefunden. In einigen Fällen aber vermag das Licht tatsächlich derartige bleibende oder vorübergehende Verschiebungen von Materieteilen zu bewirken, und zwar meist von kleinen Kolloidteilchen. So zeigt sich ein Einfluß der Bestrahlung auf die Flockung von kolloidalen Lösungen[4]. — Bei der polarisierten Nachbelichtung vorbelichteter Silberhaloidschichten werden diese Schichten dichroïtisch. Zur Erklärung dieses Befundes könnte man eine ordnende Wirkung des polarisierten Lichtes auf die während der Vorbelichtung entstandenen kolloiden Silberteilchen annehmen[5]. — Bei der Belichtung kolloidaler Lösungen erfahren die Teilchen eine Vergrößerung ihres mittleren Verschiebungsquadrates senkrecht zur Strahlenrichtung, und zwar bei linear polarisierter Belichtung in Richtung des magnetischen Vektors[6]. Ob es sich bei diesen Massenverschiebungen um eine besondere Auswirkung von Stößen 2. Art handelt, ist noch ungewiß.

15. Folgerungen aus der quantenhaften Absorption. Da die Absorption der Strahlung nach unseren heutigen Vorstellungen in Quanten durch einzelne Molekeln erfolgt, lassen sich einige allgemeine Schlüsse auf die Eigenschaften der Lichtreaktionen ziehen.

Die Quantentheorie macht es verständlich, daß die Zahl der photochemischen Reaktionen nach den kurzen Wellen hin zunimmt, da die mit abnehmender Wellenlänge wachsenden $h\nu$ immer größere Energiebeträge für den Elementarprozeß liefern.

Da man durch Bestrahlung eines Systems in ihm Atome und angeregte Molekeln von einer Konzentration und Gleichartigkeit erzeugen kann, wie sie

[1] M. Le Blanc u. K. Andrich, ZS. f. Elektrochem. Bd. 20, S. 543. 1914.
[2] Vgl. K. W. Hausser u. W. Vahle, Strahlentherapie Bd. 13, S. 41. 1921.
[3] Vgl. A. Gurwitsch, Mitogen. Strahlung, Protoplasma Bd. 6, S. 449. 1929.
[4] Vgl. A. Bontavic u. J. Bouchard, C. R. Bd. 193, S. 45. 1931.
[5] F. Weigert, ZS. f. phys. Chem. (B) Bd. 3, S. 377 u. 389. 1929.
[6] V. Pospišil, Phys. ZS. Bd. 31, S. 65. 1930.

auf anderem Wege oft nicht erreichbar sind, so können chemische Reaktionen veranlaßt werden, die ohne Bestrahlung nicht vor sich gehen.

Besitzt eine kompliziert gebaute Molekel mehrere Absorptionsgebiete, die Elektronenbahnen verschiedener Molekelbezirke entsprechen, so können durch Bestrahlung dieser verschiedenen Absorptionsgebiete auch verschiedene Arten der Spaltung und Aktivierung und damit verschiedene Reaktionen veranlaßt werden.

Da die Geschwindigkeit eines Komplexes von chemischen Reaktionen immer durch die Geschwindigkeit der langsamsten Teilreaktion bestimmt ist, die Absorption der einzelnen Quanten aber im Vergleich zu den chemischen Vorgängen unendlich schnell erfolgt, so wird bei schnell verlaufenden chemischen Reaktionen die Geschwindigkeit durch den Lichtstrom, d. h. die Zahl der in der Zeiteinheit absorbierten Quanten, gegeben sein. Bei langsamen Reaktionen dagegen bestimmt die trägste Teilreaktion die Reaktionsgeschwindigkeit.

Folgt dem Primärvorgang nur *eine* chemische Reaktion, für deren Zustandekommen das eingestrahlte $h\nu$ die Hauptrolle spielt, so wird die thermische Änderung der Molekularenergie innerhalb weiter Grenzen keinen Einfluß auf die Reaktionsgeschwindigkeit haben, d. h. der Temperaturkoeffizient ist gleich 1. Folgt dagegen eine Reihe weiterer Reaktionen, die durch die thermische Energie der Molekeln mitbedingt sind, so nähert sich der Temperaturkoeffizient der Gesamtreaktion demjenigen rein chemischer Reaktionen.

16. Untersuchungen über Reaktionsverlauf und Energieumsatz. Über den Reaktionsmechanismus und die Energiebilanz photochemischer Vorgänge sind zahlreiche Untersuchungen ausgeführt worden. Hier sollen nur einige charakteristische Reaktionen kurz wiedergegeben werden.

Ein Fall der Umlagerung wurde von WARBURG[1] an wässerigen Lösungen von Malein- und Fumarsäure im Gebiet der Wellenlänge 2070 Å studiert. Beide Säuren sind lichtempfindlich, so daß man in gemeinsamen Absorptionsgebieten zu einem photochemischen Gleichgewicht kommt. Interessant ist der Befund, daß die energiespeichernde Reaktion Fumarsäure $\rightarrow$ Maleinsäure das Quantenäquivalent $\varphi = 0{,}11$ ergab, während die entgegengesetzte exotherme Reaktion nur $\varphi = 0{,}03$ besitzt. Im photochemischen Gleichgewicht sind etwa 75% Malein- und 25% Fumarsäure vorhanden.

Ebenfalls von WARBURG[2] wurden die Spaltungen von gasförmigem Bromwasserstoff und Jodwasserstoff im Licht geprüft. Nach der heutigen Deutung zerfällt HBr bei $\lambda = 2070$ Å und 2536 Å in seine Atome

$$1.\ \mathrm{HBr} + h\nu \rightarrow \mathrm{H} + \mathrm{Br},$$

wobei das Bromatom eine gewisse Anregung besitzt. Als weitere Reaktionen treten ein:

$$2.\ \mathrm{H} + \mathrm{HBr} \rightarrow \mathrm{H_2} + \mathrm{Br}$$

und

$$3.\ \mathrm{Br} + \mathrm{Br} \rightarrow \mathrm{Br_2}.$$

Die Reaktion

$$\mathrm{Br} + \mathrm{HBr} \rightarrow \mathrm{Br_2} + \mathrm{H}$$

tritt in diesen Spektralgebieten wegen der zu kleinen Aktivierungsenergie des Br-Atoms nicht ein. Die Reaktion

$$\mathrm{H} + \mathrm{H} \rightarrow \mathrm{H_2},$$

die nur bei Dreierstoß erfolgen kann, tritt völlig neben 2. zurück. φ ergab sich bei beiden Wellenlängen zu 2.

---

[1] E. WARBURG, Berl. Ber. 1919, S. 960.

[2] E. WARBURG, Berl. Ber. 1916, S. 314; 1918, S. 300; vgl. K. F. BONHOEFFER u. L. FARKAS, ZS. f. phys. Chem. Bd. 132, S. 235. 1927.

Das Jodwasserstoffgas liefert bei $\lambda = 2830$, 2530 und 2070 Å ähnliche Verhältnisse:

$$1.\ HJ + h\nu \rightarrow H + J,$$
$$2.\ H + HJ \rightarrow H_2 + J,$$
$$3.\ J + J \rightarrow J_2.$$

Die Quantenausbeute ist in Übereinstimmung mit den Gleichungen gleich 2.

Für wässerige HJ-Lösungen erhielt BODENSTEIN[1] $\varphi = 2$, während WARBURG und RUMP[2] bei Photolysen von HJ, der in Wasser oder Hexan gelöst war, ein komplizierteres, von der HJ-Konzentration abhängiges Verhalten fanden. Die Abhängigkeit der Ausbeute von der Wellenlänge untersuchte NORRISH[3] beim Zerfall des Stickstoffdioxyds. Die einfachsten Gleichungen hierfür sind:

$$1.\ NO_2 + h\nu \rightarrow NO + O,$$
$$2.\ O + NO_2 \rightarrow NO + O_2.$$

φ müßte also gleich 2 sein. Dieser Wert ergab sich bei $\lambda = 3650$ Å im Gebiete der Prädissoziationsbande, während bei $\lambda = 4046$ Å $\varphi = 0{,}74$ war und bei längeren Wellen keine Veränderung eintrat. Bei 4046 Å wird daher wohl nur Aktivierung stattfinden:

$$1.\ NO_2 + h\nu = NO_2^{\text{akt.}},$$

und diese aktive Molekel wird zuweilen mit anderen Molekeln reagieren:

$$2.\ NO_2^{\text{akt.}} + NO_2 = 2\,NO + O_2.$$

Der Ozonzerfall ergibt bei kleinen Drucken nach WARBURG[4] $\varphi = 3$ bei $\lambda = 2090$ Å, wahrscheinlich nach den Gleichungen

$$1.\ O_3 + h\nu \rightarrow O_2 + O,$$
$$2.\ O + O_3 = 2\,O_2.$$

Bei höheren Ozonkonzentrationen stieg die Ausbeute bis auf den 30fachen Betrag. Diese große Ausbeute erklärt sich wohl durch die große Wärmetönung bei der Bildung der O_2-Molekeln, indem diese bei ihrer Bildung eine so große kinetische Energie erhalten, daß sie benachbarte O_3-Molekeln beim Zusammenstoß dissoziieren. Bei Bestrahlung mit der Wellenlänge 2530 Å ist die Ausbeute kleiner als berechnet. Neuerdings ist dieselbe Reaktion auch im sichtbaren Gebiet bei der Wellenlänge $\lambda = 6000$ Å von KISTIAKOWSKI[5] studiert worden. Auch hier ergaben sich für 1 absorbiertes $h\nu$ 3 Moleküle O_2.

Eine Reihe anderer *Photolysen*, die quantitativ untersucht wurden, sind die des Ammoniaks[6], des Wasserstoffsuperoxyds[7], des Chlorstickstoffs[8], des Phosgens[9], des Sulfurylchlorids[10] und des Atmungsferments[11] (vgl. Tab. 3).

Von *Synthesen* wurde die Polymerisation des Anthrazens zu Dianthrazen in Benzollösung von WEIGERT untersucht[12]. Auch bei dieser Reaktion gelangt man

---

[1] M. BODENSTEIN, ZS. f. phys. Chem. Bd. 119, S. 123. 1926.

[2] E. WARBURG u. W. RUMP, ZS. f. Phys. Bd. 47, S. 305. 1928.

[3] R. G. NORRISH, Journ. chem. Soc. London 1929, S. 1159 u. 1604.

[4] E. WARBURG, Berl. Ber. 1914, S. 872.

[5] G. KISTIAKOWSKI, ZS. f. phys. Chem. Bd. 117, S. 337. 1925.

[6] E. WARBURG, Berl. Ber. 1911, S. 746; vgl. K. F. BONHOEFFER u. L. FARKAS, ZS. f. phys. Chem. Bd. 134, S. 337. 1927.

[7] CHR. WINTHER, Dansk Vidensk. Selskap II 1. 1919; G. KORNFELD, ZS. f. wiss. Photogr. Bd. 21, S. 66. 1921; vgl. auch V. HENRI u. R. WURMSER, C. R. Bd. 156 S. 1012. 1913; M. OURECHI, Journ. phys. Chem. Bd. 35, S. 656. 1931.

[8] J. G. GRIFFITHS u. R. G. W. NORRISH, Nature Bd. 127, S. 14. 1931.

[9] S. LENHER u. G. K. ROLLEFSON, Journ. Amer. Chem. Soc. Bd. 52, S. 50. 1930; K. F. BONHOEFFER, ZS. f. Phys. Bd. 13, S. 94. 1923.

[10] A. COEHN, ZS. f. phys. Chem. Bd. 91, S. 722. 1916.

[11] O. WARBURG, ZS. f. angew. Chem. Bd. 45, S. 1. 1932.

[12] F. WEIGERT, Naturwissensch. Bd. 15, S. 124. 1927; H. J. SCHUMACHER u. G. SPRENGER, ZS. f. phys. Chem. (B) Bd. 11, S. 38. 1930.

zu einem photochemischen Gleichgewicht, da das Dianthrazen freiwillig im Dunkeln in Anthrazen zerfällt. Es ergab sich für $\lambda = 3660$ Å $\varphi = 0{,}25$. Der Reaktionsmechanismus ist noch nicht erkannt.

Besonders zahlreich sind die Untersuchungen an photochemischen *Umsetzungen*. Die bemerkenswerteste von ihnen ist wohl die Chlorknallgasreaktion. Diese Reaktion spielt sich schematisch nach der Gleichung ab:

$$H_2 + Cl_2 + \text{Licht} \rightarrow 2\,HCl\,.$$

Ihre Lichtausbeute hängt aber in hohem Maße von der Intensität und der Wellenlänge des Lichtes und von oft minimalen Verunreinigungen ab. Für mittlere Lichtstärken ergab sich bei $\lambda \leqq 5400$ Å für φ etwa 10^5 [1]. Diese hohe Ausbeute ist unter anderem an einen kleinen Wasserdampfgehalt geknüpft. Extrem trockenes Chlorknallgas ist erst bei Wellenlängen kleiner als 3000 Å lichtempfindlich und ergibt dann $\varphi \backsim 5$ [2]. Zur Deutung der Reaktion nahm NERNST[3] folgende Kettenreaktionen an:

$$1.\ Cl_2 + h\nu \rightarrow 2\,Cl\,,$$

$$2.\ Cl + H_2 \rightarrow HCl + H\,,$$

$$3.\ H + Cl_2 \rightarrow HCl + Cl\,.$$

Hierbei würden immer neue H- und Cl-Atome entstehen.

Beobachtungen über die zeitliche Nachwirkung der Lichtreaktion[4] zeigen, daß lange Ketten von Reaktionen eintreten, doch sind wir über die Ursachen der Beschleunigung und Verzögerung durch verschiedene Zusätze noch lange nicht im klaren[5].

Die der Chlorknallgasreaktion analoge Bromwasserstoffbildung

$$H_2 + Br_2 \rightarrow 2\,HBr$$

verläuft viel träger; sie wurde zuerst von BODENSTEIN und LÜTKEMEYER untersucht[6]. Ihre Bearbeitung hat zusammen mit der eingehenden experimentellen[7] und theoretischen[8] Prüfung der rein thermischen Bildung und Zersetzung des Bromwasserstoffes wichtige Aufschlüsse über die Kinetik chemischer Reaktionen geliefert. Insbesondere hat sich hierbei gezeigt, daß nur ein kleiner Prozentsatz der Stöße zwischen Bromatomen zur Molekelbildung führt.

Einige Substitutionen von Wasserstoff durch Halogen und von schwächerem Halogen durch stärkeres sind im Gaszustande und in flüssiger Phase geprüft worden.

PUSCH und NODDACK[9] untersuchten die Bromierung des Hexahydrobenzols und fanden $\varphi = 1$, bezogen auf verschwundenes freies Brom. MEIDINGER[10] studierte die Einwirkung von Brom auf flüssiges Benzol. Bei dieser Reaktion entstehen mehrere Bromsubstitutionsprodukte, und intermediär tritt wahrscheinlich das Radikal C_6H_5 auf. SCHWAB[11] setzte Chloroform im Licht mit Chlor

---

[1] G. KORNFELD u. H. MÜLLER, ZS. f. phys. Chem. Bd. 117, S. 242. 1925.
[2] A. COEHN u. H. TRAMM, Chem. Ber. Bd. 56, S. 458. 1923.
[3] W. NERNST, ZS. f. Elektrochem. Bd. 24, S. 335. 1919.
[4] F. WEIGERT u. KELLERMANN, ZS. f. phys. Chem. Bd. 107, S. 1. 1923.
[5] Vgl. M. BODENSTEIN u. W. UNGER, ZS. f. phys. Chem. (B) Bd. 11, S. 253. 1931.
[6] M. BODENSTEIN u. LÜTKEMEYER, ZS. f. phys. Chem. Bd. 114, S. 208. 1924.
[7] M. BODENSTEIN u. S. C. LIND, ZS. f. Elektrochem. Bd. 30, S. 416. 1924.
[8] J. A. CHRISTIANSEN, Dansk. Vidensk. Selsk. Math.-Fys. Bd. 1, S. 14. 1919; K. HERZFELD, Ann. d. Phys. Bd. 59, S. 635. 1919; M. POLANYI, ZS. f. Elektrochem. Bd. 26, S. 50. 1920.
[9] L. PUSCH, ZS. f. Elektrochem. Bd. 24, S. 336. 1918; W. NODDACK, ebenda Bd. 27, S. 359. 1921.
[10] W. MEIDINGER, ZS. f. phys. Chem. (B) Bd. 5, S. 29. 1929.
[11] G. M. SCHWAB u. U. HEYDE, ZS. f. phys. Chem. (B) Bd. 8, S. 147. 1930.

zu Tetrachlorkohlenstoff und Chlorwasserstoff um. RUDBERG[1] erhielt bei der Bildung von Glykolsäure aus Monochloressigsäure

$$CH_2Cl \cdot COOH + H_2O + h\nu \rightarrow CH_2OH \cdot COOH + HCl$$

eine Quantenausbeute von 1, während die Umsetzung der Monobromessigsäure $\varphi = 0{,}32$ und die ihres Natriumsalzes $\varphi = 0{,}54$ ergab. NODDACK und GRÜSS[2] untersuchten das flüssige System Trichlorbrommethan + Chlor im Licht. Die Reaktion verläuft wahrscheinlich nach den Gleichungen:

$$1.\ Cl_2 + h\nu \rightarrow 2\,Cl,$$
$$2.\ Cl + CBrCl_3 \rightarrow CCl_4 + Br,$$
$$3.\ Br + Br \rightarrow Br_2.$$

Die Reaktion gibt $\varphi = 1$ bei $\lambda = 4358$ und 4050 Å und ist weitgehend unabhängig von der Konzentration und dem Lösungsmittel.

Von den Lichtreaktionen, die sich in *fester* Phase abspielen, ist die am besten untersuchte die Zersetzung des Bromsilbers, die die Grundlage für den photographischen Negativprozeß bildet. EGGERT und NODDACK[3], die die Quantenausbeute dieser Reaktion zuerst untersuchten, fanden für

$$\lambda = 4358,\ 4050 \text{ und } 3650\,\text{Å} \quad \varphi = 1.$$

Für die analoge Zersetzung des Chlorsilbers[4] ergab sich $\varphi = 1$ bei $\lambda = 3650$ Å.

Da die Reaktion in einem Ionengitter vor sich geht, sind die Vorgänge gegenüber den Gasreaktionen erheblich modifiziert. Das Licht entladet zunächst ein Br-Ion:

$$Br^- + h\nu \rightarrow Br + \Theta.$$

Das Elektron entladet weiterhin ein Silberion:

$$Ag^+ + \Theta \rightarrow Ag.$$

Die Br-Atome können zu einer Molekel zusammentreten. Da Brom mit elementarem Silber reagiert, bleibt die Ag-Menge bei reinem Bromsilber schon bei geringen Lichtmengen hinter der Proportionalität zurück. Setzt man dagegen einen Bromakzeptor zu, so bleibt die Proportionalität von Licht- und Silbermenge weitgehend erhalten.

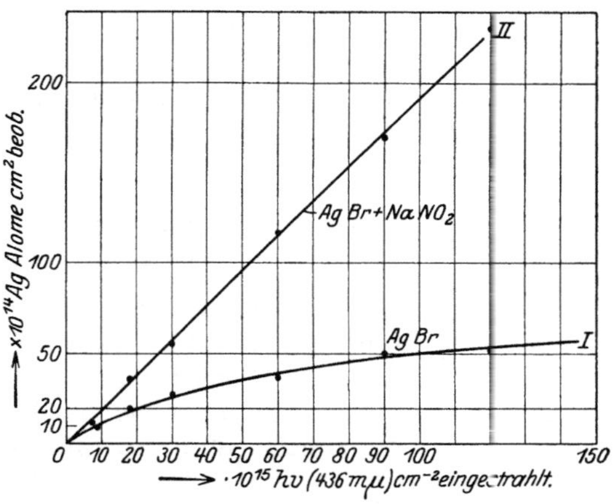

Abb. 3. Verhalten bindemittelfreien Bromsilbers im Lichte ohne und mit Akzeptor ($NaNO_2$).

Als Beispiel ist in Abb. 3 das Verhalten des bindemittelfreien Bromsilbers mit und ohne Akzeptor gegeben. Als Akzeptor wurde hier Natriumnitrit benutzt. Abszisse ist die eingestrahlte Lichtmenge, Ordinate die vom Licht ausgeschiedene Silbermenge. Die Abbildung zeigt, daß Kurve *I*, die Silberzunahme des reinen Bromsilbers, sehr bald hinter der Proportionalität zurückbleibt, weil das spurenweise vorhandene und als Akzeptor wirkende Wasser aufgebraucht wird. Kurve *II* besitzt einen langen geradlinigen Anstieg, weil sich hier genug Akzeptor findet, der mit dem Bromsilber reagiert. Die Praxis zieht daraus die Folgerung, daß zur

[1] E. RUDBERG, ZS. f. Phys. Bd. 24, S. 247. 1924.

[2] W. NODDACK, l. c.; H. GRÜSS, ZS. f. Elektrochem. Bd. 29, S. 144. 1923.

[3] J. EGGERT u. W. NODDACK, ZS. f. Phys. Bd. 20, S. 299. 1923; Berl. Ber. 1923, S. 116; R. HILSCH u. R. W. POHL, ZS. f. Phys. Bd. 64, S. 606. 1930.

[4] J. EGGERT u. W. NODDACK, ZS. f. Phys. Bd. 31, S. 924. 1925; P. FELDMANN, ZS. f. phys. Chem. (B) Bd. 12, S. 449. 1931; vgl. F. WEIGERT, Berl. Ber. Bd. 39, S. 641. 1921;

Erreichung großer Silbermengen und damit starker Schwärzung, wie sie bei den Kopierverfahren notwendig sind, dem Silbersalz (meist AgCl) ein Akzeptor ($AgNO_3$, Weinsäure usw.) zuzusetzen ist, während bei den geringen Lichtzersetzungen, die bei dem Negativprozeß eintreten, kein besonderer Akzeptor zugesetzt zu werden braucht.

Ganz anders verhält sich die Ausbeute, wenn man das schwach belichtete Bromsilber mit Reduktionsmitteln behandelt — es entwickelt.

Genaue Messungen[1] haben ergeben, daß Bromsilberkörner, die ein vom Licht in Freiheit gesetztes Silberatom enthalten, durch dessen katalytische Wirkung im Entwickler zur Reduktion gebracht werden können. Da ein solches Korn etwa 10^{10} Molekeln AgBr enthält, so bedeutet die Anwendung der photographischen Entwicklung eine Steigerung der Lichtempfindlichkeit der Reaktion auf das 10^{10}-fache. Der photographische Prozeß stellt damit eine der empfindlichsten Lichtreaktionen dar, die wir kennen, und wird nur durch den Sehvorgang übertroffen (vgl. Abschn. Photographie Bd. XIX. ds. Handb.).

Den bei photochemischen Reaktionen selten eintretenden Fall, daß eine primäre Spaltung der Molekel in Elektron und positiven Rest eintritt, hat VOLMER[2] bei der Bestrahlung von Anthrazenlösungen verfolgt. Diese monomolekulare Reaktion zeigte völlige Parallelität zwischen absorbierter Lichtmenge ($\lambda = 2000$ Å) und Reaktionsgeschwindigkeit im Sinne des LAMBERT-BEERschen Gesetzes.

Sensibilisierte photochemische Reaktionen, d. h. solche, bei denen die absorbierende Molekel ihre Energie auf eine andere überträgt, wurden mehrfach studiert.

Ein sehr einfacher Fall der Sensibilisation wurde von FRANCK und CARIO[3] gefunden und qualitativ untersucht. Sie bestrahlten Quecksilberdampf mit $\lambda = 2530$ Å. Die so aktivierten Quecksilberatome gaben ihre Energie an Wasserstoffmolekeln ab, die dadurch instand gesetzt wurden, Kupferoxyd zu reduzieren:

$$\begin{aligned} Hg + h\nu &= Hg', \\ Hg' + H_2 &= Hg + H_2', \\ H_2' + CuO &= Cu + H_2O. \end{aligned}$$

Von BONHOEFFER wurde der Ozonzerfall bei Gegenwart von belichtetem Chlor oder Brom untersucht[4]. Es ergab sich für Chlor + Ozon $\varphi = 2$, für Brom + Ozon $\varphi \backsim 30$. Worauf der große Unterschied der Ausbeuten der beiden Reaktionen zurückzuführen ist, ist noch unbekannt. Die Sensibilisation der Umlagerung von Maleïn- in Fumarsäure (und ihrer Ester) durch Brom untersuchten EGGERT und seine Mitarbeiter[5]. Die Reaktion ist recht kompliziert, da sich außer der Sensibilisation noch eine Bromierung der Säuren vollzieht. Für die Umlagerung ergab sich $\varphi = 400$.

Sehr viele Forscher haben sich mit der imposantesten aller Lichtreaktionen, der Assimilation, beschäftigt. Diese Reaktion schafft aus Kohlensäure und Wasser mit Hilfe des Lichtes Zucker und Sauerstoff und liefert so die energetischen Grundlagen für alles höhere Leben. Man pflegt die Reaktion meist in folgender Form zu schreiben: $$6\,CO_2 + 6\,H_2O + x\,h\nu = C_6H_{12}O_6 + 6\,O_2.$$

[1] W. NODDACK, Tätigkeitsbericht der Phys.-Techn. Reichsanstalt. 1923; W. MEIDINGER, ZS. f. phys. Chem. Bd. 114, S. 89. 1924.

[2] M. VOLMER, Ann. d. Phys. (4) Bd. 40, S. 775. 1913; M. VOLMER u. K. RIGGERT, ZS. f. phys. Chem. Bd. 100, S. 502. 1922.

[3] G. CARIO u. J. FRANCK, ZS. f. Phys. Bd. 11, S. 161. 1922.

[4] K. F. BONHOEFFER, ZS. f. Phys. Bd. 13, S. 94. 1923; vgl. F. WEIGERT, Ann. d. Phys. (4) Bd. 24, S. 243. 1907.

[5] J. EGGERT, Phys. ZS. Bd. 26, S. 865. 1925; vgl. F. WACHHOLTZ, ZS. f. Elektrochem. Bd. 12, S. 545. 1927.

Da sie nur in den grünen Blättern bei Gegenwart der Chlorophylle *a* und *b* vor sich geht und letztere die Reaktion unverändert überstehen, hält man diese meist für eine sensibilisierte Reaktion, doch ist über den Chemismus noch nichts bekannt.

O. WARBURG[1] untersuchte den Gaswechsel bei lebenden Pflanzen in Abhängigkeit von der Wellenlänge, Intensität und Intermittenz des Lichtes. Aus der obigen Gleichung ergibt sich, daß zur Bildung eines Mol O_2 112 kcal erforderlich sind. WARBURG und NEGELEIN fanden, daß bei $\lambda = 6000$ Å von 112 kcal absorbierter Strahlung 0,7 Mol O_2 gebildet werden. Da die genannte Wellenlänge etwa molar 50 kcal entspricht, sind zur Reduktion etwa 3 Quanten notwendig. Über den Mechanismus der Reaktion ist noch nichts bekannt.

BAUR[2] versuchte vergeblich die Reduktion von CO_2 durch Belichtung. BALY[3] und andere Forscher glauben, in wässerigen Lösungen von Kohlensäure oder Bikarbonaten bei Belichtung reduzierende organische Stoffe erhalten zu haben; doch wird dieser Behauptung widersprochen. Es erscheint sehr zweifelhaft, ob bisher eine photochemische Reduktion von CO_2 in vitro geglückt ist. Auch über einen anderen physiologisch wichtigen Lichtvorgang, den Sehprozeß, liegen zahlreiche Messungen vor. So wurden von HECHT[4] aus dem Verhalten von Lebewesen gegen Licht Schlüsse auf die Reaktionsordnung gezogen. Andere Forscher bestimmten die geringste noch sichtbare Lichtmenge (vgl. Ziff. 17). Auch hier ist der Mechanismus noch ungeklärt.

Der Temperaturkoeffizient ist bei einer großen Reihe von photochemischen Reaktionen bestimmt worden. Es ergab sich in den meisten Fällen neben der schon erwähnten Annäherung an 1 die Tatsache, daß der Temperaturkoeffizient innerhalb der untersuchten Temperaturintervalle konstant war, während er bei gewöhnlichen chemischen Reaktionen mit steigender Temperatur kleiner wird.

In Tabelle 1 sind die Temperaturkoeffizienten einiger photochemischer Reaktionen wiedergegeben[5]. Spalte 1 zeigt die Reaktion, Spalte 2 das gemessene Temperaturintervall, Spalte 3 die benutzte Wellenlänge, Spalte 4 den Temperaturkoeffizienten, Spalte 5 die Beobachter. Man erkennt, daß die photochemischen Temperaturkoeffizienten meist zwischen 1 und 1,6 liegen.

Tabelle 1. Temperaturkoeffizienten photochemischer Reaktionen.

Reaktion	Gemessener Temperaturbereich	Temperaturkoeffizient	Beobachter
Photographische Platte mit Entwicklung	−190° bis +20°	1,03	LUMIÈRE
	−32° „ +90°	1,00	SCHELLEN
Chininsulfat + CrO_3	+20° „ +70°	1,04	GOLDBERG
$HgCl_2$ + $TeCl_2$ in H_2O	+20° „ +60°	1,04	WINTHER
Polymerisation von Vinylchlorid	+15° „ +25°	1,03	PLOTNIKOW
Ausbleichung des Sehpurpurs	?	1,00	HECHT
Polymerisation von Anthrazen	+154° „ +164°	1,21	LUTHER-WEIGERT
H_2O_2-Zersetzung	+10° „ +30°	1,15	TIAN
	+21° „ +34°	1,32	KORNFELD
Br_2 + Benzol	+20° „ +50°	1,60	MEIDINGER

[1] O. WARBURG u. E. NEGELEIN, ZS. f. phys. Chem. Bd. 106, S. 191. 1923.

[2] E. BAUR, ZS. f. phys. Chem. Bd. 131, S. 143. 1928.

[3] E. C. C. BALY, Proc. Roy. Soc. London (A) Bd. 116, S. 212. 1927; G. MEZZADVOLI u. G. GARDANO, Zymologica Chim. Colloidi Bd. 3, S. 1. 1928.

[4] S. HECHT, Science 1921, S. 347; Naturwissensch. Bd. 13, S. 66. 1925.

[5] Vgl. J. PLOTNIKOW, ZS. f. phys. Chem. Bd. 77, S. 472. 1911; B. K. MUKERJI u. N. R. DHAR, Journ. phys. Chem. Bd. 33, S. 850. 1929; Bd. 32, S. 1308. 1928; N. ZCHODRO, Journ. chim. phys. Bd. 26, S. 178. 1929.

Bei diesen Messungen ist aber meist nicht berücksichtigt, daß die Lichtausbeute abhängig ist von der Größe der Absorption, sondern die Messungen sind auf dieselbe eingestrahlte Lichtmenge bei verschiedenen Temperaturen bezogen. Nun zeigen die Körper meist eine Verschiebung ihrer Absorptionsbanden mit steigender Temperatur nach dem langwelligen Teil des Spektrums. Die Vergrößerung der Absorption mit steigender Temperatur wird sich am stärksten äußern, wenn die benutzten Spektralgebiete am langwelligen Beginn einer Bande liegen; sie wird geringer sein, wenn das Wellenlängengebiet während des ganzen Temperaturintervalls innerhalb der Bande liegt. Die Absorption kann sogar geringer werden, wenn die Bande am kurzwelligen Ende mit steigender Temperatur allmählich aus dem Meßgebiet hinauswandert. Diese Tatsache ist bisher wenig beachtet worden. Berücksichtigt man sie für die einzelnen Messungen, so gelangt man zu Temperaturkoeffizienten, die oft nahe an 1 liegen, und zwar um so mehr, je einfacher der Mechanismus der photochemischen Reaktion ist.

Das Reziprozitätsgesetz wurde 1857 von BUNSEN und ROSCOE an der Chlorknallgasreaktion und an einem Auskopierpapier geprüft und bestätigt. Auch bei vielen neueren Arbeiten hat es sich innerhalb der Versuchsfehler bestätigen lassen. Daß es selbst bei sehr komplizierten physiologischen Lichtprozessen gültig ist, zeigen die Messungen von BLAAUW[1], der die Lichtmenge bestimmte, die nötig ist, um eine Pflanze zu einer heliotropischen Krümmung zu veranlassen (s. Tab. 2). Selbst für das Zeitintervall von 8 Zehnerpotenzen ergab sich eine befriedigende Konstanz des Produktes Lichtintensität × Zeit.

Tabelle 2. Prüfung des Reziprozitätsgesetzes am Heliotropismus einer Pflanze nach BLAAUW.

Belichtungszeit	Meterkerzen	Intensität × Zeit
43 Stunden	0,00017	26,3
1 Stunde	0,0047	17,2
4 min	0,09	21,6
4 sec	5,5	21,8
1 sec	18,9	18,9
0,01 sec	1902	19,0
0,001 sec	26520	26,5

Für den Sehvorgang kommen v. KRIES[1] und LAQUEUR[1] zu ähnlichen Resultaten, solange die Einwirkungszeit nicht größer als 0,125 sec ist, da sich sonst schon die Einwirkung des Stoffwechsels bemerkbar macht.

Ein praktisch wichtiger Fall, für den Abweichungen vom Reziprozitätsgesetz bekannt sind, ist die photographische Platte. In Abb. 4 sind die Resultate einer derartigen Beobachtung von JONES zusammengestellt[2]. Als Abszisse ist der log der Intensität, als Ordinate die entwickelte Schwärzung gewählt. Die einzelnen Kurven stellen je eine Gruppe von Belichtungen von 2 bis 64 Lumensekunden weißen Lichtes mit für jede Gruppe konstantem Produkt Intensität × Zeit dar. Man erkennt, daß sowohl bei sehr geringen wie bei sehr starken Intensitäten eine merkliche Abweichung vom Reziprozitätsgesetz stattfindet.

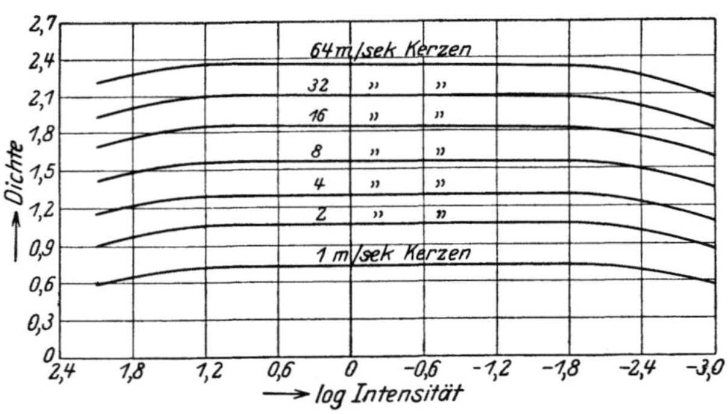

Abb. 4. Abweichungen vom Reziprozitätsgesetz bei einer photographischen Platte.

In Tabelle 3 sind eine Reihe von quantitativ untersuchten photochemischen Reaktionen zusammengestellt mit nach unten abnehmender Ausbeute. Spalte 1

[1] Vgl. GRAEFE-SÄMISCH, Handb. der Augenheilkunde Bd. I, 1. Berlin: Julius Springer 1912.
[2] L. A. JONES, aus The Physic. Chem. of the Photographic Process. Faraday Soc. 1923. S. 367.

Tabelle 3. Quantenausbeute photochemischer Reaktionen.

Ausgangsstoffe	Absorbierende Substanz	Endprodukt	Wirksame Strahlung in Å	Quantenausbeute	Beobachter
AgBr + alkal. Entwickler	AgBr	Ag	$\lambda < 4600$	$\sim 10^9$	EGGERT u. NODDACK, MEIDINGER
HJ + O	$J^{\cdots}$	J_2	$\lambda < 5000$	$\sim 2 \cdot 10^6$	BODENSTEIN
$H_2 + Cl_2$	Cl_2	HCl	$\lambda < 5000$	$\sim 10^5$	BODENSTEIN, KORNFELD
$CH_4 + Cl_2$	Cl_2	$CHCl_3$ usw.	$\lambda < 5000$	$\sim 10^4$	NODDACK
$CO + Cl_2$	Cl_2	$COCl_2$	$\lambda = 4358$	$3{,}7 \cdot 10^3$	BONHOEFFER
Oxalsäure + Uranylnitrat	?	CO_2	< 4000	$5 \cdot 10^2$	BOLL
Maleïnsäureäthylester	Br_2	Fumarsäureäthylester	5460, 4358	$\sim 4 \cdot 10^2$	BORINSKI, WACHHOLZ
H_2O_2	H_2O_2	O_2	< 4000	80	KORNFELD
O_3	Br_2	O_2	4358	31	BONHOEFFER
NCl_3	NCl_3	N_2, Cl_2		14	GRIFFITH u. NORRISH
Maleïnsäureäthylester	Br_2	Dibrombernsteinsäuremethylester	5460, 4358	8,2	WACHHOLTZ
$H_2 + Cl_2$	Cl_2	HCl	< 3000	5	COEHN u. TRAMM
O_3	O_3	O_2	6000	3	KISTIAKOWSKY
$C_6H_6 + Br_2$	Br_2	—	4358	5,4—0,5	MEIDINGER
NO_2	NO_2	$NO + O_2$	3650 4046	2 0,74	NORRISH
O_3	O_3	O_2	2070 2530	30—0,85 0,5	E. WARBURG
HBr	HBr	Br_2	2070 2530	2,1 2,0	E. WARBURG
HJ	HJ	J_2	2830 2530 2070	2,10 2,08 1,98	E. WARBURG
O_3	Cl_2	O_2	4358	2,03	BONHOEFFER
Chinin + CrO_3	—	—	< 4000	2	GOLDBERG
NOCl	NOCl	NO	4700	2	BORN u. SHARP
$C_6H_{12} + Br_2$	Br_2	$C_6H_{11}Br$	5600—5000	0,98	PUSCH, NODDACK
$CBrCl_3 + Cl_2$	Cl_2	Br_2	4358 4050	0,98 0,95	NODDACK
Atmungsfermentkarbonyl	—	Atmungsferment + CO	4330, 5900	1	O. WARBURG
O_2	O_2	O_3	2070	0,96—0,78	E. WARBURG
$CBrCl_3 + O_2$	Br_2	?	4358	0,94	GRÜSS
AgBr	AgBr	Ag	4358 4050 3650	0,90 0,90 0,85	EGGERT u. NODDACK
AgCl	AgCl	Ag	3650	0,90	EGGERT u. NODDACK
Hydrolyse von H_2PtCl_6	H_2PtCl_6	HCl	< 4000	1	BOLL
Uranyloxalat	Uranyloxalat	CO_2	< 4000	1,07	BÜCHI
Monochloressigsäure	Monochloressigsäure	HCl	3130—2660	1	RUDBERG
$H_2O + CO_2$ + Chlorophyll	Chlorophyll	O_2	6000	0,7	O. WARBURG u. NEGELEIN
Na-monobromazetat + H_2O	Na-monobromazetat	—	3160—2660	0,54	RUDBERG
o-Nitrobenzol	o-Nitrobenzol	o-Nitrobenzoesäure	3650	0,5	WEIGERT
$KCo(C_2O_4)_2$	$KCo(C_2O_4)_2$	CO_2	4358—3650	1,5—0,6	VRÁNEK
Uranylformiat	Uranylformiat	CO_2	< 4000	0,4	HATT

Tabelle 3 (Fortsetzung).

Ausgangsstoffe	Absorbierende Substanz	Endprodukt	Wirksame Strahlung in Å	Quantenausbeute	Beobachter
Anthrazen	$C_{14}H_{10}$	$(C_{14}H_{10})_2$	< 4000	0,28	WEIGERT u. BODENSTEIN
Methylanthrazen	$C_{15}H_{12}$	$(C_{15}H_{12})_2$	< 4000	0,23	WEIGERT
Monobromessigsäure	Monobromessigsäure	HBr	3130—2660	0,5—0,35	RUDBERG
Zersetzung von Lävulose	Lävulose	CO_2	< 4000	0,6	BERTHELOT, GAUDECHAU u. BODENSTEIN
Löslicher Schwefel, in CS_2 gelöst	lösl. Schwefel	unlöslicher Schwefel	< 4000	0,3	WIGAND u. BODENSTEIN
KNO_3	KNO_3	O_2	2070	0,25	E. WARBURG
NH_3	NH_3	$N_2 + H_2$	2530	0,23	E. WARBURG
Fumarsäure	Fumarsäure	Maleinsäure	2070	0,11	E. WARBURG
Toluol + Cl_2	Cl_2	Chlortoluol	< 5000	0,05	EGGERT u. BOOK
Maleïnsäure	Maleïnsäure	Fumarsäure	2070	0,03	E. WARBURG
Umlagerung von Nitrobenzaldehyd	Nitrobenzaldehyd	Nitrobenzoesäure	< 4000	0,08	WEIGERT u. KUMMERER, BODENSTEIN
Chinin + O_2	Chinin	?	< 4000	0,005	WEIGERT

enthält die Reaktionsteilnehmer, Spalte 2 die absorbierende Substanz, Spalte 3 das gemessene Endprodukt, Spalte 4 die benutzte Wellenlänge der wirksamen Strahlung, Spalte 5 die Ausbeute pro absorbiertes $h\nu$, Spalte 6 die Beobachter.

Man erkennt, daß Quantenausbeuten zwischen 10^9 und 10^{-3} vorkommen. Immerhin ist es auffällig, daß eine ganze Anzahl von Reaktionen Werte in der Nähe von 1 liefert. *Diese Tatsache kann als ein photochemischer Nachweis der quantenhaften Absorption angesehen werden.*

17. Versuche zur Messung der kleinsten Lichtwirkung. Die von der Quantentheorie geforderte diskontinuierliche Energieaufnahme eines absorbierenden Systems legt die Frage nach der kleinsten Lichtwirkung nahe, und der Nachweis dieser Wirkung oder eines ganzzahligen Vielfachen von ihr würde die Frage der quantenhaften Absorption entscheiden. Auf dem Gebiete der großen Elementarenergien, z. B. der α-, β- und γ-Strahlen, hat sich der Beweis der Quantelung auf mehreren Wegen erbringen lassen. Bei dem Licht ist die Realisierung der Messung weit schwieriger. Denn obgleich die Größen $h\nu$ im optischen Gebiet für chemische Elementarreaktionen außerordentlich große Energiebeträge bedeuten, sind sie doch für unsere gegenwärtigen Meßmethoden zu klein, um direkt wahrgenommen zu werden. Die bisherigen Versuche, photochemische Elementarreaktionen wahrzunehmen, mußten sich daher indirekter Methoden bedienen.

Zunächst war es nötig, außerordentlich lichtempfindliche Vorgänge anzuwenden, um den Betrag der Elementarwirkung soweit wie möglich zu steigern. Als solche Vorgänge kommen zur Zeit nur die Photographie und der Sehvorgang im Auge in Frage.

Bei der Belichtung empfindlicher photographischer Platten mit der Wellenlänge 4358 Å erhält man noch eine entwickelbare Schwärzung bei einer Einstrahlung von 10^{-6} Lumensekunden. Da dieser Energiebetrag etwa $2 \cdot 10^8\, h\nu \cdot cm^{-2}$ entspricht und sich auf 1 cm² der Platte ca. 10^9 Bromsilberkörner befinden, erhält statistisch nur jedes fünfte Korn 1 $h\nu$. Trotzdem werden etwa 10^5 Körner entwickelbar[1]. Die genauere Rechnung zeigt, daß diese Zahl größer ist als die

[1] W. MEIDINGER, ZS. f. phys. Chem. Bd. 114, S. 89. 1924.

Summe der Körner, die zwei oder mehr Treffer erhalten haben; also macht 1 $h\nu$ unter Umständen ein Korn entwickelbar oder ein entwickeltes Korn ist in jener Gegend der Bestrahlung die Spur *eines* absorbierten Quants.

Eine andere Methode zur Messung der kleinsten Lichtwirkung gründet sich auf die Lichtempfindlichkeit des menschlichen Auges. Das Auge vermag bei völliger Dunkeladaption noch eine Lichtmenge vom Energiebetrag 10^{-12} Lumensekunden (bei $\lambda = 5400$ Å) wahrzunehmen[1]. Dieser Betrag entspricht etwa 300 $h\nu$. Berechnet man unter Berücksichtigung der Pupillengröße, der Absorptions- und Reflexionsverluste in den brechenden Medien des Auges und der Stäbchendichte der Retina den auf die Stäbchen fallenden Energiebetrag, so kommt man angenähert auf 1 $h\nu$[2].

Bisher ist es noch nicht möglich gewesen, die Resultate der beiden beschriebenen Methoden so exakt zu gestalten, daß sie eine diskontinuierliche Energieaufnahme sicher anzeigten.

IV. Chemische Wirkung der Röntgen- und Korpuskularstrahlen.

18. Allgemeines. Außer dem Licht vermögen auch die Röntgen- und die γ-Strahlen, die Kathoden- und die β-Strahlen, die Anoden- und die α-Strahlen chemische Veränderungen hervorzurufen. Gemeinsam ist allen diesen verschiedenen Strahlenarten, daß sie außerordentlich große Energiequanten auf die einzelnen Materieteilchen übertragen. Die Energie der Strahlen entfernt Elektronen aus den Atomen und liefert dabei diesen Elektronen noch eine erhebliche kinetische Energie. Durch Stoßwirkung auf Molekeln, Atome und Ionen vermögen diese Elektronen alle in Ziff. 6—8 beschriebenen Vorgänge einzuleiten. Eine systematische Übersicht der danach folgenden chemischen Reaktionen ist zur Zeit noch nicht möglich, da zu wenig exaktes Beobachtungsmaterial vorliegt.

19. Reaktionen und Energieumsatz. Am besten sind die durch *Röntgenstrahlen* bedingten Reaktionen beobachtet worden. Es zeigte sich, daß diese Strahlen in vielen Fällen ähnliche chemische Wirkungen haben wie das Licht. Sie zersetzen die Edersche Lösung von Kaliumoxalat und Sublimat[3], Ferrosulfatlösungen werden oxydiert[4], Aldehyde lassen sich mit Ketonen kondensieren[4]. Qualitativ gut bekannt ist die Wirkung auf Glas, in dem bei Bleigehalt eine Schwarzfärbung, bei Mangangehalt Violettfärbung auftritt[5]. Die Chloride[6] und Oxyde[7] vieler Metalle werden durch Röntgenstrahlen zersetzt. Günther und seine Mitarbeiter[8] studierten die Einwirkung dieser Strahlen auf Chloroform und Jodoform in Lösungen von Tetrachlorkohlenstoff und Oktan sowie die Zersetzung des Benzophenondiazids.

Eiweißkörper und viele andere biologisch wichtige Substanzen werden durch Röntgenstrahlen verändert[9]. Die physiologische Wirkung der Röntgenstrahlen benutzt die Strahlentherapie in weitem Umfange.

---

[1] Wien, Diss. Berlin 1888; Ives Astrophys. Journ. Bd. 44, S. 124. 1916.
[2] W. Noddack, Jahresber. der Phys.-Techn. Reichsanstalt. 1923.
[3] W. E. Roseveare, Journ. Amer. Chem. Soc. Bd. 52, S. 2612. 1930.
[4] G. L. Clark u. L. W. Pickett, Journ. Amer. Chem. Soc. Bd. 52, S. 465. 1930.
[5] G. M. Shrum, G. Patten u. H. D. Smith, Trans. Roy. Soc. Canada Bd. 22, S. 433. 1928.
[6] M. Curie, C. R. Bd. 129, S. 823. 1899; E. Goldstein, Chem. News Bd. 111, S. 27. 1914.
[7] E. Bose, ZS. f. wiss. Photogr. Bd. 2, S. 223. 1904.
[8] P. Günther, G. Cronheim u. S. Götzki, ZS. f. phys. Chem. Bodenstein-Band, S. 785. 1931.
[9] A. H. Roffo u. L. M. Correg, Strahlentherapie Bd. 36, S. 533. 1930; W. Stembrom u. A. Lohmann, Journ. biol. Chem. Bd. 79, S. 673. 1928.

Der Energieumsatz bei der Absorption von Röntgenstrahlen durch Bromsilber wurde von EGGERT und NODDACK[1] gemessen. Sie fanden bei der Bestrahlung photographischer Platten mit der Wellenlänge 0,4 Å unter Berücksichtigung der geringen Absorption der Platten (ca. 1% für diese Wellenlänge), daß 1 $h\nu$ etwa 1000 Silberatome freimacht. Die Energie des betreffenden Röntgenquants würde theoretisch etwa 8000 Bromsilbermoleküle spalten können. Die Quantenausbeute ist also 1000, die Energieausbeute 0,13. Auch hier zeigt, wie beim Licht, die Zunahme der Silbermenge mit der Strahlenmenge anfangs Proportionalität, später bleibt die Silbermenge zurück, eine Erscheinung, die durch Zusatz von Akzeptoren weitgehend beseitigt werden kann. Weiterhin ergab sich, daß bei der Entwicklung der mit Röntgenstrahlen belichteten Platten pro absorbiertes Röntgenquant 1 Bromsilberkorn entwickelbar wird[2].

GLOCKER und seine Mitarbeiter[3] untersuchten die Wirkung der Röntgenstrahlen auf Wasserstoffsuperoxyd. Es ergab sich, daß der Zerfall dieser Verbindung unabhängig von der Quantgröße (zwischen $\lambda = 0{,}19$ und 1,54 Å) vor sich geht, wobei immer auf 70 kcal der absorbierten Energie 1 Mol H_2O_2 zerlegt wird. Dies entspricht einer mittleren Quantenausbeute von 10^4.

Zu einer Ausbeute von ähnlicher Größe kamen WARBURG und RUMP[4] bei der Photolyse des Jodwasserstoffs.

Bei den *γ-Strahlen* ist die photographische und physiologische Wirkung vielfach untersucht worden[5].

Die *Kathodenstrahlen* veranlassen Reduktionen von Metalloxyden. Für die Zersetzung des Azetylens kommen McLENNAN und seine Mitarbeiter[6] zu dem Resultat, daß etwa ebensoviel Molekeln zersetzt werden, wie Ionenpaare gebildet werden können. Auch über die chemische Wirkung der Elektronen-[7] und Kanalstrahlen[8] liegen Beobachtungen vor. Die Zersetzung des Kaliumchlorats wird nach MEILER und NOYES[9] von Elektronen >22 Volt verursacht, während Licht schon bei der Wellenlänge 2800 Å (äqu. 5,7 Volt) einwirkt.

JORISSEN und RINGER[10] studierten die Vereinigung von Chlorknallgas unter der Einwirkung der Radiumstrahlen, DUANE und SCHEURER[11] die Zersetzung des Wassers durch die α-Strahlung der Radiumemanation. LIND[12], der die durch radioaktive Strahlungen hervorgerufenen Umsetzungen einer eingehenden Besprechung unterzog, kam zu dem Ergebnis, daß bei allen durch α-Strahlen bewirkten Vorgängen ebenso viele Molekeln zur Reaktion gebracht werden, wie in der gleichen Zeit Ionen von der Strahlung gebildet werden können.

In Tabelle 4 sind eine Anzahl chemischer Reaktionen nach LIND[12] zusammengestellt, die von α-Strahlen hervorgerufen werden. Spalte 1 enthält die Reaktionen, N ist die Zahl der Gasionen, m die der umgesetzten Molekeln.

---

[1] J. EGGERT u. W. NODDACK, Verh. d. D. Phys. Ges. 1924, S. 29.

[2] J. EGGERT u. W. NODDACK, ZS. f. Phys. Bd. 43, S. 222. 1927.

[3] R. GLOCKER u. O. RISSE, ZS. f. Phys. Bd. 48, S. 845. 1928.

[4] E. WARBURG u. RUMP, Jahresber. der Phys.-Techn. Reichsanst. 1929, ZS. f. Instrkde. Bd. 51, S. 175. 1930.

[5] Vgl. ST. MEYER u. E. SCHWEIDLER, Radioaktivität, S. 259. Berlin: Verlag Teubner 1927.

[6] J. C. McLENNAN, M. V. PERRIN u. H. J. C. IVETON, Proc. Roy. Soc. London (A) Bd. 125, S. 246. 1929.

[7] G. R. GEDYE u. T. E. ALLIBONE, Proc. Roy. Soc. London (A) Bd. 130, S. 346. 1931.

[8] A. WEHNELT, Ann. d. Phys. Bd. 67, S. 425. 1899.

[9] J. G. MEILER u. W. A. NOYES, Journ. Amer. Chem. Soc. Bd. 52, S. 527. 1930.

[10] W. P. JORISSEN u. W. E. RINGER, Chem. Ber. Bd. 39, S. 2093. 1906.

[11] W. DUANE u. O. SCHEURER, Le Radium Bd. 10, S. 33. 1913.

[12] S. C. LIND, Journ. phys. Chem. Bd. 16, S. 564. 1912; H. N. ALYEA u. S. C. LIND, Journ. Amer. Chem. Soc. Bd. 52, S. 1853. 1930; R. GILLEROT, Bull. Soc. chim. Belg. Bd. 39, S. 503. 1931; S. C. LIND u. R. LIVINGSTON, Journ. Amer. Chem. Soc. Bd. 52, S. 4613. 1931; vgl. M. BODENSTEIN, ZS. f. phys. Chem. Bd. 85, S. 391. 1913.

Bei den in Tabelle 4 angeführten Reaktionen werden ca. 2—5 % der kinetischen Energie der α-Teilchen chemisch ausgenutzt. NODDACK[1] hat die Ausbeute bei der Einwirkung der α-Strahlen auf Bromsilber quantitativ bestimmt. Bei der Bestrahlung photographischer Platten mit α-Strahlen der Radiumemanation ergaben sich für ein α-Teilchen etwa 50000 Silberatome. Die kinetische Energie des α-Strahls würde für die Dissoziation von 200000 Molekeln Bromsilber genügen. Man erhält also eine Energieausbeute von etwa 0,25, einen Wert, der eine ähnliche Größe zeigt wie die Ionisationsausbeute in Gasen.

Tabelle 4. Chemische Zersetzungen unter der Wirkung von α-Strahlen.

Reaktion	m bezogen auf	N/m
Gasförmige Systeme.		
$2\,H_2 + O_2 = 2\,H_2O$	O_2	1,73
$2\,CO = CO_2 + C$	CO	0,58
$2\,HCl = H_2 + Cl_2$	HCl	1,42
$2\,NH_3 = N_2 + 3\,H_2$	NH_3	4,28
$N_2 + 3\,H_2 = 2\,NH_3$	$N_2 + 3\,H_2$	4,25
$2\,CO_2 = 2\,CO + O_2$	CO_2	2,86
$H_2 + Br_2 = 2\,HBr$	HBr	2,0
$3\,O_2 = 2\,O_3$	O_3	2,0
Flüssige Systeme.		
$2\,H_2O = 2\,H_2 + O_2$	H_2O	3,3
$2\,HBr = H_2 + Br_2$	HBr	0,45
KJ in wäss. Lösung = K + J	KJ	1,92

Die bisherigen Messungen des Energieumsatzes für großquantige Strahlung zeigen, daß die Quantenausbeute sehr hoch ist, daß dagegen der Energieumsatz für chemische Reaktionen meist geringer ist als beim Licht.

V. Chemilumineszenz.

Definition. Während sich die Photochemie mit der Änderung des thermischen Verlaufes chemischer Reaktionen durch die Absorption von Strahlung beschäftigt, umfaßt die Chemilumineszenz alle Änderungen thermischer Strahlung eines Systems, die durch den Ablauf chemischer Reaktionen entstehen.

20. Historisches. Die ältesten Beobachtungen über Chemilumineszenz sind am Leuchten von Lebewesen gemacht worden. So sind das Meeresleuchten, das Leuchten faulender organischer Substanz und die Lumineszenz bei verschiedenen Arten von Insekten und Würmern seit alters her bekannt. BRAND, der Entdecker des Phosphors, nahm auch das Leuchten dieses Körpers im Dunkeln wahr. Im Laufe des 18. und 19. Jahrhunderts wurde eine ganze Anzahl von lichterzeugenden chemischen Reaktionen aufgefunden. Eine Reihe von Leuchtreaktionen beschrieb HEINRICH 1811[2]. Auch bei GMELIN[3] finden sich Angaben über lumineszierende Vorgänge. RADZISZEWSKI[4] entdeckte das Leuchten einer Anzahl organischer Körper bei der Oxydation und stellte eine Theorie der Chemilumineszenz auf. Eine Zusammenstellung des bis dahin bekannten Materials gab 1905 TRAUTZ[5], der auch eine große Anzahl von neuen Leuchtreaktionen durch systematisches Suchen auffand und die Abhängigkeit der Lichtemission von verschiedenen Versuchsbedingungen studierte. Alle diese Beobachtungen waren qualitativer Natur und gaben weder einen Einblick in den Mechanismus der Lichtaussendung noch in den Energieumsatz bei der Verwandlung von chemischer Energie in Strahlung.

[1] W. NODDACK, Jahresber. d. Phys.-Techn. Reichsanst. 1923; ZS. f. Instrkde. Bd. 44, S. 127. 1924.
[2] HEINRICH, Die Phosphoreszenz der Körper. Nürnberg 1811/20.
[3] L. GMELIN, Handb. d. Chem. 1852 (I).
[4] B. RADZISZEWSKI, Chem. Ber. Bd. 10, S. 70. 1877.
[5] M. TRAUTZ, ZS. f. phys. Chem. Bd. 53, S. 1. 1905.

Erst in den letzten Jahren hat man die Chemilumineszenz einzelner Reaktionen quantitativ untersucht und begonnen, die Quantentheorie auf die Lumineszenzerscheinungen anzuwenden. So haben besonders die Untersuchungen von HABER und ZISCH und die von ZOCHER und KAUTSKY, von KALLMANN und FRÄNZ und von BEUTLER und POLANYI Einblicke in den Reaktionsmechanismus gestattet.

21. Allgemeine Übersicht. Ein Körper, der sich auf einer beliebigen konstant gehaltenen Temperatur befindet, sendet eine Strahlung aus, die unabhängig von seiner inneren Beschaffenheit nur durch die Art seiner Oberfläche und die Temperatur bedingt wird. Diese Strahlung folgt den bekannten Strahlungsgesetzen. Die Änderung der thermischen Ausstrahlung mit der Temperatur läßt sich sowohl in ihrem Gesamtbetrage wie in jedem Spektralbereich mit Hilfe der PLANCKschen Strahlungsformel darstellen.

Die Beobachtung hat nun gelehrt, daß häufig Abweichungen von den Gesetzen der Temperaturstrahlung vorkommen. Diese Abweichungen äußern sich darin, daß bestimmte Spektralgebiete mit größerer Intensität emittiert werden, als es die Strahlungsgleichung vorsieht. Inwieweit diese Selektivstrahlung mit einer Änderung der Gesamtemission verbunden ist, wurde bisher noch nicht untersucht. Man hat diese Erscheinung Lumineszenz genannt. Sie findet sich bei allen Temperaturen und bei allen Aggregatzuständen. Je nachdem sie durch Bestrahlung, Elektronenstoß, Reibung, Kristallisation oder durch elektrische oder chemische Vorgänge hervorgerufen wird, hat man sie als Photo-, Kathodo-, Tribo-, Kristallo-, Elektro- und Chemilumineszenz bezeichnet. Im folgenden soll die letztere, die Chemilumineszenz, näher besprochen werden.

Bei dem freiwilligen Ablauf chemischer Reaktionen zeigt sich meist eine Erwärmung des reagierenden Systems, die mit vermehrter Emission von thermischer Strahlung verbunden ist. Treten bei dieser Emission Abweichungen von der obengenannten Art ein, so nennt man die Reaktion allaktin oder lumineszent, zeigen sich derartige Änderungen nicht, so heißt sie thermaktin. So ist z. B. die lichterzeugende Oxydation von Formaldehyd mit Wasserstoffsuperoxyd allaktin, dagegen ist die Oxydation des Stickoxyds NO durch Sauerstoff zu NO_2 thermaktin.

Das Auftreten von Chemilumineszenz galt früher als eine Seltenheit. Die Untersuchungen der letzten Jahrzehnte haben aber gezeigt, daß es sich bei ihr offenbar um eine recht allgemeine Erscheinung handelt, deren Gebiet sich mit der Verbesserung der Beobachtungsmethoden, besonders auf die ultraroten und ultravioletten Spektralgebiete erweitern wird.

Da die meisten Beobachtungen auf diesem Gebiet qualitativer Natur sind, und fast immer mit optischen Methoden erfolgten, also nur den optischen Bereich liefern, läßt sich keine allgemeine Aussage über die gesamte Ausdehnung der Lumineszenzstrahlung machen. Es ist aber wahrscheinlich, daß alle Wellenlängen vom Ultrarot bis zum Ultraviolett ausgesandt werden können. Eine ähnliche Beschränkung besteht bisher für das beobachtete Temperaturintervall. Da es sich meist um ein relativ schwaches Leuchten handelt, so ist seine Unterscheidung von der reinen Temperaturstrahlung häufig nur möglich, wenn diese das Lumineszenzphänomen nicht überdeckt. Deshalb sind die meisten Versuche bei Temperaturen unterhalb der Rotglut, also unter 500°, angestellt worden. Doch ist es sicher, daß auch bei höheren Temperaturen Lumineszenzerscheinungen auftreten.

Chemilumineszenz findet sich bei allen drei Aggregatzuständen. Als Beispiel für den Gaszustand sei die unter Leuchten stattfindende Vereinigung von Azetylen und Chlor genannt. Im flüssigen Zustande zeigt die Reaktion Formaldehyd + Wasserstoffsuperoxyd Leuchten, im festen Aggregatzustand sendet z. B. der Phosphor bei seiner langsamen Oxydation Licht aus. In dem letzteren Falle findet die Lichtemission an der Grenzfläche zwischen Gas und festem Körper statt. Es ist bemerkenswert, daß die Chemiluminescenz überhaupt häufig in heterogenen Systemen auftritt.

Durch Zusatz geeigneter Stoffe kann man zahlreiche nichtleuchtende chemische Reaktionen lumineszent machen. Diese Stoffe haben offenbar die Fähigkeit, die bei der chemischen Umsetzung frei werdende Energie in Strahlung umzuwandeln. So verläuft die Oxydation der Silikooxalsäure mit Permanganat ohne jede Lichterscheinung. Durch Zusatz des Farbstoffes Rhodamin B läßt sich diese Reaktion in eine stark lumineszierende verwandeln.

Das emittierte Licht zeigt unzerlegt meist eine rote oder gelbe Farbe. Manchmal ist es auch grün, seltener blau oder violett. Man könnte annehmen, daß hier eine ähnliche Verteilung wie bei der Lichtempfindlichkeit der chemischen Reaktionen, nur in umgekehrtem Sinne, vorliegt, daß also die Leuchterscheinungen nach den kürzeren Wellen zu immer seltener werden, eine Vorstellung, die von der Quantentheorie gestützt würde; doch reicht das Beobachtungsmaterial noch nicht aus, um diesen Schluß mit Sicherheit zu ziehen. Im Spektroskop zeigen sich bei festen und flüssigen Systemen meist Banden, die in einigen Fällen, wie z. B. bei der Oxydation des Phosphors, auch im Ultraviolett nachgewiesen wurden. Bei Gasreaktionen treten neben den Banden- oftmals Linienspektren auf. Die meisten qualitativen Angaben über die Energieverteilung des ausgesandten Lichtes sind nur individuell zu bewerten, da bei den schwachen Lichterscheinungen das Grün als für das Auge wirksamste Farbe zu sehr in den Vordergrund tritt.

Die Intensität der bei chemischen Reaktionen auftretenden Lichtstrahlung ist außerordentlich verschieden. Sie bewegt sich zwischen kaum wahrnehmbarer Helligkeit (etwa 10^{-12} Lumen pro Quadratzentimeter strahlender Fläche) bis zu einem auch bei Tageslicht erkennbaren Leuchten (ca. 10^{-3} Lumen pro Quadratzentimeter). Doch ist die hier genannte untere Grenze nur durch die Empfindlichkeit des Auges gegeben. Es gibt zweifellos zahlreiche lumineszente Reaktionen, die sich infolge ihrer schwachen Lichtemission der Beobachtung entziehen, so daß man auch hier, ähnlich wie in der Photochemie, nicht von einer wirklichen Schwelle reden kann.

Über den Träger der Lichtemission ist in den meisten Fällen noch nichts Sicheres bekannt. Bei dem Oxydationsleuchten des Phosphors dürfte das entstehende P_2O_3 als Strahler anzusprechen sein, da das Lumineszenzspektrum dem Emissionsspektrum von P_2O_3 gleicht. Nur bei den neuerdings untersuchten Gasreaktionen (vgl. Ziff. 25) hat man teils aus der Wellenlänge des emittierten Lichtes, teils aus energetischen Überlegungen die strahlenden Atome und Molekeln identifizieren können.

In einigen Fällen ist nachgewiesen worden[1], daß die zugesetzten lumineszenzerregenden Stoffe nicht in den Mechanismus der ursprünglichen Reaktion eingreifen, sondern nur die erwähnte Rolle des Strahlers übernehmen. Diese Eigenschaft kommt oft Stoffen zu, die in der Photochemie als gute Sensibilisatoren bekannt sind.

Auch die Wirksamkeit negativer Katalysatoren ist in einigen Fällen erkannt worden. So treten bei der Autoxydation schwefelhaltiger organischer Substanzen, wie z. B. beim Thiophosgen $CSCl_2$[2], Lichterscheinungen auf, die aber von selbst aufhören, lange, ehe die Substanz oder der zugefügte Sauerstoff verbraucht sind. Erneute Luftzufuhr bringt das System wieder zum Leuchten. Es entstehen also bei der Reaktion Stoffe, die weiteres Leuchten verhindern.

---

[1] H. Zocher u. H. Kautsky, ZS. f. Elektrochem. Bd. 29, S. 308. 1923.

[2] M. Delépine, C. R. Bd. 154, S. 1171. 1912; Bd. 174, S. 1291. 1922; E. Gilchrist, Proc. Edinburgh Bd. 43, S. 197. 1923.

Chemische Zusätze, die sich nicht als Strahler betätigen und den Reaktionsablauf nicht verändern, sind meist ohne Wirkung auf die Stärke und Farbe des ausgestrahlten Lichtes. Die bisherigen Untersuchungen haben gezeigt, daß die Intensität der Lumineszenzstrahlung annähernd proportional der Menge der in der Zeiteinheit umgesetzten Stoffe ist, so daß man erwarten kann, daß auch in der Chemilumineszenz wie in der Photochemie das Gesetz der Reziprozität gilt, doch ist eine exakte Untersuchung des Zusammenhanges von Lichtmenge und umgesetzter Stoffmenge bisher in keinem Falle durchgeführt worden.

Während die meisten photochemischen Reaktionen einen relativ kleinen Temperaturkoeffizienten besitzen, steigt die Lumineszenzhelligkeit der chemischen Reaktionen außerordentlich stark mit der Temperatur an. Auch hier liegen noch keine quantitativen Messungen vor.

22. Lumineszierende Systeme. Chemilumineszenz findet sich sowohl bei anorganischen wie bei organischen Reaktionen. Sie tritt besonders häufig bei Oxydationen auf, aber auch bei der Vereinigung vieler Stoffe mit Chlor, Brom und Jod zeigen sich Leuchterscheinungen. So hat man bei der langsamen Vereinigung von festem K, Na, Li, Ca, S, P, mit O_2, Cl_2, Br_2 und J_2 das Auftreten von Licht beobachtet[1]. Bei den im Gaszustande stattfindenden Reaktionen Na + Cl_2, Br_2 und J_2 sowie bei den Umsetzungen Na + HCl, $HgCl_2$, HgJ_2, $CdCl_2$, CdJ_2, PCl_3 und $Hg(CN)_2$ zeigt sich bei Temperaturen zwischen 250 und 500° deutliche Chemilumineszenz[2]. Bei der Einwirkung von Cl_2 und Br_2 auf festes KOH und $Ca(OH)_2$ tritt eine lebhafte Lichterscheinung auf. In neuerer Zeit sind bei der Oxydation ungesättigter Siliziumverbindungen[3] helle Lumineszenzerscheinungen beobachtet und studiert worden. So entsteht bei der Oxydation von Silikalhydroxyd $Si_2(OH)_2$ mit Permanganat ein helles rotes Licht. Viele energisch verlaufende chemische Reaktionen, wie z. B. die Umsetzung von Cl_2 und Br_2 mit konzentrierten Lösungen von KOH und $Ca(OH)_2$ zeigen keine Chemilumineszenz, ebensowenig die Neutralisationen von starken Säuren und Basen. Doch ist es nicht sicher, ob hier nicht Strahlungen in nicht sichtbaren Spektralgebieten auftreten.

Recht häufig ist die Chemilumineszenz in der organischen Chemie zu finden. Auch hier sind es hauptsächlich Oxydationen, die von Lichtemissionen begleitet sind. Viele höhere Alkohole, wie z. B. Amyl- und Cetylalkohol, leuchten bei ihrer Oxydation[2]. Aldehyde, Fettsäuren, Amine, Phenole und Alkaloide oxydieren sich unter Lichtaussendung. Besonders bekannt ist die glänzende Lichterscheinung, die bei gleichzeitiger Oxydation von Formaldehyd und Pyrogallol mit Wasserstoffsuperoxyd eintritt. Auch die Organomagnesiumverbindungen[4], wie z. B. das Phenylmagnesiumbromid, zeigen bei ihrer Oxydation glänzende Leuchterscheinungen. Ferner zeichnet sich eine ganze Gruppe von organischen Schwefelverbindungen[5] durch helles Leuchten bei ihrer Oxydation aus. Ähnlich wie in der anorganischen Chemie treten Leuchterscheinungen bei der Einwirkung von Chlor, Brom und Jod auf viele organische Verbindungen ein[1]. So vereinigen sich vor allem zahlreiche Kohlenwasserstoffe, Alkohole, Aldehyde, Benzol-, Naphthalin- und Phenanthrenderivate unter Lichtemission mit den Halogenen.

Biolumineszenz. Zahlreiche Beispiele von Chemilumineszenz finden sich im Tier- und im Pflanzenreich. Von den Tieren zeigen nur die höchsten Wirbeltiere, wie die Säugetiere und Vögel, keine Chemilumineszenz. Unter den niederen

---

[1] M. TRAUTZ, ZS. f. phys. Chem. Bd. 53, S. 1. 1905.
[2] H. BEUTLER u. M. POLANYI, Naturwissensch. Bd. 13, S. 711. 1925.
[3] H. KAUTSKY, ZS. f. anorg. Chem. Bd. 117, S. 209. 1921.
[4] J. LIFSCHITZ u. O. KALBERER, ZS. f. phys. Chem. Bd. 102, S. 343. 1922.
[5] Siehe Fußnote 2 auf S. 355.

Tieren, besonders den Bewohnern der Tiefsee, ist ein großer Prozentsatz leuchtend. So finden sich leuchtende Schwämme, Medusen, Seeigel und Würmer in großer Zahl. Bei den Seesternen sind Beispiele außerordentlich intensiver Lichtaussendung bekannt[1]. Unter den Mollusken zeichnet sich die Bohrmuschel durch kräftige Chemilumineszenz aus. Weitverbreitet ist das Leuchten unter den Kephalopoden, deren Körper häufig Hunderte von Leuchtorganen aller Spektralfarben tragen. Unter den Arthropoden lumineszieren besonders die marinen Krustazeen, Tausendfüßler und viele Insektenarten, unter den Wirbeltieren die Selachier und Teleostier.

Bei den Pflanzen ist die Lichtemission auf niedere Klassen beschränkt. Besonders viele Bakterienarten vermögen Licht auszusenden, sie erteilen dadurch ihrem Untergrund, wie z. B. faulendem Holz, Meerwasser, Fischen und Fleisch, scheinbares Selbstleuchten[2]. Dieses Leuchten der Lebewesen dürfte meist an Oxydationserscheinungen gebunden sein. So ist es gelungen, aus den Leuchtorganen der Cypridina Hilgendorfii einen eiweißähnlichen Körper, das Luziferin, abzuscheiden[3], das seine Leuchtkraft auch außerhalb des Organismus längere Zeit behält und dessen Leuchten sicher an einen Oxydationsvorgang geknüpft ist. Durch die Oxydation entsteht Oxyluziferin, das sich reduzieren läßt und so wieder für Leuchtvorgänge brauchbar wird.

Kristallo- und Tribolumineszenz. Bei der Ausscheidung von Kristallen aus Schmelzen und Lösungen beobachtet man häufig das Auftreten von hellen Funken. Man hat diese Erscheinung als Kristallolumineszenz bezeichnet. Eine ähnliche Erscheinung zeigt sich manchmal beim Zerbrechen von Kristallen (Tribolumineszenz).

Durch ausgedehnte Untersuchungen konnte TRAUTZ zeigen, daß sich wohl alle Fälle von Kristallolumineszenz auf Tribolumineszenz zurückführen lassen, indem bei der Kristallisation aus den meist übersättigten Lösungen das Leuchten bei plötzlichen Änderungen der äußeren Kristallform auftritt.

Die Tribolumineszenz ist eine recht häufige Erscheinung, die sich sowohl in der anorganischen wie in der organischen Chemie findet. So fand TRAUTZ bei der Untersuchung von mehreren hundert Kristallisationsvorgängen anorganischer Körper etwa 12% tribolumineszierend, bei organischen Substanzen etwa 25%. Die Ursache dieses Leuchtens ist noch nicht sicher bekannt. Sie dürfte in vielen Fällen auf elektrische Ladungen zurückzuführen sein. Fremde Zusätze beeinflussen im allgemeinen die Intensität des Leuchtens nicht. Größere Mengen von Fremdstoffen, besonders solchen, die die innere Reibung des Lösungsmittels vergrößern, können das Leuchten verhindern. Dagegen soll die Farbe ähnlich wie bei der Phosphoreszenz von geringen Zusätzen stark abhängig sein[4], und ganz reine Stoffe sollen die Erscheinung der Tribolumineszenz überhaupt nicht zeigen. Doch ist das Gebiet noch zu wenig durchforscht, um allgemeine Gesichtspunkte gewinnen zu können.

23. Kinetik. Bei den lumineszierenden Reaktionen entsteht außer der Strahlung stets Wärme, d. h. alle bisher bekannt gewordenen hierher gehörigen Reaktionen sind exotherm. Die nähere Betrachtung hat gezeigt, daß die ausgesandte Strahlung meist nur ein verschwindend kleiner Bruchteil der frei werdenden Reaktionsenergie ist. Das energiereiche System, dessen Reaktion die Chemilumineszenz liefert, kann seine Entstehung sehr verschiedenen Ursachen verdanken. Es kann entstehen:

---

[1] Vgl. A. BRAUER, Verh. d. D. Zool. Ges. 1902, S. 42.

[2] Vgl. H. MOLISCH, Leuchtende Pflanzen. Jena: G. Fischer 1904.

[3] S. KAUDE, Sill. Journ. Bd. 68, S. 435. 1924; S. KANDA, Scient. Pap. Inst. phys. chem. Res. Bd. 9, S. 265. 1928.

[4] A. KARL, C. R. Bd. 146, S. 1104. 1908.

1. durch mechanische Mischung reaktionsfähiger Substanzen,
2. durch photochemische Reaktionen,
3. durch elektrische Einflüsse,
   a) Elektronenstoß,
   b) Elektrolyse,
4. durch Temperaturänderung.

Der Fall 1 liegt bei den meisten lumineszierenden Reaktionen vor, so daß kein besonderes Beispiel hierfür angeführt zu werden braucht.

Fall 2 als Folge einer energiespeichernden photochemischen Reaktion tritt häufig ein und kann, wenn der freiwillige Rücklauf der Reaktion sehr schnell vor sich geht, zu Verwechslungen mit Fluoreszenz Anlaß geben. Bei langsamer Rückbildung der photochemischen Produkte gleicht die Erscheinung völlig der Phosphoreszenz, von der man ja annimmt, daß sie durch die Rückkehr von Elektronen verursacht wird, die durch vorherige Strahlung aus der Gleichgewichtslage entfernt wurden. Es dürfte in vielen Fällen schwierig sein, zu entscheiden, ob Phosphoreszenz oder durch Einstrahlung bewirkte Chemilumineszenz vorliegt.

Fall 3a ist ein Analogon der Kathodolumineszenz, bei welcher Fluoreszenz oder Phosphoreszenz durch Elektronenstöße erregt werden. Es liegen noch keine Messungen vor, wann eine reversible Verlagerung von Elektronen eintritt und wann sich umkehrbare lumineszenzerzeugende chemische Änderungen zeigen. Da aber der Elektronenstoß sehr häufig chemische Reaktionen, und zwar endothermer Art, bewirkt, ist die Möglichkeit eines freiwilligen Zurückgehens des chemischen Systems in den Anfangszustand unter Lichtemission durchaus gegeben.

Fall 3b ähnelt 1, da hier eine räumliche Trennung von Produkten der Elektrolyse auftritt, die durch ihre Wiedervereinigung Chemilumineszenz ergeben können. Derartige Leuchterscheinungen sind auch oft bei der Elektrolyse anorganischer und organischer Körper beobachtet worden.

Fall 4 kann z. B. eintreten, wenn durch Temperaturerhöhung Moleküle dissoziieren. Die Dissoziationsprodukte können bei ihrer Wiedervereinigung Licht aussenden.

Inwieweit die Kristallo- und Tribolumineszenz, d. h. die Erscheinung des Leuchtens bei der Ausscheidung und beim Zerbrechen von Kristallen auf chemische Vorgänge zurückzuführen ist, ist zur Zeit noch unbekannt.

Da die Chemilumineszenz ihre Entstehung chemischen Vorgängen verdankt, so gelten für ihre Erzeugung auch zunächst die Gesetze der chemischen Kinetik, über die wir noch recht wenig wissen. *Die Kinetik liefert* durch die Zahl der aktiven Stöße die Geschwindigkeit der chemischen Reaktion und damit die Größe der in der Zeiteinheit disponiblen frei werdenden Energie. Welcher Bruchteil dieser Energie zur Ausstrahlung gelangt, ist eine Frage der Quantenbedingungen, deren Gesetzmäßigkeiten für die Chemilumineszenz ebenfalls noch recht wenig bekannt sind.

Die Anzahl der aktiven Stöße nimmt exponentiell mit der Temperatur zu, daher steigt die in der Zeiteinheit frei werdende Energie ebenso stark an. Da die Quantenbedingungen von der Temperatur weitgehend unabhängig sind, wird also die Chemilumineszenz den Temperaturkoeffizienten der chemischen Reaktion besitzen.

24. Folgerungen aus der Quantentheorie. Die Chemilumineszenz stellte lange Zeit ein Gebiet ohne systematische Zusammenhänge dar. Erst die Anwendung der Quantentheorie auf die lichterzeugenden Reaktionen hat zu einigen Einblicken in den Reaktionsmechanismus verholfen. Sie hat durch die Annahme einer Energieübertragung vor allem gelehrt, daß es bei der Chemilumineszenz weniger auf die Art der chemischen Reaktion ankommt, als vielmehr auf die Gegenwart von lumineszenzfähigen Molekeln, die die Reaktionsenergie in Form von Strahlung abführen.

Da die Strahlung in $h\nu$-Beträgen ausgesandt wird, müssen chemische Elementarreaktionen diese Energie liefern. Dadurch ist die Wellenlänge der emittierten Strahlung begrenzt. Während photochemische Reaktionen nach den kurzen Wellen hin häufiger sind, gilt das Umgekehrte für die Lumineszenzvorgänge.

Entstehen bei einer chemischen Reaktion energiereiche Produkte, normale oder angeregte Atome oder angeregte Molekeln, so hängt deren weiteres Schicksal von ihren eigenen physikalischen Eigenschaften und denen ihrer Nachbarn ab. Am einfachsten werden die Vorgänge in verdünnten Gasen verlaufen, wo keine dauernde Koppelung der Teilchen untereinander besteht. Atome können sich unter Lichtemission zu Molekeln rekombinieren, wenn die dabei entstehende Energie den in Ziff. 7 angegebenen Betrag S erreicht. Da in diesem Betrag häufig außer der Dissoziationsarbeit D noch die Aktivierungsgröße A für ein Atom steckt, werden Leuchterscheinungen besonders bei der Vereinigung von einem normalen mit einem angeregten Atom stattfinden. Angeregte Molekeln werden ihre Aktivierungsenergie als Licht abgeben, wenn die Zeit zwischen zwei Stößen größer ist als die Lebensdauer des angeregten Zustandes. Trifft die angeregte Molekel auf ein anderes Teilchen, so kann sie ihre Energie übertragen und dabei das andere Teilchen aktivieren. Wird die Energie von diesem ausgestrahlt, so entsteht sensibilisierte Lumineszenz[1]; wird sie aber durch weitere Stöße zerstreut, so entsteht Wärme. Bei Gasreaktionen werden daher Lumineszenzvorgänge um so leichter auftreten, je verdünnter das Gasgemisch ist. Erheblich komplizierter sind die Leuchtvorgänge in flüssigen und festen Systemen und an Grenzflächen verschiedener Phasen. Hier besteht eine Koppelung der angeregten Teilchen an ihre Nachbarn; Gesetzmäßigkeiten sind nicht bekannt.

25. Experimentelle Untersuchungen des Verlaufes von lumineszierenden Reaktionen. Der Reaktionsverlauf lumineszierender Vorgänge ist mehrfach untersucht worden. So fand TRAUTZ[2] bei seinen qualitativen Versuchen, die er mit einer außerordentlich großen Zahl von Leuchtreaktionen anstellte, daß Erhöhung der Reaktionsgeschwindigkeit auch die Intensität der Lumineszenz steigert. STRUTT[3] beobachtete, daß reagierender aktiver Stickstoff Spektren emittiert, die Elementen oder Verbindungen zukommen, welche gleichzeitig im Gasraum vorhanden sind. STRUTT schloß daraus, daß die Chemilumineszenz unabhängig von der Art der chemischen Reaktion sei und nur durch die Gegenwart emissionsfähiger Stoffe bedingt werde.

Das Rekombinationsleuchten der Gase Cl_2, Br_2 und J_2 wurde von KONDRATJEW und LEIPUNSKI[4] untersucht. Sie erhielten bei 1000° Lumineszenzspektren, die den Absorptionsspektren der Halogene entsprechen, und schlossen daraus, daß die Quelle der emittierten Energie in der Rekombination eines normalen Atoms mit einem angeregten Atom zu suchen sei. HABER und ZISCH[5] untersuchten die Gasreaktion $Hg + Cl_2$ bei Temperaturen zwischen 250 und 400° und fanden ein Bandenspektrum, das wahrscheinlich der $HgCl_2$-Molekel angehört. ZOCHER und KAUTSKY[6] studierten flüssige und feste Systeme. Sie

[1] H. BEUTLER u. B. JOSEPHY, Naturwissensch. Bd. 15, S. 540. 1927.
[2] M. TRAUTZ, l. c.
[3] R. J. STRUTT, Proc. Roy. Soc. London (A) Bd. 88, S. 547. 1913.
[4] V. KONDRATJEW u. A. LEIPUNSKI, Trans. Faraday Soc. Bd. 25, S. 736. 1929.
[5] F. HABER u. W. ZISCH, ZS. f. Phys. Bd. 9, S. 302. 1922.
[6] H. ZOCHER u. H. KAUTSKY, ZS. f. phys. Chem. Bd. 109, S. 308. 1923.

fanden, daß die Chemilumineszenz des Silikalhydroxyds dieselbe Farbe hat wie seine Fluoreszenz unter der Anregung durch Licht, Röntgenstrahlen und Kathodenstrahlen, daß ferner die gleiche Abhängigkeit von Konzentration und Temperatur und die gleiche Polarisation der Strahlung bei der Fluoreszenz und Chemilumineszenz vorhanden sind. ZOCHER und KAUTSKY stellten weiterhin fest, daß an sich nicht leuchtende Oxydationsreaktionen ungesättigter Siliziumverbindungen durch Zusatz von fluoreszierenden Farbstoffen in den Fluoreszenzfarben der betreffenden Zusatzstoffe zu leuchten beginnen.

BONHOEFFER[1] beobachtete bei der Einwirkung von aktiviertem Wasserstoff auf erhitztes Glas Chemilumineszenz, die sich in der Emission der *D*-Linie des Natriums äußerte.

EVANS und DUFFORD[2] verglichen die Fluoreszenz und Chemilumineszenz am p-Bromphenylmagnesiumbromid. Es zeigte sich, daß die beiden Emissionsbanden nicht völlig identisch sind.

FRÄNZ und KALLMANN[3] untersuchten im Gasraum die Reaktionen $Na + Cl_2$ und $Na + Br_2$ bei Gegenwart von Quecksilberdampf. Sie fanden, daß die Resonanzlinie des Quecksilbers (2537 Å) bei der ersten Reaktion auftritt, dagegen nicht bei der letzteren. Da sich auch im ersten Falle keine einfache Elementarreaktion auffinden ließ, die die zur Anregung der Hg-Linie nötige Energie liefert, nahmen FRÄNZ und KALLMANN an, daß die aktivierten NaCl-Teilchen den fehlenden Restbetrag an Energie durch thermische Stöße erhalten.

BEUTLER und POLANYI[4] haben gefunden, daß außer den genannten eine ganze Anzahl von Gasreaktionen von Chemilumineszenz begleitet wird, z. B.

$$Na + Cl_2, \quad Br_2, \quad J_2$$
$$Na + HCl$$
$$Na + HgCl_2, \quad HgJ_2, \quad Hg(CN)_2$$
$$Na + CdCl_2, \quad CdJ_2$$
$$Na + PCl_3.$$

Sie berechneten die Wahrscheinlichkeit des Eintrittes der Reaktion bei den Stößen von Atomen und Molekeln und fanden, daß bei der Reaktion

$$Na + J_2$$

jeder Stoß aktiv ist, dagegen bei

$$Na + J$$

nur etwa jeder 100. Stoß. Auch über den Mechanismus der lichtaussendenden Reaktion ließen sich in einigen Fällen Angaben machen.

Energieumsatz[5]. Der Umsatz von chemischer Energie in Strahlung bei der Chemilumineszenz ist bisher nur in wenigen Fällen gemessen oder geschätzt worden. Die Ergebnisse zeigen, daß die Lichtausbeute meist sehr ungünstig ($< 10^{-3}$ bis 10^{-4}) ist. Nur bei Reaktionen sehr verdünnter Gase nähert sie sich in Übereinstimmung mit den unter Ziff. 24 wiedergegebenen Anschauungen dem Werte 1.

---

[1] K. F. BONHOEFFER, ZS. f. phys. Chem. Bd. 116, S. 391. 1924.
[2] W. T. EVANS u. R. T. DUFFORD, Journ. Amer. Chem. Soc. Bd. 45, S. 278. 1923.
[3] J. FRÄNZ u. H. KALLMANN, Naturwissensch. Bd. 13, S. 441. 1925.
[4] H. BEUTLER u. M. POLANYI, Naturwissensch. Bd. 13, S. 711. 1925.
[5] ST. v. BOYDANDY u. M. POLANYI, ZS. f. phys. Chem. (B) Bd. 1, S. 21. 1928; G. SCHAY, Fortschr. Chem. Physik u. phys. Chem. Bd. 21, S. 1. 1930.

Namenverzeichnis.

Sachverzeichnis.

GPSR Compliance

The European Union's (EU) General Product Safety Regulation (GPSR) is a set of rules that requires consumer products to be safe and our obligations to ensure this.

If you have any concerns about our products, you can contact us on ProductSafety@springernature.com

In case Publisher is established outside the EU, the EU authorized representative is:

Springer Nature Customer Service Center GmbH
Europaplatz 3
69115 Heidelberg, Germany

Batch number: 10683525

Printed by Printforce, the Netherlands